Nachhaltiges Wirtschaften
mit nicht-erneuerbaren Ressourcen

Europäische Hochschulschriften

Publications Universitaires Européennes
European University Studies

Reihe V
Volks- und Betriebswirtschaft

Série V Series V
Sciences économiques, gestion d'entreprise
Economics and Management

Bd./Vol. 2533

PETER LANG
Frankfurt am Main · Berlin · Bern · Bruxelles · New York · Wien

Frank Messner

Nachhaltiges Wirtschaften mit nicht-erneuerbaren Ressourcen

Die vier Ebenen einer nachhaltigen Materialnutzung am Beispiel von Kupfer und seinen Substituten

PETER LANG
Europäischer Verlag der Wissenschaften

Die Deutsche Bibliothek - CIP-Einheitsaufnahme

Messner, Frank:

Nachhaltiges Wirtschaften mit nicht-erneuerbaren Ressourcen : die vier Ebenen einer nachhaltigen Materialnutzung am Beispiel von Kupfer und seinen Substituten / Frank Messner. - Frankfurt am Main ; Berlin ; Bern ; Bruxelles ; New York ; Wien : Lang, 1999
(Europäische Hochschulschriften : Reihe 5, Volks- und Betriebswirtschaft ; Bd. 2533)
Zugl.: Bremen, Univ., Diss., 1999
ISBN 3-631-35121-6

D 46
ISSN 0531-7339
ISBN 3-631-35121-6

Danksagung

Ohne die Unterstützung der nachfolgend genannten Personen und Institutionen, denen ich hiermit meinen Dank aussprechen möchte, wäre die Erstellung der vorliegenden Dissertationsschrift nicht möglich gewesen. Herrn *Prof. Dr. Karl Wohlmuth* und *Herrn Prof. Dr. Hans G. Nutzinger* danke ich für die Betreuung der Arbeit und für die wertvollen theoretischen und praktischen Anregungen. Die *Universität Bremen* und das *Institut für Weltwirtschaft und internationales Management* förderte die Fertigstellung dieser Dissertation durch Bereitstellung vielfältiger Dienstleistungen und einer materiellen Infrastruktur. Für die Unterstützung bei der Recherche nach und für die Bereitstellung von empirischen Daten zur Kupferverarbeitung gilt mein Dank dem *Fachverband Kabel und isolierte Drähte*, der *ABB Energiekabel GmbH* sowie dem *Lehrstuhl von Professor Krüger* an der RWTH Aachen. Verschiedene Technikexperten des *Deutschen Kupferinstituts* und der *Bundesanstalt für Geowissenschaften und Rohstoffe* waren mir eine große Hilfe bei technischen Fragen, und der *Norddeutschen Affinerie AG* danke ich für eine umfassende Betriebsführung, die mir einen fundierten Einblick in die Praxis der Kupferverhüttung und -verarbeitung eröffnete. Weiterhin danke ich den Mitarbeiterinnen und Mitarbeitern der Stoffstromabteilung des *Wuppertaler Instituts für Klima, Umwelt und Energie* für die produktive Diskussion und Kritik meiner Thesen zur strengen Nachhaltigkeit und zur nachhaltigen Ressourcennutzung. Dank sagen möchte ich auch *meinen Eltern*, die mir stets moralische Unterstützung gaben, und die mir durch Finanzierung meines Studiums in Bremen und New York den Weg in die wissenschaftliche Laufbahn ermöglichten. Schließlich gilt meine dankbare Verbundenheit *meiner Lebensgefährtin Andrea Bahr*, die mir nicht nur einen umfassenden Rückhalt gab, sondern mir auch wertvolle wissenschaftliche Einsichten aus naturwissenschaftlicher Sicht vermittelte.

Inhaltsverzeichnis

Abkürzungsverzeichnis

ADSL	Asymmetric Digital Subscriber Line (Übertragungstechnik der Telekommunikation auf Grundlage von Kupfernetzen)
AGK	Abbaugrenzkosten
ATM	Asynchroner Transfermodus (Informationstechnologie zur Datenübertragung)
BIP	Bruttoinlandsprodukt
Bit	**Bi**nary dig**it** (Binäre Nachrichteneinheit)
BSP	Bruttosozialprodukt
B-WiN	Breitbandiges Wissenschaftsnetz (der Bundesrepublik Deutschland)
CO_2	chemische Formel für Kohlendioxid
EGK	Externe Grenzkosten
EK-SMU	Enquete-Kommission „Schutz des Menschen und der Umwelt" des deutschen Bundestages
EK-VSE	Enquete-Kommission „Vorsorge zum Schutz der Erdatmosphäre" des deutschen Bundestages
EPA	Environmental Protection Agency (US-Umweltbehörde)
EVU	Elektrizitätsversorgungsunternehmen
GEF	Global Environment Facility
GJ	Gigajoule (10^9 Joule)
GK	Grenzkosten
GUS	Gemeinschaft unabhängiger Staaten
GVK	Grenzvermeidungskosten
GWD	Gießwalzdraht
GY	Gigajoule (10^9 Joule)
IAEA	International Atomic Energy Agency (UNO-Organisation)
ICME	International Council on Metals and the Environment
ICREA	International Commodity-Related Environmental Agreement
i. e. S.	im engeren Sinne
IFC	International Finance Corporation (der Weltbankgruppe)
IPAI	International Primary Aluminium Institute
ISDN	Integrated Services Digital Netword (diensteintegrierendes Digitalnetz)
kV	Kilovolt (1 kV = 1.000 Volt)
LAI	Blattflächenindex (leaf area index): Verhältnis von Blattfläche einer Pflanze zur Bodenfläche, auf der sie wächst
LME	London Metal Exchange
MAI	Multilateralcs Investitionsabkommen
MJ	Megajoule (10^6 Joule)
NAR	Nettoassimilationsrate der Photosynthese (in g trochene Biomasse pro m^2 Blattfäche und Tag)

NE-Metall	Nichteisenmetall
NGO	Non-Governmental Organization (Nichtregierungsorganisation)
Nm^3	Normalkubikmeter (temperaturbezogenes Raummaß)
NO_x	chemische Formel für Stickstoffoxide
NPP	Nettoprimärproduktion
OECD	Organization for Economic Co-operation and Development
OPAL	Optischen Anschlußleitung (Pilotprojekte der Deutschen Telekom zur Ausweitung des nationalen Glasfasernetzes)
OPEC	Organization of Petroleum Exporting Countries
p. a.	per annum (pro Jahr)
PC	Personalcomputer
PGK	Private Grenzkosten
PGN	Privater Grenznutzen
PJ	Petajoule (10^{15} Joule)
PMF	Produktionsmöglichkeitenfunktion
PNG	Papua-Neuguinea
RGW	Rat für gegenseitige Wirtschaftshilfe
RSU	Rat von Sachverständigen für Umweltfragen in der Bundesrepublik Deutschland
SGK	Soziale Grenzkosten
SO_2	chemische Formel für Schwefeldioxid
SXEW	Solvent Extraction Electro Winning (hydrometallurgische Technologie)
t	Tonne
TE	Toxizitätsäquivaltent
toe	Tons of oil equivalent
UBA	Umweltbundesamt der Bundesrepublik Deutschland
UN	United Nations
UNCED	United Nations Conference on Environment and Development
UNCTAD	United Nations Conference on Trade and Development
UNDP	United Nations Development Programme
UNEP	United Nations Environment Programme
WCED	World Commission on Environment and Development
WHO	World Health Organization der Vereinten Nationen
WiN	Wissenschaftsnetz (der Bundesrepublik Deutschland)
WRI	World Resources Institute
WWF	World Wildlife Fund
ZCCM	Zambia Consolidated Copper Mines Limited (staatliches Bergbauunternehmen in Sambia)

Abbildungsverzeichnis

Kapitel 2

Kapitel 3

Kapitel 4

Kapitel 5

Abbildungen im Anhang:

Tabellenverzeichnis

Symbolverzeichnis

a	Umrechnungskoeffizient zur Ermittlung der Biomassemenge pro m² aus den Werten für den Blattflächenindex (LAI).
AGK	Abbaugrenzkosten
AK_t	Anzahl der Arbeitskräfte in einer Ökonomie in *t*
AK_t^J	Anzahl tierischer Arbeitskräfte in einer Ökonomie in t
b	Blattflächenindex (m² Blattfläche pro g Biomasse) oder auch: Boltzmannsche Universalkonstante
B	Grenzkostenniveau einer Backstop-Technologie
BM_t	Bestandsmenge an Biomasse in einer Periode t
Bo_t	Gesamtbestand an fruchtbarem Boden in einer Periode t
Bo^{Deg}	flächenmäßige Ausdehnung einer irreversiblen stofflichen oder mechanischen Degradierung fruchtbaren Ackerbodens oder fischereiwirtschaftlicher Fanggründe
Bo^{NSG}	flächenmäßige Inanspruchnahme von fruchbaren landwirtschaftlichen Böden oder fischereiwirtschaftlichen Fanggründen für Naturschutzgebiete oder naturnahe Biotope
$Bo^{ök}$	flächenmäßige Inanspruchnahme von fruchbaren landwirtschaftlichen Böden oder fischereiwirtschaftlichen Fanggründen für ökonomische Gewerbegebiete
Bo^{Si}	flächenmäßige Inanspruchnahme von fruchbaren landwirtschaftlichen Böden oder fischereiwirtschaftlichen Fanggründen für menschliche Ansiedlungen
Bo^{ε}	flächenmäßige Inanspruchnahme von fruchbaren landwirtschaftlichen Böden oder fischereiwirtschaftlichen Fanggründen für Solarenergienutzung
BV_t	Bevölkerungsgröße in t
C	pflanzliche Produktion von organischem Kohlenstoff
C_t	Konsum in t
C_k	für menschliches Überleben notwendiger Mindestkonsum pro Kopf
CC	Carrying Capacity
D	Land als Produktionsfaktor <u>oder</u> Anzahl möglicher Mikrozustände
d	Verschmutzungsreduzierungs-Koeffizient (durchschnittliche mengenmäßige Emissionsreduzierung pro investierter Geldeinheit in Umwelttechnologie)
$d^{\#}$	marginaler Verschmutzungsreduzierungs-Koeffizient (marginale mengenmäßige Emissionsreduzierung pro investierter Geldeinheit in Umwelttechnologie)
DMa	Dispergierte Materie
dS	Entropieveränderung eines Systems
d_eS	Entropieaustausch zwischen einem offenen System und seiner Umgebung
d_iS	Entropieveränderung innerhalb eines offenen Systems
e	Verschmutzungskoeffizient in bezug auf das Sozialprodukt (durchschnittliche Emissionsmenge pro Geldeinheit Sozialprodukt)
$e^{\#}$	marginaler Verschmutzungskoeffizient (Emissionsmenge pro zusätzlicher Geldeinheit Sozialprodukt)
E	Emissionsniveau oder Bestand der Umweltverschmutzung
E*	optimales Emissionsniveau
$\hat{E}$*	erwartetes optimales Emissionsniveau

$\hat{E}^*$	erwartetes optimales Emissionsniveau
^{En}	ein hochgestellten *En* zeigt eine Energieressource an
En	Einsatz an Energieressourcen
EGK	Externe Grenzkosten
^{er}	Abkürzung für erneuerbare Ressource
ER^{max}	maximales erneuerbares Ressourcenpotential unter ökonomischer Inanspruchnahme aller zur Verfügung stehenden Methoden und Flächen
$ER^{max}{}_{nh}$	maximales nachhaltiges erneuerbares Ressourcenpotential unter Berücksichtigung senken- und flächenbezogener Restriktionen
f	Funktion von
F	Indices für Freizeitnutzung
g_t	Ertragsrate des Kapitals in t
GK	Grenzkosten
GR_t	Grenzerlös in t
GVK	Grenzvermeidungskosten
h_t^J	Arbeitszeit von Tieren in einer Periode t
h_t^L	Arbeitszeit von Menschen in einer Periode t
H	Prohibitivpreisniveau einer erschöpfbaren Ressource
i	nur als Index für ein Symbol, um anzuzeigen, daß i verschiedene Elemente umschrieben werden
i_t	Marktzinssatz in t
I_a	Investition in produzierendes Kapital
I_d	Investition ist verschmutzungsreduzierendes bzw. dekontaminierendes Kapital
I_t	Nettoinvestition in t
j	nur als Index für ein Symbol, um anzuzeigen, daß j verschiedene Elemente umschrieben werden
j_t	sozialer Diskontsatz in t
J_t	potentielle Arbeitsleistung von Tieren in einer Ökonomie in t
k	Rate des abnehmenden Nutzens eines wirtschaftlichen Projekts aufgrund seiner Alterung im Prozeß des technologischen Wandels
K	Symbol für Carrying Capacity in der Biologie
K_a	Kapital mit produzierender Funktion
K_d	Kapital mit „umweltsäubernder“ bzw. dekontaminierender Funktion
K_t	menschengemachtes Kapital als Fund-Produktionsfaktor in t
KR	Konsumentenrente
l	Rate des intertemporal zunehmenden Nutzens aufgrund abnehmender Naturschutzgebietsflächen
L_t	menschliche Arbeitskraft als Fund-Produktionsfaktor in t bzw. potentielle menschliche Arbeitsleistung in einer Ökonomie in t
L_t^E	potentielle energetische bzw. mechanische menschliche Arbeitsleistung in einer Ökonomie in t
L_t^W	potentielle wissensbezogene und know-how-intensive menschliche Arbeitsleistung in einer Ökonomie in t

LAI	Blattflächenindex (leaf area index): Verhältnis von Blattfläche einer Pflanze zur Bodenfläche, auf der sie wächst
LD	Lebensdauer eines Produkts
m	Materialmultiplikator; drückt die die potentielle Nutzungsdauer und das Recyclingpotential eines Materials aus
M	marktmäßig angebotene oder nachgefragte Outputmenge eines Produktes
^{M}	hochgestelltes M zeigt eine Materieressource an
Ma	Einsatz an Materieressourcen
MP_t	Marktpreis einer erschöpfbaren Ressource in t
MP^1_0	Anfangsmarktpreis des ersten Preispfades
MP^2_0	Anfangsmarktpreis des zweiten Preispfades
N	Nachfrage(funktion) <u>oder</u> Naturkapitalbestand
N_k	kritischer Naturkapitalbestand
NAR	Nettoassimilationsrate der Photosynthese (in g trochener Biomasse pro m^2 Blattfäche und Tag)
NF	Einsatz an Naturfläche
NPP	Nettoprimärproduktion
nr	Abkürzung für nicht-erneuerbare Ressourcen
OP	Optionswert
OS^{nr}	senkenbezogene Obergrenze für die disperse Nutzung nicht-erneuerbarer Ressourcen
OF^{nr}	flächenbezogene Obergrenze für die Ausbeutung nicht-erneuerbarer Ressourcen und für die räumliche Expansion im Rahmen physischer Wachstumsprozesse
PGK	Private Grenzkosten
PGN	Privater Grenznutzen
PMF	Produktionsmöglichkeitenfunktion
p_t	relativer Marktpreis eines Kapitalgutes in t
P_t	relativer Preis einer unausgebeuteten Ressource (Royalty) in t
PP	marktbezogener Preispfad einer erschöpfbaren Ressource
Q	Ertrag
q_t	natürliche Wachstums- oder Schrumpfungsrate in einer Periode t
q_t^{BM}	natürliche Wachstumsrate der Biomasse einer Periode t
q_t^J	Wachstumsrate der Arbeitstierpopulation
q_t^{BV}	Wachstumsrate der menschlichen Bevölkerung
q_t^{So}	natürliche Rate der Masseveränderung der Sonne in t
r_t	Gesamtkapazität der Ressourcenausbeutung in einer Periode t <u>oder</u> allgemein für Wachstumsrate
R_t	(potentielle) Bestandsmenge einer erschöpfbaren Ressource in t
R_0	(potentielle) Bestandsmenge einer erschöpfbaren Ressource zu Beginn einer Betrachtungsperiode
RR	jährliche Recyclingrate
RVR	Recyclingverwertungsrate des anfallenden Altmaterials
s	Sparrate

S	Index für Entropie
S_t	Bestand bzw. Verfügbarkeit an natürlichen Ressourcen in t oder Inputstrom von natürlichen Ressourcen (als Strom-Produktionsfaktor)
SGK	Soziale Grenzkosten
So	materieller Bestand der Sonne
t	beliebiger Zeitpunkt oder Zeitperiode
t_0	zeitlicher Anfangspunkt der Betrachtung einer Zeitperiode
t_H	Zeitpunkt der Erreichung des Prohibitivpreisniveaus
t_T	Erschöpfungszeitpunkt einer erschöpfbaren Ressource
T	Erschöpfungszeitpunkt einer erschöpfbaren Ressource (Neoklassik) oder Dauer eines ökonomischen Prozesses (Georgescu-Roegen)
U_t	Grenznutzen in t
V_j	kumulierter Strom von Vorprodukten (Strom-Produktionsfaktor)
V	intertemporale soziale Gesamtwohlfahrt (Neoklassik) oder kumulierter Strom von Vorprodukten (als Strom- Produktionsfaktor)
W_i	kumulierter Abfallstrom (als Strom-Produktionsfaktor)
Y_t	Gesamtprodukt einer Volkswirtschaft in t
Y_{min}	Gesamtprodukt, das in Abwesenheit von Nettoinvestitionen die Mindestbedürfnisse einer konstanten Bevölkerung befriedigt
Z	Überlebenszeit der Menschheit
α	Outputelastizität eines Produktionsfaktors
β	Kapitalintensitätsparameter der CES-Produktionsfunktion
γ_t^{BM}	Rate der Erhöhung der biologischen Wachstumsrate aufgrund stofflicher oder mechanischer Eingriffe zur Ertragssteigerung in der Nutzung erneuerbarer Ressourcen in t.
γ_t^{BV}	Rate der Biomassereduzierung aufgrund menschlichen Verzehrs in t
γ_t^{E}	Rate der Reduzierung der biologischen Wachstumsrate aufgrund der Einwirkung von Emissionenγ_t^{Deg} Rate der Reduzierung der biologischen Wachstumsrate aufgrund der Einwirkung von mechanischen Eingriffen
γ_t^{ε}	Veränderungsrate des Biomassewachstums aufgrund der Nutzung der Solarkräfte
γ_t^{J}	Rate der Biomassereduzierung aufgrund des Verzehrs durch Arbeitstiere in t
$\gamma_t^{M/En}$	Rate der Biomassereduzierung aufgrund materieller und energetischer Biomassenutzung in t
$\gamma_t^{ök}$	Rate der Biomassereduzierung aufgrund gewerblicher Raumnutzung in t
γ_t^{REG}	Rate der Biomassereduzierung aufgrund stofflicher Biomassenutzung zur Regenerierung eines bewirtschafteten Biomassebestandes in t
γ_t^{Si}	Rate der Biomassereduzierung aufgrund menschlicher Ansiedlungen in t
δ	kumulierter Inputstrom zur Instandhaltung des Kapitals (als Strom-Produktionsfaktor)
ε_t	nutzbares Energiepotential der Sonneneinstrahlung und der von ihr ausgehenden Kräfte in einer Periode t

$\eta(M)$	Preiselastizität der Nachfrage
λ	Rate des technischen Wandels
μ_t	Abschreibungsrate in t
ν	beliebiger thermodynamischer Kontrollparameter
π	Effizienzkoeffizient des Produktionsfaktors Arbeit
ρ_t	Nutzungsrate von potentiell verfügbaren erneuerbaren Ressourcen
ρ_t^{ε}	Nutzungsrate der potentiellen Solarkräfte
σ	Substitutionselastizität
τ	unendlich kleines Zeitintervall
φ_t	absolute Steuerhöhe zum Zeitpunkt t
ψ	natürlicher Emissionsreduzierungskoeffizient
θ	Anzahl der Kombinationen möglicher Weltzuständen von t_0 bis T
χ	Arbeitsproduktivitätskoeffizient
χ_t^J	Arbeitsproduktivitätskoeffizient der tierischen Arbeitskraft in t
χ_t^L	Arbeitsproduktivitätskoeffizient menschlicher Arbeitskraft in t

Kapitel 1: Nachhaltiges Wirtschaften mit nicht-erneuerbarer Ressourcen – Die vier Ebenen einer nachhaltigen Materialnutzung: Einleitung und Überblick

Seit der UNCED-Konferenz 1992 in Rio de Janeiro ist der Begriff „nachhaltige Entwicklung" (sustainable development) zunehmend als normative Leitidee in nationale und internationale Politikkonzepte eingeflossen[1] und wird daher auch in wissenschaftlichen Diskursen vermehrt thematisiert, um einerseits die theoretische Bedeutung dieses neuen Ziels in den verschiedenen Wissenschaftsdisziplinen herauszuarbeiten und andererseits Vorschläge zur Operationalisierbarkeit vorzulegen. Da die weitverbreitete und anerkannteste Definition des Begriffes, der im Brundtlandbericht 1987 geprägt wurde, sehr vage ist[2], sind die resultierenden Interpretationen und Politikvorschläge sehr unterschiedlich.

Aus ökonomischer Sicht kann „nachhaltige Entwicklung" als Allokations- und Distributionsproblem innerhalb und zwischen Generationen aufgefaßt werden. Das Konzept der „Nachhaltigkeit", das im Zentrum dieser Arbeit steht, beschäftigt sich hingegen schwerpunktmäßig mit der intergenerationellen Fragestellung. Aufgrund unterschiedlicher Methoden und Ansatzpunkte in bezug auf die analytische Behandlung des ethischen Problems einer intergenerationellen Gerechtigkeit, haben sich in der ökonomischen Theoriebildung insbesondere zwei verschiedene Nachhaltigkeitskonzepte herausgebildet.

Das erste Konzept der sogenannten *„ökonomischen Nachhaltigkeit"* fokussiert ganz im Sinne der Definition des Brundtlandberichtes auf eine *langfristige Aufrechterhaltung eines vorgegebenen Nutzen- oder Konsumniveaus* pro Kopf. Innerhalb dieses Ansatzes wird versucht, die ökonomischen Bedingungen zu klären, die notwendig sind, um einen langfristig mindestens konstantbleibenden Pro-Kopf-Konsum trotz abnehmender Ressourcenbasis zu sichern. Die Frage, inwieweit ein auf dieser Basis ermittelter Handlungsvorschlag ökologisch gesehen langfristig tragbar oder umsetzbar ist, wird nicht oder nur am Rande beachtet.[3]

Das zweite Konzept ist weitgehender und legt als intergenerationelles Gerechtigkeitsprinzip zusätzlich zum Kriterium eines aufrechtzuerhaltenden Mindestkonsums den Erhalt der natürlichen Lebensgrundlage zugrunde und wird daher aufgrund der Betonung des Intakthaltens ökologischer Funktionszusammenhänge als produktive Grundlage jeglicher langfristig orientierter ökonomischer Aktivität als *ökologische Nachhaltigkeit* bezeichnet. In der Diskussion um dieses Konzept ergaben sich verschiedene analytische Auffassungen, z. B. darüber, wieviel Natur in welchem Zustand den nachkommenden Generationen als produktive Basis zu erhalten ist. Als Mindestanforderung wurde formuliert, daß der langfristige Erhalt der natürlichen Lebenserhaltungsfunktionen zur Absicherung der Existenzfähigkeit zukünftiger Generationen zu sichern ist, während eine weitergehendere Forderung lautet, daß der heutige Naturbestand bzw.

---

1 Vgl. dazu u.a. für die Bundesrepublik Deutschland: Rat von Sachverständigen für Umweltfragen (RSU) 1994, 1996; Enquete-Kommission „Schutz des Menschen und der Umwelt" (EK-SMU) 1993, 1994; für die Europäische Union: Kommission der Europäischen Gemeinschaften 1993; für die USA: World Resources Institute (WRI) et al. 1992; für die Vereinten Nationen, die Weltbank und den Internationalen Währungsfonds: World Commission on Environment and Development (WCED) 1987, World Bank 1992a.

2 Nachhaltige Entwicklung wird im Brundtlandbericht definiert als *„... Entwicklung, die die Bedürfnisse der Gegenwart befriedigt, ohne die Fähigkeit zur Bedürfnisbefriedigung der zukünftigen Generationen zu beeinträchtigen."* WCED 1987: S. 43 (eigene Übersetzung).

3 Vgl. z. B. Solow 1974a, b und 1986 sowie Krelle 1984.

zumindest das heutige ökonomische Potential sämtlicher Naturressourcen und ihrer Funktionen langfristig aufrechtzuerhalten ist.[4] Im Diskurs um eine praktische Umsetzung von ökologischer Nachhaltigkeit haben sich drei Managementregeln herauskristallisiert, die mittlerweile eine breite Zustimmung gefunden haben.[5] Sie lauten sinngemäß:

Erste Managementregel: *Die Nutzungsrate von erneuerbaren Naturressourcen darf die Rate ihrer natürlichen Regeneration nicht überschreiten.*

Zweite Managementregel: *Die ökonomischen Abfallströme in die Natur dürfen die natürlichen Fähigkeiten zur Assimilation nicht überschreiten.*

Dritte Managementregel: *Nicht-erneuerbare Ressourcen sind in einer Weise zu nutzen, daß ihr ökonomisches Potential erhalten bleibt. Die Nutzungsrate von nicht-erneuerbaren Ressourcen darf daher nicht höher sein als die Rate ihrer Substitution durch (zusätzliche) erneuerbare Ressourcen oder die Rate der Erhöhung der Ressourcenproduktivität durch technischen Fortschritt und Ressourceneinsparung.*

Der Bezugspunkt der Regeln eins und drei besteht in der langfristigen Versorgungssicherheit der Menschen mit natürlichen Ressourcen als materielle und energetische ökonomische Inputs, während die dritte Regel eine Grenze bezüglich der ökonomischen Nutzung der Naturfunktion setzt, menschlich-induzierte Emissionen und sonstige unliebsame Produktionsoutputs aufzunehmen und zu assimilieren.

In der bisherigen politischen und wissenschaftlichen Diskussion unter dem Stichwort „ökologische Nachhaltigkeit" sind insbesondere zwei Themenbereiche dominant. Zum einen ist die Energiediskussion zu nennen, die sich hauptsächlich auf die Managementregeln zwei und drei bezieht. Energie wird derzeit weltweit hauptsächlich mittels nicht-erneuerbarer fossiler Ressourcen gewonnen, womit sich das Problem der möglichen zukünftigen Verknappung von wichtigen Energieressourcen stellt. Die bedrohlichere Schwierigkeit ergibt sich aber aus der Verbrennung der fossilen Rohstoffe, wobei unwiderruflich CO_2-Emissionen entstehen, die zusammen mit anderen Treibhausgasen klimaverändernd wirken. Die mittelfristige Lösung für beide Probleme liegt bereits auf der Hand: Die klimaaufheizenden fossilen Energierohstoffe sind durch erneuerbare Energieformen (Wasser-, Wind-, Gezeiten-, Solarkraft etc.) zu ersetzen. Die Notwendigkeit einer derartigen „solaren" Transformation ist wenig umstritten und daher liegt der Schwerpunkt innerhalb der Energiediskussion auf mittelfristigen ökonomischen und politischen Strategien, Konzepten und Instrumenten zur energetischen Umsteuerung.[6]

Der andere dominierende Themenbereich innerhalb der Nachhaltigkeitsdebatte bezieht sich auf das Management von nachwachsenden, also erneuerbaren Rohstoffen und betrifft damit die Managementregeln eins und zwei. Auch diese Debatte wurde insbesondere durch ökologische Krisen befördert, wie beispielsweise durch den Rückgang von globalen Fisch- und Waldbeständen, das Artensterben oder die Vergiftung von Boden und Wasser durch pestizid- und kunstdüngerintensive Landwirtschaft. Für diesen Problembereich liegen verschiedene Strategien des nachhaltigen Managements vor, so daß sich auch diese Debatte um einen mittel- bis

4 Vgl. z. B. Costanza/Daly/Batholomew 1991, Tacconi/Bennet 1995 und Nutzinger/Radke 1995a.

5 Vgl. EK-SMU 1993: S. 25-26; RSU 1994: S. 47, 84; Daly 1990a: S. 4, Costanza 1991b: S. 76, Minsch 1993: S. 41-42; Nutzinger/Radke 1995b: S. 249-251 und Vornholz 1995: S. 104-105. Eine ausführlichere theoretische Diskussion der Regeln findet sich in Kapitel drei dieser Arbeit.

6 Vgl. u.a. Enquete-Kommission „Vorsorge zum Schutz der Erdatmosphäre" (EK-VSE) 1990, 1993, 1995; Conrad 1995, Matthes 1995, DIW 1994; Research Group on African Development Perspectives 1994; Kozloff/Dower 1993; Heinloth 1993; Weizsäcker 1992.

langfristigen Transformationsprozeß dreht, in dem nachhaltiger Bewirtschaftungspraktiken sukzessive eingeführt, verbessert und international verbreitet werden.[7]

Weitgehend vernachlässigt wurde in der Nachhaltigkeitsdiskussion bisher die Frage, welche Bedeutung das Nachhaltigkeitskonzept für die *materielle* Grundlage einer Ökonomie hat, deren derzeitige Kapital- und Konsumgüterausstattung hauptsächlich auf nicht-erneuerbaren Ressourcen basiert. Nach Angaben von BACCINI und BRUNNER (1991) sind über 80% der jährlichen globalen ökonomischen Primärmaterialströme – das entspricht etwa 27 Milliarden Tonnen Material – anorganischen bzw. nicht-erneuerbaren Ursprungs und somit einzig der begrenzten geologischen Ausstattung der Erde geschuldet.[8] Gemäß den Managementregeln zwei und drei ist das ökonomische Potential dieser nicht-erneuerbaren Rohstoffe zu erhalten, wobei sie langfristig durch erneuerbare Ressourcen zu ersetzen sind, während die Emissionen und Abfälle, die bei der Ressourcengewinnung und -nutzung anfallen, die Assimilationsfähigkeit der Natur nicht überschreiten dürfen.

Im Gegensatz zu den nicht-erneuerbaren fossilen Brennstoffen, die energetisch genutzt werden, sind bei nicht-erneuerbaren Ressourcen mit überwiegend materieller Nutzung (Werkstoffe) erneuerbare Substitute nur in wenigen Fällen bereits erforscht. Im Gegensatz dazu dominieren in diesem Bereich Substitutionsprozesse *zwischen* nicht-erneuerbaren materiell nutzbaren Ressourcen, so wie beispielsweise die Substitution von traditionellen Werkstoffen mineralischer Herkunft durch neue Werkstoffe aus Kunststoffen, Keramiken oder Verbundfasern. Derartige Substitutionsprozesse, die auf der Innovationstätigkeit der Materialforschung und der Werkstofftechnik beruhen, haben das materielle Potential der nicht-erneuerbaren Ressourcen in den vergangenen Jahren deutlich erhöht. Doch dieses erhöhte Potential basiert weiterhin auf nicht-erneuerbaren Ressourcen, so daß lediglich eine zeitliche Verzögerung hinsichtlich der Ressourcenverknappung erreicht wurde. Somit stellt sich für die Konstellation mit mittelfristig ausreichendem nicht-erneuerbaren Ressourcenpotential, aber nur wenig erforschten erneuerbaren Ressourcenpotentialen die Frage, ob und wie das Problem der Erforschung erneuerbarer Substitute, das für die Erfüllung der Regel drei essentiell ist, in mittlerer Frist zu behandeln ist.

Desweiteren ist zu berücksichtigen, daß die Substitution *zwischen* nicht-erneuerbaren Ressourcen zu einer Verschiebung der Umweltbelastung führt, da nicht nur zwei Stoffe substituiert werden, sondern mit ihnen die Abfallströme und sonstigen Naturbelastungen der Prozesse, auf denen sie beruhen. Damit stellt sich hinsichtlich der Regel drei die Frage, ob jede Erhöhung des nicht-erneuerbaren Ressourcenpotentials ein neues Risiko hinsichtlich der Auswirkungen der neuen Umweltbelastungen rechtfertigt oder welche Kriterien diesbezüglich gelten sollten. Aus diesen ungeklärten Fragen ergibt sich die Notwendigkeit der Formulierung einer mittelfristigen Strategie der nachhaltigen Nutzung von nicht-erneuerbaren materiell-nutzbaren Ressourcen, die einem langfristigen Prozeß der Substitution der materiellen nicht-erneuerbaren durch erneuerbare Ressourcen vorgeschaltet ist. Eine derartige Strategie muß ein sinnvolles Konzept der mittelfristigen intertemporalen Materialnutzung beinhalten, das langfristig einen krisenfreien Übergang zu einer vermehrten Nutzung erneuerbarer Ressourcen ermöglicht. Es steht außer Frage, daß der Schutz der Natur und des fruchtbaren Bodens durch eine Harmonisierung der natürlichen und ökonomischen Energie- und Stoffströme eine wesentliche Rolle innerhalb einer solchen Strategie einnehmen muß, da die zukünftigen Generationen ihren Materialbedarf hauptsächlich auf Grundlage der erneuerbaren Ressourcen zu decken haben.

---

7 Vgl. u.a. Ackerman 1994; Otzen 1992; Goodland 1991b; Ascher/Healy 1990; Bruenig 1990; Tisdell 1985.

8 Die genannte Zahl ist eine Durchschnittsgröße der Jahre 1983-85. Vgl. Baccini/Brunner 1991: S. 24.

Im Vergleich zu den beiden oben referierten Debatten über nachhaltige Energienutzung oder nachhaltiges Management erneuerbarer Ressourcen besteht hinsichtlich eines nachhaltigen Wirtschaftens mit nicht-erneuerbaren materiell-nutzbaren Ressourcen nur eine unscharfe Vorstellung hinsichtlich einer politischen intertemporalen Strategie. Der RAT VON SACHVERSTÄNDIGEN FÜR UMWELTFRAGEN DER BUNDESREPUBLIK DEUTSCHLAND (RSU) spricht in seinem Gutachten von 1994 hinsichtlich der Frage der Rohstoffnutzung von einer *allgemeinen Notwendigkeit der Ressourcenschonung* und zählt diverse Ansatzpunkte auf (Recycling, längere Produktlebensdauer, Reparaturfreundlichkeit von Produkten etc.). Weiterhin wird auf die Möglichkeit der Substitution durch erneuerbare Ressourcen hingewiesen.[9] Andere Autoren betonen die Notwendigkeit, in mittlerer Frist (etwa bis 2050) eine *Entmaterialisierung* der Industriegesellschaften anzustreben, wobei eine allgemeine Verringerung der Materialintensität um den Faktor fünf bis zehn vorgeschlagen wird.[10] Kriterien für spezifische Reduzierungsziele für einzelne Ressourcen gibt es bisher nicht. In der Bundesrepublik Deutschland befaßt sich derzeit eine Enquete-Kommission („Schutz des Menschen und der Umwelt") mit der Erarbeitung einer wissenschaftlichen Position zur Frage eines nachhaltigen Umgangs mit Ressourcen und Stoffströmen.[11]

Angesichts dieser noch sehr jungen Diskussion und der noch vagen Aussagen zu einem nachhaltigen Umgang mit nicht-erneuerbaren materiell-nutzbaren Ressourcen ist es nicht verwunderlich, daß, abgesehen von allgemeinen Forderungen bezüglich der Schonung von Ressourcen, ein Konsens hinsichtlich einer mittelfristigen intertemporalen Materialnutzung mit fundierten Zielen und Instrumenten noch nicht existiert.

An dieser Stelle setzt die vorliegende Arbeit an. Aufbauend auf und in kritischer Auseinandersetzung mit den vorliegenden ökonomischen Theorieansätzen in bezug auf die ökonomische Nutzung von nicht-erneuerbaren Ressourcen wird die besondere Bedeutung der materiellen Ressourcen für eine mittel- und langfristige ökonomische Entwicklung herausgearbeitet und ein Theoriekonzept für ein nachhaltiges Wirtschaften mit nicht-erneuerbaren materiell nutzbaren Ressourcen vorgestellt. Dieses theoretische Konzept zeigt die verschiedenen theoretischen Dimensionen auf, die hinsichtlich des Wirtschaftens mit nicht-erneuerbaren materiell nutzbaren Ressourcen von Bedeutung sind und ermöglicht auf diese Weise die Formulierung einer praxisorientierten Strategie für ein nachhaltiges Wirtschaften mit nicht-erneuerbarer Materie. Über den theoretischen Rahmen der Arbeit hinaus, werden die realwirtschaftliche Relevanz des theoretischen Konzepts in einer Fallstudie erörtert und Politikansätze für eine nachhaltige Materialnutzung präsentiert. Der Aufbau bzw. der inhaltliche Rote Faden durch die Arbeit gestalten sich wie folgt:

Nach der Einleitung in ***Kapitel 1*** wird in ***Kapitel 2*** die intertemporale Nutzung nicht-erneuerbarer Ressourcen aus der theoretischen Perspektive der Neoklassik dargestellt, die für die vorliegende Fragestellung die bisher wohl umfassendste theoretische Bearbeitung hinsichtlich des Aspektes der ökonomischen Nachhaltigkeit vorgelegt hat. Im Mittelpunkt stehen die mikro- und makroökonomischen Ansätze der optimalen intertemporalen Ressourcennutzung unter Einbeziehung von Umweltexternalitäten und expliziter Erörterung komplizierender Fragen wie Unsicherheit, unvollkommene Information, Risiko und Irreversibilitäten. Da der Nachhaltigkeitsbegriff in der traditionellen neoklassischen Theorie der nicht-erneuerbaren Ressourcen nicht explizit auftaucht, werden am Ende des Kapitels die neoklassischen Beiträge

9 Vgl. RSU 1994: S. 134-137.

10 Vgl. Schmidt-Bleek 1994: S. 161-174; BUND/MISEREOR (Hg.) 1996: S. 69-71 und Friends of the Earth Europe 1995.

11 Vgl. EK-SMU 1993, 1994, 1995.

und Implikationen hinsichtlich der Debatte um eine ökonomisch und ökologisch nachhaltige Nutzung nicht-erneuerbarer Ressourcen resümiert.

Im Anschluß daran folgt in ***Kapitel 3*** eine Darstellung der theoretischen Bedeutung von nicht-erneuerbaren Ressourcen innerhalb der noch jungen Theoriediskussion um eine „ökologische Ökonomie", die ökologische Nachhaltigkeit explizit als oberstes Ziel ihrer theoretischen Analyse versteht. Im Zentrum der Aufmerksamkeit steht dabei einerseits der von NICOLAS GEORGESCU-ROEGEN begründete thermodynamische Theorieansatz, der vehement für eine biophysikalische Untermauerung der ökonomischen Theorie eintritt, und der die besondere ökonomische Bedeutung energetischer und materieller Naturressourcen hervorhebt. Eine besondere Aufmerksamkeit wird in diesem Rahmen auch denjenigen Theorieansätzen gewidmet, die in der Tradition von HAYEK und SCHUMPETER den evolutionären Charakter ökonomischer Entwicklung betonen.

Mit Bezug auf diese theoretischen Grundlagen werden in ***Kapitel 4*** der makroökonomische Rahmen einer nachhaltigen Nutzung von nicht-erneuerbarer Materie und wesentliche mikroökonomische Implikationen aufgezeigt. Ausgehend von der Annahme, daß Substitution von Materialien und technischer Fortschritt als Substitution von Prozessen mit unterschiedlichen Auswirkungen auf die natürliche Umwelt zu verstehen sind, wird argumentiert, daß für eine nachhaltige Nutzung von materiell nutzbaren nicht-erneuerbaren Ressourcen *vier Analyse-Ebenen* zu unterscheiden sind, wobei sich die Ebene 1 auf makroökonomische und die Ebenen 2-4 auf mikroökonomische Theoriezusammenhänge beziehen:

1. Auf der hierarchisch obersten, makroökonomischen ***Ebene 1*** geht es um die absoluten Grenzen, die einer nachhaltigen ökonomischen Entwicklung durch die Natur auferlegt sind.
2. Auf der ***Ebene 2*** steht die Nutzung *einer speziellen* nicht-erneuerbaren Ressource innerhalb ihres gesamten Lebenszyklusses, also von der Ressourcenerschließung bis zur Entsorgung, im Zentrum der Aufmerksamkeit.
3. Auf der ***Ebene 3*** wird betrachtet, welche Determinanten den Prozeß der klassischen Materialsubstitution bestimmen und welche Umweltwirkungen von einem solchen Substitutionsprozeß ausgehen.
4. Auf der ***Ebene 4*** werden schließlich Prozesse ökonomischer Innovation und ihre Bedeutung für die aggregierte Materialnutzung analysiert und Umweltwirkungen solcher Vorgänge erörtert.

Mit Hinblick auf diese vier Analyse-Ebenen werden die mittel- und langfristigen Wachstums- und Materialnutzungsoptionen aus einer Nachhaltigkeitsperspektive diskutiert, um letztlich die Managementregeln für Nachhaltigkeit mit Bezug auf die ökonomische Nutzung materiell-nutzbarer nicht-erneuerbarer Ressourcen zu präzisieren und, soweit notwendig, zu ergänzen.

Im nachfolgenden ***Kapitel 5*** wird einerseits die praktische Relevanz der vier Analyse-Ebenen in einer empirischen ökonomisch-ökologischen Fallstudie verdeutlicht, während andererseits für alle Analyseebenen Politikansätze für eine intertemporal nachhaltige Nutzung von nicht-erneuerbarer Materie aufgezeigt werden. In bezug auf *Ebene 1* werden die intertemporalen Muster der globalen Ressourcennutzung dargestellt und analysiert sowie Politikoptionen für eine nachhaltige globale Rohstoffpolitik aufgezeigt. Am konkreten Beispiel der ökonomischen Kupferherstellung und -verwendung werden ökonomische und ökologische Aspekte im Lebenszyklus der Ressource Kupfer (*Ebene 2*) untersucht, wobei insbesondere Art und Verteilung der Umweltbelastungen über die Lebenszyklusstadien analysiert und Politikmaßnahmen vorgeschlagen werden. Die *Ebene 3* wird empirisch beleuchtet mittels einer ökonomisch-ökologischen Analyse des Substitutionsprozesses von Kupfer gegen Aluminium. Die *Ebene 4* wird schließlich am Beispiel der Innovationsprozesse im Telekommunikationsbereich erörtert, wobei das Hauptaugenmerk auf den Materialsubstitutionsprozessen zwischen Glasfaser und Kupfer liegen wird.

Die wesentlichen theoretischen und empirischen Ergebnisse der Arbeit sowie die wichtigsten Politikempfehlungen werden in ***Kapitel 6*** zusammenfassend resümiert. Dieses Kapitel eignet sich insbesondere für LeserInnen, die einen schnellen Überblick über Art und Ergebnisse dieser Arbeit erlangen wollen. Da in dieser Zusammenfassung zu allen wichtigen Aspekten und Ergebnissen Kapitelangaben gemacht werden, können interessierte LeserInnen mit speziellen Fachinteressen schnell diejenigen Kapitel identifizieren, die für sie eine besondere Relevanz besitzen.

Kapitel 2: Nicht-erneuerbare Ressourcen und ihre Umweltwirkungen in der Neoklassik

Wesentliche Aspekte der oben beschriebenen Fragestellung waren schon früh Gegenstand neoklassischer Analyse. Die "Theorie der nicht-erneuerbaren Ressourcen", die ein Bestandteil der Ressourcenökonomik ist, nahm ihren Anfang mit den klassischen Artikeln von GRAY (1914) und HOTELLING (1931). Diese und die ihnen nachfolgenden neoklassischen Ressourcenökonomen beschäftigten sich mit dem Problem der optimalen intertemporalen Nutzung von nicht-erneuerbaren Ressourcen. Ihre Fragestellung entspricht weitgehend der Problematik, die in der Einleitung unter dem Begriff der "ökonomischen Nachhaltigkeit" angesprochen wurde. Ökologische bzw. umweltbezogene Aspekte der Ausbeutung und Nutzung von nicht-erneuerbaren Ressourcen waren hingegen bisher eher selten Gegenstand der Ressourcenökonomik, und zumeist wird bezüglich dieser Problemstellung auf die neoklassische Umweltökonomik verwiesen, die sich mit diversen Fragen der Umweltverschmutzung befaßt, so daß in diesem neoklassischen Theoriebereich Beiträge zur Fragestellung der "ökologischen Nachhaltigkeit" zu vermuten sind. Nachfolgend werden nach einer einleitenden Einführung in die modelltheoretische Gedankenwelt der Neoklassik (Kapitel 2.1) die mikroökonomische Theorie der nicht-erneuerbaren Ressourcen und ihre Auswirkungen auf die makroökonomische Wachstumstheorie in Kapitel 2.2 dargestellt. Daran schließt sich eine Eröterung der wesentlichen Gedanken der neoklassischen Umweltökonomik in Kapitel 2.3 an. In Kapitel 2.4 werden die Fragestellungen der Ressourcen- und Umweltökonomik kombiniert, indem verschiedene Aspekte einer intertemporalen Ressourcennutzung unter Berücksichtigung von Umweltexternalitäten diskutiert werden. Neben der Erläuterung des intertemporalen Preispfades einer nicht-erneuerbaren Ressource mit Umweltexternalität, werden weiterhin die Frage nach dem Zusammenhang von Wachstum und Umweltverschmutzung thematisiert und die Problematik irreversibler Aktivitäten aufgegriffen. In Kapitel 2.5 schließt sich eine Darstellung der neoklassischen Analyse von Unsicherheit und Risiko hinsichtlich der Nutzung von nicht-erneuerbaren Ressourcen an, während schließlich in Kapitel 2.6 die Ergebnisse der neoklassischen Analyse in bezug auf das Konzept der Nachhaltigkeit zusammengefaßt werden.

2.1 Der neoklassische Analyserahmen

Dieses Kapitel stellt die wesentlichen Theoriekonzepte vor, die für das Verständnis der nachfolgenden Theorien zur Nutzung von nicht-erneuerbaren Ressourcen grundlegend sind. Der sich anschließende Abschnitt bezieht sich auf Konzepte des neoklassischen Modells im zeitlosen, statischen Raum und daran anschließend wird das dynamische, um den Faktor Zeit erweiterte Theoriemodell beschrieben.

2.1.1 Wohlfahrt, vollkommener Wettbewerb und Pareto-Optimalität

Die neoklassische Theorie des Marktes basiert hauptsächlich auf drei Säulen. Die Nachfrageseite des Marktes wird in der "Theorie des Haushalts" aufgegriffen und erörtert, und die Angebotsseite des Marktes ist Gegenstand der "Theorie der Produktion". Aufbauend auf diesen mikroökonomischen Theorien, die das Verhalten einzelner Marktakteure in einem bestimmten institutionellen Kontext erklären, ist es die "Wohlfahrtstheorie", die sich mit den Bedingungen für ein gesellschaftliches Wohlfahrtsmaximum beschäftigt und entsprechende Kriterien festlegt.[1] Im Gegensatz zu den positiven – d. h. erklärenden – Theorien der Mikroökonomik, die unter der Annahme eines nutzenmaximierenden Verhaltens der Marktakteure ihr Verhalten zu ergründen suchen, handelt es sich bei der Wohlfahrtstheorie um eine normative Theorie, die mit Rückgriff auf ethische Grundsätze festlegt, welche ökonomische Situationen in einer Gesellschaft gut oder schlecht sind bzw. wie eine gesellschaftliche Situation verbessert werden kann.[2] Somit kann konstatiert werden, daß die mikroökonomischen Theorien Aussagen zu optimalen *privaten* Wohlfahrtssituationen hervorbringen, während sich die Wohlfahrtstheorie mit optimalen *gesellschaftlichen bzw. sozialen* Wohlfahrtssituationen auseinandersetzt.

Der Begriff der "individuellen Wohlfahrt" ist in der Neoklassik eng verknüpft mit dem Begriff der Auswahl. Wenn beispielsweise festgestellt wird, daß die Wohlfahrt einer Person in einer Situation A höher ist als in B, so basiert diese Aussage darauf, daß die betreffende Person, hätte sie die Wahl zwischen den Situationen gehabt, sich gemäß ihrer Präferenzen für A entschieden hätte. Somit wird der Nutzen, den eine Person ex ante aus einer Situation zu ziehen glaubt, als Maßstab für individuelle Wohlfahrt herangezogen. Daher kann die Nutzenfunktion in der Haushaltstheorie, die die Präferenzordnung einer Person wiedergibt[3], als individuelle Wohlfahrtsfunktion betrachtet werden. Angesichts der vielen verschiedenen ökonomischen und nicht-ökonomischen Einflußfaktoren, die die Wohlfahrt einer Person bestimmen, ist es eine weitere wichtige Annahme der Wohlfahrtstheorie, daß nur die ökonomischen Faktoren – d. h. alle auf Märkten gehandelten Güter oder Dienstleistungen – variabel sind, während die nicht-ökonomischen Faktoren – wie Wetter, Zustand der Natur etc. – als exogen und konstant angenommen werden.[4]

Das Konzept der "gesellschaftlichen Wohlfahrt" ist mit wesentlich größeren Problemen behaftet, da es nicht ohne weiteres aus dem Konzept der individuellen Wohlfahrt ableitbar ist. Die Gründe dafür sind einerseits, daß Nutzen nicht meßbar und daher lediglich als qualitative Rangordnung darstellbar ist, und andererseits ergibt sich daraus, daß ein Nutzenvergleich zwischen verschiedenen Personen nicht möglich ist.[5] Aufgrund dieser Umstände argumentierte ARROW, daß die Herleitung einer konsistenten sozialen Wohlfahrtsfunktion nicht möglich ist.[6] Letztlich setzte sich in der Neoklassik ein Konzept der gesellschaftlichen Wohlfahrt durch, das einige Schwächen aufweist. Danach setzt sich eine soziale Wohlfahrtsfunktion zusammen aus den Nutzenfunktionen der Individuen und eine Verbesserung der Wohlfahrt liegt dann vor, wenn der Nutzen mindestens eines Individuums zunimmt, ohne daß der Nutzen anderer Personen beeinträchtigt wird. Dieses Kriterium der Wohlfahrtserhöhung geht zurück auf den Ökonomen VILFREDO PARETO und danach ist eine optimale soziale Wohlfahrtssituation dann erreicht, wenn keine Person mehr bessergestellt werden kann, ohne eine andere schlechterzustellen (Pareto-Optimalität).[7]

Die Vorteile einer derartigen sozialen Wohlfahrtsfunktion bestehen darin, daß der Nutzen

---

1 Vgl. Hagel 1993: S. 14 uns S. 147.

2 Vgl. Feldman 1981: S. 1.

3 Für das Konzept der Nutzenfunktion muß der individuelle Nutzen nicht quantitativ meßbar sein. Es ist ausreichend, wenn eine vollständige Rangfolge besteht zwischen verschiedenen Aktivitäten/Situationen und ihrer individuellen Nützlichkeit. Vgl. de Graaf 1967: S. 36.

4 Die Problematik dieser Annahme ist den neoklassischen Autoren durchaus bewußt. Wenn ein nicht-ökonomischer Einflußfaktor als exogen und konstant angenommen wird, so wird dadurch implizit vorausgesetzt, daß ökonomische Faktoren die nicht-ökonomischen Faktoren nicht beeinflussen und verändern. Vgl. de Graaf 1967: S. 5/6.

5 Vgl. O'Connell 1982: S. 153.

6 Vgl. Arrow 1969: S. 148.

7 Vgl. Samuelson/Nordhaus 1987: S. 93 und Neumann 1991: S. 165/166.

aller Individuen gleich behandelt wird, und daß die einzige Übereinstimmung der Gesellschaftsmitglieder darin bestehen muß, daß das PARETO-Kriterium allgemein anerkannt wird. Damit ist eine breite ethische Basis geschaffen, die nicht selten als werturteilsfrei bezeichnet wird.[8] Als Nachteile sind Erwägungen zu Einkommensverteilung (Distribution) und Gerechtigkeit anzuführen. So ist es ohne ein Hinzufügen weiterer ethischer Grundsätze nicht möglich, Aussagen über eine anfängliche "gerechte" Einkommensverteilung zu machen, und weiterhin ist die Gleichbehandlung der individuellen Nutzen bei ungleicher Distribution unter einem Gerechtigkeitsaspekt problematisch, da der Grenznutzen einer Geld- oder Produkteinheit für reiche und arme Personen ungleich ist. Ein Großteil der neoklassischen Ökonomen entledigte sich dieser Nachteile durch die Feststellung, daß eine bestimmte Ausgangsdistribution als vorgegeben betrachtet wird und lediglich Wohlfahrts*veränderungen* Gegenstand der Analyse sind, wobei Fragen der Distribution ausgeklammert werden. Dieser Zweig der Wohlfahrtstheorie wurde daher gelegentlich auch als "relative Wohlfahrtstheorie" bezeichnet.[9]

Ein fundamentales Element der neoklassischen Theorie ist das *Konzept des vollkommenen Wettbewerbsmarktes*.[10] Diese Marktform, die als idealer Markttypus am Anfang jeder neoklassischen Analyse steht, zeichnet sich durch folgende Merkmale aus:

① Der Markt besteht aus einer Vielzahl anbietender und nachfragender Akteure, von denen kein einzelner die Marktpreise beeinflussen kann, d. h. alle Marktteilnehmer sind Preisnehmer.

② Alle Marktteilnehmer verfügen über vollkommene Information über die verfügbaren Mengen aller Gütern und ihre Preise und über die Modi der Markttransaktionen.

③ Alle Güter (und Dienstleistungen) können individuell besessen und am Markt gehandelt werden und sie sind insofern vollkommene private Güter, daß alle Wirkungen, die sowohl von ihrer Herstellung als auch von ihrem Konsum ausgehen, vollständig auf den jeweiligen Besitzer zuzurechnen sind; d. h. es gibt keine öffentlichen Güter und auch keine Externalitäten.

④ Alle Faktoren der Produktion sind vollkommen mobil zwischen den verschiedenen möglichen Anwendungen.[11]

Die Wahl dieser idealen Marktform liegt sicherlich darin begründet, daß sie zur approximativen Beschreibung von dezentralen, demokratisch-orientierten Ökonomien mit ausgeprägten Eigentumsordnungen geeignet scheint.[12] Ein wesentlich wichtigerer Grund ist jedoch, daß innerhalb der Wohlfahrtstheorie gezeigt werden kann, daß unter bestimmten zusätzlichen Bedingungen das Ergebnis eines solchen Marktes, auf dem private Akteure ihre eigenen Interessen verfolgen, ein allokatives Gleichgewicht ist, das Pareto-optimal ist und damit aus gesellschaftlicher Sicht eine optimale soziale Wohlfahrt hervorbringt. Diese grundlegende wohlfahrtstheoretische Aussage, wird als "erstes fundamentales Theorem der Wohlfahrtstheorie" bezeichnet, und sie impliziert, daß sich unter idealen Umständen ein gesellschaftlich optimales Wohlfahrtsniveau ohne staatlichen Eingriff ergibt.[13] Dieses Theorem ist letztlich die Hauptbegrün-

---

8 Vgl. de Graaf 1967: S. 10.

9 Vgl. Ehlert 1968: S. 5. Im Gegensatz dazu beschäftigt sich der Zweig der "absoluten Wohlfahrtstheorie" ebenfalls mit der Bedeutung der Distribution für die soziale Wohlfahrt. Vgl. ebd.: S. 71ff..

10 Nachfolgend wird der Begriff "Wettbewerbsmarkt" immer synonym mit "vollkommenem Wettbewerbsmarkt" verwendet.

11 Vgl. u. a. O'Connell 1982: S. 10/11 und Kneese 1977: S. 18/19.

12 Vgl. Dasgupta/Heal 1979: S. 31.

13 Der formale Beweis des ersten Theorems der Wohlfahrtstheorie ist u. a. zu finden bei Feldman 1980: S. 47-51 und Dasgupta/Heal 1979: S. 31-37.

dung dafür, daß der Wettbewerbsmarkt als Grundmaßstab gilt, mit dem nicht zuletzt andere Allokationsergebnisse beurteilt werden können.

Obwohl der Wettbewerbsmarkt eine Pareto-optimale Allokation hervorbringt, ist damit nicht gleichzeitig eine gerechte Distribution des Produktionsergebnisses sichergestellt, da diese weitgehend von der Ausgangsverteilung der Ressourcen abhängt. Dieses Problem wurde in der Wohlfahrtstheorie insofern berücksichtigt, indem gezeigt wurde, daß ein Vektor von Transferzahlungen existiert, der die Ausgangsallokation je nach ethischer Grundeinstellung gerechter gestalten kann und damit auch die resultierende Allokation des Wettbewerbsgleichgewichts. Diese Aussage, daß eine gerechtere Pareto-optimale Allokation durch geringfügige Modifikationen erreichbar ist, wird als "zweites grundlegendes Theorem der Wohlfahrtstheorie" bezeichnet.[14]

Die Herleitung des ersten fundamentalen Theorems, das grundlegend für alle neoklassischen Theorien ist, nimmt in der Wohlfahrtstheorie besonders großen Raum ein, da gezeigt werden muß, wie und unter welchen Bedingungen das nutzenmaximierende Verhalten von Marktakteuren auf Wettbewerbsmärkten, das in den mikroökonomischen Theorien erklärt wird, zu einem gesellschaftlich optimalen Ergebnis führt. Diese Bedingungen und das Spannungsverhältnis von sozialer und privater Optimalität werden nachfolgend für die Angebots- und die Nachfrageseite des Marktes dargestellt und ebenso für die Gesamtallokation eines Wettbewerbsmarktes.

Aus der mikroökonomischen *Produktionstheorie* ist bekannt, daß ein Unternehmen seinen Nutzen – genauer gesagt: seinen Profit – maximiert, wenn die Kosten der letzten Produktionseinheit dem Preis entsprechen, der im Wettbewerbsmarkt vorgegeben ist.[15] Aus wohlfahrtstheoretischer Sicht besteht nun die Frage, warum ein solches unternehmerisches Verhalten auf einem Wettbewerbsmarkt eine gesellschaftlich optimale Produktionsmenge bzw. Produktkombination erzeugt.

Um diese Frage zu beantworten, sei eine soziale Produktionsfunktion betrachtet, die unabhängig von privaten Produktionsfunktionen herleitbar ist. Es handelt sich hierbei um die sogenannte Produktionsmöglichkeitenfunktion (PMF). Diese Funktion beschreibt alle möglichen Produktionsmengen, die bei vollkommener Nutzung aller Produktionsfaktoren in einer Ökonomie produzierbar sind. Abbildung 2.1 stellt eine solche Funktion für zwei Güter dar, wobei die restlichen Güter als konstant angenommen sind. Alle Punkte, die sich *nicht* auf der Grenzlinie der PMF befinden, sind im Sinne PARETOS sub-optimal – z. B. Punkt **A.** Es ließe sich eine Outputerhöhung mindestens eines Gutes durch Reallokation oder verbesserte Nutzung von Produktionsfaktoren erreichen, ohne den Output des anderen Gutes senken zu müssen – die Realisierung des Punktes **K** wäre ein Beispiel. Alle Punkte auf der Grenzlinie der PMF sind hingegen optimal, und eine Erhöhung der Produktmenge von Gut 1 um eine Einheit ließe sich nur erreichen durch Reduzierung der Produktion von Gut 2 und Umverlagerung der entsprechenden Produktionsfaktoren. Die Menge eines Gutes, die reduziert werden muß, um die Produktion einer Einheit eines anderen Gutes zu erreichen, wird als "soziale Grenzrate der Transformation" bezeichnet und sie entspricht der Steigung der Grenzlinie in dem entsprechenden Punkt. Der konvexe Verlauf der Grenzlinie ist der Annahme geschuldet, daß die Grenzproduktivität der Produktionsfaktoren mit zunehmender Produktion eines Gutes abnimmt, so daß

[14] Vgl. zu Herleitung und Beweis des zweiten Theorem u. a. Feldman 1980: S. 51-58. In der Formulierung des zweiten Theorems wird bewußt auf eine Konkretisierung des Gerechtigkeitskonzepts verzichtet. Es wird gezeigt, daß *jede* gewünschte Umverteilung möglich ist, ohne daß die Pareto-Optimalität der Endallokation beeinträchtigt wird.

[15] Vgl. dazu u. a. Pindyck/Rubinfeld 1992: S. 246-249.

die Grenzrate der Transformation steigt. In Abbildung 2.1 wird deutlich, daß eine Erhöhung der Produktion des Gutes 1 um eine Einheit ausgehend vom Punkt K immer größere Reduzierungen von Gut 2 erfordert.[16]

Abbildung 2.1: Soziale Produktionsmöglichkeitenfunktion für zwei Güter

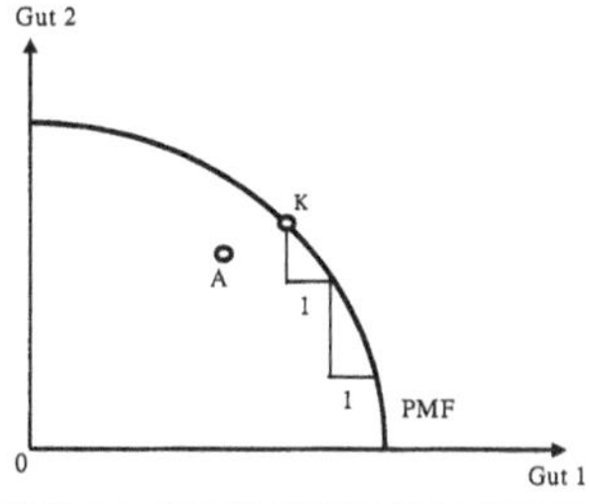

Wenn sich eine Ökonomie nun auf einer solchen sozialen PMF-Grenzlinie befinden soll – und somit einen Zustand der produktionsbezogenen Pareto-Optimalität realisiert – so muß die Grenzrate der Transformation zwischen den Gütern an jedem Ort der Ökonomie, wo diese Güter produziert werden, gleich sein. Wäre das nicht der Fall, so wären entweder nicht alle Produktionsfaktoren voll ausgenutzt oder eine Umverteilung der Produktionsfaktoren könnte zu höheren Produktionsmengen führen; in beiden Fällen läge ein sub-optimaler Zustand innerhalb der PMF-Grenze vor.[17] Da profitmaximierende Unternehmen in einem Wettbewerbsmarkt danach streben, die Grenzkosten der Produktion mit dem einheitlichen Wettbewerbspreis gleichzusetzen, müssen konsequenterweise die Grenzraten der privaten Transformation gleich sein. Die Grenzrate der Transformation läßt sich als Verhältnis der Grenzkosten der produzierten Güter interpretieren und aufgrund der Einheitlichkeit der Wettbewerbsmarktpreise, ist auch das Verhältnis der Güterpreise einheitlich. Die Bedingung für Profitmaximierung läßt sich folglich in einem relativen Kontext so formulieren, daß das Verhältnis der Grenzkosten (relative Grenzkosten) – bzw. die private Grenzrate der Transformation – gleich dem relativen Marktpreis sein muß. Damit garantiert das profitmaximierende Verhalten privater Akteure in einem Wettbewerbsmarkt die Gleichheit der privaten Transformationsraten, so daß sich die entsprechende Ökonomie auf der PMF-Grenzlinie befinden muß. Das Profitmaximierungsmotiv führt somit dazu, daß die Produktionsfaktoren dort eingesetzt werden, wo sie am produktivsten sind. Gleichzeitig wird dadurch eine optimale Produktkombination erreicht, da der relative Marktpreis die gesellschaftliche Nachfrage reflektiert und die Unternehmen sich bei der Entscheidung über die Höhe der Produktionsmengen an diesem Preis orientieren.[18]

Damit ist für einen Wettbewerbsmarkt gezeigt, daß private Optimalität der Produktion auch soziale Optimalität mit sich bringt. Es ist jedoch zu betonen, daß für dieses Ergebnis neben der Annahme der Existenz eines Wettbewerbsmarktes noch weitere Bedingungen erforderlich sind. So ergeben sich aus der Annahme der Konvexität der PMF-Grenzlinie zwei weitere Voraussetzungen. Erstens impliziert Konvexität, daß keine zunehmenden Skalenerträge in der Produktion bestehen dürfen, und zweitens wird durch diese Annahme ein stetig fallender Verlauf der PMF-Grenzlinie sichergestellt, der das unangenehme Phänomen multipler Gleichgewichte ausschließt.[19] Weiterhin ist zu betonen, daß das obige Ergebnis darauf beruht, daß jedes Unternehmen nach dem Motiv der Profitmaximierung handelt. Daher ist die Annahme des vollkommenen Wettbewerbs lediglich eine notwendige, nicht aber eine ausreichende Bedingung für die Gleichheit privater und sozialer Optimalität.

---

[16] Vgl. Pindyck/Rubinfeld 1992: S. 592/593.

[17] Vgl. de Graaf 1967: S. 22/23.

[18] Vgl. de Graaf 1967: S. 22 und Pindyck/Rubinfeld 1992: S. 593.

[19] Vgl. für die eingehendere Diskussion von Nicht-Konvexitäten de Graaf 1967: S. 24-27.

Auch für die Nachfrageseite eines Wettbewerbsmarktes ist eine ähnliche Herleitung der Gleichheit von privater und sozialer Optimalität möglich. Die übliche graphische Darstellung einer individuellen Wohlfahrtsmaximierung in der *mikroökonomischen Theorie des Haushalts* ist eine Indifferenzkurvenschar mit einer Bugetrestriktion, so wie für zwei Güter dargestellt in Abbildung 2.2. Eine Indifferenzkurve spiegelt jeweils alle Güterkombinationen wider, die für eine Person ein gleiches Nutzenniveau erbringen und eine Nutzenfunktion beinhaltet eine Indifferenzkurvenschar, die jedes Nutzenniveau mit jeweils einer Indifferenzkurve abbildet. Die jeweilige Steigung einer Indifferenzkurve in einem Punkt gibt an, auf wieviel Einheiten von einem Gut eine Person mit einem gegebenen Güterbündel verzichten muß, um bei gleichbleibendem Nutzenniveau eine zusätzliche Einheit von einem anderen Gut zu konsumieren. Dieses Verhältnis wird auch als "private Grenzrate der Substitution" bezeichnet und sie entspricht dem Verhältnis des Grenznutzens zweier Güter bei gegebener Güterausstattung.

Abbildung 2.2: Private Indifferenzkurve mit Budgetrestriktion

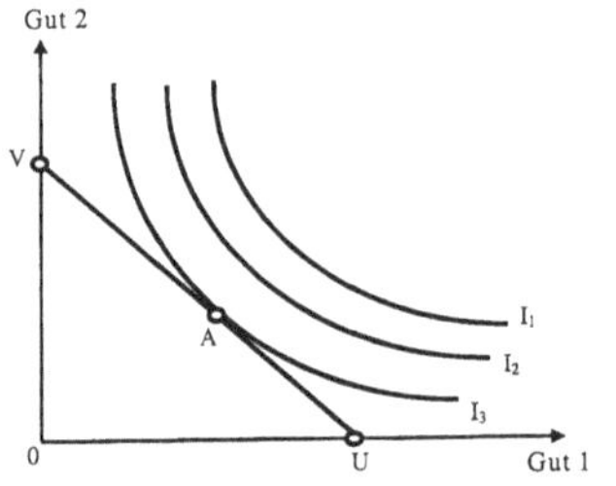

Der konkave Verlauf der Indifferenzkurven ergibt sich aufgrund der Annahme eines abnehmenden Grenznutzens mit zunehmendem Konsum eines Gutes. Die Budgetrestriktion zeigt an, welche Güterkombinationen eine Person mit ihrem Einkommen konsumieren kann und die (negative) Steigung der Buget-Geraden entspricht dem negativen Verhältnis der Gütermarktpreise. Am Punkt A ist die private Optimalität erreicht. Dort entspricht das präferierte Austauschverhältnis zwischen den Gütern dem Verhältnis der Gütermarktpreise. Anders formuliert ist an diesem Punkt der Grenznutzen einer Geldeinheit für beide Güter gleich. Eine nutzenmaximierende Person erreicht also ihre maximale private Wohlfahrt bei bestehender Bugetrestriktion, indem sie das Verhältnis des Grenznutzen zweier Güter (bzw. die private Rate der Substitution) mit dem Verhältnis der Gütermarktpreise gleichsetzt.[20]

Die Herleitung einer gesellschaftlichen Nutzenfunktion ist problematisch, da sich aus der Vielzahl der individuellen Indifferenzkurvenscharen keine konsistente gesellschaftliche Funktion ableiten läßt. Daher wird als Ausgangssituation für jede Person *eine* Indifferenzkurve mit einem beliebigen Nutzenniveau ausgewählt. Nun wird davon ausgegangen, daß alle Güter bis auf eins bereits verteilt sind, und dann wird die Frage gestellt, welche minimale Anzahl des verbleibenden Gutes an die Gesellschaftsmitglieder verteilt werden muß, um alle Personen auf ihrer vorher determinierten Indifferenzkurve zu plazieren. Die Antwort auf diese Frage ergibt einen Punkt auf der gesellschaftlichen Indifferenzkurve nach SCITOVSKY. Durch Variation der Verteilung der Gütermengen ergibt sich schließlich die gesamte SCITOVSKY-Kurve, die für zwei Güter in Abbildung 2.3 dargestellt ist. Alle Punkte auf der Scitovsky-Kurve sind aus Konsumentensicht Pareto-optimal und die Steigung der Kurve in bezug auf jede Güterkombination entspricht der sozialen Grenzrate der Substitution. Ist der Punkt **B** realisiert und alle Personen befinden sich auf ihrer ausgewählten Indifferenzkurve, so ist **B** sub-optimal und es sind Tauschvorgänge möglich, die das gleiche Nutzenniveau aller Gesellschaftsmitglieder mit weniger Gütern realisieren könnten – z. B. bei **A**.[21]

---

20 Vgl. u. a. Pindyck/Rubinfeld 1992: S. 73-75 und 86-88.

21 Vgl. de Graaf 1967: S. 45-46.

Abbildung 2.3: Die Scitovsky-Kurve

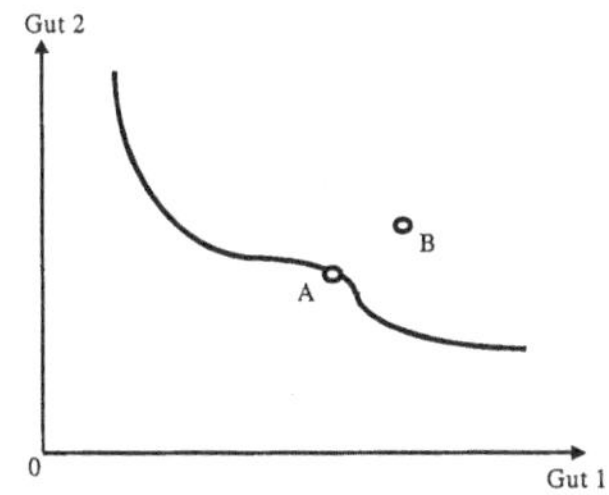

Angenommen, alle Personen konsumieren jedes Gut in einer Wettbewerbsökonomie, so lautet die Bedingung dafür, daß sich die Gesellschaft auf der SCITOVSKY-Kurve befindet, daß die Rate der Substitution zwischen allen Gütern für jede Person gleich sein muß. Ist das nicht der Fall, so sind Tauschtransaktionen möglich, die die gesamte Wohlfahrt bei gegebener gesellschaftlicher Güterausstattung im Sinne PARETOS erhöhen könnten. Diese Bedingung für konsumbezogene Optimalität ist in einem Wettbewerbsmarkt erfüllt, da alle Personen ihren Nutzen maximieren und ihre private Rate der Substitution an das Verhältnis der Güterpreise anpassen. Da die relativen Güterpreise einheitlich sind, garantiert also das nutzenmaximierende Verhalten eine sozial optimale Wohlfahrtssituation.[22] Analog zu den obigen Ausführungen zur Produktionstheorie ist auch in diesem Fall der Wettbewerbsmarkt nur eine notwendige und nicht ausreichende Bedingung für soziale Optimalität. Als weitere Bedingungen sind nutzenmaximierende Individuen und die Konvexität der individuellen Indifferenzkurvenscharen unabdingbar.

Aufbauend auf dem bisher Gesagten läßt sich zeigen, daß das Allokationsergebnis eines Wettbewerbsmarktes mit nutzen- bzw. profitmaximierenden Akteuren zu einem Pareto-optimalen Ergebnis führt. Aus der Produktionstheorie wurde deutlich, daß die Bedingung

(1) Private Rate der Transformation (relative Grenzkosten) = Relativer Preis

private und soziale Optimalität für die Produktion im Sinne PARETOS garantiert und die entsprechende Bedingung der Theorie des Haushalts lautet:

(2) Private Rate der Substitution (relativer Grenznutzen) = Relativer Preis.

Somit ist Pareto-Optimalität auf einem Wettbewerbsmarkt erreicht, wenn die Bedingungen der Optimalität für Angebot *und* Nachfrage erfüllt sind, wenn also gilt:

(3) Private Rate der Transformation = rel. Preis = Private Rate der Substitution

bzw. relative Grenzkosten = relative Grenznutzen = relativer Preis [23]

An dem einfachen partialen Marktmodell der Abbildung 2.4 läßt sich veranschaulichen, daß der Wettbewerbsmarktpreis, der sich durch nutzenmaximierendes Verhalten von Angebot und Nachfrage ergibt, ein Pareto-optimales Gleichgewicht bei (P*;M*) hervorbringt. Anfänglich sei die sub-optimale Konstellation mit der Outputmenge M_1 betrachtet. Diese Produktionsmenge würde zu einem Marktpreis von P_1 führen. Da dieses Preisniveau über den Grenzkosten der Produktion liegt, ist diese Situation für die Anbieter nicht profitmaximierend. Jede Outputerhöhung bis M* könnte den Gesamtprofit der Produzenten erhöhen und gleichzeitig eine

[22] Vgl. ebd., S. 47 und Neumann 1991: S. 187-189.. Wie bereits diskutiert, bezieht sich die gesellschaftliche Wohlfahrtsfunktion auf eine vorgegebene Ausgangsverteilung, so daß sich also eine Vielzahl von SCITOVSKY-Kurven ermitteln lassen. Aus diesen Kurven läßt sich wiederum eine gesellschaftliche Indifferenzkurve mit allgemeinerem Charakter ableiten, die als BERGSON-Kurve bekannt ist. Die Diskussion dieser Kurve ist hier nicht notwendig, da im Rahmen der Fragestellung die Betrachtung der relativen Wohlfahrt mit einer vorgegebenen Ausgangsverteilung ausreichend ist. Vgl. zur BERGSON-Kurve: de Graf 1967: S. 48-52.

[23] Vgl. u. a. Pindyck/Rubinfeld 1992: S. 594-596, Neumann 1991: S. 189-193, Samuelson/Nordhaus 1987: S. 93-99 und O'Connell 1982: S. 25-26.

Abbildung 2.4:
Pareto-Optimalität auf einem partiellen Wettbewerbsmarkt

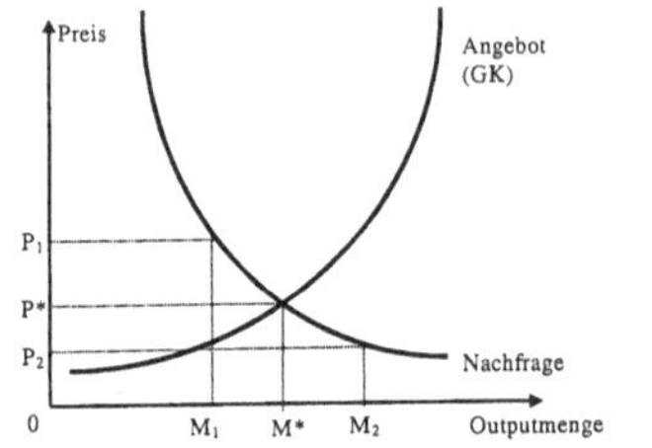

höhere Nachfrage befriedigen. Die Erhöhung des Outputs auf das Niveau M* würde also – im Sinne des Pareto-Kriteriums – sowohl die Anbieter als auch die Nachfrager besserstellen, ohne jemanden schlechterzustellen. Die Outputmenge bei M* ist Pareto-optimal, da eine Produktionserhöhung über M* hinaus, z. B. bis M_2, nur für die Nachfrageseite Vorteile erbrächte, während der Verkauf der Güter für die Produzenten mit Verlust verbunden wäre, da die Grenzkosten höher wären als der Marktpreis P_2.

Der formale Beweis, daß auch ein *allgemeines Pareto-Optimum* für eine Ökonomie mit vielen interdependenten Wettbewerbsmärkten für Konsumgüter, Zwischengüter, Rohstoffe und Arbeitskräfte existiert, wurde 1954 von ARROW und DEBREU erbracht (Existenztheorem für ein allgemeines Gleichgewicht).[24]

Abschließend sei noch darauf hinzuweisen, daß sich das in diesem Abschnitt vorgestellte Wohlfahrtskriterium nach PARETO lediglich auf potentielle Wohlfahrtsverbesserungen im Rahmen der angenommenen institutionellen Voraussetzungen bezieht. Aus wirtschaftspolitischer Sicht heraus weist dieses Kriterium allerdings große Defizite auf, da es weder einen Vergleich zweier sub-optimaler Zustände erlaubt, noch eine Auswahl zwischen wirtschaftspolitischen Handlungsoptionen ermöglicht, die sowohl Gewinner als auch Verlierer mit sich bringen. Aus diesen Gründen wurde von verschiedenen Autoren versucht, das Pareto-Kriterium auch für derartige Situationen anwendbar zu machen, indem es durch Kompensationstests erweitert wurde. So schlug z. B. KALDOR 1939 vor, daß eine Wohlfahrtserhöhung dann vorläge, wenn das Realeinkommen in einem Ausmaß steigt, daß der Gewinner einer Aktivität potentiell in der Lage ist, den Verlierer zu kompensieren (KALDOR-Kriterium).[25] Dieses Kriterium dient heute als methodische Basis für die Durchführung von wohlfahrtstheoretischen Kosten-Nutzen-Analysen.[26]

2.1.2 Intertemporale Pareto-Optimalität

Die Ausführungen des vorangegangenen Abschnittes bezogen sich auf statische Märkte in einem zeitlosen Raum. Eine Übertragung der obigen Ergebnisse – insbesondere das des ersten Theorems der Wohlfahrtstheorie – auf eine dynamische Modellwelt, in der Akteure zeitbezogen handeln und zukünftige Wohlfahrt in gegenwärtige Entscheidungen einbeziehen, ist nicht ohne weiteres möglich und erfordert einige grundlegende Hinweise zum Vorgehen neoklassischer Theoretiker in dynamischen Modellen. Diese werden nachfolgend geliefert und darauf aufbauend werden dann die Bedingungen für eine zeitübergreifende, also intertemporale optimale gesellschaftliche Wohlfahrt aufgezeigt.

Das neoklassische Konzept dynamischer, intertemporaler Märkte in einem kontinuierlichen Zeitrahmen ist eine Erweiterung des statischen Konzepts. Betrachtet wird eine Aneinanderrei-

24 Vgl. Arrow/Debreu 1954.

25 Während KALDOR lediglich die *Möglichkeit* einer Kompensation vorschlug, plädierte HICKS 1940 in einer leicht veränderten Version für eine tatsächliche Kompensation. Weitere Beiträge zu dieser Diskussion um Kompensationstests lieferten SCITOVSKY, SAMUELSON und LITTLE. Vgl. dazu de Graaf 1967: S. 84-91, Feldman 1980: S. 138-146, O'Connell 1982: S. 46-52 und Ehlert 1968: S. 13-17.

26 Vgl. O'Connell 1982: S. 52-54.

hung diskreter Zeitintervalle, auf die jeweils die Merkmale der statischen Analyse zutreffen. Eine wesentliche Komplikation der dynamischen Analyse tritt dadurch auf, daß durch Einbeziehung von Zeit nicht mehr nur vorgegebene *Ströme* von Kapitaldienstleistungen, Arbeitskraft und Ressourcen betrachtet werden wie im statischen Fall, sondern daß *Bestands*veränderungen von Kapital und Ressourcen im Zeitablauf die Produktions- und Konsummöglichkeiten der verschiedenen Perioden maßgeblich bestimmen.[27] Eine kontinuierliche Zeit wird so konstruiert, daß die Zeitdauer aller einzelnen diskreten Intervalle als unendlich klein unterstellt wird.[28]

Die Ausweitung der statischen auf die dynamische Analyse eines intertemporalen Gleichgewichts bedeutet, daß die Marktakteure sich nun nicht mehr nur entscheiden müssen, welche Menge und in welchem Verhältnis Güter individuell produziert und konsumiert werden, um optimale Wohlfahrtsergebnisse hervorzubringen, sondern nun muß zusätzlich entschieden werden, wie Konsum und Produktion über die Zeit zu allokieren ist, um eine maximale Wohlfahrt für den gesamten Betrachtungszeitraum zu sichern. Angenommen, die Anzahl der (unendlich kleinen) Zeitintervalle sei T und die Anzahl aller Güter sei für alle Zeitintervalle konstant gleich G. Damit muß jeder Marktakteur eine Entscheidung treffen über G Güter in T Zeitintervallen. Methodisch gesehen wird jedes Gut durch temporale Indexierung unterschieden nach dem Zeitpunkt seiner Produktion bzw. seines Konsums, so daß aus *einem* homogenen Gut der statischen Analyse in kontinuierlicher Zeit T Güter werden. Insgesamt existieren also für alle T Zeitperioden eine Anzahl von (G·T) Gütern.[29]

Ausgehend von dieser Konstruktion wird ein intertemporales Wettbewerbsgleichgewicht – für alle Märkte und für jedes Zeitintervall – derart ermittelt, daß die Marktakteure des Ausgangszeitpunktes (t_0) Konsum- bzw. Produktions*pläne* für alle unter Betrachtung stehenden Zeitperioden erstellen. Da die Märkte der Zukunft unbekannt sind, wird hier das Konzept des vollkommenen Wettbewerbsmarktes für den intertemporalen Kontext dergestalt erweitert, daß für den Zeitpunkt t_0 für alle Waren der Zukunft *vollkommene Terminmärkte* als existent angenommen werden, die entsprechend alle Marktinformationen der Zukunft über Mengen und Preise signalisieren.[30] Nun werden über diese Terminmärkte zum Zeitpunkt t_0 *alle Markttransaktionen der Zukunft* abgewickelt, wobei das Einkommen der Konsumenten und die Ertragsmöglichkeiten der Produzenten für alle Perioden bekannt und Zukunftseinkommen durch Kreditaufnahme auch in t_0 verfügbar sind.[31] Diese Transaktionen führen letztlich zum intertemporalen Wettbewerbsgleichgewicht.[32] Grundlegend für diese Konstruktion ist die Annahme "konsistenter Präferenzen", wodurch sichergestellt ist, daß die Präferenzen der Marktteilnehmer sich über die Zeit nicht verändern, d. h. die Pläne der Marktakteure werden mit vollkommener Information über zukünftige Präferenzen erstellt.[33]

Ein schwieriges Problem stellt in diesem Zusammenhang die Berücksichtigung der zukünftigen Generationen dar, weil lediglich die Marktakteure der Ausgangsperiode die alles determinierenden intertemporalen Pläne für Konsum und Produktion entwerfen. Dieses Problem

---

[27] Vgl. Ströbele 1987: S. 12/13.

[28] Vgl. Dasgupta/Heal 1979: S. 107. Jede Größe in einer solchen unendlich kleinen Zeitperiode t ist entsprechend als Marginalgröße zu interpretieren.

[29] Vgl. ebd.: S. 99-101.

[30] Der intertemporale vollkommene Wettbewerbsmarkt wird häufig auch durch das Konzept des allmächtigen "walrasianischen Auktionators" verdeutlicht, der die Abstimmung von Angebot und Nachfrage für jeden Zukunftszeitpunkt vornimmt. Vgl. u. a. Ströbele 1987: S. 49.

[31] Diese Annahme impliziert den problematischen Umstand, daß die Marktakteure keinen kurzfristigen Budgetbeschränkungen unterliegen. Vgl. Ströbele 1987: S. 48.

[32] Vgl. Dasgupta/Heal 1979: S. 101.

[33] Vgl. ebd.: S. 98.

wird durch die Annahme gelöst, daß sich jedes Individuum mehr oder weniger um das Wohlergehen der eigenen Kinder sorgt und diese Sorge als "Zukunftsfaktor" in jeder individuellen Nutzenfunktion auftaucht. Trotzdem muß jeder Marktakteur der Periode t_0 sämtliche Pläne, nicht nur für sich und seine Kinder, sondern für seine gesamte zukünftige Nachkommenschaft entwerfen und auf den Terminmärkten in t_0 umsetzen. Auf diese Weise sollen durch individuelle Entscheidungen heutiger Marktakteure die Präferenzen zukünftiger Generationen im dynamischen neoklassischen Modell berücksichtigt werden.[34]

Eine wesentliche Frage ist in diesem intertemporalen Kontext, wie individuelle Marktakteure ihre Wohlfahrt über die Zeit maximieren und welche Kriterien die Aufstellung der Konsum- bzw. Produktionspläne bestimmen. Als veranschaulichendes Beispiel für die Konsumentenseite sei eine Person mit einem fixen Bestand an Konsumgütern betrachtet und es steht zu entscheiden, wieviel des Gutes in einem vorgegebenen Zeitraum pro Periode konsumiert werden soll, um einen maximalen individuellen Nutzen zu erreichen. Aus dem Kontext der Marginalanalyse ist es unmittelbar einsichtig, daß der entsprechende Konsumplan so aufzustellen ist, daß der Grenznutzen des Konsums über die Zeit gleich bleibt. Wäre das nicht der Fall, so könnte der Nutzen durch Verlagerung des Konsums erhöht werden.[35] Analog dazu läßt sich argumentieren, daß ein Produzent über die Zeit versucht, einen gleichmäßigen gegenwartsbezogenen Grenzgewinn für alle Perioden zu realisieren.

Nach diesen allgemeinen Bemerkungen über die Konstruktion intertemporaler Märkte und intertemporales nutzenmaximierendes Verhalten von Marktakteuren lassen sich – teilweise in Analogie zur statischen Analyse – die Bedingungen für intertemporale Pareto-Optimalität aufzeigen.

Konsumenten müssen sich im intertemporalen Kontext nun auch entscheiden, wie sie den Konsum zukünftiger Güter im Vergleich mit dem Konsum in der Gegenwart bewerten. Ihre Nutzenfunktion ist daher entsprechend zu erweitern, aber die Darstellung der intertemporalen Präferenzen kann in Analogie zur Abbildung 2.2 erfolgen, wobei der Einfachheit halber lediglich zwei Zeitperioden betrachtet werden. Während in der statischen Analyse mit Gut 1 und Gut 2 zwei verschiedene Güter (einer Zeitperiode) betrachtet wurden, sind sie nun als identisch, aber zeitindexiert zu verstehen, d. h. Gut 1 stellt ein Gut der Periode 1 dar und Gut 2 ein identisches Gut der Periode 2. Die Punkte auf einer Indifferenzkurve repräsentieren nun ein bestimmtes Nutzenniveau für verschiedene Konsumpläne für zwei aufeinanderfolgende Perioden. Die Steigung in den einzelnen Punkten der intertemporalen Indifferenzkurven werden als "marginale Rate der Zeitpräferenz" bezeichnet und sie zeigen an, wieviel Konsumeinheiten eines Gutes ein Konsument in Periode 1 aufzugeben bereit ist, um in Periode 2 eine weitere Einheit konsumieren zu können. Die Lage der Indifferenzkurven gibt Aufschluß über die allgemeine Zeitpräferenz des Individuums. So haben z. B. sehr vorsichtige und gegenwartsbezogene Konsumenten eine Indifferenzkurvenschar, die allgemein näher an der Achse von Gut 1 liegt.[36]

Die Budgetgerade zeigt im dynamischen Kontext an, welche intertemporalen Konsumpläne der Konsument mit dem kombinierten Einkommen der beiden Perioden realisieren kann. Hierbei wird unterstellt, daß die Person über das Zukunftseinkommen verfügen kann, dafür aber einen Zins zu entrichten hat. Der Extrempunkt U auf der Budgetgeraden in Abbildung 2.2 ent-

---

[34] Der Teil der Nutzenfunktion, der die zukünftigen Generationen berücksichtigt, wird in der Literatur auch als "bequest-function" (Erb-Funktion) bezeichnet. Vgl. für eine ausführlichere Erläuterung dieses Konzeptes: Dasgupta/Heal 1979: S. 256/257.

[35] Vgl. ebd.: S. 95/96.

[36] Vgl. O´Connell 1982: S.103, 105.

spricht in diesem Kontext der maximalen Menge des möglichen Konsums des Gutes in Periode 1, wobei der Konsument sein Einkommen der Periode 1 und sein diskontiertes Einkommen der Periode 2 verausgabt. Der Extrempunkt V repräsentiert die maximale Menge des Güterkonsums in Periode 2, wobei der Konsument sein verzinstes Einkommen aus Periode 1 plus dem Einkommen aus Periode 2 einsetzt. Bei Gleichheit des Marktzinssatzes *i* für Kredit und Anlage, wie sie im Gleichgewicht existiert, und bei Konstanz des Güterpreises über die Zeit ist die Steigung der Bugetgeraden gleich minus (1+i), also gleich dem negativen Wert des marktbezogenen Diskont- bzw. Aufzinsungsfaktors.[37]

Analog zur statischen Wohlfahrtsmaximierung wird in diesem Kontext die private intertemporale Wohlfahrt maximiert bei Punkt A der Abbildung 2.2. An diesen Punkt ist die private Pareto-Optimalität des Konsumenten erreicht und es gilt die Bedingung:

(4) Rate der marginalen Zeitpräferenz = marktbezogener Diskontfaktor

Die Bedingung für die nachfrageseitige, gesellschaftliche Pareto-Optimalität lautet, daß die marginale Zeitpräferenz unter allen Konsumenten gleich ist, und sie wird garantiert durch den einheitlichen Zinssatz des vollkommenen Wettbewerbsmarktes.[38] Private und soziale intertemporale Optimalität für Konsumenten ergibt sich somit aus der gleichzeitigen Erfüllung der Bedingungen (2) und (4).

Die Herleitung der Bedingungen für private Pareto-Optimalität von Produzenten gestaltet sich etwas komplizierter; u. a. aufgrund der unterschiedlichen intertemporalen Austauschbarkeit wesentlicher Produktionsfaktoren und des Einflusses des Produktionsfaktorbestandes – und damit der periodenbezogenen Investition – auf die Produktionsmöglichkeiten in den einzelnen Zeitperioden. So läßt sich z. B. unter den Voraussetzungen eines Wettbewerbsmarktes die gesamte Arbeitskraft aus Periode t_0 nicht in Periode t_5 verlagern, während die Nutzung von Kapital und natürlichen Ressourcen durchaus intertemporal verschoben werden kann. Die Produktionsmöglichkeiten und der Konsum in jeder Periode ist nun maßgeblich davon abhängig, wieviel Kapital durch Investition in den vorhergehenden Perioden akkumuliert worden ist. Daher wird zur Herleitung der PARETO-Bedingung die Investition zu einem zentralen Konzept, die die intertemporalen Produktions- und Konsummöglichkeiten determiniert.

Betrachtet sei ein intertemporal wohlfahrtsmaximierender Produzent, der über die Art einer Geldanlage über eine bestimmte Zeitperiode t zu entscheiden hat. Gegenstand seiner Aufmerksamkeit sind alternative Investitionsmöglichkeiten, deren Erträge er in Gegenwartswert miteinander vergleicht. Wie bereits erwähnt, maximiert der Produzent oder Geldbesitzer seine intertemporale Investition, indem er versucht, einen gleichbleibenden Grenzgewinn zu realisieren. Nun könnte er einerseits sein Geld zum marktüblichen Zinssatz der entsprechenden Zeitperiode (i_t) in eine Anlage am Kapitalmarkt investieren und andererseits könnte er eine Investition in verschiedenartige reale Kapitalanlagen erwägen. Zur Erzielung eines konstanten Grenzgewinns in Gegenwartswert lautet die Voraussetzung für die Investition in Sachkapital, daß die Ertragsrate des Kapitals für die Periode (g_t) abzüglich der periodenbezogenen Abschreibungsrate (μ_t) und korrigiert um die marktbezogene Wertveränderungsrate des Kapitals in der Nutzungsperiode $[(dp_t/dt)/p_t]$[39] so hoch sein muß wie der Marktzinssatz, die am Kapitalmarkt realisiert werden kann. Nur unter dieser Bedingung bleibt der Gegenwartswert des

---

[37] Vgl. ebd.: S. 104-105.

[38] Vgl. ebd.: S. 104.

[39] Der Wert des Kapitals in einer Zeitperiode t wird mit p_t umschrieben, wobei p_t für den relativen Preis des Kapitals bezogen auf den Gegenwartswert steht. Vgl. Dasgupta/Heal 1979: S. 106-107.

Grenzgewinns für jede Periode gleich hoch. Da Geldbesitzer ihre Investitionsoptionen in einem Wettbewerbsmarkt ständig vergleichen und ihre Anlage so verlagern, daß der Gegenwartswert des Gesamtertrages maximal wird (Arbitrage), sind im Marktgleichgewicht jeder Zeitperiode t die Ertragsraten aus allen alternativen Geldanlagen am Kapitalmarkt und der Investition in Sachkapital gleich, so daß die Geld- bzw. Kapitalbesitzer indifferent bzgl. der Form der Geldanlage sind. Diese intertemporale Gleichgewichtsbedingung, die sich aus dem profitmaximierenden Verhalten von Marktakteuren ergibt, sieht formal ausgedrückt für kontinuierliche Zeit wie folgt aus:

$$g_t - \mu_t + \frac{\frac{dp_t}{dt}}{p_t} = i_t \qquad (5)$$

Diese Gleichung (5) wird in der Literatur als *Arbitragegleichung* bezeichnet[40] und sie stellt eine Verknüpfung der Gleichgewichte von Kapitalmarkt und Gütermarkt dar. Ihre Erfüllung impliziert sowohl ein intertemporales Marktgleichgewicht als auch wohlfahrtsmaximierendes Verhalten der Produzenten im Sinne PARETOS.

Die Ableitung gesellschaftlicher Pareto-Optimalität für die Angebotsseite des Marktes wird in der Wohlfahrtstheorie mittels kontrolltheoretischer Verfahren ermittelt. Ausgehend von einer als vorgegeben angenommenen Wohlfahrtsfunktion wird dabei versucht, die Bedingungen für einen sozial optimalen Produktionspfad für einen vorgegebenen Zeitrahmen, der als *Zeithorizont* bezeichnet wird, zu ermitteln, wobei eine soziale Behörde als planender Akteur zum Wohle der Gesellschaft unterstellt ist. Vorgegeben ist dabei der Bestand des Kapitalstocks in t_0 und die Ausstattung mit Produktionsfaktoren, und zu ermitteln ist derjenige Produktions- bzw. Investitionspfad über die Zeit, der die höchste gesellschaftliche Wohlfahrt erbringt. Als Resultat ergibt sich, daß der allgemeine Wohlfahrtseffekt der marginalen Produktion in jeder Periode den Grenzkosten der Produktion zu entsprechen habe, und andererseits, daß der Wertverlust des Kapitals (Abschreibung) in jeder Periode gleich sein soll dem sozialen Wohlfahrtsgewinn aus der marginalen Produktion plus der marktbezogenen Wertveränderung des Kapitalstocks.[41]

Dieses Ergebnis läßt sich durchaus als allgemein vereinbar mit der Arbitragegleichung deuten. Allerdings ist argumentiert worden, daß der private Grenzertrag und der soziale Wohlfahrtsgewinn aus dem Grenzprodukt einer Periode unterschiedliche Größen sein können. In einem Marktmodell mit Steuererhebung durch den Staat – z. B. aufgrund von Redistributionserwägungen gemäß des zweiten Theorems der Wohlfahrtstheorie – ermittelt ein privates Unternehmen den Ertrag aus der Produktion (g_t) als Ertrag *nach* Steuern, während sich das soziale Analogon zu g_t, also der soziale Wohlfahrtsgewinn aus der Produktion, auf den Ertrag *vor* Steuern bezieht. Leiten nun die privaten Produzenten die profitmaximierende Verzinsung ihres Kapitals auf Grundlage des Ertrags nach Steuern ab, so kommen sie auf einen höheren Zinssatz als bei der Ermittlung im sozialen Fall.[42] Als Bedingung für die Gleichheit sozialer und privater produktionsbezogener Pareto-Optimalität ist also festzuhalten:

(6) *privater Zinssatz = sozialer Zinssatz* *bzw.*
privater Diskontfaktor = sozialer Diskontfaktor

40 Eine formale Herleitung der Arbitragegleichung ist zu finden bei Dasgupta/Heal 1979: S.105-107.

41 Vgl. für die Herleitung und die Interpretation der Gleichungen des Maximum-Prinzips: O'Connell 1982: S. 106-111.

42 Vgl. Solow 1974a, S. 8-9.

Damit sind die intertemporalen Bedingungen für private und soziale Pareto-Optimalität für Angebots- und Nachfrageseite des Marktes aufgezeigt worden. Die Bedingungen (4) und (6) ergeben in Kombination die intertemporale Optimalitätsbedingung für ein dynamisches Marktmodell:

(7) Rate der marginalen Zeitpräferenz = privater Diskontfaktor = sozialer Diskontfaktor [43]

Diese Bedingung (7) ist als Erweiterung der statischen Bedingung (3) zu verstehen und nur wenn beide erfüllt sind ist das erste fundamentale Theorem der Wohlfahrtstheorie auch im intertemporalen Kontext gültig.

Wie bereits in der statischen Analyse konstatiert wurde, ist auch an dieser Stelle zu betonen, daß die Bedingungen für eine intertemporal optimale Allokation keineswegs eine „gerechte" Distribution zwischen den Generationen hervorbringen.[44] Trotz der Berücksichtigung der zukünftigen Generationen in der Präferenzfunktion der gegenwärtigen Marktakteure ist die Zeitpräferenz hauptsächlich auf die Gegenwart gerichtet und der Nutzen bzw. der soziale Wohlfahrtsgewinn der Zukunft wird diskontiert, also geringer eingestuft. Die Festsetzung einer sozialen Diskontrate ist somit eine ethische Entscheidung und dieser Umstand erklärt vielleicht auch die Tatsache, daß die Debatte über die optimale Höhe der sozialen Diskontrate sehr kontrovers geführt wird.[45] Weiterhin ist die Bestimmung eines optimalen intertemporalen Produktionspfades abhängig von der Wahl eines Zeithorizonts, und jede Wahl, die nicht auf einen unendlichen Zeithorizont fällt, diskriminiert diejenigen zukünftigen Generationen, die ausgeschlossen werden.[46] Diese Fragen werden an dieser Stelle nicht weiter vertieft, da sie Gegenstand folgender Kapitel sein werden. Es sei nur schon vorab betont, daß jede intertemporale Wohlfahrtsanalyse notwendigerweise grundlegende ethische Entscheidungen über intertemporale Distribution in sich trägt, die vor Beginn der Analyse offenzulegen sind.

2.2 Die Theorie der nicht-erneuerbaren Ressourcen

In der neoklassischen Theorie werden nicht-erneuerbare Ressourcen charakterisiert als primäre, nicht durch Menschen produzierte Güter, die als endlicher Bestand zur natürlichen Ausstattung der Erde zählen, sich nicht reproduzieren und daher lediglich eine endliche Summe von Dienstleistungsströmen repräsentieren.[47] Die Hauptfragen der Theorie der nicht-erneuerbaren Ressourcen betreffen die optimale private und soziale Nutzung der betroffenen Ressourcen über die Zeit und ihre optimale Verwendung als Produktionsfaktoren. Dieser Zweig der neoklassischen Theorie thematisiert damit unter anderem die langfristige wohlfahrtsmaximierende Nutzung mit nicht-erneuerbaren Ressourcen und ihre Verteilung zwischen den Generationen, womit wesentliche Aspekte aufgegriffen werden, die in der Einleitung insbesondere unter dem Begriff der „ökonomischen Nachhaltigkeit" diskutiert wurden. Da die Betrachtung von nicht-erneuerbaren Ressourcen nur im Zeitablauf sinnvoll ist, beziehen sich sämtliche Ausführungen ausschließlich auf einen intertemporalen Analyserahmen.

---

[43] Vgl. O'Connell 1982: S. 106.

[44] Vgl. Dasgupta/Heal 1979: S. 256.

[45] Vgl. dazu Kapitel 2.2.2.2.

[46] Vgl. de Graaf 1967: S. 95/96.

[47] Definition in Anlehnung an Dasgupta/Heal 1979: S. 153. Neben den mineralischen Rohstoffen wie Kupfer, Aluminium, Zink etc. werden auch die fossilen Rohstoffe Erdöl, Gas, Kohle etc. als nicht-erneuerbar bezeichnet. Diese Begriffsfassung ist im engen Sinne nicht korrekt, da fossile Rohstoffe als Endprodukt der Photosynthese verstanden werden können, deren Reproduktionsprozeß sich über mehrere Millionen Jahre erstreckt. Der Grund für die Zuordnung zu den nicht-erneuerbaren Ressourcen liegt in der langen Reproduktionsdauer.

2.2.1 Die optimale Nutzung nicht-erneuerbarer Ressourcen

Die Analyse der bestmöglichen Nutzung von nicht-erneuerbaren Ressourcen soll in diesem Abschnitt in vier Schritten vollzogen werden. Als erstes werden in einem sehr restriktiven, vereinfachten Modellrahmen die optimale Ressourcennutzung und ihre Bedingungen aus privater und sozialer Perspektive hergeleitet. Danach werden einige Modellkomplikationen vorgenommen, die jeweils die Wirkungen wichtiger Einflußfaktoren auf die Nutzung nicht-erneuerbarer Ressourcen aufzeigen werden. Im Anschluß daran erfolgt eine Erörterung der Nutzung von nicht-erneuerbaren Ressourcen unter monopolistischen Marktverhältnissen und abschießend wird ein möglicher Preispfad skizziert, der den Bedingungen heutiger Rohstoffmärkte annähernd entsprechen mag.

2.2.1.1 Optimale Ressourcennutzung aus sozialer und Wettbewerbsmarktperspektive

Als erstes sei eine einfache und überschaubare intertemporale vollkommene Marktkonstellation betrachtet, in der es private Besitzer nicht-erneuerbarer Ressourcenbestände gibt. Die Nachfrage nach der Ressource sei intertemporal bekannt und konsistent, der Grenznutzen aus dem Konsum der Ressource sei innerhalb jeder Zeitperiode abnehmend und es existiere ein prohibitives Preisniveau, bei dem die Nachfrage nach der Ressource gleich null wird. Weiterhin sei der Umfang der Ressourcenbestände bekannt und die Qualität der Ressourcen einheitlich und beständig. Schließlich sei zur besseren Illustration anfänglich angenommen, daß keine Kosten für den Ressourcenabbau entstehen.

Unter diesen Umständen stellt die nicht-erneuerbare Ressource einen Aktivposten dar, der mit anderen profitablen Anlageformen des Kapitalmarktes im Wettbewerb steht. In Anlehnung an die Arbitragegleichung (5) aus Abschnitt 2.1.2 ist ein Geldbesitzer nur an der Investition in einen Bestand nicht-erneuerbarer Ressourcen interessiert, wenn dieser Bestand in einer vorgegebenen Zeitperiode t einen gleichbleibenden gegenwartswertbezogenen Grenzgewinn erbringt. Da der Ressourcenbestand als beständig angenommen ist, also kein Verschleiß auftritt, ist die Abschreibung, also μ_t, gleich null. Weiterhin erbringt die nicht-erneuerbare Ressource keinen Ertrag g_t , da sie nicht produktiv ist. Somit reduziert sich die Arbitragegleichung (5) in diesem einfachen Fall auf folgende Form:

(8) $$\frac{\frac{dp_t}{dt}}{p_t} = i_t$$

Das bedeutet, daß der einzige Anreiz für den Erwerb einer nicht-erneuerbaren Ressource die zukünftige Wertveränderung der unausgebeuteten Ressource ist. Damit stehen die Märkte für nicht-erneuerbare Ressourcen unter großem Einfluß der Kapitalmärkte und dem sich dort ergebenen Marktzinssatz. Die Bedingung dafür, daß Marktakteure als potentielle Ressourcenbesitzer eine nicht-erneuerbare Ressource als ökonomisch attraktiv erachten, lautet also, daß der Preis der unausgebeuteten Ressource (P) im Zeitverlauf mit dem Zinssatz steigen muß. Für den Fall des intertemporalen Gleichgewichts, in dem die Erträge auf alle Investitionen in jeder Periode gleich sind, ergibt sich die Regel für den intertemporalen Gleichgewichts-Preispfad einer nicht-erneuerbaren Ressource:

(9) $$P_t = P_0 \cdot e^{it}$$

Diese vereinfachte Form der Arbitragegleichung, die den optimalen Preispfad einer nicht-erneuerbaren Ressource beschreibt, wurde erstmals von HAROLD HOTELLING präsentiert[48], und in Anlehnung an seinen Beitrag wird der Zusammenhang, den sie umschreibt, in der Literatur als „HOTELLING-Regel" bezeichnet.

Nun können die restriktiven Annahmen ein wenig gelockert werden und es soll fortan die realistischere Annahme gelten, daß ein gewisser Aufwand für den Abbau einer nicht-erneuerbaren Ressource notwendig ist. Die Grenzkosten des Ressourcenabbaus, nachfolgend als *Abbaugrenzkosten* (AGK) bezeichnet, sollen vorläufig als konstant angenommen werden. Der Marktpreis einer Ressource (MP) auf einem Wettbewerbsmarkt ergibt sich unter Berücksichtigung des zuvor Gesagten als Summe des Preises der noch im Boden befindlichen Ressource (P) und der Abbaugrenzkosten (AGK). Damit läßt sich die HOTELLING-Regel umformulieren in bezug auf den optimalen Pfad des Marktpreises:

$$MP_t = (MP_0 - AGK) \cdot e^{it} + AGK \tag{10}$$

Aus dieser Formulierung[49] ergibt sich eine ökonomische Besonderheit der nicht-erneuerbaren Ressourcen im Vergleich zu anderen Gütern, die lautet, daß ihr Marktpreis nicht gleich den Grenzkosten ihrer Produktion ist. Es existiert ein Aufschlag, der sich durch die zukünftige Verknappung der Ressource erklärt, und der bisher als Preis P_t der unausgebeuteten Ressource bezeichnet wurde. Dieser Aufschlag wächst gemäß der Hotelling-Regel mit dem Zinssatz und er wird in der Literatur als Royalty, Knappheitsrente oder nur kurz als Rente bezeichnet.[50]

Für einen Ressourcenbesitzer ist die Hotelling-Regel jedoch nur eine notwendige Bedingung für die profitmaximale Veräußerung der nicht-erneuerbaren Ressource, aber sie ist nicht ausreichend für die Erstellung eines optimalen intertemporalen Plans für die mengenbezogene Ressourcenextraktion, da sie lediglich die intertemporalen Preis*veränderungen* anzeigt, aber keine Angaben über eine Anfangskonstellation – d. h. die Höhe der Royalty zum Zeitpunkt t_0 und die entsprechende Extraktionsmenge – enthält. Die Erstellung eines intertemporalen Produktionsplans erfordert daher zusätzlich vollständige Informationen über die intertemporale Ressourcen-Nachfrage. Da in diesem Modellkontext ein vollkommener intertemporaler Wettbewerbsmarkt mit einem kompletten Satz an Zukunftsmärkten unterstellt ist, ist diese Information vorhanden. Unter der obigen Annahme, daß ein Prohibitivpreis existiert, bei dem die Nachfrage gleich null ist, muß der profitmaximierende Extraktionspfad des Ressourcenbesitzers im intertemporalen Gleichgewicht dergestalt verlaufen, daß einerseits der Anstieg der Royalty mit dem Zinssatz gewährleistet ist und andererseits der Ressourcenbestand zu dem Zeitpunkt erschöpft ist, an dem das Prohibitivpreisniveau erreicht ist. Neben der Hotelling-Regel ist also zusätzlich die intertemporale Nachfrage notwendig, um den optimalen Produktions- und Preispfad einer nicht-erneuerbaren Ressource zu bestimmen, der für eine lineare intertemporale Nachfragefunktion in Abbildung 2.5 graphisch dargestellt ist.[51]

Das Diagramm oben links der Abbildung 2.5 zeigt den Verlauf des Ressourcenmarktpreises

---

48 Vgl. Hotelling 1931: S. 141. Wie in volkswirtschaftlichen Modellen üblich wird auch in dieser Arbeit der Faktor e^{it} als Aufzinsfaktor und e^{-it} als Diskontfaktor benutzt. Diese Faktoren entsprechen approximativ dem Aufzinsfaktor $(1+i)^t$ bzw. dem Diskontfaktor $(1+i)^{-t}$ der betriebswirtschaftlichen Investitionsrechnung. Vgl. Herfindahl 1967: S. 66 und für die explizit mathematische Begründung Chiang 1984: S. 274-275.

49 Vgl. dazu u. a. Herfindahl 1967: S. 66 und Fisher 1981: S. 18.

50 Vgl. u. a. Dasgupta/Heal 1979: S. 159, Solow 1974a: S. 2-3 und Herfindahl 1967: S. 66. Diese drei Begriffe werden im Verlauf dieser Arbeit synonym verwendet.

51 Für eine formale Herleitung des intertemporalen Produktionsplans bei Existenz einer linearen Nachfragefunktion vgl. u. a. Hotelling 1931: S. 141-142 und Dasgupta/Heal 1979: S. 166-167.

über die Zeit, das rechte die dazugehörige intertemporale Nachfragefunktion mit Prohibitivpreis bei H und das untere Diagramm bildet die entsprechende optimale physische Ressourcenextraktionsmenge (r_t) über die Zeit ab, wobei auf der nach unten weisenden Achse *positive* Extraktionsmengen abgetragen sind. Der Anfangsmarktpreis MP_0 ist dermaßen determiniert, daß sein Royaltyanteil P (MP minus AGK) mit dem Zinssatz über die Zeit wächst, bis MP schließlich bei T_H endet, wo die Ressource erschöpft ist. Im Diagramm wird deutlich, daß der Anteil der Royalty am Markpreis über die Zeit immer größer wird und ihn schließlich dominiert. Das bedeutet, daß der Marktpreis besonders zu Anfang, wenn die Ressource noch nicht sehr knapp ist, mit einer Rate ansteigt, die geringer ist als der Marktzinssatz, da die gleichbleibenden AGK ebenfalls Bestandteil des Marktpreises sind. Dieser Umstand ist intuitiv sehr einleuchtend: Die Royalty als Verknappungsfaktor des Marktpreises bekommt erst mit zunehmender Verknappung eine wachsende Bedeutung in der Preisbildung.[52]

Abbildung 2.5: Hotelling-Preispfad mit konstanten Abbaugrenzkosten, intertemporaler Nachfragefunktion mit Prohibitivpreis und intertemporaler Ressourcenabbaumenge

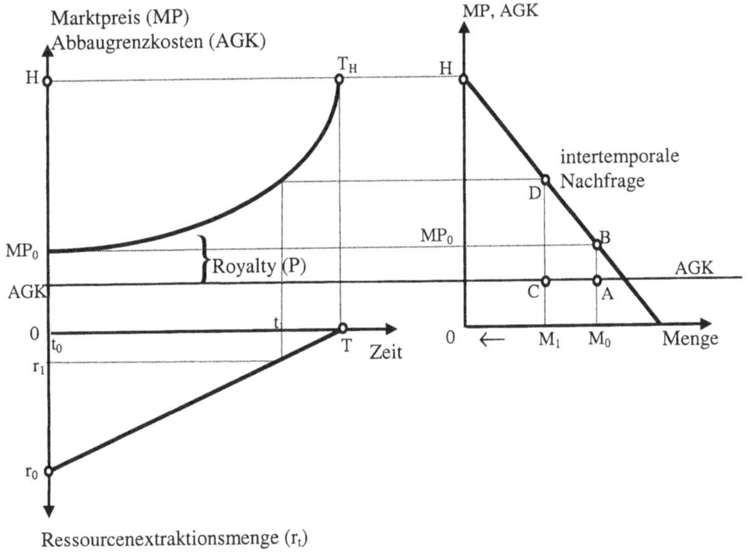

Graphik in Anlehnung an: Herfindahl 1967: S. 67, Endres/Querner 1993: S. 42, Pearce/Turner 1990: S. 274.

Die nachgefragte Produktions- bzw. Extraktionsmenge der Ressource läßt sich für jeden Zeitpunkt am rechten Nachfragediagramm bzw. am unteren Extraktionsdiagramm ablesen. In t_0 werden M_0 Einheiten, die einer Extraktionsmenge von r_0 entsprechen, nachgefragt und ver-

[52] Vgl. Dasgupta/Heal 1979: S. 171.

kauft, und die Angebots- bzw. Extraktionsmengen sinken über die Zeit, da der steigende Ressourcenpreis nachfragedämpfend wirkt. Schließlich wird zum Zeitpunkt T der Prohibitivpreis H erreicht, wo Angebot, Nachfrage und Extraktionsmenge gleich Null sind. Die Abkürzung T steht im folgenden immer für den Zeitpunkt der Ressourcenerschöpfung.

Am Nachfrage- und Extraktionsdiagramm der Abbildung läßt sich aufzeigen, warum dieser Preispfad profitmaximierend für den Ressourcenbesitzer ist. Am Ausgangszeitpunkt t_0 wird bei einer Nachfragemenge von M_0 und einer Extraktionsmenge von r_0 eine Royalty pro Ressourceneinheit realisiert, die der Strecke AB entspricht. In t_1 ist die Royalty pro Einheit bei einer Nachfrage- und Extraktionsmenge von M_1 bzw. r_1 bereits auf CD angestiegen. Doch da die Royalty mit dem Zinssatz über die Zeit wächst, ist der Royalty-Gegenwartswert von AB und CD gleich groß. Angenommen, der Anfangspreis MP_0 wäre nun fälschlicherweise zu niedrig angesetzt worden, so wäre die Anfangsroyalty und damit der Gegenwartswert aller darauffolgenden Royalties geringer gewesen. Außerdem wäre die Erschöpfung der Ressource früher eingetreten, da ein niedrigerer Anfangspreis im Vergleich zum Optimalpfad eine permanent höhere Nachfrage und eine entsprechend höhere Extraktionsmenge induziert hätte.

Mit einem zu niedrigen Anfangspreis wird also für eine kürzere Zeitdauer eine geringere Royalty realisiert. Im gegenteiligen Fall mit zu hohem Anfangspreis wäre zwar eine höhere Royalty über die Zeit realisiert worden, doch dann wäre der Preispfad steiler gewesen und der Prohibitivpreis wäre vor dem Zeitpunkt der Erschöpfung der Ressource erreicht worden, so daß ein wertloser Ressourcenrestbestand verblieben wäre. Beide Alternativen sind eindeutig sub-optimal. Der optimale Preispfad – wie dargestellt in Abbildung 2.5 – muß sich also dadurch auszeichnen, daß die Erschöpfung genau zu dem Zeitpunkt eintritt, wenn der Prohibitivpreis erreicht ist (also bei Punkt T_H).[53]

Es sei noch zu erwähnen, daß der intertemporale optimale Preispfad auch in dem Fall determiniert ist, wenn kein Prohibitivpreisniveau existiert, wenn also bei jedem noch so hohem Preisniveau eine Nachfrage besteht. In diesem Fall würde die Ressource nie vollkommen ausgebeutet werden, die Verkaufsmengen würden asymptotisch gegen Null tendieren und eine ewig in Gegenwartswert konstante Royalty für den Ressourcenbesitzer erbringen. Da dieser Grenzfall in der neoklassischen Literatur als eher unrealistisch eingeschätzt wird, findet er auch an dieser Stelle keine weitere Beachtung.[54]

Im Anschluß an diese Darstellung des für den Ressourcenbesitzer optimalen Preispfades für nicht-erneuerbare Ressourcen in einem noch recht simplen Modellrahmen eines Wettbewerbsmarktes stellt sich die Frage, ob diese Wettbewerbskonstellation ebenfalls ein sozial optimales Ergebnis hervorbringt. An dieser Stelle sei zuerst lediglich die Situation betrachtet, in der eine Gesellschaft eine nicht-erneuerbare Ressource verkonsumiert und sie nicht als Produktionsfaktor nutzt.[55] Die Grundvoraussetzung für maximalen intertemporalen Nutzen lautet, daß der Grenznutzen aus der Ressource in jeder Zeitperiode gleich groß ist. Angesichts der obigen Annahme des abnehmenden Grenznutzens aus dem Ressourcenkonsum in einer Periode steht die soziale Entscheidung der Ressourcennutzung im Spannungskreis zwischen heutigem Konsum, der mit steigender Menge weniger Nutzen bringt, und zukünftigem Konsum. Jede verbrauchte Ressourceneinheit der Gegenwart bringt Nutzenverluste der Zukunft mit sich,

53 Vgl. Dasgupta/Heal 1979: S. 161-163, Herfindahl 1967: S. 67 und Endres/Querner 1993: S. 42-43.

54 Vgl. Solow 1974a: S. 3 und Hotelling 1931: S. 142. Die formale Determinierung eines optimalen Preispfades für den einfachen Fall einer iso-elastischen intertemporalen Nachfragefunktion ohne Prohibitivpreisniveau wurde aufgezeigt von Dasgupta/Heal 1979: S. 159-163.

55 Diese Konstellation wird in der Literatur als „cake-eating-Problem" bezeichnet. Vgl. Ströbele 1987: S. 15-18 und Dasgupta/Heal 1979: S. 245. Die Diskussion der sozialen Optimalität mit Produktion und Investition wird in Kapitel 2.2.2 aufgegriffen.

die als *Nutzungskosten* bezeichnet werden. Optimalität ist dann erreicht, wenn der Grenznutzen aus dem Ressourcenkonsum einer Periode den Nutzungsgrenzkosten – also den entgangenen Grenznutzen der Zukunft – entspricht.[56]

Da im neoklassischen Modellrahmen aus verschiedenen Gründen unterstellt wird, daß Konsumenten den Zukunftsnutzen geringer einschätzen als den gegenwärtigen Nutzen, wird der Zukunftsnutzen im neoklassischen Modell mit Hilfe einer sozialen Diskontrate, die die soziale Zeitpräferenz der Gesellschaft widerspiegelt, diskontiert.[57] Soziale Optimalität der Ressourcennutzung wird unter dieser Voraussetzung erreicht, wenn der soziale Grenznutzen des Konsums einer Ressourceneinheit (U) aus der Perspektive der Gegenwart über die Zeit gleich bleibt. Formal ausgedrückt heißt das:

(11) $$U_t = U_0 \cdot e^{jt}$$

Bei dieser Formel ist der soziale Diskontsatz mit j bezeichnet, der Grenznutzen der Periode t_0 mit U_0 und der Grenznutzen einer Zukunftsperiode mit U_t. Die Ähnlichkeit mit der Hotelling-Regel (Gleichung 9) ist unübersehbar. Daraus ergibt sich, daß soziale Optimalität unter den gegebenen Wettbewerbsbedingungen dann vorherrscht, wenn der Marktzinssatz gleich dem sozialen Diskontsatz ist (i=j) und der relative Grenznutzen des Ressourcenkonsums in jeder Periode dem relativen Marktpreis entspricht.[58] Wie in Kapitel 2.1 gezeigt, sind diese Bedingungen im Rahmen des neoklassischen intertemporalen Gleichgewichtsmodells erfüllt, und damit kann konstatiert werden, daß der optimale Preispfad auch soziale Optimalität im Sinne PARETOS erzeugt.[59]

Es sei im Kontext der Analyse des optimalen Preispfades jedoch immer im Gedächtnis behalten, daß die restriktive Annahme der Existenz vollkommener Zukunftsmärkte grundlegend ist, ohne die ein optimaler Preis- oder Produktionspfad nicht bestimmbar wäre. Weiterhin ist zu betonen, daß die Nachfragekurve einen intertemporalen Charakter hat und damit nur bei gleichzeitig vollkommener Determiniertheit sämtlicher Konsum- und Produktionsprozesse in der Zeit von t_0 bis T bestimmbar ist. Die obige Betrachtung darf daher nie als Partialanalyse mißverstanden werden. Sie ist Teil einer komplexen allgemeinen intertemporalen Gleichgewichtsanalyse mit vielfältigen Interdependenzen zwischen Ressourcenmarkt, Kapitalmarkt, Produktionssphäre und Konsum in Gegenwart und Zukunft.

---

56 Vgl. u. a. Endres/Querner 1993: S. 33-34 und Dasgupta/Heal 1979: S. 164.

57 Ein Grund für Diskontierung des Zukunftsnutzens besteht in den Zinszahlungen für Kredite auf zukünftige Einkommen, siehe Kapitel 2.1.2. Weiterhin wird häufig unterstellt, daß aufgrund des allgemeinen Fortschritts zukünftige Generationen bessergestellt sind. Vgl. für die ausführlichere Diskussion der Diskontierung des Zukunftsnutzens Kapitel 2.2.2.2.

58 Vgl. Endres/Querner 1993: S. 39-40 und Hotelling 1931: S. 143. Die erste Bedingung entspricht der Gleichung (4) aus Kapitel 2.1.2. Die zweite Bedingung ist eine Abwandlung der Gleichung (3) aus Kapitel 2.1.1.

59 Die Ausführungen zum optimalen Preispfad sind in den obigen und auch in den nachfolgenden Ausführungen aus Veranschaulichungsgründen immer auf *einen* Ressourcenbesitzer bezogen. Es handelt sich jedoch um einen Pfad, der unter der Annahme eines genügend großen Ressourcenbestandes aus einer Wettbewerbssituation erwächst, in der keine Eintrittsbarrieren bestehen und somit freie Kapitalmobilität gegeben ist. Für den expliziten Beweis, daß der Hotelling-Pfad auch unter freier Kapitalmobilität gilt und auch dort unter den hier beschriebenen Bedingungen zu Pareto-Optimalität führt siehe Schulze 1974: S. 54-58. Auf die Besonderheiten des Preispfades unter Monopolbedingungen wird in Kapitel 2.2.1.3 eingegangen.

2.2.1.2 Wesentliche Einflußfaktoren auf den optimalen intertemporalen Preispfad

Da die Modellbedingungen im vorhergehenden Kapitel sehr restriktiv waren und in jener Form wenig geeignet sind, das Verhalten von Ressourcenbesitzern und von Rohstoffpreisen in der realen Welt zu beschreiben oder zu erklären, soll es in diesem Kapitel darum gehen, die Modellbedingungen der Realität etwas mehr anzugleichen. Der Rahmen des vollkommenen intertemporalen Wettbewerbsmarktes wird vorerst noch beibehalten, um in diesem vertrauten Kontext die Auswirkungen der Modifizierung verschiedener wichtiger Einflußfaktoren auf den Preispfad und die Nutzungsdauer einer Ressource zu untersuchen.

Als erstes sei der **Zinssatz** betrachtet, dessen Bedeutung für die Hotelling-Regel offensichtlich ist. Obwohl die Annahme eines konstanten Zinssatzes über die Zeit nicht sehr realistisch ist, soll sie beibehalten werden. Zur Verdeutlichung möglicher Auswirkungen von Zinssatzschwankungen ist die Betrachtung zweier Preispfade mit unterschiedlichen Zinssätzen unter sonst gleichen Bedingungen wie im vorhergehenden Kapitel aufschlußreich. Da die Royalty im Zeitverlauf mit dem Zinssatz steigt, ist es unmittelbar einleuchtend, daß der optimale Preispfad bei einem höheren Zinssatz steiler verlaufen muß als bei einer niedrigen. Die entsprechenden Pfade sind dargestellt in der nachfolgenden Abbildung 2.6.

Abbildung 2.6: Optimaler Preispfad mit zwei Zinssätzen

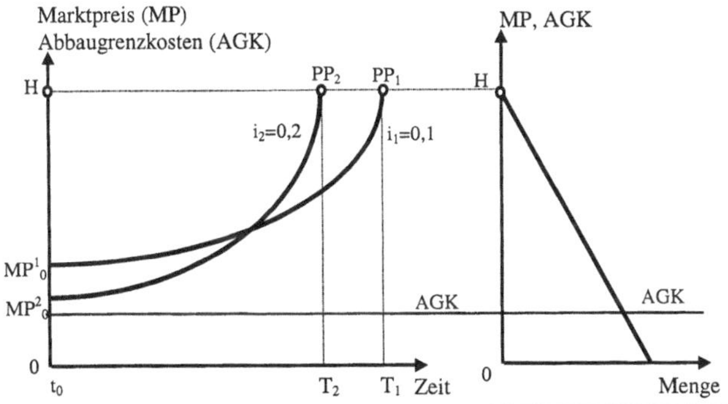

Der Preispfad PP_1 hat mit 10% einen geringeren Zinssatz als PP_2 (20%). Der Preispfad PP_2 mit dem höheren Zinssatz zeichnet sich dadurch aus, daß sein Anfangspreis (MP^2_0) geringer ist und die Erschöpfung (bei T_2) früher eintritt als beim Pfad PP_1 mit geringerem Zinssatz. Folgende Überlegungen verdeutlichen, warum die optimalen Pfade gemäß der Abbildung 2.6 verlaufen müssen. Hätte der Preispfad mit dem höheren Zinssatz den gleichen Anfangspreis wie PP_1, so würde er trotzdem steiler ansteigen, die Nachfrage würde entsprechend schneller zurückgehen und das Prohibitivpreisniveau H würde vor der Erschöpfung der Ressource erreicht werden. Der optimale Pfad mit höherem Zinssatz muß daher einen geringeren Anfangspreis haben. Dieser wiederum impliziert eine höhere Anfangsnachfrage beim Pfad mit höheren Zinsen, so daß die Erschöpfung der Ressource beim Hochzinspfad eher eintreten muß als beim Niedrigzinspfad. Die optimalen Preispfade mit verschiedenen Zinssätzen müssen sich also schneiden. Ganz generell läßt sich festhalten, daß hohe Marktzinsen die Ausbeutungsdauer einer Ressource verkürzen und somit beschleunigend auf die Ressourcenextraktion wirken.

Das Gegenteil gilt für niedrigere Zinssätze.[60]

Die **Nachfrage** ist ein weiterer wichtiger determinierender Faktor des optimalen Ressourcenpreispfades und daher gilt es nun zu zeigen, wie sich verschiedene Nachfragekonstellationen auswirken. Zuerst sei eine Gegebenheit betrachtet mit zwei linearen Nachfragekurven N_1 und N_2, die durch das gleiche Prohibitivpreisniveau H charakterisiert sind, während aber ansonsten N_2 für jedes Preisniveau eine prozentual konstant höhere Nachfragemenge als N_1 aufweist. Diese Situation ist in Abbildung 2.7 dargestellt, und sie impliziert eine Nachfragedifferenz zwischen den beiden Kurven N_1 und N_2, die in der Zukunft – also bei hohen Preisniveaus – absolut geringer ist als in der Gegenwart bei geringeren Preisen.

Abbildung 2.7: Optimaler Preispfad mit Nachfrageveränderung bei gleichbleibendem Prohibitivpreisniveau

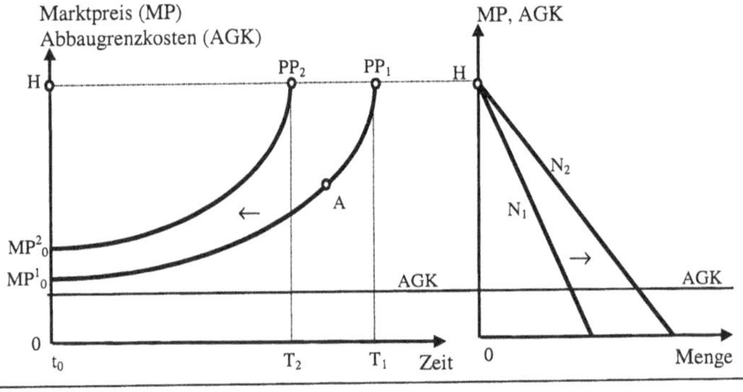

Entsprechend ist der der Nachfragekurve N_2 korrespondierende Preispfad PP_2 mehr in Richtung Gegenwart verlagert als der Pfad PP_1 mit geringerer Nachfrage. Sein Anfangspreisniveau MP^2_0 ist höher und seine Erschöpfung tritt früher ein als bei PP_1. Der optimale Anfangspreis von PP_2 muß höher liegen als bei PP_1, da jedes Preisniveau bei N_2 eine höhere Nachfrage aufweist als bei N_1. Würde PP_2 ebenfalls bei MP^1_0 beginnen, so wäre bei sonst gleichem Zinssatz und gleicher Ressourcenausstattung der Pfad identisch, doch wegen der höheren Nachfrage würde PP_2 bereits vor Erreichen des Prohibitivpreisniveaus erschöpfen, z. B. bei Punkt A. Da weiterhin der höhere Anfangspreis von PP_2 eine höhere Royalty (MP^2_0 minus AGK) aufweist als PP_1 und der Zinssatz für beide identisch ist, muß PP_2 steiler ansteigen und daher auch früher erschöpfen. Eine Situation mit einer Nachfrage, die um eine beliebige Prozentzahl höher ist als in der Referenzkonstellation, führt also zu forcierter Ressourcenextraktion und schnellerer Ressourcenerschöpfung.[61]

Bis jetzt wurden Nachfragekurve und Prohibitivpreisniveau als gegeben angenommen und ihre Bestimmungsfaktoren wurden nicht weiter hinterfragt. Das Prohibitivpreisniveau der Nachfrage soll nun etwas mehr in den Mittelpunkt gerückt werden. Es gibt zwei Gründe für seine Exi- stenz. Entweder die Ressource und ebenso die Funktion, die sie ausübt, wird bei diesem Preisniveau H nicht mehr nachgefragt oder – und das ist der realistischere Fall – die

60 Vgl. Herfindahl 1967: S. 68-69 und Pearce/Turner 1990: S. 279-280.

61 Vgl. Herfindahl 1967: S. 71-72 und Pearce/Turner 1990: S. 283-284.

Ressource wird substituiert durch eine andere Ressource oder eine Technologie. Eine besondere Bedeutung hat in der neoklassischen Literatur die reproduzierbare – und damit unerschöpfliche – Technologie, die eine nicht-erneuerbare Ressource substituieren kann. Diese sogenannte unerschöpfliche *Backstop-Technologie* bestimmt das Prohibitivpreisniveau der Nachfrage – es entspricht den Grenzkosten ihrer Produktion.[62] In bezug auf dieses Konzept sollen nun zwei verschiedene Nachfragekonstellationen untersucht werden, die aufgrund unterschiedlicher Grenzkosten der Produktion einer Backstop-Technologie unterschiedliche Prohibitivpreisniveaus aufweisen. Die entsprechende Situation ist graphisch dargestellt in Abbildung 2.8.

Abbildung 2.8: Optimale Preispfade mit unterschiedlichen Grenzkosten-Niveaus der Backstop-Technologie

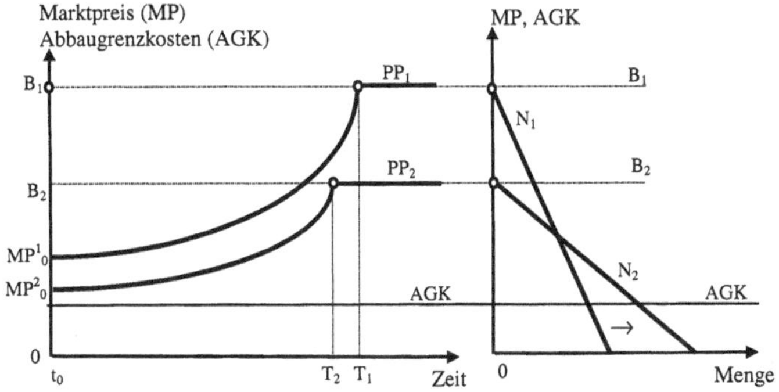

Zuerst sei der Preispfad PP_1 betrachtet. Der einzige Unterschied dieses Pfades zu den vorherigen besteht darin, daß in diesem Fall eine Backstop-Technologie das Prohibitivpreisniveau der Nachfrage bestimmt. B_1 ist das Grenzkostenniveau der Produktion der Backstop-Technologie. Ist dieses Preisniveau erreicht, kann diese Technologie als perfektes Substitut für die nicht-erneuerbare Ressource fungieren, so daß die Ressourcennachfrage null wird. Der relative Preis der Backstop-Technologie steigt über die Zeit nicht an, da sie unerschöpflich ist und daher keine steigende Knappheitsrente als Marktpreisbestandteil besitzt.[63] Ein Ressourcenbesitzer mit vollkommener Zukunftsinformation orientiert sich daher bei der Planung seines optimalen intertemporalen Ressourcenextraktionspfades an dem durch die Backstop-Technologie vorgegebenen Prohibitivpreisniveau.

Der Preispfad von PP_1 endet nun nicht mit der Erschöpfung der Ressource zum Zeitpunkt T_1, sondern wird über diesen Zeitpunkt hinaus verlängert auf dem konstant bleibenden Grenzkostenniveau der Backstop-Technologie.[64] Genau genommen handelt es sich damit nicht mehr um den Preispfad einer nicht-erneuerbaren Ressource, sondern um den Pfad aller Ressourcen

---

[62] Der Begriff „Backstop-Technologie" wurde in den 70er Jahren von William D. Nordhaus geprägt und ein beliebtes Beispiel für eine Backstop-Technologie jener Jahre der Erölkrisen war die Stromgewinnung aus nuklearem Material, das als nahezu unerschöpflich galt, als energetisches Substitut für Erdöl. Vgl. Solow 1974a: S. 4.

[63] Im Gegenteil ist es wahrscheinlicher, daß der relative Preis einer Backstop-Technologie über die Zeit aufgrund von Lern- und Skaleneffekten ihrer Produktion sinkt. Vgl. für die Diskussion dieses Falles Dasgupta/Heal 1979: S. 179.

[64] Vgl. Dasgupta/Heal 1979: S. 175-179 und Ströbele 1987: S. 45-47.

und Technologien, die dieselben Funktionen der nicht-erneuerbaren Ressource einnehmen können und damit perfekte Substitute sind.

PP_2 zeigt nun einen optimalen Pfad bei verringertem Prohibitivpreisniveau und erhöhter *Gegenwarts*nachfrage (N_2). Dieser Alternativpfad mag dadurch erklärt sein, daß eine Regierung im Gegensatz zum Referenzpfad PP_1 die Forschungsaktivitäten in bezug auf die Backstop-Technologie subventionierte und damit eine Verringerung der Grenzkosten ihrer Herstellung bewirkte. Die Auswirkungen für den Ressourcenbesitzer sind fatal. Das Prohibitivpreisniveau B_2 liegt wesentlich geringer, so daß der Anfangspreis von PP_2 unterhalb von MP^1_0 liegen muß, um die Erschöpfung der Ressource beim Preisniveau B_2 realisieren zu können. Damit ist die Royalty von PP_2 geringer als von PP_1, so daß der Preispfad eine weniger steile Steigung aufweist. Aufgrund der höheren Gegenwartsnachfrage (N_2) wird aber gleichzeitig eine frühere Erschöpfung der Ressource bei T_2 bewirkt, so daß die Substitution der Ressource durch das Backstop-Substitut zu einem früherem Zeitpunkt stattfindet. Im Vergleich zum Referenzpreispfad PP_1 kann der Ressourcenbesitzer lediglich einen geringeren Royalty-Gegenwartswert über einen kürzeren Zeithorizont realisieren. Ganz allgemein ist zu konstatieren, daß geringere Grenzkosten der Backstop-Technologie – aufgrund staatlicher Subventionierung, technologischen Fortschritts, Skaleneffekte oder anderer Einflußfaktoren – wie eine Entwertung des Ressourcenbestandes wirken, den Extraktionsprozeß beschleunigen und eine frühzeitigere Erschöpfung bzw. Substitution der Ressource bewirken.[65]

Abbildung 2.9 zeigt den besonderen Fall auf, daß der Übergang zu einer Backstop-Technologie auch mit einem *diskontinuierlichen* Preispfad verbunden sein kann, wenn die Backstop-Technologie zum Zeitpunkt der Determinierung der intertemporalen Produktions- und Konsumpläne (t_0) noch nicht vollständig entwickelt ist und nur die Information besteht, daß sie erst zu einem Zeitpunkt t_B in der Zukunft zu einem bekannten Preisniveau B verfügbar sein wird. In diesem Fall orientiert sich ein Ressourcenbesitzer nicht am Grenzkostenniveau der Backstop-Technologie, sondern plant seine optimale Extraktion dergestalt, daß einerseits die Ressource zum Zeitpunkt t_B erschöpft und andererseits zu diesem Zeitpunkt das Prohibitivpreisniveau H der intertemporalen Nachfrage erreicht ist. Wie die Abbildung 2.9 zeigt, kann eine derartige Optimierung dazu führen, daß der Ressourcenpreis kurz vor der Erschöpfung höher ist als die Grenzkosten der Backstop-Technologie, so daß es zum Zeitpunkt der Substitution zu einem abrupten Preisverfall kommt.[66] Desweiteren impliziert diese Konstellation, daß die Ressourcennutzungsdauer um so länger ist, je später in der Zukunft die Backstop-Technologie verfügbar ist.

Abbildung 2.9: Diskontinuierlicher Preispfad bei zukünftig verfügbarer Backstop-Technologie

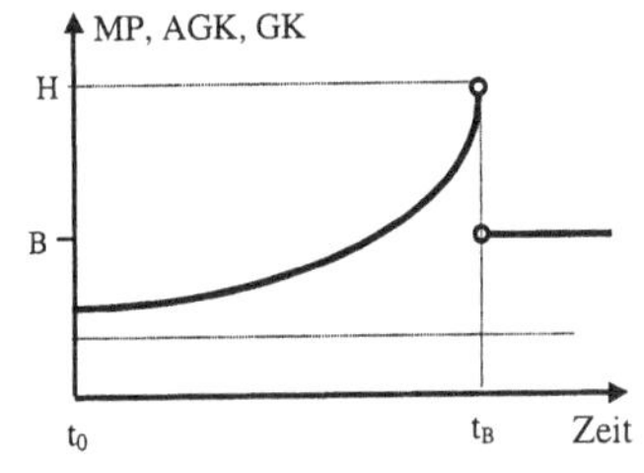

Eine dritte essentielle Größe, die den Preispfadverlauf und die Nutzungsdauer einer nicht-erneuerbaren Ressource wesentlich mitbestimmt, sind die **Abbaugrenzkosten** (AGK). Diese beziehen sich sowohl auf den rein extraktiven Prozeß des Bergbaus bzw. der Förderung als

65 Vgl. Herfindahl 1967: S. 80-81, Pearce/Turner 1990: S. 280 und Endres/Querner 1993: S. 60-62.

66 Vgl. Dasgupta/Heal 1979: S. 180-181. Die Nachfragefunktion ist in Abbildung 2.9 aus Vereinfachungsgründen weggelassen worden.

auch auf die nachgelagerten Prozesse der Aufkonzentrierung und Raffination der Rohstoffe bis zu einer für die allgemeine Produktion inputfähigen Form. Die obige Annahme konstanter AGK ist nicht sehr realitätsnah, obwohl gerade im Bergbausektor kostensenkende technische Innovationen langsamer vonstatten gehen als in anderen volkswirtschaftlichen Sektoren. Trotzdem haben gerade in jüngerer Vergangenheit tiefgreifende Innovationsprozesse mit enormen Kostensenkungen stattgefunden[67], so daß es sinnvoll ist, die Auswirkungen von Kostensenkungen auf den optimalen Preispfad näher zu untersuchen. Die Abbildung 2.10 stellt zwei Preispfade mit einem unterschiedlichen Niveau *konstanter* Abbaugrenzkosten dar.

Abbildung 2.10: Optimale Preispfade mit verschiedenen Niveaus von Abbaugrenzkosten

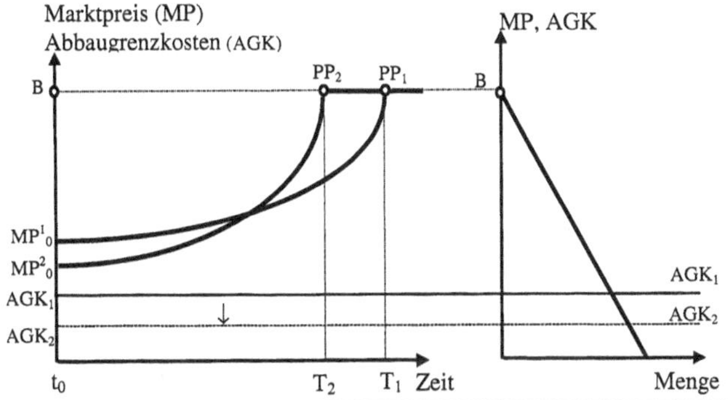

Der Preispfad PP_1 bezieht sich auf das höhere AGK-Niveau AGK_1 und der Pfad PP_2 auf das gestrichelt abgebildete Kostenniveau AGK_2. Interessant ist, daß bei niedrigeren konstanten Kosten der Anfangspreis geringer und der Zeitdauer bis zur Erreichung des durch die Backstop-Technologie vorgegebenen Prohibitivpreisniveaus B und der dann erfolgenden Ressourcenerschöpfung kürzer ist. Der Grund dafür liegt darin, daß bei geringeren Kosten der Royaltyanteil des Marktpreises größer ist, so daß die Steigung des Pfades steiler verläuft. Die Wirkung ist ähnlich wie der oben diskutierte Fall eines höheren Zinssatzes (vgl. Abbildung 2.6). Aufgrund der größeren Steigung des Pfades PP_2 muß MP^2_0 unterhalb von MP^1_0 liegen und beide Faktoren – größere Anfangsnachfrage und steilerer Pfadverlauf – führen zu einer schnelleren Erschöpfung der Ressource. Die erhöhte Extraktionsmenge in der Gegenwart bei PP_2 im Vergleich zu PP_1 läßt sich auch dadurch erklären, daß sich konstant niedrigere Abbaugrenzkosten in der Gegenwart mehr auswirken, da der Gegenwartswert der konstanten AGK in der Zukunft sinkt. Eine vermehrte Verlagerung der Extraktion in die Gegenwart nutzt das geringere Kostenniveau also besser aus.[68]

Analog zu dieser Diskussion kann auch die Veränderung der AGK auf ein höheres konstantes Niveau betrachtet werden. In diesem Zusammenhang läßt sich die Wirkung einer konstanten nominalen Steuer aufzeigen, wobei der Referenzpfad PP_2 ist. Ein einheitlicher nominaler Steueraufschlag in Höhe von (AGK_1 minus AGK_2) auf den Marktpreis MP^2_0 bewirkt, daß die Extraktion in die Zukunft verlagert wird (von T_2 nach T_1), da der intertemporal konstante

[67] Vgl. dazu Warhurst 1994: S. 15-17 und die Ausführungen in Kapitel 5.1.

[68] Vgl. Herfindahl 1967: S. 69-70.

Steueraufschlag in der Zukunft einen geringeren Gegenwartswert hat. Dies gilt allerdings nicht, wenn der nominale Steueraufschlag über die Zeit mit dem Zinssatz erhöht wird oder wenn ein konstanter prozentualer Steuersatz angesetzt wird. Derartige Steuern wirken allokationsneutral, d. h. sie verändern den optimalen Preis- und Extraktionspfad nicht. Dementgegen bewirkt ein prozentualer Steuersatz, der über die Zeit progressiv ansteigt, daß eine vermehrte Ressourcenextraktion in der Gegenwart lohnend ist, wodurch die Ressourcennutzungsdauer verkürzt wird.[69]

Ein vollkommenen anderes Bild ergibt sich, wenn ein Preispfad für eine Ressource betrachtet wird, deren AGK z. B. aufgrund ständig stattfindender technischer Innovationen im Prozeß der Ressourcenextraktion und -aufbereitung *kontinuierlich* und linear *über die Zeit sinken*. In diesem Fall ist der Anreiz der Verlagerung der Extraktion in die Gegenwart nicht mehr gegeben, da auch in der Zukunft ständig gewinnerhöhende Kostensenkungen stattfinden. Weiterhin muß der Preispfad zur Erfüllung der Hotelling-Regel weniger stark anwachsen, da die Verzinsung der Royalty teilweise durch die sinkenden Kosten getragen wird. Es ist sogar vorstellbar, daß die Kostensenkungen in der Anfangsphase bei noch geringer Royalty höher sind als die notwendige Verzinsung der Royalty, so daß der optimale Preispfad zu Anfang sinkt und erst bei zunehmender Verknappung ansteigt. Diese Situation zeigt Abbildung 2.11.

Abbildung 2.11: Optimale Preispfade mit konstanten und kontinuierlich sinkenden Abbaugrenzkosten

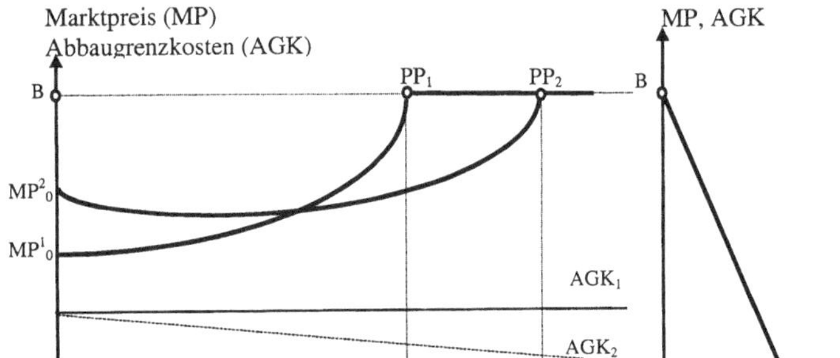

Der Anfangspreis des Pfades PP_2 mit kontinuierlich sinkenden Abbaugrenzkosten setzt wesentlich höher an als der Pfad PP_1 mit konstant bleibenden AGK. Es kann eine höhere Royalty realisiert werden und der Zeithorizont der Ressourcennutzung wird deutlich verlängert, da die Nachfrage auf dem höheren Anfangskostenniveau deutlich geringer ist. Erst mit zunehmender Verknappung dominiert die exponentielle Zunahme der Royalty gegenüber dem linearen Verfall der AGK und es kommt zu einem Anstieg des Preispfades. Wie zuvor erschöpft die Ressource beim Backstop-Prohibitivpreisniveau B.[70]

Nun legt das Wesen des Bergbaus, das im Zeitverlauf durch sinkende Erzgrade charakterisiert ist, ebenfalls nahe, intertemporal *ansteigende* AGK genauer zu untersuchen. Um diesen

69 Vgl. ebd. und Dasgupta/Heal 1979: S. 363-365.

70 Vgl. Endres/Querner 1993: S. 58-59.

Sachverhalt zu beleuchten sei anfänglich angenommen, daß ein Ressourcenbesitzer einen Bestand einer Ressource mit zwei unterschiedlichen Erzqualitäten hält. Dieser Umstand wirkt sich dergestalt aus, daß die (konstanten) AGK der Erze verschieden sind ($AGK_1 < AGK_2$), das Endprodukt aber identisch ist. Es ist unmittelbar plausibel, daß die verschiedenen Erze nicht gleichzeitig ausgebeutet und auf einem Wettbewerbsmarkt vermarktet werden, da die billiger abzubauende Ressource den Markpreis bestimmen würde und der Verkauf der Ressource mit höheren AGK unrentabel wäre. Weiterhin bewirken geringere AGK eine vergleichsweise höhere Gewinnspanne und bei zwei intertemporal konstanten Abbaugrenzkostenniveaus verschiedener Erze ist der gegenwartswertbezogene Gewinn aus einer frühzeitigen Ausbeutung der Ressource mit niedrigeren AGK immer höher als zu einem späteren Zeitpunkt.[71] Es besteht also kein Anreiz, den Abbau der billigeren Ressource in die Zukunft zu verschieben. Im Gegenteil, der Abbau der 2. Ressource mit höheren AGK ist für den Ressourcenbesitzer erst nach der Erschöpfung der ersten, günstigeren Ressource rentabel.[72]

Der optimale Preispfad für diese Situation ist abgebildet in Abbildung 2.12. Hier wird in extremer Weise deutlich, daß die Ausbeutung der Ressource mit niedrigeren AGK in t_0 die optimale Lösung darstellt. Ihr Anfangspreis MP^1_0 in der Abbildung unterbietet sogar die Abbaugrenzkosten der zweiten Ressource (AGK_2), die zu jenem Zeitpunkt nur unter Verlust vermarktet werden könnte.

Abbildung 2.12: Optimaler Preispfad bei zwei unterschiedlichen Erzqualitäten

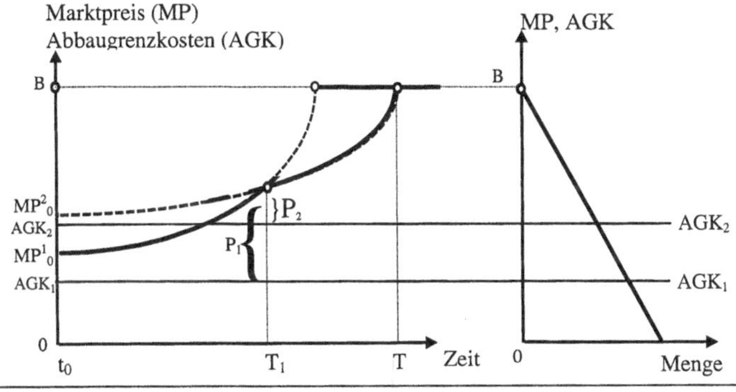

Nun stellt sich die Frage, wie durch einen Ressourcenbesitzer – oder auch durch zwei konkurrierende Ressourcenbesitzer – der optimale Extraktionspfad bei bekannter Nachfrage mit Grenzkosten der Backstop-Technologie und damit Prohibitivpreisniveau bei B bestimmt wird. Dafür sei zuerst der Zeitpunkt t_0 betrachtet. Zu diesem Zeitpunkt herrscht der Anfangspreis MP^1_0, der sich aus der Summe von AGK_1 und der Royalty der ersten Ressource ergibt. Ob-

71 Bei zwei Ressourcen mit $AGK_1 < AGK_2$ ist der Gewinnvorteil der 2. Ressource in t_0 gleich AGK_2 minus AGK_1, während der Gewinnvorteil in einer Zukunftsperiode t_n nur noch dem diskontierten Wert dieser Differenz entspricht, also $(AGK_2\text{-}AGK_1)/e^{-it}$. Der gegenwartsbezogene Gewinnvorteil der Ressource mit niedrigeren AGK sinkt also mit der Zeit, so daß die frühere Ausbeutung von sogenannten low-cost Ressourcen immer profitabler ist. Vgl. dazu Endres/Querner 1993: S. 45-47.

72 Vgl. Herfindahl 1967: S. 72-73, ebenso Endres/Querner 1993: S. 46-47, Dasgupta/Heal 1979: S. 172-173, Solow 1974a: S. 4 und Ströbele 1987: S. 42-43.

wohl die zweite Ressource zu diesem Zeitpunkt nicht wettbewerbsfähig ist, besitzt die unausgebeutete Ressource trotzdem eine Knappheitsrente, die jedoch niedriger ist als die der ersten Ressource, da jene ja ausgebeutet sein wird, bevor die zweite Ressource profitabel vermarktet werden kann. Insofern existiert durch diese Royalty ein fiktiver Anfangspreis der zweiten Ressource, der bei MP^2_0 liegt und mit der Zinssatzsteigerung der Royalty ansteigt (gestrichelter Anfangspfad). Gleichzeitig steigt der „reale" Preispfad der ersten Ressource mit gleichem Zinssatz an, aber seine Steigung ist wegen der höheren Royalty steiler. Somit erreicht die kostspieliger auszubeutende Ressource Wettbewerbsfähigkeit zum Zeitpunkt T_1 und genau dann muß die erste Ressource erschöpft sein. Die zweite Ressource übernimmt den Pfad mit geringerer Steigung, da ihre Royalty zum Zeitpunkt T_1 (P_2) niedriger ist als die der ersten Ressource (P_1). Es muß zu einem kontinuierlichen Preisübergang bei T_1 kommen.[73]

Die Unbekannten bei diesem Optimierungsproblem sind die Anfangsroyalties der beiden Ressourcen und der Zeitpunkt des Übergangs. Bei bestehender Information über den Ressourcenbestand, die Nachfrage, das Prohibitivpreisniveau, die beiden Abbaugrenzkostenniveaus, den Zinssatz sowie die Tatsache des kontinuierlichen Übergangs sind diese Unbekannten formal determiniert.[74] Der optimale Preispfad ist in diesem Fall ähnlich den Pfaden in der Abbildung 2.8 mit Backstoptechnologie, nur ist in diesem Fall das erste Substitut ebenfalls eine nicht-erneuerbare Ressource, so daß der Preispfad auch nach der ersten Substitution weiter ansteigt und sich erst bei Substitution durch die unerschöpfliche Backstop-Technologie bei B auf einem konstanten Preisniveau stabilisiert.

Ein *kontinuierlicher Anstieg* der Abbaugrenzkosten aufgrund ständig sich verschlechternder Erzqualitäten ist als Erweiterung des zuvor betrachteten Falles zu interpretieren, nur daß nun zahlreiche Erzqualitäten mit unterschiedlichen AGK-Niveaus existieren, die sequentiell gegeneinander abgelöst werden, wobei jedesmal die Royalty sinkt. Sind die Zeitperioden der Nutzung einer Erzqualität unendlich klein und die Anzahl der Erzqualitäten unendlich groß, so ergibt sich ein scheinbar stetiger optimaler Preispfad als äußere Grenze zu dem Pfad mit den einzelnen Sequenzen, wie gestrichelt als PP_1 angedeutet in Abbildung 2.13. Da dieser Pfad eine Kombination der vielen einzelnen Pfade mit sinkenden Royalties darstellt, entspricht er nicht mehr der Hotelling-Regel, da der Pfad nicht durch den intertemporalen Anstieg der *Anfangs*royalty mit dem Zinssatz charakterisiert ist. Trotzdem handelt es sich bei diesem Pfad nicht um eine Abweichung von der Hotelling-Regel, da er als kombinierter Pfad interpretiert werden muß. Ein investierender Kapitalbesitzer würde entsprechend für einen Ressourcenbestand mit abnehmender Erzqualität nicht pro Einheit den Wert der Anfangsroyalty zahlen, sondern – entsprechend der intertemporalen Royaltyverringerung – einen abnehmenden Betrag pro Einheit, so daß die adäquate Verzinsung der einzelnen Royalties über die Zeit realisiert werden könnte.[75]

Vergleicht mensch nun diesen Preispfad PP_1 eines Ressourcenbestandes mit abnehmender Erzqualität mit einem Pfad PP_2 mit einem gleichhohen Ressourcenbestand mit *einer* Erzqualität und mit Abbaugrenzkosten, die der ersten Sequenz von PP_1 entsprechen (AGK_1), so ergibt sich die Konstellation der Abbildung 2.13. Da die Verzinsung der Royalty mit gleichbleibender Erzqualität – und daher gleichbleibender AGK_1 – höher ist, muß der Pfad PP_2 an

---

73 Diskontinuierliche Preisübergänge – ähnlich wie in Abbildung 2.9 – kann es unter diesen Bedingungen im Optimalfall nicht geben. Bei einem Preissprung in T_1 nach unten bestände ein Anreiz, die zweite Ressource schon früher auszubeuten und bei einem Sprung nach oben gäbe es Anreize, die Ausbeutung der ersten Ressource zu verzögern. Bei vollkommener Information läuft es auf einen kontinuierlichen Übergang hinaus. Vgl. Dasgupta/Heal 1979: S. 173-174.

74 Vgl. zur formalen Herleitung Dasgupta/Heal 1979: S. 174-175.

75 Vgl. Endres/Querner 1993: S. 48-51.

einem niedrigeren Anfangspreisniveau beginnen und die Ressource wird in schnellerer Zeit erschöpft sein.[76] Diese Situation ist analog zu der Diskussion der Pfade mit unterschiedlichen Zinssätzen (Abbildung 2.6) zu sehen. Gleichzeitig bestätigt diese Betrachtung das obige Ergebnis beim Vergleich zweier Optimalpfade mit unterschiedlichen, aber konstanten Abbaugrenzkosten (Abbildung 2.10). Auch dort führten höhere (konstante) AGK zu einer längeren Ressourcennutzungsdauer.[77]

Abbildung 2.13: Optimaler Preispfad mit zahlreichen Erzqualitäten

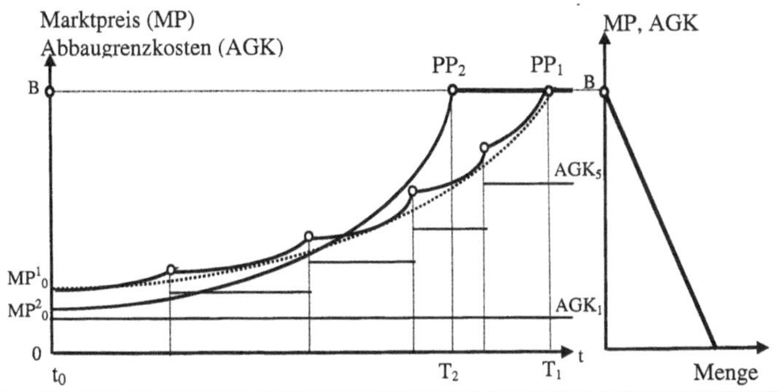

Der Preispfad mit kontinuierlich steigenden AGK hat eine weitere interessante Implikation. Da durch steigende Abbaugrenzkosten die Royalty in Gegenwartswert immer geringer wird, dominieren schließlich die AGK den Marktpreis. Damit sind langfristig wiederum die Grenzkosten der Extraktion ausschlaggebend und die Erschöpfung einer Ressource mag nie eintreten, da irgendwann die AGK das Prohibitivpreisniveau überschreiten, so daß die Extraktion des Restressourcenbestandes nicht mehr profitabel ist. In diesem Kontext besteht selbst für nicht-erneuerbare Ressourcen lediglich eine relative Knappheit im ricardianischen Sinne und eine vollkommene Erschöpfung tritt nicht ein.[78] HERFINDAHL (1967) wies hingegen darauf hin, daß die Zunahme der AGK beim Übergang auf ein Depot mit geringeren Erzgraden häufig weniger hoch ist als von Ressourcenbesitzern befürchtet, da Depots mit geringerer Erzqualität häufig in sehr großer Menge auftreten, so daß kostensenkende Skaleneffekte realisiert werden können.[79]

Abschließend sei zu den verschiedenen kostenbezogenen Preispfad-Konstellationen noch angemerkt, daß der simultane Abbau unterschiedlicher Erzqualitäten durchaus möglich ist, wenn die Abbaugrenzkosten der verschiedenen Ressourcenbestände mit *unterschiedlichen*

---

76 Vgl. für eine formale Argumentation: Cummings 1969: S. 207-209.

77 Es mag etwas paradox anmuten, wenn dieses Ergebnis mit dem Ergebnis des Falls mit kontinuierlich sinkenden AGK (Abbildung 2.11) verglichen wird. In beiden Fällen verlängert sich die Nutzungsdauer der Ressource. Es sei allerdings darauf verwiesen, daß sich der Kostenanstieg auf den *Restbestand der Ressource* bezieht und der Kostenverfall durch technischen Fortschritt *zeit*abhängig war, so daß unterschiedliche Gründe zur verlängerten Ressourcennutzungsdauer führen.

78 Das Grundmodell von HOTELLING zu nicht-erneuerbaren Ressourcen wird damit nicht obsolet, sondern lediglich erweitert um die Möglichkeit einer größeren langfristigen Bedeutung von Abbaugrenzkosten. Vgl. Endres/Querner 1993: S. 51-52 und Schneider 1980: S. 819.

79 Vgl. Herfindahl 1967: S. 85.

Raten über die Zeit kontinuierlich fallen oder steigen. In derartigen Fällen vermarkten alle Anbieter zum gleichen Preis, so daß z. B. einige Unternehmen bei Erzqualitäten mit hohen und weiter ansteigenden AGK sowie hohen Beständen gleichzeitig eine niedrigere Royalty realisieren als andere Unternehmen mit niedrigen Beständen von hochqualitativen Erzen mit geringen und weniger stark steigenden AGK.[80] Ein simultaner Abbau ist weiterhin denkbar, wenn die Bestände der Niedrigkostenressource gering und daher die realisierbaren Fördermengen nicht groß genug sind, um die Gesamtnachfrage zu decken.

Ein weiterer an dieser Stelle zu thematisierender wichtiger Einflußfaktor auf den optimalen Preispfad ist der **Ressourcenbestand**, der bisher als unveränderlich und konstant angenommen wurde. In der Realität ist diese absolute Größe nicht bekannt, sondern immer nur ein Teil von ihr, und durch **Exploration** wird sukzessive ein immer größerer Teil offengelegt. Diese Problematik ist aber an dieser Stelle mit einem Modellrahmen, der perfekte Zukunftsmärkte und perfekte Information voraussetzt, nicht behandelbar. Das Problem kann aber annäherungsweise untersucht werden, indem danach gefragt wird, wie die optimalen Preispfade für unterschiedliche Ressourcenbestandsgrößen intertemporal verlaufen. Bei gleichen und konstanten AGK und ceteris parisbus ist es ersichtlich, daß der Preispfad des größeren Bestandes aufgrund seiner geringeren Knappheit eine geringere Royalty aufweist und damit einen geringeren Anfangspreis. Aus dieser Situation ergibt sich ein weniger stark ansteigender Preispfad und die Ressource erschöpft später als bei niedrigerem Bestand. Dieser Verlauf der Preispfade ist denen der Abbildung 2.7 ähnlich. Ein erhöhter Ressourcenbestand wirkt also wie eine Verringerung der Nachfrage.[81]

An dieser Stelle ist auch die Möglichkeit des **Recyclings** von nicht-erneuerbaren Ressourcen einzubeziehen, da es wie eine Bestandserhöhung wirkt. In dem besonderen Fall, wenn Recycling nur *einmal* möglich und gleichzeitig teurer ist als der Abbau der Primärressource, würde zuerst die Ressource verbraucht und ein Schrottberg angesammelt werden und danach das teurere Recycling stattfinden. Der optimale Preispfad dieser Konstellation wäre dem oben erörterten Fall mit zwei unterschiedlichen Erzqualitäten (Abbildung 2.12) sehr ähnlich.[82] Allgemein ist für das Recycling konstatierbar, daß die gesamte Nutzungsdauer der Ressource (inklusive Recycling) um so höher ist, je häufiger eine benutzte Ressource recycelt werden kann und je mehr des recyclierbaren Materials dem Recyclingprozeß zugeführt wird. Ist das Recycling einer Ressource materialtechnisch gesehen x Mal möglich, während durchschnittlich ein Anteil z des Materials nach der Nutzung recycelt werden kann (mit $1>z>0$), so erhöht sich dadurch der potentiell verfügbare Ressourcenbestand um den Faktor $\frac{x}{1-z}$.[83]

Um nun die Exploration explizit einzubeziehen, sei angenommen, der Gesamtressourcenbestand R_0 sei bekannt, aber aufgrund bestimmter technischer Hemmnisse sei ein Teil des Bestands (R_2) erst zu einem bestimmten – und bekannten – Zeitpunkt t* verfügbar. Diese Konstellation muß nicht unbedingt ein Problem darstellen, wenn der vorher verfügbare Bestand R_1 ausreicht, um den optimalen Extraktions- und Preispfad des Gesamtbestandes zu erfüllen. Ein interessanterer Fall tritt aber ein, wenn der optimale Gesamtpreispfad PP_1 bis zum Zeitpunkt t* eine Ressourcenmenge benötigt, die größer ist als der verfügbare Anfangsbestand R_1. Diese

80 Vgl. Goldsmith 1974: S. 1037-1039 und Endres/Querner 1993: S. 47.

81 Vgl. Herfindahl 1967: S. 69 und Pearce/Turner 1990: S. 281.

82 Vgl. Jaeger 1980: S. 167.

83 Diese Formel basiert auf der Erörterung des bestandserhöhenden Charakters des Recycling von Dasgupta/Heal (1979), die aber lediglich den Fall des einmaligen Recycling (x=1) betrachteten (S. 212.). Zu weitergehenden Untersuchungen der optimalen Ressourcennutzung mit Recycling vgl. Jaeger 1980, Weinstein/Zeckhauser 1974, Schulze 1974: S. 64-71 und Ströbele 1987: S. 63-65.

Situation ist dargestellt in Abbildung 2.14.

Abbildung 2.14: Optimaler Preispfad mit zukünftiger Bestandserhöhung

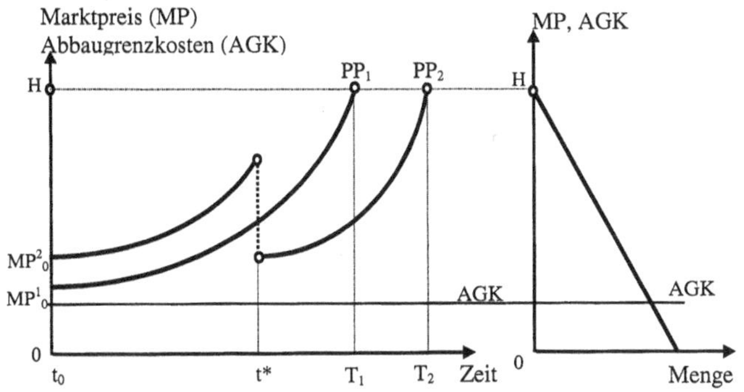

Die optimale Nutzung des Anfangsbestandes R_1 muß derart ausgelegt sein, daß sie erst in t* erschöpft und nicht schon vorher. Da dieses Ziel durch den Preispfad PP_1 nicht erreicht werden kann, ist ein alternativer Pfad PP_2 erforderlich. Die optimale Ressourcennutzung in dieser Konstellation erfordert eine niedrigere Nachfragemenge, so daß der Anfangspreis des Pfades PP_2 höher sein muß als beim Optimalpfad des Gesamtbestandes PP_1. In der Anfangsperiode t_0 bis t* wird also eine höhere Royalty realisiert. Zum Zeitpunkt t* wird der Restbestand R_2 allerdings ad hoc verfügbar. Es tritt ein „Verfügbarkeitsschock" ein, die Royalty fällt sofort auf ein geringeres Niveau und steigt dann mit dem Zinssatz an bis das Prohibitivpreisniveau erreicht ist und die Ressource erschöpft. Insgesamt ergibt sich durch diese Komplikation einer zwischenzeitlichen Verknappung eine längere Nutzungsdauer der Ressource. Das Ergebnis ist ein diskontinuierlicher Preispfad, wie er bereits ähnlich in Abbildung 2.9 mit Backstop-Technologie dargestellt wurde. Ähnliche diskontinuierliche Verläufe würden sich unter Unsicherheit einstellen. Eine oder mehrere erfolgreiche und vorher nicht für möglich gehaltene Explorationen von beträchtlichen Beständen einer zuvor verknappenden Ressource würden ähnliche „Verfügbarkeitsschocks" mit diskontinuierlichen Preispfadwirkungen auslösen.[84]

Für den Fall kontinuierlicher Exploration von nicht-erneuerbaren Ressourcen sei an dieser Stelle nur auf folgende Besonderheiten hingewiesen. Eine ständige Explorationstätigkeit bewirkt, daß die verfügbaren Ressourcen durch Neuentdeckungen weniger stark abnehmen als ohne Exploration. Diese ständige (ex post) Erweiterung des Anfangsbestandes der Ressource führt dazu, daß der Preis weniger stark ansteigt als ohne Exploration.[85] Im Extremfall, wenn ein Anfangsbestand sehr gering und der Marktpreis daher sehr hoch ist, mag sogar der Fall eintreten, daß die Neuentdeckungen durch Exploration in den ersten Perioden mengenmäßig höher sind als die Ressourcenbestandsabnahme durch Extraktion und Verkauf. Somit würde der Ressourcenbestand zu Anfang wachsen und erst mit abnehmenden Explorationserfolgen sinken. In diesem Fall würde sich bei konstanten AGK ein U-Förmiger Preispfad ergeben, so wie der Pfad PP_2 in Abbildung 2.11.[86] Explorations*kosten* sind bei diesen Überlegungen nicht

---

84 Vgl. Endres/Querner 1993: S. 57-58 und Pearce/Turner 1990: S. 282.

85 Vgl. Herfindahl 1955: S. 40.

86 Vgl. Pindyck 1978: S. 850-852. Eine ähnliche Konstellation mit anfänglich sinkenden Marktpreisen könnte sich durch staatlich forcierte Recycling-Politik ergeben, die die Verfügbarkeit der Ressource deutlich erhöht.

einbezogen. Für einen langfristigen Analyserahmen ist ihre Berücksichtigung auch nicht unbedingt erforderlich, da sie den laufenden Kosten zugerechnet werden können, so daß die obigen Betrachtungen – z. B. des Falls verschiedener Erzqualitäten (Abbildung 2.13) – gelten.[87] Es ergibt sich aus der expliziten Betrachtung von Explorationskosten jedoch eine in diesem Rahmen interessante Erkenntnis, die lautet, daß Ressourcen nicht vollkommen erschöpfen, sondern daß irgendwann die Exploration von immer geringer werdenden Ressourcenkonzentrationen nicht mehr lohnend ist. Pindyck empfiehlt daher die Nutzung des Begriffs „nicht-erneuerbare Ressourcen" statt der irreführenden Bezeichnung „erschöpfbare Ressourcen", die häufig in ressourcenökonomischen Diskursen verwandt wird.[88]

Abschließend sei noch auf den Einflußfaktor der **Skalenerträge** hingewiesen, der in der Literatur eher wenig Beachtung fand. Herfindahl wies allerdings schon 1955 darauf hin, daß die Nutzungsdauer einer nicht-erneuerbaren Ressource um so geringer ist, je höher der durchschnittliche Outputlevel bei der Ressourenextraktion ist, bei dem die Skalenerträge wieder zu sinken beginnen. Allgemein gilt also: Je höher das optimale Outputniveau der Extraktion von nicht-erneuerbaren Ressourcen, desto geringer die Nutzungsdauer.[89]

Die Diskussion der wichtigsten Einflußfaktoren unter verschiedenen Modifizierungen hat gezeigt, daß der Hotelling-Preispfad sehr unterschiedliche Formen annehmen kann. Bereits an dieser Stelle sind Preissenkungen und -schwankungen kontinuierlicher und diskontinuierlicher Art, die das Preisverhalten auf realen Rohstoffmärkten prägen, erklärbar geworden. Das nächste Kapitel soll nun die Auswirkungen für den Fall untersuchen, daß eine weitere sehr restriktive Bedingung gelockert wird.

2.2.1.3 Preispfad einer nicht-erneuerbaren Ressource im Monopolfall

Ein besonderes Phänomen der ressourcenextrahierenden Industrie besteht darin, daß die Einstiegskosten der Produktion sehr hoch sind und daher in den seltensten Fällen genügend Ressourcenanbieter zur Verfügung stehen, um die erste Bedingung des vollkommenen Wettbewerbsmarktes zu erfüllen, die besagt, daß alle Marktakteure Preisnehmer sind. Weiterhin besteht die Möglichkeit der Kartellbildung durch Ressourcenbesitzer, die gemeinsam eine monopolistische Preismacht ausüben können. Die Auswirkungen derartiger Kartellbildungen wurden in den 1970er Jahren allzu deutlich, als die OPEC-Länder mit Erdölembargos aufwarteten. Die reale Tendenz zur Monopolisierung ist in der ressourcenextrahierenden Industrie allgemein höher als in anderen ökonomischen Sektoren, so daß die Betrachtung der Auswirkungen derartiger Umstände notwendiger Bestandteil der Analyse der optimalen Ressourcennutzung ist.[90] An dieser Stelle soll lediglich der reine Monopolfall diskutiert werden, um auf diese Weise die extremste Form der Monopolisierung und seine Auswirkungen auf die Ressourcennutzung aufzuzeigen.

Anfänglich sei eine *Situation ohne Abbaukosten* betrachtet. Analog zu den Ausführungen in Kapitel 2.1.2 maximiert auch ein monopolistischer Ressourcenbesitzer seinen intertemporalen Gewinn aus einem Ressourcenbestand, indem er durch die sukzessive Veräußerung der Ressource einen gleichbleibenden gegenwartswertbezogenen Grenzgewinn über die Zeit realisiert.

---

87 Vgl. Herfindahl 1967: S. 78. Für eine formale Diskussion der Interdependenzen von Extraktions- und Explorationskosten unter sei verwiesen auf Pindyck 1978.

88 Vgl. Pindyck 1978: S. 849, 855 und Herfindahl 1955: S. 41.

89 Vgl. Herfindahl 1955: S. 39.

90 Schon HAROLD HOTELLING wies auf die außergewöhnlichen Monopolisierungstendenzen im Extraktionssektor hin und widmete in seinem klassischen Artikel der Analyse des Monopolfalls besondere Aufmerksamkeit. Vgl. Hotelling 1931: S. 138, 146-152.

Damit lautet die Profitmaximierungsbedingung auch für den Monopolisten, daß sein Grenzgewinn aus der Ressourcenextraktion mit dem Zinssatz steigen muß. Bei nichtexistenten Extraktionskosten ist der Grenzgewinn des Monopolisten gleich dem Grenzerlös, so daß unter diesen Bedingungen der Grenzerlös über die Zeit mit dem Zinssatz ansteigen muß. Bis zu dieser Stelle gibt es keinen Unterschied zum Wettbewerbsfall. Im Gegensatz zu einem Ressourcenbesitzer unter Wettbewerbsbedingungen ist der Grenzerlös des Monopolisten aber nicht gleich dem Preis, sondern geringer. Im Monopolfall bewirkt eine Veränderung der Angebotsmenge (M) eine direkte Preisänderung, so daß der Erlös aus dem Verkauf einer zusätzlichen Ressourceneinheit nicht dem Marktpreis entspricht, sondern einem sich neu einstellenden Preis. Somit ist der monopolistische Grenzerlös eng verknüpft mit der Nachfrage bzw. mit der Preiselastizität der Nachfrage, die wiederum eine Funktion der Angebotsmenge M ist und in dieser Arbeit mit der Abkürzung $\eta(M)$ belegt wird. Aus der mikroökonomischen Monopoltheorie ist bekannt, daß sich der monopolistische Grenzerlös (GR) wie folgt zusammensetzt:[91]

$$\text{GR} = \text{MP} + \frac{\text{MP}}{\eta(\text{M})} = \text{MP} \cdot (1 + \frac{1}{\eta(\text{M})}) \tag{12}$$

Da die Preiselastizität der Nachfrage $\eta(M)$ im üblichen Fall negativ ist[92], ist aus Gleichung (12) deutlich abzulesen, daß der Erlös aus dem Verkauf einer zusätzlichen Ressourceneinheit geringer ist als der Marktpreis, da mit erhöhter Angebotsmenge die Nachfrage auf Substitute ausweicht und der Marktpreis als Konsequenz sinkt.[93] Da die profitmaximierende Bedingung lautet, daß der Grenzerlös mit dem Zinssatz über die Zeit steigen muß, wird damit einerseits impliziert, daß die Angebotsmenge über die Zeit sinken muß, um einen Anstieg des Grenzerlöses zu erreichen.[94] Andererseits ist es im Monopolfall auch die rechte Seite der Gleichung (12), die mit dem Zinssatz ansteigen muß, so daß sich ein üblicher Marktpreisverlauf einer nichterneuerbaren Ressource im monopolistischen Besitz über die Zeit anders gestaltet als im Wettbewerbsfall. Durch Differenzierung der Gleichung (12) und Einbeziehung der Profitmaximierungsbedingung läßt sich die Arbitragegleichung für den Monopolfall ableiten. Sie sieht wie folgt aus:[95]

$$\text{GR}_t' = \text{MP}_t' + \left(\frac{\text{MP}_t}{\eta(\text{M}_t)}\right)' = \text{i} \quad \text{bzw.} \tag{13a}$$

$$\text{MP}_t' = \text{i} - \left(\frac{\text{MP}_t}{\eta(\text{M}_t)}\right)' \tag{13b}$$

---

[91] Vgl. Pindyck/Rubinfeld 1992: S. 334 und Endres/Querner 1993: S. 80.

[92] Im Verlauf der Diskussion der Nachfrageelastizität wird an dieser Stelle durchgängig unterstellt, daß die Nachfrageelastizität – wie in den meisten Fällen – negativ ist, also die Nachfragemenge mit erhöhtem Preis sinkt. Um Mißverständnissen vorzubeugen, sei darauf hingewiesen, daß die nachfolgende Diskussion insbesondere *Veränderungen* der (negativen) Nachfrageelastizität (marginale Nachfrageelastizität) zum Gegenstand hat, die sowohl negativ als auch positiv sein können.

[93] Im Monopolfall entspricht der Preis dem Durchschnittserlös, da die gesamte Produktionsmenge die entscheidende Variable für den Erlös aller Produkte ist – auch des Grenzprodukts. Im Wettbewerbsfall dagegen können die Produzenten den Preis durch ihre Produktionsmenge nicht beeinflussen, so daß sie ihre Entscheidungen über marginale Produktionsmengen fällen. Vgl. Pindyck/ Rubinfeld 1992: S. 330-336.

[94] Vgl. Dasgupta/Heal 1979: S. 327.

[95] Vgl. Dasgupta/Heal 1979:. S. 325 und Ströbele 1987: S. 66.

Die Veränderungsrate des Grenzerlöses über die Zeit (GR_t') entspricht gemäß der Arbitragegleichung (13a) also der Veränderungsrate des Marktpreises (MP_t') plus der nachfrageelastizitätsbedingten Preisveränderungsrate $[MP_t/\eta(M_t)]'$. Eine einfache algebraische Umformung (Gleichung 13b) zeigt deutlich auf, daß die Rate der Veränderung des Marktpreises über die Zeit vom Zinssatz und der Veränderung der Nachfrageelastizität abhängt. An dieser Stelle offenbart sich die enorme Bedeutung der Preiselastizität der Nachfrage für den Preispfad einer nicht-erneuerbaren Ressource in monopolistischem Besitz und daher sollen die drei möglichen Konstellationen der marginalen Nachfrageelastizität und ihre Auswirkungen auf den Preispfad diskutiert werden.

Die *erste Möglichkeit* besteht darin, daß der Quotient in der Gleichung (13b) über den gesamten Zeithorizont gleich Null ist. In diesem Fall bleibt die (negative) Nachfrageelastizität konstant und ist unabhängig von Marktpreis oder Extraktionsmenge. Das bedeutet, daß für jedes Preisniveau gleichwertige Ressourcensubstitute verfügbar sind. In diesem Spezialfall, in dem die Nachfragefunktion iso-elastisch genannt wird, sind die Arbitragegleichungen für den Monopolfall (13a+b) und für den Wettbewerbsfall (Gleichung 8) identisch.[96] Damit ergibt sich gleichzeitig, daß unter Monopolbedingungen ohne Abbaukosten und mit iso-elastischer Nachfrage der optimale Preispfad der nicht-erneuerbaren Ressource ceteris paribus genauso verläuft wie unter Wettbewerbsbedingungen und daher ein Pareto-optimales Ergebnis hervorbringt.[97] Dieses aus Sicht der statischen Monopoltheorie etwas erstaunliche Ergebnis, daß ein Monopolist unter bestimmten Umständen *nicht* geringere Mengen anbietet, um damit eine Monopolrente zu realisieren, ist auf die Besonderheit zurückzuführen, daß der Monopolist den intertemporalen Gewinn aus einem Ressourcen*bestand* maximiert und nicht – wie in der statischen Monopoltheorie – den Gewinn aus einem Güter*strom*.[98]

Eine *zweite Möglichkeit* besteht darin, daß der Quotient aus Gleichung (13b) positiv ist, d. h., daß mit steigendem Marktpreis immer bessere Substitute verfügbar werden, die marginale Nachfrageelastizität steigt und mit zunehmender Angebotsmenge die Nachfrage immer stärker sinkt. In diesem Fall wirkt die Nachfrageelastizität wie eine Bremse auf den Preispfad, da es sich für den Monopolisten lohnt, die steigenden nachfragesenkenden Effekte eines Preisanstiegs durch eine Preisanstiegsrate, die kleiner als der Zinssatz ist, hinauszuzögern. Der resultierende Monopol-Preispfad steigt in diesem Fall also mit einer geringeren Rate an als unter Wettbewerbsbedingungen, so daß er analog zur Abbildung 2.6 (Preispfade mit unterschiedlichen Zinssätzen) diskutiert werden kann. Der Monopolpreispfad entspricht im Vergleich mit dem Wettbewerbspfad dem Verlauf des Pfades PP_1, der Anfangspreis ist also geringer und die Ressourcennutzungsdauer ist länger.[99]

Die *dritte Möglichkeit* besteht schließlich darin, daß der Quotient der Gleichung (13b) negativ wird, mit dem Resultat, daß der Marktpreis schneller steigt als der Zinssatz. Eine solche Konstellation ist besonders plausibel bei noch sehr niedrigem Preisniveau. In einem solchen unterem Preissegment mag die Ressource mit vielen möglichen Substituten in Konkurrenz stehen, während mit sukzessiv marginalen Preiserhöhungen die Anzahl der Substitute sinkt. In diesem Fall beschleunigt eine sinkende marginale Nachfrageelastizität den Anstieg des Preises, so daß ein solcher Preispfad über die Zeit mit einer Rate anwachsen würde, die größer ist als der Zinssatz. In einer intertemporalen Situation mit funktionierenden Kapitalmärkten wäre ein

96 Mathematisch gesehen haben iso-elastische Nachfragefunktionen die Form: $M=aMP^b$, wobei das b den konstanten Wert der Elastizität angibt.

97 Vgl. Dasgupta/Heal 1979: S. 326 und Ströbele 1987: S. 67.

98 Vgl. Dasgupta/Heal 1979: S. 326.

99 Vgl. ebd.: S. 328-329.

solcher Pfad allerdings nicht stabil, da die hohen Grenzerlösraten aus dem Besitz der Ressource Anlaß zu Spekulation gäben, so daß sich letztlich doch eine intertemporale Gleichgewichtssituation einstellte, in der die Grenzgewinnraten aller Investitionsmöglichkeiten dem Zinssatz entsprechen.[100]

Angesichts des sehr speziellen Sonderfalls einer iso-elastischen Nachfrage und der Spekulationsgegenwirkung im Falle sinkender marginaler Nachfrageelastizität, ist der zweite Fall mit steigender marginaler Nachfrageelastizität und entsprechend „gebremstem" Preispfad und verlängerter Ressourcennutzungsdauer die wahrscheinlichste Monopolkonstellation bei nicht-existenten Abbaukosten. In der Tat läßt sich dieses Ergebnis auch für den komplizierteren Fall bei Einbeziehung von Abbaukosten zeigen. Auch in diesem Fall gilt die Profitmaximierungsbedingung, daß der Grenzgewinn mit dem Zinssatz steigt. Da der Markpreis jedoch gleich ist dem Grenzgewinn plus den Abbaugrenzkosten, ist es unmittelbar einleuchtend, daß der Marktpreis mit einer geringeren Rate ansteigt als der Grenzgewinn.[101] Somit gilt für den Monopolfall mit und ohne Abbaukosten die bekannt gewordene Aussage von Solow, der angesichts dieses Ergebnisses feststellt:

> *„The amusing thing is that if a conservationist is someone who would like to see resources conserved* ***beyond*** *the pace that competition would adopt, then the monopolist is the conservationist's best friend. No doubt they would both be surprised to know it."*[102]

Nun ist natürlich der reine Monopolfall nicht unbedingt vereinbar mit der Realität und eigentlich müßten ebenfalls Preispfade unter oligopolistischen Verhältnissen thematisiert werden. Diese Analyse ist im dynamischen neoklassischen Rahmen allerdings nicht sehr aussagefähig, da sich oligopolistische Konstellationen als wechselwirkende Strategiespiele charakterisieren lassen, während im intertemporalen neoklassischen Rahmen alle Entscheidungen mit vollkommener Zukunftsinformation zum Ausgangszeitpunkt t_0 gefällt werden und sich nicht – wie für Oligopole angemessener – im Zeitablauf in bezug auf die Entscheidungen des Konkurrenten ergeben. Eine intertemporale neoklassische Betrachtung einer Oligopolsituation ist daher nicht sehr erkenntnisfördernd.[103]

Wesentlich aufschlußreicher ist hingegen die Analyse einer Situation mit nicht-erneuerbarer Ressource und Backstoptechnologie, wobei jeweils in einem dieser eng verknüpften Märkte Wettbewerbsbedingungen vorherrschen und in dem anderen Monopolverhältnisse. Die entsprechenden Implikationen sollen als Abschluß dieses Kapitels kurz erörtert werden.

Als erstes sei die Situation eines monopolistischen Ressourcenbesitzers betrachtet, wobei eine Backstop-Technologie existiert, die unter Wettbewerbsmarktverhältnissen zum Preis B angeboten werden kann. Vereinfachend sei eine konstante, iso-elastische Nachfrage unterstellt, so daß der profitmaximierende monopolistische Marktpreis mit dem Zinssatz ansteigen sollte. In diesem Fall steht zu vermuten, daß das Ergebnis dem Marktergebnis entspricht, wie anhand von Abbildung 2.8 im vorhergehenden Kapitel diskutiert: Die Grenzkosten zur Erstellung der Backstop-Technologie würden eine Obergrenze für den Monopolpreis der Ressource setzen, so daß der Preispfad so verläuft, daß die Ressource beim Erreichen des Backstoppreises B zum Zeitpunkt T erschöpft. Daß diese Schlußfolgerung *nicht* korrekt ist, soll für den einfachen Fall einer konstant elastischen Nachfrage ($\eta>1$) ohne Abbaugrenzkosten anhand von Abbildung 2.15 verdeutlicht werden.

---

[100] Vgl. ebd.: S. 330-333.

[101] Vgl. für eine formale Veranschaulichung dieser Konstellation: Dasgupta/Heal 1979: S. 333-334.

[102] Solow 1974a: S. 8. Hervorhebung aus dem Original übernommen.

[103] Vgl. für die Diskussion einer intertemporalen Duopol-Situation: Dasgupta/Heal 1979: S. 337-339.

Aus Sicht des Monopolisten würde ein Wettbewerbspfad (PP_1) den geringen Anfangspreis MP^1_0 erfordern, so daß nur eine geringe gegenwartswertbezogene Royalty über die Zeit realisiert werden könnte. Es mag für den Monopolisten daher profitabel sein, einen höheren Anfangspreis zu setzen (z. B. bei MP^2_0), so daß die Ressource beim Preis B zum Zeitpunkt T_1 noch nicht erschöpft ist, sondern weiterhin angeboten wird. Da die Backstop-Produzenten im Wettbewerb keinen Gewinn realisieren, ist es möglich, daß sie erst zu produzieren beginnen, wenn die Ressource des Monopolisten zum Zeitpunkt T_3 erschöpft ist.[104] Ein solcher Pfad PP_2 ist dann profitmaximal, wenn die Differenz zwischen Gegenwartswert des Gesamtgewinns aus Wettbewerbspfad PP_1 und Monopolpfad PP_2 am höchsten ist. Der Monopolist kann in dieser Situation einen höheren Profit erwirtschaften als ein Wettbewerbsanbieter, da er den Preis beeinflussen kann. Konsequenz dieser Situation ist, daß die Ressource später erschöpft (in T_3) und die Backstop-Technologie ebenfalls zu einem späteren Zeitpunkt zum Einsatz kommt. Dieser Monopolpreispfad ist daher eindeutig ineffizient.[105]

Abbildung 2.15: Preispfad mit monopolistischem Ressourcenbesitzer und Backstoptechnologie unter Wettbewerbsverhältnissen

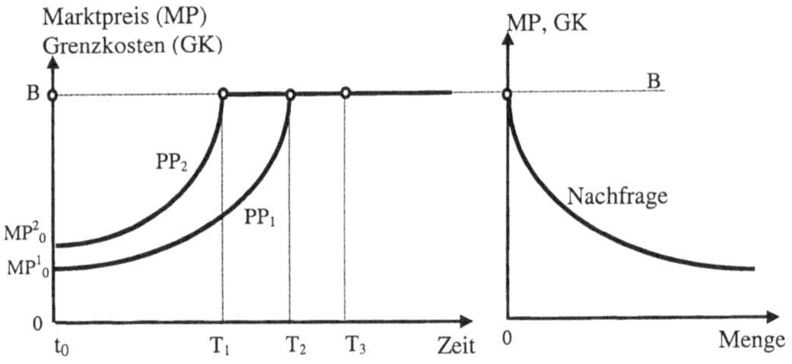

Interessant ist noch die Betrachtung der Situation, daß die Grenzkosten der Backstoptechnologie sinken. Zwar würde der Kapitalwert der monopolistischen Ressource damit sinken, doch es ist nicht zwingend, daß sich die Einführung der Backstop-Technologie dadurch wesentlich beschleunigt, da der Monopolist auch in diesem Fall seinen Preispfad anpassen würde. Somit bestehen kaum Anreize für die Wettbewerbsanbieter der Backstop-Technologie, ihre F&E-Investitionen zur Senkung der Backstopkosten zu erhöhen.[106] Durch einen monopolistischen Ressourcenbesitz wird also die Ressourcennutzungsdauer verlängert und der Einsatz einer Backstop-Technologie hinausgezögert.[107]

104 Dieser Gedanke ist vielleicht eingänglicher mit der Annahme, daß der Monopolist den Preis B nach dem Zeitpunkt T_1 marginal unterbietet.

105 Vgl. Dasgupta/Heal 1979: S. 340-342 und Ströbele 1987: S. 68-69. Bei sehr unelastischer Nachfrage ($0>\eta>-1$) oder sehr kleinem Ressourcenbestand mag der HOTELLING-ähnliche Preispfad des Monopolisten der Periode 0 bis T_1 ganz entfallen, so daß es von Beginn an profitabel ist, die Ressource zum Preis B anzubieten bzw. zu einem marginal niedrigeren Preis. Vgl. Dasgupta/Heal 1979: S. 343-345 und Ströbele 1987: S. 70.

106 Vgl. Dasgupta/Heal 1979: S. 344.

107 Dasgupta und Heal (1979) diskutieren einen weiteren interessanten Fall mit ähnlichem Ergebnis. Dabei wird eine asymmetrische Oligopolsituation unterstellt, in der es ein dominierendes Ressourcenkartell gibt und verschiedene Wettbewerber, die den Preis nicht beeinflussen können. Vgl. dazu ebd.: S. 345-351.

Als weitere Möglichkeit sei der Fall betrachtet, daß eine nicht-erneuerbare Ressource auf einem Wettbewerbsmarkt angeboten wird und die Backstop-Technologie in einem Monopolverhältnis steht. Unter diesen Umständen sind nicht die Grenzkosten der Backstop-Technologie die prohibitive Preisobergrenze für die Ressource, sondern der höhere Monopolpreis. Analog zur obigen Abbildung 2.8, in der Ressourcenpfade bei unterschiedlichen Grenzkosten der Backstop-Technologie diskutiert wurden, ist der Pfad mit Backstop-Technologie-Monopol im Vergleich zur vollkommenen Wettbewerbssituation charakterisiert durch ein höheres Prohibitivpreisniveau (B_1), einen höheren Anfangspreis (MP^1_0) und einen späteren Zeitpunkt der Ressourcensubstitution (T_1) durch die Backstop-Technologie – er entspricht dem Pfad PP_1 der Abbildung 2.8.[108] Auch in diesem Fall ergibt sich ein ähnliches Ergebnis wie zuvor mit monopolistischem Ressourcenbesitzer. Eine interessante Implikation dieses Falls bezieht sich auf das Patentrecht. Wird dem Erfinder einer Backstop-Technologie ein Patent zugesprochen, das diesem eine Monopolstellung über einen gewissen Zeitraum zusichert, so ist das Ergebnis, daß die Innovation aufgrund dieser Monopolstellung tendenziell zu einem späterem Zeitpunkt eingeführt wird als unter Wettbewerbsbedingungen. Dies gilt insbesondere dann, wenn der Patentbesitzer zugleich Monopolbesitzer der nicht-erneuerbaren Ressource ist. Auf diesen Umstand wird im Verlauf dieser Arbeit noch zurückzukommen sein.

* * *

In diesem Kapitel wurden eine Vielzahl wesentlicher Modellkomplikationen für den Preispfad und die Nutzung nicht-erneuerbarer Ressourcen diskutiert. In der Tabelle 2.1 auf der nachfolgenden Seite werden die Auswirkungen aller diskutierten Einflußfaktoren auf die Ressourcennutzungsdauer zusammenfassend dargestellt.

Angesichts dieser Vielfalt von Einflußfaktoren und ihrer teils gegensätzlichen Wirkungen in bezug auf Ressourcennutzungsdauer, Anfangspreis und Preisverlauf ist die Frage nach dem Verlauf von Preispfaden nicht-erneuerbarer Ressourcen unter den Bedingungen heutiger Rohstoffmärkte aus neoklassischer Sicht nur sehr schwierig und tentativ zu beantworten. All die verschiedenen beschriebenen Wirkungen treten ja nicht in einer ceteris-paribus-Manier auf wie in der obigen Analyse, sondern dergestalt kombiniert, daß sich eine Balance der gegensätzlichen Wirkungen erst im komplexen Spiel der Marktkräfte ergibt und äußerst schwierig vorherzusagen ist. Aus der obigen Darstellung wurde aber deutlich, daß die allseits bekannten Preissenkungen und -schwankungen auf heutigen Rohstoffmärkte durchaus im neoklassischen Rahmen erklärbar sind.

Hinsichtlich der komplexen und vom idealtypischen Modell abweichenden Bedingungen der realen Welt der Rohstoffmärkte argumentierten PINDYCK (1978) und FISHER (1981), daß ein optimaler Preispfad, der die Bedingungen der realen Welt approximativ berücksichtigt, einen U-förmigen Verlauf aufweise. Dieser Preispfad und seine theoretische Begründung sollen als Abschluß dieses Kapitels anhand der Abbildung 2.16 vorgestellt werden. Die U-Form des Preispfades erklären PINDYCK (1978) und FISHER (1980) wie folgt. Am Anfang fällt der Preis, da insbesondere Kostenreduzierungen durch technische Innovationen und Explorations-

108 Vgl. Ströbele 1987: S. 70-72.

Abbildung 2.16: U-Förmiger optimaler Preispfad mit Ressourcenextraktionsverlauf

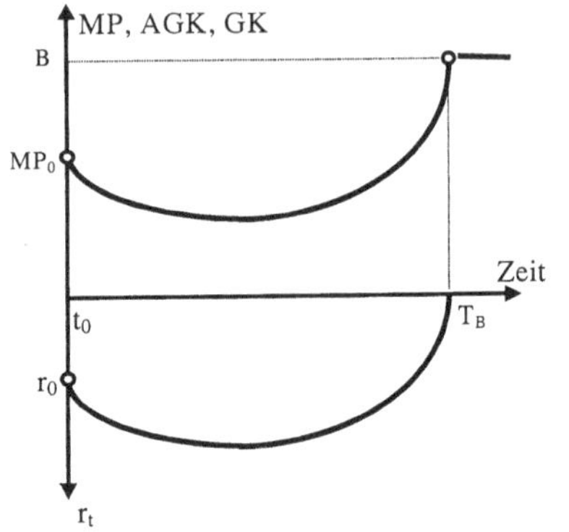

erfolge den Anstieg der Royalty mehr als kompensieren können. Doch nach einer langen Zeitperiode sind die meisten kostensenkenden Innovationen erfolgt und die größten Explorationen haben stattgefunden, so daß schließlich der exponentielle Anstieg der Royalty aufgrund zunehmender Ressourcenverknappung sämtliche entgegenwirkenden Faktoren dominiert und der Preispfad dem Prohibitivpreisniveau zustrebt, das durch eine Backstop-Technologie festgelegt ist (B). Der entsprechende Extraktionspfad verzeichnet anfänglich analog zur Ressourcenpreissenkung einen Anstieg in der Extraktion, der sich aber bei steigendem Preis umkehrt und gegen null strebt.[109] Ein solcher Preispfad ignoriert natürlich die kurzfristigen Turbulenzen auf Rohstoffmärkten, doch er ist theoretisch abgeleitet und kann den Abwärtstrend vieler Rohstoffpreise, der auf mannigfaltigen Märkten heute beobachtbar ist, verständlicher machen.[110]

---

109 Vgl. Pindyck 1978: S. 850 und Fisher 1981: S. 61-62. Dieser U-förmige Pfad ist lediglich als grobe Realitätsannäherung zu verstehen. Die Ergänzung des U-Preispfades um ein durch eine Backstop-Technologie determiniertes Prohibitivpreisniveau und um den Extraktionspfad wurden vom Autor vorgenommen.

110 Schneider 1980 weist darauf hin, daß der U-förmige Preisverlauf bereits bei langfristigen empirischen Untersuchungen für verschiedene nicht-erneuerbare Ressourcen wie Bauxit und Erdöl festgestellt worden ist. Vgl. Schneider 1980: S. 828.

Tabelle 2.1: Auswirkungen der Variation wichtiger Einflußfaktoren auf die Nutzungsdauer nicht-erneuerbarer Ressourcen

Einflußfaktor / Variation	Konstellation, die zu längerer Ressourcennutzungsdauer führt	Konstellation, die zu kürzerer Ressourcennutzungsdauer führt
Zinssatz	Niedriger Zinssatz	Hoher Zinssatz
Nachfrage gleiches Prohibitiv-Preisniveau	Intertemporale Nachfragefunktion mit vergleichsweise geringen Nachfragemengen	Intertemporale Nachfragefunktion mit vergleichsweise hohen Nachfragemengen
Backstop-Technologie bestimmt das Prohibitiv-Preisniveau	Hohe Grenzkosten der Backstop-Technologie	Geringe Grenzkosten der Backstop-Technologie
Backstop-Technologie bestimmt das Prohibitiv-Preisniveau	Späte Verfügbarkeit der Backstop-Technologie	Frühe Verfügbarkeit der Backstop-Technologie
Kosten Zwei konstante Abbaugrenzkosten-Niveaus	Vergleichsweise hohe AGK	Vergleichsweise niedrige AGK
Erhöhte Kosten durch Steuern	konstante nominale Steuer	prozentualer Steuersatz, der progressiv über die Zeit ansteigt
Kontinuierliche AGK-Senkungen durch technische Innovation	kontinuierliche Innovation über die Zeit	kontinuierliche Innovation in Abhängigkeit vom Ressourcenrestbestand
kontinuierlich steigende AGK	sequentieller Abbau verschiedener Erzqualitäten	
Bestand bekannter Gesamtbestand	Vergleichsweise hoher Bestand	Vergleichsweise niedriger Bestand
bekannter Gesamtbestand mit zwischen zeitlicher Verknappung	Teilbestand ist erst in der Zukunft verfügbar	
Exploration	Unerwartete Explorationserfolge	
Recycling Recycliereigenschaften des Materials	Recycling möglich häufiges Recycling möglich und qualitativ hochwertiges Recyclingmaterial	Recycling nicht möglich Recycling nur in geringer Anzahl möglich und/oder qualitativ weniger hochwertiges Recyclingmaterial
Quote der Schrottverwertung durch Recycling (Recyclingquote)	hohe Recyclingquote	niedrige Recyclingquote
Skalenerträge	geringes optimales Outputniveau der Ressourcenextraktion	hohes optimales Outputniveau der Ressourcenextraktion
Monopol monopolistischer Ressourcenbesitz	überwiegend steigende marginale Nachfrageelastizität bei monopolistischen Ressourcenbesitzer	
monopolistischer Ressourcenbesitzer und Backstop-Technologie im Wettbewerbsmarkt	Ressourcenbesitzer unterbietet den Backstop Preis	
monopolistischer Backstop-Besitzer und nicht-erneuerbare Ressource im Wettbewerbsmarkt	Monopolistischer Preis für Backstop-Technologie ist höher als die Grenzkosten der Technologie	

2.2.2 Produktion, Wachstum und intergenerationelle Gerechtigkeit

Das Kapitel 2.2.1 hatte die optimale Nutzung nicht-erneuerbarer Ressourcen aus der mikroökonomischen Sicht des Ressourcenbesitzers zum Gegenstand. Dabei wurde implizit unterstellt, daß die jeweils betrachtete Ressource ein reines Konsumgut sei, somit im Produktionsprozeß keine Rolle spiele und den Wachstumspfad einer Ökonomie nicht beeinflussen kann. Diese Annahme ist aus mikroökonomischer Perspektive legitim, doch im makroökonomischen Rahmen unrealistisch und nicht aufrechterhaltbar.

Bis zu den 1970er Jahren wandten sich die Vertreter der neoklassischen Wachstumstheorie der Frage der intertemporalen Produktion mit nicht-erneuerbaren Ressourcen allerdings nicht zu. In den frühen 1970er Jahren wurden sie jedoch durch zwei Sachverhalte dazu herausgefordert. Einerseits wurde in der bekannt geworden Studie des Club of Rome „The Limits to Growth“ als ein Ergebnis einer Weltmodellrechnung präsentiert, daß die Erschöpfung von Ressourcen eine potentielle Beschränkung wirtschaftlichen Wachstums darstelle.[111] Andererseits wurde diese Debatte durch die wirtschaftlichen Schocks der Erdölembargos verstärkt, so daß die Frage der ökonomischen Abhängigkeit von nicht-erneuerbaren Ressourcen in den Mittelpunkt einer öffentlichen Debatte rückte.[112] Diese Entwicklungen bewirkten, daß auch die makroökonomischen Wachstumstheoretiker sich der Frage des Wachstums mit nicht-erneuerbaren Ressourcen widmeten und sich in diesem Zusammenhang ebenfalls mit Problemen der intergenerationellen Gerechtigkeit auseinandersetzten. Diese beiden Aspekte werden in den folgenden zwei Unterkapiteln thematisiert.

2.2.2.1 Produktion und Wachstum mit nicht-erneuerbaren Ressourcen

Die grundlegenden Fragen, mit der sich die Wachstumstheoretiker in bezug auf nicht-erneuerbare Ressourcen auseinandersetzen, lauten, mit welcher Rate sich die Erschöpfung einer Ressource über die Zeit vollzieht, wie die sukzessive, intertemporale Erschöpfung auf Produktion und Wachstum wirkt und wie der Erschöpfungsprozeß in Wechselwirkung steht mit Einflußfaktoren, die der Erschöpfung entgegenwirken. In der Literatur stehen diesbezüglich insbesondere zwei Faktoren im Mittelpunkt: der technische Fortschritt und die Substitution nicht-erneuerbarer Ressourcen durch menschengemachtes Kapital.[113] In der makroökonomischen Wachstumsanalyse werden verschiedene mögliche Konstellationen modelltheoretisch untersucht, und es werden die Bedingungen geklärt, unter denen die Menschheit, die auf die Nutzung nicht-erneuerbarer Ressourcen angewiesen ist, überleben kann. Die wichtigsten innerhalb der neoklassischen Wachstumstheorie untersuchten Fälle und ihre Ergebnisse werden nachfolgend vorgestellt.

Das grundlegende neoklassische Produktions- und Wachstumsmodell mit nicht-erneuerbaren Ressourcen sieht wie folgt aus. Es wird ausgegangen von einer geschlossenen Ein-Gut-Ökonomie, wobei das produzierte homogene Gut sowohl direkt konsumiert als auch investiv zur Erhöhung des Kapitalstocks eingesetzt werden kann. Die wesentlichen Produktionsfaktoren zu einem Zeitpunkt t sind Arbeit (L_t), menschengemachtes Kapital (K_t) und ein Strom an nicht-erneuerbaren Ressourcen (r_t), der sich aus einem bekannten Ressourcenbestand der Anfangsperiode (R_0) speist. Alle Produktionsfaktoren werden qua Annahme vollständig genutzt. Technischer Fortschritt wird einbezogen, indem davon ausgegangen wird, daß es eine konstan-

111 Vgl. Meadows et al. 1972: S. 55-69.

112 Vgl. z. B. Lechner et. al. 1987: S. 1.

113 Desweilen wird noch auf die Bedeutung zunehmender Skalenerträge verwiesen. Vgl. Stiglitz 1974a: S. 123 und Dasgupta/Heal 1979: S. 197.

te Rate technischen Fortschritts (λ) gibt, die die Effizienz der Produktionsfaktoren erhöht. Weiterhin wird in den meisten Fällen von Kapitalverschleiß bzw. Abschreibung abstrahiert, so daß Bruttoprodukt gleich Nettoprodukt ist und Bruttoinvestition gleich Nettoinvestition. Unter diesen Umständen ergibt sich als allgemeiner Typ einer Produktionsfunktion zur Erzeugung eines Gesamtprodukts Y_t:

(14) $$\mathbf{Y_t = F\,(K_t, L_t, r_t, \lambda)}$$

Der Produktionsfaktor Arbeit wird mit der Bevölkerungsgröße gleichgesetzt, und die meisten Modelle mit nicht-erneuerbaren Ressourcen nehmen zur Vereinfachung der Analyse eine konstante Bevölkerung an.[114] Für diesen Fall, der auch an dieser Stelle vornehmlich behandelt wird, reduziert sich die Produktionsfunktion auf eine einfachere Form, wobei das L_t aus Gleichung (14) entweder gleich eins gesetzt oder vollkommen weglassen wird. In dieser Form können die jeweiligen Symbole für Gesamtprodukt, Kapitalstock und Ressourcenstrom auch als pro-Kopf-Werte interpretiert werden.

Wie bereits erwähnt, wird das Nettoprodukt Y_t in jeder Periode für Konsum (C_t) und zur Erhöhung des Kapitalstocks, also für Nettoinvestitionen (I_t) verwendet. Zudem wird der Ressourcenbestand eines Zeitpunktes t (R_t) determiniert durch den Anfangsbestand abzüglich der kumulierten Ressourcenausbeutung über die Zeit. Unter Annahme eines vorgegebenen Anfangskapitalstocks (K_0) und einer konstanten Bevölkerung determinieren diese beiden Umstände die intertemporalen Produktionsmöglichkeiten der Modellökonomie. Formal ausgedrückt:

(15) $$C_t + I_t = F\,(K_t, r_t, \lambda), \qquad \text{mit } K_t, r_t \text{ und } C_t > 0$$

(16) $$R_t = R_0 - \int_0^t r_\tau d\tau \qquad \text{mit } R_t \text{ und } r_\tau > 0,$$

wobei das Zeichen τ ein unendlich kleines Zeitintervall bezeichnet. Die wesentlichen Variablen der intertemporalen Produktion sind damit K_t, R_t, r_t, und C_t und die Entwicklung dieser vier Variablen über die Zeit wird als intertemporales Produktionsprogramm $[K_t, R_t, r_t, C_t]_0^t$ beschrieben, das dann als möglich bezeichnet wird, wenn die Gleichungen (15) und (16) erfüllt sind.[115]

Schließlich sei noch darauf hingewiesen, daß nicht-erneuerbare Ressourcen als Produktionsfaktor nur dann ein makroökonomisches Produktions- oder Wachstumsproblem darstellen, wenn sie für die Produktion *notwendig* sind, d. h., wenn nur dann ein Gesamtprodukt Y_t größer null erstellt werden kann, wenn eine positive Menge der Ressource eingesetzt wird.[116] Mit Bezug auf Kapitel 2.2.1 steht hier also der Fall einer nicht-erneuerbaren Ressource ohne Prohibitivpreisniveau im Mittelpunkt, mit einer Nachfragekurve, die sich der Preisachse asympto-

114 Vgl. für den Aufbau derartiger Modelle Solow 1974b: S. 30, Stiglitz 1974a: S. 124/125 und Dasgupta/Heal 1979: S. 194/195. Krelle (1984) bezieht weiterhin den Faktor Boden mit ein (S. 402). Die Annahme einer konstanten Bevölkerung für eine lange Zeitfrist wird häufig damit begründet, daß es aufgrund der Begrenztheit der irdischen Oberfläche eine Obergrenze für eine menschliche Bevölkerung gibt und daher ein langfristiges Bevölkerungswachstum unmöglich ist. Vgl. Krelle 1984: S. 406 und Solow 1974b: 40. Hartwick (1978) betrachtet ein Modell mit einer Vielzahl von nicht-erneuerbaren Ressourcen als Produktionsfaktoren und berücksichtigt zudem die Extraktionskosten (S. 347/348).

115 Vgl. Dasgupta/Heal 1979: S. 195/196.

116 Entsprechend wird eine nicht-erneuerbare Ressource als für die Produktion nicht notwendig bezeichnet, wenn ohne ihren Einsatz ein Gesamtprodukt erstellt werden kann, das einen Minimalkonsum pro Kopf der Bevölkerung zu sichern in der Lage ist. Vgl. ebd.: S. 196-197.

tisch annähert. In diesem Fall ist es für den Ressourcenbesitzer optimal, den Ressourcenbestand niemals vollkommen auszubeuten.[117]

Nach dieser Formulierung der Rahmenbedingungen sei zuerst eine intertemporale Produktion mit nicht-erneuerbaren Ressourcen betrachtet mit der pessimistischen Annahme, daß **kein technischer Fortschritt** existiert. In diesem sehr einfachen Fall reduziert sich die Aufmerksamkeit auf die Frage, inwieweit Substitutionsmöglichkeiten zwischen den Produktionsfaktoren Kapital und nicht-erneuerbare Ressource bestehen, um der sukzessiven Erschöpfung des Ressourcenbestandes durch den Einsatz zusätzlichen Kapitals entgegenzuwirken. Als Maßstab für derartige Substitutionsmöglichkeiten wird der Index der *Substitutionselastizität* verwandt, der in Gleichung (17) dargestellt ist. Dieser Index, der üblicherweise mit dem Zeichen σ umschrieben wird, mißt, wie sich die Kapitalintensität der Produktion (K/r) verändert, wenn der relative Faktorpreis – also das Verhältnis von Ressourcenmarktpreis (MP) und Kapitalertrag (i) – um ein Prozent steigt. σ ist üblicherweise eine positive Zahl, da eine relative Preiserhöhung der Ressource (Nenner der Gleichung 17 ist positiv) dazu führt, daß sie weniger verwendet und durch eine zusätzliche Einsatzmenge von Kapital substituiert wird, wodurch die Kapitalintensität steigt (Zähler des Bruchs in Gleichung 17 ebenfalls positiv).[118]

(17) $$\sigma = \frac{\dfrac{d\left(\dfrac{K}{r}\right)}{\dfrac{K}{r}}}{\dfrac{d\left(\dfrac{MP}{i}\right)}{\dfrac{MP}{i}}}$$

Unter der in der neoklassischen Literatur üblichen Annahme, daß diese Maßzahl σ konstant ist oder sich über die Zeit asymptotisch einem konstanten Wert annähert, lassen sich die verschiedenen Produktionspfade und die Auswirkungen auf die Ressourcenerschöpfung anhand der unterschiedlichen Werte für σ diskutieren. Im Mittelpunkt steht dabei die Frage, ob für die jeweiligen Substitutionselastizitäten intertemporale Produktionsprogramme existieren, die trotz sinkender Ressourceneinsatzmengen ein *konstantes* Produktions- bzw. Konsumniveau über einen unbegrenzten Zeitraum ermöglichen. Existiert ein solches Programm für eine nicht-erneuerbare Ressource, das zeitlich unbegrenzt ein ausreichendes Konsumniveau für eine konstante Bevölkerung sichern kann, so wird die nicht-erneuerbare Ressource in der Literatur als *nicht-essentiell* bezeichnet. Existiert ein solches Programm nicht, so handelt es sich entsprechend um eine *essentielle Ressource,* und die langfristige Überlebensfähigkeit der Menschheit wird durch sie begrenzt.[119] Es sei hier auf den wichtigen Unterschied zwischen notwendiger und essentieller Ressource aufmerksam gemacht. Eine notwendige Ressource kann, aber muß nicht gleichzeitig auch essentiell sein. Ist die nicht-erneuerbare Ressource notwendig zur Produktion und kann sie über einen unendlichen Zeithorizont immer weniger eingesetzt werden, ohne vollkommen zu erschöpfen, so ist sie nicht-essentiell. Ob eine nicht-

---

117 Vgl. Kapitel 2.2.1.1.

118 Vgl. Siebert 1983: S. 158-159.

119 Das Konzept der nicht-essentiellen Ressource ist dem Konzept der ökonomischen Nachhaltigkeit sehr ähnlich, da sich beide auf eine langfristige Versorgungssicherheit der Bevölkerung beziehen. Schon die Begrifflichkeit der Definition erinnert an das Substainability-Konzept: „*We shall therefore regard an exhaustible resource as being inessentiell if (...) a positive sustainable level of consumption is feasible.*" Dasgupta/Heal 1979: S. 198.

erneuerbare Ressource essentiell und/oder notwendig ist, hängt unter der Annahme nicht-existenten technischen Fortschritts maßgeblich vom Wert der Substitutionselastizität ab.

$\sigma = 0$. Dieser Fall impliziert, daß eine Preiserhöhung der Ressource keine Veränderung in der Kapitalintensität der Produktion bewirkt. Kapital und Ressource sind in so einem Fall absolut komplementäre Produktionsfaktoren und die nicht-erneuerbare Ressource ist nicht substituierbar. Die Isoquantendarstellung einer derartigen Produktionsfunktion – wie gezeigt in Abbildung 2.17a für ein Produktionsniveau Y_{min}, das ein Mindestkonsumniveau der Bevölkerung sichert – weist einen rechten Winkel auf. Damit ist für die Produktion der entsprechenden Outputmenge nur *ein* Faktorverhältnis möglich und sinnvoll (r_1/K_1 in Abbildung 2.17a). Der Inputkoeffizient der nicht-erneuerbaren Ressource – hier mit *a* bezeichnet –, der den notwendigen Ressourceneinsatz pro Outputeinheit umschreibt, ist somit konstant.[120] Bei einer intertemporal gleichbleibenden Produktion auf dem Niveau von Y_{min} wäre die Überlebenszeit der Menschheit (Z) für diesen Fall durch die nachfolgende Gleichung (18) determiniert.

(18) $$Z = \frac{R_0}{a \cdot Y_{min}}$$

Unter diesen pessimistischen Annahmen handelt es sich um eine essentielle Ressource. Die Menschheit verzehrt ihre anfängliche Ressourcenausstattung (R_0) sukzessive mit einem jährlichen Ressourcenverbrauch in Höhe von ($a \cdot Y_{min}$) und ist dem Untergang geweiht.[121]

$\sigma > 1$. Eine Substitutionselastizität größer eins bedeutet, daß geringe relative Preiserhöhungen der nicht-erneuerbaren Ressource überproportionale Substitutionsprozesse auslösen. Ist bei einem intertemporalen Produktionsprogramm σ konstant größer als eins, dann wird eine verknappende Ressource mit steigendem Preis um eine größere Rate substituiert als sie verknappt. Der Substitutionseffekt mittels Kapitalakkumulation überkompensiert den Verknappungseffekt, die Existenz der Menschheit ist durch die erschöpfende Ressource nicht gefährdet, und die Ressource ist daher nicht-essentiell. Anhand der für den Fall konstanter Substitutionselastizität üblicherweise verwendeten CES-Produktionsfunktion der Gleichung (19)[122] kann weiterhin verdeutlich werden, daß die nicht-erneuerbare Ressource bei $\sigma>1$ zur Produktion ebenfalls nicht notwendig ist. Dabei steht β für den Kapitalintensitätsparameter. Bei $\sigma>1$ ist der Exponent beider Produktionsfaktoren in Gleichung (19) positiv und kleiner eins. Bei $\sigma=2$ wird der Exponent beispielsweise ½, d. h. beide Faktoren werden um ihre Quadratwurzel vermindert. In diesem Fall ist Y_t^* selbst bei $r_t=0$ positiv und die Ressource ist nicht notwendig. Abbildung 2.17b stellt diesen Fall in Isoquantendarstellung dar und die Nicht-Notwendigkeit der Ressource äußert sich in der Gaphik darin, daß die Isquante die K-Achse berührt. Ein unbegrenzter Produktionspfad mit Mindestkonsumniveau ist möglich und daher handelt es sich um

---

120 Vgl. Dasgupta/Heal 1979: S. 211.

121 Vgl. Krelle 1984: S. 401. KRELLE weist an gleicher Stelle darauf hin, daß die Überlebenszeit der Menschheit in dem beschrieben Fall länger ist, wenn die Bevölkerung nicht als konstant angenommen wird. Würde der Ressourcenbestand R_t mit einer konstanten Rate ausgebeutet, so würde er nie vollkommen erschöpfen. Selbstredend würde die Produktion mit gleicher Rate sinken und ebenso die Bevölkerungszahl, doch die Überlebenszeit könnte in dieser Weise um einen Faktor der Größe des Zehnerlogarithmus der Anfangsbevölkerungszahl verlängert werden – bei einer Anfangsbevölkerung von 5 Milliarden Menschen entspräche das einem Faktor 22,3. Ein Aussterben der Menschheit könnte allerdings auch in diesem Fall nicht verhindert werden.

122 Die CES-Produktionsfunktion ist eigens für den Fall der Produktion mit konstanter Substitutionselastizität entwickelt worden (CES = constant elasticity of substitution). Für die Diskussion der CES-Funktion im Rahmen eines Modells mit nicht-erneuerbaren Ressourcen vgl. Hampicke 1992: S. 112 und Dasgupta/Heal 1974: S. 14.

eine nicht notwendige *und* nicht-essentielle nicht-erneuerbare Ressource.[123]

(19) $$Y_t = \left(\beta \cdot K_t^{\frac{\sigma-1}{\sigma}} + (1-\beta) \cdot r_t^{\frac{\sigma-1}{\sigma}} \right)^{\frac{\sigma}{\sigma-1}}$$ mit $0<\beta<1$ und $\sigma>0$ und $\sigma\neq 1$

bzw. mit $Y_t^* = Y_t^{\frac{\sigma-1}{\sigma}}$ ist $Y_t^* = \beta \cdot K_t^{\frac{\sigma-1}{\sigma}} + (1-\beta) \cdot r_t^{\frac{\sigma-1}{\sigma}}$

$0 < \sigma < 1$. Dieser Fall ist dem Extremfall mit $\sigma = 0$ sehr ähnlich. Es bestehen hier zwar Substitutionsmöglichkeiten, doch die Rate der Substitution von Kapital gegen nicht-erneuerbare Ressourcen ist geringer als die Rate der Ressourcenverknappung und ihrer relativen Verteuerung. In diesem Fall sind die Exponenten der Produktionsfaktoren der CES-Funktion in Gleichung (19) negativ und größer minus eins, d. h. die Produktionsfaktoren befinden sich im Nenner, so daß ein Wert von Null für keinen der Produktionsfaktoren definiert ist. Zur Produktion einer bestimmten Outputmenge ist daher von beiden Faktoren eine bestimmte Mindesteinsatzmenge notwendig, was sich in der Isoquantendarstellung der Abbildung 2.17c daran ersehen läßt, daß die Isoquante sich zu beiden Seiten asymptotisch einem positiven Wert nähert. Die Exisitenz einer Mindesteinsatzmenge für die nicht-erneuerbare Ressource bedeutet jedoch, daß die Ressource nicht mit einer konstanten Rate ausgebeutet werden kann. Je näher mensch sich dieser Mindesteinsatzmenge nähert, desto kleiner werden die Substitionsmöglichkeiten. Somit strebt der Ressourcenbestand und mit ihm das intertemporale Konsumniveau notwendigerweise gegen null. Die Überlebenszeit der Menschheit ist begrenzt und die Ressource ist notwendig und essentiell.[124]

Abbildung 2.17: Isoquantendarstellung von Produktionsfunktionen mit unterschiedlichen Substitutionselastizitäten

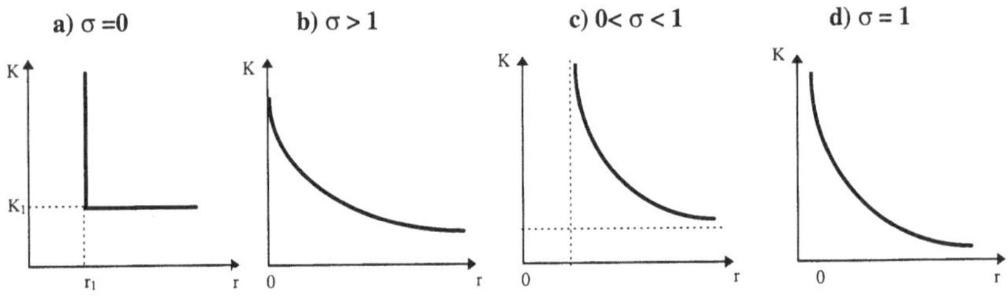

Graphiken in Anlehnung an: Dasgupta/Heal 1979: S. 209-211, Stiglitz 1979: S. 42 und Hampicke 1992: S. 114.

$\sigma = 1$. Angesichts der Eindeutigkeit bei $\sigma>1$ und $\sigma<1$ ist der Fall $\sigma=1$ als Grenzfall der interessanteste. Die Produktionfunktion für diesen Fall ist die häufig angewandte Cobb-Douglas-Produktionsfunktion, die folgende Form hat:

(20) $$\mathbf{Y_t = F(K_t, r_t) = K_t^{\alpha_1} \cdot r_t^{\alpha_2}},$$ mit $\alpha_1, \alpha_2 > 0$ und $\alpha_1+\alpha_2<1$

123 Vgl. Dasgupta/Heal 1979: S. 199-200, 211, Dasgupta/Heal 1974: S. 14, Hampicke 1992: S. 112-113.

124 Vgl. Dasgupta/Heal 1979: S. 200, 211 und Hampicke 1992: S. 113-114..

Die nicht-erneuerbare Ressource ist hier eindeutig ein notwendiger Produktionsfaktor, da ein Wert von $r_t=0$ eine Gesamtproduktion $Y_t=0$ bewirkt. Es ist jedoch nicht eindeutig, ob die nicht-erneuerbare Ressource in einer Cobb-Douglas-Funktion essentiell ist oder nicht. Es stellt sich die Frage, ob ein Produktionsniveau erreicht werden kann, das ein langfristig aufrechterhaltbares Konsumniveau garantiert, wenn der Einsatz der Ressource mit steigendem Preis sukzessive zurückgeht. Da die Ressource mit $\sigma=1$ bei steigender Rate des relativen Preises mit gleicher Rate gegen Kapital substituiert werden kann, ist ein langfristig konstantes Outputniveau mit Mindestkonsumniveau nur dann möglich, wenn der relative Anteil des menschengemachten Kapitals im Produktionsprozeß – ausgedrückt durch die Outputelastizität α_1 – höher ist als der der nicht-erneuerbaren Ressource (α_2). In diesem Fall kann durch eine konstante Nettoinvestitionsrate zur Erhöhung des Kapitalstocks, die genau der Outputelastizität der Ressource entspricht, erreicht werden, daß ein maximales konstantes Konsumniveau über die Zeit aufrechterhaltbar ist. Der Verknappung der Ressource wird also permanent durch Produktionsfaktorsubstitution bzw. Kapitalakkumulation entgegengewirkt.[125]

Anders ausgedrückt bedeutet dieser Gedanke, daß bei $\alpha_1>\alpha_2$ ein Gesamtkapitalstock, bestehend aus menschengemachten Kapital und nicht-erneuerbaren Ressourcen, durch eine realisierbare Investitionsrate konstant gehalten werden kann.[126] JOHN HARTWICK hat in diesem Zusammenhang gezeigt, daß ein solcher konstanter Kapitalstock intertemporal aufrechterhaltbar ist, wenn der gesamte Nettoertrag aus der Ressourcenextraktion in die Kapitalakkumulation investiert wird.[127] Diese Investitionsregel, die auch als Hartwick-Regel bezeichnet wird, sorgt dafür, daß sich die Kapitalintensität der Produktion während der intertemporalen Produktion sukzessive dergestalt erhöht, daß der abnehmende Ressourceneinsatz genau kompensiert wird. Als Resultat erschöpft die Ressource nie und ihr Einsatz in der Produktion nähert sich asymptotisch null an. Damit ist die Ressource notwendig, nicht aber essentiell. Die Isoquantendarstellung für diesen Fall in Abbildung 2.17 d zeigt, daß sich die Isoquante für das Produktionsniveau Y_{min} asymptotisch den Achsen nähert. Der Substitution sind hier keine Grenzen durch Mindesteinsatzmengen der Ressource gesetzt.

Ganz anders verhält es sich in dem Cobb-Douglas-Fall, wenn der relative Anteil der nicht-erneuerbaren Ressource an der Produktion höher ist als der des Kapitals ($\alpha_2>\alpha_1$). Bei einer konstanten Rate der Verringerung der Ressourceneinsatzmenge wäre eine wachsende Investitionssumme in menschengemachtes Kapital erforderlich, um den Hauptproduktionsfaktor ersetzen zu können, während die technischen Substitutionsmöglichkeiten mit $\sigma=1$ hemmend wirkten. Die Aufrechterhaltung des Kapitalstocks und der Produktion ist letztlich nur mit gegen null sinkendem Konsumniveau möglich. Die Ressource ist in diesem Fall also notwendig und essentiell.[128]

Als Ergebnis dieser Analyse wird in der Neoklassik konstatiert, daß selbst in einer Ökonomie ohne technischen Fortschritt und mit nicht-erneuerbaren Ressourcen als Produktionsfaktoren ein aufrechterhaltbarer Konsumpfad mittels Kapitalakkumulation realisierbar ist, wenn

[125] Vgl. Dasgupta/Heal 1979: S. 201-203, Stiglitz 1974a: S. 129/130 und Hampicke 1992: S. 114-116.

[126] ROBERT SOLOW sieht für die reale Welt den Fall $\alpha_1>\alpha_2$ als erwiesen an. Angesichts der Faktoranteile an der Produktion sei die Outputelastizität des Kapitals mindestens um einen Faktor drei höher als die der nicht erneuerbaren Ressourcen. Vgl. Solow 1974b: S. 36-38. DASGUPTA und HEAL (1979) schätzen diesen Faktor sogar auf vier (S. 205).

[127] Vgl. Hartwick 1977: S. 972-974. Im Gegensatz zu Solow 1974b bezog Hartwick 1977 ebenfalls die Extraktionskosten in sein Modell ein.

[128] Vgl. Solow 1974b: S. 37. DASGUPTA und HEAL (1979) zeigen, daß in diesem Fall selbst bei einer Investionsrate von 100% kein lanfristig aufrechterhaltbares Produktions- bzw. Konsumniveau möglich ist (S. 204-205).

eine konstante Substitutionselastizität größer eins besteht oder eine Substitutionselastizität gleich eins mit gleichzeitig höherem Anteil des Kapitals an der Produktion ($\alpha_1 > \alpha_2$). In diesen Fällen ist sogar ein *unbegrenzt* wachsendes Produktions- und Konsumniveau möglich, wenn die Investitionsrate hoch genug ist.[129]

Dieses Ergebnis birgt jedoch zwei wesentliche Probleme, die in den Grundannahmen verborgen sind, und die in der neoklassischen Literatur nur am Rande erwähnt werden. Einerseits impliziert die *Annahme der konstanten Substitutionselastizität*, daß die Substitutionsmöglichkeiten unabhängig vom Produktionsfaktorverhältnis entweder immer gleich gut sind oder aber – innerhalb einer langfristigen Analyse – anfänglich variieren, jedoch letztlich einem Zustand zustreben, an dem sie konstant bleiben.[130] Diese Annahme, die bereits implizit bei der Auswahl einer Cobb-Douglas- oder einer CES-Produktionsfunktion getroffen wird, vernachlässigt das ansonsten in der Neoklassik stets betonte unterstellte Prinzip der abnehmenden Erträge.[131] Es ist daher angemessen, stets auch denjenigen Fall explizit zu betonen, bei dem die Substitutionselastizität mit steigender Kapitalintensität kontinuierlich gegen null sinkt. Bei der Untersuchung eines entsprechenden Modells kam OCKER (1979) zu dem Ergebnis, daß bei stets schlechter werdenden Substitutionsmöglichkeiten ohne technischen Fortschritt eine notwendige nicht-erneuerbare Ressource essentiell ist. Dieses Ergebnis ist auch aus den obigen Ausführungen ableitbar, da bei stetig sinkender Substitutionselastizität irgendwann der Fall $\sigma<1$ eintreten muß.[132]

Andererseits existiert das Problem, daß in sämtlichen neoklassischen Modellanalysen *Kapitalverschleiß zumeist unberücksichtigt* bleibt. Von den in diesem Kapitel zitierten Autoren erwähnt lediglich HARTWICK (1977), *nachdem* er den Beweis für seine oben erwähnte Investitionsregel erbracht hat, daß die Regel nur ohne Kapitalverschleiß gelte. Bei einer positiven Kapitalverschleißrate wäre hingegen eine Investition in Höhe der Ressourcenroyalty zur Kapitalakkumulation nicht ausreichend, um den Gesamtkapitalstock aufrechtzuerhalten. Das Konsumniveau würde dann genau mit dieser Rate sinken.[133] Diese beiden Probleme weisen deutlich darauf hin, daß die Existenz von notwendigen nicht-erneuerbaren Ressourcen in einer Ökonomie ohne technischen Fortschritt durchaus eine Begrenzung für die Überlebenszeit der Menschheit darstellt.

Wesentlich unkomplizierter gestaltet sich das Problem einer notwendigen nicht-erneuerbaren Ressource in einer **Ökonomie mit technischem Fortschritt** unter sonst gleichen Umständen. Eine übliche Interpretation von technischem Fortschritt innerhalb der neoklassischen Wachstumstheorie ist, daß er exogen, kostenlos und kontinuierlich über die Zeit eintritt

---

129 Ein intertemporal *kontantes* Produktionsniveau impliziert im Gegensatz zum Fall wachsender Produktion und Komsumption, daß bereits in der Anfangsphase ein recht hohes Konsumniveau vorherrscht. Im Fall wachsender Produktion ergibt sich ein vergleichsweise niedrigeres Anfangskonsumniveau, das eine höhere anfängliche Investitionsrate ermöglicht, so daß unter den gegebenen Bedingungen durch frühe Kapitalakkumulationsprozesse ein unbegrenzt steigender Konsumpfad realisierbar ist. Vgl. Dasgupta/Heal 1979: S. 205/206 und Stiglitz 1974a: S. 125-127. Vgl. ebenso das nachfolgende Kapitel 2.2.2.2.

130 STIGLITZ (1979) betont, daß der einzig wesentliche Wert für die Substitutionselastizität in einer langfristigen Analyse derjenige ist, der sich als Grenzgröße herauskristalisiert, wenn der Bestand der Ressource mehr und mehr gegen null geht. Vgl. Stiglitz 1979: S. 43.

131 Besonders in makroökonomischen Lehrbüchern, die die Wachstumstheorie behandeln, wird stets auf die Bedeutung der abnehmenden Erträge des Kapitals für den Prozeß der Kapitalakkumulation hingewiesen. Vgl. u. a. Baily/Friedman 1991: S. 691.

132 Vgl. Ocker 1979: S. 258-259. DASGUPTA und HEAL (1979) bemerken hingegen lediglich am Rande: „*... the assumption that the elasticity of substitution is independent of the capital-resource ratio may well be a treacherous one to make.*“ (S. 207)

133 Vgl. Hartwick 1977: S. 974.

und in einer Weise wirkt, als erhöhe er die Anzahl der Arbeitsstunden (arbeitsvermehrender technischer Fortschritt).[134] Entsprechend wird in vielen Wachstumsmodellen mit nicht-erneuerbaren Ressourcen ein exogener technischer Fortschritt unterstellt, der ressourcenvermehrend wirkt und zwar mit einer intertemporal konstanten und bekannten Rate λ.[135] Eine Produktionsfunktion vom Cobb-Douglas-Typ mit exogenem technischen Fortschritt sieht wie folgt aus:

$$(21) \qquad \mathbf{Y_t = e^{\lambda t} \cdot K_t^{\alpha_1} \cdot r_t^{\alpha_2} \cdot L_t^{\alpha_3}}, \quad \text{mit } \alpha_1, \alpha_2, \alpha_3 > 0 \qquad \text{und } \alpha_1+\alpha_2+\alpha_3 = 1$$

Aufgrund der multiplikativen Verknüpfung der Produktionsfaktoren in der Cobb-Douglas-Funktion wirkt der exogene technische Fortschritt in dieser Formulierung nicht nur ressourcenvermehrend, sondern er erhöht die Produktivität aller eingesetzten Faktoren.[136] Schon die Betrachtung der Gleichung (21) reicht aus, um zu verstehen, warum jede nicht-erneuerbare Ressource bei einem $\lambda>0$ nicht-essentiell ist. Selbst bei konstanten Werten für Arbeit und menschengemachtes Kapital und unabhängig von Substitutionsmöglichkeiten und Outputanteilen der Produktionsfaktoren kann ein Gesamtprodukt intertemporal aufrechterhalten werden, wenn die Ressource über die Zeit mit einer gleichen Rate ausgebeutet wird wie der technische Fortschritt ressourcenvermehrend wirkt. Der exogene technische Fortschritt kompensiert dann den Ressourcenverbrauch, die Ressource erschöpft nie und die Überlebenszeit der Menschheit ist unbegrenzt.[137]

Mit technischem Fortschritt dieser Art läßt sich auch die Existenz eines unbegrenzten konstanten *Wachstums*pfades mit gleichzeitig wachsender Bevölkerung in einem Cobb-Douglas-Modell mit notwendigen nicht-erneuerbaren Ressourcen nachweisen. Für diesen Fall hat lediglich zu gelten, daß die Rate des ressourcenvermehrenden Fortschritts höher als die Rate des Bevölkerungswachstums ist. In diesem Kontext ist eine um so höhere konstante Wachstumsrate realisierbar, je höher die Werte der jeweiligen Investitionsrate und der Rate des technischen Wandels sind. [138] SOLOW (1986) zeigte weiterhin, daß durch Anwendung der Hartwick-Regel – d. h. alle Ressourcenroyalties werden investiert in die Erhöhung des Kapitalstocks – auch ein unendlicher Wachstumsprozeß ohne vollkommene Erschöpfung der Ressource gesichert werden kann.[139] Schließlich sei noch hinzuzufügen, daß die Rate des technischen Fortschritts, die zur Sicherstellung eines Wachstumspfades notwendig ist, noch geringer sein darf, wenn zunehmende Skalenerträge vorliegen.[140]

Bei Unterstellung von endogenem technischen Fortschritt, der nur durch stetige Investitionen in Forschung & Entwicklung erreicht werden kann, wobei der Erfolg hinsichtlich des ressourcenvermehrenden Charakters einer Technologie oder der Entdeckung einer Backstop-Technologie unsicher ist, sieht die Situation nicht mehr ganz so unproblematisch aus. Für einen solchen Fall zeigen KAMIEN und SCHWARTZ (1978), daß es bei zunehmender Erschöpfung

---

134 Vgl. Baily/Friedman 1991: S. 708-712.

135 Es lassen sich viele Beispiele für ressourcenvermehrenden technischen Fortschritt nennen, so z. B. verbesserte Recyclingmethoden, verbesserte Bergbautechniken, die den Abbau immer schlechterer Erzgrade erlauben, Ressourceneinsparung in Produktion und bei Produkten, etc.. Der exogene, kostenlose und kontinuierliche Charakter des technischen Fortschritts trifft dabei jedoch nicht zu.

136 In diesem Fall wird von neutralem technischen Wandel gesprochen.

137 Vgl. Solow 1974b: S. 40-41, Dasgupta/Heal 1979: S. 207-208, 231-240 und Stiglitz 1979: S. 43.

138 Vgl. Krelle 1984: S. 402-406 und Stiglitz 1974a: S. 128-136.

139 Vgl. Solow 1986: S. 145. Die optimale Rate des Wachstums beträgt: $(\lambda-\alpha_1 n)/(1-\alpha_2)$, wobei n für die Wachstumsrate der Bevölkerung steht.

140 Vgl. Stiglitz 1974a: S. 131.

einer Ressource optimal ist, die Anstrengungen zur Erforschung einer Backstop-Technologie kontinuierlich zu forcieren. Bei stetig erfolgloser Forschung sinken die Forschungsausgaben jedoch ab einem Zeitpunkt gegen null und das Wachstum wird durch die Nicht-erneuerbarkeit der Ressource begrenzt.[141] Dieser etwas realistischere neoklassische Modellansatz sei dem Ansatz mit exogenem technischen Fortschritt entgegengestellt, um einerseits die optimistischen Implikationen einer exponentiellen Rate des exogenen technischen Fortschritts zu relativieren, und um andererseits auf die Bedeutung der Kosten von technischem Fortschritt in Form von Investionen in Forschung & Entwicklung aufmerksam zu machen.

Zusammenfassend sei festgehalten, daß unter den üblichen neoklassischen Annahmen kein Grund zur Annahme besteht, nicht-erneuerbare Ressourcen könnten das Wachstumspotential einer Ökonomie beeinträchtigen oder gar die Überlebenszeit der Menschheit verkürzen. Intertemporal sinkenden Ressourceneinsatzmengen kann entgegengewirkt werden durch Substitution bzw. Kapitalakkumulation und insbesondere durch ressourcenvermehrenden technischen Fortschritt. Andererseits wurde jedoch ebenso dargelegt, daß bei ungünstigen Substitutionselastizitäten ($\sigma<1$) und bei endogenem technischen Fortschritt, der nicht notwendigerweise kontinuierliche ressourcenvermehrende Wirkung hervorbringt, durchaus Wachstumsgrenzen bestehen können.

2.2.2.2 Intertemporale Produktion, Optimalität und Gerechtigkeit zwischen Generationen

Das vorige Kapitel hat gezeigt, daß nicht-erneuerbare Ressourcen als notwenige Produktionsfaktoren nicht unbedingt ein begrenzender Faktor für eine aufrechtzuerhaltende intertemporale Produktion mit konstantem Konsum sein müssen, wenn ihre sukzessive Erschöpfung durch Akkumulation von Kapital und ressourcenvermehrenden technischen Fortschritt kompensiert werden kann. An diese Erkenntnis schließen sich unmittelbar zwei zentrale Fragen an: 1.) Wie gestaltet sich eine intertemporale Allokation von nicht-erneuerbaren Ressourcen optimal, wenn die Annahme eines konstanten Konsums aufgehoben wird? 2.) Welche Implikationen hat eine optimale Allokation in Hinblick auf die Überlebenszeit der Menschheit bzw. auf die Gerechtigkeit zwischen Generationen? Die Diskussion dieser Fragen aus neoklassischer Sicht ist Gegenstand dieses Unterkapitels.

Wie bereits in Kapitel 2.1.1 ausgeführt wurde, beruht das Konzept der optimalen Allokation auf einer gegebenen Ausgangsverteilung. Für jede einzelne anfängliche Verteilung, egal wie gerecht sie auch sei, existiert ein allokatives Optimum. Das allokative Ergebnis des vollkommenen Wettbewerbsmarktes reflektiert daher von einem Gerechtigkeitsstandpunkt aus gesehen immer nur das Gerechtigkeitsniveau der Ausgangsverteilung. Dieser Sachverhalt trifft sowohl auf die statische als auch auf die dynamische, also intertemporale Analyse zu.[142] Die Ergebnisse jeder intertemporalen Analyse sind daher stets im Lichte der zugrundeliegenden ethischen Wertmaßstäbe bezüglich der intergenerationellen Distribution zu betrachten.

Weiterhin ist der Begriff der intergenerationellen Gerechtigkeit speziell hinsichtlich der Nutzung von nicht-erneuerbaren Ressourcen zu klären. Unter Berücksichtigung der Ausführungen der vorangegangenen Kapitel ist es einleuchtend, daß es angesichts der Möglichkeiten, die sich aus technischem Fortschritt und Faktorsubstitution ergeben, nicht darum gehen kann, nicht-erneuerbare Ressourcen gleichmäßig unter allen Generationen aufzuteilen, sondern eher

141 Vgl. Kamien/Schwartz 1978: S. 188-195. Siehe auch den Beitrag von Pethig 1980.

142 Vgl.Dasgupta/Heal 1979: S. 256.

darum, Optionen auf einen Lebens- oder Konsumstandard für nachfolgende Generationen offenzuhalten. ROBERT SOLOW hat diesen Sachverhalt sehr prägnant auf den Punkt gebracht:

> *„The current generation does not especially owe to its successors a share of this or that particular resource. If it owes anything, it owes generalized productive capacity or, even more generally, access to a certain standard of living or level of consumption. Whether productive capacity should be transmitted across generations in form of mineral deposits or capital equipment or technological knowledge is more a matter of efficiency than of equity.“* [143]

Demnach steht also ein *Konsumniveau* und sein intertemporaler Verlauf im Mittelpunkt der Aufmerksamkeit und nicht die Verteilung eines konkreten Ressourcenbestandes zwischen Generationen.[144] Unter diesen Bedingungen stellt sich die Frage nach der intergenerationellen Ausgangsdistribution und ihrer ethischen Implikationen dergestalt, ob die Grundannahmen des Allokationsmodells unterschiedliche Konsumniveaus in den verschiedenen Generationen zulassen, und wenn ja, wie diese unterschiedlichen Lebensstandards begründet und bewertet werden.

Aus einer intergenerationellen Gerechtigkeitsperspektive stellt sich daher in Hinblick auf jede Allokationsanalyse die Frage, welche Konsumpfade über die Zeit durch die Auswahl der Ausgangskonstellation für das Modell zugelassen oder explizit gewünscht werden. Abbildung 2.18 stellt vier mögliche Pfade dar. Der grundsätzliche Verlauf aller Pfade ist Resultat der Auswahl der Ausgangsbedingungen für das Allokationsmodell. Innerhalb der Neoklassik werden hauptsächlich drei ethische Positionen als Grundlage der Ermittlung des allokativen Optimums von intertemporalen Konsum- und Produktionspfaden diskutiert, von denen zwei auf einer utilitaristischen Grundlage basieren und die dritte auf einem eher egalitären ethischen Konzept.

Zuerst sei der **utilitaristische Ansatz** mit seinen zwei verschiedenen ethischen Ausprägungen betrachtet, von denen der üblichere bereits implizit im Kapitel 2.1.2 unterstellt wurde, als die Grundlagen der intertemporalen Allokation dargelegt wurden. Ganz allgemein geht es im utilitaristischen Ansatz darum, den Nutzen über die Zeit zu maximieren. Im üblichen intergenerationellen Modell utilitaristischer Prägung steht der Nutzen aus Konsum oder Produktion innerhalb verschiedener Generationen im Mittelpunkt, wobei der Einfachheit halber innerhalb jeder Generation eine distributive Gleichverteilung unterstellt wird und andererseits die Generationen nicht überlappen. Es wird angenommen, daß derNutzen zwischen Generationen vergleichbar und aufaddierbar ist, und daß der intergenerationelle Gleichheitsaspekt durch die Aufaddierung intergenerationeller Nutzen angemessen berücksichtigt ist. Schließlich ist es eine ethische Grundformel des Utilitarismus, daß der Nachteil einer Person oder Generation aufgrund von Nichtkonsum kompensiert werden kann durch einen größeren Nutzen des Konsums einer anderen Person oder Generation.[145] Somit werden durch den Utilitarismus unter-

---

143 Solow 1986: S. 142. Interessant ist auch die Bemerkung, die SOLOW in Klammern in Hinsicht auf die Schönheit natürlicher Landschaften hinzufügt: *„(The preservation of natural beauty is a different matter since that is more a questition of direct consumption than of instrumental productive capacity.)“* Ebd. Ähnlich argumentierte auch schon Herfindahl in 1961, als er gegen übermäßige Ressourcenschonung argumentierte, daß es für zukünftige Generationen besser sei, wenn heute in Know-how und Technik investiert würde, statt den heutigen Konsum an Ressourcen zu reduzieren. Vgl. Herfindahl 1961: S. 63.

144 In diesem Unterkapitel wird erneut eine konstante Bevölkerung unterstellt, so daß der allgemeine Begriff *Konsumniveau* gleichbedeutend ist mit *Konsumniveau pro Kopf*.

145 Vgl. Dasgupta/Heal 1979: S. 260/261, Solow 1974b: S. 29, Solow 1986: S. 143 und Hampicke 1992: S. 267-270. Das in Kapitel 2.1.1 erwähnte Kompensationskriterium der Wohlfahrtserhöhung von KALDOR ist ein typisches Beispiel für ein utilitaristisches Konzept.

schiedliche Konsumniveaus verschiedener Generationen akzeptiert, wenn dadurch ein vergleichsweise höherer Gesamtnutzen generiert wird. In diesem ganz allgemeinen Sinne könnten – je nach Rahmenbedingungen – alle vier Konsumpfade aus der Abbildung 2.18 optimal im Sinne der utilitaristischen Analyse sein. Die grundlegende utilitaristische Bedingung für einen optimalen Konsumpfad ist lediglich, daß der aufaddierte intertemporale Gesamtnutzen maximal ist. Entsprechend lautet die formale utilitaristische Optimalbedingung:

$$\text{(22)} \qquad \max! \; V = \int_0^\infty U(C_t) \cdot e^{-jt} dt$$

Die intertemporale soziale Gesamtwohlfahrt (V) soll maximal sein und sie setzt sich zusammen aus der Summe aller diskontierten Nutzen möglicher Konsumniveaus [$U(C_t)$] eines unendlichen Zeitkontinuums.[146] Ethische Unstimmigkeiten unter neoklassischen Ökonomen gibt es mit Hinblick auf den sozialen Diskontfaktor e^{-jt} der Gleichung (22).

Abbildung 2.18: Mögliche intertemporale Konsumpfade

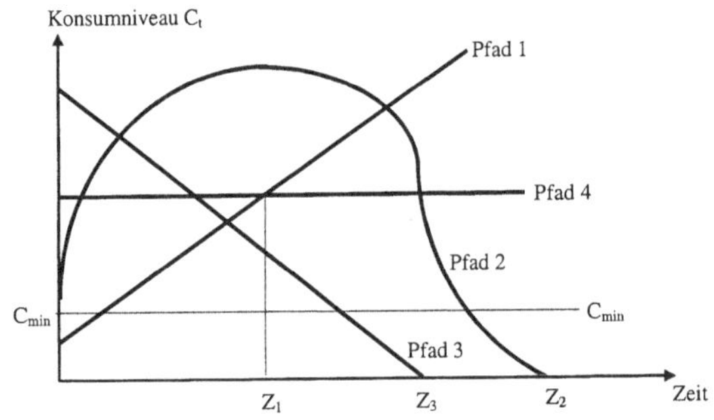

Im Kapitel 2.1.2 wurde für ein intertemporales Gleichgewicht auf einem Wettbewerbsmarkt aufgezeigt, daß die ökonomischen Akteure der Ausgangsperiode bereits in t_0 über alle Produktions- und Konsumpläne der zu betrachtenden Zeitperiode entscheiden müssen, und zwar sowohl für sich selbst, als auch für alle ihnen nachfolgenden Generationen innerhalb der Familienreihe. Die ethische Entscheidung über die Bewertung zukünftigen Konsums lag in diesem Fall bei den einzelnen Akteuren der Gegenwart und es wurde gezeigt, daß der maximale Nutzen der Konsumenten erreicht wird, wenn die marginale Rate der Zeitpräferenz dem marktbezogenen Diskontfaktor entspricht (Gleichung 4), während die Werte für den marktbezogenen und den sozialen Diskontfaktor gleich sind (Gleichung 7). Der Grund für ethische Streitigkeiten zwischen Neoklassikern besteht in der Frage, ob ein positiver Wert für die soziale Diskontrate – wodurch der Konsum der Zukunft geringer bewertet wird als der der Gegenwart – ethisch gerechtfertigt ist oder nicht.

Eine Mehrzahl neoklassischer Ökonomen sieht eine positive Diskontrate insbesondere durch zwei Aspekte legitimiert. Einerseits sei es eine empirische Tatsache, daß der Wohlstand und das Konsumniveau von Volkswirtschaften über die Zeit zunehme, so daß es späteren Generationen üblicherweise besser ginge als der gegenwärtigen. Eine Diskontrate, die zumindest

146 Vgl. Stiglitz 1974a: S. 132 und Dasgupta/Heal 1979: S. 292-293.

so hoch sei wie die Rate des intertemporalen Konsumzuwachses, sei daher durch Geringergewichtung zukünftigen Nutzens in der Lage, dieser nicht vermeidbaren intertemporalen Ungerechtigkeit entgegenzuwirken.[147] Diese Position ist noch heute eine übliche Grundposition in der Wachstumtheorie, und häufig wird die Notwendigkeit einer positiven Diskontrate vorausgesetzt, so daß selten Begründungen für ihre Anwendung in makroökonomischen Modellen geliefert werden.[148] Andererseits wird argumentiert, daß bei Betrachtung eines unbegrenzten Zeitkontinuums die Ungewißheit der Zukunft und besonders die Wahrscheinlichkeit des Aussterbens der Menschheit nicht berücksichtigt würde. Eine Gleichbewertung zukünftigen Nutzens über einen unbegrenzten Zeitraum würde daher selbst den zukünftigen Nutzen einer bereits ausgestorbenen Menschheit noch einbeziehen.[149]

Entgegen dieser Position ist es eher eine neoklassische Minderheit, die die Anwendung einer positiven Diskontrate aus ethischen Gründen als bedenklich einstuft. HARROD bezeichnet den Einsatz einer Diskontrate durch eine planende Agentur aufgrund einer Zeitpräferenz als Sieg der Leidenschaft über die Vernunft.[150] PIGOU merkte diesbezüglich an, daß die häufig beobachtbare Präferenz heutigen Nutzens vor zukünftigem nicht darin begründet liege, daß der zukünftige Nutzen weniger Wert sei, sondern weil es den Menschen an der Fähigkeit der Weitsicht mangele.[151] Auch SOLOW sieht mit Bezug auf RAMSEY kein ethisch vertretbares Argument für eine positive Diskontrate.[152] HAMPICKE schließlich wendet gegen die angeführten Argumente für eine Diskontierung ein, daß einerseits aufgrund der Existenz von nicht-erneuerbaren Ressourcen die Besserstellung der späteren Generationen keinesfalls sicher sei, während er weiterhin die Ansicht vertritt, daß der Zeithorizont der menschlichen Evolution und des menschlichen Aussterbens sämtliche sinnvollen ökonomischen Zeithorizonte mindestens um vier Zehnerpotenzen überschreite und damit als Argument für positive Diskontierung irrelevant sei.[153]

Die Wahl eines Wertes für die Diskontrate hat beträchtliche Auswirkungen auf den optimalen intertemporalen Allokationspfad. DASGUPTA und HEAL (1979) zeigten für den Cobb-Douglas-Fall ohne technischen Fortschritt, daß unter der günstigen Modellvoraussetzung $\alpha_1 > \alpha_2$ bei einer **Diskontrate von null** ein Allokationspfad mit unbegrenzt steigendem Konsum optimal ist (analog zu Pfad 1 in Abbildung 2.18).[154] In diesem Fall ist der zukünftige Nut-

---

147 Vgl. Dasgupta/Heal 1979: S. 284 und Siebert 1992: S. 224.

148 Selbst neoklassische Ökonomen, die sich mit der Auswirkung von Umweltverschmutzung auf Wachstumspfade beschäftigen, und denen daher der Gedanke, späteren Generationen könnte es aufgrund der Umweltverschmutzung schlechter gehen, tendenziell näher liegen müßte, begründen ihre Anwendung einer positiven Diskontrate nicht, so z. B. KRELLE (1984). Die Selbstverständlichkeit, mit der angenommen wird, daß es zukünftigen Generationen prinzipiell besser gehen wird, zeigt folgendes Zitat von BAUMOL, der sich ebenfalls sehr intensiv mit umweltökonomischen Fragestellungen beschäftigte: „*... a redistribution to provide more for the future may be described as a Robin Hood activity stood on its head – it takes from the poor to give to the rich. (...) There is no need to lower artificially the social rate of discount in order to increase further the prospective wealth of future generations.*“ Baumol 1968: S. 800-801.

149 Vgl. Dasgupta/Heal 1979: S. 262, Johansson 1987: S. 161, Sen 1957: S. 747, Sidgwick 1890:S. 412.

150 Vgl. Harrod 1951: S. 40.

151 Vgl. Pigou 1932: S. 25.

152 Vgl. Solow 1986: S. 143.

153 HAMPICKES Argumentation gegen eine positive Diskontrate ist noch wesentlich ausführlicher als hier beschrieben. Vgl. dazu Hampicke 1992: S. 283-297 und Hampicke 1991a: S. 132-136.

154 Vgl. Dasgupta/Heal 1979: S. 303-307. Da bei *jedem* unbegrenzt ansteigendem Konsumpfad der Gesamtnutzen bei einem unbegrenzten Zeithorizont gegen unendlich tendiert, ist die obige utilitaristische Optimalbedingung (Gleichung 22) nicht ausreichend zur Bestimmung des optimalen Konsumpfades. In diesem Fall wird das sogenannte utilitaristische „Overtaking-Kriterium“ angewandt, das besagt, daß ein Konsumpfad dann einem zweiten überlegen ist, wenn in einem ausreichend großen Zeitintervall ihre Nutzendifferenz in

zen aus gegenwärtigen marginalen Nettoinvestitionen zu jedem Zeitpunkt höher als der Nutzenverlust in der Gegenwart, der durch marginalen Konsumverzicht entsteht. Beim optimalen Konsumpfad wird also der Kapitalstock stets um eine größere Menge erweitert, als er bedingt durch abnehmenden Einsatz von nicht-erneuerbaren Ressourcen abnimmt. Die für die Produktion notwendige Ressource wird mit einer konstanten Rate ausgebeutet ohne zu erschöpfen, und das Wachstum des Konsumniveaus ist unbegrenzt. Im Vergleich zu dem im vorigen Kapital diskutierten Fall eines maximal konstanten Konsumniveaus über die Zeit (wie Pfad 4 in Abbildung 2.18) zeichnet sich dieser undiskontierte utilitaristische Optimalpfad dadurch aus, daß frühere Generationen ein niedrigeres Konsumniveau aufweisen und durch Investitionen in menschengemachtes Kapital den späteren Generationen ein höheres Niveau ermöglichen.

Die positive Diskontierung zukünftigen Nutzens bewirkt ceteris paribus, daß Konsum vermehrt in die Gegenwart verlagert wird, da der Nutzen aus dem Konsum in der Zukunft weniger stark bewertet ist als der der Gegenwart.[155] Da, wie bereits erwähnt, eine positive Diskontrate u. a. die Wahrscheinlichkeit des menschlichen Aussterbens reflektiert, muß der optimale Konsumpfad mit positiver Diskontrate zu irgendeinem Zeitpunkt (Z) null werden. Damit ergibt sich ein geschlossenes intertemporales Intervall, und es existiert ein optimaler Allokationspfad hinsichtlich der utilitaristischen Optimalbedingung der Gleichung (22). Bei einer niedrigen Diskontrate ergibt sich ein optimaler Allokationspfadverlauf in Form des Pfades 2 der Abbildung 2.18. Im Vergleich zum Fall ohne Diskontierung (Pfad 1) ist das Anfangskonsumniveau höher, es existiert ein Zeitpunkt mit maximalem Konsumniveau und danach sinkt es, bis es zum Zeitpunkt des wahrscheinlichen Aussterbens der Menschheit in Z_2 null wird. Nettoinvestitionen lohnen sich hier nur in der Anfangsphase und nach Erreichung des maximalen Konsumniveaus wird „entspart", d. h. der Kapitalstock wird vollkommen aufgezehrt. Die optimale Ressourcennutzung ist in diesem Fall durch einen Ressourcenpreispfad gemäß Kapitel 2.2.1 charakterisiert, bei dem das Prohibitivpreisniveau der Nachfrage zum Zeitpunkt Z_2 erreicht wird. Für den Fall einer extrem hohen Diskontrate ergibt sich ein optimaler Allokationspfadverlauf in Form des Pfades 3 in Abbildung 2.18. Das Anfangskonsumniveau ist sehr hoch und das Kapital wird von Anfang an sukzessive aufgezehrt.[156]

Mit der Festlegung der Höhe der sozialen Diskontrate wird im utilitaristischen Kontext also eine wesentliche ethische Entscheidung über die intergenerationelle Distribution getroffen, da dadurch ex ante sowohl der Überlebenszeitraum der Menschheit als auch der intergenerationelle Verlauf des Konsumniveaus implizit bestimmt wird. Für den Fall mit technischem Fortschritt ist zwar gezeigt worden, daß optimale unbegrenzte Wachstumspfade (wie Pfad 1 in Abbildung 2.18) auch bei positiven Diskontraten existieren[157], doch sie erfordern eine konstante Rate des technischen Fortschritts (λ), die kompensierend zur Diskontrate j wirkt (also: $\lambda > j$). Es läßt sich konstatieren, daß eine positive soziale Diskontrate als Grundlage von Planungsentscheidungen und Allokationsmodellen bedeutet, daß eine verkürzte Überlebenszeit der Menschheit in Kauf genommen wird.

---

allen Teilintervallen positiv ist. Nach diesem Kriterium ist der Pfad 1 in Abbildung 2.18 allen anderen dort abgebildeten Pfaden überlegen. Für die Diskussion utilitaristischer Optimalkriterien vgl. Dasgupta/Heal 1979: S. 265-269.

155 Dieser Gedanke ist analog zu der mikroökomischen Auswirkung einer erhöhten Marktzinsrate auf den Preispfad einer erschöpfbaren Ressource zu verstehen, da ein Anreiz besteht, die Ausbeutung der Ressource vermehrt in die Gegenwart zu verlagern, wodurch die Ressource schneller erschöpft. In der Tat ist es ja auch eine Bedingung des intertemporalen Gleichgewichts, daß die soziale Diskontrate dem marktbezogenen Diskontsatz (i+1) entspricht (vgl. Gleichung 7 in Kapitel 2.1.2).

156 Vgl. Dasgupta/Heal 1979: S. 298-302.

157 Vgl. Krelle 1984: S. 402-406 und Stiglitz 1974a: S. 131-136.

Alternativ zum ethischen Konzept des Utilitarismus wird nun ein egalitäres Konzept thematisiert werden, das implizit bereits im vorigen Kapitel behandelt wurde. In seinem Werk „A Theory of Justice“ unterzog JOHN RAWLS 1971 die utilitaristische Analyse des Nutzens zwischen Personen und Generationen (Nutzenvergleich, Aufaddierung, etc.) und ihre Implikationen in bezug auf Gerechtigkeit einer heftigen ethischen Kritik. Hinsichtlich der Verteilung von gesellschaftlichem Reichtum innerhalb einer Generation betonte er, daß eine Ungleichverteilung von Reichtum oder Nutzen nur dann gerechtfertigt sei, wenn sie eine notwendige Bedingung zur Verbesserung der Position der ärmsten Personen der Gesellschaft darstelle. Mit dieser ethischen Prämisse lautet die Bedingung für gesellschaftliche Wohlfahrtsmaximierung, daß die Wohlfahrt derjenigen Person zu maximieren sei, die gesellschaftlich am schlechtesten gestellt ist. Ein derartiges Wohlfahrtskriterium, das in der Literatur als *Maximin-Kriterium* bezeichnet wird, mißt die gesamte gesellschaftliche Wohlfahrt an der Situation der gesellschaftlich ärmsten Person. Als Methode zur Ermittlung von Entscheidungen über Gerechtigkeitsfragen schlug RAWLS vor, daß eine rationale egoistische Person der Gesellschaft unter der hypothetischen Annahme, daß sie nicht weiß, welche gesellschaftliche Position sie einnehmen wird, über politikrelevante Gerechtigkeitsfragen urteilt. Hinter diesem sogenannten *„Schleier des Nichtwissens“* ergibt sich eine rationale Entscheidung nach dem Maximin-Kriterium.[158] Dieser Grundgedanke von RAWLS wurde von einigen Neoklassikern aufgegriffen, um die Auswirkungen dieses alternativen ethischen Konzeptes auf optimale Allokationspfade zu untersuchen.[159]

Obwohl RAWLS selbst sein Kriterium in bezug auf die Verteilung von Konsum und Nutzen zwischen Generationen schon deswegen als nicht sehr tauglich einstufte, weil eine Umverteilung zwischen Generationen nur in einer Richtung – von der Gegenwart in die Zukunft – möglich sei[160], sah SOLOW (1974b) in dem Maximin-Konzept bezüglich des Problems der intergenerationellen Kapitalakkumulation einige Vorteile gegenüber dem üblichen Ansatz der Aufaddierung von Nutzen über die Zeit. In der Interpretation von SOLOW impliziert das Maximin-Kriterium als Optimalitätsbedingung für einen intergenerationellen Allokationspfad, daß das Konsumniveau pro Kopf über die Zeit konstant sein muß, wie dargestellt als Pfad 4 in Abbildung 2.18. Wäre dem nicht so, so könnte die intergenerationelle Wohlfahrt gemäß des RAWLS-Kriteriums erhöht werden, indem das Konsumniveau der am wenigsten begünstigten Generation gesteigert würde.[161] Dieses egalitäre Konzept bot sich besonders für die Erforschung der ökonomischen Auswirkungen der Existenz einer notwendigen nicht-erneuerbaren Ressource auf Produktion und Konsum in einem einfachen neoklassischen Modell an.

An dieser Stelle wird deutlich, daß diejenigen Ausführungen des vorangegangenen Kapitels 2.2.2.1, die die Möglichkeit der Aufrechterhaltung eines intergenerationell konstanten Konsumniveaus mit nicht-erneuerbaren Ressourcen untersuchten, auf dem ethischen Konzept des Maximin-Kriteriums fußten. Mittels dieses Konzeptes, das aufgrund seiner egalitären Fundierung ethisch weniger angreifbar war als das utilitaristische, konnten einige neoklassischen Ökonomen eine Gegenposition zum Club of Rome behaupten, indem sie aufzeigten, daß selbst unter Anwendung dieses ethischen Konzeptes notwendige nicht-erneuerbare Ressourcen unter den oben ausgeführten Bedingungen keine Bedrohung für das Überleben der Menschheit darstellen. Selbst DASGUPTA und HEAL (1979), die eher im utilitaristischen Rahmen anzusiedeln sind, orientierten sich am Maximin-Kriterium und definierten die von ihnen geprägten Begriffe

158 Vgl. Rawls 1975: S. 46-52 und S. 159-185.

159 Vgl. Dasgupta/Heal 1979: S. 269-275 und 288-292 sowie Solow 1974b, 1986 und Hartwick 1978.

160 Vgl. Rawls 1975: S. 319-327.

161 Vgl. Solow 1974b: S. 30.

essentielle und *nicht-essentielle nicht-erneuerbare Ressourcen* mit Bezug auf ein konstantes intergenerationelles Konsumniveau.[162]

Die Bedingungen, unter denen ein Maximin-Konsumpfad in einer Ökonomie mit nicht-erneuerbaren Ressourcen möglich ist, sind im vorangegangenen Kapitel bereits erörtert worden. Interessant ist im Kontext dieses Kapitels, wie eine optimale Allokation im Rahmen dieser egalitären ethischen Prämisse aussieht. Allokative Optimalität würde in diesem Zusammenhang neben einem konstanten intertemporalen pro-Kopf-Konsumniveau zusätzlich erfordern, daß mit der bestehenden Anfangsausstattung mit Produktionsfaktoren ein *maximales* intertemporal konstantes Konsumniveau realisiert wird.[163] Obwohl oben bereits im Rahmen der Diskussion des Cobb-Douglas-Falls ohne technischen Fortschritt gezeigt wurde, daß ein maximaler konstanter Konsumpfad eine Investitionsrate erfordert, die der Outputelastizität der nicht-erneuerbaren Ressource entspricht, offenbart die Anwendung des Maximin-Kriteriums gerade im Zusammenhang mit der optimalen Allokation auch einige Schwächen.

Ein Problem besteht in der anfänglichen Kapitalausstattung, die bisher als gegeben vorausgesetzt wurde. Da jedoch unter der ethischen Voraussetzung eines konstanten intertemporalen Konsumniveaus und der Annahme einer konstanten Bevölkerung das gesamte Nettoprodukt konsumiert wird – denn jede Nettoinvestition würde die Konsumaussichten der Zukunft vergrößern – stellt sich die Frage, wie ein anfänglicher Kapitalstock überhaupt entstehen soll. Das Konzept ist also nur sinnvoll anwendbar, wenn bereits ein Kapitalstock besteht, der ein zufriedenstellendes Konsumniveau pro Kopf der Bevölkerung sicherstellt. Eine weitere Schwierigkeit ergibt sich bei Existenz von technischem Fortschritt. Da dieser die Konsummöglichkeiten der Zukunft erhöht, wäre es für die Realisierung des maximalen konstanten Konsumniveaus pro Kopf notwendig, Kapital zu zerstören oder zu konsumieren. Diese beiden Probleme verdeutlichen, daß das egalitäre Konzept mit intertemporaler Konstanz des Konsumniveaus optimale Allokationspfade hervorbringt, die mit Bezug auf die reale Welt doch sehr absurd anmuten.[164]

Nach dieser Darstellung der verschiedenen ethischen Ansätze und der daraus resultierenden Konsumpfade stellt sich die Frage, wie die verschiedenen Pfade und die ihnen zugrunde liegenden ethischen Konzepte zu bewerten sind. HAMPICKE (1992) diskutierte die verschiedenen Pfade hinsichtlich ihrer utilitaristischen und ethischen Implikationen. Er stellte fest, daß der Maximin-Pfad (Pfad 4 in Abbildung 2.18) und der undiskontierte Wachstumpfad (Pfad 1) aus utilitaristischer Sicht den diskontierten Pfaden überlegen sind, da sie nach dem Overtaking-Kriterium in einem unbegrenzten Zeitintervall ein höheres Konsumniveau aufweisen.[165] Bezogen auf Abbildung 2.18 liegen die Pfade 1 und 4 im Intervall von Z_2 bis unendlich oberhalb der Pfade 2 und 3. Mit dem gleichen Argument läßt sich feststellen, daß der Wachstumspfad 1 dem Maximinpfad überlegen ist, da der Pfad 1 im offenen Intervall von Z_1 bis unendlich oberhalb von Pfad 4 liegt. Als weiteren Nachteil des Maximin-Pfades wies HAMPICKE u. a. darauf hin, daß Eltern jeder Generation den Wunsch haben, es möge ihren Kindern besser, zumindest aber nicht schlechter gehen als ihnen selbst.[166] Diese häufig zu hörende Präferenz kann als Plädoyer gegen einen starren akkumulationsblockierenden Maximin-Pfad interpretiert werden.

---

162 Vgl. Dasgupta/Heal 1979: S. 198 und das vorige Kapitel 2.2.2.1.

163 Vgl. Dasgupta/Heal 1979: S. 289.

164 Vgl. Solow 1974b: S. 31 und 39-41 sowie Dasgupta/Heal 1979: S. 310.

165 Vgl. Hampicke 1992: S. 277-279.

166 Vgl. Hampicke 1992: S. 275-276.

Weiterhin betonte HAMPICKE, daß es ethisch gesehen unerträglich und sogar gefährlich sei, irgendeiner Generation zuzumuten, unterhalb einer Armutsgrenze zu leben.[167] Nach diesem ethischen Grundsatz ist jeglicher Pfad als Planungsgrundlage abzulehnen, sofern er eine Armutsgrenze für irgendeinen Zeitpunkt unterschreitet. Sei diese Untergrenze C_{min} in Abbildung 2.18, so wären die Pfade 1, 2 und 3 nach HAMPICKE ethisch unvertretbar. Beim Pfad 1 wird frühen Generationen ein Armutsopfer abverlangt und bei den Pfaden 3 und 4 wird Armut und sogar das Aussterben der zukünftigen Menschheit in Kauf genommen. Schließlich gab HAMPICKE zu bedenken, daß nicht nur eine Untergrenze für ein Konsumniveau existiert, sondern auch eine Obergrenze, die durch die Tragfähigkeit der Erde bestimmt wird. Wird dieses Konsumniveau, das aufgrund von technischem Fortschritt und Wissen nicht als Naturkonstante bestimmt werden kann, langfristig überschritten, so kommt es zu ernsthaften Veränderungen in der natürlichen Lebensgrundlage mit den möglichen Folgen großer Armut oder gar Aussterben der Menschheit. Würde in der Abbildung 2.18 eine solche Obergrenze bestehen, so würde der Wachstumspfad 1 letztlich eine ähnliche Form wie Pfad 2 annehmen.[168]

Unter Berücksichtigung dieser ethischen und utilitaristischen Argumente präsentierte HAMPICKE schließlich einen intertemporalen Konsumpfad, der sowohl die Armutsuntergrenze als auch die ökologische Obergrenze berücksichtigt. Dieser Pfad, der sich innerhalb eines ethisch-ökologischen Korridors befindet, ist dargestellt in Abbildung 2.19.

Abbildung 2.19: Der intertemporale Konsumpfad nach HAMPICKE

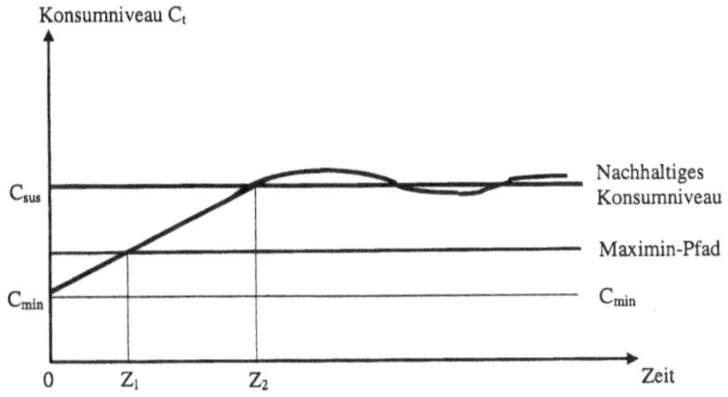

Quelle: Hampicke 1992: S. 281.

Er läßt sich interpretieren als eine Kombination aus Wachstums- und Maximinpfad. In den anfänglichen Generationen (von 0 bis Z_2) wird ein Wachstumspfad beschritten, wobei zugunsten der nachfolgenden Generationen ein Kapitalstock aufgebaut wird, der einen erhöhten Konsum in der Zukunft ermöglicht. Die Lasten der frühen Generationen sind dabei nicht mit übermäßiger Armut verbunden, da der Pfad stets über C_{min} liegt. Der Vergleich zum ursprüng-

167 Vgl. Hampicke 1992: S. 281-282. In diesem Kontext weist HAMPICKE auf das ethisch problematische Verhalten in autoritären Staaten hin, die Opferung von Menschen in der Gegenwart durch zukünftige Verbesserungen zu rechtfertigen.

168 Vgl. Hampicke 1992: S. 280. Die Annahme einer ökologischen Obergrenze ist faktisch gleichbedeutend mit der Aussage, daß grenzenloses Wachstum nicht möglich ist. Mit dieser Position steht HAMPICKE in den Reihen der Neoklassiker recht isoliert da, und daher sie ist als neoklassische Außenseiterpostion zu verstehen. Vgl. für übliche neoklassische Aussagen zu (unbegrenztem) Wachstum die Kapitel 2.2.2.1 und 2.4.3.

lichen Maximinpfad, der von Anfang an ein konstantes Konsumniveau realisiert, zeigt, daß der HAMPICKE-Pfad im Intervall von 0 bis Z_1 dem Maximinpfad unterlegen, ihm aber von Z_1 bis unendlich überlegen ist, so daß er nach dem utilitaristischen Overtaking-Kriterium vorzuziehen ist. Ab dem Zeitpunkt Z_2 ist schließlich das nachhaltige Konsumniveau (C_{sus}) erreicht, das langfristig aufrechterhalten werden kann, ohne die ökologischen Gleichgewichte zu gefährden. Dieses Niveau wird im Sinne des Maximin-Pfades konstant gehalten, wobei ein Oszillieren über C_{sus} zeitlich begrenzt möglich ist, soweit lokale ökologische Gleichgewichte nicht gesprengt werden.[169]

Diese Ausführungen haben gezeigt, daß sich in Abhängigkeit von den gewählten Ausgangsbedingungen für ein intertemporales Allokationsmodell verschiedene Pfade mit sehr unterschiedlichen intergenerationellen Distributions- und Gerechtigkeitsimplikationen ergeben können. Der Ansatz einer positiven Diskontrate kann sich für zukünftige Generationen sehr ungünstig auswirken, wenn keine kompensierenden Kräfte wie z. B. technischer Fortschritt oder Bevölkerungsschrumpfung wirken. Grundsätzlich ist festzustellen, daß alle Pfade, die die Armutsgrenze unterschreiten als ethisch äußerst bedenklich einzustufen sind. Trotz einiger Schwächen kann der Maximin-Pfad als ethisch vertretbar gelten und gleiches gilt für den HAMPICKE-Pfad innerhalb eines ethisch-ökologischen Korridors.

Abschließend sei noch auf eine interessante Implikation der hier diskutierten Pfade für die Distribution von Konsum *innerhalb* einer Generation hingewiesen. So kann ein utilitaristischer Konsum- und Produktionspfad ohne Diskontierung oder mit einer Diskontrate kleiner als die Rate des technischen Fortschritts (Pfad 1 in Abbildung 2.18 bzw. das Intervall von 0 bis Z_2 in Abbildung 2.19) als geeignet für Entwicklungsländer angesehen werden, die das nachhaltige Konsumniveau (C_{sus}) noch nicht erreicht haben und bisweilen sogar unterhalb der Armutsgrenze leben. Der Maximin-Pfad bzw. der Hampickepfad ab Zeitpunkt Z_2 in Abbildung 2.19 mag hingegen eine rationale Option für Industrieländer sein, deren Konsumniveau bereits sehr hoch ist, und deren marginaler Nutzen aus weiteren Konsumeinheiten gegen Null geht.[170]

169 Vgl. Hampicke 1992: S. 280-283.

170 Vgl. Dasgupta/Heal 1979: S. 311. Herfindahl wies darauf hin, daß Einkommen und materieller Konsum neben philosophischer Grundhaltung, biologischer Faktoren und äußerer Umweltanreize nur eine von vier Kategorien sei, die die Lebensqualität von Menschen bestimme. Besonders in reichen Gesellschaften könne daher eine Konsum- oder Einkommenserhöhung sogar zu einer Verschlechterung der Lebensqualität führen (durch zuviel Arbeit, Krankheiten, Umweltverschmutzung etc.). Aus diesem Grunde müsse das ökonomische Wachstum irgendwann aufhören. Vgl. Herfindahl 1972: S: 255-259 und S. 273. Diese Aussage des bekannten neoklassischen Ressourcenökonomen ist als eindeutige Befürwortung eines Maximin-Pfades für Industrieländer zu interpretieren.

2.3 Ressourcennutzung und Umweltverschmutzung: Neoklassische Umweltökonomik

Die Problematik negativer Umweltwirkungen, die mit der Gewinnung, der Verarbeitung, dem Konsum und der Entsorgung von nicht-erneuerbaren Ressourcen unmittelbar verbunden sind, wird in der Ressourcenökonomik nur am Rande behandelt. Üblicherweise wird diesbezüglich auf die Umweltökonomik verwiesen, die sich mit der mikroökonomischen Analyse von Wohlfahrtswirkungen durch Umweltverschmutzung beschäftigt. Eine Integration umweltökonomischer Aspekte in ressourcenökonomische Analysen ist in der Literatur eher selten anzutreffen.[171] Die Umweltökonomik ist noch ein recht junger Theoriezweig innerhalb der Neoklassik, da sie sich erst in den sechziger Jahren als Reaktion auf die zunehmenden Umweltprobleme jener Zeit herausbildete.[172] In diesen Kapitel werden die wesentlichen Erkenntnisse der statischen neoklassischen Umweltökonomik dargestellt, um im anschließenden Kapitel 2.4 die ressourcenökonomischen Implikationen in einem dynamischen mikro- und makroökonomischen Kontext zu erörtern.

2.3.1 Umweltverschmutzung als Wohlfahrtsproblem

Der Antrieb zur Beschäftigung mit dem Phänomen der Umweltverschmutzung in der neoklassischen Theorie bestand und besteht darin, daß durch Umweltverschmutzung für Menschen ein Wohlfahrtsverlust entstehen kann und dadurch die optimale Allokation von ökonomischen Ressourcen gestört wird. Es geht also in umweltökonomischen Abhandlungen weniger um die Sorge über den Zustand der Natur und über die drohende Gefährdung der natürlichen Lebensgrundlage, wie es in naturwissenschaftlichen Disziplinen der Fall sein mag, sondern der Mensch, seine Bedürfnisse, sein Wohlfahrtsniveau und *seine* Sicht der Natur sind die Medien, durch die die Natur lediglich indirekt zum Gegenstand ökonomischer Betrachtung wird. Die folgenden Unterkapitel beschreiben das umweltökonomische Wohlfahrtsproblem.

2.3.1.1 Marktversagen durch Umweltverschmutzung

Umweltverschmutzung wird in der Umweltökonomik als Problem eines Marktversagens diskutiert, da das Auftreten von Umweltverschmutzung darauf hindeutet, daß die dritte Bedingung für die Existenz eines vollkommenen Wettbewerbsmarktes nicht erfüllt ist.[173] Diese Bedingung legt fest, daß für jedes Gut, aus dem ein Marktteilnehmer Nutzen zieht, ein Markt existieren muß, so daß der gesamte Nutzen eines Konsumenten bzw. der Ertrag eines Unternehmens allein Resultat der Entscheidungen über Markttransaktionen ist. Damit ist jeglicher fremde und ungewollte Einfluß – positiver wie negativer Art – auf den individuellen Nutzen oder Ertrag eines Marktteilnehmers ausgeschlossen, und jedes existierende und nutzenstiftende

---

171 Die meisten neoklassischen Ressourcenökonomen sind sich der umweltpolitischen Dimension der Ressourcengewinnung und -nutzung sehr wohl bewußt und erwähnen sie auch. So verwies schon Herfindahl in 1970 auf das Problem der Umweltverschmutzung durch Bergbau und Ressourcennutzung und machte auf den Nutzungskonflikt zwischen Bergbau und Naturschutz aufmerksam. Vgl. Herfindahl 1970: S. 277-281. Auch Dasgupta und Heal verweisen in ihrem neoklassischen Standardwerk zur Ressourcenökonomik (1979) auf die Probleme Umweltverschmutzung und Landschaftszerstörung durch die Gewinnung und Nutzung nicht-erneuerbarer Ressourcen. Sie widmen der umweltökonomischen Problematik auch ein vollständiges Kapitel (chapter 3), doch leider werden die statischen umweltökonomischen Ergebnisse nicht in die dynamische ressourcenökonomische Analyse der nachfolgenden 13 Kapitel einbezogen.

172 Vgl. Kneese 1977: S. 24.

173 Vgl. Kapitel 2.1.1.

Gut ist als privates Gut definiert. Ein privates Gut kann wiederum nur existieren, wenn Eigentumsrechte bestehen, die eine Markttransaktion ermöglichen, und die den Ausschluß anderer Marktteilnehmer von dem Konsum des Gutes garantieren (Ausschlußprinzip). Ein vollkommener Wettbewerbsmarkt läßt also lediglich private Güter zu.

Marktversagen liegt folglich dann vor, wenn Kollektivgüter existieren, die sich dadurch auszeichnen, daß niemand von ihrem Konsum ausgeschlossen werden kann oder keine Rivalität in der Nutzung des Gutes besteht.[174] Als Beispiel sei der Deich an einem Fluß genannt, auf den beide Merkmale – Nichtrivalität und Nichtausschließbarkeit – zutreffen. Einerseits gibt es keine Rivalität unter den Deichnutzern, da er allen Anliegern gleichermaßen zugute kommt, wenn er erst einmal gebaut ist. Andererseits ist auch niemand von der Deichnutzung ausschließbar, auch wenn eine Person dieses wünschen sollte. Da die marginalen Kosten zur Produktion einer weiteren Dienstleistungs-Einheit „Deichnutzung" gleich null sind sobald der Deich fertiggestellt ist, müßte der pareto-optimale Marktpreis ebenfalls null sein. In einer solchen Konstellation tendieren die Konsumenten aufgrund der Nichtausschließbarkeit zu einem Trittbrettfahrerverhalten: sie möchten das Gut möglichst kostenlos konsumieren, signalisieren eine geringe Nachfrage und halten sich mit einem Kauf zurück. Unter diesen Umständen wird sich schwerlich ein privater Anbieter finden lassen, und folglich kommt es zu einem Unterangebot an Kollektivgütern. Um die allgemeinen Wohlfahrtseffekte durch Kollektivgüter, die wie im Falle des Deiches beträchtlich sein können, überhaupt zu ermöglichen, ist es letztlich die Aufgabe des Staates, die Produktion oder die Auftragsvergabe zu übernehmen.[175]

Viele Umweltgüter, wie beispielsweise saubere Luft und intakte lebenserhaltende Ökosysteme sind Kollektivgüter, da ihre Nutzung ohne Rivalität möglich ist und niemand ausgeschlossen werden kann. Andere Umweltgüter wie sauberes Wasser und Naturlandschaften oder Ozeane und Regenwälder als Spender nachwachsender Ressourcen haben häufig hingegen lediglich einen Kollektivgut*charakter*, weil für sie aus historischen oder politischen Gründen keine Eigentumrechte und somit auch kein Markt etabliert wurden, u. a. weil diese Güter in der Vergangenheit nicht knapp waren. Auf solche Umweltgüter des Allgemeineigentums (common property goods) treffen die Merkmale der Kollektivgüter häufig *nicht* zu und in vielen Fällen sind derartige Umweltgüter bei zunehmender Verknappung in private Güter umgewandelt worden, um eine Übernutzung durch Trittbrettfahrerverhalten zu verhindern. Wenn nachfolgend von Umwelt-Kollektivgütern gesprochen wird, so sind damit Umwelt-Allgemeineigentumsgüter *mit Privatgutcharakter* explizit *nicht* gemeint.[176]

Umwelt-Kollektivgüter unterscheiden sich in einem wichtigen Punkt von herkömmlichen Kollektivgütern, da sie nicht vom Staat, sondern von der Natur produziert werden. Ihre Herstellung steht im Gegensatz zum Deichbeispiel also vorerst überhaupt nicht zur Disposition, sondern lediglich ihre optimale Verwendung. Da beim Konsum von Umweltgütern niemand ausgeschlossen werden kann, kommt es zu einer übermäßigen Nutzung des kostenlosen Gutes, die aus einer wohlfahrtstheoretischen Perspektive sogar scheinbar wünschenswert ist, da nach

174 Vgl. Musgrave/Musgrave 1976: S. 50-51.

175 Vgl. ebd.: S. 50-53. Den formalen Beweis, daß die Existenz eines Kollektivgutes ein pareto-optimales Ergebnis verhindern kann, erbringen u. a. Dasgupta/Heal 1979: S. 43/44.

176 Der Grund für diese ausdrückliche Unterscheidung zwischen Umwelt-Kollektivgütern und Umwelt-Allgemeineigentumsgütern besteht darin, daß die Unterscheidung wesentlich ist und die Begriffe häufig fälschlicherweise synonym verwendet werden. Bei Allgemeineigentumsgütern kann eine Übernutzung der Natur durch eine Verteilung von Eigentumsrechten gestoppt werden, wie dies u. a. bei der Trinkwasserversorgung, bei begehrten Naturparks und beim Fischfang in Ozeanen bereits gehandhabt wird. Diese Option der Verhinderung von übermäßiger Naturnutzung besteht bei Umwelt-Kollektivgütern nicht. Vgl. Siebert 1992: S. 64-66.

dem Pareto-Kriterium durch ein kostenloses Kollektivgut viele Menschen bessergestellt werden können, ohne daß andere Menschen schlechter gestellt werden. Die übermäßige Nutzung von kollektiven Umweltgütern führt jedoch zu ihrer Degradierung in Form von Umweltverschmutzung und -zerstörung. Somit wird ein natürliches Kollektivgut (social good) durch Übernutzung zu einem schädlichen „Kollektiv-Ungut" (social bad)[177], das den Nutzen vieler Marktteilnehmer beeinträchtigt und *soziale Kosten* verursacht.

Das Phänomen der sozialen Kosten, sowohl in Form von Umweltverschmutzung als auch als Begleiterscheinung von technischem Fortschritt und langen Arbeitszeiten, ist bereits seit dem 18. Jahrhundert immer wieder thematisiert worden von Autoren wie RICARDO, SCHMOLLER, MARX, ENGELS, SISMONDI, FOURIER, OSKAR LANGE und KAPP.[178] ARTHUR C. PIGOU war der erste Autor, der sich mit sozialen Kosten aus wohlfahrtstheoretischer Sicht beschäftigte und feststellte, daß bei einer Divergenz von privatem und sozialem Nettoprodukt – also bei Existenz sozialer Kosten – das Wirken freier Marktkräfte nicht zu einer maximalen Wohlfahrtssituation führe.[179] In diesem Fall ist die Bedingung für Pareto-Optimalität, daß der Marktpreis den gesamten Grenzkosten der Produktion – inklusive sozialer Kosten – entsprechen muß, nicht erfüllt. In der späteren neoklassischen Diskussion um soziale Kosten als Form des Marktversagens wurden die Begriffe „externe Effekte" bzw. „Externalitäten" geprägt. Diese beiden Begriffe, die nachfolgend als Synonyme verwendet werden, werden für den Kontext dieser Arbeit wie folgt definiert:

> *Externe Effekte sind dann vorhanden, wenn ein Individuum bzw. eine Unternehmung reale, nicht-monetäre Variablen in seiner Nutzen- bzw. Produktionsfunktion enthält, deren Bestimmung durch andere agierende Personen oder Gruppen erfolgt, ohne daß letztere die resultierenden Wohlfahrtsveränderungen beabsichtigt haben, und ohne daß die Betroffenen an dieser Einwirkung von außen beteiligt waren. Es handelt sich also um unbeabsichtigte, nicht-marktvermittelte Wirkungen von Handlungen auf die Wohlfahrtssituation von Außenstehenden.*[180]

Diese Definition schließt nicht nur externe Effekte ein, die durch den Kollektivgutcharakter eines Gutes begründet sind, sondern ebenfalls „private Externalitäten", wie beispielsweise die Müllentsorgung auf dem Grundstück des Nachbarn.[181] Weiterhin beinhaltet diese Definition sowohl positive als auch negative externe Effekten, je nachdem, ob ein Effekt für ein Individuum oder ein Unternehmen[182] Nutzen stiftet oder Schaden anrichtet. So mag ein Konzert in einem öffentlichen Park einige Anwohner erfreuen und andere in ihrer Ruhe stören, so daß

---

177 Wahl der Begriffe in Anlehnung an Musgrave/Musgrave 1976, S. 50-61.

178 Eür eine Diskussion der Sozialkosten in der Geschichte der Nationalökonomie vgl. Kapp 1958: S. 23-37.

179 Vgl. Pigou 1962: S. 172.

180 Definition in Anlehnung an Baumol/Oates 1988: S. 17, Meade 1973: S. 15 und Buchanan/Stubblebine 1969: S. 200.

181 Der Begriff „private Externalitäten" wird hier gewählt, weil es sich um eine Privatangelegenheit zwischen zwei Personen handelt. In der englisch-sprachigen Literatur werden private Externalitäten als „private externalities" und bisweilen auch als „exhaustible externalities" bezeichnet. Vgl. Baumol/ Oates 1988: S. 18-21.

182 Einige Autoren unterscheiden externe Effekte weiterhin danach, zwischen welchen ökonomischen Akteuren sie stattfinden. Vgl. u. a. Scitovsky (1969). Alfred Marshall (1930) sprach z. B. von „external economies" bzw. von „external diseconomies" und meinte damit ausschließlich die externen Effekte, die zwischen Unternehmen auftreten. Vgl. Marshall 1930: S. 221, 237. Da Externalitäten jedoch analytisch gesehen eine gleiche Wirkung auf Produktions- und Nutzenfunktionen haben, werden diese Differenzierungen in dieser Arbeit nicht vorgenommen.

eine Aktivität gleichzeitig positive *und* negative Externalitäten hervorbringen kann.[183] Der Vollständigkeit halber sei noch erwähnt, daß in der Literatur zusätzlich zwischen „technologischen" und „pekuniären Externalitäten" unterschieden wird. Technologische externe Effekte entsprechen genau der obigen Definition, während pekuniäre externe Effekte marktvermittelt sind. Solch ein Effekt mag z. B. auftreten durch ein sehr zurückhaltendes Nachfrageverhalten, das senkend auf den Marktpreis wirkt und dadurch Produzenten schädigt und Konsumenten bevorteilt.[184] Da pekuniäre Effekte unter vollkommenen Wettbewerbsbedingungen keine Wohlfahrtsverluste erzeugen, sie im Gegenteil sogar für optimale Wohlfahrtsbedingungen sorgen, werden sie im Verlauf der Diskussion nicht weiter berücksichtigt.[185]

Umweltverschmutzung ist in der Neoklassik also ein Problem, weil sie in Form von externen Effekten auftritt, für deren Wirkung auf den Nutzen oder Ertrag von ökonomischen Akteuren keine vollkommene Marktform besteht und als Konsequenz Wohlfahrtsbeeinträchtigungen auftreten. Damit ist aber nicht gesagt, daß Pareto-Optimalität unerreichbar wird, sobald Umweltverschmutzung vorliegt.

2.3.1.2 Das optimale Niveau der Umweltverschmutzung

Wie bereits erwähnt, werden in der Umweltökonomik Umweltbeeinträchtigungen unter Wohlfahrtsgesichtspunkten analysiert. Beim Fall des Auftretens negativer externer Effekte durch Umweltverschmutzung wird einerseits der Nutzen betrachtet, der durch die Verschmutzungsaktivität erzeugt wird, und andererseits der entstehende Schaden. Ziel der Wohlfahrts- bzw. Umweltökonomen ist es, diejenige Allokation von Produktionsfaktoren und natürlichen Ressourcen zu bestimmen, die insgesamt die höchste Wohlfahrt erbringt – und damit ein effizientes Ergebnis. Da bei der vorliegenden Problematik immer ein Nutzen gegen einen Schaden abzuwägen ist, ist das Pareto-Kriterium wenig geeignet und daher steht das Kaldor-Kriterium im Mittelpunkt der umweltökonomischen Bewertung.[186]

Anfänglich soll ein einfacher Fall betrachtet werden, der in Abbildung 2.20 in Diagrammform dargestellt ist. Ein Unternehmen produziert profitmaximierend und nutzt dabei die saubere Luft als kostenloses Kollektivgut für die Entsorgung der giftigen Produktionsabgase, wodurch die Wohlfahrt der in der Umgebung wohnenden Menschen durch schlechtere Atemluft und nachfolgende Atemwegserkrankungen beeinträchtigt wird. Unter den vorläufigen Annahmen, daß nur eine Technologie zur Verfügung steht und die giftigen Abgase proportional zur produzierten Outputmenge entstehen, erzeugt die Erhöhung des absoluten Emissionsniveaus um eine Einheit, verursacht durch eine höhere Outputmenge, externe Grenzkosten (EGK) für die Bevölkerung – u. a. in Form von erhöhten Krankheitskosten, verringerter Leistungsfähigkeit etc. Die EKG-Kurve hat eine positive Steigung, wodurch angedeutet wird, daß der Scha-

---

183 Vgl. Musgrave/Musgrave 1989: S. 59. In ähnlicher Weise könnte auch Umweltzerstörung nicht nur negative, sondern auch positive Externalitäten hervorbringen. Viele Personen empfinden z. B. den Anblick von Landschaften, die durch Erosion „zerfurcht" sind, als ästhetisch.

184 Als aktuelles Beispiel für einen pekuniären externen Effekt ist die allgemeine Minderung bei der Rindfleischnachfrage anzuführen, die 1996 aufgrund der in Großbritannien grassierenden BSE-Seuche entstand und für die Anbieter von nicht-verseuchtem Rindfleisch enorme nachfragebedingte Einbußen erbrachte. Andererseits sind die Gesundheitsschäden durch die Seuche und die finanziellen Einbußen von Bauern, die ohne ihr Wissen verseuchte Rinder importierten, typische Beispiele für technologische Externalitäten.

185 Für die Unterscheidung von technologischen und pekuniären externen Effekten vgl. u. a. Baumol/Oates 1988: S. 29-31 und Scitovsky 1969: S. 244-247.

186 Vgl. die Ausführungen in Kapitel 2.1.1.

den für die Bevölkerung mit jeder weiteren Emissionseinheit ansteigt.[187] Der monetarisierte Gesamtschaden durch die externen Effekte wird in dieser Marginaldarstellung durch die Fläche unterhalb der EGK-Kurve abgebildet. Den externen Grenzkosten der Bevölkerung steht der private Grenznutzen (PGN) des Unternehmens in Form des Profits entgegen. Wie in der neoklassischen Theorie der Unternehmung ausgeführt, produziert ein profitmaximierendes Unternehmen solange, bis der Profit der letzten Outputeinheit gleich null ist.[188] Die PGN-Kurve sinkt, da mit zunehmender Produktion – und zunehmenden Emissionen – die Kosten steigen und der Profit pro Outputeinheit nach und nach abnimmt. Der profitmaximierende Output für das Unternehmen besteht bei dem Emissionsniveau E^{π}, da dort der Gesamtprofit – in Form der Fläche $GK_1E^{\pi}0$ unter der PGN-Kurve – maximal wird. Jede weitere Produktion würde Verluste erbringen und daher ist ein Emissionsniveau rechts von E^{π} unter der Annahme rationaler Unternehmensführung ausgeschlossen.

Abbildung 2.20: Optimale Umweltverschmutzung durch ein Unternehmen ohne technischen Fortschritt

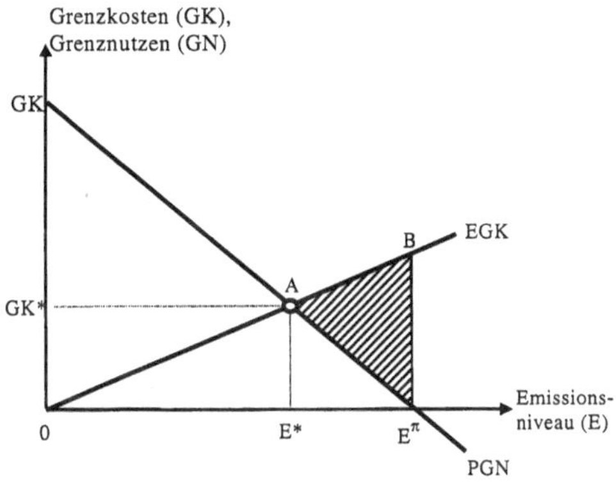

Graphik in Anlehnung an: Pearce/Turner 1990: S. 63.

Aus der umweltökonomischen Wohlfahrtsperspektive mit dem Maßstab des Kaldor-Kriterium ist der Fall der Nicht-Produktion mit einem Emissionsniveau von null in keinem Fall optimal, da der private Nutzen aus den ersten Produktionseinheiten höher ist als der entstehende Schaden. Gemäß Kaldor könnte der Verschmutzer die Verschmutzungsopfer aus seinem Ertrag kompensieren. Aus dieser Perspektive heraus ergibt sich ein optimales Verschmutzungsniveau in dem Fall, wo der private Grenznutzen aus einer weiteren Emissionseinheit

187 Diese Annahme ist sehr realistisch, da sich – gemäß den Erkenntnissen der Toxikologie und der Medizin – viele Giftstoffe im menschlichen Körper und der Umwelt akkumulieren, wodurch die Giftigkeit dieser Stoffe mit zunehmender Anreicherung zunimmt. Im Gegensatz zu „akuten Erkrankungen" durch die Aufnahme hoher Giftstoffkonzentrationen zu einem Zeitpunkt, wird im Falle von Vergiftungserscheinungen aufgrund der langjährigen Akkumulation von Kleinstmengen von „chronischen Erkrankungen" gesprochen. Vgl. Bremer Umwelt Institut (Hg.) 1985: S. 80-89.

188 Vgl. u. a. Pindyck/Rubinfeld 1992: S. 246/247.

gleich ist dem Grenzschaden, also hier bei dem Niveau E*.[189] Jede Produktion über dieses Niveau hinaus erzeugt höhere externe Grenzkosten für die Bevölkerung als Grenznutzen für die Unternehmung und wirkt somit gesamtwohlfahrtsreduzierend. Der profitmaximierende Outputlevel mit dem Emissionsniveau E^{π} ist also nicht optimal in bezug auf die Gesamtwohlfahrt. Eine Reduzierung des Output auf das Niveau E* brächte Nettowohlfahrtszugewinne, die in der Abbildung 2.20 durch die schraffierte Fläche dargestellt werden. Dieser Fall verdeutlicht, daß bei Existenz von externen Effekten das profitmaximierende Verhalten des Unternehmens nicht zum höchsten allgemeinen Wohlfahrtszustand führt. Gleichzeitig wird deutlich, daß ein wohlfahrtsoptimierendes Emissionsniveau E* existiert, das einen gesamten Schaden für die Verschmutzungsopfer in Höhe der Fläche 0AE* impliziert, der allerdings durch den Gesamtnutzen der Unternehmung in Größe der Fläche GK_1AE^*0 kompensiert werden könnte.

In Abbildung 2.21 wird – ceteris paribus – nicht mehr nur *ein* verschmutzendes Unternehmen betrachtet, sondern eine Vielzahl von verschmutzenden Unternehmen, die einen Markt bedienen. Dieses gewöhnliche Partialmodell zeigt das obige Problem also aus einer aggregierteren Perspektive. Hier wird der Grund für das Marktversagen ganz deutlich. Die Pareto-Bedingung, daß der Preis gleich den gesamten Grenzkosten – hier als soziale Grenzkosten (SGK) bezeichnet – sein muß, ist bei Vorliegen von externen Effekten nicht erfüllt. Die Marktanbieter berücksichtigen bei ihrer Wahl der optimalen – d. h. profitmaximierenden – Produktionsmenge lediglich die privaten Grenzkosten der Produktion (PGK), nicht aber die externen Genzkosten. Aus Wohlfahrtserwägungen heraus ist die SGK-Kurve – als vertikale Aufaddierung der Angebots- und der EGK-Kurve – die pareto-relevante und nicht die Angebotskurve allein.

Abbildung 2.21: Markt-Ineffizienz durch Umweltverschmutzung

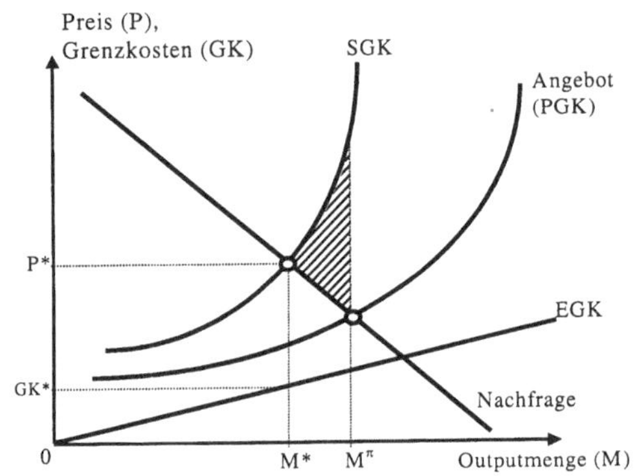

Graphik in Anlehnung an: Pindyck/Rubinfeld 1992: S. 641.

189 Die Literatur zum optimalen Niveau der Umweltverschmutzung und der genannten Optimalbedingung ist zahlreich. Vgl. u. a. Fisher 1981: S. 171, Baumol/Oates 1988: S. 33, Meade 1973: S. 57-58, Gaffney 1966: S. 88-89, Atkins/Lowe 1977: S. 6-7, Pearce/Turner 1990: S. 61-64 und Pindyck/ Rubinfeld 1992: 640-644.

Wiederum zeigt die schraffierte Fläche den Nettowohlfahrtsverlust, der durch eine Outputreduzierung von M^{π} auf M* erreicht werden könnte. Interessant hierbei ist die Interpretation der Nachfragekurve, die als Repräsentation des sozialen Grenznutzens verstanden wird, so daß auch die Konsumenten des Outputs durch die Konsumentenrente (Fläche zwischen Preisniveau und Nachfragekurve) als Nutznießer der Verschmutzungsaktivität einbezogen werden. Das pareto-optimale Marktergebnis liegt im Gegensatz zum Ergebnis des freien Marktes letztlich bei einer geringeren Outputmenge (M*) und einem höherem Preis (P*). Der Markt bringt also bei Existenz von externen Effekten ein ineffizientes Ergebnis hervor.[190]

Da in diesem Beispiel nur eine Technologie zugelassen wurde und technischer Fortschritt ausgeblendet war, bestand die einzige Möglichkeit zur Herstellung eines Pareto-optimalen Ergebnisses im Sinne Kaldors in einer Outputreduzierung. Die Betrachtung des optimalen Verschmutzungsniveaus mit Berücksichtigung von technischem Fortschritt ist in Abbildung 2.22 dargestellt.

Abbildung 2.22: Optimale Umweltverschmutzung durch ein Unternehmen mit technischem Fortschritt

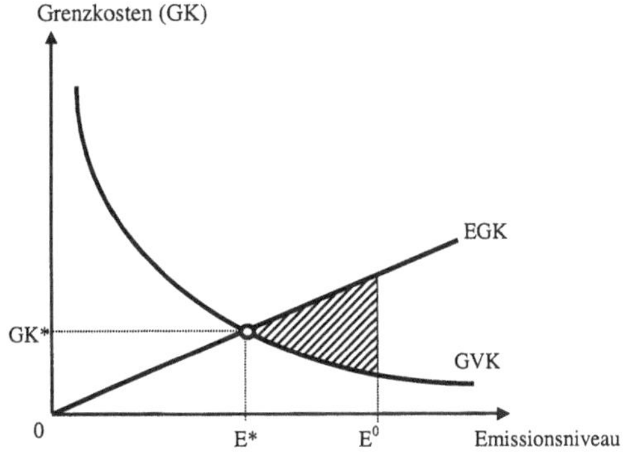

Graphik in Anlehnung an: Meade 1973: S. 58.

Es handelt sich um ein ähnliches Diagramm wie in Abbildung 2.20, nur tritt in diesem Fall eine Grenzvermeidungskosten(GVK)-Kurve anstelle der PGN-Kurve. Hier wird angenommen, daß diverse technische Möglichkeiten bestehen, um das Emissionsniveau der Produktion zu senken, ohne gleichzeitig den Output senken zu müssen. Das bedeutet, daß im Gegensatz zur Abbildung 2.20 keine Proportionalitätsbeziehung mehr zwischen Outputmenge und Emissionsniveau besteht. Die Grenzvermeidungskosten sind die Kosten, die aufgewand werden müssen, um eine marginale Emissionseinheit zu reduzieren. Bei einem hohen Emissionsniveau – z. B. bei E^0 – sind die Kosten der Emissionsreduzierung noch recht gering, da mit einfachen und kostengünstigen Mitteln – z. B. Filteranlagen – große Reduzierungserfolge erzielt werden können. Mit immer weiteren Emissionsreduzierungen werden die technischen Aufwendungen aber immer komplizierter und teurer, so daß die GVK letztlich bei einem gegen Null tendie-

190 Vgl. Pindyck/Rubinfeld 1992: S. 640-642.

rendem Emissionsniveau exponentiell ansteigen und sich asymptotisch der Grenzkosten-Achse nähern. Die Betrachtung einer GVK-Kurve macht nur Sinn, wenn angenommen wird, daß der Einsatz einer Emissionsreduzierungstechnologie profitabel ist, d. h., daß es mehr Profit bringt, eine emissionsreduzierende Technologie mit konstantem oder steigendem Output einzusetzen, als den Output zu senken. In diesem Sinne läßt sich die PGN-Kurve aus Abbildung 2.20 auch als Grenzvermeidungskosten-Kurve interpretieren. Die Kosten der Emissionsreduzierung wären in jenem Fall entgangene Profite durch verringerten Output.[191] Aufgrund dieser Analogie ist die Abbildung 2.22 schnell erklärt. Das optimale Emissionsniveau besteht wieder bei E*. Links dieses Niveaus ist die marginale Vermeidung der Emissionen teurer als der Grenzschaden und rechts davon ist der Grenzschaden höher als die Grenzvermeidungskosten, so daß aus Wohlfahrtserwägungen das Niveau E* anzustreben ist. Die schraffierte Fläche zeigt erneut den Nettowohlfahrtsgewinn an, der durch eine Reduzierung eines möglichen profitmaximierenden Emissionsniveaus E^0 auf das Niveau E* durch Technologieeinsatz erreichbar ist.[192]

Nach dieser Darstellung der wohlfahrtstheoretischen Analyse des optimalen Emissionsniveaus bzw. der optimalen Umweltverschmutzung ist es aufschlußreich, die Einflußfaktoren, die letztlich das optimale Niveau bestimmen – also die externen Grenzkosten und die Grenzvermeidungskosten – etwas näher zu betrachten. In den beiden Diagrammen der Abbildung 2.23 ist dargestellt, wie sich das optimale Emissionsniveau bei Variation der beiden Einflußfaktoren verändert.

Abbildung 2.23: Abhängigkeit des optimalen Verschmutzungsniveaus von Variationen der externen Grenzkosten und der Grenzvermeidungskosten

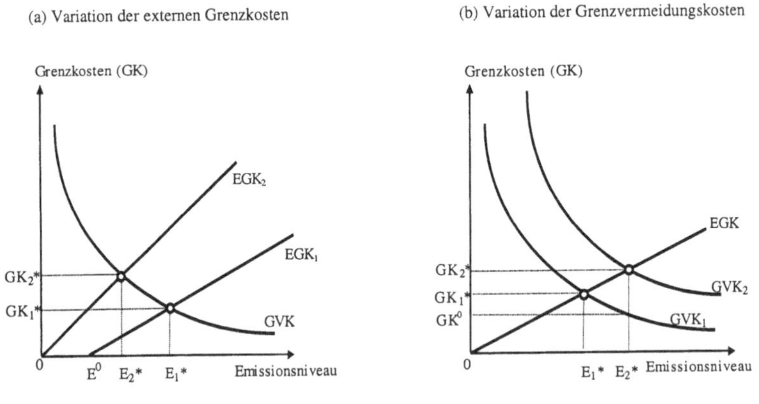

In Abbildung 2.23(a) sind zwei EGK-Kurven abgebildet, die zu zwei unterschiedlichen optimalen Emissionsniveaus führen. Nun ist die Frage von Bedeutung, welche Faktoren die EGK-Kurven und ihre Veränderungen determinieren. Wie oben ausgeführt, sind die externen

191 Vgl. zu dieser Sichtweise Pearce/Turner 1990: S. 88-90.

192 Vgl. u. a. Meade 1973: S. 57/58.

Kosten als Wohlfahrtsbeeinträchtigung von der Umweltverschmutzung betroffener Bevölkerungsteile oder Unternehmen zu verstehen. Die Bewertung dieser Kosten in Geldeinheiten bereitet aber einige Schwierigkeiten, da neben tatsächlichen monetären Kosten – wie z. B. Arztrechnungen – auch Kosten hinzukommen, die das Wohlbefinden der Menschen beeinträchtigen und von Person zu Person in Abhängigkeit des subjektiven Wertesystems und der gesundheitlichen Anfälligkeit unterschiedlich bewertet werden.[193] So mögen einige Leute ein bestimmtes Luftverschmutzungsniveau als normal akzeptieren, andere den Geruch und die verschlechterten Sichtverhältnisse als störend empfinden, während wieder andere Personen allergische Reaktionen erleiden mögen. Die subjektive Wertschätzung spielt also bei einer Bewertung von (Grenz-)Schäden durch Umweltverschmutzung eine wesentliche Rolle. Schließlich sei noch bemerkt, daß die externen Kosten einer Gesellschaft als Summe der Einzelschäden ermittelt wird, so wie es ebenfalls bei der Herleitung der Angebots- und Nachfragekurven der Fall ist. Somit mag eine unterschiedliche Bewertung eines identischen Emissionsniveaus in zwei verschiedenen Städten durch die differierende Bevölkerungsanzahl erklärbar sein.[194]

Die zwei verschiedenen EGK-Kurven der Abbildung 2.23(a) lassen sich sowohl als zwei Kurven für zwei verschiedene Städte oder Länder interpretieren, aber auch als zwei Kurven, die sich auf einen Ort und zwei Zeitpunkte beziehen. Angenommen es werden die EGK-Kurven zwei verschiedener Länder abgebildet, so lassen sich einige interessante Unterschiede feststellen. Die Tatsache, daß EGK_1 nicht am Ursprung beginnt deutet darauf hin, daß niemand in Land 1 bis zu dem Emissionsniveau E^0 einen Schaden davonträgt, während in Land 2 schon geringe Emissionsniveaus soziale Kosten erzeugen. Zudem ist die Steigung der EGK_1-Kurve weniger stark, was darauf hindeutet, daß eine Emissionserhöhung in Land 1 weniger stark als Schaden empfunden oder bewertet wird als in Land 2[195]; vielleicht ist auch das Gesundheitsversorgungssystem in Land 1 billiger. Schließlich ist die Bevölkerungsanzahl in Land 1 möglicherweise geringer, so daß ein identisches Verschmutzungsniveau geringere externe Kosten verursacht. Aus dieser neoklassischen Logik ergibt sich, daß die angestrebten optimalen Emissionsniveaus der beiden Länder unterschiedlich hoch sein müssen, so daß die Umweltpolitiker in Land 2 striktere Maßnahmen – mit höheren Kosten – ergreifen als in Land 1.

Beziehen sich die zwei EGK-Kurven auf zwei verschiedene Zeitpunkte mit einigen Jahren Unterschied auf *ein* Land, so lassen sich ähnliche Erklärungen für die Veränderung finden, wie sie bereits im vorangehenden Absatz genannt wurden: Das Umweltbewußtsein mag zugenommen haben, die Kosten des Gesundheitssystems mögen explodiert sein, das Einkommensniveau des Landes erhöhte sich und ebenso die Bevölkerungszahl. Ein weiterer wichtiger Aspekt, der sowohl eine Zunahme in der Steigung als auch die Verschiebung der Kurve zum Ursprung erklären könnte, ist ein höheres Wissensniveau der Gesellschaft und eine besser über die möglichen Schäden informierte Bevölkerung.[196] Zum Zeitpunkt 1 mag es noch Stand der

193 Die Verfahren zur monetären Bewertung derartiger externer Kosten und die Kritik daran sollen an dieser Stelle nicht weiter ausgeführt werden. Vgl. dazu Kapitel 2.3.3.1 und Pearce/Turner 1990: S. 120-158.

194 GAFFNEY (1966) betont angesichts der Bedeutung der Bevölkerungszahl, daß zur Nutzung des Skaleneffektes bei Umweltschutzaktivitäten eine möglichst hohe Bevölkerungsdichte vorteilhaft wäre. Vgl. Gaffney 1966: S. 95.

195 Hier mag auch das Einkommensniveau eines Landes eine Rolle spielen. Da die subjektive monetäre Bewertung von Emissionsschäden auch von dem Einkommen der betroffenen Personen abhängt, wird ein ärmeres Land weniger Schaden anzeigen als ein reiches Land.

196 Dieses Argument ist aus theoretischer Sicht nur möglich, wenn die Annahme der vollkommenen Information in bezug auf die externen Grenzkosten aufgegeben wird. Da jedoch in der Realität das menschliche Wissen über Umweltschäden unvollkommen ist und auch die Informationsverbreitung zwischen Ländern und Bevölkerungsgruppen sehr unterschiedlich ist, ist die Aufgabe dieser Annahme eher erkenntnissteigernd.

Wissenschaft gewesen sein, daß ein Emissionsniveau bis E^0 harmlos sei, so daß sich die Bevölkerung sicher fühlte. Einige Jahre später mögen neuere wissenschaftliche Forschungsergebnisse auf erhöhte Gesundsheitsgefahren durch kontinuierliche Niedrigemissionsbelastung hinweisen, mit dem Resultat, daß die individuelle Schadenseinschätzung der Bevölkerung insgesamt ansteigt und auch Niedrigemissionsniveaus als Schaden empfunden werden. Aus diesem Gedanken ergibt sich, daß eine gut informierte Gesellschaft tendenziell immer einen höheren Schaden anzeigt als ein schlecht informierte.

Abbildung 2.23(b) bezieht sich nun auf eine Variation der GVK-Kurven. Der konvexe Verlauf der GVK-Kurven ergibt sich aus der Annahme, daß die kostengünstigsten Technologien der Emissionsvermeidung zuerst eingesetzt werden und mit zunehmender Emissionsreduzierung effektivere und teurere Technologien zum Einsatz kommen. Der idealtypische stetige Verlauf der Kurven in der Theorie entspricht allerdings wenig der Realität. In der Praxis existieren üblicherweise Emissionsvermeidungstechnologien, die *ein* bestimmtes Emissionsvolumen verringern, so daß damit die Grenzkosten der Vermeidung über ein bestimmtes Emissionsintervall gleich sind. Die GVK-Kurven sind daher in der Praxis üblicherweise Treppenfunktionen.[197]

Wie bei den EGK-Kurven lassen sich auch die GVK-Kurven auf verschiedene Fälle hin interpretieren. An dieser Stelle sei angenommen, daß die Kurven die Grenzvermeidungskosten eines Landes zu zwei unterschiedlichen Zeitpunkten darstellen. Eine Verschiebung von GVK_1 nach außen auf das Niveau von GVK_2 bedeutet eine Verteuerung der Emissionsreduzierung und diese ist hauptsächlich durch zwei Einflußfaktoren erklärbar. Auf der einen Seite können erhöhte Emissionsreduzierungskosten durch angestiegene Produktions-, Beschaffungs- und Wartungskosten für die entsprechenden Technologien erklärt werden. Verantwortlich dafür könnten u. a. erhöhte Arbeits-, Kapital-, Material- und Energiekosten sein sowie eine Abwertung der heimischen Währung sofern es sich um eine zu importierende Technologie handelt. Auf der anderen Seite können sich erhöhte Grenzvermeidungskosten aufgrund eines erhöhten Niveaus der Verschmutzungsaktivität (z. B. durch Wachstum der Produktion) ergeben. Zum Zeitpunkt 1 mochte zur Erreichung des Emissionsniveaus E_2* noch eine billige Reduzierungstechnologie mit Grenzvermeidungskosten in Höhe von K_0 ausgereicht haben. Einige Jahre später – zum Zeitpunkt 2 – können sich die Kosten aufgrund wachsender Verschmutzungsaktivitäten auf GK_2* erhöht haben, da zu jenem Zeitpunkt die alte Reduzierungstechnologie nicht mehr ausreichte, um das Emissionsniveau E_2* bei wirtschaftlichem Wachstum zu halten.[198] Schließlich ist es ebenfalls vorstellbar, daß die GVK im Zeitablauf durch Skaleneffekte sinken. Im Laufe der Entwicklung der Produktion einer Umwelttechnologie wird eine erhöhte Nachfrage eine Massenfertigung ermöglichen, die kostensenkend wirkt und damit dem generellen Trend einer Grenzkostenerhöhung entgegenwirkt. Da die GVK-Kurven in ihrem Verlauf von *mehreren* Technologien geprägt sind, ist eine Paralellverschiebung unwahrscheinlich, da der Skaleneffekt zumeist nur bei neueren Technologien einsetzt, während er bei bereits verbreiteten Technologien zu einem früheren Zeitpunkt gewirkt hat. Somit wirkt der Skaleneffekt auf die GVK-Kurve besonders im Bereich niedriger Emissionsniveaus – z. B. links von E_1* – und führt dort zu einer Abflachung der Kurve.[199]

---

197 Vgl. zur Diskussion praxisbezogener GVK-Kurven Wicke 1989: S. 377-382 sowie Kapitel 2.3.3.1.

198 An dieser Stelle sei betont, daß sich die obige Interpretation der GVK-Kurven auf die Gesamtheit aller Emissionsquellen in einem Land bezieht. Eine Zunahme der Emissionsquellen impliziert daher eine Zunahme der Vermeidungskosten. Häufig werden derartige Diagramme auch genutzt, um die Grenzvermeidungskosten für *eine* Emissionsquelle darzustellen. In jenem Fall ist das genannte wachstumsbedingte Argument nur noch gültig in bezug auf eine erhöhte Kapazitätsauslastung der einen Verschmutzungsquelle.

199 Die Beschreibung des Skaleneffekts für eine GVK-Treppenfunktion ist ungleich einfacher, da in diesem Fall

Abschließend sei ganz allgemein konstatiert, daß – jeweils ceteris paribus – eine Erhöhung der externen Grenzkosten zu einem geringeren optimalen Verschmutzungsniveau mit höheren Grenzvermeidungskosten führt, während eine Erhöhung der Grenzvermeidungskosten ein höheres optimales Verschmutzungsniveau induziert.

Nachdem das optimale Umweltverschmutzungsniveau und seine Einflußfaktoren in dieser Ausführlichkeit diskutiert wurden, ergibt sich zwangsläufig die Frage, wie dieser neoklassische Optimalzustand, der sich nicht durch das Wirken freier Marktkräfte von selbst ergibt, erreicht werden kann. Dieser Frage ist das folgende Kapitel gewidmet.

2.3.2 Internalisierung von externen Effekten

Die Realisierung des optimalen Verschmutzungsniveaus bei Vorhandensein von externen Effekten wird in der umweltökonomischen Literatur als *Internalisierung* bezeichnet und innerhalb der Neoklassik existieren zwei Internalisierungs-Ansätze. Der eine geht zurück auf ARTHUR C. PIGOU, der in seinem Werk *Welfare Economics* von 1920 für eine Internalisierungssteuer plädierte.[200] Der andere basiert auf dem Coase-Theorem nach dem gleichnamigen Ökonomen ROALD H. COASE, der marktgemäße Verhandlungslösungen als bestes Instrument zur Internalisierung von Externalitäten propagierte.[201] Beide Ansätze werden nachfolgend diskutiert.

2.3.2.1 Internalisierung durch Verhandlungen

ROALD H. COASE vertritt eine Marktlösung zur Internalisierung von externen Effekten. Er behauptet, daß unter der Voraussetzung klar definierter Eigentumsrechte die Verschmutzer und die Opfer in Verhandlungen eintreten, die tendenziell dazu führen, daß das optimale Verschmutzungsniveau erreicht wird, und zwar unabhängig von der gegebenen Rechtslage. Dieser in der Literatur als *Coase-Theorem* titulierter Zusammenhang basiert auf der Grundannahme nicht-existierender Transaktionskosten, so daß die Kosten der Verhandlungsanbahnung, der Informationsbeschaffung bezüglich des Schadens, die Kosten der eigentlichen Verhandlung usw. gleich null gesetzt werden.[202]

COASE wählte als illustrierendes Beispiel einen Viehzüchter, dessen Weide direkt neben dem Grundstück eines Kornbauern gelegen ist und externe Effekte auftreten, weil die Rinder einen Teil der Ernte des Bauern vernichten. Die optimale Verhandlungslösung für zwei mögliche Rechtslagen ist dargestellt in Abbildung 2.24.

Die erste mögliche Rechtslage ist die, daß eine Schädigung von Kornfeldern per Gesetz untersagt ist, so daß der Viehzüchter ohne Einwilligung seines Nachbarn keine Rinderherde halten darf, sofern diese eine Schädigung der Felder verursachen. Der Ausgangspunkt für Verhandlungen besteht also zu einem Zeitpunkt, an dem noch keine Rinder gehalten werden. Da der Viehzüchter juristisch im Nachteil ist, wird er Verhandlungen anregen, wenn diese für ihn Nutzen erbringen. Abbildung 2.24 zeigt, daß der private Grenznutzen (PGN) der Anschaffung der ersten Rinder höher ist als der Grenzschaden, den die Rinder anrichten würden (EGK). Der Viehzüchter hat damit eine Verhandlungsbasis. Unter der gegebenen Rechtslage kann er einen

---

jede Technologie eine Treppenstufe darstellt, so daß ein Skaleneffekt bei einer Technologie eine Verringerung des GVK-Niveaus nur für die entsprechende Stufe bewirkt.

200 Vgl. Pigou 1932: S, 172-203.

201 Vgl. Coase 1960.

202 Vgl. Coase 1960: S. 2-8: ebenso Fisher 1981: S. 179-181 und Pearce/Turner 1990: S. 70-72.

Abbildung 2.24: Internalisierung durch Verhandlungen

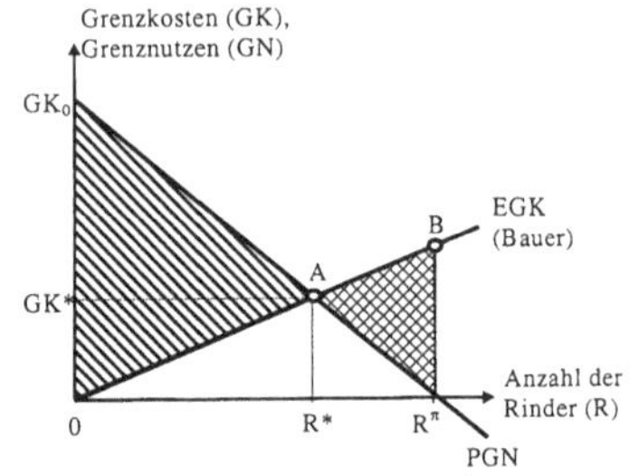

maximalen Gewinn erreichen, der der schraffierten Fläche ($GK_0 0A$) der Abbildung 2.24 entspricht, wenn er R* Rinder anschafft und dem Bauern mindestens den Marktpreis der vernichteten Ernte (Fläche 0AR*) zahlt. Eine Verhandlungslösung tendiert gegen den wohlfahrtsoptimalen Zustand bei R*, wobei die Wohlfahrt gemäß des Pareto-Kriteriums erhöht wird: Der Viehzüchter erlangt zusätzliche Profite durch jedes weitere Rind bis R* und der Bauer wird – je nach seinem Verhandlungsgeschick – mindestens eine Kompensation für das vernichtete Korn erhalten. Beide Akteure werden durch zusätzliche Rinder also bessergestellt. Sofern beide Parteien rational vorgehen, wird es keine Lösung geben, die mehr als R* Rinder hervorbringt, da der Grenzschaden bei (R*+1) Rindern größer ist als der Grenzertrag, so daß der Viehzüchter durch Kompensationszahlungen für das zusätzliche Rind seinen Profit im Vergleich zu R* verringern würde.[203]

Die zweite mögliche Rechtslage besteht darin, daß der Viehzüchter seine Rinder von Rechts wegen frei weiden lassen darf und für entstandene Schäden keine Haftung übernehmen muß. In diesem Fall muß der Viehzüchter die durch seine Rinder entstandenen Schäden nicht einkalkulieren und entsprechend maximiert er seinen Gewinn auf eine Höhe, die der Fläche $GK_0 0R^{\pi}$ entspricht, indem er R^{π} Rinder anschafft. Bei diesem Ausgangszustand besteht für den Bauern eine Motivation zur Verhandlung, da bei R^{π} Rindern der Grenzschaden des Bauern höher ist als der Grenzertrag des Viehzüchters. Der Bauer könnte einen zusätzlichen maximalen Gewinn durch geringere Ernteschäden in Höhe der kariert gekennzeichneten Fläche (ABR^{π}) erreichen, wenn er den Viehzüchter dazu bewegt, seine Herde gegen eine Mindestkompensationzahlung in Höhe von $AR^{\pi}R^*$ auf R* zu reduzieren. Wieder tendiert die Verhandlungslösung zum Wohle beider Verhandlungsparteien gegen den wohlfahrtsoptimalen Zustand mit R* Rindern.[204]

COASE betont, daß es lediglich klar definierter Eigentumsrechte bzw. Haftungsverpflichtungen bedarf, um marktgemäße wohlfahrtsmaximierende Verhandlungen hervorzubringen. Abgesehen von der Rechtslegung sind weitere Staatseingriffe nicht notwendig, sondern würden die Situation im Gegenteil verzerren. Der einzige Unterschied zwischen den beiden Rechtssituationen besteht in der Einkommensverteilung. Im ersten Fall kann der Viehzüchter maximal einen Gewinn in Höhe der schraffierten Fläche erwirtschaften, im zweiten Fall erzielt er mindestens einen Gewinn in Höhe der größeren Fläche $GK_0 0R^{\pi}$.[205]

Das Hauptproblem des Coase-Theorems für die Praxis besteht in der Annahme der nichtexistierenden Transaktionskosten, und COASE ist sich dieses Mankos sehr wohl bewußt.[206] Bei Berücksichtigung dieser Kosten sind Situationen vorstellbar, in denen eine Internalisierung

203 Vgl. Coase 1960: S. 3-5.

204 Vgl. ebd.: S. 6-8.

205 COASE betrachtet in seinem Beispiel noch andere Umstände mit weniger restrikten Annahmen: so diskutiert er u. a. die Möglichkeit der Errichtung eines Zauns, die im wesentlichen analog zu der Diskussion der Grenzvermeidungskosten in bezug auf Abbildung 2.22 zu sehen ist. Vgl. dazu Coase 1960: S. 2-8.

206 Vgl. ebd.: S. 15.

durch Staatseingriff die bessere Lösung darstellt, insbesondere wenn das Externalitätenproblem viele Akteure betrifft wie im Fall der Luftverschmutzung.[207] Somit ist die Relevanz des Coase-Theorems auf Externalitäten-Fälle mit wenigen betroffenen Akteuren beschränkt, die oben mit dem Begriff „private Externalitäten" bezeichnet worden waren, während die zahlreichen Umwelt-Externalitäten, die aufgrund des Kollektivgutproblems von Umweltgütern entstehen, mit dem Ansatz von COASE nicht zufriedenstellend gelöst werden können.[208]

Obwohl COASE die Möglichkeit des effizenzerhöhenden Staatseingriffes bei Externalitäten mit vielen Akteuren anerkennt, so mahnt er doch gleichzeitig vor einer allzu euphorischen Einstellung bezüglich der Staatsregulierung. In manchen Fällen von externen Effekten, so betont er, mögen selbst die staatlichen Transaktionskosten der Emissionsregulierung so hoch sein, daß sie den Nutzen der Regulierung übertreffen. In diesen Fällen sei Nichtstun das effizienteste Verhalten.[209] Eine wichtige Implikation dieser Aussage ist, daß im Falle der staatlichen Regulierung von Umweltverschmutzung, wie sie im nachfolgenden Kapitel behandelt werden wird, die Transaktionskosten der Regulierung als Kostenelement der Grenzvermeidungskosten mitzuberücksichtigen sind.

2.3.2.2 Internalisierung durch die Pigousteuer

ARTHUR C. PIGOU sah zur Überwindung des Problems der Divergenz von Privat- und Gesamtprodukt – also zur Internalisierung von externen Effekten in heutiger Terminologie – zwei Möglichkeiten. Einerseits empfahl er bei Vorliegen von negativen externen Effekten die Lösung einer Kompensationszahlung des Verursachers an das Opfer.[210] Andererseits, bei Unmöglichkeit der Durchführung von Kompensationszahlungen, befürwortete er die Besteuerung von negativen Externalitäts-Aktivitäten, um die Behebung des entstandenen sozialen Schadens aus dem Steueraufkommen zu finanzieren.[211] In Anlehnung an PIGOU wurde die letztgenannte Art der Internalisierung von den nachfolgenden Umweltökonomen als *Pigou-Steuer* bezeichnet.

Der Grundgedanke der Steuerlösung läßt sich gut anhand der Partialdarstellungen der obigen Abbildung 2.20 bis Abbildung 2.22 darstellen. Das optimale Niveau der Verschmutzung läßt sich mit einer Pigou-Steuer pro Emissionseinheit in Höhe der externen Grenzkosten beim Optimalniveau erreichen. In allen drei Abbildungen muß die Internalisierungssteuer also der Strecke 0GK* entsprechen. Diese Steuer würde in bezug auf Abbildung 2.20 bedeuten, daß eine Outputerhöhung mit proportionaler Emissionserhöhung für ein Unternehmen nur bis E* profitabel ist, da weitere Outputsteigerungen Grenzgewinne erbrächten, die unterhalb der

---

207 Zitat: „*... there is no reason why [...] governmental administrative regulation should not lead to an improvement in economic efficiency. This would seem particularly likely when, as is normally the case with smoke nuisance, a large number of people are involved and in which therefore the costs of handling the problem through the market or the firm may be high.*" Coase 1960: S: 18.

208 Vgl. für eine ausführlichere kritische Erörterung des Coase-Theorems Fisher 1981: S. 181-184 und Pearce/Turner 1990: S. 73-77. Hinsichtlich internationaler und interregionaler Umweltprobleme hat die Verhandlungslösung von Coase jedoch neue Bedeutung erlangt, wenngleich dort nationale Regierungsvertreter verhandeln und nicht die vielen Akteure, die sie vertreten.

209 Vgl. Coase 1960: S. 18.

210 PIGOU bezog seine wichtigsten Beispiele für die Kompensationslösung auf private Externalitäten im obigen Sinne, so z. B. auf ein Miet- oder Pachtverhältnis zwischen zwei Parteien, wobei ein verursachter Schaden durch Kompensationszahlung auszugleichen ist. Vgl. Pigou 1962: S. 177-181. Andererseits implizierte er bisweilen, daß Kompensationslösungen auch im Falle nicht-privater Externalitäten sinnvoll sein können, sofern sie durchführbar sind. Vgl. ebd.: S. 134, 185.

211 Vgl. ebd.: S. 185/186 und S. 192-196. Analog legte PIGOU bei Vorliegen von positiven externen Effekten die Subventionierung der entsprechenden Aktivitäten nahe, vgl. ebd..

Emissionssteuer lägen. Ein profitmaximierendes Unternehmen würde bei Existenz dieser Steuer also das optimale Verschmutzungsniveau realisieren. Bezüglich Abbildung 2.21 ist im Rahmen eines partialen Marktmodells zu betonen, daß die Internalisierungssteuer 0GK* genau dem Abstand zwischen sozialer umd privater Grenzkostenkurve beim Optimaloutputniveau M* entspricht. Hinsichtlich Abbildung 2.22, die die Existenz von emissionsvermeidenden Technologien einbezieht, ergibt sich das gleiche Ergebnis. Die Internalisierungssteuer 0GK* wirkt als Anreiz zum Einsatz von Vermeidungstechnologien bis zur Realisierung des optimalen Emissionsniveaus, da die Grenzkosten der Emissionsvermeidung oberhalb des Niveaus E* niedriger sind als die Emissionssteuer. Aufgrund dieser wohlfahrtsoptimierenden Wirkung der Pigou-Steuer bei externen Effekten mit Kollektivgutchararkter genießt dieses marktkonforme Instrument unter neoklassischen Umweltökonomen ein sehr hohes Ansehen.[212]

Im Gegensatz zu seinem Vorschlag der Internalisierungssteuer ist die Kompensationslösung von PIGOU, soweit sie nicht-private negative Externalitäten betrifft, innerhalb der modernen umweltökonomischen Diskussion abgelehnt worden, da sie letztlich einen Anreiz bilden würde, die externen Kosten unnötig hoch zu halten. So könnten als Resultat von Kompensationszahlungen in der Nähe von luftverschmutzenden Unternehmen zusätzliche Personen in diese Region ziehen, um ebenfalls von den Kompensationszahlungen zu profitieren. Dadurch würden die externen Kosten – als Gesamtsumme externer Einzelkosten – ansteigen. Wünschenswert wäre aus wohlfahrtstheoretischer Sicht, daß auch die Verschmutzungsopfer defensiv auf die Verschmutzung reagieren, um den Schaden so klein wie möglich zu halten.[213] ROALD H. COASE forderte daher in seiner Kritik an PIGOU eine Doppelbesteuerung für Verschmutzer *und* Opfer, um ebenfalls einen Anreiz für Defensivaktivitäten der Opfer zu schaffen. Er betonte, daß eine Steuer für Verschmutzer kein Pareto-optimales Ergebnis hervorzubringen vermag, wenn die Kosten der Schadensvermeidung durch die Opfer – z. B. die Kosten des Umzugs aus einer durch Verschmutzung belasteten Wohnsiedlung – geringer seien als die Kosten der Emissionsvermeidung.[214]

BAUMOL und OATES (1988) analysierten die Frage der Pareto-optimalen Steuersätze für Verursacher *und* Opfer in einem formalen Modell des allgemeinen Gleichgewichts.[215] Unter den Annahmen des vollkommenen Wettbewerbs mit vielen Marktakteuren und der Verursachung von gleichartigen Externalitäten durch unternehmerische Produktion mit gleichen Grenzschäden für andere Unternehmen und private Haushalte kamen sie zu dem Ergebnis, daß eine eindeutige wohlfahrtsoptimierende Lösung existiert, die eine einheitliche Steuer in Höhe der externen Grenzkosten für die Verschmutzer beinhaltet, eine Steuerhöhe von Null für alle Vermeidungsaktivitäten und eine gleichmäßige Rückzahlung des Steueraufkommens an *alle*

---

212 In jedem umweltökonomischen Lehrbuch wird bei der Diskussion von umweltpolitischen Instrumenten der Effizienz-Vorteil einer Steuer bzw. Abgabe gegenüber einer ordnungspolitischen Auflage sehr deutlich herausgearbeitet. Vgl. dazu u. a. Wicke 1989, S. 360-365, Pearce/Turner 1990: S. 104-107 und Pindyck/ Rubinfeld 1992: S. 647-650.

213 Vgl. u. a. Cropper/Oates 1992: S. 680/681. Baumol und Oates (1988) bringen die Kritik an der Kompensation auf den Punkt: „*...compensation of victims leads to other economic inefficiencies.(...) it tends to produce excessive entry into the `victim activity`.*" (S. 24) Fisher (1981) betonte, daß eine Kompensation nur dann angemessen sei, wenn sich die Opfer der Verschmutzung nicht entziehen könnten. Vgl. Fisher 1981: S. 176.

214 Vgl. Coase 1960: S. 41. COASE wendet sich weiterhin gegen die Begrifflichlichkeit „Verschmutzer" bzw. „Verursacher" einerseits und „Opfer" andererseits. Er stellt fest, daß eine Externalität stets einen reziproken Charakter habe: die Verschmutzung schade der einen Partei, die Nichtverschmutzung der anderen. Vgl. ebd.: S. 2. Diesen Punkt betonen auch Atkins/Lowe (1977) und sie heben hervor, daß das heutige umweltpolitische Verursacherprinzip auf einer ethischen und nicht auf einer wohlfahrtstheoretischen Entscheidung beruhe. Vgl. Atkins/Lowe 1977: S. 8.

215 Vgl. Baumol/Oates 1988: Kapitel 4 (S. 36-56).

Marktteilnehmer.[216] Damit zeigten sie, daß bei Vorhandensein einer großen Anzahl von Opfern eine Steuer für den Verschmutzer ohne Opferkompensation die optimale Lösung für eine Internalisierung darstellt. Bei einer Erweiterung des Modells unterstellten sie unterschiedliche Emissionsarten und -quellen mit differienden Grenzschäden. Wiederum erhielten sie eine eindeutige Lösung ohne Opferbesteuerung und -kompensation, während die Steuersätze für die Verschmutzer nicht mehr eindeutig waren, sondern in ihrer Höhe mit den individuell verursachten Grenzkosten differierten.[217]

Dieses Ergebnis impliziert, daß Marktmechanismen im Fall von kollektivgutbedingten externen Effekten mit vielen betroffenen Akteuren ungeeignet sind, das Wohlfahrtsproblem zu bereinigen, da die Pareto-optimale Lösung einen Preis für die Verschmutzung fordert, einen Null-Preis für die Opfer und eine gleichmäßige Rückführung der Steuereinnahmen an alle Marktteilnehmer. Für derartig asymmetrische Konstellationen sind Märkte nicht die angemessenen Instrumente und staatliche Regulierung ist notwendig.

Als alternatives Instrument zur Internalisierung von externen Effekten wird in der umweltökonomischen Literatur die „Lizenzlösung“ diskutiert, die unter Annahme des vollkommenen Wettbewerbs die zur Pigousteuer analoge Mengenlösung darstellt. Dieses Instrument kann anhand von Abbildung 2.22 erläutert werden. Anstatt eine Verschmutzungsaktivität mit einer Steuer in Höhe der externen Grenzkosten (0GK*) zu belegen, werden Eigentumsrechte für Luftverschmutzung ausgegeben, und zwar in einer Anzahl, die der Strecke 0E* entsprechen. Unter staatlich geschaffenen Rahmenbedingungen werden die Verschmutzungslizenzen gehandelt und die ursprünglichen Einnahmen aus dem Lizenzverkauf können über den Staat an alle Marktakteure gleichmäßig verteilt werden. Das Ergebnis ist unter den bisher diskutierten Rahmenbedingungen ebenfalls das wohlfahrtsoptimierende Verschmutzungsniveau.[218]

Anders verhält es sich mit einer Subventionslösung. Würde einem Unternehmen mit Bezug auf Abbildung 2.20 eine Subvention pro Einheit Emissionsreduzierung in Höhe von 0GK* ausgezahlt, so würde das Unternehmen die Emissionen bis E* reduzieren. Eine weitere Reduzierung würde GVK induzieren, die höher wären als die Subvention. In diesem Fall würde zwar das angestrebte Emissionsniveau erreicht werden, doch die gesamtwirtschaftlichen Kosten der Vermeidung wären höher als im Fall der Besteuerung. Die ausgezahlte Gesamtsubvention für die Emissionsreduzierung von E^{π} auf E* – sie entspricht dem Rechteck mit den Seiten AE* und E^*E^{π} in Abbildung 2.20 – ist höher als die privaten Kosten der Vermeidung (AE^*E^{π}). Die Subvention ermöglicht in dieser Form also erhöhte Gewinne und dadurch werden in der langen Frist zusätzlich Anreize für den Einstieg neuer Unternehmen in die entsprechende Branche gesetzt, wodurch das Gesamtemissionsniveau steigen würde.[219]

---

216 Vgl. ebd.: S. 42-43 und S. 49-50. Damit wurde formal bewiesen, daß die Internalisierung im allgemeinen Gleichgewicht eine zum Partialmodell – wie oben betrachtet – analoge Lösung besitzt.

217 Vgl. ebd.: S. 47/48.

218 Vgl. zur Diskussion dieses Instrumentes u. a. Baumol/Oates 1988: S. 59/60, Pindyck/Rubinfeld 1992: S. 650-653, Pearce/Turner 1990: S: 110-119 und Wicke 1989: S. 345-356. Für eine kritische Diskussion der Lizenzlösung in der Praxis vgl. Messner, F. 1993.

219 Vgl. u. a. Meade 1973: S. 63/64 und Pearce/Turner 1990: S. 107-109. Die Finanzierung der Emissionsreduzierung aus öffentlichen Mitteln im Vergleich zur privatwirtschaftlichen Finanzierung stellt hingegen keine Allokationsverzerrung, sondern nur eine Einkommensumverteilung dar. Im Subventionsfall wird den Verschmutzern das Recht auf Verschmutzung zugesprochen und die Allgemeinheit finanziert die Reduzierung. Bei der Steuer hingegen hat die Allgemeinheit ein Anrecht auf saubere Luft und das Unternehmen muß zahlen. Es liegt analog zum Beispiel von COASE mit Bauern und Viehzüchter lediglich eine Eigentumsregelung mit Einkommenseffekten zugrunde, die die optimale Allokation nicht beeinträchtigt.

Nach dieser Diskussion der Internalisierung und ihrer Instrumente wird es im anschließenden Kapitel darum gehen, inwieweit eine Realisierung des optimalen Verschmutzungsniveaus unter unvollkommenen Wettbewerbsbedingungen möglich ist.

2.3.2.3 Internalisierung bei unvollkommenem Wettbewerb

Sobald das sichere Terrain der Annahme des vollkommenen Wettbewerbsmarktes verlassen wird, wird die Analyse des optimalen Verschmutzungsniveaus wesentlich erschwert. In diesem Kapitel wird lediglich ein einfacher Monopolfall[220] thematisiert, um die Implikationen für die Internalisierung anzudeuten. Abbildung 2.25 stellt ein typisches Partialmodell für den Monopolfall dar.

Abbildung 2.25: Internalisierung durch Subventionen im Monopolfall

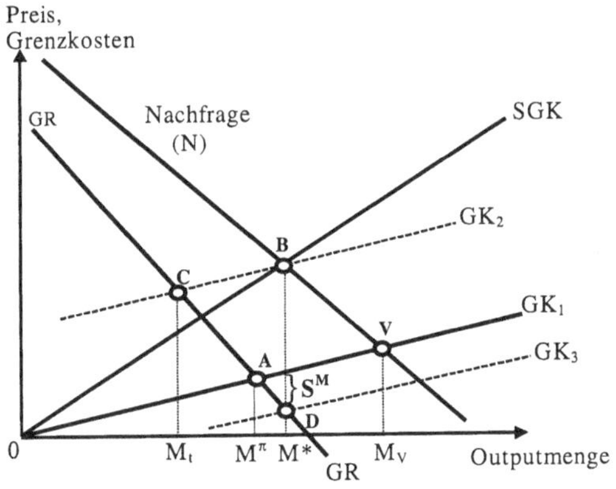

Graphik in Anlehnung an: Pearce/Turner 1990: S. 92.

Da das Monopol den Marktpreis beeinflussen kann, maximiert es seinen Profit nicht bei dem Outputniveau eines typischen Wettbewerbsunternehmens – also beim Punkt V – sondern dort, wo der Grenzertrag (GR) gleich den Grenzkosten GK_1 ist, also bei Punkt A. Somit ist der Output im Monopolfall (M^{π}) geringer als unter vollkommenen Wettbewerbsbedingungen (M_V), und damit ist – gemäß der hier getroffenen Annahme der Proportionalität von Output- und Emissionsmenge – auch das Emissionsniveau niedriger.[221] Weiterhin ist eine soziale Grenzkostenkurve (SGK) eingezeichnet, die sich aus der Addition der externen Grenzkosten und der privaten Grenzkosten des Monopols (GK_1) ergibt. Aus Gründen der Übersichtlichkeit wurde auf eine externe Grenzkostenkurve verzichtet, da diese zudem als Differenz von SGK- und GK_1-Kurve im Diagramm vertreten ist. Aufgrund der Kenntnis der SGK-Kurve ist das optimale Verschmutzungs- bzw. Outputniveau M* sofort durch den Schnittpunkt der Nachfrage- mit der SGK-Kurve (Punkt B) identifizierbar.

---

220 Die zugrundeliegenden Annahmen für diesen einfachen Fall sind: es besteht vollkommene Information und die Verschmutzungsaktivität erzeugt Emissionen proportional zum Output (keine Vermeidungstechnologien).

221 Wie schon im Fall der Ressourcenausbeutung gilt also auch für die Umweltverschmutzung, daß Monopole tendenziell umweltfreundlicher sind.

Es sei nun der Fall betrachtet, daß dem Monopol eine Pigousteuer in Höhe der Grenzkosten bei M* auferlegt wird. Die Monopolgrenzkostenkurve GK_1 verschiebt sich dadurch in die Position GK_2, wodurch aber nicht das optimale Outputniveau M* erreicht wird, sondern ein geringeres, da GK_2 die Grenzertragskurve GR bei C schneidet und damit das zu geringe Outputniveau M_t zum Resultat hat. Bei Betrachtung der Abbildung 2.25 wird deutlich, daß die Internalisierungsbedingung für den Monopolfall graphisch ausgedrückt so lautet, daß die Grenzkostenkurve des Monopols durch staatlichen Eingriff so verschoben werden muß, daß sie die Grenzertragskurve beim optimalen Outputniveau M* schneidet. Offensichtlich erfüllt die Kurve GK_3 diese Bedingung. Das bedeutet, daß die Grenzkosten des Monopols *gesenkt* werden müssen, um das optimale Verschmutzungsniveau zu erreichen. Die einzige Möglichkeit besteht in einer *Subvention* pro Outputeinheit in Höhe von S^M. Eine Subvention wird in diesem Fall dadurch begründet, daß die Ausgangs-Outputmenge M^π geringer ist als das verschmutzungsoptimale Outputniveau M*, so daß zu Beginn gewissermaßen eine monopolbedingte „Unterverschmutzung" vorlag.[222]

Der Grund dafür, daß die oben definierte Pigou-Steuer nicht zum erwünschten Ergebnis führt, besteht darin, daß zwei Formen von Marktversagen – Monopol und Externalität – vorliegen, deren Wohlfahrtseffekte sich zudem noch gegenseitig kompensieren: Der Monopolfall erzeugt Wohlfahrtsverzerrungen, weil das Outputniveau zu niedrig ist und der Externalitätenfall erzeugt einen zu hohen Output. Die optimale Behebung dieses doppelten Problems läge in der *gleichzeitigen Anwendung* von Wettbewerbspolitik, die zur Erreichung des Wettbewerbsmarkt-Outputs M_V führen würde, und der Erhebung einer Pigousteuer – also der Verschiebung von GK_1 nach GK_2. Eine Ermittlung der optimalen Subventions- bzw. Steuerhöhe zur Behebung beider Formen des Marktversagens wäre besonders in der Praxis kaum möglich.

Abschließend soll nun auch die Internalisierung bei privaten Externalitäten durch Verhandlungen unter dem Aspekt des unvollkommenen Wettbewerbs betrachtet werden. Hierbei fällt sofort auf, daß die marktmäßige Verhandlungslösung, wie sie in Kapitel 2.3.2.1 diskutiert wurde, wenige Teilnehmer *voraussetzt*, so daß die Internalisierung a lá COASE immer mit wenigen Akteuren und somit *immer unter unvollkommenem Wettbewerb stattfinden muß*. Daher ist im obigen Kapitel auch nie davon die Rede gewesen, daß die Verhandlungen zum optimalen Verschmutzungsniveau führen, sondern immer nur, daß eine entsprechende Tendenz in diese Richtung besteht. Aufgrund dieser Monopolstellung auf beiden Verhandlungsseiten, wird keine Partei ihre wahren Nutzen oder Schäden signalisieren, so daß unvollkommene Information durch strategisches Verhalten entsteht.[223] Zudem wird die Person, die sich in der stärkeren Rechtslage befindet, versuchen, ihre Position auszunutzen und eine höhere Kompensation verlangen als ein verursachter Schaden vorliegt, so daß die Wahrscheinlichkeit der Erreichung des Optimalniveaus je geringer ist, desto höher das Verhandlungsgeschick der rechtlich besserge-stellten Person ist.[224] Damit bringt die Internalisierung durch Verhandlungen

222 Es ist jedoch auch der Fall vorstellbar, daß selbst das im Vergleich zum Wettbewerbsfall niedrige Outputniveau des Monopols noch höher ist als das optimale Outputniveau, wenn nämlich die externen Grenzkosten der Produktion sehr hoch sind und die SGK-Kurve sehr steil verläuft. In einem solchen Fall läge M* in der Abbildung 2.25 links vom Monopoloutput M^π, so daß selbst das Monopol besteuert werden müßte, um eine weitere Outputreduzierung zu induzieren. Aber auch in diesem Fall wäre die Pigou-Steuer unangemessen hoch. Vgl. dazu Pearce/Turner 1990: S. 91-94.

223 Vgl. Fisher 1981: S. 183.

224 Auch DASGUPTA und HEAL (1979) weisen auf dieses Problem hin: *„Given that only two individuals are involved there is no presumption that the bargain would result in competitive prices being the outcome, for we are really in the realm of bilateral monopoly. Stating it in another way, each of these externality markets is too „thin" for a competitive allocation to be the outcome."* (S. 50).

auch und *gerade* im Falle weniger Akteure sub-optimale Ergebnisse hervor und daher ist sie als Internalisierungslösung eindeutig second-best hinter der PIGOU-Lösung.

Doch auch der PIGOU-Ansatz zur Internalisierung von externen Effekten ist weder theoretisch noch für die Praxis unproblematisch. Mit den entsprechenden Problemen und den Ansätzen zu ihrer Bewältigung wird sich das anschließende Kapitel beschäftigen.

2.3.3 Theoretische und praktische Grenzen der Internalisierung

Die Internalisierung von externen Effekten mittels der Pigou-Steuer ist also das in der Neoklassik präferierte Vorgehen zur Erreichung des optimalen Niveaus der Umweltverschmutzung. Dennoch ergeben sich hinsichtlich der Umsetzung dieser neoklassischen Erkenntnisse diverse Schwierigkeiten, die sowohl mit realitätsbezogenen Problemen zusammenhängen als auch mit theoretischen Unstimmigkeiten. Die zwei wichtigsten Problembereiche und die daraus resultierenden Konsequenzen für die neoklassische Umweltökonomik werden nachfolgend aufgezeigt.

2.3.3.1 Problem 1: Ermittlung des optimalen Verschmutzungsniveaus

In Kapitel 2.3.1.2 wurde dargelegt, wie aus umweltökonomischer Sichtweise heraus das optimale Niveau der Umweltverschmutzung determiniert werden kann. Die zugrundliegenden Annahmen der Ausgangsüberlegungen waren sehr restriktiv und kaum realitätsnah, so daß beispielsweise vollständige Information über alle Prozesse, Präferenzen und Kosten vorausgesetzt wurde und der vollkommene Wettbewerbsmarkt als theoretischer Bezugsrahmen galt. Da in der Realität andere Bedingungen herrschen, liegt es nahe, daß eine problemlose politische Umsetzung der theoretischen Erkenntnisse kaum möglich ist. Die sich ergebenen Schwierigkeiten werden analog zur obigen Abbildung 2.22 diskutiert. Diese Abbildung stellt die externen Grenzkosten und die Grenzvermeidungskosten für verschiedene Emissionsniveaus dar und der Schnittpunkt der stetig verlaufenden Kurven charakterisiert den wohlfahrtsoptimierenden Zustand. Für die umweltpolitische Praxis ist die Ermittlung beider Kurven und damit die Ermittlung des optimalen Verschmutzungsniveaus mit großen Problemen verbunden und vielfach gar nicht oder höchstens approximativ möglich.

Die Grenzvermeidungskosten (GVK) sind noch vergleichsweise einfach zu bestimmen, da sie sich auf Technologien beziehen, über die fundierte Informationen existieren. Wie oben bereits erwähnt, ist ein stetiger GVK-Verlauf, wie dargestellt in Abbildung 2.22, in der Realität nicht sehr häufig anzutreffen. In den meisten Fällen liegen verschiedene Vermeidungstechnologien vor, deren Einsatz Emissionsreduzierungen zu bestimmten Kosten bewirkt, so daß die GVK-Kurven der Praxis eher als Treppenfunktion darzustellen sind, so wie gezeigt in Abbildung 2.26.

Jede „Treppenstufe“ stellt die Grenzvermeidungskosten einer Technologie dar und ihr Potential der Emissionsreduzierung. Jede horizontale Linie einer Treppenstufe entspricht in ihrer Länge der gesamten Emissionsreduzierung durch eine Technologie, während lediglich der dick eingezeichnete Punkt am linken Ende jeder Stufe einen realisierbaren Zustand kennzeichnet, da der Technologieeinsatz nur eine *Gesamtemissionsvermeidung* in einer gewissen Höhe bewirken kann. Seien nun die Informationen über die Technologien, die durch die ersten drei Treppenstufen dargestellt werden, verläßlich, so existieren vier realisierbare Emissionsniveaus: E_4 ohne Technologieeinsatz und E_1, E_2 und E_3 durch Einsatz der drei bekannten Technologien. In diesem Fall kann bei einer bekannten EGK-Kurve nur dann ein optimales Niveau bestimmt werden, wenn die EGK-Kurve genau durch einen der dick eingezeichneten Punkte verläuft, wie es bei EGK_3 der Fall ist. Die Kurven EGK_1 und EGK_2 bringen hingegen sub-optimale Ergebnisse hervor. EGK_1 schneidet die GVK-Funktion überhaupt nicht, und EGK_2 schneidet lediglich eine Treppenstufe, verläuft aber nicht durch einen realisierbaren Punkt. Das optimale Verschmutzungsniveau ist dann also nicht konkret bestimmbar und es ist zwischen zwei sub-optimalen Emissionsniveaus dasjenige auszuwählen, das geringere Nettowohlfahrtseinbußen mit sich bringt.

Abbildung 2.26: Grenzvermeidungskosten als Treppenfunktion

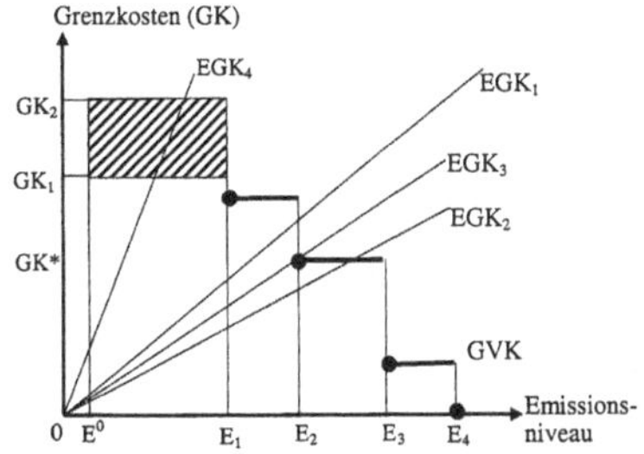

Komplizierter wird die Situation noch, wenn die Informationen über die Technologien unsicher sind. Das Wissen über die Kosten und Emissionsreduzierungspotentiale einzelner Technologien ist zumeist abhängig von ihrer Erprobtheit in der Praxis. Somit mögen über die ersten drei Technologien viele praktische Erfahrungen vorliegen, so daß die entsprechenden Werte verläßlich sind. Die Daten für bisher kaum oder gar nicht erprobte Technologien sind allerdings Spekulationen und in höchstem Maße unsicher. In der Massenproduktion mögen die Kosten einer Zukunftstechnologie geringer sein oder es mögen bisher unerkannte Probleme auftauchen, die die Kosten dieser Technologie noch erhöhen könnten oder die Emissionsreduzierung geringer ausfallen lassen. Dieser Umstand der Unsicherheit ist in Abbildung 2.26 dadurch dargestellt, daß für die Zukunftstechnologie lediglich eine (hier schraffierte) Fläche existiert, da mangels praktischer Erfahrung weder die genaue horizontale Lage der Treppenstufe noch das realisierbare Emissionsniveau genau bekannt sind. Damit ist der GVK-Verlauf nicht über alle Emissionsniveaus eindeutig bestimmbar, sondern nur in dem Bereich, die Technologien betreffen, über die bereits ausreichend praktische Erfahrungen und verläßliche Informationen bestehen (E_1 bis E_4). Verlaufen die externen Grenzkosten gemäß der Funktion EGK_4, so ist eine Determinierung eines optimalen Verschmutzungsniveaus nicht möglich und die umweltpolitische Entscheidung beruht auf reiner Spekulation.[225]

Eine ungleich schwierigere Aufgabe bei der Ermittlung des optimalen Verschmutzungsniveaus besteht in der Bestimmung der EGK-Kurve, da die verschiedenartigen Informationen,

225 Diese Ausführungen über die Sicherheit und Unsicherheit von Grenzvermeidungskosten wurden angeregt durch O'Connor (1994), der in seinem Buch über Umweltpolitik in ostasiatischen Schwellenländern die verschiedenen Vorteile aufzählt, die diese Länder bei einem Aufbau nationaler Umweltpolitik haben, so u. a. das Vorhandensein von in Industrieländern erprobten Umwelttechnologien und geringer Grenzvermeidungskosten erprobter Technologien. Vgl. ebd.: S. 32-35. Umweltpolitische Vorreiterländer sind dementgegen üblicherweise mit dem Problem unsicherer Grenzvermeidungskosten bei neuen Umwelttechnologien konfrontiert.

die dafür notwendig wären, nicht unmittelbar und vollständig verfügbar sind. Dies sei am Beispiel der externen Effekte durch die Abgase des Autoverkehrs veranschaulicht. Eine Analyse von Schäden durch Emissionen muß zwischen vier Ebenen unterscheiden: 1. die Menge der Emissionen; 2. der Weg, den die Stoffe zwischen Emissionsquelle und Schadensobjekt zurücklegen (Transmission); 3. die Menge der Stoffe, die auf verschiedene Objekte der Umwelt (Menschen, Tiere, Pflanzen, Gebäude, etc.) einwirkt (Immission); und 4. die Bewertung des durch Immission entstandenen oder in Zukunft noch entstehenden Schadens.[226] Die Menge der Gesamtemissionen mag durch eine Hochrechnung des heimischen Benzinverbrauchs noch annähernd ermittelbar sein. Die Transmission stellt dagegen ein kaum lösbares Problem dar, weil es sich um eine Vielzahl von verschiedenen Pkw als Emissionsquellen handelt, die unter verschiedenen Bedingungen und an verschiedenen Orten emittieren. An einem windstillen Ort mögen die Emissionen in einer Stadt Smog verursachen, in einer windigen Küstenstadt hingegen mögen die Emissionen schnell weggeblasen werden und erst in fern entlegenen Regionen als „saurer Regen" Schaden anrichten. Die konkreten Schäden, die die Autorabgase letztlich heute und in Zukunft verursachen, lassen sich nicht von den Schäden anderer Emissionsquellen trennen und sind kaum in ihrer Gesamtheit zu erfassen. Die Bewertung dieser Schäden ist schließlich ein weiteres Problem, da kein geeignetes allgemeines Bewertungsinstrument – wie z. B. ein Markt – existiert. Bei Methoden wie der Zahlungsbereitschaftsanalyse, wo Menschen danach befragt werden, wieviel sie für eine Verbesserung der Umweltqualität zahlen würden, besteht nach wie vor das Grundproblem, daß es eine hypothetische Befragung ist und die Befragten daher zu einer zu hohen Wertangabe tendieren.[227] Die Beziehung zwischen Emissionsniveau und monetarisierten externen Schäden, die in einer Graphik schnell plausibel erscheint, ist also in der Praxis sehr problematisch.

Als weitere Steigerung dieser Probleme ist darauf zu verweisen, daß bisher lediglich die Bewertung eines *Gesamt*schadens diskutiert wurde, daß aber zur Ermittlung des optimalen Verschmutzungsniveaus Werte über *Grenz*schäden vorliegen müssen. Es geht daher um eine Bewertung des Schadens durch die Emissionen eines zusätzlich gefahrenen Pkw-Kilometers auf Grundlage eines bereits bestehenden Verschmutzungsniveaus durch die Kilometerleistung einer bestehenden Pkw-Flotte. Weiterhin wird bei genauer Betrachtung der Abbildung 2.22 deutlich, daß sich die Pigousteuerhöhe 0GK* nicht an den externen Grenzkosten orientiert, die zu *dem* Zeitpunkt besteht, wenn ein umweltpolitischer Eingriff geplant wird – also E^0 in Abbildung 2.22 – sondern an den *Grenzkosten zum Zeitpunkt der optimalen Verschmutzung* (E*). Um diesen optimalen Punkt allerdings zu ermitteln, müßte eine vollständige EGK-Kurve für alle Emissionsniveaus vorhanden sein. Zu ermitteln wäre also nicht nur der bestehende Grenzschaden, sondern der Grenzschaden für sämtliche Emissionsniveaus, der auch zukünftige Zeitpunkte einschließt.

Das Problem der Ermittlung der EGK-Kurve wurde von vielen Autoren, von Kritikern und Anhängern des Pigou-Ansatzes, angeführt.[228] Besonders pointiert brachten die neoklassischen

---

226 Die ersten drei Punkte (Emission - Transmission - Immission) werden als Wirkungskette von Emissionen bezeichnet. Diese komplexen Zusammenhänge sind äußerst schwierig zu erfassen, doch wird derzeit versucht, ein System von Umweltindikatoren zu entwickeln, die diese Wirkungskette für verschiedene Emissionsarten zumindest annähernd offenlegen soll. Vgl. dazu SRU 1994: S. 102-124.

227 Vgl. Meade 1973: S. 60. Zu den verschiedenen Methoden der Bewertung und dem Problem der Ermittlung der optimalen Pigousteuer vgl. Pearce/ Turner 1990: S. 97 und S. 120-158.

228 COASE (1960) verwies im Rahmen seiner Kritik an der Pigousteuer u. a. auf die Problematik der Differenz zwischen Durchschnitts- und Grenzkosten (S. 42). MEADE (1973) betonte das Problem der Bewertung eines heute unsicheren Schadens durch kommende Generationen (S. 60). Vgl. auch Daly/ Cobb 1989: S. 141-142.

Autoren BAUMOL und OATES (1988) das Problem in dem nachfolgenden Zitat auf den Punkt:

> *„ (...) it is hard to be sanguine about the availability, in the foreseeable future, of a comprehensive body of statistics reporting the marginal net damage of the various externality-generating activities in the economy. The number of activities involved and the number of persons affected by them are so great that, on this score alone, the task assumes Herculean proportions. Add to this the difficulties in quantifying many of the most important consequences – the damage to health, the aesthetic costs – and the problems in determining a money equivalent for marginal net damage become quite apparent. This, however, is not the end of the story. The optimal tax level on an externality-generating activity is not equal to the marginal net damage it generates* ***initially****, but rather to the damage it would cause if the level of the activity had been adjusted to its optimal level. (...) If there is little hope of estimating the damage that is currently generated, how much less likely is it that we can evaluate the damage that would occur in an optimal world that we have never experienced or even described in quantitative terms.“*[229]

Als weitere Schwierigkeit der Pigousteuer fügen BAUMOL und OATES an, daß eine einheitliche Steuer nur dann gerechtfertigt ist, wenn der Grenzschaden einer Emission ebenfalls einheitlich anfällt, unabhängig vom Zeitpunkt oder Ort der Emission.[230] Diese Einheitlichkeit der Wirkung von Schadstoffen auf die natürliche Umwelt ist häufig nicht gegeben und daher verweist z. B. der Sachverständigenrat für Umweltfragen der Bundesrepublik Deutschland zurecht auf die Beachtung der „ökologischen Äquivalenz“ bei der Konzeption von Umweltsteuern. Diese ist beispielsweise nicht gegeben beim Fall des Autoverkehrs in einer Innenstadt, wo zu den täglichen Stoßzeiten höhere Smoggefahren durch marginale Emissionen bestehen als bei Emissionen, die des nachts bei relativer Verkehrsruhe abgegeben werden.[231]

Schließlich ist als Problem der Bewertung noch ein verteilungstheoretisches Argument der absoluten Wohlfahrtsökonomik anzuführen, das den Grenznutzen des Geldes betrifft. Bei der Ermittlung der externen Grenzkosten wird der Grenzschaden aller Betroffenen zusammengezählt, so daß als Annahme implizit unterstellt ist, daß der Wert einer DM für alle Personen gleich hoch ist. Bei einer relativ gleichmäßigen Einkommensverteilung ist dieses Vorgehen angemessen, doch bei ungleichmäßigen Einkommensverhältnissen ist leicht verständlich zu machen, daß der Wert einer DM für eine arme Person ungleich höher ist als für eine reiche Person, so daß der Schaden, den arme Menschen aufgrund einer Externalität erleiden, höher zu gewichten wäre als der Schaden reicherer Menschen.[232]

Unter den Bedingungen der realen Welt wird die Ermittlung des optimalen Verschmutzungsniveaus also zu einem großen Problem. Die Grenzvermeidungskosten treten in Form nicht stetiger Treppenfunktionen auf und die Rahmenbedingungen für eine Bewertung der externen Grenzkosten sind so komplex, daß eine exakte Bestimmung der EGK-Kurve unmöglich ist. Doch es existiert noch ein weiteres Problem, das die Anwendbarkeit der umweltökonomischen Erkenntnisse in der realen Welt in Frage stellt. In der neoklassischen Literatur wird es unter der Bezeichnung „Nichtkonvexitätsproblem“ diskutiert.

---

229 Baumol/Oates 1988: S. 160/161. Hervorhebung gemäß Originalquelle.

230 Vgl. ebd.: S. 169/170.

231 Vgl. SRU 1994: S. 154. Ökologische Äquivalenz besteht hingegen bei Steuern auf CO_2 oder FCKW, da diese Stoffe unabhängig davon, wo oder wann sie emittiert werden, Klima- bzw. Ozonschichtschäden verursachen.

232 Vgl. Meade 1973: S. 59/60. Die allgemeine Auffassung vom abnehmenden Grenznutzen des Geldes mit steigendem Einkommen geht zurück auf PIGOU. Vgl. Pigou 1962: S. 89.

2.3.3.2 Problem 2: Nicht-Konvexität

Wie bereits in Kapitel 2.1.1 angedeutet wurde, ist Konvexität eine wesentliche Bedingung für den Verlauf der Produktionsmöglichkeitenkurve (PM-Kurve) und der Indifferenzkurvenschar, ohne die ein eindeutiges Pareto-Optimum auf einem Wettbewerbsmarkt nicht gewährleistet ist. Gerade die Existenz von negativen Externalitäten kann allerdings diese neoklassische Grundbedingung deutlich beeinträchtigen.[233]

Zur Illustration des Problems sei ein Beispiel mit einer Externalität zwischen zwei Produzenten angeführt. Ein Unternehmen A produziert Kupfer und emittiert giftige Abfallstoffe in einen Fluß. Flußabwärts produziert ein Unternehmen B Milchprodukte und benutzt das Flußwasser zur Reinigung im Produktionsprozeß. Da die Wasserqualität für Unternehmen B von hygienischer Bedeutung ist, entstehen durch die Aktivitäten von A Externalitäten für B, so daß B Reinigungsaktivitäten bei verschmutztem Flußwasser vornehmen muß.[234] Abbildung 2.27 veranschaulicht die möglichen Auswirkungen auf die PM-Kurve.

Abbildung 2.27
Nichtkonvexität der Produktionsmöglichkeitenkurve durch eine Externalität

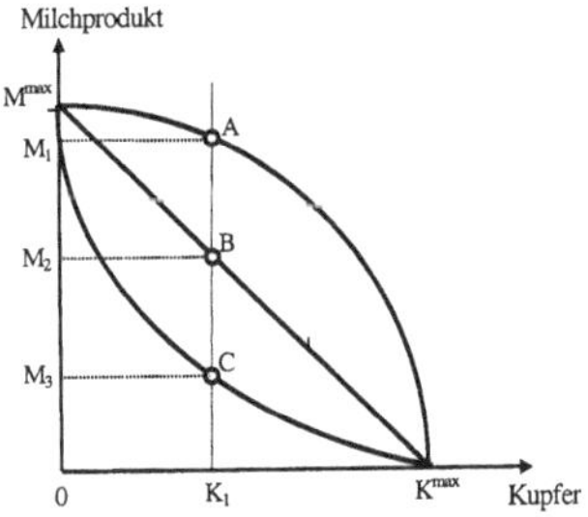

Abbildung 2.28
Zwei Gleichgewichtszustände bei Nicht-Konvexität der Produktionsmöglichkeitenkurve

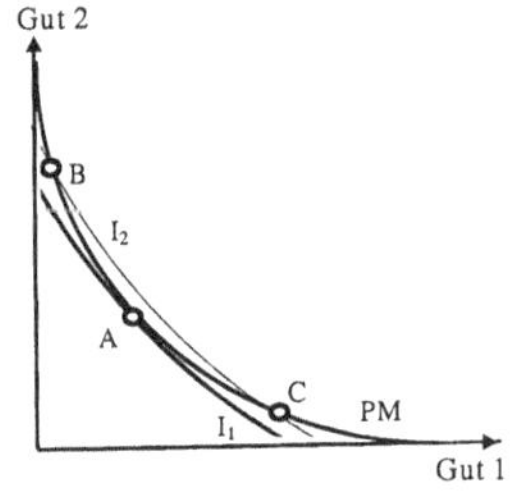

<u>Graphiken in Anlehnung an</u>: Baumol/Oates 1988: S. 114 und S. 128.

Ohne Externalität bestünde ein den neoklassischen Annahmen entsprechender konvexer PM-Verlauf von $M^{max}AK^{max}$. Bei einer auftretenden Externalität, wie in dem obigen Beispiel, wäre die Produktion von Milchprodukten beeinträchtigt, nicht aber die Produktion von Kupfer. Wird eine konstante Produktionsmenge K_1 von Kupfer betrachtet, so wird die Beeinträchtigung der Konvexität deutlich. Während ohne Externalität der Punkt A realisierbar war, wird mit Externalität nur ein geringeres Niveau von M realisierbar sein, etwa bei B oder bei C. Die PM-Kurve wird dadurch nach innen gebogen und die Konvexitätsbedingung wird bei C außer Kraft gesetzt.[235]

---

233 Vgl. für eine ausführliche Erörterung des Nicht-Konvexitätsproblems Baumol/Oates 1988: Chapter 8 (S. 110-137). Dasgupta und Heal (1979) diskutieren das Problem auch unter dem Begriff „asymmetrische Externalitäten“ (S. 78-92).

234 Beispiel in Anlehnung an Dasgupta/Heal 1979: S. 79-91.

235 Vgl. Baumol/Oates 1988: S. 114-115.

Die möglichen Auswirkungen dieser Veränderung zeigt Abbildung 2.28. Der Tangentialpunkt von PM und I_1 (Punkt A) stellt nun zwar einen Marktgleichgewichtszustand dar, doch aus wohlfahrtstheoretischer Sicht handelt es sich nicht um einen Maximal-, sondern um einen Minimalzustand. Eine soziale Wohlfahrtsverbesserung nach dem Pareto-Kriterium ist durch eine weiter außen gelegene Indifferenzkurve möglich, doch existieren z. B. für I_2 zwei mögliche Gleichgewichtspunkte (B und C). Durch Nicht-Konvexität können also verschiedene Gleichgewichtszustände auftreten, so daß eine eindeutige Pareto-Optimalität weder als Resultat des Marktes noch aufgrund wohlfahrtverbessernder Staatseingriffe eintritt.[236] Eine Schlußfolgerung von BAUMOL und OATES (1988) für eine Ökonomie mit n Waren lautet, daß bei Vorliegen *einer* Nicht-Konvexität zwischen zwei Waren notwendigerweise das gesamte n-dimensionale PM-Set nicht-konvex ist und ein eindeutiges Pareto-Optimum nicht mehr besteht.[237]

Die Auswirkungen der Nicht-Konvexität auf die Bestimmung eines optimalen Verschmutzungsniveaus sind weitreichend und analog zur obigen Abbildung 2.20 für das genannte Beispiel dargestellt in Abbildung 2.29. Dargestellt ist einerseits ein gewöhnlicher Verlauf des privaten Grenznutzens (PGN) für das kupferproduzierende Unternehmen A in Abhängigkeit vom Emissionsniveau, das sich proportional zur Outputmenge verhält.[238] Einen unüblichen Verlauf weist andererseits die EGK-Kurve des Milchprodukte erzeugenden Unternehmens B auf.

Abbildung 2.29: Multiple Gleichgewichtspunkte bei Nicht-Konvexität der Produktionsmöglichkeitenkurve

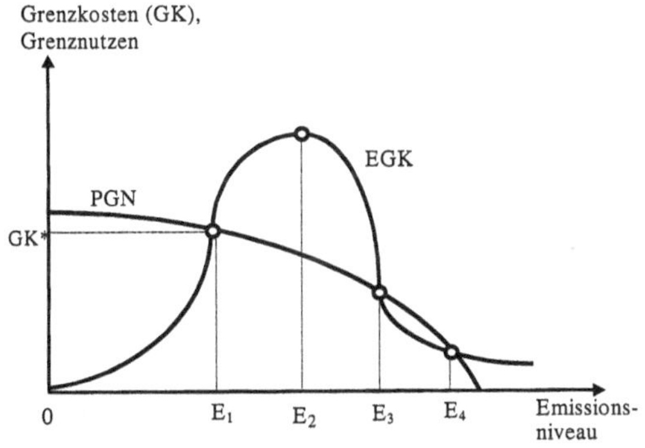

Graphik in Anlehnung an: Dasgupta/Heal 1979: S. 89.

Zu Beginn steigen die externen Grenzkosten exponential bis zum Emissionsniveau E_1 und logarithmisch bis E_2. Bei Überschreitung dieses Niveaus ist der Gesamtschaden so hoch geworden, daß jede weitere Emissionserhöhung nur noch geringere zusätzliche Grenzschäden verursacht. So mögen die Wasserqualitätsverschlechterungen bei E_2 zu so hohen Qualitätseinbußen der Milchprodukte führen, daß große Absatzverluste einsetzen und damit der größt-

236 Vgl. ebd.: S. 128-130.

237 Vgl. ebd.: S. 116.

238 Die Abbildung 2.29 kann ebenfalls analog zu Abbildung 2.22 (mit Einsatz von Umwelttechnologien) betrachtet werden, indem die PGN-Kurve als GVK-Kurve interpretiert wird.

mögliche Gesamtschaden für Unternehmen B eintritt, während weitere Emissionserhöhungen nur noch geringere Grenzschäden hervorrufen. Als Resultat ergibt sich eine Situation mit den drei Gleichgewichtspunkten E_1, E_3 und E_4. Bei Vorliegen vollständiger Information ist selbst diese Konstellation nicht dramatisch, da sich bei einer Betrachtung des Nettonutzens das Niveau E_1 als globales Maximum erweist, während E_3 ein lokales Minimum darstellt und E_4 ein lokales Maximum. Bei Veranlagung einer Pigousteuer in Höhe von 0GK* könnte das globale Maximum und damit das optimale Verschmutzungsniveau erreicht werden. Problematisch wird diese Situation allerdings bei Berücksichtigung der Ausführungen im vorigen Kapitel, d. h. wenn der *Gesamt*verlauf der EGK-Kurve nicht bekannt oder unsicher ist. Wird in solch einem Fall eine partiale Kosten-Nutzen-Analyse für ein Intervall E_2 bis E_4 durchgeführt, für das monetarisierte Grenzschadenswerte ermittelt wurden, so wäre das Ergebnis die Identifikation des sub-optimalen Niveaus E_4 als optimales Verschmutzungsniveaus.[239]

Betrachtet mensch nun Fälle der realen Welt mit mehreren beteiligten Produzenten und Konsumenten[240] und die Existenz einer Vielzahl von Nichtkonvexitäten, so könnte bei unvollständiger Information über die EGK-Kurve keine Aussage mehr zum optimalen Verschmutzungsniveau gemacht werden, und entsprechend ist dann eine optimale Internalisierungssteuer nicht mehr ermittelbar.

* * *

Aufgrund der geschilderten immensen Probleme mit Nicht-Konvexitäten und der Ermittlung von externen Grenzkosten und Grenzvermeidungskosten in der Praxis kamen BAUMOL und OATES (1988) und mit ihnen eine Gruppe von neoklassischen Theoretikern zu dem Schluß, daß das Konzept der optimalen Umweltverschmutzung für die umweltpolitische Praxis nicht tauglich sei. Anstatt ein optimales Verschmutzungsniveau aufgrund einer wohlfahrtstheoretischen Analyse von Kosten und Nutzen zu ermitteln, zogen sie den Weg vor, das „optimale" Emissionsniveau durch politische Akzeptanz extern bestimmen zu lassen, um sich letztlich darauf zu beschränken, das vorgegebene Ziel kostenminimierend mit den zur Verfügung stehenden Instrumenten zu erreichen. Obwohl die Wahl des Emissionsniveaus durch politische Akzeptanz zufällig erscheint, weisen BAUMOL und OATES darauf hin, daß bei der Bereitstellung von öffentlichen Gütern und der Festsetzung von makroökonomischen Zielen zu Wachstum und Beschäftigung ebenfalls keine Marktsignale vorlägen und auch dort die Ziele nach politischer Akzeptanz zu wählen seien.[241]

Mit diesem Ansatz, der als *Standard-Preis-Ansatz* bezeichnet wird, wurde die Ermittlung der externen Grenzkosten für die umweltpolitische Praxis weniger wichtig. Die umweltökonomische Analyse zur Bestimmung der Internalisierungssteuer in der Praxis benötigt daher hauptsächlich das politisch vorgegebene Emmissionsziel und eine GVK-Kurve vom Typ der Abbildung 2.26. Damit verabschiedete sich ein Teil der neoklassischen Umweltökonomen aus dem praktischen Prozeß der Umweltzielbestimmung und beschränkte sich auf die Aufgabe der effizienten Zielerreichung.[242]

---

239 Vgl. Dasgupta/ Heal 1979: S. 91.

240 FISHER (1981) betrachtet einen Fall der Nicht-Konvexität aufgrund des Anpassungsverhaltens von Verschmutzungsopfern einer benachbarten Fabrik. Der Verlauf der EGK-Kurve entspricht derjenigen der Abbildung 2.29. Ab dem Emissionsniveau E_2 ist der Schaden so hoch, daß viele Anwohner wegziehen und der weitere Grenzschaden dadurch abnimmt. Vgl. Fisher 1981: S. 176-178.

241 Vgl. Baumol/Oates 1988: S. 159-176.

242 Dieser Ansatz wird nicht von allen Neoklassikern geteilt. Die Umweltpolitik der USA unter Reagan wurde maßgeblich von neoklassischen Ökonomen beeinflußt, die eine Zielerreichung durch Kosten-Nutzen-Analyse anstrebten. Vgl. Messner, F. 1993a: S. 73-74. Auch in der Theoriebildung spielt der Grenzschaden nach wie vor eine bedeutsame Rolle. Vgl. dazu auch das nachfolgende Unterkapitel.

2.4 Intertemporale Ressourcennutzung mit Umweltexternalitäten

Nachdem in den vorangegangenen Unterkapiteln die optimale intertemporale Nutzung nicht-erneuerbarer Ressourcen sowohl aus mikro- als auch aus makroökonomischer Sicht untersucht wurde (Kapitel 2.2), während die Ausführungen des Kapitels 2.3 die analytische Behandlung von Umweltverschmutzung in der statischen mikroökonomischen Sichtweise darlegten, sollen diese beiden Ebenen nun miteinander verknüpft werden. Angesichts der Tatsache, daß die Gewinnung, Verarbeitung und Nutzung von nicht-erneuerbaren Ressourcen mit der Verschmutzung und Zerstörung der natürlichen Umwelt verbunden ist, gilt es aufzuzeigen, wie die Internalisierung von Umwelt-Externalitäten in einem intertemporalen Kontext wirkt und wie sie das mikroökonomische Verhalten profitmaximierender Ressourcenbesitzer beeinflußt (Kapitel 2.4.1 und 2.4.2). Weiterhin ist zu klären, ob und inwiefern Umweltverschmutzung aus der makroökonomischen Sicht der Neoklassik ökonomisches Wachstum mit nicht-erneuerbaren Ressourcen beeinträchtigt (Kapitel 2.4.3).

2.4.1 Intertemporaler Preispfad einer nicht-erneuerbaren Ressource mit Umwelt-Externalitäten

Bei der Gewinnung von nicht-erneuerbaren Ressourcen entstehen im Bergbau und bei der Raffination vielfältige Umweltbelastungen. So fallen unter anderem giftige Reststoffe bei der Gewinnung und Verarbeitung der Rohstoffe an, die eine Belastung für Luft, Wasser und Boden in der betroffenen Region darstellen.[243] Wie in Kapitel 2.3.1 dargelegt, erzeugen derartige Umweltbelastungen soziale Kosten in der Bevölkerung, die der mikroökonomische Verursacher nicht trägt. Das Ergebnis ist eine sub-optimale Konstellation mit zu hohem Output bzw. – bei möglichem Einsatz von umweltverschmutzungsreduzierender Technologie – ein zu hohes Niveau der Umweltverschmutzung. Eine Internalisierung der Externalitäten hat zweifellos Auswirkungen auf den Preispfad der Ressource und auf das mikroökonomische Verhalten des Ressourcenbesitzers. Die obige Analyse der Externalitäten war jedoch rein statischer Natur, betrachtete also lediglich *eine* Zeitperiode. Bevor nun gezeigt werden kann, wie Umweltexternalitäten auf den intertemporalen Preispfad einer nicht-erneuerbaren Ressource wirken, ist zuerst zu klären, wie sich das Externalitätenproblem in einem dynamischen intertemporalen Kontext darstellt.

Der erste wichtige Unterschied zur statischen Analyse ist die Unterscheidung von Verschmutzungs*strömen* und Verschmutzungs*beständen*. Ein Verschmutzungstrom ist eine Verschmutzung, die zu einem Zeitpunkt oder in einer Zeitperiode verursacht wird. Da in der statischen Analyse immer nur ein Zeitpunkt betrachtet wird, war in den bisherigen Ausführungen hauptsächlich von Verschmutzungsströmen die Rede. Ein Verschmutzungsbestand entsteht hingegen, wenn die Verschmutzungsströme sich kumulieren und zusammen in Abhängigkeit von der Größe des Bestandes Schäden über eine größere Zeitspanne verursachen. Die Tatsache der Existenz sich kumulierender Verschmutzungsströme zu schädlichen Beständen, wie der Fall bei dem ozonschichtzerstörenden Stoff FCKW oder bei den verschiedenen Treibhausgasen, bewirkt eine intertemporale Verknüpfung von Generationen durch den Tatbestand der Umweltverschmutzung und ihrer generationenübergreifenden Folgen.[244] Im intertemporalen

243 Vgl. Kapitel 5.2 für eine Darstellung der Umweltbelastungen am Beispiel der Kupfergewinnung, verarbeitung und -nutzung.

244 Als weitere intertemporale Verknüpfung von Generationen durch Umweltverschmutzung nennt SIEBERT (1992) mögliche Veränderungen des Selbstreinigungspotentials der Natur durch bestimmte Emissionen und die intergenerationelle Vererbung einer wirtschaftlichen Struktur mit einem Umweltbelastungspotential, das in kurzer Zeit nicht verändert werden kann. Vgl. Siebert 1992: S. 215-216.

Kontext ist also zu unterscheiden zwischen Verschmutzung, die sich mit der Zeit kumuliert, und solcher, die nicht kumuliert und daher lediglich in einer Zeitperiode Schaden anrichtet.

Ein weiterer Tatbestand der dynamischen Analyse besteht – wie bereits ausführlich in Kapitel 2.2.2.2 diskutiert – in der Notwendigkeit einer Bewertung zukünftiger Ereignisse, wobei es im umweltökonomischen Fall um die Bewertung des intertemporalen Grenzschadens geht. Diesbezüglich befürwortet SIEBERT (1992) mit Verweis auf eine positive Zeitpräferenz eine Diskontierung zukünftiger Nutzen und Schäden. Die intertemporale Veränderung des optimalen Verschmutzungsniveaus und die Höhe der entsprechenden Pigou-Steuer hängt dann ab von der Höhe der Diskontrate und ihrem Einfluß auf den Verlauf des intertemporalen Grenzschadens. Eine positive Diskontrate wirkt dabei stets in einer Weise, daß der Schaden der Zukunft geringer eingeschätzt wird als der der Gegenwart und die Pigousteuer der Zukunft bei gleichem Schaden geringer ist. Unter derartigen Umständen bleibt eine intertemporale Pigou-Steuer dann konstant, wenn der Grenzschaden eines Emissionsbestandes in t_0 genauso hoch ist wie der diskontierte Grenzschaden des kumulierten Bestandes in jeder anderen Zeitperiode. Anders formuliert: der Grenzschaden eines sukzessive kumulierenden Emissionsbestandes, der an sich schon eine Verschlechterung der intertemporalen Umweltqualität mit sich bringt, muß mit der Diskontrate über die Zeit anwachsen, um eine *konstantbleibende* Pigousteuer zu rechtfertigen.[245]

Es sei an dieser Stelle betont, daß diese Art der dynamischen Analyse eher der herkömmlichen umweltökonomischen Methode und *nicht* dem Standard-Preis-Ansatz entspricht, da hier das optimale intertemporale Emissionsniveau nicht exogen bestimmt wird, sondern der intertemporale (diskontierte) Grenzschaden eine wesentliche Bestimmungsgröße darstellt. Die Probleme der praktischen Anwendbarkeit dieser neoklassischen Methode sind für den statischen Fall in Kapitel 2.3.3 ausgeführt worden, und zweifellos treffen die dort angeführten Argumente für die intertemporale Analyse in erhöhtem Maße zu. Nichtsdestotrotz ist unbestreitbar, daß der Tatbestand der Emissionsakkumulation auch in einem politischen Entscheidungsprozeß über ein optimales intertemporales Emissionsniveau im Sinne des Standard-Preis-Ansatzes berücksichtigt wird, und daß ebenso für die Festlegung eines intertemporalen Umweltqualitätsziels eine Bewertung des zukünftigen Nutzens erfolgen muß. Auch im Sinne des Standard-Preis-Ansatzes kann diskontiert werden, so daß durchaus eine intertemporale Verschlechterung der Umweltqualität als optimal gewählt werden kann. Die Frage der Nutzendiskontierung stellt sich hier analog zu den Ausführungen in Kapitel 2.2.2.2 als intergenerationelleratives Gerechtigkeitsproblem.

Mit diesen Hinweisen zu den Charakteristika von intertemporalen Externalitäten lassen sich nun in Ergänzung der obigen Ausführungen zur Theorie der nicht-erneuerbaren Ressourcen in Kapitel 2.2.1.2 die Auswirkungen auf den intertemporalen Preispfad von nicht-erneuerbaren Ressourcen darstellen.

Für den einfachen Fall *nicht-kumulierender Verschmutzungsströme* sei für den Bergbau das Beispiel des aufgewirbelten Staubs durch Sprengungen und durch LKW-Transporte genannt, der bei Bergarbeitern Schädigungen der Atmungsorgane verursachen kann, der aber weiterhin nicht schädlich ist, wenn er sich am Boden abgesetzt hat. Bei gleichbleibender intertemporaler Produktion einer Mine bleibt der intertemporale Verschmutzungsbestand durch Staub mehr oder weniger konstant, da er dem jeweiligen Verschmutzungsstrom einer Periode entspricht. Eine Internalisierungsmaßnahme wäre für diesen Fall die Besteuerung menschlicher Arbeit unter zu hoher Staubbelastung, um dadurch entweder menschlichen Arbeitseinsatz bei zu ho-

245 Vgl. ebd.: S. 218. Basierend auf diesem theoretischen Gerüst formuliert Siebert drei Strategien für eine dynamische Umweltnutzung. Vgl. ebd. S. 219-223.

hem Staubaufkommen zu verringern oder einen Anreiz zu geben, Maßnahmen zur kontinuierlichen Staubeindämmung – z. B. durch Bewässerung – einzuleiten. Im Fall ohne Diskontierung zukünftigen Schadens und bei gleichbleibenden Grenzvermeidungskosten der Staubeindämmung bliebe die Pigousteuerhöhe intertemporal gleich aufgrund des intertemporal konstanten Grenzschadens und wegen des gleichbleibenden optimalen Verschmutzungsniveaus. Dieser Fall läßt sich analog zur Diskussion der Abbildung 2.10 in Kapitel 2.2.1.2 interpretieren, wo es um den Vergleich von Preispfaden mit unterschiedlichen konstanten Abbaugrenzkosten ging. Der Pfad PP_2 entspricht dem Pfad ohne und PP_1 dem Preispfad mit Internalisierung. Da aus der Sicht des Minenbesitzers die konstante Umweltsteuer in der Zukunft weniger hoch bewertet wird als in der Vergangenheit, kommt es im Vergleich zum Fall ohne Internalisierung zu einer tendenziellen Verlagerung der Produktion und damit der Verschmutzungsbelastung in die Zukunft. Der Anfangspreis mit Internalisierung ist daher höher, die entsprechende anfängliche Nachfragemenge geringer und die Ressourcen-Nutzungsdauer länger. Bei Einbeziehung einer positiven Diskontrate *sinkt* die Pigousteuerhöhe über die Zeit, da der Grenzschaden der Zukunft geringer eingeschätzt wird. Dadurch entsteht aufgrund der geringeren zukünftigen Kostenbelastung ein noch höherer Anreiz, die Produktion vermehrt in die Zukunft zu verschieben. Es ergibt sich eine Situation in Analogie zur obigen Abbildung 2.11.

Für den komplizierteren Fall sich *kumulierender Verschmutzungsströme* mit intertemporal steigenden Grenzschäden durch einen stetig steigenden Verschmutzungsbestand sei als Beispiel aus dem Metallbergbau der mit giftigen Chemikalien versetzte Erzabfall angeführt, der bei einem üblichen Metallinhalt von weniger als 10% im Erz in einer unwiderruflichen Menge anfällt, die mindestens zehn Mal so groß ist wie die Menge des gewonnenen Metalls. Aufgrund intertemporal sinkender Erzgrade ist ein weiterer Anstieg der Erzabfallströme pro gewonnener Metalleinheit unabwendbar, so daß die Erzabfallbestände intertemporal progressiv zunehmen. In früheren Jahren wurde dieser Abfall häufig einfach in die Flüsse eingeleitet, verseuchte das Trinkwasser der Bevölkerung und verursachte so in zunehmendem Maße Gesundheitsprobleme.[246]

In der Interpretation des Standard-Preis-Ansatzes ohne Diskontierung wäre eine angemessene Vorgehensweise zur Internalisierung in diesem Fall eine politische Festsetzung einer gewünschten und intertemporal konstanten Wasserqualität und eine entsprechende Begrenzung der Erzabfall-Einleitung in die Gewässer oder eine entsprechend hohe Besteuerung, die Anreize für eine Deponierung der Erzabfälle auf sicherem Untergrund gäbe, wobei sich die Steuerhöhe an den Grenzvermeidungskosten der Erzabfall-Einleitung orientieren müßte. Diese Steuer müßte über die Zeit steigen, da auch die Grenzvermeidungskosten mit anwachsenden Abfallbergen zunehmen. Zu Anfang läßt sich der Erzabfall noch in der Nähe der Bergbaustätte lagern, doch angesichts der riesigen Abfallmassen wären immer neue und weiter entfernte Deponien zu errichten. Die Transportwege würden länger werden, und auch die Deponiekosten würden verknappungsbedingt steigen. Bei Auferlegung einer intertemporal *konstanten* Pigousteuer würde ein kostenminimierender Ressourcenbesitzer angesichts intertemporal steigender Grenzvermeidungskosten irgendwann die Zahlung der Pigousteuer pro eingeleiteter Schadstoffeinheit einer Deponierung vorziehen, mit der Konsequenz einer Wasserqualitätsverschlechterung. Daher müßte eine optimale Pigousteuer für diesen Fall in Abhängigkeit von der produzierten Erzabfallmenge und den entsprechenden Grenzvermeidungskosten zunehmen.

Die Auswirkung auf den Preispfad der Ressource für diesen Fall kann analog zum Pfad PP_1 der Abbildung 2.13 interpretiert werden. Während in dem obigen Fall die sukzessive Kostensteigerung aufgrund verschlechterter Erzgrade entstand, ist sie in dem hier beschriebenen Zu-

[246] Vgl. dazu die empirischen Ausführungen in Kapitel 5.2.

sammenhang auf die stufenweise Erhöhung der Pigousteuer zu beziehen. Jede Treppenstufe der Abbaugrenzkosten läßt sich interpretieren als erhöhte Pigousteuer aufgrund steigender Grenzvermeidungskosten, die sich z. B. durch die Errichtung einer neuen Erzabfalldeponie ergeben. Wesentlich ist in diesem Zusammenhang, daß die ansteigende Steuer mit dem Bestand der Verschmutzung ansteigt, so daß mit zunehmender Ressourcenextraktion der Gegenwartswert der Royalty sinkt. Diese *unvermeidliche* Verringerung der Royalty wirkt für den Ressourcenbesitzer wie eine schlechtere „Verzinsung" seiner Ressource und es kommt zu einer entsprechenden Verlagerung der Ressourcenausbeutung.[247] Da der Pfad PP_2 der Abbildung 2.13 als Pfad mit konstanter Pigousteuer interpretiert werden kann, wird deutlich, daß die Internalisierung einer kumulierenden Externalität für den profitmaximierenden Ressourcenbesitzer bedeutet, daß eine weitere Verschiebung der Ausbeutung in die Zukunft optimal ist, mit dem Resultat einer geringeren Abbaurate in den ersten Perioden und einer längeren Ressourcennutzungsdauer.

Als Zwischenergebnis kann festgehalten werden, daß die Wirkungen der Internalisierung bei einer kumulierenden und einer nicht-kumulierenden Verschmutzung recht ähnlich sind. Es ist jedoch zu betonen, daß die Motivation für die tendenzielle Verschiebung der Ressourcenextraktion vollkommen gegensätzlich ist: bei nicht-kumulierender Verschmutzung wird die Extraktion verschoben aufgrund der *zeitlichen Entwertung* der Steuer und der damit verbundenen *Royaltyerhöhung*, während bei kumulierender Verschmutzung die *bestandsbezogene Royaltyverringerung* zur Extraktionsverschiebung führt.

Zu einem teils ähnlichen und teils auch stark abweichenden Ergebnis kommen diverse Autoren, die mittels der herkömmlichen neoklassischen Methode einen sozialen nutzenmaximierenden Pareto-optimalen Pfad in Allokationsmodellen mit nicht-erneuerbaren Ressourcen und Umweltqualität innerhalb eines endlichen Zeithorizonts von t_0 bis T untersuchen, wobei unterstellt ist, daß die zunehmende Extraktion der Ressource kumulative Umwelt-Externalitäten erzeugt, die im Modell als zunehmend nutzenreduzierend berücksichtigt werden. Für einen endlichen Zeithorizont von t_0 bis T konstatiert SCHULZE (1974), daß die dynamische *diskontierte* Pigousteuer in laufenden Preisen zu Anfang ansteigt, während sie später sinkt, wenn das Ende des Zeithorizonts näher rückt und damit auch die Ressourcennutzung und die Extraktion dem Ende entgegengehen.[248] Ein möglicher Verlauf eines optimalen Preispfades mit einer dynamischer Pigousteuer ist gemäß SCHULZE dargestellt in Abbildung 2.30.

Der obere Pfad, der mit PP_φ bezeichnet ist, ist der resultierende optimale Preispfad mit dynamischer Pigousteuer, während der mit $x(t) \cdot e^{jt}$ bezeichnete untere Pfad lediglich einen zeitabhängigen Marktpreisbestandteil darstellt, der mit der Diskontrate ansteigt und somit die Erfüllung der Hotellingregel anzeigt. Der Abstand zwischen den beiden Pfaden entspricht der dynamischen Pigousteuer φ_t, und das nach unten gerichtete Diagramm zeichnet den Verlauf der Ressourcenextraktion nach. Der Anfangspreis des Pfades PP_φ ist aufgrund der Pigousteuer höher als bei einem entsprechenden Pfad ohne Umwelt-Externalität, die Anfangsextraktionsmenge ist daher geringer und aufgrund eines progressiv steigenden Ressourcenpreises nimmt die Nachfrage schnell ab, wodurch die Extraktionsmenge sinkt. Bis zu diesem Punkt ergibt sich in der Pfadbeschreibung keine wesentliche Abweichung von bisher betrachteten optimalen Preispfaden.

Aufgrund der anfänglich hohen und anwachsenden Pigousteuer kann der Preispfad allerdings dermaßen progressiv ansteigen, daß frühzeitig das Prohibitivpreisniveau (H) erreicht wird (in t_1), so daß Nachfrage und Extraktion auf null sinken und es zu einem Abbaustopp

---

247 Vgl. dazu die Diskussion der Preispfade mit verschiedenen Zinsraten (Abb. 2.6 in Kapitel 2.2.1.2).

248 Vgl. Schulze 1974: S. 59.

kommt. Erst wenn die Pigousteuer langsam sinkt, beginnt die nachfrageinduzierte Extraktion erneut (in t_2) und infolge des fallenden Ressourcenmarktpreises steigt die Extraktion an und erschöpft genau zum Zeitpunkt T. Bezüglich der Ressourcennutzung wird auch in diesem Fall eine Verschiebung in die Zukunft bewirkt, doch die Extraktionsunterbrechung und die intertemporal steigende Extraktion bei sinkendem Ressourcenpreis sind eher ungewöhnliche Merkmale für einen optimalen Preispfad.[249]

Abbildung 2.30: Intertemporaler Preispfad mit dynamischer Pigousteuer und endlichem Zeithorizont

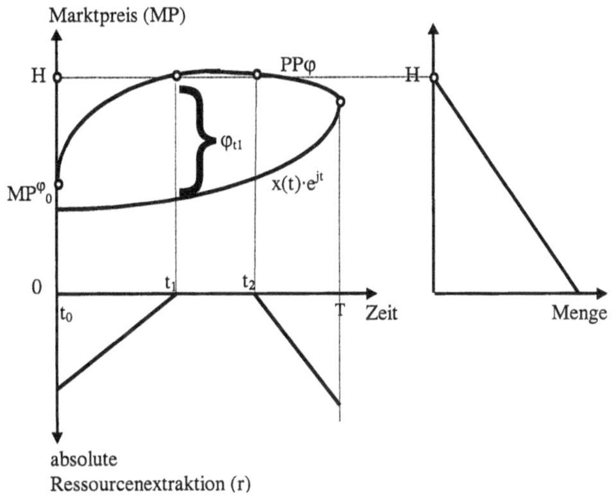

Abbildung in Anlehnung an: Schulze 1974: S. 60.

Der wesentliche Grund für die starke Abweichung der beiden diskutierten optimalen Preispfade bei Internalisierung von kumulierender Verschmutzung liegt darin begründet, daß im ersten Fall ein unbegrenzter Zeithorizont mit Existenz einer Backstop-Technologie im Sinne des Standard-Preis-Ansatzes mit Pigousteuer-Determinierung anhand der Grenzvermeidungskosten mit Bezug auf den Verschmutzungsbestand ohne Diskontierung betrachtet wird, während der Preispfad nach SCHULZE und anderer Autoren auf einen endlichen Zeithorizont bezogen ist und sich hinsichtlich der Pigousteuer-Bestimmung an dem intertemporalen Verlauf der Grenzschäden orientiert und zeitbezogene Diskontierung zuläßt. Beim letztgenannten Pfad ergibt sich der atypische Verlauf wie dargestellt in Abbildung 2.30 aufgrund der zuerst ansteigenden und dann gegen null sinkenden intertemporalen Pigousteuer und einem dadurch möglichen Preispfadverlauf, der das Prohibitivpreisniveau zuerst überschreitet und es dann unterbie-

249 Vgl. Schulze 1974: S. 60-61. Zu ähnlichen Ergebnissen mit steigender Extraktionsrate in intertemporalen Allokationsmodellen mit endlichem Planungshorizont kommen auch D'Arge/Kogiku 1973: S. 68-72 sowie Forster 1980: S. 329.

tet. Trotz unterstellter steigender Grenzschäden ist das Sinken der Steuer gegen null modelltheoretisch entweder erklärbar durch eine zeitbezogene Diskontierung, die den Anstieg der Grenzschäden überkompensiert *oder* durch einen begrenzten Zeithorizont, bei dessen Annäherung der Schaden sinkt, weil zum Zeitpunkt des Weltuntergangs der Grenzschaden einer kumulierenden Externalität belanglos wird.[250] Insofern kann der Preispfad von SCHULZE mit und ohne Diskontierung hergeleitet werden.

Im Gegensatz dazu schließt die obige Pfadinterpretation im Sinne des Standard-Preis-Ansatzes analog zu Abbildung 2.13 ein Absinken der Pigousteuer aus. Einerseits wird eine Diskontierung von Schäden per Annahme ausgeschlossen und andererseits wird ein „Weltuntergangseffekt" nicht in Betracht gezogen, sondern die Existenz einer Backstop-Technologie unterstellt, die einen unbegrenzten Zeithorizont impliziert. Interessant ist schließlich noch die Bedeutung und die tendenzielle Wirkung einer Diskontierung auf den Preispfad im Sinne des Standard-Preis-Ansatzes. Hinsichtlich Abbildung 2.13 wäre eine Diskontierung zukünftiger Schäden gleichbedeutend mit dem Ansatz einer Pigousteuer, die unterhalb der zukünftigen Grenzvermeidungskosten läge und damit eine Verschlechterung der Umweltqualität impliziert. Im Extremfall wäre die Diskontrate gleich der Zuwachsrate der intertemporalen Grenzvermeidungskosten, so daß die intertemporale Pigousteuer konstant wäre und sich der Pfad PP_2 ergäbe. Somit wird deutlich, daß eine Diskontierung nicht nur umweltdegradierend wirkt, sondern auch die Ressourcennutzungsdauer verkürzt.[251]

Zusammenfassend läßt sich konstatieren, daß in Abhängigkeit von den unterstellten Ausgangsbedingungen sehr unterschiedliche optimale Preispfade bei Existenz von Umweltexternalitäten möglich sind. Ganz generell ist jedoch festzustellen, daß eine Internalisierung von Externalitäten die optimale Ressourcennutzung tendenziell in die Zukunft verschiebt und eine verlängerte Ressourcennutzungsdauer bewirkt.

2.4.2 Nicht-erneuerbare Ressourcen und Irreversibilitäten

Eine besondere Form einer Externalität ist dann gegeben, wenn durch einen menschlichen Eingriff unumkehrbare, also irreversible und damit nicht-reparierbare Schäden verursacht werden. Auf den ersten Blick scheint der Begriff der Irreversibilität einleuchtend, doch er ist mit einigen Abgrenzungsproblemen verbunden. So ließe sich beispielsweise argumentieren, daß alle Prozesse und daher alle Externalitäten irreversibel sind, da die Zeit nicht umkehrbar ist – damit wäre der Begriff bedeutungslos. An dieser Stelle werden mit irreversiblen Eingriffen solche Aktivitäten bezeichnet, die langfristige Auswirkungen gesamtgesellschaftlicher Tragweite nach sich ziehen, die in kurzer Zeitfrist selbst bei Inkaufnahme zwischenzeitlicher Schäden und hoher Kosten nicht beseitigt werden können und damit unendlich hohe Wiederherstellungskosten aufweisen.[252] Als Beispiel für einen derartigen irreversiblen Eingriff sei die Ausrottung einer Tier- oder Pflanzenart anzuführen, womit die Art an sich und ihr genetischer Code unwiederbringlich verloren und alle möglichen evolutorischen Weiterentwicklungen abgeschnitten sind. Als weiteres Beispiel mag die Zerstörung sensibler Ökosysteme angeführt

---

250 In den Worten von FORSTER: „*At the end of the plan there will be a positive stock of pollution which has a zero shadow price since from the model's point of view the world ends at time T.*" Forster 1980: S. 329. D'ARGE und KOGIKU begründen die soziale Optimalität des Pfades bzw. die steigende Ressourcenextraktion damit, daß die letzten Generationen den Schaden aus der verschlechterten Umweltqualität nur durch erhöhte Ressourcenextraktion kompensieren können. Vgl. D'Arge/Kogiku 1973: S. 68.

251 Zur Wirkung der Diskontrate vgl. auch Siebert 1992. S. 223.

252 SIEBERT, der zwischen verschiedenen Abstufungen von Irreversibilitäten in Abhängigkeit der Wiederherstellungskosten unterscheidet, spricht bei unendlich hohen Wiederherstellungskosten von einer „reinen" oder „puren" Irreversibilität. Vgl. Siebert 1992. S. 258.

werden, deren Regeneration einige Jahrhunderte dauert und damit den Zeithorizont menschlichen Agierens weit übersteigt.[253] Derartige Externalitäten lassen sich als Extremfall kumulierender Umwelt-Externalitäten mit unendlich hohen Grenzschäden und intergenerationellem Charakter interpretieren, denn irreversible Eingriffe können potentiell Schäden für nachfolgende Generationen hervorrufen.

Im Zusammenhang mit der Gewinnung und Nutzung von nicht-erneuerbaren Ressourcen sind insbesondere zwei Arten von irreversiblen Eingriffen relevant. Die erste Form der Irreversibilität ist oben bereits ausführlich diskutiert worden, ohne diesen Begriff zu benutzen: gemeint ist der mit der gegenwärtigen Ressourcennutzung verbundene unwiederbringliche, also irreversible Verlust der nicht-erneuerbaren Ressourcen, wodurch zukünftige Generationen von der Nutzung ausgeschlossen werden und daher eine unvermeidliche intergenerationelle Verwendungskonkurrenz besteht. Wie in Kapitel 2.2.1.1 ausgeführt, wird die zukünftige Verknappung von nicht-erneuerbaren Ressourcen in Form der Royalty ökonomisch berücksichtigt, so daß der Aspekt der Verwendungskonkurrenz zwischen Generationen in der Kalkulation gegenwärtiger Akteure durchaus enthalten ist. Desweiteren wird diese Konkurrenz durch die Möglichkeit des Recycling bei den Metallen und durch die Optionen Substitution und technischer Fortschritt abgeschwächt. Der irreversible Verlust einer Ressource ist für nachfolgende Generationen nur in dem Fall mit geringen oder keinen Schäden verbunden, wenn die Ressource ersetzbar ist oder besser gesagt, wenn die Funktion, für die die Ressource eingesetzt wird, auch anderweitig erfüllbar ist. Da unter den üblichen neoklassischen Annahmen einer hohen Substitutionselastizität und ressourcenvermehrenden technischen Wandels die Erschöpfung einer Ressource entweder überhaupt nicht eintritt oder durch Einsatz anderer Produktionsfaktoren kompensiert werden kann, ist diese Form der Irreversibilität aus neoklassischer Sicht nicht besonders problematisch.[254]

Auf eine andere Form der Irreversibilität in bezug auf nicht-erneuerbare Ressourcen machte bereits HERFINDAHL (1970) aufmerksam, der auf den Konflikt zwischen Bergbau und Naturschutz hinwies und feststellte, daß ein Kompromiß zwischen diesen beiden Nutzungsformen einer Naturlandschaft nicht denkbar sei.[255] In der heutigen Zeit ist die Erschließung von Bodenschätzen zumeist mit der großflächigen Zerstörung unberührter Naturlandschaften verbunden, besonders bei der Errichtung von Tagebauen. Bisweilen werden auch tropische Regenwaldflächen für Bergbauprojekte gerodet, wodurch nicht nur eine weitere irreversible Zerstörung bedeutsamer globaler Ökosysteme vorangetrieben, sondern auch die Vernichtung von Tier- und Pflanzenarten in Kauf genommen wird, da der Großteil der Artenausrottung Resultat der Reduzierung von Regenwaldflächen ist.[256] Diese Form der naturlandschaftsbezogenen Irreversibilität ist der problematischere Fall einer Externalität und er erfordert eine weitergehende analytische Betrachtung.

Die grundlegenden Gedanken zur analytischen Behandlung des geschilderten Irreversibilitätsproblems aus neoklassischer Sicht formulierten KRUTILLA und FISHER (1975). Ihre besondere Herangehensweise zeichnet sich dadurch aus, daß sie zur Bewertung von Bergbau- und anderen Landschaftsnutzungsprojekten, die mit irreversiblen Eingriffen verbunden sind, eine erweiterte Form der Kosten-Nutzen-Analyse vorschlagen, die sowohl einen langfristigen Zeithorizont als auch die Opportunitätskosten der betroffenen Naturlandschaft berücksichtigt.

---

253 Vgl. zum Begriff der Irreversibilität Krutilla/Fisher 1975: S. 43-44, Fisher 1981: S. 129-133, Hampicke 1991: S. 87 und Siebert 1992: S. 258.

254 Vgl. Krutilla/Fisher 1975: S. 47-48 und Siebert 1987a: S. 3.

255 Vgl. Herfindahl 1970: S: 281.

256 Vgl. Hampicke 1991: S. 208-209.

Demgemäß sei ein Projekt mit irreversiblen Folgen nur dann zu befürworten, wenn der langfristige Gesamtnutzen des Projektes in Gegenwartswert höher ist als der entgangene Nutzen aus einer alternativen nicht-irreversiblen Nutzungsweise.[257]

Die Autoren betonen die Wichtigkeit der korrekten Ermittlung der Werte des Nutzens aus den unterschiedlichen Nutzungsformen einer Naturlandschaft und weisen auf Mängel und Unzulänglichkeiten bei üblichen Bewertungsverfahren von Kosten-Nutzen-Analysen hin. So wird betont, daß der Nutzen von irreversiblen Projekten häufig überschätzt wird, weil eine Entwertung des Projektes durch zukünftigen technologischen Wandel nicht berücksichtigt werde. Für jedes einzelne Projekt sei daher bei der Evaluation seines intertemporalen wirtschaftlichen Nutzens zuzüglich zur üblichen Diskontierung (mit der sozialen Diskontrate j) zu erwägen, ob eine zusätzliche Verminderung des Nutzens über die Zeit aufgrund der Entwertung durch technologischen Wandel anzusetzen sei (diese zusätzliche Entwertungsrate wird im weiteren Verlauf mit **k** bezeichnet).[258] Der sich ergebene gegenwartswertbezogene Gesamtnutzen des Projektes sei dann zu vergleichen mit den gegenwartswertbezogenen Nutzen alternativer und nicht-irreversibler Nutzungsformen der Naturlandschaft.

In einem Beispiel für den Fall eines Landschaftsnutzungskonfliktes zwischen Bergbau und Naturschutz betrachten KRUTILLA und FISHER das Beispiel der„White Cloud Peaks“, einem Naturschutzgebiet in den USA und gleichzeitig Lagerstätte für abbauwürdiges Molybdän. In ihrer Analyse vergleichen die Autoren die Nutzen aus Bergbau- (Bb) und Freizeitnutzung (F) jeweils in Gegenwartswert.[259] Der ökonomische Nettonutzen des Bergbauprojektes ergibt sich für eine Zeitperiode in üblicher Weise aus der diskontierten Differenz aus Erträgen ($Q_{Bb,t}$) und Kosten ($C_{Bb,t}$), wobei der Gesamtbetrachtungszeitraum je nach Größe der Lagerstätte und der Abbaukapazitäten einen endlichen Zeitraum umfaßt. Dementgegen entspricht der Wert aus der Freizeitnutzung nicht nur dem üblichen Gegenwartswert der Konsumentenrente (KR_F) abzüglich der Kosten der Erhaltung des Naturschutzgebietes und seiner Freizeitanlagen (C_F) über eine *unbegrenzte* Zeitperiode, sondern angesichts der stets drohenden Bergbauaktivitäten und seiner irreversiblen Auswirkungen und der damit verbundenen Unsicherheit über zukünftige Freizeitnutzung ist ebenfalls zu berücksichtigen, daß potentielle zukünftige Naturschutzgebietsbesucher der Option, die Naturlandschaft in zukünftigen Zeiten zu besuchen und damit dem Naturerhalt an sich einen Wert zurechnen, der als Optionswert (OP) bezeichnet wird.[260] Desweiteren wird darauf verwiesen, daß angesichts zu erwartender weiterer zukünftiger Verknappung von Naturschutzgebieten der Wert der Freizeitnutzung mit der Zeit ansteigt (hier bezeichnet mit der Rate l).[261] Unter diesen Voraussetzungen lautet die formale Bedingung für

257 Vgl. Krutilla/Fisher 1975: S. 50.

258 Die intertemporale Entwertung eines Projektes durch technologischen Wandel entsteht dadurch, daß durch zukünftige Technologien oder Substitute, die möglicherweise nicht auf irreversiblen Eingriffen in die Natur beruhen, gleichwertige oder bessere Dienstleistungen möglich werden, wodurch die „veraltete“ Technologie mit den irreversiblen Folgen sukzessive entwertet wird. Untersucht und aufgezeigt wird dieses Phänomen am Beispiel eines Wasserkraftwerkes in den USA. Vgl. Krutilla/Fisher 1975: S: 84-109. An dieser Stelle soll außerdem darauf hingewiesen werden, daß die hier verwendeten Symbole aufgrund von Gründen der Vermeidung der Mehrfachnutzung innerhalb dieser Arbeit von den Symbolen der zitierten Autoren abweichen.

259 Einbezogen wird bei der Freizeitnutzung ebenfalls die Schafhaltung auf verschiedenen Weiden. Für eine ausführliche Diskussion der einbezogenen Kosten- und Nutzenfaktoren vgl. ebd.: S. 151-185.

260 Der Optionswert ist Resultat der zeitlichen Asymmetrie alternativer Nutzungsmöglichkeiten: die Möglichkeit der zeitlichen Nutzung einer Landschaft zuerst als Naturschutz- und danach als Bergbaugebiet ist möglich, während der umgekehrte Fall unmöglich ist. Die irreversible Nutzungsform schließt die Option einer zeitlich nachgeordneten nicht-irreversiblen Nutzungsform aus. Vgl. zum Begriff des Optionswertes Krutilla/Fisher 1975: S. 13-15, 69-72, Fisher 1981: S. 137-138, Siebert 1987a: S. 14/15 und Pearce/Turner 1990: S. 132-134.

261 Vgl. Krutilla/Fisher 1975: S. 50, ebenso Fisher 1981: S. 134-135.

die Durchführung eines irreversiblen Bergbauprojektes wie folgt:[262]

$$(23) \qquad \int_0^t (Q_{Bb,t} - C_{Bb,t}) \cdot e^{-(j+k)t} dt \succ \int_0^t (KR_{F,t} + OP_{F,t} - C_{F,t}) \cdot e^{-(j-l)t} dt$$

Die linke Seite stellt den gesamten ökonomischen Nutzen des Bergbauprojektes und die rechte Seite den gesamten ökonomischen Nutzen der alternativen Freizeitnutzung der Naturlandschaft dar. Es sei nochmals darauf verwiesen, daß die irreversible Nutzung aufgrund der Entwertung durch technischen Fortschritt (k) mit einer größeren Rate diskontiert wird als die nicht-irreversible Nutzung, deren Diskontierung aufgrund der Annahme zunehmender intertemporaler Naturknappheit sogar noch vermindert wird (l).

Im Gegensatz zu den üblicherweise angewandten Kosten-Nutzen-Analysen, die lediglich die linke Seite der Ungleichung (23) als Nettonutzen eines Projektes auffassen, beziehen KRUTILLA und FISHER die Opportunitätskosten der alternativen Naturnutzung in die Bewertung eines Projektes ein, so daß sich in dieser Interpretation der gesellschaftliche Nettonutzen aus der linken Seite der Ungleichung (23) abzüglich der rechten Seite ergibt. Durch diese Erweiterung oder Verfeinerung der Kosten-Nutzen-Analyse wird der Wert von zerstörbaren Naturlandschaften höher eingestuft. Daher muß der intertemporale Nutzen eines Projektes mit irreversiblen Auswirkungen bei dieser Bewertungsmethode deutlich höher sein als bei einer herkömmlichen Kosten-Nutzen-Abwägung, um eine positive Bewertung für ein Projekt zu erreichen. Angesichts der praktischen Bewertungsschwierigkeiten von nicht-irreversiblen Projekten, besonders hinsichtlich der Bestimmung des Optionswertes – also der Bewertung zukünftiger Nutzen aus einem Naturschutzgebiet – mahnen KRUTILLA und FISHER zur Vorsicht und plädieren im Zweifelsfall zur Bevorzugung einer nicht-irreversiblen Landnutzung.[263]

In dem erwähnten Beispiel der Nutzungskonkurrenz im Naturschutzgebiet der „White Cloud Peaks“ kommen KRUTILLA und FISHER mittels einer vereinfachten Vergleichsrechnung zu dem Ergebnis, daß eine Entscheidung gegen das Bergbauprojekt und für die Freizeitnutzung ökonomisch durchaus gerechtfertigt ist.[264] Wäre der Gegenwartswert des Bergbauprojektes allerdings deutlich höher als der der Freizeitnutzung, so wäre das Bergbauprojekt trotz irreversibler Konsequenzen vorzuziehen, jedoch nur, wenn es um eine sofortige Realisierung des Projektes ginge. Eine günstigere Konstellation wäre in jenem Fall allerdings eine Verschiebung des Bergbauprojektes, so daß die hohen – weil noch gering diskontierten – Gegenwartserträge aus der Freizeitnutzung noch realisiert werden könnten bevor das Bergbauprojekt beginnt.[265]

Da eine Irreversibilität im Sinne der Neoklassik als intergenerationelle kumulierende Externalität interpretiert werden kann, stellt sich die Frage der Internalisierungsmöglichkeiten. Eine Verhandlungslösung à la COASE ist aufgrund der Betroffenheit verschiedener Generationen und vieler Akteure ausgeschlossen, so daß der Staat der gegenwärtigen Generation einspringen muß, um alle Interessen zu berücksichtigen. Sofern es sich bei der betroffenen Landschaft um staatliches Eigentum handelt oder der Staat Einfluß auf die Landschaftsgestaltung ausübt, wäre die Nutzung des Ordnungsrechts eine Möglichkeit der Internalisierung. Als obligatorische Voraussetzung für die Genehmigung eines Projektes mit irreversiblem Charakter könnte ein

---

262 Diese formale Interpretation der Aussagen von Krutilla und Fisher (1975) erfolgt in Anlehnung an die Interpretation durch Pearce/Turner 1990: S. 314-317.

263 Vgl. Krutilla/Fisher 1975: S. 73 und desweiteren die Ausführungen zum Thema Irreversibilität und Unsicherheit in Kapitel 2.5.3.

264 Vgl. ebd.: S. 184.

265 Vgl. ebd.

positives Ergebnis einer Projektbewertung im Sinne der KRUTILLA-FISHER-Bewertungsmethode vorgeschrieben werden, wobei alle Alternativnutzungsmöglichkeiten zu berücksichtigen wären.

Eine eher marktorientierte Internalisierungslösung im Sinne von PIGOU würde verlangen, daß sich bei der Konkurrenz um eine Landschaftsnutzung die profitablere Nutzungsmöglichkeit durchsetzt, wobei alle Kostengrößen zur Geltung kommen müßten. Bei Betrachtung der Ungleichung (23) wird deutlich, daß die Kosten und Nutzen des irreversiblen Projektes (linke Seite) tatsächlich anfallen, während bei nicht-irreversiblen Projekten (rechte Seite) der Optionswert keinen tatsächlichen Ertrag erbringt, so daß Konkurrenten mit einer irreversiblen Nutzung im freien Wettbewerb benachteiligt sind. KRUTILLA und FISHER schlagen daher zur Internalisierung des Optionswertes eine „Schattensteuer" auf irreversible Projekte vor.[266] Um weiterhin die intertemporal zunehmende Verknappung der Naturschutzgebiete und die dadurch intertemporal steigenden Optionswerte zu berücksichtigen (Rate l), mag die „Schattensteuer" so angesetzt werden, daß sie intertemporal in Abhängigkeit vom Bestand verbleibender Naturschutzgebiete zunimmt. Die mikroökonomischen Implikationen einer solchen progressiv steigenden Steuer für einen Minenbesitzer sind analog zu dem oben diskutierten Fall mit kumulierender Umweltverschmutzung zu interpretieren. Die mikroökonomische Einbeziehung irreversibler Landschaftsveränderung oder -zerstörung führt also abermals zu einer Veränderung des Preispfades mit einer ressourcenschonenden Wirkung (analog zu Pfad PP_1 in Abbildung 2.13). Im Extremfall mag eine Schattensteuer hinsichtlich einer Naturlandschaft so hoch ausfallen, daß schon die Grenzkosten der Extraktion den Prohibitivpreis übersteigen würden und damit eine Nichtausbeutung der Ressource optimal wäre.

Nun stellt sich jedoch abschließend noch die Frage, ob derartige Internalisierungslösungen dem intergenerationellen Charakter des Irreversibilitätsproblems gerecht werden. Diesbezüglich sind Anmerkungen zu intergenerationeller Gerechtigkeit und Effizienz notwendig. Hinsichtlich der Gerechtigkeit zwischen Generationen ist erneut auf die Bedeutung der Diskontierung zukünftigen Nutzens zu verweisen, da – wie bereits ausgeführt in Kapitel 2.2.2.2 – eine positive Diskontrate impliziert, daß der zukünftige Nutzen einer Landschaft geringer eingeschätzt wird als der gegenwärtige. KRUTILLA und FISHER diskutieren das ethische Problem der Determinierung der sozialen Diskontrate, aber die Anwendung einer Rate von null ziehen sie für ihre Methode nicht in Betracht. Statt dessen versuchen sie dieser ethischen Frage mittels Einführung der Rate l, die stellvertretend für eine steigende intertemporale Wertschätzung der Natur steht und eine Minderung der Diskontrate bewirkt, gerecht zu werden.[267] SIEBERT macht bezüglich der Gerechtigkeitsfrage auf den zusätzlichen Aspekt der Lastenverteilung aufmerksam und konstatiert, daß diejenigen Akteure oder Generationen, denen ein Vorteil aus einem Projekt zufällt auch die Lasten – also die volle Kostenhöhe des Optionswertes – tragen sollten. In Fällen besonders essentieller Irreversibilitäten plädiert SIEBERT für die Nutzung einer Diskontrate von null.[268] In weniger schwerwiegenden Fällen befürwortet er jedoch den Ansatz einer positiven Diskontrate, wenn gleichzeitig die intergenerationelle Lastenverteilung durch Ansatz eines angemessenen Optionswertes berücksichtigt wird:

> *„Der Optionswert wirkt der Abdiskontierung entgegen. Im Interesse zukünftiger Generationen kann man getrost abdiskontieren, wenn der Optionswert die Interessen zukünftiger Generationen hinreichend ausdrückt."*[269]

---

266 Vgl. Krutilla/Fisher 1975: S. 72.

267 Vgl. Krutilla/Fisher 1975: S. 61-65. Siehe ebenso Ungleichung (23).

268 Vgl. Siebert 1987a: S. 15 und Siebert 1992: S. 258.

269 Siebert 1987a: S. 15.

Eine Internalisierung via „Schattensteuer" würde gemäß SIEBERT also in den meisten Fällen der intergenerationellen Allokation und Gerechtigkeit genüge tun. KRUTILLA und FISHER verweisen jedoch darauf, daß es keine ethische Basis dafür gäbe, die Anwendung des Prinzips der Gegenwartswertmaximierung nur der gegenwärtigen Generation zuzubilligen. Wird die Anwendung dieses Prinzips allerdings allen Generationen zugestanden, so tauchen in der Bewertung der Zukunft die Nutzen aus dem irreversiblen Projekt der Vergangenheit immer weniger auf und eine Entscheidung *für* ein irreversibles Projekt wird mit fortschreitender Zeit immer unwahrscheinlicher. Weiterhin ist vorstellbar, daß – wenn die Möglichkeit bestände – die zukünftigen Generationen die gegenwärtige Generation für die Nichtdurchführung eines irreversiblen Projektes nach dem Kaldor-Kriterium kompensieren würden. Eine gegenwärtige Entscheidung für ein irreversibles Projekt mag mit dieser Sichtweise eine intertemporale Ineffizienz nach sich ziehen. Mit Hinweis auf diese Konstellation einer asymmetrischen intertemporalen Entscheidungsgewalt plädieren KRUTILLA und FISHER mit Verweis auf intergenerationelle Allokationsgründe für ein institutionelles Arrangement in Form einer allgemeinen gesetzlichen Festschreibung von Naturschutzgebieten, unabhängig vom Ausgang einer Kosten-Nutzen-Analyse und zusätzlich zu der bereits erwähnten Schattensteuer auf irreversible Projekte.[270]

2.4.3 Wachstum und Umweltverschmutzung

In Kapitel 2.2.2.1 wurde gezeigt, daß unbegrenztes Wachstum mit nicht-erneuerbaren Ressourcen als Produktionsfaktor aus neoklassischer Perspektive möglich ist, wenn z. B. ressourcenvermehrender technischer Wandel existiert oder – bei Abwesenheit von technischem Fortschritt – wenn ausreichende Möglichkeiten bestehen, die nicht-erneuerbare Ressource gegen andere Produktionsfaktoren zu substituieren. Nicht berücksichtigt wurde dabei, daß die Nutzung von nicht-erneuerbaren Ressourcen und wirtschaftliches Wachstum ganz generell mit Umweltverschmutzung verknüpft ist, wodurch bewirkt werden könnte, daß der soziale Nutzen aus dem Wachstum intertemporal kompensiert oder gar überkompensiert werden könnte. In diesem Unterkapitel wird die Beziehung von Umweltverschmutzung und Wachstum aus neoklassischer Sicht dargestellt, wobei nicht-erneuerbare Ressourcen als Produktionsfaktoren nicht explizit berücksichtigt werden, da einerseits ihre Endlichkeit angesichts der Ergebnisse von Kapitel 2.2.2.1 nicht unbedingt einen limitativen Einfluß ausübt und sie andererseits indirekt einbezogen werden, da die betrachtete Umweltverschmutzung so interpretiert werden kann, daß sie teilweise durch Verarbeitung und Nutzung von nicht-erneuerbaren Ressourcen entsteht.

Die ersten neoklassischen Wachstumsmodelle, die das Problem der Umweltverschmutzung einzubeziehen versuchten, entstanden in den 1970er Jahren. Trotz differierender Modellannahmen ist es allgemein üblich, neben dem Output einer Ein-Gut-Ökonomie eine Variable für Umweltverschmutzung einzubeziehen, die als Funktion der Outputhöhe beschrieben wird. Desweiteren wird der Tatbestand der Umweltverschmutzung in der Weise in eine intertemporale Nutzenfunktion einbezogen, daß der Grenznutzen mit steigender Verschmutzung sinkt. Zusätzlich wird eine Form von umweltverschmutzungsreduzierendem Kapital oder Output eingeführt, die die Verschmutzung zu senken vermag, dafür jedoch Investitionen aus dem produktiven Sektor abzieht. Für derartig spezifizierte Modelle werden dann für einen spezifizierten Zeithorizont die Merkmale untersucht – insbesondere: Sparrate, Aufteilung der Investitionen auf die verschiedenen Kapitalarten und Verlauf des Konsumpfades –, durch die ein opti-

---

270 Vgl. Krutilla/Fisher 1975: S. 68-69. Vgl. zum Thema Irreversibilitäten ebenso die zusätzlichen Ausführungen in Kapitel 2.4.3 unter dem besonderen Aspekt des sozialen Risikos.

maler nutzenmaximierender Wachstumspfad mit Umweltverschmutzung gekennzeichnet ist.[271]

Als Ergebnis eines solchen Modells präsentierte beispielsweise GRUVER (1976), daß ein intertemporal maximaler Nutzen innerhalb einer Wachstumsökonomie mit Umweltverschmutzung innerhalb eines endlichen Zeithorizonts erreicht wird, wenn anfänglich ausschließlich produktives Kapital aufgebaut wird und erst später sukzessive Investitionen in verschmutzungsreduzierendes Kapital getätigt werden.[272] FORSTER (1973) verglich die Ergebnisse von Wachstumsmodellen mit und ohne Verschmutzung und kam zu dem Schluß, daß der stationäre Zustand, dem die Wachstumsmodelle zustreben, für den Fall mit Umweltverschmutzung einen geringeren Bestand an produktiven Kapital und ein geringeres Konsumniveau aufweist.[273] KAMIEN und SCHWARTZ (1982) präsentierten Grundlagen für ein Modell mit Wachstum, Umweltverschmutzung und nicht-erneuerbaren Ressourcen und kamen zu dem Schluß, daß die intertemporalen Nutzenverluste durch Umweltverschmutzung durch erhöhte Kapitaleffizienz oder durch erhöhten Kapital- oder Ressourceneinsatz kompensiert werden können.[274]

Trotz der verschiedenen Annahmen ist all diesen Modellen gemein, daß es um eine optimale intertemporale Allokation von Nutzen aus dem Output und Schaden aus der Umweltverschmutzung geht, wobei die Umweltdegradierung oder -zerstörung an sich nicht in Frage gestellt, sondern nur ein optimales Timing für Umweltzerstörung gesucht wird. Diese resultierenden optimalen Allokationen sind dabei zusätzlich wesentlich abhängig von Diskontierungs- und „Weltuntergangseffekten" (endlicher Zeithorizont). Somit entspricht die Vorgehensweise in derartigen Modellen der traditionellen umweltökonomischen Analyse im dynamischen Kontext, die bei der Bestimmung des intertemporal optimalen Verschmutzungsniveaus durch Diskontierung und endlichen Zeithorizont sukzessive Umweltzerstörung als Resultat vorprogrammiert.

Abweichend von derartigen Modellen wurde von KRELLE (1984) ein Wachstumsmodell mit Umweltverschmutzung vorgelegt, das als Modell im Sinne des Standard-Preis-Ansatzes ohne Diskontierung interpretiert werden kann. Das Modell bezieht exogen vorgegebene normative Bedingungen für eine optimale Umweltqualität bzw. für ein ökologisches Gleichgewicht ein und untersucht unter einer derartigen ökologischen Begrenzung die Spielräume für einen unbegrenzten gleichgewichtigen Wachstumspfad. Da dieses Modell von KRELLE aufschlußreich und wegweisend ist, wird es nachfolgend vorgestellt.

Hinsichtlich der *Spezifizierung der ökologischen Gleichgewichtbedingung* bezieht sich KRELLE auf drei Faktoren: auf die (kumulierende) Umweltverschmutzung, die infolge der Produktion des Sozialproduktes hervorgerufen wird, auf den Einsatz von verschmutzungsreduzierendem Kapital, das den Bestand der Verschmutzung senken kann und auf die Selbstreinigungskräfte der Natur. Die sozialproduktsbedingte Umweltverschmutzung wird mit dem Produkt aus $\mathbf{e}$ und $\mathbf{Y}_t$ bezeichnet, wobei $\mathbf{e}$ als Verschmutzungskoeffizient den Verschmutzungsstrom pro produzierter Sozialproduktseinheit ausdrückt und $\mathbf{Y}_t$ wie üblich für das Sozialprodukt zum Zeitpunkt t steht. Die Emissionsreduzierung durch den Einsatz von verschmutzungsreduzierendem Kapital wird durch $\mathbf{d} \cdot \mathbf{K}_d$ umschrieben, wobei $\mathbf{d}$ als Verschmutzungsreduzierungs-Koeffizient die Emissionsreduzierung pro Geldeinheit Kapitaleinsatz anzeigt und $\mathbf{K}_d$ die Geldsumme des Einsatzes von Verschmutzungsreduzierungskapital repräsentiert. Die

271 Vgl. für einen Überblick Kamien/Schwartz 1982: S. 55.

272 Vgl. Gruver (1976): S. 167-176.

273 Vgl. Forster 1973: S. 544-547.

274 Vgl. Kamien/Schwartz 1982: S. 61-62. Diese Autoren wiesen gleichzeitig auf den rudimentären Charakter ihrer Analyse hin und betonten die methodischen Schwierigkeiten der Modellierung einer Wachstumsökonomie mit Umweltverschmutzung und nicht-erneuerbaren Ressourcen.

Selbstreinigungskraft der Natur wird mit ψ**E** umschrieben, wobei ψ als natürlicher Emissionsreduzierungskoeffizient das Verhältnis von natürlicher Emissionsreduzierung pro Emissionseinheit anzeigt und **E** für den Bestand der Umweltverschmutzung steht.[275]

Nach Einführung dieser Symbole wird das ökologisches Gleichgewicht interpretiert als ein Zustand, in dem das Verschmutzungsniveau der Umwelt **E** in jeder Produktionsperiode gleich hoch ist.[276] Zur Erfüllung einer solchen Konstellation muß jede produktionsbedingte Verschmutzung in einer Zeitperiode durch Einsatz von Verschmutzungsreduzierungskapital soweit reduziert werden, daß die verbleibende zusätzliche Restverschmutzung genau der Verschmutzungsmenge entspricht, die in dem entsprechenden Zeitraum durch natürliche Selbstreinigungskräfte verringert wird. Oder, ausgedrückt mittels der oben eingeführten Symbole:

$$eY_t - dK_{d,t} = \Psi E \tag{24}$$

In diesem Fall verändert sich der Bestand der Umweltverschmutzung **E** nicht und damit bleibt auch die mengenmäßige Verschmutzungsreduzierung durch natürliche Selbstreinigung (ψE) konstant.[277] Die Gleichung (24) läßt sich durch Differenzierung weiterhin so umformen, daß sie die Bedingung des ökologischen Gleichgewichts in marginaler Schreibweise ausdrückt:

$$e\hat{Y}_t - d\hat{K}_{d,t} = 0 \tag{25}$$

Die Differenz von zusätzlicher produktionsbedingter Verschmutzung und Verschmutzungsreduzierung durch Einsatz von Verschmutzungsreduzierungskapital ist in jeder Zeitperiode im Vergleich zur Vorperiode also gleich null. Durch Umformung der Gleichung (25) und Ersetzung des Ausdrucks $\hat{K}_d$ durch I_d, da die Veränderung des Einsatzes von Verschmutzungsreduzierungskapital der Investitionssumme in diese Kapitalform entspricht, läßt sich eine Regel für ein ökologisches Gleichgewicht ableiten, das sich auf die Erhöhung des Sozialprodukts bezieht:

$$\hat{Y} = \frac{d}{e} I_d \tag{26}$$

Diese Gleichung spezifiziert die Investitionshöhe in verschmutzungsreduzierendes Kapital I_d, die notwendig ist, um eine Sozialproduktserhöhung bei gleichzeitiger Einhaltung der ökologischen Gleichgewichtsbedingung zu realisieren.

Für die *Bestimmung der Bedingungen eines gleichgewichtigen ökonomischen Wachstumspfades* geht KRELLE zuerst von üblichen makroökonomischen Identitäten aus, die unter (27) aufgelistet sind und nur wenig Erklärung bedürfen:

---

275 Vgl. Krelle 1984: S. 424. Die hier benutzten Symbole entsprechen nicht denen des KRELLE-Aufsatzes, da eine Mehrfachnutzung von Symbolen für unterschiedliche Zusammenhänge im Kontext dieser Dissertation vermieden wird und jedes Symbol im gesamten Verlauf der Arbeit die gleiche Bedeutung trägt. Angesichts der Vielzahl der bereits genutzten Symbole in den vorangegangenen Unterkapiteln war eine Übernahme der Symbole von KRELLE leider nicht möglich.

276 Vgl. Krelle 1984: S. 424. Diese ökologische Gleichgewichtsbedingung gilt für den gesamten Zeithorizont und daher entspricht sie der politischen Festlegung einer optimalen Umweltqualität oder eines Verschmutzungsbestandes im Sinne des Standard-Preis-Ansatzes ohne Diskontierung. Die absolute Höhe des Verschmutzungsbestandes ist hier nicht weiter von belang, da im weiteren Verlauf des Modells die Bedingungen dafür gesucht werden, daß Verschmutzungsströme und die Selbstreinigungskraft der Natur sich gegenseitig aufheben.

277 Es sei an dieser Stelle noch darauf hinzuweisen, daß es sich bei der wesentlichen Maßeinheit der Gleichung (24) um eine Gewichtseinheit für die Umweltverschmutzung handelt.

(27) a) $Y=C+I$ b) $K=K_a+K_d$ c) $I=I_a+I_d$ d) $sY=I$ (mit $0<s<1$)

e) $I = \hat{K}$ f) $\hat{K}_a = I_a$ g) $\hat{K}_d = I_d$

Ausgegangen wird hier von einem Ökonomiemodell mit zwei Sektoren, einem produzierenden Sektor (Index a) und einem verschmutzungsreduzierenden Sektor (Index d). Entsprechend stehen die Symbole K_a und I_a für das Kapital bzw. die Investitionen im produzierendem Sektor. Die Sparrate s wird als konstant unterstellt. Desweiteren wird ausgegangen von einer üblichen homogenen und linearen neoklassischen Produktionsfunktion, die ausgedrückt in pro-Kopf-Schreibweise folgende Form aufweist:

(28) $$\frac{Y}{L} = \pi \cdot g\left(\frac{K_a}{L\pi}\right)$$

Dabei steht π für die durchschnittliche Arbeitsproduktivität, womit auch eine Form des technischen Fortschritts einbezogen ist, da die Veränderung von π als Rate des (arbeitsvermehrenden) technischen Fortschritts λ interpretierbar ist.[278] Der Ausdruck $g(K_a/L\pi)$ ist als eine Funktion der Kapitalintensität zu verstehen. Unter Annahme einer konstanten Kapitalintensität ($K_a/L\pi$) ergibt sich eine allgemeine Gleichgewichtswachstumsrate ($\hat{Y}/Y$) aus der Summe der Zuwachsrate der Arbeitskräfte ($\hat{L}/L$) und der Rate des technischen Fortschritts (λ):[279]

(29) $$\frac{\hat{Y}}{Y} = \frac{\hat{L}}{L} + \lambda$$

Wird Gleichung (28) nach Y aufgelöst und eingesetzt in Gleichung (29), die dann nach $\hat{Y}$ aufgelöst wird, so ergibt sich folgende Bedingung für ein gleichgewichtiges ökonomisches Wachstum:

(30) $$\hat{Y} = \left(\frac{\hat{L}}{L} + \lambda\right) \cdot L\pi \cdot g\left(\frac{K_a}{L\pi}\right)$$

Ferner ergibt sich aus den Identitäten (27c) und (27d) folgende Gleichung: $\mathbf{sY = I_a + I_d}$. Wird diese Gleichung wiederum eingesetzt in Gleichung (28), so ergibt sich eine formale Darstellung für die Beziehung zwischen den pro-Kopf-Investitionen des produzierenden und des verschmutzungsreduzierenden Sektors:

(31) $$\frac{I_a}{L\pi} = s \cdot g\left(\frac{K_a}{L\pi}\right) - \frac{I_d}{L\pi}$$

Mit Bezug auf die spezifizierten Bedingungen für ökologisches Gleichgewicht (Gleichungen 25 und 26) und für einen gleichgewichtigen Wachstumspfad (Gleichungen 29 und 30) lassen sich nun durch Kombination der Gleichungen diejenigen Bedingungen herausarbeiten, die notwendig sind, um beide Ziele – ökologisches Gleichgewicht und gleichgewichtiges Wachstum – zu erreichen. Geeignet sind dafür die Gleichungen (26) und (30), die jeweils

278 Es sei hingegen ausdrücklich darauf hingewiesen, daß dieses Modell weder technischen Fortschritt hinsichtlich des verschmutzungsreduzierenden Kapitals noch hinsichtlich der Verschmutzungsintensität des produzierenden Sektors einbezieht, da die Werte für e und d als konstant unterstellt sind.

279 Vgl. Krelle 1984: S. 425.

ökologische und ökonomische Bedingungen ausdrücken in bezug auf den Zuwachs des Sozialprodukts. Das Gleichsetzen der Gleichungen (26) und (30) ergibt nach weiteren geringfügigen Umformungen folgende Kombinationsgleichung:

$$(32) \qquad \frac{I_d}{L\pi} = \frac{e}{d} \cdot \frac{\hat{Y}}{Y} \cdot g(\frac{K_a}{L\pi})$$

Diese Gleichung beinhaltet ein erstes allgemeines Ergebnis, das besagt, daß zur Einhaltung der spezifizierten ökonomischen und ökologischen Bedingungen die pro-Kopf-Investitionen in verschmutzungsreduzierendes Kapital um so höher sein müssen, je höher die Wachstumsrate ($\hat{Y}/Y$) und der Verschmutzungskoeffizient (e) sind und je niedriger der Verschmutzungsreduzierungs-Koeffizient (d) ist.[280] Diese Zusammenhänge sind intuitiv einleuchtend. Als wesentliche Frage stellt sich, ob dauerhaft derartige Investitionssummen für Verschmutzungsreduzierungskapital bei stetigem Wachstum realisierbar sind. Zur Lösung dieser Frage wird die Gleichung (32) in die Gleichung (31) eingesetzt und es ergibt sich:

$$(33a) \qquad \frac{I_a}{L\pi} = g(\frac{K_a}{L\pi}) \cdot \left[s - \frac{e}{d} \cdot \frac{\hat{Y}}{Y} \right]$$

Um eine positive Wachstumsrate realisieren zu können, muß die linke Seite der Gleichung, die die pro-Kopf-Investition in den produzierenden Sektor darstellt, positiv sein. Dieses trifft nur zu, wenn der Term in der eckigen Klammer von (33a) positiv ist bzw. wenn folgende Ungleichung gilt:

$$(33b) \qquad 1 > s > \frac{e}{d} \cdot \frac{\hat{Y}}{Y}$$

Anhand dieser Ungleichung ist genau ablesbar, welche Sparrate **s** (unterhalb von 100%) mindestens notwendig ist, um bei gegebenen Werten für e und d eine gewünschte positive Wachstumsrate zu realisieren. Die Aufteilung der Investionen für einen Wachstumsprozeß mit vorgegebener Spar- und Wachstumsrate ist schließlich ermittelbar durch Division der Gleichungen 32 und 33a. Es gilt somit:[281]

$$(34) \qquad \frac{I_d}{I_a} = \frac{1}{\dfrac{s \cdot d}{e \cdot \dfrac{\hat{Y}}{Y}} - 1}$$

Zur Illustration der vorstehenden formalen Ausdrücke (33b) und (34) sei folgendes Beispiel genannt: In den alten Ländern der Bundesrepublik Deutschland wurden 1989 pro erwirtschafteter DM BSP durchschnittlich 0,31 kg CO_2 (e=0,31 kg) emittiert.[282] Da es derzeit möglich ist,

280 Vgl. Krelle 1984: S. 425.

281 Vgl. Krelle 1984: S. 426.

282 Daten für CO_2-Emissionen aus Stabu 1992: S. 127, Daten für BSP aus: IW 1993: Tab. 31.

unter Einsatz von Vermeidungstechnologien pro investierter DM etwa 10 kg CO_2 zu reduzieren (d=10 kg)[283], so wäre ein positives Wachstum von 5% bei gleichbleibendem CO_2-Emissionsniveau bereits ab einer Sparrate von 0,1% möglich (Bezug: Ungleichung 33b). Bei einer für Deutschland üblichen Investitionsquote von 20%, also s=0,2 (unter der Bedingung, daß Investieren dem Sparen entspricht) und einem Wachstum von 5% ergäbe sich nach Gleichung 34 eine Aufteilung der Investitionen in Umweltsektor (I_d) und produktiven Sektor (I_a) im Verhältnis von 1:128.

Mit dem Wissen über diesen Zusammenhang ergibt sich nach Krelle ein möglicher „Überlebenskorridor", in dem das Wachstum stets in einer Höhe gehalten werden kann, daß durch verbleibende Ersparnisse ausreichend hohe Investitionen in Verschmutzungsreduzierungskapital getätigt werden können, um die ökologische Bedingung zu erfüllen.[284]

* * *

Mit den Ergebnissen dieses Unterkapitels läßt sich konstatieren, daß Umwelt-Externalitäten aus neoklassischer Sicht weder mikroökonomisch noch makroökonomisch größere Probleme hervorrufen. Sowohl Umweltverschmutzung als auch irreversible Landschaftsveränderung oder -zerstörung, die durch die Ressourcengewinnung und -verarbeitung induziert werden, können mittels diverser Instrumente im Rahmen des Standard-Preis-Ansatzes internalisiert werden, wodurch der optimale Preispfad dergestalt verändert wird, daß sich die Nutzungsdauer von nicht-erneuerbaren Ressourcen verlängert. Auch Umweltverschmutzung durch wirtschaftliches Wachstum, die teilweise auch durch Verarbeitung und Nutzung nicht-erneuerbarer Ressourcen verursacht wird, stellt kein ökonomisches Begrenzungsproblem dar, da mittels Dekontaminationstechnologie Verschmutzung reduziert werden kann, so daß mittels Investitionen in Umwelttechnologie eine ökologisch vertretbare gleichgewichtige Wachstumsrate realisierbar ist.

2.5 Unvollkommene Information, Unsicherheit und Risiko mit nicht-erneuerbaren Ressourcen

Die bisherigen Ausführungen zur neoklassischen Theorie nicht-erneuerbarer Ressourcen bezogen sich anfänglich auf intertemporale Ressourcennutzung unter Bedingungen eines vollkommenen Wettbewerbsmarktes (Kapitel 2.2), wobei diese restriktiven Bedingungen nachfolgend gelockert wurden, um die Auswirkungen von Marktversagen in Form von Umwelt-Externalitäten einzubeziehen (Kapitel 2.3 und 2.4). In diesem Kapitel soll nun auf eine weitere Form von Marktversagen eingegangen werden, die in vorangegangenen Kapiteln bereits erwähnt wurde, deren ausführlichere Behandlung hinsichtlich der Nutzung von nicht-erneuerbaren Ressourcen jedoch essentiell ist: es geht um unvollständige Information. Das Vorliegen nur partieller Information zieht unweigerlich Situationen der Unsicherheit über die Implikationen wirtschaftlichen Handelns nach sich, und die ökonomischen Akteure müssen sich zu dieser Unsicherheit verhalten und können dabei mehr oder weniger risikofreudig handeln. Dieses Kapitel wird aufzeigen, wie unvollständige Information mikroökonomisches Handeln beeinflußt und wie ein intertemporales Pareto-Optimum unter Unsicherheit konstruiert wird (2.5.1). Weiterhin wird zwischen privater und sozialer Unsicherheit unterschieden werden, und diesbezüglich werden die wesentlichen mikroökonomischen Implikationen für die

283 Vgl. Wintzer et al. 1993: S. II-45.

284 Vgl. Krelle 1984: S. 426-427. Für eine Kritik und eine Erweiterung des hier dargestellten KRELLE-Modells vgl. Kapitel 4.2.1.2.

Theorie der nicht-erneuerbaren Ressourcen (2.5.2) und für die Umweltökonomik (2.5.3) dargelegt.

2.5.1 Mikroökonomisches Handeln und Pareto-Optimalität unter Unsicherheit

Mikroökonomische Akteure können unterschiedlich auf das Vorhandensein von unvollständiger Information und der damit verbundenen Unsicherheit reagieren. Angenommen ein Minenbesitzer ist unsicher hinsichtlich der zukünftigen Nachfrage nach seiner Ressource, doch er erwartet, daß bei hundertprozentiger Kapazitätsauslastung die Wahrscheinlichkeit eines vollständigen Ressourcenabsatzes mit einer Gewinnrealisierung von 10 Mio. DM bei 70% liegt und die Wahrscheinlichkeit eines nur 80%igen Absatzes mit nur 3 Mio. DM Gewinn 30% beträgt. Der entsprechend erwartete durchschnittliche Gewinn liegt dann bei 7,9 Mio. DM[285], doch er kann in dieser Höhe nicht tatsächlich erwirtschaftet werden. Ist der Minenbesitzer tendenziell eher risikoscheu, so wird er dem unsicheren durchschnittlichen Gewinn von 7,9 Mio. DM eine geringere Summe vorziehen, wenn ihm diese sicher ist.[286] Ein risikoscheuer Akteur ist also bereit, für Sicherheit zu zahlen. Die entsprechende Zahlungssumme wird in der Literatur als Risikokosten oder *Risikoprämie* bezeichnet.[287] Ein anderer Akteur mag die Wahrscheinlichkeiten des Ressourcenabsatzes bei gleicher Informationslage günstiger einschätzen. Er mag in der Risikoscheue des Minenbesitzers eine Chance sehen, ihm eine sichere Summe für den Ressourcenabsatz – z. B. in Höhe von 6,9 Mio. DM – bieten und für eine Risikoprämie in Höhe von 1 Mio. DM das Risiko des unsicheren Absatzes übernehmen. Um sein eigenes Risiko zu reduzieren kann der Akteur zusätzlich andere Risikoprojekte übernehmen, wodurch sich sein Risiko reduziert und bei ausreichend großer Anzahl von übernommenen Risiken gar gegen null geht.[288] Somit entsteht neben dem Markt für eine Ressource ein zusätzlicher Risikomarkt aufgrund des Vorhandenseins von Unsicherheit und des Bedürfnisses der Marktakteure nach Sicherheit.

Dieser Gedanke hinsichtlich des Entstehens von Risikomärkten bei unvollständiger Information ist grundlegend für die Erweiterung des Konzepts der intertemporalen Pareto-Optimalität um den Aspekt der Unsicherheit, die auf ARROW und DEBREU und ihre „Theorie der kontingenten Märkte" zurückgeht. In Kapitel 2.1.2 wurde die intertemporale Pareto-Optimalität abgeleitet aus einer zeitlichen Charakterisierung von Waren, wodurch aus G Waren in T Zeitintervallen G·T voneinander unabhängige Waren wurden, die unter Annahme

285 Ein erwartetes durchschnittliches Einkommen errechnet sich aus der Summe der für verschiedene mögliche Konstellationen erwarteten Einkommen gewichtet bzw. multipliziert mit ihrer erwarteten Eintrittswahrscheinlichkeit. Für das obige Beispiel ergibt sich: (10 Mio. DM·0,7)+(3 Mio. DM·0,3) = 7,9 Mio. DM. Vgl. Pindyck/Rubinfeld 1992: S. 139.

286 *Risikoscheue* ist das überwiegend auftretende Verhalten ökonomischer Akteure unter Unsicherheit. Weitere Verhaltenstypen sind *risikoneutrales Verhalten*, das dann vorliegt, wenn Akteure indifferent zwischen erwartetem unsicheren Ausgang einer Situation und sicherem Ausgang sind. Schließlich ist noch *risikofreudiges Verhalten* zu erwähnen, das sich dadurch auszeichnet, daß bei Gleichheit von erwartetem unsicheren Ausgang einer Situation und sicherem Ausgang der unsichere Ausgang vorgezogen wird, da er die Chance eines Vorteils bietet. Vgl. Pindyck/Rubinfeld 1992: S. 145-146.

287 Vgl. Dasgupta/Heal 1979: S. 381 und Pindyck/Rubinfeld 1992: 146-147.

288 Diese hier beschriebene Form der Risikominderung liegt der Versicherungswirtschaft zugrunde und geht auf das mathematische „Gesetz der großen Zahlen" zurück. Mit vermehrter Übernahme von Risiken werden Verlustgeschäfte der Versicherer zunehmend durch gewinnbringende Geschäfte ausgeglichen, so daß der erwartete Gewinn, den der Träger eines Einzelrisikos nicht tatsächlich realisieren kann, schließlich annähernd durch den Versicherer realisiert wird. Vgl. Dasgupta/Heal 1979: S. 383-387. Dieser Logik folgend ist das Risiko von Akteuren mit vielen unsicheren Projekten bzw. mit einer Diversifizierung des Risikos, wie z. B. bei Monopolisten und dem Staat, geringer.

vollständiger Zukunftsmärkte zum Zeitpunkt t_0 zu allokieren waren. Das Konzept der kontingenten Märkte geht nun noch einen Schritt weiter. Jede Ware G wird nun nicht nur nach ihrer Zeitindexierung unterschieden, sondern zusätzlich noch nach einem „Zustand der Welt".

Grundsätzlich wird davon ausgegangen, daß aus Sicht des Zeitpunktes t_0 in jeder Zeitperiode eine bestimmte Anzahl von bekannten Weltzuständen eintreten kann. Diese Information ist für alle Akteure gleich, aber durch ihre individuelle Interpretation der Information ergeben sich unterschiedliche Eintrittswahrscheinlichkeiten für die Weltzustände für verschiedene Akteure, woraus sich eine Möglichkeit zum Handel ableitet. Zum Zeitpunkt T stellt sich als aktueller Zustand eine Kombination intertemporaler Weltzustände heraus, die alle tatsächlich eingetretenen Zustände von t_0 bis T charakterisiert. Neben dieser aus der ex-post-Sicht tatsächlich eintretenden Kombination von Weltzuständen existieren jedoch noch eine Vielzahl anderer Kombinationen, die ex ante möglich erscheinen. Gibt es insgesamt θ mögliche Kombinationen für Weltzustände von t_0 bis T, so erweitert sich die Anzahl der intertemporalen Waren von $G \cdot T$ auf $G \cdot T \cdot \theta$. Entsprechend müssen alle Akteure zum Zeitpunkt t_0 für alle Waren in allen Zeitperioden und zusätzlich für alle möglichen Kombinationen der Zustände der Welt Produktions- und Konsumpläne aufstellen und auf Zukunfts- und Risikomärkten gemäß ihres nutzenmaximierenden Kalküls umsetzen. Es entstehen somit ex ante Verträge über alle kontingenten Güter, wobei nur diejenigen Verträge im Zeitablauf Gültigkeit gewinnen, die sich auf einen Weltzustand beziehen, der dann auch tatsächlich eintritt. Werden für alle Kombinationen von Weltzuständen in t_0 entsprechende Lieferverträge oder auch Versicherungsverträge gegen den Eintritt risikobehafteter Ereignisse abgeschlossen, so wird die Unsicherheit damit beseitigt. Unter diesen Umständen wird die Analyse der intertemporalen Pareto-Optimalität lediglich um eine Anzahl zusätzlicher Waren erweitert und die restlichen Ergebnisse aus Kapitel 2.1.2 bleiben bestehen.[289]

Die Grundidee der Konstruktion der Pareto-Optimalität unter Unsicherheit besteht also darin, daß durch Risikomärkte Unsicherheit reduziert bzw. vollkommen eliminiert wird und damit die übliche intertemporale Analyse gilt, die sich lediglich auf einen quantitativ erweiterten Gütermarkt bezieht.

2.5.2 Unsicherheit und optimale Nutzung von nicht-erneuerbaren Ressourcen

Das Phänomen der Unsicherheit beeinträchtigt die Ergebnisse der Theorie der nicht-erneuerbaren Ressourcen nicht, wenn zusätzlich vollkommene intertemporale Risikomärkte unterstellt werden. Im Gegensatz zur Konstellation unter Sicherheit werden nun nicht die Gegenwartswerte der sicheren Erträge maximiert, sondern die *Erwartungswerte* für alle möglichen Weltzustandskombinationen von t_0 bis T. Da eine Absicherung gegen alle ungünstigen Situationen möglich ist, kann der Erwartungswert quasi über den Umweg der kontingenten Märkte in einen sicheren Wert umgewandelt werden, so daß sich weder für den Hotelling-Preispfad noch für die Ausbeutungsrate der nicht-erneuerbaren Ressource und die Ressourcennutzungsdauer Abweichungen vom Fall unter Sicherheit ergeben.[290]

---

289 Es sei darin erinnert, daß für die Theorie der kontingenten Märkte eine Vielzahl sehr restriktiver Voraussetzungen gelten. So ist u. a. unterstellt, daß die Informationslage aller Akteure gleich ist, daß alle Zustände der Welt bekannt sind, für alle Zeitperioden Risikomärkte für alle Weltzustände existieren, und daß die zukünftigen Präferenzen bekannt sind. Die letzte Voraussetzung bedeutet, daß marktinterne Unsicherheiten ausgeblendet werden und nur „exogene Unsicherheiten" wie zukünftige Ressourenausstattung oder Nachfrage einbezogen werden. Vgl. zur Theorie der kontingenten Märkte: Dasgupta/Heal 1979: S. 411-417 und Endres/Querner 1993: S. 64-66.

290 Vgl. Fisher 1981: S. 44-45 und Endres/Querner 1993: S. 63-66. Für den Beweis einer effizienten Allokation unter Sicherheit vgl. Loury 1978: S. 633-635.

Dieses Ergebnis ist in der Behandlung von Unsicherheit allerdings nicht sehr befriedigend, da zur Lockerung der Bedingungen des vollkommenen Wettbewerbsmarktes bezüglich der vollkommenen Information eine andere, sehr restriktive und unrealistische Annahme über die Existenz vollkommener Risikomärkte getroffen wird. Dies ist um so bedauerlicher, da schon das intertemporale Konzept der vollkommenen Zukunftsmärkte an realistischer Fundierung zu wünschen übrig ließ. So ist es beispielsweise nicht möglich, heute eine bestimmte Menge Erdöl für eine Zeitperiode in 50 Jahren einzukaufen unter der Bedingung, daß in Saudi Arabien eine Revolution stattfindet. Es fehlt nicht nur der kontingente Ressourcenmarkt für Erdöl unter dieser Revolutionsbedingung, sondern gleichzeitig beträgt die zeitliche Tiefe des Erdölterminmarktes lediglich neun Monate.[291] Aufgrund dieser Situation ist es wesentlich interessanter, die Implikationen zu betrachten, die sich ergeben, wenn Ressourcenbesitzer *nicht* in der Lage sind, sämtliche Risiken zu beseitigen, sondern wenn ihre Entscheidungen immer mit einem gewissen Risiko behaftet sind. In diesem Kontext ergibt sich die zusätzliche die Frage, inwieweit private Optimalität dann noch mit sozialer Optimalität übereinstimmt. Daher werden nachfolgend in Anlehnung an Kapitel 2.2.1.2 die mikroökonomischen Auswirkungen der Unsicherheit hinsichtlich wesentlicher Einflußfaktoren des Ressourcenpreispfades diskutiert und die Implikationen in bezug auf die soziale Optimalität erörtert.

Grundsätzlich ist festzustellen, daß eine rationale Entscheidungsfindung unter Unsicherheit zu wesentlich vielfältigeren Ergebnissen führen kann als unter vollkommener Information, da verschiedene Personen und auch ganze Gesellschaften unterschiedlich risikofreudig bzw. risikoscheu sein können, und da ebenfalls die individuelle Erwartungsbildung in bezug auf eine Informationslage zwischen Personen divergieren kann. Risikoverhalten und Erwartungsbildung sind daher unter Unsicherheit wesentliche mikroökonomische Determinanten, die sehr heterogene Entscheidungsfindungsprozesse trotz gleichem Motiv (Nutzen- bzw. Profitmaximierung) hervorzubringen vermögen. Die nachfolgenden Ausführungen werden sich hauptsächlich auf die Auswirkungen risikoscheuen Verhaltens beziehen.

Als erstes sei die *Unsicherheit über den zukünftigen Verlauf der Zinsrate* zu betrachten. Wie dargelegt in Kapitel 2.2.1.2 anhand von Abbildung 2.6, impliziert eine höhere Zinsrate einen niedrigeren Anfangspreis mit höherer Abbaurate und kürzerer Ressourcennutzungsdauer. Eine mögliche Zinsrate der Zukunft, die den erwarteten durchschnittlichen Verlauf der Zinsrate wesentlich übersteigt, birgt für den Ressourcenbesitzer ein Risiko, da dann ein langfristiger Ressourcenabbauplan, der lediglich an der erwarteten Zinsrate orientiert ist, einen geringeren Profit brächte als eine normale Geldmarktanlage mit flexiblem Zinssatz. Ist der Ressourcenbesitzer risikoscheu, so wird er sein Risiko in der Weise reduzieren, daß er eine höhere Zinsrate als erwartet einkalkuliert. Als Konsequenz wird er einen geringeren Anfangspreis ansetzen und die Ausbeutungsrate im Gegensatz zum Fall unter Sicherheit erhöhen. Seine Risikoprämie für dieses risikoscheue Verhalten besteht dann in einer geringeren realisierbaren Royalty. Risikoscheues Verhalten unter unsicherer Zinsrate impliziert also eine beschleunigte Ressourcenausbeutung.[292] Aus sozialer Perspektive muß dieses risikoscheue Verhalten des Ressourcen-

---

291 Vgl. Siebert 1987a: S. 6 und Fisher 1981: S. 45.

292 FISHER weist darauf hin, daß die Kalkulation mit einer höheren Diskontrate nicht unbedingt zu einer Verringerung der Ressourcennutzungsdauer führen muß, wenn der Prozeß der Exploration von Ressourcen mitberücksichtigt wird. Eine höhere Zinsrate beschleunige zwar die Ausbeutung, aber ebenso hemmt sie Explorationsinvestitionen, so daß der Prozeß der beschleunigten Ausbeutung irgendwann abschwächt und eine genaue Auswirkung auf die Ressourcennutzungsdauer nicht prognostizierbar ist. Vgl. Fisher 1981: S. 49. Es ist allerdings zu beachten, daß diese Aussage auf der Annahme basiert, daß auch der Ressourcenbestand unsicher ist.

besitzers nicht unbedingt sub-optimal sein, sofern bei vorzeitigem Erreichen des Prohibitivpreisniveaus eine Backstop-Technologie zur Verfügung steht. Bezüglich des Ressourcenpreises bei erhöhter Zinsrate haben gegenwärtige Verbraucher sogar Vorteile aus dem risikoscheuen Verhalten, während zukünftige Verbraucher höhere Preise bezahlen müssen (vgl. Abbildung 2.6). Da sich diese Vor- und Nachteile ausgleichen, ist eine grundsätzliche Abweichung sozialer von privater Optimalität unter unsicherer Zinsentwicklung nicht konstatierbar.

Eine beschleunigte Ressourcenausbeutung läßt sich auch für eine *Unsicherheit in bezug auf die Nachfrage* herleiten. Es ist anzunehmen, daß die Unsicherheit über den Absatz einer Ressource mit zunehmender zeitlicher Entfernung größer wird. Eine Begründung dafür mag eine Unsicherheit über das Einführungsdatum einer Backstop-Technologie sein oder eine Unsicherheit über das Backstop-Preisniveau. Derartige Risiken veranlassen risikoscheue Ressourcenbesitzer dazu, einen größeren Teil des Ressourcenbestandes in der Gegenwart auszubeuten, um dem Risiko einer zukünftigen Entwertung des Ressourcenbestandes durch eine Backstop-Technologie entgegenzuwirken. Auch in diesem Fall wird die Ausbeutungsrate durch Unsicherheit erhöht und die Ressourcennutzungsdauer verkürzt.[293] Aus gesellschaftlicher Perspektive mit risikoscheuer Haltung wäre hingegen bei unsicherer Kostenhöhe einer Backstop-Technologie oder unsicherem Datum ihrer Einführung genau das Gegenteil sozial optimal, nämlich eine Verminderung der Ausbeutungsrate, um das Risiko einer Ressourcenerschöpfung vor dem Zeitpunkt der Verfügbarkeit der Backstop-Technologie zu verringern. In diesem Fall bestände also eine klare Divergenz zwischen sozialer und privater Optimalität unter Unsicherheit.[294]

Bezüglich der *Unsicherheit über die Bestandsmenge*, die sich auch als Unsicherheit über den Erfolg von Explorationsaktivitäten darstellen läßt, ergibt sich bei risikoscheuer Einstellung im Vergleich zur Situation unter vollständiger Information eher eine verminderte Ausbeutungsrate. Das Risiko des Ressourcenbesitzer liegt in diesem Fall darin, daß im intertemporalen Abbauplan möglicherweise ein zu großer erwarteter Ressourcenbestand einkalkuliert wird, so daß die Ressource vor Erreichung des Prohibitivpreisniveaus erschöpft und damit eine zu geringe Royalty realisiert wird. Als Risikovorsorge wäre also eine anfänglich verringerte Ausbeutungsrate mit höherem Anfangspreis anzusetzen, wodurch eine längere Ressourcennutzungsdauer entsteht. Die Risikoprämie für dieses risikoscheue Verhalten ergibt sich aus dem reduzierten Ressourcenabsatz.[295] Eine weitere Möglichkeit der Risikoreduzierung bei unsicherem Ressourcenbestand besteht darin, die Explorationsinvestitionen stets so abzustimmen, daß jederzeit eine bestimmte Ressourcenverfügbarkeit gesichert ist.[296] In diesem Fall der Unsicherheit besteht auch für die Allgemeinheit das Risiko in einer vorzeitigen Ressourcenerschöpfung, so daß die risikoscheue Reaktion des Ressourcenbesitzers auch im Interesse der Gesellschaft liegt.

Unsicherheit über die Kostenentwicklung der Extraktion ist schon aufgrund der vielfältigen Einflußfaktoren und ihrer teilweise entgegengesetzten Kostenwirkungen gegeben, wie dargestellt in Kapitel 2.2.1.2. Hinsichtlich der Unsicherheit der Kosten *über die Zeit* besteht das

293 Vgl. Fisher 1981: S. 46-47.

294 Auf diese Divergenz bei risikoscheuem Verhalten und unsicherer Kostenhöhe einer Backstop-Technologie verweist HOEL (1978). Als Möglichkeit der Internalisierung schlägt er eine Steuer vor, die lediglich in der Zeitperiode vor dem erwarteten Datum der Backstop-Technologie-Einführung erhoben wird. Desweiteren wird auch gezeigt, daß diese Divergenz bei einer allgemeinen risiko*neutralen* Haltung nicht entsteht. Vgl. Hoel 1978: S. 640-642.

295 Vgl. Fisher 1981: S. 47-48, Endres/Querner 1993: S. 66, Gilbert 1979: S. 47-52, Kemp 1976: S.300.

296 Vgl. Gilbert 1979: 47-55 und Devarajan/Fisher 1982: S. 332-343.

Risiko darin, daß die erwarteten zukünftigen Kosten durch staatliche Regulierung möglicherweise höher sein könnten und die Kostensenkungen durch technischen Fortschritt möglicherweise zu optimistisch eingeschätzt wurden. Ein risikoscheuer Akteur hat daher einen Anreiz, die Ausbeutung vermehrt in die Gegenwart zu verlegen. In bezug auf die Unsicherheit über die Erzqualität und der damit über die *ressourcenbestandsbezogenen Kostenentwicklung* besteht das Risiko darin, daß bei einer Erzqualität, die schlechter ist als erwartet, der Preispfad weniger steil ansteigt und aufgrund hoher Nachfrage eine vorzeitige Erschöpfung droht (vgl. die Diskussion der Abbildung 2.13 in Kapitel 2.2.1.2). Eine rationale risikoscheue Reaktion ist in diesem Fall eine gedrosselte Ausbeutung mit einer längeren Nutzungsdauer. Diese gegensätzlichen risikoscheuen Verhaltensweisen in bezug auf unsichere Kosten haben die Tendenz, sich gegenseitig zu neutralisieren bzw. wird das größere Risiko durch das kleinere abgeschwächt. Eine allgemeine Tendenz hinsichtlich der Ressourcenausbeutung ist für diesen Fall nicht konstatierbar.

Eine weitere Unsicherheit ergibt sich bezüglich der *politischen Lage eines Bergbaulandes.* Ressourcenbesitzer, die unter der Drohung möglicher Enteignung Ressourcen ausbeuten, werden versuchen, möglichst viele Ressourcen in kurzer Zeit zu veräußern, um dem Risiko zukünftiger Enteignung zuvorzukommen. Der beschleunigten Ausbeutung wirkt jedoch entgegen, daß unter einer Enteignungsdrohung keine langwierigen neuen Explorationsaktivitäten eingeleitet werden, mit der Folge einer Schonung bisher noch nicht erschlossener Ressourcen.[297]

In makroökonomischen Modellen wird Unsicherheit und risikoscheues Verhalten üblicherweise durch die Einbeziehung einer Risikoprämie in Form einer erhöhten privaten Diskontrate berücksichtigt, die eine beschleunigte Ressourcenausbeutung impliziert.[298] Die vorstehenden Ausführungen haben jedoch verdeutlicht, daß die tatsächlichen mikroökonomischen Auswirkungen von Unsicherheit nicht unbedingt einheitlich sind, sondern von der Art der Unsicherheit, der Höhe der jeweiligen Risiken und von der Einstellung zum Risiko abhängen. Inwieweit eine Kombination der verschiedenen Risiken zu einer beschleunigten oder einer reduzierten Ressourcenausbeutung führt, läßt sich nicht generell vorhersagen, sondern ist von den spezifischen Umständen abhängig. Weiterhin besteht eine deutliche Divergenz zwischen privater und sozialer Optimalität bei grundsätzlich risikoscheuer Einstellung aller Akteure lediglich in Fällen der Unsicherheit über die Backstop-Technologie, wenn private Akteure aufgrund des Entwertungsrisikos die Ausbeutung beschleunigen, während die Gesellschaft dem Risiko der Erschöpfung ohne Verfügbarkeit eines Substituts durch Drosselung der Ausbeutung entgegentreten würde.

Nach diesen Ausführungen läßt sich feststellen, daß bei Existenz von Unsicherheit mit risikoscheuem Verhalten der entsprechend entstehende Preispfad vom effizienten intertemporalen Preispfad unter vollständiger Information abweicht. Doch selbst bei Betrachtung eines Hotellingpfades unter Unsicherheit mit risikobedingt korrekt modifizierter sozialer Zinsrate ist es angesichts der vielen Unsicherheiten sehr unwahrscheinlich, daß sich der korrekte Anfangspreis einstellt, der dann mit der modifizierten Zinsrate ansteigt. Denn, wie ausgeführt in Kapitel 2.2.1.1, für die Erstellung eines effizienten Extraktionsplanes ist vollständige Information über sämtliche Einflußfaktoren notwendig, um den effizienten Anfangspreis zu determinieren, der einen Hotellingpfad mit Erschöpfung zum Zeitpunkt des Erreichens des Prohibitivpreisniveaus garantiert. Bei vielfältigen Formen von Unsicherheit ist es daher eher unwahrscheinlich,

---

297 Vgl. Dasgupta/Heal 1979: S. 448-449 und Fisher 1981: S. 47+49. Die Anmerkung zur Exploration impliziert erneut die gleichzeitige Unsicherheit über den Ressourcenbestand.

298 Vgl. Fisher 1981: S. 45.

daß sich in einer Ausgangsperiode t_0 ein effizienter Anfangspreis mit entsprechend effizienter Ausbeutungsrate einstellt.

Liegt aber erst einmal eine Abweichung vom Hotellingpfad vor, so ist ein weiteres Divergieren von jenem Pfad wahrscheinlicher als ein Konvergieren, da durch marktbedingte Reaktionen eine Abweichung vom Pfad eher noch verstärkt wird. Wird beispielsweise ein Ressourcenmarkt durch die falsche und kurzsichtige Erwartungshaltung dominiert, daß eine Backstoptechnologie früher als zuvor erwartet eingeführt werde und dadurch ein zukünftiger Preisverfall zu erwarten ist, so werden rationale Ressourcenbesitzer beschleunigt ausbeuten und ein Überangebot am Ressourcenmarkt verursachen, das dann tatsächlich zu einem Preisverfall führt – mit möglicherweise weiteren lawinenartigen und ausbeutungsbeschleunigenden Preisverfalleffekten.[299] Eine solche Konstellation würde zu einem Preispfad mit einem permanent zu niedrigem Preisniveau und zu hoher Ausbeutungsrate führen und erst zu einem späten Zeitpunkt – kurz vor der Ressourcenerschöpfung – würde diese Fehlentwicklung entdeckt werden, mit der Konsequenz eines abrupten und diskontinuierlichen Preissprungs. In diesem Fall würde die falsche Erwartung anfänglich bestärkt und später abrupt durch Erschöpfungsgefahr korrigiert, so daß der Gesamtpfad ineffizient verliefe. Im gegenteiligen Fall eines zu hohen anfänglichen Preisniveaus fände zu viel Ressourcenschonung statt und irgendwann würde das Prohibitivpreisniveau erreicht, ohne daß die Ressource erschöpft ist. In diesem Fall liegt selbst ein später und abrupter Korrekturmechanismus nicht vor. Somit besteht aufgrund der Existenz vielfältiger Formen von Unsicherheit eine Form von Marktversagen, da die Bestimmungsfaktoren der Anfangspreise nicht vollständig bekannt sind und kurzfristig wirkende marktinterne Korrekturmechanismen nicht existieren.[300]

Die Internalisierung von Marktversagen durch unvollständige Information und dadurch entstehende Unsicherheit über eine Vielzahl von Sachverhalten und Fakten ist ein schwieriges Unterfangen und in der realen Welt nicht vollständig vollbringbar. Es gehört nun einmal zur Normalität der realen Welt dazu, daß sie unvollkommen ist und vollständige Information – besonders über zukünftige Sachverhalte und Ereignisse – nie erreichbar sein kann. Im Gegensatz dazu ist Information – *gerade weil* sie unvollständig und daher knapp ist – eine wichtige Ware in der realen Welt, für deren Erlangen ökonomische Ressourcen aufzubringen sind. Zur Veranschaulichung seien lediglich einige Beispiele genannt: Forschung & Entwicklung ist eine Investition in Information über zukünftige Technologien, Ausbildung ist eine Investition in die Informationskapazität von Menschen, Exploration ist eine Investition zur Erlangung von Information über den Bestand von nicht-erneuerbaren Ressourcen und wissenschaftliche Forschung dient zur Verbesserung der Information über grundlegende Gesellschafts- und Naturzusammenhänge, wodurch u. a. bessere Prognosen über zukünftige Entwicklungen möglich werden. Aufgrund dieses Warencharakters der Information scheint eine Lösung des Problems durch Schaffung von Informationsmärkten eine naheliegende Option zu sein. Information weist jedoch viele Eigenschaften auf, die für eine reine Marktallokation ungünstig sind. So hat sie u. a. einen Kollektivgutcharakter, mit der Konsequenz, daß eine ausschließlich marktorganisierte Informationsproduktion stets ein zu geringes Angebot aufweisen würde.[301]

Da unvollständige Information ein vielfältiges und ein in allen Bereichen von Ökonomie

299 FISHER weist darauf hin, daß sich viele Ressourcenbesitzer bei unsicherer Preiserwartung an der vergangenen Preisentwicklung orientieren. Er zeigt, daß bei einer Elastizität der Preiserwartung von größer als eins zwangsläufig ineffiziente Preispfade entstehen, selbst wenn der Anfangspreis korrekt bestimmt ist. Er konstatiert, daß lediglich eine Elastizität der Preiserwartung von kleiner eins mit einem effizienten und stabilen Gleichgewichtspreispfad konsistent ist. Vgl. Fisher 1981: S. 50-51.

300 Vgl. Dasgupta/Heal 1979: S. 160-163.

301 Vgl. zum Problem der Informations-Allokation durch den Markt Dasgupta/Heal 1979: S. 418-427.

und Gesellschaft existierendes übliches Phänomen ist, wäre die Beauftragung des Staates mit der Produktion vollständiger Information naheliegend, doch das wäre kaum realisierbar. Weiterhin könnte gefordert werden, daß der Staat die Produktion von Gütern übernimmt, bei denen hohe Unsicherheit vorherrscht, da der Staat mit einer großen Zahl unsicherer Projekte ein geringeres Risiko tragen würde als private Akteure. Mit dieser Begründung ließe sich jedoch auch eine vollkommene zentrale Planverwaltungswirtschaft rechtfertigen, die keinesfalls zur Verbesserung der Allokation beiträgt.[302]

Es verbleiben daher als sinnvolle Maßnahmen hinsichtlich der Internalisierung unvollständiger Information lediglich staatliche Anstrengungen, eine angemessene institutionelle Infrastruktur der Informationsproduktion und -verbreitung sowie der Risikoabsicherung zu fördern bzw. sicherzustellen und somit die privaten Anstrengungen der Informationsbeschaffung und Risikominderung zu ergänzen. Politiken für den Bereich der optimalen Nutzung nicht-erneuerbarer Ressourcen könnten u. a. ansetzen bei der Forschungsförderung zur Verfeinerung wissenschaftlicher Prognosemethoden, bei der Vergabe staatlicher Forschungsaufträge zur Prognostizierung zukünftiger Ressourcenpreisentwicklungen, bei der Förderung informationsspezifischer Institutionen, bei der Förderung der Verfeinerung der institutionellen Terminmarktstruktur und bei Anstrengungen zur Stabilisierung von Ressourcenmärkten. Weiterhin ist die staatliche Unterstützung von Grundlagenforschung wesentlich sowie die Förderung von Explorationsvorhaben und der Erforschung möglicher Backstop-Technologien. Schließlich ist aufgrund des wichtigen Beitrages einer stabilen politischen und makroökonomischen Situation hinsichtlich der mikroökonomischen Einschätzung zukünftiger landesspezifischer Risiken auch die Verfolgung einer transparenten, verläßlichen, soliden und damit vorhersagbaren staatlichen Politik hilfreich, da durch sie das Entstehen politischer und ökonomischer Unsicherheiten vermieden werden kann.[303]

2.5.3 Umgang mit sozialen Risiken

Die bisher thematisierten Fälle von Unsicherheit beschränkten sich auf einen speziellen Unsicherheitstypus, der lediglich *private* Risiken verursacht. Ein privates Risiko zeichnet sich dadurch aus, daß es spezifisch ist für einen Akteur mit einer bestimmten Wahrnehmung und einer bestimmten Einstellung zum Risiko. Weiterhin ist das private Risiko unabhängig von anderen Personen und es läßt sich durch Übertragung auf andere Akteure reduzieren oder gar eliminieren. Das private Risiko besitzt also einen Privatgutcharakter. Nicht betrachtet wurden bisher jedoch Unsicherheiten, die *soziale* Risiken nach sich ziehen. Derartige Risiken beziehen sich auf Kollektivgüter, so daß alle Personen einer Ökonomie dieses Risiko tragen müssen und eine Verlagerung oder Verschiebung – wie vorgesehen im Konzept der kontingenten Märkte – nicht möglich ist.[304]

Da viele Umweltgüter und Naturressourcen Kollektivgüter sind, handelt es sich bei vielen Unsicherheiten hinsichtlich der Auswirkung von umweltbezogenen externen Effekten – wie

---

302 Bei der staatlichen Übernahme der Produktion – u. a. von nicht-erneuerbaren Ressourcen – aufgrund unvollkommener Information ist neben der Tatsache, daß auch der Staat nicht mehr Informationen über die Zukunft haben kann als private Akteure, ebenfalls auf das Phänomen des Staatsversagens zu verweisen. Staatliche Produktion an sich garantiert keine optimale Produktion und Allokation. Vgl. Fisher 1981: S. 53-55 und Dasgupta/Heal 1979: S. 474-475. Für ein empirisches Fallbeispiel für Staatsversagen bei der Ressourcenausbeutung vgl. Messner, F. 1996. Siehe ebenso Kapitel 5.

303 Vgl. Dasgupta/Heal 1979: S. 472-474, Stiglitz 1979: S. 52-54, Schneider 1980: S. 825, C.C. von Weizsäcker 1980: S. 809 und Endres/Querner 1993: S. 92-94.

304 Vgl. Siebert 1992: S. 249-250.

sie auch bei der Gewinnung und Nutzung von nicht-erneuerbaren Ressourcen bestehen – um soziale Risiken. Die verschiedenen Arten der Unsicherheiten und unvollständigen Informationen, die bei der Umweltverschmutzung vorliegen, sind bereits in Kapitel 2.3.3.1 ausgeführt worden. Neben dem Problem der Nicht-Konvexität und der Monetarisierung von Umweltschäden war u. a. die praktische Unmöglichkeit der Konstruktion einer externen Grenzkostenkurve aufgrund von Unsicherheiten über Schadstoffwirkungen, Transmissionswege von Emissionen etc. als Grund dafür angeführt worden, warum durch neoklassische Umweltökonomik keine Umweltziele bestimmt werden können.

Das Problem der Unsicherheit über Wirkungen von Schadstoffen auf Mensch und Umwelt bei der Entscheidung über die Bestimmung eines optimalen Emissionsniveaus bleibt jedoch auch bestehen, wenn die Entscheidung an Wissenschaftlerinnen oder Politiker weitergegeben wird. Der Standard-Preis-Ansatz schiebt das Problem der Unsicherheit lediglich einer anderen Instanz zu. Obwohl das neoklassische Instrumentarium zur Entscheidung über Verschmutzungsniveaus und Grenzwerte für die Realität nicht tauglich ist, so läßt sich mittels des neoklassischen Schemas mit EGK- und GVK-Kurven doch sehr gut veranschaulichen, wie der Staat rational mit sozialen Risiken umgehen kann.

Die Abbildung 2.31 zeigt zwei EGK-Kurven, wobei EGK_1 eine von der Umweltagentur erstellte Schadenskurve nach dem Stand der Forschung darstellt, die das optimale Emissionsniveau von E_1* nahelegt, während EGK_2 eine Schadenskurve mit wesentlich geringerem Optimalemissionsniveau E_2* darstellt, die möglicherweise zutrifft, wenn sich bisher unbewiesene pessimistische Forschungsmeinungen bewahrheiten. Angenommen, die Wahrscheinlichkeit der Bewahrheitung der noch unbewiesenen Forschungsmeinung sei positiv. Das *erwartete* Emissionsniveau $\hat{E}$* läge dann links von E_1*, wäre also restriktiver als der Wert, der nach dem Stand gegenwärtigen Wissens ermittelt wurde. Eine politische Entscheidung für das Emissionsniveau E_1* wäre unter diesen Umständen eine risiko*freudige* Entscheidung, da der ausgewählte Wert höher wäre als der Erwartungswert. Dem sozialen Risiko der Bewahrheitung der EGK_2-Kurve mit einem drohenden Wohlfahrtsverlust in Höhe der schraffierten Fläche würde in dieser Weise keine Beachtung geschenkt. Eine solche risikobezogene Entscheidungshaltung, die eher ein Individuum mit Spielernatur auszeichnet, ist für eine staatliche Agentur nicht sehr wahrscheinlich.

Wahrscheinlicher und auch angemessener wären entweder eine risikoneutrale Entscheidung für den Erwartungswert $\hat{E}$* oder eine risikoscheue Entscheidung für einen Wert links von $\hat{E}$*, wobei die Abweichung vom Erwartungswert als Risikoprämie zu interpretieren wäre. In beiden Fällen wird dem Vorhandensein von Unsicherheit dadurch Tribut gezollt, daß die schraffierte Risikofläche reduziert wird. Somit impliziert das Vorliegen von Unsicherheit bei einer Entscheidungsfindung über ein optimales Emissionsniveau also selbst bei risiko*neutraler* Einstellung der Entscheidungsinstanz ein vorsichtiges Verhalten mit dem Ergebnis, daß ein geringeres optimales Emissionsniveau gewählt wird, als durch den Stand der Forschung nahegelegt ist. Diese Reaktion der Risikoreduzierung mag als eine Art Versicherung gegen mögliche soziale Umweltrisiken interpretiert werden. Es bleibt weiterhin zu konstatieren, daß ein optimales Emissionsniveau unter Unsicherheit je niedriger ist, je höher das bestehende Risiko und je vorsichtiger bzw. risikoscheuer die Haltung der Entscheidungsinstanzen ist.[305]

In einer intertemporalen Betrachtung mit mehreren Generationen ergibt sich hinsichtlich des sozialen Risikos eine veränderte Konstellation, da Risiken, die für eine lange Zeitfrist bestehen, auf nachfolgende Generationen abgewälzt werden können. Diese Form der Risikover-

---

305 Vgl. Siebert 1992: S. 253-257. Für eine aufschlußreiche Diskussion von Umweltinstrumenten unter Unsicherheit vgl. Baumol/Oates 1988, S. 57-77.

schiebung ergibt jedoch keine bessere Allokation von Risiken wie beim Fall der Verschiebung von privaten Risiken, sondern wirft eine intergenerationelle Gerechtigkeitsfrage auf, da die Lasten einer Generation einer anderen aufgebürdet werden. Ganz generell ist festzuhalten, daß es keine optimale Allokation von sozialen Risiken geben kann.[306]

Abbildung 2.31
Optimales Emissionsniveau unter unsicheren externen Grenzkosten

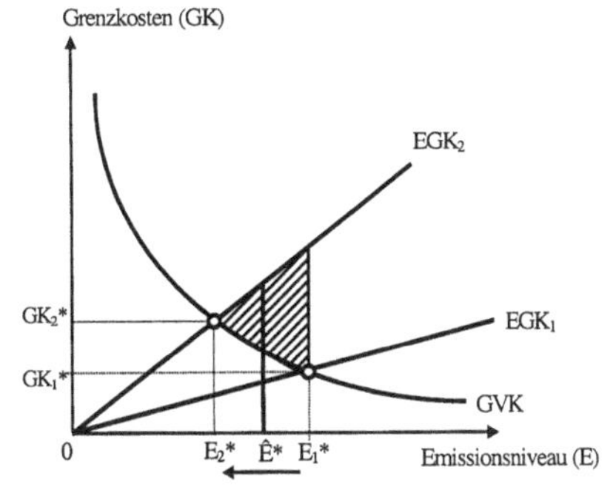

Eine Übertragung dieser Erkenntnisse auf das Problem der Irreversibilitäten, das in Kapitel 2.4.2 vorwiegend unter der Annahme vollständiger Information diskutiert wurde, mag die Ergebnisse jenes Unterkapitels verdeutlichen. Soziale Risiken sind ein fundamentaler Bestandteil jeder Irreversibilität. In bezug auf die Ungleichung (23), die als Entscheidungsregel bei irreversiblen Bergbauprojekten diskutiert wurde, ist festzustellen, daß mehrere ihrer Komponenten hinsichtlich ihrer tatsächlichen Wertgröße äußerst unsicher sind. Als erstes ist darauf hinzuweisen, daß jedes Bergbauprojekt soziale Umweltkosten mit sich bringt, deren Höhe gerade bei irreversiblen Landschaftsveränderungen besonders unsicher ist und mithin soziale Umweltrisiken birgt, so daß der Wert für den Ausdruck $C_{Bb,t}$ nicht eindeutig bestimmbar ist. Ähnliches gilt für die intertemporale Ertragsgröße ($Q_{Bb,t}$), da auch die realisierbaren Ressourcenerträge der Zukunft angesichts instabiler Ressourcenmärkte alles andere als sicher sind. Somit ist die gesamte linke Seite der Ungleichung (23) unsicher. Da analog zu der obigen Diskussion über die Entscheidung über ein optimales Emissionsniveau unter Unsicherheit gezeigt werden kann, daß der erwartete Nutzen aus einem irreversiblen Projekt unter Unsicherheit selbst für einen risiko*neutralen* Investor kleiner ist als der tatsächliche Nutzen bei vollständiger Information[307], wäre der Nettowert des irreversiblen Projektes um eine Risikoprämie zu verringern.[308] Weiterhin ist die Konsumentenrente der zukünftigen – alternativen – Freizeitnutzung einer Naturlandschaft ($KR_{F,t}$) ebenfalls vollkommen unsicher, da Informationen über Präferenzen zukünftiger Generationen nicht vorliegen können. Schließlich ist auch der intertemporale Optionswert der Freizeitnutzung ($OP_{F,t}$), der die intertemporale Wertschätzung des Naturerhalts reflektiert und als Risikoprämie angesichts der drohenden Zerstörung durch ein irreversibles Bergbauprojekt interpretiert werden kann, höchst unsicher und kaum ermittelbar.[309]

Angesichts der Unmöglichkeit, derartige Unsicherheiten bei einer Bewertung irreversibler Projekte mit möglicherweise extrem hohen sozialen Risiken vollkommen zu beseitigen, be-

---

306 Vgl. Siebert 1992: S. 259.

307 Vgl. für den Beweis Arrow/Fisher 1974: S. 482-484. Sie bezeichnen diese Risikoprämie bei Unsicherheit der Investition in irreversible Projekte als Quasi-Optionswert.

308 In diesem Sinne mag die Einbeziehung einer intertemporalen Entwertung eines irreversiblen Projektes (Rate k) durch (unsicheren) technischen Fortschritt bei KRUTILLA und FISHER (1975) interpretiert werden. Vgl. Kapitel 2.3.4.2.

309 Vgl. Krutilla/Fisher 1975: S. 70. Diese Unsicherheit beziehen die Autoren ein durch eine Verminderung der Diskontrate aufgrund der Annahme intertemporal zunehmender Naturverknappung (Rate l). Vgl. Kapitel 2.3.4.2.

steht die einzige angemessene Möglichkeit darin, Risiken zu reduzieren oder sie zu vermeiden. Somit verbleiben die schon erwähnten Ergebnisse von KRUTILLA und FISHER, die u. a. mit Verweis auf die Unsicherheitsproblematik als Handlungsalternativen hinsichtlich des Umgangs mit irreversiblen Projekten eine Projektbewertung mit sehr vorsichtiger Vorgehensweise bei der Wertermittlung vorschlugen und im Zweifel für eine Entscheidung zugunsten einer nicht-irreversible Nutzungsform plädierten.[310]

Abschließend sei zu konstatieren, daß Entscheidungen angesichts von Unsicherheiten mit sozialen Risiken wesentlich komplizierter zu handhaben sind als solche mit privaten Risiken, da die bedeutsame Form der Risikoreduzierung bzw. -eliminierung mittels der Anwendung des „Gesetzes der großen Zahlen" in dem Fall nicht möglich ist. Damit ergeben sich – unter der Prämisse intergenerationeller Gerechtigkeit, die eine temporale Verschiebung von sozialen Risiken ausschließt – hinsichtlich der Problematik sozialer Risiken die allgemeinen Handlungsprinzipien der Vorsicht und der Vermeidung.

2.6 Resümee: Nicht-erneuerbare Ressourcen und Nachhaltigkeit in der Neoklassik

Nachdem in den vorangegangenen Unterkapiteln die wesentlichen Aspekte der neoklassischen Theorie in bezug auf die optimale Nutzung von nicht-erneuerbaren Ressourcen und der natürlichen Umwelt dargestellt wurden, sollen abschließend die wesentlichen Beiträge resümiert werden, die die neoklassische Theoriebildung zu der Debatte um eine nachhaltige Nutzung von nicht-erneuerbaren Ressourcen beisteuert.

Wie bereits in der Einleitung ausgeführt, steht hier hauptsächlich der intergenerationelle Aspekt der nachhaltigen Entwicklung im Vordergrund, wobei intergenerationelle Nachhaltigkeit ökonomisch gedeutet wird als eine Nutzung von Ressourcen und Natur, die eine Ressourcenverschwendung ausschließt, eine größtmögliche intertemporale Gesamtwohlfahrt impliziert (ökonomische Nachhaltigkeit) und gleichzeitig intergenerationell gerecht ist (ökologische Nachhaltigkeit).[311]

2.6.1 Marktversagen, Staatsversagen und ökonomische Nachhaltigkeit

Die Frage der **ökonomischen Nachhaltigkeit** entspricht in der neoklassischen Sichtweise der Frage nach der intertemporalen Pareto-Optimalität und diesbezüglich hat die neoklassische Theorie weitreichende Beiträge geliefert. In den Kapiteln 2.1 und 2.2 ist gezeigt worden, daß intertemporale Pareto-Optimalität in Ökonomien mit nicht-erneuerbaren Ressourcen durch selbstbestimmtes nutzenmaximierendes Verhalten von Marktakteuren erreicht werden kann, wenn vollkommene Gegenwarts- und Zukunftsmärkte existieren (erstes Theorem der Wohlfahrtstheorie). Aufgrund von Marktversagen – d. h. der Abweichung der Bedingungen der realen Welt von den Annahmen der Wohlfahrtsökonomik – werden in der realen Welt suboptimale Ergebnisse in der Nutzung von nicht-erneuerbaren Ressourcen erzielt, d. h. die Summe der erzielten privaten Wohlfahrt entspricht nicht der maximal erreichbaren sozialen Wohlfahrt. In der Neoklassik werden Maßnahmen zur Internalisierung vorgeschlagen, um die Abweichung von der optimalen intertemporalen Allokation auszugleichen. Sie können interpretiert werden als Politikvorschläge für eine nachhaltige ökonomische Nutzung von nicht-erneuerbaren Ressourcen.

---

310 Vgl. Krutilla/Fisher 1975: S. 73.

311 Vgl. zu den Begriffen der ökonomischen und ökologischen Nachhaltigkeit die entsprechenden Ausführungen in der Einleitung.

Da sowohl die wichtigsten drei Formen von Marktversagen, die hinsichtlich der Gewinnung und Nutzung von nicht-erneuerbaren Ressourcen relevant sind, als auch die entsprechenden Instrumente zur Internalisierung in den vorangegangenen Unterkapiteln bereits diskutiert wurden, wird nachfolgend lediglich eine komprimierte zusammenfassende Übersicht präsentiert.

A. Unvollkommene Information

Das Vorhandensein von vollkommener Information über alle Güterpreise und -mengen und über die Modi der Markttransaktionen ist eine wesentliche Voraussetzung für das Konzept des vollkommenen Wettbewerbsmarktes im statischen und im dynamischen Kontext. Es bedarf keiner weiteren Ausführungen, um die unvollständige Informationslage – besonders über zukünftige Vorgänge und Sachverhalte auf Märkten – in der realen Welt zu belegen. Abwesenheit von vollkommener Information bedeutet, daß Marktakteure als Ersatz für Information Erwartungen als Grundlage für ökonomisches Handeln bilden, und daß Fehlentscheidungen aufgrund fehlerhafter Erwartungsbildung zu folgenschweren Allokationsverzerrungen führen können. Der Tatbestand des Marktversagens durch unvollständige Information ist bezüglich der intertemporalen Nutzung von nicht-erneuerbaren Ressourcen besonders weitreichend, da er eine optimale intertemporale Planung der Ressourcennutzung, für die ein weites Spektrum an Informationen über diverse Einflußfaktoren auf den intertemporalen Preispfad notwendig ist (siehe Kapitel 2.2.1.2), nahezu ausschließt. Die beiden nachfolgend dargestellten Unterformen dieser Form des Marktversagens verdeutlichen seine Tragweite.

A1. Nichtexistenz vollkommener Zukunftsmärkte

In Kapitel 2.1.2 ist ausgeführt worden, daß das Vorhandensein vollkommener Zukunftsmärkte für alle Güter und über alle Zeitperioden eine wesentliche Voraussetzung für das Konzept der intertemporalen Pareto-Optimalität ist. In der Praxis bestehen zwar Terminmärkte für viele Güter –so auch für viele nicht-erneuerbare Ressourcen – doch ist weder die gesamte ökonomische Güterpalette abgedeckt noch besteht auch nur eine annähernd angemessene zeitliche Tiefe bei den bestehenden Terminmärkten. Die fehlenden Zukunftsmärkte implizieren für die Nutzung nicht-erneuerbarer Ressourcen, daß wesentliche Informationen über Angebot (z. B. Höhe des gesamten Ressourcenbestandes) und Nachfrage (z. B. Präferenzen der Zukunft) nicht existieren, so daß weder der optimale Anfangspreis noch ein optimaler Plan der intertemporalen Ressourcenextraktion exakt bestimmbar ist. Die Planung der „sub-optimalen" Ressourcennutzung muß daher auf Prognosen und Erwartungen basieren, mit der Gefahr, daß eine einmalige Abweichung vom optimalen Preis- oder Extraktionspfad eine permanent ineffiziente intertemporale Ressourcennutzung nach sich ziehen kann (vgl. Kapitel 2.5.2). Weiterhin können durch wechselnde Erwartungshaltungen überzogene Overshooting-Effekte bewirkt werden mit der Folge enormer Preisinstabilitäten und ineffizienter Anpassungsmaßnahmen.[312]

A2. Nichtexistenz vollkommener Risikomärkte

Eine Möglichkeit der Bewältigung des Problems der unvollkommenen Information besteht in der Risikoeliminierung durch Vertragsabschlüsse auf Risikomärkten für alle möglichen Zustände der Welt, wie vorgeschlagen in der neoklassischen Theorie der kontingenten Märkte (vgl. Kapitel 2.5.1). Auf diesen Märkten könnten sich Ressourcenanbieter und -nachfrager hinsichtlich aller ungünstigen Umstände der Ressourcennutzung (unsichere Zinsentwicklung,

312 Vgl. Endres/Querner 1993: S. 74-75, Stiglitz 1979: S. 52-54 und Schneider 1980: S. 834.

unsichere Backstop-Technologie, unsichere Kostenentwicklung, unsichere politische Lage etc.) absichern und so einen Zustand vollkommener Information herstellen. Doch auch derartige Märkte existieren in der realen Welt nur sehr partiell, so daß besonders Unsicherheiten über zukünftige Erträge und Ressourcenverfügbarkeiten bestehen bleiben. Als Folge dieser Unsicherheiten mögen risikoscheue Akteure auf zukünftige unsichere Erträge eine Risikoprämie einberechnen und damit einen Diskontsatz zugrunde legen, der den sozialen Diskontsatz übersteigt. Damit zieht der Tatbestand der unvollkommenen Information eine weitere Form von Marktversagen durch risikoscheues Verhalten nach sich, denn die Gleichheit von sozialer und privater Diskontrate ist eine grundlegende Bedingung für die Existenz intertemporaler Pareto-Optimalität.[313] Als Folge einer erhöhten privaten Diskontrate ergäbe sich eine sub-optimale Beschleunigung der Ressourcenextraktion mit vorzeitiger Erschöpfung.

Wie ausgeführt in Kapitel 2.5.2 ist eine vollständige Herstellung vollkommener Information unmöglich. Es bestehen jedoch eine Vielzahl staatlicher Eingriffsmöglichkeiten, um die Strukturen und Institutionen der Informationsproduktion und -verbreitung sowie der Risikominderung zu verbessern.

B. Marktmacht

Eine weitere neoklassische Grundannahme zur Erreichung von Pareto-Optimalität ist die Existenz eines vollkommenen Wettbewerbsmarktes, der Marktmacht von Anbietern oder Nachfragern ausschließt. Hinsichtlich der realen Marktverhältnisse bei nicht-erneuerbaren Ressourcen ist das OPEC-Kartell und dessen Erdölembargopolitik in den 1970er Jahren das bekannteste Beispiel von Marktbeherrschung. In Kapitel 2.2.1.3 wurde am Beispiel des Monopolfalles gezeigt, daß anbieterbezogene Marktmacht eine zu geringe Produktion bei zu hohen Preisen induziert und mithin zu einer ineffizienten Verzögerung der intertemporalen Ressourcennutzung führt. Der Ressourcenschonungseffekt durch das Monopol ist allerdings nicht in jedem Fall garantiert, da dieser Effekt beispielsweise durch den Einsatz einer überlegenen Großtechnik (Skaleneffekt) kompensiert werden kann. Andererseits trägt ein Monopolist aufgrund der vielfältigen Projekte ein geringeres Risiko als Wettbewerbsanbieter, so daß eine geringere Risikoprämie wiederum ressourcenschonend wirkt. Der Nettoeffekt ist unklar, doch die überwiegende Literaturmeinung schätzt die Wirkung eines monopolistischen Ressourcenbesitzes als ressourcenkonservierend ein.[314]

Marktmacht kann entweder durch direkte Preisregulierung bei natürlichen Monopolen verhindert werden oder durch die Festlegung ordnungsrechtlicher Kartell- und Wettbewerbsgesetze, die einen Wettbewerbsrahmen garantieren, und die staatlich eingefordert und überprüft werden.[315]

C. Externalitäten

Das Externalitätenproblem wurde ausführlich in den Kapiteln 2.3 und 2.4 am Beispiel der negativen Umweltexternalitäten der Ressourcengewinnung erörtert. Der mikroökonomische Res-

313 Vgl. Kapitel 2.1.2, Gleichung (6). Das Divergieren von sozialer und privater Diskontrate als Form des Marktversagens ergibt sich, da eine staatliche risikoscheue Behörde mit vielen Risikoprojekten aufgrund des Gesetzes der großen Zahlen ein geringeres Risko trägt als risikoscheue private Akteure. Es sei angemerkt, daß das Divergieren der sozialen von der privaten Diskontrate in der realen Welt auch durch andere Gründe entstehen kann. In Kapitel 2.1.2 wurde das Beispiel der Steuererhebung genannt und die Bewertung des Wohlergehens zukünftiger Generationen als öffentliches Gut.

314 Vgl. Endres/Querner 1993: S. 82-83, Schneider 1980: 838 und Stiglitz 1979: S. 50.

315 Vgl. Pindyck/Rubinfeld 1992: S. 362-364.

sourcenbesitzer trägt in jenem Fall nicht die gesamten Kosten der Produktion, sondern überwälzt durch Umweltverschmutzung und irreversible Landschaftszerstörung soziale Kosten auf die Allgemeinheit und erzeugt damit soziale Wohlfahrtseinbußen. Wie aufgezeigt in Kapitel 2.4.1 bewirkt die Existenz von negativen Externalitäten eine beschleunigte Ressourcenausbeutung mit der Folge einer verkürzten Ressourcennutzungsdauer. Die wichtigsten Internalisierungsinstrumente wurden in Kapitel 2.3.2 und 2.4.2 vorgestellt und es sind: Steuern in Höhe der Grenzvermeidungskosten, Steuern zur Einbeziehung der Optionswerte bei Irreversibilitäten, Lizenzen für Umweltnutzung und eindeutige rechtliche Nutzungsvorschriften (im Sinne von COASE).

Eine andere Form einer negativen Externalität bei der Gewinnung von nicht-erneuerbaren Ressourcen, die bisher nicht besprochen wurde, ist die Ausbeutung von Ressourcen auf Grundstücken des Allgemeineigentums. Zu denken ist dabei an die zukünftige Ausbeutung von nicht-erneuerbaren Ressourcen, die sich am Grund der Ozeane befinden oder an den Erdpolen, wo jeweils internationales Gebiet betroffen ist. Ein aktuelleres Beispiel ist die Ausbeutung einer Erdölquelle durch verschiedene Akteure, die von unterschiedlichen Grundstücken Zugang zu einer Quelle besitzen. Als Resultat setzt ein Trittbrettfahrerverhalten ein: jede gegenwärtig ausgebeutete Ressourceneinheit kann von den anderen Besitzern in Zukunft nicht mehr gefördert werden. Die Nutzerkosten der Zukunft in Form der Royalty entfallen damit und es wird – wie bei jeder anderen Ware auch – solange gefördert bis die Abbaugrenzkosten dem Marktpreis entsprechen. Wie auch beim Fall der Umweltexternalitäten führt diese Form der Externalität zu einer sub-optimalen beschleunigten Ausbeutung mit verkürzter Ressourcennutzungsdauer. Als Möglichkeit der Internalisierung für diesen Fall wird die gemeinschaftliche Ausbeutung durch alle Grundstücksbesitzer empfohlen.[316]

Die drei hier beschriebenen Formen des Marktversagens bewirken unterschiedliche Allokationsverzerrungen hinsichtlich der optimalen intertemporalen Ressourcennutzung. Der Nettoeffekt auf die Ressourcennutzungsdauer ist unklar, da sowohl extraktionsbeschleunigende als auch -bremsende Wirkungen auftreten, die sich gegenseitig kompensieren. Daher ist eine Politik zur Bekämpfung von Marktversagen, die lediglich korrigierend auf den Nettoeffekt abzielt, nicht exakt formulierbar. Eine wohlfahrtsoptimierende Allokation in der Ressourcennutzung erfordert daher informations-, wettbewerbs- und umweltpolitische Maßnahmen zur Eindämmung der jeweils vorherrschenden Formen von Marktversagen.

Abschließend ist noch darauf hinzuweisen, daß ineffiziente Ressourcennutzung auch durch Staatsversagen verursacht werden kann. In den typischen und üblichen Fällen von Staatsversagen in bezug auf nicht-erneuerbare Ressourcen wird eine beschleunigte Ressourcenausbeutung induziert. Als Beispiel sei die Subventionierung von Rohstoffpreisen genannt, die die preislichen Anreize der Marktallokation und des Substitutionsprinzips außer Kraft setzen und eine zu hohe Ressourcennachfrage der Gegenwart begünstigen. Auch verschiedene Formen der Regulierung von Bergwerksunternehmen beschleunigen die Ressourcenausbeutung, so z. B. die zeitliche Begrenzung von Leasing-Verträgen oder gegenwartsbezogene Abschreibungsvergünstigungen. Schließlich ist noch auf das Vorherrschen instabiler politischer Zustände hinzuweisen, das Ressourcenbesitzern ein politisches Risiko aufbürdet, das zur beschleunigten Extraktion anreizt.[317]

Zur Erreichung von ökonomischer Nachhaltigkeit sind also nicht nur alle Formen des Marktversagens, sondern auch alle Formen des Staatsversagens soweit wie möglich zu beseitigen.

---

316 Vgl. Dasgupta/Heal 1979: S. 439-440 und Stiglitz 1979: S. 56-57.

317 Vgl. Stiglitz 1979: S. 57-60 und C.C. von Weizsäcker 1980: S. 800-801.

2.6.2 Intergenerationelle Distribution und ökologische Nachhaltigkeit

Die Frage der **ökologischen Nachhaltigkeit** thematisiert die gerechte Verteilung der natürlichen Lebensgrundlage und ihrer Ressourcen und bezieht damit ethische Aspekte intergenerationeller Distribution ein. Ein großes Problem dieser Frage ergibt sich aus der Notwendigkeit des Werturteils hinsichtlich der Bedeutung des Begriffs der intergenerationellen Gerechtigkeit, das sehr unterschiedlich ausfallen kann. Wer beispielsweise dem Wissen und dem Kapital, die von Generation zu Generation weitergereicht werden, sehr hohen Wert zumißt, der wird den späteren Generationen, die derartige Reichtümer erben, mit ruhigem Gewissen auch gewisse Lasten auferlegen, wie beispielsweise einen dezimierter Bestand von nicht-erneuerbaren Ressourcen und Naturlandschaften. Wer es hingegen hoch bewertet, den zukünftigen Generationen einen möglichst großen Entscheidungsfreiraum einzuräumen, ihr Leben gemäß ihrer eigenen zukünftigen Präferenzen zu gestalten, der wird für einen weitgehenden Erhalt der natürlichen Ressourcenbasis plädieren.[318]

Da eine normative Entscheidung über den Begriff der intergenerationellen Gerechtigkeit notwendig ist, wird im Rahmen dieser Arbeit als Minimalanforderung die Definition des Begriffs der nachhaltigen Entwicklung aus dem Brundlandbericht zugrundegelegt, die u. a. besagt, daß die Grundbedürfnisse aller Generationen befriedigbar sein müssen.[319] **Diese Formulierung impliziert für den Begriff der intergenerationellen Gerechtigkeit, daß die Erde als menschliche Lebensgrundlage erhalten werden muß, und daß allen zukünftigen Generationen genügend Mittel zur Verfügung stehen müssen, um ihre Grundversorgung zu sichern. Die Lasten, die frühe Generationen späteren auferlegen, dürfen somit nicht so groß sein, daß sie die Überlebensfähigkeit der Menschheit gefährden.**[320]

Derartige Fragen der „intergenerationellen Gerechtigkeit" werden in der Neoklassik nicht sehr ausgiebig behandelt. Ihr wissenschaftlicher Schwerpunkt liegt eher auf der Allokationstheorie, die auf jede mögliche Distribution bezogen werden kann. Im zweiten Theorem der Wohlfahrtstheorie wird darauf verwiesen, daß jede pareto-optimale Konstellation durch Transferzahlungen je nach ethischer Grundausrichtung gerechter gestaltet werden kann (vgl. Kapitel 2.1.1). Fragen „intergenerationeller Gerechtigkeit" wurden in der Neoklassik somit eher selten oder zurückhaltend thematisiert. Ein diesbezüglicher Wandel setzte in den 1970er Jahren ein. Einerseits wurde 1972 der Club-of-Rome-Bericht „The Limits to Growth" publiziert, der die Unvermeidlichkeit des Weltuntergangs bei Fortführung bestehender Wirtschaftsweisen in einem Weltmodell präsentierte[321], dessen Prophezeiungen durch die Erdölkrisen der darauffolgenden Jahre unterstrichen wurden, und der die öffentliche Diskussion nachdrücklich prägte. Andererseits wurde das Werk von RAWLS (Theory of Justice), das Kritik am Utilitarismus übte, ebenfalls zu Beginn der 1970er Jahre (1971) veröffentlicht. Die entsprechenden Verknappungs-, Weltuntergangs- und Gerechtigkeitsthesen provozierten Widerspruch seitens neoklassischer Theoretiker und so begann die Entwicklung von „gerechten" Produktions- und Wachstumsmodellen mit nicht-erneuerbaren Ressourcen und der natürlichen Umwelt, wie dargestellt in den Kapiteln 2.2.2 und 2.4.3. Weiterhin begann ein allgemeiner Disput über die Angemessenheit der Diskontierung zukünftiger Nutzen und Schäden in neoklassischen Allokationsmodellen. Die Ergebnisse dieser und der ihnen nachfolgenden Debatten können als neo-

---

318 Vgl. Schneider 1980: S. 832.

319 Vgl. WCED: S. 42.

320 In den nachfolgenden Ausführungen wird mit den in Anführungszeichen gesetzten Begriffen „gerecht" bzw. „intergenerationelle Gerechtigkeit" Bezug auf diese Definition genommen.

321 Vgl. Meadows et. al. 1972.

klassische Beiträge zur Frage der ökologischen Nachhaltigkeit verstanden werden. Sie werden nachfolgend in der Interpretation des Autors dieser Arbeit komprimiert in fünf Unterpunkten zusammengefaßt.

A. Die Unterscheidung von essentiellen und nicht-essentiellen Ressourcen

Ein wesentliches Ergebnis der neoklassischen Ressourcen- und Wachstumstheorie ist die Feststellung, daß die Existenz von nicht-erneuerbaren Ressourcen an sich noch kein unüberwindliches Problem hinsichtlich der zeitlich unbegrenzten Bereitstellung eines „gerechten" Mindest-Pro-Kopf-Konsums darstellt. Ein wichtiger Beitrag der Neoklassik zur Debatte der ökologischen Nachhaltigkeit besteht daher in der Ausarbeitung der Bedingungen, unter denen das begrenzte Vorhandensein einer nicht-erneuerbaren Ressource *kein* ökonomisches Problem für irgendeine Generation darstellt. Besonders betont werden in diesem Zusammenhang diejenigen Fälle, in denen ein zeitlich unbegrenzter konstanter Mindest-Konsumpfad mit nicht-erneuerbaren Ressourcen, der in neoklassischer Interpretation die „intergenerationelle Gerechtigkeit" im Sinne von RAWLS verkörpert, nicht gefährdet ist. Das ist einerseits dann der Fall, wenn die Ressource zur Produktion nicht unbedingt notwendig ist, sie also zur Herstellung des Mindestkonsums entweder überhaupt nicht benötigt wird und damit quasi ein entbehrbares Luxusgut ist oder wenn *sie* – bzw. die Funktion, die sie erfüllt – zu einem bestimmten Zeitpunkt durch eine reproduzierbare Backstop-Technologie vollkommen ersetzt werden kann. Andererseits ist auch gezeigt worden, daß selbst in Fällen, wo eine positive Produktion ohne eine nicht-erneuerbare Ressource als Produktionsfaktor unmöglich ist, Bedingungen existieren können, die das zeitlich unbegrenzte Mindestkonsumniveau trotzdem garantieren. Das ist dann der Fall, wenn eine Technologie verwandt wird, die es erlaubt, daß die nicht-erneuerbare Ressource sukzessive gegen andere Produktionsfaktoren ersetzt werden kann, ohne je zu erschöpfen (hohe Substitutionselastizität, $\sigma \geq 1$) oder wenn eine konstante Rate eines exogenen ressourcenvermehrenden technischen Fortschritts existiert. Wenn ein unbegrenzter intertemporaler Mindestkonsumpfad in einer Ökonomie mit nicht-erneuerbarer Ressource möglich ist, wird die Ressource als *nicht-essentiell* bezeichnet.

Diese Ergebnisse der neoklassischen Theorie zeigen wesentliche politische Ansatzpunkte hinsichtlich einer ökologisch nachhaltigen Ressourcennutzung auf: Zur Sicherstellung einer ökologisch nachhaltigen Ressourcenpolitik ist entsprechend stets dafür zu sorgen, daß alle in Nutzung befindlichen nicht-erneuerbaren Ressourcen nicht-essentiell sind, daß also entweder für den Zeitpunkt der Ressourcenerschöpfung Backstop-Technologien verfügbar sind oder die sukzessiv sinkende Verfügbarkeit durch Einsatz anderer Produktionsfaktoren oder ressourcensparender Technologien kompensiert werden kann.

Weniger betont, aber trotzdem aufgezeigt wurden außerdem die Bedingungen, die eine nicht-erneuerbare Ressource zu einer *essentiellen* Ressource machen, mit der ein zeitlich unbegrenzter „gerechter" Konsumpfad unmöglich ist. Dieser Fall tritt ein, wenn ein ressourcenvermehrender technischer Fortschritt, der die Erschöpfung kompensieren kann, nicht existiert *und* wenn die Substitutionselastizität der bestehenden Technologie kleiner eins ist oder aufgrund abnehmender Grenzproduktivität zu irgendeinem Zeitpunkt kleiner als eins wird. In diesem Fall ist ein Weltuntergang unvermeidbar.

B. Intergenerationelle Gerechtigkeitsimplikationen von Markt- und Staatsversagen

Angesichts der vielfältigen Formen von Markt- und Staatsversagen wie aufgezeigt in Kapitel 2.6.1 und der Unmöglichkeit, alle Quellen von Ineffizienz vollkommen zu beseitigen, ist ebenfalls auf die Gerechtigkeitsimplikationen ineffizienter Ressourcennutzung aufmerksam zu machen. Es ist gezeigt worden, daß verschiedene Formen von Markt- und Staatsversagen eine Reduzierung der Ressourcennutzungsdauer nach sich ziehen können. Neben der intertemporalen Ineffizienz, die dadurch entsteht, daß in der Gegenwart nicht-erneuerbare Ressourcen verbraucht werden, die in der Zukunft höheren Nutzen erbracht hätten, kann eine Reduzierung der Ressourcennutzungsdauer ebenfalls dazu führen, daß aus einer nicht-essentiellen Ressource im Optimalfall eine essentielle Ressource in einer Situation mit Markt- oder Staatsversagen wird, weil die erhöhte Rate der Ressourcennutzung nicht durch den vorherrschenden technischen Fortschritt oder die bestehende Substitutionselastizität kompensiert werden kann. Es ist also zu konstatieren, daß die Beseitigung von Staats- und Marktversagen nicht nur hinsichtlich des Ziels der ökonomischen Nachhaltigkeit von Bedeutung ist, sondern auch in bezug auf das Ziel der ökologischen Nachhaltigkeit.

Mit Hinblick auf die obige Definition einer Minimalanforderung an „intergenerationelle Gerechtigkeit" geben die neoklassischen Ergebnisse aus A und B aufschlußreiche Anhaltspunkte hinsichtlich der „gerechten" Verteilung von Produktionsmitteln zur intertemporalen Sicherstellung eines Mindestkonsumniveaus. Mit Bezug auf die obige Definition stehen nun noch die neoklassischen Beiträge bezüglich des Erhalts der natürlichen Lebensgrundlage aus. Diese werden nachfolgend präsentiert.

C. Standard-Preis-Ansatz und intertemporale Umweltqualität

Die obige Definition der „intergenerationellen Gerechtigkeit" legt nahe, daß bei der Nutzung von nicht-erneuerbaren Ressourcen die natürliche Umwelt so zu behandeln ist, daß sie allen zukünftigen Generationen als Lebensgrundlage erhalten bleibt. Eine intertemporal pareto-optimale Allokation der Umweltgüter gemäß der neoklassischen umweltökonomischen Prinzipien muß nicht notwendigerweise ein solches „gerechtes" Ergebnis hervorbringen. Wie gezeigt in Kapitel 2.4 kann eine pareto-optimale Nutzung der Natur ihre Zerstörung beinhalten, wenn die gegenwärtigen Akteure die Nutzen und Schäden zukünftiger Generationen diskontieren oder wenn lediglich ein begrenzter Zeithorizont berücksichtigt wird. Weiterhin kann eine individuelle Bewertung der Umweltqualität nach dem Kosten-Nutzen-Kalkül gegenwärtiger Akteure den Erhalt der Natur nicht sichern, wenn unvollkommene Information über die zukünftigen Auswirkungen von Umweltzerstörung besteht oder wenn Naturzerstörung billigend in Kauf genommen wird.

Einen wichtigen Ansatzpunkt hinsichtlich der Frage nach intergenerationeller Gerechtigkeit bzw. Erhalt der Naturqualität liefert der umweltökonomische Standard-Preis-Ansatz. Mit diesem Ansatz verabschiedeten sich einige neoklassische Ökonomen von der Idee, daß Umweltziele durch Kosten-Nutzen-Erwägungen bestimmbar sind. Sie plädieren statt dessen für eine Festlegung des optimalen Umweltqualitätsniveaus durch eine exogene politische Instanz, während sie den Aufgabenbereich der Umweltökonomik darauf beschränkt sehen, die exogen vorgegebenen Umweltziele durch Einsatz umweltökonomischer Methoden im pareto-optimalen Sinne zu realisieren. Dieser mikroökonomische Gedanke wird zunehmend auch in makroökonomischen Zusammenhängen aufgegriffen, um ökologische Grenzen des Wirtschaftens aus neoklassischer Perspektive zu berücksichtigen. So ist beispielweise das „nachhaltige Konsumniveau" im intertemporalen Konsumpfad nach HAMPICKE als exogen gesetzte ökologische Obergrenze für menschlichen Konsum im Sinne des Standard-Preis-Ansatzes zu verstehen (vgl. Kapitel 2.2.2.2). In gleicher Weise versucht KRELLE in einem makroökonomischen Modell die Optionen für ökonomisches Wachstum unter der Restriktion einer exogen vorgegebenen Umweltqualität zu bestimmen. Wie im Kapitel 2.4.3 gezeigt, kommt er zu dem Ergebnis, daß ökonomisches Wachstum mit gleichbleibender Umweltqualität dann erreichbar ist, wenn eine bestimmte Quote für Investitionen in umweltverschmutzungsreduzierendes Kapital realisiert wird. Eine wesentliche Orientierungsgröße ist in diesem Kontext das Verhältnis von Verschmutzungskoeffizient des Sozialprodukts (e) und Verschmutzungsreduzierungskoeffizient der Umwelttechnologien (d). Die exogene Festlegung einer „gerechten Umweltqualität“ oder einer „ökologischen Obergrenze für ein Konsumniveau“ im Sinne des Standard-Preis-Ansatzes kann durchaus als neoklassische Variante zur Modellierung von ökologisch nachhaltigen Entwicklungspfaden interpretiert werden. Zur Frage des Wachstums und seiner ökologischen Grenzen ist die Gleichung (34) aus Kapitel 2.4.3 zweifellose ein wichtiger Orientierungspunkt.

Notwendige Bedingung für die Anwendbarkeit der Gleichung (34) ist jedoch, daß eine Verschmutzungsreduzierung möglich ist. Das ist nicht der Fall bei irreversiblen Eingriffen. In Anlehnung an die Ausführungen in Kapitel 2.4.2 läßt sich diesbezüglich konstatieren, daß eine „gerechte“ intertemporale Verteilung von Naturlandschaften neben der Berücksichtigung zukünftiger Nutzungswerte (optimale Allokation) ebenfalls den Erhalt einer exogen bestimmten Naturlandschaftsfläche impliziert.

Schließlich kann die vom Standard-Preis-Ansatz favorisierte exogene Zielbestimmung noch durch ein neoklassisches Ergebnis bezüglich des optimalen Umgangs mit Risiko ergänzt werden. Die unvollkommene Information über die Wirkungen von Umweltverschmutzung und Landschaftszerstörung auf die natürliche Lebensgrundlage birgt ein immenses soziales Risiko. Daher ist bei der exogenen Bestimmung von Umweltzielen das Handlungsprinzip der Vorsicht zu berücksichtigen und bei irreversiblen Eingriffen im Zweifel eine Vermeidung vorzuziehen bzw. eine Aufschiebung bis eine fundiertere Entscheidungsgrundlage vorliegt (vgl. Kapitel 2.5.3).

D. Diskontierung und ökologische Nachhaltigkeit

Ein weiterer neoklassischer Aspekt hinsichtlich der Diskussion um „intergenerationelle Gerechtigkeit“ betrifft die Bedeutung der sozialen Diskontrate. Die bisher präsentierten neoklassischen Beiträge zur Debatte der ökologischen Nachhaltigkeit basieren vollständig auf Modellen ohne Diskontierung zukünftiger Schäden oder Nutzen. Wie dargestellt in Kapitel 2.2.2.2 bestehen diesbezüglich nach wie vor erhebliche Meinungsunterschiede unter neoklassischen Ökonomen. Modelle mit positiver Diskontrate können einen endlichen Zeithorizont aufweisen, für den angesichts der bestehenden Unsicherheit über das Datum eines möglichen Weltuntergangs kaum eine ethische Rechtfertigung existieren kann. Dennoch wird mit Hinblick auf das Konzept der nachhaltigen Entwicklung über die adäquate Höhe einer nachhaltigen Zinsrate nachgedacht.[322] Hinsichtlich der Frage nach der „intergenerationellen Gerechtigkeit“ plädieren also einige Neoklassiker für eine verminderte soziale Diskontrate und andere für eine Rate von null. Wieder andere halten eine positive Diskontrate nur dann für vertretbar, wenn gleichzeitig maßgebliche intertemporale Gerechtigkeitsnormen festgelegt sind.[323]

E. Instrumente der Ressourcenschonung

Schließlich sei noch darauf verwiesen, daß zusätzlich zu den bisher aufgezeigten Ansatzpunkten einer politischen Regulierung von nicht-erneuerbaren Ressourcen im Sinne einer ökologischen Nachhaltigkeit diverse andere Instrumente zur Beschleunigung oder Bremsung der Res-

---

322 So z. B. Siebert (1992): „*... the appropriate social discount rate is given by the growth potential of the stock of manmade and environmental assets along a sustainable development path. The issue is how high the sustainable interest rate is.*“ (S. 246).

323 Vgl. Schneider 1980: S. 827.

sourcenausbeutung aus der neoklassischen Ressourcenökonomik abgeleitet werden können. Wird beispielsweise aus Vorsichtsgründen hinsichtlich des sozialen Risikos durch irreversible Landschaftszerstörung durch Bergbauaktivitäten ein ressourcenschonender Eingriff politisch befürwortet, so stehen u. a. folgende ressourcenökonomisch fundierte Instrumente zur Verfügung:

- eine Ressourcenbesteuerung mit zeitlich sinkender Rate[324];
- eine Ressourcenbesteuerung mit bestandbezogen steigender Rate[325];
- hohe Bodenrenten;
- Ressourcenverbrauchssteuern in Ländern ohne eigene Ressourcenvorkommen;
- Billigung von monopolistischen Verhältnissen.[326]

Mehrheitlich abgelehnt als wirkungsvolles Instrument der Ressourcenpolitik wird die Zinspolitik, obwohl die ausbeutungsbeschleunigende Wirkung einer hohen Zinsrate unbestritten ist. Es wird einerseits darauf verwiesen, daß eine geringere Zinsrate mit dem Ziel der Ressourcenschonung über den Umweg der allgemein investitionsbeschleunigenden Wirkung niedriger Zinsen durchaus entgegengesetzte Effekte bewirken kann, da ein hohes Investitionsniveau die Ressourcennachfrage antreibt.[327] Andererseits wird auf den Zielkonflikt der Zinspolitik hingewiesen, da sie bereits ein wichtiges wirtschaftspolitisches Instrument der Geld-, Wechselkurs- und Arbeitsmarktpolitik darstellt.[328]

* * *

Abschließend ist konstatieren, daß die neoklassische Theorie zur aktuellen Frage der nachhaltigen intergenerationellen Nutzung von nicht-erneuerbaren Ressourcen im ökonomischen und ökologischen Sinne eine Reihe von Beiträgen liefert. Sie hält insbesondere ein Instrumentarium bereit, das eine allokationsoptimale Erreichung von exogen vorgegebenen Umweltzielen ermöglicht.

324 Vgl. Solow 1974a: S. 12.

325 Vgl. Kapitel 2.2.1.2, Abbildung 2.13. Vgl. zu den Allokationswirkungen weiterer Steuerarten Dasgupta/Heal 1979: Chapter 12 und Endres/Querner 1993: S. 88-90.

326 Vgl. für die letzten drei Argumente Schneider 1980: S. 833.

327 Vgl. z. B. Schneider 1980: S. 833.

328 Vgl. z. B. Endres/Querner 1993: S. 86-87.

Kapitel 3:
Nicht-erneuerbare Ressourcen in der Ökologischen Ökonomie

Als wesentlicher Kritikpunkt an der Neoklassik hinsichtlich der theoretischen Berücksichtigung der natürlichen Umwelt und ihrer Ressourcen wurde von Ökonomen verschiedenster Theorierichtungen und von Naturwissenschaftlern angemerkt, daß die neoklassische Theorie die Interdependenzen der Ökonomie mit der natürlichen Umwelt und ihren Ressourcen kaum oder zu abstrakt behandelt und bisweilen selbst Naturgesetze nicht beachtet. Nur aufgrund eines hohen Abstraktionsgrades mit Modellannahmen, die teilweise mit der realen Welt unvereinbar sind, sei es möglich, optimistische Prognosen in bezug auf unendliches wirtschaftliches Wachstums abzugeben und die Bedeutung der Natur und ihrer Ressourcen als begrenzende Faktoren für langfristiges wirtschaftliches Handeln als gering einzustufen.[1]

Angetrieben von der Motivation, die Ökonomie und ihre Prozesse als Teil eines größeren Ganzen zu sehen und sowohl die Interdependenzen von Natur und Ökonomie als auch Naturgesetze und -prinzipien stärker zu berücksichtigen, beschäftigten sich seit den 70er Jahren immer mehr Ökonomen mit naturwissenschaftlichen Grundlagen, um ökonomische Theorie naturwissenschaftlich zu fundieren. Derartig interdisziplinär orientierte Ökonomen fanden sich zum Ende der 1980er Jahre zusammen mit sozialwissenschaftlich orientierten Naturwissenschaftlern und gründeten die „International Society for Ecological Economics" (ISEE). Mit der Gründung der neuen Disziplin der „ökologischen Ökonomie" wurde ein disziplinübergreifender Versuch gestartet, Fragen der Interaktion von Ökonomie und Ökologie genauer zu studieren, um nachhaltige Entwicklungsoptionen der Menschheit aufzeigen zu können. Obwohl die Methoden und Theorieansätze der in der ISEE organisierten Ökonomen teilweise sehr unterschiedlich sind, werden sie nachfolgend unter dem Begriff „ökologische Ökonomen" zusammengefaßt.[2]

In diesem Kapitel werden diejenigen naturwissenschaftlich untermauerten Theorieansätze vorgestellt, die hinsichtlich der Thematik eines nachhaltigen Wirtschaftens mit nicht-erneuerbaren Ressourcen neue Einsichten hervorgebracht haben. Da in der „ökologischen Ökonomie" ein gewisses Verständnis für naturwissenschaftliche Zusammenhänge grundlegend ist, werden in Kapitel 3.1 zuerst wesentliche naturwissenschaftliche Beiträge aus der Physik und der Biologie vorgestellt. Darauf aufbauend werden in Kapitel 3.2 allgemeine Implikationen der Einbeziehung naturwissenschaftlicher Erkenntnisse in die ökonomische Theoriebildung dargestellt. In Kapitel 3.3 folgen die theoretischen Ausführungen hinsichtlich eines langfristigen Wirtschaftens mit nicht-erneuerbaren Ressourcen aus der Sicht ökologischer Ökonomen und in 3.4 wird abschließend eine Zusammenfassung der Erkenntnisse präsentiert.

---

1 Vgl. u. a. Daly/Cobb 1989: S. 37, 196, Daly 1991a: 33-37, Daly 1991b: 18-22, Norgaard 1984: S. 160, Georgescu-Roegen 1971b: S. 1-3, Georgescu-Roegen 1976: S. 4-10, Ehrlich 1989: S: 10-14 und Hardin 1991: S. 55-56.

2 Für eine Charakterisierung der „Ökologischen Ökonomie" vgl. Costanza/Daly/Bartholomew 1991. Hinsichtlich der methodischen Differenzen vgl. Beckenbach/ Diefenbacher 1994.

3.1 Grundlegende Konzepte der Naturwissenschaften

Dieses Unterkapitel stellt grundlegende theoretische Konzepte aus der Physik und der Biologie vor, die dazu beitragen sollen, Prozesse und Abläufe in der Natur besser zu verstehen. Ein solches Verständnis ist notwendig, um die Interaktionen und Interdependenzen von Ökonomie und Natur angemessen analysieren zu können und Natur nicht weiterhin in der Tradition der Neoklassik als „black box“ zu behandeln. Nachfolgend werden zuerst die physikalischen Grundkonzepte der Thermodynamik beschrieben (3.1.1), danach einige Grundprinzipien aus der Biologie vorgestellt (3.1.2) und abschließend werden neuere Erkenntnisse der Ungleichgewichtsthermodynamik dargestellt, die den scheinbaren Widerspruch zwischen biologischen und physikalischen Naturprinzipien auflösen (3.1.3).

3.1.1 Beiträge aus der Physik: Die Hauptsätze der Thermodynamik

Die Thermodynamik oder Wärmelehre entwickelte sich als Unterdisziplin der Physik im 18. Jahrhundert und brachte tiefgreifende Veränderungen mit sich. Während das bis dahin vorherrschende mechanistische Paradigma der Newtonschen Gravitationslehre geprägt war von idealen und reversiblen Modellen, bezog sich die Wärmelehre auf die Komplexität der realen Welt und auf dort stattfindende Prozesse. Die Antriebskraft, die die Entwicklung der Thermodynamik begünstigte, war nicht das allgemeine theoretische Interesse der Physiker, das Wesen der Wärme zu ergründen, sondern es war vielmehr das Interesse am ökonomischen Potential der Wärme, mechanische Energie zu liefern. Studiert wurden anfänglich insbesondere die Umwandlung von Energie aus ihren verschiedenen Formen (chemische, biologische, magnetische, elektrische Energie etc.) und der Wirkungsgrad in der Energienutzung.[3] Als erster formulierte Clausius 1865 die beiden ersten Hauptsätze der Thermodynamik in ihrer allgemeinsten und einfachsten Form:[4]

1. Hauptsatz: Die Energie des Weltalls ist konstant
2. Hauptsatz: Die Entropie des Weltalls strebt einem Maximum zu

Wesentlich ist hier der Bezug auf das Weltall. Ganz allgemein wird in der Physik zwischen drei Arten von physikalischen Systemen unterschieden:

- ein System ist *isoliert*, wenn es weder Energie noch Materie mit seiner Umgebung austauschen kann,
- es ist *geschlossen*, wenn es lediglich Energie mit der Umgebung austauschen kann, aber keine Materie, und
- es ist *offen*, wenn es sowohl Energie als auch Materie mit der Umgebung austauscht.[5]

Das Weltall ist – wenn überhaupt – das einzige bekannte System, das als isoliert betrachtet werden kann. Der erste Hauptsatz besagt nun, daß die Gesamtenergie des Weltalls gleich bleibt, egal welche Form die Energie annimmt. Die Verbrennung von Kohle stellt beispielsweise lediglich eine Umformung von chemischer Energie in Wärmeenergie dar, und es kann nicht von einer Vernichtung von Energie die Rede sein. Aufgrund der von EINSTEIN dargelegten Zusammenhänge zwischen Materie und Energie und der potentiellen Möglichkeit jegliche Materie in Energie umzuwandeln, bezieht sich der erste Hauptsatz auf Energie und Materie

3 Vgl. Prigogine/Stengers 1987: S.111-130.
4 Vgl. ebd.: S. 128 und Heinemann 1994: S. 203.
5 Vgl. Heinemann 1994: S. 203.

zusammen, häufig auch als „Energie/Materie" geschrieben.[6] Abgesehen von der Kernfusion ist allgemein festzuhalten, daß weder Energie noch Materie produziert oder vernichtet, sondern lediglich umgeformt werden können. Der erste Hauptsatz der Thermodynamik wird daher auch häufig als *Energieerhaltungssatz* oder als *Masseerhaltungssatz* bezeichnet. In der Thermodynamik werden materielle Vorgänge jedoch weitgehend vernachlässigt und bis heute gibt es keine physikalische thermodynamische Theorie der Materie.[7]

Ein wenig komplizierter ist die Bedeutung des zweiten Hauptsatzes, der auch als „Entropiegesetz" bezeichnet wird. Der Begriff „Entropie" stammt aus dem Griechischen und bedeutet „Änderung" oder „Entwicklung" und soll die Qualität einer Energieform umschreiben. Entropie kann als Maß für die Qualität von Energie und ihrer Verfügbarkeit interpretiert werden und sie zeigt an, ob eine Energieform nützlich bzw. verfügbar ist wie beispielsweise ein Stück Kohle – dann befindet sie sich in einem Zustand relativ niedriger Entropie – oder ob es sich um eine gebundene Energieform handelt, die wie die verbrannte Kohle als verteilte Moleküle und Wärmeenergie in der Luft irreversibel dissipiert ist und damit überhaupt nicht mehr oder schlechter nutzbar ist – dann handelt es sich um einen Zustand relativ hoher Entropie.[8] In einer frühen Fassung formulierte CARNOT das Entropiegesetz 1824 in *der* Weise, daß Hitze sich in einem isolierten System immer vom heißeren zum kälteren Körper bewegt. Das bedeutet, daß verfügbare Energie in isolierten Systemen – so also im Weltall – kontinuierlich gebunden wird und die Entropie stetig und irreversibel zunimmt und einem Wärmeausgleich – dem thermodynamischen Gleichgewicht mit maximaler Entropie – entgegenstrebt. Ein Beispiel: Ein mit heißem Wasser gefüllter Topf wird in einem isolierten System seine niedrige Entropie über die Zeit gleichmäßig im isolierten System verteilen, bis eine einheitliche Systemtemperatur erreicht ist.[9] Somit beschreibt das Entropiegesetz die natürliche Gesetzmäßigkeit, daß Energie in einem isolierten System permanent qualitativ degradiert und in einem irreversiblen Prozeß immer weniger verfügbar wird, während die Gesamtenergie des Systems gemäß des ersten Hauptsatzes des Thermodynamik stets gleich bleibt.[10] Irreversibilität bedeutet im physikalischen Sinne, daß die Umkehr einer Bewegung physikalischen Naturgesetzen widerspricht. Das Abbrennen eines Streichholzes ist ein typisches Beispiel für einen irreversiblen Prozeß, da eine Umkehr dieser Aktivität aufgrund des Entropiegesetzes unmöglich ist.[11]

Das Konzept der Entropie läßt sich nicht nur auf isolierte Systeme beziehen, sondern eben-

---

6 Mit Umwandlung von Materie in Energie ist *nicht* gemeint, daß z. B. die chemische Energie von Materie durch Verbrennung als Wärmeenergie freigesetzt wird. In diesem Fall bleiben alle Moleküle erhalten und ebenso die Energie. Nur im Prozeß der nuklearen Verschmelzung (Fusion), der z. B. in der Sonne stattfindet, *verschwinden* Moleküle und werden in Energie umgewandelt. Auf diese Weise verliert die Sonne pro Sekunde etwa 4,5 Mio. Tonnen an Materie. Für diesen Prozeß der Umwandlung von Materie in Energie gilt die bekannte Formel von EINSTEIN, daß Energie gleich der Masse multipliziert mit dem Quadrat der Lichtgeschwindigkeit ist ($E=mc^2$). Vgl. für eine anschauliche Darstellung dieser physikalischen Zusammenhänge: von Ditfurth 1985: S. 20-25. KENNETH BOULDING bezeichnet den ersten Hauptsatz aufgrund der Relation von Energie und Materie auch als *„Law of Conservation of Mattergy"*. Vgl. Boulding 1976: S. 4. Siehe ebenso Schneider 1990: S. 108.

7 Vgl. Heinemann 1994: S. 211 und Georgescu-Roegen 1977: S. 295-296.

8 Vgl. Prigogine/Stengers 1987: S. 126 und Ebeling 1994: S. 31.

9 In diesem Fall ist Entropie als Beziehung der durchschnittlichen Temperatur des Systems und der Temperatur der konzentrierten Energie im heißen Topf zu verstehen. Solange eine Temperaturdifferenz besteht, ist sie thermodynamisch in mechanische Arbeit umwandelbar. Doch die Differenz nimmt unwiderruflich ab und die Entropie steigt bis zum Maximum, an dem ein homogene systemische Temperatur erreicht ist. Vgl. Schrödinger 1987: S.123 und Georgescu-Roegen 1971b: S. 113.

10 Vgl. Georgescu-Roegen 1971a: S. 5-6 und Georgescu-Roegen 1977: S. 298-300.

11 Im Gegensatz dazu ist z. B. der Prozeß der Planetenbewegung reversibel, da eine Richtungsumkehr der Planeten keinem Naturgesetz widerspricht. Vgl. Ebeling 1994: S. 30-31.

so auf offene Systeme, die als Untersysteme von isolierten Systemen existieren. Steht S für den Index der Entropie, dann gilt für die Entropie*veränderung* eines offenen Systems (d S) folgende Gleichung:

(35) $$d\,S = d_i\,S + d_e\,S$$

Die Entropieveränderung eines offenen Systems (dS) ist gleich der Summe aus der Entropieveränderung *innerhalb* des offenen Systems (d_iS) plus der Entropieveränderung, die sich aus dem Entropieaustausch zwischen dem offenen System und dem es umgebenden isolierten System ergibt (d_eS). Der Term d_iS muß positiv sein, weil die Entropie *innerhalb* von jedem System (d. h. ohne Berücksichtigung externer Entropiezufuhr) aufgrund des Entropiegesetzes steigt. Der Term d_eS kann hingegen durchaus negativ sein, wenn dem offenen System von außen mehr konzentrierte entropiesenkende Energie, die *negative Entropie* oder *Syntropie* genannt wird[12], zugeführt wird als das System in Form von entropieerhöhender Abwärme nach außen abstrahlt. Die Entropie*veränderung* eines offenen Systems (d S) ist daher in einem Zeitintervall dann negativ, wenn die Erhöhung des inneren Entropiezustandes des Systems (d_iS) kleiner ist als der Zustrom von negativer Entropie (d_eS). Für ein isoliertes System, das ein offenes System beinhaltet, gilt jedoch immer, daß seine Gesamtentropie zunimmt, denn die eventuelle Entropiesenkung im offenen System kann nur gespeist werden aus der Degradierung bzw. Dissipation der niedrigen Entropie im Rest des isolierten Systems. Da eine Übertragung von negativer Entropie nie ohne entropische Verluste ablaufen kann, muß die Entropiezunahme im Rest des isolierten Systems immer höher sein als die Entropieabnahme im offenen System.[13]

Der Begriff der Entropie in dieser klassischen Interpretation bezieht sich auf Energie und läßt Materie mehr oder minder unbeachtet. Dieses ist anders bei der statistischen Interpretation des Entropiegesetzes von BOLTZMANN, der den Entropiebegriff als allgemeines „Maß für Unordnung" einführte. Zur Erklärung des Entropieprinzips bediente er sich der Wahrscheinlichkeitstheorie. Zur Veranschaulichung sei ein isoliertes System betrachtet, das in zwei unterscheidbare Bereiche unterteilt ist und in dem sich 6 bewegliche Gasmoleküle befinden, die sich unterschiedlich auf die beiden Bereiche verteilen können. Unter der Annahme, daß alle Moleküle unterscheidbar sind, läßt sich die Anzahl der Kombinationen der Molekülaufteilung errechnen: Insgesamt bestehen 2^6 und somit 64 Möglichkeiten, die sechs unterscheidbaren Moleküle auf die zwei Bereiche im System zu verteilen. Wird nur betrachtet, wieviele Moleküle sich auf den jeweiligen Seiten befinden, so gibt es 7 sogenannte Makrozustände. Ein sehr *geordneter* Makrozustand ist der, in dem sich alle Moleküle in einem Bereich des Systems befinden und keines in dem anderen. Für einen solchen Zustand – (6-0) oder aber (0-6) – existiert jeweils nur eine Kombinationsmöglichkeit oder ein Mikrozustand. Für die Makrozustände (5-1) oder (1-5) bestehen hingegen schon jeweils sechs Mikrozustände, denn jedes Molekül kann sich einmal alleine in einem Bereich des Systems befinden. Die Mikrozustandsanzahl für die Makrozustände (4-2) und (2-4) beträgt bereits 15, und für die Gleichverteilung (3-3) gibt es die höchste Anzahl von Mikrozuständen: es sind 20.[14]

Die Wahrscheinlichkeit, bei zufälliger Betrachtung eines solchen Systems einen hochwertig geordneten Makrozustand anzutreffen – also (6-0) oder (0-6) – ist nicht sehr groß, sie liegt bei 3,1%. Hingegen ist die Wahrscheinlichkeit des Antreffens einer ungeordneten Gleichverteilung mit 31,25% sehr hoch. In üblichen realen physikalischen Modellen oder Systemen beträgt

12 Vgl. Dürr 1995: S. 68.

13 Vgl. Prigogine/Stengers 1987: S. 126-129 und Binswanger, M. 1994: S. 160-163.

14 Vgl. Prigogine/Stengers 1987: S. 132 und Heinemann 1994: S. 205.

die Molekülanzahl etwa 10^{23} und bei spontaner Betrachtung befindet sich die überwältigende Anzahl in einer Gleichverteilung.[15] Entsprechend interpretierte BOLTZMANN das Entropiegesetz als Tendenz eines Systems, dem wahrscheinlichsten Zustand – der Gleichverteilung – zuzustreben. Da es sich um sich bewegende Gasmoleküle handelt, ist die Gleichverteilung deswegen am wahrscheinlichsten, da in diesem Fall die Bewegung eines Teilchens in den anderen Bereich am ehesten durch eine Gegenbewegung eines anderen Teilchen in der umgekehrten Richtung ausgeglichen werden kann.[16] Das Streben hin zu einer Gleichverteilung ist gleichbedeutend mit einer zunehmenden Unordnung des Systems, wobei die anfängliche Ordnungsstruktur unwiderruflich verfällt. Wird das Gleichgewicht erreicht, so muß sich der Zustand der Gleichverteilung nicht unbedingt halten, sondern es wird sich ein um die Gleichverteilung schwankendes Gleichgewicht einstellen. Als Maßzahl der Entropie bezog sich BOLTZMANN auf die Anzahl der Mikrozustände (D) für einen zu betrachtenden Makrozustand. Die Entropie S wird in seiner Interpretation ermittelt durch die bekannt gewordene Formel:[17]

(36) $$S = b \cdot \lg D$$

Das *b* steht für die sogenannte BOLTZMANNSCHE Universalkonstante. Es wird deutlich, daß die Entropie *S* in unmittelbarer Beziehung zur Anzahl der Mikrozustände *D* steht.

Schließlich sei noch zu betonen, daß auch die Entropiegesetz-Interpretation von BOLTZMANN einen irreversiblen Charakter trägt, da er eine Umkehr der Molekülbewegung in einem Modell mit 10^{23} wirr umherschwirrender Teilchen als unmöglich ansah.[18] Diese Annahme war zur Zeit BOLTZMANNS sehr umstritten und der Widerspruch zwischen reversiblen und irreversiblen Prozessen konnte erst mit dem „Konzept der instabilen Systeme" aufgelöst werden. Ein System ist instabil oder chaotisch, wenn mit einer sehr geringen Änderung in der Ausgangsposition des Systems schon nach kurzer Zeit eine fundamental andere Situation eintritt als ohne die Änderung. Aufgrund des instabilen Charakters von mikroskopischen isolierten Vielteilchensystemen handelt es sich bei den Tausenden von Zusammenstößen von Molekülen um einen irreversiblen Prozeß mit Tendenz zur Gleichverteilung.[19]

Abschließend sei noch erwähnt, daß der Begriff der Entropie in einer *informationstheoretischen* Interpretation in der Informationstheorie Anwendung findet. In diesem Zusammenhang steht Entropie als *Maß für potentielle Information*, wodurch wiederum die Komplexität eines informationsverarbeitenden Systems dargestellt werden kann. Der allgemeine Trend des Entropiegesetzes in isolierten Systemen bedeutet in diesem Zusammenhang, daß mit dem Zerfall geordneter Strukturen Informationen über ein System verloren gehen (z. B. Verlust der Information über eine Ausgangskonstellation) und seine Komplexität abnimmt.[20]

Zusammenfassend läßt sich nach dieser Darstellung der klassischen, statistischen und informationstheoretischen Interpretation des Entropiegesetzes allgemein feststellen, daß der zweite Hauptsatz der Thermodynamik eine irreversible Degradation von Energie und von geordneten bzw. komplexen Strukturen in isolierten Systemen festschreibt, während der erste Hauptsatz der Thermodynamik besagt, daß Energie/Materie konstant bleibt.

---

15 Vgl. Prigogine/Stengers 1987: S. 130-132.

16 Entsprechend lautet das BOLTZMANNSCHE Ordnungsprinzip: Der wahrscheinlichste Zustand, den ein System erreichen kann, ist der, wo sich die massenhaften Ereignisse, die gleichzeitig im System stattfinden, in ihrer Wirkung ausgleichen. Vgl. Prigogine/Stengers 1987: S. 133.

17 Vgl. Schrödinger 1987: S. 127, Prigogine/Stengers 1987: S. 133, Heinemann 1994: S. 205 und Georgescu-Roegen 1971a: S. 144.

18 Vgl. Prigogine/Stengers 1987: S. 206-208.

19 Vgl. Ebeling 1994: S. 34-35 und Prigogine/Stengers 1987: S. 251-259.

20 Vgl. Heinemann 1994: S. 210, Binswanger 1994: S. 168-170 und Wicken 1987: S. 21-25, 43-45.

3.1.2 Beiträge aus der Biologie: Prinzipien des Lebens und seiner Entwicklung

Während die Gesetze der Physik den Anspruch haben, für alle materiellen und energetischen Strukturen innerhalb des Universums zu gelten, ist der Studiengegenstand der Biologie – die Erforschung des Phänomens des Lebens auf der Erde – weit weniger universell. Die Bedeutung der Biologie als wissenschaftliche Disziplin ist offensichtlich, da lebendige Organismen – das sind Bakterien, Pflanzen, Tiere und Menschen – im Gegensatz zu unbelebter Materie nicht nur den Gesetzen der Physik unterworfen sind, sondern zusätzlich eigene Gesetze und Prinzipien aufweisen, die nicht aus den Axiomen von Physik und Chemie abgeleitet werden können, und die damit dem „Phänomen des Lebens" an sich eigen sind.[21]

Der Begriff „Leben" hat seit jeher Kontroversen hervorgerufen. Die heute gängigen Definitionen umschreiben, wodurch lebende Organismen charakterisierbar sind und was sie von unbelebter Materie unterscheidet. Ein wesentliches Merkmal von Lebewesen ist, daß sie zur Reproduktion fähig sind. Weiterhin ist jedes Lebewesen ein offenes System im oben beschriebenen physikalischen Sinne, das mit seiner Umwelt in einer engen stofflichen und energetischen Beziehung steht, indem es Nährstoffe und Energie aufnimmt, sie zur Erhaltung der Lebensfunktionen chemisch und energetisch umsetzt und schließlich Reststoffe wieder abgibt. Dieser Prozeß wird *Stoffwechsel* oder *Metabolismus* genannt. Als weitere Merkmale von lebenden Organismen sind ihre Organisationsform in Zellen anzuführen und ihre Fähigkeit, auf äußere Einwirkungen zu reagieren. Schließlich ist das Merkmal zu nennen, dem an dieser Stelle eine besondere Aufmerksamkeit zuteil werden wird: die Entwicklungsfähigkeit von Organismen. Diese bezieht sich auf drei verschiedene Ebenen der Entwicklung: 1. die Entwicklung individueller Organismen (*Ontogenese*); 2. die Entwicklung interdependenter Organismen im Zusammenspiel mit ihrer Umwelt (*Sukzession* von Ökosystemen); und 3. die stammesgeschichtliche Entwicklung von Organismen (*Evolution*).[22]

Bevor nun auf wesentliche Grundprinzipien lebender Organismen und ihre Evolution eingegangen werden kann, sind vorab einige Definitionen und grundlegende Fakten der Biologie darzulegen. Als erstes sollen die wichtigsten biologischen Hierarchie-Ebenen genannt werden. Auf der untersten Stufe befindet sich der einzelne Organismus. Alle Organismen sind in verschiedene *Spezies*-Kategorien eingeteilt. Eine Spezies – auch *Art* genannt – umfaßt alle Lebewesen, die sich potentiell untereinander fortpflanzen können und fruchtbare Nachkommen hervorbringen.[23] Eine Untergruppe von Organismen einer Spezies, die zusammen einen abgrenzbaren Raum bevölkern, bildet eine *Population*. Der Lebensraum von Populationen besteht aus einem oder mehreren Ökosystemen. Ein *Ökosystem* ist ein abgrenzbares Wirkungsgefüge von Lebewesen und ihrer anorganischen Umwelt (z. B. ein Wald oder ein Teich), das offen und bis zu einem gewissen Grad zur Selbstregulation fähig ist. Mehrere Ökosysteme können zu *Ökosystemkomplexen* zusammengefaßt werden, und die *Biosphäre* umfaßt schließlich den gesamten belebten Raum der Erde. Die wesentlichen Hierarchiestufen sind also in aufsteigender Reihenfolge: Einzelorganismus, Population, Spezies, Ökosystem, Ökosystemkomplexe, Biosphäre.[24]

Die Organismen innerhalb eines Ökosystems benötigen für Aufbau und Erhalt ihrer organischen Substanz Nährstoffe und Energie und sie werden nach ihrer Fähigkeit der Energie- und

21 Vgl. Johnson 1990: S. 75.

22 Vgl. z. B. Hadorn/Wehner 1978: S. 1-2, Unsöld 1981: S. 65 und Wicken 1987: S. 29-32.

23 Vgl. Futuyma 1986: S. 111 und Kalusche 1978: S. 51.

24 Vgl. Bick 1989: S. 16-17 und S. 22-23 sowie Heinrich/Hergt 1990: S. 29, 61, 75. Den Aspekt der Hierarchie innerhalb biologischer Systeme betont besonders Wicken 1987: S. 165-166.

Nährstoffaufnahme in zwei Kategorien eingeteilt. Einerseits gibt es *autotrophe Organismen* – es handelt sich dabei um alle Pflanzenarten –, die in der Lage sind, durch den Prozeß der Photosynthese die direkte Energie der Sonneneinstrahlung zu nutzen, um Wasser und Kohlendioxid unter Freisetzung von Sauerstoff in energiereiche organische Biomasse der Pflanze umzuwandeln und andere lebenswichtige abiotische – also unbelebte – Nährstoffe wie Stickstoff und Phosphor aufzunehmen, um so organisches Wachstum und Erhalt der Lebensfunktionen zu sichern. Da nur die Pflanzen (und einige Bakterien) in der Lage sind, energiereiche Biomasse aus anorganischem Material herzustellen, werden sie auch als *Produzenten* bezeichnet. Dementgegen sind *heterotrophe Organismen* – dabei handelt es sich um alle Lebensformen außer den Pflanzen – dadurch charakterisiert, daß sie lebensnotwendige Energie und Nährstoffe zum Erhalt ihrer Lebensfunktionen nur durch Verzehr lebender, also organischer Biomasse aufnehmen können. Die heterotrophen Organismen sind in ihrer Ernährung vollständig von den autotrophen Organismen abhängig, und sie werden daher *Konsumenten* genannt.[25]

Die pflanzlichen Produzenten sind in der Lage, etwa 1% der sie erreichenden Sonnenenergie aufzunehmen[26] und die Gesamtmenge der von den Pflanzen in chemische Energie umgesetzten Sonneneinstrahlung (in kJ/Tag) wird als *Bruttoprimärproduktion* bezeichnet. Einen Großteil der aufgenommenen Energie (etwa 50%) wird von den Pflanzen für die Aufrechterhaltung ihres Stoffwechsels benötigt und der Rest, der als *Nettoprimärproduktion* bezeichnet wird, manifestiert sich in *zusätzlicher* organischer Biomasse.[27] Die Nettoprimärproduktion (NPP) ist von Ökosystem zu Ökosystem unterschiedlich. Die höchsten Werte weisen zumeist naturnahe Wälder auf und sie übertreffen damit bei weitem die Werte in der heutigen landwirtschaftlichen Produktion.[28] In den 1970er Jahren betrug die jährliche globale Nettoprimärproduktion der Pflanzen etwa 224,5 Milliarden Tonnen trockener Biomasse, wobei etwa 15 Milliarden Tonnen – also ca. 7% – auf menschlich genutzte landwirtschaftliche Flächen entfiel.[29]

Die zur Photosynthese fähigen Pflanzen bilden als elementare Bestandteile der Nahrungskette den Ausgangspunkt für die Vielfalt irdischen Lebens. Doch trotz ihrer autotrophen Fähigkeiten ist auch ihr Wachstum nicht unbegrenzt. Während die lebensnotwendige Sonneneinstrahlung kontinuierlich vorhanden ist, stellt die anorganische Nahrungsgrundlage für die Pflanzen einen begrenzenden Faktor dar. Nährstoffe wie Stickstoff und Phosphor werden daher in Ökosystemen im Kreislauf geführt. Eine essentielle Funktion nehmen diesbezüglich die heterotrophen Bakterien und Pilze ein, die auch als *Reduzenten* bezeichnet werden. Sie sind in der Lage, organische Abfälle in mineralische Grundnährstoffe zurückverwandeln (Prozeß der Mineralisation) und sie ermöglichen damit eine Kreislaufführung nicht-erneuerbarer Nährstof-

25 Vgl. Nultsch 1982: S. 242-267, 296-307 und Bick 1989: S. 14. Unterschieden wird weiterhin zwischen Konsumenten verschiedener Ordnungen. Ein Konsument erster Ordnung ist ein reiner Pflanzenfresser, der Konsument zweiter Ordnung frißt pflanzenfressende Tiere, usw.. Bemerkenswert ist, daß von einer Stufe der Nahrungskette zur nächsten ein nahrungsbezogener Energieverlust von etwa 90% auftritt, d. h. ein Konsument erster Ordnung baut lediglich 10% der aufgenommenen Nahrungsenergie in energiereiche Biomasse um. Somit verzehrt ein Konsument zweiter Ordnung zur Aufnahme einer bestimmten Kalorienmenge (indirekt) zehn mal so viel pflanzliche Biomasse wie ein pflanzenfressender Konsument. Vgl. Bick 1989: S. 26.

26 Ein Großteil der irdischen Sonneneinstrahlung erreicht allerdings aufgrund atmosphärischer Reflexion nicht einmal die Erdoberfläche oder wird nicht photosynthetisch wirksam, weil er auf Wasser- oder unbewachsene Landflächen trifft. Betrachtet mensch das Verhältnis der *gesamten* irdischen Sonneneinstrahlung pro Jahr (etwa 178.000 Terawatt) und ihrer Bindung durch die Pflanzen (etwa 40 Terawatt), so ergibt sich lediglich eine photosynthetische Umwandlung von 0,2‰. Vgl. Dürr 1995: S. 157-159.

27 Vgl. Bick 1989: S. 26 und Heinrich/Hergt 1990: S. 61.

28 So ist beispielsweise die NPP eines naturnahen Kiefernwaldes etwa sechs mal höher als die eines Roggenfeldes. Vgl. Bick 1989: S: 230 (Tabelle 10.5). Vgl. ebenso Vitousek et al. 1986: S. 371-372.

29 Vgl. Vitousek et al. 1986: S. 369.

fe innerhalb von Ökosystemen. Im Kohlenstoffkreislauf kommt es dazu, daß sich organische Abfallstoffe im Boden ablagern und im Verlauf vieler Jahrmillionen zu fossilen Rohstoffen (Kohlenstoffverbindungen) transformiert werden.[30]

In einem Ökosystem besetzt jede Population einer Art eine bestimmte *ökologische Nische*. Mit diesem Begriff ist nicht nur der Raum gemeint, den die Population einnimmt, sondern die Gesamtheit aller Kombinationen von Umweltbedingungen innerhalb eines Ökosystems, unter denen die Population weiterbestehen kann. Dazu gehören u. a. die verschiedenen potentiellen Nahrungsquellen, die natürlichen Feinde, die Temperaturbedingungen, die Verfügbarkeit von Wasser und anderen Ressourcen, die Lichtverhältnisse und so weiter. Die Interdependenzen innerhalb eines Ökosystems bringen es mit sich, daß die ökologischen Nischen einzelner Populationen überlappen, so daß stets Konkurrenzkonstellationen zwischen Populationen verschiedener Arten bestehen.[31]

Die Reproduktion und das *Wachstum einer Population* ist abhängig von den natürlichen Umweltbedingungen eines Ökosystems, wie u. a. von der Knappheit der Nahrung, der Existenz von Feinden und der Möglichkeit zur räumlichen Ausbreitung, aber auch von endogenen Faktoren wie Vermehrungsrate, Todesrate sowie Emigration und Immigration einzelner Individuen. Jede Population kann exponentiell wachsen, aber nie unendlich lange. Innerhalb jedes Ökosystems besteht für eine Population eine zahlenmäßige Obergrenze von Individuen, die angesichts der natürlichen Begrenzungen nicht dauerhaft überschritten werden kann. Diese Obergrenze wird *Carrying Capacity* (auch: Tragfähigkeit) *genannt* und ist in der Populationsbiologie üblicherweise mit dem Symbol *K* belegt. Der approximative theoretische Verlauf des Wachstums einer Population über die Zeit kann als logistische Funktion beschrieben werden, die in Abbildung 3.1 graphisch dargestellt ist. In der Realität verläuft das Wachstum natürlich nicht so glatt, sondern es können Schwankungen auftreten, wie dargestellt durch die gestrichelte Kurve der Abbildung 3.1, so daß die Größe der Population sich nicht unbedingt asymptotisch der Carrying Capacity annähern muß, sondern um sie oszillieren kann. Da ein Ökosystem einem stetigen Wandel unterworfen ist, ist die Carrying Capacity einer Population nicht notwendigerweise als statische Grenze zu verstehen, sondern sie kann aufgrund verschiedener Einflüsse – z. B. durch Zunahme oder Fluktuation feindlicher Populationen oder durch Klimaveränderungen – dynamischen Veränderungen unterworfen sein.[32]

Abbildung 3.1:
Idealisiertes Wachstum einer Population mit Carrying Capacity

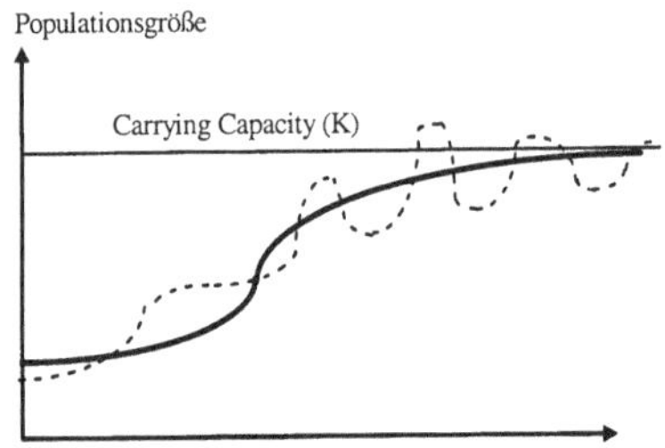

Abbildung in Anlehnung an: Futuyma 1986: S. 22 und Bick 1989: S. 206.

30 Vgl. Bick 1989: S. 12-16, 181-185, Heinrich/Hergt 1990: S. 61-63 und Dürr 1995: S. 72. Für eine anschauliche Darstellung der verschiedenen Nährstoffkreisläufe vgl. Kalusche 1978: S: 108-116.

31 Vgl. Futuyma 1986: S. 19-20 und Bick 1989: S: 16-17.

32 Vgl. Futuyma 1986: S. 21-26, Bick 1989: S. 203-211 und Kalusche 1978: S. 57-68. Die logistische Funktion hat auch Eingang in die neoklassische Theorie erneuerbarer Ressourcen gefunden. Vgl. z. B. Pearce/Turner 1990: S. 242ff. oder Fisher 1981: S. 80ff..

Ein *ökologisches Gleichgewicht* wird definiert als ein konstanter Zustand innerhalb einer bestimmten Zeitspanne, in dem ein Ausgleich von biologischen, chemischen und physikalischen Wechselbeziehungen sowie von Informations-, Energie- und Stoffströmen innerhalb eines Systems vorherrscht. Da dieser Gleichgewichtsbegriff einen Prozeß umschreibt, in dem sich Beziehungen und Ströme immer wieder ausgleichen und daher ein fließendes Gleichgewicht bilden, handelt es sich nicht um ein statisches, sondern um ein dynamisches Konzept. Der Begriff des ökologischen Gleichgewichts kann auf verschiedene biologische Hierarchieebenen bezogen werden, so z. B. auf eine Spezies und ihre Umwelt, auf ein Ökosystem oder auf die gesamte Biosphäre.[33]

Ein ökologisches Gleichgewicht kann mehr oder weniger stabil sein. Der Begriff der *ökologischen Stabilität* umschreibt die Fähigkeit eines biologischen Systems, Störungen – wie z. B. Blitzeinschäge, Überflutungen oder menschliche Eingriffe – zu widerstehen bzw. nach einer Störung wieder zum Ausgangszustand zurückzufinden.[34] Ein anderes biologisches Merkmal ist die *ökologische Belastbarkeit*, die die Fähigkeit eines biologischen Systems beschreibt, Störungen zu ertragen und zu überleben, ohne seine innere Organisationsstruktur zu verlieren. Im Gegensatz zur ökologischen Stabilität ist bei der Belastbarkeit nicht die Wiederherstellung des Ursprungszustandes ausschlaggebend, sondern der Erhalt der systemimanenten Struktur. Ein Maß für die Belastbarkeit eines Systems ist die *Elastizität* (engl. *resilience*), die anzeigt, wie stark die Abweichung vom systemaren Normalzustand sein kein, ohne daß die innere Struktur des Systems zerstört wird. Sehr elastische ökologische Systeme sind also in der Lage, ein großes Ausmaß an Störungen zu ertragen.[35]

Die Konzepte der Stabilität und der Belastbarkeit von biologischen Systemen sind nicht nur in kurzen Zeitfristen relevant, wenn es um das gegenwärtige Verhalten und den Status Quo von Systemen geht, sondern sie sind ebenso von Bedeutung hinsichtlich der langfristigen Fähigkeit von biologischen Systemen, sich an Veränderungen in der Systemumgebung – also an dauerhafte Störungen – anzupassen. Ein extrem stabiles System wird sich unter dauerhaft veränderten Verhältnissen weniger stark verändern oder anpassen und daher über lange Zeiträume eine konstante Form aufweisen. Ein extrem elastisches System ist hingegen in der Lage, sich neuen Bedingungen ohne Beeinträchtigung der bisherigen Systemstruktur anzupassen und verbesserte Strukturen hervorzubringen.[36]

Nach dieser kurzen Einführung in grundlegende biologische Zusammenhänge werden nun die wesentlichen Prinzipien ökologischer und biologischer Entwicklung und Anpassung thematisiert, die sich besonders auf einen längeren Betrachtungs- und Analysezeitraum beziehen. Zuerst seien die unteren Hierarchie-Ebenen des Lebens betrachtet: der Einzelorganismus und seine Population. Die grundlegenden Informationen über die Reifung und Entwicklung eines Einzelorganismus über den Zeitraum seines Lebens (Ontogenese) sind in seinen Genen enthalten. Die Gesamtheit der Gene eines Organismus wird *Genotyp* genannt und enthält alle Potentiale, die einem Lebewesen vererbt werden. Als *Phänotyp* wird hingegen die tatsächliche Manifestation des Genotyps bezeichnet, die sich im Zusammenspiel von Genotyp und den vorherrschenden Umweltbedingungen ergibt. So ist z. B. die potentielle ökologische Nische, in der ein Lebewesen überleben kann, im Genotyp vorgegeben, während die sich in der Natur tatsächlich einstellende Nische schmaler sein kann. Ein Vogel irgendeiner Art mag als poten-

33 Vgl. Bick 1989: S. 42-43 und Rat von Sachverständigen für Umweltfragen (RSU) 1994: S. 71-72.

34 Vgl. Bick 1989: S. 44, RSU 1994: S. 72, Common/Perrings 1992: S. 16 und Ring 1994: S. 53.

35 Vgl. RSU 1994: S. 73, Bick 1989: S. 44-45, Clark/Perez-Trejo/Allen 1995: S. 22-23 und Common/ Perrings 1992: S. 16-18.

36 Vgl. Clark/Perez-Trejo/Allen 1995: S. 22-23.

tielle Nahrungsquelle verschiedene Samenkörner und Insekten nutzen, doch aufgrund der hohen Häufigkeit einer Insektenart in einem speziellen Ökosystem, mag sich der Phänotyp des Vogels dergestalt manifestieren, daß sich der Vogel in seiner Nahrungswahl auf eine Insektenart spezialisiert. Unter anderen Umweltbedingungen hätte er eine vielfältigere Nahrungszusammensetzung gewählt. Trotz identischen Genotyps kann die ökologische Nische eines Organismus oder einer Population also stark variieren und je nach den gegebenen Umweltbedingungen bildet ein Lebewesen verschiedene Phänotypen aus. Die Beziehung zwischen Genotyp und Phänotyp ist dabei einseitig, d. h. nur der Genotyp kann auf den Phänotyp einwirken, nicht aber der Phänotyp auf den Genotyp. So ist es z. B. unmöglich, daß sich die phänotypische Nahrungsspezialisierung des oben erwähnten Vogels auf seine Nachkommen vererbt.[37] Der Phänotyp eines Organismus ist also als Resultat des Zusammenspiels von Genotyp und äußeren Umweltbedingungen zu verstehen.

Die *Reproduktion* eines Lebewesens basiert darauf, daß der Genotyp der sich fortpflanzenden Individuen kopiert und kombiniert wird. Es ergeben sich so neue Variationen von Genotypen und je nach Umweltbedingungen entsprechend veränderte Phänotypen. Die Gesamtheit aller Gene einer Art oder Population wird als *Genpool* bezeichnet, wobei jedes Individuum jeweils nur einen Teil des Genpools in sich trägt. Wenn bei der Fortpflanzung einer Art durch zwei Individuen die Kopie des Genotyps immer perfekt funktioniert, dann werden sich Neukombinationen der Gene ergeben, aber keine grundsätzlichen Neuerungen innerhalb des Genpools (wie z. B. ein neues Organ). In dieser Hinsicht kann der Vererbungsmechanismus als konservative Kraft angesehen werden, der eine gewisse Stabilität biologischer Systeme garantiert.[38]

Eine perfekte Kopie der Genotypen ist jedoch nicht immer möglich. Es treten hin und wieder Fehler auf, sogenannte *Mutationen*, die vollkommen neuartige Gene hervorbringen können, und die dann an die Nachfahren weitergegeben werden. Mutationen können sowohl durch einfache interne „Kopierfehler" verursacht werden, als auch durch verschiedene äußere Einflüsse wie z. B. durch radioaktive Strahlung. Die Effekte von Mutationen auf den Phänotyp können sehr unterschiedlich sein und sowohl keine oder kaum wahrnehmbare Merkmalsveränderungen als auch deutliche Körperveränderungen oder extreme Abweichungen der Metabolismuseigenschaften erzeugen. Das Auftreten von Mutationen ist *vollkommen zufällig*, d. h. eine Mutation ergibt sich nicht als sinnvolle Reaktion auf eine veränderte Umweltsituation. Wenn beispielsweise eine landwirtschaftlich genutzte Fläche mit Insektiziden behandelt wird, um schädliche Insekten zu vernichten, so ist das Auftauchen einer gegen das Insektizid resistenten Insektenpopulation keine Folge-Reaktion auf die Insektizidbehandlung. Im Gegenteil ist es Ausdruck des stochastischen Zufalls, daß in der Vergangenheit bei einem Organismus eine Mutation zu einer Resistenz gegen das zu jenem Zeitpunkt noch nicht benutzte Insektizid führte, die dann an folgende Generationen weitergegeben wurde, so daß letztlich diese Insekten die Insektizidbehandlung überlebten. Die überlebende Population bildet dann die Grundlage für ein neues Populationswachstum und so entsteht aus purem Zufall eine neue Generation resistenter Insekten.[39] Gleichfalls kann auch das Insektizid selbst Mutationen bei einzelnen Insekten auslösen, doch diese haben nichts mit der Insektizidresistenz zu tun.

Die Häufigkeit von Mutationen ist sehr gering. Aufgrund der neutralen Wirkung einiger Mutationen kann sie nicht einwandfrei ermittelt werden, doch die Mutationsrate pro Gen einer

---

37 Vgl. Futuyma 1986: S. 43, 53-56, 79.

38 Bei einer Zelle, die der Reproduktion durch Zellteilung fähig ist, kommt es bei perfekter Genkopie zu keinerlei Genotypabweichungen bei den Nachkommen. Vgl. ebd.: S. 50-53, 60.

39 Vgl. Futuyma 1986: S. 76, Hadorn/Wehner 1978: S. 523 und Laszlo 1987: S. 102-104.

Art wird innerhalb einer Generation pro Keimzelle auf zwischen 10^{-6} und 10^{-5} geschätzt.[40] Die Mutationsrate der Menschen weicht nicht wesentlich von der anderer Organismen ab und daraus ergeben sich etwa 12-13 identifizierbare Fehlbildungen auf 1.000 Lebendgeburten.[41] Von diesen Mutationen sind die meisten für das betroffene Lebewesen eher nachteilig oder neutral. In seltenen Fällen tritt jedoch auch einmal eine Mutation mit vorteilhaften Eigenschaften auf. Da aber viele Gene gleichzeitig verschiedene Funktionen haben, wird auch ein Mutationsvorteil häufig von nachteiligen Effekten begleitet.[42]

Genetische Neuheiten innerhalb einer Population entstehen also durch Mutation und durch sie wird der Genpool qualitativ erweitert. Da die meisten Mutationen nachteilig sind, ist die Lebensdauer vieler mutierter Organismen geringer, da sie mit ihren angeborenen Nachteilen schlechter gestellt sind und so entweder leichte Beute für den natürlichen Feind werden, in der Konkurrenz um die Nahrungsbeschaffung unterliegen oder anfälliger gegen Krankheiten sind. In seltenen Fällen kommt es aber dazu, daß durch genetische Mutationen veränderte Phänotypen ausgebildet werden, die dem entsprechenden Organismus Vorteile verschaffen: er mag sich besser gegen Feinde schützen, in der Nahrungsbeschaffung gegenüber den anderen Individuen seiner Population bevorteilt sein und/oder eine bessere Anpassungsfähigkeit an die äußeren Umweltbedingungen aufweisen, wie die oben angeführten insektizidresistenten Insekten. In diesem Fall setzt *natürliche Selektion* ein, d. h. ein bestimmter Phänotyp – und damit indirekt der entsprechende Genotyp – hat innerhalb seiner Population bessere Überlebenschancen, kann eine relativ höhere Reproduktionsrate realisieren und gewinnt sukzessive innerhalb seiner Population an zahlenmäßiger Dominanz. Selektion wird gemessen am relativen Anteil eines Phäno- oder Genotyps an der Gesamtpopulation und sie ist eine Maßzahl für die Reproduktionsfähigkeit verschiedener Organismen einer Population mit unterschiedlichen Merkmalen.[43] Selektion mag dazu führen, daß ein schlecht angepaßter Phäno-/Genotyp vollkommen eliminiert wird, oder daß sich eine stabile Kombination einstellt. Im letzteren Fall erhöht sich die *genetische Variation* der Population und dadurch erhält eine Population als ganzes ein besseres Reaktionspotential gegenüber äußeren Einwirkungen. Im *Prozeß der Selektion* setzen sich also besser angepaßte Phäno-/Genotypen durch („survival of the fittest") und die betroffene Population erlangt eine verbesserte Überlebensfähigkeit.[44]

Die bisherigen Ausführungen erklären die Entwicklung von Einzelorganismen und Populationen einer Art, nicht aber die *Entstehung* neuer Arten. Diese ergibt sich im langwierigen Prozeß fortwährender Mutation und Selektion, wenn zwischen Populationen einer Art genetische Barrieren entstehen, die eine Reproduktion zwischen den Individuen der Populationen unmöglich machen. Dieses Phänomen ergibt sich besonders in Fällen, wo Populationen voneinander isoliert sind, entweder geographisch oder durch Besiedelung von Ökosystemen mit unterschiedlichen Bedingungen. Dadurch wird ein Genaustausch zwischen Populationen für längere

40 Vgl. Futuyma 1986: S. 72.

41 Vgl. ebd.: S. 524.

42 Vgl. Hadorn/Wehner 1978: S. 520-521, Laszlo 1987: S. 95-96, Unsöld 1981: S. 65 und Futuyma 1986: S. 60-76. Eine der bekanntesten vorteilhaften Mutation beim Menschen ist eine Resistenz gegen Malaria. Die Menschen mit einer derartig „vorteilhaften" Mutation leiden allerdings aufgrund der Multifunktion des betroffenen Gens gleichzeitig unter Blutarmut und erreichen daher selten das Pubertätsalter. Vgl. Futuyma 1986: S. 524.

43 Vgl. Futuyma 1986: S. 150.

44 Vgl. Futuyma 1986: S. 150-153 und S. 180-183 sowie Hadorn/Wehner 1978: S. 521-523. Üblicherweise bezieht sich der Selektionsbegriff auf die differenzierte Reproduktion von individuellen Organismen. Bisweilen wird der Begriff aber auch auf andere Ebenen der biologischen Hierarchie bezogen. So wird z. B. von „Gruppenselektion" gesprochen, wenn eine Population aufgrund einer anderen Genhäufigkeit oder -variation bessere Reproduktionsraten aufweist als eine andere Population derselben Art. Vgl. Futuyma 1986: S. 153.

Zeit verhindert und es können sich neue Arten ausdifferenzieren.[45] Seit der Entstehung der ersten Organismen auf der Erde vor etwa drei bis vier Milliarden Jahren haben sich auf diese Weise die vielfältigsten Arten nach und nach herausgebildet.[46] Zeitlich gesehen liegt die Herausbildung neuer Arten in einer Dimension von Millionen von Jahren. Von Art zu Art treten dabei jedoch große zeitliche Unterschiede in der Evolution auf. Während die älteste heute noch existierende Garnellenart kaum Unterschiede zu fossilen Funden von vor über 180 Millionen Jahren aufweist, haben sich die heute existierenden Elephantenarten „sehr schnell" in weniger als 10 Millionen Jahren von ihrem gemeinsamen Nachkommen ausdifferenziert. Der aufrecht gehende Mensch (homo sapiens) hat eine vergleichsweise junge Evolutionsgeschichte: er entwickelte sich als eigenständige Art vor 4-8 Millionen Jahren.[47]

Die Geschichte der Evolution ist aber nicht nur ein Prozeß der ständigen Entstehung neuer Arten, sondern auch das Aussterben von Arten durch Selektion gehört dazu. Das Aussterben einer Art kann sogar stimulierend auf die Artenbildung wirken, denn frei werdende ökologische Nischen bieten Chancen für die Etablierung neuer Arten.[48]

In der Evolutionsgeschichte der Erde haben viele Entwicklungen stattgefunden, die heute noch ungeklärt oder umstritten sind. So sind beispielsweise fünf Fälle von Massen-Artensterben nachgewiesen worden, über deren Ursachen die Erklärungsversuche von der Kontinentverschiebung bis zum Meteoriteinschlag reichen. Weiterhin gibt es heute wissenschaftliche Debatten darüber, ob Evolution sukzessive und kontinuierlich vor sich geht, wie CHARLES DARWIN es schon behauptet hatte, oder ob sich Evolution in Schüben oder Sprüngen vollzieht. Diese Diskussion keimte mit der historischen Entdeckung auf, daß es Zeiträume von Millionen von Jahren gab, in denen sich relativ wenige neue Arten entwickelten, und andere relativ kurze Phasen, wo eine unglaubliche Fülle neuer Arten entstand.[49] Trotz dieser umstrittenen Fragen zur Evolution des Lebens sind zwei Grundprinzipien der Evolution eindeutig: Einerseits handelt es sich bei der Evolution um einen irreversiblen Prozeß und andererseits ist Evolution durch den Trend charakterisierbar, daß stets neue, divergierende Lebensformen mit steigender Komplexität hervorgebracht werden.[50]

Ein wesentliches Merkmal der hier in Kürze beschriebenen klassischen Evolutionstheorie, die von DARWIN begründet wurde, besteht darin, daß die Evolution von Populationen und Arten dermaßen getrennt von ihren äußeren Lebensbedingungen und den Interaktionen mit anderen Arten in den jeweiligen Ökosystemen betrachtet wird, als sei die Evolution einer Art vollkommen unabhängig von der Entwicklung des jeweiligen Lebensraums oder von den Interaktionen mit anderen Arten. Dabei finden aber Entwicklungsprozesse auf allen Ebenen der biologischen Hierarchie statt und einige dieser Entwicklungen – z. B. von anderen Arten, von Ökosystemen, Ökosystemkomplexen oder der Biosphäre – werden zweifellos von der Evolution einer Art beeinflußt, aber ebenso kann auch der Entwicklungsprozeß eines übergeordneten Systems oder einer anderen Art auf die Evolution einer Art Auswirkungen haben. Diese Position, die in der jüngeren Debatte über Evolutionstheorie zunehmend vertreten wird, wird nachfolgend dargestellt.

---

45 Vgl. Futuyma 1986: S. 247-248 und Hadorn/Wehner 1978: S. 524-526.

46 Die Frage, wie sich aus unbelebter Materie durch chemische Prozesse Leben entwickeln konnte, wird an dieser Stelle nicht thematisiert. Es sei auf die umfangreiche Literatur dazu verwiesen. Vgl. z. B. Unsöld 1981: S. 66-81, Laszlo 1987: 91-95 und Wicken 1987: S. 95-130.

47 Vgl. Futuyma 1986: S. 398 und S. 537.

48 Vgl. Futuyma 1986: S. 503.

49 Vgl. ebd.: S. 401-403.

50 Vgl. Hadorn/Wehner 1978: S. 521, Futuyma 1986: S. 368 und Laszlo 1987: S. 104-106.

Dem Entwicklungs- und Reifungsprozeß von Ökosystemen, der als *Sukzession* bezeichnet wird, wird hinsichtlich der Beeinflussung der Evolution einer Art von einigen Autoren eine besondere Bedeutung zugesprochen. Der Zeitrahmen der Sukzession ist im Gegensatz zur Evolution der Arten wesentlich geringer: er liegt nicht bei Millionen von Jahren, sondern eher im Bereich einiger hundert Jahre. Weiterhin strebt die Sukzession im Gegensatz zur Evolution einem „Ziel" entgegen, dem sogenannten *Klimax*. Es handelt sich dabei um ein „reifes" Ökosystem, das sich unter gegebenen Klima- und sonstigen Umweltbedingungen einstellt, wenn es nicht von äußeren Einflüssen gestört wird.[51] Auf der Grundlage der empirischen Untersuchung einer Vielzahl von Sukzessionen verschiedener Ökosysteme sind allgemein beobachtbare Entwicklungsprinzipien herausgearbeitet worden, von denen nachfolgend die wichtigsten aufgelistet sind:[52]

- In noch wenig entwickelten Ökosystemen dominieren Arten, deren Populationen schnell wachsen, die eine geringe Körpergröße aufweisen, kurzlebig sind und breite ökologische Nischen besetzen. Das Wachstum dieser Populationen ist in diesen Stadien nicht von äußeren Begrenzungen beschränkt und nach der in der Populationsökologie üblichen Bezeichnung der Wachstumsrate mit dem Symbol *r* werden derartige Arten als "*r-Strategen*" bezeichnet. Im Laufe der Entwicklung von Ökosystemen setzen sich dann zunehmend Arten mit größerer Körpergestalt, längerer Lebensdauer und spezialisierteren ökologischen Nischen durch, die nur noch wenige Nachfahren aufziehen und entsprechend ein wesentlich geringeres Populationswachstum aufweisen. Da die Populationen der verschiedenen Arten in diesem späteren Stadium der Carrying Capacity (K) nahekommen und sich an die Begrenztheit ihrer Lebensräume anpassen, werden derartige Arten *„K-Strategen"* genannt. Im Verlauf der Sukzession von Ökosystemen setzen sich also zunehmend K-Strategen durch.
- Die materiellen Kreisläufe innerhalb eines Ökosystems entwickeln sich im Verlauf der Sukzession von wenigen einfachen, wenig vernetzten und offenen Kreisläufen zu einer Vielzahl kompliziert vernetzter Kreisläufe mit äußerst geringen Materialverlusten.
- Die Artenvielfalt nimmt in der Sukzession anfangs zu, erreicht dann einen Höhepunkt, und mit der Durchsetzung von dominanten, spezialisierten K-Strategen kann die Artenvielfalt im Reifestadium eines Ökosystems wieder leicht abnehmen.
- Die Biomasse (BM) eines Ökosystems nimmt im Verlauf der Sukzession stetig zu, und für dieses Wachstum werden stets steigende Energiemengen und Mineralstoffe durch eine zunehmende Zahl von Produzenten aufgenommen. Das Biomassewachstum ist besonders in den frühen Stadien der Sukzession aufgrund der Dominanz von r-Strategen besonders stark, schwächt in späteren Stadien ab und stabilisiert sich schließlich im Klimaxstadium auf hohem Niveau. Gleichzeitig sinkt im Verlauf der Sukzession die Produktion von Kohlenstoff pro Gesamtbiomasse (C/BM), wodurch auch die Notwendigkeit der Aufnahme von Nährstoffen und Energie stetig abnimmt.

Nachdem noch vor 20 Jahren die Erforschung der Sukzession völlig getrennt von der Evolution der Arten stattfand, wird heute vermehrt versucht, einen Zusammenhang zwischen der Entwicklung von Ökosystemen und der Evolution von Arten aufzuzeigen. So wird z. B. darauf hingewiesen, daß es nicht zufällig sei, wenn wesentliche Prinzipien von Sukzession und Evolution übereinstimmten, so u. a. der Trend zu erhöhter Komplexität, zu größeren Organismen

---

51 Vgl. Johnson 1990: S. 75 und Schneider 1990: S. 120-121.

52 Vgl. zu den Prinzipien der Sukzession: Odum 1969: S. 262-266, Wicken 1987: S. 135-136, Johnson 1990: S. 76-84 und Schneider 1990: S. 119-122.

und zu sinkendem Nahrungs- und Energiebedarf pro Einheit Biomasse.[53] WICKEN (1987) vertritt die Ansicht, daß die natürliche Selektion von Arten und damit ihre Evolution hierarchisch durch den Sukzessionstrend von Ökosystemen bestimmt wird.[54]

Durch diese Betonung der ökosystemaren Einbettung der Evolution werden die Interdependenzen innerhalb von Ökosystemen als Einflußfaktoren der Evolution vermehrt in den Mittelpunkt der Aufmerksamkeit gerückt und damit gewinnt das noch junge theoretische Konzept der *Koevolution* an Bedeutung. Der Begriff Koevolution umschreibt einen evolutionären Prozeß, in dem die Evolution einer Art mit der Evolution einer interagierenden Art eng verflochten ist.[55] Zur Veranschaulichung werden zwei übliche Formen der Koevolution dargestellt: Räuber-Beute-Beziehung und Mutualismus.

Eine deutliche *koevolutionäre Räuber-Beute-Beziehung* ist insbesondere in Fällen beobachtet worden, wenn eine Räuberart sich stark auf *eine* Beuteart spezialisiert hat. Durch natürliche Selektion mag sich die Beuteart besser gegen den natürlichen Feind schützen und gleichsam setzen sich bei der Räuberart diejenigen Phänotypen durch, die trotz erhöhtem Schutz der Beute genügend Nahrung erjagen. Die koevolutionäre Entwicklung der entsprechenden Arten ist also dadurch gekennzeichnet, daß bei der Beuteart diejenigen Geno-/Phänotypen selektiert werden, die einen besseren Schutz vor dem Räuber aufweisen, während sich bei den Räuberarten die schnellsten und wendigsten Typen durchsetzen. Aufgrund dieser Charakterisierung ist die Koevolution von Räuber und Beute auch als „genetischer Rüstungswettlauf" tituliert worden, wobei das Aussterben einer oder gar beider Arten nicht ausgeschlossen ist.[56]

Der *Mutualismus* ist eine Form der koevolutionären Interaktion von Arten, wobei die Evolution zweier oder mehrerer Arten aufeinander bezogen ist und gegenseitige Vorteile bringt. Solche Formen der „Kooperation" von Arten in ihrer Evolution ist besonders in Fällen starker Spezialisierung festgestellt worden. Als Beispiel sei die Interaktion einer Ameisenart mit einer bestimmten Baumspezies, der Akazie, anzuführen. Die Ameisen, die die Akazie bevorzugt besiedeln, bilden einen Schutz gegen potentielle Freßfeinde der Akazie und diese hat im Laufe der Zeit eine außergewöhnliche Nährstoffquelle außerhalb der Blüte ausgebildet, die nur von den Ameisen genutzt wird.[57] Auch die sich herausgebildete allgemeine Beziehung zwischen Tieren, die Sauerstoff einatmen und Kohlendioxid ausatmen, und Pflanzen, die Kohlendioxid einatmen und Sauerstoff ausatmen, kann als Form des Mutualismus verstanden werden.

Diese Ausführungen zur Evolution, zur Sukzession und zur Koevolution sollten veranschaulichen, nach welchen Prinzipien Entwicklungsprozesse innerhalb der Natur ablaufen. Zusammenfassend läßt sich festhalten, daß die Prozesse der Evolution nicht deterministisch sind, sondern einen vollkommen stochastischen Charakter aufweisen. Doch obwohl die Evolution kein Ziel besitzt, so hat sie doch eine Richtung, denn innerhalb historischer Zeitprozesse von Millionen von Jahren werden zunehmend komplexere, höher organisierte und mit mehr Informationen ausgestattete lebende Strukturen ausgebildet.

3.1.3 Die Ungleichgewichtsthermodynamik als Bindeglied von Entropiegesetz und Evolution

Nach dieser Schilderung wesentlicher Grundprinzipien der Physik und der Biologie ergibt sich nun die Frage, in welcher Beziehung die beschriebenen irreversiblen Prozesse zueinander ste-

53 Vgl. Schneider 1990: S. 130-131.
54 Vgl. Wicken 1987: S. 131-173.
55 Vgl. Futuyma 1986: S. 483.
56 Vgl. ebd.: S. 492-496.
57 Vgl. ebd.: S. 497-499.

hen. Einerseits umschreibt das Entropiegesetz eine permanente Auflösung von Struktur und Ordnung in isolierten Systemen und andererseits ist die Evolution des irdischen Lebens ein Phänomen, das sich gerade durch Strukturbildung und zunehmende Komplexität auszeichnet. Im Sinne von BOLTZMANN ist schon die Existenz einer strukturierten Lebensform ein höchst unwahrscheinliches Ereignis, ganz zu schweigen von ihrer genetischen Evolution. Dieses scheinbare Paradoxon hat die Naturwissenschaften lange bewegt und erst in jüngerer Zeit konnte das Rätsel gelöst werden.

Den ersten Anstoß zu einer Erklärung gab der berühmte Physiker SCHRÖDINGER, der in seinem Buch „What is life?" im Jahre 1944 eine thermodynamische Interpretation des Lebens anbot. Er wies insbesondere darauf hin, daß sich das Phänomen des Lebens durch zwei fundamentale thermodynamische Prozesse auszeichnet: einerseits sind lebende Organismen geordnete offene Systeme, die den kontinuierlichen Strom niedriger Entropie des zur Unordnung tendierenden Universum nutzen, um ihre Ordnung aufrechtzuerhalten bzw. ihren thermodynamischen Tod aufzuschieben und andererseits ist die Reproduktion von Lebewesen als Schaffung geordneter Strukturen aus bereits bestehenden geordneten Strukturen zu verstehen. Aus der Sicht des Physikers charakterisierte er Leben also durch die beiden thermodynamischen Prinzipien: „Ordnung aus Unordnung" und „Ordnung aus Ordnung".[58] Damit konnte er die Strukturbildung der Evolution zwar noch nicht erklären, doch zeigte er damit auf, daß das Phänomen des Lebens nichts mit thermodynamischem Gleichgewicht zu tun hat.

Die Auflösung des Problems wurde mit den Erkenntnissen der *Ungleichgewichts-Thermodynamik* geliefert. Ein wichtiger Schritt war die Untersuchung von stationären Zuständen offener Systeme *nahe einem thermodynamischen Gleichgewicht*. Für derartige Systeme ist gezeigt worden, daß ein offenes System, das durch die Umweltbedingungen an der Erreichung des thermodynamischen Gleichgewichtes gehindert wird, einem stationären Zustand nahe dem Gleichgewicht zustrebt, wo die Entropie des Gesamtsystems nicht mehr steigt (dS=0). In diesem Zustand stellt sich innerhalb des offenen Systems die minimale Entropieerhöhung bei konstantem Durchsatz (Throughput) von niedriger Entropie ein, die mit dem externen Zustrom von niedriger Entropie vereinbar ist ($d_eS=d_iS$). Dieses Phänomen ist als *Theorem der minimalen Entropieproduktion* bekannt.[59] Der entsprechende Prozeß ist ebenso wie bei der Betrachtung eines thermodynamischen Gleichgewichts vorhersagbar: die Umweltbedingungen des offenen Systems (der externe Zustrom von niedriger Entropie), die das Erreichen des Gleichgewichts verhindern, determinieren den Endzustand, der vollkommen unabhängig von der Ausgangssituation ist. Auch in diesem Fall geht also die Ausgangsstruktur verloren und im Gegensatz zur Betrachtung der Gleichgewichtstheorie stabilisiert sich das System nicht im thermodynamischen Gleichgewicht, sondern in einem trägen Zustand nahe dem Gleichgewicht. Mit dieser Erkenntnis konnte aufzeigt werden, daß stabile Zustände abseits des Gleichgewichtes existieren können. Doch diese Theorie erklärt lediglich einen trägen stabilen Nichtgleichgewichtszustand und nicht das Phänomen komplexer werdender Strukturen.[60]

Für die Lösung des Problems war die Untersuchung von *offenen Systemen fern vom thermodynamischen Gleichgewicht* erforderlich. Die bahnbrechenden Forschungen wurden von dem Chemiker und Nobelpreisträger ILYA PRIGOGINE eingeleitet. Er nannte offene Systeme, die kontinuierlich negative Entropie aufnehmen, diese irreversibel degradieren (dissipieren) und positive Entropie an die Umgebung abgeben, „dissipative Strukturen" oder „dissipative Systeme" und zeigte, daß solche Systeme unter bestimmten thermodynamischen Bedingungen

58 Vgl. Schrödinger 1987: Kapitel 6.

59 Vgl. Glansdorff/Prigogine 1971: S. 34-38.

60 Vgl. Prigogine/Stengers 1987: S. 146-148.

ein stabiles Fließgleichgewicht mit konstantem Throughput aufweisen und unter extremeren Bedingungen – weiter entfernt vom thermodynamischen Gleichgewicht – instabil werden, so daß Schwankungen auftreten, die letztlich zu einem unvorhersagbaren Zustand höherer Ordnung und Komplexität mit erhöhtem Throughput von Energie und gestiegener interner Entropieproduktion führen.

Zur schematischen Veranschaulichung dieses Phänomens sei die Abbildung 3.2 betrachtet. Auf der Ordinate ist der Zustand eines offenen, dissipativen Systems abgetragen und auf der Abszisse die thermodynamischen Bedingungen in Form des Kontrollparameters ν, wobei eine Entfernung vom Nullpunkt einer weiter vom thermodynamischen Gleichgewicht entfernten thermodynamischen Situation entspricht. Der Parameter ν mag für irgendeinen thermodynamischen Parameter stehen, wie Temperatur oder Druck. Die Abbildung zeigt, daß sich innerhalb des Bereichs 0 bis ν_1 das betrachtete offene, dissipative System in einem stabilen Zustand befindet, in einem Fließgleichgewicht, in dem die innere Entropieproduktion durch Aufnahme von externer niedriger Entropie kompensiert wird. Ab dem Schwellenwert ν_1 geht die Stabilität jedoch verloren und es existieren zwei stabile Pfade, die eingeschlagen werden können. Im Bereich des Schwellenwertes kommt es daher zu Schwankungen, die durch einen erhöhten Energieaustausch mit der Umwelt stabilisiert werden.[61]

Abbildung 3.2: Verzweigungsdiagramm

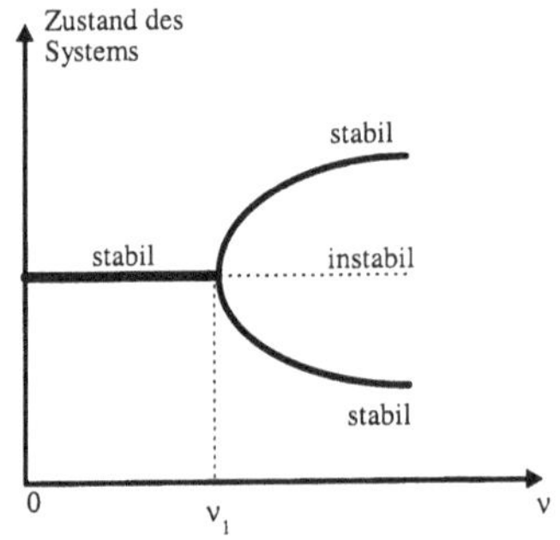

Abbildung in Anlehnung an: Prigogine/Stengers 1987: S. 167 und Nicolis/Prigogine 1987: S. 109

Als praktisches Beispiel sei die sogenannte „Bénard-Instabilität“ angeführt: Eine chemische Flüssigkeit in einem Behälter wird von unten erhitzt und es ergibt sich ein stabiler Wärmefluß von unten nach oben. Mit Erreichen eines Schwellenwertes der Temperatur bilden sich strukturierte Molekülbewegungen: *„Millionen und Abermillionen von Molekülen bewegen sich in kohärenter Weise und bilden sechseckige Konvektionszellen von charakteristischer Größe.“*[62] Im Gegensatz zum Zustand nahe des Gleichgewichts stellt sich keine stabile Situation mit minimaler Entropieproduktion ein, sondern ganz im Gegenteil ergibt sich eine erhöhte Struktur durch instabile Schwankungen, die zur Stabilisierung einen erhöhten Throughput und damit eine Erhöhung der Entropieproduktion benötigt. Ein ähnliches Phänomen ist in Flüssen beobachtbar: das Wasser fließt bis zu einer bestimmten Fließgeschwindigkeit ruhig und bildet erst ab einem Schwellengeschwindigkeitswert strukturierte Turbulenzen. Es ist also zu konstatieren, daß fern vom thermodynamischen Gleichgewicht innerhalb von offenen Systemen Schwankungen auftreten, die eine strukturierte Selbstorganisation mit sich bringen und durch erhöhte Aufnahme von niedriger Entropie stabilisiert werden. Die entstehende Ordnung bildet sich aufgrund instabiler Schwankungen und benötigt für ihre Entstehung die sich degradierende niedrige Entropie des Gesamtsystems. Die steigende Entropie des Gesamtsystems, also der Verfall der universalen

61 Vgl. Nicolis/Prigogine 1987: S. 108-111 und Prigogine/Stengers 1987: S. 165-169.

62 Prigogine/Stengers 1987: S. 151.

Strukturen, ist also notwendige Bedingung für die Entstehung geordneter lokaler Strukturen: Chaos und Ordnung sind zwei Seiten einer Medaille.[63]

Die hier beschriebenen Phänomene sind besonders in chemischen Systemen beobachtbar, in denen einige Stoffe die Eigenschaft haben, daß zur chemischen Reaktion zur Herstellung des entsprechenden Stoffs der Stoff selbst benötigt wird und dieser den Reaktionsprozeß zusätzlich unter bestimmten Bedingungen noch selbst beschleunigt (Prozeß der *Autokatalyse*). Derartige Systeme sind in der Chemie eher selten, doch gerade in biologischen Prozessen, wie z. B. beim Stoffwechsel, sind autokatalytische Systeme die Regel, so daß Entstehung und Evolution von Leben erklärbar wird durch einen allgemeinen Prozeß der Entropieerhöhung fern vom thermodynamischen Gleichgewicht, wo durch Instabilitäten lebende Ordnungsstrukturen entstehen und evolvieren können.[64]

Damit ist die Brücke von der Physik zur Chemie, dann zur Biochemie und letztlich zur Biologie und zur Evolutionstheorie geschlagen. Mit Hinblick auf die obige schematische Darstellung (Abbildung 3.2) der instabilen Schwankungen (bzw. Fluktuationen) wird dieser Zusammenhang explizit angesprochen:

> „*Man beachte die Ähnlichkeit, die zwischen diesen Ideen und den aus der biologischen Evolution vertrauten Begriffen Mutation und Selektion besteht. In der Tat kann man sagen, daß Fluktuationen das physikalische Gegenstück zu den Mutanten bilden, während die Suche nach Stabilität die Rolle der Selektion spielt. Schon die bloße Struktur eines Bifurkationsdiagramms erinnert an die Stammbäume, die in der Biologie in so reichem Maße benutzt werden.*“[65]

Aufbauend auf diesen Erkenntnissen konnten Phänomene der biologischen Evolution als Prozesse der Selbstorganisation fern vom Gleichgewicht erklärt werden.[66]

Nachdem dieser Zusammenhang von Thermodynamik und Evolution gefunden war, wurden biologische Prozesse zunehmend aus thermodynamischer Perspektive betrachtet und immer mehr Evolutionstheoretiker versuchten, die Richtung und die Prinzipien von Selektion, Evolution und Sukzession mittels der modernen Ungleichgewichtsthermodynamik zu fundieren.[67]

Alle lebenden Systeme, angefangen von der Zelle bis hin zu ganzen Ökosystemen, können als dissipative Strukturen aufgefaßt werden, die negative Entropie in Form von Sonneneinstrahlung, Nährstoffen und Biomasse aufnehmen, sie zum Erhalt der Lebensfunktionen dissipieren und sie in qualitativ degradierter Form wieder an ihre Umgebung abgeben. Leben existiert fern vom thermodynamischen Gleichgewicht, es wird erhalten durch kontinuierliche Aufnahme und Dissipation von niedriger Entropie und es entwickelt sich bei Erreichung von Schwellenwerten zu neuen qualitativen Formen, die durch erhöhte Dissipation von niedriger Entropie (erhöhter Throughput) stabilisiert werden können.[68] Die Quelle der irdischen Zufuhr von niedriger Entropie ist die Sonne, die sich selbst in einem Prozeß der materiellen Auflösung

---

63 Vgl. ebd.: S. 148-154. Dieser Umstand spiegelt sich auch im Begriff der „dissipativen Struktur“ wider, der mit der „Dissipation“ einen Chaosbestandteil und mit der „Struktur“ einen Ordnungsbestandteil enthält.

64 Vgl. ebd.: S. 139-143, 152-154.

65 Nicolis/Prigogine 1987: S. 110

66 Vgl. Unsöld 1981: S. 75-81 und Eigen 1971. Auch in Zusammenhängen anderer Disziplinen sind dissipative Strukturen und Prozesse der Selbstorganisation entdeckt worden und ihre Erforschung ist Aufgabe der (interdisziplinären) Synergetik. Vgl. dazu Haken 1983.

67 So weist z. B. SCHNEIDER (1990) auf den richtungslosen und tautologischen Charakter des bekannten Evolutionsprinzips „Survival of the Fittest“ hin. Er fragt: „Fit for what?“ Die tautologische Antwort lautet: „Fit for survival.“ Er betont, daß die traditionelle Evolutionstheorie keine Antwort darauf habe, nach welchen Kriterien natürliche Selektion geschieht, und daß die thermodynamische Sichtweise dieses Manko ausräumen kann. Vgl. Schneider 1990: S. 107.

68 Vgl. Schneider 1990: S. 115.

(Entropieerhöhung) befindet. Die Erde ist als geschlossenes System interpretierbar, das in einem energetischen Energieaustausch mit dem Universum steht, während ein materieller Austausch nicht stattfindet.[69] Innerhalb der Biosphäre existieren die verschiedenen Hierarchieformen von Organismen als offene Systeme und in ihrem Evolutionsverlauf spielen die autotrophen Pflanzen eine zentrale thermodynamische Rolle, da nur sie die Sonneneinstrahlung direkt nutzen können und damit die Entwicklungsgrundlage für die Entwicklung heterotropher Organismen bilden. Schließlich sind die Bedingungen auf der Erde gekennzeichnet durch stetige Schwankungen. Grundlegende Faktoren für alle Lebewesen wie Temperatur, Feuchtigkeit und Helligkeit variieren mit den Zyklen von Tag und Nacht und mit dem Wechsel der Gezeiten und der Jahreszeiten und alle biologischen Systeme entwickeln sich in Reaktion auf die variablen thermodynamischen Signale der jeweiligen Lebensräume.[70]

Mit dieser Sichtweise lassen sich auch die oben beschriebenen Sukzessionsstadien von Ökosystemen thermodynamisch deuten. Schon in den 1920er Jahren wies LOTKA darauf hin, daß diejenigen Organismen, die am meisten Energie aufnehmen können, sich im natürlichen Wettbewerb durchsetzen. Dieses sogenannte *„Maximum-Power-Prinzip“* bezieht sich auf Zustände ohne Ressourcenknappheit und kann als *thermodynamisches Selektionsprinzip* für frühe Stadien ökosystemarer Entwicklung interpretiert werden.[71]

Für reifere Sukzessionstadien war oben bereits erwähnt worden, daß das *Verhältnis aus organischer Biomasseproduktion zu Gesamtbiomasse* (C/BM) sinkt. In ähnlicher Weise ist beobachtet worden, daß die *Biomasseproduktion pro Energieflußeinheit* in reifen Ökosystemen eine steigende Tendenz aufweist. ODUM (1969) hat insgesamt fünf solcher Maßzahlen mit deutlichem Bezug zu thermodynamischen Größen unter dem Stichwort „Bioenergetik von Ökosystemen“ vorgestellt[72], und sie alle können als Indikatoren für die ökosystemare Dissipation von niedriger Entropie interpretiert werden. Bemerkenswert ist, daß die empirischen Werte dieser Indikatoren für reifende Ökosysteme eine allgemeine Tendenz zu einer *sinkenden spezifischen Entropiedissipation* anzeigen. Während die Gesamtdissipation mit der zunehmenden Struktur von Ökosystemen steigt und sich erst in der Endphase stabilisiert, sinkt gleichzeitig die notwendige Energie zur Aufrechterhaltung oder Produktion *einer* Einheit der Gesamtbiomasse. Somit ist Sukzession im reiferen Stadium ein Prozeß der Selbstorganisation, in dem bei gleichbleibendem oder sinkendem Energieaufwand eine maximale und konstantbleibende Biomasse immer komplexer organisiert wird. Das bedeutet, daß die *thermodynamische Effizienz* von Ökosystemen im Verlauf der Sukzession zunimmt.[73]

Dieser Trend von Ökosystemen zu steigender thermodynamischer Effizienz ist in allen der in Kapitel 3.1.2 beschriebenen Merkmalen der Sukzession von Ökosystemen wiederzufinden. So ist z. B. der Sukzessionstrend zu erhöhter Spezialisierung einzelner Arten (z. B. in Formen des Mutualismus) mit einem sehr geringen Energieverbrauch im Vergleich zu den energieintensiven Generalisten verbunden. Weiterhin ist der Trend zu größeren Organismen mit längerer Lebensdauer ein deutliches Zeichen verbesserter Energienutzung pro Einheit Biomasse. Im ökosystemaren Reifezustand des Klimax, wo die Biomasse nicht mehr zunimmt, bedeutet

---

69 Die Aussage ist nicht vollkommen korrekt, weil der Erde von Zeit zu Zeit Materie durch Meteoriteinschlag zugeführt wird. Aber obwohl die Materiemenge des irdischen Meteoriteinschlags durchaus beträchtlich ist, ist ihre Qualität dermaßen belanglos, daß diese Materiebeziehung zwischen Erde und Universum vernachläßigbar ist. Vgl. Georgescu-Roegen 1976: S. 12.

70 Vgl. Johnson 1990: S. 83, 88 und Odum 1969: S. 267.

71 Vgl. Schneider 1990: S. 117-118 und Wicken 1987: S. 135.

72 Vgl. Odum 1969: S. 263-265.

73 Vgl. Schneider 1990: S. 118-121 und Johnson 1990: S. 77-78.

ein langes Leben eines großen Organismus, daß die organische Produktion zum Erhalt der Gesamtbiomasse (C/BM) – sozusagen die Biomasse-Umschlagzeit – sehr gering ist, so daß für den Substanzerhalt des Ökosystems weniger Energie benötigt wird. Schließlich sei noch auf die Kreislaufführung von Nährstoffen in reifen Ökosystemen hingewiesen. Die Nährstoffe sind in Ökosystemen die Grundbausteine der Nahrung für alle Lebensformen und sie sind ein limitierender Faktor für die Ökosystem-Entwicklung. Diese Nährstoffe werden im Verlauf der Sukzession zunehmend und mit immer weniger Verlusten in komplexen Kreisläufen geführt.[74] Angesichts dieser Sachlage verwundert es nicht, daß steigende thermodynamische Effizienz als ein grundlegendes Prinzip der Sukzession verstanden wird.[75]

Diese Erkenntnis hat weitreichende Konsequenzen für die Evolutionstheorie, wenn die Bedeutung der Ökosystem-Sukzession für die Evolution der Arten (wie beschrieben in Kapitel 3.1.2) anerkannt wird. Dann nämlich ist ein thermodynamisches Prinzip gefunden, das der natürlichen Selektion zugrunde liegt. WICKEN betont, daß Arten und Populationen nach den gleichen thermodynamischen Kriterien selektiert werden, die auch den Sukzessionsprozeß von Ökosystemen prägen. Ausschlaggend für den evolutionären Selektionsprozeß ist demnach, ob eine Art in einer frühen Evolutionsphase dazu beiträgt, die Energiedissipation des gesamten Ökosystems zu erhöhen (Maximum-Power-Prinzip) bzw. ob sie in einer späteren Phase einen Beitrag zu einer verbesserten Energienutzung des Gesamtsystem leistet (Minimierung der spezifischen Dissipation).[76] Demzufolge weist die Evolution ebenso wie die Sukzession von Ökosystemen eindeutige thermodynamische Trends auf: die Artendiversität steigt und deutet auf einen permanenten absoluten Anstieg der Dissipation von negativer Entropie im Verlauf der Evolution hin, und gleichzeitig sinkt die Energieintensität einzelner Organismen in ihrer Interaktion mit der Umwelt.

Die Antriebskraft der Evolution war und ist der reichliche Energiezustrom von der Sonne. Da heute nur etwa ein Prozent der Sonneneinstrahlung von den autotrophen Produzenten im Prozeß der Photosynthese genutzt wird, besteht energetisch gesehen ein großer thermodynamischer Spielraum für den weiteren Verlauf der Evolution, wobei die Fähigkeit der Energieumwandlung der Pflanzen und die begrenzt verfügbaren Nähr- und Mineralstoffe limitierende Faktoren der Evolution sind. Damit besteht ein selektiver Druck hinsichtlich der evolutionären Herausbildung thermodynamisch effizienterer autotropher Pflanzen und effizienterer Natursysteme für geschlossene Materialkreisläufe.[77]

* * *

Die vorstehenden Ausführungen haben gezeigt, daß sich die Prinzipien der Evolution und der Thermodynamik keinesfalls widersprechen. Im Gegenteil ist gerade die Entropiesteigerung im isolierten Universum die Voraussetzung für evolutionäre Prozesse. Die ehemals düstere Interpretation des Entropiegesetzes als Prinzip der Vernichtung aller bestehenden Strukturen ist durch die Erkenntnisse der Ungleichgewichtsthermodynamik wesentlich aufgehellt worden, denn steigende Entropie ist nicht nur ein Prinzip der allgemeinen Zerstörung, sondern gleichzeitig die Quelle komplexer Strukturen und allen Lebens.

---

74 Vgl. Odum 1969: S. 265-266, Wicken 1987: S. 137, 158, 165 und Johnson 1990: S. 78-81.

75 SCHNEIDER (1990) umschreibt dieses Prinzip in einer Form, die besonders Ökonomen sehr eingängig sein dürfte: *„Later in the successional sequence (...) resources become limited and more efficient species have a competitive advantage in the community." (S. 121).*

76 Vgl. Wicken 1987: S. 147.

77 Vgl. Wicken 1987: S. 153, 158.

3.2 Implikationen einer naturwissenschaftlich fundierten ökonomischen Theorie

Nach diesem Ausflug durch die Naturwissenschaften soll in diesem Kapitel aufgezeigt werden, inwieweit naturwissenschaftliche Erkenntnisse die ökonomische Theoriebildung bereits bereichert haben. Es sei an dieser Stelle nochmals betont, daß die Art und Weise der naturwissenschaftlichen Fundierung ökonomischen Denkens unter den ökologischen Ökonomen in vielen Bereichen umstritten ist, und daß derzeit ein breit angelegter theoretischer Suchprozeß vonstatten geht. Nichtsdestotrotz bestehen allgemeine grundlegende Implikationen und diese werden nachfolgend aufgezeigt. In Kapitel 3.2.1 wird die explizite Bedeutung einer transdisziplinären Verankerung der ökonomischen Theorie dargelegt, und daran anschließend wird in 3.2.2 die thermodynamische und evolutionäre Prozeßhaftigkeit ökonomischer Entwicklung thematisiert. In 3.2.3 wird das makroökonomische Verständnis der Ökonomie als dissipatives Subsystem der Natur vorgestellt, und in 3.2.4 werden schließlich verschiedene Politikoptionen und Strategieansätze diskutiert.

3.2.1 Transdisziplinäre Verankerung

Im Gegensatz zur neoklassischen Theorie, die die Ökonomie wie ein nach außen isoliertes System behandelt, das durch interne zirkuläre Ströme von Waren, Dienstleistungen und Geld charakterisierbar ist, wird die Ökonomie in der „ökologischen Ökonomie" als offenes Untersystem des globalen irdischen Systems aufgefaßt, und die ökonomisch-ökologischen Interaktionen sind ebenso Gegenstand der Analyse wie die internen Beziehungen innerhalb des ökologischen und des ökonomischen Systems.[78] Es steht außer Frage, daß ein solcher Ansatz nur erfolgreich realisiert werden kann, wenn eine produktive Zusammenarbeit von Ökonomen und Biologen stattfindet. Da weiterhin alle Prozesse der Natur und der Ökonomie physikalischen Grundprinzipien unterliegen, ist für spezielle Probleme auch die Einbeziehung der Physik zu erwägen und angesichts der Tatsache, daß ökonomische Entwicklung nicht in einem luftleeren Raum stattfindet, sondern ein Prozeß in einer sozialen Gemeinschaft ist, ist bei entsprechenden Analysen, wo dieser soziale Rahmen besondere Bedeutung hat, auch die Berücksichtigung der Sozialwissenschaften erforderlich. Doch es ist mehr notwendig als nur ein Austausch von Wissen *zwischen* den Disziplinen. Trotz der unterschiedlichen Methoden und Ziele der einzelnen Wissenschaften ist es für das Verständnis der Interaktionen von Ökonomie und Ökologie und ihrer interaktiven Entwicklung notwendig, daß die naturwissenschaftlichen und ökonomischen Konzepte konsistent zu einer neuen Synthese zusammengefügt werden. Ebenso wie die Konzepte der Entropie und der Evolution in die ökonomische Theorie Eingang finden müssen, sind ökonomische Konzepte wie Wert und Wirtschaftlichkeit in den Naturwissenschaften zu berücksichtigen. Damit ist die „Ökologische Ökonomie" nicht nur eine interdisziplinäre, sondern eine *transdisziplinäre* Disziplin, da sie eine Ausweitung des Analyserahmens aller Disziplinen erfordert.[79]

Das Hauptziel der ökologischen Ökonomie ist die Erreichung von „Nachhaltigkeit" (Sustainability). Die genaue Definition des Begriffs ist bis heute umstritten, doch es sei folgende Arbeitsdefinition genannt:

---

78 Vgl. u. a. Georgescu-Roegen 1971a: 280-281 und 1977: S. 305-308, Daly 1991a: S. 33-37, Costanza/ Daly/Bartholomew 1991: S. 3-5, Strassert 1996: S. 7-9. Siehe ebenso Kapitel 3.2.3.

79 Vgl. Costanza/Daly/Bartholomew 1991: S. 3-6 und Allen 1994: S. 98-99.

Nachhaltigkeit ist eine Beziehung zwischen sich entwickelnden dynamischen ökonomischen Systemen und größeren, sich langsamer entwickelnden dynamischen ökologischen Systemen, in denen menschliches Leben langfristig fortbestehen kann und in denen sich menschliche Individuen und Kulturen weiterentwickeln können, wobei die Wirkungen menschlicher Aktivitäten nicht zur Zerstörung der Diversität, Komplexität und Funktionen der ökologischen Lebenserhaltungssysteme führen.[80]

An diesem Ziel der Nachhaltigkeit läßt sich der transdisziplinäre Charakter der ökologischen Ökonomie gut verdeutlichen, wenn es z. B. um die Bestimmung von Kriterien zu den Begriffen Diversität und Komplexität geht. Ökonomen mögen meinen, daß die Bestimmung derartiger Kriterien Aufgabe der Biologen sei. Aus den Ausführungen zur Biologie im Kapitel 3.1.2 ist jedoch deutlich geworden, daß biologische Entwicklung und Evolution zwar eine Richtung haben, doch daß die konkrete Ausgestaltung der Entwicklung zufällig ist und sehr unterschiedlich ausfallen kann. Aus biologischer Sicht gibt es keinen eindeutigen „optimalen" Wert für Diversität oder Komplexität, sondern eine Vielzahl möglicher Abstufungen. Die Auswahl eines Optimum-Kriteriums erfordert daher die Durchführung einer Bewertung. An dieser Stelle kommen ökonomische Überlegungen ins Spiel, doch auch Biologen sind gefragt, biologische Bewertungskriterien zu entwickeln. Ein konsensfähiges Kriterium muß sich folglich als Resultat des Zusammenwirkens von biologischer und ökonomischer Kompetenz ergeben.[81]

Jede Bewertung ist wiederum Resultat normativer Urteile und damit kommt auch die Ethik als grundlegende Disziplin für Wissenschaft schlechthin ins Spiel. In der Neoklassik wird bisweilen behauptet, daß die ökonomische Allokationsanalyse wertfrei sei. Doch die fehlende Thematisierung ethischer Fragen sollte nicht mit Wertfreiheit verwechselt werden. Die Ausführungen in Kapitel 2.2.2 zur Frage der intergenerationellen Allokation von Ressourcen haben deutlich gemacht, daß die Verwendung einer intertemporalen Diskontrate ein ethisches Werturteil hinsichtlich der Zusprechung von Rechten an zukünftige Generationen beinhaltet. In der Tat benötigt jede Disziplin, die über ihre theoretischen Gedankengebäude hinaus oder auch innerhalb der Theorie konkrete Ziele formuliert, eine normative Vorstellung darüber, was „gut", „wünschenswert" oder „richtig" ist. Eine veränderte ethische Grundlage kann besonders in den Gesellschaftswissenschaften zu vollkommen anderen Theorieansätzen führen, da andere Fragen als wichtig erachtet werden.

In diesem Zusammenhang sei auf den Aufsatz von SCHUMACHER (1973) mit dem Titel „Buddhist Economics" verwiesen, in dem aufgezeigt wird, wie irrational aus Sicht einer buddhistischen Weltanschauung die rationalen Erkenntnisse der Neoklassik sind. Im Gegensatz zur Neoklassik, in der viel materieller Konsum von Menschen in Gegenwart und Zukunft als „gut" bzw. „nutzenstiftend" eingestuft wird und die Natur als unbelebt und passiv und durch menschliche Arbeit zu formender Gegenstand gilt, wird in der buddhistischen Weltanschauung kreative menschliche Tätigkeit und geistige Klarheit als besonders sinngebend erachtet und der Glaube an die Wiedergeburt in nicht unbedingt menschlicher, sondern möglicherweise auch in tierischer Gestalt ist verbunden mit einem tiefen Respekt vor der lebendigen Natur und einer Ablehnung von Gewalt. Ökonomische Rationalität aus buddhistischer Sicht würde folglich

80 Begriffsdefinition in Anlehnung an: Costanza/Daly/Bartholomew 1991: S. 8-9 unter Berücksichtigung von Costanza/Patten 1995: S. 193-195.

81 Sehr deutlich wird die Problematik der Kriterienfestlegung auf Grundlage nur einer Disziplin bei TISDELL (1990), der verschiedene Kriterien für den Erhalt von Arten vorstellt und diskutiert. Für grundsätzlich ökonomisch-ökologisch kombinierte Maßstäbe und Kriterien plädieren auch Kaufman/Cleveland 1995: S. 111.

nicht nur unbedingt den Nutzen der Menschen in Gegenwart und Zukunft berücksichtigen, sondern auch den „intrinsischen Wert“ der belebten Welt, der unabhängig von der menschlichen Bewertung existiert.[82] Weiterhin wird ein Verhalten zur Maximierung materiellen Konsums abgelehnt und statt dessen ein ausreichender Lebensstandard angestrebt, der mit möglichst wenig Gewalt gegen die belebte Natur verbunden ist.[83] Eine ökonomische Theorie, die auf derartigen ethischen Prämissen aufbaut, ist bisher noch nicht entwickelt worden, doch zweifellos würde sie sich mit anderen Optimierungsproblemen beschäftigen als die neoklassische Theorie, und sie würde ebenso andere Politikempfehlungen hervorbringen.

Es ist jedoch neben der ethischen Grundeinstellung weiterhin wesentlich, auf welchen Axiomen über den Zustand und die Zusammenhänge der Welt eine Ethik beruht. Die neoklassische Ethik mit ihrer Hochschätzung materiellen Konsums führte zu einer Wohlfahrtstheorie mit dem normativen Hauptziel beständigen Wachstums, basierend auf dem Axiom, daß stets genügend Ressourcen für einen wachsenden Lebensstandard zur Verfügung stehen werden, und daß mittels technischen Fortschritts sowohl Ressourcenknappheiten überwunden als auch Umweltprobleme behoben werden können. Diese Position wurde auch mit dem Begriff des „Technologieoptimismus“ bezeichnet. Insgesamt sind ethisches Fundament, Politikziel und Axiom miteinander konsistent, denn das Ziel des Wachstums wird interpretiert als Sicherstellung eines stets steigenden materiellen Lebensstandards, wobei der technische Fortschritt verhindert, daß künftige Menschen schlechtergestellt sind. Es ergeben sich aus diesem Kontext also keinerlei moralische Bedenken. Im Gegensatz dazu vertreten ökologische Ökonomen eher eine Auffassung des „Technologieskeptizismus“. Ihr wesentliches Axiom über den Zusammenhänge der Welt lautet, daß die Erde die Lebensgrundlage der Menschen darstellt, die durch menschliche Eingriffe irreparabel beschädigt werden kann, wodurch nachfolgende menschliche Generationen schlechtergestellt werden. Aus diesem Axiom ergibt sich eine (anthropozentrische) Ethik, in der es „gut“ ist, wenn die natürliche Lebensgrundlage dauerhaft erhalten bleibt und der Lebensstandard aller Menschen auf dieser Grundlage zufriedenstellend in Gegenwart und Zukunft gewährleistet werden kann, wie es das oben definierte Ziel der Nachhaltigkeit zum Ausdruck bringt.[84] Auch diese Einstellung ist in sich ethisch konsistent und mit keinen moralischen Problemen verbunden.[85]

Angesichts dieser unterschiedlichen ethischen Einstellungen ist es nicht verwunderlich, wenn z. B. in einer Debatte von Neoklassikern, ökologischen Ökonomen und Buddhisten über das Thema „Ressourcennutzung und Gerechtigkeit mit zukünftigen Generationen“ leicht Verwirrungen und Mißverständnisse entstehen, obwohl sich alle Beteiligten ernsthaft auf das Thema einlassen. Die neoklassischen Ökonomen mögen untereinander heftig über die optimale Höhe der sozialen Diskontrate diskutieren, während ökologische Ökonomen und Buddhisten diese Diskussion für nebensächlich halten.[86] Aber selbst dann, wenn sich alle Diskussionsteil-

---

82 Ethische Einstellungen, die der Natur an sich einen intrinsischen Wert zusprechen, werden im folgenden als „biozentrisch“ bezeichnet. Eine derartige Position vertritt z. B. aus theologischer Sicht COBB (1973). Dementgegen werden ethische Grundhaltungen, die den Menschen und seinen Nutzen als Maßstab aller Dinge erachten, anthropozentrisch genannt.

83 Vgl. Schumacher 1973: S. 232-237.

84 Vgl. Costanza/ Daly/Bartholomew 1991: S. 6-8.

85 Es wird in dieser Arbeit unterstellt, daß das Weltbild der ökologischen Ökonomen anthropozentrisch ist. Verschiedene Autoren vertreten zwar ein biozentrisches Weltbild, in der allen Lebewesen ein „intrinsischer Wert“ oder ein Recht auf Leben zugesprochen wird, doch ist die Operationalisierung dieses Weltbildes schwierig, da eine Berücksichtigung nichtmenschlicher individueller Interessen kaum möglich ist. Vgl. zu dieser Frage: Norton 1989: S. 146-153.

86 Zur Kritik der Diskontratendiskussion durch ökologische Ökonomen vgl. Kapitel 3.3.1.

nehmer als Grundlage der Diskussion auf das egalitäre Gerechtigkeitskonzept von RAWLS beziehen, das sowohl von Neoklassikern benutzt wurde als von ökologischen Ökonomen bevorzugt für Fragen intertemporaler Entscheidungen herangezogen wird, ergibt sich aufgrund der unterschiedlichen Axiome immer noch kein gemeinsames Vokabular für die Diskussionsrunde. Ein Neoklassiker wie SOLOW, der eine Entscheidung über eine gerechte Ressourcenverteilung zwischen Generationen fällen will, stellt hinter dem „RAWLSschen Schleier der Unwissenheit" die Frage nach der intergenerativen Verteilung des Konsumniveaus und kommt zu dem Ergebnis, daß es wohlfahrtstheoretisch nach RAWLS optimal ist, wenn ein konstantes maximales Konsumniveau über die Zeit realisiert wird. Dabei wird implizit das Axiom unterstellt, daß aufgrund günstiger Technologieentwicklungen und Substitutionsmöglichkeiten eine Realisierung eines konstanten Mindestkonsumniveaus über eine unbegrenzte Zeitdauer möglich ist.[87] Genau dieses Axiom wird ein ökologischer Ökonom nicht akzeptieren. Er würde hinter dem RAWLSschen Schleier unterstellen, daß ein zu hohes Konsumniveau in den ersten Generationen zur Vernichtung der Menschheit führen könnte, so daß als Option nicht nur besteht, daß die Entscheidungsperson hinter dem RAWLSschen Schleier in jeder Generation geboren werden kann, sondern auch in einer Generation, die aufgrund übermäßigen Konsums in frühen Generationen nicht mehr existieren wird. Eine rationale Person hinter diesem Schleier wird es als optimal erachten, zuerst die Bedingungen für eine unendliche Überlebensfähigkeit der Menschheit zu sichern und *erst danach* ein konstantes intergeneratives Konsumniveau festlegen. Eine Person mit biozentrischem Weltbild – wie z. B. ein buddhistischer Ökonom –würde hinter dem Schleier von RAWLS zusätzlich noch die Option zulassen, daß die entscheidende Person nicht nur in jeder Zeitperiode geboren werden kann, sondern auch jede Lebensform annehmen kann. Daraus ergibt sich ein optimales Ergebnis, das vor der Festlegung eines menschlichen konstanten Konsumniveaus zuerst Prinzipien für einen ethisch angemessenen Umgang mit anderen Lebewesen spezifiziert. Folglich ist die Wahl einer einheitlichen Entscheidungsmethode noch lange kein Garant für einen Konsens in der Entscheidungsfindung, wenn unterschiedliche ethische Prinzipien und Axiome über die Weltzusammenhänge vorliegen.[88]

Derartige Probleme bestehen nicht nur zwischen Ökonomen mit unterschiedlichen ethischen Anschauungen, sondern in wahrscheinlich noch höherem Maße zwischen Wissenschaftlern aus verschiedenen Disziplinen.[89] Daher ist es für eine erfolgreiche transdisziplinäre Zusammenarbeit im Rahmen des Ansatzes der ökologischen Ökonomie notwendig, daß alle beteiligten Personen ihre ethischen Prinzipien und Axiome offenlegen, in toleranter Weise miteinander diskutieren und in einem solchen Diskurs die Angemessenheit der eigenen Axiome über die Zusammenhänge der Welt und der ethischen Prinzipien beständig überprüfen. Nur in einem solchen Prozeß können die möglichen Verwirrungen beseitigt werden, die entstehen, wenn jede Person die eigenen Wertmaßstäbe zugrunde legt, ohne die anderen zu kennen. Gerade bei der Auswahl von Kriterien für das Ziel der Nachhaltigkeit, das stets mit einem Werturteil verbunden ist, ist es für einen breiten Konsens wesentlich, daß die ethischen Implikatio-

87 Vgl. dazu Kapitel 2.2.2.2.

88 Diese Ausführungen zu den Problemen eines abweichenden „Vokabulars" bei Personen mit verschiedenen Axiomen über die Welt und mit divergierenden ethischen Grundhaltungen ergaben sich in Anlehnung an Norton 1989: S. 137-149.

89 Für eine gute Darstellung der Probleme und Mißverständnisse in der Zusammenarbeit zwischen Ökonomen und Ökologen vergleiche den Artikel von RUSSELL (1995) über die Arbeit in einem transdisziplinären Projekt zur Ökosystembewertung in den USA. Vgl. für eine Diskussion der Hemmnisse transdisziplinärer Forschung: Faber/Proops 1994: S. 267-268.

nen explizit deutlich sind. Somit beinhaltet der transdisziplinäre Ansatz der ökologischen Ökonomie ebenfalls eine Einbeziehung von bzw. Auseinandersetzung mit Fragen der Ethik.[90]

Die Vielzahl der zu berücksichtigenden Disziplinen innerhalb der ökologischen Ökonomie mag für manche Wissenschaftler abschreckend wirken. In der Tat ist es kaum möglich, in all den angesprochenen Disziplinen kompetent zu sein. Dennoch bewirkt eine strikte Grenzziehung zwischen den Disziplinen, daß bestimmte Fragestellungen verschwinden oder als unwichtig betrachtet werden. Ein transdisziplinäres Arbeiten bedeutet, die Probleme der realen Welt offen anzugehen und auch diejenigen Aspekte in die Analyse einzubeziehen, die außerhalb der Grenzen der eigenen Disziplin liegen. Ein solches Vorgehen eröffnet die Überlappungen zu Nachbardisziplinen und ermöglicht eine verbesserte Wahrnehmung realer Zusammenhänge.[91]

HERMAN DALY hat darauf hingewiesen, daß die übermäßige Analyse relativer Größen in der ökonomischen Theorie darauf zurückzuführen ist, daß die Theorie von denjenigen Disziplinen mit absoluten Größen abgeschnitten wurde. Der fehlende Kontakt zu den Naturwissenschaften mit ihren absoluten Grenzen der Verfügbarkeit von niedrig-entropischer Materie und Energie in der Physik oder der maximalen Größe von Populationen bei gegebenen Umweltbedingungen in der Biologie entzog der ökonomischen Theorie die materielle absolute Grundlage und die Abkopplung von der Ethik, die ADAM SMITH noch als grundlegend erachtete, führte zu einer Entfernung von absoluten ethischen Grenzen.[92]

Die transdisziplinäre Verankerung der ökologischen Ökonomie mag somit aus Sicht des Ökonomen verstanden werden als *materielle Fundierung* der ökonomischen Theorie durch die Auseinandersetzung mit und Einbeziehung von grundlegenden naturwissenschaftlichen Konzepten und als *geistig-philosophische Fundierung* durch explizite Einbeziehung und Berücksichtigung unterschiedlicher ethischer Positionen. Die nachfolgenden Kapitel beschäftigen sich im wesentlichen mit der materiellen naturwissenschaftlichen Fundierung der ökonomischen Theorie.

3.2.2 Entropische und evolutionäre Prozeßhaftigkeit der Ökonomie

Die ausdrückliche Einbeziehung von Erkenntnissen der modernen Naturwissenschaften als Grundlage für ökonomische Analysen hat weitreichende Implikationen für das Verständnis ökonomischer Prozesse und führt zu theoretischen Sichtweisen, die von den Grundsätzen der Neoklassik stark abweichen.

Auch die Entstehung der neoklassischen Marginalanalyse war maßgeblich durch eine Naturwissenschaft beeinflußt – namentlich von der NEWTONSCHEN Physik der Mechanik. Ein physikalisches Modell der Mechanik zeichnet sich dadurch aus, daß alle Prozesse umkehrbar sind, daß die Zeit eine untergeordnete Rolle spielt und von ihr abstrahiert werden kann, daß die Ausgangsbedingungen den Ablauf des Geschehens vollkommen determinieren und eine qualitative Veränderung nicht auftritt, sondern Kräfte walten, die vorhersagbare Wirkungen hervorrufen. Mit Hilfe der Gesetze der NEWTONSCHEN Mechanik können die Planetenbahnen berechnet und exakt funktionierende Maschinen erbaut werden. Die Exaktheit der Mechanik und die Befähigung zur Vorhersage übten seit der Zeit NEWTONS große Faszination auf die Menschen und ihre Wissenschaften aus und begünstigten die Nutzung mechanischer Metaphern (z. B. Darstellung des menschlichen Körpers als Maschine). Die mechanistischen Modelle waren

90 Vgl. Costanza/ Daly/Bartholomew 1991: S. 3-6 und Tacconi/Bennett 1995: S. 220-221.

91 Vgl. Daly/Cobb 1989: S. 121-137 und Faber/Proops 1994: S. 261-269.

92 Vgl. Daly 1979: 70-79 und Daly 1991d: S. 18-26.

schließlich auch das Vorbild der neoklassischen Ökonomen seit WALRAS und bis heute sind neoklassische Modelle u. a. dadurch charakterisiert, daß ein Modellergebnis durch die Grundannahmen und Rahmenbedingungen vollkommen determiniert ist, daß von Zeit häufig abstrahiert wird – z. B. in der Produktionsfunktion – oder Zeiteinheiten reine Maßzahlen sind, und daß alle Vorgänge als Konsequenz der Logik des Modellaufbaus umkehrbar sind.[93]

Ein Kritikpunkt der ökologischen Ökonomen an der Neoklassik lautet, daß ein mechanistisches Modell für die Beschreibung von Ökonomie ungeeignet sei, da im Gegensatz zur Mechanik, wo die Rahmenbedingungen der Modelle stets konstant sind und damit Vorhersage erlauben, Ökonomie sich durch verändernde Rahmenbedingungen und qualitative Neuheiten auszeichnet und daher als historischer Entwicklungsprozeß mit irreversiblem Charakter betrachtet werden muß. Diese ökonomische Prozeßhaftigkeit wird in enger Verbindung mit den Naturwissenschaften gesehen: einerseits wird ökonomische Entwicklung durch die Gesetze der Thermodynamik geprägt und andererseits vollzieht sie sich nach ähnlichen Prinzipien wie die biologische Evolution.[94] Die Bedeutung des entropischen und evolutionären Charakters ökonomischer Prozesse ist Gegenstand der nachfolgenden Unterkapitel.

3.2.2.1 Der entropische Charakter des ökonomischen Prozesses

Die Bedeutung der Thermodynamik und insbesondere des Entropiegesetzes für die Analyse ökonomischer Prozesse hat NICHOLAS GEORGESCU-ROEGEN herausgearbeitet. Er wies darauf hin, daß der Begriff der Entropie im Gegensatz zu allen anderen Begriffen aus der Physik einen sehr ökonomischen Grundzug trägt, denn der Unterschied zwischen niedriger und hoher Entropie liegt in der unterschiedlichen Nutzbarkeit. Die konzentrierte chemische Energie in einem Stück Kohle stellt niedrige Entropie dar, also für den Menschen verfügbare Energie, während die Asche und die Abwärme der verbrannten Kohle positive Entropie, also nicht mehr oder schlechter verfügbare Energieformen darstellen. Niedrige Entropie ist die physikalische Voraussetzung für den Gebrauchswert einer Sache und grundlegendes Merkmal jedes Inputs für einen ökonomischen Prozeß. Daher steht niedrige Entropie aus physikalischer Sicht im Mittelpunkt des ökonomischen Wettbewerbs.[95] Weiterhin haben die ersten beiden Hauptsätze der Thermodynamik explizit ökonomische Implikationen.

Der *erste Hauptsatz der Thermodynamik*, der die Erhaltung von Energie und Materie festschreibt, bedeutet für den ökonomischen Prozeß, daß ökonomische Produktion nicht die tatsächliche physische „Herstellung" einer Ware bedeutet, sondern daß lediglich niedrigentropische Materie unter Einsatz von Energie, Land, Kapital und Arbeitskraft zu einer Ware *transformiert* wird. Eine physische Ware kann also nicht aus dem „Nichts" hergestellt werden und ebenso ist die Verrichtung von Arbeit ohne Energiequelle (Perpetuum Mobile) nicht möglich. In gleicher Weise bedeutet der Begriff „Konsum" nicht, daß eine Ware nach dem Konsumvorgang nicht mehr existent ist: das Material und die Energie einer Ware sind vor und nach dem Konsum in gleichem Maße vorhanden und haben lediglich eine andere Form angenommen. Somit gilt also für jeden ökonomischen Prozeß, daß alle energetischen und materiellen Inputs von irgendwo herkommen müssen und nach Durchlauf des Prozesses als Output wieder irgendwo landen, ohne daß etwas verloren gehen kann.[96]

---

93 Vgl. Hodgson 1993: S. 21-24 und Christensen 1991: S. 75-82.

94 Vgl. z. B. Daly/Cobb 1989: S. 28-30, Daly 1995: S. 151, Hodgson 1993: S. 21-24, Faber/Proops 1994: S. 49-54, Allen 1994: S. 83-84, Hinterberger 1994: S. 318-325 und Georgescu-Roegen 1971a: S. 319-322.

95 Vgl. Georgescu-Roegen 1971a: S. 277-278, Georgescu-Roegen 1971b: S. 1/3-1/7 und Perrings 1987: S. 20.

96 Vgl. Boulding 1976: S. 3-4, Georgescu-Roegen 1971a: 280-281, Georgescu-Roegen 1977: S. 295, Schumpeter 1993: S. 16-17, Perrings 1987: S. 20-29 und Strassert 1996: S. 7-9.

Das *zweite thermodynamische Gesetz*, das Entropiegesetz, besagt, daß die Entropie in einem isolierten System zunimmt, daß also verfügbare Energie qualitativ degradiert wird. Diese Degradierung von Energie, die als *Dissipation* bezeichnet wird, ist irreversibel, so daß ein Recycling von Energie unmöglich ist. Es mag durch technischen Fortschritt möglich sein, höhere Formen der Entropie zu nutzen, so z. B. die Abwärme eines Verbrennungsprozesses, doch *eine* energetische Entropieform ist nur einmal nutzbar. GEORGESCU-ROEGEN illustriert diesen Umstand recht anschaulich mit dem Beispiel einer Sanduhr: So wie der Sand unwiderruflich von oben nach unten rieselt, so degradiert auch die Entropie ohne Unterlaß.[97] Der ökonomische Prozeß, der niedrig-entropische Inputs verarbeitet, wirkt auf die allgemeine Entropiesteigerung des Gesamtsystems beschleunigend. So werden z. B. fossile Brennstoffe wie Kohle, die im natürlichen entropischen Prozeß im Verlauf von Millionen von Jahren zerfallen, im ökonomischen Prozeß in kurzer Zeit verfeuert und in einen Zustand höherer Entropie versetzt. Auch die ökonomische Produktion, die als gewünschte Outputs Waren mit niedrig-entropischen Charakter hervorbringt, ist nicht als „Überlistung" des Entropiegesetzes zu verstehen. Jede „Produktion" einer Ware mit niedriger Entropie degradiert im Produktionsprozeß stets mehr niedrige Entropie als sie in Warenform zusätzlich hervorbringt, und letztlich wird die Ware durch „Konsum" zu Abfall degradiert.[98]

In seinem Bemühen, die Thermodynamik in einem weiteren Sinne zu interpretieren, hat GEORGESCU-ROEGEN postuliert, daß das Entropiegesetz ebenso für Materie zutrifft. Diesen postulierten Sachverhalt bezeichnet er als *4. thermodynamisches Gesetz* und als Begründung führt er an, daß Materie im täglichen Einsatz durch Reibungsprozesse Molekül für Molekül in der Welt verteilt wird und so im Zeitablauf verloren gehe. Dieser materielle Verschleißprozeß wird als *Dispersion* bezeichnet. Selbst bei recyclingfähiger Materie sei es letztlich der unendlich hohe Zeitaufwand, der es unmöglich macht, die in der Welt verstreuten Partikel zu suchen und sie wieder zusammenzufügen. Aufgrund dieses Umstandes unterscheidet er auch explizit zwischen zwei Formen materiellen Abfalls, recyclingfähiger Abfall und Abfall, der unwiederbringlich in der Natur dispergiert und damit ökonomisch nicht mehr verfügbar ist. Die Implikation dieses „Gesetzes" ist, daß trotz des Masseerhaltungssatzes im Zeitverlauf immer mehr Materie für den Menschen unverfügbar wird, daß also materieller Verschleiß stattfindet, der durch Einsatz zusätzlicher Materie kompensiert werden muß. Das bedeutet, daß ein 100%iges Recycling von Materie selbst bei unendlich hohem Energieeinsatz nicht möglich ist.[99]

Damit ist es aus thermodynamischer Sicht ein konstituierendes qualitatives Merkmal eines jeden ökonomischen Prozesses, daß kontinuierlich qualitativ hochwertige niedrig-entropische Inputs aufgenommen und letztlich irreversibel in qualitativ minderwertige Outputs von hoher Entropie – Abwärme oder materielle Derpersionsverluste – transformiert werden. Die Existenz eines kontinuierlichen hochentropischen Stroms von (thermischen und materiellen) Abfall, gespeist aus Abfällen der Industrie und der Konsumenten, ist für die ökonomische Güterproduktion also ebenso konstitutiv wie ein stetiger Inputstrom von niedrig-entropischen natürlichen Ressourcen: es sind zwei Seiten einer Medaille.[100] Diese grundlegende Tatsache bewegte GEORGESCU-ROEGEN dazu, den ökonomischen Prozeß als *entropischen Prozeß* zu bezeichnen.

97 Vgl. Georgescu-Roegen 1977: S. 299.

98 Vgl. Georgescu-Roegen 1971a: S. 187, 279-280, Georgescu-Roegen 1971b: S. 1/6-1/7 und Georgescu-Roegen 1976: S. 8-10.

99 Vgl. Georgescu-Roegen 1977: S. 301-304 und Georgescu-Roegen 1979b: S. 1029-1041. Es sei an dieser Stelle darauf verwiesen, daß dieses postulierte 4. Gesetz der Thermodynamik als Hypothese zu verstehen ist, da es in der Thermodynamik keine Theorie der Materie gibt, die dieses Postulat in den Rang eines Gesetzes erheben könnte. Vgl. Heinemann 1994: S. 211.

100 Vgl. Georgescu-Roegen 1976: S. 13.

„The conclusion is that, from the purely physical viewpoint, the economic process is entropic: it neither creates nor consumes matter or energy, but only transforms low into high entropy."[101]

Das bedeutet, daß der ökonomische Prozeß in thermodynamischer Hinsicht unumkehrbar ist, da einmal degradierte niedrige Entropie nicht mehr zurückholbar ist. Da die irdische Verfügbarkeit über niedrige Entropie begrenzt ist, impliziert das Entropiegesetz nach Ansicht von GEORGESCU-ROEGEN eine absolute Knappheit in der Verfügbarkeit über hochwertige Energie und Materie, während die kontinuierliche Umwandlung von niedriger in hohe Entropie in ökonomischen Prozessen gleichbedeutend ist mit der Existenz eines stetigen entropischen Stroms von materieller und thermischer Verschmutzung in die natürliche Umwelt.[102]

Der Beitrag GEORGESCU-ROEGENs zur ökonomischen Theoriebildung beschränkt sich aber nicht nur darauf, die ökonomische Bedeutung des Entropiegesetzes aufgezeigt zu haben, sondern aufbauend auf diesen Erkenntnissen erarbeitete er in Kritik der neoklassischen Produktionstheorie eine alternative Methode der analytischen Repräsentation des ökonomischen Produktionsprozesses. Grundsätzlich bemängelt GEORGESCU-ROEGEN die häufig allzu willkürliche und unspezifische Nutzung des Begriffs *Prozeß* in der ökonomischen Theorie. Üblicherweise steht Prozeß für Wandel oder Veränderung. Ganz allgemein stellt GEORGESCU-ROEGEN fest, daß ein Prozeß nur als Partialprozeß mit klar umrissenen Grenzen zu seiner Umwelt in einem festgelegten Zeitintervall analytisch faßbar ist. Dementgegen wird der Produktionsprozeß in der Neoklassik üblicherweise durch eine Produktionsfunktion abgebildet – z. B. vom Cobb-Douglas-Typ –, die den Prozeß wie ein Kochrezept mit einer Liste von Quantitäten auf eine qualitäts- und zeitlose Punktfunktion reduziert. Mit einer solchen Funktion ist weder der Produktionsprozeß exakt erfaßt und ebenso wenig sein explizit qualitativer, d. h. entropischer Charakter.[103]

In der Herleitung einer angemesseneren Funktion zur Repräsentation eines stationären partialen Produktionsprozesses unterscheidet GEORGESCU-ROEGEN zwei qualitativ unterschiedliche Kategorien von Produktionsfaktoren mit komplementärem Charakter. Einerseits spricht er von der Kategorie der sogenannten *Fund-Faktoren* als *Agenten des Produktionsprozesses*, die sich dadurch auszeichnen, daß sie sich innerhalb der analytischen Grenzen des Prozesses befinden und nicht materiell in das Produkt eingehen, sondern Dienstleistungen in einer bestimmten Zeiteinheit verrichten, dabei materiell verschleißen und daher zur Aufrechterhaltung ihrer Funktionen stetiger Wartung bedürfen. Ein wesentliches Merkmal der Fundfaktoren ist ihre Zeitabhängigkeit, d. h. sie sind zeitlich nicht beliebig einsetzbar, sondern können in einem Zeitintervall entweder genutzt werden oder nicht. Ein wesentlicher Aspekt der Produktionsökonomik ist es, die Nichtnutzungszeiten der Fundfaktoren zu minimieren. Zu den Fundfaktoren zählt GEORGESCU-ROEGEN Arbeitskraft (L), menschengemachtes Kapital (K) und Land (D) im ricardianischen Sinne.[104] Die zweite Kategorie von Produktionsfaktoren besteht aus in-

---

101 Georgescu-Roegen 1971a: S. 281.

102 Vgl. Georgescu-Roegen 1971a: S. 278-281, 292 und Georgescu-Roegen 1971b: S. 1/7-1/10.

103 Vgl. Georgescu-Roegen 1970: S. 1-3 und Georgescu-Roegen 1971a: 211-212, 234-236.

104 GEORGESCU-ROEGEN betont ausdrücklich, daß alle angeführten Produktionsfaktoren, die unter einem Symbol subsumiert werden, streng genommen indiziert werden müßten, um eine qualitative Heterogenität anzuzeigen. Bisweilen ist es notwendig, zwischen verschieden qualifizierten Arbeitskräften oder unterschiedlichen Kapitalgütern zu differenzieren, da sie untereinander eine nur begrenzte Substituierbarkeit aufweisen. Vgl. Georgescu-Roegen 1971a: S. 243 und Kapitel 3.2.3. Es sei nochmals darauf hingewiesen, daß die hier verwendeten Symbole teilweise von denen GEORGESCU-ROEGENS abweichen, um eine Doppelbelegung von Symbolen im Rahmen dieser Arbeit zu vermeiden. Vgl. dazu das Symbolverzeichnis.

und outputseitigen *Stromfaktoren*, die materiell nahezu vollständig in das Produkt eingehen oder als Konsequenz der Produktion im Outputstrom entstehen. Die Stromfaktoren haben als *von den Agenten bearbeitete Substanz des Produktionsprozesses* eine vollständig andere Funktion innerhalb der Produktion inne. Stromfaktoren sind akkumulierbar zu Beständen und sie sind in der zeitlichen Nutzung sehr flexibel, d. h. ein großer Strom – z. B. von Kohle – kann in recht kurzer Zeit benutzt bzw. verfeuert werden. Ein Strom ist in bezug auf ein Zeitintervall als kumulierter Bestand charakterisierbar. Die kumulierten Stromfaktoren teilen sich einerseits auf in kumulierte Inputströme von Ressourcen aus der Natur (S) und aus vorgelagerten ökonomischen Prozessen der Vorprodukterstellung (V) und andererseits in kumulierte Outputströme in Form von ökonomischen Produkten (M) und Abfall (W). Weiterhin ist aufgrund analytischer Klarheit der kumulierte Inputstrom zur Instandhaltung von Kapital (δ) gesondert aufzuführen.[105] Ein Produktionsprozeß läßt sich damit allgemein wie folgt charakterisieren:[106]

$$\left[\underset{0}{\overset{T}{S}}(t), \underset{0}{\overset{T}{V}}(t), \underset{0}{\overset{T}{\delta}}(t), \underset{0}{\overset{T}{M}}(t), \underset{0}{\overset{T}{W}}(t); \underset{0}{\overset{T}{D}}(t), \underset{0}{\overset{T}{L}}(t), \underset{0}{\overset{T}{K}}(t)\right] \tag{37}$$

Im Gegensatz zur neoklassischen Punktfunktion, die lediglich eine Menge von Produktionsfaktoren auflistet, die zur Produktion einer Menge Output erforderlich sind, zeigt diese Darstellung die notwendige Kombination verschiedener zeitabhängiger Funktionen von Produktionsfaktoren mit unterschiedlichen Zeitrhythmen, die den Produktionsprozeß innerhalb des Zeitintervals 0 bis T charakterisieren. Der komplementäre Charakter der Fund- und Stromfaktoren wird durch die Abtrennung dieser beiden Produktionsfaktortypen durch ein Semikolon ausgedrückt. Aus dieser Darstellung läßt sich eine Produktionsfunktion herleiten, die eine Prozeßcharakterisierung mit besonderer Berücksichtigung der Outputmenge M ermöglicht:[107]

$$\underset{0}{\overset{T}{M}}(t) = F\left[\underset{0}{\overset{T}{S}}(t), \underset{0}{\overset{T}{V}}(t), \underset{0}{\overset{T}{\delta}}(t), \underset{0}{\overset{T}{W}}(t); \underset{0}{\overset{T}{D}}(t), \underset{0}{\overset{T}{L}}(t), \underset{0}{\overset{T}{K}}(t)\right] \tag{38}$$

Bei dieser Produktionsfunktion handelt es sich um eine Funktion von Funktionen, wobei der kumulierte Outputstrom M(t) als Ergebnis der funktionalen Verknüpfung der zeitabhängigen Fund- und Stromfaktorfunktionen zu verstehen ist. Um eine exakte Kombination der Faktoren zu ermitteln, die eine bestimmte Outputmenge in einem Zeitintervall ergibt, sind die zeitabhängigen Funktionen aller Faktoren und alle weiteren funktionalen Verknüpfungen genau zu determinieren. Ein wesentlicher Unterschied besteht im Vergleich zur Cobb-Douglas-Funktion darin, daß diese funktionale Verknüpfung zeitrhythmusabhängiger Produktionsfaktoren eine wesentlich geringere Anzahl von Faktorkombinationen zur Produktion einer Warenmenge aufweist als eine neoklassische Isoquantenschar. Für ein Beispiel einer vollständigen

105 Weiterhin weist GEORGESCU-ROEGEN bei der Unterscheidung in Fund- und Strom-Produktionsfaktoren darauf hin, daß eine ähnliche Unterscheidung bei den Güterkategorien „dauerhafte" und „nicht dauerhafte Güter" anzutreffen ist. Zudem betont er die unterschiedliche Dimensionalität der Faktor-Kategorien: ein Stromfaktor ist als kumulierte physische Menge darstellbar während ein Fundfaktor, der eine Dienstleistung erbringt, immer eine Zeitdimension hat, z. B. 10 Maschinenstunden. Vgl. Georgescu-Roegen 1971a: S. 224-232 und Georgescu-Roegen 1970: S. 4-5.

106 Vgl. Georgescu-Roegen 1970: S. 5 und Georgescu-Roegen 1971a: S. 232.

107 Vgl. Georgescu-Roegen 1970: S. 5 und Georgescu-Roegen 1971a: S. 236.

Repräsentation eines stationären Fabrikprozesses sei verwiesen auf die Darstellung von GEORGESCU-ROEGEN.[108] An dieser Stelle soll lediglich darauf hingewiesen werden, daß diese Darstellung den entropischen Charakter des Produktionsprozesses explizit beinhaltet. Einerseits drückt die Funktion $\delta(t)$ den entropischen Verschleiß des Kapitals pro Zeiteinheit aus und die Funktion $W(t)$ den entstehenden Abfallstrom. Auch der 1. Hauptsatz der Thermodynamik kommt zum Tragen, da als grundlegendes Axiom der Prozeßcharakterisierung gilt, daß die physische Menge aller Inputs der physischen Menge aller Outputs entspricht.

Angesichts der Betonung des entropischen Charakters ökonomischer Prozesse erstaunt es nicht, daß GEORGESCU-ROEGEN eine mechanistische Betrachtung von Ökonomie ablehnt. Er sieht ökonomische Entwicklung als einen geschichtlichen Prozeß der sich ändernden Nutzungsarten von niedriger Entropie, der einen qualitativen und irreversiblen Charakter aufweist, der durch unvorhersehbare Neuheiten bestimmt wird und daher nur in historischen Zeitdimensionen faßbar ist. Insofern hat der ökonomische Prozeß von GEORGESCU-ROEGEN einen eher evolutionären Charakter und in der Tat beschreibt er ökonomische Prozesse ganz explizit als Weiterführung biologischer Evolutionsprozesse, wobei der Mensch im Vergleich zu anderen Arten neben seinen körpereigenen Organen, die er als *endosomatische Instrumente* bezeichnet, zusätzlich *exosomatische Instrumente* in Form von Kapital, Produkten und sonstigen aus niedriger Entropie gefertigten Artefakten zum Einsatz bringt.[109] Damit deutet GEORGESCU-ROEGEN auf den evolutionären Charakter ökonomischer Prozesse hin. Die ausführliche theoretische Fundierung dieses Aspektes geht jedoch zweifellos auf andere Theoretiker zurück.

3.2.2.2 Der evolutionäre Charakter des ökonomischen Prozesses

Die mechanistische Metapher wurde durch neoklassische Ökonomen zum grundlegenden Bild für das Verständnis ökonomischer Prozesse geprägt. Doch bevor und während sich diese Metapher in der ökonomischen Theorie durchsetzte, hatten zahlreiche Theoretiker wie z. B. MARSHALL, MENGER, MARX, MALTHUS, VEBLEN, HAYEK und SCHUMPETER den prinzipiell evolutionären Charakter sozialer und ökonomischer Entwicklung betont[110], der heute unter ökologischen Ökonomen als konstitutives Element ökonomischer Theoriebildung gilt.[111] Nicht alle genannten Theoretiker bezogen sich explizit auf die Ausführungen von DARWIN, doch ex post eint sie die Auffassung, daß soziale und ökonomische Entwicklung ein von Veränderungen und Neuheiten gekennzeichneter historischer Prozeß ist, der eher den Prinzipien der biologischen Evolution gleicht als den Gesetzen der Mechanik. Ein wesentlicher Unterschied zwischen einer evolutionären und einer mechanistischen Auffassung besteht darin, daß im mechanistischen Modell alle Weltzustände durch äußere Faktoren determiniert sind, endogene Änderungen nicht oder nur in Reaktion auf äußere Störungen auftreten und daher Gleichgewichte im Mittelpunkt der Betrachtung stehen, deren Erscheinungsform bei vollkommener Information über die Rahmenbedingungen vorhersagbar ist. Im Unterschied dazu sind im evolutionären Modell Gleichgewichtszustände immer nur temporäre Erscheinungen, die durch

---

108 Georgescu-Roegen zeigt, daß die Herstellung einer Ware in einer Fabrik durch ein System von sieben Funktionen charakterisiert ist. Vgl. Georgescu-Roegen 1970: S. 6-8 und Georgescu-Roegen 1971a: S. 238-244.

109 Vgl. Georgescu-Roegen 1971a: S. 293-294, 307 und Georgescu-Roegen 1976: S. 25.

110 Vgl. für einen Überblick über evolutionäre Konzepte in der Dogmengeschichte der ökonomischen Theorie Hodgson 1993: S. 53-186, Langlois/Everett 1994: S.12-23 und Ramstad 1994: S. 68-93. In der Tat war DARWIN nach eigenen Angaben bei der Erarbeitung seiner Evolutionstheorie durch das Werk von MALTHUS zur Bevölkerungstheorie inspiriert worden. Vgl. Hodgson 1993: S. 62-63 und Futuyma 1986: S. 5-6.

111 Vgl. z. B. Costanza/Daly/Bartholomew 1991: S. 5/6, Costanza 1991b: S. 72-75, Norgaard 1984 und Christensen 1991: S. 76-82.

nicht vorhersehbare endogen induzierte Neuheiten (Mutationen) gestört werden, wodurch ein zeitintensiver Prozeß der Anpassung an die neue Situation eintritt. Sofern häufig Neuheiten und Änderungen auftreten, wird ein Gleichgewicht nie oder nur selten erreicht, so daß der Hauptgegenstand der Analyse ein *Ungleichgewichtsprozeß* ist.[112]

Zu Beginn des 20. Jahrhunderts wies VEBLEN darauf hin, daß zur Erklärung sozialer, kultureller und ökonomischer Entwicklung das Studium der genetischen Evolution des menschlichen Organismus *nicht* geeignet sei, sondern daß die Evolution des *sozialen* Verhaltens des Menschen, das sich in der Entwicklung menschlicher Institutionen (Gesetze, Markt, Geld, Unternehmen etc.) widerspiegelt, im Mittelpunkt der Analyse stehen müsse. Somit wurde sehr früh verdeutlicht, daß es sich bei einer evolutionären Theorie sozialer Prozesse nicht um eine Weiterführung der biologischen Evolutionstheorie handelt, sondern um eine *Theorie des Wandels von sozialen Institutionen*, wobei der Begriff der Evolution lediglich metaphorisch aufzufassen ist.[113]

Aus den evolutionären Theorieansätzen der oben erwähnten Klassiker haben sich insbesondere zwei Ansätze herauskristallisiert, die heute einige Bedeutung für die Theoriebildung gewonnen haben. Einerseits entwickelte sich die *Institutionenökonomik* auf der Basis der Werke von HAYEK und VEBLEN, die sich hauptsächlich auf die Analyse der Entwicklungsprozesse sozialer Institutionen wie Verträge, Gesetze und Marktinstitutionen beziehen. Andererseits ist der evolutionäre Theorieansatz anzuführen, der sich aus den Werken SCHUMPETERS entwickelte, und der hauptsächlich die Analyse von technischem Wandel, industrieller Strukturveränderung und Konjunkturzyklen zum Gegenstand hat.[114]

Unabhängig davon, ob ein ökonomischer Theorieansatz die Begriffe der Evolutionstheorie nutzt oder nicht, wird er an dieser Stelle als evolutionär bezeichnet, wenn als Gegenstand der Analyse ökonomische Entwicklungsprozesse betrachtet werden, die zu den konstituierenden Prinzipien der biologischen Evolutionstheorie analoge Entwicklungsprinzipien aufweisen. Wie dargestellt in Kapitel 3.1.2 ist Entwicklung innerhalb der biologischen Evolution durch folgende sieben Ausprägungen charakterisiert: *Erstens* existiert eine Informationsstruktur (Genotyp), die *zweitens* die phänotypische Gestalt eines individuellen Organismus im Zusammenspiel mit äußeren Umweltfaktoren bestimmt. *Drittens* bilden viele Individuen mit einer ähnlichen Informationsstruktur eine Gruppe (Population/ Art) und *viertens* existiert innerhalb der Gruppe ein Mechanismus zur Replikation der Informationsstruktur (Vererbung). *Fünftens* besteht ein Mechanismus, der eine qualitative Veränderung der Informationsstruktur bewirken kann (Mutation), wodurch neue Variationen auf der phänotypischen Erscheinungsebene des Individuums hervorgebracht werden können. *Sechstens* existiert ein Selektionsmechanismus, der nach einem bestimmten Prinzip Individuen mit „vorteilhaften" phänotypischen Merkmalen begünstigt, wodurch *siebtens* im Selektionsprozeß eine Veränderung der geno- und phänotypischen Struktur der Gruppe bewirkt wird, die auf ein neues Gleichgewicht hinführt.

Diese sieben Entwicklungsprinzipien der biologischen Evolutionstheorie lassen sich in Form von Analogien sowohl in der Institutionenökonomik als auch im SCHUMPETERSCHEN Ansatz wiederfinden, wenngleich zwischen verschieden Autoren eines Ansatzes immer wieder auch unterschiedliche Interpretationen bestehen. Nachfolgend werden die evolutionären Analogien dargestellt für drei Theorieansätze: HAYEKS Theorie der sozio-kulturellen Entwicklung, SCHUMPETERS Theorie der wirtschaftlichen Entwicklung und die Theorie des technologischen

---

112 Vgl. Faber/Proops 1994: S. 45-46, Hinterberger 1994: S. 334, Clark/Perez-Trejo/Allen 1995: S. xiv und Boulding 1981: S. 86.

113 Vgl. Ramstad 1994: S. 72.

114 Vgl. Langlois/Everett 1994: S. 22-30 und Ramstad 1994: S. 78-93.

Wandels, die auf neo-schumpetersche Ansätze der Autoren DOSI, NELSON, WINTER, SILVERBERG und andere zurückgehen. In Tabelle 3.1 ist ein illustrierender Gesamtüberblick über die sieben evolutionären Analogien zu finden, und in der folgenden Darstellung werden die Analogien jeweils hervorgehoben durch eine in Klammern nachgestellte Zahl, die auf die Nummer des Analogiemerkmals verweist.

HAYEK beschreibt die sozio-kulturelle Entwicklung menschlicher Gesellschaften explizit mittels Metaphern aus der Evolutionstheorie. Als zugrunde liegende Informationsstrukturen einer menschlichen Gesellschaft (3) betrachtet er die Regeln und Gewohnheiten der Menschen (1), die in vernetzter Form als soziale, kulturelle und ökonomische Institutionen und Regelwerke erscheinen (2). Die Beständigkeit bzw. die Replikation der Regeln wird durch menschlichen Gehorsam und durch Imitation erfolgreicher Regeln gesichert (4). Veränderung gesellschaftlicher Regeln findet statt durch die Wahl neuer Regeln in einem Prozeß des Umgangs und Lernens mit den bestehenden Regeln und Gewohnheiten (5).

Tabelle 3.1: Zu Darwins Evolutionstheorie analoge Entwicklungsprinzipien von Hayek, Schumpeter und Dosi et al.[115]

	biologische Evolution	**sozio-kulturelle Entwicklung (Hayek)**	**ökonomische Entwicklung (Schumpeter)**	**technische Entwicklung (Dosi u. a.)**
1. Informations-struktur	Genotyp	Regeln, Gewohnheiten	Wissen, Routine	Wissensbasis
2. Einheit des Entwicklungsprozesses	individueller Organismus (Phänotyp)	Institutionen (Regelwerke)	Unternehmen	Technik
3. Gruppe	Population/Art	menschliche Gesellschaft	Gesamtheit von Unternehmen	Technologie, technologisches Paradigma
4. Replikation	Reproduktion, Vererbung	Imitation, Gehorsam	Beibehaltung und Weitergabe von Routine	Beibehaltung bewährter Technikbestandteile, technische Pfadabhängigkeit
5. Veränderungs-mechanismus	Mutation	Lernen, Wahl neuer Regeln	Innovation durch Unternehmer	technische Innovation, inkrementale Innovation
6. Selektions-mechanismus	natürliche Selektion von gut angepaßten bzw. von thermodynamisch effizienten Organismen	(unklar), Selektion erfolgreicher Institutionen	Finanzsystem selektiert erfolgversprechende Innovationsprojekte und am Markt werden effiziente Unternehmen selektiert	Markt selektiert effiziente Techniken, staatliche Vorgaben setzen den Rahmen für technische Innovationen
7. Prozeß der Selektion	Organismen mit vorteilhafter Genstruktur setzen sich durch und verdrängen weniger vorteilhafte	erfolgreiche Institutionen setzen sich durch, ihre Regeln werden imitiert	Innovative und effiziente Unternehmen setzen sich durch, Innovationen werden imitiert, ineffiziente Unternehmen gehen unter (schöpferische Zerstörung)	erfolgreiche Techniken setzen sich durch, werden verbessert und imitiert im Prozeß inkrementaler Innovation

115 Diese Darstellung beruht ebenso wie die Kategorisierung des Prinzips der biologischen Evolution in sieben grundlegende Bestandteile auf Überlegungen und Interpretationen des Autors.

Hinsichtlich des Selektionsmechanismus sind die Äußerungen HAYEKS recht vage, da er lediglich darauf hinweist, daß sich erfolgreiche Institutionen mit ihrem Regelwerk durchsetzen (6) und erfolgreiche Regeln in Lern- und Anpassungsprozessen von anderen Institutionen übernommen oder imitiert werden (7). Ein wesentlicher Aspekt seines theoretischen Gebäudes ist seine Aussage, daß es ein fataler Fehler sei, kulturelle Evolution als Ergebnis bewußten kollektiven Handelns zu begreifen. Sie sei im Gegenteil Resultat eines Lern- und Anpassungsprozesses in einem Prozeß interagierender Systeme und Institutionen mit unterschiedlichen Regeln. HAYEKS evolutionäre Theorie sozio-kultureller Entwicklung weist einige Probleme auf, von denen hier nur das gravierendste genannt sei: trotz der Betonung des Konzepts des methodologischen Individualismus betrachtet Hayek nicht das Individuum als grundlegende (phänotypische) Einheit der kulturellen Evolution, sondern seine Institutionen.[116]

Bei JOSEPH SCHUMPETER ist bis auf einige vage Wortspielereien keine gewollte begriffliche Analogie zur Evolutionstheorie zu entdecken und trotzdem ist seine Theorie der wirtschaftlichen Entwicklung[117] und seine darauf aufbauende Konjunkturtheorie[118] im Sinne der obigen Kategorisierung als evolutionär zu bezeichnen, da für alle sieben Merkmale der biologischen Evolution analoge Prinzipien in Schumpeters Theorie zu finden sind. SCHUMPETER versteht unter ökonomischer Entwicklung einen Prozeß von Veränderungen, die die Wirtschaft aus sich selbst erzeugt und er unterscheidet streng zwischen endogenen Entwicklungsimpulsen und äußeren Störungen (wie Krieg, Katastrophen etc.).[119]

Die Gesamtheit des menschlichen Wissens und ihre Manifestation in routinierten Abläufen ist die Informationsstruktur, die wirtschaftlicher Entwicklung zugrunde liegt (1) und das Unternehmen mit seinen Routinen, Regeln und Organisationsformen ist die Einheit des Entwicklungsprozesses (2). Als übergeordnete Einheit der Unternehmen läßt sich eine mögliche Gesamtheit von Unternehmen nennen, sei es eine Branche, ein Sektor oder auch die Gesamtheit der Unternehmen einer Volkswirtschaft (3). Replikation von Unternehmen bzw. das dauerhafte Bestehen unternehmerischer Praktiken ergibt sich nach SCHUMPETER aus der Eigenschaft von Menschen, häufig auszuführende Aktivitäten gewohnheitsmäßig zu vollziehen und eine Routine zu entwickeln. Somit regiert und repliziert die Routine, die sich im Zeitverlauf bewährt und daher weiter verfolgt wird, den normalen Gang des Wirtschaftslebens von Unternehmen (4).[120]

Der zentrale Aspekt in SCHUMPETERS Theorie ist der Veränderungsmechanismus, der wirtschaftliche Entwicklung endogen erzeugt. Entwicklungsinduzierende Impulse werden ausschließlich von der Angebotsseite ausgelöst, indem durch kreative und durchsetzungsstarke Unternehmerpersönlichkeiten (SCHUMPETERSCHE Unternehmer) neuartige Kombinationen durchgesetzt werden, die mit der alten Routine ganz oder teilweise brechen und überdurchschnittliche Gewinne erbringen.[121] Das Durchsetzen einer neuen Kombination bezeichnet SCHUMPETER als Innovation und definiert es auch als Einführung einer neuen Produktions-

---

116 Vgl. zur evolutionären Theorie HAYEKS und der Kritik: Hodgson 1993: S. 152-185, Langlois/Everett 1994: S. 15-16 und Ramstad 1994: S. 86-93.

117 Vgl. Schumpeter 1993, Theorie der wirtschaftlichen Entwicklung, achte Auflage, Berlin: Humblot & Duncker, Originalausgabe Berlin 1911.

118 Vgl. Schumpeter 1961, Konjunkturzyklen – Eine theoretische, historische und statistische Analyse des kapitalistischen Prozesses, erster Band, Vanderhoeck & Ruprecht: Göttingen, Originalausgabe New York 1939. Vgl. außerdem Schumpeter 1993: Kapitel 6.

119 Vgl. Schumpeter 1993: S. 95-96.

120 Vgl. Schumpeter 1993: S. 7-8, 122-124.

121 SCHUMPETER betont, daß es nicht die Konsumenten sind, die neue Bedürfnisse entdecken und diese einfordern, sondern daß Unternehmen Neuheiten einführen und den Konsumenten im wahrsten Sinne des Wortes neue Bedürfnisse anerziehen müssen. Vgl. Schumpeter 1993: S. 99-100.

funktion (5). SCHUMPETER unterscheidet zwischen fünf Arten von Innovationen: Durchsetzung bzw. Einführung neuer Güter, neuer Produktionsmethoden, neuer Absatzmärkte, neuer Bezugsquellen für Vorprodukte und neue Formen der Organisation.[122] Diese fünf Innovationsformen lassen sich auf zwei reduzieren, auf Produkt- und Prozeßinnovationen. Eine Prozeßinnovation ist eine Durchsetzung neuer Kombinationen, die die Kostenkurve eines Unternehmens hinsichtlich eines bestehenden Gutes verändert. Die Durchsetzung neuer Produktionsmethoden, neuer Vorproduktsbezugsquellen und neuer Organisationsformen lassen sich daher unter dem Begriff Prozeßinnovationen zusammenfassen. Eine Produktinnovation ist im Gegensatz dazu die Einführung einer Neuheit, die einen vollkommen neuen Markt eröffnet und damit eine Monopolstellung für den Innovator erzeugt, wie es bei der Einführung eines neuen Produktes der Fall ist bzw. bei der Einführung eines Produktes in einen neuen Markt. Das Wesen dieser zwei Innovationsarten ist sehr unterschiedlich, da bei Prozeßinnovationen der Markt und seine Merkmale bekannt sind, während bei Produktinnovationen vollkommen neue Märkte und Marktnischen aufgetan werden, so daß eine große Informationsunsicherheit für den Innovator besteht.[123] Grundsätzlich ist für die Durchsetzung jeder Innovation Zeit notwendig und der Prozeß der Durchsetzung ist dadurch charakterisiert, daß eine Neuheit (Produkt oder Prozeß) neben das Alte und bisher Bewährte tritt und es mit der Zeit zurückdrängt oder ganz obsolet werden läßt und eliminiert.[124]

Es ist an dieser Stelle zu betonen, daß SCHUMPETER die *Durchsetzung* neuer Kombinationen als ausschlaggebenden Mechanismus für wirtschaftliche Veränderung ansieht und nicht die *Erfindung* neuer Kombinationen.[125] Daher ist auch die Betonung des Akteurs des innovativen Unternehmers von besonderer Bedeutung, da dieser die vorherrschende Routine im Wirtschaftsleben durchbricht, das Risiko des Scheiterns am Markt in Kauf nimmt und durch seine Innovationen ökonomische Veränderungen hervorbringt.[126] Die dafür notwendigen Führerqualitäten sind in der Bevölkerung nicht gleichmäßig vorhanden und nur wenige besitzen die Kraft der Durchsetzung von Neuheiten. Mit diesem Umstand der Unterschiedlichkeit von Akteuren erklärt SCHUMPETER die Tatsache, daß (bekannte) neue Kombinationen nicht gleichzeitig von verschiedenen Unternehmen eingeführt werden. Nicht das technisch Mögliche treibt also Entwicklung voran, sondern die *Durchsetzung* des Möglichen.[127]

Als weiteren wichtigen Faktor für die Durchsetzung einer Innovation betont SCHUMPETER die Bedeutung des Kredits, der die grundlegende Finanzierung neuer Kombinationen ermöglicht und indirekt eine Andersverwendung der Produktionsmittel bewirkt. Nach Ansicht SCHUMPETERS geht die Entstehung des kapitalistischen Finanzsystems auf die Finanzierung

---

122 Vgl. Schumpeter 1993: S. 100-101 und Schumpeter 1961: S. 94-95.

123 Vgl. Brouwer 1991: S. 63-64, 79.

124 Vgl. Schumpeter 1993: S. 101-102.

125 Vgl. Schumpeter 1993: S. 129 und Schumpeter 1961: S. 91. Die Informationsstruktur einer Ökonomie sieht SCHUMPETER als gegeben und der Erweiterung menschlichen Wissens schenkt er keine besondere Aufmerksamkeit. Bezüglich der biologischen Analogie bedeutet das, daß der Genotyp als gegeben betrachtet wird und die phänotypischen Neuerungen lediglich Resultat der Genvariation sind.

126 Mit der Betonung der Bedeutung des innovativen Unternehmers für den Prozeß ökonomischer Entwicklung erklärt Schumpeter eine makroökonomische Entwicklung direkt aus mikroökonomischem Verhalten. Eine derartige kausale Verknüpfung von Mikro- und Makroebene ist in anderen ökonomischen Theorieschulen eher fremd, für die schumpetersche Theorietradition ist diese Verknüpfung ein besonderes Merkmal. Vgl. Clark/Perez-Trejo/Allen 1995: S. 51.

127 Vgl. zum Konzept des SCHUMPETERSCHEN Unternehmers: Schumpeter 1993: S. 111-138. SCHUMPETER betont hinsichtlich der Bedeutung der Verschiedenheit der Akteure, daß dieses wesentliche Konzept fundamental von neoklassischer Denkweise abweicht, die von einem normierten Verhalten der Akteure ausgeht (Homo Oeconomicus). Vgl. Schumpeter 1961: S. 105-108.

von Innovationen zurück.[128] Aufgrund dieser Bedeutung des Kredits kann das Finanzsystem, das über Vergabe von Krediten für Innovationen entscheidet und damit die zu realisierenden Innovationsprojekte auswählt, als wesentlicher Selektionsmechanismus betrachtet werden, der ergänzt wird durch den Markt als eine Art nachgeschaltete Selektionsinstanz, wo letztlich in der Konkurrenz über Erfolg oder Mißerfolg von innovativen Unternehmen entschieden wird. (6).[129]

Jede Innovation führt zu einer Beeinträchtigung des „normalen" Wirtschaftsablaufs. Ein wirtschaftliches Gleichgewicht wird durch innovative Tätigkeit zerstört und führt zu schmerzhaften selektiven Anpassungsprozessen, die die alte Struktur der Wirtschaft in ihren Grundfesten erschüttert.[130] Bei Prozeßinnovationen kann der Innovator aufgrund niedriger Produktionskosten zu geringeren Preisen anbieten und damit erhöhte Marktanteile erringen. Die Konkurrenzunternehmen werden dadurch zu Umstrukturierungsmaßnahmen gezwungen. Einige Unternehmen können sich anpassen und die neuen Produktionsformen des Innovators imitieren, und andere, nicht anpassungsfähige Unternehmen werden im Wettbewerb zurückgedrängt oder eliminiert.[131] Das Verschwinden von Unternehmen im Selektionsprozeß bezeichnet SCHUMPETER als „schöpferische Zerstörung".[132] Bei Produktinnovationen ziehen die Innovatoren Kaufkraft aus anderen Märkten ab und verursachen dort einen Nachfragerückgang, der dann in indirekter Weise zu einem verschärften Wettbewerb und verringerten Output bzw. zu schöpferischer Zerstörung führt.[133] Der einer Innovation nachfolgende Selektionsprozeß vollzieht sich also durch Nachahmung, Imitation und schöpferische Zerstörung und führt letztlich zu einem neuen Gleichgewichtszustand mit veränderter Unternehmensstruktur der Volkswirtschaft (7).[134]

Aufbauend auf dieser Theorie wirtschaftlicher Entwicklung brachte SCHUMPETER desweiteren eine Konjunkturtheorie hervor, die auf seinem Konzept der Innovation basiert. In groben Zügen wird die Abfolge von Konjunkturzyklen wie folgt erklärt. Ein wirtschaftlicher Gleichgewichtszustand, in dem die Routine regiert, wird durch die Durchsetzung einer Innovation gestört (5). Ein neues Unternehmen nimmt einen Kredit auf, erwirbt Produktionsmittel, bereitet die neuartige Produktion vor und setzt dann die Innovation marktmäßig durch. Der Erfolg dieser Aktivität in Form hoher Gewinne zieht andere Unternehmen nach, die die Innovation imitieren und so ergibt sich eine Art innovativer Domino-Effekt (7). Mit diesem Effekt begründet SCHUMPETER, daß Innovationen nicht vereinzelt und über die Zeit verstreut und kontinuierlich auftreten, sondern in Scharen und diskontinuierlich. Das anfängliche Durchsetzen einer Innovation führt zu einem wirtschaftlichen Aufschwung mit den bekannten Merkmalen:

---

128 Vgl. Schumpeter 1993: S. 103-107. Es ist diesbezüglich zu erwähnen, daß SCHUMPETER in seinem frühen Werk von einem Wettbewerbskapitalismus ausgeht, in dem Innovationen in Form neu gegründeter Unternehmen erscheinen, deren Gründung Investitionen in Produktionsmittel erfordern. Aufgrund der zunehmenden Bedeutung der Monopolisierung räumt SCHUMPETER für einen „vertrusteten Kapitalismus" ein, daß Innovationen auch innerhalb von Großunternehmen entstehen können, die durch aufstrebende Führerpersönlichkeiten durchgesetzt werden. Vgl. Schumpeter 1961: S. 104 und Schumpeter 1993: S. 102.

129 Vgl. Schumpeter 1961: S. 124-126 und Brouwer 1991: S. 51.

130 Vgl. Schumpeter 1961: S. 109-110.

131 Vgl. Schumpeter 1961: S. 108, 140-144 und Schumpeter 1993: S. 339-341.

132 Vgl. Schumpeter 1980, Kapitalismus, Sozialismus und Demokratie, Fünfte Auflage, München: Francke Verlag, Originalausgabe New York 1942, S. 138-139.

133 Vgl. zu den Unterschieden im Anpassungsprozeß bei Produkt- und Prozeßinnovationen: Brouwer 1991: S. 73-79.

134 SCHUMPETER ordnet den Prozeß der Anpassung an eine Innovation den Konjunkturphasen der Rezession und Depression zu. Vgl. Schumpeter 1993: S. 348-364, Schumpeter 1961: S. 142-146 und die nachfolgenden Ausführungen zu SCHUMPETERS Konjunkturtheorie.

Produktionsfaktoren und Kredite werden vermehrt nachgefragt, so daß Faktorpreise und Zinsen steigen, und weiterhin erhöht sich das konsumierbare Einkommen der Bevölkerung. Sobald die Innovation am Markt eine massenmäßige Verbreitung gefunden hat, folgt dem Aufschwung zwangsläufig die Rezession: Die innovativen Unternehmen zahlen aus ihren Erlösen ihre Schulden zurück, so daß die Zinsen sinken; die Produktpreise fallen aufgrund des Massenangebots und es tritt ebenso eine Nachfragesättigung ein. Die Outputmenge erweist sich als zu hoch, und so vollzieht sich in der Rezession eine schmerzhafte Anpassung: Unternehmen müssen eine Marktnische finden oder erliegen im Wettbewerb der schöpferische Zerstörung, bis ein neues Gleichgewicht erreicht ist (7). Durch spekulative Effekte kann der Selektionsprozeß heftiger ausfallen als notwendig, so daß sich eine Depressionsphase anschließt, in der es zu übermäßigen Unternehmensauflösungen kommt, wodurch besetzbare Marktnischen für andere Unternehmen geöffnet werden und Expansionsraum entsteht. Es folgt die Erholungsphase in Richtung des neuen Gleichgewichtes, das ein höheres Wohlstandsniveau aufweist als das vorhergehende. Somit erklärt SCHUMPETER mittels Durchsetzung und Verbreitung von Innovationen die vier Phasen des Konjunkturzyklus: Aufschwung, Rezession, Depression und Erholung.[135]

Dieses Grundmodell erweitert SCHUMPETER noch um die Annahme, daß die notwendige Zeit zur Durchsetzung verschiedener Innovationen unterschiedlich lang sein kann, und daß sich weiterhin verschiedene Innovationswellen überlagern können. Mit Rückgriff auf empirische Ergebnisse der Konjunkturforschung unterscheidet SCHUMPETER zwischen drei Arten von Konjunkturzyklen: Kondratieffzyklen, Juglarzyklen und Kitchinzyklen. Die Kondratieffzyklen sind nach gleichnamigem Ökonomen benannt, der die Existenz von etwa 50-60 Jahre dauernden sogenannten „langen Konjunkturwellen" empirisch nachwies. Nach SCHUMPETER werden diese langen Wellen durch grundlegende Innovationen ausgelöst, die vollkommen neue Wirtschaftssektoren und Wirtschaftsweisen hervorbringen. Derartige Innovationen werden von Neo-Schumpeterianern auch als *Basisinnovationen* bezeichnet.[136] Die erste von KONDRATIEFF aufgezeigte lange Welle (ca. 1770-1842) wurde ausgelöst durch die industrielle Revolution und die Durchsetzung von Dampfmaschine und Textilproduktion. Die zweite Welle (ca. 1843-1895) wurde getragen von der Durchsetzung der Eisenbahn und der Stahlproduktion. Die dritte Welle war dominiert von den Basisinnovationen Elektrizität und Chemie und die vierte von Motorisierung, Automobilisierung und Petrochemie. Heute befinden wir uns am Anfang oder bereits mitten in der fünften langen Welle, die durch Gen- und Informationstechnologie bestimmt ist.[137]

Die Juglarzyklen mit einer durchschnittlichen Zeitdauer von 9-10 Jahren sind als Teil der langen Welle zu verstehen. Da Basisinnovationen – wie z. B. die Elektrifizierung eines Landes – sehr viel Zeit benötigen, ist ihre Durchsetzung ein Prozeß kleiner Schritte.[138] G. MENSCH (1975) spricht davon, daß der Basisinnovation Verbesserungsinnovationen folgen, die dann innerhalb der langen Welle Zyklen mit geringerer Zeitdauer erzeugen.[139] So mag beispielsweise ein Juglarzyklus durch den Aufbau der Stromnetz-Infrastruktur ausgelöst werden, während die nachfolgende Juglarwelle durch Verbesserungsinnovationen in Form elektrischer Geräte getragen wird usw.. Die Kitchinwelle hat schließlich eine durchschnittliche Zeitdauer von etwa

135 Für eine ausführlichere Beschreibung siehe Schumpeter 1961: S. 140-170.

136 Vgl. Mensch 1975: S. 54.

137 Vgl. Schumpeter 1961: S. 171-180 und Dräger/Wolf 1996: S. 20. Für eine ausführliche historische Diskussion der ersten drei langen Wellen in den USA vgl. Schumpeter 1961: S. 231-459.

138 Vgl. Schumpeter 1961.: S. 177.

139 Vgl. Mensch 1975: S. 55.

40 Monaten und sie wird durch geringere Innovationen ausgelöst, die empirisch jedoch äußerst schwer nachzuweisen sind.[140] Hat sich eine Basisinnovation in einer langen Welle über 50-60 Jahre schließlich vollkommen durchgesetzt, so daß von ihr keine Verbesserungsinnovationen mehr ausgehen, so wird nach SCHUMPETER ein neues Gleichgewicht auf höherer Wohlstandsstufe erreicht. G. MENSCH (1975) bezeichnet diesen Zustand als „technologisches Patt", das den Ausgangspunkt bildet für Investitionen von Unternehmern zur Durchsetzung neuer Basisinnovationen.[141] Diese Konjunkturtheorie und ihre historische Interpretation von SCHUMPETER und seinen Nachfolgern verdeutlicht den evolutionären Charakter ökonomischer Entwicklung in seiner historischen Dimension als eine Abfolge der Durchsetzung von Basisinnovationen.

Der evolutionäre Ansatz von SCHUMPETER ist von vielen Theoretikern aufgegriffen worden, um insbesondere ökonomischen Strukturwandel und die Entwicklung technischen Fortschritts theoretisch zu erklären. Diese neo-schumpeterianischen Theorieansätze zeichnen sich dadurch aus, daß sie wesentliche Theorieelemente von SCHUMPETER aufgreifen und übernehmen, andere Theoriebestandteile hingegen erweitern, verändern oder auch verwerfen. Die verschiedenen Autoren verhalten sich hinsichtlich der Nutzung evolutionärer Metaphern sehr unterschiedlich, doch wie bereits im Fall der SCHUMPETERSCHEN Theorie wirtschaftlicher Entwicklung lassen sich die obigen sieben Merkmale und Mechanismen der biologischen Evolution in den jeweiligen Theorieansätzen entdecken.[142] Nachfolgend wird der evolutionäre Charakter technischen Wandels aus neo-schumpeterianischer Sicht dargestellt.

Die Theorie des technischen Wandels beschäftigt sich mit der Analyse *einer* Innovationsform. Betrachtet wird in den Worten SCHUMPETERS die Durchsetzung neuer Produktionsmethoden in Form neuer Techniken, die damit die grundlegende Einheit des evolutionären Prozesses technischer Entwicklung darstellen (2). Die Gesamtheit aller vorhandenen bzw. verfügbaren Techniken wird als Technologie bezeichnet (3).[143] Die Informationsstruktur, die Technologie zugrunde liegt, ist die sogenannte Wissensbasis und sie setzt sich zusammen aus öffentlich verfügbarer Information und Wissen einerseits (exogene Basis) und dem spezifischen Fachwissen der Technologieanwender in Unternehmen andererseits (endogene Basis) (1). Die endogene Wissensbasis innerhalb von Unternehmen ist ein wesentlicher Bestandteil des Wissens hinsichtlich der praktischen Technikanwendung und dieses Wissen ist als Resultat der Techniknutzung kumulativen Lernprozessen (learning by using) geschuldet.[144]

Ein wesentlicher Unterschied zu der Theorie SCHUMPETERS besteht in der Theorie des technischen Wandels darin, daß die Prozesse der Erweiterung der Wissensbasis (Erfindung)(1), der Durchsetzung von neuen Erfindungen (Innovation) (5) und ihrer Verbreitung im selektiven Anpassungsprozeß (Imitation) (7) als eng miteinander verwoben aufgefaßt werden, so daß eine klare Abgrenzung dieser Prozesse kaum möglich ist. Während SCHUMPETER noch die Existenz ausgereifter Erfindungen als exogen voraussetzt, den Innovationsprozeß als reine Durchsetzung eines ausgereiften Konzeptes begreift und den Anpassungsprozeß durch Imitation als reinen Akt der Nachahmung beschreibt und diese drei Prozesse klar voneinander trennt und sie verschiedenen Zeitphasen zuordnet, ist diese Form der scharfen analytischen Trennung

140 Vgl. Schumpeter 1961: S. 180.

141 Vgl. Mensch 1975: S. 144-145.

142 Einen ausdrücklichen metaphorischen Bezug zur Evolutionstheorie stellen z. B. NELSON und WINTER her, in deren Werk von 1982 eine Formalisierung eines evolutionären Theorieansatzes in einem Ungleichgewichtsmodell präsentiert wird. Vgl. Nelson/Winter 1982: S. 14-21.

143 Vgl. z. B. Faber/Proops 1994: S. 47.

144 Vgl. Dosi 1988: S. 1126, 1131, 1140 und Silverberg 1990: S. 183. Die Bedeutung des endogenen Wissens wurde von SCHUMPETER nicht berücksichtigt.

in der neo-schumpeterianischen Theoriedebatte weitgehend verworfen worden. Der Grund dafür liegt in der Evidenz einer Vielzahl von Technologiestudien, die gezeigt haben, daß Techniken einen Reifungsprozeß durchlaufen. Neue technische Kombinationen liegen zumeist nicht ausgereift vor, sondern müssen (exogen) erfunden und in sukzessiver (endogener) Nachbesserung in der Praxis perfektioniert werden (learning by doing and using). Ein nicht unbeachtlicher Anteil erfinderischer Tätigkeit fällt dabei in die Innovationsphase, so daß eine explizite Trennung von Erfindung und Innovation das Wesen des technischen Evolutionsprozesses verfälschen würde. Der technische Reifungsprozeß als schrittweise Kombination von Erfindung und Innovation wird in der Literatur als „inkrementale Innovation" bezeichnet.[145] Aufgrund ähnlicher Umstände kann auch zwischen Innovation und Imitation nicht mehr so scharf getrennt werden. Es ist vielfach beobachtet worden, daß das Imitieren einer Technik immer auch eine gewisse Kreativität und Erfindungsgeist von den Imitatoren abverlangt. Daher ist es durchaus möglich, daß Imitatoren im Verlauf des Reifungsprozesses einer Technik wesentliche innovative und erfinderische Beiträge leisten, die über ein reines Nachahmen weit hinausgehen.[146]

Eine wesentliche Implikation der Überlappung von Erfindung, Innovation und Imitation im technischen Reifungsprozeß ist, daß technischer Wandel kontinuierlich stattfindet.[147] Diese Aussage muß nicht notwendigerweise SCHUMPETERS Hypothese über die diskontinuierlich auftretenden Innovationen widersprechen, wenn inkrementale Innovationen deutlich vom Begriff der Basisinnovation getrennt werden, wobei Basisinnovationen diskontinuierlich neue „lange Konjunkturwellen" erzeugen und inkrementale Innovationen kontinuierlich Verbesserungen hervorbringen. In diesem Sinne mag DOSI interpretiert werden, der zwischen zwei Formen des technischen Fortschritts unterscheidet: der „normale technische Fortschritt" ist Ausdruck stetiger Verbesserungen bestehender Techniken und der „außerordentliche technische Fortschritt" bricht mit den Grundprinzipien der alten Technik und begründet ein neues, sogenanntes „technologisches Paradigma".[148]

Angesichts des Aspekts inkrementaler technischer Reifungsprozesse ist es schwierig, einen Replikationsmechanismus für Technik zu benennen. Jedoch wird gerade in einem Prozeß inkrementaler Technikverbesserung ein Kernbestandteil der Technik oder ein grundlegendes Technikprinzip immer beibehalten und als bewährtes Element repliziert. Zudem wächst im Prozeß sukzessiver Technikverbesserung das kumulierte endogene Wissen über die Technik in ihrer Anwendung, so daß ein grundsätzliches Verwerfen des zugrunde liegenden Technikprinzips zugunsten einer neuen, unvertrauten Technik mit zunehmender Dauer der Technikanwendung immer unwahrscheinlicher wird. Durch dieses wachsende endogene Wissen wird die Technik „pfadabhängig", d. h. sie wird mit zunehmender Nutzung und Verbesserung effizienter und weist daher „zunehmende Erträge" auf, die letztlich einen Anreiz für ihre Beibehaltung darstellen. Im Extremfall kann technische Pfadabhängigkeit dazu führen, daß eine einmal eingeführte Technik nie mehr aufgegeben wird und sich sozusagen „einrastet". Diese Wirkung wird mit dem Begriff „Lock-in-Effekt" umschrieben.[149] Analog zur biologischen Replikation

---

145 Vgl. Silverberg 1990: S. 178-179, Brouwer 1991: S. 51-53 und Dosi/Malerba/Orsenigo 1994: S.217.

146 Vgl. Silverberg 1990: S. 180-185 und Dosi 1988: S. 1140.

147 Vgl. Brouwer 1991: S. 51-53.

148 Vgl. Dosi 1988: S. 1142. Ein *technologisches Paradigma* ist definiert als technisches Lösungsmuster für eine spezifische techno-ökonomische Problemstellung, das auf speziellen Grundprinzipien der Naturwissenschaften beruht und spezifische Formen sozio-ökonomischer Vernetzung von Institutionen aufweist. Vgl. ebd.: S. 1127 und Clark/Perez-Trejo/Allen 1995: S. 59.

149 Vgl. Arthur 1989: S. 117-126 und Dosi 1988: S. 1148. Die Pfadabhängigkeit bzw. ein Lock-in-Effekt einer Technik können unterschiedliche Gründe haben. Wie bereits angeführt, kann zunehmendes technisches Wis-

können die Tradierung bewährten technischen Wissens und technische Pfadabhängigkeit als Replikationsmechanismen von Technik aufgefaßt werden (4).

Der Veränderungsmechanismus im Prozeß des – normalen und außerordentlichen – technischen Wandels ist wie bei SCHUMPETER die Innovation, wobei der normale technische Wandel, wie oben bereits erwähnt, durch inkrementale Innovation gekennzeichnet ist (5). In der neo-schumpeterianischen Literatur zum technischen Wandel werden die verschiedenen Bedingungen für und Einflußfaktoren auf technische Innovation wesentlich differenzierter behandelt als in SCHUMPETERS Werk.

Die spezifischen Bedingungen für die Innovationstätigkeit eines Unternehmens oder eines ganzen Sektors werden zusammengefaßt unter dem Begriff des „technologischen Regimes", das sich in vier Kategorien darstellen läßt:[150]

Erstens sind die „Innovationsmöglichkeiten" wesentliche Determinanten für Art und Menge innovativer Aktivitäten. In Abhängigkeit von den innovativen Potentialen einer Technologie und von den Kosten ihrer Einführung ergeben sich verschiedenartige Muster im unternehmerischen Innovationsverhalten.

Zweitens sind die „Aneignungsbedingungen" im Innovationsprozeß essentiell. Die unternehmerische Entscheidung für eine technische Innovation wird wesentlich dadurch beeinflußt, inwieweit Gewinne aus der innovativen Tätigkeit realisiert werden können. Wenn eine technische Innovation z. B. sehr leicht zu imitieren ist, herrschen schlechte Aneignungsbedingungen, die eine Innovation eher behindern. Das Patent ist ein übliches politisches Instrument zur Verbesserung der Gewinnaneignung aus einer Innovation.

Drittens ist die „Bedeutung des kumulativen Charakters technologischen Wissens" für Innovationstätigkeiten anzuführen. Diese Kategorie gibt Auskunft darüber, in welchem Ausmaß Innovationstätigkeit kumuliertes endogenes Wissen in einem Unternehmen erfordert und inwieweit die Innovationstätigkeit der Gegenwart den innovativen Weg der Zukunft vorbereitet.

Viertens gibt auch die notwendige „spezifische Wissensbasis" für die Durchführung von technologischen Innovationen Aufschluß über den Innovationsprozeß. Einige technische Innovationen sind nur auf der Grundlage der Kombination einer kumulierten technischen endogenen Wissensbasis und einer komplexen exogenen Grundlagenforschung möglich, während für andere Innovationen weniger kumuliertes Wissen und mehr öffentlich verfügbare Informationen nötig sind.

Die spezielle und unterschiedliche Ausgestaltung technologischer Regimes für verschiedene Unternehmen oder Sektoren hat eine hohe Erklärungskraft für das unterschiedliche Innovationsverhalten von Unternehmen und für unterschiedliche Muster der Innovationstätigkeit innerhalb von Sektoren. Ist ein technologisches Regime innerhalb eines Sektor z. B. charakterisiert durch vielfältige Innovationsmöglichkeiten, durch einen hohen Grad kumulierbaren Wissens und gute Aneignungsbedingungen, so ist eine Vielzahl von unternehmerischen Strategien möglich und sinnvoll. Einige Unternehmen mögen es attraktiv finden, die vielen Innovations-

---

sen zu einer Lock-in-Situation führen, wie es beispielsweise der Fall war beim Benzinmotor als Antriebskonzept für Autos, der nach seiner Durchsetzung in den 1920er Jahren (gegen den Dampfmotor) zur unangefochtenen Antriebstechnik avancierte. Weiterhin kann sich ein technisches Lock-in durch sogenannte „Netzwerkexternalitäten" ergeben, d. h. der Nutzen aus einer Technik wächst mit der Anzahl der Technikanwender. Dies ist z. B. der Fall bei Infrastrukturen für Telekommunikation, Energie und Verkehr. Für weitere anschauliche Beispiele für zunehmende Erträge und Lock-in-Effekte vgl. Waldrop 1993: S. 44-55 und Arthur 1989: S. 126-127.

150 Vgl. Dosi/Malerba/Orsenigo 1994: S. 215-216 und Nelson/Winter 1982: S. 258-259.

möglichkeiten auszunutzen und neue Techniken zu entwickeln und einzuführen, während andere Unternehmen ihr kumuliertes Wissen nutzen, um bestehende Techniken mittels inkrementaler Innovation zu perfektionieren. Weiterhin kann beispielsweise durch unterschiedliche Innovationsmöglichkeiten und -bedingungen in verschiedenen Sektoren eine asymmetrische sektorale Verteilung der volkswirtschaftlichen Innovationstätigkeit erklärt werden.[151] Aus der Mannigfaltigkeit möglicher technologischer Regimes lassen sich zudem diverse ökonomische Phänomene der Vielfalt erklären: verschiedenartige technologische Regimes lassen Raum für unterschiedliche Unternehmensstrategien und erhebliche technische Vorsprünge von Unternehmen aufgrund hohen kumulierten endogenen technischen Wissens erklären die langfristige Existenz von technologischen Lücken und unterschiedlichen Profitmargen.[152]

Es sind aber nicht nur die vier Kategorien des technologischen Regimes, die Innovationstätigkeit determinieren. Auch Marktsignale – wie relative Faktorpreise, Rohstoffverknappung und Nachfragebedingungen – können die Rate und die Richtung des technischen Wandels beeinflussen. Die Reaktion auf derartige Signalwirkungen ist jedoch zumeist nur in längerer Frist möglich, so daß sich solche Signale lediglich über eine Änderung der gegenwärtigen Forschungsausrichtung mit einiger Verzögerung auf den technischen Wandel auswirken. DOSI weist darauf hin, daß die Innovationsbedingungen innerhalb eines bestehenden technologischen Paradigmas häufig sehr begrenzt sind und daher eine flexible Reaktion auf Marktsignale nicht ohne weiteres möglich ist. Die Wirkung von Marktsignalen ist also einem längeren Zeithorizont zuzuordnen und betrifft daher hauptsächlich den außerordentlichen technischen Wandel der Zukunft.[153]

Die Durchsetzung bzw. Selektion einer neuen Technik oder eines neuen technologischen Paradigmas entscheidet sich schließlich im Wettbewerb am Markt (6). Alle Unternehmen sind permanent bemüht, ihre Wettbewerbsposition durch technischen Wandel zu verbessern, doch eine neue Technik kann nur erfolgreich sein, wenn sie einen wie auch immer gearteten Effizienzvorteil mit sich bringt und somit Vorteile am Markt sicherstellen kann, die dem betroffenen Unternehmen eine verbesserte Marktposition verschafft.[154] Als eine Art Vorselektion könnten zusätzlich diejenigen Faktoren genannt werden, die die Entstehung eines technologischen Paradigmas prägen. Zu nennen wären diesbezüglich die staatliche Forschungspolitik mit all ihren Vorgaben und die Interessen und Vorstellungen anwendungsorientierter Forschungsinstitute.[155]

Der ökonomische Selektionsprozeß ist ein Prozeß der Durchsetzung oder allgemeinen Verbreitung einer Technik und er vollzieht sich durch Lern- und Imitationsprozesse, die einen potentiell innovativen Charakter haben und damit zur Reifung einer Technik (inkrementale Innovation) beitragen können. Die Durchsetzung einer neuen Technik ist unweigerlich mit der

---

151 Vgl. Dosi/Malerba/Orsenigo 1994: S. 218-220. DOSI (1988) präsentiert eine taxonomische Einteilung der Wirtschaftssektoren nach der Art ihrer Innovationstätigkeiten in vier Gruppen. Er unterscheidet: 1. *angebotsdominierte Sektoren*, in denen technische Innovationen von außen in Form von Kapital hereingetragen werden (z. B. Landwirtschaft, Textilindustrie, Holzverarbeitung); 2. *spezialisierte Anbieter-Sektoren*, die technische Innovationen entwickeln und an Unternehmen weiterverkaufen (z. B. Werkzeug- und Maschinenbau); 3. *skalenintensive Sektoren* mit hochkomplexen Anlagen, die größtenteils selbst erstellt und weiterentwickelt werden (z. B. Metallverarbeitung, Transportausrüstung, Glas, Zement); und 4. *wissensbasierte Sektoren*, die sehr stark von wissenschaftlichen Entdeckungen profitieren und daher ausgeprägte Beziehungen zu universitären Einrichtungen unterhalten und über große eigene F&E-Labors verfügen (z. B. Elektronik, Chemie, Biotechnologie). Vgl. Dosi 1988: S. 1148-1149.

152 Vgl. Dosi 1988: S. 1156.

153 Vgl. Dosi 1988: S. 1140-1143.

154 Vgl. Nelson 1994: S. 236 und Dosi 1988: S. 1158, 1163.

155 Vgl. Dosi 1988: S. 1136-1137.

sukzessiven Zurückdrängung alter Techniken verbunden (7). Im neo-schumpeterianischen Ansatz gilt das Interesse besonders den Bestimmungsfaktoren für Art und Verlauf des technischen Durchsetzungsprozesses. Grundsätzlich ist empirisch gezeigt worden, daß Technologien einen Lebenszyklus aufweisen. Eine neue Technologie wird zu Anfang in Form vielfältiger Techniken innovativ von vielen Unternehmen umgesetzt, und in der Reifungsphase setzen sich schließlich einige Techniken durch und bilden dann das dominante Design.[156] In diesem Konkurrenzkampf der verschiedenen neuen Techniken muß sich nicht unbedingt die beste Technik durchsetzen. Wenn die konkurrierenden innovativen Techniken zunehmende Erträge aufweisen, kann eine „zufällige" frühzeitige Entwicklung und Anwendung einer minderwertigen Technik durchaus dazu führen, daß sie als dominante Technik „einrastet" (Lock-in-Effekt). Dies kann dann geschehen, wenn der anfängliche Vorteil der frühen Entwicklung zu einer so großen Verbreitung der Technik führt, daß sich der Vorteil ihrer Pfadabhängigkeit gegenüber den anderen Techniken selbst verstärkt und ihr Vorsprung uneinholbar wird.[157]

Der allgemeine Verlauf und die Geschwindigkeit der Durchsetzung einer neuen Technik sind von Fall zu Fall verschieden und hängen von den spezifischen Umständen und von dem jeweiligen technologischen Regime ab. Schon in dem einfachen Fall, daß eine Technik durch *einen* Innovator eingeführt und danach von anderen imitiert wird, kommen verschiedene Faktoren ins Spiel. Ist der Kostenvorteil der technischen Innovation gegenüber der alten Technik sehr hoch, so wird die Durchsetzung relativ schnell erfolgen, wobei sie jedoch gebremst wird durch den „Jahrgangseffekt", d. h. durch das Alter und die durchschnittliche Lebensdauer des bestehenden technischen Kapitalbestandes bei den imitierenden Unternehmen. Verschleißt das *bestehende* technische Kapital schnell und bringt es schnell Erträge, dann kann die Durchsetzung einer neuen Technik zügiger erfolgen als bei langlebigen technischen Kapitalgütern, die erst nach vielen Jahren Erträge einbringen.[158] Weiterhin kann die Verbreitung einer Technik vom Innovator durch diverse Schutzmaßnahmen gezügelt werden, um einen technischen Vorsprung zu sichern. Aber ein Innovator kann die Durchsetzung „seiner" Technik auch offensiv beschleunigen, indem er entweder freizügig Lizenzen verkauft oder aber seine Konkurrenten erfolgreich verdrängt und seinen Marktanteil – und damit die Anwendung der neuen Technik – erheblich erhöht.[159]

Komplizierter wird die Analyse der technischen Verbreitung für den üblicheren Fall der technischen Reifung in einem Prozeß inkrementaler Innovation, an dem viele Akteure und Unternehmen beteiligt sind. Es ist dann nicht mehr davon auszugehen, daß der größte Gewinn durch frühzeitige Innovationstätigkeiten erzielt wird. Ein Abwarten der anfänglichen technischen Reifungsphase und eine innovative Imitation nach der Herauskristallisierung des dominanten Designs mag kostengünstiger und gewinnträchtiger sein als das Einführen noch ungereifter Techniken. Der Durchsetzungsprozeß einer Technik wird in diesem Fall zusätzlich bestimmt durch verschiedenartige Innovationsstrategien.[160]

Die vorstehenden Ausführungen haben den evolutionären Charakter der Entwicklung von Institutionen, Unternehmen und Techniken anhand von sieben grundlegenden Merkmalen und Prinzipien der biologischen Evolution aufgezeigt. Es seien abschließend noch drei weitere analoge Evolutionseigenschaften anzuführen, die auf die hier besprochenen Ansätze zutreffen. *Erstens* ist jede Neuheit, die einen Entwicklungsprozeß vorantreibt, mit einer strengen Unsi-

156 Vgl. Nelson 1994: S. 236.

157 Vgl. für die formale Formulierung dieses Problems: Arthur 1989: S. 117-126.

158 Vgl. Silverberg 1990: S. 182 und Brouwer 1991: S. 57+62.

159 Vgl. Brouwer 1991: S. 73-75, 82.

160 Vgl. Silverberg 1990: S. 183-185.

cherheit verbunden, die eine Vorhersage unmöglich macht.[161] *Zweitens* ist der durch Neuheiten geprägte Prozeß historisch und irreversibel, da Neuheiten und die von ihnen ausgegangenen Impulse nicht rückgängig gemacht werden können.[162] *Drittens* besitzen die hier beschriebenen Ansätze ein explizit koevolutionäres Element, das schon dadurch deutlich wird, daß der Selektionsprozeß jeweils auf Imitation beruht, die eine Form von Interaktion voraussetzt.[163]

Nach all diesen Analogien sei abschließend noch darauf hinzuweisen, daß auch profunde Unterschiede zwischen biologischen und ökonomischen Entwicklungsprozessen bestehen, so daß eine allzu enge Anlehnung an die Evolutionstheorie eine ökonomische Analyse durchaus fehlleiten könnte. Ein wesentlicher Unterschied besteht in der Ursache des Veränderungsmechanismus. In der biologischen Evolution geschehen Mutationen zufällig als Fehler der Replikation, während die Neuheiten in ökonomischen und sozialen Prozessen zwar zufällig auftreten, aber auch als Resultat menschlicher zielgerichteter Aktivität zu sehen sind.[164] Grundsätzlich hat der Mensch als Akteur im Entwicklungsprozeß eine explizit aktive Rolle inne: er formt und verändert die Informationsstruktur (1), tradiert bewährte Verhaltensmuster (4), setzt Innovationen durch (5), gestaltet aktiv die Rahmenbedingungen sozialer und ökonomischer Institutionen (6) und imitiert neue erfolgreiche Regeln und Techniken. Somit ist ökonomische Evolution nicht von rein äußeren Kräften beherrscht, sondern wird maßgeblich von Menschen mitgestaltet.[165] Schließlich ist darauf zu verweisen, daß die Informationsstruktur in ökonomischen Prozessen nicht Teil der sich entwickelnden „Organismen“ ist, sondern außerhalb besteht und von vielen außenstehenden Akteuren sehr schnell repliziert und veränderbar ist. Dieser Aspekt erklärt den wohl gravierendsten Unterschied, der in der Entwicklungsgeschwindigkeit liegt: die gemächliche Evolution biologischer Arten vollzieht sich in Millionen von Jahren, während öko- nomisch-soziale Entwicklung vergleichsweise rasant vor sich geht und tiefgreifende Veränderungen innerhalb von Jahren und Dekaden beobachtbar sind.[166]

* * *

Nach dieser Veranschaulichung der entropischen und evolutionären Charakterzüge ökonomischer Entwicklung bleibt darauf hinzuweisen, daß es sich um zwei gegensätzliche Bewegungen handelt: Der entropische Charakter ökonomischer Prozesse bedeutet eine kontinuierliche Erschöpfung niedrig-entropischer Energie und Materie und damit eine Abnahme von Ordnung und Komplexität, während der evolutionäre Charakter ökonomischer Entwicklung eine kontinuierliche Komplexitätssteigerung in Form erhöhten menschlichen Wissens und verbesserter Information impliziert.

---

161 Vgl. u. a. Dosi 1988: S. 1133-1134, Silverberg 1990: S. 183, Boulding 1981: S. 44, Faber/Proops 1994: S. 55 und Schumpeter 1993: S. 347, 351.

162 Vgl. u. a. Dosi 1988: S. 1144 und Schumpeter 1993: S. 89.

163 Vgl. Nelson 1994: S. 239-240, Silverberg 1990: S. 184-186 und Dosi 1988: S. 1158-1159.

164 Vgl. Dosi 1988: S. 1163, Ramstad 1994: S. 104-105 und Faber/Proops 1994: S. 54.

165 Dieser Aspekt wird besonders von RAMSTAD betont: Der Markt ist keine äußere Kraft wie die Natur, sondern eine von Menschen geschaffene Institution von Regeln und Verhaltensnormen. Daher müsse von „künstlicher Selektion“ in ökonomischen Prozessen gesprochen werden und nicht von „natürlicher Selektion“. Vgl. Ramstad 1994: S. 95-108.

166 Vgl. Boulding 1981:S. 16, 25-26 und Faber/Proops 1994: S. 46, 53.

3.2.3 Das ökonomische System als begrenzte, dissipative Struktur

Die obigen Ausführungen zum evolutionären und entropischen Charakter ökonomischer Prozesse und ihre entgegengesetzten Bewegungsrichtungen führen zu einem ökonomischen Paradoxon, das dem in Kapitel 3.1 diskutierten naturwissenschaftlichen Paradoxon zwischen Entropiegesetz und Evolutionsprinzipien entspricht. In beiden Fällen stehen sich zwei gegensätzliche Prinzipien der Entwicklung entgegen, ein evolutionäres Prinzip zunehmender Komplexität und ein entropisches Prinzip abnehmender Komplexität oder Ordnung. Das ökonomische Paradoxon kann in gleicher Weise wie das naturwissenschaftliche Paradoxon als nur scheinbares Phänomen enthüllt werden, denn es handelt sich nicht um zwei unabhängige Entwicklungsprinzipien, die miteinander konfligieren, sondern es besteht eine eindeutige abhängige Beziehung zwischen evolutionären und entropischen Prozessen: Die evolutionäre Ausdifferenzierung von ökonomischen Produkten, Technologien, Sektoren und Institutionen ist das Resultat zunehmender (und sich selbst verstärkender) Informationsstrukturen durch menschliche Lernprozesse, deren materielle und energetische Umsetzung nur möglich ist, wenn ein ständiger Strom von niedrig-entropischer Energie und Materie als Throughput durch das ökonomische System fließt und dabei in den entropischen ökonomischen Prozessen dissipiert wird.[167] Die Ökonomie ist daher als ein offenes System zu begreifen und mit der Begrifflichkeit von PRIGOGINE ist sie eine *dissipative Struktur* fern eines thermodynamischen Gleichgewichts, ebenso wie ein biologischer Organismus oder ein Ökosystem.[168] Somit ist die Existenz des ökonomischen Systems und seine Entwicklung *nur* innerhalb einer Systemumgebung möglich, die einen beständigen Throughput niedrig-entropischer „Nahrung" bieten kann und hochentropische Reststoffe und Abwärme aufzunehmen vermag. Die materiellen und energetischen Austauschbeziehungen zwischen dem ökonomischen System und seiner Umwelt wird in Analogie zu biologischen Prozessen von einigen Autoren als „ökonomischer (oder industrieller) Metabolismus" bezeichnet.[169]

Angesichts dieser Überlegungen ist zu schlußfolgern, daß die langfristigen Existenzbedingungen des ökonomischen Systems nur korrekt analysiert werden können, wenn die systemaren Interdependenzen zwischen dem abhängigen ökonomischen Subsystem und dem es umgebenden natürlichen System in die Analyse einbezogen werden. Die übliche makroökonomische Betrachtungsweise der Neoklassik, die die Ökonomie als ein im physischen Sinne isoliertes System ohne Austauschbeziehungen mit der natürlichen Umwelt beschreibt, ist daher analytisch gesehen unzureichend.[170] Es besteht folglich die Notwendigkeit, den üblichen makroökonomischen Rahmen um die äußeren Bedingungen und Beziehungen des ökonomischen Systems zu seiner Umwelt zu erweitern. Diese Beziehungen der Ökonomie „nach außen" werden an dieser Stelle aus thermodynamischer *und* aus biologischer Perspektive diskutiert, um explizit darzulegen, welche ökonomische Bedeutung thermodynamische Größen wie Energie und Materie besitzen und welche besondere Rolle die lebendige Natur einnimmt. In Abbildung 3.3 ist der erweiterte makroökonomische Rahmen aus thermodynamischer Sicht graphisch dargestellt.

167 Vgl. Boulding 1981: S. 69-70.

168 Vgl. Binswanger 1994: S. 172, 178, Christensen 1991: S. 79-81 und Boulding 1971: S. 5/2-5/5.

169 Vgl. Ayres 1994: S. 3-5, Strassert 1996: S. 7-9 und Baccini/ Brunner 1991: S. 1-10.

170 HERMAN E. DALY vergleicht die Bemühungen der neoklassischen Makroökonomen mit dem Versuch eines Biologen, die Existenzbedingungen eines Tieres ohne Betrachtung seiner Umwelt aus der Analyse seines Blutkreislaufes zu bestimmen. Das Ergebnis wäre, daß das Tier als Perpetuum Mobile verstanden wird. Vgl. Daly 1991a: S. 33-34.

Abbildung 3.3: Das ökonomische Systems als Subsystem von Erde und Universum aus thermodynamischer Sicht

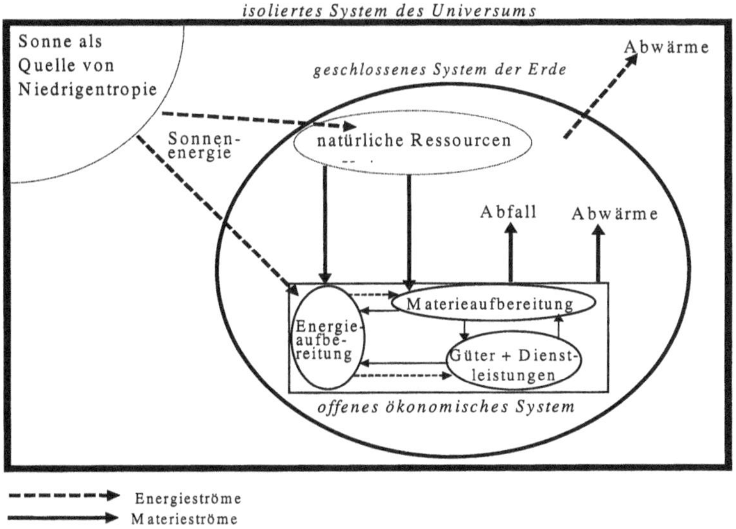

Die Abbildung zeigt das offene ökonomische System als unterste Einheit innerhalb einer thermodynamischen Systemhierarchie. Das Universum stellt die oberste Hierarchiestufe dar. Es ist ein isoliertes System, in dem die Sonne als geballter Bestand von niedriger Entropie existiert, der sich in einem Fusionsprozeß befindet und permanent Energie abstrahlt. Die Erde ist ein Subsystem des Universums, und sie ist thermodynamisch geschlossen, d. h. sie tauscht Energie, aber keine Materie mit dem Universum aus.[171] Das ökonomische System befindet sich auf der untersten Stufe der Systemhierarchie und es ist ein offenes Subsystem des geschlossenen irdischen Systems, d. h. es ist materiell und energetisch offen. Es erhält niedrigentropische Energie sowohl direkt von der Sonne als auch indirekt von begrenzt verfügbaren natürlichen Brennstoffen aus dem irdischen System, während Materie ausschließlich aus dem begrenzten irdischen Ressourcenbestand bezogen werden kann. Außerdem gibt das ökonomische System hochentropische Energie und Materie als Abwärme und materielle Reststoffe (Abfall) an das irdische System ab, wovon ein Teil der Abwärme ins Universum weitergeleitet wird, während der Abfall im irdischen System verbleibt.[172]

Diese thermodynamischen Zusammenhänge zeigen, daß die Ökonomie als dissipative Struktur auf zwei thermodynamische Funktionen der Natur angewiesen ist. ***Erstens*** ist die *„Ressourcenbereitstellungsfunktion"* oder kurz *„Ressourcenfunktion"* zu nennen, d. h. die

---

171 Wie bereits erwähnt, existieren materielle Austauschbeziehungen zwischen Erde und Universum, die aber vernachläßigbar sind. Vgl. Fußnote 69 in Kapitel 3.1.3.

172 Vgl. Georgescu-Roegen 1977: S. 308-309, Boulding 1971: S. 5/3-5/5, Goodland 1991: S. 5-8, Messner.F. 1993b: S. 43-45 und Vornholz 1995: S. 96-98.

Natur dient als Quelle des niedrig-entropischen Inputs, der im ökonomischen Prozeß selbst nicht hergestellt werden kann. Diese Funktion läßt sich weiter unterteilen in „Materie-“ und „Energiebereitstellung“.[173] ***Zweitens*** ist die *„Senkenfunktion“* für hohe Entropieformen anzuführen, d. h., die natürliche Umwelt stellt Raum zur Verfügung, um die unvermeidlichen Abwärme- und Reststoffströme aufzunehmen.[174] Die Erfüllung dieser beiden Funktionen ist eine notwendige konstitutive Bedingung für die Existenz jeder dissipativen Struktur, sei es eine Volkswirtschaft oder eine Amöbe.

Diese Gedanken zu den grundlegenden thermodynamischen Funktionen der Natur für das ökonomische System sind wesentlich, doch sie verdeutlichen nicht, inwieweit die lebendige Natur in ihrem ökosystemaren Kontext an der Erfüllung dieser beiden thermodynamischen Funktionen beteiligt ist. Weiterhin werden die biologischen Funktionen der Natur durch eine rein thermodynamische Betrachtungsweise ausgeblendet. Es ergibt sich daraus die Notwendigkeit einer Betrachtung der biologischen und ökologischen Funktionen, die die Natur für das ökonomische System erfüllt.

Aus ökologischer Perspektive sind insbesondere drei Funktionen zu nennen, die die Natur direkt und indirekt zum Wohle der Menschen und ihrer Wirtschaftssysteme ausführt: die Lebensraums-, die Produktions- und die Regelungsfunktion.[175] Nur durch Erfüllung dieser drei Funktionen ist fortdauerndes Leben und langfristiges Wirtschaften überhaupt erst möglich, und daher werden diese Funktionen des öfteren als *Lebenserhaltungsfunktionen* bezeichnet.[176]

Die *natürliche Lebensraumfunktion* umfaßt die natürliche Bereitstellung von Fläche und Raum mit für Lebewesen geeigneten Bedingungen hinsichtlich Temperatur, Wetterbedingungen, Nahrungsverfügbarkeit etc..[177] Die Lebensraumfunktion ist eine essentielle Meta-Ressource, ohne die Leben nicht möglich wäre. Daher wird sie hier als ***dritte*** grundlegende Naturfunktion für das ökonomische System angeführt.

Die natürliche *Produktionsfunktion* wird insbesondere von den autotrophen Grünpflanzen (Produzenten) erfüllt. Nur diese Organismen sind in der Lage, die Sonneneinstrahlung zur Produktion von Biomasse zu nutzen, die lebensnotwendig für die Ernährung und das Überleben aller heterotrophen Organismen ist – die Menschen eingeschlossen. Als weitere Produktionsfunktion wird bisweilen auch die Bereitstellung von nicht-erneuerbaren Ressourcen durch die Natur genannt.[178] Die natürliche Produktionsfunktion ist somit identisch mit der oben angeführten Ressourcenfunktion und sie wird daher nicht als separate ökonomische Funktion genannt. Nachfolgend wird die Funktion der Herstellung nachwachsender Biomasse als *Produktionsfunktion im engeren Sinne* (i.e.S.) bezeichnet.

Die *Regelungsfunktion* beinhaltet die Steuerung sämtlicher stofflicher und energetischer Ströme und Vorgänge innerhalb der Natur. Sie kann als wesentliche natürliche Funktion be-

---

173 Einige Autoren nehmen noch weitergehende Funktionsunterteilungen vor, indem sie die verschiedenen qualitativen Dienstleistungen betrachten, die eine Ressource zu erbringen vermag, wie z. B. die Funktion des Wassers zum Trinken, Baden, Kühlen usw.. Aus dieser Sicht wird dann von einer Verschlechterung der Umweltsituation bzw. der Ressourcenverfügbarkeit gesprochen, wenn Funktionsverluste auftreten. Vgl. z. B. Hueting 1980: S. 96-97.

174 Vgl. Georgescu-Roegen 1977: S. 308, Goodland 1991: S. 5-8, Pearce/Turner 1990: S. 36-39, Jöst 1994: S. 14, Faber/Niemes/Stephan 1995: S. 14-15 und Vornholz 1995: S. 97-98. Für eine Erweiterung des traditionellen Input-Output-Schemas um diese beiden grundlegenden Umweltfunktionen vgl. Strassert 1996.

175 Vgl. Beese 1997: S. 17-20, RSU 1994: S. 73-74 und Haber/Salzwedel 1992: S. 80-84.

176 Vgl. Costanza 1991a: S. 333, Daly 1991d: S. 9, Pearce/Turner 1990: S. 41 und Rees/Wackernagel 1992: S. 5.

177 Vgl. Beese 1997: S. 17-18 und Haber/Salzwedel 1992: S. 82-84.

178 Vgl. Haber/Salzwedel 1992: S. 81-82, Beese 1997: S. 18 und Kapitel 3.1.2.

trachtet werden, da sie das komplexe und interdependente Zusammenwirken der Biosphäre mit den drei natürlichen Systemen Atmosphäre, Hydrosphäre und Lithosphäre – die auch als Umweltmedien Luft, Wasser und Boden bezeichnet werden – ermöglicht und dadurch am Funktionieren aller Naturfunktionen maßgeblichen Anteil hat.[179]

Die stofflichen und energetischen Interdependenzen innerhalb der Natur sind in vereinfachter Form in Abbildung 3.4 dargestellt. Die kariert gekennzeichnete Biosphäre steht im Mittelpunkt. Ebenso wie jedes individuelle Lebewesen ist sie ein offenes System, und ihre Existenz ist nur möglich, wenn sie Leben spendende Inputs oder Nährstoffe von außen erhält und Reststoffe nach außen abgeben kann. Die lebenswichtigen energetischen Inputs empfängt die Biosphäre von der Sonne und die stofflichen Inputs erhält sie von den drei anderen, ebenfalls offenen natürlichen Systemen. Luft zum Atmen liefert die irdische *Atmosphäre*, Leben spendendes Wasser liefert die *Hydrosphäre* und fruchtbaren Boden als Grundlage für Pflanzenwachstum und Ernährung aller lebenden Geschöpfe liefert die *Lithosphäre*.

Abbildung 3.4: Stoffliche und energetische Interdependenzen der natürlichen Umweltsysteme

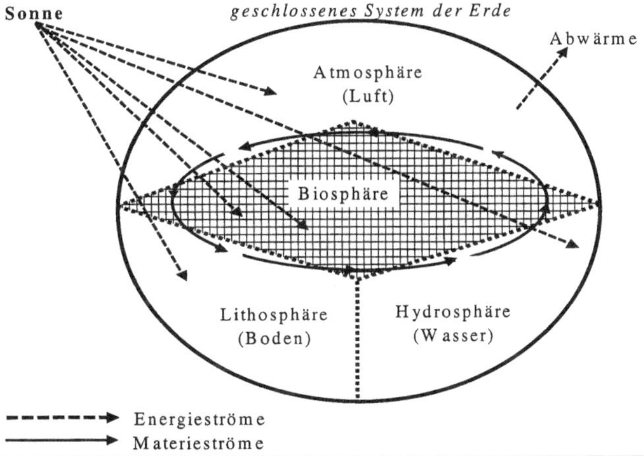

Doch die Biosphäre erhält nicht nur Leben spendende Energie und Materie von außen, sondern sie trägt auch dazu bei, daß die lebenswichtigen Inputs nicht erschöpfen. Angetrieben durch die Sonneneinstrahlung, die produktiv im Prozeß der Photosynthese umgesetzt wird, ermöglicht sie durch ein komplexes Zusammenspiel der vielfältigsten Arten, daß die begrenzt vorhandenen lebenserhaltenden Nährstoffe und das Wasser im Kreislauf durch die natürlichen Systeme geführt werden und gewährleistet durch diese interdependenten Prozesse der Regulierung von Energie- und Materieströmen die Regeneration und den Fortbestand irdischen Lebens.[180] In dieser Weise kann die natürliche Regelungsfunktion als regulierende Basis der Lebensraumfunktion betrachtet werden.

179 Vgl. Beese 1997: S. 18-19, RSU 1994: S. 102 und Haber/Salzwedel 1992: S. 80-81.

180 Die in der Abbildung 3.4 dargestellten kreislaufförmigen Materieströme sind sehr vereinfachend dargestellt. Sie sollen andeuten, daß alle Systeme der Erde miteinander verbunden sind und Materie im Kreislauf geführt wird. In der Realität sind die Materie- und Energieströme wesentlich komplexer, denn alle vier natürlichen

Die Regelungsfunktion der Natur läßt sich als Zusammenfassung vielfältiger Teilfunktionen verstehen, die in grober Weise in *zwei Kategorien* aufgeteilt werden können.[181] Einerseits ist die *Kategorie der physikalisch-mechanischen Teilfunktionen* zu nennen. Sie beinhaltet z. B. Teilfunktionen wie den Transport von Stoffen durch die natürlichen Systeme, die Reinigung des Wassers durch Versickerung im Boden, die Befestigung von fruchtbarem Boden und die Speicherung von Wasser durch die Wurzeln der Pflanzen, die Filterung der lebensbedrohlichen UV-Strahlung durch die Ozonschicht und die Regulierung von Temperatur und Klima. Die letztgenannte Teilfunktion ist ein Grundbaustein der thermodynamischen Senkenfunktion der Natur, da durch Temperaturausgleich, Wärmeabsorption und Wärmeabstrahlung in den Weltraum hohe Entropie entsorgt wird.

Andererseits ist die *Kategorie der biologisch-chemischen Regelungsfunktionen* zu nennen, die sich dadurch auszeichnen, daß es sich um natürliche Prozeßabläufe handelt, in denen Stoffe umgewandelt werden. Diesbezüglich kann unterschieden werden zwischen Assimilation und Absorption. Unter Assimilation ist der biologische Prozeß zu verstehen, in dem Stoffe von Organismen aufgenommen und produktiv für Ernährung und Wachstum eingesetzt werden. Als Beispiele können die Photosynthese (Umwandlung von CO_2 in Sauerstoff) und der Mineralisationsprozeß (Umwandlung toter organischer Materie in Nährstoffe und Bodenhumus) genannt werden.[182] Bei der Absorption handelt es sich hingegen um chemische Abläufe in den Umweltmedien, wobei Stoffe chemisch miteinander reagieren und die entstehenden neuen Verbindungen zum Bestandteil des Mediums werden. Im Boden können z. B. diverse Stoffe durch chemische Reaktion fixiert, d. h. fest an Humusteile angebunden werden.[183] Diese beiden Regelungsfunktionen können als stofflicher Baustein der natürlichen Senkenfunktion interpretiert werden, da sie sozusagen die Aufnahme und Entsorgung hochentropischer Materie übernehmen.

Neben der Erfüllung der Senkenfunktion und der langfristigen Sicherung der Lebensraumfunktion sind die natürlichen Regelungskräfte schließlich auch für die Gewährleistung der natürlichen Produktionsfunktion i. e. S. zuständig. So ist z. B. die natürliche Assimilation nicht nur ein Prozeß der Entsorgung, sondern vielmehr ein Recyclingprozeß von Materie, der gleichzeitig nutzbare Ressourcen wie Nährstoffe, sauberes Wasser, Bodenhumus und Sauerstoff liefert. Auch andere Teilfunktionen tragen zur Bereitstellung von nachwachsenden Ressourcen bei, da die verschiedenen Regulierungsprozesse der Stoff- und Energieversorgung Grundlage für die natürliche Produktionsfunktion i. e. S. und ihre beständige Regeneration sind. Auch das ökosystemare Zusammenwirken der Arten trägt zur Erfüllung der Produktionsfunktion i. e. S. bei, indem z. B. Insekten die Bestäubung von Pflanzen übernehmen, Pflanzenbewuchs den Verlust von Boden durch Erosion minimiert und ein übermäßiges Auftreten von „Schädlingen" durch ökologische Gleichgewichtsprozesse verhindert wird. Schließlich werden durch chemische und physikalische Regelungsprozesse Meta-Ressourcen bereitgestellt, wie z. B. Klimazonen, die die Temperatur in einer für Lebewesen erträglichen Schwankungsbreite halten, während die Ozonschicht vor überhöhter UV-Strahlung schützt.

Somit ist festzuhalten, daß die Regelungsfunktion der Natur eine Vielzahl von ökonomischen Dienstleistungen erbringt und maßgeblich an der Erfüllung der Ressourcen-, Senken-

Systeme sind jeweils mit allen anderen Systemen verbunden und auch innerhalb der einzelnen Systeme finden energetische und materielle Wechsel- und Austauschbezeihungen statt. Vgl. Husar 1994: S. 27-29 und Heinrich/Hergt 1990: S. 13-31.

181 Vgl. Haber/Salzwedel 1992: S. 80-81.

182 Vgl. Heinrich/Hergt 1990: S. 41.

183 Vgl. Haber/Salzwedel 1992: S. 81.

und Lebensraumfunktion beteiligt ist.[184] Da sich diese natürlichen Dienstleistungen nicht aus einzelnen Ressourcen*beständen* ergeben, sondern aus komplexen und interdependenten *Prozessen* zwischen natürlichen Ressourcen, sind die funktionalen Prozesse innerhalb der Biosphäre in Wechselwirkung mit den Umweltmedien auch als *„Prozeßressourcen"* bezeichnet worden.[185]

Als letzte und ***vierte*** ökonomische Funktion, die sich nicht aus thermodynamischer oder biologischer, sondern aus rein ökonomischer Sicht ergibt, sei schließlich die „ästhetische oder direkte Wohlfahrtsfunktion" der Natur genannt. Gemeint ist damit der direkte ästhetische oder sonstige wohlfahrtswirksame Nutzen, der der reinen Existenz der Natur mit ihren schönen Landschaften, Wäldern und Seen geschuldet ist.[186]

Da die Natur mit diesen vier ökonomischen Funktionen ähnlich wie die Kapitalgüter einer Ökonomie als ein dauerhafter Bestand betrachtet werden kann, der stetig grundlegende ökonomische Dienstleistungen liefert und damit maßgeblich zum Reichtum und zum Einkommen einer Volkswirtschaft beiträgt,[187] wird die Natur mit ihren ökonomischen Dienstleistungen von vielen ökologischen Ökonomen mit dem Begriff *„Naturkapital"* belegt, während das herkömmliche Kapital in Form von produzierten Produktionsmitteln als *„menschengemachtes Kapital"* bezeichnet wird.[188] Obwohl die Natur diverse Kapitaleigenschaften nicht besitzt – sie ist z. B. nicht von Menschen produziert und ist auch nicht vollkommen kontrollierbar[189] – so wird ihr hauptsächlich deswegen der Kapitalcharakter zugeschrieben, um auf den Dienstleistungsstrom, den sie erbringt, explizit hinzuweisen und damit auf die ökonomischen Konsequenzen der Naturzerstörung aufmerksam zu machen. Während es jedem Ökonomen klar ist, daß der Verschleiß von menschengemachtem Kapital ausgeglichen werden muß, damit der zukünftige Einkommensstrom nicht versiegt, so ist diese Einsicht hinsichtlich des Naturkapitals noch längst nicht allgemein verbreitet. Es besteht eine deutliche Asymmetrie in der Wahrnehmung der Funktionen von menschengemachtem Kapital und Naturkapital, die insbesondere in der Volkswirtschaftlichen Gesamtrechnung deutlich zutage tritt, wo die Zerstörung von Naturkapital noch heute einkommens*erhöhend* angerechnet wird.[190] Ökologische Ökonomen weisen darauf hin, daß ein *„nachhaltiges Einkommen"* – d. h. ein dauerhaft gesicherter Einkommensstrom im Sinne des Einkommenkonzeptes von HICKS – nicht gesichert werden kann, wenn Naturressourcen verkonsumiert werden, ohne daß für ihre Regeneration gesorgt ist. Die Höhe des nachhaltigen Einkommensanteils läßt sich grob ermitteln aus dem Nettosozialprodukt (BSP abzüglich Abschreibungen) abzüglich Verschleiß bzw. Instandhaltungskosten des Naturkapitals.[191]

---

184 Vgl. Costanza 1991a: S. 333, Daly 1991d: S. 9 und Ehrlich 1989: S. 10.

185 Vgl. Rees/Wackernagel 1992: S. 5.

186 Vgl. Pearce/Turner 1990: S. 40, Vornholz 1995: S. 99 und Faber/Niemes/Stephan 1995: S. 14.

187 In der traditionellen ökonomischen Theorie wird *Kapital* üblicherweise definiert als *ein Bestand von produzierten Produktionsmitteln, der in einem kontrollierten Produktionsprozeß Faktorleistungen erbringt.* Vgl. z. B. Stobbe 1984: S. 5 und Woll 1978: S. 35.

188 Vgl. z. B. Daly/Cobb 1989: S. 72, Harrison 1989: S. 19-20, Pearce/Markandya/Barbier 1989: S. 3, Pearce/Turner 1990: S. 48, Daly 1991d: S. 249-250, El Serafy 1991: S. 168-170, Costanza/Daly/ Bartholomew 1991: S. 8, Victor 1991: S. 191-192, Tacconi/Bennett 1995: S. 212-214, Vornholz 1995: S. 100-103 und Harte 1995: S. 158-160. Im folgenden wird der Begriff „menschengemachtes Kapital" aus Vereinfachungsgründen gelegentlich ledig mit „Kapital" bezeichnet.

189 Vgl. Victor 1991: S. 210-211.

190 Vgl. zur Vernachlässigung der Natur in der Volkswirtschaftlichen Gesamtrechnung: El Serafy/Lutz 1989, El Serafy 1989, Harrison 1989, Leipert 1989: S. 44-86, Van Dieren (Hg.) 1995: S. 197-272.

191 Vgl. Daly 1989: S. 8-9.

Ein wesentliches Merkmal der Natur und ihrer ökonomischen Funktionen besteht darin, daß alle Naturprozesse und Ressourcen durch die natürlichen Regelungsfunktionen in einer interdependenten Beziehung zueinander stehen. Verschiedene Arten oder Funktionen des Naturkapitals können daher *nicht* als unabhängige und homogene Produktionsfaktoren betrachtet werden, denn jede Nutzung der Natur hat Auswirkungen auf eine Vielzahl natürlicher Funktionen.[192] Die ökonomische Inanspruchnahme einer Naturfunktion kann daher eine Leistungsbeeinträchtigung anderer Funktionen nach sich ziehen. Die komplette Abholzung eines Waldes zur Nutzung seiner Ressourcenfunktion vernichtet z. B. seine Funktion der CO_2-Assimilation, seinen regulierenden Beitrag als Wasserspeicher, seine Funktionen als Klimaregulierer und Bodenrecycler und auch seine ästhetischen Nutzungsmöglichkeiten. In der Neoklassik werden solche Phänomene „externe Effekte" genannt. Ökologische Ökonomen sprechen auch von *„Rückkopplungseffekten"*. Sie verdeutlichen damit, daß ökonomische Eingriffe in geschlossene natürliche Wirkungszusammenhänge notwendigerweise ökologische Reaktionen nach sich ziehen.[193] Dieser Tatbestand kann anhand von Abbildung 3.5 verdeutlicht werden.

Abbildung 3.5: Thermodynamische Wechselbeziehungen zwischen Ökonomie und den natürlichen Systemen

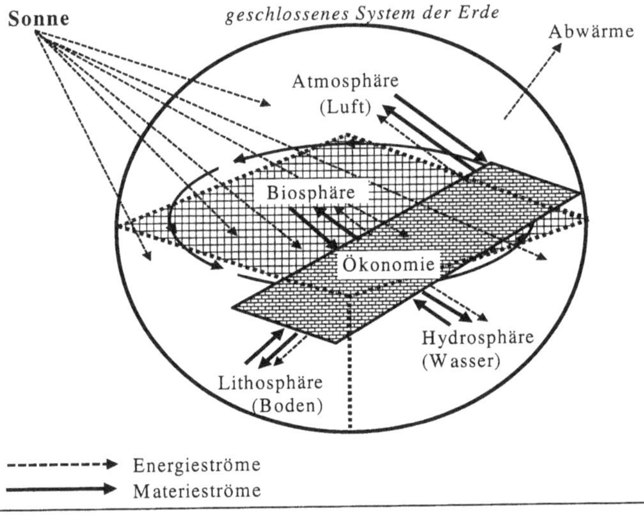

Das ökonomische Systeme ist ein offenes System innerhalb der Natur, das in stofflicher und energetischer Wechselwirkung mit allen vier natürlichen Systemen steht. Da die natürlichen Systeme durch die Regelungsfunktionen in einer komplexen Ursache-Wirkungs-Verkettung zueinander stehen, muß ein permanenter ökonomischer Eingriff zwangsläufig ökologische Auswirkungen mit sich bringen.

192 HUETING spricht daher von der *Konkurrenz der Naturfunktionen*. Vgl. Hueting 1980: S. 98-99.

193 Von Rückkopplungseffekten wird immer dann gesprochen, wenn sich Wirkungen aufgrund von Ursache-Wirkungs-Verkettungen einstellen. Vgl. Meadows et al. 1993: S. 144-147 und Clark/Perez-Trejo/Allen 1995: S. 22.

Angesichts der komplexen Vernetzung der natürlichen Systeme ist es jedoch äußerst unsicher, welche Rückkopplungseffekte sich einstellen, und ob sie für die Menschen harmlos oder bedrohlich sind. Bekannt ist lediglich, daß die Wahrscheinlichkeit einer negativen Rückkopplung mit der Eingriffstiefe in ökologische Zusammenhänge und mit dem Niveau der entropischen Aktivität einer Ökonomie steigt.[194] Zusätzlich ist auch eine Zeitverzögerung bei den ökologischen Auswirkungen zu erwarten, da nach einem Eingriff zuerst eine Vielzahl von verschiedenartigen ökologischen und chemischen Prozessen abläuft, bevor sich wahrnehmbare Veränderungen einstellen. Somit sind ökologische Rückkopplungseffekte dadurch charakterisiert, daß zwischen einem ökonomischen Natureingriff und der ökologischen Rückkopplung eine „Zeitdistanz" existiert, die teilweise sehr groß sein.[195]

Die Betrachtung der Ökonomie als vollständig abhängiges Subsystem der Natur führt letztlich zu der Erkenntnis, daß ökonomischer Expansion aufgrund der begrenzten Leistungsfähigkeiten der natürlichen Funktionen Grenzen gesetzt sind. Ökologische Ökonomen weisen besonders darauf hin, daß die Produktions- bzw. die Ressourcenfunktion der Natur sowie die Senkenfunktion natürliche Wachstumsgrenzen darstellen.

Die **ökonomische Begrenzung durch die natürliche Produktionsfunktion i. e. S.** wird darauf zurückgeführt, daß einerseits die nutzbare irdische Ackerfläche zum Anbau von erneuerbaren Ressourcen begrenzt ist und andererseits die landwirtschaftlichen Erträge mit der Intensivierung der Ackerlandnutzung abnehmen. Damit ergibt sich eine absolute Obergrenze für die Produktion von Nahrungsmitteln und für die Anzahl der Menschen, die auf der Erde ernährt werden können. Ein unendliches Wachstum der Bevölkerung wird daher als unmöglich bezeichnet.[196]

Weiterhin wird die allgemeine **ökonomische Begrenzung durch die natürliche Ressourcenfunktion** damit erklärt, daß niedrig-entropische Energie und Materie grundsätzlich nur begrenzt verfügbar sind. Es wird darauf hingewiesen, daß die Verfügbarkeit über die natürlichen Strom-Produktionsfaktoren mit niedriger Entropie eine grundlegende Voraussetzung für die Existenz einer Ökonomie darstellt. Diese natürlichen Produktionsfaktoren haben eine komplementäre Funktion zu den Fund-Produktionsfaktoren inne und sind daher nicht vollständig durch menschengemachtes Kapital oder Arbeit substituierbar. Die begrenzte Verfügbarkeit von natürlichen und besonders von den nicht-erneuerbaren Ressourcen stellt daher eine absolute niedrig-entropische Grenze für ökonomische Aktivität in langer Zeitfrist dar, denn einerseits kann nicht *mehr* niedrig-entropische Materie ökonomisch eingesetzt werden als auf der Erde vorhanden ist, und andererseits ist der irdische Zustrom von solarer Energie einer zeitlichen Schranke unterworfen.[197] Als Konsequenz dieser Umstände ist ein unbegrenztes ökonomisches Wachstum nicht möglich.[198]

---

194 Vgl. Perrings 1987: S. 157.

195 Vgl. ebd.: S. 111. Als Beispiel für eine große Zeitdistanz sei die Wirkung des FCKW auf die Ozonschicht genannt. Bevor das FCKW ozonschichtzerstörend wirken kann, benötigt es für den Weg in die entsprechende Atmosphärenschicht ein ganzes Jahrzehnt. Vgl. Grießhammer et al. 1989: S. 20. Vgl. dazu auch die Ausführungen in Kapitel 3.3.4.

196 Auf diese Wachstumsgrenze wies THOMAS R. MALTHUS bereits im 18. Jahrhundert hin. Vgl. Meißner (Hg.) 1985: S. 212-214. Vgl. auch Daly/Cobb 1989: S. 236-239 und Meadows et al. 1993: S. 150-152.

197 Vgl. Georgescu-Roegen 1971a: S. 278-304, Georgescu-Roegen 1976: S. 15-19, Daly 1979: S. 74, Daly 1987: S. 325, Boulding 1981: S. 69-70, Boulding 1991: S. 26 und ausführlicher in Kapitel 3.3.

198 Auf diese Wachstumsgrenze wurde in sehr öffentlichkeitswirksamer Weise durch den Club-of-Rome-Bericht „Grenzen des Wachstums" aufmerksam gemacht. Mittels eines Weltmodells wurde gezeigt, daß ein exponentielles wirtschaftliches Wachstum notwendigerweise mit der Erschöpfung von Ressourcen in einem Kollaps enden muß. Vgl. Meadows et. al 1972.

Schließlich wird in jüngerer Zeit die **ökonomische Begrenzung durch die natürliche Senkenfunktion** als neue und sehr restriktive Grenze des Wachstum genannt. Diesbezüglich wird darauf verwiesen, daß die Fähigkeit der Natur zur Assimilation und Absorption von stofflichem Abfall nicht unbegrenzt möglich ist, ohne die Lebensbedingungen der Menschen zu untergraben. Die Überfrachtung der natürlichen Stoffkreisläufe mit hochentropischen Materie-Reststoffen aus ökonomischen Prozessen ist mit vielfältigen Auswirkungen auf die natürlichen Regelungsfunktionen verbunden, so daß dadurch sämtliche Naturfunktionen beeinträchtigt werden können. Im Extremfall besteht die Gefahr von ökologischen Rückkopplungseffekten in Form von globalen Klimaverschiebungen, Ozonschichtausdünnungen sowie Arten- und Waldsterben, wodurch letztlich gar die Überlebensfähigkeit der Menschheit in Frage gestellt werden kann. Verschiedene Autoren interpretieren die globalen ökologischen Krisen in der Weise, daß die Grenzen ökonomischer Expansion bereits überschritten sind, und daß sich das Naturkapital immer deutlicher als limitierender Faktor offenbare.[199]

Unter Berücksichtigung dieser drei natürlichen Begrenzungen ergibt sich aus makroökonomischer Sicht, daß auch die Menschheit und ihre Ökonomie – ebenso wie alle anderen Arten in einem beliebigen Ökosystem – innerhalb des irdischen Systems eine „Carrying Capacity" besitzt. Im Gegensatz zur Carrying Capacity anderer biologischer Arten läßt sich diejenige der Menschen aber nicht in Form einer Bevölkerungsobergrenze ausdrücken. Die *Carrying Capacity der Menschen* ist ökonomisch interpretiert worden als *maximale Rate des niedrigentropischen Throughputs, der langfristig aufrechterhalten werden kann, ohne die funktionale Integrität der natürlichen Systeme zu schädigen.*[200] Die nachstehende Gleichung (39) verdeutlicht, warum die Carrying Capacity in dieser Throughput-Interpretation nicht als reine Bevölkerungszahl ausgedrückt werden kann.

$$\frac{\text{Throughput}}{\text{Jahr}} = \underbrace{\text{Bevölkerungszahl}}_{\text{Bevölkerung}} \bullet \underbrace{\left(\frac{\text{Güterbedarf p.a.}}{\text{Kopf}} \bullet \frac{\text{Niedrigentropie}}{\text{Gütermenge}}\right)}_{\text{Wohlstandsfaktor}} \bullet \underbrace{\frac{\text{Throughput}}{\text{Niedrigentropie}}}_{\text{Technikfaktor}} \qquad (39)$$

Der gesamt Throughput der Menschen pro Jahr ergibt sich aus der Anzahl der Bevölkerung multipliziert mit dem Wohlstands- und dem Technikfaktor. Der Wohlstandsfaktor drückt den Verbrauch von niedrig-entropischer Energie und Materie pro Kopf aus, der sich aus der durchschnittlich nachgefragten Gütermenge ableitet, während der Technikfaktor darstellt, wieviel Throughput in Form von Rohstoffen, Abwärme und Abfallstoffen bei der Produktion einer Einheit niedrig-entropischer Energie oder Materie anfällt.[201] Wenn die menschliche bzw. ökonomische *Carrying Capacity* ausdrückt, wieviel Throughput bzw. Umweltbelastung jährlich durch die Menschen *maximal* langfristig möglich ist, ohne die natürliche Lebensgrundlage zu schädigen, dann ist diese maximale *nachhaltige Throughputgröße* sowohl realisierbar mit einer großen Bevölkerung mit minimalem Verbrauch an niedriger Entropie als auch mit einer geringen Bevölkerung mit hohem Bedarf an niedriger Entropie. Die durch die Erde langfristig tragbare Bevölkerung kann also entweder durch verringerten physischen Wohlstand pro Kopf oder durch erhöhte technische Effizienz gesteigert werden.

---

199 Vgl. Goodland 1991: S. 7-12, Daly 1991c: S.18-22 und Meadows et al. 1993: Kapitel 3 und 5.

200 Vgl. Rees/Wackernagel 1992: S. 8, Hardin 1991: S. 54-55, Daly 1991a: S. 42-44, Daly/Cobb 1989: S. 136 und Arrow et al. 1995: S. 93. Vgl. zum ursprünglich biologischen Begriff der *Carrying Capacity* die Ausführungen in Kapitel 3.1.2.

201 Vgl. für eine ausführlichere Diskussion dieser Gleichung: Meadows et al. 1993: S. 130-135.

Damit resultiert letztlich aus der analytischen Betrachtung der Ökonomie als offenes Untersystem des irdischen Systems die Frage nach einem nachhaltigen Niveau des ökonomischen Throughput. HERMAN E. DALY, der für das „Throughputniveau" den neuen Begriff des „*Scale*" geprägt hat, betont, daß es unwahrscheinlich ist, daß die Carrying Capacity als maximal mögliches nachhaltiges Throughputniveau gleichzeitig auch das *optimale Niveau* für einen „nachhaltigen Scale" darstellt, da anzunehmen ist, daß an der äußersten Grenze der Naturbelastung durch den Menschen der ökonomische Nutzen einer unterlassenen Naturnutzung höher ist als der Wohlfahrtsgewinn einer weiteren Naturnutzung.[202] Nach DALY ergibt sich aus der Frage nach der Bestimmung eines optimalen nachhaltigen Scale für globale ökonomische Aktivitäten eine neue makroökonomische Aufgabe, die sich mit dem systemaren Größenverhältnis zwischen Ökonomie und Natur befaßt. Ebenso wie es in der neoklassischen Mikroökonomik eine optimale Größe eines Unternehmens gibt, so existiert für die Makroökonomie als Ganzes ein nachhaltiger Scale und die Carrying Capacity als maximale Obergrenze steckt den throughputbezogenen Rahmen ab, den die globale Ökonomie als Untersystem der Natur einnehmen kann, ohne die Existenz und die Bedürfnisbefriedigung zukünftiger Generationen zu gefährden. Die Frage nach der Carrying Capacity und dem „optimalen nachhaltigen Scale" begründet damit einen neuen Theoriezweig einer „makroökonomischen Umweltökonomik" und tritt als neue und unabhängige Zielgröße neben die traditionellen Makroziele der „optimalen Allokation" und der „optimalen Distribution".[203]

3.2.4 Strategien zum Umgang mit absoluten Grenzen und Risiko

Nachdem eine naturwissenschaftlich fundierte ökonomische Sichtweise absolute Grenzen für die Expansion ökonomischer Systeme aufgezeigt hat, stellt sich nun die Frage, wie ökologische Ökonomen mit diesem theoretischen Sachverhalt umgehen. Wie wird das Konzept des „nachhaltigen Scale" inhaltlich gefüllt und welche allgemeinen strategischen Optionen können letztlich für ein nachhaltiges Wirtschaften abgeleitet werden?

3.2.4.1 Das Konzept der physisch stationären Ökonomie von DALY

Bereits seit den 1970er Jahren propagiert HERMAN E. DALY, inspiriert von den Arbeiten GEORGESCU-ROEGENs und JOHN STUART MILLs, das Konzept einer „physisch stationären Ökonomie" (steady state economy) als grundlegende Strategie für makroökonomisches Handeln innerhalb absoluter natürlicher Grenzen.[204] DALY plädiert eindrücklich dafür, der Ökonomie physische Grenzen zu setzen, um eine Überschreitung natürlicher Grenzen, die sich in einem ökonomischen Prozeß stetiger physischer Expansion zwangsläufig irgendwann ergeben muß,

---

202 Vgl. Daly 1991a: S. 41 und Daly 1992a: S. 186-187.

203 Den Unterschied zwischen den Makrozielgrößen „optimale Allokation" und „nachhaltiger Scale" veranschaulicht DALY anhand eines Beispiels: Bei der Beladung eines Schiffes ergeben sich zwei Zielgrößen. Einerseits muß das Gewicht optimal verteilt werden, damit das Schiff ohne Schlagseite fährt. Diese Aufgabe der optimalen Gewichtsverteilung entspricht der makroökonomischen Frage nach der optimalen Allokation. Andererseits gibt es eine Obergrenze hinsichtlich der maximalen Last, die ein Schiff sicher tragen kann, ohne unterzugehen. Diese Grenze ist durch die sogenannte Eichlinie am Schiffsrumpf kenntlich gemacht und sie reflektiert die Obergrenze des Scale bzw. die ökonomische Carrying Capacity. Es ist offensichtlich, daß es sich um zwei unterschiedliche Probleme auf verschiedenen hierarchischen Ebenen handelt. Wenn ein Schiff übermäßig beladen wird, dann verhindert auch eine gute Gewichtsverteilung nicht mehr, daß es untergeht. Es geht dann allerdings unter optimalen Gewichtsverteilungsbedingungen unter. Vgl. Daly 1991a und 1992a.

204 Vgl. z. B. Daly 1971, 1974, 1977a+b, 1979, 1987 und 1991d. Für eine kurze Darstellung des Konzepts einer stationären Ökonomie im Sinne von JOHN STUART MILL vgl. Heijman 1992: S. 171-173.

frühzeitig zu verhindern. Letztlich ist eine physische Begrenzung der Ökonomie in der langen Frist eine Notwendigkeit und ebenso wie reife Ökosysteme, die im Klimaxstadium ihrer Sukzession einen Zustand physischer Biomassekonstanz erreichen, wird die globale Ökonomie in langer Frist schon aufgrund der absoluten materiellen und räumlichen Begrenztheit der Erde an physische Grenzen stoßen und spätestens dann *gezwungen* sein, sich auf einen physisch stationären Zustand einzulassen.[205] Eine physisch stationäre Ökonomie ist nach DALY charakterisiert durch eine konstante Bevölkerung und einen konstanten Bestand an physischem Reichtum in Form von Konsumgütern und Produktionsmitteln, der einen *zufriedenstellenden* Lebensstandard ermöglicht, und der durch ein möglichst *minimales* Throughputniveau von niedrigentropischer Energie und Materie (Scale) aufrechterhalten wird.[206]

Die Abbildung 3.5 aus dem Kapitel 3.2.3 mag als graphische Veranschaulichung geeignet sein: Die Fläche der Ökonomie steht für die Bevölkerung und ihren physischen Reichtum, und sie zeigt eine bestimmte Naturbelastung an, die in der physisch stationären Ökonomie konstant gehalten wird, während der Throughput, also die entropische Stoffwechselbeziehung zwischen Natur und Ökonomie, minimiert wird. Auf diese Weise wird den im vorigen Kapitel dargestellten absoluten natürlichen Begrenztheiten Rechnung getragen. Den begrenzten Möglichkeiten der natürlichen Produktionsfunktion hinsichtlich der Nahrungsmittelherstellung wird durch eine konstante Bevölkerung begegnet, während die Grenzen der Ressourcen- und Senkenfunktionen durch ein minimales Throughputniveau berücksichtigt werden.

DALY betont, daß das „wahre" Einkommen einer Nation in einer Zeitperiode nicht eine monetäre Größe ist oder ein Strom von konsumierbaren materiellen Gütern, sondern ein psychisches Phänomen, das sich aus der Befriedigung von Bedürfnissen ergibt („psychisches Einkommen"). Da Bedürfnisbefriedigung das Resultat von Dienstleistungen ist, die durch Menschen, physische Reichtumsbestände und durch die Natur erbracht werden, ist die relevante ökonomische Stromgröße, die es zu maximieren gilt, der immaterielle Strom von Dienstleistungen. Folglich sind die Bestände von Bevölkerung, physischem Reichtum und Natur dann optimal, wenn sie zusammen den maximal möglichen Strom von psychischen Dienstleistungen erbringen. In diesem Zusammenhang ist der Throughputstrom als Kostengröße zu begreifen, da er nicht umsonst zu haben ist, sondern mit Opportunitätskosten in Form geopferter oder verringerter Naturleistungen verbunden ist. Angesichts eines immer knapper werdenden Naturkapitals und steigenden Grenzkosten der Naturzerstörung ergibt sich daher aus ökonomischer Logik, daß mit der natürlichen physischen Lebensgrundlage ökonomischer zu haushalten ist und (psychische) Einkommenssteigerungen nicht auf Kosten einer erhöhter Ressourcenbelastung zu erreichen sind, sondern als Resultat einer verbesserten Ressourcenproduktivität entstehen sollten.[207]

Den ökonomischen Prozeß innerhalb einer physisch stationären Ökonomie mit konstanter Bevölkerung, in der durch technischen und organisatorischen Wandel zunehmende (psy-

---

205 Vgl. Daly 1971: S. 6/5 und Perrings 1987: S. 143.

206 Vgl. Daly 1971: S. 6/4, Daly 1974: S. 15, Daly 1977a: S. 263-263, Daly 1977b: S. 107 oder Daly 1991d: S. 17. Es ist an dieser Stelle explizit zu betonen, daß sich der stationäre Zustand („steady state") hier auf die *physischen* Größen der Ökonomie bezieht (Kapital, Ressourcen, Menschen), während nicht-physische Größen (Technologie, Präferenzen) als variabel angesehen werden. Dieser Umstand ist wesentlich, weil in der neoklassischen Wachstumstheorie von *steady state growth (stetigem Wachstum)* gesprochen wird, wobei in jenem Fall die *nicht-physischen Größen* Technologie und Präferenzen als konstant gesetzt sind und die Anpassungsmöglichkeiten der physischen Faktoren Kapital und Ressourcen untersucht werden. Diese genau entgegengesetzte Nutzung des Begriffs „steady state" im englischen Sprachraum kann zu erheblichen Begriffsverwirrungen führen. Vgl. Daly 1971: S. 6/5.

207 Vgl. Daly 1977a: S. 264, Daly 1979: S. 79-82 und Daly 1991d: S. 31-35.

chische) Dienstleistungen aus einer quantitativ gleichbleibenden Ausstattung von Gütern und Produktionsmitteln gewonnen werden, bezeichnet DALY als „Entwicklung". Dementgegen kennzeichnet er die physische Ausweitung einer Ökonomie in Form physisch wachsender Reichtumsbestände und ansteigender Throughputströme als „Wachstum".[208] Anhand der folgenden Identitätsgleichung (40) läßt sich der Unterschied zwischen Entwicklung und Wachstum darstellen.[209]

$$(40) \quad \text{Dienstleistung} \equiv \frac{\text{Dienstleistung}}{\text{Bestand}} \bullet \frac{\text{Bestand}}{\text{Throughput}} \bullet \text{Throughput}$$

In einer sich entwickelnden physisch stationären Ökonomie können die Dienstleistungen (als Grundlage für „psychisches Einkommen") durch gesteigerte Ressourcenproduktivität vermehrt werden. Einerseits können die Dienstleistungen pro Bestandseinheit zunehmen (Bestand steht hier für Bevölkerung und physischen Reichtum), und andererseits kann die Menge des Bestandes erhöht werden, die von *einer* Throughputeinheit in einer Zeitperiode aufrechterhalten werden kann, d. h. der Throughput zur Kompensation für üblichen Verschleiß wird gesenkt oder die Lebensdauer der Güter oder Menschen nimmt zu. Die absolute Höhe des Throughputstroms bleibt indes auf einem möglichst geringen Niveau und wirkt neutral auf das Einkommen.

In einer Wachstumsökonomie werden hingegen die physischen Größen Throughput und Bestand zur Erhöhung der Dienstleistungen vermehrt, während die beiden Effizienz-Quotienten der Gleichung (40), die die Ressourcenproduktivität ausdrücken, unverändert bleiben.[210] Angesichts dieser gravierenden Unterschiede hinsichtlich der Veränderung der physischen Größen und ihrer Implikationen hinsichtlich absoluter physischer Grenzen bezeichnet DALY die Konzepte „Entwicklung" und „Wachstum" als miteinander unvereinbar und den Begriff „nachhaltiges Wachstum" als Widerspruch in sich.[211]

Probleme bei der Umsetzung einer physisch stationären Ökonomie bestehen darin, daß eine „optimale" Bevölkerungsgröße und ein „optimaler" physischer Reichtumsbestand einerseits keine statischen Größen sind, während ihre Determinierung andererseits von diversen anderen Maßzahlen und ethischen Entscheidungen abhängt. Anhand der Gleichung (39) aus dem Kapitel 3.2.3 ist ersichtlich, daß selbst bei vorhandener Information über ein optimales Throughputniveau sowohl eine optimale Bevölkerungsgröße als auch ein optimaler Reichtumsbestand immer nur in Abhängigkeit von der Lösung der ethischen Frage nach dem angemessenen durchschnittlichen physischen Lebensstandard der Bevölkerung (Wohlstandsfaktor) und von der Klärung der technischen Frage nach der Entwicklung der technischen Effizienz (Technikfaktor) determinierbar sind. DALY bemerkt diesbezüglich, daß Optimalität zwar

---

208 Vgl. Daly 1977a: S. 266, Daly 1979: S. 83, Daly 1987: S. 323, Daly 1990b: S. 45 und Daly 1991d: S. 37.

209 Identitätsgleichung in Anlehnung an Daly 1974: S. 15, Daly 1979: S. 80 und Daly 1991d: S. 36.

210 Vgl. Daly 1991d: S. 37-38.

211 Vgl. dazu insbesondere Daly 1990b. Die begriffliche Unterscheidung von Wachstum und Entwicklung anhand *physischer Eigenschaften* hat zu vielen Mißverständnissen geführt, da häufig Wachstum mit der Zunahme des BSP gleichgesetzt wird. DALY nennt das BSP einen groben Index für Throughput, doch ist das BSP-Konzept nach DALY mit den hier entwickelten Begrifflichkeiten als Addition von Throughput-, Dienstleistungs- und Bestandsgrößen zu verstehen (vgl. Daly 1977a: S. 266). Somit ist aber durchaus ein zeitlich begrenztes BSP-Wachstum vorstellbar, das auf einem steigenden Dienstleistungsanteil und konstanten Bestands- und Throughputanteilen beruht, und das damit mit dem Entwicklungsbegriff von DALY vereinbar ist. Nachfolgend wird der Begriff Wachstum in der obigen physischen Definition benutzt, während das Wachstum des BSP explizit als BSP-Wachstum bezeichnet wird. Eine ausführlichere Diskussion des Wachstumsproblems findet sich in Kapitel 3.3.

wichtig sei, aber nicht so wesentlich wie Nachhaltigkeit, womit er die langfristige Überlebensfähigkeit der Ökonomie meint. Daher sei es angesichts der vielfältigen Zeichen, daß diverse natürliche Grenzen bereits überschritten wurden, vorrangig, den physischen Wachstumspfad der Ökonomie erst einmal zu stoppen und die Bevölkerungszahl sowie den physischen Reichtumsbestand auf dem bestehenden Niveau zu stabilisieren und erst danach Maßnahmen einzuleiten, um in sukzessiven Schritten ein optimaleres Niveau zu finden.[212]

Zur Stabilisierung der Bevölkerungsgröße schlägt DALY vor, durch direkte Regulierung mittels Geburtslizenzen die Geburtenzahlen einer Periode den Sterbezahlen anzupassen.[213] Die Stabilisierung des physischen Reichtums soll indirekt durch eine Regulierung des Throughputniveaus erreicht werden. DALY plädiert diesbezüglich für eine staatliche Festsetzung einer Ressourcenmenge, die pro Zeiteinheit verbraucht werden darf, und für eine entsprechende Lizenzvergabe für Ressourcenausbeutung. Die Regulierung des Throughputniveaus auf der Inputseite hat den Vorteil, daß sie dort besser praktiziert werden kann, während gleichzeitig eine Kontrolle des Ressourcenverbrauchs aufgrund des Masseerhaltungssatzes indirekt eine Verringerung der Verschmutzung impliziert. Gleichzeitig bedeutet die Festlegung einer konstanten Throughputmenge, daß damit der physischen Ausdehnung des materiellen Reichtumbestandes klare Grenzen gesetzt sind.[214]

Angesichts dieser Ausführungen wird deutlich, daß DALYs wesentliches Ziel darin besteht, die physische Expansion der Ökonomie zu stoppen und eine funktionsfähige physisch stationäre Ökonomie aufzubauen, um die ökologischen Risiken des Wachstums zu beseitigen. Nach einer vollzogenen Stabilisierung soll dann in einem sukzessiven Politikprozeß versucht werden, sich einem optimaleren Zustand der Ökonomie durch stetige Verringerung des Throughputs anzunähern. Da in diesem Konzept die Regulierung des physischen Reichtumsbestandes institutionell indirekt über den Throughputstrom vollzogen wird, verschiebt sich die anfängliche Problemstellung von der Frage nach einer *optimaler Bevölkerungsgröße* und *optimalem Reichtumsbestand* zu der oben schon angesprochenen Problematik eines *optimalen nachhaltigen Throughputniveaus* bzw. *Scale*.

Aus diesen Ausführungen ergibt sich die Frage, welche Möglichkeiten bestehen, die ökonomische Carrying Capacity und den bestehenden Scale konkret zu messen, denn eine Umsetzung des Konzepts der physisch stationären Ökonomie erfordert zumindest, daß diese beiden wesentlichen Größen faßbar sind, und daß angemessene Indikatoren existieren, die eine Beurteilung des Status quo ermöglichen und mittels derer ein Fort- oder Rückschritt festgestellt werden kann.

Als groben Indikator für Scale schlägt DALY die *menschliche Aneignungsrate der globalen jährlichen Biomasseproduktion durch Photosynthese* vor.[215] Die globale Nettoprimärproduktion (NPP) als Produkt der Photosynthese ist die *einzige* Nahrungsquelle für alle Lebewesen, die nicht zur Photosynthese fähig sind. Unter der Annahme, daß in sehr langer Zeitfrist alle ver-

---

212 Vgl. Daly 1974: S. 16, Daly 1979: S. 6/6-6/7 und Daly 1991d: S. 52. Als weiteres wichtiges Element einer physisch stationären Ökonomie, auf das hier nicht weiter eingegangen wird, verweist DALY auf die Notwendigkeit einer angemessenen Politik der Einkommensumverteilung. So fordert er diesbezüglich u. a. die Einführung von Unter- und Obergrenzen für individuelle Geldeinkommen. Vgl. dazu Daly 1977b: S. 115-118 und Daly 1991d: S. 53-56.

213 Das Politikinstrument der Geburtslizenzen zur Stabilisierung der Bevölkerungsgröße wird in dieser Arbeit nicht weiter diskutiert. Vgl. dazu: Daly 1971: S. 6/10-6/12, Daly 1977b: S. 118-121, Daly 1991d: S. 56-61 und Daly/Cobb 1989: S. 242-246.

214 Vgl. Daly 1979: S. 85-88 und Daly 1991d: S. 61-70. Das Instrument der Lizenzvergabe für Ressourcen zur Regulierung des Throughputniveaus wird ausführlicher in Kapitel 3.3.3.4 vorgestellt.

215 Vgl. Daly 1991a: S. 37.

fügbaren nicht-erneuerbaren Ressourcen erschöpft sein werden, verkörpert die verfügbare NPP für die Menschen nicht nur eine nahrungsbezogene, sondern zugleich eine allgemein materialbezogene Obergrenze. Aus der Perspektive der Ressourcenfunktion der Natur stellt die NPP für die lange Zeitfrist die Carrying Capacity für eine dauerhafte menschliche Ressourcennutzung dar. Eine Maßzahl, die die menschliche Aneignung der globalen NPP anzeigt, ist daher als grober Indikator für den Scale verwendbar, da sie ausdrückt, inwieweit die Menschheit die erneuerbare Ressourcenbasis bereits als Input nutzt. VITOUSEK UND ANDERE berechneten in einer Studie von 1986, in welchem Umfang die globale Ökonomie die NPP bereits angeeignet hat. Sie unterscheiden drei Arten menschlicher NPP-Aneignung: *erstens*, direkte Aneignung für Ernährung und Biomasse-Material; *zweitens*, indirekte Aneignung durch Biomasseverluste bei der agrarischen Produktion; und *drittens*, direkte Reduzierung von NPP durch unproduktive Landnutzung, Desertifizierung und menschliche Besiedlung. Ihr Ergebnis lautet, daß die menschliche Ökonomie zwar nur 3% der globalen (d. h. der aquatischen und terrestrischen) Nettoprimärproduktion *direkt* in Form von Nahrung und Biomassematerial pro Jahr nutzt, daß aber insgesamt unter Berücksichtigung aller Formen der NPP-Aneignung jährlich 25% des globalen *potentiellen* NPP angeeignet werden, während diese Zahl bezogen auf die terrestrischen Ökosysteme als hauptsächliche Quelle der menschlichen NPP-Aneignung sogar 40% beträgt.[216] Mit Verweis auf diese Studie betont DALY, daß der Scale der globalen Ökonomie bereits sehr groß ist und einer weiteren physischen Expansion klare Grenzen gesetzt sind.[217]

Ein anderes Konzept, das sich als Indikator für Scale anbieten würde, da es sowohl die Assimilation als auch die Nutzung nicht-erneuerbarer Ressourcen einbezieht, wurde von REES und WACKERNAGEL (1992) entwickelt. Es beruht auf der Grundidee, daß die *unbedenkliche* Dissipation eines Throughputniveaus eine ökologisch produktive Ökosystem*fläche* erfordert, um sowohl Ressourcen-, Produktions- und Senkenfunktion der Natur zu gewährleisten. Die Fläche, die eine Ökonomie benötigt, um ihr Throughputniveau zu realisieren *ohne die natürlichen Grenzen der Assimilationsfunktion zu überschreiten*, nennen die Autoren *„ökologischen Fußabdruck“* (ecological footprint). Bei empirischen Untersuchungen unterschieden die Autoren sechs Arten der Landnutzung: Getreideland, Weideland, produktive Waldflächen, Gemüse- und Obstflächen, konsumiertes Land (Besiedlung, Deponien, Desertifikation etc.) und Energieland.[218]

Am Beispiel des Energielandes läßt sich die Methode recht gut veranschaulichen. Der ökologische Fußabdruck, der sich aus der Verbrennung von fossilen Brennstoffen ergibt, wird entweder ermittelt als Waldfläche, die notwendig ist, um die CO_2-Emissionen aus der Verbrennung zu assimilieren, oder alternativ, als Anbaufläche von erneuerbaren Biobrennstoffen, die notwendig wäre, um eine Menge von erneuerbaren Rohstoffen mit gleicher Brennleistung landwirtschaftlich zu erzeugen. Mit dieser Methode läßt sich ermitteln, ob das derzeitige globale Throughputniveau mit vorhandener Technik unbedenklich innerhalb der natürlichen Grenzen der irdischen Ökosystemflächen realisierbar wäre. REES und WACKERNAGEL (1992) ermittelten den *ökologischen Fußabdruck* für die Region des Vancouver-Valley, einer recht dicht besiedelten Region in Kanada, für den Verbrauch von Lebensmitteln, Holz und Energie und kamen zu dem Ergebnis, daß die Region 22 mal mehr ökologische Fläche beansprucht als sie selber zur Verfügung hat. Für das Throughputniveau der Niederlande kamen sie in einer

216 *Potentielle NPP* ist die absolute Obergrenze der Biomasseproduktion, die möglich wäre, wenn alle irdischen Flächen optimal für Photosyntheseproduktion genutzt würden. In der zitierten Studie liegt die potentielle NPP um etwa 8% höher als die aktuelle NPP. Vgl. Vitousek et al. 1986.

217 Vgl. Daly 1991a: S. 37-38 und Daly/Cobb 1989: S. 143-144.

218 Vgl. Rees/Wackernagel 1992: S. 20.

Schätzung auf einen Flächenbedarf, der um den Faktor 14 über der niederländischen Fläche liegt. Schon anhand dieser sehr konservativen Abschätzung des ökologischen Fußabdrucks wird deutlich, daß eine globale und unbedenkliche Verallgemeinerung des derzeitigen Throughputniveaus der Industrieländer unter heutigen Bedingungen die irdische Flächenverfügbarkeit überschreiten würde und mehrere Planeten vom Typ Erde erforderte.[219]

3.2.4.2 Die Managementregeln für Nachhaltigkeit

Nach der Darstellung dieser groben Indikatoren für Scale und Carrying Capacity ergibt sich als anschließende Frage, ob operationalisierbare Kriterien bestimmbar sind, die als ökonomische Richtlinien für ein nachhaltiges Wirtschaften innerhalb der Grenzen der Carrying Capacity dienen können. Unter der Grundannahme (Axiom), daß angesichts der derzeit sichtbaren ökologischen Rückkopplungseffekte eine weitere Degradierung der Natur und ihrer Funktionen sowohl die Lebensqualität als auch die Überlebensfähigkeit zukünftiger Generationen bedrohen kann, vertreten viele ökologische Ökonomen das ethische Grundprinzip, daß die Natur und ihre Funktionen nicht in schlechterem Zustand an nachfolgende Generationen weitergegeben werden darf, d. h., daß das Naturkapital intertemporal konstant, oder besser gesagt, intakt zu halten ist.[220] Dieses ethische Postulat läßt sich auch durch Anwendung der RAWLSschen Entscheidungsmethode ableiten. Die Person hinter dem „Schleier des Nichtwissens" hat unter der Prämisse, daß eine weitere Reduzierung des Naturkapitals die Existenz menschlicher Generationen möglicherweise unmöglich macht, zu entscheiden, wieviel Naturbestand an nachfolgende Generationen weiterzugeben ist. Zur Verhinderung der Situation, in eine für Menschen unbewohnbare Welt hineingeboren zu werden und damit nie zu existieren, ist die rationale risikoscheue Entscheidung diejenige für einen Erhalt des bestehenden Naturkapitalstocks, denn nur so wird die schlechtmöglichste Situation ausgeschaltet (*Maximin-Kriterium*).[221]

Basierend auf diesem normativen Postulat sind die *Managementregeln für eine nachhaltige Wirtschaftsweise* abgeleitet worden, die *notwendige Mindestbedingungen* für eine nachhaltige Naturnutzung – also für einen Naturerhalt – darstellen, und die als konstitutiv für die Bestimmung eines nachhaltigen Scales zu betrachten sind. Die Regeln beziehen sich auf die Ressourcen-, die Produktions- und die Senkenfunktion der Natur.

Erste Managementregel: *Die Nutzungsrate von erneuerbaren Naturressourcen darf die Rate ihrer natürlichen Regeneration nicht überschreiten.*

Zweite Managementregel: *Die ökonomischen Abfallströme in die Natur dürfen die natürlichen Fähigkeiten zur Absorption und Assimilation nicht überschreiten.*

Die erste Regel impliziert, daß nie mehr organisches Material aus der Natur entnommen wird als natürlich nachwächst, wodurch gesichert wird, daß der Bestand an zur Photosynthese fähigen Pflanzen mindestens konstant gehalten wird. Auf diese Weise bleibt das Potential zur Photosyntheseleistung in Form der globalen Nettoprimärproduktion dauerhaft erhalten. Die

---

219 Vgl. Rees/Wackernagel 1992: S. 9-10 und S. 24.

220 Vgl. z. B. Daly 1990a: S. 4, Daly 1995: S. 153, Pearce/Turner 1990: S.44, Costanza 1991b: S. 76 und Busch-Lüty 1992: S. 9-10. Mit Bezug auf die Ausführungen zur physisch stationären Ökonomie sei an dieser Stelle darauf hingewiesen, daß das ethische Postulat eines konstant zu haltenden Naturkapitalbestandes im Grunde nichts anderes ist, als die Kehrseite des physischen Reichtums- und Bevölkerungsbestandes einer Ökonomie. Mit Verweis auf Abbildung 3.5 ist nun nicht die physische Fläche der Ökonomie konstant zu halten, sondern die Fläche der sie umgebenden Natur.

221 Vgl. Vornholz 1995: S. 90-92 und Tisdell 1990: S. 197.

zweite Regel postuliert eine Nichtüberschreitung der natürlichen Grenzen zur Assimilation bzw. Absorption von Stoffen. Das bedeutet, daß Reststoffe und hochentropischer Abfall nur in einem Maße in die Natur eingebracht werden dürfen, daß die Funktions- und Regulationsfähigkeiten der ökologischen Systeme nicht beeinträchtigt werden. Neben dem dauerhaften Erhalt der Leistungsfähigkeit der natürlichen Senkenfunktion sichert die zweite Regel weiterhin, daß auch die Regeneration der erneuerbaren Ressourcen und damit die natürliche Produktionsfunktion i. e. S. nicht durch den Eintrag und das Vorhandensein übermäßiger Fremdstoffe in die Natur beeinträchtigt wird.[222]

Problematisch ist das Postulat des konstant zu haltenden Naturkapitalstocks hinsichtlich der nicht-erneuerbaren Ressourcen, denn angesichts des Entropiegesetzes bewirkt jegliche Nutzung von nicht-erneuerbaren Ressourcen eine Bestandsreduzierung, so daß eine strenge Interpretation des Postulats eine Nichtnutzung von nicht-erneuerbaren Ressourcen verlangen würde. Daher wurde als Kriterium entwickelt, daß *nicht der Bestand* von nicht-erneuerbaren Ressourcen konstant zu halten ist, sondern daß der *Dienstleistungsstrom* der Ressourcenfunktion der nicht-erneuerbaren Ressourcen dauerhaft zu erhalten ist. Dieses strombezogene Konzept, das als *Kriterium für „Quasi-Nachhaltigkeit"* bezeichnet wird, läßt eine Nutzung von nicht-erneuerbaren Ressourcen zu, erfordert aber eine angemessene Kompensation für die Bestandsreduzierung. Die Frage, welche Kompensationsformen angemessen sind, wird von verschiedenen Autoren aufgrund unterschiedlicher Grundannahmen anders beantwortet und daher benötigt die Formulierung einer Managementregel für die Nutzung von nicht-erneuerbaren Ressourcen eine detailliertere Diskussion. Diese wird in Kapitel 3.3.2 erfolgen. An dieser Stelle wird daher lediglich eine vorläufige dritte Managementregel für eine (quasi-)nachhaltige Nutzung von nicht-erneuerbaren Ressourcen genannt:

Vorläufige dritte Managementregel: *Nicht-erneuerbare Ressourcen sind in einer Weise zu nutzen, daß ihr ökonomisches Potential erhalten bleibt, indem ihre Nutzung durch Bereitstellung zusätzlicher kompensierender Leistungen ausgeglichen wird.*[223]

Diese drei Managementregeln für (Quasi-)Nachhaltigkeit sind als grundlegende Mindestbedingungen für eine nachhaltige Naturnutzung zu interpretieren. Mit ihrer Hilfe kann ein grober Rahmen für die ökonomische Carrying Capacity und für ein entsprechendes nachhaltiges Throughputniveau abgesteckt werden.

Es ist jedoch zu betonen, daß diese Regeln einer Konkretisierung bedürfen, da sie in mancherlei Hinsicht noch sehr unpräzise sind. So ist beispielsweise hinsichtlich der ersten Nutzungsregel für erneuerbare Ressourcen angemerkt worden, daß sie eine wesentliche Tatsache nicht berücksichtigt: Eine dauerhafte Entnahme der nachwachsenden Nettoprimärproduktion durch den Menschen entzieht dem betroffenen Ökosystem Nährstoffe, so daß es langfristig verarmt und die Ertragsmenge in der Zeit sinkt. Die erste Regel ist daher nur dann gültig, wenn diese Entnahme durch zusätzliche *externe* Nährstoffe in Form von Dünger dauerhaft ausgeglichen wird.[224] Somit ist es mehr als fraglich, ob diese vielzitierte Regel in dieser Form in letzter Konsequenz tatsächlich sinnvoll ist.[225]

Hinsichtlich der zweiten Managementregel ist anzumerken, daß unterstellt wird, daß die

---

222 Vgl. Daly 1990a: S. 2, Pearce/Turner 1990: S. 44, Costanza 1991b: S. 76, Minsch 1993: S. 34-35, RSU 1994: S. 84, EK-SMU 1994: S. 45-52, Nutzinger/Radke 1995b: S. 251, Vornholz 1995: S. 104.

223 Vgl. Daly 1990a: S. 4, Costanza 1991b: S. 76 Nutzinger/Radke 1995b: S. 251f. und Kapitel 3.3.2.

224 Vgl. Christensen 1991: S. 84-85.

225 Diese Problemstellung wird ausführlich in Kapitel 4.2.1.1 erörtert werden.

Grenzen der Assimilation und der Absorption exakt determinierbar sind. Gleichzeitig wurde jedoch festgestellt, daß die Rückkopplungseffekte von Stoffeinträgen nicht vorhersagbar sind, da das Wissen über natürliche Zusammenhänge angesichts der Komplexität im Zusammenspiel der Prozeßressourcen und in Anbetracht der Vielfalt der gegenwärtig existierenden Stoffe unvollkommen ist. Daher ist davon auszugehen, daß der Eintrag von Stoffen in die Natur stets mit einem mehr oder minder großen Risiko verbunden ist, daß natürliche Funktionen gestört oder in ihrer Leistungsfähigkeit vermindert werden. Viele der heutigen Umweltkrisen entstanden aufgrund des Nichtwissens über die Schädlichkeit oder die Belastungsgrenzen hinsichtlich verschiedener Stoffe.[226] Ein ganz wesentlicher Aspekt zur Konkretisierung der Managementregeln ist daher die Formulierung einer zusätzlichen Regel für den Umgang mit Risiko.

Folglich ergibt sich die Notwendigkeit, die Frage des Risikos im Umgang mit natürlichen Systemen näher zu betrachten. Nachfolgend wird ein Konzept vorgestellt, auf das sich viele ökologische Ökonomen beziehen.

3.2.4.3 Das Konzept des Mindest-Sicherheitsstandards und die vierte Managementregel für Nachhaltigkeit

Das theoretische Konzept des „Mindest-Sicherheitsstandards“ (Safe Minimum Standard) hat seine Wurzeln in der Spieltheorie und ist von CIRIACY-WANTRUP (1952) und BISHOP (1978, 1993) unter Bezugnahme auf das Problem des Artensterbens entwickelt worden. Dieses Konzept führt hin zu einer Strategie, die im wesentlich darauf hinausläuft, daß in einer Situation, in der die zukünftigen Kosten einer ökonomischen Aktivität vollkommen unsicher sind, aber potentiell sehr hoch sein können, eine alternative Sicherheitsstrategie zu formulieren und zu verfolgen ist, die die potentiell hohen zukünftigen Kosten vermeidet, sofern nicht inakzeptabel hohe gegenwärtige Kosten gegen eine solche Lösung sprechen. Eine solche Strategie impliziert für die Festlegung von Nachhaltigkeitsregeln unter Unsicherheit, daß Oberwerte für Emissionen und Natureinwirkungen mit einer Sicherheitsmarge festzulegen sind, da dadurch die Wahrscheinlichkeit erhöht wird, daß die formulierten Regeln tatsächlich Nachhaltigkeitszielen dienen.[227]

Die ökonomische Fundierung dieser Strategie basiert auf der Spieltheorie und dem spieltheoretischen *Minimax-Prinzip*, das besagt, daß unter Unsicherheit Strategien vorzuziehen sind, die maximale Verluste minimieren. BISHOP zeigt die Strategie am Beispiel eines Projektes, das die Errichtung eines Wasserkraftwerkes in der letzten Habitatregion einer bedrohten Art vorsieht. Als Strategien existieren einerseits die Durchführung des Projektes mit dem irreversiblen Resultat des Aussterbens der Art und andererseits eine Alternativstrategie zur Errichtung eines Kraftwerkes in einer ökologisch weniger bedenklichen Region bei gleichzeitiger Einrichtung eines Naturschutzgebietes für die bedrohte Art. Diese Entscheidungssituation läßt sich als Strategiespiel Mensch gegen Natur betrachten und die Kosten bzw. Verluste der möglichen Entscheidungen sind in einer Spieltheorie-Matrix darstellbar (vgl. Tabelle 3.2).

Wird die erste Strategie gewählt, dann ergeben sich keine Kosten für den Fall, daß die Art ökologisch keine Funktion erfüllt und auch als zukünftige Ressource wertlos ist. Sehr hohe Kosten (y) entstehen hingegen, wenn die Art sich als lebenswichtige oder wertvolle Ressource der Zukunft erweist. Hinsichtlich der Alternativstrategie ergeben sich für den Fall, daß die Art wertlos ist, Kosten (x) in Höhe der Naturschutzkosten plus der höheren Stromerzeugungskosten im alternativen Kraftwerk. Stellt sich die Art als wertvoll heraus, so entstehen die eben

226 Eine ausführlichere Diskussion dieser Frage ist in Kapitel 4.2.1.2 zu finden.

227 Vgl. Bishop 1978: S. 10 und Bishop 1993: S. 69, 72.

skizzierten Kosten (*x*) abzüglich der Gewinne aus der Nutzung der Art, so daß auch negative Kosten, also ein Gewinn, das Resultat sein kann. In der letzten Spalte sind nun die jeweils maximalen Verluste der beiden Strategien aufgeführt: bei einer Entscheidung für das ökonomische Projekt können potentiell maximale Kosten *y* aufgrund der Vernichtung einer wertvollen Art entstehen und bei der Entscheidung für den Artenschutz besteht die Gefahr, daß maximale Kosten in Höhe der Mehrkosten der Stromerzeugung plus Naturschutzkosten (*x*) anfallen. Das Prinzip der Minimierung der maximalen Verluste impliziert nun, daß diejenige Strategie mit den geringeren maximalen Kosten zu wählen ist. Die Alternativstrategie des Artenschutzes ist danach in dem Fall vorzuziehen, wenn $y > x$.[228]

Tabelle 3.2: Spieltheoretische Verlustmatrix

		mögliche Resultate		
		Art wertlos	Art wertvoll	maximaler Verlust
Strategien	1. Aussterben der Art	0	y	y
	2. Alternativstrategie	x	x-y	x

Quelle: Bishop 1978: S. 12.

Ein Problem der Anwendung der Spieltheorie auf diesen Sachverhalt besteht darin, daß üblicherweise unterstellt wird, daß sowohl die Kosten als auch die Endresultate der Strategien bekannt sind und nur die Eintrittswahrscheinlichkeiten vollkommen unsicher sind. Im vorliegenden Fall mag *x* eine durch Kosten-Nutzen-Analyse determinierbare Größe sein, doch die Bestimmung der Kostengröße *y* ist definitiv unmöglich und sie ist nur als „möglicherweise sehr hoch" charakterisierbar. Als weiterer Einwand gegen diese spieltheoretische Behandlung mag angeführt werden, daß das Ergebnis sehr konservativ ist, da aufgrund eines extrem hohen *potentiellen* Wertes für *y* jedes ökonomische Projekt mit noch so hohem Nutzen verhindert werden kann. Diese möglichen Einwände sind jedoch je irrelevanter, desto niedriger die Kosten (*x*) der Durchführung des Alternativprojektes sind. Aus dieser Argumentationskette wurde schließlich das *modifizierte Minimax-Prinzip* abgeleitet, das besagt, daß eine sichere Alternativstrategie dann zu wählen ist, wenn ihre Kosten nicht inakzeptabel hoch sind. Basierend auf diesem Prinzip könnte ein politischer Entscheidungsablauf entworfen werden, in dem eine Alternativstrategie zum Artensterben immer dann vorgezogen wird, wenn eine (politisch festgelegte) Kostengrenze nicht überschritten wird, während bei Überschreitung dieser Grenze ein eigens gewählter Rat zu entscheiden hätte. TISDELL schlägt weiterhin vor, daß die Beweislast dem Befürworter des Artensterbens aufzuerlegen ist. Wie dem auch sei, angesichts der eher geringen Kosten der meisten Naturschutzprojekte zum Erhalt von Arten, ist dieses Prinzip aus pragmatischer Sicht sicher hilfreich.[229] In Grenzsituationen mit hohem Nutzen eines ökonomischen Projektes muß jedoch eine politische bzw. ethische Entscheidung getroffen werden, so daß der Artenerhalt letztlich von der Zahlungsbereitschaft der gegenwärtigen Generation abhängt.[230]

Im Grunde unterscheidet sich dieses Ergebnis kaum von dem Ergebnis der neoklassischen

228 Vgl. Bishop 1978: S. 12-13.

229 Vgl. Tisdell 1990: S. 83 und Bishop 1978: S. 17.

230 Vgl. Bishop 1978: S. 13-14.

Ökonomen, die für den Fall einer Irreversibilität mit potentiell hohen zukünftigen Kosten ein vorsichtiges Vorgehen anraten und im Zweifel für ein Offenhalten von Optionen plädieren.[231] Der Unterschied der beiden Ansätze mag darin liegen, daß im neoklassischen Fall durch Diskontierung des Zukunftsnutzens die Interessen der entfernten Zukunft systematisch abgewertet werden.

Damit ergibt sich eine durchaus breite theoretische Basis für eine Erweiterung der Managementregeln für Nachhaltigkeit hinsichtlich des Umgangs mit Risiko bei der Nutzung der Funktionen der Prozeßressourcen. Es sei daher folgende Regel formuliert:

Vierte Managementregel: *Menschliche Eingriffe in die Natur, die mit sehr hohen Gefahren oder unvertretbaren Risiken verbunden sind, sind zu vermeiden. Bei Vorherrschen von Unsicherheit oder Ungewißheit sind stets ein vorsichtiges Vorgehen geboten und ausreichende Sicherheitsmargen einzuführen*.[232]

Ein grundlegendes Problem, das sich mit dieser Regel ergibt, und das stets im Umgang mit Risiko auftaucht, ist die Interpretation der Begriffe „unvertretbar" und „ausreichend". An dieser Stelle wird der Freiheitsgrad innerhalb des Nachhaltigkeitskonzepts deutlich, denn je nach Risikoeinstellung und Bewertung bestimmter möglicher Rückkopplungseffekte kann die einzuführende Sicherheitsmarge sehr unterschiedlich ausfallen. Mit diesem Freiheitsgrad verliert das Nachhaltigkeitskonzept seine Exaktheit. Die Bestimmung des nachhaltigen Scale wird dadurch abhängig von einer ethischen Auseinandersetzung über die Zumutbarkeit von Risiken und über die Adäquanz von Sicherheitsmargen. Nichtsdestotrotz legt diese vierte Regel die Anwendung des Vorsichtsprinzips nahe und kann damit bewirken, daß vor einer voreiligen Entscheidung weitere Handlungsoptionen geprüft werden.

3.3 Langfristige Nutzung von nicht-erneuerbaren Ressourcen innerhalb absoluter natürlicher Grenzen

In diesem Kapitel wird aufgezeigt, welche besondere Bedeutung nicht-erneuerbaren Ressourcen hinsichtlich des Nachhaltigkeitsziels in den verschiedenen Theorieansätzen innerhalb der Ökologischen Ökonomie zugeschrieben wird. Zunächst wird aufbauend auf den Grundlagen des vorhergehenden Kapitels 3.2 die Kritik ökologischer Ökonomen an der Ressourcen- und Wachstumstheorie der Neoklassik erörtert (3.3.1) und danach wird dargelegt, inwieweit die Formulierung der dritten Managementregel für Nachhaltigkeit von dieser Debatte beeinträchtigt wurde (3.3.2). Anschließend folgen weiterführende Überlegungen zur Bedeutung und zum möglichen nachhaltigen Umgang mit nicht-erneuerbaren Ressourcen aus Sicht der thermodynamischen (3.3.3) und der evolutionären Theorieschulen (3.3.4).

3.3.1 Kritik an der Neoklassik

Ökologische Ökonomen werfen ihren neoklassischen Kollegen keineswegs vor, daß sie sämtliche Naturgesetze mißachten. Im Gegenteil wurde insbesondere das erste thermodynamische Gesetz und seine Implikationen schon früh von AYRES und KNEESE (1969) in die neoklassische Diskussion eingebracht und führte z. B. dazu, daß nicht mehr nur Emissions*ströme* theoretisch erfaßt wurden, sondern auch ihre Kumulation zu Emissions*beständen* Gegenstand der

231 Vgl. Bishop 1978: S. 16 und Kapitel 2.4.2.

232 Vgl. für eine ähnliche Formulierung dieser Regel: Minsch 1993: S. 36-37 und RSU 1994: S. 84.

Analyse wurde.[233] Andererseits sind aber auch immer wieder neoklassische Modelle zu finden, in denen nicht einmal der Tatbestand des physischen Verschleißes berücksichtigt wird. Auf solch einem Modell beruht z. B. die in Kapitel 2 beschriebene HARTWICK-Regel.

Die Kritik der ökologischen Ökonomen an der neoklassischen Ressourcen- und Wachstumstheorie läuft im wesentlichen auf zwei Punkte hinaus, auf die nachfolgend näher eingegangen wird:

1. Die marktbezogene Allokationsanalyse ist keine angemessene theoretische Grundlage für die Entscheidung über eine gerechte intergenerationelle Ressourcenverteilung.
2. Die Existenz absoluter Knappheiten wird ignoriert.

Ad 1: Die auf intergenerationellen Gerechtigkeitsgesichtspunkten beruhende Kritik an der Allokationsanalyse bezieht sich im wesentlichen auf zwei Aspekte: auf die Wahl des *Zeithorizonts* und auf die *Diskontierung zukünftigen Nutzens*. Schon aus rein mathematischen Gründen ist ein intertemporales Nutzenmaximum nur dann ermittelbar, wenn dem zu bestimmenden Integral unterhalb der intertemporalen Nutzenkurve ein endlich großer Wert für die intertemporale Nutzensumme zugeordnet werden kann, d. h. das Integral muß geschlossen sein. Ein geschlossenes Integral liegt hingegen nur dann vor, wenn der gewählte Zeithorizont entweder endlich ist oder wenn die Nutzenkurve die Abszisse schneidet bzw. sich ihr asymptotisch annähert, was durch Diskontierung zukünftigen Nutzens erreicht werden kann.[234] Wie in Kapitel 2 dargelegt, werden beide Methoden in der Neoklassik regelmäßig angewandt und beide werden aus ethischen Gründen von ökologischen Ökonomen abgelehnt.

Die **Frage der Zeit und des Zeithorizonts** ist wesentlich in der Nachhaltigkeitsdebatte. Unter ökologischen Ökonomen ist unbestritten, daß das Überleben der Menschheit und das Leben auf der Erde ganz allgemein durch die Lebensdauer der Sonne eindeutig begrenzt ist.[235] Diese Tatsache scheint die Wahl eines endlichen Zeithorizonts zu rechtfertigen. COSTANZA und PATTEN (1995) schlagen unter Verweis auf den Umstand, daß kein lebendes System endlos existieren kann, vor, als Zeitrahmen für eine Nachhaltigkeitsanalyse von Systemen die „normale" Lebensdauer eines Systems als Referenz-Zeitrahmen zu wählen. Ein System ist dementsprechend dann als nachhaltig zu bezeichnen, wenn es die normale durchschnittliche Lebensdauer vergleichbarer Systeme erreicht. Somit hängt der Zeithorizont ganz wesentlich von dem betrachteten System und seiner Systemzeit ab.[236] Der angemessene Zeithorizont der Untersuchung von individuellen Organismen ist somit für eine Eintagsfliege ein Tag und für einen Menschen 70-80 Jahre, während das angemessene Zeitintervall für die Analyse des Lebens einer Spezies mehrere Millionen Jahre umfassen dürfte.

Die „normale" Überlebensdauer der Menschheit oder einer vergleichbaren Spezies ist jedoch unbekannt, so daß ein exaktes Referenzintervall nicht bestimmbar ist. Die Wahl eines endlichen Zeithorizonts diskriminiert daher alle Menschen, die möglicherweise nach dem gewählten Endzeitpunkt menschlicher Existenz noch leben werden, denn aus neoklassischer Sicht ist es optimal, wenn gegen Ende des Zeithorizonts das bestehende (Natur- und menschengemachte) Kapital sukzessive vollkommen konsumiert wird. Aufgrund der Ungewißheit

---

233 Vgl. dazu z. B. die Ausführungen in Kapitel 2.4.1 über den intertemporalen Ressourcenpreispfad mit Externalitäten. Innerhalb der Neoklassik werden Modelle, die explizit die Implikationen des ersten thermodynamischen Gesetzes einbeziehen, dem „Materialbalance-Ansatz" zugeschrieben.

234 Vgl. Hampicke 1992: S. 290-293 und Nutzinger/Radke 1995b: S. 232. HAMPICKE weist darauf hin, daß ein Nutzen*vergleich* zweier Wachstumspfade auch bei offenen Integralen möglich ist.

235 Die Sonne hat heute in etwa die Hälfte ihrer Existenzzeit erreicht und wird noch weitere vier bis fünf Milliarden Jahre scheinen. Vgl. Dürr 1995: S. 158.

236 Vgl. Costanza/Patten 1995: S. 195.

über die genaue Systemzeit der Menschheit wird daher hinsichtlich der Analyse ökonomischer Systeme für die Wahl unbegrenzter Zeithorizonte plädiert.[237]

Die **Diskontierung zukünftigen Nutzens** wird aus verschiedenen Gründen kritisiert. Einerseits wird der ethische Vorbehalt angeführt, auf den bereits einige Neoklassiker hinwiesen, daß nämlich die Diskontierung eine Minderschätzung zukünftiger Generationen impliziere, die ethisch in keiner Weise gerechtfertigt werden kann. BOULDING (1971) weist darauf hin, daß bei einer Diskontrate von 5% die Zeit der Halbierung eines Wertes 14 Jahre beträgt. Wenn beispielsweise der Nutzen einer Person heute und einer Person, die in 100 Jahren leben wird, gleich hoch ist und mit der Summe von $ 100 bewertet werden kann, so beträgt der angerechnete Wert für die zukünftig lebende Person aufgrund der Diskontierung lediglich $ 1,50.[238] Bei Individuen mag eine derartige Diskontierung ihre Zeitpräferenz angesichts der zugrunde liegenden Systemzeit von 70-80 Jahren menschlicher Lebensdauer angemessen widerspiegeln, doch bei der Betrachtung verschiedener Generationen ist einerseits die Systemzeit um einige *Potenzen* höher und andererseits handelt es sich nicht um die Bewertung des eigenen zukünftigen Nutzens, sondern um den zukünftigen Nutzen anderer Menschen. Daher ist eine Allokationsanalyse mit positiver Diskontrate sowohl extrem kurzsichtig als auch in höchstem Maße intergenerationell ungerecht.[239]

Als weiteres Argument gegen Diskontierung wird genannt, daß es sich bei der intergenerationellen Verteilung von Ressourcen nicht um ein Allokations-, sondern um ein Distributionsproblem handelt, und daß weder der Markt noch die Diskontrate als Distributionsinstrumente geeignet sind. Zukünftige Generationen sind potentielle Nutzer von natürlichen Ressourcen, aber sie können am heutigen Marktgeschehen nicht teilnehmen und sich daher keine zukünftigen Ressourcenanteile sichern. Der Marktpreis einer Ressource, der auf Grundlage der Entscheidungen gegenwärtiger Marktteilnehmer entsteht, reflektiert daher nicht die vollständig intertemporale Knappheit einer Ressource, sondern nur die Knappheit wie sie aus der gegenwärtigen Wahrnehmung erscheint, die nur sehr begrenzt durch Terminmärkte einen geringen Zeitraum der Zukunft (höchstens 50 Jahre) mitberücksichtigt. Könnten zukünftige Generationen auf den heutigen Märkten mitbieten, so wären die intertemporalen Ressourcenpreise zweifellos höher. Daher kann der gegenwartsbezogene Marktpreis die tatsächlichen Knappheiten nicht anzeigen, und auch die Diskontrate ist nicht geeignet, um den kurzsichtigen Marktpreis zu korrigieren. Im Gegenteil, die Diskontrate verstärkt die Kurzsichtigkeit des Marktes noch zusätzlich.[240]

Wie dargestellt in Kapitel 2.1.2 wurde die Unfähigkeit der zukünftigen Generationen, am heutigen Markt mitzubieten, im neoklassischen Modell in der Weise gelöst, daß die Existenz vollkommener Zukunftsmärkte unterstellt wurde, und daß die Gegenwartsmenschen für alle nachfolgenden Generationen vorsorgen, so daß sich ein optimaler intertemporaler Knappheitspreis einstellen kann. Diese Konstruktion wird von ökologischen Ökonomen als realitätsfern abgelehnt, da weder das Wissen über die Existenz und die Präferenzen der Nachfahren heutiger Menschen besteht, noch davon auszugehen ist, daß sich Menschen um die konkreten Bedürfnisse von Nachfahren kümmern, die erst in sehr ferner Zukunft leben werden.[241] Mit ähnlicher Begründung wird auch die erweiterte Modellkonstruktion zur Berücksichtigung von

237 Vgl. z. B. Cumberland 1991: S. 358.

238 Vgl. Boulding 1971: S. 5/10.

239 Vgl. u. a. Perrings 1987: S. 152 und S. 157, Georgescu-Roegen 1979a: S. 101, Daly 1991d: S. 142, Norgaard/Howarth 1991: S. 89 und Nutzinger/Radke 1995b: S. 232.

240 Vgl. Georgescu-Roegen 1979a: S. 99-102, Daly 1991d: S. 123 und Nutzinger/Radke 1995b: S. 238.

241 Vgl. Georgescu-Roegen 1979a: S. 100 und Bishop 1993: S. 71.

Unsicherheit abgelehnt. Wie beschrieben in Kapitel 2.5.1 wird in der „Theorie der kontingenten Märkte“ unterstellt, daß alle möglichen zukünftigen Weltzustände bekannt sind. Eine solche Annahme ist absurd, wenn ökonomische Entwicklung als evolutionärer Prozeß verstanden wird, der durch Neuheiten und Überraschungen geprägt ist. Die möglichen Weltzustände der Zukunft sind ungewiß, also nicht einmal potentiell vorhersagbar, so daß sich eine analytische Behandlung mittels Wahrscheinlichkeitsrechnung verbietet.[242]

Werden die neoklassischen Modellkonstruktionen, die die hypothetische Teilnahme zukünftiger Generationen am heutigen Marktgeschehen ermöglichen, verworfen, so wird aus dem neoklassischen Allokationsproblem eine Frage intergenerationeller Distribution. Da zukünftige Generationen keine Zugriffsmöglichkeit auf heute verfügbare Ressourcen haben, sind sie vollkommen davon abhängig, wie viele Ressourcen ihnen die vorhergehenden Generationen hinterlassen. Diese Frage ist ethischer Natur und läßt sich nicht durch Marktpreise oder Diskontraten lösen. Einzig ausschlaggebend ist die Entscheidung gegenwärtiger Generationen, wie viele Ressourcen sie ihren Nachfahren hinterlassen. Somit ist das wesentliche Politikinstrument für dieses Distributionsproblem die *intergenerationelle Transferleistung* und nicht die Diskontrate.[243]

Aus dieser Perspektive erscheint auch das sogenannte „Dilemma der Naturschützer“ in der Debatte um die optimale Höhe der Diskont- bzw. der Zinsrate in neuem Licht.[244] Aus der Sicht von Naturschützern kann sowohl eine hohe als auch eine niedrige Zinsrate negativ für die Natur sein. Eine hohe Zinsrate beschleunigt die Ausbeutung von ökonomisch abbaubaren nichterneuerbaren Ressourcen und bildet einen Anreiz, langsam wachsende erneuerbare Ressourcen übermäßig zu ernten. Eine niedrige Zinsrate wirkt hingegen investitionsfördernd, mag die allgemeine Nachfrage nach Ressourcen stimulieren und auf diese Weise die Ressourcenausbeutung und deren Umweltschäden erhöhen. Das Dilemma besteht also darin, daß der Nettoeffekt einer Zins- oder Diskontsatzhöhe für die Natur unbekannt ist und Naturschützer zwischen den beiden plausiblen (und auch richtigen) Argumenten hin und her schwanken.[245] DALY weist darauf hin, daß die nachhaltige Nutzung von Ressourcen eine Frage des Scale ist und keine allokative Frage, während aber die Zinsrate als allokatives Instrument sowohl die Allokation als auch den Scale beeinflußt. Würden daher Regeln für den Scale festgeschrieben und eingehalten, so wäre der Einfluß der Zinsrate auf den Scale beseitigt und der Zins würde ausschließlich die gewünschten allokativen Effekte hervorbringen.[246] Auch PAGE (1980) schlug bezüglich des Problems der Diskontratenwahl vor, intertemporale Ziele in der Nutzung von Naturressourcen aufzustellen, um so die Ressourcenausstattung der Zukunft zu sichern und die Wirkung des Zinses auf die Allokation zu begrenzen.[247] Somit sind also intergenerationelle Transfers in Form von Scalebegrenzungen und Naturnutzungsübereinstimmungen ausschlaggebend für das Natur- und Ressourcenerbe der Zukunft und nicht die Diskontrate. Das „Dilemma der Naturschützer“ löst sich damit auf.

Auf einen weiteren Aspekt, der die Fragwürdigkeit der neoklassischen Debatte um die „optimale“ Höhe der Diskontrate aufzeigt, machen NORGAARD und HOWARTH (1991) aufmerksam. In einem neoklassischen Modell mit überlappenden Generationen und distributiven Bestimmungen über intergenerationelle Transferleistungen zeigen sie, daß sich die relativen

---

242 Vgl. Perrings 1987: S. 113-114.

243 Vgl. Norgaard/Howarth 1991: S. 98 und Daly 1991d: S. 123-124.

244 Unter vollkommenen Wettbewerbsbedingungen sind Zinsrate und Diskontrate gleich hoch.

245 Vgl. Norgaard/Howarth 1991: S. 90, Daly 1991a: S. 36 und Daly 1991b: S. 257-258.

246 Vgl. Daly 1991a: S. 36 und Daly 1991b: S. 257-258.

247 Vgl. Page 1980: S. 197.

Preise und die Zins- bzw. Diskontraten in Abhängigkeit von der Höhe der intergenerationellen Transferleistungen einstellen. Da also die Diskontrate nicht unabhängig von der intergenerationellen Ausgangsdistribution ist, ist eine Debatte über eine „optimale“ Diskontrate bedeutungslos, wenn nicht gleichzeitig die Distributionsfrage erörtert wird.[248]

Mit diesem Wechsel in der Wahrnehmung des Ressourcennutzungsproblems verliert die allokationsfixierte Hotellingregel an Bedeutung und mit ihr die Diskontrate[249], während die intergenerationelle Distributionsfrage in den Mittelpunkt rückt und damit die Frage nach den angemessenen Methoden und Mechanismen intergenerationeller Transferleistungen.

Ad 2: Der zweite zentrale Kritikpunkt von ökologischen Ökonomen an der Ressourcen- und Wachstumstheorie betrifft das Ignorieren der in Kapitel 3.2 dargestellten absoluten Grenzen für ökonomische Expansion. In der Neoklassik werden lediglich relative Knappheiten anerkannt und thematisiert, während implizit unterstellt wird, daß vermeintliche absolute Knappheiten durch technischen Fortschritt und Substitution überwindbar sind.[250] Damit stehen die entsprechenden neoklassischen Modellkonstruktionen zu Technologie und Substitution im Zentrum der Kritik.

Die **Substitution** ist ein wesentliches neoklassisches Konzept, das besonders in allen Bereichen der mikroökonomischen Theorie vorzufinden ist. Der Grund für die Bedeutung der Substitution im neoklassischen Kontext besteht in der Grundannahme, daß Knappheiten nur relativ sein können. Sofern das der Fall ist, ist die Substitution von einem relativ knapp werdenden Gut gegen ein relativ verfügbares Gut eine optimale Lösung zur Beseitigung der relativen Knappheit. Wie dargestellt in Kapitel 2.2.2.1 behaupten neoklassische Ökonomen, daß eine konstante Produktionsmenge bei konstanter Technologie mit begrenzt verfügbaren nicht-erneuerbaren Ressourcen als notwendiger Produktionsfaktor zeitlich unbegrenzt produziert werden kann. Unter der Annahme einer konstanten Substitutionselastizität größer oder gleich eins ist diese Aussage modelltheoretisch korrekt. Es wird dadurch impliziert, daß der Einsatz von nicht-erneuerbaren Ressourcen bei konstanter Technologie infinitesimal gegen Null tendieren kann, während gleichzeitig der sukzessiv abnehmende Ressourceneinsatz durch andere Produktionsfaktoren, insbesondere durch Kapital, kompensierbar ist.

Ökologische Ökonomen argumentieren, daß diese Substitutionsannahme für die reale Welt nicht zutrifft. Aufbauend auf den produktionstheoretischen Ausführungen von GEORGESCU-ROEGEN wird darauf hingewiesen, daß eine Substitution von nicht-erneuerbaren Naturressourcen durch Kapital oder Arbeit nur begrenzt möglich ist, da die Naturressourcen Strom-Produktionsfaktoren sind und es sich bei Kapital und Arbeit um Fund-Produktionsfaktoren handelt. Der grundsätzlich komplementäre Charakter dieser beiden Produktionsfaktorarten erfordert ein Mindestquantum an nicht-erneuerbaren Ressourcen als Input der Produktion, denn ohne einen ausreichenden materiellen Input an niedriger Entropie als Grundlage für die materielle Grundstruktur eines Produkts ist selbst bei reichlicher Kapital- und Arbeitsausstattung eine Aufrechterhaltung der Produktion unmöglich.[251] DALY macht darauf aufmerksam, daß der komplementäre Charakter von Ressourcen und Arbeit/Kapital auch für den wissens- und arbeitsintensiven Dienstleistungsbereich gilt, denn auch Dienstleistungen können nicht ohne Materie auskommen, sondern sind im Gegenteil ohne materielle Vorleistungen unaus-

248 Vgl. Norgaard/Howarth 1991: S. 94-98.

249 Vgl. Georgescu-Roegen 1979a: S. 101-102.

250 Vgl. Kapitel 2.2.2.

251 Vgl. Daly 1990a: S. 3, Daly 1991c: S. 19, Daly 1995: S. 154, Victor 1991: S. 196 und Young 1991: S. 172.

führbar.[252] Konsequenz dieser Argumentation ist, daß die Substitutionselastizität in der Realität einen Wert von eins nicht erreichen kann. Mit Bezug auf die Abbildung 2.17 in Kapitel 2.2.2.1 ist also eine Substitutionselastizität kleiner eins realistisch, wie sie in der Graphik c) gezeigt wird. In dieser Graphik wird deutlich, daß Kapital und Ressourcen einen komplementären Charakter aufweisen, da beide einen Mindestfaktoreinsatz nicht unterschreiten können. Gerade für diesen Fall wird in der neoklassischen Theorie gezeigt, daß Substitution *nicht* ausreicht, um eine konstante Produktion mit notwendigen nicht-erneuerbaren Ressourcen zeitlich unbegrenzt aufrechtzuerhalten.

Ein weiteres Argument gegen die allmächtige Kraft neoklassischer Substitution bezieht sich auf die verschiedenen ökonomischen Funktionen, die von natürlichen Ressourcen ausgeführt werden. Die Substituierbarkeit von nicht-erneuerbaren Ressourcen dürfe nicht nur auf den menschlichen Produktionsprozeß bezogen werden, sondern auch der teilweise irreversible Verlust und die sonstigen Einschränkungen der ökonomischen Naturfunktionen, die sich aus der Ausbeutung und der dissipativen Nutzung von nicht-erneuerbaren Ressourcen ergeben, sind zu berücksichtigen. Die Produktionsfaktoren Kapital und Arbeit müßten somit nicht nur in der Lage sein, die materielle Bedeutung der Naturressourcen im ökonomischen Prozeß zu kompensieren, sondern sie müßten außerdem auch die Funktionen der entnommenen und zerstörten Ressourcen und Prozeßressourcen in der Natur ersetzen können. Diesbezüglich wird festgestellt, daß einerseits die Multifunktionalität von natürlichen Ressourcen ihre Substituierbarkeit stark einschränkt und andererseits insbesondere die drei Lebenserhaltungsfunktionen unersetzbar sind.[253] Damit ist also nicht nur die Substitutionselastizität zwischen nicht-erneuerbaren Ressourcen und Kapital/Arbeit kleiner eins, sondern das gleiche trifft auch auf die Substitutionselastizität zwischen Kapital/Arbeit und natürlichen Prozeßressourcen zu, die durch Nutzung der nicht-erneuerbaren Ressourcen in ihrer Funktionsfähigkeit beeinträchtigt werden.

Desweiteren machen ökologische Ökonomen darauf aufmerksam, daß selbst in *dem* Fall, wenn Kapitalgüter alle Funktionsverluste, die mit der ökonomischen Nutzung nicht-erneuerbarer Ressourcen verbunden sind, substituieren könnten, das Problem bestehen bliebe, daß Kapitalgüter aus Naturressourcen und Arbeit produziert werden müssen. Bei einer hypothetischen Substitutionselastizität größer eins zwischen Kapital und nicht-erneuerbaren Ressourcen müßte eine erhöhte Anzahl von Kapitalgütern die Funktionen der gegen Null tendierenden nicht-erneuerbaren Ressourcen ersetzen. Doch unter der Annahme konstanter Technologie würde eine Zunahme des menschengemachten Kapitalstocks bedeuten, daß auch der Ressourcenanteil zur Produktion und zum Erhalt der Kapitalgüter zunimmt. Ein Kapitalstock müßte bei konstanter Technologie mit exponentiell sinkender Ressourcenverfügbarkeit unbegrenzt exponentiell zunehmen können. Unter der Annahme, daß auch das Kapitalgut ein Mindestmaß an materieller Struktur durch nicht-erneuerbare Ressourcen benötigt, ist ein solcher Prozeß unmöglich. Möglich wäre er hingegen dann, wenn das Kapitalgut vollkommen durch Arbeit ersetzbar wäre. Dann aber verliert das Kapital vollends an Bedeutung im Substitutionsprozeß.[254] Eine andere Möglichkeit, die in der Neoklassik vollends unbeachtet bleibt, ist die Bedeutung von erneuerbaren Ressourcen für die Produktion und den Erhalt des menschenge-

---

252 Vgl. Daly 1991d: S. 118-119.

253 Vgl. Pearce/Turner 1990: S. 47-49, Van den Bergh/Nijkamp 1991: S. 15, Vornholz 1995: S. 99, Cumberland 1991: S. 357, Rees/ Wackernagel 1992: S. 5+13, Immler 1993: S. 84, Nutzinger/Radke 1995a: S. 33 und Ayres 1996: S. 241.

254 Vgl. Georgescu-Roegen 1979a: S. 98, Daly 1974: S. 17-18, Daly 1995: S. 154, Victor 1991: S. 196-197, Young 1991: S. 172, Vornholz 1995: S. 99 und Tacconi/Bennett 1995: S. 213-214.

machten Kapitalbestands. MÄLER (1986) stellt fest, daß die eigentlich relevante Größe die Substitutionselastizität zwischen Kapital und erneuerbaren Ressourcen ist.[255]

Schließlich wird darauf hingewiesen, daß Substitution und die auf Substitutionseffekte ausgerichteten monetären Instrumente – wie z. B. die PIGOU-Steuer zur Internalisierung von Externalitäten oder eine Ressourcensteuer – nur im Falle relativer Knappheiten problemlösend wirken können, nicht aber im Fall absoluter Knappheiten. Die preisliche Verteuerung einer knappen nicht-erneuerbaren Ressource mag zu einer Substitution *zwischen* Ressourcen führen, doch dadurch wird die absolute Knappheit von niedrig-entropischer Materie nicht überwunden. Es müßte diesbezüglich eine Ressourcensteuer auf *alle* niedrig-entropischen Ressourcen aufgeschlagen werden, doch der Effekt wäre nicht die Überwindung der Knappheit, sondern eine Zunahme der Inflation. In gleicher Weise kann die Internalisierung von externen Effekten durch eine Pigou-Steuer lediglich bewirken, daß Naturzerstörung optimal bzw. gemäß der individuellen Präferenzen stattfindet, doch diese Präferenzen stehen in keinerlei Zusammenhang mit einem nachhaltigen Throughputniveau. Die „richtigen Preise" mögen tendenziell umweltentlastend wirken, doch sie verhindern nicht, daß die Belastbarkeitsgrenzen durch Ressourcenverbrauch und Umweltverschmutzung überschritten werden.[256] Auch an dieser Stelle weist DALY darauf hin, daß absolute Knappheiten Scale-Probleme sind, die nicht durch preisliche Instrumente und Substitution erfolgreich regulierbar sind, sondern ausschließlich durch Mengenregulierungen.[257] Die in Kapitel 3.2 beschriebenen absoluten natürlichen Grenzen, die in der neoklassischen Theorie nicht berücksichtigt werden, stellen also gleichzeitig die Grenzen der Wirksamkeit der Substitution dar.

Der zweite knappheitsüberwindende Mechanismus der Neoklassik ist **Technologie**. Wie dargestellt in Kapitel 2.2.2.1 ist ein grenzenloses Pro-Kopf-Wachstum trotz begrenzt verfügbarer nicht-erneuerbarer Ressourcen möglich, wenn eine Rate des technischen Fortschritts existiert, die unbegrenzt ressourcenvermehrend wirkt und daher die sukzessive Verminderung des Ressourceninputs ebenso zu kompensieren vermag wie die exponentielle Zunahme der Bevölkerung.

Eine grundsätzliche Kritik am neoklassischen Technologieverständnis ist aus der evolutionären Theorieschule laut geworden. Es wird bemängelt, daß Technologie als Restgröße innerhalb eines Gleichgewichtsprozesses behandelt wird. Die mikroökonomischen Erkenntnisse über die evolutionären Charakteristika technischer Entwicklungsprozesse mit ihren wesentlichen Merkmalen der Unsicherheit, Neuheit und Überraschung in den Prozessen technischer Innovation, der Vielfalt in der Technikanwendung und die Bedeutung der Verschiedenheit der Unternehmen und ihrer Organisations- und Entscheidungsstrukturen können weder durch die neoklassische Variable λ für technischen Fortschritt erfaßt werden, noch durch die Investitionskosten für Forschung und Entwicklung. Letztlich erzeugen Prozesse der Innovation und des technischen Fortschritts Ungleichgewichtsprozesse, die nicht angemessen in einer Gleichgewichtsanalyse behandelt werden können.[258]

Aus thermodynamischer Sicht wird kritisiert, daß die Technologie in der Neoklassik als substanzlose Allmacht auftritt. Es wird nicht berücksichtigt, daß jede Technologie ein Mindestmaß an Energie und Materie benötigt und damit auf die Verfügbarkeit von niedriger Entropie angewiesen ist. Damit ist auch technischem Fortschritt durch das Entropiegesetz eine

---

255 Vgl. Mäler 1986: S. 152.

256 Vgl. Georgescu-Roegen 1979a: S. 99, Christensen 1991: S. 81, Daly 1974: S. 20, Daly 1979: S. 89 und Daly 1991d: S. 39-43 und 62-63.

257 Vgl. Daly 1992a: S. 189-190.

258 Vgl. Nelson/Winter 1982: S. 196-202.

klare Grenze gesetzt, die ein unbegrenzt exponentielles Wachstum der ressourcenvermehrenden Effekte des technischen Fortschritts in Form einer konstanten Rate λ nicht zuläßt. Da die Existenz eines Perpetuum Mobile ausgeschlossen ist, stößt jede Technologie auf absolute physische Grenzen hinsichtlich der Versuche, die thermodynamische Effizienz (Ressourcen- und Energieeinsparung) stetig zu erhöhen. Es gibt keine Backstop-Technologie, die ohne energetische und materielle Struktur und die sich dadurch ergebende absolute Begrenzung auskommt.[259] Im Gegenteil, Technologie benötigt nicht nur menschliches Wissen und Denken, sondern auch eine niedrig-entropische Struktur und nicht zuletzt eine vielfältige und komplexe Natur, die neue naturwissenschaftliche Erkenntnisse erst ermöglicht und ohne die jede Technologie substanzlos und damit bedeutungslos wäre.[260]

Weiterhin weisen ökologische Ökonomen darauf hin, daß Technologie in der Neoklassik behandelt wird wie eine unbegrenzte Problemlösungskapazität, mit der alle nur denkbaren Probleme gelöst werden können. Technologie wird damit zu einem „deus ex machina", der sämtliche absolute Knappheiten überwinden kann. Unbeachtet bleibt dabei, daß Technologien neben all ihren positiven Wirkungen auch Nachteile in Form von irreversiblen Umweltschäden oder auch anderen Problemen mit sich bringen können. Beispiele für negative Wirkungen von Technologie gibt es in der realen Welt zu Genüge, angefangen beim Werkstoff FCKW, der einst als ungefährlicher und umweltfreundlicher Stoff galt, bis hin zu der Nutzung der Kernspaltung. Neue Technologien sind also auch mit ungünstigen Wirkungen verbunden und ebenso kann auch die scheinbar unbegrenzte Kapazität menschlichen Denkens und Wissens nicht nur problemlösende neue Erkenntnisse hervorbringen, sondern genauso neues Wissen zutage fördern, das neue absolute Grenzen für ökonomische Expansion aufzeigt. Als Beispiel sei nur auf die wissenschaftlichen Erkenntnisse über die Wirkung von CO_2 auf das irdische Klima verwiesen.[261]

Letztlich versuchen ökologische Ökonomen, das neoklassische Konzept des technischen Fortschritts zu entmystifizieren, indem sie seine konkrete Bedeutung und seine Form offenlegen. Relevant zur Überwindung der begrenzten Verfügbarkeit von nicht-erneuerbaren Ressourcen ist der sogenannte ressourcenvermehrende technische Fortschritt, der ganz allgemein zwei Formen annehmen kann:

Im ersten Fall handelt es sich um neues Wissen, das die Nutzung einer bisher noch ungenutzten niedrig-entropischen Ressource ermöglicht und damit die Ressourcenverfügbarkeit erweitert. Es handelt sich dann um einen Substitutionsprozeß von einer relativ knappen nicht-erneuerbaren Ressource gegen eine andere, relativ gut verfügbare nicht-erneuerbare Ressource plus neues Wissen/Technologie. Die Abhängigkeit von begrenzt verfügbarer materieller Niedrigentropie bleibt dabei bestehen. Eine Überwindung der absoluten niedrig-entropischen Begrenzung durch diese Technologieform wäre nur unter der Annahme möglich, daß stets neue materielle Niedrigentropiequellen gefunden und nutzbar gemacht werden können. D. h., daß

---

259 Vgl. Georgescu-Roegen 1976: S. 17, Young 1991: S. 172, Daly 1977a: S. 270, Daly 1991d: S. 123, Daly 1992b: S. 93 und Binswanger, H. Ch. 1991: S. 79-81. Vgl. für eine formale Darstellung und Diskussion der thermodynamischen Grenzen des Energiesparens Kümmel 1989: S. 171-175.

260 Vgl. Bishop 1978: S. 12. Die Allmächtigkeit, die technischem Fortschritt von neoklassischen Ökonomen zugeschrieben wird, zeigt sich besonders eindrücklich in einem Artikel von HEIJMAN (1992). Er geht davon aus, daß durch technischen Fortschritt Natur erschaffen werden kann und nutzt daher neben dem üblichen Begriff des ressourcenvermehrenden technischen Fortschritts zusätzlich noch den Begriff des *„naturkreierenden technischen Fortschritts"*. Dieser „schöpferischen Technologie" wird eine exponentielle Rate zugeordnet und es verwundert nicht, daß als Resultat des entsprechenden neoklassischen Wachstumsmodells grenzenloses Wachstum vollkommen unproblematisch ist.

261 Vgl. Cumberland 1991: S. 357-359, Pearce/Turner 1990: S. 50, Daly 1991d: S. 106-107, 115 und S. 142, Daly 1992b: S. 92 und Vornholz 1995: S. 100.

entweder die Abwesenheit von materiellem Verschleiß bzw. die Möglichkeit vollkommenen Recyclings zu unterstellen ist oder die unbegrenzte Verfügbarkeit niedrig-entropischer Ressourcenbestände auf der Erde. Die Grundannahme eines solchen technischen Fortschritts, der absolute Grenzen aufhebt, ignoriert also entweder die materielle Begrenztheit der Erde oder die Tatsache materiellen Verschleißes.[262]

Im zweiten Fall des ressourcenvermehrenden technischen Fortschritts handelt es sich um neues Wissen, das sich mittels neuer Technologien oder neuer Organisationsformen dergestalt manifestiert, daß eine effizientere Nutzung einer Ressource ermöglicht wird. Eine erhöhte Ressourcenproduktivität bedeutet aber nicht, daß eine absolute Knappheit überwunden wird, sondern lediglich, daß der verfügbare Ressourcenbestand langsamer verbraucht und dispergiert wird. Schließlich gilt die oben schon erwähnte Anmerkung, daß Ressourcensparen möglich ist, aber thermodynamische Grenzen hat.[263]

Aus all diesen Kritikpunkten ergibt sich, daß mittels technischen Fortschritts und Substitution die Nutzung begrenzt verfügbarer niedrig-entropischer Ressourcen hinauszögerbar ist, während aber ein Überwinden absoluter Begrenzungen unmöglich bleibt. Daher erkennen ökologische Ökonomen die Ergebnisse der neoklassischen Ressourcen- und Wachstumstheorie nicht an und behaupten statt dessen, daß sowohl ein unbegrenztes ökonomisches Wachstum mit stetiger Expansion des materiellen und energetischen Throughputs als auch die endlose Aufrechterhaltung eines konstanten Produktionsniveaus, das auf nicht-erneuerbaren Ressourcen als Inputs angewiesen ist, unmöglich ist.

Wenn somit die heutige Nutzung von nicht-erneuerbaren Ressourcen mit Nachteilen für nachfolgende Generationen verbunden ist und neue Technologien durchaus negative Auswirkungen mit sich bringen können, so ergibt sich unter der Prämisse der intergenerationellen Gerechtigkeit die Frage, inwieweit und in welcher Form zukünftige Generationen für diese Nachteile kompensiert werden sollten. Erneut ergibt sich also die Frage nach intergenerationellen Transfers.

3.3.2 Intergenerationelle Transfers, nicht-erneuerbare Ressourcen und die Regel für Quasi-Nachhaltigkeit

Wie diese Kritik an der Neoklassik verdeutlicht, ist aus der Perspektive der ökologischen Ökonomie nachhaltiges Wirtschaften untrennbar verknüpft mit einer Entscheidung über intergenerationelle Transfers, die sich in Form von menschengemachtem Kapital, Technologie, Wissen und Naturkapital manifestieren können.[264]

Neoklassische Ökonomen haben die Notwendigkeit *zusätzlicher* intergenerationeller Transfers nicht thematisiert, da sie davon ausgingen, daß die Menschen der Gegenwart den nachfolgenden Generationen stets positive Erbschaften hinterlassen würden. Eine Thematisierung des Problems der intergenerationellen Gerechtigkeit erfolgte daher unter der Prämisse, daß die *gegenwärtige* Generation die potentiell benachteiligte ist, da diese Konsumverzicht leistet, um zu sparen und zu investieren, um letztlich durch Kapitalakkumulation, erhöhtes Wissen und technischen Fortschritt ein anwachsendes Wohlfahrts- und Konsumniveau zu erreichen, von dem nachfolgende Generationen profitieren. Nur unter dieser Voraussetzung ergibt sich das merkwürdig anmutende Ergebnis von SOLOW (1974b), daß ein gerechter intertemporaler Konsumpfad mit konstantem maximalen Konsumniveau pro Kopf und technischem Fortschritt nur

262 Vgl. Daly 1991d: S. 108.

263 Vgl. Daly 1991d: S. 24, Young 1991: S. 177 und Townsend 1992: S. 99.

264 Vgl. Pearce/ Markandya/Barbier 1989: S. xiv, Cumberland 1991: S. 358-360 und Norgaard/Howarth 1991: S. 98.

möglich ist, wenn kontinuierlich Kapital konsumiert oder zerstört wird.[265] Ohne Zweifel hätte SOLOW ein anderes Ergebnis erhalten, wenn er die potentiell negativen, d. h. wohlfahrts- oder konsumniveaumindernden Erbschaften der gegenwärtigen Generation berücksichtigt hätte.

Wie im vorangegangenen Kapitel bereits erwähnt, kann Technologie durchaus negative Effekte mit sich bringen und auch ein Kapitalbestand kann durchaus unangenehm sein, wenn er veraltet ist oder schnell verschleißt. Wissen scheint letztlich eine rein positive intergenerationelle Transferleistung zu sein, doch schützt die Existenz von Wissen nicht vor irrationalen Handlungen, wie das offensichtliche Phänomen des massenhaften gesundheits- und umweltschädlichen Verhaltens vieler Menschen in heutiger Zeit zeigt. Das größte Problem in der neoklassischen Behandlung intergenerationeller Gerechtigkeitsfragen ist jedoch die Vernachlässigung des Naturkapitals und der wohlfahrtsmindernden Wirkungen einer dissipativen Naturnutzung, da die Natur und ihre Funktionen in der heutigen Welt in zunehmendem Maße den limitierenden Faktor darstellen.[266]

Aus einer RAWLSschen Perspektive mit einem Postulat intergenerationeller Gerechtigkeit ergibt sich damit, daß die Gesamtheit des technologischen, kapital-, wissens- und naturbezogenen Reichtums, den eine Generation an die nachfolgenden Generationen weitergibt, nicht geringer sein sollte als der Reichtum, den sie selbst als Anfangsausstattung erhielt.[267] Eine exakte Konkretisierung dieses allgemeinen Nachhaltigkeitspostulats ist jedoch schwierig, da Freiheitsgrade hinsichtlich der Bewertung der einzelnen Transferleistungen bestehen und ebenso in bezug auf die Problematik, ob und inwieweit negative Transferleistungen durch positive Transferleistungen kompensierbar sind. Aufgrund verschiedener Annahmen und Interpretationen bei der Auslegung dieser Freiheitsgrade ergaben sich unterschiedlich streng formulierte Nachhaltigkeitskonzepte.

Das am wenigsten restriktive Konzept einer *schwachen Nachhaltigkeit* wurde aus der wohlfahrtstheoretischen Sichtweise der Neoklassik von PEARCE und ATKINSON (1993) formuliert. Unter der impliziten Annahme, daß Technologie und Wissen im menschengemachten Kapital inkorporiert sind, und der expliziten neoklassischen Annahme, daß Naturkapital und menschengemachtes Kapital in einem Substitutionsverhältnis zueinander stehen, wurde vorgeschlagen, daß eine Ökonomie dann *schwach* nachhaltig ist, wenn die aufaddierte Wertminderung aus Kapitalabschreibung (Verschleiß) und Naturzerstörung in einer Zeitperiode kleiner ist als das gesamtwirtschaftliche monetäre Sparergebnis.[268] Diese „Sparregel“ für schwache Nachhaltigkeit setzt voraus, daß die Bewertung der intergenerationellen Transferleistungen in Geldwerten erfolgt, daß die Wertminderung von Kapital oder Natur durch die Anhäufung eines Geldbetrages ausgeglichen werden kann, und daß Naturzerstörung durch Nettokapitalbildung kompensierbar ist.

Angesichts der obigen Kritik an der Substitutionsannahme der Neoklassik ist es nicht verwunderlich, daß das Konzept der schwachen Nachhaltigkeit von ökologischen Ökonomen abgelehnt wird. Betont wird dementgegen, daß der komplementäre Charakter von Naturkapital einerseits und menschengemachtem Kapital, Technologie und Wissen andererseits zur Folge hat, daß eine Degradierung der Naturressourcen eine immense Entwertung der intergenerationellen Transferleistung nach sich zieht, die nicht nur den Wert des Naturkapitals betrifft, sondern ebenso den Wert der anderen Transferleistungen. Dies ist darauf zurückzuführen, daß der intergenerationelle Transfer von Kapital, Technologie und Wissen, dessen Nutzen zum Groß-

265 Vgl. Kapitel 2.2.2.2.

266 Vgl. Cumberland 1991: S. 359-360, Daly 1990a: S. 4 und Daly 1991c: S. 18.

267 Vgl. Pearce/ Markandya/Barbier 1989: S. xiv.

268 Vgl. Pearce/Atkinson 1993: S. 104.

teil auf der Verfügbarkeit eines massiven komplementären Ressourcenangebots basiert, für zukünftige Generationen einen reduzierten Wert besitzt, wenn nicht gleichzeitig eine komplementäre Ressourcenbasis in akzeptabler Form vererbt wird.[269] Abgesehen von der Distributionsfrage hinsichtlich des (monetären) Wertes des intergenerationellen Erbes kann die Einhaltung der Sparregel für schwache Nachhaltigkeit außerdem in keiner Weise sicherstellen, daß der resultierende Scale der Ökonomie mit dem langfristigen Überleben der Menschheit vereinbar ist.

Somit ergibt sich aus der komplementären Stellung des Naturkapitals das *Konzept der strengen Nachhaltigkeit*, wonach das Naturkapital in physischer Form und separat von den anderen Transferleistungen konstant bzw. intakt zu halten ist.[270] Ein physischer Maßstab für Naturkapital wird einer monetären Bewertung vorgezogen, da ein konstanter Geldwert für Naturkapital mit einer sukzessiven Naturzerstörung vereinbar ist und vollkommene Märkte für Naturressourcen nicht existieren.[271] Eine strenge Auslegung dieses Konzepts verlangt, daß die verschiedenen Bestände von Natur- und Prozeßressourcen jeweils separat intakt gehalten werden. Für alle erneuerbaren Ressourcen ist daher die erste Managementregel einzuhalten, daß die Ausbeutungsrate von nachwachsenden Ressourcen ihre Regenerationsrate nicht übersteigt, während für den Erhalt der Prozeßressourcen und der Senkenfunktion die zweite Regel gilt, die den Reststoffeintrag begrenzt. Problematisch ist das Konzept der strengen Nachhaltigkeit für nicht-erneuerbare Ressourcen, denn eine Nutzung dieser Ressourcen ist unabänderlich mit einer Bestandsreduzierung verbunden, so daß eine nachhaltige Nutzung von nicht-erneuerbaren Ressourcen im strengen Sinne unmöglich ist.[272]

Um die Nutzung von nicht-erneuerbaren Ressourcen nicht vollkommen auszuschließen, wurde von ökologischen Ökonomen ein Kompromißkonzept vorgeschlagen, das einerseits die allgemeine Komplementaritätsbeziehung von menschengemachtem Kapital und Naturkapital berücksichtigt und andererseits die bestandsreduzierende Nutzung von nicht-erneuerbaren Ressourcen unter der Bedingung zuläßt, daß Kompensationen geleistet werden, die den Dienstleistungsstrom des Naturkapitals erhöhen. Dieses sogenannte *Konzept der Quasi-Nachhaltigkeit* rückt damit von der statischen Forderung nach einem konstanten Naturkapital*bestand* zugunsten einer eher dynamischen Forderung ab, daß der Dienstleistungs*strom*, der vom Naturkapital erbracht wird, erhalten bleiben muß.[273] Somit bekommen auch die neoklassischen Konzepte der Substitution und des ressourcenvermehrenden technischen Fortschritts eine gewisse, wenn auch begrenzte Bedeutung zugesprochen. In der Literatur werden drei Kompensationsmöglichkeiten für die Nutzung nicht-erneuerbarer Ressourcen vorgeschlagen.

1. Die Ausbeutung einer nicht-erneuerbaren Ressource muß direkt mit Investitionen verknüpft sein, die zu einer *zusätzlichen* Bereitstellung von erneuerbaren Ressourcen als angemessene Substitute führen, so daß nach der Erschöpfung der nicht-erneuerbaren Ressourcenbestände der Dienstleistungsstrom aus der Natur mit Hilfe der erneuerbaren Substitute in gleichem Maße aufrechterhalten werden kann.[274] Diese Kompensationsleistung für die Nutzung von

269 Vgl. Daly 1991d: S. 143.

270 Vgl. Daly/Cobb 1989: S. 72, Daly 1990a: S. 4, Vornholz 1995: S. 101 und Nutzinger/Radke 1995a: S. 25-26.

271 Vgl. Victor 1991: S. 203-204 . Ein physischer Maßstab ist jedoch auch nicht unproblematisch, da er lediglich Quantitäten mißt und Qualitäten vernachlässigt und eine Aggregation aufgrund der Heterogenität des Naturkapitals nicht möglich ist. Vgl. Victor 1991: S. 203-204, Pearce/Turner 1990: S. 53, Harte 1995: S. 159 und Vornholz 1995: S. 102.

272 Vgl. Daly 1990a: S. 1990a: S. 4, Nutzinger/Radke 1995b: S. 248-249 und Harte 1995: S. 159.

273 Vgl. Daly 1990a: S. 4, Nutzinger/Radke 1995a: S. 15 und Nutzinger/Radke 1995b: S. 248-252.

274 Vgl. Daly 1990a: S. 4, Daly 1991a: S. 45, Pearce/Turner 1990: S. 45, Minsch 1993: S. 40-41, Nutzinger/

nicht-erneuerbaren Ressourcen beinhaltet verschiedene Komponenten:

1a) es sind die Voraussetzungen zu schaffen, daß die Ernte von erneuerbaren Ressourcen erhöht werden kann (durch Ausdehnung der landwirtschaftlich genutzten Fläche, Verbesserung der Produktivität in der Nutzung der erneuerbaren Ressourcen oder Erhöhung der Flächenproduktivität);

1b) das Wissen über geeignete erneuerbare Substitute muß entweder vorhanden sein oder eventuell noch erforscht werden;

1c) es sind eventuell neue Technologien oder aber technologische Anpassungen erforderlich, um das erneuerbare Substitut zu produzieren und anzuwenden; und

1d) es ist eventuell ein vollkommen neuer Kapitalstock sukzessive aufzubauen, der es erlaubt, daß das erneuerbare Substitut nach Erschöpfung der nicht-erneuerbaren Ressource in gleichem Umfang produziert werden kann und zum Einsatz kommt wie zuvor die nicht-erneuerbare Ressource. Als Prozedere der Finanzierung für einen solchen Substitutionsprozeß schlug DALY vor, die jährlichen Nettoeinnahmen aus der Veräußerung einer nicht-erneuerbaren Ressource in einen konsumierbaren Einkommensanteil und einen Investitionsanteil zur Realisierung des Substitutionsprozesses aufzuteilen. Der Investitionsanteil wird genutzt für die Entwicklung und den Aufbau einer erneuerbaren Ressourcenbasis und er wird in einer Weise bemessen, daß die Erträge aus der neuen Ressourcenbasis zum Zeitpunkt der Erschöpfung der nicht-erneuerbaren Ressource dem jährlichen früheren Einkommensanteil aus der nicht-erneuerbaren Ressource entspricht. In dieser Weise läßt sich der zeitlich begrenzte monetäre Einnahmestrom aus der Ausbeutung einer nicht-erneuerbaren Ressource in einen unendlichen monetären Einnahmestrom umwandeln, der auf der Bewirtschaftung erneuerbarer Ressourcen beruht.[275]

Diese Art der Kompensation ist sehr weitgehend und eine Nutzung von nicht-erneuerbaren Ressourcen, die an diese Kompensationsbedingung geknüpft ist, kann als nachhaltig bezeichnet werden, weil einerseits die ökonomische Funktion der nicht-erneuerbaren Ressource und auch der Umfang ihrer Nutzung nach ihrer Erschöpfung nicht verloren geht und andererseits auch die Einkommensquelle, die mit der Ausbeutung und Anwendung der nicht-erneuerbaren Ressource verbunden ist, langfristig gesichert wird. Grenzen für diese Art der Kompensation bestehen in langer Frist aufgrund von zwei Schwierigkeiten: a) die natürliche Produktionsfunktion i. e. S. ist begrenzt und daher ist eine beliebige Ausweitung im Ertrag der erneuerbaren Ressourcen nicht möglich; und b) sind möglicherweise nicht alle nicht-erneuerbaren Ressourcen oder nicht alle ihrer Funktionen durch erneuerbare Ressourcen substituierbar.[276]

2. Die Ausbeutung einer nicht-erneuerbaren Ressource muß ausgeglichen werden durch eine kontinuierliche Senkung der Ressourcennutzung durch veränderte Konsummuster oder durch eine gleichwertige Erhöhung des Ressourcennutzungspotentials durch technischen Fortschritt. Für letzteren Fall sind somit kontinuierliche Investitionen in Forschung & Entwicklung und in neue Kapitalgüter erforderlich, damit die Rate des ressourcenvermehren-

275 Vgl. Daly 1991a: S. 45 und Daly/Cobb 1989: S. 73-74. DALY bezieht sich bezüglich dieses Finanzierungsvorschlages auf die Ausführungen von EL SERAFY (1989), der ein sogenanntes „Nutzerkosten-Konzept" entwickelte, um die Einnahmen aus der Ausbeutung von nicht-erneuerbaren Ressourcen angemessen in der Volkswirtschaftlichen Gesamtrechnung zu berücksichtigen. In ähnlicher Weise schlagen NUTZINGER und RADKE (1995b) zur Finanzierung des Substitutionsprozesses mit Verweis auf die HARTWICK-Regel vor, daß die Renten aus der Ausbeutung von nicht-erneuerbaren Ressourcen zu nutzen sind, um eine alternative, auf erneuerbaren Ressourcen beruhende Technologie zu entwickeln. Vgl. Nutzinger/Radke 1995b: S. 252.

276 Vgl. Victor 1991: S. 210 und Vornholz 1995: S. 106.

den technischen Fortschritts nie geringer wird als die Rate der Ressourcenausbeutung.[277] Diese Art der Kompensation durch ressourcenvermehrenden technischen Fortschritt ist abgeleitet aus der neoklassischen Theorie und wie bereits ausgeführt, ist sie in langer Frist thermodynamischen Begrenzungen unterworfen, so daß diese Kompensationsmöglichkeit lediglich als mittelfristige Lösung aufzufassen ist.

3. Die Ausbeutung einer nicht-erneuerbaren Ressource ist zu kompensieren durch Investitionen in die Nutzbarmachung bisher nicht genutzter reichlich vorhandener nicht-erneuerbarer Substitute, um hinsichtlich des Übergangs zu erneuerbaren Substituten einen Zeitgewinn zu erreichen.[278]

Diese drei Kompensationsmöglichkeiten, die für ein Konzept der Quasi-Nachhaltigkeit vorgeschlagen wurden, beinhalten in jedem Fall, daß die Nutzung nicht-erneuerbarer Ressourcen verbunden ist mit einem kompensierenden intergenerationellen Transfer in Form von neuem Wissen, neuer Technologie und neuem Kapital, wodurch entweder eine effizientere Ressourcennutzung oder die Nutzung einer noch reichlich vorhandenen alternativen Ressource ermöglicht wird. Die Kompensationsmöglichkeiten zwei und drei entspringen aus der neoklassischen Theorie und beziehen sich auf die effizientere oder alternative Nutzung von nicht-erneuerbaren Ressourcen. Sie sind nur als mittelfristige Kompensationsleistungen bzw. als Zeitgewinn zu begreifen, um in langer Frist den Prozeß der Substitution von nicht-erneuerbaren Ressourcen durch erneuerbare Ressourcen im Sinne der ersten Kompensationsmöglichkeit zu realisieren. Aus diesen Überlegungen ergibt sich die präzisierte dritte Managementregel für eine quasi-nachhaltige Nutzung von nicht-erneuerbaren Ressourcen:

Dritte Managementregel für Quasi-Nachhaltigkeit: *Nicht-erneuerbare Ressourcen sind in einer Weise zu nutzen, daß ihr ökonomisches Potential erhalten bleibt. Die Nutzungsrate von nicht-erneuerbaren Ressourcen darf daher nicht höher sein als*

⇒ *die Rate ihrer Substitution durch (zusätzliche) erneuerbare Ressourcen oder*

⇒ *die Rate der Erhöhung der Ressourcenproduktivität durch technischen Fortschritt und Ressourceneinsparung oder*

⇒ *die Rate ihrer Substitution durch noch reichlicher vorhandene nicht-erneuerbare Ressourcen.*[279]

Diese dritte Managementregel hat in der Literatur eine breite Anerkennung erfahren[280], was nicht zuletzt darauf zurückzuführen ist, daß es sich um ein Konzept handelt, das sowohl wesentliche Erkenntnisse der neoklassischen als auch der ökologischen Ökonomen reflektiert.

---

277 Vgl. Pearce/Turner 1990: S. 45, Minsch 1993: S. 39-40, Nutzinger/Radke 1995b: S. 251-252, Vornholz 1995: S. 109 und Tacconi/Bennett 1995: S. 219.

278 Vgl. Nutzinger/Radke 1995b: S. 252.

279 Vgl. Daly 1990a: S. 4, Costanza 1991b: S. 76, Minsch 1993: S. 41-42, Nutzinger/Radke 1995b: S. 249-251, Vornholz 1995: S. 104-105.

280 Vgl. zum Beispiel für den Bereich der deutschen Politikberatung: Enquete Kommission Schutz des Menschen und der Umwelt im Deutschen Bundestag (EK-SMU) 1993: S. 25-26 und 1994: S. 47-51 sowie Rat von Sachverständigen für Umweltfragen (RSU) 1994: S. 47 und 84.

3.3.3 Nicht-erneuerbare Ressourcen in der thermodynamischen Schule

In diesem Kapitel wird die besondere Bedeutung der nicht-erneuerbaren Ressourcen innerhalb der thermodynamischen Schule thematisiert. Auf einer sehr abstrakten Theorieebene werden als erstes die thermodynamischen Zusammenhänge zwischen Energie und Materie und ihre Bedeutung für die langfristige Nutzung nicht-erneuerbarer Ressourcen diskutiert. Danach werden aus einer konkreteren Makroperspektive die Interdependenzen von Rohstoffnutzung und Umweltverschmutzung aufgezeigt. Abschließend werden Methoden und Indikatoren vorgestellt, die im Rahmen der Nachhaltigkeitsdiskussion von thermodynamisch orientierten Theoretikern vorgeschlagen wurden.

3.3.3.1 Der Zusammenhang von Materie und Energie

Hinsichtlich der Ressourcenfunktion der Natur wurde bisher unterschieden zwischen erneuerbaren und nicht-erneuerbaren Ressourcen als Quellen von niedriger Entropie. In diesem Unterkapitel werden die beiden Niedrigentropiequellen noch etwas genauer aus thermodynamischer Perspektive charakterisiert, um sowohl ihre Beziehung zueinander als auch ihr Verhältnis zu den beiden Formen niedriger Entropie – Materie und Energie – aufzuzeigen.

Nicht-erneuerbare Ressourcen sind die geologischen Ressourcenbestände der Erde, die aus analytischer Sicht in fossile und nichtfossile geologische Ressourcen unterteilt werden können. Bei den fossilen Ressourcen wie Öl, Gas und Kohle handelt es sich um abgestorbene lebende Materie, die in einem Jahrmillionen währenden Prozeß entstanden sind, und die in Form konzentrierten Kohlenstoffs einen hochwertigen Ressourcenbestand bilden, der sowohl energetisch als auch materiell nutzbar ist.[281] Da es sich um organische Materie handelt, sind fossile Ressourcen im Prinzip erneuerbar. Sie werden aber als nicht-erneuerbar bezeichnet, da der Zeitrhythmus ihrer Erneuerung den ökonomischen Planungshorizont der Menschen um etliche Zehnerpotenzen überschreitet. Bei den nichtfossilen geologischen Ressourcenbeständen der Erde handelt es sich um die „Urmaterie", die seit Entstehung der Erde ihre materielle Struktur bildet, und die teilweise in einer Konzentration vorliegt, die eine ökonomische Nutzung erlaubt.

Unter dem Begriff *erneuerbare Ressourcen* werden alle energetischen und materiellen Niedrigentropiequellen zusammengefaßt, die sich als Resultat der kontinuierlichen Einstrahlung von Sonnenenergie ergeben und die im Prinzip solange erneuert werden können, solange die Sonne existiert. Zu den erneuerbaren Ressourcen zählen einerseits alle nichtmateriellen physischen Erscheinungsformen und -kräfte, die sich aus der Sonneneinstrahlung ergeben, wie z. B. alle Formen der Wind- und Wasserbewegung, die energetisch genutzt werden können. Andererseits gehören alle irdischen Lebensformen, die von Menschen materiell oder energetisch genutzt werden, zu den erneuerbaren Ressourcen. Die irdische Oberfläche und der fruchtbare Boden haben für die Nutzung von erneuerbaren Ressourcen eine grundlegende Bedeutung. Der fruchtbare Ackerboden ist die unentbehrliche Basis für pflanzliches Wachstum und er stellt das Medium dar, das die Sonnenenergie „einfängt" und damit Leben an sich und die Nutzung von lebendigen Ressourcen erst möglich macht. Aber auch der weniger fruchtbare Teil der irdischen Oberfläche ist hinsichtlich der erneuerbaren Ressourcen bedeutsam, denn er

281 Fossile Ressourcen sind besonders in energetischer Hinsicht extrem hochwertig. So entspricht beispielsweise die thermische Energie aus der Verbrennung von 1 kg Kohle der mechanischen menschlichen Arbeitskraft von 40 Arbeitsstunden. Vgl. Dürr 1995: S. 156.

stellt weiteren Raum für alle Lebensformen zur Verfügung und auch ihn erreicht Sonneneinstrahlung, die direkt genutzt werden kann.[282]

Obwohl diesen beiden Niedrigentropiequellen gemeinsam ist, daß sie zusammen die materielle und energetische Ressourcenfunktion der Natur erfüllen, so stehen sie hinsichtlich ihres allgemeinen Charakters und der Formen ihrer Nutzung in einem asymmetrischen Verhältnis zueinander. Die Sonneneinstrahlung auf der Erde ist nicht sehr konzentriert, sondern sie verteilt sich diffus über die gesamte Erdoberfläche. Weiterhin hat sie den Charakter eines Fund-Produktionsfaktors, denn ihre Energiedienstleistung erreicht die Erde sukzessive in exogen vorgegebenen Zeitrhythmen und genau wie menschliche Arbeitskraft kann auch die Sonnenenergie der Zukunft nicht schon in der Gegenwart genutzt werden.[283] Wie bereits erwähnt, ergibt sich aus diesem Zeitrhythmus der Sonneneinstrahlung eine absolute Begrenzung hinsichtlich der Ressourcenfunktion der erneuerbaren Ressourcen. Ganz anders sieht es bei den nicht-erneuerbaren Ressourcenbeständen aus: sie liegen in relativ konzentrierter Form in verschiedenen Lagerstätten der Erde vor, und sie stellen im ökonomischen Prozeß die eigentlichen Strom-Produktionsfaktoren dar, da sie vollends in das Endprodukt eingehen und zusätzlich noch in kontrollierbarer Menge und fast ohne zeitliche Restriktion einsetzbar sind. Aus diesen Unterschieden erklärt sich, warum nicht-erneuerbare Ressourcen im ökonomischen Prozeß vorgezogen werden, denn das ökonomische Zeitmanagement und das Wachstumspotential ist mit schnell verfüg- und einsetzbaren nicht-erneuerbaren Ressourcen wesentlich besser als bei erneuerbaren Ressourcen, deren Verfügbarkeit von natürlichen Zeitzyklen und von den Unwägbarkeiten des Wetters abhängt.[284]

Doch die Nutzung von nicht-erneuerbaren Ressourcenbeständen als Niedrigentropiequelle hat gegenüber der Nutzung der Sonneneinstrahlung zwei gewichtige Nachteile. *Erstens* ist mit der Nutzung von geologischen Ressourcen eine große Belastung der Natur verbunden, da die letztlich nicht vermeidbare disperse Verteilung vieler nicht-erneuerbarer Ressourcen nicht durch natürliche Assimilation abgebaut oder durch Absorption unschädlich gemacht werden kann und daher toxisch auf lebende Organismen wirkt. Die Feinverteilung von erneuerbaren Ressourcen ist hingegen weniger problematisch, da organische Stoffe im Kreislauf der Natur assimiliert werden, sofern eine gewisse Eintragsmenge nicht überschritten wird. Außerdem ist die irdische Sonneneinstrahlung materiell verschmutzungsfrei, da die zugrundeliegenden materiellen Dispersionsprozesse in der Sonne stattfinden.[285] *Zweitens* sind nicht-erneuerbare Ressourcen nur als absolut begrenzter Bestand in einer ökonomisch nutzbaren konzentrierten Form verfügbar und können relativ schnell verbraucht werden. Dementgegen wird die Sonne noch weitere vier bis fünf Milliarden Jahre scheinen und das Wachstum von erneuerbaren Ressourcen ermöglichen. Das ist ein Zeitraum, der angesichts der Kürze ökonomischer Planungshorizonte als quasi-unendlich einzustufen ist. Daraus ergibt sich, daß im Vergleich der beiden absoluten Knappheiten in der Ressourcenfunktion der Natur die erneuerbaren Ressourcen die

---

282 In der Diskussion um die Bedeutung der einzelnen Produktionsfaktoren hebt GEORGESCU-ROEGEN die einzigartige Fähigkeit des Produktionsfaktors Boden hervor, Fruchtbarkeit hervorzubringen. Er schreibt dem Boden die aktive Rolle eines Fund-Produktionsfaktors zu, da er den Niedrigentropiestrom der Sonne auffängt und ihn produktiv umwandelt. Vgl. Georgescu-Roegen 1971a: S. 233.

283 GEORGESCU-ROEGEN stuft die Sonneneinstrahlung jedoch als Stromfaktor ein, da sie ähnlich wie andere natürliche Ressourcen vollends in das (z. B. landwirtschaftliche) Endprodukt eingeht. Sie unterscheidet sich von den anderen Strömen lediglich dadurch, daß ihr Strom nicht beeinflußbar ist. Vgl. Georgescu-Roegen 1971a: S. 232 und Georgescu-Roegen 1976: S. 25.

284 Vgl. Georgescu-Roegen 1971a: S. 296-297, Georgescu-Roegen 1976: S. 25-27, Daly 1979: S. 74, Daly 1991d: S. 23 und Binswanger 1994: S. 179-180.

285 Vgl. Georgescu-Roegen 1971a: S. 305-306, Daly 1979: S. 75 und Binswanger 1994: S. 180.

reichlicher verfügbare Quelle niedriger Entropie bilden.[286] Um diesen Umstand etwas zu verdeutlichen, sei einerseits darauf verwiesen, daß das energetische Äquivalent aller bekannten und *jemals* vorhandenen fossilen Ressourcenbestände auf der Erde lediglich der irdischen Sonneneinstrahlung von etwa zwei Wochen entspricht, während andererseits der globale Energieverbrauch von 1990 gerade einmal den 13.700sten Teil der *täglichen* Sonneneinstrahlung ausmacht.[287]

Während diese Zusammenhänge relativ unumstritten sind, gibt es eine weitere Asymmetrie zwischen den Niedrigentropiequellen, deren Interpretation die Anhänger der thermodynamischen Schule faktisch in zwei Lager spaltet. Es handelt sich um die Deutung der unterschiedlichen energetischen und materiellen Grundlagen der beiden Formen niedriger Entropie. Bei nicht-erneuerbaren Ressourcen handelt es sich um eine niedrig-entropische Quelle, die sich auf einem absolut begrenzten nicht-erneuerbaren irdischen Materiebestand gründet, während erneuerbare Ressourcen energetisch auf der exogenen Sonneneinstrahlung basieren und materiell auf die nicht-erneuerbaren Ressourcen im Boden angewiesen sind, die im Prozeß der Photosynthese in organische Materie umgewandelt werden. Der Disput innerhalb der thermodynamischen Schule ergibt sich um die Frage, ob für ökonomische Entwicklung Energie oder Materie der limitative Faktor ist.

Die „Energetiker" argumentieren, daß Energie eine aktive Rolle übernimmt, indem mit ihrer Hilfe die passive Materie stets kontrolliert organisiert werden kann, so daß letztlich trotz der absolut begrenzten Materieverfügbarkeit die organisierende Kraft der Energie der letztlich begrenzende Faktor der natürlichen Ressourcenfunktion ist.[288] Es wird behauptet, daß die Verfügbarkeit von Energie ausschlaggebend für die Lösung bzw. Überwindung von ökonomischen Problemen und Knappheiten ist. Energie wird damit zum Maß aller Dinge, da ohne sie nichts funktionieren kann und mit einer hohen Energieverfügbarkeit fast alle Grenzen überwindbar sind. Zur Illustration dieses Standpunktes seien drei Zitate angeführt. Im ersten wird dargelegt, daß materielle Begrenzung zumeist nur eine Form energetischer Begrenzung ist:

> *„The most important point about energy and its relation to other resources in both biological and economic systems is [...] that every material (and most nonmaterial) resource has an associated energy cost, so that every potentially limiting resource is limiting in part because its energy cost is too high. [...] a plant is often considered nitrogen limited, for the addition of nitrogen increases that plant's growth. But even a plant in a nitrogen-limited environment is surrounded by many billions of atoms of nitrogen. The limitation is equally the energy required to pump nitrogen against the steep nitrogen gradient that exists between the plant's cells and the soil. Likewise, if water is limiting, energy could be used to gain water by greater mechanical pumping [...]. Each of these materials is certainly limiting, but each is also limited by energy, for if energy is available, it can be diverted to reducing the effects of most limitations."*[289]

Einige Seiten später betonen dieselben Autoren die enorme Bedeutung von Energie im Vergleich zu allen anderen ökonomischen Gütern und Dienstleistungen:

---

286 Vgl. Georgescu-Roegen 1976: S. 26 und Daly 1979: S. 74.

287 Vgl. Dürr 1995: S. 157-160.

288 Den passiven Charakter der Materie betont z. B. KÜMMEL (1989): *„Materials are considered as passive partners of the production process which do not actively contribute to the generation of value added."* (S. 167) Mit diesem Argument legitimiert Kümmel sein modelltheoretisches Vorgehen, Materie nicht in der ökonomischen Produktionsfunktion zu berücksichtigen.

289 Hall/Cleveland/Kaufmann 1986: S. 8.

„If we were to remove any of the principal commodities, say iron ore, fertilizers, or trees, the economy would continue to function, although [...] very differently. If energy were removed from the economy, however, it would cease to exist once storages were used up. The highly ordered, low-entropy aggregates of elements that we call economic goods, and the motions we call services, would dissipate into functionless, more random patterns without a steady input of high-quality energy.“[290]

Schließlich ein Zitat, das aus „energetischer“ Sicht eine Lösung für die Umweltverschmutzung aufzeigt:

„The [...] environmental situation would improve very much if societies were willing to exhaust the energy savings potentials [...] and to transform chemical and radioactive pollution into a thermal one by investing in purification plants [...] and providing the energy required for their operation. The environmental benefit is obvious because heat is (still) the most benign form of pollution.“[291]

Der energetische Ansatz weist ein wesentliches Problem auf, das in allen drei Zitaten wiederzufinden ist. Das Problem besteht *nicht* darin, daß die Bedeutung der Energie betont wird, sondern daß sie *übermäßig* betont wird und ihr geradezu eine allmächtige Position eingeräumt wird, während andere Faktoren sehr stark in den Hintergrund gedrängt werden. Im ersten Zitat wird das Beispiel aus der Biologie genannt, daß Stickstoff für eine Pflanze der begrenzende Faktor für ihr Wachstum ist, und daß eigentlich nur zusätzliche Energie fehle, um die noch existierenden Stickstoffmoleküle aus dem Boden zu pumpen. Wie im Kapitel 3.1 ausgeführt, können Pflanzen nur durchschnittlich etwa 1% der Sonneneinstrahlung nutzen, so daß also 99% ungenutzt bleiben. Begrenzend ist daher in diesem Fall *gerade nicht* die Energie, sondern es ist die „Technologie“ der Pflanze, die bestimmt, wieviel Stickstoff aus einem Boden aufgenommen werden kann. Im zweiten Zitat wird suggeriert, daß alle ökonomischen Güter ersetzbar sind, nur Energie nicht. Doch unerwähnt bleibt, daß der wirtschaftliche Prozeß ohne Materie ebenfalls nicht existieren kann. Im dritten Zitat wird darauf aufmerksam gemacht, daß das Resultat aus der Dissipation von Energie, Hitze, weniger globale Umweltprobleme aufwirft als die Umweltverschmutzung durch Dispersion von Materie.[292] Diese Form des limitativen Charakters von Materie wird durch die wahrlich abenteuerliche Unterstellung als überwindbar dargestellt, daß radioaktive oder chemische Verschmutzung durch Einsatz von Energie in reine Wärme umwandelbar sei.

Der allgemeine Tenor der Energetiker lautet also: Mit Energie ist fast alles möglich, insbesondere aber die vollkommene Kontrolle von Materie, sei es bei der Bewältigung der Umweltverschmutzung oder bei der Realisierung eines hundertprozentigen Recyclings. Es erübrigt

---

290 Hall/Cleveland/Kaufmann 1986: S. 21.

291 Kümmel 1989: S. 177.

292 KÜMMEL führt aus, daß die Grenze für anthropogene Energiedissipation auf der Erde, ab der eine Veränderung des globalen Klimas zu befürchten steht, bei $3*10^{14}$ Watt liegt, während der globale Energieverbrauch derzeit etwa $9*10^{12}$ Watt beträgt. Eine globale Gefahr entstände entsprechend erst ab einem globalen Energieverbrauch, der um mehr als den Faktor 30 über dem heutigen liegt. Vgl. Kümmel 1989: S. 162. Der genannte Wert für diese Hitzegrenze der Erde ist allerdings nicht unumstritten. Der Physiker Hans-Peter Dürr benennt $8*10^{12}$ Watt als maximalen Wert der menschlichen Energienutzung und impliziert damit, daß die Hitzegrenze der Erde bereits überschritten sei. Vgl. Dürr 1995: S. 162. Um Verwirrungen entgegenzuwirken sei hier betont, daß in der heutigen Diskussion um den Treibhauseffekt die Hauptursache für die Erderwärmung in der *materiellen* Dispersion von fossilen Ressourcen gesehen wird und nicht in der übermäßigen Energienutzung.

sich nahezu die Bemerkung, daß die Energetiker die Übertragung des Entropiegesetzes auf Materie im Sinne von GEORGESCU-ROEGEN strikt ablehnen.

Die Gegenposition zu den Energetikern vertreten innerhalb der thermodynamischen Schule insbesondere GEORGESCU-ROEGEN und DALY sehr vehement. Im Zentrum ihrer Argumentation steht das in Kapitel 3.2.2 vorgestellte „4. Gesetz der Thermodynamik" von GEORGESCU-ROEGEN. Obwohl dieses 4. Gesetz nicht durch eine physikalische Theorie der Materie abgesichert ist, argumentiert GEORGESCU-ROEGEN, daß ein vollkommenes Recycling von dispergierter Materie unendlich viel Zeit benötigen würde und daher nicht praktikabel ist. Er unterstützt sein Argument mit einem Zitat des berühmten deutschen Physikers und Nobelpreisträgers MAX PLANCK, der in seinem Werk „Theorie der Wärme" feststellte:

> *„... neither a gas nor a liquid nor a solid body can ever be completely freed from the last traces of foreign contaminating substances."*[293]

Das bedeutet, daß selbst bei hoher Energieverfügbarkeit der Kontrolle über Materie physikalische Grenzen gesetzt sind. Daher sind weder alle Moleküle eines Elements aus einem Erz ausbeutbar, noch ist vollkommenes Recycling oder vollkommene Dekontamination der Umwelt möglich.

DALY macht zusätzlich darauf aufmerksam, daß die Tatsache, ob das 4. Gesetz nun physikalisch gesehen korrekt ist oder nicht, für das ökonomische Argument überhaupt nicht notwendig ist. Er betont, daß für jeden Recyclingprozeß ökonomische Grenzen in Form von aufzuwendendem Faktoreinsatz von Arbeit, Kapital, Energie, Zeit und anderer Materie bestehen. Es wird daher seines Erachtens nach niemals ökonomisch lohnend sein, die dispergierten Reifenreste von den Autobahnen dieser Welt zu kratzen, ganz abgesehen davon, daß auch dieser Prozeß nicht ohne Materieverschleiß möglich ist.[294]

Unter der Grundannahme, daß Dispersion von Materie nicht rückgängig gemacht werden kann, ergibt sich, daß hinsichtlich der natürlichen Ressourcenfunktion die materiellen Ressourcen letztlich die begrenzenden Faktoren für ökonomische Entwicklung sind. Da die Erde energetisch offen aber materiell geschlossen ist, wird der Verschleiß von Materie irgendwann zu den ersten natürlichen Ressourcenknappheiten führen.[295] Diese Verknappung von Materie wird auch nicht durch Energie kompensierbar sein, da trotz der Einsteinschen Gleichung $E=mc^2$ Materie nicht aus Energie herstellbar ist, sondern lediglich Energie unter bestimmten Bedingungen aus Materie gewonnen werden kann.[296]

GEORGESCU-ROEGEN und DALY kritisieren am energetischen Ansatz, daß Energie zur einzigen relevanten Größe gemacht wird, an der alles andere gemessen wird, und daß auf diese Weise eine Art thermodynamische Werttheorie begründet wird. Sie halten dem entgegen, daß Energie und Materie zwei Arten von niedriger Entropie sind, für die kein gemeinsamer Nenner existiert. Sie räumen ein, daß das Konzept der Nettoenergie sinnvoll sein mag, um zu ermitteln, ob in der Energiegewinnung mehr Energie eingesetzt als gewonnen wird und ohne Frage ist der Energieeinsatz im Bergbau ein hilfreicher physischer Verknappungsindikator. Doch neben Energie werden in jedem Fall immer auch materielle Ressourcen komplementär eingesetzt, die ebenso zu berücksichtigen sind. Schließlich wird betont, daß selbst in dem hypotheti-

---

293 Max Planck (1932), Theory of Heat, zitiert nach Georgescu-Roegen 1979: S. 1039.

294 Vgl. Daly 1992b: S. 92-93. Ohne Bezug auf das 4. Gesetz betonen auch FABER, NIEMES und STEPHAN, daß Recycling aufgrund des notwendigen Faktoreinsatzes eine Mindestkonzentration erfordert. Vgl. Faber/Niemes/Stephan 1983: S. 169-172.

295 Vgl. Georgescu-Roegen 1976: S. 25+33 und Georgescu-Roegen 1979b: S. 1049-1050.

296 Vgl. Georgescu-Roegen 1976: S. 11 und Georgescu-Roegen 1977: S. 305.

schen Fall, daß ein einheitliches Entropiemaß für Materie und Energie existierte, der ökonomische Wert nicht allein aus dem Entropiewert ermittelt werden könnte, da der Materie- und Energieinhalt nichts über die Knappheit eines Produktes aussagt. Daher kann für die relative ökonomische Wertbestimmung auf Daten über Angebot und Nachfrage eines Produktes nicht verzichtet werden.[297]

Im Gegensatz zur energetischen Sichtweise erschwert die Wahrnehmung von Energie und Materie als heterogene Formen niedriger Entropie ohne einheitlichen Maßstab die Bewertung von ökonomischen Prozessen aus thermodynamischer Sicht ganz erheblich. Aus einer energetischen Perspektive könnte z. B. eine technische Innovation beurteilt werden nach dem Primärenergieverbrauch der alten und der neuen Technik, inklusive des Energieeinsatzes für die Dekontamination der Umwelt. Verglichen würden in diesem Fall jeweils der Energieverbrauchswert der beiden Techniken und eine Entscheidung wäre schnell gefallen, sofern die Dissipation von Energie als unproblematisch gewertet wird. Eine innovative Technik wäre dann aus thermodynamischer Sicht als erfolgreich einzuschätzen, wenn der Energieverbrauchswert der neuen Technik geringer ist.

Im Kontrast dazu führt die getrennte Betrachtung von Energie und Materie nach GEORGESCU-ROEGEN zu mindestens fünf Bewertungskategorien: Als Inputs aus der Natur erhält das ökonomische System niedrig-entropische Energie und niedrig-entropische Materie, während es dissipierte Energie und dispergierte Materie als Output an die Natur zurückgibt und ebenso nichtdispergierten, also konzentrierten Abfall, der teilweise recycelt werden kann.[298] Somit wäre ein thermodynamischer Bewertungsprozeß zweier Techniken ungleich komplizierter und ohne ein Bewertungsmuster ließe sich eine Technikbewertung überhaupt nicht vornehmen. Dieses Problem beginnt bereits bei Vorliegen von zwei Parametern. Ohne Informationen über die relativen Knappheitsverhältnisse läßt sich keine fundierte Aussage darüber treffen, ob eine Produktionstechnik, die relativ viel Energie aber wenig Materie dissipiert, einer alternativen Technik, die relativ viel Materie und wenig Energie verbraucht, über- oder unterlegen ist.[299]

Eine zusätzliche Komplikation ergibt sich daraus, daß im Gegensatz zur Energie für die verschiedenen Formen von Materie kein homogener gemeinsamer Nenner, also kein gemeinsamer Maßstab existiert, da einerseits Materie verschiedene Eigenschaften besitzt (Haltbarkeit, Korrosionsbeständigkeit, Festigkeit etc.) und andererseits die Dispersion von Materie in verschiedenen Natursystemen unterschiedliche Wirkungen hervorbringen kann. Es läßt sich also weder objektiv und allgemein feststellen, welche Menge Metall aus thermodynamischer Sicht welcher Menge Holz entspricht, noch läßt sich allgemein sagen, in welchem Verhältnis verschiedene dispergierte Stoffe hinsichtlich möglicher ökologischer Wirkungen zueinander stehen. Derartige Feststellungen sind nur ermittelbar, wenn die genauen Umstände der Materieverwendung bzw. des Reststoffeintrags in die Natur bekannt sind. Somit ergibt sich aus der qualitativen Vielfalt der materiellen niedrigen Entropie ein erhebliches Problem in bezug auf die thermodynamische Bewertung von ökonomischen Dispersionsprozessen, da im Prinzip jede Form von konzentrierter Materie als Input als auch jede Form von dispergierter Materie oder Abfall als einzeln aufzuführender Bewertungsparameter zu berücksichtigen wäre.[300]

Aus der Erkenntnis, daß Materie hinsichtlich der natürlichen Ressourcenfunktion den limitativen Faktor für ökonomische Entwicklung darstellt, zieht GEORGESCU-ROEGEN den Schluß,

---

297 Vgl. Georgescu-Roegen 1979b: S. 1025, 1040-1049 und Daly 1991d: S. 25.

298 Vgl. Georgescu-Roegen 1977: S. 306-310.

299 Vgl. Georgescu-Roegen 1979b: S. 1049-1050.

300 Vgl. Georgescu-Roegen 1977: S. 308-310 und Daly 1991d: S. 91.

daß die Überlebenszeit der Menschheit eindeutig endlich ist und durch jede Form dispergierender Materienutzung verkürzt wird. Jedes heute produzierte Auto bedeutet einen potentiellen Pflug der Zukunft weniger und dezimiert damit die Bevölkerungszahl der Zukunft. In einer einfachen Rechnung demonstriert GEORGESCU-ROEGEN die Endlichkeit menschlicher Existenz: Sei S die absolute Menge an materieller niedriger Entropie, die der Menschheit insgesamt zugänglich sein kann (inklusive aller Formen technischen Fortschritts), r die Rate materieller Dispersion pro Periode und t die Überlebensdauer der Menschheit, so gelte:[301]

$$S = r \cdot t \qquad (41)$$

Natürlich ist diese Formel statischer Natur und GEORGESCU-ROEGEN weist darauf hin, daß im derzeitigen Prozeß der Industrialisierung alles darauf hindeutet, daß der Wert für r durch Wachstum von Produktion und Bevölkerung immer weiter erhöht wird, wodurch letztlich die Überlebensdauer der Menschheit weiter sinkt. Auch der technische Fortschritt ist nicht als Beitrag zur Überwindung der Abhängigkeit von der Natur und ihren absoluten Grenzen zu sehen, sondern im Gegenteil ist die technische Entwicklung der vergangenen 200 Jahre einhergegangen mit einer ständigen Substitution von erneuerbaren Ressourcen gegen nicht-erneuerbare Ressourcen und hat so zu einer stetigen Erhöhung der materiellen Dispersionsrate r geführt. Gleichzeitig spezialisierte sich die globale Ökonomie zunehmend auf die knappere der beiden Niedrigentropiequellen, verschenkte damit Jahr um Jahr die materiellen und energetischen Potentiale der erneuerbaren Ressourcen und machte sich außerdem zunehmend abhängiger von der Verfügbarkeit knapper nicht-erneuerbarer Ressourcen. Angesichts des ökonomischen Lehrsatzes, daß die Produktivität des knappsten Produktionsfaktors zu maximieren ist, wird die Phase menschlicher Industrialisierung mit ihrer stetigen Erhöhung des Materieeinsatzes und der damit einhergehenden sinkenden Ressourcenproduktivität als äußerst unökonomisch bezeichnet.[302]

GEORGESCU-ROEGEN bezieht seine Ausführungen zur materiellen Dispersion nicht nur auf nicht-erneuerbare Ressourcen, sondern er betont, daß auch in der Landwirtschaft entropische Verluste des Ackerbodens auftreten und damit abnehmende Erträge bei der Produktion von erneuerbaren Ressourcen eintreten. Auch der Einsatz von Dünger kann diesem Degradierungsprozeß nicht entgegenwirken, denn auch der Dünger muß von irgendwoher stammen und im Zeitalter der industrialisierten Landwirtschaft handelt es sich beim Dünger um eine nicht-erneuerbare Ressource.[303] Somit spricht GEORGESCU-ROEGEN nicht nur unter der Prämisse einer industrialisierten Welt von einer endlichen Überlebenszeit der Menschheit, sondern auch unter der Annahme einer globalen agrarökonomischen Ausrichtung. Lediglich in einem Nebensatz umreißt er die Umstände für eine erhöhte Überlebenschance der Menschheit:

„...unless mankind reverts to a berry-picking economy."[304]

In diesem Kontext kritisiert GEORGESCU-ROEGEN ebenso das Konzept der physisch stationären Ökonomie von DALY, da dieser Ansatz ein unendliches Überleben der Menschheit suggeriere. Doch ebenso wie in einer Wachstumsökonomie sei der Wert von r positiv und damit

301 Vgl. Georgescu-Roegen 1971a: S. 304.

302 Vgl. Georgescu-Roegen 1971a: S. 303-304, Georgescu-Roegen 1971b: S. 1/11-1/12, Georgescu-Roegen 1976: S. 29, Daly 1979: S. 75 und Daly 1991d: S. 22-23, 122.

303 Vgl. Georgescu-Roegen 1971a: S. 301-302 und Georgescu-Roegen 1971b: S. 1/11-1/13.

304 Georgescu-Roegen 1976: S. 23.

die Überlebensdauer der Menschheit endlich, wenngleich ein stabiler Wert für *r* eine längere Überlebensdauer impliziert als ein ansteigendes *r*. Weiterhin beanstandet GEORGESCU-ROEGEN an DALYS Konzept, daß es kaum praktikabel sei, eine intertemporal meßtechnische Grundlage für einen konstanten heterogenen Kapitalstock zu finden, dessen Zusammensetzung fortwährenden qualitativen Änderungen unterliegt. Schließlich kritisiert GEORGESCU-ROEGEN, daß DALY weder den Begriff des „angemessenen Lebensstandards" noch den der „optimalen Bevölkerung" konkretisiert. Er selbst schlägt als Annäherungswert für eine optimale Bevölkerungsgröße diejenige Anzahl von Menschen vor, die global durch eine ökologisch angepaßte Landwirtschaft ernährt werden kann. Andererseits weist er jedoch darauf hin, daß angesichts des Zusammenhangs von Ressourcenverbrauch und Überlebensdauer der Menschheit die eigentlich relevante Frage nicht diejenige nach der optimalen Bevölkerung ist, sondern eher die Frage, wieviel Menschen mit welchem Ressourcenverbrauch über welchen Zeitraum überleben sollen.[305]

Den weiteren Verlauf des Entwicklungspfades der Menschheit sieht GEORGESCU-ROEGEN in großer Abhängigkeit von den Ausprägungen des technischen Fortschritts. Es ist seines Erachtens nach wesentlich, in welcher Weise sich Innovationen in Form neuer Produkte und neuer Technologien auf den gesamten Ressourcenverbrauch (*r*) und die damit verbundenen Umweltbelastungen auswirken. Da die erneuerbaren Ressourcen die wesentliche Niedrigentropiequelle der Zukunft darstellen und gleichzeitig weniger umweltbelastend wirken, sei es schon heute die wesentliche Aufgabe, die gegenwärtig noch reichlich vorhandenen nicht-erneuerbaren Ressourcen in einer Weise einzusetzen, daß die menschlichen technischen Fähigkeiten in der Nutzung der erneuerbaren Niedrigentropiequellen maximiert werden, anstatt weiterhin Technologien zu entwickeln, die in Zukunft wertlos sein werden, da sie die Abhängigkeit von den knappen nicht-erneuerbaren Ressourcen erhöhen, die in Zukunft nicht mehr verfügbar sein werden.[306]

Letztlich sieht GEORGESCU-ROEGEN keinen Grund dafür, daß es einen „optimalen" Ressourcenverbrauch geben sollte, da jede Form von Dissipation und Dispersion negative Auswirkungen auf die Zukunft hat. Er betont, es sei die unangenehme Wahrheit, daß das Beste, das wir tun können, darin besteht, jede unnötige Ausbeutung von Ressourcen und Degradierung der Natur zu verhindern, wobei nicht einmal gesagt werden kann, was „unnötig" bedeutet. Entsprechend sehen seine Vorschläge für ein „minimales bioökonomisches Programm" aus, in dem er einerseits Maßnahmen zur Erhöhung der Ressourcenproduktivität fordert und andererseits jede Form von Luxus und Ressourcenverschwendung verurteilt. Ein wesentlicher Aspekt ist es seines Erachtens, daß die Menschheit sich von der „morbiden Begierde nach extravaganten Dingen" heilt.[307]

3.3.3.2 Die thermodynamische Analyse von Rohstoffnutzung und Umweltverschmutzung im Lebenszyklus einer nicht-erneuerbaren Ressource

Einige Autoren der thermodynamischen Schule haben versucht, den Zusammenhang von Rohstoffabbau, Rohstoffnutzung und Umweltverschmutzung mittels des statistischen Entropiebegriffes greifbarer zu machen, um auf diese Weise die übliche Trennung von Ressourcen- und Umweltökonomik zu überwinden. Um den Entropiebegriff als Ordnungsmaß auf das ökonomische System und die Natur anwenden zu können, liegt die recht abstrakte Annahme zu-

305 Vgl. Georgescu-Roegen 1976: S. 23-24 und Georgescu-Roegen 1979a: S. 103-104.

306 Vgl. Georgescu-Roegen 1971a: S. 305-306, Georgescu-Roegen 1976: S. 18 und Daly 1991d: S. 21-23.

307 Vgl. Georgescu-Roegen 1976: S. 19, 33-34 (eigene Übersetzung des Zitats).

grunde, daß beide Systeme vergleichbar sind mit wechselwirkungsfreien physikalischen Gasmolekülsystemen.[308]

Die Natur wird folglich als ein thermodynamisches System betrachtet, in dem die einzelnen Komponenten wechselwirkungsfrei existieren. KÜMMEL führt unter dieser Voraussetzung aus, daß bei N verschiedenen Arten einzelner Naturkomponenten *i*, die jeweils Ω_i Zustände innerhalb des Natursystems einnehmen können, die Gesamtzahl der Systemzustände der Natur (Ω) in einer bestimmten Konstellation dem entsprechenden Produkt aller Systemzustände Ω_i entspricht, oder formal ausgedrückt:[309]

(42) $$\Omega = \prod_{i=1}^{N} \Omega_i$$

Analog zu Gleichung (36) in Kapitel 3.1.1 ist dann die Entropie des Natursystems bestimmt durch nachfolgende Gleichung:

(43) $$S = b \cdot \ln \prod_{i=1}^{N} \Omega_i$$

Da *b* wiederum die BOLTZMANNsche Konstante darstellt, ist die Entropie des Natursystems direkt ableitbar aus der Anzahl der Naturzustände in einer bestimmten Konstellation. Wie in Kapitel 3.1.1 dargelegt, ist die Anzahl der Systemzustände um so höher, je gleichmäßiger die Komponenten im System verteilt sind. Sind beispielsweise im Natursystem verschiedene Rohstoffbestände sehr stark an einer Stelle konzentriert und ebenso verschiedene Tierpopulationen, so ist die Anzahl der möglichen Systemzustände in diesem Ordnungszustand gering und es herrscht ein Zustand hoher Ordnung mit relativ niedriger Entropie vor. Werden die Rohstoffe entnommen, im ökonomischen System genutzt und danach im Natursystem weit verstreut, so ist nach diesem Vorgang der Umweltverschmutzung die Anzahl der möglichen Zustände höher und die Entropie ist durch den Eingriff gestiegen. Aufgrund dieses Zusammenhangs, daß durch Entnahme von Rohstoffen und durch Eintrag von dissipierten Stoffen die Ordnungsstruktur bzw. die Komplexität der Natur abnimmt und die Entropie steigt, benutzt KÜMMEL die Gleichung (43) in geringer Modifikation (abgeleitet nach der Zeit und bezogen auf eine Raumeinheit) als Index für Umweltverschmutzung. Je höher also die Anzahl der möglichen Systemzustände einer bestimmten Systemkonstellation, desto höher die Entropie und damit die Umweltverschmutzung im System.[310] Wenngleich die Anwendbarkeit eines solchen Indizes sehr eingeschränkt ist, so ist der beschriebene Zusammenhang, daß eine Entnahme von niedrig-entropischer Materie innerhalb der Natur zu abnehmenden Ordnungszuständen führt, durchaus einleuchtend und nachvollziehbar.

Etwas weniger formal charakterisieren FABER, NIEMES und STEPHAN (1983) den entropischen Prozeß der Umweltverschmutzung. Sie beschreiben ein Ökosystem als ein offenes thermodynamisches System, dessen Entwicklungsprozeß der Sukzession durch die Niedrigentropiezufuhr der Sonne ermöglicht wird. In den frühen Phasen der Sukzession nimmt die Ordnung des Ökosystems zu (also: $dS<0$) und später erreicht es den Zustand eines Fließgleichgewicht, den Klimax, in dem die Niedrigentropiezufuhr der Sonne genau der internen Entropie-

308 Vgl. Faber/Niemes/Stephan 1983: S. 88 und Kümmel 1989: S. 175.

309 Vgl. Kümmel 1989: S. 176.

310 Vgl. Kümmel 1989: S. 175-177.

produktion des Natursystems entspricht (dS=0). Wird in einem Zustand des Fließgleichgewichts die Ordnung des System zusätzlich zur üblichen systeminternen Entropieproduktion durch Entnahme von Ressourcen oder durch Eintrag von dispergierter Materie reduziert, so kann diese durch das ökonomische System verursachte zusätzliche Entropiesteigerung nicht durch äußere Zufuhr von niedriger Entropie ausgeglichen werden, da die Sonneneinstrahlung sich nicht erhöht. Das Resultat von Ressourcenentnahme und Umweltverschmutzung ist eine reduzierte Ordnung innerhalb der Natur (dS>0) und das Natursystem stellt sich schließlich bei kontinuierlicher Einwirkung von außen auf einen neuen Fließgleichgewichtszustand von geringerer Ordnung ein.[311] Dieser abstrakte und theoretische Gedankengang ist durchaus vereinbar mit Ergebnissen aus der biologischen Sukzessionsforschung. In einem Experiment, in dem der Sukzessionsverlauf zweier vergleichbarer mariner Ökosysteme untersucht wurde, wobei ein System der kontinuierlichen Einwirkung von Erdölemissionen ausgesetzt war und das andere nicht, zeigte sich, daß der Sukzessionsprozeß des durch Erdölemissionen gestörten Ökosystems gestoppt wurde und das System sich schließlich sogar zurückentwickelte.[312]

Für die theoretische Analyse der Nutzung von nicht-erneuerbaren Ressourcen hat der thermodynamische Zusammenhang von Ressourcennutzung und Umweltverschmutzung eine grundlegende Bedeutung. Aus einer ganzheitlichen Perspektive kann der entropische Charakter der Nutzung einer nicht-erneuerbaren Ressource durch eine allgemeine Untersuchung der wesentlichen Phasen und Prozesse im Lebenszyklus einer Ressource offengelegt werden. Die theoretischen Erkenntnisse, die sich aus einer solchen Lebenszyklusbetrachtung ergeben, werden nachfolgend vorgestellt.

Unter der Annahme, daß eine bestimmte Anzahl von Lagerstätten mit nicht-erneuerbaren Ressourcen aufgrund kontinuierlicher Explorationsaktivitäten bekannt ist, ist der **erste Prozeß im Lebenszyklus einer nicht-erneuerbaren Ressource** ihre Entnahme aus dem natürlichen System durch **Bergbau**. Die Einsatzmenge von Produktionsfaktoren, die zur Gewinnung einer Einheit einer Ressource aufgewandt werden muß, ist einerseits abhängig von lagerstättenspezifischen Bedingungen wie Wetterverhältnissen und der konkreten Lage und Tiefe, in denen sich der Erzkörper befindet. Andererseits ist auch der entropische Ordnungszustand der Ressource, d. h. ihre *Konzentration im Erzgestein*, ein wesentlicher Faktor, da zur Gewinnung einer bestimmten Menge einer Ressource um so mehr Erzmasse aus der Natur entfernt werden muß, je niedriger die Erzkonzentration ist. Um also eine Tonne Metall aus einer Lagerstätte mit 10%iger Konzentration zu gewinnen, müssen zehn Tonnen des Erzes aus der Natur entfernt werden, während es bei 1% Konzentration bereits 100 Tonnen sind. Somit besteht also ein reziproker Zusammenhang zwischen Erzkonzentration und der Materialmenge, die aus der Natur zu entfernen ist. Unter der Annahme, daß die Entnahme größerer Erzkörpermengen einen höheren Faktoreinsatz erfordert, besteht auch ein reziproker Zusammenhang zwischen Erzkonzentration und Faktoreinsatz. Unter den üblichen Umständen, daß zuerst Lagerstätten mit hoher Konzentration ausgebeutet werden und erst später Lagerstätten mit niedriger Konzentration, ergibt sich, daß der Faktoreinsatz im Bergbau zur Gewinnung einer Einheit einer Ressource im Zeitablauf aufgrund abnehmender Konzentrationen bzw. ansteigender Entropie zunehmen muß. Thermodynamisch gesprochen wird die Ordnungsstruktur der Natur durch Entnahme von konzentriertem Erz reduziert, und diese Reduzierung bringt es mit sich, daß zum Abbau weiterer Einheiten in der Zukunft ein steigender Faktoreinsatz notwendig wird. Ausgedrückt in der üblichen ökonomischen Terminologie: der Faktoreinsatz im Bergbau weist abnehmende Erträge auf. Aufgrund der Bedeutung der Konzentration des Erzgesteins sowohl

311 Vgl. Faber/Niemes/Stephan 1983: S. 89-92.

312 Vgl. Schneider 1990: S. 126-127.

für den ökonomischen Faktoreinsatz im Bergbau als auch für den Ordnungszustand der Natur kann die Erzkonzentration als bedeutsames Bindeglied zwischen ökonomischem und ökologischem System angesehen werden.[313]

Der zweite Prozeß im Lebenszyklus einer nicht-erneuerbaren Ressource, der sich an den Bergbau anschließt, **ist die Aufarbeitung, die Raffination** der Ressource, wobei der Ressourcenanteil im Erz vom Rest des Gesteins abgesondert wird. FABER, NIEMES und STEPHAN interpretieren diesen Prozeß der Erzaufarbeitung als umgekehrten Diffusionsvorgang eines isolierten Gasmolekülsystems. Während sich die Gase in einem isolierten System mit der Zeit vollständig durchmischen, wodurch sich ihr Ordnungszustand stetig reduziert und die Entropie des Systems steigt, handelt es sich bei der Aufarbeitung und Raffination von Erzen um einen Prozeß, in dem die verteilten Ressourcenmoleküle des Erzes konzentriert und vom Rest des Erzes abgetrennt werden. Bei der Aufarbeitung sinkt die Entropie der Ressource also und das ist nur möglich, wenn ein entsprechender exogener Strom von niedriger Entropie in Form des Faktoreinsatzes von menschlicher Arbeitskraft und Energie eingesetzt wird. Ebenso wie im Bergbau ist auch in der Aufarbeitung die notwendige Faktoreinsatzmenge zur Gewinnung einer Einheit einer Ressource abhängig von der ursprünglichen Erzkonzentration, denn einerseits ist der Aufwand zur Aufarbeitung eines wenig konzentrierten Erzes höher als bei einem hochkonzentrierten Erz, und andererseits ist bei einer geringen Konzentration immer eine größere Menge von Erzgestein zu verarbeiten. Angesichts sinkender Erzkonzentrationen im Zeitablauf sind also auch in der Aufarbeitung abnehmende Erträge vorzufinden. Weiterhin ist noch zu erwähnen, daß der Faktoreinsatz der Aufarbeitung ganz wesentlich auch von der zu produzierenden Reinheit der Ressource abhängt. Hier gilt: eine Erhöhung der Reinheit einer Ressource erfordert einen zunehmenden Faktoreinsatz, und dieser steigt überproportional an, wenn man sich dem (nicht zu erreichenden) Reinheitswert von 100% annähert.[314]

Doch der notwendige Faktoreinsatz von Aufarbeitung und Raffination hängt nicht nur von der Erzkonzentration und der gewünschten Ressourcenreinheit ab, sondern auch von sonstigen physikalischen Merkmalen einer Ressource, wie z. B. den ressourcenspezifischen Bindungskräften. Da verschiedene Ressourcen bei einer unterschiedlichen Temperatur schmelzen, sind auch die einzusetzenden Energie- und Arbeitsmengen unterschiedlich. Die Berücksichtigung derartiger Kräfte rückt die Analyse etwas vom statistischen Entropieansatz ab, da mit den Bindungskräften einer Ressource Wechselwirkungen zwischen Molekülen berücksichtigt werden.[315]

Das ökonomisch gewünschte Resultat des Aufarbeitungsprozesses ist schließlich eine hochkonzentrierte bzw. niedrig-entropische Ressource. Doch weiterhin entstehen als Kuppelprodukte des Prozesses hochentropische dissipierte Energie und dispergierte Materie sowie eine sehr große Menge von Erzabfall. Werden diese unerwünschten Produkte des ökonomischen Prozesses in die Natur zurückgeführt und dort weit verstreut, so verringert sich der natürliche Ordnungszustand weiter. Dieses Ansteigen der Entropie in der Natur kann gedrosselt werden, indem der Erzabfall entweder einem Recyclingprozeß zugeführt oder aber deponiert wird. In beiden Fällen wird eine vollständige Dispersion des Erzabfalls unterbunden, wodurch die Reduzierung des natürlichen Ordnungszustandes bzw. das Ausmaß der Umweltverschmutzung gemindert wird.[316]

Mit Hilfe der hier aufgezeigten Interdependenzen von Faktoreinsatz und Erzkonzentration

313 Vgl. Faber/Niemes/Stephan 1983: S. 111, 123-125.

314 Vgl. Faber/Niemes/Stephan 1983: S. 95-102.

315 Vgl. Faber/Niemes/Stephan 1983: S. 109.

316 Vgl. Faber/Niemes/Stephan 1983: S. 111-113.

in Bergbau und Aufarbeitung/Raffination wird eine Analyse eines Substitutionsvorganges zwischen verschiedenen nicht-erneuerbaren Ressourcen aus thermodynamischer Sicht möglich. Graphisch dargestellt ist der entsprechende Zusammenhang in Abbildung 3.6. Die Abbildung zeigt die Beziehung von Erzkonzentration und marginalem Faktoreinsatz für zwei unterschiedliche Ressourcen in der Ressourcengewinnung, wobei beide Prozesse, Bergbau und Aufarbeitung, einbezogen sind. Der unterschiedliche Kurvenverlauf der Ressourcen erklärt sich insbesondere aus verschiedenen lagerstättenspezifischen Bedingungen beim Bergbau und aus unterschiedlichen physikalischen Merkmalen der jeweiligen Ressourcen. Der notwendige Faktoreinsatz zur Gewinnung der Ressource 1 ist bei hohen Erzkonzentrationen relativ niedrig, und er steigt mit sinkender Konzentration stark an, während bei Ressource 2 der Ausgangsfaktoreinsatz ($f^A{}_2$) bereits bei einer sehr hohen Ausgangskonzentration recht hoch ist und eine Verringerung der Konzentration nur geringfügige zusätzliche Faktoreinsätze erfordert.

Abbildung 3.6: Marginaler Faktoreinsatz in der Ressourcengewinnung für zwei verschiedene Ressourcen

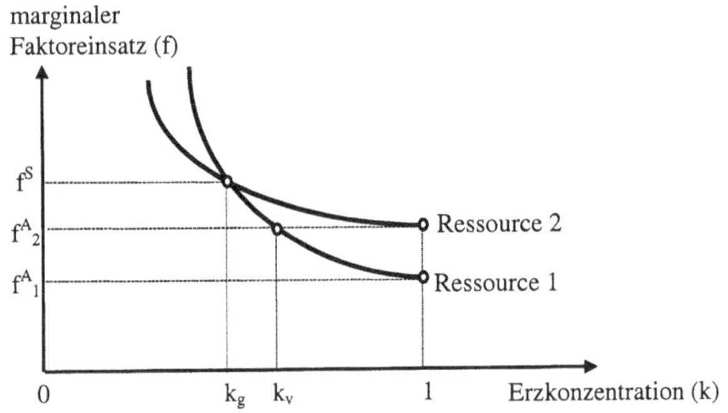

Graphik in Anlehnung an: Faber/Niemes/Stephan 1995: S. 117.

FABER, NIEMES und STEPHAN (1995) interpretieren diese Abbildung 3.6 unter der Annahme, daß es sich bei den beiden Ressourcen um vollständige Substitute handelt. In diesem Fall, und wenn außerdem die beiden Ressourcen zu jedem Zeitpunkt in gleicher Konzentration vorliegen, ist der Faktoreinsatz nur bei der Konzentration k_g gleich hoch. Ist die Konzentration beider Ressourcen größer als k_g, so ist der Einsatz der Ressource 1 ökonomischer, und ist die Konzentration kleiner k_g dann ist der Einsatz von Ressource 2 ökonomischer. Daher findet Substitution in diesem Fall bei einer Konzentration von k_g statt.[317]

Die Annahme, daß zwei vollständige Substitute zu jedem Zeitpunkt in gleicher Konzentration vorliegen, ist jedoch nicht sehr realistisch. Wahrscheinlicher ist hingegen, daß zuerst ausschließlich die Ressource 1 ausgebeutet und aufgearbeitet wird, während Ressource 2 vorerst unangetastet bleibt. Zu dem Zeitpunkt, wenn die Ressource 1 die Erzkonzentration k_v erreicht hat, ist der Faktoreinsatz für die Gewinnung einer weiteren Ressourceneinheit von Ressource 1 genauso hoch wie der marginale Anfangsfaktoreinsatz $f^A{}_2$ bei Ressource 2. Ab diesem Zeit-

317 Vgl. Faber/Niemes/Stephan 1995: S. 117-118.

punkt lohnt die Gewinnung der Ressource 2 und es findet ein gleichzeitiger Ausbeutungsprozeß statt, wobei im Optimalfall der marginale Faktoreinsatz der Gewinnung beider Ressourcen stets gleich hoch ist. Da der marginale Anstieg des Faktoreinsatzes für Ressource 2 weniger stark ausgeprägt ist als bei Ressource 1 ergibt sich als Konsequenz, daß nach Erreichung des marginalen Faktoreinsatzes von k_v der relative Anteil der Ressource 2 an der Gesamtgewinnung stetig zunimmt. Somit handelt es sich um einen sukzessiven Substitutionsvorgang.

Ob bei einer derartigen Konstellation ein Substitutionsprozeß tatsächlich in dieser Form stattfinden wird, hängt außerdem noch davon ab, ob eine langfristige Nutzung der substituierenden Ressource 2 gesichert ist. Wenn z. B. nur eine kleine Lagerstätte von Ressource 2 vorliegt und die Nutzung der Ressource die Einführung einer neuen Technologie verlangt, dann wird der Substitutionsprozeß sicher nicht stattfinden, da der Umstellungsaufwand für den nur kurzen Nutzungsprozeß zu groß ist. Ähnliches gilt, wenn die Ressourcengewinnung von Ressource 2 in einer Ökonomie mit politisch instabilen Verhältnissen stattfindet, so daß eine kontinuierliche langfristige Gewinnung nicht gewährleistet werden kann.[318]

Nachdem die Entropie der nicht-erneuerbaren Ressource nach den ersten beiden Prozessen in ihrem Lebenszyklus gesunken ist bzw. ihre Konzentration zunahm, schließen sich weitere Prozesse an, in denen die Konzentration der Ressource nach und nach abnimmt und ihre Entropie somit steigt. Nach der Aufarbeitung zu einer hochkonzentrierten Ressource schließt sich als **dritte Phase im Lebenszyklus** der **Verarbeitungsprozeß** an. In diesem Prozeß wird die Ressource mit anderen Materialien vermischt oder verbunden, so daß die Entropie der Ressource innerhalb eines verarbeiteten Endproduktes gestiegen ist. In der **vierten Lebenszyklusphase**, der **Nutzung eines Endprodukts**, tritt durch Verschleiß eine weitere Konzentrationsabnahme ein bis das Endprodukt letztlich nicht mehr funktionsfähig ist. Danach gibt es zwei Möglichkeiten: Recycling und/oder Entsorgung.

Im **fünften Prozeß des Lebenszykluses, dem Recycling**, wird der nutzbare Ressourcenanteil des Abfalls durch Zuführung von niedriger Entropie in Form des Einsatzes verschiedener Produktionsfaktoren abgesondert, und die Ressource wird in hochkonzentrierter Form wiederhergestellt. Damit besteht neben der primären Ressourcengewinnung eine zweite Möglichkeit zur Herstellung der hochkonzentrierten Ressource. Ob das Recycling jedoch tatsächlich stattfindet, hängt davon ab, ob es ökonomisch wettbewerbsfähig ist. Ist der Faktoreinsatz der primären Ressourcengewinnung kleiner als der Einsatz beim Recycling, dann ist Recycling nicht konkurrenzfähig. Unter der Annahme, daß der Recyclingprozeß technologisch gesehen mit dem Aufarbeitungsprozeß identisch ist – was z. B. im Fall der Metallgewinnung bisweilen zutrifft –, findet Recycling dann statt, wenn die Ressourcenkonzentration des Abfalls höher ist als die Erzkonzentration.[319] Diese Aussage ist nicht vollkommen korrekt, da sie die jeweiligen vorhergehenden Prozesse nicht berücksichtigt. Ist z. B. der Faktoreinsatz zur *Bereitstellung* des recycelbaren Abfalls wesentlich kleiner als der Faktoreinsatz im Bergbau, dann mag es unter bestimmten Voraussetzungen durchaus ökonomisch sein, auch Abfall zu recyceln, dessen Ressourcenkonzentration geringer ist als die Erzkonzentration in primären Ressourcenbeständen.

Ein ganz wesentlicher Aspekt hinsichtlich der Entscheidung, ob und wann Recycling zur Anwendung kommt, ist die Frage des Planungshorizonts. Ist dieser sehr kurz und eine Ressourcenverknappung nicht absehbar, dann wird Recycling dann durchgeführt, wenn es ökonomisch sinnvoll ist. Wird aber ein langfristiger Planungshorizont angesetzt, in dem eine Ressourcenverknappung in den späteren Perioden wahrscheinlich ist, so wäre es ökonomisch unklug, sich des Abfalls zu entledigen und damit potentielle Ressourcen der Zukunft zu ver-

318 Vgl. Faber/Niemes/Stephan 1995: S. 118.

319 Vgl. Faber/Niemes/Stephan 1983: S. 170.

schenken. Eine Möglichkeit der Vorsorge wäre, Recycling schon vor seiner ökonomischen Konkurrenzfähigkeit durchzuführen. Eine andere Option bestände darin, den Abfall in seiner konzentrierten Form als potentielle Ressourcenlagerstätte der Zukunft zu deponieren.[320] In jedem Fall ist zu konstatieren, daß Recycling einerseits die Dispersion von materiellem Abfall reduziert und andererseits den Abbau von Primärressourcen und die damit verbundenen Umwelteinwirkungen mindert.

Eine andere Möglichkeit des Umgangs mit Abfall, die hier als **sechste Phase im Lebenszyklus** einer Ressourcen besprochen wird, ist die **Entsorgung**, die in verschiedenen Formen stattfinden kann. Die aus thermodynamischer Sicht ungünstigste Form ist die *sorglose Entledigung* des Abfalls in die Natur, wodurch die Materie weit verstreut wird und damit weder kontrollierbar noch ökonomisch rückholbar ist. In diesem Fall steigt die Entropie der Natur und ebenso die Entropie der ursprünglichen nicht-erneuerbaren Ressource an. Eine andere Entsorgungsform ist die kontrollierte *zentrale Abfalldeponierung*. Diese unterscheidet sich von der oben erwähnten Deponierung des recycelbaren Abfalls dadurch, daß verschiedene Formen von Abfall auf einer Naturfläche kontrolliert deponiert werden, wodurch die Unordnung in der Natur weniger hoch ist als im Fall der beliebigen Entsorgung. Gleichzeitig sinkt durch eine zentrale Deponierung mit einer großen Heterogenität des Abfalls die Ressourcenkonzentration auf der Deponie, wodurch die Bedingungen für eine spätere Nutzung als Lagerstätte verschlechtert werden.[321] Schließlich ist noch die Verbrennung von Abfall als Entsorgungsform zu erwähnen. In diesem Fall wird ein Teil des Abfalls fein in der Luft verteilt (natürliche Entropie steigt) und der Rest wird in Form von Asche deponiert. Der ökonomische Vorteil dieser Entsorgungsform liegt in der ökonomischen Nutzung der Verbrennungsenergie, wodurch möglicherweise der Einsatz von fossilen Energieträgern ersetzt werden kann. Der ökonomische Hauptgrund für die Abfallverbrennung liegt jedoch eher in der knapper werdenden Verfügbarkeit geeigneter Deponieflächen und dem Faktoreinsatz zu ihrer Wartung und Kontrolle begründet.

Zusammenfassend läßt sich feststellen, daß sich die Entropie einer nicht-erneuerbaren Ressource bzw. ihre Konzentration im Verlauf ihres Lebenszykluses stets ändert. Sie sinkt in den Prozeßschritten Aufarbeitung und Recycling und sie steigt in der Nutzungsphase und in der Entsorgung.[322] Aufgrund des entropischen Charakters aller ökonomischen Prozesse ist in jeder Phase des Lebenszykluses einer Ressource ein Niedrigentropiezustrom aus der Natur notwendig, der den natürlichen Ordnungszustand reduziert. Besonders die Prozesse, in denen die Entropie der Ressource gesenkt wird, erfordern einen sehr hohen Niedrigentropie-Input mit den entsprechenden Wirkungen für die Natur.

Aufgrund dieses Umstandes ergibt sich ein Zielkonflikt zwischen Umweltschutz und Ressourcenverbrauch. Als Umweltschutz können aus der hier vorgestellten thermodynamischen Sichtweise alle Prozesse und Maßnahmen bezeichnet werden, die einen verringerten Ordnungszustand der Natur verhindern. Als umweltschützende Maßnahmen können daher einerseits alle Handlungen bezeichnet werden, die eine Reduzierung des Ressourcenverbrauchs bzw. des Niedrigentropiestrom aus der Natur bewirken, und andererseits zählen auch alle ökonomischen Prozesse dazu, die eine vollständige Dispersion ökonomischer Abfallprodukte und ihre weite Verteilung in der Natur verhindern. Von den hier erwähnten Prozessen können insbesondere Recycling und Abfalldeponierung als Maßnahmen des Umweltschutzes bezeichnet werden.

---

320 Vgl. Faber/Niemes/Stephan 1983: S. 171-173.

321 Vgl. Faber/Niemes/Stephan 1983: S. 169.

322 Vgl. für eine graphische Darstellung Faber/Niemes/Stephan 1995: S. 185.

Da jedoch auch die Umweltschutzprozesse einen entropischen Charakter haben und daher niedrig-entropische Energie- und Materieinputs aus der Natur benötigen, besteht für Umweltschutzmaßnahmen der Konflikt, daß für die Verminderung materieller Dispersion und die Schonung von Ressourcen für die Zukunft zusätzliche Naturressourcen erforderlich sind, durch deren Gewinnung Ressourcen verbraucht und Materie und Energie umweltschädigend dissipiert werden.[323] Daraus ergibt sich einerseits die *thermodynamische Minimalbedingung für jeden Umweltschutzprozeß*, daß die Unordnung, die durch den Ressourcenverbrauch einer Umweltschutzmaßnahme in der Natur verursacht wird nicht größer sein sollte als die Unordnung, die durch sie verhindert wurde. Andererseits bestehen ökonomische Grenzen der Sinnhaftigkeit von Umweltschutzmaßnahmen, wenn alternative Prozesse oder Produkte mit weniger schädlichen Umweltwirkungen existieren, deren Anwendung weniger Faktoreinsatz erfordern als der ursprüngliche Prozeß inklusive Umweltschutzmaßnahme.[324]

Abschließend ist festzustellen, daß die Anwendung des statistischen Entropiebegriffs auf die Ökonomie und die Natur nicht unproblematisch ist, denn es handelt sich weder um Gleichgewichtssysteme noch sind sie wechselwirkungsfreien Gasmolekülsystemen ähnlich. Ganz abgesehen davon, daß eine Ermittlung der Entropie der Natur gemäß Formel (43) in der Praxis kaum möglich ist, so ist auch die Aussagefähigkeit eines solchen Wertes fragwürdig. Im Rahmen der hier formulierten Annahmen ließe sich die Entropie der Natur senken, indem durch Einsatz von Arbeitskraft alle lebenden und nichtlebenden Naturkomponenten getötet und sauber getrennt auf Haufen sortiert würden. Es bedarf keiner Erklärung, warum eine solche Maßnahme trotz erhöhter „Ordnung" in der Natur in keiner Weise als Umweltschutz zu bezeichnen wäre. Weiterhin wird in diesem Ansatz als ökonomischer Maßstab ein homogener Faktoreinsatz unterstellt, wodurch u. a. die Probleme des vorhergehenden Kapitels 3.3.3.1 hinsichtlich der Heterogenität energetischer und materieller Produktionsfaktoren unberücksichtigt bleiben.

Trotz dieser Einwände hat die Anwendung des statistischen Entropiebegriffs auf das Verhältnis von Ökonomie und Natur einen Erkenntniswert, da er zur qualitativen Veranschaulichung der Zusammenhänge beitragen kann. Auf der einen Seite kann der direkte Zusammenhang zwischen Ressourcengewinnung und Umweltzerstörung aufgezeigt werden, und auf der anderen Seite werden nicht nur mengenmäßige Niedrigentropieströme berücksichtigt, sondern zugleich wird die *Bedeutung der Konzentration* von Erzen und dispergierten Stoffen hervorgehoben.[325]

3.3.3.3 Outputorientierte Methoden und Indikatoren zur Nachhaltigkeit

Angesichts des entropischen Charakters ökonomischer Prozesse existieren nach Meinung von AYRES (1996) für materielle Ressourcen, die einmal ökonomisch genutzt wurden, nur zwei mögliche Prädestinationen: Dispersion oder Recycling/Wiedernutzung. Bezogen auf den Grad der dispergierenden Endnutzung von Materie unterscheidet AYRES drei Kategorien von materiellen Ressourcen:[326]

1. Materialien werden routinemäßig recycelt, d. h. Recycling ist möglich und rentabel. Dieser Kategorie gehören z. B. Metalle, Glas und Papier an.
2. Materialien sind nach dem Stand der Technik recycelbar, doch das Recycling wird nicht durchgeführt, da es nicht rentabel ist. Zu dieser Kategorie zählen z. B. viele Verpackungs-

323 Vgl. Faber/Niemes/Stephan 1983: S. 159-160.

324 Vgl. Faber/Niemes/Stephan 1983: S. 169-170.

325 Vgl. Faber/Niemes/Stephan 1983: S. 113.

326 Vgl. Ayres 1996: S. 250, 252.

stoffe, Plastik sowie diverse chemische Flüssigkeiten wie Kühl- und Lösungsmittel.

3. Materialien sind in ihrer Nutzung inhärent dispersiv. Dieser Kategorie sind beispielsweise Seifen, Dünger und fossile Ressourcen mit energetischer Nutzung zuzuordnen.

Da ein 100%iges Recycling von Materie unmöglich ist, ist es letztlich die Bestimmung jeder materiellen Ressource, dispergiert zu werden. Der Tatbestand der Dispersion von Materie steht mit vielen Umweltkrisen in einem ursächlichen Zusammenhang. AYRES (1996) benennt die seiner Meinung nach dringendsten sechs Umweltkrisen, die im Sinne des Nachhaltigkeitskonzepts sofortigen Handlungsbedarf erfordern. Von diesen sechs Krisen sind vier eindeutig durch Dispersion von Materie verursacht. Es handelt sich dabei ***erstens*** um den ***Treibhauseffekt***, der insbesondere als Resultat der Verbrennung fossiler Brennstoffe anzusehen ist, während weitere Ursachen in der dispersiven Nutzung und Freisetzung der Stoffe FCKW, Lachgas und Methan begründet sind. Als ***zweite*** Krise wird die ***Versauerung*** von Gewässern und Böden durch „sauren Regen" genannt, die ebenso auf die Verbrennung fossiler Ressourcen und die dabei verursachte Freisetzung der Stoffe Schwefeldioxid (SO_2) und Stickstoffoxid (NO_x) zurückzuführen ist. Saurer Regen ist die Hauptursache für Wald- und Fischsterben. ***Drittens*** benennt AYRES die ***Anreicherung hochtoxischer Stoffe*** in der Natur, die sich sehr schnell über die Nahrungskette auf den Menschen auswirken kann. Auch hier liegen die Gründe hauptsächlich in der dispersiven Nutzung von Schwermetallen (z. B. Entstehung von Metallstaub oder Verbrennung verbleiten Benzins), Kunststoffen und Chemikalien. Als ***vierte*** Krise wird schließlich der ***Verlust von Ackerland*** durch Erosion und Desertifikation angeführt. In diesem Fall ist nicht die anthropogene Dispersion von Material die Hauptursache, sondern es ist die mangelnde ökonomische Vorsorge in der Bodenbewirtschaftung, die es begünstigt, daß natürliche Kräfte den fruchtbaren Ackerboden sukzessive dispergieren und ihn damit einer weiteren ökonomischen Nutzung entziehen.[327]

Zusätzlich zu diesen von AYRES benannten vier Umweltkrisen seien noch zwei weitere schwerwiegende ökologische Krisen angeführt, deren Ursachen die Freisetzung und die Feinverteilung von Stoffen in der Natur sind. Als ***fünfte*** Krise ist die ***Zerstörung der Ozonschicht*** zu erwähnen, die durch Dispersion von FCKW, bromierten Halonen, chlorierten Kohlenwasserstoffen, Lachgas und Methan verursacht wird.[328] ***Sechstens*** ist schließlich der Prozeß der ***Eutrophierung*** von Gewässern und Böden anzuführen, der u. a. durch übermäßigen Eintrag von Kunstdünger und Gülle begünstigt wird, und der zu einem Überangebot von Nährstoffen (z. B. von Stickstoff oder Phosphor) in der Natur führt. Als Konsequenz kommt es zu ökologischen Destabilisierungen wie Algenblüte und Fischsterben in Gewässern, während in terrestrischen Ökosystemen Artenschwund die Folge sein kann.[329]

Diese hier aufgeführten Umweltkrisen sind das Resultat der dispersen Feinverteilung von unerwünschtem materiellen Output aus ökonomischen Prozessen. Da diese Krisen das langfristige Überleben der Menschheit bedrohen, sind der Grad der dispergierenden Materienutzung und der Umgang mit unerwünschtem materiellen Output im Rahmen des Nachhaltigkeitskonzepts wesentliche Problemstellungen. Ihnen ist die zweite Managementregel für Nachhaltigkeit gewidmet, die besagt, daß der Eintrag von (dispergierten) Stoffen die Absorptions- und Assimilationsfähigkeiten der Natur nicht überschreiten soll. Wie bereits in Kapitel 3.2.4.2 angedeutet wurde, sind *nicht alle* ökonomisch genutzten und dispergierten Stoffe in der

327 Vgl. Ayres 1996: S. 241-243. Die beiden weiteren Umweltkrisen, die benannt werden, sind: Verlust ökologisch wertvoller Regionen und übermäßige Entnahme von fossilem Grundwasser.

328 Vgl. Grießhammer et al. 1989: S. 19.

329 Vgl. RSU 1994: S. 117-118.

Natur assimilierbar, so daß ihr Eintrag zumindestens das Risiko unvorhersehbarer Veränderungen in sich trägt. AYRES (1996) betont hinsichtlich der Nachhaltigkeit in der Nutzung umweltgefährdender und toxischer Stoffe, daß für diese Materialien ein möglichst vollständiges Recycling anzustreben ist, um ihre Dispersion und das damit einhergehende Risiko so gering wie möglich zu halten.[330]

Somit ergibt sich eine Analyseperspektive von ökologischen Ökonomen, die den unerwünschten Output aus ökonomischen Prozessen in den Mittelpunkt der Betrachtung stellt, wobei insbesondere der dispersen Verteilung von Stoffen in der Natur und den Potentialen der Dispersionsvermeidung besondere Aufmerksamkeit zuteil wird. Eine wesentliche analytische Methode, die in diesem Kontext zunehmend Anwendung findet, ist die Analyse von Stoffströmen. Mit dieser Methode können ökonomische und ökologische Prozesse und ihre materiellen In- und Outputströme analysiert werden, wobei die Aufdeckung von Stoffstrominterdependenzen Aufschluß über Ursachen von Umweltkrisen geben kann. Grundsätzlich sind vier Arten von Stoffstromanalysen zu unterscheiden:

1. **Regionale Stoffstromanalyse**: In diesem Fall wird eine Region als geographische Einheit betrachtet und vom „Rest der Welt" abgegrenzt. In diesem Kontext können einerseits die wesentlichen ökonomischen und ökologischen Prozesse und die entsprechenden In- und Outputströme ausgewählter Stoffe innerhalb einer Region für einen bestimmten Zeitraum untersucht und andererseits auch die Austauschströme mit dem „Rest der Welt" berücksichtigt werden. Als Ergebnis einer solchen Analyse sind, je nach Aggregationsniveau der Datenermittlung, Daten über die stofflichen Verknüpfungen mit dem „Rest der Welt" und über die internen stofflichen Beziehungen zwischen verschiedenen Prozessen oder auch Sektoren einer Ökonomie verfügbar. Mit den Ergebnissen dieser Analyse können dann beispielsweise die Hauptverursacher für regionale Umweltkrisen ermittelt werden, wodurch u. a. geklärt werden kann, ob z. B. das regionale Waldsterben durch sauren Regen auch regional verursacht wird oder wesentlich durch „Import von Umweltverschmutzung" begründet ist. Derartige Analysen und die aus ihnen gewinnbaren Erkenntnisse sind eine wichtige Grundlage für umweltpolitische Maßnahmen.[331]

2. **Funktionale Stoffstromanalyse:** Diese Methode betrachtet die Stoffströme aller Prozesse, die mit einer bestimmten Funktion verbunden sind, unabhängig an welchem Ort die entsprechenden Prozesse durchgeführt werden. So lassen sich beispielsweise die global induzierten Stoffströme ermitteln, die z. B. durch Ernährung induziert werden. Einen regionalen Charakter kann eine solche Analyse dann bekommen, wenn die globalen Stoffströme der Ernährung einer Region Analysegegenstand sind. Werden mit Hilfe dieser Methode z. B. die induzierten Stoffströme verschiedener Funktionen des täglichen Lebens (Freizeit, Arbeit, Transport, Reinigung, Ernährung, etc.) einer Region miteinander verglichen, so lassen sich daraus Erkenntnisse ableiten, welche Funktionen des täglichen Lebens die größten Umweltschäden verursachen.[332] Eine besondere Unterform der funktionalen Stoffstromanalyse ist die **Ökobilanz**. Es handelt sich dabei um den Vergleich der Stoffströme und ihrer Umweltauswirkungen, die durch zwei (oder mehrere) Produkte oder Verfahren mit gleicher

---

330 Vgl. Ayres 1996: S. 252.

331 Vgl. Van der Voet et. al. 1995a: S. 93-95 und Baccini/Brunner 1991: S. 47-75.

332 Eine funktionale Analyse für die Bedarfsfelder des täglichen Lebens legten für die Bundesrepublik Deutschland beispielsweise die WissenschaftlerInnen des Wuppertaler Instituts in ihrer Studie „Zukunftsfähiges Deutschland" vor. Vgl. BUND/MISEREOR (Hg.) 1996: S. 102-105. Hier wurden allerdings nur Materialinputströme berücksichtigt. Vgl. näheres dazu im folgenden Kapitel 3.3.3.4. Vgl. außerdem für eine funktionale Analyse einer Region: Baccini/Brunner 1991: S. 77-125.

Funktion ausgelöst werden. Derartige Analysen beinhalten eine Bewertung, welches Produkt oder Verfahren aus einer thermodynamischen bzw. ökologischen Perspektive vorzuziehen ist.[333]

3. **Substanzbezogene Stoffstromanalyse:** Hier handelt es sich um die spezielle Betrachtung aller Prozesse, in denen eine spezielle Substanz benutzt bzw. dispergiert wird. Diese Analyse ist besonders hilfreich, um die Hauptquellen der Dispersion von Gefahrstoffen zu ermitteln und daran anschließend dispersionsmindernde Maßnahmen für diese Stoffe zu erarbeiten. Diese Analyseform ist somit besonders geeignet, um umweltpolitische Ansatzpunkte für die Bekämpfung von Umweltkrisen, die durch Dispersion einzelner Stoffe verursacht werden, aufzuzeigen.[334]

4. **Sektor- oder unternehmensbezogene Stoffstromanalyse:** Diese Methode konzentriert sich auf die Stoffströme, die direkt oder indirekt durch ein Unternehmen oder einen ganzen Sektor induziert werden. Methodisch gesehen unterscheidet sich diese Analyseart kaum von der regionalen Analyse, da ein Unternehmen oder ein Sektor durchaus als (theoretische) Region aufgefaßt werden kann. Ziel dieser Analyseart kann es einerseits sein, im Rahmen eines *Umweltmanagements* die direkten Stoffströme innerhalb eines Unternehmens oder eines Sektors transparent zu machen, um Ansatzpunkte für eine effizientere Rohstoffnutzung bzw. für eine verbesserte betriebliche oder sektorale Kreislaufführung von Stoffen zu erarbeiten und entsprechende rohstoffsparende bzw. dispersionsmindernde Maßnahmen einzuleiten. Durch zusätzliche Berücksichtigung von indirekt induzierten Stoffströmen können im Rahmen eines betrieblichen *Stoffstrommanagements* auch Stoffströme außerhalb des Unternehmens analysiert werden, die z. B. in der Produktion der Vorprodukte und der Betriebsmittel entstehen. Derartige Analysen mögen Teil einer regionalen Stoffstromanalyse sein, um den Beitrag eines Unternehmens oder eines Sektors zu einer regionalen Umweltkrise zu ermitteln. Doch auch privatwirtschaftliche Motive sind nicht unwesentlich, denn die Verringerung von Stoffströmen kann das Image eines Unternehmens erhöhen und aufgrund von Rohstoffeinsparungen einen Beitrag zur Kostensenkung leisten.[335]

Diese vier Arten von Stoffstromanalysen erlauben u. a. eine outputorientierte Untersuchung von Schadstoffströmen in ausgewählten Prozessen, wobei je nach Fragestellung eine Region, verschiedene Produkte oder Dienstleistungen, verschiedene Gefahrstoffe oder Unternehmen und Sektoren hinsichtlich ihrer direkten und indirekten Dispersionsintensität untersucht werden können.[336] Die Durchführung derartiger Stoffstromanalysen bringt es mit sich, daß eine Vielzahl von Daten über ökonomische und ökologische Stoffströme ermittelt werden, die nach

333 Vgl. zur Methode der Ökobilanzierung: Umweltbundesamt 1992. In den vergangenen Jahren sind eine Vielzahl von Ökobilanzen erstellt worden, wobei noch erhebliche methodische Differenzen bestehen. Vgl. z. B. für eine Ökobilanz verschiedener Computersysteme Grote 1994 oder für eine Ökobilanz von Rapsöl und Diesel als Kraftstoff: Umweltbundesamt 1993. Siehe auch Anhang III.

334 Vgl. für eine substanzbezogene Stoffstromanalyse für Cadmium und Benzol: Enquete Kommission Schutz des Menschen und der Umwelt im Deutschen Bundestag 1993: S. 106-173.

335 Vgl. Enquete-Kommission „Schutz des Menschen und der Umwelt“ (Hg.) 1995: S. 33-47 sowie Haasis 1996: S. 139-142 und Ventzke 1994: S. 74-82. Immer mehr Unternehmen veröffentlichen Umweltberichte, in denen die Stoffströme im Unternehmen aufgezeigt und die Maßnahmen zur Reduzierung oder Kreislaufschließung erläutert werden. Vgl. z. B. Daimler-Benz AG 1993. Andere Unternehmen machen in Werbeanzeigen, in denen Angaben zu Stoffstromreduzierungen des Unternehmens gemacht werden, auf ihren Beitrag zum Umweltschutz oder zu einer nachhaltigen Entwicklung aufmerksam. So z. B. Hoechst in DIE ZEIT, Nr. 47, am 18.11.1994, S. 31.

336 Da in Stoffstromanalysen In- und Outputs erfaßt werden, ist auch eine inputorientierte Untersuchung von Stoffströmen möglich und sinnvoll. Vgl. dazu nachfolgendes Kapitel 3.3.3.4.

der Datenerhebung interpretiert werden müssen. Um diese Interpretation zu erleichtern, bedarf es einer strukturierten Darstellung der Daten, um z. B. den Zusammenhang zwischen dem Dispersionsgrad ökonomischer Prozesse und dem Zustand der Natur bzw. der Ausgeprägtheit von Umweltkrisen zu verdeutlichen.[337] *Eine* Möglichkeit der Datendarstellung besteht darin, ein übersichtliches Bündel von Indikatoren über den Grad der stofflichen Dispersion für diejenigen ökonomischen Prozesse auszuweisen, die für eine bestimmte Umweltkrise besonders bedeutsam sind. Derartige Indikatoren hat AYRES (1996) zusammengetragen und sie werden nachfolgend kurz vorgestellt:[338]

- **Anteil der fossilen Brennstoffe an der Energieerzeugung.** Dieser Indikator bezieht sich auf den Treibhauseffekt und er ist sinnvoll, weil ein Großteil der Treibhausgase aus dem Bereich der Energiegewinnung durch Verbrennung fossiler Rohstoffe stammt.
- **Anteil des Schwefels in Brennstoffen, der nicht für eine industrielle Nutzung wiedergewonnen wird.** Dieser Indikator bezieht sich auf die Umweltkrise der Versauerung. In diesem Kontext ist die Feinverteilung von Schwefel bedeutsam und dessen Hauptemissionsquelle ist die Verbrennung von fossilen Brennstoffen. Somit ist der Anteil von Schwefel, der nicht aus Brennstoffen gewonnen und produktiv an anderer Stelle eingesetzt werden kann, eine aussagekräftige Maßzahl zur Schwefeldispersion.
- **Stoffliche Abhängigkeit einer Volkswirtschaft von toxischen und umweltgefährdenden Materialien, die in ihrer Endnutzung hochgradig dispergierend sind.** Ein solcher Indikator, der anhand der oben vorgestellten drei Kategorien der Materie-Endnutzung erstellt werden könnte, wäre eine geeignete Maßzahl hinsichtlich der Anreicherung von toxischen Stoffen in der Natur.
- **Recyclingquote für verschiedene recycelbare Stoffe.** Dieser Indikator gibt Aufschluß darüber, inwieweit potentiell recycelbare Materialien tatsächlich recycelt werden bzw. welcher Anteil bei jeder Nutzung durch Dispersion verlorengeht.
- **Anteil der Metall-Primärproduktion an der Gesamtmetallproduktion, der notwendig ist, um Dispersionsverluste bei einem konstanten Metallverbrauch zu ersetzen.** Dieser Indikator ist auch auf andere recycelbare Stoffe übertragbar und er zeigt an, inwieweit eine Volkswirtschaft ihren Materialkonsum durch Recycling decken kann. Diese Maßzahl ist als Ergänzung zur Recyclingquote zu verstehen, da sie Auskunft darüber gibt, inwieweit das recycelte Material ausreicht, um eine vorgegebene Nachfrage zu decken.

Da diese Indikatoren jeweils anzeigen, wie hoch der Anteil der Dispersion bei verschieden Formen der Materienutzung ist, werden sie nachfolgend als ***relative Dispersionsindikatoren*** bezeichnet. Obwohl sie sehr gut ausdrücken, inwieweit eine Ökonomie die von ihr benötigten Stoffe im Kreislauf führt, so sagen die relativen Dispersionsindikatoren über den Grad der Umweltbelastung wenig aus. So mag z. B. eine Recyclingquote von 90% sehr positiv anmuten, doch wenn die Dispersion der restlichen 10% enorme Umweltschäden verursacht, dann ist die positive Aussage dieser Zahl entwertet.

Mit Hilfe der Daten aus Stoffstromanalysen ist daher noch eine zusätzliche Art von Indikatoren zu ermitteln, die eine Aussage darüber machen, welche Auswirkungen die *absoluten* Stoffeinträge in der Natur verursachen bzw. inwieweit die dispergierten Stoffe die Absorptions- und Assimilationsfähigkeiten der Natur überlasten. Erst mit derartigen Indikatoren kann ein Bezug zur zweiten Managementregel für Nachhaltigkeit hergestellt werden. Grundlage für

337 Vgl. Van der Voet et al. 1995: S. 92-93.

338 Vgl. Ayres 1996: S. 242-252.

die Ermittlung derartiger Indikatoren sind nicht Emissionsdaten oder relative Dispersionswerte, sondern *Immissions*werte, d. h. konkrete absolute Stoffeintragsmengen für verschiedene Ökosysteme. Wichtig ist also nicht nur, wieviel Emissionen freigesetzt werden, sondern auch, wo sie letztlich in der Natur ankommen.

Einer der wichtigsten und aussagekräftigsten Indikatoren für den Zustand der Senkenfunktion von Ökosystemen ist der ***„Indikator der kritischen Eintragsraten“***. Für den Fall der Versauerung von Böden ist die kritische Eintragsrate – d. h. die Grenze der Absorptions- und Assimilationsfähigkeiten – dann erreicht, wenn die sauren Stoffe SO_2 und NO_x ins Grundwasser ausgewaschen werden. Diese Stoffe können dann nicht mehr vom Boden und den Pflanzen produktiv umgewandelt oder fixiert werden, so daß an der Menge der ausgewaschenen Stoffe ablesbar ist, um wieviel die kritische Eintragsrate in einem Bodenökosystem überschritten ist. Das Problem mit diesem Indikator besteht darin, daß die Fähigkeit zu Assimilation und Absorption bei verschiedenen Ökosystemen höchst unterschiedlich ist. Für einen Überblick über den Zustand der Senkenfunktion der Ökosysteme in einer Volkswirtschaft wären eine Vielzahl von Untersuchungen für eine Vielzahl von Schadstoffen durchzuführen. Viele Länder sind nicht in der Lage, derartige Projekte zu finanzieren und auch in der Bundesrepublik Deutschland ist die Datenerhebung für diesen Indikator noch in der Anfangsphase, obwohl für den Bereich der Versauerung von Waldböden bereits flächendeckende Daten vorliegen.[339]

Angesichts des Aufwandes und der Schwierigkeiten hinsichtlich der Datenermittlung für den Indikator der kritischen Eintragsraten ist es kaum zu erwarten, daß dieser Indikator in absehbarer Zeit an praktischer Bedeutung gewinnen wird. Da jedoch Daten über den Zustand der Assimilationsfähigkeit wichtig sind, um die Bedrohung einzuschätzen, die von Stoffströmen aus der Ökonomie für die Natur ausgehen, wäre für den Übergangszeitraum der Datenermittlung für die kritischen Eintragsraten eine alternative Maßzahl von Bedeutung, selbst wenn ihre Aussagekraft geringer wäre.

Ein alternativer Indikator, der einfacher zu ermitteln ist, dafür aber auch nur als sehr grobe Approximation in bezug auf die natürliche Senkenfunktion angesehen werden darf, wurde von BACCINI/BRUNNER (1991) und AYRES (1996) vorgeschlagen. Es handelt sich um das Verhältnis der Stoffströme, die durch dissipative Handlungen der Menschen verursacht werden, zu denjenigen Stoffströmen, die natürlich vorkommen. Dieser Indikator wird nachfolgend als ***Stoffstromquotient*** bezeichnet. BACCINI und BRUNNER machen auf die empirische Erfahrung aufmerksam, daß Umweltprobleme gerade in den Fällen auftreten, in denen der von Menschen induzierte Stoffeintrag in die Natur (für eine bestimmte Region in einem bestimmten Zeitraum) die natürlichen Stoffströme um ein Vielfaches übersteigt, wenn also der Stoffstromquotient z. B. größer ist als zwei. Zur Veranschaulichung dieser These seien einige Daten für diesen Indikator genannt: So beträgt beispielsweise der Stoffstromquotient für CO_2 (Treibhauseffekt) 10, für Phosphor (Eutrophierung) 100 und für Eisen (Anreicherung toxischer Stoffe) 650.[340] Auch wenn diese Daten keine spezifischen Auskünfte über den Zustand von einzelnen Ökosystemen geben, so zeigen sie doch ein potentielles Risiko an, das mit der dispergierenden Nutzung und Freisetzung einzelner Stoffe verbunden ist.

Ein Vorteil des Stoffstromquotienten besteht darin, daß er auf *alle* Stoffe anwendbar ist und somit auch auf solche, deren Umweltwirkung noch nicht bekannt ist. Er kann daher als eine Art Frühwarnindikator für übermäßige Stofffreisetzung gelten und zumindestens die Wahrscheinlichkeit einer möglichen Umweltveränderung durch Stoffeintrag grob anzeigen; diese ist um so höher, je mehr der menschlich induzierte Stoffeintrag für irgendeinen Stoff die internen

---

339 Vgl. dazu RSU 1994: S. 111-116.

340 Vgl. Baccini/Brunner 1991: S. 14-16.

Stoffströme der Natur übersteigt. Ein Nachteil dieses Indikators besteht bislang noch darin, daß die Werte aus verschiedenen Untersuchungen teilweise sehr stark voneinander abweichen, so daß eine methodische Angleichung bei der Berechnung der Indikatorwerte dringend notwendig ist.[341]

Abschließend bleibt festzustellen, daß die outputorientierte Perspektive, die Dispersionsprozesse in den Analysemittelpunkt stellt, wertvolle Informationen liefern kann. Auf Grundlage von empirischen Stoffstromanalysen, die Daten über Inputs und Outputs von ökonomischen Prozessen liefern, können wichtige Indikatoren für Nachhaltigkeit ermittelt werden, die sich aus der Intensität der dispergierenden Nutzung von nicht-erneuerbaren Ressourcen ergeben. Relative Dispersionsindikatoren zeigen den Grad der materiellen Geschlossenheit einer Region oder einer Volkswirtschaft an, und Indikatoren für den Zustand der natürlichen Assimilationsfähigkeit – also kritische Eintragsraten oder Stoffstromquotienten – geben Auskunft über den Grad der Umweltbelastung durch den Eintrag feinverteilter Stoffe. In ihrer Kombination zeigen diese Indikatoren an, inwieweit eine Ökonomie einen Zustand mit fast vollständigem Recycling, sehr geringem Grad dispergierender Materienutzung und geringer Umweltgefährdung realisiert hat bzw. wie weit eine Ökonomie von der Nachhaltigkeit in bezug auf die Nutzung von materiellen Ressourcen entfernt ist.[342]

3.3.3.4 Inputorientierte Instrumente, Methoden und Indikatoren für Nachhaltigkeit

Eine andere Gruppe von thermodynamisch orientierten Theoretikern konzentriert sich auf den inputseitigen Gesamtverbrauch von Materie und gewährt der materiellen Dispersion eine nicht so große Aufmerksamkeit, da sie lediglich als outputseitige Konsequenz der inputseitigen Rohstoffnutzung interpretiert wird. Gleichzeitig wird durch den Fokus auf den Materieinput nicht nur das Problem der Umweltverschmutzung (indirekt) zum Forschungsgegenstand, sondern zusätzlich wird auch die Frage des Ressourcenverbrauchs und seiner intertemporalen Distribution thematisiert.

Die Analyse von materiellen Inputströmen hat gegenüber der Betrachtung von Outputströmen den gewichtigen Vorteil, daß Inputströme besser erfaßt werden können. Einerseits liegen die verschiedenen Materieatome relativ getrennt und in relativ konzentrierter Form in verschiedenen Lagerstätten der Erde vor, und andererseits gehen sie als wertvolle Inputs in den ökonomischen Prozeß ein und sind daher stets statistisch erfaßt worden. Die dissipierten Outputströme sind hingegen breit über den Globus verteilt, und die sauber getrennten Materieinputs werden in ökonomischen Prozessen in eine kaum zu überschauende Vielfalt von Atomverbindungen verwandelt und letztlich in dieser Form als unerwünschter Output dissipiert. Da diese Stoffe keinen ökonomischen Wert besitzen, sind sie in der Vergangenheit nie statistisch erfaßt worden, so daß heute eine genaue Bilanzierung der outputseitigen Reststoffe mit einem enormen Aufwand verbunden ist.

Aus dieser Konstellation ergeben sich zwei wesentliche inputorientierte Aspekte. *Erstens* bietet sich die Inputseite als Ansatzpunkt für eine ressourcen- und umweltbezogene Regulierung an. Aufgrund der konzentrierten und überschaubaren Prozesse auf der Inputseite, läßt sich dort eine Regulierung besser durchführen. Weiterhin spricht das erste thermodynamische Gesetz für eine Regulierung der Inputs, da die dissipierten Schadstoffe auf der Outputseite nicht anderes sind als eine Kombination der Inputstoffe, die in den entropischen Prozessen der Öko-

[341] So bestehen z. B. erhebliche Divergenzen zwischen den ermittelten Indikatorwerten, die in Ayres 1996 (S. 248) und Baccini/Brunner 1991 (S. 16) genannt werden. Im Fall des Kupfers liegt ein Faktor von zehn zwischen den Indikatorwerten und bei Blei beläuft sich der Unterschied sogar auf einen Faktor von 321 (!).

[342] AYRES (1996) nennt sie daher Indikatoren für Nicht-Nachhaltigkeit.

nomie eingesetzt werden. Eine geschickte Regulierung und Reduzierung der Inputs kann daher die allgemeine Dispersion von Materie – besonders in langer Zeitfrist – vermeiden bzw. reduzieren helfen. *Zweitens* macht aus einer solchen Perspektive auch der methodische Ansatz einer inputorientierten Stoffstromanalyse Sinn. Im Gegensatz zur outputorientierten Stoffstromanalyse, die sich zumeist nur auf den Strom einzelner Schadstoffe bezieht, wird im inputorientierten Ansatz die Gesamtmasse der als Inputs benutzten Materie bilanziert. Dadurch kann die Materialintensität einer Ökonomie dargestellt werden, und in Form von inputorientierten Indikatoren läßt sich daraus das ökologische Gefährdungspotential durch Materialverbrauch grob abschätzen. Diese beiden Aspekte – Regulierung von nicht-erneuerbaren Ressourcen auf der Inputseite einerseits und inputorientierte Stoffstromanalyse und daraus ableitbare Indikatoren andererseits – werden nachfolgend thematisiert.

Die **inputseitige Regulierung von nicht-erneuerbaren Ressourcen** schlägt DALY als Maßnahme zur Durchsetzung einer physisch stationären Ökonomie vor.[343] Wie oben zu diesem Konzept bereits ausgeführt, erfordert eine physisch stationäre Ökonomie u. a. einen materiell konstanten Bestand an Kapital und Konsumgütern und einen minimalen Throughput von Energie und Materie zur Aufrechterhaltung dieses Bestandes. Da es äußerst schwierig, wenn nicht unmöglich ist, einen sich fortwährend ändernden Kapital- und Konsumgüterbestand so zu regulieren, daß der einbezogene Materialbestand konstant bleibt, wählt DALY die indirekte Methode der Bestandsregulierung durch Begrenzung und sukzessive Verringerung des Throughputs an der Inputseite. Er argumentiert, daß durch dieses Vorgehen mehrere Regulierungsfunktionen gleichzeitig erfüllt werden können. *Erstens* ist eine Inputbegrenzung eine direkte Regulierung des Ressourcenverbrauchs und trägt damit zur Ressourcenschonung für zukünftige Generationen bei. *Zweitens* wird durch einen begrenzten materiellen Input der materiellen Bestandsveränderung von Kapital- und Konsumgütern eine indirekte Obergrenze gesetzt. Materielles Wachstum ist nicht mehr möglich, wenn der materielle Ressourceninput dem (nicht-recycelbaren) Verschleiß des Bestandes plus den Dispersionsverlusten der ökonomischen Prozesse entspricht. In diesem Fall ist ein Fließgleichgewicht erreicht: der physisch stationäre Zustand. *Drittens* impliziert eine Ressourcenbegrenzung eine indirekte und grobe Regulierung von Schadstoffemissionen, denn letztlich kann nicht mehr Material dispergiert werden, als in den ökonomischen Prozeß eingeht. Damit schließt Daly nicht aus, daß eine zusätzliche Feinsteuerung notwendig ist, um Dispersionsprozesse outputseitig zu regulieren. Dieser (mikroökonomischen) Feinsteuerung habe jedoch eine (makroökonomische) Grobsteuerung vorauszugehen, um den Scale der Ökonomie zu begrenzen.[344]

Als Instrument, mit dem das Ziel einer Inputbegrenzung am besten zu erreichen ist, benennt DALY die Quote bzw. die Lizensierung von nicht-erneuerbaren Ressourcen.[345] Nur mit diesem Instrument bestehe die Möglichkeit, den Materialverbrauch tatsächlich zu stabilisieren, während z. B. eine Ressourcensteuer oder eine Besteuerung von ressourcen- oder verschmutzungsintensiven Gütern lediglich eine Reallokation bewirke, die letztlich ein Anwachsen des Ressourcenverbrauchs und der Umweltverschmutzung nicht verhindert, da eine starke Zunahme in der Nutzung von weniger ressourcenintensiven Gütern als Gesamteffekt trotzdem einen erhöhten Ressourcenverbrauch hervorbringen kann.[346]

---

343 Vgl. Daly 1979: S. 85-89 und Daly 1991d: S. 61-72.

344 Vgl. Daly 1991d: S. 61, 63-64 und Daly 1979: S. 89.

345 In einem anderen Beitrag betont DALY (1992a), daß die Lizenz grundsätzlich das beste Instrument zur Regulierung des Scale sei. Er bezieht an jener Stelle ausdrücklich die outputorientierte „Feinsteuerung", also die Regulierung des Eintrags dispergierter Materie in die Natur, ein.

346 Vgl. Daly 1979: S. 89 und Daly 1991d: S. 62.

Die Inputbegrenzung mittels des Instruments der Quote würde sich im Sinne DALYS an einem Ressourcenmarkt unter Wettbewerbsbedingungen wie folgt vollziehen. Der Ressourcenmarkt wird zweigeteilt. Zuerst auktioniert eine staatliche Behörde eine begrenzte Anzahl von Lizenzen, die zum Kauf von nicht-erneuerbaren Ressourcen in einer bestimmten Zeitperiode ermächtigen. Danach treten die Käufer mit ihren Lizenzen an die Anbieter von Ressourcen heran.[347] In der Abbildung 3.7 wird eine derartige Situation in der typischen neoklassischen Darstellungsweise gezeigt. Im unregulierten Zustand bei gegebener Nachfrage (N) ergäbe sich ein Gleichgewicht im Punkt J, so daß eine Ressourcenmenge M* zu einem Stückpreis von P* umgesetzt würde. Wie in Kapitel 2 ausgeführt, entspricht der Marktpreis von nicht-erneuerbaren Ressourcen *nicht* den Grenzkosten der Produktion, die durch die Linie GK dargestellt sind, sondern der Summe aus Grenzkosten und Knappheitsrente. Die entsprechende Angebotskurve (A) ist in der Graphik als gepunktete Linie abgebildet.[348]

Abbildung 3.7: Quote auf einem Wettbewerbsmarkt für nicht-erneuerbare Ressourcen

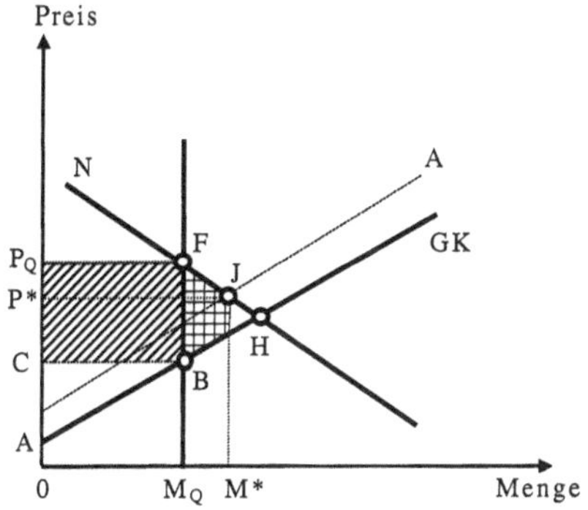

Graphik in Anlehnung an: Daly 1991d: S. 66.

Die Einführung einer Inputbegrenzung auf M_Q Einheiten würde den Gesamtpreis pro Einheit Ressource (Preis Lizenz + Marktpreis der Ressource) auf P_Q erhöhen. Die staatliche Behörde würde eine Lizenz zu einem Stückpreis in Höhe von FB veräußern und Gesamteinnahmen aus den Lizenzverkäufen in Höhe der schraffierten Fläche $CBFP_Q$ verzeichnen. Den Ressourcenbesitzern wird mit Einführung von Lizenzen die Möglichkeit genommen, die nicht-erneuerbaren Ressourcen wie eine Kapitalanlage zu behandeln, da die Flexibilität des Ressourcenverkaufs eingeengt ist. Somit wird ihnen die Knappheitsrente entzogen und unter Wettbewerbsbedingungen ergibt sich ein Verkaufspreis am Ressourcenmarkt, der den marginalen

347 Vgl. Daly 1979: S. 86 und Daly 1991d: S. 63.

348 In seinen diesbezüglichen Ausführungen vernachlässigt DALY leider den Umstand, daß die Grenzkosten der Produktion auf einem Wettbewerbsmarkt für nicht-erneuerbare Ressourcen *nicht* die Angebotskurve konstituieren. Vgl. Daly 1991d: S. 63-67. Da eine entsprechende Korrektur den von DALY beschriebenen Wirkungsmechanismus einer Quote nicht maßgeblich verändert, wird hier lediglich die vom Verfasser dieser Arbeit korrigierte Version präsentiert.

Grenzkosten der Ressourcenproduktion (Strecke 0C) entspricht. Der realisierbare Gesamtgewinn der Ressourcenbesitzer ist somit lediglich die Produzentenrente in Höhe der Fläche ABC. Folglich wird mit der Durchsetzung von Ressourcenquoten die Knappheitsrente von den Produzenten an den Staat umverteilt. Da die Knappheitsrente zuvor Bestandteil des Einkommens der Ressourcenbesitzer war und damit quasi ein Wertanteil des Besitzes enteignet wurde, ist ein derartiger Eingriff durch Kompensationsleistungen für die Ressourcenbesitzer zu begleiten.[349]

Diese Form der Regulierung des Marktes für eine nicht-erneuerbare Ressource hat wesentliche Auswirkungen auf ihren intertemporalen Preispfad und damit auf die Entwicklung der Ressourcenproduktivität. Der Preispfad der Ressource wird nun nicht mehr durch die Zinsrate bestimmt, sondern von den Vorstellungen der regulierenden Behörde hinsichtlich des intertemporalen Verlaufs der Mengenregulierung. Wäre die Behörde beispielsweise der Ansicht, die Quote M_Q sei langfristig aufrechtzuerhalten, so bliebe der Gesamtpreis der Ressource bei sonst unveränderter Marktlage intertemporal konstant. Ein solches Regulierungsverhalten wäre jedoch nicht sehr sinnvoll, denn es würde lediglich zum Zeitpunkt der Einführung des Lizenzsystems ein Anreiz für eine effizientere Ressourcennutzung gesetzt, während dieser Anreiz bei nachfolgend gleichbleibender Quote und damit konstant bleibendem Gesamtpreis der Ressource verschwinden würde. Sinnvoller wäre daher, eine Politik mit kontinuierlicher intertemporaler Verringerung der Quote zu verfolgen, um damit durch den Anreiz eines intertemporal steigenden Gesamtpreises eine kontinuierlich verbesserte Ressourcenproduktivität zu erreichen.[350]

Die Abbildung 3.7 macht noch einen anderen Aspekt deutlich, den DALY nicht erwähnt. Der gesamtökonomische Wohlfahrtsverlust durch Einführung der Quote ist im Falle eines Marktes für nicht-erneuerbare Ressourcen kleiner als bei einem üblichen Wettbewerbsmarkt. Wäre anfänglich die Grenzkostenkurve marktpreisbestimmend (Ausgangspunkt H), so ergäbe sich ein Wohlfahrtsverlust durch die Quote in Höhe der Fläche BHF. Verläuft die Angebotskurve aufgrund der Knappheitsrente auf einem höheren Niveau (Ausgangspunkt J), so ist der Wohlfahrtsverlust geringer, hier dargestellt in Größe der karierten Fläche.

Das Instrument der Ressourcenlizenz ermöglicht also eine Stabilisierung und Senkung des Ressourcenverbrauchs und beeinflußt damit indirekt die Umweltwirkungen, die mit Abbau, Verarbeitung und Nutzung von nicht-erneuerbaren Ressourcen verbunden sind. DALY geht jedoch noch weiter und weist darauf hin, daß unter Einsatz von Quoten die Transformation von einer auf nicht-erneuerbaren Ressourcen basierenden Ökonomie zu einer auf erneuerbaren Ressourcen aufbauenden Wirtschaft maßgeblich begünstigt werden kann. Für eine solche Politik wäre allerdings nicht nur eine Einführung von Quoten für nicht-erneuerbare Ressourcen notwendig, sondern zusätzlich auch Quoten für alle erneuerbaren Ressourcen.[351] Dieser Zusammenhang wird in Abbildung 3.8 verdeutlicht.

Die linke Graphik zeigt erneut den Markt für nicht-erneuerbare Ressourcen, jedoch mit einigen Erweiterungen hinsichtlich der Variation der Grenzkosten, der Nachfrage und der Quote. Eine (ursprüngliche) Angebotskurve mit enthaltener Rente ist hier nicht mehr gezeigt, da nach Einführung eines Quotensystem der Marktpreis der Ressource (ohne Lizenz) den Grenzkosten entspricht. Sei hier anfänglich lediglich die Variation der Grenzkosten betrachtet mit M_Q als Quote und N_1 als Nachfragekurve. Die Verschiebung der Grenzkostenkurve von GK_1 auf GK_2 könnte im zeitlichen Verlauf aufgrund abnehmender Ressourcenkonzentrationen eintreten. Als Resultat wären die Ressourcennachfrager bei gestiegenen Ressourcenpreisen am Markt (von

349 Vgl. Daly 1991d: S. 65-67 und Daly 1979: S. 86-87.

350 Vgl. Daly 1991d: S. 68. Eine Preissteigerung ergäbe sich allerdings auch durch erhöhte Nachfrage.

351 Vgl. Daly 1979: S. 88 und Daly 1991d: S. 68.

0C auf 0D) nur noch bereit, einen geringeren Preis für die Lizenz zu zahlen (nicht mehr BF, sondern nur noch GF). Damit verringern sich in der Zeit durch steigende Grenzkosten die staatlichen Einnahmen aus dem Lizenzverkauf von $CBFP_Q$ auf $DGFP_Q$, wenn die Quote unverändert bei M_Q bleibt und auch die Nachfrage N_1 sich nicht verändert.[352]

Abbildung 3.8: Ressourcenquoten als Instrument der Transformation

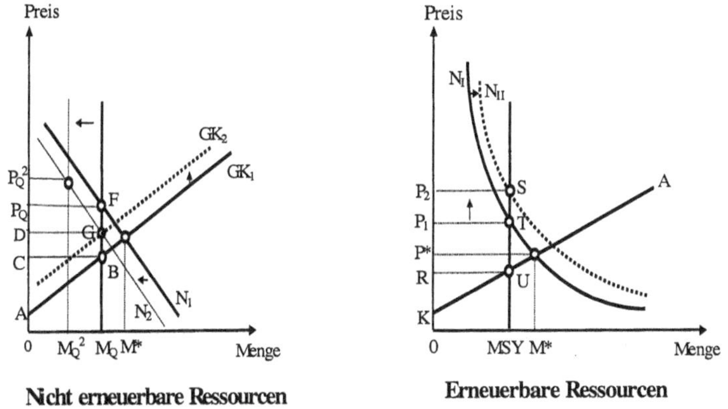

Graphik in Anlehnung an: Daly 1991d: S. 66-68.

Die rechte Graphik der Abbildung 3.8 stellt einen Wettbewerbsmarkt für erneuerbare Ressourcen dar. Die Quote erfüllt in diesem Zusammenhang die Einhaltung der ersten Managementregel für Nachhaltigkeit, so daß nur so viele erneuerbare Ressourcen vermarktet werden, daß das langfristige Potential der landwirtschaftlichen Ernte nicht gefährdet wird. Die Quotenmenge entspricht also dem „maximum sustained yield" (MSY), und nach Einführung dieser Quote stellt sich der Preis P_1 ein. Im Gegensatz zum Markt für nicht-erneuerbare Ressourcen steigen die Grenzkosten der Produktion von erneuerbaren Ressourcen in der Zeit nicht an.

Besteht nun zwischen einer nicht-erneuerbaren und einer erneuerbaren Ressource ein Substitutionsverhältnis und der Preis der erneuerbaren Ressource ist geringer, also $P_1 < P_Q$ in der Abbildung 3.8, dann nimmt im Zeitverlauf die Nachfrage nach der erneuerbaren Ressource zu, d. h. N_I verlagert sich nach N_{II}. Der Preis der erneuerbaren Ressource steigt dann von P_1 auf P_2, die Lizenzeinnahmen des Staates erhöhen sich von $RUTP_1$ auf $RUSP_2$ und die Gewinne der Produzenten bleiben gleich (Fläche KUR). Diese dynamische Verflechtung der Märkte eröffnet der regulierenden Behörde die Möglichkeit, den langfristigen Substitutionsprozeß von nicht-erneuerbaren Ressourcen auf erneuerbare Ressourcen zu beschleunigen.[353]

Zu beachten ist in diesem Prozeß der Regulierung, daß der Gesamtstückpreis der erneuerbaren Ressourcen den Gesamtstückpreis der nicht-erneuerbaren Ressourcen nicht übersteigen sollte, da solche Entwicklungen Rückschläge für den Substitutionsprozeß mit sich bringen könnten. Somit muß die Behörde flexibel auf Preisänderungen bei den erneuerbaren Ressour-

352 Vgl. Daly 1979: S. 88 und Daly 1991d: S. 67.

353 Vgl. Daly 1979: S. 88 und Daly 1991d: S. 68.

cen reagieren. Im Beispiel der Abbildung 3.8 führt ein (explizit gewünschter) Nachfragezuwachs nach erneuerbaren Ressourcen zum Preisanstieg auf P_2, während damit eine sinkende Nachfrage nach nicht-erneuerbaren Ressourcen (von N_1 auf N_2) verbunden ist, so daß der Gesamtpreis für nicht-erneuerbare Ressourcen von P_Q auf D absinkt. Würden keine weiteren Eingriffe erfolgen, so wäre der Substitutionsprozeß vorerst gestoppt und könnte sich sogar wieder umkehren, da $D<P_2$. Um einen langfristig höheren Preis der nicht-erneuerbaren Ressourcen sicherzustellen, kann die staatliche Behörde ihre Quote senken, z. B. auf M_Q^2 und damit einen weiteren Anreiz zur Substitution sicherstellen ($P_Q^2>P_2$).

In seinen Ausführungen betont DALY zwei Prinzipien für die Bestimmung von Ressourcenquoten, die er in Anlehnung an JOHN ISE (1925) formuliert: *erstens* ist die Quote für erneuerbare Ressourcen mit bezug auf den nachhaltigen Ertrag (MSY) zu bestimmen, und *zweitens* ist die Quote von nicht-erneuerbaren Ressourcen stets so zu halten, daß sich ein Gesamtpreis pro Ressourceneinheit einstellt, der höher ist als der Gesamtpreis des erneuerbaren Substituts. Sollte ein Substitut für eine nicht-erneuerbare Ressource nicht existieren, so betont DALY, daß die Wahl der Quote in jenem Fall eine rein ethische Entscheidung in bezug auf eine intertemporale Ressourcendistribution wäre.[354]

Für die Einführungsphase des Lizenzsystems schlägt DALY schließlich vor, die Quoten zuerst auf dem gegenwärtigen Verbrauchsniveau festzulegen und sie dann sukzessive zu senken. In dieser Weise würden Anreize geschaffen, daß der technische Fortschritt der Zukunft zunehmend erneuerbare Ressourcen berücksichtigt und die Ressourcenproduktivität der nicht-erneuerbaren Ressourcen erhöht. Damit werden sowohl der Verbrauch und die ökonomische Bedeutung der nicht-erneuerbaren Ressourcen gesenkt als auch die durch sie verursachte Umweltbelastung verringert. Gleichzeitig resultiert aus dem Lizenzsystem mit erneuerbaren *und* nicht-erneuerbaren Ressourcen im intertemporalen Verlauf ein fiskalischer Ausgleich für die staatliche Behörde, denn die Verringerung der Lizenzeinnahmen bei den nicht-erneuerbaren Ressourcen wird, zumindestens teilweise, durch die zunehmenden Lizenzeinnahmen bei den erneuerbaren Ressourcen kompensiert. Aufgrund dieser vielen Vorteile sieht DALY im Lizenzsystem ein äußerst erfolgversprechendes Instrument zur Implementierung einer physisch stationären Ökonomie.[355]

Eine ähnlich inputorientierte Perspektive wie DALY nehmen auch die Ökonomen und UmweltwissenschaftlerInnen des Wuppertaler Instituts für Klima, Umwelt und Verkehr ein. Ihre theoretische Position resultiert jedoch aus einer eher praxisorientierten Arbeit und der sich dort ergebenen Notwendigkeit, relevante und einfache Indikatoren als Basis für umweltpolitische Maßnahmen zu entwickeln. In diesem Kontext entwickelten die Wuppertaler Wissenschaftler in den vergangenen Jahren eine **Stoffstromanalyse mit besonderer methodischer Berücksichtigung der Inputs**, die unter dem Begriff der ***Materialintensitätsanalyse*** bekannt geworden ist.[356] Dieses methodische Analyseinstrument ist mit dem allgemeinen theoretischen Konzept von DALY vereinbar und kann als methodische Konkretisierung des inputorientierten Ansatzes interpretiert werden.

Die Motivation zur Erarbeitung der inputorientierten Stoffstromanalyse bestand hauptsächlich darin, daß verschiedene Schwächen der outputorientierten Analysen immer deutlicher zutage traten. In den heute üblichen Stoffstromanalysen, z. B. in der Ökobilanz, wird versucht, die Umweltschädlichkeit der Dispersion verschiedener Schadstoffe einzuschätzen und zu be-

354 Vgl. Daly 1991d: S. 64-65 und Daly 1979: S. 87-88.

355 Vgl. Daly 1991d: S. 65, 68 und Daly 1979: S. 87-88.

356 Vgl. dazu u. a. Schmidt-Bleek 1994, Rohn/Manstein/Liedtke 1995, Merten/Liedtke/Schmidt-Bleek 1995, Schmidt-Bleek (Hg.) 1996 und Hinterberger/Luks/Schmidt-Bleek 1997.

werten. Dabei liegt die Hauptaufmerksamkeit auf denjenigen Stoffen, deren toxische oder umweltgefährdende Wirkungen bereits bekannt sind, wie z. B. bei Dioxin, Arsen, Blei, FCKW, CO_2 etc.. Das Problem bei diesem Vorgehen liegt darin, daß es wissenschaftlich unmöglich ist, auch nur für einen einzigen Stoff alle Wirkungen zu ermitteln, die dieser in den komplexen Natursystemen im Zusammenspiel mit anderen Stoffen verursachen kann. Derzeit werden viele Tausende verschiedene Industriechemikalien benutzt und jährlich kommen 1.000 neue Stoffe hinzu. Daraus entsteht eine Vielzahl von Emissionsstoffen, die dann in Wechselwirkung mit den mannigfaltigen Stoffen innerhalb der Natur treten. Eine verläßliche Vorhersage aller komplexen Umweltwirkungen, die durch den Eintrag einzelner Stoffe kurz-, mittel-, und langfristig entstehen können, ist damit ausgeschlossen und daher ist auch die Carrying Capacity bzw. die Leistungsfähigkeit der Senkenfunktion der Natur in bezug auf einen Schadstoff nicht exakt ermittelbar. Eine outputorientierte Stoffstromanalyse ist infolgedessen allerhöchstens in der Lage, *nach* dem Entstehen einer Umweltkrise einzelne (aber nicht alle) Verursacherstoffe zu identifizieren. In dieser Weise kommt es dazu, daß aufgrund eines hohen Grades von Unwissenheit immer nur einige Stoffe im Zentrum der Aufmerksamkeit stehen, während viele tausend andere Stoffe, die vielleicht bereits Krisen verursacht haben, die aber noch nicht erkannt sind, vernachlässigt werden. SCHMIDT-BLEEK bezeichnet diesen Umstand als Phänomen des „Schadstoffes der Woche".[357]

Weiterhin hat sich in den letzten Jahren deutlich herausgestellt, daß die Grenzen nachsorgender Umweltpolitik durch End-of-Pipe-Technologien erreicht sind. Ohne Frage sind enorme Erfolge bei der nachsorgenden Verhinderung der Feinverteilung von Schadstoffen durch verschiedenste Filtertechnologien verbucht worden. Auch die Verbrennung von fossilen Brennstoffen in modernen Motoren geht heute viel „sauberer" vonstatten, da neben CO_2 und Wasserdampf nur noch eine Restspur anderer Stoffe emittiert werden. Doch aufgrund des massenhaften Eintrages sind heute selbst die scheinbar harmlosen Stoffe wie CO_2 und Stickstoff, die essentiell für irdisches Leben sind, zu Schadstoffen geworden, und außerdem hat eine übermäßige Materialnutzung zur massenhaften Entstehung von Abfall geführt, dessen Entsorgung enorme Bodenknappheiten bei der Mülldeponierung hervorbrachte und den Raum für natürliche Ökosysteme einengte. Somit ist also die Gesamtmasse der Materienutzung – also das Volumen des Throughput – zunehmend zum Problem geworden, während die Dispersion von Gefahrstoffen nach wie vor ein wichtiger, aber nur ein Teilaspekt heutiger Umweltkrisen ist. Diese Problemwahrnehmung ist der von DALY sehr ähnlich, und es ist kaum verwunderlich, daß die resultierende Erkenntnis darin liegt, daß der ökonomische Materialinput – also der Scale einer Ökonomie – drastisch zu reduzieren ist.[358]

Angesichts der hohen Unwissenheit über die Wirkungen einzelner Stoffe in der Natur und unter der Annahme, daß jede Verlagerung von Materie innerhalb der Natur potentiell zu Schäden führen kann, plädieren die Wuppertaler UmweltwissenschaftlerInnen dafür, den Gesamtinputstrom von ökonomischen Prozessen als grobe und vorsorgeorientierte Maßzahl für die potentiellen Umweltwirkungen ökonomischen Handelns zu betrachten und eine Reduzierung dieses Stromes als allgemeines Ziel anzustreben. Gleichzeitig wird betont, daß outputorientierte Stoffstromanalysen zur Untersuchung von Dispersionsprozessen nach wie vor eine wichtige Funktion einnehmen, daß sie aber durch inputorientierte Materialintensitätsanalysen sehr sinnvoll ergänzt werden können.[359]

Methodisch gesehen wird in der Materialintensitätsanalyse versucht, den gesamten Mate-

357 Vgl. Schmidt-Bleek 1994: S. 62-65 und Schmidt-Bleek (Hg.) 1996: S. 66-68.

358 Vgl. Schmidt-Bleek (Hg.) 1996: S. 65.

359 Vgl. Hinterberger/Luks/Schmidt-Bleek 1997: S. 10-12.

rialinputstrom je nach Fragestellung für eine Region, für ein Produkt, für ein Unternehmen oder für einen Sektor zu ermitteln. Dabei wird nicht nur diejenige Materie einbezogen, die letztlich in Form eines Produktes tatsächlich genutzt wird, sondern es werden sämtliche Rohmaterialien aus der Natur berücksichtigt, die entweder direkt eingesetzt oder auch nur bewegt werden, um die Erstellung eines Produktes oder einer Dienstleistung zu ermöglichen. Folglich wird für ein komplexes Produkt wie z. B. für einen Computer jedes Einzelteil in seinem Entstehungsprozeß zurückverfolgt, bis alle Primärinputs ermittelt sind. Dazu gehören dann neben den Materialien, aus denen der Computer letztlich besteht, zusätzlich z. B. der anteilige Abraum, der vor einer Metallerzförderung beiseite geschafft werden muß, die anteilige Abnutzung von Straßen und aller anderen Infrastrukturen, der anteilige Verschleiß von Maschinen, Anlagen und Hilfsstoffen in allen Stufen der Produktion sowie die Masse aller eingesetzten Energierohstoffe und sämtliches Material, das anteilig an deren Förderung beteiligt war.[360] Die Gesamtmasse der eingesetzten Materie eines Produkts über alle Phasen seines Lebenszykluses wird Materialinput genannt, und der Materialinput abzüglich der Eigenmasse des Endprodukts wird als „ökologischer Rucksack" bezeichnet. Beide Größen werden nach ihrem Gewicht in Kilogramm oder Tonnen angegeben und eine Gewichtung des Inputmaterials – z. B. aufgrund unterschiedlicher Giftigkeit von Stoffen – wird explizit *nicht* vorgenommen.[361]

Als Ergebnis der inputorientierten Materialintensitätsanalyse ergibt sich eine aggregierte Gewichtsangabe des Materialinputs. Um dieser Inputstoffstromzahl etwas mehr Information abgewinnen zu können, wird sie in fünf Materialkategorien dargestellt:[362]

- Unter der Kategorie ***abiotische Rohmaterialien*** werden mineralische und fossile Rohstoffe zusammengefaßt und weiterhin die sogenannte „nicht verwertete Rohförderung" (Abraum, Erzabfall etc.) sowie sämtliche Erde, die aktiv durch mechanische Eingriffe bewegt wird (z. B. Ausbaggerungen oder Aushub).
- Unter ***biotischen Rohmaterialien*** wird der gesamte Einsatz von pflanzlicher Biomasse aggregiert, wobei tierische Biomasse auf den pflanzlichen Ernährungsinput zurückgerechnet wird.
- Unter ***Bodenbewegung in der Land- und Forstwirtschaft*** wird die gesamte Bodenmasse eingerechnet, die entweder durch mechanische Bodenbearbeitung bewegt wird oder durch Erosion verloren geht. Dadurch sollen die Veränderungen der ökologischen Bodenfunktionen berücksichtigt werden, die durch landwirtschaftliche Eingriffe ausgelöst werden.
- ***Wasser*** wird als Materialinput gezählt, wenn es der Natur aktiv entnommen, aufgestaut, umgelenkt oder chemisch verändert wird. Wasser, das in geschlossenen Kreisläufen z. B. zur Kühlung genutzt wird, wird nur in der Menge der Erst- und Nachfüllung der entsprechenden Prozesse berücksichtigt.
- ***Luft*** zählt dann als Materialinput, wenn sie der Natur aktiv entnommen, getrennt oder chemisch verändert wird. Bei Verbrennungsprozessen wird derjenige Luftanteil angerechnet, der chemisch verändert wurde (Oxidation). Passive Luftbewegung – wie die Luftstromänderung durch Erwärmung – wird nicht berücksichtigt.

Zur Veranschaulichung wird hier die Materialintensität der deutschen Elektrizitätsprodukti-

360 Energieeinheiten werden in der Materialintensitätsanalyse nicht ausgewiesen, sondern es werden die materiellen Stoffströme berechnet, die zur Bereitstellung der Energie notwendig waren. Als Begründung für dieses Vorgehen wird angeführt, daß nicht die Energienutzung an sich zu Umweltschäden führt, sondern die Erschließung und die Dispersion der materiellen Energieträger. Vgl. Schmidt-Bleek 1994: S. 76.

361 Vgl. Schmidt-Bleek (Hg.) 1996: S. 10-11, 15 und Hinterberger/Luks/Schmidt-Bleek 1997: S. 12-14.

362 Vgl. Schmidt-Bleek (Hg.) 1996: S. 30-43.

on dargestellt. Für die Bereitstellung einer MWh Strom wurden 1991 in der Bundesrepublik Deutschland durchschnittlich 4.690 kg abiotische Rohmaterialien, 83.431 kg Wasser und 613 kg Luft in Anspruch genommen.[363] Diese Werte ergeben sich als Gewichtung aus den Elektrizitätsbereitstellungsanteilen der jeweiligen Energieträger und aus dem zusätzlichen Materialeinsatz für die Elektrizitätsverteilung. Ein Vergleich der Materialintensitäten verschiedener Energieträger ist aus Tabelle 3.3 abzulesen.

Tabelle 3.3: Materialintensitäten nach Energieträgern , Durchschnittswerte für die Bundesrepublik Deutschland in kg/MWh für 1991

Energieträger	abiotische Roh-materialien	Wasser[b]	Luft
Braunkohle	12.287	10.329	988
heimische Steinkohle	668	3.273	701
Import-Steinkohle	1.588	2.921	693
Kernenergie[a]	266	8.693	4
Erdgas	266	2.219	611
Heizöl	331	4.075	834
Laufwasserkraft	113	42	4
Energiemix der BRD [c]	*4.690*	*83.431*	*613*

a: Für die Entsorgung von Atommüll ist der Bauaufwand von Endlagerstätten einbezogen.

b: Für die einzelnen Energieträger sind vollständig geschlossene Wasserkreisläufe berücksichtigt (sehr optimistische Annahme), während für den Energiemix die realistischere Annahme nur teilgeschlossener Kreisläufe gilt. Daraus ergibt sich die Diskrepanz bei den Wasserwerten.

c: Im Energiemix sind die Materialintensitäten für die Stromverteilung einbezogen.

Quelle: Manstein 1996: S. 34-40 und Schmidt-Bleek (Hg.) 1996: S. 46-47.

Wie dieses Beispiel zeigt, ist der Wert für einen Materialinput für manche Fragestellungen nur dann aussagekräftig, wenn er auf eine Leistungseinheit bezogen wird. So läßt sich beispielsweise bei regionalen Stoffstromanalysen die *spezifische Materialintensität* ermitteln, indem der Gesamt-Materialinput einer Region auf die erstellte regionale Leistung bezogen wird (Materialinput pro BSP oder pro Wertschöpfung etc.).[364] Diese Maßzahl ermöglicht einen Materialintensitätsvergleich von Regionen mit unterschiedlicher Größe.

Bei Stoffstromanalysen für Produkte oder Dienstleistungen kann der Materialinput auf eine einzelne funktionale Dienstleistung bezogen werden, wie im obigen Beispiel auf 1 MWh. Diese Materialintensitätsgröße wird MIPS genannt (**M**aterial**i**nput **p**ro **S**erviceeinheit). In diesem Fall werden nicht nur alle Ströme des Materialinputs bis zur Erstellung eines Produktes oder einer Dienstleistung einbezogen, sondern zusätzlich wird anteilig für eine Dienstleistungseinheit ebenso der Materialinput der Gebrauchsphase sowie die Materialeinsätze in Entsorgung

363 Vgl. Manstein 1996: S. 37-39 und Schmidt-Bleek (Hg.) 1996: S. 46. Die Materialinputs der Kategorien biotische Rohstoffe und Bodenbewegung in Land- und Forstwirtschaft sind für die Stromerzeugung vernachlässigbar gering.

364 Vgl. Schmidt-Bleek (Hg.) 1996: S. 72.

und Recycling einbezogen. Für das Beispiel der Elektrizitätsbereitstellung bedeutet das, daß sowohl die Infrastruktur der Stromverteilung anteilig berücksichtigt wird als auch die Materialinputs für die Stillegung und Entsorgung der Kraftwerke. Auf diese Weise wird die Ressourcenproduktivität berücksichtigt, so daß sich z. B. eine gute Recyclingfähigkeit und eine lange Lebensdauer von Starkstrommasten senkend auf den Materialintensitätswert einer MWh Elektrizität auswirkt. Basierend auf den MIPS-Werten können auch Produkte mit gleicher Funktion verglichen werden – ähnlich also wie in der Ökobilanz, nur mit Bezug auf die eingesetzten Inputgrößen.[365]

Aus diesen Ausführungen folgt, daß die inputorientierte Stoffstromanalyse auf drei aggregierte Indikatorgrößen hinausläuft: Materialinput, spezifischer Materialinput und Materialinput pro Dienstleistungseinheit (MIPS). Diese Indikatoren drücken den Ressourcenverbrauch und die Materialintensität von Aktivitäten, Dienstleistungen oder Regionen aus und sind damit ein grober Maßstab für die Umweltbelastung, da potentiell mit jeder ökonomisch induzierten Verlagerung und Bewegung von natürlichem Material ökologische Auswirkungen verbunden sind.

HINTERBERGER, LUKS und SCHMIDT-BLEEK (1997) weisen darauf hin, daß insbesondere die Größe des Materialinput als Maßzahl für den Scale einer Ökonomie interpretiert werden kann. Ähnlich wie zuvor DALY, so argumentieren auch diese drei Autoren, daß die Materialintensität bzw. der Throughput oder Scale einer Ökonomie möglichst zu minimieren sei. Angesichts der vorherrschenden Umweltkrisen, die u. a. auf eine übermäßige und wachsende Materialnutzung zurückzuführen seien, wird als richtungsweisendes Ziel genannt, den Scale bzw. den Materialinput in Industrieländern um den „Faktor 10" zu reduzieren und damit eine Nachhaltigkeits-Strategie der „Dematerialisierung" bei gleichbleibendem Wohlstandsniveau zu wählen.[366]

Mit Hinblick auf die konzeptionellen Probleme, angemessene Grenzwerte für Schadstoffe zu formulieren (2. Managementregel für Nachhaltigkeit) oder die Nachhaltigkeitsforderung nach einem konstanten Kapitalstock trotz der Existenz von nicht-erneuerbaren Ressourcen zu operationalisieren (3. Managementregel), schlagen die Wuppertaler Wissenschaftler vor, das grobe praxisorientierte Ziel der Dematerialisierung um den Faktor 10 in Industrieländern als ergänzende oder gar alternative Managementregel für Nachhaltigkeit anzuerkennen. Der Indikator des Materialinputs ist als approximatives Maß für die allgemeine Nutzung und Entwertung des Naturkapitals zu interpretieren, und außerdem läßt das Dematerialisierungsziel keine Substitution zwischen Naturkapital und menschengemachtem Kapital zu und ist daher vom Konzept her streng nachhaltig.[367]

Die Autoren heben desweiteren hervor, daß nach einer Anerkennung des Dematerialisierungsziels ein breites umweltpolitisches Einsatzpotential für die MIPS-Indikatoren besteht. So könnte auf Grundlage von Materialinputwerten eine ökologische Kennzeichnung von Produkten eingeführt werden oder die derzeitige Mehrwertsteuer könnte durch eine Materialinputsteuer ersetzt werden. Schließlich sei ebenso denkbar, die Reduzierung des ökonomischen Materialinputs mittels Quoten durchzuführen.[368]

---

365 Vgl. Schmidt-Bleek 1994: 108-119 und Hinterberger/Luks/Schmidt-Bleek 1997: S. 15.

366 Der Faktor 10 leitet sich aus der Forderung nach einer globalen *Halbierung* der materiellen Ressourcennutzung ab (in Anlehnung an die Forderungen internationaler Klimaexperten, die CO_2 -Emissionen zur Stabilisierung des Weltklimas zu halbieren). Um eine globale Materialinput-Halbierung zu erreichen, sei angesichts der ungleichen Verteilung des globalen Rohstoffverbrauchs eine überproportionale Reduzierung in Industrieländern (eben um den Faktor 10) notwendig. Vgl. Schmidt-Bleek 1994: S. 167-173 und Hinterberger/Luks/Schmidt-Bleek 1997: S. 10-11.

367 Vgl. Hinterberger/Luks/Schmidt-Bleek 1997: S. 15-16.

368 Vgl. Schmidt-Bleek (Hg.) 1996: S. 74-75 und Hinterberger/Luks/Schmidt-Bleek 1997: S. 16.

Dieses inputorientierte Konzept ist ohne Frage wesentlich differenzierter als das von DALY, da es sowohl die sogenannten „nicht verwerteten Rohstoffe“ als auch die Rohmaterialien der drei Umweltmedien als Inputgrößen einbezieht. In dieser Weise wird das Throughputkonzept von Daly konsequent konkretisiert, da tatsächlich sämtliche Inputs der Ökonomie berücksichtigt werden. Daher kann die Materialintensitätsanalyse durchaus als methodische Grundlage zur Operationalisierung von DALYS physisch stationärer Ökonomie angesehen werden. Es ergibt sich daraus der Vorteil, daß für den Scale einer Ökonomie ein konkretes, wenn auch grobes Maß in Form des Materialinput vorliegt. Damit ergibt sich die umweltpolitische Möglichkeit, eine überprüfbare absolute makroökonomische Grenze für ökonomisches Handeln festzusetzen.

3.3.4 Nicht-erneuerbare Ressourcen in der evolutionären Schule

Wenngleich sowohl der Blickwinkel als auch die Forschungsschwerpunkte der Theoretiker der evolutionären Schule sehr stark abweichen von denjenigen der thermodynamisch orientierten Ökonomen, so bedeutet das nicht, daß die thermodynamische Relevanz von Energie und Materie nicht beachtet wird. Im Gegenteil wird der entropische Charakter des ökonomischen Prozesses betont und niedrig-entropische Materie und Energie werden als grundlegende und limitierende Inputfaktoren für den Prozeß ökonomischer Entwicklung anerkannt.[369] Die Hauptaufmerksamkeit der evolutionären Analyse gilt jedoch weniger thermodynamischen Zusammenhängen, sondern im wesentlichen sind es die folgenden *zwei Aspekte*, denen evolutionäre Ökonomen ihr Augenmerk widmen.

Der *erste Aspekt* ist ausführlich in Kapitel 3.2.2.2 erörtert worden und er wird hier nur kurz erneut ins Gedächtnis gerufen, da er lediglich mittelbar mit der Frage der Nachhaltigkeit in Verbindung steht. Es handelt sich um den Analysegegenstand des Prozesses ökonomischer Entwicklung und seiner Einflußfaktoren. Ökonomische Entwicklung wird verstanden als ein Prozeß der Selbstorganisation, in dem Neuheiten von einzelnen, durchsetzungsstarken Akteuren eingeführt werden. Dabei kann es sich um neue Verhaltensweisen und Präferenzen von Individuen handeln, um neue Technologien oder auch um neue Formen gesellschaftlicher Organisation. Die Neuheiten setzen sich allgemein durch, wenn ein gesellschaftlicher oder ökonomischer Prozeß der Selbstverstärkung eintritt, der die Bedeutung des Neuen stetig erhöht bis es Teil des Normalen geworden ist.[370] Im Prozeß ökonomischer Entwicklung steigt mit der Durchsetzung von Neuheiten der Grad gesellschaftlicher und ökonomischer Komplexität aufgrund der entsprechenden Zunahme von Wissen und Informationsstrukturen an, und dieser Zuwachs an „Ordnung“ wird ermöglicht durch die ständige Dissipation von Energie und Dispersion von Materie, wodurch die Komplexität bzw. Ordnung der Umwelt reduziert wird.[371] Somit ist der Prozeß der Evolution ökonomischer Systeme vergleichbar mit den Entwicklungsprozessen eines Organismus oder eines sich selbst organisierenden Ökosystems, denn in

---

369 Vgl. Norgaard 1984: S. 163, Boulding 1981: S. 69-70 und Fritsch 1992: S. 5.

370 Vgl. Allen 1994: S. 92. Als Beispiel für einen sich selbst verstärkenden Prozeß nennt FRITSCH den Zusammenhang von Energie, Zeit und Wissen. Die Entdeckung einer neuen Energiequelle oder einen neuen Energietechnik führt zu erhöhter Energieverfügbarkeit. Energie wird vermehrt eingesetzt und es wird Zeit gewonnen durch die Freisetzung menschlicher Arbeitskraft. Der Einsatz der Arbeitskraft im wissensintensiven Bereich Forschung und Entwicklung führt zu technischen Neuerungen, u. a. zu einer effizienteren Energienutzung mit der neuen Energiequelle. Dadurch wird erneut mehr Energie verfügbar und die positive Rückkopplung setzt sich fort. Vgl. Fritsch 1992: S. 7-8.

371 Vgl. Boulding 1981: S. 69-70, 151, Norgaard 1984: S. 163-165 und Pasche 1994: S. 77.

allen Fällen handelt es sich um offene dissipative Systeme fern eines thermodynamischen Gleichgewichts, deren Informationsstruktur im Verlauf ihrer Evolution komplexer wird.[372]

Der *zweite Aspekt* betrifft ein noch junges Forschungsfeld, das jedoch für die Diskussion um ökologische Nachhaltigkeit einige Erkenntnisse zutage fördern kann. Es geht um die Analyse der *Koevolution* von ökonomischen, gesellschaftlichen und natürlichen Systemen, d. h. um die Entwicklung dieser verschiedenen Systeme, die jeweils in Wechselwirkung miteinander stehen und daher in Bezug aufeinander evolvieren. Im Grunde genommen ist diese Fragestellung nur eine kompliziertere Variante in der Erforschung ökonomischer Entwicklung, wobei in diesem Fall die Ökonomie nicht mehr als ein isoliertes, sondern als ein offenes System angesehen wird, das in ein gesellschaftliches und in ein natürliches System eingebettet ist.[373] Aus koevolutionärer Sicht sind Neuheiten in der Entwicklung eines Systems nicht nur durch interne, sondern aufgrund der systemaren Interdependenz auch durch externe Neuheiten in den anderen Systemen erklärbar. Folglich ist ökonomischer Wandel nicht nur bestimmt durch neue Technologien, Präferenzen und Organisationsformen, sondern auch durch Neuheiten, die sich in der Natur herausbilden.[374] Diese natürlichen Neuheiten können wiederum sowohl interne Antriebskräfte besitzen, wie z. B. die Sukzessionsentwicklung von Ökosystemen oder genetische Mutation, als auch durch menschliche Eingriffe in die Natur begründet sein (Rückkopplungseffekte). Die Neuheiten und Veränderungen, die den evolutionären Pfad des ökonomischen und natürlichen Systems prägen, sind demzufolge nicht unabhängig voneinander.

Ein besonderes Merkmal der koevolutionären Beziehung von ökonomischem und ökologischem System besteht darin, daß die Geschwindigkeiten der internen Veränderung der beiden Systeme sehr unterschiedlich sind. Im ökonomischen System bilden sich Neuheiten schnell heraus und können sich zügig verbreiten, weil die Informationen zur Entwicklung von Neuheiten frei zugänglich sind und durch Kommunikation schnell verbreitet werden können. Werden in Hinblick auf SCHUMPETERS Konjunkturtheorie die Zyklen der Konjunktur als Zeitperioden zugrundegelegt, in denen sich technologische Neuerungen entfalten und durchsetzen, so läßt sich sagen, daß sich im Falle der Kondratieffzyklen ökonomische Veränderungen großen Ausmaßes in Zeitperioden von etwa 60 Jahren vollziehen, während immerhin noch bedeutsame technologische Veränderungen innerhalb der neun bis zehn Jahre eines Juglarzyklus vonstatten gehen.[375]. Im Gegensatz dazu sind die Zeitrhythmen der Natur bedeutend länger. Wie oben ausgeführt, bewegt sich der Entwicklungsprozeß von Ökosystemen in Zeiträumen von hunderten von Jahren und genetische Evolution ist sogar eine Frage von Jahrmillionen. Entsprechend langsam entwickeln sich auch diejenigen Neuheiten in der Natur, die durch anthropogene Eingriffe (mit)verursacht werden. Der Treibhauseffekt konnte beispielsweise erst nachgewiesen werden, nachdem seit Beginn der industriellen Revolution menschliche Ökonomien 200 Jahre lang fossile Brennstoffe mit wachsender Intensität verfeuert hatten. Somit besteht aufgrund der *Divergenz der Zeitskalen* von Ökonomie und Natur eine systematische

---

372 Vgl. die Ausführungen in Kapitel 3.2.2.2 zum evolutionären Charakter ökonomischer Entwicklung.

373 Der Bezugsrahmen für Koevolution ist von Autor zu Autor unterschiedlich. Einige Autoren begnügen sich mit der Betrachtung der Koevolution von ökonomischen und ökologischen Systemen, während andere Autoren zusätzlich das System der Gesellschaft als kulturelle Fundierung ökonomischen Handels einbeziehen. Vgl. dazu Norgaard 1984: S. 162 und Hinterberger 1994: S. 336. Da auf die Besonderheiten des gesellschaftlichen bzw. kulturellen Systems in dieser Arbeit nicht näher eingegangen wird, wird es fortan unter dem Begriff des ökonomischen Systems subsumiert.

374 Vgl. Faber/Proops 1994: S. 259.

375 Vgl. die Ausführungen zur SCHUMPETERSCHEN Konjunkturtheorie in Kapitel 3.2.2.2.

Zeitdistanz zwischen Verursachung und Herausbildung von menschenverursachten Umweltveränderungen.[376]

Da die Lebensfähigkeit der Menschen und ihrer Ökonomien an bestimmte Lebensbedingungen und an die Lebenserhaltungsfunktionen der Natur gekoppelt sind, besteht mit der Möglichkeit von Neuheiten innerhalb der Natur stets die Gefahr, daß sich natürliche Veränderungen einstellen, die das menschliche Überleben gefährden können.

In bezug auf das Risiko, daß durch menschlichen Eingriff die Lebenserhaltungsfunktionen der Natur irreparabel beschädigt und damit die Existenz der Menschheit bedroht wird, lassen sich zwei allgemeine koevolutionäre Strategien zur Risikominderung formulieren, die sich gegenseitig ergänzen. Die **erste Strategie** besteht darin, ökologische Wirkungen von verschiedenen Arten ökonomischen Handels (Technologien, Lebensstile etc.) systematisch *ex ante* zu evaluieren, um frühzeitig angemessene Regeln zu entwickeln und so negative Wirkungen möglichst zu minimieren.[377] Da sowohl die ökonomischen als auch die ökologischen Wirkungen von Innovationen nie vollkommen vorhersagbar sind, bleibt auch bei Durchführung von *ex ante* Evaluationen immer ein Restrisiko bestehen. Dieses Restrisiko kann zusätzlich vermindert werden durch die **zweite Strategie**, die darauf abzielt, das Wissen über den koevolutionären Zusammenhang von Ökonomie und Natur kontinuierlich zu vertiefen. Eine fortwährende Erforschung von ökonomischen Aktivitäten und ihren ökologischen Rückkopplungseffekten *ex post* wird konkrete und allgemeine Ergebnisse hervorbringen, die die wissenschaftliche Grundlage für den Evaluierungsprozeß *ex ante* verbessert, so daß sukzessive angemessenere Handlungsregeln entwickelt werden können, die eine stabile Koevolution von Ökonomie und Natur begünstigen.[378] Obwohl diese beiden Strategien, die die Umweltpolitik vieler Länder geprägt haben, dazu beitragen können, das Risiko ungünstiger ökologischer Rückkopplungseffekte zu vermindern, so bleibt der entropische Charakter des ökonomischen Prozesses bestehen und damit das Restrisiko, daß irgendwann ein Schwellenwert des kumulierten ökonomischen Eingriffs in die Natur erreicht wird, bei dem lebensbedrohliche und unvorhersagbare Veränderungen eintreten.

Auch natürliche Systeme sind im Verlauf der Evolutionsgeschichte immer wieder von Veränderungen der Lebensbedingungen bedroht worden. Eine wesentliche Ursache dafür, warum ein Großteil von Ökosystemen den Veränderungen nicht erlag, besteht darin, daß eine große Anzahl von Spezies mit vielen unterschiedlichen Überlebensstrategien vorhanden war, wodurch eine Anpassung an neue Umstände immer wieder begünstigt wurde. Aus diesen natürlichen Entwicklungsprozessen ziehen evolutionäre Ökonomen die ökonomische Lehre, daß angesichts der Unsicherheit hinsichtlich natürlicher Veränderungen – egal, ob sie menschlich verursacht sind oder nicht – die Anpassungs- bzw. Überlebensfähigkeit ökonomischer Systeme durch eine hohe Mikrodiversität in bezug auf menschliche Präferenzen, Technologien, Ressourcen, Aktivitäten, Ideen, Glaubensrichtungen, Lebensstile etc. erhöht werden kann. Eine große Vielfalt von Strategien erhöht die Anzahl möglicher Handlungsoptionen, verbessert so die Flexibilität des Systems und erhöht die Wahrscheinlichkeit des Systemüberlebens im Falle

---

376 Vgl. Perrings 1987: S. 111, Boulding 1981: S. 26, Hinterberger 1994: S. 339, Pasche 1994: S. 104-105 und Dürr 1995: S. 79. Der Begriff der „Zeitdistanz“ wurde bereits in Kapitel 3.2.3. eingeführt.

377 Vgl. zur Bedeutung einer frühzeitigen Technikfolgenabschätzung: Kemp/Soete 1990: S. 246-247. Die Notwendigkeit einer *ex ante* Analyse der komplexen Wechselwirkungen zwischen Ökonomie und Natur in der Entwicklungsplanung betonen: Clark/Perez-Trejo/Allen 1995: S. 69-87.

378 Vgl. Pasche 1994: S. 112 und Allen 1994: S. 95. FRITSCH (1992) bringt die Notwendigkeit der Erforschung koevolutionärer Zusammenhänge auf den Punkt, indem er betont, daß letztlich ökologie-relevantes Wissen das knappste Gut darstellt (S. 14).

äußerer Veränderungen oder beim Ausfall interner Systemkomponenten.[379] Aus dieser Einsicht läßt sich die zusätzliche **dritte Strategie** zur Stärkung der langfristigen Überlebensfähigkeit ökonomischer Systeme ableiten, daß zukünftigen Generationen eine möglichst große ökonomische, ökologische und gesellschaftliche Mikrodiversität zu vererben ist.[380]

Nach dieser Darstellung der koevolutionären Theorieperspektive und den sich daraus ableitenden langfristigen Strategien für das Überleben menschlicher ökonomischer Systeme ergibt sich nun die Frage, welche Bedeutung nicht-erneuerbaren Ressourcen in diesem Theoriekontext zugeschrieben wird.

In Hinsicht auf die historische koevolutionäre Analyse von NORGAARD (1984) kann festgestellt werden, daß in menschlichen Ökonomien in der Zeit vor der (massenmäßigen) Nutzung von nicht-erneuerbaren Ressourcen der Bezug zwischen Mensch und Natur wesentlich direkter war. Innovationen im ökonomischen Systems bezogen sich hauptsächlich auf subsistenzbezogene Nutzung und Erhalt der Natur. Die zunehmende Inanspruchnahme von nicht-erneuerbaren Ressourcen eröffnete die Möglichkeit, die erneuerbaren Ressourcen der Natur intensiver zu nutzen und gleichzeitig die Nachteile der intensiven Nutzung – d. h. abnehmende Produktivität, Bodendegradation, etc. – auszuschalten. So wurde beispielsweise die monokulturelle Landwirtschaft auf großen Flächen möglich. Die Artenvielfalt des umgewandelten Ökosystems wurde radikal reduziert und die damit verbundenen Verluste an ökologischen Dienstleistungen wurden mit Hilfe des Einsatzes von nicht-erneuerbaren Ressourcen kompensiert: Die höhere Anfälligkeit auf Ackerflächen mit nur einer Nutzart wurde durch chemische Planzenschutzmittel bekämpft, die Auslaugung des intensiv genutzten Bodens wurde durch Kunstdünger ausgeglichen und dem Verlust der Wasserspeicherkraft des Bodens wurde durch Bewässerungssysteme entgegengewirkt. Somit entwickelte sich mit dem vermehrten Einsatz nicht-erneuerbarer Ressourcen in der Landwirtschaft ein komplexes unterstützendes Institutionengeflecht zur Bekämpfung oder Unterdrückung ökologischer Rückkopplungseffekte – Unternehmen für Agrochemie und Landwirtschaftsmaschinen, Ministerien für Landwirtschaft, landwirtschaftliche Forschungseinrichtungen etc. –, das letztlich maßgeblich dazu beitrug, daß aus den vorhandenen Ackerflächen deutlich erhöhte Erträge gewonnen werden konnten.[381]

Als Resultat dieser Entwicklung wuchs die Bevölkerungszahl immer stärker an. Der Einsatz und die Nutzung nicht-erneuerbarer Ressourcen ermöglichte zudem eine radikale Verminderung des Arbeitseinsatzes in der Landwirtschaft und eröffnete erhöhte ökonomische Möglichkeiten für Nichtagrar-Sektoren, die wiederum die Grundlage bildeten für die Erwirtschaftung eines zunehmenden materiellen (und nicht-erneuerbaren) Wohlstands.[382] Die enge koevolutionäre Beziehung zwischen Mensch und Natur konnte damit (scheinbar) zurückgedrängt werden.

---

379 Vgl. Tacconi/Bennett 1995: S. 211-212, Allen 1994: S. 88+96 und Dürr 1995: S. 83. BOULDING weist darauf hin, daß auch im Wettbewerb *zwischen* ökonomischen Systemen die Vielfalt von Optionen ausschlaggebend ist. Daher schätzte er schon 1981 die Überlebensfähigkeit des real existierenden Kommunismus aufgrund der Abwesenheit von Vielfalt geringer ein, weil aufgrund fehlender Alternativen ein Fehlschlag an einer Stelle große allgemeine negative Auswirkungen nach sich zieht und eine Anpassung an die neue Situation extrem schwierig ist. Vgl. Boulding 1981: S. 188.

380 Diesbezüglich ist anzumerken, daß die allgemeine Schlußfolgerung, Artenvielfalt bzw. hohe Komplexität erhöhe die Stabilität und die Überlebensdauer eines Systems aus ökologischer Sicht nicht unbedingt immer zutrifft. Häufig sind hochkomplexe ökologische Systeme extrem fragil und weisen eine geringe Belastbarkeit auf, während es diverse artenarme Ökosysteme gibt, die viele Jahrtausende überdauerten. Es besteht mithin keine notwendige kausale Beziehung zwischen dem langfristigen Überleben eines Systems (Nachhaltigkeit) und dem Grad seiner Komplexität. Vgl. Begon/ Harper/ Townsend 1990: S. 794-802 und Walletschek 1995: S. 19.

381 Vgl. Norgaard 1984: S. 162.

382 Vgl. Norgaard 1984: S. 167.

Der Anteil der (erneuerbaren) landwirtschaftlichen Erzeugnisse am Gesamtprodukt nahm stetig ab, die Neuheiten des ökonomischen Systems bezogen sich zunehmend auf die (beschleunigende) Nutzung von nicht-erneuerbaren Ressourcen und es bildeten sich entsprechende ökonomische und gesellschaftliche Institutionenkomplexe, die diese Entwicklung förderten und etwaige Nebeneffekte zu minimierten suchten. Die Unfähigkeit der Institutionen, die ökologischen Rückkopplungseffekte des auf nicht-erneuerbaren Ressourcen basierenden ökonomischen Handelns zu kontrollieren, zeigt sich heute in den vielen globalen und regionalen Umweltkrisen, und sie weisen auch darauf hin, daß eine absolute Grenze für Institutionenbildung und daher auch eine absolute Grenze für Wissen existiert.[383]

Aufgrund des thermodynamischen Zusammenhangs, daß nicht-erneuerbare Ressourcen irgendwann erschöpfen werden, wird in langer Zeitfrist die Bedeutung der erneuerbaren Ressourcen zunehmen, und letztlich werden sie die materielle Hauptgrundlage menschlichen Wirtschaftens darstellen. Diese Transformation wird nicht leicht sein, sie wird gesellschaftliche Verhaltensänderungen und neue Institutionen erfordern und letztlich wieder zurückführen zu einem engeren Verhältnis zwischen Mensch und Natur. Da die Nutzung von nicht-erneuerbaren Ressourcen in einer Ökonomie, die auf erneuerbaren Ressourcen basiert, förderlich ist, geht die zwischenzeitlich exzessive Ressourcennutzung in Industriegesellschaften, deren Fundament die beschleunigende Nutzung von nicht-erneuerbaren Ressourcen ist, zu Lasten kommender Generationen. Konkret sind es zwei Arten von ***koevolutionären Nutzerkosten***, die zukünftigen Generationen aufgebürdet werden:[384]

1. Die noch verbleibenden nicht-erneuerbaren Ressourcen könnten eingesetzt werden, um den auf erneuerbaren Ressourcen basierenden koevolutionären Pfad der Zukunft vorzubereiten und die Transformation bereits zu beginnen. Die heutige Nutzung von nicht-erneuerbaren Ressourcen für andere Zwecke erzeugt für zukünftige Generationen koevolutionäre Nutzerkosten in der Form, daß für die Transformation des ökonomischen Systems weniger geeignete Ressourcen verwendet werden müssen.
2. Die Weiterentwicklung eines auf nicht-erneuerbaren Ressourcen basierenden ökonomischen Systems bringt neue Institutionen und Technologien hervor, die den Verbrauch von nicht-erneuerbaren Ressourcen weiter erhöhen. Damit wird das ökonomische System noch weiter von dem Zustand entfernt, der sich in langer Frist einstellen muß. Die entsprechenden koevolutionären Nutzerkosten ergeben sich aus erhöhten notwendigen Anstrengungen für den Transformationsprozeß.

Nach NORGAARD werden diese koevolutionären Nutzerkosten in Theorie und Praxis systematisch ignoriert, mit der Folge,

- daß die Bedeutung von Wissen und Technologie, die auf nicht-erneuerbaren Ressourcen begründet sind, überschätzt wird – besonders ihr zukünftiger Nutzen;
- daß sämtliche nicht-erneuerbare Ressourcen und die aus ihnen gefertigten Produkte unterpreist sind;
- und daß Mittel für Forschung und Entwicklung übermäßig in Bereiche (fehl-)allokiert werden, die die Nutzung nicht-erneuerbarer Ressourcen erforschen.[385]

---

383 Vgl. Norgaard 1984: S. 167.

384 Vgl. Norgaard 1984: S. 168.

385 Vgl. Norgaard 1984: S. 168-169.

Aus evolutionärer Perspektive ergeben sich **vier allgemeine Handlungsanweisungen für eine nachhaltige Nutzung nicht-erneuerbarer Ressourcen** bzw. für eine langfristige Sicherung des Überlebens der Menschheit:

1. Die Nutzung nicht-erneuerbarer Ressourcen in Ökosystemen sollte als Vorbild für ökonomische Ressourcennutzung fungieren. Die letztlich begrenzenden materiellen Ressourcen sind soweit wie möglich im Kreislauf zu führen, und die notwendige Energie ist aus der Sonneneinstrahlung zu gewinnen.[386]
2. Nicht-erneuerbare Ressourcen sind mit Priorität einzusetzen, um den Transformationsprozeß zu einer auf erneuerbaren Ressourcen basierenden Ökonomie mit einer funktionierenden Institutionenausstattung durchzuführen.[387]
3. Die bestehenden Potentiale des erneuerbaren Naturkapitals – und diesbezüglich insbesondere die Diversität der Arten – sind für die Zukunft zu erhalten.[388]
4. Sofern eine Wiedernutzung oder ein Recycling von nicht-erneuerbaren Ressourcen nicht möglich oder unrentabel ist, so ist eine breite Verteilung der anfallenden Ressourcenpartikel in der Natur zu vermeiden, da diese Form der Restmaterieentsorgung mit einer hohen Wahrscheinlichkeit verbunden ist, daß aufgrund veränderter stofflicher Naturströme eine für die Menschen ungünstige evolutionäre Anpassungsreaktion der Natur stattfindet.[389]

Trotz der inhärenten Unwissenheit, die unabänderlich mit evolutionären Prozessen verbunden ist, läßt sich aufgrund der thermodynamischen Begrenzung ökonomischer Entwicklung auch aus evolutionärer Perspektive ein grober koevolutionärer Entwicklungspfad vorhersehen, der in langer Frist auf eine auf erneuerbaren Ressourcen basierende Ökonomie hindeutet. Da es keinen Grund für die Annahme gibt, daß ein evolutionärer Übergang zu dem ökonomischen System der Zukunft störungsfrei – also ohne Massensterben, ohne extreme ökonomische, soziale und politische Krisen etc. – ablaufen wird, richtet sich das Hauptaugenmerk hinsichtlich einer nachhaltigen Ressourcennutzung aus evolutionärer Sicht hauptsächlich auf die Steuerungsmöglichkeiten des ökonomischen Transformationsprozesses. Steuerung eines diesbezüglichen ökonomischen Wandels bedeutet, daß die ökonomischen Neuheiten und Innovationen der Zukunft so zu beeinflussen sind, daß sich neue Präferenzen, Organisationsformen und Technologien herausbilden, die sich zunehmend auf eine nachhaltige Nutzung von erneuerbaren Ressourcen beziehen.

Diese Erkenntnisse und die obigen vier Handlungsanweisungen sind einleuchtend, doch ihrer praktischen Umsetzung stehen zwei Hemmnisse entgegen. Einerseits ist der Begriff der Steuerung aus evolutionärer Sicht in bezug auf dynamische komplexe Systeme sehr problematisch, da auch die Wirkungen von (gut gemeinten) Steuerungsversuchen nicht im vorhinein bekannt sind und im schlimmsten Fall genau das Gegenteil bewirken können.[390] Andererseits bestehen selbst unter der Annahme möglicher politischer Steuerbarkeit von ökonomischen Prozessen weitere Barrieren für den oben geforderten Transformationsprozeß in Form von Pfadabhängigkeiten und Lock-in-Effekten bezüglich der bestehenden und dominierenden Präferenzen, Institutionen und technologischen Paradigmen.[391] Das Problem besteht nicht nur

386 Vgl. Allen 1994: S. 97-98, Husar 1994: S. 21-24 und Messner, F. 1993b: S. 41-46.

387 Vgl. Norgaard 1984: S. 168, 170 und Tacconi/Bennett 1995: S. 219.

388 Vgl. Tacconi/Bennett 1995: S. 219-220.

389 Vgl. Allen 1994: S. 97.

390 Vgl. Hinterberger 1994: S. 341.

391 Vgl. Kemp/Soete 1990: S. 249-250.

darin, daß neue Technologien, Institutionen und Präferenzen entstehen müssen – teilweise existieren sie bereits –, sondern sie müssen verallgemeinert werden, und damit ergibt sich die wesentliche Frage, wie entsprechende Verstärkungseffekte für die Verbreitung der Innovationen entstehen und ob sie künstlich erzeugt werden können. Zur Verdeutlichung dieses letztgenannten Hemmnisses soll nachfolgend mit Bezug auf die evolutionäre Theorie des technischen Wandels aufgezeigt werden, mit welchen Problemen die Entwicklung und Verbreitung von Umwelttechniken verbunden ist.

Ganz grundsätzlich ist festzustellen, daß sich Innovationen im Bereich von Umwelttechnologien ganz wesentlich von „normalen" Innovationen unterscheiden. Besonders bedeutsam ist, daß die üblichen primären Innovationsmotive wie Kostensenkung, Profiterhöhung, Markterschließung etc. auf Innovationen der Umwelttechnik in vielen Fällen nicht zutreffen, so daß Umweltschutzziele in Unternehmen eine nicht sehr hohe Priorität genießen. Diese Aussage ist jedoch nicht verallgemeinerungsfähig, da Innovationen, die zu einer Reduzierung von Energie- und Ressourcenverbrauch führen, immer auch mit Kosteneinsparungen verbunden sind, die in Einzelfällen durchaus erheblich sein können. Diesen Einsparungen stehen jedoch die Kosten der Technikeinführung gegenüber, die häufig höher sind, so daß mit einer entsprechenden Innovation durchaus eine verschlechterte Wettbewerbsposition einhergehen kann. Angesichts dieser Umstände ist es nicht verwunderlich, daß sich die Hauptmotivation für „Umweltinnovationen" aus umweltpolitischen Regulierungsvorschriften ergibt. Der Staat hat in diesem Prozeß also eine ganz wesentliche Rolle inne, während unternehmensinterne Innovationsanreize eher gering sind. Schon aufgrund dieser Situation, daß der Anstoß zur Innovation eher von außen kommen muß, ist der Prozeß der Innovation und der Verbreitung von Umwelttechniken wesentlich undynamischer und träger als bei anderen Innovationen. Als weiterer Grund für eine geringere Innovationsdynamik kann eine instabile oder inkonsistente staatliche Umweltpolitik genannt werden, die keine kontinuierlichen Anreize für den umwelttechnologischen Innovationsprozeß setzt oder bestehende Regelungen nicht konsequent einfordert.[392]

Nun ist noch zu unterscheiden, ob eine Umwelttechnik innerhalb eines Unternehmens entwickelt und eingeführt wird oder ob ein externer Anbieter von Umwelttechniken existiert. In beiden Fällen können sich Hemmnisse oder Probleme ergeben. Führt ein Unternehmen in Eigeninitiative Umwelttechniken ein oder senkt den Ressourcen- oder Energieverbrauch der bestehenden Anlagen, so ist der Verbreitungseffekt dieser Innovation nicht sehr hoch, da das Wissen über die Vermarktungsoptionen von Umwelttechniken in den meisten Fällen eher begrenzt ist. Dieses spezifische Marktwissen besitzen hingegen externe Anbieter. Doch bei den standardisierten Umwelttechniken, die sie anbieten, handelt es sich meistens um End-of-Pipe-Techniken, die lediglich nachsorgenden Charakter haben, wodurch das Problem der Umweltverschmutzung vielfach nur verlagert, nicht aber vorsorgend vermieden wird. Somit ergibt sich das zusätzliche Problem, daß Umwelttechniken an sich nicht immer optimal sein müssen, sondern auch in diesem Bereich eine Pfadabhängigkeit in sub-optimalen Technologiebereichen besteht, die in bezug auf einen nachhaltigen Transformationspfad zu überwinden wären.[393]

Angesichts dieser Umstände sind die technologischen Regimes für Umwelttechnologien eher ungünstig.[394] Die *Möglichkeiten zur Innovation* sind von Unternehmen zu Unternehmen

392 Vgl. Kemp/Soete 1990: S. 251-252, 254.

393 Vgl. Kemp/Soete 1990: S. 252. Eine weitere Pfadabhängigkeit kann sich aus der Art umweltpolitischer Regulierung ergeben. So orientiert sich die derzeitige Umweltpolitik in Industrieländern an Techniknormen (Stand der Technik), wobei es sich meistens standardisierte End-of-Pipe-Techniken handelt. Vgl. ebd. S. 254-255. Als bekanntes Beispiel sei die Katalysatorpflicht für Pkws genannt, die den Pfad der Technikentwicklung vorgibt und damit andere, vorsorgende Umwelttechniken blockiert.

394 Vgl. Kapitel 3.2.2.2 zum Begriff des technologischen Regimes.

unterschiedlich, doch sie werden stark eingeschränkt durch starre und normierte staatliche Umweltvorschriften, durch Kostennachteile und teilweise durch fehlende technische Lösungen. Die *Aneignungsbedingungen* im Innovationsprozeß sind ebenso nicht sehr gut, da es ein öffentliches Interesse an einer schnellen Verbreitung innovativer Umwelttechnologien gibt, das dem unternehmerischen Interesse entgegensteht. Schließlich erfordern Innovationen im Bereich der Umwelttechnologie eine spezifische *Wissensbasis*, die vielfach besonders bei Mittelstandsunternehmen nicht vorhanden ist, da die Innovationsprioritäten in anderen Bereichen liegen.[395]

Diese kurze Diskussion der Barrieren zur Entwicklung und Durchsetzung von Umwelttechnologien verdeutlicht, daß ökonomische Neuheiten, die dem Umweltschutz zuträglich sind, schwerer durchsetzbar sind als andere, profitablere Neuheiten. Daher ist es besonders notwendig, daß umweltpolitische Maßnahmen konsistent sind, und daß außerdem monetäre Anreize gesetzt werden, die eine Vermeidung von Umweltverschmutzung für Unternehmen lohnend machen. Nur innerhalb eines entsprechend ausgerichteten makroökonomischen Rahmens kann eine dauerhafte interne Motivation für Umweltinnovationen innerhalb von Unternehmen entstehen.

Eine ökonomische Transformation einer Industriegesellschaft in ein Wirtschaftssystem, das auf erneuerbaren Ressourcen basiert, erfordert ungleich höhere Anstrengungen und Regulierungen des Staates und die Barrieren gegen den Beginn einer Transformation sind vermutlich beträchtlich. Wenngleich diese Erkenntnis nicht gerade ermutigend ist, so zeigen die Einsichten der evolutionären Theorieschule doch zumindestens die potentiellen Gefahren auf, die sich hinsichtlich der politischen Durchsetzung einer nachhaltigen Ressourcennutzung ergeben können.

Zusammenfassend ergibt sich als Konsequenz für jedes Politikkonzept, das auf eine Veränderung des ökonomischen Systems in Richtung Nachhaltigkeit abzielt, daß die Unvollkommenheit des eigenen Konzepts stets genauso einzuplanen ist wie das potentielle Auftreten von ökonomischen, kulturellen und ökologischen Neuheiten. Wesentliche Strategien zur Risikominderung bestehen im Erhalt einer großen Mikrodiversität, um eine flexible Anpassungsfähigkeit zu gewährleisten, in einer ex ante Evaluierung ökonomischen Verhaltens und einer kontinuierlichen Erforschung koevolutionärer Zusammenhänge. Diese recht vagen Ergebnisse deuten darauf hin, daß es *den* evolutionären Pfad einer nachhaltigen Transformation nicht gibt, sondern daß auch dieser Pfad den Regeln der Evolution von Versuch und Irrtum unterworfen ist.

3.4 Resümee: Nachhaltigkeit und nicht-erneuerbare Ressourcen in der Ökologischen Ökonomie

Es wurde bereits einleitend erwähnt, daß die Wissenschaftlerinnen und Wissenschaftler, die der neuen Theorierichtung der ökologischen Ökonomie zugerechnet werden können, unterschiedlichen Theorieschulen entstammen. Als Merkmale ökologischer Ökonomen lassen sich die Neigung zu transdisziplinärer Arbeitsweise, das Ziel der ökologischen Nachhaltigkeit im Sinne des langfristigen Erhalts natürlicher Funktionszusammenhänge, die systemare Betrachtung des Ökonomie-Natur-Verhältnisses und die analytische Einbeziehung physischer Größen anführen. Die Methoden und die grundlegenden theoretischen Axiome von ökologischen Ökonomen verschiedener Theorie- und Fachrichtungen sind jedoch häufig sehr verschieden. An-

395 Vgl. Kemp/Soete 1990: S. 251-253.

gesichts dieser „Theorie-Diversität“ ist es nicht erstaunlich, daß ein einheitliches und kohärentes Theoriegebäude bislang noch nicht existiert.

Dennoch haben verschiedene ökologische Ökonomen essentielle Beiträge zur Einbeziehung der Natur in die ökonomische Theorie geliefert. Besonders drei Aspekte verdienen besondere Beachtung. *Erstens* ist die systemtheoretische Perspektive anzuführen, die die Ökonomie analytisch als abhängiges und offenes Untersystem der Natur fern eines thermodynamischen Gleichgewichts auffaßt, das einen ebenso entropischen und evolutionären Charakter aufweist wie das natürliche System, mit dem es in einem interdependenten Prozeß koevolutionärer Entwicklung steht. Aus dieser Theorieperspektive ergibt sich eine neue, übergeordnete Makroebene für die ökonomische Analyse. *Zweitens* lassen sich aus der systemischen Sichtweise der Ökonomie als Untersystem der Natur unter Einbeziehung naturwissenschaftlicher Erkenntnisse und intertemporaler Entwicklungsziele absolute Grenzen für die Expansion des ökonomischen Systems aufzeigen. Es existiert damit eine maximale Größe für jede Volkswirtschaft (Scale), die sich aus dem übergeordneten Natursystem ableiten läßt. *Drittens* handelt es sich bei Entwicklungsprozessen in Natur und Ökonomie um ungleichgewichtige Prozesse der Selbstorganisation, deren Vorhersage und Steuerung nur begrenzt möglich ist.

Auf dieser theoretischen Grundlage konnte eine fundierte Kritik an der neoklassischen Theorie formuliert werden, die in Kapitel 3.3.1 dargestellt ist, und die auf zwei Kritikpunkte hinausläuft. Auf der einen Seite wird kritisiert, daß absolute natürliche Grenzen in der Neoklassik nicht anerkannt werden. Jegliche Form von Begrenzung wird als relative Knappheit aufgefaßt und ist durch preisinduzierte Substitutionsprozesse und technischen Fortschritt überwindbar. Auf der anderen Seite wird darauf hingewiesen, daß der Erhalt der Natur für nachfolgende Generationen keine Fragestellung ist, die angemessen mit einer intertemporalen Allokationsanalyse behandelt werden kann. Die Art und Weise der Nutzung von Naturleistungen und die Verteilung der natürlichen Ressourcen zwischen den Generationen ist vielmehr eine Distributionsfrage, über die entschieden sein muß, *bevor* eine Allokationsanalyse auch nur beginnen kann. Daraus ergibt sich, daß nicht die Diskontrate das entscheidende Instrument für eine angemessene intergenerationelle Ressourcenverteilung ist, sondern daß eine gerechte intertemporale Verteilung der natürlichen Lebensgrundlage im Sinne des Ziels der ökologischen Nachhaltigkeit nur durch intergenerationelle Transfers gesichert werden kann. Aufbauend auf dieser Erkenntnis und der normativen Wertung, daß der langfristige Erhalt der Natur mit ihren natürlichen Leistungen und Funktionszusammenhängen als angemessener intergenerationeller Transfer gelten kann, können die Managementregeln für Nachhaltigkeit als Leitregeln zur langfristigen Sicherung eines intergenerationellen Transfers in Form einer intakten natürlichen Lebensgrundlage angesehen werden. Trotz der Kritik an der Neoklassik ist darauf hinzuweisen, daß die Managementregel inhaltlich u. a. auch auf neoklassischem Gedankengut basieren (vgl. die Kapitel 3.2.4 und 3.3.2).

Der heterogene Charakter der Theoriebildung in der ökologischen Ökonomie zeigt sich deutlich an den Theoriebeiträgen mit Bezug zu einem nachhaltigen Wirtschaften mit nicht-erneuerbaren Ressourcen. Einigkeit besteht unter den Wissenschaftlerinnen und Wissenschaftlern in Hinblick auf den Umstand, daß in sehr langer Zeitfrist nur noch erneuerbare Ressourcen als stoffliche Grundlage des Wirtschaftens zur Verfügung stehen werden und somit ein Transformationsprozeß in der Ressourcennutzung in Form einer sukzessiven Substitution von nicht-erneuerbaren gegen erneuerbare Ressourcen unvermeidlich ist. Diese Einsicht spiegelt sich in der dritten Managementregel für Quasi-Nachhaltigkeit wider. Mit Hinblick auf weitergehende Aspekte der Ressourcennutzung konzentrieren sich die verschiedenen Theorieschulen jedoch auf sehr unterschiedliche Analysefelder und stellen dabei eher selten einen Bezug zu den jeweils anderen Theorieansätzen her.

Die Vertreter der *thermodynamischen Schule* konzentrieren sich hauptsächlich auf alle Fragen, die mit der entropischen Prozeßhaftigkeit ökonomischer Prozesse in Verbindung stehen (vgl. Kapitel 3.3.3). Als wichtige Beiträge analysieren sie die Asymmetrien im Verhältnis von erneuerbaren zu nicht-erneuerbaren Ressourcen und diskutieren die Bedeutung und den Zusammenhang von Energie und Materie, wobei bisweilen grundsätzliche Kontroversen ausgetragen werden. Als Ergebnis werden Erkenntnisse über die intertemporale Knappheit von nicht-erneuerbaren Ressourcen und über den langfristig limitativen Charakter von Materie abgeleitet. Desweiteren kann mit Hilfe des statistischen Entropiebegriffes der Zusammenhang von Ressourcennutzung und Umweltverschmutzung in den verschiedenen Phasen des Lebenszykluses einer nicht-erneuerbaren Ressource verdeutlicht werden, wobei der Ressourcenkonzentration in den jeweiligen Stadien eine besondere Bedeutung zukommt. Die Analyse entropischer Prozesse in den Lebenszyklusphasen einer nicht-erneuerbaren Ressource bringt jedoch nicht nur theoretische Einsichten mit sich, sondern bildet weiterhin die theoretische Basis für die empirische Analyse und Bewertung ökonomischer Prozesse, Produkte und Regionen mit Hilfe von Energie- und Stoffstromanalysen.

Weitere Beiträge der thermodynamischen Schule ergeben sich aus unterschiedlichen Betrachtungsperspektiven bei der Untersuchung entropischer Prozesse. Der Analysefokus auf den unerwünschten dispergierten und dissipierten ökonomischen Output bringt die Bedeutung dispersiver Prozesse für die Beeinträchtigung der natürlichen Lebenserhaltungssysteme ans Licht, während mittels eines analytischen Schwerpunkts auf den primären Input ökonomischer Prozesse die Relevanz massenmäßiger Stoffströme aufgezeigt wird. Beide Ansätze haben ihre Berechtigung und beide können sowohl Nachhaltigkeitsindikatoren vorweisen als auch wesentliche Ansatzpunkte für eine politische Regulierung im Sinne einer nachhaltigen Ressourcennutzung benennen.

Die Vertreter der *evolutionären Schule* nehmen die thermodynamischen Fakten als Rahmenbedingungen zur Kenntnis und widmen ihre Aufmerksamkeit hauptsächlich den sich im Zeitablauf vollziehenden dynamischen Veränderungsprozessen in der (koevolutionären) Entwicklung ökonomischer und ökologischer Systeme (vgl. Kapitel 3.3.4). Es sind im wesentlichen drei Beiträge, die mit Bezug auf das Wirtschaften mit nicht-erneuerbaren Ressourcen für die Theoriebildung innerhalb der ökologischen Ökonomie von besonderer Bedeutung sind. *Als erstes* ist die Erkenntnis zu nennen, daß sich ökonomische Veränderungsprozesse in wesentlich schnelleren Zeitrhythmen vollziehen als ökologische. Die hohe Geschwindigkeit der Veränderungen in der Inanspruchnahme der Natur als Ressourcenquelle und Emissionssenke mit immer neuen Formen der Naturbelastung kann letztlich dazu führen, daß sich innerhalb der Natur in einem Prozeß der Selbstorganisation abrupt neue Fließgleichgewichtskonstellationen einstellen, die die Lebenserhaltungssysteme auf der Erde gefährden. Daher ist es wesentlich, hinsichtlich der dispersiven Nutzung von nicht-erneuerbaren Ressourcen und den sich daraus ergebenen Naturbelastungen nur in Maßen auf die Anpassungsfähigkeit der Natur zu vertrauen und die Divergenz der Zeitskalen zwischen ökonomischen und ökologischen Systemen zu berücksichtigen.

Als zweites weisen evolutionäre Ökonomen auf den Umstand hin, daß jegliche Formen von Veränderung in ökonomischen und ökologischen Systemen mit Risiken verbunden sind. Die Existenz von Risiko ist daher die Norm und nicht die Ausnahme. Als Strategien zur Risikominderung bei der Einführung neuer Technologien oder Produkte auf der Grundlage von nicht-erneuerbaren Ressourcen werden ex-ante Untersuchungen zur Abschätzung der ökologischen Risiken neuer Technologien empfohlen sowie ständige Forschungen über den Einfluß neuer Umweltbelastungen auf den Natur-Ökonomie-Zusammenhang. Hinsichtlich der Stärkung der ökologischen Anpassungsfähigkeit wird auf die Bedeutung der Bewahrung der natürlichen Mikrodiversität verwiesen.

Als drittes sind schließlich einige evolutionäre Aspekte in bezug auf den langfristigen Prozeß der Substitution von nicht-erneuerbaren durch erneuerbare Ressourcen von nicht zu unterschätzender Bedeutung. So wird u. a. darauf hingewiesen, daß die Bedeutung von Technologien und Institutionen, die auf nicht-erneuerbaren Ressourcen basieren und daher in ferner Zukunft nicht verfügbar sein werden, häufig zu hoch eingeschätzt wird, wodurch sich erhöhte Nutzerkosten für nachfolgende Generationen ergeben. Statt wertvolle Rohstoffe in die Entwicklung von ökonomischen Strukturen, Technologien und Institutionen zu investieren, die langfristig keine Überlebens- oder Weiterentwicklungschancen aufweisen, sei es angemessener, nicht-erneuerbare Ressourcen mit Priorität zukunftsweisend für den Aufbau einer auf erneuerbaren Ressourcen basierenden Wirtschaftsweise zu verwenden. Gleichzeitig wird allerdings davor gewarnt, die Steuerbarkeit eines Transformationsprozesses in der Ressourcennutzung zu überschätzen, da der ökonomischen Entwicklung aufgrund von Pfadabhängigkeiten und Lock-in-Effekten eine Eigendynamik inhärent ist, die mit Hinblick auf einen Steuerungsprozeß im Sinne einer nachhaltigen intertemporalen Ressourcennutzung blockierend wirken kann.

Zusammenfassend ist festzuhalten, daß trotz der bedeutsamen Beiträge von ökologischen Ökonomen das sich ergebende Theoriegebäude für eine nachhaltige Ressourcennutzung eher einem Flickenteppich gleicht. Es wurden viele wichtige Einzelaspekte untersucht wie z. B. die systemaren Interdependenzen von Natur und Ökonomie aus thermodynamischer und evolutionärer Sicht, entropische Prozesse im Lebenszyklus von nicht-erneuerbaren Ressourcen sowie der Charakter von ökonomischen und technologischen Innovationsprozessen. Die Verbindungslinien zwischen den Einzelbeiträgen blieben allerdings vage, so daß von einem zusammenhängenden Theoriekonzept nicht die Rede sein kann. Das äußerst sich nicht zuletzt in dem Umstand, daß wesentliche der hier vorgestellten Theorieaspekte im Zusammenhang mit der Formulierung der Managementregeln für Quasi-Nachhaltigkeit keine Berücksichtigung fanden.

Kapitel 4:
Nachhaltigkeit und nicht-erneuerbare materiell-nutzbare Ressourcen: Die 4 Ebenen einer nachhaltigen Materialnutzung

In diesem Kapitel wird aufbauend auf den Erkenntnissen und Diskussionen der in den Kapiteln zwei und drei vorgestellten Theorieansätzen ein Theoriekonzept für ein nachhaltiges Wirtschaften mit nicht-erneuerbaren materiell-nutzbaren Ressourcen präsentiert. Der Begriff „materiell-nutzbare Ressourcen" bezieht sich auf alle natürlichen Ressourcen, die materielle Nutzungseigenschaften aufweisen, inklusive derjenigen fossilen Rohstoffe, die neben energetischen Eigenschaften auch über nutzbare materielle Qualitäten verfügen, z. B. in der Form von Kunst- und Faserstoffen.

Der hier vorgenommene analytische Materie-Fokus hat einen speziellen Grund. Die theoretische Diskussion über die Nutzung nicht-erneuerbarer Materie stand stets im Schatten der Energiedebatte, die sich nicht zuletzt aufgrund tagespolitischer Ereignisse wie Erdölkrisen und Treibhauseffekt stets im Vordergrund hielt, und die die ökonomische Theoriebildung im Bereich der Ökonomik der nicht-erneuerbaren Ressourcen maßgeblich prägte. Als Konsequenz wurde nicht-erneuerbare Materie in der theoretischen Behandlung Theorieansätzen der Ressourcennutzung mit Energie-Fokus subsumiert.[1]

Diese Entwicklung in der Theoriebildung brachte es einerseits mit sich, daß die intertemporale Nutzungskonkurrenz von fossilen Ressourcen mit energetischen *und* materiellen Nutzungseigenschaften kaum thematisiert wurde. Andererseits wurden durch die theoretische Zusammenfassung von energetisch und materiell nutzbaren Ressourcen die spezifischen Unterschiede, die zwischen einer materiellen und einer energetischen Nutzung von nicht-erneuerbaren Ressourcen bestehen, systematisch vernachlässigt. Diese Unterschiede, auf die ökologische Ökonomen aufmerksam machten (vgl. Kapitel 3.3.3.1), sind nicht unbeträchtlich, wie die nachfolgende Auflistung zeigt:

⇒ Für Ressourcen, die materiell genutzt werden, bestehen aufgrund des multidimensionalen Eigenschaftsprofils von Materialien zumeist eine Vielzahl von verschiedenartigen Anwendungsfeldern. In der energetischen Nutzung geht es hingegen lediglich um *ein* Anwendungsfeld.

⇒ Im Gegensatz zu energetisch genutzten Ressourcen sind materiell genutzte Ressourcen recycelbar. Soweit ein Material energetische Nutzungspotentiale aufweist, kann es auch *nach* einer materiellen Nutzung noch energetisch verwendet werden.

⇒ Im Vergleich zu energetischen Ressourcen werden materiell verwendete Ressourcen in ihrer Nutzung weit weniger stark dispergiert – mit deutlichen Konsequenzen hinsichtlich der Umweltbelastung.

⇒ In vielen hochwertigen Materialanwendungsbereichen sind gleichwertige erneuerbare Substitutressourcen bisher nicht bekannt, während Substitution zumeist *zwischen* nicht-erneuerbaren Materialien stattfindet. Erneuerbare Energiequellen sind hingegen bekannt und verfügbar.

⇒ Angesichts der thermodynamische Tatsache, daß die Erde ein geschlossenes System ist, scheint in langer Zeitfrist die abnehmende Verfügbarkeit von Materie eine größere Restriktion darzustellen als die Verknappung von Energieressourcen.

---

1 Vgl. ausführlicher in Kapitel 4.3.3

Obwohl ökologische Ökonomen auf diese Sachverhalte hinwiesen, so leiteten sie daraus *nicht* die Notwendigkeit ab, den Fokus der theoretischen Betrachtung von nicht-erneuerbaren Ressourcen vermehrt auf die Frage der Materialnutzung zu verschieben. Angesichts der Erschöpfbarkeit von nicht-erneuerbaren Ressourcen wurde in der dritten Managementregel für Quasi-Nachhaltigkeit hauptsächlich die langfristige Bedeutung von erneuerbaren Backstop-Technologien betont bzw. die Relevanz der Substitution von nicht-erneuerbaren durch erneuerbare Ressourcen. Dieser Aspekt mag ausreichend für den Energiebereich sein, doch den teilweise erheblich komplizierteren Konstellationen in der materiellen Ressourcennutzung ist damit nicht gerecht geworden. Folglich ergibt sich die Notwendigkeit einer Analyse eines nachhaltigen Wirtschaftens mit nicht-erneuerbaren Ressourcen mit einem Materie-Fokus, wie sie in diesem Kapitel präsentiert werden soll. Die nachfolgenden Fragen sind für den Verlauf des Kapitels richtungsweisend:

- Durch welche allgemeinen und spezifischen Merkmale ist ein nachhaltiges Wirtschaften mit Materie über eine lange Zeitfrist gekennzeichnet?
- Welche Bedeutung nehmen nicht-erneuerbare Ressourcen mit materiellem *und* energetischem Nutzungspotential ein?
- Wodurch zeichnet sich ein nachhaltiger Materialumgang in einer mittleren Zeitfrist aus, in der nicht-erneuerbare Materie noch reichlich vorhanden ist?
- Sind die vier Managementregeln für Nachhaltigkeit ausreichend zur Charakterisierung einer nachhaltigen Materialnutzung?

Bei der Untersuchung und Beantwortung dieser Fragen werden die Beiträge aus den vorgestellten Theorieschulen der Kapitel zwei und drei immer wieder aufgegriffen, wobei es u. a. darum geht, die Bedeutung der einzelnen Theoriekonzepte für die vorliegende Fragestellung herauszuarbeiten und Verbindungslinien zwischen ihnen herzustellen. Ein wesentliches Merkmal der nachfolgenden Analyse ist es, daß die verschiedenen Aspekte einer nachhaltigen Nutzung nicht-erneuerbarer materiell-nutzbarer Ressourcen auf vier unterschiedlichen mikro- und makroökonomischen Ebenen untersucht werden, wobei auf jeder Ebene auf grundlegende Einsichten bestehender Theoriekonzepte Bezug genommen wird.

Das weitere Vorgehen in diesem Kapitel gestaltet sich wie folgt. Einleitend wird der Begriff der Nachhaltigkeit erneut aufgegriffen und aus einer evolutionären Perspektive auf Grundlage eines komplexeren Naturbegriffes interpretiert (Kapitel 4.1). Danach wird auf der Basis der modifizierten Nachhaltigkeitsinterpretation und unter Bezugnahme auf die Theorieansätze der Neoklassik und der Ökologischen Ökonomie die Nutzung und das Wirtschaften mit nicht-erneuerbaren materiell-nutzbaren Ressourcen auf vier verschiedenen Ebenen analysiert. Auf der obersten hierarchischen Ebene (**Ebene 1**) wird in Kapitel 4.2 unter Einbeziehung der Unterscheidung von materieller und energetischer Ressourcennutzung der allgemeine makroökonomische Rahmen für ein nachhaltiges Wirtschaften dargelegt. In diesem Zusammenhang wird DALYs Begriff des Scale aufgegriffen, seine Bestimmungsfaktoren erörtert und seine Bedeutung für ökonomische Entwicklung diskutiert. Daran anschließend werden in Kapitel 4.3 auf drei untergeordneten Ebenen die mikroökonomischen Implikationen der Beachtung eines nachhaltigen Scales für ein Wirtschaften mit materiell-nutzbaren nicht-erneuerbaren Ressourcen betrachtet. Diese drei mikroökonomischen Ebenen ergeben sich aufgrund der unterschiedlichen Perspektiven und Schwerpunkte innerhalb der verschiedenen zuvor dargestellten ökonomischen Theorieschulen, und sie alle tragen mehr oder minder zum Verständnis der mikroökonomischen Implikationen eines nachhaltigen Wirtschaftens mit materiellen nicht-erneuerbaren Ressourcen bei. Auf der **Ebene 2** werden aus thermodynamischer Sicht Nachhaltigkeitskriterien in Hinblick auf den Lebenszyklus *einer* materiell nutzbaren Ressource diskutiert. **Ebene 3** setzt beim neoklassischen Konzept der Substitution an und untersucht Wesen und Bedeutung der Materialsubstitution für eine nachhaltige intertemporale Nutzung von nicht-erneuerbaren materiell nutzbaren Ressourcen. Auf der **Ebene 4** wird schließlich analysiert, inwiefern innovative Prozesse, die den Verlauf ökonomischer Entwicklung maßgeblich prägen, auf die intertemporale Materialnutzung einwirken und durch welche Merkmale sich diese Prozesse auszeichnen müßten, um eine intertemporal nachhaltige Materialnutzung zu begünstigen. Im Kapitel 4.4 werden schließlich die wesentlichen Erkenntnisse des Kapitels zusammengefaßt, und als Ergebnisse werden sowohl eine intertemporale Strategie für eine nachhaltige Nutzung von nicht-erneuerbarer Materie präsentiert als auch eine präzisierte und ergänzte Version der Managementregeln für Nachhaltigkeit vorgelegt.

4.1 Der Nachhaltigkeitsbegriff im Kontext eines komplexeren Naturverständnisses

In der Einleitung wurden unter Bezugnahme zur relevanten Literatur zwei Nachhaltigkeitskonzepte unterschieden. Unter *ökonomischer Nachhaltigkeit* wurde verstanden, daß der Lebensstandard bzw. das Konsumniveau pro Kopf der Bevölkerung und der daraus resultierende Nutzen in langer Frist nicht absinkt. Im Mittelpunkt dieses Konzeptes steht der intertemporale Nutzen von Menschen, der sich aus verschiedenen Quellen speisen kann, von denen die Natur neben der menschlichen Technologie, dem menschengemachten Kapitalbestand und dem menschlichen Wissen und Können lediglich *eine* Wohlfahrtsquelle unter anderen darstellt, die außerdem zumindestens teilweise durch die anderen ersetzbar ist. Diese Sichtweise ist dominant in der neoklassischen Theorie wie dargestellt in Kapitel 2 und sie ist deckungsgleich mit dem in Kapitel 3.3.2 vorgestellten Konzept der *schwachen Nachhaltigkeit*, in dem unterstellt ist, daß die verschiedenen nutzenstiftenden Wohlfahrtsquellen der Menschen untereinander substituierbar sind. Demnach ist es unwichtig, ob zukünftigen Generationen ein tropischer Regenwald, eine Technologie zur Energieerzeugung oder das Wissen über die Heilung bedrohlicher Zivilisationskrankheiten vererbt wird, sofern nur das Nutzenniveau bzw. der Lebensstandard pro Kopf nicht sinkt.

Dementgegen wurde *ökologische Nachhaltigkeit* in einem strengeren Sinne als Gewährleistung eines Mindestkonsums bzw. -lebensstandards pro Kopf definiert, wobei insbesondere die natürliche Lebensgrundlage und ihre Funktionen zu bewahren sind. Dieses Konzept steht im Zentrum der Diskussion von ökologischen Ökonomen wie beschrieben in Kapitel 3, und die zugrunde liegende Prämisse lautet, daß das Intakthalten der Natur eine *Conditio sine qua non*, eine unerläßliche Grundvoraussetzung für ein langfristiges Überleben der Menschheit darstellt, wobei betont wird, daß Naturfunktionen nicht durch andere menschliche Güter oder Errungenschaften ersetzbar sind. Das Konzept der ökologischen Nachhaltigkeit ist gleichbedeutend mit dem Konzept der *strengen Nachhaltigkeit*, in dem die Funktionen der Natur als grundlegend und komplementär zu allen anderen nutzenstiftenden Wohlfahrtsquellen gesehen werden. Da ohne eine intakte Natur kein menschliches Überleben und damit auch kein Wirtschaften möglich wäre, wird die Bewahrung des Naturkapitals als fundamentale Nachhaltigkeitsbedingung erachtet, da ohne Naturkapital jegliche Technologie, alles Wissen und jeder menschengemachte Kapitalstock ohne Nutzen wären. Der Unterschied dieser zwei Nachhaltigkeitskonzepte liegt folglich in der verschiedenartigen Wahrnehmung und Einschätzung der Bedeutung der Natur für die menschliche Ökonomie und für das Überleben der Menschheit.[2]

Im *Konzept der schwachen Nachhaltigkeit* wird die Natur unter reinen Nutzenerwägungen betrachtet. Sofern ein kritischer Mindestbestand an Natur (N_K) vorhanden ist, der das Überleben der Menschheit gewährleistet, kann *jede nutzen*steigernde Entscheidung – egal ob für oder gegen ein naturzerstörendes Projekt – als schwach nachhaltig bezeichnet werden. Dieser Zusammenhang kann mit Hilfe der Abbildung 4.1 veranschaulicht werden, in dem das Verhältnis von Lebensstandard und Naturkapital zu Illustrationszwecken dargestellt ist. Der Punkt A beschreibt eine Ausgangssituation. Dieser Zustand ist charakterisiert durch einen Naturkapitalbestand N_A, der weit über dem kritischen und lebensbedrohlich niedrigem Naturkapitalbestand N_k liegt, und der zudem einen Lebensstandard C_A aufweist, der den kritischen Lebensstandard C_k weit übersteigt. Betrachtet werden zwei sehr verschiedene Projekte: Das Projekt B beinhaltet den Bau einer Autobahn, der mit der Abholzung eines Waldgebietes verbunden ist, und das Projekt G umfaßt die Renaturierung von zuvor gewerblich genutzter Fläche zur Anlegung eines Naturparks.

Abbildung 4.1:
Nachhaltigkeit als Spannungsverhältnis von Naturkapital und Lebensstandard

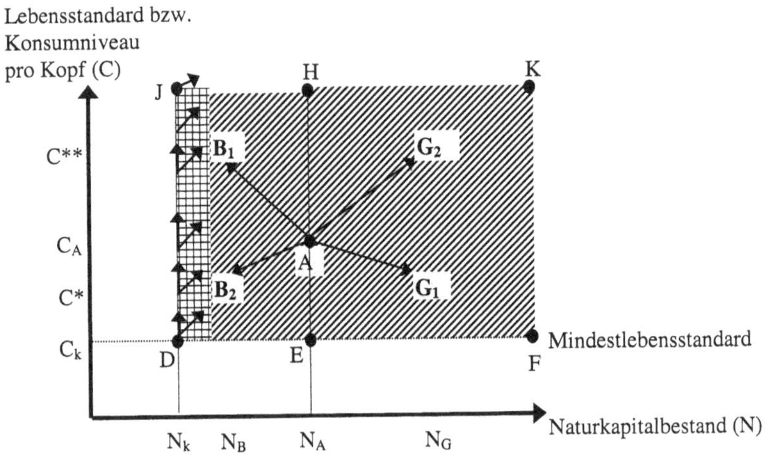

Graphik in Anlehnung an: Pearce/Turner 1990: S. 46.

2 Aufgrund der hier aufgezeigten Gleichheit der Begrifflichkeiten wird nachfolgend nur noch von schwacher und strenger Nachhaltigkeit die Rede sein.

Wie innerhalb einer Gesellschaft über die Realisierung oder Nichtrealisierung der Projekte entschieden wird, ist letztlich eine Frage der gesellschaftlichen Präferenzkonstellation. Wird der Bau der Autobahn (Projekt B) in einer Gesellschaft als äußerst nutzenstiftend angesehen, dann mag das Nutzenniveau bzw. der Lebensstandard der Menschen durch Realisierung dieses Projektes auf C** ansteigen (Punkt B_1), während der Bestand des Naturkapitals auf N_B absinkt. Wird in dieser Gesellschaft die Bewahrung von Natur grundsätzlich als unwichtig eingestuft, so mag in gleicher Weise die Einrichtung eines Naturparks (Projekt G) auf einem vorher gewerblich genutzten Gebiet als lebensstandardsenkend empfunden werden, so daß die Realisierung dieses Projekts zu dem niedrigen Nutzenniveau C* (Punkt G_1) führen könnte, obwohl der Naturbestand auf N_G ansteigt. Als schwach nachhaltig könnte in dieser Situation nur die Durchführung des nutzenerhöhenden Autobahnbaus gelten, da die Einrichtung des Naturparks mit Nutzenverlusten verbunden ist. Diese Präferenzkonstellation wird häufig von traditionellen Neoklassikern angeführt und sie impliziert, daß ein erhöhter Lebensstandard oder Nutzen einer Gesellschaft nur zu Lasten der Natur realisierbar ist.[3]Innerhalb des gleichen neoklassischen Nutzen-Paradigmas ist jedoch auch ein genau entgegengesetztes Ergebnis vorstellbar. Eine andere Gesellschaft mit anderer Präferenzlage mag in einer ähnlichen Situation den Bau einer Autobahn aufgrund abnehmender Erholungsfläche und zunehmender Umweltverschmutzung als schädlich einstufen und mit dem Projekt B lediglich einen niedrigeren Lebensstandard von C* verbinden (Punkt B_2), während die Anlegung des Naturparks als nutzensteigernd auf C** eingeschätzt würde. In diesem Fall wäre nur das Naturparkprojekt als schwach nachhaltig zu bezeichnen. Je nach den Präferenzen und Wertvorstellungen der Menschen kann mit dieser Sichtweise entweder nur der Autobahnbau (Pfad B_1) oder nur die Anlegung des Naturparks (Pfad G_2) als schwach nachhaltig bezeichnet werden. Ausschlaggebend ist allein, daß das Nutzen- bzw. Konsumniveau C im Vergleich zur Ausgangskonstellation (Punkt A) steigt bzw. nicht sinkt.

Es ist unter neoklassischen Umweltökonomen üblich, implizit zu unterstellen, daß das langfristige Überleben der Menschen durch ökonomische Projekte nicht bedroht wird. Die zu bewertenden Projekte werden daher zumeist in der Weise interpretiert, daß kritische Bereiche, sei es hinsichtlich des Naturkapitalbestandes oder des Lebensstandards, unberührt bleiben. Die Nutzenbetrachtung findet somit im sicheren Rahmen des Feldes DFKJ der Abbildung 4.1 statt. Als Ausnahme können diejenigen Neoklassiker gelten, die das Phänomen der Irreversibilitäten analysierten und sich mit Projektevaluationen im Bereich des kritischen Naturkapitals, der hier kariert gekennzeichnet ist, beschäftigten. Sie kamen zu dem nutzentheoretischen Ergebnis, daß z. B. die Ausrottung einer Art langfristig große Schäden verursachen könne, deren Ausmaß unsicher ist. Sie empfahlen für derartige Fälle ein vorsichtiges Vorgehen und ein Vermeiden irreversibler Auswirkungen.[4]

Mit Bezug auf die Abbildung 4.1 mag dieses Ergebnis in der Weise gedeutet werden, daß in Grenzkonstellation eine Erhöhung des langfristigen Lebensstandards nur erreichbar ist, wenn der Naturkapitalbestand mindestens konstant bleibt oder aber ansteigt. Jegliche Verringerung des Naturkapitals bei einem der Zustände der Strecke DJ könnte mit der Bedrohung von gegenwärtigen oder zukünftigen Menschenleben verbunden sein. Ein besonderer Extremfall ist der Punkt D, an dem sowohl der kritische Naturkapitalbestand als auch der minimale Lebensstandard der Menschen erreicht ist. Eine Verringerung des Naturkapitals würde in diesem Fall

3 Vgl. Pearce/Turner 1990: S. 47.

4 Vgl. Kapitel 2.4.2.

bedeuten, daß konkrete gegenwärtige Menschenleben in Gefahr sind.[5] Im Gegensatz dazu mag der Punkt J in der Weise interpretiert werden, daß eine weitere Verringerung des Naturkapitals unter N_k den Lebensstandard der gegenwärtigen Menschen nicht oder nur unwesentlich beeinträchtigt, während aber aufgrund langfristiger Veränderungen der Natur das Leben zukünftiger Menschen bedroht ist.[6] Ganz allgemein läßt sich die vage These formulieren, daß je höher der Lebensstandard, desto entfernter in der Zukunft ist die tatsächliche Lebensbedrohung bei Unterschreitung des kritischen Naturkapitalbestandes. Für die Punkte der Strecke DJ würde demnach gelten, daß ein schwach nachhaltiger Entwicklungspfad mindestens mit einer Beibehaltung oder einer Erhöhung des Naturkapitalbestandes verbunden sein muß, wie angedeutet durch die Pfeile im karierten Bereich.

Ökologische Ökonomen, die das *Konzept der strengen Nachhaltigkeit* vertreten, orientieren sich weniger am Nutzen, sondern stellen die Bewahrung der Natur in den Mittelpunkt der Betrachtung und lehnen eine Verringerung des Naturkapitalbestandes weitgehend ab. Begründet wird diese Position mit dem ethischen Postulat nach intergenerationeller Gerechtigkeit, da eine Verringerung des Naturkapitals die Optionen zukünftigen Handelns einschränkt und damit den Lebensstandard in langer Frist senkt, da die Naturfunktionen durch nichts ersetzbar sind. Diesbezüglich argumentieren ökologische Ökonomen ähnlich wie die Irreversibilitäts-Neoklassiker für den kritischen Bereich des Naturkapitals. Doch sie beziehen diese Argumentation auch auf Situationen mit einem Naturkapital wie z. B. beim Punkt A der Abbildung 4.1. Eine Realisierung des Projektpfades B_1 wird abgelehnt, weil damit Naturkapital reduziert und folglich Naturfunktionen geschwächt werden. Weiterhin wird darauf verwiesen, daß nicht alle Belastungsgrenzen der Natur bekannt sind und diverse Grenzen bereits überschritten wurden. Daher sei eine weitere Reduzierung des Naturbestandes aus Vorsichtserwägungen zu vermeiden.[7]

Wie ausgeführt in Kapitel 3.3.2 ist die Einhaltung des strengen Naturerhaltpostulats hinsichtlich der Nutzung von nicht-erneuerbaren Ressourcen problematisch, da ihre Nutzung unweigerlich mit einer Bestandsverringerung verbunden ist. Als Kompromißformel zwischen schwacher und strenger Nachhaltigkeit wurde daher von einigen ökologischen Ökonomen das Konzept der *Quasi-Nachhaltigkeit* vorgeschlagen, das eine Verringerung des Bestandes an nicht-erneuerbaren Ressourcen dann erlaubt, wenn diese Reduzierung durch Erhöhung erneuerbarer Naturkapitalbestände kompensiert wird oder wenn durch technischen Wandel das Nutzungspotential des verringerten Naturkapitalbestandes aufrechterhalten werden kann. Der Pfad B_1 wäre folglich dann als quasi-nachhaltig zu bezeichnen, wenn der Verringerung des Naturkapitalbestandes von N_A auf N_B kompensierende Maßnahmen entgegenstünden, die trotz verringerter Naturbasis einen gleichen Nutzwert der Naturressourcen in der Zukunft sichern.

Auffallend an diesem Kompromißkonzept ist, daß es dem schwachen Nachhaltigkeitskonzept wesentlich näher liegt als dem strengen Konzept. Die dritte Regel für Quasi-Nach-

---

5 Als Beispiel für eine solche Extremsituation mag die Lage vieler Subsistenzbauern im subsaharen Afrika genannt werden, deren Böden durch Überbeanspruchung ausgelaugt und stark erodiert sind. Weitere Bodendegradierung würde bedeuten, daß die von diesem Boden lebenden Menschen nicht überleben könnten. Die Ernährungssituation kann nur verbessert werden, wenn der Boden in einer schonenden Weise bewirtschaftet wird, die mehr Bewuchs und höhere Bodenstabilität – also einen höheren Naturkapitalbestand – hervorbringt. Vgl. zum Verhältnis von Lebensstandard und Zustand des Bodens in afrikanischen Ländern: Otzen 1992, English 1996 und Messner, F. 1996a.

6 Als Beispiel mag der Treibhauseffekt genannt werden, der hauptsächlich von Industrieländern mit hohem Lebensstandard verursacht wurde. Die Überschreitung der kritischen Grenze hinsichtlich der Emission von Treibhausgasen beeinträchtigt den Lebensstandard der gegenwärtigen Generation kaum, kann aber in Zukunft durch erhöhte mittlere Erdtemperaturen zu Einbußen von Siedlungs- und Ackerland führen und so die (Über-)Lebensbedingungen der Zukunft maßgeblich erschweren.

7 Vgl. z. B. Daly/Cobb 1989: S. 72; Pearce/Turner 1990: S. 50-52 und Vornholz 1995: S. 90-91.

haltigkeit ist am ökonomischen Nutzen aus der natürlichen Ressourcenfunktion orientiert und zielt auf die Sicherung der intertemporalen ökonomischen Verfügbarkeit eines Ressourcenstroms aus der Natur ab. Unbeachtet bleiben dabei die möglichen ökologischen Beeinträchtigungen, die mit der Verringerung des nicht-erneuerbaren Ressourcenbestandes oder mit der Gewährleistung der Kompensationsleistungen durch Substitution und Erhöhung der Ressourcenproduktivität verbunden sein mögen. Die Kompensationsforderungen beziehen sich nur auf den Erhalt der Ressourcenverfügbarkeit, während mögliche ökologische Einbußen unkompensiert bleiben. Postuliert wird lediglich die Einhaltung der zweiten Managementregel für Nachhaltigkeit, daß die Absorptions- und Assimilationsfähigkeiten der Natur nicht überlastet werden. Doch wie bereits in Kapitel 3.2.4.2 erwähnt wurde, wird bei dieser Regel die nicht sehr realistische Möglichkeit unterstellt, daß stoffliche Belastungsgrenzen der natürlichen Senkenfunktion exakt bestimmbar seien. Außerdem werden durch diese Regel nur die natürliche Senkenfunktion und ihre Überlastung durch Stoffeinträge berücksichtigt. Es wird damit indirekt impliziert, daß eine Beeinträchtigung der Natur nur durch stoffliche Emissionen möglich sei.

Folglich könnte z. B. die Ausbeutung einer Rohstofflagerstätte dann als quasi-nachhaltig bezeichnet werden, wenn als Kompensation für die Ausbeutung von nicht-erneuerbaren Ressourcen eine bisher ungenutzte Regenwaldfläche dazu genutzt würde, durch Einrichtung einer Monokulturplantage eine größere Holzverfügbarkeit der Zukunft zu sichern. Die ökologischen Konsequenzen der Regenwalddegradierung und die notwendige Zerstörung von Naturraum zur Erschließung einer Rohstofflagerstätte, bleiben dabei unbeachtet.

Der Grund dafür, daß die Nachhaltigkeitsdebatte auf ein derartiges Kompromißkonzept wie das der Quasi-Nachhaltigkeit hinauslief, mag darin liegen, daß die Natur mit ihren komplexen und evolutionären Wirkungszusammenhängen zu vereinfacht wahrgenommen oder dargestellt wird. Obwohl viele ökologische Ökonomen immer wieder auf die Bedeutung der verschiedenen Lebenserhaltungsfunktionen und auf die interdependenten Naturbeziehungen hinweisen, auf denen sie beruhen, richtet sich der Fokus ihrer Analyse nicht selten auf Ressourcen*bestände* und die sich daraus im Zeitablauf ergebenden Ressourcenströme, ohne gleichzeitig alle ökologischen Folgen für die komplexen Naturzusammenhänge einzubeziehen, die sich als Resultat der Realisierung dieser Ressourcenströme ergeben. Als Konsequenz stellt sich ein Naturbild ein, das die Natur als einen homogenen und quantifizierbaren Bestand darstellt, dessen Nutzung oberhalb eines kritischen Mindestbestandes unbedenklich ist. In dieser Weise wird die Natur z. B. in der Abbildung 4.1 dargestellt, die in Anlehnung an eine Graphik aus dem Lehrbuch von PEARCE und TURNER (1990) entstand. Wenngleich die Autoren in ihrem Buch die Bedeutung der interdependenten Beziehungen innerhalb der Natur betonen und sie auf den illustrierenden Charakter der Abbildung hinweisen, so wird trotzdem ein simplifiziertes Naturbild vermittelt, in dem für die komplexen Beziehungen innerhalb der Natur kein Raum bleibt.

Auch der Begriff des *Naturkapitals* unterstützt eine derart vereinfachte Auffassung der Natur. Obwohl der Begriff in mancherlei Hinsicht hilfreich ist, weil er z. B. andeutet, daß mit Natur ebenso „erhaltend" umzugehen ist wie mit einem Maschinenpark, so impliziert er in gleicher Weise, daß Naturkapital vollständig kontrolliert, gemanagt oder repariert werden kann, und daß das Absinken unter kritische *Bestands*werte (N_k) durch einige Investitionen in das Naturkapital vermeidbar ist.[8] Mit diesem Begriffskonzept mag der Zusammenhang zwischen erneuerbaren und nicht-erneuerbaren Ressourcen*beständen* verdeutlicht werden, doch gerade die komplexen Interdependenzen zwischen den Ressourcen, die hier als Prozeßressour-

8 Diesen kritischen Aspekt zum Begriff Naturkapital betonen auch Victor 1991: S. 210-211 und Hinterberger/Luks/Schmidt-Bleek 1997: S. 5.

cen bezeichnet wurden, und die lebenswichtige ökologische Funktionen innerhalb der Natur und für die Menschen erfüllen, werden in dieser Weise nicht angemessen erfaßt. Anstatt Naturressourcen analog zu menschengemachten Kapitalbeständen als Naturkapital zu bezeichnen, wäre es in Hinblick auf die interdependenten Beziehungen der Prozeßressourcen angemessener, sie mit ökonomischen Geschäfts- und Kooperationsbeziehungen und mit gewachsenen Netzwerken zwischen verschiedenen ökonomischen Akteuren zu vergleichen oder aber mit Kommunikations- und Transportinfrastrukturen. Für diese ökonomischen Phänomene gilt genauso wie für die interdependenten Naturbeziehungen, daß nicht die einzelnen Bestandteile wesentlich sind, sondern ihre Vernetzung. Infrastrukturen und gewachsene ökonomische Beziehungen erfüllen wichtige ökonomische Funktionen, doch sie lassen sich nicht angemessen als Bestand darstellen und fallen auch nicht in die Kapitalkategorie. Diese Analogie mag verdeutlichen, daß die durch Menschen unkontrollierbare Natur in ihrer Komplexität mit dem Kapitalbegriff unzureichend beschrieben ist. Aus diesem Grund wird der Begriff *Naturkapital* nachfolgend nicht mehr verwendet. Es wird lediglich von *Natur* die Rede sein.

Ein weiterer Aspekt, der auf ein zu einfaches Naturbild in der Nachhaltigkeitsdebatte hinweist, besteht darin, daß von den verschiedenen lebenserhaltenden Funktionen der Prozeßressourcen zumeist nur die emissionsbezogene Senkenfunktion der Natur berücksichtigt wird. Doch wie in Kapitel 3.2.3 ausgeführt wurde, ist die Senkenfunktion der Natur lediglich *eine* wichtige Funktion, die von den natürlichen Regelungsteilfunktionen übernommen wird. Außerdem können die drei natürlichen Lebenserhaltungsfunktionen nicht nur durch übermäßige stoffliche Einträge von Emissionen, sondern auch durch andere Formen menschlichen Eingriffs beschädigt werden. Diese Tatsache ist in der Literatur weitgehend vernachlässigt worden und wird besonders dadurch deutlich, daß der Erhalt der natürlichen Funktionszusammenhänge lediglich durch die senkenbezogene zweite Managementregel für Nachhaltigkeit gesichert werden soll.

Diese Vorgehensweise ist jedoch in keinerlei Hinsicht angemessen oder akzeptabel, denn Natureingriffe nicht-stofflicher Art können bedeutsame Naturschädigungen hervorbringen und ökonomische Naturfunktionen beeinträchtigen. Ökonomische Eingriffe wie die Besetzung, die Versiegelung und sonstige mechanische Veränderung von Naturlandschaften und Ökosystemen stören die Funktionsfähigkeit von Prozeßressourcen und bedrohen die biologische Artenvielfalt durch Zerstörung von Lebensräumen.[9] So wird z. B. durch Begradigung von Flüssen oder durch Bau von Wasser- und sonstigen Verkehrsstraßen der Lebensraum vieler Tier- und Pflanzenarten vernichtet oder eingeengt. Weiterhin führt die Versiegelung von Böden durch Straßen und menschliche Ansiedlungen aller Art zu einer Einschränkung der Bodenfunktionen und zu einer Störung der natürlichen Wasserkreisläufe, während eine übermäßige Rodung von Wald- und sonstigen Naturgebieten zur Gewinnung von Bebauungsflächen den Verlust von Oberflächengewässern und regionale Klimaveränderungen verursachen kann. Schließlich ziehen unangemessene landwirtschaftliche Methoden Erosion und Versalzung von fruchtbarem Ackerland nach sich und in extremen klimatischen Gebieten wird auch die Ausbreitung von Wüsten begünstigt.[10]

Es steht außer Frage, daß derartige nicht-emissionsbezogene ökonomische Natureingriffe verheerende ökologische Schäden und Rückkopplungseffekte verursachen können, die

9 Vgl. RSU 1994: S. 124-130, Zwirner 1994: S. 106-107, Losch 1997: S. 28-29 und Graßl 1997: S.13.

10 Zu den ökologischen Wirkungen verschiedener mechanischer Natureingriffe vgl. z. B. Stapelfeld 1983 (Ausbau der Elbe); Schweicher 1982 (Bau der Startbahn West); Weiger 1982 (Bau des Rhein-Main-Donau-Kanals); Altvater 1987: S. 288-306 (Bergbau und Wasserkraftgewinnung im Amazonas-Regenwald); Siebert 1990: S. 48-59 und Osman 1992 (Erosion und Wüstenausbreitung durch Überbeanspruchung von Böden).

den Schäden durch Eintrag von Emissionen in nichts nachstehen.[11] Somit ist zu schlußfolgern, daß die Natur nicht nur stoffliche Belastungsgrenzen aufweist, sondern daß ebenso nichtstoffliche, *mechanische Belastungsgrenzen* für die Veränderung von Landschaften und Ökosystemen bestehen, bei deren Überschreitung ökologische Funktionszusammenhänge kollabieren, Lebensräume für Pflanzen und Tiere verloren gehen und letztlich auch die für Menschen notwendigen Lebensbedingungen bedroht werden. Aufgrund dieser Zusammenhänge ist zu konstatieren, daß neben den drei in Kapitel 3.2.3 genannten Grenzen für ökonomische Expansion eine **vierte ökonomische Begrenzung existiert, die sich aufgrund der nur begrenzten mechanischen Belastbarkeit der natürlichen Lebenserhaltungsfunktionen ergibt.**[12]

Aus dieser Kritik des Naturbildes folgt, daß den komplexen Merkmalen der Natur vermehrte Aufmerksamkeit zuteil werden muß. Es ist notwendig, sich von einer bestandsorientierten Naturvorstellung zu lösen, um den komplexen Naturzusammenhängen und deren Leistungen Rechnung zu tragen. Auch der Fokus auf Emissionen als einzige Quelle der Naturbelastung ist unangemessen und muß um andere, mechanische Formen der Natureinwirkungen erweitert werden. Schließlich ist auch der Ungewißheit hinsichtlich ökologischer Rückkopplungseffekte, die sich aus der Komplexität und der Anpassungsfähigkeit natürlicher Funktionszusammenhänge ergibt, und die eine Bestimmung exakter Grenzen unmöglich macht, mehr Beachtung zu schenken. Ganz allgemein sind es die Aspekte der evolutionären Theorieschule, die im Rahmen der Diskussion um die Managementregeln für Nachhaltigkeit zu stark vernachlässigt wurden.[13] Gerade aber durch eine vermehrte Einbeziehung evolutionärer Inhalte, wie z. B. des evolutionären Charakters der Natur, sich stets in sukzessiven und evolutionären Prozessen weiterzuentwickeln, stellt sich die Frage, was unter Nachhaltigkeit im Sinne eines „Intakthaltens der Natur" konkret zu verstehen ist, in neuem Licht. Eine Erörterung des Nachhaltigkeitskonzepts aus koevolutionärer Perspektive kann daher im Kontext eines komplexeren Naturbegriffes hilfreich sein.

In Kapitel 3.1 wurde gezeigt, daß der *Entwicklungsprozeß der Natur* in der Sukzession von Ökosystemen und der Evolution von Arten durch diverse natürliche Prinzipien der Entwick-

---

11 Zur Veranschaulichung dieser Ausführungen soll an dieser Stelle von einer Erfahrung des Autors berichtet werden: *Im Sommer 1994 nahm ich an zwei Exkursionen nach Dessau teil. Die erste, ökonomische Exkursion führte in das Chemie-Industriegebiet Bitterfeld, eines der emissionsreichsten Gebiete innerhalb der ehemaligen DDR, wo vor 1989 Emissionen die Luft eintrübten und die Gewässer, insbesondere den Fluß „die Mulde", stark verseucht hatten. Nach 1989 wurden die unrentablen, stark verschmutzenden Staatsunternehmen sukzessive liquidiert, wodurch die Emissionsbelastung rapide abnahm. Insgesamt bot das Industriegebiet 1994 den Anblick einer riesigen Industriebrache. Die zweite, biologische Exkursion führte in ein Naturschutzgebiet, das 30 km flußabwärts von Bitterfeld an der Mulde gelegen ist. In dieser Naturlandschaft war trotz der jahrelangen extremen Vergiftung des Flusses eine sehr hohe Artenvielfalt anzutreffen und zwar auch im Fluß selbst. So hatte beispielsweise der im Wasser lebende Biber, der in Westdeutschland seit einiger Zeit ausgestorben ist, die „vergifteten Zeiten" gut überlebt. Die Ursache für die hohe Artenvielfalt in jenem Gebiet bzw. in der ehemaligen (emissionsintensiven) DDR insgesamt, so führte der exkursionsleitende Biologieprofessor aus, sei die wenig veränderte Struktur der dortigen Naturlandschaft, die Fauna und Flora einen breiten Lebensraum böte. Im Gegensatz dazu sei die Artenvielfalt im „sauber und aufgeräumt erscheinenden" Westdeutschland wesentlich geringer, da durch tiefe strukturelle Eingriffe in die Naturlandschaften Lebensräume für Tiere und Pflanzen systematisch vernichtet worden sind. Die Struktur von Naturlandschaften ist also offensichtlich ein mindestens ebenso wichtiger Faktor für natürliche Artenvielfalt wie das Niveau der Emissionsbelastung.* Dieser Aspekt wird auch vom deutschen RAT DER SACHVERSTÄNDIGEN FÜR UMWELTFRAGEN hervorgehoben. Vgl. RSU 1994: S. 124-130.

12 Vgl. für weitere Ausführungen das Kapitel 4.2.1.3.

13 Der Grund dafür mag darin liegen, daß diverse evolutionär orientierte Autoren den normativen Charakter der Managementregeln ablehnen, sie als starre Regeln zur Konservierung eines Naturzustandes empfinden und sich daher in die Diskussion um die Regeln nicht oder zu wenig einmischten. Vgl. z. B. Pasche 1994: S. 100-103.

lung charakterisiert ist. So nehmen sowohl die Diversität der Arten als auch die gegenseitigen Interaktionsbeziehungen zwischen den Arten in der natürlichen Entwicklung zu. Gleichzeitig erhöht sich die Stoffwechselaktivität und die Biomasse des Systems steigt an. Die zunehmende Komplexität des reifenden natürlichen Systems spiegelt sich in einer ansteigenden Entropieproduktion des Gesamtsystems, während die Entropieproduktion pro Einheit Biomasse in reiferen Stadien sinkt und Materie in nahezu geschlossenen Kreisläufen geführt wird.[14] Auch in den *Prozessen ökonomischer Entwicklung* lassen sich verschiedene Prinzipien zunehmender Komplexität erkennen. So nimmt z. B. im Verlauf der „Reifung" eines Wirtschaftssystems die Anzahl von Beziehungen zwischen Akteuren zu, es bilden sich Systeme von Arbeitsteilung und Spezialisierung heraus, Handels- und Kommunikationssysteme verbreiten sich, differenzieren sich aus und begünstigen so die Entstehung neuer Wirtschaftsstrukturen. Gleichzeitig nimmt die Anzahl der angebotenen Produkte und Dienstleistungen zu, während stets neue Technologien und komplexere Materialien entwickelt werden und zum Einsatz kommen.[15] Die Energie- und Materialnutzung vollzieht sich im ökonomischen Reifungsprozeß dergestalt, daß anfänglich enorme Zuwachsraten verzeichnet werden, während in reiferen Stadien der Energie- und Materialverbrauch weniger stark anwächst, teilweise sogar stagniert, während der spezifische Verbrauch (also: Energie bzw. Material pro Einheit BSP) sinkt.[16] Zusammenfassend ist also festzustellen, daß bei *isolierter Betrachtung* sich entwickelnder ökonomischer und natürlicher Systeme eine zunehmende Komplexität zu beobachten ist.

Ein anderes Bild ergibt sich, wenn der *ko*-evolutionäre Entwicklungsprozeß von Ökonomie und Natur betrachtet wird, wie er sich seit der industriellen Revolution vollzogen hat. Der stoffliche und mechanische Eingriff von Menschen in die Natur zwecks ökonomischer Entwicklung führte in den vergangenen Dekaden der Industrialisierung dazu, daß eine zunehmende Anzahl von natürlichen Ökosystemen künstlich in extrem jungen, also unreifen Stadien gehalten wurde. So wurde z. B. in der monokulturellen Landwirtschaft das frühe Wachstumsstadium *einer* Nutzpflanze stets reproduziert, während andere Formen biologischen Wachstums nicht zugelassen wurden. Der ökonomische Vorteil eines unreifen Natursystems liegt darin, daß die Wachstumsrate der Biomasse und damit auch der landwirtschaftliche Ertrag sehr hoch sind. Problematisch ist allerdings, daß ein derart unreifes Ökosystem mit einer geringen Artenanzahl hochgradig unelastisch ist, viele ökologische Funktionen verloren hat und daher eine hohe Anfälligkeit gegen Krankheiten, Freßfeinde, Wetterfluktuationen und Erosion aufweist. Außerdem wird der größte Beitrag zu den Lebenserhaltungsfunktionen der Natur gerade von den „unproduktiven" reiferen und elastischeren Ökosystemen mit hoher Biomassemenge und hoher Artendiversität geleistet.[17]

Wie in Kapitel 3.3.3.2 bereits erwähnt, führt auch der ökonomische Eintrag von Emissionen in Ökosysteme dazu, daß diese in ihrer Sukzession gehemmt und sogar um Stadien zurückgeworfen werden.[18] Die stetige Steigerung der Emissionsniveaus führten im Verlauf der ökonomischen Industrialisierung zu einer künstlichen Blockierung natürlicher Reifungsprozesse und zu einer zunehmenden Überbeanspruchung der natürlichen Senkenfunktionen. Weiterhin wurden vormals komplexe biologische Systeme durch mechanische Eingriffe – wie z. B. durch

14 Vgl. Kapitel 3.1.2 und 3.1.3 sowie Odum 1969: S. 262-267.

15 Vgl. Clark/Perez-Trejo/Allen 1995: S. 37-39.

16 Diese Charakterisierung des Energie- und Materialverbrauchs in den „Reifungsphasen" ökonomischer Systeme ist in Anlehnung an die Ergebnisse der empirischen Studie von JÄNICKE ET AL. (1992) formuliert. Die erwähnte Studie untersucht die Auswirkungen des wirtschaftlichen Strukturwandels auf die Umweltbelastung in ausgewählten OECD-Ländern.

17 Vgl. Odum 1969: S. 266-267.

18 Vgl. Schneider 1990: S. 126-127.

Flußbegradigungen – in unreife Systeme verwandelt, und schließlich führte auch die Bebauung und Versiegelung von Flächen für Wohn-, Verkehr- und Industriebelange zu einer extremen Degradierung natürlicher Lebensräume. Damit ist festzuhalten, daß die zunehmende Komplexität der ökonomischen Entwicklung, wie sie sich in den letzten Jahrzehnten vollzogen hat, mit einer abnehmenden Komplexität in den natürlichen Systemen einhergegangen ist. Konkret bedeutet das, daß der natürliche Biomassebestand gesunken ist, natürliche Materialkreisläufe ineffizienter geworden sind und thermodynamisch effiziente K-Strategen-Arten ausstarben. Weiterhin stagnierten ökologische Stoffwechselprozesse und die Entropieproduktion natürlicher Systeme wurde reduziert, während dadurch die natürlichen Prozeßressourcen in ihren allgemeinen Funktionen der Lebenserhaltung nach und nach geschwächt wurden.

Zweifellos ist dieser koevolutionäre Entwicklungstrend mit zunehmender ökonomischer und abnehmender ökologischer Komplexität nicht als nachhaltig zu bezeichnen, da er mit einer fortwährenden Beeinträchtigung und Verminderung der Funktionsfähigkeit der Naturfunktionen verbunden ist. Eine Fortsetzung dieses koevolutionären Trends muß letztlich dazu führen, daß zu irgendeinem Zeitpunkt eine Schwelle überschritten wird, wodurch sich eine beschleunigte Destabilisierung der natürlichen Funktionszusammenhänge einstellt, die ein Überleben der Menschheit in Frage stellt. In diesem Kontext existiert also ein kritischer und unbekannter Schwellenwert für die Komplexität der Natur, dessen Unterschreitung die natürlichen Existenzbedingungen der Menschheit bedroht. Im Vergleich zum bisher diskutierten Nachhaltigkeitskonzept stehen hier nicht die natürlichen Ressourcen und ihre Bestände und Ströme im Vordergrund, sondern die *Interdependenzbeziehungen der Natur*, die die Ressourcen und die sonstigen Naturleistungen hervorbringen.

Aus dieser Perspektive läßt sich *Nachhaltigkeit in einem strengen Sinne* als ein Konzept zur Realisierung ökonomischer Entwicklung interpretieren, das eine ökologische Entwicklung in reifere Stadien nicht vollständig unterbindet, sondern der Natur angemessenen Raum für eine Entfaltung ihres Evolutions- und Sukzessionspotentials offenhält und damit die Funktionen der Prozeßressourcen stärkt. Unter *schwach nachhaltig* kann hingegen ein ökonomischer Entwicklungspfad mit abnehmender ökologischer Komplexität verstanden werden, bei dem lediglich die Hoffnung besteht, daß eine weitere Abnahme der natürlichen Komplexität vor Überschreitung einer kritischen Schwelle verhindert werden kann.

Wenngleich eine graphische Darstellung dieser Konzepte kaum möglich ist, so soll mit der Abbildung 4.2 doch ein veranschaulichendes Schema präsentiert werden. Auf den beiden Achsen ist die Komplexität von Ökonomie und Natur abgetragen. Ohne Frage ist die Darstellung von Komplexität ein schwieriges Unterfangen. In diesem Kontext soll ökonomische bzw. ökologische Komplexität verstanden werden als ein Index aus den verschiedenen Indikatoren, mittels derer bei der obigen Beschreibung der Entwicklung von ökonomischen und ökologischen Systemen der Trend zu steigender Komplexität spezifiziert wurde. Diese Indikatoren für ökonomische und ökologische Komplexität sind jeweils an den Achsen aufgeführt.

Der Ausgangspunkt A ist einem Zeitpunkt zuzuordnen, zu dem das ökonomische System noch nicht sehr stark entwickelt ist, während die Komplexität der Natur bereits ein sehr hohes Niveau aufweist. Der ***Pfad a*** stellt den oben beschriebenen koevolutionären Pfad mit zunehmender ökonomischer und abnehmender ökologischer Komplexität dar, wie er in der heutigen Zeit noch beschritten wird. Eine Fortschreibung dieses nicht-nachhaltigen Trends würde in den ***Pfad*** $\boldsymbol{b_1}$ einmünden. Ökonomische Entwicklung würde weiterhin auf Kosten abnehmender ökologischer Komplexität vorangetrieben, bis beim Punkt B die Instabilitäten innerhalb der Natur so stark zugenommen hätten, daß menschliches Wirtschaften nicht mehr möglich ist und ein Zerfall menschlicher Gesellschafts- und Wirtschaftsstrukturen einsetzt, wie er mit ***Pfad*** $\boldsymbol{b_2}$ dargestellt ist. Während des Niedergangs der menschlichen Ökonomie würde der Druck auf die Natur sinken, wodurch Freiräume für einen ökologischen Entwicklungsprozeß mit zunehmender Komplexität geschaffen würden. Beim Punkt C wäre die Menschheit ausgestorben, die Hemmnisse für ökologische Entwicklung wären beseitigt und es begänne ein ungehinderter Evolutionspfad der Natur mit steigender Komplexität. Die ***Pfade b_3 und b_4*** sollen die ***Hoffnungen*** repräsentieren, daß die Menschheit trotz Weiterverfolgung des nicht-nachhaltigen Pfades b_1 am Ende nicht ausstirbt, sondern kurz vor dem Erreichen der kritischen instabilen Naturzustände bei B eine erfolgreiche ökonomische Anpassung vollziehen kann. Der nicht-nachhaltige Pfad b_1 mit der Hoffnung auf Realisierung der Pfade b_3 oder b_4 wird hier als ***schwach nachhaltig*** bezeichnet.

Abbildung 4.2: Nachhaltigkeitspfade im Spannungsverhältnis von ökonomischer und ökologischer Komplexität

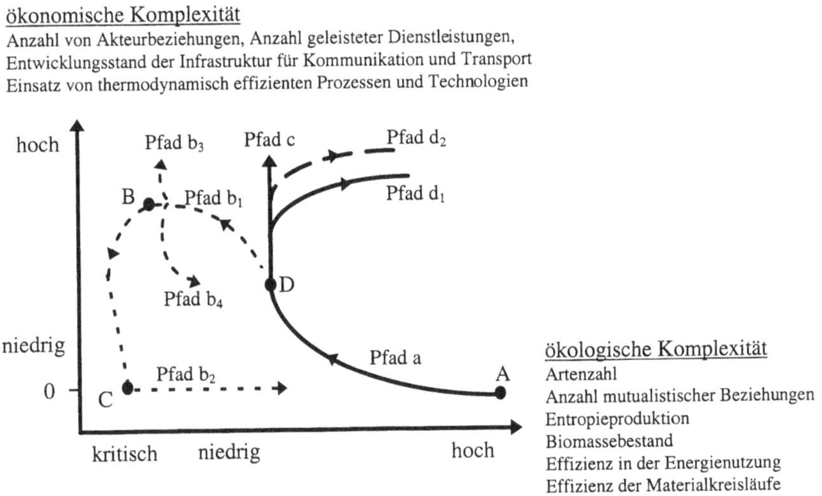

Mit ***Pfad c***, der eine Stabilisierung der ökologischen Komplexität bei zunehmender ökonomischer Entwicklung anzeigt, kann der Übergang zu einer ***streng nachhaltigen Entwicklung*** eingeleitet werden, der durch die möglichen ***Pfade d_1 und d_2*** dargestellt ist. Der Pfad c selbst befindet sich auf der Schwelle zwischen streng und schwach nachhaltiger Entwicklung. Die ökonomische Eingriffstiefe in die Natur wurde in diesem Fall in einer Weise stabilisiert, daß zwar keine weitere Degradierung der natürlichen Zusammenhänge stattfindet, doch auch nicht ausreichend Freiraum für eine natürliche Entwicklungslinie mit zunehmender Komplexität besteht. So könnten in jenem Fall beispielsweise Emissionsniveaus festgeschrieben worden sein, die zwar nicht eine Rückentwicklung von Ökosystemen in ihren Sukzessionsstadien bewirken, aber auch eine Weiterentwicklung nicht zulassen. Dementgegen werden auf den ***Pfaden d_1*** und ***d_2*** ökologische Entwicklungen mit einer Zunahme an Komplexität erreicht, nachdem eine gewisse Phase der ökologischen Stabilisierung auf Pfad c stattgefunden hat. Eine wesentliche Bedingung für ein Erreichen eines strengen Nachhaltigkeitspfades ist es, daß die ökonomische Eingriffstiefe in natürliche Zusammenhänge auf ein Niveau gebracht wird, das ökologische Weiterentwicklungen ermöglicht. Das kann z. B. durch Festlegung einer Obergrenze für ein ökonomisches Throughputniveau erreicht werden. Weitere Möglichkeiten zur Stärkung der Funktionsfähigkeit ökologischer Systeme bestehen darin, der Natur mehr Raum und irdische Fläche für evolutionäre und sukzessive Entwicklungen zuzugestehen oder aber den Belastungsdruck durch menschliche Eingriffe in natürlichen Systemen zu senken und damit den Selektionsdruck durch Menschen zu reduzieren. Auf diese Weise können ökonomische Streßfaktoren abgebaut und eine Kehrtwende für ökologische Entwicklung eingeleitet werden, die letztlich dazu führen, daß sich neue komplexe ökologische Beziehungen in Form vielfältiger Naturstrukturen herausbilden können.

Die gleichzeitige Zunahme von ökonomischer *und* ökologischer Komplexität auf einem der streng nachhaltigen Pfade d_1 oder d_2 erklärt sich aus der innovativen Herausbildung einer leistungsfähigeren Wirtschaftsstruktur im Umgang mit den vier natürlichen absoluten Knappheiten hinsichtlich der Grenzen in der mechanischen Naturveränderung sowie der Inanspruchnahme der Ressourcen- und der Senkenfunktionen. Die Frage, welche konkreten Komplexitätsniveaus das ökonomische und das ökologische System in ihrer koevolutionären Entwicklung auf einem Nachhaltigkeitspfad erreichen, ob also z. B. in der Abbildung 4.2 der ***Pfad c, d_1 oder d_2*** realisiert wird, ist nicht zuletzt davon abhängig, in welcher Weise und in welchem Ausmaß absolute Grenzen in der Naturnutzung gezogen und eingehalten werden und wie erfolgreich eine Transformation der Wirtschaftsstruktur vonstatten geht. Ethische und ästhetische Wertentscheidungen über die Frage, welchen Komplexitätsgrad die Natur besitzen soll, spielen in diesem Kontext ebenso eine bedeutsame Rolle.

Der Vorteil dieser Nachhaltigkeitskonzeption liegt darin begründet, daß den komplexen und interdependenten Beziehungen in der Ökonomie und in der Natur mehr Bedeutung zugesprochen wird. Die *Bestands*veränderungen von erneuerbaren und nicht-erneuerbaren Ressourcen verlieren ihren dominierenden Rang als Maße für Nachhaltigkeit, während die Komplexität der Beziehungen innerhalb der Natur, die letztlich für die ökonomischen Dienstleistungen der Prozeßressourcen verantwortlich sind, an Bedeutung gewinnt. Erneuerbare und nicht-erneuerbare Ressourcen haben zweifellos als ökonomische Ressourcen eine große Bedeutung für die Ökonomie, doch für eine Nachhaltigkeitsbetrachtung ist es nicht nur wichtig, wie hoch ihr Bestand und ihre Ausbeutungsrate ist, sondern auch, mit welchen Wirkungen auf die Komplexität der Natur die Nutzung dieser Ressourcen verbunden ist und mit wieviel Aufwand an Naturressourcen eine ökonomische Leistung erbracht werden kann. Aus dieser Perspektive ist auch weniger die konkrete Konstellation einer ökonomisch-ökologischen Entwicklung von Bedeutung, sondern vielmehr der Trend und die Richtung der Entwicklung.

Ein Nachteil dieser Sichtweise mag darin gesehen werden, daß nun nicht mehr nur übermäßige Emissionen, die Inanspruchnahme nicht-erneuerbarer Ressourcen und die Überausbeutung erneuerbarer Ressourcen gegen das Postulat einer strengen Nachhaltigkeit verstoßen, sondern überdies sämtliche anderen ökonomischen Aktivitäten, die ökologische Komplexität reduzieren. Damit wird eine Vielzahl von ökonomischen Tätigkeiten in den Status der Nicht-Nachhaltigkeit gedrängt, so u.a. sämtliche Bauvorhaben auf der „grünen Wiese", die den Raum für Naturgebiete beschneiden. Betroffen sind jedoch auch weniger einschneidende Aktivitäten, die ökologische Funktionen und ökologische Entwicklungspotentiale in bereits von Menschen okkupierten Räumen beeinträchtigen oder reduzieren. In diesem Kontext sei z. B. an die fortschreitende Bodenversiegelung in den Städten erinnert. Damit ergibt sich eine ähnliche Schlüsselfrage, wie sie zuvor bei der Formulierung der Regel für Quasi-Nachhaltigkeit im Mittelpunkt der Betrachtung stand. Sie lautet: Ist eine im Sinne dieser Ausführungen strenge

Nachhaltigkeit völlig unvereinbar mit ökonomischen Aktivitäten, die ökologische Komplexität reduzieren – oder gibt es Kompensationsmöglichkeiten? Es geht in diesem Fall nicht um Maßnahmen zur Gewährleistung der langfristigen Verfügbarkeit natürlicher Ressourcen, sondern um Möglichkeiten, die Komplexitätsbildung innerhalb der Natur zu stärken und damit die Funktionen der Prozeßressourcen trotz ökonomischer Eingriffe langfristig intaktzuhalten. Die Erörterung dieser Frage wird u. a. Gegenstand des nachfolgenden Kapitels 4.2 sein.

Zusammenfassend ist festzuhalten, daß das hier vorgestellte Konzept der strengen Nachhaltigkeit aus evolutionärer Perspektive postuliert, daß die teilweise von Menschen nicht genau bestimmbaren Makro-Grenzen hinsichtlich der natürlichen Ressourcenverfügbarkeit, der natürlichen Senkenfunktion *und* der begrenzten mechanischen Belastbarkeit von komplexen ökologischen Systemen in der Weise berücksichtigt werden, daß eine sukzessive und evolutionäre Weiterentwicklung von Arten und Ökosystemen möglich bleibt. In dieser Lesart sind zwar die Nachhaltigkeitsgrenzen nicht exakt bestimmbar, doch es verbleiben Möglichkeiten, den Trend der Entwicklung der komplexen ökonomischen und ökologischen Systeme zu beobachten und – im Falle mißlungener Grenzziehungen – Grenzanpassungen vorzunehmen.[19] Ein (ko-)evolutionärer ökonomischer Entwicklungspfad, der mindestens die Grundbedürfnisse der Menschen in Gegenwart und Zukunft befriedigt und gleichzeitig eine sukzessive und evolutionäre Weiterentwicklung ökologischer Systeme und Arten im Rahmen der Makro-Grenzen ermöglicht, kann in diesem Sinne als ein streng nachhaltiger Entwicklungspfad bezeichnet werden. Thermodynamische und ökologische Faktoren bilden somit im Zusammenspiel mit normativen Wertungen einen äußeren Makro-Rahmen für eine nachhaltige Entwicklung, während es von der evolutionären Anpassungsfähigkeit der beteiligten Akteure abhängt, welcher Pfad der Koevolution sich innerhalb jenes Rahmens letztlich vollzieht.

Aus der Sicht von Populationsökologen müßten die Menschen zur Realisierung einer nachhaltigen Entwicklung eine „K-Strategie“ einschlagen, wie das von Populationsökologen beobachtete (Makro-)Verhalten von Tier- und Pflanzenpopulationen genannt wird, wenn sich eine Population in ihrer Bevölkerungsgröße an den verfügbaren Lebensraum anpaßt und sich auf ihre Carrying Capacity einpendelt.[20] Derzeit befindet sich die Menschheit mit ihren wachstumsorientierten Ökonomien in den Begrifflichkeiten der Populationsökologen noch in der sehr unreifen Position der „r-Strategen“, die sich in thermodynamisch ineffizienter und schnellstmöglicher Weise über den gesamten irdischen Lebensraum verteilen, und die mit dem Risiko konfrontiert sind, im Verlauf der Evolution von effizienteren „K-Strategen“ verdrängt zu werden. Der große Vorteil des Menschen gegenüber allen anderen Arten ist jedoch sein Wissen und sein Bewußtsein über eigenes Handeln. Im Gegensatz zu anderen „r-Strategen“ ist der Mensch aufgrund seiner Fähigkeit zu bewußtem Handeln in der Lage, seine Strategie zu ändern, während die Strategie vieler anderer Arten genetisch festgelegt ist. Der weitere Erfolg des Menschen und seiner Wirtschaftsweise in der irdischen Evolution ist daher von seiner Fähigkeit abhängig, seinen Status in der Evolution zu erkennen, eine „K-Strategie“ mit Bezug auf die absoluten natürlichen Grenzen einzuschlagen und in dieser Weise das Überleben seiner Art durch die Trendwende hin zu einem strengen Nachhaltigkeitspfad zu sichern.[21]

---

19 Die Frage, inwieweit eine gleichzeitige Beachtung dieser drei Grenzen möglich und operationalisierbar ist, ist Gegenstand der folgenden Kapitel 4.2 und 4.3.

20 Vgl. dazu das Kapitel 3.1.2.

21 Der Biologe EUGENE P. ODUM schrieb schon 1969 zu der Perspektive der Spezies Mensch in der irdischen Evolution: *„A balance between youth and maturity in the socio-environmental system is [...] the really basic goal that must be achieved if man as a species is to successfully pass through the present rapid-growth stage, to which he is clearly well adapted, to the ultimate equilibrium-density stage, of which he as yet shows little understanding and to which he now shows little tendency to a dapt.“* Odum 1969: S. 269.

Aus dieser Perspektive handelt es sich bei der sogenannten „ökologischen Krise" weniger um ein Problem der Natur, sondern eher um eine Krise menschlicher Erkenntnis- und Anpassungsfähigkeit. Die absoluten Grenzen für ökonomische Expansion, die im Kapitel 3.2.3 aufgezeigt wurden, und die im nachfolgenden Kapitel noch genauer analysiert werden, haben die langfristige Überlebensfähigkeit und das Wohlergehen der Menschen zum Gegenstand und nicht das Überleben der Natur. Die extrem schnelle ökonomische Entwicklung bringt vielfältige Eingriffe in die Natur mit sich, und die langsame, aber äußerst gute Anpassungsfähigkeit der Natur mag letztlich dazu führen, daß die Lebensbedingungen auf der Erde für Menschen nicht mehr geeignet sind. Die hohe Geschwindigkeit, mit der Menschen agieren und Entwicklung vorantreiben, mag eine Chance darstellen, schnell auf wahrgenommene Rückkopplungseffekte zu reagieren und Strategien in Richtung Nachhaltigkeit zu entwickeln. Gleichzeitig bringt die hohe Geschwindigkeit aber auch vielfältige Gefahren mit sich. So werden in den sehr schnell aufeinander folgenden ökonomischen Zyklen immer neue Natureingriffe mit unvorhersehbaren langfristigen Auswirkungen durchgeführt, während die langsamen Prozesse innerhalb der Natur nicht oder kaum wahrgenommen werden. Schließlich mag die gewohnte Geschwindigkeit ökonomischer Prozesse als Barriere auftreten, die langsamen und kaum wahrnehmbaren Veränderungsprozesse der Natur überhaupt ernstzunehmen. In diesem Sinne erfordert eine Strategie der strengen Nachhaltigkeit auch, daß der Divergenz von natürlichen und ökonomischen Zeitskalen mehr Beachtung geschenkt wird. Geboten ist eine größere Sensibilität gegenüber den langsamen Prozessen natürlicher Zeitrhythmen. Gleichzeitig ist ökonomischen Prozessen mit sehr hohen Geschwindigkeiten eine erhöhte Skepsis entgegenzubringen, denn zu schnell verliert sich im Geschwindigkeitsrausch der Blick für Wesentliches.[22]

4.2 Der makroökonomische Rahmen für ein nachhaltiges Wirtschaften mit nicht-erneuerbaren Ressourcen (Ebene 1)

In diesem Unterkapitel wird unter Berücksichtigung der modifizierten Nachhaltigkeitsinterpretation des vorigen Kapitels der makroökonomische Rahmen für ein nachhaltiges Wirtschaften analysiert, wie er sich unter Berücksichtigung aller Naturbegrenzungen darstellt. Hauptziel ist es, den limitativen Charakter der absoluten Naturbegrenzungen näher zu bestimmen, die jeweilige Bedeutung dieser Grenzen hinsichtlich der materiellen und energetischen Nutzung von nicht-erneuerbaren Ressourcen zu spezifizieren und die Managementregeln für Nachhaltigkeit entsprechend zu präzisieren. Zum Abschluß des Kapitels folgen verschiedene Anmerkungen zu angemessenen Instrumenten und Indikatoren für strenge Nachhaltigkeit. Auf diese Weise wird ein nachhaltiger Scale als makroökonomischer Rahmen für ein Wirtschaften mit nicht-erneuerbaren Ressourcen abgesteckt. Die Analyse dieses Makrorahmens wird im weiteren Verlauf auch mit der Bezeichnung „Ebene 1" belegt, da der makroökonomische Kontext als hierarchisch oberste Analyseebene einer intertemporalen Ressourcennutzung anzusehen ist.

4.2.1 Der limitative Charakter absoluter Naturbegrenzungen

Ein wesentlicher Streitpunkt zwischen neoklassischen und ökologischen Ökonomen besteht hinsichtlich der Existenz von absoluten Naturgrenzen für ökonomische Entwicklung. In der Neoklassik wird zumeist die Position vertreten, daß natürliche Begrenzungen relativ sind und

22 Vgl. für eine gute Abhandlung der Bedeutung von Zeit und Geschwindigkeit in ökonomisch-ökologischen Prozessen Held/Geißler (Hg.) 1993 und 1995. Für eine bemerkenswerte Einführung in die Sichtweise der Langsamkeit sei desweiteren auf den außergewöhnlichen Roman „Die Entdeckung der Langsamkeit" von Sten Nadolny (1983) hingewiesen.

durch menschlichen Erfindungsgeist überwunden werden können, während ökologische Ökonomen den Standpunkt vertreten, daß der menschliche Einfallsreichtum durch die Verfügbarkeit von niedrig-entropischer Materie und Energie begrenzt wird. Mit Bezug auf diese kontroverse Diskussion wird an dieser Stelle analysiert, ob und in welcher Weise die natürlichen Begrenzungen einen limitativen Charakter für ökonomische Entwicklung aufweisen.

Untersucht werden drei Naturbegrenzungen: die Verfügbarkeit an natürlichen Ressourcen, die natürlichen Senkenkapazitäten und die mechanische Belastbarkeit der Natur. Das Ausmaß der Inanspruchnahme natürlicher Ressourcen, natürlicher Senken und natürlichen Raums durch die ökonomischen Akteure einer Volkswirtschaft wird an dieser Stelle als Scale bezeichnet. Im Gegensatz zu DALY, der Scale mit dem physischen Throughputniveau einer Ökonomie gleichsetzt, wird hier zusätzlich der Naturraum und seine Belastung durch ökonomische Aktivitäten einbezogen. Mit Bezug auf Abbildung 3.5 in Kapitel 3.2.3 (S. 187) ist der ökonomische Scale nicht nur durch den Stoffwechselprozeß der Ökonomie mit der Natur charakterisiert, sondern zusätzlich durch die ökonomische Raumbesetzung und die dadurch entstehende Naturbelastung, wie sie durch die dunkel schraffierte Fläche der Ökonomie in der Abbildung 3.5 auf Seite 190 angedeutet wird.

Ein nachhaltiger Scale ist eine dauerhafte Inanspruchnahme von natürlichen Ressourcen, Senken und Raum, die langfristig beibehalten werden kann, ohne die Existenzbedingungen der Menschen zu beeinträchtigen. Die Bedingungen für einen nachhaltigen Scale sind in den Managementregeln für Nachhaltigkeit festgelegt. Die nachfolgende Untersuchung der drei absoluten Naturbegrenzungen wird in einem ersten Schritt die jeweiligen natürlichen Grenzen für ökonomisches Handeln aufzeigen. In diesem Kontext werden die Managementregeln für Nachhaltigkeit hinsichtlich ihrer inhaltlichen Angemessenheit beleuchtet und, soweit erforderlich, ergänzt oder präzisiert.

In einem zweiten Schritt wird für jede Naturbegrenzung untersucht, inwiefern die Einhaltung der Nachhaltigkeitsbedingungen ökonomische Entwicklung beeinträchtigt bzw. wie sich die Nichteinhaltung der Bedingungen auswirkt. Der limitative Charakter der Naturbegrenzungen wird letztlich mittels verschiedener ökonomischer Parameter untersucht. Diskutiert werden die langfristigen Auswirkungen einer nachhaltigen Wirtschaftsweise in bezug auf physisches Wachstum, Wohlfahrtsindikatoren (Sozialprodukt), menschlichen Lebensstandard und das Überleben der Menschheit. Die Bedeutung der nicht-erneuerbaren Ressourcen im Kontext der einzelnen Naturbegrenzungen wird jeweils besonders hervorgehoben, um die makroökonomischen Implikationen der Ebene 1 einer materiellen intertemporalen Nutzung nicht-erneuerbarer Ressourcen herauszuarbeiten.

4.2.1.1 Begrenzte Ressourcenverfügbarkeit

Natürliche Ressourcen sind unverzichtbare ökonomische Inputs, da sie die für die Produktion notwendige niedrig-entropische Energie und Materie liefern. Damit fällt den natürlichen erneuerbaren und nicht-erneuerbaren Ressourcen eine grundlegende Bedeutung zu, da sie die materielle und energetische Ressourcenbasis für jede Volkswirtschaft bilden. Wie in Kapitel 3.3.3.1 ausgeführt, sind die natürlichen Ressourcen nicht in unbegrenzter Menge verfügbar, sondern entweder nur als begrenzter, verschleißbarer und nicht-erneuerbarer Bestand vorhanden oder als erneuerbarer Ressourcenstrom mit begrenzter Reproduktionsfähigkeit. Trotz ihrer unterschiedlichen Merkmale weisen sowohl erneuerbare als auch nicht-erneuerbare Ressourcen energetische und materielle Ressourcennutzungspotentiale auf und sind daher bezüglich ihrer allgemeinen Ressourcenfunktion zumindestens potentielle Substitute füreinander. Als nicht-substituierbar muß hingegen die Produktionsfunktion i. e. S., d. h. die Bereitstellung von nachwachsender Biomasse als Nahrungsgrundlage, eingestuft werden.

Für eine Analyse der begrenzten Verfügbarkeit von natürlichen Ressourcen ist es notwendig, sowohl erneuerbare als auch nicht-erneuerbare Ressourcen zu berücksichtigen und sie explizit getrennt zu behandeln. Nur so lassen sich Art und Ausmaß der Begrenzungen erfassen, die von den beiden Ressourcenarten ausgehen, und nur so sind die Bedingungen für ein nachhaltiges Niveau ihrer Nutzung bzw. für einen nachhaltigen Scale hinsichtlich der Ressourcenfunktion formulierbar.

Nicht in allen makroökonomischen Analysen werden natürliche Ressourcen in dieser Weise einbezogen. So werden beispielsweise in der neoklassischen Wachstumstheorie natürliche Ressourcen zumeist nur in Form nicht-erneuerbarer Ressourcen berücksichtigt – soweit natürliche Ressourcen überhaupt Beachtung finden. Auch GEORGESCU-ROEGEN unterscheidet nicht in jedem Fall konsequent zwischen erneuerbaren und nicht-erneuerbaren Ressourcen, insbesondere dann nicht, wenn er die Endlichkeit der menschlichen Existenz mit der Formel ($S = r \cdot t$) demonstriert.[23] Diese „Überlebenszeitformel“ von GEORGESCU-ROEGEN, die übrigens auch im neoklassischen Rahmen zu finden ist (vgl. Gleichung 18 in Kapitel 2.2.2.1), ermöglicht unter den vereinfachenden Annahmen eines konstanten Ressourcenverbrauchs ohne Recycling und konstanter Bevölkerungsgröße eine grobe Abschätzung der Überlebenszeit der Menschheit *für den Fall*, daß die betrachtete Ressource nicht-erneuerbar, lebensnotwendig und unersetzbar ist. Da das *pure* Überleben der Menschheit nicht unbedingt von der Nutzung nicht-erneuerbarer Ressourcen abhängt und die genannte Formel auf erneuerbare Ressourcen nicht anwendbar ist, handelt es sich hierbei lediglich um ein theoretisches Gedankenspiel ohne großen Realitätsbezug. Realistisch betrachtet gibt die Formel lediglich Auskunft darüber, in welcher Zeit ein nicht-erneuerbarer *primärer* Ressourcenbestand unter ceteris-paribus-Bedingungen erschöpft ist.

Nachfolgend wird eine etwas differenziertere Analyse der intertemporal limitativen ökonomischen Wirkungen von begrenzt verfügbaren erneuerbaren und nicht-erneuerbaren Ressourcen vorgestellt. Zuerst werden Art und Umfang der Ressourcenverfügbarkeit spezifiziert, um danach zu analysieren, welche Muster einer intertemporalen Ressourcennutzung mit der bestehenden Ressourcenausstattung vereinbar sind und welche nicht.

Begonnen sei mit den **nicht-erneuerbaren Ressourcen**. Der gesamte *potentielle Ressourcenbestand* an energetisch und materiell-nutzbaren nicht-erneuerbaren Ressourcen in einer Periode t wird hier mit R_t bezeichnet. Diese Größe umfaßt die Gesamtmenge aller irdischen nicht-erneuerbaren Ressourcen mit niedriger Entropie der Periode t, die jemals durch Menschen genutzt werden kann. Die Besonderheit des Konzepts eines *potentiellen* Ressourcenbestandes besteht darin, daß diese Größe von keinem Menschen in keiner Generation bestimmt werden kann, da Informationen über die technischen Errungenschaften der Zukunft niemals vorliegen werden. Im Fall der nicht-erneuerbaren Ressourcen ist es stets ungewiß, welche Ressourcenkonzentrationen in Zukunft aufgrund technischen Fortschritts ökonomisch ausgebeutet werden können. Als sicher wird hingegen unterstellt, daß eine thermodynamische Obergrenze existiert, die die Ausbeutung infinitesimal kleiner Konzentrationen unmöglich macht. Die ökonomische Gesamtkapazität der Ausbeutung von nicht-erneuerbaren Ressourcen in einer Periode wird r_t genannt und sie zeigt die maximal verfügbare Menge an *primären* nicht-erneuerbaren Ressourcen an, die in t zur Verfügung steht, wenn keine Lagerbestände vorhanden sind. Wenn diese Kapazität konstant bleibt und in jeder Periode voll ausgeschöpft wird,

23 Vgl. die Kapitel 2.2.2.1 (Neoklassik) und Kapitel 3.3.3.1 (GEORGESCU-ROEGEN). S steht hier für den gesamten Ressourcenbestand und r für die Menge der jährlichen Ressourcenausbeutung.

dann ist die Anzahl der Jahre, in denen die potentiellen primären Ressourcenbestände erschöpfen, gleich dem Quotienten aus R_t und r_t. Bei einer wachsenden Kapazität tritt der Erschöpfungszeitpunkt entsprechend früher, bei einer Kapazitätsunterauslastung entsprechend später ein. Wenn der Zeitpunkt der primären Ressourcenerschöpfung erreicht ist, kann der in der Ökonomie kumulierte physische Bestand an nicht-erneuerbaren Ressourcen in Form von Kapital und Gütern nicht mehr zunehmen, sondern er sinkt unausweichlich mit der Rate des nicht-recycelbaren dispersionsbedingten Ressourcenverschleißes.[24]

Grundsätzlich anders sieht die Ressourcenverfügbarkeit von **erneuerbaren Ressourcen** aus. Im Kapitel 3.3.3.1 wurde unterschieden zwischen lebendigen erneuerbaren Ressourcen und nichtmateriellen erneuerbaren Kräften, die durch die Sonneneinstrahlung entstehen. Diese beiden Ressourcenarten werden hier getrennt behandelt.

Mit *nichtmateriellen erneuerbaren Kräften* ist insbesondere die direkte Sonneneinstrahlung gemeint, aber auch diejenigen indirekten Kräfte, die sich als Resultat der Sonneneinstrahlung ergeben, wie z. B. die Wind- und Wasserbewegungen. Diese Sonneneinstrahlungskräfte weisen den Charakter von Fund-Produktionsfaktoren auf, da sie nur in Abhängigkeit von natürlichen Zeitrhythmen genutzt werden können. Das gesamte von Menschen und Pflanzen in einer Periode t nutzbare Potential dieser „Sonnenkräfte" wird mit ε_t bezeichnet.[25] Auch hier deutet der Begriff Potential an, daß die Gesamtenergiemenge der Sonneneinstrahlung einer Periode t gemeint ist, die jemals von Menschen nutzbar sein wird. Die absolute thermodynamische Obergrenze ist in diesem Fall vorgegeben durch den Energiewert der irdischen Sonneneinstrahlung.

Es ist bereits erwähnt worden, daß die Sonneneinstrahlung keine konstante Größe ist, sondern abhängt vom materiellen „Bestand" der Sonne, der mit *So* bezeichnet wird. Die Sonne befindet sich in einem Fusionsprozeß materieller Auflösung und mit ihrer Masse sinkt auch die Strahlung, die die Erde erreicht. Die Schrumpfungsrate der irdischen Sonneneinstrahlung wird hier mit q_t^{So} umschrieben. Es ist jedoch anzumerken, daß der materielle Schrumpfungsprozeß der Sonne extrem langsam vonstatten geht. Während ihrer bis heute etwa 4 Milliarden Jahre umfassenden Existenzzeit verlor die Sonne nicht einmal ein Zehntausendstel ihrer Masse, obwohl sie pro Sekunde 4,5 Millionen Tonnen an Materie durch Fusion verliert.[26] Da dieser Schrumpfungsprozeß der Sonne auf der Erde kaum wahrnehmbar ist, wird die irdische Sonneneinstrahlung üblicherweise als konstant gesetzt und die Sonne als unerschöpfliche Energiequelle aufgefaßt. Der Aspekt der Massenschrumpfung der Sonne wird hier trotzdem erwähnt, um darauf hinzuweisen, daß es für Leben auf der Erde keinen unbegrenzten Zeithorizont gibt

24 An dieser Stelle wird die Annahme von GEORGESCU-ROEGEN und DALY zugrundegelegt, daß nicht-erneuerbare Materie durch ökonomische Nutzung sukzessive verschleißt und ein hundertprozentiges Recycling entweder aus thermodynamischen oder aus ökonomischen Gründen nicht realisierbar ist. Vgl. dazu Kapitel 3.2.2.1 und 3.3.3.1. Gleichzeitig soll aber betont werden, daß das postulierte 4. thermodynamische Gesetz von GEORGESCU-ROEGEN in diesem Kontext *nicht* anerkannt wird. Zwischen einer Verschleißannahme und dem 4. thermodynamischen Gesetz, das einen naturgesetzlichen, unabwendbaren Dispersionsprozeß von Materie feststellt, existiert ein großer Unterschied. Während die Gültigkeit des Entropiegesetzes für sämtliche natürliche Prozesse für Energie empirisch nachweisbar ist, existieren in der Natur aufgrund des Wirkens verschiedenster Kräfte Prozesse der Materialkonzentration (wie z. B. die Bildung neuer Sterne oder die Entstehung von fossilen Ressourcen aus totem organischen Material), die mit einem „materiellen Entropiegesetz" nicht vereinbar sind. Als Begründung für die hier unterstellte Annahme soll ausreichen, daß bisher weder ein ökonomischer Prozeß ohne materiellen Verschleiß beobachtet, noch eine 100%ige Recyclingquote auch nur annähernd realisiert werden konnte.

25 Die Einbeziehung der Pflanzen ist hier notwendig, da sie die direkte Sonnenkraft produktiv umsetzen und mit ihrer Hilfe Biomasse produzieren, die von Menschen wiederum als indirekte Form der Sonneneinstrahlung genutzt wird.

26 Vgl. von Ditfurth 1985: S. 23.

und der maximale endliche Horizont – z. B. für eine Nachhaltigkeitsbetrachtung – durch die Existenzzeit der Sonne vorgegeben ist, die noch etwa 4-5 Milliarden Jahre überdauern wird. Daher werden hier die potentiell ökonomisch verfügbaren energetischen Kräfte der Sonne einer Periode *t* als Funktion der Masse der Sonne charakterisiert: $\varepsilon_t(So)$.

Mit *lebendigen erneuerbaren Ressourcen* sind alle organischen Lebensformen und die ihnen eigenen Kräfte gemeint, die von Menschen genutzt werden können. Auf der einen Seite gehört die *potentiell* materiell und energetisch nutz- und verfügbare *pflanzliche und tierische Biomasse* dazu, deren Bestand in bezug auf eine Periode *t* mit BM_t umschrieben wird. Erneut bedeutet *potentiell* in diesem Zusammenhang, daß das tatsächliche Ausmaß des nutzbaren Biomassebestandes auf der Erde nicht vollständig bekannt ist, aber gleichzeitig aufgrund der begrenzten Erdoberfläche und der begrenzten Nährstoffverfügbarkeit eine mengenmäßige Begrenzung für den irdischen Biomassebestand existiert.

Biomasse entsteht als Resultat der Photosynthese durch Grünpflanzen. Die Photosynthese ist eine typische Assimilationsfunktion der Natur und sie besteht darin, daß durch die Blattflächen der Pflanzen CO_2 und Bodennährstoffe unter Sonneneinstrahlung in Biomasse und Sauerstoff umgewandelt werden. Die allgemeine Leistung der Photosynthese einer Pflanze wird durch die sogenannte *Nettoassimilationsrate* (NAR) ausgedrückt, die angibt, wieviel Gramm Trockensubstanz Biomasse pro Quadratmeter Blattfläche und Tag nachwachsen. Die NAR-Werte sind von Pflanze zu Pflanze sehr unterschiedlich und, wie abzulesen aus Tabelle 4.1, beträgt z. B. der NAR-Wert von Gerste 4,4 g pro Quadratmeter Blattfläche und Tag, während der Wert für Kartoffeln beinahe doppelt so hoch und der NAR-Wert für Reis mehr als sechs mal so hoch ist. Die NAR-Leistung einer Pflanze ist neben der internen Pflanzenstruktur abhängig von diversen exogenen Faktoren. So sind u. a. das Ausmaß und die Intensität der Sonneneinstrahlung, die Temperatur, die Fruchtbarkeit des Bodens und die CO_2-Konzentration in der Luft wesentliche Faktoren, die begünstigend auf die NAR-Werte der Photosynthese einwirken können.[27]

Tabelle 4.1: Ausgewählte Photosynthesewerte und Effizienz in der Nutzung

	NAR-Wert (g Trockenbiomasse/ m² Blattfläche u. Tag)	LAI-Index (m² Blattfläche/ m² Boden)	Nettozuwachs (g Trockenbiomasse/ m² Boden und Tag)	Ernteindex (Anteil des Erntegutes an Pflanzenmasse)	genutzter Nettozuwachs (g Biomasse / m² Boden und Tag)
Gerste	4,4	3,7	16,3	40%	6,5
Kartoffel	8,4	3,4	28,6	80-90%	23-26
Reis	30,2	5 – 8	151 - 241	39-56%	59-135
Buche		5,5			
Regenwald		12			

Quelle: Hoffmann 1987: S. 183, 231, 233.

27 Vgl. zu den exogenen Faktoren der Photosynthese: Hoffmann 1987: S. 171-210.

Um die Photosyntheseleistung auf eine Bodenfläche (Bo) zu beziehen, ist weiterhin der sogenannte *Blattflächenindex* (leaf area index, LAI) zu berücksichtigen, der ausdrückt, wieviel Blattfläche auf einen Quadratmeter Boden entfällt. Auch dieser Wert ist in Abhängigkeit von der Komplexität der Pflanzenstruktur für verschiedene Pflanzen und Ökosysteme sehr unterschiedlich (vgl. Tabelle 4.1).[28] Auch hier weist Reis einen nahezu doppelt so hohen Wert wie Gerste oder Kartoffeln auf und ist sogar vergleichbar mit der Buche. Zur Illustration ist in der Tabelle 4.1 auch ein LAI-Wert für einen Regenwald angeführt, der deutlich höher ist als die Werte für die Nutzpflanzen.

Der *Nettozuwachs der Pflanzenbiomasse* (in Gramm Trockensubstanz pro Quadratmeter Boden und Tag) wird ermittelt aus der Multiplikation von NAR- und LAI-Wert.[29] Daraus ergibt sich z. B. im Vergleich Gerste und Reis, daß die etwa sechsmal so hohe Photosyntheseleistung pro Blattfläche und die etwa doppelt so hohe Pflanzenstruktur pro Bodenfläche einen annähernd zwölfmal so hohen Nettozuwachs bei Reis erbringt. Als weiterer wichtiger Aspekt ist letztlich zu beachten, wieviel Biomasse einer angebauten Nutzpflanze ökonomisch hochwertig nutzbar ist, wie es in Prozentanteilen durch den sogenannten *Ernteindex* ausgedrückt wird. Wie aus Tabelle 4.1 abzulesen ist, zeigen sich auch hier große Unterschiede. So machen z. B. die geernteten Gerstekörner 40% der Biomasse der Gerstenpflanze aus, während sich bei den Kartoffelpflanzen mehr als 80% der Biomasse in den hochwertigen Knollen ansammelt. Die Entscheidung darüber, inwieweit ein gegenwärtig realisierbares Biomassepotential von fruchtbaren Ackerböden ausgeschöpft wird, fällt also schon bei der Wahl einer Nutzpflanze aufgrund der NAR- und LAI-Werte und des Ernte-Indizes. Die weiteren, in der Gegenwart noch unbekannten, Biomassepotentiale der Zukunft hängen davon ab, ob und in welchem Ausmaß diese drei Werte durch technischen Fortschritt und Entdeckung oder Züchtung produktiverer Nutzpflanzenarten erhöht werden können.[30]

Nach diesen Ausführungen läßt sich feststellen, daß der Biomassebestand einer Periode *t* abhängt von dem verfügbaren Boden der Vorperiode, der Komplexitätsstruktur und der Biomassemenge seines Bewuchses in der Vorperiode sowie der Sonneneinstrahlung und der Photosyntheseleistung der Vorperiode. Soll jedoch für einen Zeitpunkt *t* der Biomassebestand ohne Berücksichtigung der Vorperiode ermittelt werden, so läßt sich BM_t als Produkt der bewachsenen Bodenfläche (Bo_t) und der Biomassemenge pro Flächeneinheit Boden in *t* beschreiben. Der letztgenannte Term wird hier als Funktion des Blattflächenindizes mit (a • LAI) umschrieben, wobei *a* ein Umrechnungskoeffizient ist, der die Umrechnung von *Blattfläche pro m² Boden* auf *Biomasse pro Bodenfläche* ermöglicht. Formal ausgedrückt gilt:

$$BM_t = Bo_t \cdot a \cdot LAI_t \qquad (44)$$

Die gesamte Nettoprimärproduktion einer Periode *t* (NPP_t) ergibt sich aus dem Nettozuwachs pro Quadratmeter und Tag multipliziert mit der verfügbaren fruchtbaren Bodenfläche und der Zeit ($NPP_t = LAI_t \cdot NAR_t \cdot Bo_t \cdot t$). Die natürliche Wachstumsrate der Biomasse einer Periode mit *t* Tagen (q_t^{BM}) läßt sich schließlich aus den Größen für Nettozuwachs, Biomassebestand pro Quadratmeter und Zeit ermitteln, wie formal gezeigt in Formel (45).[31]

---

28 Vgl. Hoffmann 1987: S. 182-183.

29 Vgl. Hoffmann 1987: S. 233.

30 Nachwachsende von Menschen genutzte Biomasse in Gestalt von Tieren wird hier nicht gesondert behandelt. Sie wird vielmehr als sekundäre Nutzungsform pflanzlicher Biomasse betrachtet.

31 Vgl. Hoffmann 1987: S. 232-233.

$$(45)\qquad q_t^{BM} = \frac{\dfrac{\text{Nettozuwachs Biomasse in t}}{\text{m}^2\text{Bo}\cdot\text{Tag}}}{\dfrac{\text{Biomassebestand in t}}{\text{m}^2\,\text{Bo}}}\cdot \text{t Tage} = \frac{NAR_t \cdot LAI_t}{\dfrac{BM_t}{\text{m}^2\,\text{Bo}}}\cdot t = \frac{NPP_t}{BM_t}$$

Neben der Biomasse können auf der anderen Seite die *energetischen Kräfte* von Tieren zu den lebendigen erneuerbaren Ressourcen gezählt werden. Auch die menschliche Arbeitskraft weist verschiedene Merkmale auf, die eine Eingruppierung in der Kategorie der lebendigen erneuerbaren Ressourcen rechtfertigt: Menschliche Arbeitskraft ist ein Fundfaktor, der nur in Abhängigkeit von Regenerationszyklen dauerhaft nutzbar ist, der lebendig ist, und der sich reproduziert – so wie pflanzliche Biomassebestände und Arbeitstiere auch. Die Besonderheit der menschlichen Arbeitskraft liegt jedoch in ihren kreativen Fähigkeiten begründet, die nicht als rein energetische Inputs interpretierbar sind. Trotz dieses Unterschiedes wird menschliche Arbeitskraft an dieser Stelle als besondere Erscheinungsform in der Kategorie der erneuerbaren Ressourcen behandelt.

Die *potentiell* verfügbare Arbeitsleistung von Menschen in einer Periode *t* sei mit L_t und die der Tiere mit J_t bezeichnet. Unter Arbeitsleistung in einer Periode *t* wird hier das Produkt aus Anzahl der Arbeitskräfte in *t* (AK_t), Arbeitszeit (h_t) und Arbeitsproduktivitätskoeffizient in t (χ_t) verstanden. Die potentielle menschliche Arbeitsleistung einer Periode *t* ergibt sich unter der vereinfachenden Annahme, daß die Anzahl der menschlichen Arbeitskräfte gleich der menschlichen Bevölkerung (BV) ist, aus der Gleichung: $L_t = BV_t \bullet h_t^L \bullet \chi_t^L$. Während die Bevölkerungsgröße und die gesellschaftliche Arbeitszeit als bekannte Größen gelten können, stecken die unbekannten Potentiale der menschlichen Arbeitskraft in der Arbeitsproduktivität, die z. B. durch verbesserte Nutzung von menschlicher Kraft, Kreativität und Intelligenz in Zukunft gesteigert werden kann. Durch Bevölkerungswachstum wird die potentielle menschliche Arbeitsleistung einer Ökonomie intertemporal erhöht. Die Nettowachstumsrate der Bevölkerung in einer Periode *t* wird mit q_t^{BV} bezeichnet, und sie ist u. a. abhängig von der Nahrungsverfügbarkeit in *t*. Da mit wachsender Bevölkerung die potentielle Biomasseverfügbarkeit pro Kopf sinkt, wird im Trend unterstellt, daß die Rate des Bevölkerungswachstums q_t^{BV} in der Zeit gegen Null sinkt. Der Verzehr von Biomasse als menschliche Nahrung wird in der Weise einbezogen, daß eine Rate γ_t^{BV} existiert, die den Biomassebestand reduziert. Die weitere Tatsache, daß Boden, auf dem potentiell nutzbare Biomasse wachsen könnte, aufgrund menschlicher Ansiedlungen nicht für Biomasseproduktion zur Verfügung steht, ist durch eine Biomassereduzierungsrate durch Siedlungen, γ_t^{Si}, berücksichtigt.

Die potentielle tierische Arbeitsleistung, die als rein mechanische Arbeit zu verstehen ist, ergibt sich analog zur menschlichen Arbeit aus der Gleichung: $J_t = AK_t^J \bullet h_t^J \bullet \chi_t^J$. Die unbekannten tierischen Arbeitsleistungspotentiale bestehen hauptsächlich in der tierischen Produktivität (χ_t^J), die z. B. durch Züchtungserfolge in der Zukunft gesteigert werden kann, und in der Anzahl der potentiellen tierischen Arbeitskräfte (AK_t^J), da bestimmte nutzbare Arbeitstiere der Zukunft in der Gegenwart noch nicht bekannt sind. Die Nettowachstumsrate der Arbeitstierpopulation wird mit q_t^J umschrieben und auch diese tendiert in langer Zeitfrist gegen Null. Der Verzehr von Biomasse als Nahrung für Arbeitstiere wird mit der biomassereduzierenden Rate γ_t^J berücksichtigt.

Mit Hilfe dieser Spezifizierungen läßt sich die gesamte potentielle Ausstattung mit natürlichen Ressourcen (S) in einer beliebigen Ausgangssituation 0 wie folgt formal darstellen:

(46)

$$S_0 = R_0 \oplus \varepsilon_0 \oplus BM_0 \oplus L_0 \oplus J_0 \qquad \text{bzw.}$$

$$S_0 = R_0 \oplus \varepsilon_0(So) \oplus (Bo_0 \cdot a \cdot LAI_0) \oplus (BV_0 \cdot h_0^L \cdot \chi_0^L) \oplus (AK_0^J \cdot h_0^J \cdot \chi_0^L)$$

Auffällig ist an dieser Stelle bereits, daß vier Arten von erneuerbaren Ressourcen zu unterscheiden sind (ε, BM, L, J), während nicht-erneuerbare Ressourcen in *einer* Form dargestellt werden können (R). Die eingekreisten Additionszeichen bedeuten, daß die durch sie verknüpften Elemente einen Bestand an heterogenen und daher nicht aufaddierbaren Größen bilden. Die nachfolgende Gleichung (47) zeigt nun an, wie sich die gesamte Ressourcenausstattung in einer beliebigen Periode t_1 mit bezug auf die Ausgangsperiode 0 für den hypothetischen Fall darstellt, daß in der Zeitspanne von 0 bis t_1 außer dem Verzehr von Nahrung ***keine ökonomische Ressourcennutzung*** stattfand.

(47)

$$S_{t_1} = R_0 \oplus \varepsilon_0(1-q^{So})^{t_1} \oplus BM_0(1+q^{BM}-\gamma^{BV}-\gamma^{Si}-\gamma^J)^{t_1} \oplus [h^L \cdot \chi^L \cdot (BV_0 \cdot (1+q^{BV})^{t_1}] \oplus [h^J \cdot \chi^J \cdot (AK_0^J \cdot (1+q^J)^{t_1}]$$

Aus Vereinfachungsgründen sind alle Veränderungsraten *q und* γ als konstant angenommen und daher ohne Zeitindex abgebildet. Es wird deutlich, daß im Verlauf der natürlichen Entwicklung der Bestand an nicht-erneuerbaren Ressourcen gleichgeblieben ist[32], während die Kräfte der Sonneneinstrahlung geringfügig abgenommen haben. Der Biomassebestand ist mit der natürlichen Rate gewachsen und wurde gleichzeitig reduziert aufgrund der Bodennutzung durch menschliche Siedlungen und durch nahrungsbedingten Biomasseverzehr von Menschen und Tieren. Schließlich sind die potentiell verfügbaren Arbeitsleistungen aufgrund natürlicher Reproduktion von Mensch und Tier angestiegen.

Nun läßt sich analysieren, wie sich die potentielle Gesamtressourcenausstattung intertemporal entwickelt, wenn alle Ressourcen ökonomisch genutzt werden. Für die Nutzung der nicht-erneuerbaren Ressourcen wird unterstellt, daß in einer Periode *t* eine Ressourcenmenge ausgebeutet wird, die der Gesamtausbeutungskapazität r_t entspricht. Hinsichtlich der kontrollierten Nutzung nachwachsender Biomasse wird angenommen, daß aufgrund diverser landwirtschaftlicher Eingriffe (Pflügen, Düngen, Pflanzenschutz etc.) die natürliche Biomassewachstumsrate um eine Rate γ^{BM} gesteigert werden kann. Die potentielle Sonneneinstrahlung wird mit einer Rate ρ_t^{ε} genutzt, wobei unterstellt wird, daß die Nutzung solarer Kräfte Fläche benötigt, die damit nicht mehr für die natürliche Biomasseproduktion zur Verfügung steht. Daher wird angenommen, daß das Biomassewachstum in funktionaler Abhängigkeit von der Veränderung der Solarnutzungsrate ρ_t^{ε} mit einer Rate γ_t^{ε} beeinträchtigt wird. In gleicher Weise benötigen auch andere Formen ökonomischer Aktivität, die weder Biomasseherstellung noch Solarnutzung zum Ziel haben, gewerblichen Raum, der der Biomasseproduktion entzogen wird. Daher wird unterstellt, daß die sonstige ökonomische Raumnutzung die Biomasseproduktion mit der Rate $\gamma^{ök}$ reduziert. Hinsichtlich der Biomasseverwendung wird weiterhin angenommen, daß zusätzlich zur nahrungsbezogenen Nutzung weitere energetische und materielle Formen der Biomassenutzung hinzukommen, die den Biomassezuwachs mit einer Rate $\gamma_t^{M/En}$ reduzieren. Unter der vereinfachenden Annahme, daß alle Raten für ρ und γ konstant sind, ergibt sich eine

32 An dieser Stelle macht es sich bemerkbar, daß das 4. thermodynamische Gesetz von GEORGESCU-ROEGEN – also eine natürliche Tendenz materieller Dispersion – nicht unterstellt wird. Daher bleibt der Bestand niedrigentropischer Materie hier konstant.

Gesamtressourcenausstattung in t_1 gemäß Gleichung 48a:

$$(48a)\quad S_{t_1} = (R_0 - \sum_{t=0}^{t_1} r_t) \oplus \varepsilon_0(1-q^{So})^{t_1} \oplus BM_0 \cdot (1+q^{BM}+\gamma^{BM}-\gamma^{BV}-\gamma^{Si}-\gamma^{J}-\gamma^{ök}-\gamma^{M/En}-\gamma^{\varepsilon})^{t_1}$$

$$\oplus[(BV_0 \cdot (1+q^{BV})^{t_1}] \oplus [h^J \cdot \chi^J \cdot (AK_0^J \cdot (1+q^J)^{t_1}]$$

Um die Unterschiede zwischen den Gleichungen 47 und 48a besser herauszustellen, werden in Gleichung 48b diejenigen Terme, die in beiden Gleichungen gleich sind, in vereinfachter Form aufgeführt. Es ergibt sich:

$$(48b)\quad S_{t_1} = (R_0 - \sum_{t=0}^{t_1} r_t) \oplus BM_0 \cdot (1+q^{BM}+\gamma^{BM}-\gamma^{BV}-\gamma^{Si}-\gamma^{J}-\gamma^{ök}-\gamma^{M/En}-\gamma^{\varepsilon})^{t_1} \oplus \varepsilon_{t_1} \oplus L_{t_1} \oplus J_{t_1}$$

Der Bestand an nicht-erneuerbaren Ressourcen hat sich aufgrund der ökonomischen Nutzung mit der jeweiligen periodischen Ressourcennutzungsmenge r_t reduziert. Die Ressourcenarten der drei letzten Summanden in Gleichung 48b sind in ihrer potentiellen Verfügbarkeit völlig unabhängig davon, ob sie als Ressourcen ökonomisch genutzt werden oder nicht. Sonneneinstrahlung findet unabhängig von ökonomischer Nutzung statt und auch *potentiell* verfügbare tierische und menschliche Arbeitskräfte können ein Dasein fristen, ohne ökonomisch genutzt zu werden. Das heißt jedoch nicht, daß ihre ökonomische Nutzung vollständig unabhängig von der Gesamtressourcenverfügbarkeit S ist, denn für die ökonomische Verwendung aller drei Ressourcenarten ist Raum notwendig, in dem sie gewerblich genutzt werden, und dieser Raum vermindert die verfügbare Fläche für die Biomasseproduktion, wodurch der Biomassebestand in Höhe der Raten γ^{ε} und $\gamma^{ök}$ reduziert wird. Schließlich wird der Biomassebestand durch landwirtschaftliche Eingriffe zur Erhöhung des biologischen Wachstums gesteigert (γ^{BM}), während die Biomasseverwendung als materieller Werkstoff [33] oder als Brennmaterial in Höhe der Rate $\gamma^{M/En}$ reduzierend auf den Biomassebestand wirkt. Der Biomassebestand in t_1 ist also von einer Vielzahl von Nutzungsformen und ihrer jeweiligen Ausprägungen im Zeitverlauf abhängig.

Die aus einer Nachhaltigkeitsperspektive interessante Frage in bezug auf Gleichung 48b ist nun, welche Formen ökonomischer Ressourcennutzung mit der oben beschriebenen potentiellen Ressourcenausstattung in bezug auf eine sehr lange Zeitfrist vereinbar sind. Hinsichtlich der nicht-erneuerbaren Ressourcen ist diesbezüglich festzustellen, daß jede Form der kontinuierlichen Nutzung zu einer unvermeidbaren Ressourcenerschöpfung in absehbarer Zeit führt. Eine Verminderung in der Nutzungsrate über die Zeit mag die Ressourcennutzungsdauer verlängern, doch aufgrund der Existenz von Mindesteinsatzmengen für Ressourcen kann diese Verlängerung der Ressourcennutzung nicht unbegrenzt fortdauern.[34] Daher ist die Realisierung jeder ökonomischen Aktivität, die ausschließlich unter Verwendung von nicht-erneuerbaren Ressourcen durchführbar ist, aufgrund der begrenzten Verfügbarkeit der Ressourcenbestände nur in einem endlichen Zeitraum möglich. Für derartige Aktivitäten haben nicht-erneuerbare

33 Die Begriffskategorie „Werkstoff" umfaßt alle festen Stoffe, die im Gebrauch nützliche Eigenschaften zeigen. Vgl. Hornbogen 1995: S. 574. Der Begriff schließt damit Flüssigkeiten und Gase aus.

34 Die Existenz von Mindesteinsatzmengen für Ressourcen ist eine thermodynamische Notwendig keit. Die neoklassische Annahme, daß Ressourceneinsatzmengen aufgrund der Substitution durch Arbeit und Kapital infinitesimal werden könnten (σ>1) ist reine Fiktion. Vgl. Kapitel 3.3.1.

Ressourcen einen unumstößlich limitativen Charakter. Sofern jedoch nicht-erneuerbare Ressourcen durch eine oder durch eine Kombination von erneuerbaren Ressourcen intertemporal ersetzt werden können, besteht die Möglichkeit, daß die Erschöpfung der nicht-erneuerbaren Ressourcen *funktional* durch zusätzlichen Einsatz von erneuerbaren Ressourcen kompensiert werden kann. Dieser Sachverhalt ist in der Managementregel für Quasi-Nachhaltigkeit festgehalten. Doch auch für diesen Fall gilt, daß das aggregierte Ressourcen*potential* sinkt, da trotz funktionaler Kompensation mit dem Verschleiß nicht-erneuerbarer Ressourcen die gesamte potentielle Verfügbarkeit an Ressourcen abnimmt.

Anders verhält es sich bei den erneuerbaren Ressourcen. Basierend auf dem Masseverfall der Sonne und der daraus resultierenden Sonnenstrahlung, sind lebendige erneuerbare Ressourcen dadurch charakterisiert, daß sie nachwachsen und sich reproduzieren. Daher ist den vier erneuerbaren Ressourcen im Zeithorizont der Existenzzeit der Sonne, der angesichts der wesentlich geringeren Zeithorizonte in Ökonomie und biologischer Evolution als quasi-unendlich betrachtet werden kann, ein quasi-unendliches Nutzungspotential inhärent. Doch auch dieses Potential ist nicht ohne Beschränkungen. Zum einen ist die Nutzung aller vier Ressourcenarten von der Inanspruchnahme irdischen Bodens abhängig, wodurch eine Ressourcen-Nutzungskonkurrenz existiert. Diese Konkurrenz kommt in Gleichung 48b durch die vielen biomassereduzierenden γ-Raten zum Ausdruck, die sich mit der ökonomischen Nutzung von erneuerbaren Ressourcen ergeben. Zum anderen kann eine Ressource über einen längeren Zeitraum nur im Rahmen ihrer Regenerations- bzw. Reproduktionsfähigkeiten genutzt werden. Für menschliche und tierische Arbeitskraft bedeutet das, daß ein Mindestmaß an Erholung, Nahrung und Reproduktion notwendig ist, um langfristig eine bestimmte Arbeitsleistung zu gewährleisten. Notwendig sind also bestimmte Mindestmaße für Arbeitszeit (h) und Ernährung (γ^{BV}, γ^{J}).

Für pflanzliche Biomasse gilt, daß langfristige Erträge nur gesichert werden können, wenn ein zur Photosynthese fähiger Biomassebestand aufrechterhalten wird und seine Grundversorgung mit Boden, Licht, Wasser und Mineralstoffen gewährleistet ist. Es reicht hingegen *nicht* aus, stets nicht mehr zu ernten als nachwächst, wie es in der ersten Nachhaltigkeitsregel impliziert wird. Zusätzlich muß bei jeder Biomassenutzung beachtet werden, daß die Entnahme von Biomasse dazu beiträgt, dem betroffenen Ökosystem Nährstoffe zu entziehen, die nicht zur späteren Düngung des Bodens beitragen können, wodurch letztlich eine Verarmung der Bodenqualität und eine Reduzierung des langfristigen Ertrags verursacht wird. Biomassenutzung ist ohne Düngung nicht denkbar und in langer Frist kann Düngung nur unter Einsatz erneuerbarer Ressourcen erfolgen. Zu berücksichtigen ist also, daß die durch landwirtschaftliche Aktivitäten bewirkte Verbesserung und Aufrechterhaltung der Potentiale des biologischen Wachstums, die hier mit der wachstumserhöhenden Rate γ^{BM} umschrieben werden, einen Materialeinsatz (Dünger, Pflanzenschutzmittel) erfordern, der in langer Frist in Form erneuerbarer Ressourcen zur Verfügung stehen muß. Weiterhin ist stets für die Reproduktion eines Biomassebestandes zu sorgen, indem ein Teil der Ernte als Saatgut für die zukünftige Biomasseproduktion zurückgehalten wird. Die durch menschliche Eingriffe erhöhte natürliche Wachstumsrate der Biomasse ($q^{BM}+\gamma^{BM}$) spiegelt also nur den Bruttozuwachs an Biomasse wider und läßt den nutzungsbedingten „Naturverschleiß" außer acht. Wird mit γ^{REG} diejenige Rate in bezug auf den Biomassebestand bezeichnet, die notwendig ist, um den organischen Einsatz an Dünger, Pflanzenschutzmitteln und Saatgut zu decken und so die Regeneration des Biomassebestandes zu erlauben, so ergibt sich als natürliche *Netto*wachstumsrate die Differenz aus ($q^{BM}+\gamma^{BM}$) und γ^{REG}. Eine dynamisch nachhaltige Nutzung eines Biomassebestandes erfordert also die Berücksichtigung von Bodenverschleiß und natürlicher Regeneration.

Bezogen auf die aquatische Biomassenutzung durch die Fischereiwirtschaft bedeutet nachhaltige Bewirtschaftung, daß die Fischbestände langfristig nicht reduziert werden dürfen, um auf diese Weise eine dauerhafte stabile Ertragslage zu erreichen. Doch auch in diesem Fall ist es nicht ausreichend, die Fangerträge an den Regenerations- bzw. Wachstumsraten der Bestände auszurichten. Zusätzlich sind die Regenerations*bedingungen* der Fischbestände zu beachten. So ist es z. B. zu vermeiden, daß Jungfische gefangen werden. Dadurch entsteht die Gefahr der „Nachwuchsüberfischung“, d. h. es tritt eine Überalterung des Fischbestandes ein, so daß die Reproduktionsbedingungen der Zukunft verschlechtert werden und der Bestand schrumpft oder gar – bei Unterschreitung einer kritischen Bestandsgröße – vollkommen ausstirbt. Weiterhin sind zusätzliche Maßnahmen zur Gewährleistung der Reproduktion von Fischbeständen erforderlich, wie z. B. Schonzeiten während der Laichperioden.[35] Die Rate γ^{reg} steht in diesem Zusammenhang für die zusätzlichen Einschränkungen in der Biomassenutzung, die sich aus der Einhaltung dieser Reproduktionsbedingungen ergeben.

Unter Einbeziehung dieser und der vorstehenden Ausführungen läßt sich die erste Managementregel für Nachhaltigkeit in folgender Weise formal ausdrücken:

$$q^{BM} + \gamma^{BM} - \gamma^{REG} \geq \gamma^{BV} + \gamma^{Si} + \gamma^{J} + \gamma^{ök} + \gamma^{M/En} + \gamma^{\varepsilon} \tag{49}$$

Die Nettowachstumsrate ($q^{BM}+\gamma^{BM}-\gamma^{REG}$) eines potentiellen Biomassebestandes muß mindestens so groß sein wie die Summe aller Raten, die aufgrund ökonomischer Inanspruchnahme von menschlicher und tierischer Arbeitskraft (γ^{BV}, γ^{Si},$\gamma^{ök}$ γ^{J}), von Biomasse ($\gamma^{M/En}$) und von solarer Energie (γ^{ε}) reduzierend auf den Biomassebestand wirkt. Nur unter derartigen Bedingungen ist die Biomasseverfügbarkeit mit einer langfristigen ökonomischen Ressourcennutzung vereinbar. Der gesamte Verzehr der nachwachsenden Nettoprimärproduktion ist hingegen nicht dauerhaft möglich, ohne den Biomassebestand zu verringern. Das „netto“ in Nettoprimärproduktion mag (besonders für Ökonomen) implizieren, daß alle notwendigen Abzüge bereits vorgenommen sind. Doch dem ist nicht so, denn dieses „netto“ steht für die pflanzlichen Energieverluste bei der Photosynthese und hat mit den Mindesterfordernissen für eine nachhaltige Biomassenutzung nichts zu tun.

Da die Rate γ^{REG} als Materialinput zu verstehen ist, der die Aufrechterhaltung der biologischen Wachstumsrate q^{BM} und die durch landwirtschaftlichen Eingriff bewirkte Steigerung dieser Rate (γ^{BM}) erst ermöglicht, ist diese Rate in allen Gleichungen einzufügen, in denen die Raten q^{BM} und γ^{BM} vorkommen.

Nach dieser Darstellung der potentiellen natürlichen Ressourcenverfügbarkeit schließen sich als weitere Fragen an, inwieweit die begrenzte irdische Ressourcenausstattung mit einem intertemporalen ökonomischen Wachstum vereinbar ist, inwieweit sie die Entwicklung des menschlichen Lebensstandards beeinträchtigt und ob sie die langfristige Existenz der Menschheit gefährdet.

Zuerst sei ***die Frage des physischen ökonomischen Wachstums*** erörtert. Wird in einer Anfangsperiode die potentielle Ressourcenausstattung noch relativ wenig genutzt, so existiert zweifellos in bezug auf alle hier diskutierten Ressourcenarten ein Potential für einen erhöhten Einsatz von Materie und Energie, d. h. für ein physisches ökonomisches Wachstum. Für die mengenmäßig begrenzt verfügbaren nicht-erneuerbaren Ressourcen ist dieses Potential besonders groß, da es sich um Strom-Produktionsfaktoren handelt, deren Verfügbarkeit nicht von natürlichen Zeitrhythmen abhängt. Ein physisches Wachstum mit nicht-erneuerbaren Ressour-

35 Vgl. Bick 1989: S. 242-243.

cen ist möglich durch stetige Erhöhung der Ausbeutungskapazitäten, und es kann durch Wiederverwendung und Recycling von bereits genutzten Ressourcen unterstützt werden. Da die potentiell nutzbare Menge an nicht-erneuerbaren Ressourcen physisch begrenzt ist, ein hundertprozentiges Recycling unmöglich und eine ökonomische Ausbeutung von Ressourcen unterhalb einer bestimmten Ressourcenqualität nicht realisierbar ist, ist ein durch nicht-erneuerbare Ressourcen getragenes physisches Wachstum lediglich für einen begrenzten Zeitraum möglich.

Mit Hinblick auf die erneuerbaren Ressourcenarten bestehen ebenfalls Potentiale für physisches ökonomisches Wachstum, wenngleich sich diese etwas anders darstellen, da die erneuerbaren Ressourcen den Charakter von Fund-Produktionsfaktoren aufweisen. Eine physische ökonomische Expansion mit erneuerbaren Ressourcen kann sich dergestalt vollziehen, daß der Anteil der erneuerbaren Ressourcen, der pro Periode ökonomisch genutzt wird, stetig ansteigt. Das Wachstum äußert sich in diesem Fall durch eine Ausweitung der Inanspruchnahme von Arbeitskraft, natürlicher Biomasse und der Kräfte der Sonneneinstrahlung. Doch da die irdische Fläche, die Menge der auf der Erde existierenden Nährstoffe und die Einstrahlung der Sonne begrenzt sind, bestehen auch bei den erneuerbaren Ressourcen nur begrenzte Potentiale für eine kontinuierliche Erhöhung im Einsatz von Materie und Energie.

Wenngleich für erneuerbare und nicht-erneuerbare Ressourcen die Existenz von Wachstumsgrenzen konstatiert werden muß, so ist ebenso zu betonen, daß diese Grenzen einen sehr unterschiedlichen Charakter aufweisen, wie in Abbildung 4.3 gezeigt wird. In den beiden linken Graphiken a) und b) sind Wachstumspfade mit nicht-erneuerbaren Ressourcen dargestellt. Graphik a) zeigt eine beschleunigende Inanspruchnahme von nicht-erneuerbaren Ressourcen, die energetisch genutzt werden. Besonders am Anfang kann aufgrund der Verfügbarkeit über reichhaltige Ressourcenquellen und eines großen Innovationspotentials in der Ressourcenanwendung ein starkes exponentielles Wachstum (bis t_1) erreicht werden, das sich später abmildert und in einen logarithmischen Wachstumspfad übergeht.[36] Letztlich erschöpfen die nicht-erneuerbaren Energieressourcen zum Zeitpunkt *T* und damit findet das energetische Wachstum und die gesamte Ressourcennutzung ein abruptes Ende.

Abbildung 4.3: Wachstumspfade mit nicht-erneuerbaren und erneuerbaren energetisch und materiell genutzten Ressourcen

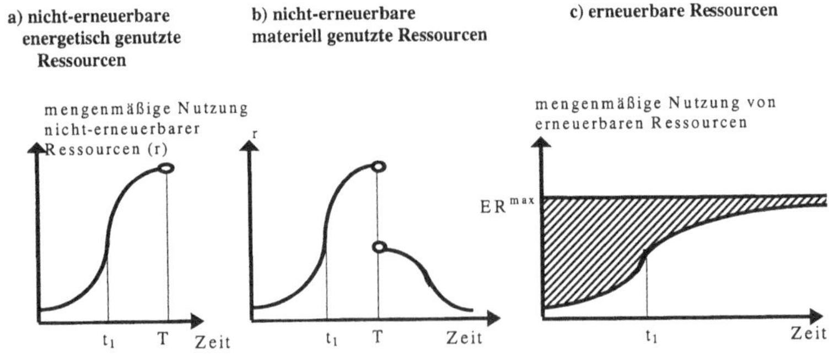

36 Derartige Nutzungsverläufe sind empirisch für diverse nicht-erneuerbare Ressourcen beobachtet worden. Vgl. Lechner/Sames/Wellmer 1987: S. 8.

Anders verhält es sich beim Wachstumspfad mit materiell genutzten und daher recycelbaren nicht-erneuerbaren Ressourcen in Graphik b). In diesem Fall wird Recycling zu irgendeinem Zeitpunkt rentabel und kann ressourcenschonend als sekundäre Ressourcenquelle eingesetzt werden. Zum Zeitpunkt der Erschöpfung der *primären* materiell genutzten Ressourcen in T kommt es *nicht* zu einer vollständigen Erschöpfung in der Ressourcenverfügbarkeit, da weiterhin Recycling betrieben werden kann. In der Graphik b) ist eine Situation gezeigt, in der zum Zeitpunkt T etwa 50% des Ressourcenangebots aus sekundären Ressourcen bestehen, so daß zwar ein abrupter Schock in der mengenmäßigen Ressourcenverfügbarkeit eintritt, aber eine Ressourcennutzung weiterhin auf geringerem Niveau stattfinden kann. Physisches Wachstum ist hingegen ab T nicht mehr möglich. Vielmehr nimmt die Nutzung der sekundären Ressourcen notwendigerweise aufgrund materieller Dispersionsprozesse sukzessive ab und tendiert gegen null.

Völlig anders stellt sich die Situation in der Graphik c) dar, wo ein Wachstumspfad mit ausschließlicher Nutzung von erneuerbaren Ressourcen gezeigt ist. Der Ausdruck ER^{max} steht für das maximale erneuerbare Ressourcenpotential pro Periode, das unter Einhaltung der ersten Managementregel für Nachhaltigkeit bzw. der Bedingung aus Ungleichung 49 dauerhaft in langer Frist in Anspruch genommen werden kann. ER^{max} zeigt damit den maximalen Scale in bezug auf die langfristige Nutzung von erneuerbaren Ressourcen an. Für den Fall der Nutzung irdischer Biomasse steht ER^{max} für diejenige maximale Menge an pflanzlicher Biomasse, die pro Periode auf einer vorgegebenen nutzbaren maximalen Gesamtfläche unter Einhaltung der ersten Managementregel für Nachhaltigkeit ökonomisch beansprucht werden kann.[37] Zu Anfang des Ressourcennutzungspfades wird nur ein geringer Anteil des erneuerbaren Ressourcenpotentials, z. B. der pflanzlichen Biomasse, genutzt. Bis zum Zeitpunkt t_1 ist insbesondere durch Ausdehnung der genutzten Fläche und durch Verbesserung der Anbaumethoden ein exponentielles Wachstum in der Inanspruchnahme von nachwachsender Biomasse realisierbar. Danach schwächen die physischen Wachstumspotentiale ab, da die Aufwendungen zur Erzielung eines höheren Biomasseertrages immer höher werden (abnehmende Grenzerträge). Eine Erhöhung in der ökonomischen Nutzung von Biomasse kann dann nur noch durch aufwendige Maßnahmen erreicht werden, wie z. B. durch Züchtung produktiverer Nutzpflanzen. Schließlich existiert mit ER^{max} eine Obergrenze für eine Inanspruchnahme von erneuerbarer Biomasse über eine lange Zeitfrist. Ein Überschreiten dieser Obergrenze wäre nur möglich, wenn die Ressourcenbasis über die Grenzen ihrer Regenerationskraft hinaus bewirtschaftet würde. Doch ein derartiges Vorgehen wäre letztlich nur über einen begrenzten Zeitraum realisierbar, da eine übermäßige Ressourcennutzung zur Degradierung der erneuerbaren Ressourcenbasis führte, so daß letztlich das erneuerbare Ressourcenpotential schrumpfen würde. Unter nachhaltigen Bewirtschaftungsmethoden kommt es jedoch weder zu einem Überschreiten der Obergrenze ER^{max} noch zu einem abrupten Ende des Wachstumsprozesses, wie es bei der Nutzung von nicht-erneuerbaren Ressourcen eintreten kann. Ganz im Gegenteil kann durch nachhaltige Bewirtschaftung die mengenmäßige Nutzung der erneuerbaren Biomasse letztlich stabilisiert und langfristig aufrechterhalten werden. In gleicher Weise vollziehen sich Prozesse der zunehmenden Inanspruchnahme anderer erneuerbarer Ressourcen wie Sonneneinstrahlung und Arbeitskraft.

Ein nachhaltiger Wachstumsprozeß mit erneuerbaren Ressourcen basiert also darauf, daß im Verlaufe der Zeit das verfügbare Ressourcenpotential ***pro Zeiteinheit*** immer ausgeprägter

---

37 Es sei explizit darauf hingewiesen, daß die Obergrenze ER^{max} weder Senkenrestriktionen noch die Grenzen der mechanischen Natureingriffe berücksichtigt. Diese zusätzlichen Nachhaltigkeitsaspekte werden erst in den nachfolgenden Unterkapiteln nach und nach in die Analyse einbezogen.

in Anspruch genommen wird, wodurch sich die ungenutzten Potentiale, die in der Abbildung 4.3 schraffiert dargestellt sind, in der Zeit verringern. Im Gegensatz dazu handelt es sich beim Wachstumsprozeß mit nicht-erneuerbaren Ressourcen lediglich um einen zeitlich limitierten Prozeß einer beschleunigten Ausbeutung begrenzt verfügbarer Bestände. Schon aus diesen unterschiedlichen Merkmalen der Ressourcennutzung kann die Einschätzung erfolgen, daß Wachstumspfade mit nicht-erneuerbaren Ressourcen in der langen Zeitfrist einen limitativeren Charakter besitzen als Pfade mit erneuerbaren Ressourcen. Bei nicht-erneuerbaren Ressourcen enden physische Wachstumspfade abrupt zum Zeitpunkt der Ressourcenerschöpfung, wobei die materielle Nutzung von nicht-erneuerbaren Ressourcen aufgrund der Recyclingoption weniger restriktiv ist, da eine weitere, jedoch schrumpfende Ressourcennutzung auf geringerem Niveau möglich ist. Dementgegen steht der Wachstumspfad mit erneuerbaren Ressourcen, der letztlich auf einem hohen Niveau stabilisiert werden kann. In einer kürzeren Zeitfrist ist hingegen die Begrenzung des Wachstums mit erneuerbaren Ressourcen größer, da die Erschließung ihrer Potentiale nicht annähernd in der Geschwindigkeit vonstatten gehen kann wie die Beschleunigung in der Ausbeutung von nicht-erneuerbaren Ressourcen. Aus diesem Grunde hat die logistische Wachstumskurve bei den erneuerbaren Ressourcen in
Abbildung 4.3 einen flacheren Verlauf.

Diese Betrachtung bezieht sich auf Wachstums- bzw. Ressourcennutzungspfade mit *ausschließlicher* Nutzung von erneuerbaren *oder* nicht-erneuerbaren Ressourcen. Interessant ist nun, durch welchen Verlauf physische Wachstumspfade charakterisiert sind, die unter *kombinierter*, d. h. unter möglicher gleichzeitiger Anwendung von erneuerbaren *und* nicht-erneuerbaren Ressourcen entstehen. Denn letztlich sind die Muster der kombinierten Ressourcennutzung ausschlaggebend dafür, wie physische Wachstumspfade intertemporal verlaufen und wie sich die Ressourcennutzung nach Erschöpfung der nicht-erneuerbaren Ressourcen gestaltet. Es ergibt sich mithin die Frage, ob der Prozeß der „koevolutionären Transformation" in eine auf erneuerbaren Ressourcen basierende Wirtschaftsweise, der aus evolutionärer Theoriesicht in Kapitel 3.3.4 thematisiert wurde, mit physischen Wachstumspfaden vereinbar ist oder wie er sich ansonsten vollziehen kann.

Da bei einer kombinierten Ressourcennutzung nach der Erschöpfung der nicht-erneuerbaren Ressourcen das maximale erneuerbare Ressourcenpotential pro Periode (ER^{max}) weiterhin verfügbar ist, stellt sich bei der kombinierten Ressourcenverwendung die Frage, wie sich der limitative Charakter von erneuerbaren und nicht-erneuerbaren Ressourcen unter verschiedenen Bedingungen auswirkt. Aufgrund der unterschiedlichen Limitationen durch energetisch und materiell genutzte nicht-erneuerbare Ressourcen wird in der nachfolgenden Analyse eine Unterscheidung nach Energie- und Materienutzung vorgenommen.

Begonnen wird mit der Betrachtung der kombinierten Nutzung von erneuerbaren und nicht-erneuerbaren ***Energieressourcen*** – also mit dem Fall, in dem Recycling keine Rolle spielt. Vor der Diskussion möglicher kombinierter Energieressourcen-Nutzungspfade ist es sinnvoll, die potentiell zur Verfügung stehenden Energieressourcen zu betrachten. Mit Bezug auf Gleichung 48b, wo der potentielle irdische Gesamtbestand nutzbarer Ressourcen unter ökonomischer Nutzung zu einem Zeitpunkt t_1 dargestellt wurde, wird in der nachfolgenden Gleichung 50a die potentielle Ressourcenverfügbarkeit energetisch nutzbarer Ressourcen gezeigt. Die hochgestellten Buchstaben *En* weisen darauf hin, daß es sich um eine Teilmenge einer Ressourcenart handelt, die energetisch nutzbar ist.

$$(50a) \qquad S_{t_1}^{En} = (R_0^{En} - \sum_{t=0}^{t_1} r_0^{En}) \oplus BM_0 \cdot (1 + q^{BM} + \gamma^{BM} - \gamma^{REG} - \gamma^{BV} - \gamma^{L} - \gamma^{J} - \gamma^{M/En} - \gamma^{\varepsilon})^{t_1} \oplus \varepsilon_{t_1} \oplus L_{t_1} \oplus J_{t_1}$$

Aus Gleichung 50a ist ersichtlich, daß alle oben beschriebenen Ressourcenarten zumindestens teilweise zum potentiellen energetischen Ressourcenbestand (S^{En}) zu zählen sind. Zu den energetisch nutzbaren nicht-erneuerbaren Ressourcen (R^{En}) zählen die fossilen und die nuklearen Rohstoffe. Pflanzliche Biomasse kann aufgrund ihres Kohlenstoffanteils gänzlich als potentielle Energiequelle gelten, so daß eine Indexierung nicht notwendig ist.[38] Schließlich sind auch die drei Ressourcen menschlicher und tierischer Arbeitskraft sowie die Kräfte der Sonneneinstrahlung energetisch nutzbar.

In Abbildung 4.4 sind vier mögliche Pfadverläufe einer kombinierten Energieressourcennutzung gezeigt. Die obere Reihe von Graphiken zeigt vier mögliche Verläufe von aggregierten Ressourcennutzungspfaden (a-d), wobei auf der Ordinate die in Anspruch genommene Primärenergieleistung aller genutzten Ressourcen einer Zeitperiode in der Energiemaßeinheit Joule (J) abgetragen ist. ER^{max} steht in diesem Fall für das pro Zeitperiode maximal nutzbare Primärenergieleistungspotential aller erneuerbaren Ressourcenarten, das unter Einhaltung der ersten Managementregel für Nachhaltigkeit erreichbar ist. In den unteren Graphiken sind die vier aggregierten intertemporalen Pfade zur Entwicklung der Primärenergienutzung jeweils aufgegliedert in erneuerbare (*er*) und nicht-erneuerbare (*nr*) Energiepfade (aa-dd).

In den Graphiken a) und aa) ist ein intertemporaler Verlauf einer kombinierten Energieressourcennutzung mit einem ausgeprägten Wachstum in der Primärenergieleistung dargestellt, das zum Großteil auf der Inanspruchnahme nicht-erneuerbarer Energieressourcen basiert. Unterstellt ist das Vorhandensein extrem kurzsichtiger und unvollständiger Märkte und eine äußerst wachstumsorientierte Grundhaltung. Die Inanspruchnahme der nicht-erneuerbaren Energieressourcen erhöht sich in aa) bis zum Zeitpunkt T_1 um den Faktor 15, was, bezogen auf 100 Zeitperioden, einer durchschnittlichen Wachstumsrate von 2,7% pro Periode entspricht. In diesem Fall erschöpfen die nicht-erneuerbaren Ressourcen zu einem relativ frühen Zeitpunkt (T_1), bei dem das Niveau der gesamten Primärenergieleistung weit über dem maximalen Energieressourcenpotential der erneuerbaren Ressourcen (ER^{max}) liegt. Weiterhin ist der Anteil der nicht-erneuerbaren Ressourcen an der Gesamtenergieleistung extrem hoch, während das Potential der erneuerbaren Ressourcen noch nicht sehr gut erschlossen ist.

Da Energieressourcen nicht recycelbar sind, endet mit der Erschöpfung der nicht-erneuerbaren Energieressourcen in T_1 ihre Nutzung, so daß ein abrupter Schock in der Energieverfügbarkeit eintritt, der den physischen Wachstumspfad in der Energienutzung jäh beendet. Durch diesen Schock werden extreme Anpassungsreaktionen notwendig. Zum einen ist die allgemeine Energieverfügbarkeit auf einen Bruchteil – in Graphik a) auf ein Achtel – abgesunken. Es besteht daher ein enormer Innovationsdruck zur Linderung der faktischen Energieknappheit durch effizientere und energiesparende Formen der Ressourcennutzung. Zum anderen ergibt sich ein ausdrücklicher Substitutionsdruck hinsichtlich der Ausweitung der Inanspruchnahme von erneuerbaren Energieressourcen. Der ökonomische Druck ist letztlich um so höher, je weniger bereits entwickelte Technologien zur Nutzung erneuerbarer Energiequellen vorliegen. Der weitere Verlauf in der Primärenergienutzung nach T_1 basiert allein auf der zunehmenden nachhaltigen Nutzung erneuerbarer Energieressourcen. Diesem erneuten physischen Wachstumspfad nach dem Schock ist mit ER^{max} eine Obergrenze gesetzt.

In den Graphiken b) und bb) der Abbildung 4.4 ist ein ähnlicher Verlauf unter gleichen Annahmen gezeigt. Die Inanspruchnahme der nicht-erneuerbaren Energieressourcen erhöht sich

38 Bedeutsame pflanzliche Energieträger sind: 1. Öl-, Zucker- und Stärkepflanzen zur Produktion von Flüssigbrennstoff (Raps, Rüben, Kartoffeln); 2. Lignocellulosehaltige Pflanzen zur Produktion von Festbrennstoff oder Gas (Stroh, Getreide, Holz, Miscanthus); 3. Organische Reststoffe zur Produktion von Biogas durch Gärung. Vgl. Karus 1994: S. 25-28 und Wintzer et al. 1993: S. IV-1 bis IV-14.

hier bis zum Zeitpunkt T_3 um den Faktor 8, was, bezogen auf 100 Zeitperioden, einer eher moderaten Wachstumsrate von 2,1% pro Periode entspricht. Als Resultat wird ein nicht so hohes Primärenergieleistungsniveau erreicht, sondern eines, das unterhalb des maximalen Ressourcenpotentials ER^{max} liegt. Die Potentiale der erneuerbaren Energieressourcen werden hingegen ab dem Zeitpunkt t_1 vermehrt in Anspruch genommen und vor der Erschöpfung der nicht-erneuerbaren Ressourcen wird ein Anteil von etwa einem Drittel an der Gesamtenergieleistung erreicht. Aufgrund dieser moderateren Form der wachsenden Ressourcennutzung tritt die Erschöpfung der nicht-erneuerbaren Energieressourcen zu dem relativ späten Zeitpunkt in T_3 ein. Da jedoch der Anteil der nicht-erneuerbaren Ressourcen an der gesamten Primärenergieleistung noch immer sehr hoch ist, kommt es auch in diesem Fall zu einem Schock, da die Ressourcenverfügbarkeit auf ein Drittel absinkt, wodurch dem energetischen Wachstumspfad ein Ende bereitet wird. Dieser Schock und der sich einstellende Innovationsdruck sind jedoch weniger stark ausgeprägt als in den Graphiken a) bzw. aa). Auch in diesem Fall stellt sich letztlich ein erneuter auf erneuerbaren Energieressourcen basierender Wachstumspfad mit der Obergrenze ER^{max} ein.

Abbildung 4.4: Kombinierte Nutzungsverläufe von erneuerbaren und nicht-erneuerbaren Energieressourcen

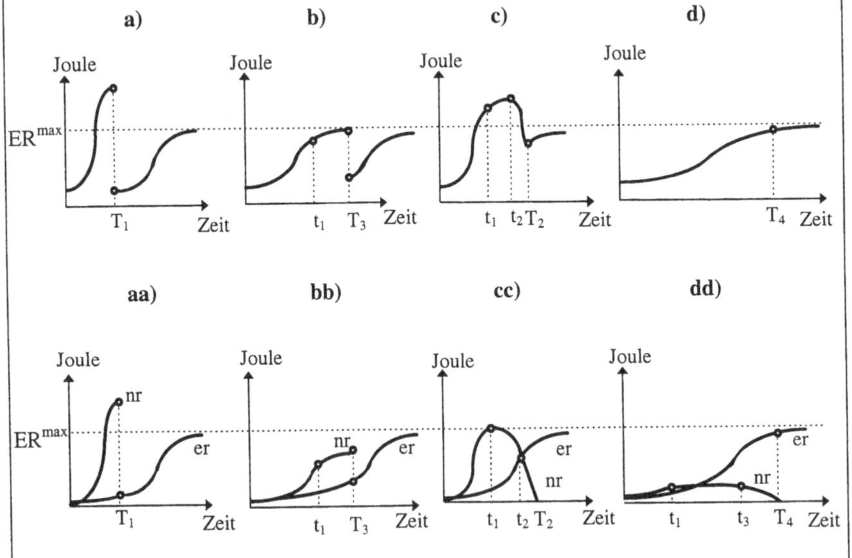

Ein vollkommen anderer Pfadverlauf wird in den Graphiken c) und cc) präsentiert. Bis zum Zeitpunkt t_2 scheint der aggregierte Energieressourcennutzungspfad in c) einen ähnlichen, wenngleich leicht schwächeren Wachstumsverlauf zu nehmen wie in der Graphik a). Die Inanspruchnahme der nicht-erneuerbaren Energieressourcen erhöht sich hier bis zum Zeitpunkt t_1 um den Faktor 10, was, bezogen auf 100 Zeitperioden, einer Wachstumsrate von 2,3% pro

Periode entspricht. Doch im Gegensatz zu den zuvor besprochenen Pfadverläufen findet hier keine abrupte Ressourcenerschöpfung, sondern ein kontinuierlicher, wenngleich teilweise regressiver Verlauf in der Ressourcennutzung statt. Anstatt zum Zeitpunkt t_1 ein weiteres Wachstum in der Nutzung der nicht-erneuerbaren Energieressourcen zu verfolgen, wird in diesem Pfad eine nach und nach abnehmende Inanspruchnahme der nicht-erneuerbaren Energieressourcen realisiert, während gleichzeitig die Nutzung der erneuerbaren Energiepotentiale gesteigert wird. Dieser Verlauf mag entweder durch politische Regulierung oder auch durch knappheitsbedingte Preisreaktionen auf nahezu vollkommenen Märkten verursacht worden sein. Wie dem auch sei, durch den gegenläufigen Prozeß in der Nutzung von nicht-erneuerbaren und erneuerbaren Energieressourcen kann die gesamte Primärenergieleistung bis t_2 sogar noch erhöht werden. Danach kann die Absenkung in der Nutzung der nicht-erneuerbaren Energieressourcen aufgrund des nur noch gedämpften Zuwachses bei den erneuerbaren Energieressourcen nicht mehr vollständig kompensiert werden, so daß es bis zum Zeitpunkt der Erschöpfung der nicht-erneuerbaren Energieressourcen in T_2 zu einem deutlichen Rückgang – in etwa von 40% – in der gesamten Primärenergieleistung kommt. Ein abrupter Schock in der Energieverfügbarkeit mit diskontinuierlichem Pfadverlauf tritt allerdings nicht ein, obwohl das realisierbare erneuerbare Energiepotential ER^{max} in t_2 bereits überschritten war. Die Verhinderung eines diskontinuierlichen Pfadverlaufs mit Ressourcenschock ist hier möglich, weil frühzeitig eine Anpassungsphase der Transformation in der Energieressourcennutzung von t_1 bis T_2 eingeleitet wird, wodurch der Innovationsdruck hinsichtlich Ressourcenverknappung und Substitution über einen längeren Zeitraum verteilt und damit abgemildert wird. Die Realisierung dieses kontinuierlichen Energienutzungspfades ist letztlich jedoch nur unter Verzicht auf weiteres Wachstum in der Gesamtprimärenergieleistung ab t_1 erreichbar. Nach T_2 schließt sich ein erneuter, durch ER^{max} nach oben begrenzter Wachstumspfad mit erneuerbaren Energieressourcen an.

In den Graphiken d) und dd) ist schließlich ein Pfadverlauf ohne Schock und ohne sinkende Primärenergieleistung dargestellt. In diesem Fall nimmt der Anteil der nicht-erneuerbaren Energieressourcen an der gesamten Primärenergieleistung zu keinem Zeitpunkt übermäßige Ausmaße an und das erneuerbare Energiepotential wird frühzeitig und stetig erschlossen. Die Inanspruchnahme der nicht-erneuerbaren Energieressourcen verdoppelt sich bis t_1, was bezogen auf 100 Zeitperioden einer Wachstumsrate von 0,7% entspricht, während sie danach über einen längeren Zeitraum (von t_1 bis t_3) auf einem vergleichsweise niedrigen und stabilen Niveau verbleibt. Während dieser Zeitspanne wird der wachsende aggregierte Energieleistungspfad durch die zunehmende Nutzung der erneuerbaren Energieressourcen getragen, wodurch deren relative Bedeutung in der Gesamtenergieleistung deutlich zunimmt. Zum Zeitpunkt t_3, wenn sich die Erschöpfung der nicht-erneuerbaren Ressourcen ankündigt, wird die Nutzung der erschöpfenden Ressourcen langsam bis auf Null zurückgenommen. Die Erschöpfung tritt in T_4 ein, doch der Gesamtpfad wird dadurch in seinem energetischen Wachstum nicht beeinträchtigt, da dieser Ausfall in der Ressourcenverfügbarkeit durch die weiterhin zunehmende Nutzung der erneuerbaren Ressourcen mehr als kompensiert werden kann. Nichtsdestotrotz ist auch dieser abschließende Rückgang bei den nicht-erneuerbaren Energieressourcen in der Zeitspanne t_3 bis T_4 mit einem Innovationsdruck hinsichtlich Ressourcenverknappung und -substitution verbunden. Doch im Vergleich zu den anderen Pfadverläufen ist hier eine weit weniger stark ausgeprägte Anpassung erforderlich, denn einerseits ist die relative Bedeutung der nicht-erneuerbaren Energieressourcen zum Erschöpfungszeitpunkt eher gering und andererseits vollzieht sich die Transformation in eine auf erneuerbaren Ressourcen basierende Ökonomie in dem recht ausgedehnten Zeitraum von t_1 bis T_4. In dieser Konstellation ist der koevolutionäre Transformationsprozeß mit einem physischen Wachstum vereinbar, wobei letztlich jedoch, wie bei allen anderen Pfaden auch, mit ER^{max} eine obere physische Wachstumsbegrenzung existiert.

Anschließend sei nun die kombinierte Nutzung von erneuerbaren und nicht-erneuerbaren ***Materieressourcen*** betrachtet, die u. a. aufgrund des Recyclingaspekts einen anderen Charakter aufweist. Erneut läßt sich mit Bezug auf Gleichung 48b die potentielle materielle Ressourcenverfügbarkeit auf der Erde darstellen. In der entsprechenden Gleichung 50b zeigt ein hochgestelltes M an, daß es sich um eine Teilmenge einer Ressourcenart handelt, die materiell nutzbar ist.

(50b) $$S_{t_1}^{M} = m^{R} \cdot (R_0 - \sum_{t=0}^{t_1} r_t) \oplus m^{BM} \cdot BM_0 \cdot (1 + q^{BM} + \gamma^{BM} - \gamma^{REG} - \gamma^{BV} - \gamma^{L} - \gamma^{J} - \gamma^{M/En} - \gamma^{\varepsilon})^{t_1}$$

Grundsätzlich existieren für Materie nur zwei Quellen: nicht-erneuerbare Ressourcen und nachwachsende Biomasse. Die Materialgleichung weist einen Faktor *m* auf, der hier als Materialmultiplikator bezeichnet wird. Er zeigt an, wie viele Perioden ein Material potentiell nutzbar ist bzw. wie oft es potentiell recycelt werden kann. Die Gesamtheit aller nicht-erneuerbaren Ressourcen – auch die energetisch nutzbaren – sind potentiell als materielle Ressourcen verwendbar, und aus diesem Grund ist eine Indexierung mit einem hochgestellten *M* nicht notwendig. In ähnlicher Weise ist auch jede Form von Biomasse materiell nutzbar[39], so daß auch hier eine Indexierung entfallen kann. Aufgrund der Faktenlage ergibt sich, daß pflanzliche Biomasse nach der Erschöpfung der nicht-erneuerbaren Ressourcen als alleinige erneuerbare Materialquelle das Ausmaß des maximalen erneuerbaren Materiepotentials ER^{max} determiniert.

Im Gegensatz zur Analyse der kombinierten Nutzung energetisch genutzter Ressourcen ergibt sich bei materiellen Ressourcen das Problem des Maßstabs. Während bei Energieressourcen mit dem Maß der Energieleistung in Joule energetische Qualitätsunterschiede berücksichtigt werden können, sind qualitative Unterschiede bei materiellen Ressourcen nicht in gleicher Weise faßbar. Materielle Ressourcen weisen eine Vielzahl unterschiedlicher Qualitäten auf, wie z. B. in bezug auf Bruchfestigkeit, Gewicht, Verarbeitungsfähigkeit, Leitfähigkeit, Korrosionsbeständigkeit, Zähigkeit usw..[40] Die qualitative Höherwertigkeit eines Materials im Vergleich zu einem anderen läßt sich daher nur feststellen, wenn die Art der Anwendung und die benötigten Materialeigenschaften bekannt sind.[41] Schließlich wird der analytische Umgang mit Materie dadurch erschwert, daß jedes der 107 Elementarelemente des Periodensystems seine Materialeigenschaften verändert, wenn es mit anderen Stoffen kombiniert wird. Genau dieser Umstand eröffnet jedoch ein enormes Innovationspotential, da die Möglichkeit besteht, Materialien mit gewünschten Eigenschaften durch Kombination sozusagen „maßgeschneidert" zu entwickeln.[42] Folglich existiert für materielle Ressourcen keine einheitliche „*Materialleistung*" und damit kein Maßstab.

---

39 Unter „materiell nutzbar" wird hier verstanden, daß Ressourcen aufgrund physikalischer, chemischer oder gestaltgebender Eigenschaften verwendet werden. Auch Ernährung wird hier als stoffliche Nutzung angesehen, obwohl sie neben Nähr*stoffen* auch Energiewerte (Kalorien) verkörpert.

40 Vgl. Ilschner 1990: S. 10-11 und Hornbogen 1991: S. 102-318.

41 Damit ergibt sich für Ingenieure stets das Problem der optimalen Wahl oder der Verbesserung von Werkstoffen hinsichtlich spezieller Anwendungen. Vgl. dazu aus der Sicht von Ingenieuren: Illgner 1986, Wimmer/ von Zengen 1986 und Heubner 1992.

42 Vgl. Bundestagsdrucksache (13/1696) 1995: S. 12. Die Analyse und Erforschung von Materialstrukturen und ihrer Eigenschaften stellt ein eigenes Wissenschaftsfeld dar: die Materialwissenschaft. Vgl. dazu Hornbogen 1995.

Methodisch gesehen ist es daher sehr problematisch, adäquat über eine aggregierte Materialnutzung zu sprechen. Jede Zusammenfassung von Materieeinheiten ist hinsichtlich ihrer Aussagefähigkeit zu relativieren und zu interpretieren. An dieser Stelle wird potentiell nutzbare Materie in mengenbezogenen Gewichtseinheiten in Kilogramm (kg) zusammengefaßt, um das Problem der generellen intertemporalen Verfügbarkeit über nutzbare Materie im Trend zu diskutieren. Es sei jedoch ausdrücklich darauf hingewiesen, daß aufgrund der unterschiedlichen Dichte verschiedener Materialien selbst zwei vollständige Substitutressourcen in bezug auf *eine* Anwendung einen unterschiedlichen gewichtsbezogenen Ressourceneinsatz erfordern. Die nachfolgende Diskussion über gewichtsmäßig aggregierte Materialnutzung wird daher den Qualitätsaspekt stets einbeziehen.

In der nachfolgenden Abbildung 4.5 sind in den Graphiken e), f) und g) drei gewichtsmäßig aggregierte intertemporale Materialnutzungspfade mit ihren aufgegliederten Pfadverläufen ee), ff) und gg) gezeigt. Der Pfadverlauf der Materialnutzung in e) bzw. ee) ist analog zu der Konstellation zu den Energiepfaden a) und aa) in Abbildung 4.4 zu sehen.

Ein ausgeprägter und zum Großteil auf recycelbaren nicht-erneuerbaren Ressourcen basierender physischer Wachstumspfad endet mit der Erschöpfung der primären Ressourcen in T_1. Bis zu jenem Zeitpunkt erhöhte sich die Inanspruchnahme der nicht-erneuerbaren Materieressourcen um den Faktor 13, was bezogen auf 100 Zeitperioden einer durchschnittlichen Wachstumsrate von 2,6% entspricht. Bei einem unterstellten Anteil der Sekundärressourcen von 50% an der Gesamtproduktion reduziert sich die Ressourcenverfügbarkeit der nicht-erneuerbaren Ressourcen zum Zeitpunkt der Erschöpfung der Primärressourcen um die Hälfte. Viel höher kann der Recyclinganteil an der Produktion der nicht-erneuerbaren Ressourcen auch nicht sein, da die Verfügbarkeit von recycelbarem Material von der Höhe des Ressourcenbestandes innerhalb einer Ökonomie abhängt – und dieser ist wiederum abhängig von der (geringeren) Produktion der Vorperioden. Selbst bei einem möglichen Recycling von über 90% des eingesetzten Materials der Vergangenheit, machen diese 90% aufgrund des zwischenzeitlich realisierten Ressourcenwachstums einen wesentlichen geringeren Anteil in der Gegenwart aus. Folglich kann auch ein ausgeprägter materieller Wachstumspfad mit recycelbaren nicht-erneuerbaren Ressourcen mit einem Schock in der Gesamtressourcenverfügbarkeit enden.

Trotz der nur geringen Bedeutung der erneuerbaren Ressourcen zum Zeitpunkt T_1 fällt der Schock in e) wegen der noch verfügbaren Sekundärressourcen mit einer reduzierten Ressourcenverfügbarkeit um den Faktor 1,8 deutlich geringer aus als in a). Dennoch entsteht in T_1 ein enormer Anpassungs- und Innovationsdruck. Neben dem allgemeinen ökonomischen Druck zur Einsparung materieller Ressourcen zeigt sich die drängende Notwendigkeit, qualitativ hochwertige nicht-erneuerbare Ressourcen ersetzen zu müssen. Die Intensität des Substitutionsdrucks hängt dabei u. a. von der Geschwindigkeit der Erschöpfung der Sekundärressourcen ab. Wie schnell die Verfügbarkeit an Sekundärressourcen nach der Erschöpfung der Primärressourcen schwindet, ist wiederum abhängig von der potentiellen Recyclierfähigkeit der Ressourcen und von dem Ausmaß, in dem dieses Potential in technischer und institutioneller Weise zum Zeitpunkt der Erschöpfung der Primärressourcen bereits erschlossen ist. Weiterhin ist die Lebensdauer der Ressourcen in Form von Produkten und Kapitalgütern von Bedeutung. Ganz allgemein wird eine nicht-erneuerbare Ressource, die entweder aufgrund ihrer physischen Beschaffenheit oder aufgrund ineffizienter ökonomischer Ressourcennutzung nur wenige Male recycelt werden kann, und die zudem nur kurze Zeit in der ökonomischen Nutzung verbleibt, im Vergleich zu Ressourcen mit besseren Recyclingbedingungen schneller erschöpfen.

Abbildung 4.5: Kombinierte Nutzungsverläufe von erneuerbaren und nicht-erneuerbaren Materieressourcen

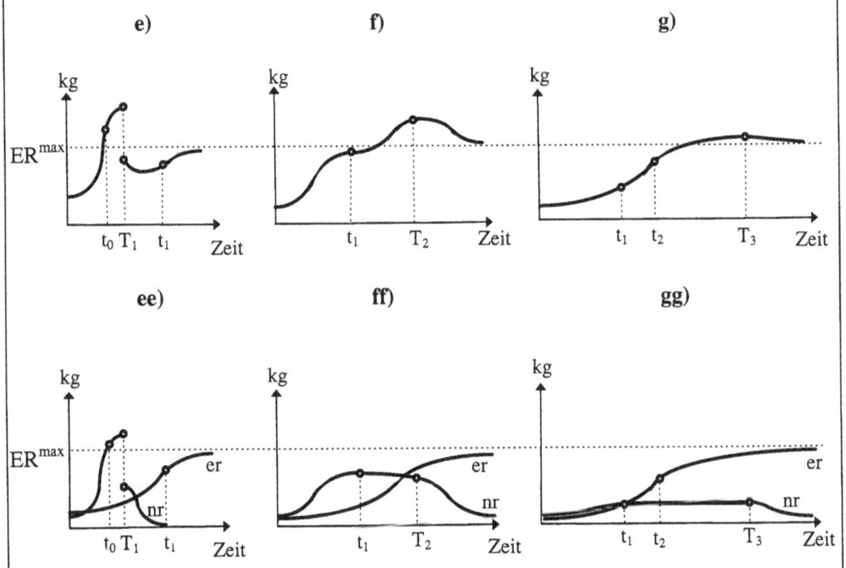

In dem hier gezeigten Fall tritt die Erschöpfung der Sekundärressourcen nach T_1 aufgrund schlechter Recyclingbedingungen mit relativ schneller Geschwindigkeit ein. Da die zunehmende Erschließung und Nutzung der erneuerbaren Ressourcenpotentiale langsamer vonstatten geht als die Erschöpfung bzw. der Verschleiß der Sekundärressourcen, sinkt die Gesamtressourcenverfügbarkeit auch nach der Erschöpfung der Primärressourcen weiter. Der diesem Prozeß inhärente Innovationsdruck zur Substitution in der Ressourcenanwendung ist dabei um so größer, je kleiner die Substitutionselastizität zwischen erneuerbaren und nicht-erneuerbaren Materieressourcen ist. Schließlich kann nach weitgehender Erschöpfung der nicht-erneuerbaren Sekundärressourcen in t_1 aufgrund zunehmender Nutzung der materiellen Potentiale der erneuerbaren Ressourcen ein erneutes, gemäßigtes Wachstum in der materiellen Ressourcennutzung realisiert werden. Qualitativ gesehen mag diese aggregierte Zunahme in der mengenmäßigen materiellen Ressourcennutzung mit einer sich verschlechternden Materialqualität verbunden sein. Wie dem auch sei, es ergibt sich letztlich ein erneutes, auf erneuerbaren Ressourcen basierendes physisches Wachstum in der Materienutzung, das, wie alle anderen Pfade auch, durch ER^{max} nach oben begrenzt wird.

Die Pfade f) und ff) zeigen einen Pfadverlauf der materiellen Ressourcennutzung mit einem nicht sehr stark ausgeprägten physischen Ressourcenwachstum und einer Transformationsphase in der Ressourcennutzung, die entweder marktvermittelt oder durch politische Regulierung verursacht wird. Bis zum Zeitpunkt t_1 wird der Einsatz der nicht-erneuerbaren Ressourcen um den Faktor sieben erhöht, was bezogen auf 100 Zeitperioden einer durchschnittlichen Wachstumsrate von 2% entspricht. Ab Zeitpunkt t_1 wird der Verbrauch an nicht-erneuerbaren materiell genutzten Ressourcen nicht weiter erhöht, sondern auf einem Niveau stabilisiert, das mengenmäßig unterhalb des erneuerbaren Ressourcenpotentials ER^{max} liegt. Diese Phase mit konstantem bzw. leicht absinkendem Verbrauch an nicht-erneuerbaren Ressourcen kann genutzt werden, um die Potentiale des Recyclings besser zu erschließen, den Anteil des Recyclings an der Gesamtproduktion der nicht-erneuerbaren Ressourcen deutlich zu erhöhen – was bei einer konstanten Ressourcennutzungsmenge realisierbar ist – und dadurch die in Anspruch genommene Menge an Primärressourcen sukzessive zu senken. Gleichzeitig werden ab t_1 die Potentiale der erneuerbaren Ressourcen besser genutzt, so daß insgesamt eine erhöhte Inanspruchnahme hinsichtlich der aggregierten materiellen Ressourcennutzung nach t_1 eintritt. Zum Zeitpunkt der Erschöpfung der Primärressourcen in T_2 ist der Recyclinganteil nahezu auf 100% angewachsen, so daß sich ein kontinuierlicher Pfadverlauf bei den nicht-erneuerbaren Ressourcen ergibt, der nach der Erschöpfung verschleißbedingt sukzessive gegen Null strebt. Die Geschwindigkeit der Erschöpfung der Sekundärressourcen ist im Vergleich zu Graphik e) geringer, da die Erschließung der technischen Recyclingpotentiale und ihre institutionelle Umsetzung im Verlauf der Transformationsphase zu besseren Recyclingbedingungen geführt haben. Trotzdem geht mit der Erschöpfung der Primärressourcen ein Rückgang in der gesamten materiellen Ressourcennutzung einher, da das Wachstum in der Anwendung der erneuerbaren Ressourcen zum Zeitpunkt T_2 bereits gedämpft ist und daher den Rückgang in der Ressourcenverfügbarkeit der nicht-erneuerbaren Sekundärressourcen nur teilweise kompensieren kann. Aufgrund der nur langsamen Erschöpfung der Sekundärressourcen nähert sich der aggregierte Gesamtressourcenpfad letztlich von oben an die langfristige Ressourcennutzungsgrenze ER^{max} an. Auch in diesem Fall treten Formen von Anpassungs- und Innovationsdruck auf. Das ist z. B. zum Zeitpunkt t_1 der Fall, wo eine erhöhte Nutzung der Potentiale von Recycling und erneuerbaren Ressourcen gefordert ist. Auch nach der Erschöpfung der Primärressourcen in T_2 ergibt sich ein ökonomischer Druck hinsichtlich Ressourcensubstitution und -einsparung, der um so größer ist, je schneller die Sekundärressourcen erschöpfen und je schwieriger die Materialqualitäten der erschöpfenden nicht-erneuerbaren Ressourcen durch erneuerbare Materialien ersetzt werden können.

Mit den Pfadverläufen für materielle Ressourcen in g) und gg) wird schließlich noch eine „geglättete" Version des aggregierten Pfades f) dargestellt, der eine deutliche Ähnlichkeit mit dem Energiepfad d) aus Abbildung 4.4 aufweist. Auch hier verdoppelt sich die Inanspruchnahme der nicht-erneuerbaren Ressourcen bis t_1, während danach eine Transformation in der Ressourcennutzung eingeleitet wird. Das stabilisierte Niveau in der materiellen Ressourcennutzung ist in diesem Fall geringer, und die Transformationsphase zur Erhöhung der Nutzung der erneuerbaren Ressourcen und zur Ausschöpfung der Recyclingpotentiale ist mit der Zeitspanne von t_1 bis T_3 deutlich länger. Da die Wachstumspotentiale der erneuerbaren Ressourcen in T_3 beinahe ausgeschöpft sind, ergibt sich auch hier nach Erschöpfung der materiellen Primärressourcen ein leichtes Absinken in der aggregierten Ressourcennutzung. Grundsätzlich ist jedoch an dieser Stelle auch ein aggregierter Pfadverlauf wie in d) denkbar, wenn das Absinken in der Nutzung der nicht-erneuerbaren materiell genutzten Ressourcen durch eine erhöhte Anwendung der erneuerbaren Ressourcenpotentiale kompensiert werden könnte. Ganz allgemein gilt, daß aufgrund des niedrigeren Nutzungsniveaus der nicht-erneuerbaren Ressourcen und der längeren Dauer des Transformationspfades der Anpassungs- bzw. Innovationsdruck – auch hinsichtlich des Qualitätsproblems der zu substituierenden Materialien – bei diesem Pfadverlauf vergleichsweise gering ist.

Die intertemporalen Pfade der Energie- und Materienutzung aus den Abbildungen 4.4 und

4.5 verdeutlichen, wie sich die unterschiedlichen Limitationen durch die natürlichen Ressourcen in der kombinierten energetischen und materiellen Ressourcennutzung in Ökonomien mit einer Tendenz zu physischem Wachstum auswirken. Die begrenzte Verfügbarkeit von nicht-erneuerbaren Ressourcenbeständen birgt die Gefahr eines schlagartigen Schocks oder einer deutlichen Reduzierung in der Ressourcenverfügbarkeit. Diese Schockgefahr ist in der energetischen Ressourcennutzung aufgrund fehlender Recyclingmöglichkeiten höher als in der materiellen Nutzung. Dementgegen existiert mit dem maximalen erneuerbaren Ressourcenpotential ER^{max} eine Obergrenze für ein langfristiges physisches Wachstum in der Nutzung erneuerbarer Ressourcen. Anhand der Graphiken d) und g) konnte gezeigt werden, daß eine Transformation auf eine auf erneuerbaren Ressourcen basierende Ressourcennutzung durchaus mit einem physischen Wachstum vereinbar ist. Aufgrund der Restriktion in der Nutzung der erneuerbaren Ressourcen durch ER^{max} als obere Begrenzung ist ein zeitlich unbegrenztes physisches Wachstum jedoch grundsätzlich unmöglich.

Die größte Ressourcenrestriktion wird zweifellos durch einen abrupten Schock in der Ressourcenverfügbarkeit ausgelöst, der sich aufgrund der Erschöpfung der nicht-erneuerbaren Primärressourcen einstellt – wie gezeigt in den Graphiken a), b) und e). Derartige Ressourcenschocks führen zu schlagartigen Anpassungszwängen und sie dürften einem ökonomischen Desaster gleichkommen. Der „künstliche“ Schock in der Erdölverfügbarkeit durch das Erdölembargo der 70er Jahre mag ein gemäßigtes Beispiel für einen solchen Fall abgeben.

Obwohl bei den diskutierten Pfaden unterstellt wurde, daß aufgrund nachhaltiger Ressourcennutzung im Sinne der ersten Managementregel für Nachhaltigkeit das erneuerbare Ressourcenpotential ER^{max} intertemporal nicht beeinträchtigt wird, sind die Pfade a), b) und e) mit den abrupten Ressourcenschocks kaum als nachhaltig zu bezeichnen. Da das Konzept der nachhaltigen Entwicklung die Sicherung der Grundbedürfnisse aller zukünftigen Menschen erfordert, wird es hier bezüglich der mengenmäßigen Ressourcennutzung in der Weise interpretiert, daß eine langfristige Gesamtressourcenverfügbarkeit gesichert ist und abrupte Störungen in der Ressourcenverfügbarkeit vermieden werden.

Damit verbleiben als potentiell nachhaltige kombinierte Ressourcenpfade diejenigen mit einem kontinuierlichen Pfadverlauf. Doch auch hier gibt es bemerkenswerte Unterschiede. In den Graphiken c) und f) sind deutliche Rückgänge in der aggregierten mengenmäßigen Ressourcennutzung nach der Erschöpfung der nicht-erneuerbaren Ressourcen mit entsprechenden quantitativen *und* qualitativen Anpassungszwängen festzustellen, während die Pfadverläufe in d) und g) ein geringeres Ausmaß derartiger Restriktionen implizieren. Trotz der aggregierten Werte für die Ressourcennutzung weisen diese beiden Pfade die Form einer logistischen Funktion auf, wie sie typisch ist für einen Nutzungspfad bei ausschließlicher Verwendung von erneuerbaren Ressourcen (vgl. Abbildung 4.3 c). Der Transformationsprozeß in der Ressourcennutzung ist also dann am wenigstens mit Störungen belastet, wenn der aggregierte Gesamtressourcennutzungspfad die Form eines typischen erneuerbaren Ressourcennutzungspfades aufweist. Somit ließe sich schlußfolgern, daß der „Grad der Nachhaltigkeit“ in der kombinierten Ressourcennutzung um so größer ist, je mehr der langfristige Pfadverlauf – inklusive der Zeitspanne nach der Erschöpfung der nicht-erneuerbaren Ressourcen – einer logistischen Funktion gleicht.

In diesem Sinne ließen sich für die Graphiken der beiden vorstehenden Abbildungen konstatieren, daß der „Grad der Nachhaltigkeit“ in Abbildung 4.4 von Graphik a) bis d) zunimmt, während gleiches auch für die Graphiken von e) bis g) in Abbildung 4.5 zutrifft. Das Ausmaß der Störungen in der kombinierten Ressourcennutzung nimmt deutlich ab. Zuerst sind die aggregierten Pfade noch diskontinuierlich (a, b, e), dann werden sie kontinuierlich, aber weisen noch deutliche Rückgänge mit entsprechenden Anpassungszwängen in der Ressourcennutzung auf (c, f), und schließlich sind die Störungen in der Ressourcennutzung minimal (d, g).

Aufbauend auf diesen Überlegungen und den hier diskutierten möglichen intertemporalen Pfadverläufen der Energie- und Materienutzung lassen sich Kriterien entwickeln, mittels derer der ungefähre „Grad der Nachhaltigkeit" hinsichtlich der *kombinierten mengenmäßigen Ressourcennutzung* einer Ökonomie eingeschätzt und einem Zustand in einer der Graphiken zugeordnet werden kann. Insgesamt sind sechs Kriterien für eine kombinierte nachhaltige Ressourcennutzung von Bedeutung:

1. Ein *geringer Anteil der nicht-erneuerbaren Ressourcen an der Gesamtressourcennutzung* spricht für eine nachhaltige kombinierte Ressourcennutzung, da damit die Möglichkeit eines Schocks in der Ressourcenverfügbarkeit bei Erschöpfung eher gering ist. (Positive Graphikbeispiele aus den vorstehenden Abbildungen sind d) und g) zum Zeitpunkt t_3 bzw. T_3, negative Beispiele sind z. B. a) und e) zum Zeitpunkt T_1).
2. Eine *Gesamtressourcennutzung*, die sich *unterhalb der maximal abschätzbaren Nutzungspotentiale der erneuerbaren Ressourcen* (ER^{max}) befindet und diese in absehbarer Zeit auch nicht überschreiten wird, spricht für eine eher nachhaltige Ressourcennutzungskonstellation, da in diesem Fall eine zukünftige Reduzierung in der aggregierten Ressourcennutzung nicht unbedingt notwendig sein wird (positive Beispiele: b, d, g; negative Beispiele: a, c, e, f).
3. Eine weitgehende *Erforschung* und reale Inanspruchnahme *bestehender erneuerbarer Ressourcenpotentiale* spricht für eine eher nachhaltig orientierte Ressourcennutzung. Zumindestens verhindert eine solche Konstellation einen zu tiefen Abfall in der Ressourcenverfügbarkeit zum Zeitpunkt der Erschöpfung der nicht-erneuerbaren Ressourcen. (Positive Beispiele: c, f, g in t_2 bzw. T_2; negative Beispiele: a, e in T_1).
4. Eine *mengenmäßige Stabilität* oder eine nur geringe Zuwachsrate *hinsichtlich der Inanspruchnahme von nicht-erneuerbaren Ressourcen* deuten auf eine eher nachhaltige Ressourcennutzung hin, da dadurch bessere Optionen hinsichtlich der Transformation in der Ressourcennutzung bestehen. Bei hohen Wachstumsraten besteht hingegen die Gefahr zukünftiger Schocks oder deutlicher Reduzierungen in der Ressourcenverfügbarkeit. (Positive Beispiele: b, d, f, g, negative Beispiele: a, c, e)
5. Ein *hoher Anteil der Sekundärressourcen am Gesamtverbrauch* der nicht-erneuerbaren Ressourcen spricht für eine eher nachhaltige Ressourcennutzung, da die Inanspruchnahme von Recyclingpotentialen ressourcenschonend wirkt und die Gefahr eines Ressourcenschocks mindert. (Positive Beispiele: f, g, negatives Beispiel: e).
6. Schließlich sind auch sonstige Daten zu den *Recyclingbedingungen* von Ressourcen bedeutsam. So weisen z. B. eine hohe durchschnittliche Verweildauer von nicht-erneuerbaren Ressourcen im genutzten Kapital- und Güterbestand sowie eine hohe Anzahl von Recyclingmöglichkeiten der verwendeten Stoffe auf eine nachhaltige Ressourcennutzung hin. Günstige Recyclingbedingungen bremsen die Geschwindigkeit des Ressourcenverschleißes und verzögern den unvermeidlichen Verlust in der Ressourcenverfügbarkeit nach Erschöpfung der Primärressourcen. (Positive Beispiele: f, g, negatives Beispiel: e).

Grundsätzlich ist festzustellen, daß ein intertemporaler Transformationspfad in der Ressourcennutzung um so weniger Störungen aufweist, je sparsamer bzw. ressourcenschonender mit nicht-erneuerbaren Ressourcen gewirtschaftet wird bzw. je frühzeitiger die Nutzung von nicht-erneuerbaren Ressourcen auf einem möglichst niedrigen Niveau stabilisiert und damit der Übergang zu einer vermehrten Nutzung erneuerbarer Ressourcen eingeleitet wird. Eine lange Übergangsphase in der Ressourcennutzung wie in den Graphiken d) und g) hat zudem den Vorteil, daß mehr Zeit für die Entwicklung eines angemessenen institutionellen Rahmens für eine auf erneuerbaren Ressourcen basierende Wirtschaftsweise zur Verfügung steht.

Nach dieser differenzierten Diskussion der physischen Wachstumsbegrenzungen durch die begrenzte Verfügbarkeit von erneuerbaren und nicht-erneuerbaren Ressourcen kann anhand der genannten sechs Kriterien grob abgeschätzt werden, durch welchen Nachhaltigkeitsgrad sich die gegenwärtigen Muster der Energie- und Materienutzung auszeichnen. In diesem Kontext ist insbesondere die Frage interessant, welche Ressourcen letztlich den am meisten limitierenden Charakter für ein physisches Wachstum aufweisen.

Zuerst seien die derzeitig verfügbaren *Energiepotentiale* betrachtet, die in der obigen Gleichung 50a aufgeführt sind. Der große Unterschied zwischen den verschiedenen Formen der Energie besteht in ihrer thermodynamischen Energiequalität pro Masse-, Flächen- oder Dienstleistungseinheit. Das mit Abstand höchste Energiepotential besitzen Nuklearbrennstoffe mit einer Energieleistung von 80 Millionen Megajoule (MJ) durch Fission eines Kilogramms Uran 235. Die chemische Verbrennung fossiler Brennstoffe erbringt einen Energiewert von etwa 45 MJ pro Kilogramm Ressource, während zehn Quadratmeter Boden unter sehr sonnigen Verhältnissen ein maximales Energiepotential von 34 MJ pro Stunde besitzen.[43] Das solare Energiepotential kann nach heutigem Stand der Technik durch direkte Nutzung per Solarzellen je nach verwendetem Halbleitermaterial zu mehr als 20% genutzt werden. Damit ist die direkte Form der Solarnutzung gegenüber der indirekten Nutzung durch Energiepflanzen technisch weit überlegen, da eine pflanzliche Verwertung der Sonneneinstrahlung durch Photosynthese im Höchstfall ein Prozent erreicht.[44] Schließlich sind die mechanischen Energieformen der menschlichen und tierischen Arbeit als eher geringwertig einzustufen. Um die Energieleistung der Verbrennung eines Kilogramms Kohle zu erreichen, muß ein Mensch 40 Stunden und ein Pferd 10 Stunden mechanische Zugarbeit verrichten.[45] Angesichts dieser Fakten und der Nutzungsvorteile von Strom-Produktionsfaktoren ist es kaum verwunderlich, daß zu Anfang der 90er Jahre etwa 82% des globalen Primärenergieverbrauchs aus den fossilen und nuklearen Rohstoffen gewonnen wurden, während der Anteil der erneuerbaren Energieressourcen lediglich 18% erreichte, wovon etwa zwei Drittel auf Brennholz entfielen und ein weiteres Drittel auf Wasserkraft.[46]

Aus diesen Daten kann allerdings *nicht* geschlußfolgert werden, daß nach der Erschöpfung der nicht-erneuerbaren Energieressourcen[47] ein weiteres Wachstum des globalen Energieverbrauchs unmöglich ist, denn die Gesamtpotentiale für die Nutzung erneuerbarer Energieformen – besonders der solaren Energieformen – sind sehr hoch. Es wurde bereits erwähnt, daß der Energiewert der *täglichen* Sonneneinstrahlung 13.700 mal so hoch ist wie der derzeit *jährliche*

43 Vgl. Boustead/Hancock 1979: S. 16-17.

44 Vgl. Karus 1994: S. 29 und Meliß/Sandtner 1996: S. 16. Gleichzeitig sind die Kosten der Energiebereitstellung aus der direkten Solarenergienutzung derzeit unter allen erneuerbaren Energieträgern am höchsten. Vgl. Hlubek/Schilling 1996: S. 13, Meliß/Sandtner 1996: S. 14 und Karus 1994: S. 32.

45 Bezogen auf den pro-Kopf-Energieverbrauch in Europa bedeutet das, daß jeder Europäer zur Deckung seines Energieverbrauchs durch menschliche Arbeit 60 Arbeitskräfte kontinuierlich beschäftigen müßte. Vgl. Dürr 1995: S. 156.

46 Vgl. Matthes 1995: S. 157 und Meliß/Sandtner 1996: S. 23. Bei diesen Daten sind die energetischen Leistungen von menschlicher und tierischer Arbeitskraft nicht berücksichtigt.

47 Nach derzeitigen optimistischen Schätzungen könnte der derzeitige globale Energiebedarf noch für maximal 500-1000 Jahre durch fossile Ressourcen gedeckt werden und für weitere 2.000 bis 15.000 Jahre durch nukleare Ressourcen. Vgl. Conrad 1995: S. 65.

globale Energieverbrauch.[48] Angesichts dieses hohen Energiewertes erstaunt es nicht, daß auch der Energiegehalt der jährlich auf der Erde nachwachsenden Biomasse trotz des eher geringen energetischen Wirkungsgrades der pflanzlichen Photosynthese zehn mal höher ist als der jährliche globale Energieverbrauch.[49] Auch die globalen Potentiale der Wasserkraft werden in einer Höhe eingeschätzt, die dem heutigen Weltstrombedarf entsprechen.[50] Diese Fakten deuten darauf hin, daß durch Erschließung der Potentiale der erneuerbaren Energiequellen ein weiteres Wachstum im Energieverbrauch der Zukunft möglich ist.[51] In einer Studie über erneuerbare Energiepotentiale in den USA kommen KOZLOFF und DOWER vom World Resources Institute zu dem Ergebnis, daß die erneuerbare Energieressourcenbasis der USA in 1990, *die mit gegenwärtig vorhandenen Technologien nutzbar wäre*, mehr als drei mal so groß ist wie der US-Energieverbrauch (ohne Transportsektor).[52]

Zur Beurteilung der gegenwärtigen globalen Konstellation in der Energieressourcennutzung in bezug auf die Nachhaltigkeit in der langfristigen kombinierten Ressourcennutzung können die oben genannten sechs Kriterien verwendet werden. Bei fünf der sechs Kriterien fällt die Nachhaltigkeitsbeurteilung eher negativ aus:

ad 1) Der Anteil der nicht-erneuerbaren Energieressourcen an der Primärenergienutzung ist übermäßig hoch.

ad 3) Die technische Erschließung der erneuerbaren Energiepotentiale ist bisher erst teilweise erforscht, und die erforschten Potentiale werden nicht sehr ausgiebig genutzt.

ad 4) In den vergangenen Jahrzehnten herrschte ein hohes Wachstum in der Nutzung der nicht-erneuerbaren Energieressourcen vor.[53]

ad 5 und 6) Ein Recycling von Energieressourcen ist nicht möglich.

Positiv fällt hingegen die Einschätzung des zweiten Kriteriums aus, da der derzeitige globale Energiebedarf in der kombinierten Ressourcenverwendung unterhalb des nachhaltig nutzbaren erneuerbaren Energiepotentials (ER^{max}) gelegen ist.

Aufgrund dieser Einschätzung der vorherrschenden globalen Trends in der Energieressourcennutzung kann die heutige Konstellation in etwa dem Zeitpunkt t_1 in der Graphik b) der Abbildung 4.4 zugeordnet werden. Gleichzeitig ist darauf hinzuweisen, daß die gegenwärtige, auf fossilen und nuklearen Ressourcen beruhende Energieversorgung die Senkenfunktionen der Natur überlastet und somit schon aufgrund der Nichteinhaltung der zweiten Managementregel als nicht-nachhaltig einzustufen ist. Trotz der weiterhin nicht sehr günstigen Umstände in der Graphik b) mit Bezug auf den drohenden Schock in der Ressourcenverfügbarkeit in T_1, ist jedoch ausgehend von dieser Situation unter veränderten Rahmenbedingungen durchaus noch ein Pfadverlauf wie in der Graphik d) realisierbar. Würde heute eine Stabilisierung und eine schrittweise Reduzierung in der Nutzung der nicht-erneuerbaren Energieressourcen eingeleitet und gleichzeitig das erneuerbare Energiepotential vermehrt eingesetzt, dann ließe sich

48 Vgl. Kapitel 3.3.3.1 und Dürr 1995: S. 158.

49 Vgl. Karus 1994: S. 25.

50 Vgl. Hlubek/Schilling 1996: S. 13.

51 Für ein Szenario mit nachhaltiger globaler Energienutzung vgl. Conrad 1995: S. 65-72.

52 Vgl. Kozloff/Dower 1993: S. 6-7 und 166-170. Entsprechend kommen sie zu folgender Einschätzung: *„As such, renewables could be a backstop technology for the United States that allows economic growth (...).“* Ebd.: S. 6.

53 So wuchs z. B. die Welt-Ölproduktion nach dem zweiten Weltkrieg um mehr als einen Faktor 7 (etwa 10% p.a. zwischen 1945-87) und die globale Kohleproduktion verdoppelte sich zwischen 1955 und 1986 (Wachstumsrate p.a. etwa 2,3%). Vgl. Clark 1990: S. 104, 110, 246, 251 und Kapitel 5.1.2.

die bestehende Konstellation der Energieressourcennutzung auch dem Zeitpunkt t_1 in Graphik d) zuordnen. Die Perspektiven für eine nachhaltige kombinierte Ressourcennutzung im Energiebereich und auch für ein weiteres Wachstum stehen damit also nicht unbedingt schlecht. Diese günstige Einschätzung basiert insbesondere darauf, daß mit der Sonneneinstrahlung ein hochwertiges und zeitlich gesehen quasi-unendliches erneuerbares Substitut für die nicht-erneuerbaren Energieressourcen existiert.

Nun können die *Materiepotentiale* betrachtet werden, die jedoch aufgrund des oben erwähnten Maßstabproblems schwieriger zu beurteilen sind. Aufgrund fehlender aktueller Daten hinsichtlich der globalen pflanzlichen Nettoprimärproduktion und der Potentiale der Biomassenutzung ist auf empirische Analysen der 1980er Jahre zurückzugreifen. In den Jahren 1983-85 wurden weltweit durchschnittlich 27,3 Mrd. Tonnen nicht-erneuerbare Primärressourcen pro Jahr verbraucht, wovon 25% (6,9 Mrd. Tonnen) auf fossile Ressourcen entfiel.[54] Werden die fossilen Ressourcen als Energierohstoffe abgezogen, so verbleibt ein Verbrauch von nicht-erneuerbaren Primärressourcen mit materieller Nutzung von 20,4 Mrd. Tonnen. Dementgegen steht ein jährlicher direkter Verbrauch von Biomasse in Höhe von 7,2 Mrd. Tonnen, gerechnet in Trockensubstanz pflanzlicher Biomasse, wovon 1 Mrd. Tonne energetisch (für Brennholz) und etwa 3 Mrd. Tonnen als Nahrung verwendet wurden.[55] Aus diesen Daten läßt sich ein ungefähres globales jährliches Gesamtvolumen der Materialnutzung in Höhe von 26,6 Mrd. Tonnen ermitteln. Der gewichtsbezogene Anteil der erneuerbaren Ressourcen an der Gesamtmaterialnutzung beträgt somit 23%. Wäre es möglich, alle nicht-erneuerbaren Materieressourcen durch erneuerbare Ressourcen im Gewichtsverhältnis 1:1 zu ersetzen, dann müßte für eine dauerhafte Aufrechterhaltung der heutigen aggregierten Gesamtressourcennutzung nach der Erschöpfung der nicht-erneuerbaren Ressourcen die Inanspruchnahme der erneuerbaren Ressourcen in etwa vervierfacht werden.

Als Orientierungswert für eine Bestimmung des maximalen erneuerbaren Materialpotentials der Biomasse (ER^{max}) könnte die globale jährliche Nettoprimärproduktion angesehen werden, die in den 80er Jahren 224 Mrd. Tonnen Trockensubstanz betrug.[56] Wird die NPP um den nutzungsbedingten Naturverschleiß (γ^{REG}) aus der Ungleichung 49 reduziert, der hier mit 2,5% angenommen ist[57], dann ist festzustellen, daß das erneuerbare Biomassepotential auf einer reinen Gewichtsbasis die globale direkte Materialnutzung um einen Faktor von acht übersteigt. Mit Bezug auf diese Zahl ist jedoch zu beachten, daß die globale terrestrische Biomassenutzung mit einer immensen Vernichtung und Verhinderung von Biomasseproduktion verbunden ist. VITOUSEK ET AL. berechneten, daß zur Realisierung der oben erwähnten direkt genutzten 7,2 Mrd. Tonnen Biomasse in etwa 60,1 Mrd. Tonnen bzw. 24,8% der globalen Nettoprimärproduktion in Anspruch genommen wird.[58] Sollte unter den derzeitigen Formen der Biomasse-

54 Vgl. Baccini/Brunner 1991: S. 24.

55 Die Gewichtsangabe Trockensubstanz pflanzlicher Biomasse wird als Maßstab für Biomasse in der Biologie verwendet. Ein Tier wird demnach nicht nach seinem Eigengewicht berechnet, sondern nach der wesentlich höheren Gewichtsangabe zu dem von ihm pro Jahr verzehrten pflanzlichen Biomasse. Die genaue Verteilung der Biomassenutzung lautet: Pflanzliche Biomasse als Nahrung für Mensch und Tier 3 Mrd. Tonnen, Holz- und Faserprodukte 2,2 Mrd. Tonnen und Fischfang 2,0 Mrd. Tonnen. Vgl. Vitousek et al. 1986: S. 369.

56 Vgl. Vitousek 1986: S. 369.

57 Der Wert für γ^{REG} von 2,5% wurde grob abgeschätzt unter Verwendung von Daten von 1995 aus der deutschen Landwirtschaft. Danach entfallen etwa 2% der für Getreide genutzten landwirtschaftlichen Fläche auf die Vermehrung von Samen, während das Masseverhältnis von eingesetztem Handelsdünger und Pflanzenschutzmitteln zum Getreideertrag etwa 0,005 beträgt. Datenquellen für diese Abschätzung sind: Bundesministerium für Ernährung, Landwirtschaft und Forsten 1996: S. 83-89 und Bundesregierung der BRD 1996: Tabelle 19.

58 Vgl. Vitousek 1986: S. 372.

nutzung ein mittelfristiges Ziel einer vollständigen Substitution von nicht-erneuerbaren durch erneuerbare Ressourcen (im Verhältnis 1:1) erreicht werden, dann müßte die Inanspruchnahme der globalen Nettoprimärproduktion mehr als vervierfacht werden. Eine derartige Ausweitung der Biomassenutzung, die eine nahezu 100%ige Inanspruchnahme der Nettoprimärproduktion bedeuten würde, ist jedoch lediglich hypothetisch möglich.

Außerdem ist zu berücksichtigen, daß die fruchtbarsten Böden derzeit bereits äußerst intensiv genutzt werden und aufgrund hoher stofflicher und mechanischer Belastungen als nicht nachhaltig einzustufen sind. 80% der weltweit landwirtschaftlich genutzten Böden unterliegen mäßigen bis schweren Erosionsprozessen und pro Jahr gehen durchschnittlich 30 bis 40 Tonnen Mutterboden pro Hektar landwirtschaftlicher Fläche verloren. Auf diese Weise ergeben sich erosionsbedingte irreversible Verluste von fruchtbaren Ackerflächen in Höhe von 12 Millionen Hektar Land pro Jahr.[59] Auch hinsichtlich der Nutzung aquatischer Biomasse in Form von Fischereierträgen ist zu konstatieren, daß der globale jährliche Fischereiertrag in Höhe von über 60 Mio. Tonnen Fisch kaum noch gesteigert werden kann, da die nachhaltigen globalen Fischfangpotentiale seit Mitte der 80er Jahre nahezu ausgeschöpft sind und viele Fischfanggebiete bereits überfischt wurden.[60] Unter diesen Umständen ist die Möglichkeit der Vervierfachung in der Biomassenutzung kaum als realistisch einzustufen.[61]

Doch selbst unter der optimistischen Annahme, daß eine immense Steigerung der Inanspruchnahme von irdischer Biomasse in Zukunft realisierbar wäre, bleibt immer noch die Frage, ob ein gewichtsbezogenes Biomasseäquivalent zur heutigen Masse der Materialnutzung das Potential besitzt, sämtliche hochwertige Funktionen der heutigen, zumeist nicht-erneuerbaren Materialien und Industriewerkstoffe zu ersetzen. Schon heute bestehen diverse Anwendungsfelder für die stoffliche Verwendung von Biomasse. So sind neben dem Ernährungsbereich besonders die Fasernutzung (Papier, Textilien, Dämmaterial, etc.), die Nutzung als Baustoff (Bau, Bergbau, Möbelindustrie), die Nutzung als Grundstoff in der Chemieindustrie (Farben, Öle, Medikamente, Waschmittel etc.), die Nutzung als Verpackungsmaterial, die Nutzung von Stärke als organischen Kunststoff und die Sprengstoffherstellung zu erwähnen.[62] Doch insgesamt ist das gegenwärtige stoffliche Substitutionspotential von erneuerbarer Biomasse für nicht-erneuerbare Materialien äußerst beschränkt, und selbst in den potentiellen Substitutionsbereichen bestehen nicht selten qualitative Materialhemmnisse auf seiten der erneuerbaren Werkstoffe.[63] Schließlich spielen erneuerbare Materialien derzeit im innovationsträchtigen Bereich der Erforschung neuer Werkstoffe keine Rolle.[64]

---

59 Vgl. Pimentel et al. 1997: S. 9-10.

60 Vgl. World Resources Institute/UNEP/UNDP 1994: S. 183-185 und Brown 1993: S. 19-20.

61 Dabei ist ein erhöhter Biomassebedarf aufgrund der wachsenden Weltbevölkerung noch gar nicht berücksichtigt. Ganz abgesehen von der Nutzung von Biomasse als materieller Grundstoff der Zukunft, streiten sich Bevölkerungsexperten zur Zeit noch über die Frage, ob die globale Ernährung bis zum Jahre 2050 gewährleistet werden kann, wenn sich die Bevölkerung bis dahin auf über 10 Milliarden Menschen verdoppelt haben wird. Nach optimistischen Einschätzungen ist die globale Ernährung in Entwicklungsländern gesichert, da allein in Afrika und Lateinamerika die landwirtschaftliche Flächennutzung verdreifachbar sei. Die Pessimisten unter den Demographen halten jedoch weitere bedeutsame Steigerungen in der Nahrungsmittelproduktion gerade angesichts ökologischer Folgewirkungen für nicht realisierbar. Vgl. für einen Überblick über die Debatte über die Zukunft der Welternährung: Bongaarts 1997.

62 Vgl. zum Stand der Diskussion über die stoffliche Nutzung von Biomasse: Wintzer et al. 1993: Kapitel V, Schütte 1994: S. 5-11, Schröter 1994: S. 35-39, Fischer 1994: S. 40-48, Löfflad 1994: S. 50-52, Nebel 1994: S. 55-68 und Naturschutzbund 1995: S. 7-9.

63 So ist z. B. die thermische Beständigkeit von pflanzlichen Motorölen nicht sehr hoch und Verpackungen aus Biomasse sind nicht sehr feuchtigkeitsstabil. Vgl. Naturschutzbund 1995: S. 8-9.

64 Vgl. zum aktuellen Stand der Werkstofforschung: Bundestagsdrucksache (13/1696) 1995: S. 12-14.

Zweifellos werden sich die Innovationsaktivitäten mit einer Verknappung von nicht-erneuerbaren Ressourcen erhöhen. Dabei bleibt allerdings fraglich, ob hochwertige Funktionen von nicht-erneuerbaren Werkstoffen – wie z. B. die elektrische Leitfähigkeit von Kupfer oder die Kapazität zur Informationsübertragung durch Glasfaserstoffe – jemals durch erneuerbare Rohstoffe ersetzt werden können. Wenn dies in einigen Bereichen möglich ist, ergibt sich als weitere Frage, welche Materialmengen notwendig sind, um die Leistung eines hochwertigen nicht-erneuerbaren Werkstoffes zu ersetzen. Da weiterhin die Innovationsstärke der Materialwissenschaft ganz wesentlich auf der Kombination der verfügbaren Stoffe und damit auf der Verfügbarkeit möglichst vieler und hochwertiger Materialien beruht[65], ist zu konstatieren, daß mit der Erschöpfung der hochwertigen nicht-erneuerbaren Ressourcen das Innovationspotential der Materialwissenschaften sinken wird.[66]

Schließlich ist noch darauf hinzuweisen, daß der Materialmultiplikator für nicht-erneuerbares Material (m^R) in der Gleichung 50b einen potentiell höheren Wert aufweist als für erneuerbare Werkstoffe (m^{BM}). Nicht-erneuerbare Ressourcen sind häufig sehr langlebig und besonders im Fall der metallischen Werkstoffe besteht ein äußerst gutes Recyclingpotential, so daß ein Großteil des verfügbaren Ressourcenpotentials von nicht-erneuerbaren Ressourcen, das derzeit noch lange nicht ausgeschöpft ist, auf der Möglichkeit langer Nutzungszeiten und hoher Umlaufzahlen beim Recycling basiert. Erneuerbare Ressourcen verschleißen hingegen schneller und das Potential zum Recycling ist eher gering. Dafür sind erneuerbare Ressourcen kompostierfähig. Doch Kompost ist letztlich notwendig, um die Bodenqualität und damit den Nettozuwachs der Biomasse zu erhalten, wodurch sich kein Multiplikatoreffekt in der Ressourcennutzung wie beim Recycling einstellt. Unter Berücksichtigung all dieser Informationen wird an dieser Stelle das qualitäts- und mengenbezogene materielle Nutzungspotential von erneuerbaren Ressourcen (ER^{max}) als geringer eingeschätzt als das derzeit in Anspruch genommene Potential der materiell genutzten erneuerbaren und nicht-erneuerbare Ressourcenmenge.

Nach dieser Erörterung kann mit Hilfe der obigen Kriterien der Nachhaltigkeitsgrad in der kombinierten Materialressourcennutzung eingeschätzt werden. In diesem Fall fällt die Beurteilung in Hinblick auf alle sechs Kriterien für einen nachhaltigen Ressourcennutzungspfad eher negativ aus:

ad 1) Der Anteil der nicht-erneuerbaren Ressourcen ist in der materiellen Ressourcennutzung sehr hoch.

ad 2) Die derzeit genutzte aggregierte Materialmenge und ihre Leistung ist höher einzuschätzen als das erneuerbare nachhaltige Ressourcenpotential.

ad 3) Für viele hochwertige Materialanwendungen existiert bisher kein erneuerbares Substitutmaterial und erneuerbare Werkstoffe sind in der Forschung nicht sehr bedeutsam.

ad 4) Das Wachstum in der Anwendung nicht-erneuerbarer Materialien war in den vergangenen Jahrzehnten sehr ausgeprägt.[67]

---

65 Vgl. Hornbogen 1995: S. 574-575.

66 Vgl. Kapitel 4.3.4 zu weitergehenden Aspekten der Innovation.

67 So ist z. B. seit den 1950er Jahren die Aluminiumproduktion in der westlichen Welt um den Faktor 10, die Nickelproduktion um den Faktor 5 und die Kupferproduktion um den Faktor 3,5 angestiegen. Vgl. Metallgesellschaft AG/World Bureau of Metall Statistics 1994: S. 64-65.

ad 5 und 6) Trotz der Nutzung teilweise sehr gut recycelbarer Materialressourcen, ist der Anteil der Sekundärressourcen am Gesamtverbrauch eher gering.[68]

Angesichts dieser vorherrschenden globalen Trends in der Materialressourcennutzung läßt sich die derzeitige Situation dem Zeitpunkt t_0 in Graphik e) der Abbildung 4.5 zuordnen. Durch ausgeprägtes Wachstum in der Nutzung nicht-erneuerbarer Materialressourcen ist die langfristige Obergrenze des erneuerbare Ressourcenpotentials ER^{max} überschritten, während die erneuerbaren Potentiale noch wenig erschlossen sind. Aus dieser Konstellation heraus läßt sich ein kontinuierlich verlaufender Nachhaltigkeitspfad nur noch erreichen, wenn drastische Reduzierungen in der Nutzung von Material realisiert werden – wie es der Fall in Pfad f) ist. Ein kontinuierlicher Pfad mit weiterhin stetig zunehmender Materialnutzung ist hingegen nahezu ausgeschlossen.

Als Ergebnis dieser differenzierten Betrachtung der Potentiale in der Nutzung von Energie- und Materieressourcen läßt sich *für eine lange Zeitperspektive* feststellen, daß bei Ausnutzung aller bestehenden Ressourcenpotentiale nicht-erneuerbare Ressourcen in ihrer materiellen Nutzung einen begrenzenderen Faktor für physisches ökonomisches Wachstum darstellen als in ihrer energetischen Nutzung. Trotz der Option des Recyclings im Falle der materiell genutzten Ressourcen, die den limitativen Charakter in der Ressourcenverfügbarkeit reduziert, ist letztlich das Gesamtpotential der energetischen und materiellen Ressourcennutzung für diese Einschätzung ausschlaggebend.

Nun ließe sich aus einer energetisch-thermodynamischen Perspektive argumentieren, daß eine hohe und noch wachsende potentielle Energieverfügbarkeit, die hier ja konstatiert wurde, gleichzeitig die Verfügbarkeit über nicht-erneuerbare Materialressourcen dauerhaft verbessert. Mit viel Energie läßt sich eine geringere Erzkonzentration erschließen und eine erhöhte Recyclingquote realisieren.[69] Zu diesem Argument ist zu sagen, daß es lediglich zutreffend ist, daß mit einer höheren Energieverfügbarkeit die thermodynamischen Potentiale der Material(wieder-)gewinnung besser ausgeschöpft werden können. Dennoch bleiben die thermodynamischen Grenzen bestehen und Materie wird durch menschliche Nutzung unwiderruflich dispergieren – vielleicht langsamer bei hoher Energieverfügbarkeit. Letztlich ist jedoch auch Materie notwendig, um Energie zu erzeugen. Somit könnte z. B. die realisierbare Solarenergieproduktion nach der Erschöpfung der nicht-erneuerbaren Ressourcen sinken, weil keine gleichwertigen erneuerbaren Halbleitermaterialien für Solarzellen vorhanden sind. Unter derartigen Umständen wirkt die begrenzte Verfügbarkeit von nicht-erneuerbaren materiell nutzbaren Ressourcen limitierend auf das Energie- *und* das Materiewachstum der Ökonomie.

Der für eine lange Zeitfrist approximativ festgestellte limitierendere Charakter von nicht-erneuerbaren materiell nutzbaren Ressourcen hat aus einer Nachhaltigkeitsperspektive wichtige Implikationen für all diejenigen Fälle, in denen Konkurrenzkonstellationen zwischen der energetischen und der materiellen Nutzung einer Ressource bestehen. Ganz allgemein ist im Sinne einer optimalen und gerechten intertemporalen Ressourcenverwendung die materielle Nutzung einer Ressource ihrer energetischen Nutzung vorzuziehen. Dies gilt um so mehr, da in vielen Fällen eine *asymmetrische Konkurrenz in der Nutzung* besteht, d. h., daß die materielle Nutzung einer Ressource eine spätere energetische Nutzung nicht unbedingt ausschließt, während aber mit einer energetischen Nutzung die materielle Anwendungsmöglichkeit verlo-

---

68 1995 lag der Anteil der Sekundärressourcen am Gesamtverbrauch bei Aluminium in der westlichen Welt bei 27,2% und bei Kupfer bei 48,6%. Vgl. Metallgesellschaft AG/World Bureau of Metall Statistics 1996 sowie Tabelle 5.1 in Kapitel 5.1.2.

69 Vgl. zur energetischen Argumentationsweise das Kapitel 3.3.3.1.

ren ist. Somit ist es aus der thermodynamischen Sicht eines Materialwissenschaftlers stets sinnvoller, der energetischen Nutzung einer Ressource eine möglichst hohe Anzahl von stofflichen Nutzungen vorzuschalten.[70] Die direkte Verbrennung fossiler und pflanzlicher Energieressourcen, die aus einer kurzsichtigen Allokationsperspektive zu einer maximalen gesellschaftlichen Wohlfahrt führen mag, ist aus einer langfristigen Perspektive unter Einbeziehung thermodynamischer Aspekte ebenso wie die Nichtnutzung von verfügbaren erneuerbaren Fundfaktoren oder die Nichtrealisierung von Recyclingpotentialen als Verschwendung von Ressourcen zu betrachten, die letztlich zu einer intertemporalen Distribution führt, bei der die materiellen Grenzen des physischen Wachstums vorzeitig erreicht werden.

Angesichts dieser Analyse der kombinierten Ressourcennutzung und im Sinne der Interpretation, daß Nachhaltigkeit in bezug auf die Ressourcenverwendung bedeutet, daß keine schwerwiegenden Schocks in der intertemporalen Ressourcenverfügbarkeit eintreten, läßt sich aus den vorstehenden Erkenntnissen und aus den evolutionären Einsichten in Kapitel 3.3.4 eine zusätzliche, ***fünfte Nachhaltigkeits-Managementregel*** für eine kombinierte Ressourcennutzung bzw. ***für einen kontinuierlichen Transformationspfad in der intertemporalen Ressourcennutzung*** ableiten.

Fünfte Managementregel für Nachhaltigkeit: *In der kombinierten Nutzung von erneuerbaren und nicht-erneuerbaren Ressourcen in der langen Frist sind Schocks in der Ressourcenverfügbarkeit und Formen intertemporal ineffizienter Ressourcennutzung zu vermeiden. Da letztlich die erneuerbaren Ressourcen die alleinige Ressourcengrundlage zukünftiger Generationen darstellen, sind zur Realisierung eines intertemporal kontinuierlichen Transformationspfades in der Ressourcennutzung folgende Leitregeln zu beachten:*

- *Zur Gewährleistung einer ohne große Störungen ablaufenden Transformation in Richtung einer auf erneuerbaren Ressourcen basierenden Wirtschaftsweise ist der Verbrauch der qualitativ hochwertigen nicht-erneuerbaren Ressourcen frühzeitig auf einem möglichst geringen Niveau zu stabilisieren. Es gilt das Prinzip der Ressourcenschonung.*
- *Der Nutzung und Erschließung erneuerbarer Ressourcenpotentiale ist besondere Priorität einzuräumen.*
- *Der Anteil nicht-erneuerbarer Ressourcen am Gesamtressourcenverbrauch sollte grundsätzlich nicht übermäßig stark ansteigen, um nicht unnötig die Gefahr von Schocks in der Ressourcenverfügbarkeit zu erhöhen.*

Desweiteren ergibt sich aus der besonderen Limitation durch Materie eine

Ergänzung der dritten Managementregel für Quasi-Nachhaltigkeit:

- *Angesichts der restriktiveren ökonomischen Limitation durch materielle Ressourcen sind die thermodynamischen Potentiale der Mehrfachverwendung von nicht-erneuerbarer Materie zu nutzen oder die entsprechenden Optionen für die Zukunft offenzuhalten.*

---

70 Vgl. Hornbogen 1995: S. 590.

Die vorstehenden Ausführungen zu den Grenzen des physischen Wachstums einer Ökonomie treffen nicht unbedingt in gleichem Maße auf die **gesellschaftliche Wohlfahrt** zu, die derzeit (noch) in Form des **Sozialprodukts** zu quantifizieren versucht wird. Durch Steigerungen in der Effizienz der Ressourcennutzung und durch gesellschaftlichen Präferenzwandel ist es trotz der Limitationen durch die begrenzte Verfügbarkeit von natürlichen Ressourcen vorstellbar, daß das jährliche Sozialprodukt als monetärer Indikator der Wohlfahrt weiter zunimmt.

Erhöhte Effizienz in der Ressourcennutzung bedeutet, daß die primär in Anspruch genommenen Naturressourcen besser ausgenutzt werden und daher eine höhere Leistung bzw. ein höherer Nutzen pro Ressourceneinheit generiert werden kann. Beispiele für Effizienzerhöhungen existieren zur Genüge. So ist beispielsweise die Produktion von pflanzlicher Biomasse mit enormen Verlusten verbunden, die sich aus der Verbrennung und Vernichtung von ungeernteter Biomasse ergeben. In den 1980er Jahren wurde ein Ertrag an terrestrischer Biomasse von 5,2 Mrd. Tonnen p. a. auf einer Agrarfläche erwirtschaftet, die eine NPP von 40,6 Mrd. Tonnen NPP pro Jahr aufwies.[71] Die Nutzungseffizienz der NPP betrug damit 13% und ist sicherlich durch verbesserte Management- und Bewirtschaftungsmethoden steigerungsfähig. Auch in der Endnutzung von Biomasse – besonders im Nahrungsbereich – existieren Effizienzpotentiale. So können Verluste durch Biomasseverrottung mittels verbesserter Distributions- und Lagermethoden verringert werden. Weiterhin ließe sich die Effizienz der Biomassenutzung in der globalen Ernährung durch eine direktere Nutzung der pflanzlichen Biomasse enorm erhöhen, da der Konsum von Fleisch im Vergleich zu „direkter" vegetarischer Kost für die gleiche Kalorienaufnahme mehr als zehnmal soviel pflanzliche Biomasse benötigt.[72] Auch in der Nutzung nicht-erneuerbarer Ressourcen bestehen vielfältige Effizienzpotentiale. Bei der Nutzung energetischer Ressourcen ist beispielsweise der Wirkungsgrad steigerungsfähig, so daß bei gleichem Primärenergieeinsatz in Form von Sonneneinstrahlung oder fossilen Rohstoffen eine erhöhte Endenergieleistung erzielt werden kann. Auch in der materiellen Nutzung können durch verbesserte Walzmethoden bei Metallen, durch veränderte Materialstrukturen und durch verbesserte Konzepte der Mehrfachnutzung bedeutsame Materialeinsparungen pro Endprodukt oder Dienstleistung erreicht werden.[73]

Genau diese Effizienzerfolge werden in der Neoklassik stark betont. Ein unbegrenztes (Nutzen-)Wachstum ist in der neoklassischen Wachstumstheorie mit notwendigen nicht-erneuerbaren Ressourcen möglich, weil eine unendliche Steigerung in der Effizienz der Ressourcennutzung unterstellt wird – in Form der konstanten Rate des technischen Fortschritts. Wie bereits in der Kritik an der Neoklassik in Kapitel 3.3.1 erwähnt, bestehen allerdings aufgrund thermodynamischer Zusammenhänge Grenzen für jede Form von Effizienzerhöhung, da jedes Produkt und jede Dienstleistung eine Mindesteinsatzmenge von Energie und Materie benötigt.

Weitere Potentiale für eine steigende Wohlfahrt in Form eines wachsenden Sozialproduktes bestehen darin, daß die Nachfrage der Menschen nach „immateriellen" Güter und Dienstlei-

---

71 Daten nach Vitousek et al. 1986: S. 369-371.

72 Die Effizienzpotentiale in der globalen Ernährung sind erheblich. Zu Anfang der 1980er Jahre benötigten fünf Milliarden Menschen zur Ernährung drei Mrd. Tonnen pflanzliche Biomasse, bei einem Fisch- bzw. Fleischanteil in der aufgenommenen Nahrung von 17%. Mit der benötigten Menge an pflanzlicher Biomasse könnten mehr als dreimal so viel Menschen auf rein vegetarischer Grundlage ernährt werden. Vgl. Vitousek et al. 1986: S. 369.

73 So wurde beispielsweise der Metallgehalt von Getränkedosen zwischen 1950 und 1980 um mehr als 90% reduziert. Vgl. Demler 1983: S. 15-18. Für weitere bemerkenswerte Beispiele für potentielle Effizienzerhöhungen in der Material- und Energienutzung vgl. Von Weizsäcker/Lovins/Lovins 1995: S. 31-170.

stungen aufgrund veränderter gesellschaftlicher Präferenzen an Bedeutung gewinnen mögen. Ohne Frage sind durch Veränderungen im Lebensstil (Suffizienz) enorme Einsparungen von Energie und Materie möglich.[74] Letztlich sind jedoch auch diese Art von Ressourceneinsparungen nicht unbegrenzt steigerbar, da jeder Mensch zur Befriedigung seiner Grundbedürfnisse ein Minimum an Materie und Energie benötigt.

Angesichts der vorhandenen Potentiale zur Erhöhung der Energie- und Materialleistung pro Ressourceneinheit ist daher zu konstatieren, daß eine weitere Zunahme des Sozialproduktes[75] auch bei konstantem oder sinkendem Ressourceneinsatz über einen gewissen Zeitraum möglich ist. Da jedoch die entsprechenden Potentiale der Ressourceneinsparung Grenzen aufweisen, kann eine „Entkopplung" in der Entwicklung von Ressourceneinsatz und BSP-Entwicklung immer nur zeitlich begrenzt auftreten, und zwar in denjenigen Perioden, in denen die entsprechenden Potentiale erschlossen werden.[76] Trotz gewisser Freiheitsgrade besteht ein eindeutiger Zusammenhang zwischen der physischen Ressourcennutzung und der Entwicklung der monetären Sozialproduktswerte. Besonders für den Fall eines abrupten Schocks in der Verfügbarkeit physischer Ressourcen – wie in den Graphiken a), b), und e) zum Zeitpunkt der Ressourcenerschöpfung in den obigen Abbildungen – ist davon auszugehen, daß aufgrund fehlender Anpassungszeiten auch abrupte Schocks bei den monetären Wohlfahrtsindikatoren auftreten, die sich aufgrund von Overshooting-Effekten sogar noch ausgeprägter auswirken können. Die „Ölpreisschocks" der 70er Jahre sind diesbezüglich vortreffliche Beispiele. Die 5. Managementregel für eine kombinierte physische Ressourcennutzung und ihr Ziel der Verhinderung von Ressourcenschocks sind daher in langer Zeitfrist auch hinsichtlich der Realisierung einer „schockfreien" kontinuierlichen Sozialproduktsentwicklung relevant. Damit kann die Schlußfolgerung gezogen werden, daß angesichts der begrenzten physischen Ressourcenverfügbarkeit und der begrenzten Effizienz- und Suffizienzpotentiale nicht nur eindeutige Grenzen für ein physisches, sondern auch für ein BSP-Wachstum existieren.

Die nächste zu klärende Frage lautet, wie sich die begrenzte Ressourcenverfügbarkeit auf den ***intertemporalen Lebensstandard*** auswirkt. Diese Frage ist allerdings kaum zu beantworten. Nur hinsichtlich des „materiellen" Lebensstandards läßt sich sagen, daß die materielle Ausstattung derjenigen Generationen am ausgeprägtesten ist, die an der Ausbeutung der nichterneuerbaren Ressourcen beteiligt sind, da in jenen Zeiten besonders die materielle Ressourcenverfügbarkeit hoch ist. Doch der Begriff Lebensstandard ist nicht nur in materieller Hinsicht zu beurteilen, sondern er beinhaltet auch psychische und andere nichtmaterielle Aspekte, wie z. B. die Krankheitssituation einer Gesellschaft oder ihre generelle Zufriedenheit. Es ist

---

74 Vgl. zu den Optionen und Potentialen eines gesellschaftlichen Präferenzwandels Scherhorn 1994a und 1994b, Steffens 1994 und BUND/MISEREOR (Hg.) 1996: S. 206-224.

75 In diesem Kontext ist natürlich wichtig, welche zusammenaddierten ökonomischen monetären Größen das wohlfahrtsrelevante Sozialprodukt der Zukunft ergeben. Schon heute ist die Kritik am BSP groß, da es viele volkswirtschaftliche Leistungen nicht angemessen berücksichtigt. Vgl. dazu z. B. Van Dieren (Hg.) 1995, Ahmad/El Serafy/Lutz (Hg.) 1989, Daly/Cobb 1989 und Leipert 1989. Daher ist es vorstellbar, daß im BSP der Zukunft z. B. auch der ökonomische Wert natürlicher Ressourcen, die Erziehungsarbeit, die Bildung und die Hausarbeit berücksichtigt werden.

76 In einer empirischen Studie untersuchen JÄNICKE ET AL. (1992) den Zusammenhang von ökonomischer Entwicklung und Umweltbelastung. Besonders für Japan zeigt sich für die Periode von 1973-1987 ein physisch entkoppeltes BSP-Wachstum. In dieser Zeitspanne vollzogen sich bei ausgeprägtem Sozialproduktswachstum wesentliche Veränderungen in der Struktur der japanischen Ökonomie, während gleichzeitig aufgrund strikter Umweltvorschriften Effizienzpotentiale innerhalb der Industriesektoren erschlossen wurden. Doch nach Abschluß der grundlegenden Strukturveränderungen nahmen die Werte der physischen Indikatoren erneut – und nahezu proportional zur Wirtschaftsleistung (!) – zu. Vgl. Jänicke et al. 1992: S. 56-59 und S. 105-124.

durchaus vorstellbar, daß die Menschen in ferner Zukunft, die ohne nicht-erneuerbare Ressourcen wirtschaften müssen und weniger materiellen Reichtum besitzen, aufgrund verbesserter sozialer, politischer und zwischenmenschlicher Bedingungen zufriedener ohne materiellen Reichtum sind, sofern ihre unmittelbaren Bedürfnisse erfüllt werden. Da jedoch die Präferenz- und Wertvorstellungen sowie die Lebensumstände zukünftiger Generationen unbekannt sind, ist selbst eine vage Aussage über die begrenzenden Wirkungen der intertemporalen Ressourcenausstattung auf den Lebensstandard bzw. den „gesellschaftlichen Nutzen" der Zukunft nicht möglich.[77]

Möglich ist hingegen eine Antwort auf die Frage, wie die begrenzte intertemporale Ressourcenverfügbarkeit auf die ***unmittelbaren Grundbedürfnisse der Menschen*** (als Minimalbestandteil jedes Lebensstandards) wirkt, und ob vielleicht sogar das Überleben der Menschheit gefährdet wird. Bei dieser Frage spielt die Bevölkerung eine große Rolle. Hier seien die realistischen Annahmen unterstellt, daß die Bevölkerung zunimmt, und daß als minimaler Konsum zur Sicherung des unmittelbaren Überlebens eine bestimmte durchschnittliche Menge Biomasse für Nahrung, Kleidung, Unterkunft und Energie (z. B. Brennholz) pro Kopf notwendig ist. Aus dieser Konstellation folgt, daß das Überleben von Menschen ein Mindestmaß an Materie und Energie benötigt, das aber ausschließlich durch erneuerbare Ressourcen sichergestellt werden kann. Folglich sind nicht-erneuerbare Ressourcen für die Deckung der Grundbedürfnisse nicht notwendig, so daß ihre begrenzte Verfügbarkeit das Überleben der Menschheit nicht gefährdet. Unter diesen Annahmen läßt sich eine hypothetische menschliche Carrying Capacity, also eine maximal auf der Erde auf Dauer ernährbare Bevölkerungszahl, als Quotient aus der maximal nachhaltig nutzbaren NPP und dem Mindestbiomassekonsum pro Kopf ermitteln.[78]

In dieser Betrachtungsweise unterscheidet sich die Analyse nicht von den üblichen Untersuchungen der Populationsökologen. Bei ungebremstem Wachstum der Bevölkerung wird zu irgendeinem Zeitpunkt die menschliche Carrying Capacity überschritten werden. Als Konsequenz wird mehr Biomasse konsumiert als durch Nettoprimärproduktion nachgewachsen ist, so daß der gesamte Biomassebestand schrumpft und im Folgejahr weniger Biomasse nachwächst. Je nach Gesamtgröße des Biomassebestandes und der weiteren Bevölkerungsentwicklung tritt irgendwann der Zustand ein, daß die Ernährung der angewachsenen Bevölkerung nicht mehr gesichert ist. Spätestens dann tritt ein Massensterben ein, das die Bevölkerung dezimiert. Ein Aussterben der gesamten Menschheit ist dabei jedoch nicht sehr wahrscheinlich. Die Entwicklung mag sich so vollziehen, wie dargestellt in der Abbildung 3.1 in Kapitel 3.1.2, daß nämlich durch Bevölkerungswachstum die Carrying Capacity einige Male mit der Konsequenz eines Massensterbens überschritten wird, bis schließlich eine Anpassung der Bevölkerungsgröße an die verfügbare nachwachsende Biomasse stattfindet. Letztlich begrenzt die erneuerbare Ressourcenausstattung die maximal mögliche Bevölkerungsgröße und *nicht* die irdische Existenzzeit der Menschen.[79]

---

77 In der neoklassischen Theorie ist eine intertemporale Nutzenmaximierungsanalyse nur unter der sehr realitätsfernen Annahme möglich, daß die gesellschaftliche Präferenzfunktion konstant bleibt.

78 In diesem Fall kann die menschliche Carrying Capacity als Bevölkerungszahl angeben werden, weil angenommen ist, daß die technischen Potentiale der Biomassenutzung voll ausgeschöpft werden (Technikfaktorannahme) und lediglich die Grundbedürfnisse aller Menschen gedeckt sind (Wohlstandsfaktorannahme). Vgl. Gleichung 39 in Kapitel 3.2.3.

79 Diejenigen Autoren, die mit bezug auf eine begrenzte Ressourcenverfügbarkeit von einer begrenzten Existenzzeit der Menschheit sprechen, unterstellen zumeist eine konstante Bevölkerungsgröße, die entweder als Ganzes überleben kann oder gar nicht. Diese Unterstellung ergibt sich als Konsequenz der Annahme einer gleichmäßigen und gerechten Verteilung von Ressourcen *innerhalb* von Generationen. Diese Annahme liegt auch hier zugrunde, um den intragenerativen Konflikt auszublenden. Wird diese Annahme jedoch auf die

Aus einer Nachhaltigkeitsperspektive, die eine Befriedigung der Grundbedürfnisse *aller* zukünftigen Menschen erfordert, zeigt diese Diskussion, daß ein dauerhaftes Bevölkerungswachstum angesichts einer begrenzten Verfügbarkeit von erneuerbarer Biomasse unmöglich ist. Ein kontinuierliches Bevölkerungswachstum birgt die Gefahr, daß die Carrying Capacity der Menschen überschritten wird, wodurch natürliche Anpassungsreaktionen in Form von Hungersnöten und Massensterben ausgelöst werden. Damit ergibt sich ein weiterer limitativer Faktor hinsichtlich der begrenzten Verfügbarkeit von erneuerbaren (Nahrungs-)Ressourcen. Zur Verhinderung von Schocks in der Bevölkerungsentwicklung ist langfristig eine Bevölkerungsgröße unterhalb des Niveaus der Carrying Capacity anzustreben. Da aber die maximale Bevölkerungszahl eine unbekannte hypothetische Größe ist, die in Abhängigkeit von Technologie- und Wohlstandsniveau schwanken kann, bleibt allein die schon von DALY postulierte vorläufige Strategie, als ersten Schritt eine Stabilisierung der Bevölkerungszahl anzusteuern. Dieses Postulat ist in Form einer sechsten Managementregel für Nachhaltigkeit festzuhalten.

Sechste Managementregel für Nachhaltigkeit: *Da ein kontinuierliches Wachstum der Bevölkerung bei begrenzter Ressourcenverfügbarkeit in langer Frist die Gefahr von sich häufenden Hungersnöten und Massensterben in sich trägt, ist frühzeitig eine Stabilisierung der Bevölkerungsgröße anzustreben.*

Zusammenfassend läßt sich konstatieren, daß die begrenzte Verfügbarkeit von natürlichen Ressourcen verschiedene limitierende Wirkungen für ökonomische Entwicklung mit sich bringt, die nachstehend nochmals aufgelistet sind:

- Physisches ökonomisches Wachstum wird in langer Frist (nach Erschöpfung der nicht-erneuerbaren Ressourcen) durch das maximale erneuerbare Ressourcenpotential (ER^{max}) limitiert.
- Unter Verwendung von nicht-erneuerbaren Ressourcen kann die erneuerbare Ressourcengrenze ER^{max} mittelfristig überschritten werden. Die Nutzung nicht-erneuerbarer Ressourcen kann limitierend auf das physische Wachstum einer Volkswirtschaft wirken, da nach ihrer Erschöpfung ein Schock in der Ressourcenverfügbarkeit eintreten kann, der sowohl quantitativer als auch qualitativer Art sein kann.
- Selbst wenn die erneuerbare Ressourcengrenze ER^{max} nicht überschritten wird, besteht eine wachstumslimitierende Bedrohung, wenn der Anteil der nicht-erneuerbaren Ressourcen an der Gesamtressourcennutzung zum Zeitpunkt ihrer Erschöpfung hoch ist.
- Angesichts der bestehenden Ressourcenausstattung der Erde ist die limitierende Wirkung durch Materie und besonders durch nicht-erneuerbare Materie höher als die Limitierung durch Energie.
- Obwohl eine zeitweilige und partielle Entkopplung zwischen dem Umfang der Ressourcennutzung und der Entwicklung des Sozialproduktes möglich ist, ist die Entwicklung monetärer Wohlfahrtsgrößen letztlich durch die Verfügbarkeit physischer Ressourcen langfristig begrenzt.
- Die begrenzte Verfügbarkeit von erneuerbaren Ressourcen wirkt limitierend auf die langfristig maximal realisierbare Bevölkerungsgröße.

Konstellation angewandt, daß nicht ausreichend Nahrung für alle Menschen einer Generation vorhanden ist, dann bedeutet eine gerechte Verteilung, daß niemand Nahrung bekommt oder alle zu wenig, so daß die Menschheit ausstirbt. Dieser hochgradig unrealistische Fall wird hier *nicht* zugelassen und statt dessen wird für den Extremfall des Massensterbens die Möglichkeit einer Ungleichverteilung unterstellt, die das Überleben einiger Menschen sichert.

Abschließend ist nochmals zu betonen, daß eine begrenzte Ressourcenverfügbarkeit keine Bedrohung für das Überleben der Menschheit darstellt, sondern „nur" als Begrenzung für die irdische Bevölkerungsgröße und für physisches Wachstum zu interpretieren ist. Weiterhin ist darauf hinzuweisen, daß Nachhaltigkeit in der intertemporalen Ressourcennutzung bedeutet, daß keine Schocks in der Bevölkerungsentwicklung und in der Ressourcenverfügbarkeit auftreten. Der maximale Scale für die intertemporale Inanspruchnahme von natürlichen Ressourcen ist letztlich in langer Zeitfrist festgeschrieben durch das maximal nutzbare erneuerbare Ressourcenpotential (ER^{max}), während eine nachhaltige Nutzung der nicht-erneuerbaren Ressourcen in mittlerer Zeitfrist dadurch charakterisiert ist, daß ineffiziente Nutzungsformen vermieden werden und eine kontinuierliche Transformation in der Ressourcennutzung gewährleistet ist.

4.2.1.2 Begrenzte Senkenkapazitäten der Natur

Die Senkenfunktion der Natur ist ein konstituierender Bestandteil für ökonomische Systeme, da für hochentropisches Material und Abwärme aus den ökonomischen Prozessen ein Ort der Entsorgung benötigt wird. Aus thermodynamischer Sicht bestehen keine Grenzen hinsichtlich der natürlichen Senkenkapazitäten in geschlossenen Systemen wie der Erde. Einerseits besteht innerhalb von Systemen, wo genügend Platz für niedrigentropische Materie existiert, auch genügend Platz für hochentropischen Abfall, da die Gesamtmasse unabhängig von ihrem Entropiezustand konstant bleibt. Andererseits kann hochentropische Energie aus geschlossenen Systemen nach außen abgestrahlt werden.

Das Konzept der begrenzten natürlichen Senkenkapazitäten ist ausschließlich auf biologische und ökologische Phänomene zu beziehen. Eine Überschreitung der Grenzen ist dadurch erkennbar, daß aufgrund stofflicher Einträge ökologische und biologische Auswirkungen für die Lebenserhaltungsfunktionen der Natur verursacht werden, die letztlich für den Menschen nachteilig sind. Als Beispiele seien Krankheiten zu nennen, die aufgrund übermäßiger Emissionen auftreten, das Sterben von Fischen und Wäldern aufgrund des Eintrags von sauren Stoffen und die Verringerung der natürlichen Biomasseproduktion aufgrund erhöhter Emissionsbelastung. Wenngleich diese Beispiele deutlich machen, welche Konsequenzen eine Überlastung der natürlichen Senken mit sich bringen kann, so ist die Bestimmung konkreter Grenzen äußerst schwierig. Eine exakte Grenzbestimmung würde erfordern, daß ein absolutes Wissen über die komplexen Wirkungszusammenhänge innerhalb der Natur und über die Auswirkungen von Stoffeinträgen existiert. Ein solches Wissen ist jedoch nicht verfügbar, und so ist mit jeder Grenzziehung das Risiko einer Fehleinschätzung verbunden. Daher ist diesbezüglich ein vorsichtiges Vorgehen gemäß der vierten Managementregel für Nachhaltigkeit angeraten.

Doch selbst wenn ein absolutes Wissen bestände, wäre es für eine Bestimmung der natürlichen Senkenkapazitäten nicht ausreichend. Notwendig ist zusätzlich in jedem Fall ein Werturteil über die Frage, welche durch Menschen verursachten Veränderungen akzeptabel sind und welche nicht. Da Menschen durch ihren biologischen Metabolismus in einer Stoffaustauschbeziehung mit der Natur stehen und schon dadurch Wirkungen hervorrufen, existiert *kein* Referenzzustand ohne menschlichen Stoffeintrag in die Natur. Die Festlegung von Senkenkapazitäten benötigt daher eine grundlegende Wertvorstellung über den von Menschen gewünschten Zustand der Natur, ihre Struktur und über die Umweltqualität als unmittelbaren Einflußfaktor der menschlichen Gesundheit und der allgemeinen Lebensbedingungen. Die normative Festlegung von schutzwürdigen Naturzusammenhängen, Gütern und menschlichen Gesundheitszuständen ist daher für eine Bestimmung von Senkenkapazitäten eine essentielle Grundvoraussetzung.[80]

Das Konzept der Nachhaltigkeit enthält einen normativen Zielkatalog, der vorgibt, daß Grundbedürfnisse von Menschen in Gegenwart und Zukunft zu befriedigen sind. Das impliziert als normative Vorgabe ein Intakthalten der natürlichen Lebenserhaltungsfunktionen als Basis für die langfristige menschliche Überlebensfähigkeit. Wenn der Begriff Nachhaltigkeit in seiner zeitlichen Dimension in Anlehnung an COSTANZA und PATTEN (1995) in der Weise interpretiert wird, daß er für lebende Organismen und ökologische Systeme bedeutet, daß sie ihre erwartete bzw. durchschnittliche Existenzzeit erreichen, dann bedeutet das, daß zumindestens all diejenigen menschlichen Krankheiten zu vermeiden sind, die aufgrund schlechter Umweltqualitäten und Lebensbedingungen die „normale" menschliche Lebensdauer verkürzen oder zu verkürzen drohen. Weiterhin wird hier unterstellt, daß auch die Abwesenheit von großem menschlichen Leid, die durch umweltbedingte Krankheiten oder sonstige Wirkungen von Naturveränderungen hervorgerufen werden können, ohne die menschliche Lebensdauer zu beeinträchtigen, ein Schutzgut im Zielkatalog der Nachhaltigkeit darstellt.

Nach dieser groben Festlegung von normativen Zielvorgaben, die sich aus dem Konzept der Nachhaltigkeit ergeben, sollen nun die in Kapitel 3.2.3 vorgestellten stofflichen Senkenfunktionen der Natur – Assimilation und Absorption – näher betrachtet werden, um die Grenzen ihrer Inanspruchnahme durch das ökonomische System und damit die Bedingungen für einen senkenbezogenen nachhaltigen Scale herauszuarbeiten.

Die ***natürliche Assimilation*** ist derjenige Teil der regulierenden und lebenserhaltenden Stoffwechselprozesse von Organismen, bei dem aufgenommene Nähr- und Mineralstoffe aus der Natur zwecks Lebenserhaltung und Wachstum des Organismus in körpereigene Stoffe umgewandelt werden.[81] Da sich die verschiedenen Organismen und Ressourcen im Prozeß dieser Stoffumwandlungen hinsichtlich ihrer Stoffin- und -outputs ergänzen, entstehen durch diese natürlichen Interdependenzen Stoffkreisläufe. Durch Assimilation von CO_2 und Mineralstoffen durch die Photosynthese der Grünpflanzen entsteht z. B. organische Biomasse als Nahrungsgrundlage für Mensch und Tier. Abgestorbene Biomasse sowie tierische und menschliche Exkremente werden wiederum als Nahrung von Bakterien und Algen aufgenommen, die die einzelnen Stoffelemente im Prozeß der Mineralisation trennen und absondern und sie auf diese Weise wieder als Nährstoffe für die Pflanzen verfügbar machen.[82] Somit ist jeder Organismus durch den Stoffwechselprozeß an der Assimilation von Stoffen beteiligt und die Wechselwirkungen zwischen den Organismen bewirken die natürliche Kreislaufführung der Stoffe. Folglich sind auch die Menschen Teil der natürlichen Assimilationsprozesse, indem sie sich u. a. durch ihre Atmung (Input O_2, Output CO_2) in natürlicher Ergänzung zur pflanzlichen Photosynthese (Input CO_2, Output O_2) befinden. Diese Zusammenhänge wurden oben bereits unter dem Begriff der Regelungsfunktionen der Natur diskutiert. Aus biologischer Sicht und mit Bezug auf die natürlichen Regelungsfähigkeiten ist gerade der Aspekt der sich *ergänzenden* Stoffumwandlungsprozesse wesentlich.

Aus ökonomischer Sicht läßt sich die natürliche Assimilationsfähigkeit als Entsorgungsdienstleistung für materielle Reststoffe aus ökonomischen Prozessen interpretieren. Die Prozeßressourcen besitzen innerhalb ihrer wechselseitigen Input-Output-Beziehungen eine gewisse, wenngleich begrenzte „Überkapazität" zur Assimilation diverser Stoffe, die ökonomisch

---

80 Vgl. Rat von Sachverständigen für Umweltfragen (RSU) 1994: S. 55 und EK-SMU 1994: S. 56-57.

81 Vgl. Heinrich/Hergt 1990: S. 45.

82 Vgl. Kapitel 3.1.2 und Heinrich/Hergt 1990: S. 62-67.

genutzt werden kann. Die exakte Bestimmung dieser assimilierenden Kapazität und ihrer Grenzen ist allerdings mit einigen Schwierigkeiten verbunden.

- Die ***„Überschußkapazitäten"*** zur natürlichen Assimilation ***sind von Stoff zu Stoff sehr unterschiedlich*** und für alle synthetischen Stoffe, die in der Natur nicht vorkommen, gibt es überhaupt keine Assimilationskapazität.[83]
- Die ***Assimilationskapazität ist für verschiedene Stoffe teilweise schwer bestimmbar***, weil manche Stoffe von einigen Organismen „produktiv" assimiliert werden, während sie in anderen Organismen akkumulieren und Schäden anrichten können. So wirkt z. B. die Aufnahme des Schwermetalls Kupfer bei Schweinen wachstumsfördernd und wird daher als Futterzusatz verwendet, während Kupfer in Wiederkäuern, einigen Pflanzen und Mikroorganismen akkumuliert und Schäden hervorrufen kann.[84]
- Die ***natürlichen Kapazitäten zur Assimilation*** von Stoffen sind in vielen Fällen nicht konstant, sondern sie ***fluktuieren in Abhängigkeit von zeitbezogenen Naturrhythmen***. So ist z. B. die Leistung der Photosynthese stark von der Lichtintensität abhängig, wodurch ihre Assimilationsfähigkeit besonders im Sommer und tagsüber sehr hoch ist und nachts und im Winter eher gering. Außerdem vollziehen sich in natürlichen Systemen kontinuierliche evolutionäre und sukzessive Veränderungs- und Anpassungsprozesse im Zeitablauf, wodurch sich die Assimilationskapazitäten ändern.[85]
- Weiterhin ist die ***Assimilationsfähigkeit regional und von Ökosystem zu Ökosystem sehr unterschiedlich***. So ist beispielsweise die Fähigkeit zur CO_2-Assimilation von Wäldern höher als von landwirtschaftlich bebauten Feldern oder Weiden. Die regionale Assimilationsfähigkeit ist also abhängig von der Ökosystemstruktur einer Landschaft.

Angesichts dieser Aspekte ist es begrifflich eher unangemessen, von *der* natürlichen Assimilationsfunktion oder -kapazität zu reden. Es handelt sich im Gegenteil um eine Vielzahl von regional und zeitlich variierenden Kapazitäten innerhalb verschiedener Organismen und Ökosystemen mit unterschiedlichen Assimilationskapazitäten hinsichtlich verschiedener Stoffe. Diese Vielzahl und ihre zeitlichen und regionalen Schwankungen erzeugen ein Informationsproblem bezüglich der exakten Ermittlung bestehender Assimilationskapazitäten, da es finanziell und methodisch sehr aufwendig ist, derartige Informationen beständig zu erheben. Weiterhin ist die Datenerhebung sehr zeitintensiv, so daß die Ergebnisse immer nur eine Momentaufnahme der Vergangenheit darstellen. Schließlich sind natürliche Fluktuationen in der Assimilationskapazität, die von exogenen Einflüssen wie z. B. dem Wetter abhängen, für die Zukunft kaum genau bestimmbar. Daher ist in Anbetracht dieses *Informationsproblems* festzustellen, daß selbst bei aufwendigstem Bemühen genaue Werte über die Assimilationskapazitäten der Natur nicht bestimmbar sind.

Ein zusätzliches Problem ergibt sich daraus, daß selbst bei vollständiger Information über bestehende natürliche Assimilationskapazitäten und eines entsprechend reduzierten Emissionseintrages nicht gewährleistet ist, daß eine vollständige Assimilation stattfindet, da eine zeiträumliche Koordinierung der zu assimilierenden Emissionen mit den vorhandenen Assimilationskapazitäten nur begrenzt möglich ist. So mögen z. B. die CO_2-Emissionen aus einem Indu-

---

83 Vgl. RSU 1994: S. 105 und Bester/Faller 1994: S. 37.

84 Vgl. zu den verschiedenartigen Wirkungen von Kupfer auf lebende Organismen: Scheinberg 1991: S. 896-902.

85 Vgl. Hoffmann 1987: 172-183 und RSU 1994: S. 91. Die besondere Bedeutung natürlicher Zeitmaße und -rhythmen hinsichtlich der ökologischen Anpassungsprozesse an anthropogene Stoffeinträge wird betont in EK-SMU 1994: S. 455-457.

striegebiet recht schnell in die Atmosphäre entweichen und dort den Treibhauseffekt verstärken, obwohl ein Wald in der näheren Umgebung – besonders in den heißen Mittagsstunden – durchaus noch zusätzliches CO_2 assimilieren könnte. In ähnlicher Weise ist es ebensowenig kontrollierbar, welche chemischen Verbindungen ein Stoff nach seiner Emission eingeht, und ob er in der neuen Form in der Natur assimiliert werden kann. Diese *Kontrollprobleme* bestehen besonders dann, wenn Emissionen frei in die Natur entlassen werden. Eine kontrollierte natürliche Assimilation ist hingegen z. B. in biologischen Kläranlagen möglich.

Doch sogar für den Fall, daß natürliche Kapazitäten zur Assimilation von Stoffen nicht überlastet sind, kann selbst eine erhöhte Assimilationsaktivität von Organismen schädliche Auswirkungen haben. Als Beispiel sei das Eutrophierungsproblem genannt. Ein erhöhter Eintrag von Nährstoffen in Ökosysteme kann dazu führen, daß bestimmte Organismen eine erhöhte Assimilationstätigkeit entwickeln, sich daher vermehrt reproduzieren und dadurch Störungen innerhalb des Ökosystems hervorrufen. In Gewässern kann so z. B. eine Algenblüte begünstigt werden, wodurch letztlich der Sauerstoffgehalt des Wassers reduziert wird und das Wasser mit giftigen Ausscheidungsstoffen der Algen überfrachtet werden kann. Als Konsequenz ist das Überleben aller Organismen gefährdet und im Extremfall droht ein „Umkippen" des gesamten Ökosystems.[86] In terrestrischen Systemen führen hohe Eintragsmengen von Nährstoffen dazu, daß bestimmte Arten, die auf nährstoffarme Böden angewiesen sind, verdrängt werden und aussterben.[87] Als hypothetisches Beispiel mag angeführt werden, daß eine bestimmte Bakterienart in der Lage sein könnte, bestimmte, für Menschen hochgiftige Stoffe zu assimilieren. Doch durch die vermehrte Assimilation und Vermehrung der „produktiven" Bakterien mag gleichzeitig die Vermehrung anderer Organismen, die sich von den besagten Bakterien ernähren, begünstigt werden. Solche indirekten Effekte zunehmender Assimilationstätigkeit können letztlich wiederum schädliche Auswirkungen zeitigen, wenn sich z. B. die indirekt begünstigten Organismen als Krankheitsüberträger für Menschen erweisen. Selbst *innerhalb* der Grenzen der natürlichen Assimilationskapazitäten bestehen also weitere, teilweise unbekannte Grenzen, die sich aus den Rückkopplungseffekten einer erhöhten Assimilationstätigkeit ergeben (können).

Es ist zu schlußfolgern, daß die natürliche Fähigkeit zur Assimilation nur solche Stoffe betrifft, die produktiv von Organismen genutzt werden können. Weiterhin bestehen Grenzen hinsichtlich der Assimilationskapazitäten und ihrer zeit-räumlichen Differenzierungen, die zudem noch mit einem Risiko hinsichtlich Information und Kontrolle belastet sind. Eine Überschreitung dieser Kapazitätsgrenzen führt zur Akkumulation von Stoffen in der Natur und zu Auswirkungen, die weiter unten im Text näher erörtert werden. Weiterhin bestehen auch innerhalb der Grenzen der Assimilationskapazitäten weitere, restriktivere Grenzen, die sich aufgrund (möglicher) negativer ökologischer Rückkopplungseffekte durch erhöhte Assimilation ergeben (können). Eine exakte Bestimmung der Grenzen der natürlichen Assimilation, wie sie in der herkömmlichen zweiten Managementregel für Nachhaltigkeit implizit vorausgesetzt wird, ist daher nahezu ausgeschlossen und jede Grenzziehung erfolgt unter Ungewißheit. Gemäß der vierten Managementregel für Nachhaltigkeit sind daher selbst bei assimilierbaren Stoffen Sicherheitsmargen anzusetzen.

Bei der ***Absorptionsfähigkeit der Natur,*** die häufig auch als *Pufferfähigkeit* bezeichnet wird, handelt es sich hauptsächlich um die Fähigkeit der Umweltmedien, Stoffe in einer Form an sich zu binden, daß sie für lebende Organismen nicht verfügbar sind. Das wichtigste Medium zur Absorption von Stoffen ist der Boden, in dem eingetragene Stoffe durch chemische

86 Vgl. Elbrächter 1990 und Niermann/Bauerfeind 1990.
87 Vgl. RSU 1994: S. 117-118.

Reaktionen fixiert werden und dadurch für Pflanzen und andere Organismen nicht verfügbar sind. Verfügbar sind zumeist diejenigen Stoffe, die durch Wasser aus dem Boden gelöst werden und die aufgrund der Wasseraufnahme über die Wurzeln in die Pflanzen und damit in die Nahrungskette von Menschen gelangen. Die chemische Absorption führt also dazu, daß eingetragene Stoffe fest, d. h. wasserunlöslich im Boden verankert werden.[88] Eine hohe Konzentration eines Schadstoffes in einem Boden sagt daher nicht unbedingt viel über die gegenwärtig von ihm ausgehende Schadwirkung aus. Ein solcher Wert zeigt zwar eine hohe Belastung, aber gleichzeitig auch eine hohe Absorptionsfähigkeit des Bodens an.[89]

Das Ausmaß der begrenzt vorhandenen Kapazität von Böden zur Absorption von Stoffen ist zum Großteil von ihrer stofflichen Zusammensetzung abhängig. Wenn ein Boden einen hohen Anteil absorptionsfreudiger Stoffe wie z. B. Humusstoffe, Tonmineralien sowie Eisen- und Aluminiumoxide aufweist, ist es um seine Absorptionsfähigkeit gut bestellt. Doch auch andere Faktoren – wie z. B. der Säuregehalt (pH-Wert) des Bodens – beeinflussen die Bodenkapazität zur Absorption. Grundsätzlich gilt, daß Stoffe in einem sauren Milieu wasserlöslicher sind, so daß die Absorptionsfähigkeit des Bodens mit zunehmender Versauerung sinkt und Schadstoffe vermehrt von Pflanzen aufgenommen werden.[90]

Ein wesentlicher Aspekt der Absorptionskapazität von Böden ergibt sich aus der zeitlichen Dimension dieser Naturfunktion. Schadstoffe können über Tausende von Jahren im Boden verweilen, während sich die Stoffeinträge von außen mit der Zeit im Boden ansammeln – bis die Pufferkapazität des Bodens erschöpft oder auch beschädigt ist. Ab jenem Zeitpunkt werden Schadstoffe nicht mehr zurückgehalten und der schadstoffbefrachtete Boden kann selbst zur Schadstoffquelle werden und zur Vergiftung von Wasser und Pflanzen führen. Aber auch eine Veränderung der äußeren Bedingungen – wie z. B. erhöhte pH-Werte des Bodens durch sauren Regen – kann die Absorptionskapazität des Bodens beeinträchtigen, so daß ein Teil der vorher gebundenen Schadstoffe mobilisiert werden kann. Aufgrund dieser Sachlage wird die hohe stoffliche Belastung von Böden auch als „chemische Zeitbombe" bezeichnet.[91]

Im Vergleich zum Boden sind die Absorptionsfähigkeiten der Umweltmedien Wasser und Luft eher gering, da die in ihnen enthaltenen Schadstoffe direkt von Organismen aufgenommen werden. Stoffe können jedoch in Gasform in verschiedene Schichten der Atmosphäre entweichen und dort verweilen, während sie in die chemischen Reaktionsketten innerhalb der einzelnen Luftschichten eingebunden werden. In dieser Weise wird die Atmosphäre zur absorbierenden Senke, wodurch die Konzentration der eingetragenen Stoffe im Zeitverlauf zunimmt.[92] Diese Senke weist jedoch ebenso Grenzen auf. Einerseits werden Stoffe z. B. durch Niederschläge auf den Boden zurückgebracht, wodurch sie erneut für Organismen verfügbar werden. Andererseits kann eine Zunahme der chemischen Konzentration bestimmter Stoffe in der Atmosphäre zu bedeutsamen Rückkopplungseffekten führen. So werden z. B. durch eine erhöhte Absorption der Stoffe FCKW und CO_2 in der Atmosphäre Veränderungen von Klima und Ozonschicht hervorgerufen, wodurch die physikalischen Regelungsfunktionen der Natur für den Menschen nachteilig beeinträchtigt werden, da eine Störung dieser Funktionen negativ auf alle anderen Naturfunktionen wirken kann.[93]

---

88 Vgl. Haber/Salzwedel 1992: S. 80-86 und Kögel-Knabner 1997: S. 52.

89 Vgl. Hirner 1997: S. 57. und Haber/Salzwedel 1992: S. 85-86.

90 Dieser Umstand ist ein wesentlicher Problemaspekt beim Phänomen des sauren Regens. Vgl. Hirner 1997: S. 56-57 und Haber/Salzwedel 1992: S. 81, 86.

91 Vgl. Kögel-Knabner 1997: S. 52-53 und Hirner 1997: S. 57-58.

92 Vgl. Grießhammer et al. 1989: S. 18-21.

93 Vgl. Grießhammer et al. 1989: S. 15-16 und S. 75-77.

Zusammenfassend ist festzustellen, daß die chemischen Absorptionsfähigkeiten der Umweltmedien bewirken, daß emittierte Stoffe verschiedenster Art nicht für lebende Organismen verfügbar sind und sie daher keine Schäden bewirken können. Das genaue Ausmaß der natürlichen Absorptionsfähigkeiten differiert in Abhängigkeit von den spezifischen Umweltbedingungen (Bodenzusammensetzung, Klimazonen, Wetterverhältnisse etc.) und deren Veränderungen in der Zeit. Angesichts der Vielzahl und der Komplexität chemischer Reaktionen in der natürlichen Umwelt sind die Grenzen der chemischen Absorptionsfähigkeit der verschiedenen Umweltmedien nicht exakt bestimmbar. Auch in diesem Fall besteht daher Ungewißheit in der Bestimmung der Absorptionsgrenzen.

Nach dieser Darstellung der begrenzten natürlichen Fähigkeiten zur Assimilation und Absorption von Stoffen gilt es die Auswirkungen zu erörtern, die eintreten können, wenn emittierte Stoffe weder durch Organismen produktiv assimiliert, noch durch die Umweltmedien chemisch absorbiert werden. In diesem Fall sind die Schadstoffe für Lebewesen verfügbar, gelangen in die Nahrungskette, reichern sich für eine gewisse Zeit in den Organismen an und werden früher oder später wieder ausgeschieden. Damit stellt sich als grundlegende Frage, ob nicht ein gewisser Grad der Inanspruchnahme von Lebewesen und Ökosystemen als (nicht-assimilierende) Schadstoffsenke unbedenklich sein kann.

Zur Beantwortung dieser Frage ist es notwendig, genaue Informationen über die Wirkungsketten und -mechanismen der verschiedenen Stoffe und die Auswirkungen auf Lebewesen und ihre Interaktion in Ökosystemen zu ermitteln. Mit dieser Aufgabe beschäftigen sich die noch sehr jungen Wissenschaften der Toxikologie und der Ökotoxikologie, deren bisheriges Wissen noch sehr begrenzt ist.[94] Die Toxikologen haben bis heute eine Vielzahl besonders giftiger und massenhaft auftretender Schadstoffe analysiert und – nach gutem Wissen und Gewissen – Grenzwerte für unbedenkliche Schadstoffkonzentrationen in Umweltmedien und Grenzwerte für die Schadstoffaufnahme von Menschen bestimmt. Heute existieren jedoch an die acht Millionen synthetische Chemikalien, die in der freien Natur nicht vorkommen. Für die meisten Stoffe gibt es keine Grenzwerte und auch die Informationen hinsichtlich ihrer Schädlichkeit für Mensch und Natur sind nicht sehr ausgeprägt – ganz zu schweigen von der Informationslage bezüglich der Wirkungen, die sich aus der Kombination einzelner Stoffe (Synergismen) ergeben können.[95]

Bekannt ist hingegen in bezug auf krebserzeugende und erbgutverändernde Schadstoffe, wie beispielsweise den Dioxinen, daß sich nach einer Aufnahme dieser Stoffe selbst bei geringsten, wissenschaftlich nicht nachweisbaren Dosen Schadwirkungen einstellen können.[96] Häufig weisen nichtassimilierbare Stoffe, z. B. die Schwermetalle, die Eigenschaft auf, sich an bestimmten Stellen innerhalb von Organismen anzureichern und erst nach vielen Jahren wahrnehmbare Schädigungen hervorzubringen. Die Art und die Ausprägung einer Schädigung ist dabei von Organismus zu Organismus unterschiedlich.[97]

In Anbetracht dieses wissenschaftlichen Erkenntnisstandes ist es nicht angemessen, irgendeine Form der Inanspruchnahme von Lebewesen und Ökosystemen als (nicht-assimilierende) Schadstoffsenke als unbedenklich zu bezeichnen. Jeder Schadstoff, der in der Natur nicht assimiliert oder dauerhaft von den Umweltmedien absorbiert werden kann, birgt die unkalkulierbare Gefahr einer sukzessiven Anreicherung in allen möglichen Organismen der Nahrungsket-

94 Vgl. Wassermann et al. 1990: S. 7-9.

95 Vgl. Wassermann et al. 1990: S. 9, 18, 51.

96 Vgl. EK-SMU 1994: S. 463-464 und Wassermann et al. 1990: S. 48.

97 Vgl. Bremer Umwelt Institut 1985: S. 66, 80-88.

te mit gravierenden potentiellen Folgen für Leben und Gesundheit aller Lebewesen und ihrer Ökosysteme.

> *„Der Eingriff bereits eines Schadstoffes in ein derart kompliziertes und im Laufe der Evolution seit Millionen Jahren etabliertes und optimiertes Netzwerk [eines Ökosystems, Anm. des Verfassers] kann weitreichende Folgen haben. [...] Die zahllosen Wechselbeziehungen innerhalb eines derartigen Netzwerkes werden bei Anwesenheit von Schadstoffen nur in Extremfällen vollständig blockiert; die Regel ist vielmehr eine „stufenlose Dämpfung" dieser Prozesse [...]. Wenn allerdings eine kritische Zahl von Einzelprozessen [...] geschädigt wird, so kann ein ganzes Ökosystem mit dann „erschreckender Geschwindigkeit" zusammenbrechen."*[98]

Aufgrund der Ungewißheiten und potentiell hohen Risiken hinsichtlich der Wirkung von akkumulierenden Stoffen in Lebewesen und Ökosystemen ist es aus einer Nachhaltigkeitsperspektive ratsam, eine eher risikoscheue Position einzunehmen. Demnach sind Aufnahme und Akkumulation von nichtassimilierbaren Schadstoffen in Organismen und die damit verbundene Nutzung von Lebewesen als Schadstoffsenken so weit als möglich zu vermeiden und Grenzwerte an der stofflichen Nachweisgrenze zu orientieren.

Diese Ausführungen haben verdeutlicht, daß die natürlichen Senkenfunktionen begrenzt sind, daß ihre Kapazitäten spezifische zeit-räumliche Variationen aufweisen, und daß exakte Grenzbestimmungen nicht möglich sind, sondern in jedem Fall unter Ungewißheit stattfinden müssen. Damit wird die Notwendigkeit der vierten Managementregel für Nachhaltigkeit insbesondere durch die Ungewißheiten bezüglich der Assimilations- und Absorptionsfähigkeiten der Natur bestätigt. Folglich kann die zweite Managementregel für Nachhaltigkeit unter Berücksichtigung der Ungewißheiten und der Notwendigkeit von Werturteilen in folgender Weise interpretiert werden.

Konkretisierte zweite Managementregel für Nachhaltigkeit: *Die ökonomischen Stoffeinträge in die Natur dürfen die um eine Sicherheitsmarge reduzierten ermittelten regional und zeitlich differenzierten Kapazitäten der natürlichen Assimilation und Absorption nicht überschreiten, um auf diese Weise zu gewährleisten, daß die Lebensbedingungen und die vorherrschende durchschnittliche Lebensdauer der Menschen in Zukunft nicht verschlechtert bzw. reduziert werden. Im Zweifel und in Anbetracht hoher potentieller Gefahren, die von einem Stoff ausgehen können, ist sein Eintrag vollends zu vermeiden.*

Hinsichtlich des limitierenden Charakters der begrenzten natürlichen Senkenfunktionen ist zu konstatieren, daß sowohl die Einhaltung der 2. Managementregel als auch ihre Mißachtung ökonomische Begrenzungen mit sich bringen.

Die **ökonomischen Wirkungen der Einhaltung der 2. Managementregel** beziehen sich hauptsächlich auf den Verlauf des Wachstums und auf den realisierbaren mittelfristigen materiellen Lebensstandard pro Kopf. Die analytische Betrachtung der Frage, inwieweit die Nichtüberschreitung eines vorgegebenen Emissionsniveaus auf das ***Wachstum des Sozialprodukts*** wirkt, hat KRELLE aus einer neoklassischen Perspektive vorgenommen – wie dargestellt in Kapitel 2.4.3. Er geht davon aus, daß eine bestimmte Emissionsmenge natürlich assimiliert wird, während zur Eliminierung der darüber hinausgehenden Emissionen Investitionen in einen Umweltsektor (I_d) erforderlich sind (vgl. Gleichung 32). Da diese Investitionen dem produktiven Sektor vorenthalten bleiben, ergibt sich gegenüber einem Wachstumsmodel ohne

98 Vgl. Wassermann et al. 1990: S. 48.

Emissionsverminderungsmaßnahmen eine geringere Wachstumsrate.[99] Mit Hinblick auf die Optionen eines langfristigen Wachstums schlußfolgert er aus den Resultaten seines formalen Modells, daß ein unbegrenztes Wachstum bei Nichtüberschreitung des assimilierbaren Emissionsniveaus möglich ist, wenn die Ungleichung (33b) erfüllt ist, die nachfolgend noch einmal abgedruckt ist.

$$(33b) \qquad 1 > s > \frac{e}{d} \cdot \frac{\hat{Y}}{Y}$$

Die Sparrate einer Ökonomie (s) muß also größer sein als das Produkt aus ökonomischer Wachstumsrate ($\hat{Y} / Y$) und dem Verhältnis aus Emissionsbelastung pro Geldeinheit Sozialprodukt (Verschmutzungskoeffizient **e**) und der Emissionsreduzierung pro Einsatz einer Geldeinheit für emissionsreduzierende Umwelttechnologien (Verschmutzungsreduzierungs-Koeffizient **d**). In Anbetracht dieser Ungleichung zieht KRELLE den Schluß, daß ein „Überlebenskorridor" der Menschheit mit stetigem Wachstum und gleichbleibendem Emissionsniveau möglich ist.

Wenngleich KRELLES Ansatz sehr eingängig ist, so weist er doch einige Schwächen auf. Beachtet wird z. B. nur *eine* Emissionsart, obwohl eigentlich eine große Vielzahl von Emissionsarten zu berücksichtigen wäre. Der Quotient aus ***e*** und ***d*** wäre daher angemessener als Summe vieler Quotienten e_i und d_i dargestellt. Weiterhin ist aus thermodynamischer Sicht die Annahme problematisch, daß alle Emissionen, die durch einen Zuwachs des Sozialprodukts generiert werden, stets durch technische Eingriffe eliminiert werden können. Nicht undenklich ist gleichfalls, daß die Koeffizienten ***e*** und ***d*** *Durchschnittswerte* sind, die dann auf die *Grenzemissionen* des Sozialproduktzuwachses bezogen werden. Hier wären marginale Werte für ***e*** und ***d*** angemessener. Diese Einwände sind jedoch relativ unbedeutend, wenn der Ansatz von KRELLE auf eine Ökonomie zu einem spezifischen Zeitpunkt und auf einen spezifischen Schadstoff bezogen wird, wobei die Daten für *s*, ***d*** und ***e*** feststehen. So läßt sich beispielsweise mit bezug auf die BRD für die frühen 1990er Jahre feststellen, daß ein Wachstum mit gleichbleibendem Emissionsniveau von CO_2 in dem genannten kurzen Zeitraum relativ einfach realisierbar ist.[100]

Unhaltbar ist jedoch KRELLES Schlußfolgerung hinsichtlich des „Überlebenskorridors" mit langfristigem stetigen Wachstum des Sozialprodukts, da er damit eine Aussage über den *zeitlichen* Verlauf des Wachstums trifft, während seine formale Analyse keinerlei Zeitbezug aufweist. Mit dieser Aussage wird unterstellt, daß die Werte für ***e*** und ***d*** auf jeden in der Zukunft noch folgenden Sozialproduktzuwachs anwendbar und damit quasi zeitlos sind. Aus diversen empirischen Untersuchungen geht jedoch hervor, daß sich die Werte der Grenzverschmutzung (bezogen auf eine zusätzliche Sozialprodukteinheit) und der Grenzvermeidungskosten im Verlauf eines industriellen Wachstumsprozesses verändern – mit maßgeblichen Auswirkungen auf die Koeffizienten ***e*** und ***d***.

Mit Hinblick auf die *Grenz*verschmutzung, die nachstehend durch den Koeffizienten $e^{\#}$ bezeichnet wird, ist beobachtet worden, daß sie sich im industriellen Wachstumsprozeß ökonomischer Systeme je nach Schadstoff sehr unterschiedlich entwickelt. So ist beispielsweise das Niveau der Luft- und Wasserverschmutzung mit Schwefeldioxid und Staub in den frühen

99 Wie ausgeführt in Kapitel 2.4.3 wird auch in anderen neoklassischen Wachstumsmodellen mit Umweltverschmutzung aufgezeigt, daß die Vermeidung von Umweltverschmutzung Kapital bindet und daher geringere Wachstumsraten bzw. letztlich einen geringeren Lebensstandard mit sich bringt.

100 Vgl. das genannte Zahlenbeispiel in Kapitel 2.4.3.

Wachstumsphasen einer sich industrialisierenden Ökonomie zunehmend, während es später mit wachsendem Pro-Kopf-Einkommen aufgrund des Einsatzes von Filtertechnologien und Kläranlagen abnimmt und sich schließlich auf einem Niveau stabilisiert. Für diese Formen der Umweltverschmutzung ist zu konstatieren, daß ihre Grenzverschmutzung pro zusätzlicher Einheit BSP zuerst steigt, dann einen negativen Wert annimmt und sich schließlich auf null einpendelt. Für andere Formen der Umweltbelastung, wie z. B. für das Müll- und Sondermüllaufkommen, den Stromverbrauch und die CO_2- und NO_x-Emissionen, gilt hingegen, daß ihr Niveau im Wachstumsprozeß zuerst mit hoher und später mit geringerer Zuwachsrate zunimmt, so daß die Werte der Grenzverschmutzung zuerst hoch und später weniger hoch sind, aber stets im positiven Bereich bleiben. Es ist folglich festzustellen, daß im Verlauf eines Wachstumsprozesses diejenigen Schadstoffbelastungen abnehmen, die relativ einfach mit nachsorgender End-of-Pipe-Technologie oder durch Rohstoffsubstitution beseitigbar sind, während andere Belastungsformen, die eher durch eine Reduzierung des Rohstoffeinsatzes zu verringern wären, kontinuierlich anwachsen.[101] Es kann daher konstatiert werden, daß die erste, relativ leicht reduzierbare Schadstoffkategorie für eine lange Zeitfrist unbedeutend ist, während letztlich die zweite Kategorie der Umweltbelastung mit sinkendem aber im positiven Bereich verbleibenden $e^{\#}$, die Umweltbelastung im langfristigen ökonomischen Wachstumsprozeß dominiert.

Eine marginale Emissionsreduzierung pro eingesetzter Geldeinheit für den Einsatz einer Umwelttechnologie wird hier mit $d^{\#}$ bezeichnet und dieser Koeffizient ist als Kehrwert der Grenzvermeidungskosten zu verstehen. Hinsichtlich der Annahme von KRELLE, daß sämtliche Emissionen aus dem Zuwachs des Sozialprodukts stets zu eliminieren sind, ist festzustellen, daß dieses Postulat nur erreichbar ist, wenn die Effizienz der Gesamtemissionsreduzierung stetig zunimmt, da jeder ökonomische Prozeß – auch derjenige zur Reduzierung von zusätzlichen Emissionen – notwendigerweise neue Emissionen erzeugt. Mit bezug auf die Grenzvermeidungskosten ist diesbezüglich festzustellen, daß sie zu Anfang, wenn noch hohe Emissionsverringerungspotentiale bestehen, recht gering sind, während sie mit der steigenden Effizienz der Emissionsreduzierung immer stärker anwachsen. Das Phänomen der steigenden Grenzvermeidungskosten, das gleichzeitig für $d^{\#}$ eine sinkende Emissionsreduzierung pro eingesetzter Geldeinheit bedeutet, ist für verschiedene Anwendungsbereiche und Schadstoffe empirisch gezeigt worden und es gehört zu den Standardlehrsätzen der neoklassischen Umweltökonomik.[102] Aus thermodynamischer Sicht gilt weiterhin, daß es für die Effizienzsteigerung jeder Emissionsreduzierung Grenzen gibt.[103] Wenn also eine bestimmte Effizienzgrenze erreicht ist, dann sind weitere Emissionsreduzierungen nicht mehr möglich. Folglich tendiert der Wert für $d^{\#}$ in langer Frist gegen null.

Werden diese Beobachtungen und Kenntnisse zu den temporalen Veränderungen der marginalen Emissionsreduzierung und der Grenzverschmutzung in industriellen Wachstumsökonomien berücksichtigt und auf die Gleichung 33b bezogen, so ergibt sich eine vollkommen andere Schlußfolgerung als diejenige, die von KRELLE präsentiert wurde. Der konstante Wert für e wird ersetzt durch den Koeffizienten $e^{\#}$, der im temporalen Verlauf in langer Zeitfrist ein leichtes Absinken aufweist, während der konstante Wert für d durch $d^{\#}$ ersetzt wird, der langfristig gegen null strebt. Da die thermodynamisch realisierbare marginale Emissionsreduzierung pro eingesetzter Geldeinheit langfristig stärker sinkt als die Emissionen pro zusätzlicher

101 Vgl. World Bank 1992a: S. 9-11 und O'Connor 1994: S. 21-32. Für eine gute Analyse der Entwicklung der Umweltbelastung in Industrieländern vgl. Jänicke et al. 1992.

102 Vgl. z. B. Pindyck/Rubinfeld 1989: Kapitel 18 und Kapitel 2.3.1.2 dieser Arbeit.

103 Vgl. die Kapitel 3.2.2.1 und 3.3.3.1.

BSP-Einheit abnehmen, dominiert der Koeffizient $d^{\#}$ den temporalen Verlauf des Quotienten $e^{\#}/d^{\#}$, so daß dieser in langer Frist aufgrund des gegen null tendierenden Wertes im Nenner einem unendlich hohen Wert entgegenstrebt. Da die Sparrate der Ungleichung 33b nach oben begrenzt ist, bedeutet ein unendlich hoher Wert für den Quotienten $e^{\#}/d^{\#}$, daß die Wachstumsrate ($\hat{Y} / Y$) langfristig gegen null tendieren muß.

In dieser erweiterten Fassung unter Zuhilfenahme empirischer Entwicklungstrends und thermodynamischer Fakten in bezug auf die Koeffizienten $e^{\#}$ und $d^{\#}$ ist die Ungleichung 33b eindeutig in der Weise zu deuten, daß die Aufrechterhaltung eines vorgegebenen Emissionsniveaus in langer Frist mit einem stetigen Wachstum des Sozialprodukts *nicht* vereinbar ist. Es ergibt sich in dieser Interpretation des neoklassischen Modells eine absolute Limitation für Wachstum aufgrund der Zielvorgabe, daß ein vorgegebenes Emissionsniveau im Wachstumsprozeß nicht überschritten werden darf. Diese limitierende Wirkung ist dadurch zu erklären, daß bei fortschreitendem Wachstum und gleichzeitig schrumpfender Potentiale zur Senkung der Emissionsbelastung irgendwann ein Punkt erreicht wird, an dem die zusätzlichen Emissionen nicht mehr vollständig durch Einsatz von Umwelttechnologien beseitigt werden können. Außerdem ist auch eine grenzenlose Ausweitung des Ressourceneinsatzes zur Reduzierung von Emissionen unmöglich, weil durch Einsatz und Verschleiß des umwelttechnologischen Kapitals ebenso Emissionsströme induziert werden – unter Umständen Emissionen einer ganz anderen Qualität –, die ebenfalls die Grenzen der natürlichen Senkenkapazitäten nicht überschreiten dürfen. Die Nichtüberlastung der natürlichen Senkenfunktionen erfordert also den Einsatz von Umwelttechnologien, deren Einsatz in gleicher Weise an die Restriktionen der natürlichen Senkenkapazitäten gebunden ist. Diese Begrenzung ist um so höher, je emissionsintensiver das Kapital des produzierenden Sektors ist und je ausgeprägter sich der Emissionsstrom darstellt, der sich durch den Einsatz der Umwelttechnologien ergibt.[104] Schließlich ist noch hinzuzufügen, daß der notwendige vermehrte Einsatz von Umwelttechnologien mittelfristige Auswirkungen auf den Lebensstandard der Bevölkerung zeitigen kann, da die eingesetzten Ressourcen nicht zu sonstigen Konsumzwecken verwendet werden können.

Dieser Analyse sind noch einige Aspekte hinzuzufügen. KRELLE bezieht sich in seinem Modell offensichtlich auf nachsorgende, sogenannte End-of-Pipe-Technologien, die getrennt vom sonstigen Kapitalstock vorliegen, und die dem emissionserzeugenden Produktionsprozeß nachgeschaltet werden, um die entstehenden Emissionen zurückzuhalten. Nur in dieser Konstellation ist die Verwendung von zwei vollständig unterscheidbaren Kapitalarten im produzierenden Sektor (K_a) und im Umweltsektor (K_d) angemessen. Außerdem betrachtet KRELLE ausschließlich das *Wachstum des Sozialprodukts (Y)*, wobei das umwelttechnologische Kapital nicht sozialprodukterhöhend wirkt – wie es in der heutigen Volkswirtschaftlichen Gesamtrechnung der Fall ist – sondern es wird als Kostenfaktor behandelt.[105] Inwieweit sich der Einsatz physischer Ressourcen entwickelt, wird von KRELLE nicht untersucht. Diese Frage und der weitergehende Aspekt, inwieweit die ***physischen Wachstumsbegrenzungen*** durch Nichtüberschreitung der Senkenkapazitäten *und* durch begrenzte Ressourcenverfügbarkeit zusammenhängen, können anhand der Graphiken in der nachfolgenden Abbildung 4.6 erörtert werden.

104 Um zu verdeutlichen, worum es sich bei dem Emissionsstrom handelt, der durch den Einsatz von Umwelttechnologien entsteht, seien als Beispiele sämtliche Filtertechnologien für Kraftwerke oder auch der Katalysator für das Auto angeführt. Diese Filtertechnologien müssen nach ihrem emissionsreduzierenden Einsatz als hochgiftiger Sondermüll entsorgt werden. Die Reduzierung von Emissionen erzeugt also neue Emissionen an anderer Stelle. Gerade bei nachsorgenden Technologien handelt es sich lediglich um eine Verschiebung der Umweltbelastung zwischen den Umweltmedien. Vgl. Ayres 1992: S. 16-17.

105 Aus der Gleichung 30 in Kapitel 2.4.3 wird deutlich, daß das Umweltkapital bei KRELLE nicht zur Erhöhung des Sozialproduktes beiträgt.

Beide Graphiken zeigen physische Ressourcennutzungspfade analog zu den Abbildungen 4.4 und 4.5 aus dem vorherigen Unterkapitel. Die Pfade mit durchgezogener Linie stellen jeweils Referenzwachstumspfade analog zu den Graphiken a) und e) aus den Abbildungen 4.4 und 4.5 dar, und sie zeichnen sich dadurch aus, daß natürliche Assimilations- und Absorptionsgrenzen in der Ressourcennutzung *nicht* berücksichtigt sind.[106] Der weiterführende Pfadverlauf nach dem Eintritt des Schocks zum Zeitpunkt T ist aus Übersichtlichkeitsgründen nicht dargestellt. Die gestrichelten Pfade 1, 2 und 3 bilden mögliche Verläufe in der Ressourcennutzung ab, die sich unter Berücksichtigung der begrenzten Senkenkapazitäten einstellen könnten.

Abbildung 4.6 Ressourcennutzungspfade unter Einhaltung der natürlichen Assimilationskapazitäten mit unterschiedlichen Technologien

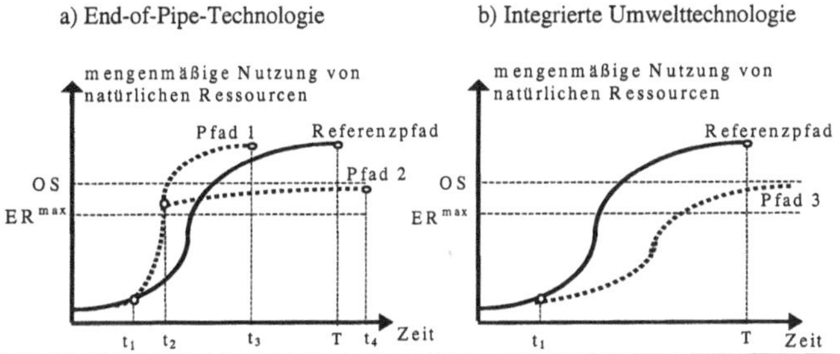

In der Graphik a) werden zusätzlich zum Referenzpfad zwei mögliche Pfadverläufe ohne Überschreitung der natürlichen Senkenkapazitäten gezeigt, wie sie sich unter Anwendung von End-of-Pipe-Technologien aus dem modifizierten KRELLE-Modell darstellen könnten. Bis zum Zeitpunkt t_1 verlaufen Referenzpfad und End-of-Pipe-Pfad synchron, da die Ressourcennutzung in dieser Periode noch nicht zu Überlastungen der natürlichen Senken führt. Ab t_1 wird eine Einführung von Umwelttechnologien notwendig, um das Emissionsniveau zu verringern. Für den Einsatz von End-of-Pipe-Technologien sind zusätzliche Ressourcen notwendig, so daß der Wachstumspfad unter Einhaltung der Absorptions- und Assimilationskapazitäten nach KRELLE ab t_1 ein erhöhtes physisches Wachstum induziert (gestrichelter Pfad). Spätestens in t_2 zeigen sich die Grenzen der Emissionsreduzierung der End-of-Pipe-Technologien innerhalb des Wachstumsprozesses. Angesichts erschöpfender Potentiale der Emissionsreduzierung und zunehmender *neuer* Emissionsströme, die aufgrund des Einsatzes der Umwelttechnologien erzeugt werden, kann das physische und ebenso das Wachstum des Sozialprodukts nicht mehr in dem Ausmaß verfolgt werden wie zuvor – der Wachstumsprozeß geht daher ab t_2 in seine logarithmische Phase über.

Der weitere Pfadverlauf ist schließlich u. a. davon abhängig, inwieweit noch Potentiale zur Emissionsreduzierung erschlossen werden können und wie ressourcen- und emissionsintensiv die Umwelttechnologien und das sonstige produktive Kapital sind. Ist beispielsweise das

106 Wie bereits erwähnt, beziehen sich die Ressourcennutzungspfade aus Kapitel 4.2.1.1 auf die Analyse der Ressourcenverfügbarkeit und erfüllen lediglich die Anforderungen der ersten Managementregel für Nachhaltigkeit, während sie Senkenrestriktionen und mechanische Eingriffsgrenzen nicht berücksichtigen.

Emissionsniveau, das sich aus dem Einsatz der End-of-Pipe-Technologien ergibt, sehr gering und sind weitere Emissionsreduzierungspotentiale erschließbar, dann mag ein physischer Wachstumspfad in Form des Pfades 1 realisiert werden. Aufgrund des zusätzlichen Ressourceneinsatzes für die Umwelttechnologien ist das Ressourcennutzungsniveau generell höher als im Referenzpfad, so daß beim Pfad 1 die Erschöpfung der nicht-erneuerbaren Ressourcen zum früheren Zeitpunkt t_3 eintritt. Der Pfad 2 zeigt einen der möglichen Fälle, daß in t_2 entweder die Emissionsreduzierungspotentiale der Umwelttechnologien nahezu ausgeschöpft sind oder aber der Einsatz der End-of-Pipe-Technologien eine hohe Emissionsbelastung mit sich bringt. Die Einhaltung der Assimilationsgrenzen erfordert in diesen Fällen, daß das physische Wachstum nicht weiter vorangetrieben wird, und daß die physische Ressourcennutzung auf einem für die Senken verträglichen Niveau stabilisiert wird. In diesem Fall existiert eine senkenbezogene Obergrenze der Ressourcennutzung, wie dargestellt durch die gestrichelte Linie OS. Als „Nebeneffekt" der Stabilisierung der Ressourcennutzung aufgrund der Beachtung der begrenzten Senkenkapazitäten tritt schließlich die Erschöpfung der nicht-erneuerbaren Ressourcen zu dem späteren Zeitpunkt t_4 ein.

Welches Szenario sich einstellt, ist nicht zuletzt von der Art der Ressourcennutzung und der spezifischen Emissionsstruktur abhängig. Handelt es sich um Emissionen, die leicht durch End-of-Pipe-Technologien zurückgehalten werden können, so ist der erste Pfad wahrscheinlich. Sind die Emissionen bei zunehmender Ressourcennutzung nur sehr schwer zu reduzieren – wie es bei den Stoffen CO_2 und NO_x in der Verbrennung von fossilen Ressourcen der Fall ist –, dann trifft eher der Verlauf des zweiten Pfades zu. Unabhängig von diesen spezifischen Fragen, ist festzustellen, daß es durch den Einsatz von End-of-Pipe-Technologien zu einem Zielkonflikt zwischen Ressourcennutzung und Einhaltung der natürlichen Senkenkapazitäten kommt. Aus der Beachtung der begrenzten Absorptions- und Assimilationsfähigkeiten der Natur ergibt sich unter diesen Umständen also entweder eine Obergrenze in der allgemeinen Ressourcennutzung (OS) oder eine zusätzliche Ressourcennutzung, die zu einer frühzeitigen Erschöpfung bei den nicht-erneuerbaren Ressourcen führt.

Obwohl die Pfade 1 und 2 der Graphik a) die Grenzen der Assimilationskapazitäten einhalten, sind sie beide im Sinne der Ressourcenverfügbarkeit nicht nachhaltig, da die nicht-erneuerbaren Ressourcen zu einem Zeitpunkt erschöpfen, zu dem das Ressourcennutzungsniveau überhalb des maximalen Niveaus der erneuerbaren Ressourcenbasis ER^{max} liegt. Für Pfad 2 ist jedoch vorstellbar, daß sich nach der Stabilisierung der Ressourcennutzung, die sich im Zeitraum zwischen t_2 und t_3 als Konsequenz der Berücksichtigung der begrenzten Senkenkapazitäten einstellt, eine Verringerung in der Ressourcennutzung mit gleichzeitig erhöhter Anwendung erneuerbarer Ressourcen eingeleitet werden kann. In jenem Fall könnte ein kontinuierlicher Pfadverlauf analog zu dem Pfad der Graphik f) der Abbildung 4.5 realisiert werden.

Nun ist jedoch auch eine Berücksichtigung der begrenzten Senkenkapazitäten denkbar, die nicht auf dem Einsatz von End-of-Pipe-Technologien beruht, sondern durch Einsatz von sogenannter „integrierter Umwelttechnologie" erreicht werden kann. Unter integrierten Umwelttechnologien werden Techniken verstanden, die aufgrund von innovativen Veränderungen in der gesamten Produktionstechnik Reduzierungen im Ressourcenverbrauch und/oder bei der Emissionsbelastung erreichen.[107] Im weiteren Sinne können zur integrierten Technologie auch andere, nicht-technische Lösungen dazugezählt werden, die Emissionsreduzierungen durch verbessertes Produktdesign oder durch Stoffstrom- und Umweltmanagementsysteme erzielen. Integrierte Lösungen und Technologien zeichnen sich dadurch aus, daß sie in das Gesamtkon-

107 Vgl. zum Begriff der integrierten Umwelttechnologie u. a. Zimmermann 1989: S. 4-7, EK-SMU 1994: S. 72-73 und Meyer 1995: S. 20-22.

zept einer Produktionskette integriert sind und daher weder separat vorliegen noch dem eigentlichen Produktionsprozeß nachgeschaltet werden wie eine End-of-Pipe-Technologie. Da eine integrierte Umwelttechnologie nicht aufteilbar ist in einen produzierenden und einen verschmutzungsreduzierenden Teil, ist das KRELLE-Modell auf diesen Fall nicht anwendbar. Während bei KRELLE die End-of-Pipe-Technologie stets Kosten verursacht, mag eine neue Generation einer integrierten Umwelttechnologie aufgrund eingesparter Ressourcen sogar kostensenkend wirken.

In der Graphik b) der Abbildung 4.6 ist mit Pfad 3 ein möglicher Ressourcennutzungsverlauf ohne Überschreitung der natürlichen Senkenkapazitäten unter Einsatz einer integrierten Umwelttechnologie nebst Referenzpfad gezeigt. Zum Zeitpunkt t_1, wenn der Einsatz von Umwelttechnologien zur Einhaltung natürlicher Assimilationsgrenzen notwendig wird, wird in diesem Fall die Energie- und Ressourceneffizienz erhöht, um die Emissionsbelastung im vorgegebenen Rahmen zu halten. Auf diese Weise kann für einen gewissen Zeitraum ein monetäres Wachstum mit nur mäßigem Zuwachs im Ressourcenverbrauch realisiert werden. Grundsätzlich verläuft der Ressourcennutzungspfad unterhalb des Referenzpfades und die Erschöpfung der nicht-erneuerbaren Ressourcen stellt sich erst später ein. Somit wirken integrierte Umwelttechnologien ressourcenschonend und tragen dazu bei, daß hohe Ressourcennutzungsniveaus nicht frühzeitig erreicht werden. Da jedoch der Erhöhung der Energie- und Ressourceneffizienz thermodynamische Obergrenzen gesetzt sind, läßt sich ein Wachstum des Sozialprodukts in langer Frist nicht ohne weitere Erhöhungen des Ressourceneinsatzes realisieren. Letztlich setzt die begrenzte Assimilationskapazität auch hier eine Obergrenze (OS) in bezug auf das Niveau der Ressourcennutzung.

Ein weiterer interessanter Aspekt bei der Anwendung integrierter Technologien besteht darin, daß die Vermeidung der Schadstoffentstehung im Vordergrund steht und nicht das Zurückhalten von Schadstoffen. Diese Vorgehensweise führt zu einer anspruchsvolleren Haltung hinsichtlich der einzusetzenden Werkstoffe. Dadurch mag sich der verfügbare Gesamtressourcenbestand als geringer erweisen als beim Referenzpfad, da die Nutzung sehr giftiger nicht-erneuerbarer Ressourcen – wie z. B. Blei und Plutonium – von vornherein ausgeschlossen wird. Aufgrund dieser verringerten Ressourcenverfügbarkeit und der Tatsache, daß die Nutzung von erneuerbaren Ressourcen häufig mit einer geringeren Schadstoffbelastung verbunden ist, mag sich eine innovative Anwendung von erneuerbaren Ressourcen zu einem früheren Zeitpunkt einstellen als im Referenzfall oder bei den End-of-Pipe-Pfaden. Folglich führt ein Entwicklungspfad mit einem technologischen Paradigma im Sinne integrierter Lösungen nicht nur zur Einhaltung der natürlichen Assimilationsgrenzen bei verringertem Ressourceneinsatz, sondern gleichermaßen setzt ein Prozeß der Transformation zu vermehrt auf erneuerbaren Ressourcen basierenden Technologien früher ein. Somit besteht für diesen Pfad im Vergleich zum End-of-Pipe-Pfad eine wesentlich bessere Chance, die begrenzte Ressourcenverfügbarkeit ohne große Schocks zu überstehen und gleichzeitig die Grenzen der natürlichen Assimilationskapazitäten zu beachten. Die Realisierung eines nachhaltigen Pfades analog zu den Graphiken d) oder g) in den Abbildungen 4.4 und 4.5 ist daher unter Anwendung integrierter Umwelttechnologien am wahrscheinlichsten.

Ein anderer senkenbezogener Aspekt hinsichtlich des physischen Wachstums betrifft die Produktion von erneuerbaren Ressourcen. Unter Maßgabe der Beachtung der 2. Managementregel für Nachhaltigkeit müssen alle stofflichen Einträge, die in der Bewirtschaftung von erneuerbaren Ressourcen getätigt werden (Düngung, Pflanzenschutz, etc.) im Rahmen der Senkenkapazitäten bleiben und entsprechend eingeschränkt werden. Als Konsequenz kann nur ein geringerer Wert für die wachstumssteigernde Rate γ^{BM} realisiert werden, so daß das maximale erneuerbare Ressourcenpotential unter Beachtung der Senkenrestriktionen auf einem niedrigerem Niveau gelegen ist als ER^{max}. Entsprechend sind die realisierbaren Ertragspotentiale der Zukunft dadurch geringer.[108]

Schließlich ist noch darauf hinzuweisen, daß die Frage, ob ein unbegrenztes Wachstum des Sozialprodukts unter Einhaltung bestehender Assimilationskapazitäten möglich ist, nichts mit dem Überleben der Menschheit zu tun hat, wie durch KRELLEs Begriff des „Überlebenskorridors" angedeutet wird. Wenn sich das Sozialprodukt auf einem Pfad wie in der Graphik d) in Abbildung 4.4 sowohl physisch als auch monetär einem maximal möglichen Niveau sukzessive annähert und sich dort stabilisiert und auch eine stabile Bevölkerungsgröße realisiert wird, ist das Überleben der Menschheit nicht bedroht. Aber selbst wenn diese Ziele nicht erreicht werden können, besteht die größte Gefahr in einem Schock, der durch Erschöpfung der nicht-erneuerbaren Ressourcen ausgelöst wird. Wie im vorstehenden Kapitel ausgeführt, ist selbst dann „nur" eine Dezimierung der Bevölkerung zu erwarten und nicht ein Aussterben der Menschheit.

Somit ist festzuhalten, daß die Beachtung der natürlichen Assimilations- und Absorptionskapazitäten aufgrund emissionsbezogener Grenzen der Ressourcennutzung limitierend auf das mittelfristig realisierbare physische und Sozialproduktswachstum wirkt. Darüber hinaus kann aufgrund des zusätzlichen Ressourcenverbrauchs für End-of-Pipe-Technologien bzw. aufgrund der Nichtnutzung giftiger nicht-erneuerbarer Ressourcen bei Anwendung integrierter Umwelttechnologien konstatiert werden, daß der materielle Lebensstandard der Bevölkerung in mittlerer Frist eingeschränkt wird.

Ganz anders und bedeutend restriktiver gestalten sich die **ökonomischen Wirkungen der *Nichteinhaltung* der Grenzen der natürlichen Senkenkapazitäten**. Im Gegensatz zur ökonomischen Begrenzung durch Ressourcenverfügbarkeit, die sich *vor* dem Erreichen der Grenzen deutlich durch Erschöpfung und Nichtverfügbarkeit von Ressourcen bemerkbar macht, kann die Grenze der natürlichen Senkenkapazität überschritten werden, während die – ex ante größtenteils ungewissen – Konsequenzen häufig erst mit großer Zeitverzögerung wahrnehmbar sind. Bei der Überlastung der Senkenkapazitäten spielen insbesondere die nicht-erneuerbaren Ressourcen ein besondere Rolle, da die Schadstoffe, die aufgrund dispergierender Ressourcennutzung in die Natur eintragen werden, häufig entweder gar nicht oder nur sehr begrenzt natürlich assimiliert und absorbiert werden können. Die ökonomischen Wirkungen der Überlastung der natürlichen Senkenkapazitäten betreffen sowohl die Überlebenszeit der Menschheit und den Lebensstandard der Bevölkerung als auch die ökonomischen Wachstumspotentiale.

Das ***Überleben der Menschheit*** kann durch Überlastung der natürlichen Senkenfunktionen gefährdet werden, wenn sich als Reaktion auf veränderte Stoffstromverhältnisse innerhalb der Natur Anpassungsprozesse einstellen, die die Lebensbedingungen auf der Erde dermaßen verändern, daß menschliches Leben nicht mehr möglich ist. Problematisch ist dabei, daß im Vorhinein unbekannt ist, welche nichtassimilierten und nichtabsorbierten Stoffe in welcher Menge und Kombination mit anderen Stoffen solche tiefgreifenden Konsequenzen auslösen können. Erst wenn erste Auswirkungen und Schäden eingetreten sind, lassen sich einige der verursachenden Stoffe ermitteln. Aus der heutigen Diskussion über Umweltkrisen und ihre möglichen Langfristfolgen kann insbesondere die übermäßige Emission von CO_2, Methan, FCKW und

---

108 Zur Veranschaulichung dieses Umstandes sei darauf hingewiesen, daß der Getreideertrag pro Bodenfläche unter Verwendung kontrolliert biologischer Anbaumethoden (kbA) in Deutschland im Vergleich zur Intensivlandwirtschaft um etwa 37% niedriger liegt. Eigene Berechnung nach: Bundesregierung der Bundesrepublik Deutschland 1996 (Agrarbericht): S. 34.

chlorierten Kohlenwasserstoffen mit den Konsequenzen eines globalen Klimawandels und der Verringerung der Schutzwirkung der Ozonschicht mit der möglichen langfristigen Auswirkung eines frühzeitigen Aussterbens der Menschheit in Verbindung gebracht werden. Gleichzeitig steht durch diese ökologischen Krisen mittelfristig zu befürchten, daß durch Anstieg des Meeresspiegels aufgrund der globalen Erwärmung und durch erhöhte Intensität der UV-Strahlung aufgrund der Ozonschichtausdünnung der menschliche Lebensraum reduziert wird, wodurch sich die maximale Anzahl der Menschen, die auf der Erde überleben können, verringert.[109]

Der ***Lebensstandard der Menschen*** wird durch Überschreitung der natürlichen Senkenkapazitäten schon kurz- bis mittelfristig in Form von Gesundheitsbeschwerden beeinträchtigt. Der ständige Eintrag von nichtassimilierbaren Schadstoffen in die Natur bedeutet, daß sich diese Stoffe in den Umweltmedien Luft, Wasser und Boden ansammeln. Durch Stoffwechselprozesse gelangen die Stoffe in die Pflanzen, werden durch die gesamte Nahrungskette verbreitet und gelangen letztlich in den menschlichen Körper[110], wo sie sich in den verschiedensten Organen anreichern können. Als Konsequenz kann eine Vielzahl von akuten und chronischen Erkrankungen ausgelöst werden.

> *„Die Wirkung von Umweltfaktoren und Umweltchemikalien reichen von genetischen Schädigungen über Nervenschädigungen, Herzstörungen, Immunsystemschwächungen, Vererbungsschäden bis hin zu allergischen Wirkungen und Verhaltensstörungen. Allein die Allergien als die für jeden sichtbarsten Zeichen von Umweltzerstörung haben bei Rekruten in der Bundesrepublik von sechs Prozent im Jahre 1958 auf 21 Prozent im Jahr 1990 zugenommen.“*[111]

Zweifellos vermindern die zum Teil schwerwiegenden Gesundheitsschäden die Lebensqualität der Menschen, und zusätzlich entstehen immense gesellschaftliche Krankheitskosten.[112] Desweiteren wird die menschliche Lebensqualität dadurch verringert, daß die durch übermäßige Schadstoffeinträge degradierten Naturlandschaften – wie z. B. die durch Sauren Regen sterbenden Wälder – ihren Freizeit- und Erholungswert einbüßen.

Letztlich wird auch das ***physische ökonomische Wachstum*** durch Überlastung der natürlichen Senkenkapazitäten in Mitleidenschaft gezogen. Betroffen sind diesbezüglich ausschließlich die erneuerbaren Ressourcen. Die Inanspruchnahme der Natur als passive Senke bedeutet nicht nur, daß Schadstoffe in alle Lebewesen gelangen, sondern zusätzlich kann durch schadstoffbelastete Umweltmedien das Wachstum und das Gedeihen von Pflanzen und Tieren gravierend beeinträchtigt werden.[113] Besonders nichtassimilierbare Schadstoffe, die langfristig in der Natur verbleiben, können die natürliche Produktivität der erneuerbaren Ressourcen sukzessive reduzieren, wodurch das maximal erneuerbare Ressourcenpotential (ER^{max}) im Zeitverlauf abnimmt. Um diesen Umstand im Bereich der nachhaltigen Ressourcennutzung mit er-

---

109 Vgl. zu den Einschätzungen der möglichen Folgen von Treibhauseffekt und Ozonschichtzerstörung Grießhammer et al. 1989: S. 15-16 und 68-80.

110 Menschen nehmen Schadstoffe etwa zu 95% durch Nahrungsmittel auf, während der Rest durch Atmung zugeführt wird. Vgl. Bremer Umwelt Institut 1985: S. 76.

111 Korczak 1996: S. 21. Vgl. ebenso Ewers 1982: S. 185-187 und Carson 1987: S. 187-198.

112 Nach einer Studie über luftverschmutzungsbedingte Krankheitskosten des Bundesumweltministeriums von 1994 ergaben sich für das Gebiet der alten Bundesrepublik jährliche Mehrkosten für Herz-, Kreislauf- und Atemwegserkrankungen in Höhe von 5,4 Milliarden DM. Vgl. Korczak 1996: S. 21.

113 Vgl. zur Beeinträchtigung von Pflanzen und Tieren durch emissionsbedingte Einwirkungen: Bremer Umwelt Institut 1985: S. 60-68 (Schwermetalle); Brockmann/Wilken 1996: S. 139-141 und Elbrächter 1990: S. 11-116 (Wirkungen erhöhter Nährstoffeinträge {Eutrophierung} in Gewässern); Haarich 1996: S. 148 (Schadstoffe in Fließgewässern); Schott 1984: S. 143-145 (Bodenversauerung/ Waldsterben); Grießhammer et al. 1989: S. 16 (erhöhte UV-Strahlung durch Ozonschichtzerstörung).

neuerbaren Ressourcen zu berücksichtigen, könnte die Ungleichung 49 aus dem vorangegangen Kapitel ergänzt werden um eine Rate γ^E, die anzeigt, inwieweit die üblicherweise nachwachsende Nettoprimärproduktion durch nichtassimilierte Emissionen reduziert wird.[114] Diese Rate scheint überflüssig zu sei, wenn zusätzlich zur nachhaltigen Ressourcennutzung auch die Einhaltung der Assimilationsgrenzen postuliert wird. Da jedoch, wie oben ausgeführt, die Bestimmung einer nachhaltigen Senkenkapazität sowohl durch Werturteile als auch durch ein hohes Maß an Ungewißheit geprägt ist, kann nie mit Sicherheit davon ausgegangen werden, daß die natürlichen Senken nicht überbeansprucht werden. Die Einfügung dieser Rate ist außerdem sinnvoll, da sie die Interdependenz der Limitationen durch begrenzte Ressourcenverfügbarkeit und Senkenkapazitäten anzeigt.

Die heutigen Ökonomien, die hauptsächlich nicht-erneuerbare Ressourcen nutzen, sind von der Reduzierung des erneuerbaren Wachstumspotentials eher wenig betroffen. Da die zukünftigen Generationen nach der Erschöpfung der nicht-erneuerbaren Ressourcen auf die erneuerbaren Ressourcen als einzige Ressourcenquelle angewiesen sind, trifft die emissionsbedingte Reduzierung des maximalen erneuerbaren Ressourcenpotentials (ER^{max}) die Menschen in der langen Zeitfrist am stärksten. Die übermäßige Inanspruchnahme der natürlichen Senken in der Gegenwart hemmt folglich die Optionen auf ein physisches Wachstum in langer Frist und reduziert damit gleichzeitig die (hypothetische) Anzahl der Menschen, die langfristig auf der Erde ernährt werden können.

Zusammenfassend ist zu konstatieren, daß die Überschreitung der natürlichen Assimilations- und Absorptionsgrenzen mit gravierenden potentiellen Konsequenzen hinsichtlich des menschlichen Überlebens, der Anzahl der überlebenden Menschen, des Lebensstandard und des ökonomischen Wachstums verbunden ist. Dementgegen sind die Bedingungen für einen senkenbezogenen nachhaltigen Scale und die entsprechenden ökonomischen Restriktionen, die sich aus der Nichtüberschreitung der begrenzten Senkenkapazitäten ergeben, relativ harmlos, da sie lediglich das Ausmaß des Wachstums und des Lebensstandards der materiell sowieso begünstigten Generationen betreffen. Dennoch ist zu konstatieren, daß die Beachtung der Senkenkapazitäten im Sinne der senkenbezogenen Obergrenzen (OS) eine striktere Restriktion für physisches Wachstum darstellen kann als die begrenzte Ressourcenverfügbarkeit durch erneuerbare und nicht-erneuerbare Ressourcen.

4.2.1.3 Begrenzte mechanische Belastbarkeit der Natur

In Kapitel 4.1 wurde betont, daß neben stofflichen Einträgen in die Natur auch mechanische Natureingriffe enorme Schäden nach sich ziehen können. Folglich wurde die begrenzte mechanische Belastbarkeit der Natur als zusätzliche natürliche Grenze für ökonomische Expansion bezeichnet. Wesen und Ausmaß dieser vierten Begrenzung sollen an dieser Stelle näher vorgestellt und analysiert werden.

Die mechanische Belastung der Natur durch den Menschen vollzieht sich durch mechanische Einwirkung, wodurch Naturstrukturen verändert werden. Gemeint sind damit Eingriffe in Natur, wie sie z. B. mit Gebäude- und Straßenbau, Entwässerung, Rohstoffabbau, Bodenbearbeitung, Gewässerausbau und sonstigen mechanischen Eingriffen (Graben, Betreten, etc.) verbunden sind. Übermäßige mechanische Eingriffe führen zu einer menschlich gestalteten Naturstruktur, deren Naturfunktionen reduziert sind, wodurch enorme Schäden für Menschen entstehen können. Das äußert sich z. B. dadurch, daß immer mehr Lebensräume für Tiere und

---

114 Die Rate γ^E ist zur rechten Seite der Ungleichung 49 hinzuzuaddieren. Vgl. Kapitel 4.2.1.3.

Pflanzen mechanisch zerstört und die betroffenen Arten regional verdrängt werden bzw. im Extremfall aussterben.[115] Sämtliche Regelungsfunktionen der Natur können durch mechanische Eingriffe aus dem Gleichgewicht gebracht werden. An dieser Stelle werden exemplarisch zwei besonders gravierende Arten des mechanischen Eingriffs und ihre Auswirkungen auf die Natur beschrieben.

Als erstes seien die ***mechanischen Eingriffe in der Landwirtschaft*** genannt, wobei insbesondere die Flurbereinigungen und die mechanische Bodenbearbeitung durch schwere Landmaschinen Beachtung verdienen. Eine Flurbereinigung beinhaltet eine Veränderung einer landwirtschaftlichen Nutzfläche zur Erhöhung der Produktivität des Einsatzes moderner Landwirtschaftsmaschinen. Im Zuge einer Flurbereinigung werden landwirtschaftliche Gebiete, die neben ungünstigen Ackergrößen verschiedene natürliche Biotope und Fließgewässer aufweisen, in große Ackerlandgebiete mit erhöhter Nutzfläche, kanalisierten Bewässerungsgräben und nur noch wenigen Biotopen umgewandelt. Die Entfernung und Zersplitterung der kleinen, miteinander vernetzten Biotope an Ackerrändern bedeutet eine Vernichtung von Lebensräumen für viele Arten. Die moderne, flurbereinigte Intensivlandwirtschaft ist daher in vielen Ländern als Hauptverursacher des Artensterbens anzusehen.[116] Doch die intensive Landwirtschaft ist gleichzeitig sehr anfällig für Erosion, d. h. Verlust von fruchtbarem Mutterboden. Landwirtschaftliche Bewirtschaftung ist in jedem Fall mit einem Erosionsrisiko verbunden, da der Ackerboden für eine gewisse Zeit freiliegt, also nicht durch Pflanzenbewuchs befestigt wird und daher durch Wind- und Wassereinwirkung abgetragen werden kann. Das Erosionsrisiko ist bei intensiver mechanischer Bodenbearbeitung auf flurbereinigten Flächen höher. Durch die mechanische Belastung der Bodenbearbeitung mittels schwerer Maschinen wird der Boden verdichtet, wodurch verschiedene seiner Funktionen beeinträchtigt werden. So kann beispielsweise Regenwasser nicht mehr so gut absickern wie zuvor, so daß das Wasser an der Oberfläche abläuft und wertvollen Boden mitreißt. Durch kleine Biotope an den Ackerrändern könnte erodierter Boden zurückgehalten werden, doch dieser Erosionsschutz ist in flurbereinigten Gebieten häufig nicht mehr anzutreffen.[117]

Besonders bedrohlich ist der Tatbestand der Erosion in Ländern mit semi-aridem Klima, wo nur wenig Wasser verfügbar, die allgemeine Bodenbedeckung mit Pflanzen spärlich und daher auch die Fruchtbarkeit der Ackerböden nur mäßig ist. Unter derartigen Bedingungen kann eine zu intensive Landbewirtschaftung mit Flurbereinigung schnell dramatische Auswirkungen nach sich ziehen und die Produktivität der Landwirtschaft langfristig senken.[118] Im Extremfall gehen fruchtbare Ackerböden vollkommen verloren und veröden. Derzeit sind weltweit etwa 80% aller landwirtschaftlichen Flächen mäßig bis schwer von Erosion betroffen, während pro Jahr etwa 12 Mio. Hektar Ackerland für die Nutzung verloren gehen – zumeist in tropischen Entwicklungsländern.[119] Als Folge können sich regionale Klimaveränderungen mit verringerten Niederschlägen einstellen, wodurch u. a. eine Ausbreitung von Wüstengebieten (Desertifi-

---

115 Es sei darauf hingewiesen, daß Artensterben auch durch stoffliche Einträge bewirkt werden kann, wie es z. B. für den Fall der Eutrophierung im vorangegangenen Kapitel erwähnt wurde.

116 Vgl. Haber/Salzwedel 1992: S. 21-24, S. 65-77 und S. 152-154 sowie RSU 1994: S. 182.

117 Vgl. Haber/Salzwedel 1992: S. 88-94.

118 So ist z. B. die Erosion in Zimbabwe dermaßen ausgeprägt, daß fünf Prozent der Landfläche schwer erodiert sind. Auf einigen Äckern ist eine jährliche Erosion von bis zu 100 t pro ha zu verzeichnen. Das ist gleichbedeutend einer jährlichen Ackerbodenschichtverdünnung um 75 mm, während eine Bodenneubildung von 4-10 mm etwa 1.000 Jahre benötigt. Es handelt sich dabei also um irreversible Prozesse hinsichtlich der Reduzierung der Bodenfruchtbarkeit. Vgl. Otzen et al. 1994: S. 9-12.

119 Vgl. Pimentel et al. al. 1997: S. 9-10.

zierung) begünstigt werden kann.[120] In einer Studie der Vereinten Nationen von 1990, in der die globalen Schäden der Degradierung landwirtschaftlicher Böden geschätzt wurden, wurde ein jährlicher Verlust in Höhe von 42 Mrd. US-Dollar pro Jahr angegeben, eine Summe, die dem Wert einer durchschnittlichen US-amerikanischen Weizenernte entspricht.[121]

Als zweites Beispiel sei der mechanische Eingriff in natürliche Funktionszusammenhänge durch ***Abbau nicht-erneuerbarer Ressourcen im Tagebau*** angeführt. Ein Tagebau kann sich bis zu einer Fläche von über 300 km² ausdehnen und durch mechanische Einwirkung werden sämtliche Boden- und Erzschichten bis zu einer Tiefe von mehreren hundert Metern nach und nach treppenstufenartig abgetragen.[122] Der flächenbezogene Wirkungsbereich eines Tagebaus ist allerdings noch wesentlich größer – manchmal um ein Vielfaches –, da weitere Fläche für Betriebs- und Aufbereitungsanlagen, Kraftwerke, Zufahrtswege, Abraumhalden, Schlammteiche und Bergarbeitersiedlungen benötigt wird.[123] Durch die Erschließung eines Rohstoffvorkommens im Tagebau wird folglich eine riesige Naturfläche vollständig ausradiert, und in Ländern wie Brasilien, Madagaskar oder Botswana sind nicht selten sehr wertvolle Natursysteme wie tropische Regenwälder betroffen.[124] Über die Zerstörung der Naturfläche hinaus, wird der natürliche Wasserhaushalt der betroffenen Region maßgeblich verändert und durch Freisetzung toxischer Stoffe können Wasser, Grundwasser und Boden schwer geschädigt werden. Nach der Schließung eines Tagebaus bleibt letztlich eine unwegbare, häufig vergiftete tote „Mondlandschaft" als Altlast des Tagebaus zurück, die besonders in Entwicklungsländern zumeist nicht renaturiert wird.[125] Renaturierungsmaßnahmen, wie sie teilweise in Industrieländern durchgeführt werden, sind kostspielig. Häufig werden die sogenannten „Tagebaurestlöcher" in riesige Seen verwandelt. Eine derartige Sanierung eines Braunkohletagebaus wird zur Zeit in der Bundesrepublik Deutschland im Geiseltal (zwischen Halle und Leipzig) durchgeführt. Die Kosten dieser Sanierung der 19 km² großen Fläche werden mit 450 Mio. DM veranschlagt.[126]

Die Bestimmung von Grenzen für mechanische Natureingriffe gestaltet sich sehr schwierig, und im Gegensatz zur stofflichen Einwirkung existieren keine assimiliationsähnlichen Naturkräfte, die mechanische Einwirkungen produktiv umsetzen könnten. Desweiteren bringt fast jede menschliche Aktivität einen mechanischen Eingriff in die Natur mit sich, da Wohnen, Arbeiten und Freizeitaktivitäten speziell gestaltete Flächen und Raum beanspruchen, die der Natur entzogen werden. Folglich ist eine entsprechende Grenzziehung fast ausschließlich eine Wertentscheidung darüber, welche Naturdegradierung durch mechanischen Eingriff im Interesse des Menschen geduldet werden kann.

Wird das herkömmliche Konzept der Nachhaltigkeit als Wertmaßstab zugrundegelegt, dann könnte als Entscheidungsregel formuliert werden, daß jegliche Eingriffe, die die Intaktheit übergeordneter Funktionszusammenhänge der Natur beeinträchtigen können, zu vermeiden sind. Der Bau einer Siedlung in ein Naturgebiet könnte daher dann akzeptiert werden, wenn die verbleibende Naturfläche groß genug für die in dieser Region ansässigen Arten wäre und auch die sonstigen Naturfunktionen nicht beeinträchtigt würden. Der Lebensraum der Natur

---

120 Vgl. zum Problem der Desertifizierung Osman 1992: S. 80-89 und World Resources Institute/ UNEP/UNDP 1992: S. 70-71.

121 Vgl. Brown 1993: S. 18-19.

122 Vgl. Metallgesellschaft AG (Hg.) 1993: S. 18 und Onyekakeyah 1991: S. 126.

123 Vgl. BMZ 1994: S. 20-21.

124 Vgl. Moser/Moser 1994: S. 55, Goldau/Siepelmeyer 1991: S. 71-74 und Siepelmeyer 1991a: S. 93.

125 Vgl. BMZ 1994: S. 21, Warhurst 1994: S. 20-25, Siepelmeyer 1991b: S. 102-103 und Kapitel 5.1.4.

126 Vgl. LMBV konkret, Ausgabe 2/1996: S. 4.

würde zwar eingeengt und diverse individuelle Tiere und Pflanzen würden verdrängt, doch keine Art würde aussterben, die allgemeinen Funktionszusammenhänge blieben intakt und die ökologische Elastizität der Ökosysteme würde nicht überlastet. In dieser Interpretation wären alle mechanischen (und auch stofflichen) Eingriffe, die die derzeitigen globalen Trends der Bodenerosion und sonstiger Bodendegradierung und der damit einhergehenden Schwächung der natürlichen Produktionsfunktion i. e. S. verstärken, zu vermeiden. Auch weitgehende Eingriffe in die Natur, die als Konsequenz zu Artensterben, veränderten Wasserhaushalten und sonstigen Einbußen bei den Regelungsfunktionen führten, wären abzulehnen.

Diese Nachhaltigkeitsinterpretation legt den Schwerpunkt auf intakte *übergeordnete* Funktionszusammenhänge und nicht auf die Konstanz eines räumlichen Naturbestandes. Da jedoch mechanische Eingriffe des Menschen in die Natur immer mit der Frage der Raumbeanspruchung und der räumlichen Expansion ökonomischer Systeme verbunden sind, stellt sich hinsichtlich der Bestimmung von mechanischen Eingriffsgrenzen die unvermeidliche Frage, wieviel Raum die Natur mindestens benötigt, damit die für Menschen existentiellen Naturfunktionen intakt gehalten werden können. Angesichts nur begrenzter Kenntnisse über die Komplexität natürlicher Zusammenhänge und ihrer Elastizität gibt es auf diese Frage keine exakte Antwort, so daß diesbezüglich stets eine Ungewißheit vorherrscht, die die Anwendung des Vorsichtsprinzips verlangt.

Doch neben der Bestimmung einer nachhaltigen Mindestflächengröße bzw. einer Mindestgröße für eine *globale* Naturschutzfläche sind noch weitere Aspekte zu beachten. So ist z. B. die vernetzte *regionale* Struktur natürlicher Systeme zu berücksichtigen und somit die Frage, inwieweit ökologische Systeme in ökonomische Nutzungszusammenhänge integriert werden müssen. Bei den natürlichen Prozeßressourcen handelt es sich um vernetzte Strukturen und gerade durch die hierarchische Vernetzung von Naturräumen werden lokale und regionale Regelungsfunktionen erfüllt. Es kann also nicht nur darum gehen, einzelne, von menschlichem Einfluß freie, große isolierte Naturschutzinseln zu schaffen oder zu erhalten, da für intakte *regionale* Naturfunktionen jeder von Menschen bewohnte Raum intakte ökologische Funktionszusammenhänge benötigt. Daher gilt es, vernetzte intakte Naturstrukturen zu erhalten bzw. zu schaffen und diese in die menschliche Nutzungsstruktur zu integrieren. Der RAT VON SACHVERSTÄNDIGEN FÜR UMWELTFRAGEN DER BUNDESREPUBLIK DEUTSCHLAND (1994) spricht in diesem Zusammenhang von der Notwendigkeit einer ökologischen Raum- und Landnutzungsplanung.[127] In einer solchen Raumplanung wäre neben einer räumlichen Verteilung ökonomischer Aktivitäten eine integrierte Verteilung von vernetzten Naturräumen zu berücksichtigen. In landwirtschaftlich geprägten Gebieten könnte es z. B. verpflichtend werden, vernetzte Biotopverbunde und -strukturen zwischen den einzelnen Äckern zu erhalten bzw. einzurichten, um vernetzte Lebensräume der heimischen Arten zu bewahren, die gleichzeitig als Schutz vor Erosion und Desertifizierung dienen, die Elastizität der Ökosysteme erhöhen und somit auch als langfristiger Schutz der landwirtschaftlichen Produktivität anzusehen sind.[128] Ebenso könnten für Siedlungs- und Industriegebiete Mindeststandards für Bebauungsdichte und Naturfreiflächen festgelegt werden.[129]

Schließlich ist neben der Bestimmung von Naturschutzflächen und der Notwendigkeit der Bewahrung regionaler Biotopvernetzungen noch ein dritter Aspekt zu berücksichtigen. Es handelt sich dabei um die jeweilige Belastungsintensität der Natur durch verschiedene ökonomische Raumnutzungsformen. Ein Plan über ökologisch-ökonomische Raumnutzung einer

127 Vgl. RSU 1994: S. 137.

128 Vgl. Haber/Salzwedel 1992: S. 164-166.

129 Vgl. Weiger 1997: S. 102.

Region könnte unter Einbeziehung der spezifischen Naturfunktionspotentiale Grenzen und Standards in bezug auf die räumliche Verteilung von Naturbelastungen setzen. Hilfreich wäre in diesem Zusammenhang die Verfügbarkeit von Daten über Indikatoren, die in bezug auf die Intensität ökonomischer Flächennutzung Informationen zur Orientierung liefern. Diesbezüglich sinnvolle und sich ergänzende Konzepte sind z. B. das Natürlichkeitskonzept für Ökosystembewertung, Indikatoren wie Versiegelungs- oder Zerschneidungsgrad, die sich durch ökologische Kartierung einer Region ermitteln lassen, sowie firmen- bzw. produktionsspezifische Bewertungskategorien.[130]

Das *Natürlichkeitskonzept* unterscheidet fünf verschiedene Arten von Ökosystemen nach dem Grad des menschlichen Eingriffs bzw. dem Grad der Naturnähe:

1. *natürliche Ökosysteme*, die nicht oder kaum durch Menschen beeinflußt werden und vollständig selbstregulationsfähig sind ;
2. *naturnahe Ökosysteme*, die vom Menschen beeinflußt werden, und die sich nach Ende des menschlichen Einflusses kaum verändern und auch zur Selbstregulation fähig sind (z. B. mitteleuropäische Laubwälder);
3. *halbnatürliche Ökosysteme*, die aus menschlicher Nutzung hervorgingen, aber nicht bewußt geschaffen wurden; sie ändern sich nach dem Ende des menschlichen Einflusses, sind nur begrenzt fähig zur Selbstregulation und benötigen menschliche Pflege (z. B. Heiden, Streuwiesen und Niederwälder);
4. *Argar- und Forstökosysteme*, die bewußt von außen gesteuert werden, und deren Selbstregulation unerwünscht ist (z. B. Felder, Forste, Weinberge); und
5. *Techno-Ökosysteme*, die bewußt von Menschen für kulturell-zivilisatorisch-technische Aktivitäten erschaffen wurden und menschliche Pflege erfordern (z. B. Städte, Industriegebiete, Tagebaue, Straßen).[131]

Wenngleich diese Kategorisierung nach dem Ausmaß der Selbstregulationsfähigkeit von Ökosystemen hilfreich für eine grobe ökologische Bewertung von Naturräumen sein kann, so werden verschiedene Aspekte durch dieses Konzept nicht erfaßt. So bleibt beispielsweise unklar, wieviel Fläche z. B. in der Kategorie der Techno-Ökosysteme noch als Lebensraum für Tiere und Pflanzen verbleibt und inwieweit die Regelungsfunktionen in solchen Systemen beeinträchtigt sind.

Aussagen über die Qualität der Regelungs- und Lebensraumfunktionen einer Region der 5. Kategorie können andere Indikatoren und Maßzahlen liefern. So zeigt z. B. der *Versiegelungsgrad* an, welcher Anteil der Fläche absolut durch Häuser und Straßen versiegelt ist, wodurch die betroffenen Bodenfunktionen und der Lebensraum auf ein Minimum reduziert sind. Der *Zerschneidungsgrad* zeigt hingegen an, wie groß einzelne, durch Straßen und Äcker zerschnittene Lebensräume sind. Diese Angabe ist wichtig, weil verschiedene Tier- und Pflanzenarten ein gewisses Mindestmaß an (unzerschnittener) Naturfläche benötigen, um langfristig in einer Region überleben zu können.[132] Letztlich können auch verschiedene ökonomische Aktivitäten und Betriebe hinsichtlich ihrer Naturbelastung in Kategorien eingeteilt werden. HABER und SALZWEDEL stellen z. B. eine grobe Kategorisierung von landwirtschaftlichen Betrieben vor und sie unterscheiden drei Kategorien je nach der Intensität der Landbewirtschaftung (wenig

130 Vgl. RSU 1994: S. 126 und Haber/Salzwedel 1992: S. 161-164.

131 Vgl. RSU 1994: S. 127.

132 Vgl. RSU 1994: S. 126 und Haber/Salzwedel 1992: S. 70.

belastend, deutlich belastend, erheblich belastend), wobei sie auch Belastungen durch Stoffeinträge berücksichtigen.[133]

Wenn nun für eine Region zusätzlich die verschiedenen Funktionspotentiale einzelner Ökosysteme (z. B. Trinkwassergebiete, fruchtbare Ackerböden etc.) und die Lebensraumbedingungen der heimischen Flora und Fauna bekannt sind, dann lassen sich regionenspezifische Raumplanungen erstellen, wobei Naturschutzflächen ausgewiesen und durch Biotope vernetzt sind, während die Nutzungsstruktur der sonstigen Flächen und die damit einhergehende Verteilung mechanischer (und auch stofflicher) Belastungen unter ökologischen Zielvorgaben (Bewahrung bzw. Nichtdegradierung der Naturfunktionen und Artenerhalt) bestimmt und Flächen unter entsprechenden Auflagen allokiert und genutzt werden können. Innerhalb eines solchen Regionenkonzeptes ist das Ausmaß der ökonomischen Nutzung und die Belastung der Naturräume nicht zuletzt von der Belastbarkeit der Ökosysteme und von den natürlichen Funktionszusammenhängen abhängig. Aufgrund unterschiedlicher natürlicher Bedingungen und Klimaverhältnisse sind ökonomisch-ökologische Raumplanungen als regionenspezifische Konzepte zu betrachten.

Nach diesen Ausführungen können nun die Grenzen für mechanische Natureingriffe bzw. die Kriterien für eine nachhaltige Nutzung von Naturräumen thematisiert werden. Zwei unterschiedliche Arten von Grenzziehungen sind notwendig.

1. Es ist ein minimaler zu schützender Naturraum mit natürlichen und naturnahen Ökosystemen zu spezifizieren, um die Lebenserhaltungsfunktionen zu sichern, und um angemessene Schutzräume und -flächen für alle irdischen Arten zu schaffen.

In den 80er Jahren haben die internationalen Naturschutzorganisationen WWF und IUCN zusammen mit den Umwelt- und Erziehungsorganisationen der Vereinten Nationen (UNEP und UNESCO) ein Kompromißkonzept für eine Welt-Naturschutzstrategie erarbeitet, um angesichts der zunehmenden Phänomene irreversibler Naturzerstörung jener Zeit eine breit akzeptierte Strategie für Naturschutz als Basis für nationale und internationale Naturschutzanstrengungen zu legen. In diesem Strategiepapier werden unter Berufung auf das globale Ziel einer nachhaltigen Entwicklung folgende Kriterien für zu erhaltende Natursysteme genannt:

- Ein besonderer Schutz ist denjenigen Ökosystemen zu gewähren, auf denen menschliches Leben basiert: fruchtbare landwirtschaftliche Flächen, Wälder, Küsten und Frischwassergebiete.
- Weiterhin wird zum Schutz der Artenvielfalt und der Vielfalt von Ökosystemen empfohlen, Naturgebiete zu schützen,
  - ⇨ die besonders stark mit den wilden Verwandten der Nutzpflanzen besiedelt sind;
  - ⇨ die eine ausgeprägte Besiedlung mit bedrohten Arten aufweisen;
  - ⇨ die eine besondere Artenvielfalt aufweisen;
  - ⇨ oder die als repräsentative Ökosysteme für eine bestimmte Region gelten.[134]

Andere Autoren fordern konkrete nationale Flächenanteile für den Naturschutz ein. So fordert z. B. der RAT VON SACHVERSTÄNDIGEN FÜR UMWELTFRAGEN DER BUNDESREPUBLIK DEUTSCHLAND (1994) die Einrichtung von zu schützenden „Naturentwicklungsgebieten“ mit einem nationalen Flächenanteil von 10%, wobei diese wenig zu belastenden naturnahen Gebie-

133 Vgl. Haber/Salzwedel 1992: S. 161-164.

134 Vgl. Tisdell 1991: S. 21-39.

te die Naturräume des Landes repräsentieren sollten. Desweiteren fordern diese Experten, daß

- ein bestimmter Anteil der Naturschutzgebiete unter Totalschutz – also ohne jeglichen menschlichen Einfluß – zu stellen sei, um von Menschen noch unberührte Naturräume zu schützen bzw. natürliche Sukzessionsvorgänge zu ermöglichen.

Für Deutschland fordert der Sachverständigenrat, daß 5% der Naturschutzgebiete in naturnahe Totalreservate umzuwandeln sind.[135] Andere Autoren fordern höhere Flächenanteile für den Naturschutz. So hält HÄBERLI (1997) für die Schweiz 12% an naturnahen Gebieten für angemessen, während WALLETSCHEK (1995) ganz generell eine Umwidmung von 20% der nationalen Fläche in Totalreservate einfordert. Er begründet diese extreme Forderung einerseits mit der Notwendigkeit der Schaffung von natürlichen Referenz-Ökosystemen zur Bewertung menschlich-geprägter Ökosysteme und andererseits als Vorsichtsmaßnahme aufgrund des noch sehr mangelnden Wissens über die Belastungsfähigkeit der Natur und ihrer funktionellen Verknüpfungen.[136]

Die zweite erforderliche Grenzziehung hinsichtlich der mechanischen Natureinwirkung bzw. der ökonomischen Flächennutzung lautet wie folgt:

2. Es sind zusätzlich zu den Naturschutzgebieten regionale Freiflächen und Biotopverbundsysteme zu sichern oder anzulegen. Diese basieren auf regionalspezifischen ökonomisch-ökologischen Raumplanungen, die neben der Vernetzung von Naturschutzgebieten und Biotopverbünden auch die räumliche Verteilung ökonomischer Belastungsintensitäten festlegen.

Durch die Vernetzung der Naturschutzgebiete mit naturnahen Biotopen und der Bestimmung von Belastungsintensitäten für ökonomische Nutzungsflächen sollen Bedingungen geschaffen werden, um die Elastizität der natürlichen Systeme zu erhöhen, die interdependenten Lebenserhaltungsfunktionen regional und global zu bewahren und den Erhalt der Artenvielfalt zu gewährleisten.[137]

Wie bereits erwähnt, ist aufgrund diverser Ungewißheiten und der Notwendigkeit von Werturteilen eine objektive Bestimmung dieser Grenzen für mechanische Natureingriffe nicht möglich. Es können jedoch mit Bezug auf das Nachhaltigkeitskonzept ökologische Zielvorgaben und Umweltqualitätsziele hinsichtlich der Intaktheit der Lebenserhaltungsfunktionen definiert und entsprechende Grenzen gezogen, eingefordert und überwacht werden. Sofern sich die gezogenen Grenzen aufgrund neuerer Erkenntnisse oder geänderter Präferenzen als unangemessen erweisen, können stets nachträglich Veränderungen vorgenommen werden. Für diesen Fall ist ein ähnliches Vorgehen geboten wie für den Fall der Bevölkerungsstabilisierung. Als erster Schritt ist die Einführung von Grenzen wichtig und nicht die Bestimmung optimaler Grenzen. Das Vorsichtsprinzip ist jedoch in jedem Fall zu berücksichtigen.

Als anschließende Frage ergibt sich nun, inwieweit die beiden Grenzen für mechanische Natureingriffe mit der in Kapitel 4.1 vorstellten Interpretation für strenge Nachhaltigkeit vereinbar sind. Unter strenger Nachhaltigkeit war dort verstanden worden, daß ökologische Weiterentwicklung in komplexere Formen und Funktionszusammenhänge in einem Kontext ökonomischer Entwicklung stattfinden kann. Eine solche ökologische Entwicklung ist hinsichtlich der genannten mechanischen Eingriffsgrenzen dadurch gewährleistet, daß der Natur eine be-

---

135 1991 betrug der flächenmäßige Anteil von naturnahen Naturschutzgebieten in der Bundesrepublik Deutschland etwa 2%, wovon weniger als 0,3% Totalreservate waren. Vgl. RSU 1994: S. 182, 303.

136 Vgl. Walletschek 1995: S. 22-24.

137 Vgl. zur Formulierung ähnlicher Konzeptionen: RSU 1994: S. 303 und Haber/Salzwedel 1992: S. 161-166 und Walletschek 1995: S. 24.

stimmte Fläche mit geringem menschlichen Eingriff zugesprochen wird, in der teilweise in Totalreservaten Raum für natürliche Sukzessions- und Evolutionsvorgänge gegeben ist. Weiterhin kann eine Degradierung natürlicher Komplexitätszusammenhänge durch eine Raumplanung mit Festlegung von Obergrenzen für die Belastungsintensität durch ökonomische Nutzung verhindert werden.

Die ökonomisch-ökologische Raumplanung ist nicht als ein statisches Instrument zu betrachten, das in planwirtschaftlicher Weise starre und unveränderliche Nutzungsvorschriften festschreibt, die Veränderungen in der strukturellen ökonomischen Raumnutzung nicht zulassen. Vielmehr werden durch diese Regionalplanungen Belastungsintensitäten für einzelne Regionen gemäß der Empfindlichkeit der entsprechenden Ökosysteme festgesetzt, während verschiedene Optionen und Prinzipien für eine strukturelle Vernetzung von Biotopsystemen und Naturschutzgebieten bestimmt werden können, wovon letztlich ein bestimmtes, aber veränderbares Muster der Biotopvernetzung realisiert wird.

Die Flexibilität in der ökonomisch-ökologischen Raumnutzung ohne gleichzeitige Degradierung der übergeordneten ökologischen Funktionszusammenhänge ist dadurch möglich, daß davon ausgegangen wird, daß in spezifischen Fällen vernetzende Biotopflächen durch andere Biotope an anderer Stelle ersetzt werden können, und daß ebenso eine erhöhte Belastungsintensität an einem ökonomischen Standort durch Entlastungen an anderen, vielleicht benachbarten Standorten kompensiert werden kann. Naturschutzgebiete werden hingegen als unantastbare und unersetzbare „kritische Mindestnaturräume" betrachtet. Unter diesen Annahmen ist es möglich, daß z. B. eine ökonomische Flächennutzung zu Lasten von vernetzenden naturnahen Biotopen ausgedehnt wird, wenn dafür angemessene ökologische Kompensationsflächen zur Verfügung gestellt und begleitende zusätzliche Maßnahmen durchgeführt werden. Für die Gesamtheit der Maßnahmen hat zu gelten, daß das Ausmaß und die strukturelle Vernetzung der relativ unbelasteten Naturfläche nicht reduziert und die regionalen Lebenserhaltungsfunktionen und Bedingungen für den Erhalt der regionalen Artenvielfalt durch den Eingriff nicht verschlechtert werden. Auf diese Weise sind Verlagerungen von räumlichen Natureingriffen und -belastungen möglich, ohne die Gesamtbelastung der Prozeßressourcen in langer Frist zu erhöhen. Sofern das Instrument der ökologischen Kompensationsflächen angemessen eingesetzt wird, kann dadurch gewährleistet werden, daß die räumliche Inanspruchnahme einer Region nicht zunimmt, sondern daß ökonomisch genutzte Flächen und Biotopverbunde in einer Art flächenbezogenen Nutzungsrotation geführt werden.[138]

Als Beispiel sei die Ausweitung eines Betriebsgeländes angeführt, wodurch ein vernetztes Biotopverbundsystem und damit der Lebensraum der dort ansässigen Arten durchschnitten wird. Als ökologische Ausgleichsmaßnahme könnte in diesem Fall gefordert werden, daß frühzeitig neue Biotope an anderer, bisher noch ökonomisch genutzter oder für ökonomische Zwecke vorgesehener Stelle angelegt werden, die sowohl die strukturelle Vernetzung des Biotopverbundes wiederherstellen als auch kompensierend für die verlorengegangenen regionalen Lebenserhaltungsfunktionen wirken. Sind angemessene Ausgleichsmaßnahmen nicht möglich, so ist der Eingriff zu vermeiden. Die praktische Umsetzung einer solchen Ausgleichsregel ist ohne Frage mit vielen Problemen verbunden, so u. a. mit unterschiedlichen Experteneinschätzungen hinsichtlich der Ersetzbarkeit von Naturflächen oder der Angemessenheit von Ausgleichsflächen. Derartige Probleme sind aus der Praxis der Naturschutzgesetzgebung diverser Länder bekannt, die das Instrument der ökologischen Ausgleichsmaßnahme

138 Ein ähnliches Kompensationskonzept hinsichtlich der Versiegelungsproblematik im Straßenbau empfiehlt Weiger 1997: S. 104.

anwenden.[139] Dennoch kann durch die Instrumente der Ausgleichsflächen und -maßnahmen unter Einhaltung der oben erwähnten Rahmenbedingungen (Artenerhalt, Intakthalten der Lebenserhaltungsfunktionen und Erhalt der Naturschutzflächen) ein institutioneller Rahmen geschaffen werden, der ein nachhaltiges Wirtschaften im Einvernehmen mit den mechanischen Belastbarkeitsgrenzen der Natur ermöglichen kann.

Somit ist zu konstatieren, daß die beiden obigen Grenzen für mechanische Natureingriffe auf räumliche Flächennutzungs- und Flächenbelastungsbegrenzungen hinauslaufen, die sich im Einklang mit dem koeveolutionär geprägten Konzept der strengen Nachhaltigkeit aus Kapital 4.1 befinden. Folglich läßt sich eine weitere, ***siebte Managementregel*** für Nachhaltigkeit formulieren, die sich auf ***mechanische Natureingriffsgrenzen*** bezieht:

Siebte Managementregel für Nachhaltigkeit: *Die Belastung der Natur durch mechanische Natureingriffe darf nicht dazu führen, daß übergeordnete regionale oder globale Lebenserhaltungsfunktionen degradiert werden. Zur Sicherung und Bewahrung der Naturfunktionen und der Artenvielfalt ist dafür zu sorgen, daß von Menschen weitgehend unberührte Naturschutzgebiete eingerichtet werden und zusätzlich jede Region ein Netz von verknüpften naturnahen Biotopverbundsystemen aufweist. Die Inanspruchnahme von Biotopflächen durch ökonomische Nutzungsformen mag im Einzelfall möglich sein, sofern als Kompensation angemessene ökologische Ausgleichsflächen freigesetzt werden. Aufgrund ökologischer Ungewißheiten bei der Festlegung von Größe und Struktur von Naturschutzflächen sind Sicherheitsmargen zu berücksichtigen.*

Da die Größe der einzurichtenden Naturschutzgebiete und Biotopverbundsysteme sowie die Belastbarkeit der Naturräume nicht allgemein und exakt bestimmbar sind, wird in der siebten Regel auf die Nennung einer genauen Zahl verzichtet. Diese Größen sind regionenspezifisch zu bestimmen, wobei die Nichtdegradierung natürlicher Lebenserhaltungsfunktionen und der Erhalt der Arten wesentliche Nachhaltigkeitsziele sind, an deren Realisierung Größe und Struktur der Biotopvernetzung und die regional-ökonomischen Belastungsintensitäten auszurichten sind.

Nach diesen Ausführungen zu den Grenzen mechanischer Natureingriffe gilt es nun zu analysieren, welche mittel- und langfristigen ökonomischen Auswirkungen in bezug auf Wachstum, Lebensstandard und Grundbedürfnisse mit der Beachtung und der Nichtbeachtung der siebten Managementregel verbunden sind.

Die **Beachtung der Grenzen für mechanische Natureingriffe** bringt hauptsächlich ökonomische Restriktionen räumlicher Art mit sich, da die Festlegung von Naturschutzgebieten, der Erhalt bzw. die Einrichtung räumlicher Biotopverbunde und die Festsetzung von raumbezogenen Belastungsgrenzen Raum in Anspruch nimmt bzw. räumliche Nutzungsoptionen für ökonomische Aktivitäten einschränkt. Desweiteren erfordern standortbezogene Vorschriften und Standards zur Belastungsintensität der ökonomischen Nutzung von Flächen Umweltinvestitionen von Unternehmen, die Produktionsfaktoren und finanzielle Mittel binden. Ähnliches gilt für das Management von Naturschutzflächen.

139 Nach dem Bundesnaturschutzgesetz in Deutschland (BNatSchG) sind Beeinträchtigungen der Leistungsfähigkeit des Naturhaushaltes durch menschliche Eingriffe zu vermeiden. Bei nicht vermeidbaren Beeinträchtigungen sind entweder Ausgleichsmaßnahmen vor Ort, Ersatzmaßnahmen an anderer Stelle oder im schlechtesten Falle monetäre Ausgleichszahlungen vorgesehen. Vgl. BNatSchG §8 und RSU 1994: S. 286-287.

Hinsichtlich des ***physischen ökonomischen Wachstums*** sind hauptsächlich drei Aspekte von besonderer Bedeutung. *Erstens* stellt sich die Frage, inwieweit die Nutzung erneuerbarer Ressourcen durch eine restriktivere Raumverfügbarkeit berührt wird und welche Auswirkungen sich für das nutzbare erneuerbare Ressourcenpotential ergeben. *Zweitens* ist zu untersuchen, inwieweit die Nutzung von nicht-erneuerbaren Ressourcen durch eine erhöhte Raumrestriktion beeinträchtigt wird, und *drittens* ist die ganz allgemeine Frage zu beantworten, ob und inwieweit ökonomisches Wachstum auf räumliche Expansion angewiesen ist. Diese drei Fragestellungen werden nachfolgend erörtert.

Mit Bezug auf den ***ersten Aspekt*** wird hier lediglich auf die ***Nutzung erneuerbarer Biomasse*** eingegangen, da diese insbesondere hinsichtlich der langfristigen Materienutzung eine herausragende Bedeutung innehat. In Kapitel 4.2.1.1 ist bereits festgestellt worden, daß Naturraum bzw. Boden eine wesentliche Determinante in der Nutzung von natürlichen Ressourcen darstellt. Es wurde festgestellt, daß alle Formen ökonomischer Ressourcennutzung irdische Fläche beanspruchen, und daß die Entwicklung des nutzbaren Biomassebestandes von der bodenbezogenen Nutzungskonkurrenz abhängt. Diese Konkurrenz wurde in den Gleichungen 47-50 in vereinfachender Weise so formalisiert, daß die verschiedenen bodenbeanspruchenden Ressourcennutzungen mit einer Rate γ reduzierend auf den Biomassebestand wirken.

In einer genaueren Betrachtung der Bedeutung des Raums bzw. des Bodens für die Ressourcennutzung ist jedoch eine Differenzierung vorzunehmen, die zuvor nicht gemacht wurde. In qualitativer Hinsicht kann unterschieden werden zwischen einer maximal verfügbaren Fläche, die für Biomasseproduktion geeignet ist, und dem biologischen Wachstums- bzw. Fruchtbarkeitspotential der entsprechenden Flächen und der auf ihnen angebauten Nutzpflanzen. Das maximale erneuerbare Ressourcenpotential (ER^{max}) in der Biomassenutzung ergibt sich im Zusammenwirken der flächenmäßig verfügbaren fruchtbaren Böden *und* der biologischen Potentiale für Wachstum.

In Kapitel 4.2.1.1 sind alle negativen Einflußfaktoren auf den Biomassebestand in Form von γ-Raten als *wachstumsreduzierend* eingestuft worden. Einige dieser Faktoren, und zwar diejenigen, die oben durch die Raten γ^{Si}, γ^{ε} und $\gamma^{ök}$ formal dargestellt wurden, wirken jedoch nicht wachstums-, sondern *flächenreduzierend.* Aufgrund der Bodennutzungskonkurrenz mag fruchtbarer Ackerboden für menschliche Ansiedlungen (Bo^{Si}), für ökonomische Gewerbegebiete ($Bo^{ök}$) und für die Solarnutzung (Bo^{ε}) genutzt werden, so daß durch diese alternativen Formen der Bodennutzung und der mit ihnen verbundenen mechanischen Eingriffe der verfügbare Boden zur Biomassegewinnung (Bo^{BM}) reduziert wird. In ähnlicher Weise stehen auch Naturschutzgebiete und Biotope (Bo^{NSG}) in Flächenkonkurrenz zur kontrollierten Biomasseproduktion. Besonders die Nachhaltigkeitsforderung nach struktureller regionaler Verknüpfung von Biotopen steht im Gegensatz zu einer flächenmaximierenden Landwirtschaft mit Flurbereinigung.

Mechanische Eingriffe in Naturzusammenhänge können sich jedoch auch auf das biologische Wachstumspotential auswirken, und zwar sowohl positiv als auch negativ. Bei Eingriffen, die das Wachstum von Nutzpflanzen beflügeln, handelt es sich um sogenannte Meliorationsaktivitäten zur Verbesserung des Bodengefüges und der Bodenwasserverhältnisse.[140] Die wachstumssteigernden Wirkungen derartiger Eingriffe werden hier zusammen mit den stofflichen Eingriffen zur Düngung und zum Pflanzenschutz mit der bereits zuvor eingeführten Rate γ^{BM} erfaßt. Mechanische Eingriffe, wie z. B. Flurbereinigungen und landwirtschaftliche Bodenbearbeitung mit schweren Maschinen, die zur Degradierung des Bodens beitragen – z. B.

140 Vgl. Haber/Salzwedel 1992: S. 31.

durch Erosion und Bodenverdichtung –, und die auf diese Weise Bodenfruchtbarkeit und Wachstumspotentiale des Bodens vermindern, werden an dieser Stelle formal mit der Rate γ^{Deg} bezeichnet. Im Extremfall mag aufgrund nicht-nachhaltiger Bewirtschaftungsmethoden die Bodendegradierung durch mechanische oder auch durch stoffliche Einwirkungen zum totalen Verlust der Fruchtbarkeit führen, so daß dadurch fruchtbare Fläche verloren geht, die hier formal mit Bo^{Deg} umschrieben wird.

Unter Berücksichtigung dieser Präzisierungen und mit Bezug auf Gleichung 44 in Kapitel 4.2.1.1 läßt sich der Biomassebestand einer Periode t+1 unter Berücksichtigung der verschiedenen Einwirkungen ökonomischer Ressourcennutzung in folgender Weise formal ausdrükken:

(51)

$$BM_{t+1} = LAI_t \cdot a \cdot (Bo_t^{BM} - Bo_t^{Si} - Bo_t^{\varepsilon} - Bo_t^{ök} - Bo_t^{NSG} - Bo_t^{Deg}) \cdot (1 + q^{BM} + \gamma^{BM} - \gamma^{reg} - \gamma^{BV} - \gamma^{J} - \gamma^{M/En} - \gamma^{E} - \gamma^{Deg})$$

Der nutzbare Biomassebestand der Periode t+1 wird durch drei Faktoren bestimmt. Wesentlich ist erstens die Biomasse pro Bodenfläche in Periode t ($aLAI_t$) und das genetische Potential dieser Biomasse. Zweitens ist die Verfügbarkeit von fruchtbarem Boden (Bo) ausschlaggebend, der durch Flächeninanspruchnahme für Siedlungen, Solarnutzung, gewerbliche Nutzung, Naturschutzgebiete und durch Bodendegradierung der Periode t verringert werden kann. Drittens wird schließlich der natürliche Biomassezuwachs durch diverse landwirtschaftliche Maßnahmen gesteigert und durch Biomasseverzehr von Mensch und Tier, durch zukünftigen Bedarf an Saatgut und Dünger, durch materielle oder energetische Inanspruchnahme von Biomasse und durch emissions- und mechanisch-verursachte biologische Wachstumseinbußen in t reduziert.

Diese Art der Betrachtung von nachwachsenden Ressourcen unter Einbeziehung der wesentlichen Faktoren, die auf den Biomassebestand und seine Entwicklung in der Zeit Einfluß nehmen, erlaubt eine Konkretisierung der Bedingungen für ein nachhaltiges Management von erneuerbaren Ressourcen. In Kapitel 3.2.4.2 wurde ausgeführt, daß Nachhaltigkeit in der Bewirtschaftung erneuerbarer Ressourcen bedeutet, daß der Bestand an erneuerbaren Ressourcen bzw. das Potential der nutzbaren Photosyntheseleistung dauerhaft zu erhalten ist. Gemäß Gleichung (51) sind daher die Flächenpotentiale zur Biomassegewinnung, die Wachstumspotentiale dieser Flächen *und* die Nutzungspotentiale der hochwertigen Nutzpflanzenarten zu bewahren.

Die erste Managementregel für Nachhaltigkeit bezieht sich lediglich auf die Wachstumspotentiale der Biomasse, also auf den ganz rechten Faktor in Gleichung 51. Postuliert wird ganz generell, daß nicht mehr geerntet werden darf als nachwächst. In Hinblick auf die bisherigen Ausführungen läßt sich präziser formulieren, daß der durch menschliche Eingriffe stofflicher und mechanischer Art beeinflußte biologische Nettozuwachs einer Periode vermindert um die stofflichen Aufwendungen zur Regeneration der erneuerbaren Ressourcenbasis größer oder genauso groß sein muß wie die Summe der Biomasseverwendung für Nahrungs-, Werkstoff- und Brennstoffzwecke. Formal ausgedrückt gilt:

$$q_t^{BM} + \gamma_t^{BM} - \gamma_t^{Deg} - \gamma_t^{E} - \gamma_t^{reg} \geq \gamma_t^{BV} + \gamma_t^{J} + \gamma_t^{M/En} \qquad (52)$$

Für ein nachhaltiges Wirtschaften mit erneuerbaren Ressourcen ist ferner der Flächenaspekt von Bedeutung. Wenn gemäß der alten Nachhaltigkeitsformulierung nicht mehr geerntet wird als nachwächst, aber gleichzeitig fruchtbarer Ackerboden oder Fischereigründe irreversibel durch andere Nutzungsformen verloren gehen, dann sinkt der Biomassebestand und das pro Periode verfügbare Biomassepotential. Erforderlich ist daher eine Erweiterung der ersten Managementregel mit Bezug auf die Flächennutzung.

In diesem Kontext ist es sinnvoll, Flächennutzung in Abhängigkeit von der Bodenqualität zu betrachten.[141] In der Welt-Naturschutzstrategie wird darauf hingewiesen, daß nur 11% der irdischen Erdoberfläche langfristig landwirtschaftlich nutzbar sind.[142] Aus dieser Tatsache könnte geschlossen werden, daß die ökonomische Flächenkonkurrenz zwischen landwirtschaftlicher Biomassenutzung und anderweitiger Flächennutzung nicht sehr ausgeprägt ist, da gewerbliche Flächennutzungen, Solarenergiegewinnung oder Siedlungsbau auf landwirtschaftlich unbrauchbarem Land stattfinden kann. Dennoch werden landwirtschaftliche Flächen nicht selten für andere Nutzungsformen in Anspruch genommen. Die Gründe dafür sind vielfältig. So ist die Ertragslage der Landwirtschaft in vielen Ländern im Vergleich zu anderen Wirtschaftszweigen eher schlecht, so daß aus (kurzfristigen) Allokationsgründen eine nicht-landwirtschaftliche Nutzung von Ackerböden häufig ökonomisch rentabler ist.[143] Vielfach wird hochwertiges Ackerland auch durch Infrastrukturen wie Straßen und Schienen belegt oder fällt der Ausdehnung von Städten zum Opfer.[144] Derartige Nutzungsformen haben häufig irreversible Auswirkungen, da bei vielen nicht-landwirtschaftlichen Nutzungsformen der fruchtbare Ackerboden abgetragen, versiegelt, verdichtet oder stofflich belastet wird, wodurch der Boden als Resultat viele seiner Funktionen einbüßt – ganz abgesehen davon, daß Nutzungsformen wie z. B. der Städtebau nicht als umkehrbare Prozesse anzusehen sind.

Um den flächenbezogenen Erhalt erneuerbarer Nutzungspotentiale zu sichern, ist daher im Sinne des Nachhaltigkeitskonzepts zu fordern, daß landwirtschaftlich nutzbare Fläche und auch aquatische Fischereigründe über die Zeit nicht irreversibel verloren gehen dürfen.[145] Mit Hilfe der eingeführten Parameter Bo^{Si}, $Bo^{ök}$, Bo^{ε}, Bo^{NSG} und Bo^{Deg}, die für die Besetzung fruchtbarer landwirtschaftlicher Ackerflächen oder auch fischereiwirtschaftlicher Fanggründe durch andere Nutzungsformen stehen, lassen sich die Erfordernisse für eine nachhaltige Flächennutzung wie folgt formal beschreiben:

(53a) $$\text{Min!}\ Bo_t^{Si} + Bo_t^{\varepsilon} + Bo_t^{ök}$$

(53b) $$\frac{d\,Bo^{Si}}{dt} = \frac{d\,Bo^{\varepsilon}}{dt} = \frac{d\,Bo^{ök}}{dt} = 0$$

(53c) $$\frac{d\,Bo^{NSG}}{dt} \geq 0$$

(53d) $$\frac{d\,Bo^{Deg}}{dt} = 0$$

---

141 An dieser Stelle wird nur der Flächenaspekt für die terrestrische Nutzung von Biomasse erörtert. Im Resultat sind die Ausführungen jedoch auch auf die aquatische Biomassenutzung übertragbar.

142 Es wird auch betont, daß die Tendenz sinkend ist. Vgl. Tisdell 1991: S. 28-29. Vgl. zu den Voraussetzungen der Nutzung eines Bodens als Ackerland Haber/Salzwedel 1992: S. 11.

143 Die Rentabilität von Siedlungs- und Industrieflächen ist z. B. in der Schweiz um den Faktor 10 bis 1.000 höher als diejenige von landwirtschaftlichen Flächen. Vgl. Häberli 1997: S. 99. Angesichts dieser Zahlen ist es kaum verwunderlich, daß permanent Ackerland in Siedlungs- und Industrieflächen umgewandelt wird. In der Bundesrepublik Deutschland werden *pro Tag* 100-120 ha Freifläche – zumeist landwirtschaftlicher Herkunft – für Verkehr- oder Sieldungszwecke umgewidmet. Vgl. Losch 1997: S. 28.

144 Vgl. Haber/Salzwedel 1992: S. 12, 19.

145 Diese Forderung wird auch in der Welt-Naturschutzstrategie vertreten. Vgl. Tisdell 1991: S. 28-29.

Diese vier Formalismen umschreiben die Bedingungen der Einhaltung des Postulats nach einem Erhalt der fischerei- und landwirtschaftlichen Nutzflächen für sonstige Nutzungsformen. Die ersten beiden Ausdrücke (53a) und (53b) beziehen sich auf die Inanspruchnahme fruchtbarer Ackerböden und Fischereigründe durch Siedlungen, Solarenergienutzung und Gewerbe. Einerseits ist die Nutzung fruchtbarer terrestrischer und aquatischer Flächen und Räume durch diese Nutzungsformen zu jedem Zeitpunkt zu minimieren (53a), und andererseits ist eine Ausdehnung dieser Nutzungsformen auf fruchtbaren terrestrischen und aquatischen Flächen besonders dann zu vermeiden, wenn eine spätere landwirtschaftliche Nutzung der Flächen dadurch zunichte gemacht wird (53b). Für Naturschutzgebiete und vernetzte Biotopverbunde gilt hingegen, daß die entsprechend belegten Flächen nicht schrumpfen sollten. Gleichzeitig könnten für Biomassenutzung taugliche Flächen im Zeitverlauf durchaus vermehrt im Sinne des Naturschutzes besetzt werden, da diese Nutzungsformen reversibel sind und die Produktionsfunktionen der Böden bzw. der Gewässer i. e. S. nicht beeinträchtigen. Durch Naturschutz bleiben die Optionen einer späteren fischerei- bzw. landwirtschaftlichen Nutzung bestehen (53c). Schließlich ist der irreversible Verlust landwirtschaftlichen Bodens oder fischereiwirtschaftlicher Fanggründe aufgrund übermäßiger stofflicher oder mechanischer Inanspruchnahme der Ressourcenbasis grundsätzlich zu vermeiden (53d).

Schließlich ist es für den Erhalt der natürlichen nutzbaren Photosynthesepotentiale weiterhin erforderlich, daß die genetischen Potentiale der erneuerbaren Ressourcen geschützt werden. Diesbezüglich ist ein umfassender Artenschutz unerläßlich. Einerseits gilt es, alle Nutzarten zu schützen und vor dem Aussterben zu bewahren. Diese Forderung ist nötig, da durch zunehmende Spezialisierung die Zahl der angebauten Pflanzen und der Nutztiere rückläufig ist und daher auch Nutzarten aussterben. Dieser Trend erhöht die Gefahr der Anfälligkeit der genutzten Arten gegen Krankheiten und Schädlingsbefall und reduziert die Optionen für den Fall, daß der Einsatz zusätzlicher Nutzarten aufgrund veränderter natürlicher Bedingungen erforderlich werden sollte.[146] Andererseits ist der Schutz nicht genutzter Arten notwendig, um – gerade angesichts der Erschöpfung der nicht-erneuerbaren Ressourcen – gegenwärtig noch nicht erschlossene Nutzungsoptionen wilder Pflanzen und Tiere und ihrer evolutionären Nachfahren für die Zukunft offenzuhalten.[147] In bezug auf Gleichung 51 sind die innovativen Potentiale der biologischen Vielfalt – in Form des Blattflächenindizes LAI – einer der wenigen Faktoren, die es ermöglichen können, den nutzbaren Biomassebestand der Zukunft aufgrund der Entdeckung neuer, produktiverer Nutzarten zu erhöhen.

Angesichts dieser Erkenntnisse und mit Bezug auf die Ausführungen in Kapitel 4.2.1.1 kann die erste Managementregel für Nachhaltigkeit in folgender Weise präzisiert werden:

<u>Konkretisierte erste Managementregel für Nachhaltigkeit</u>: *Zur langfristigen Bewahrung des nutzbaren Biomassebestandes und des Biomassepotentials der erneuerbaren Ressourcen ist zu gewährleisten,*

- *daß die für die Biomassegewinnung geeigneten fruchtbaren Böden und Gewässer langfristig für die Biomassegewinnung freigehalten werden;*
- *daß die natürlichen Produktions- und Lebenserhaltungsfunktionen intakt gehalten und nicht im Zuge der Biomassegewinnung durch stoffliche oder mechanische Eingriffe beeinträchtigt werden;*

---

146 Vgl. Tisdell 1990: S. 77-78.

147 Vgl. Tisdell 1990: S. 78 und Tacconi/Bennett 1995: S. 219-220.

- *daß die konsumtive Verwendung von erneuerbaren Ressourcen die Menge an nachwachsender nutzbarer Biomasse abzüglich der erforderlichen Ressourcen zur Aufrechterhaltung der erneuerbaren Ressourcenbasis nicht übersteigt; und*
- *daß die genetischen Potentiale der erneuerbaren Ressourcen geschützt werden und ihnen ein angemessener Lebensraum zugesprochen wird.*

Die Berücksichtigung der Grenzen mechanischer Natureingriffe in Form der siebten Managementregel für Nachhaltigkeit hat also Auswirkungen auf die Bedingungen für eine nachhaltige Nutzung von erneuerbaren Ressourcen. Die Freihaltung von Flächen für Naturschutz und naturnahe Biotope verringert den für Biomasseproduktion verfügbaren Boden und folglich kann das gesamte maximale erneuerbare Ressourcenpotential (ER^{max}), das sich auf Ausnutzung der verfügbaren Gesamtfläche unter Anwendung aller zur Verfügung stehenden Methoden bezieht, nicht vollständig genutzt werden. Der maximal mögliche nachhaltige Ertrag an erneuerbaren Ressourcen, der hier mit $ER^{max}{}_{nh}$ bezeichnet wird, muß daher unterhalb des ER^{max}-Niveaus gelegen sein. Ein wesentlicher Faktor für dieses geringere Niveau ist neben der Flächenrestriktion auch die im vorigen Kapitel erwähnte Senkenrestriktion, die übermäßige Stoffeinträge nicht zuläßt. Weiterhin beinhaltet das geringere Niveau von $ER^{max}{}_{nh}$ eine Sicherheitsmarge, da die Grenzenbestimmung für Flächen- und Senkenbeanspruchung stets unter Ungewißheit erfolgen muß. Als Konsequenz ergibt sich eine erhöhte Restriktion in der langfristigen ökonomischen Inanspruchnahme von erneuerbaren Ressourcen, da die obere Begrenzung für ein nachhaltiges physisches Wachstum mit erneuerbaren Ressourcen durch das geringere Niveau $ER^{max}{}_{nh}$ vorgegeben ist.[148]

Der ***zweite Aspekt*** bezieht sich auf die Frage, inwieweit sich die Einhaltung mechanischer Eingriffsgrenzen auf die ***Nutzung von nicht-erneuerbaren Ressourcen*** auswirkt. Im Gegensatz zur kontinuierlichen Produktion von erneuerbaren Ressourcen ist die permanente Gewinnung nicht-erneuerbarer Ressourcen mit einer weit höheren mechanischen Belastung der Natur verbunden. Einerseits ist die mechanische Eingriffstiefe im heute üblichen Tagebau zur Förderung nicht-erneuerbarer Ressourcen wesentlich ausgeprägter als in der Landwirtschaft, wie die obige Schilderung der mechanischen Eingriffe in Landwirtschaft und Tagebau verdeutlicht hat. Andererseits ist die kontinuierliche Gewinnung von nicht-erneuerbaren Ressourcen *mit einer stetigen Erweiterung der Inanspruchnahme von Fläche und Raum verbunden.* Selbst für die Aufrechterhaltung einer bestimmten Fördermenge ist im Bergbau permanent räumliche Expansion notwendig, denn eine Lagerstätte einer nicht-erneuerbaren Ressource kann an einem Ort nur einmal ausgebeutet werden. Ausbeutung und Nutzung von nicht-erneuerbaren Ressourcen im allgemeinen – und im Zeitverlauf *wachsende* Ressourcenausbeutung und -nutzung im besonderen – sind daher allein aufgrund der Ressourcengewinnung mit einer ständigen räumlichen Expansion verbunden, die sich mit der Konzentrationsabnahme im Erzgestein noch erhöht. Damit steht die Flächeninanspruchnahme in der Nutzung von nicht-erneuerbaren Ressourcen im deutlichen Gegensatz zur Nutzung erneuerbarer Ressourcen, wo z. B. der Ackerboden bei angemessener Behandlung immer wieder zur Getreideproduktion eingesetzt werden kann.

Aufgrund der ausgeprägten mechanischen Eingriffe und des expansiven Flächenverbrauchs in der Förderung von nicht-erneuerbaren Ressourcen hat die siebte Managementregel für

148 Ein geringeres nachhaltiges Nutzungspotential $ER^{max}{}_{nh}$ ergibt sich auch für die hochgradig flächenabhängige Nutzung der Sonneneinstrahlung. Aufgrund der Flächenrestriktionen durch Naturschutz und Landwirtschaft kann nicht das gesamte Potential der Einstrahlung genutzt werden.

Nachhaltigkeit gravierende Implikationen für ein (quasi-)nachhaltiges Wirtschaften mit nicht-erneuerbaren Ressourcen und damit auf die dritte Managementregel. Zum einen können Ressourcenvorkommen, die sich in Naturschutzgebieten, unter fruchtbaren Ackerböden oder in Fischereigründen befinden, nicht gefördert werden, da Naturschutzgebiete und die produktiven Räume des erneuerbaren Ressourcenpotentials als kritische Naturflächen in bezug auf den Erhalt der Naturfunktionen und der Arten gelten. Somit wird der potentiell nutzbare Bestand an nicht-erneuerbaren Ressourcen durch die mechanischen Eingriffsgrenzen deutlich verringert. Gleichzeitig wird durch diesen Ausbeutungsverzicht ein Beitrag zur langfristigen Sicherung der erneuerbaren Ressourcenpotentiale und zum Artenerhalt geleistet, wodurch potentielle erneuerbare Substitute und Werkstoffe der Zukunft und ihre räumliche Grundlage erhalten werden. Dieser Ausbeutungsverzicht mag auch in ethischer Weise gedeutet werden, daß es sich um Mindestkompensationsleistungen an zukünftige Generationen für die gegenwärtige Ressourcenausbeutung handelt.

Zum anderen ist es unvermeidlich, daß durch Einrichtung und Erweiterung von Tagebauen u. a. die in der siebten Managementregel geforderten regionalen Biotopverbunde zerstört werden, wodurch eine Freisetzung von ökologischen Kompensationsflächen erforderlich wird. Zusätzlich zu diesen flächenbezogenen Maßnahmen sind weiterhin im Sinne der zweiten und siebten Nachhaltigkeitsregeln sonstige Umweltauflagen für Bergbaustätten erforderlich, um stoffliche und mechanische Beeinträchtigungen des regionalen Naturhaushalts zu verhindern. Zu diesen sonstigen Auflagen zählen auch Mindestanforderungen hinsichtlich der Rekultivierung von Tief- und Tagebaurestlöchern, um Gefahren, die von den Restlöchern für Mensch und Natur ausgehen, in Grenzen zu halten.[149] Soweit die Tagebaurestlöcher in naturnahe Biotope – und nicht in andere ökonomisch zu nutzende Gewerbeflächen – umgewandelt werden, könnten derartig renaturierte Flächen als Kompensationsflächen für die zukünftige Flächenexpansion durch Bergbauaktivitäten angerechnet werden. Aufgrund der restriktiven Flächenerfordernisse der siebten Regel ist eine ungebremste Flächenexpansion des Bergbaus zu Lasten der Natur nicht möglich.

Mit Hinblick auf diese Ausführungen ist die dritte Managementregel für Nachhaltigkeit in folgender Weise zu erweitern:

Konkretisierte dritte Managementregel für Quasi-Nachhaltigkeit: *Nicht-erneuerbare Ressourcen sind in einer Weise zu nutzen, daß ihr ökonomisches Potential erhalten bleibt und die stofflichen und mechanischen Belastungsgrenzen der Natur nicht überschritten werden. Es gilt daher:*

- *Die Nutzungsrate von nicht-erneuerbaren Ressourcen darf nicht höher sein als*
  - ⇒ *die Rate der Substitution durch (zusätzliche) erneuerbare Ressourcen; oder*
  - ⇒ *die Rate der Erhöhung der Ressourcenproduktivität durch technischen Fortschritt und Ressourceneinsparung; oder*
  - ⇒ *die Rate ihrer Substitution durch noch reichlicher vorhandene nicht-erneuerbare Ressourcen.*

149 Von verlassenen Bergwerken und Tagebauen können diverse Gefahren ausgehen. So ist z. B. häufig der Boden mit vielfältigen Stoffen belastet, die durch Regeneinfluß ins Grundwasser gelangen können. Die gleiche Gefahr geht von Erzabfallhalden aus, die nach der Schließung der Bergwerkstätte weiterhin bestehen. Beim Tiefbau kann es weiterhin zu Bodenabsenkungen und Erdschichtverschiebungen kommen. Vgl. Warhurst 1994: S. 21-25 und Kapitel 5.1.4.

- *Die Ausbeutung und Nutzung von nicht-erneuerbaren Ressourcen darf nicht zu einer stofflichen oder mechanischen Überlastung natürlicher Lebenserhaltungsfunktionen führen. Dies trifft auch auf durch Bergbau degradierte Naturflächen zu, die nach ihrer Schließung in einer Weise zu rekultivieren sind, daß von ihnen keine Gefahr für Mensch oder Natur ausgeht.*
- *Angesichts der restriktiveren ökonomischen Limitation durch materielle Ressourcen sind die thermodynamischen Potentiale der Mehrfachverwendung von nicht-erneuerbarer Materie zu nutzen oder die entsprechenden Optionen für die Zukunft offenzuhalten.*
- *Der Abbau von nicht-erneuerbaren Ressourcen aus unersetzbaren „kritischen" Naturschutzgebieten und grundlegenden fruchtbaren Gebieten zur Erzeugung erneuerbarer Ressourcen ist zu unterlassen, um neben einer Sicherung der Lebenserhaltungsfunktionen auch den Erhalt einer möglichst großen Artenvielfalt zu ermöglichen, die als Potential für zukünftige Ressourcensubstitute anzusehen ist.*
- *Die Zerstörung naturnaher, vernetzter Biotope durch die Einrichtung von Stätten zur Gewinnung nicht-erneuerbarer Ressourcen ist durch Freisetzung von qualitativ gleichwertigen ökologischen Ausgleichsflächen in gleichem Flächenausmaß zu kompensieren.*

Diese erweiterte Regel für eine quasi-nachhaltige Nutzung von nicht-erneuerbaren Ressourcen ist darauf angelegt, sowohl die Ressourcenfunktion der Natur in langer Frist zu gewährleisten, als auch die natürlichen Lebenserhaltungsfunktionen angemessen zu berücksichtigen. Sie befindet sich daher im Einvernehmen mit dem in Kapitel 4.1 modifizierten Begriff der strengen Nachhaltigkeit.

Die Einbeziehung der mechanischen Natureingriffsgrenzen in die Nachhaltigkeitsregel für nicht-erneuerbare Ressourcen wirkt sich in zweierlei Weise restriktiv auf einen nachhaltigen physischen ökonomischen Wachstumspfad aus. Einerseits reduziert der Verzicht auf die Ausbeutung von nicht-erneuerbaren Ressourcen in Naturschutzgebieten und in fruchtbaren Gebieten der Land- und Fischereiwirtschaft den verfügbaren Bestand an nicht-erneuerbaren Ressourcen, so daß im Gegensatz zu einem Referenzpfad ohne entsprechende Restriktionen die nicht-erneuerbaren Ressourcen entweder bei gleichbleibender Ausbeutungsrate zu einem früheren Zeitpunkt erschöpfen oder bei gedrosselter Ausbeutungsrate – u. a. aufgrund einer Preisentwicklung auf höherem Niveau – zu einem ähnlichen Zeitpunkt erschöpfen wie im Referenzfall. Andererseits führen die Erfordernisse der Flächenkompensation und der sonstigen Umweltauflagen dazu, daß die Kosten der Ressourcenausbeutung schneller steigen als in einem Referenzfall. Außerdem werden mit abnehmender Verfügbarkeit an nutzbaren Flächen auch geeignete ökologische Kompensationsflächen zunehmend verknappen, wodurch eine Ausweitung von Förderkapazitäten im Vergleich zu einem Referenzfall ohne derartige Restriktionen eindeutig erschwert wird. Ähnlich wie im Fall der Senkenrestriktionen ergibt sich damit eine flächenbezogene Obergrenze für die Ausweitung der Ausbeutung von nicht-erneuerbaren Ressourcen.

In der nachfolgenden Abbildung 4.7 wird zu Illustrationszwecken angedeutet, wie sich die Berücksichtigung der in diesem und im vorherigen Kapitel erörterten mechanischen und senkenbezogenen nachhaltigen Eingriffsgrenzen auf die Entwicklungspfade in der kombinierten Ressourcennutzung für Materie auswirken kann. Als Referenzpfad ist der kombinierte Materie-Pfadverlauf aus den Graphiken f) und ff) der Abbildung 4.5 aus Kapitel 4.2.1.1 gewählt, der auch in dieser Abbildung mit diesen Buchstaben belegt ist. Die Pfade h) und hh) zeigen hingegen einen möglichen Pfadverlauf für materiell genutzte Ressourcen, der sich unter Einhaltung der Natureingriffsgrenzen einstellen könnte.

Abbildung 4.7: Kombinierte Ressourcennutzungspfade für Materie mit mechanischen und senkenbezogenen Natureingriffsgrenzen

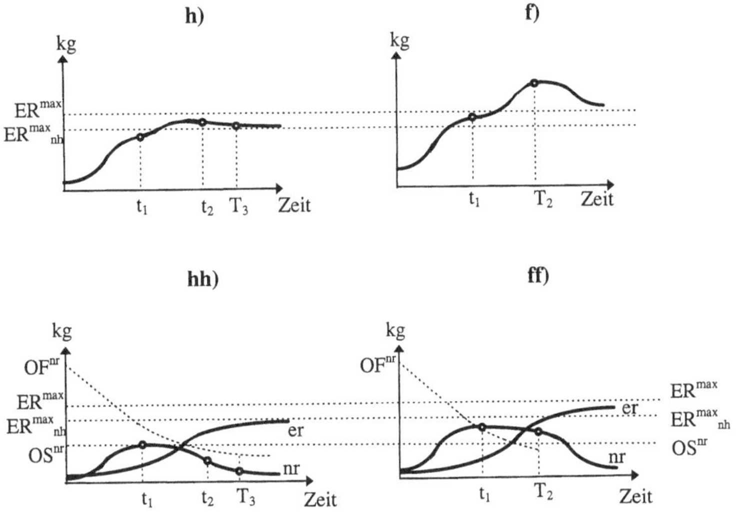

Die diversen Restriktionen, die den nachhaltigen Materiepfad h) im Vergleich zu f) beträchtlich anders verlaufen lassen, sind am besten aus den Graphiken hh) und ff) zu ersehen, wo alle Begrenzungen eingezeichnet sind. OS^{nr} steht für die Begrenzung in der Nutzung von nicht-erneuerbaren materiell genutzten Ressourcen, die sich aus einer Senkenrestriktion ergibt. Diese Grenze zeigt an, ab welcher genutzten Ressourcenmenge unvermeidlicherweise ein Strom von Dispersionsemissionen entsteht, der die Regenerationskraft der natürlichen Senken überlastet. Selbstredend existieren aufgrund der unzähligen Emissionsstoffe eine Vielzahl derartiger Obergrenzen (auch für erneuerbare Ressourcen). An dieser Stelle ist aus Vereinfachungsgründen nur eine, dafür aber eine besonders restriktive senkenbezogene Obergrenze inklusive Sicherheitsmarge unterstellt, die sich auf die Nutzung nicht-erneuerbarer Ressourcen bezieht. Als Konsequenz der Beachtung dieser Senkenrestriktion und wegen des geringeren verfügbaren Ressourcenbestandes aufgrund des Ausbeutungsverzichts von Ressourcen in Gebieten des Naturschutzes und der Herstellung von erneuerbaren Ressourcen vollzieht sich ein weniger stark ausgeprägtes physisches Wachstum bei den nicht-erneuerbaren Ressourcen, und im Vergleich zu ff) wird die Stabilisierung in der mengenmäßigen Nutzung in t_1 auf dem vergleichsweise niedrigerem Niveau von OS^{nr} begonnen. Ebenso wie in ff) wird die Nutzung der erneuerbaren Ressourcen ab t_1 forciert, um einen weiteren Anstieg in der aggregierten Ressourcennutzung realisieren zu können, und in gleicher Weise zeichnet sich dieser Prozeß ab t_1 durch einen Innovationsdruck hinsichtlich Ressourceneinsparung und Substitution aus.

OF^{nr} stellt die flächenbezogene Obergrenze für ein nachhaltiges Wirtschaften mit nicht-erneuerbaren Ressourcen dar, die sich aus dem Nutzungsverzicht der kritischen Naturräume und aus der Forderung nach ökologischen Kompensationsflächen ergibt. Die sich in der Zeit permanent restriktiver darstellende Obergrenze OF^{nr} ist das Resultat eines physisch und auch flächenmäßig expandierenden ökonomischen Systems, das eine deutliche Verknappung von geeigneter Fläche für ökologische Kompensationszwecke mit sich bringt. Die zunehmende Flächenverknappung stellt sich ein, weil einerseits die Ausbeutung der nicht-erneuerbaren Ressourcen generell mit einem hohen Flächenverbrauch verbunden ist und andererseits die Flächenintensität pro Zeitperiode wegen ansteigender Ressourcennutzung bis t_1 und im Zeitablauf abnehmender Ressourcenkonzentrationen zunimmt. In dem Beispiel der Graphik hh) wirkt die Begrenzung OF^{nr} in der Zeitperiode zwischen t_1 und t_2 restriktiv auf den physischen Pfadverlauf der materiell genutzten nicht-erneuerbaren Ressourcen. Statt wie in ff) die Ressourcennutzung bis zur Erschöpfung der primären nicht-erneuerbaren Ressourcen in T_2 bei gleichzeitig wachsendem Recyclinganteil stabil zu halten bzw. nur mäßig zu verringern, wird durch die flächenbezogene Restriktion in etwa eine Halbierung in der Nutzung der nicht-erneuerbaren Ressourcen von t_1 bis t_2 notwendig. Zweifellos geht mit diesem sinkenden Verbrauch bei den nicht-erneuerbaren Ressourcen ein deutlich höherer Innovationsdruck einher als in der gleichen Periode in Graphik ff). Gleichzeitig gestaltet sich allerdings durch diesen Anpassungsprozeß der weitere Verlauf der Ressourcennutzung günstiger, da die nicht-erneuerbaren Ressourcen aufgrund frühzeitiger Reduzierungen zu dem späteren Zeitpunkt T_3 erschöpfen. Zu jenem Zeitpunkt ist der Transformationsprozeß in der Ressourcennutzung nahezu abgeschlossen, während in Pfad f) nach der Ressourcenerschöpfung in T_2 noch eine deutliche Reduzierung in der aggregierten Ressourcennutzung bevorsteht. Da mit der Erschöpfung der nicht-erneuerbaren Ressourcen die physische Expansion zum Ende kommt, endet auch die flächenbezogene Knappheitsgrenze OF^{nr} in T_3.

Schließlich ist noch zu erwähnen, daß aufgrund der beschränkten Flächennutzung und der Nichtausschöpfung stofflich intensiver Methoden der Bewirtschaftung von erneuerbaren Ressourcen in Pfad hh) das realisierbare Potential der erneuerbaren Ressourcen unter Beachtung der Flächen- und Senkenrestriktionen ($ER^{max}{}_{nh}$) geringer ist als im Fall ohne Beachtung dieser Grenzen in Pfad ff) (ER^{max}), womit sich die Ressourcennutzungsoptionen der Zukunft unter Nachhaltigkeitsgesichtspunkten als geringer erweisen.

Mit Bezug auf den aggregierten Gesamtpfad in h) ist zu konstatieren, daß die senken- und flächenbezogenen Nachhaltigkeitsrestriktionen frühzeitige Anpassungsreaktionen erzwingen, die ein ausgeprägtes physisches Wachstum wie in f) nicht zulassen und gleichzeitig einen deutlichen quantitativen und qualitativen Innovationsdruck erzeugen. Insgesamt gesehen ergibt sich jedoch durch diese frühzeitig erzwungene Anpassung ein Ressourcennutzungspfad mit einem höheren Nachhaltigkeitsgrad hinsichtlich der sechs Kriterien aus Kapitel 4.2.1.1. Die Transformation in der Ressourcennutzung ist in h) zum Zeitpunkt T_2 schon sehr weit fortgeschritten und es sind keine großartigen Reduzierungen in der Gesamtressourcennutzung mehr notwendig, während in f) ab T_2 noch ein ausgeprägter Anpassungsprozeß mit hohem Innovationsdruck erforderlich ist. Durch die Einhaltung der Senken- und Flächenrestriktionen der Managementregeln für Nachhaltigkeit wird also physisches Wachstums deutlicher beschränkt als durch die begrenzte Verfügbarkeit von natürlichen Ressourcen. Gleichzeitig wird dadurch ein Pfad der Ressourcennutzung generiert, der in langer Frist die Transformation in Richtung einer auf erneuerbaren Ressourcen basierenden Wirtschaftsweise begünstigt.

Der ***dritte Aspekt*** hinsichtlich der ***Beziehung von mechanischen Eingriffsgrenzen und physischem Wachstum*** bezieht sich auf die wachstumsbezogene Bedeutung des Raums oder der Fläche. Es wurde bereits ausgeführt, daß allein die Förderung nicht-erneuerbarer Ressourcen mit einer ausgeprägten belastenden Flächenexpansion verbunden ist, für die es kaum Einsparpotentiale gibt. Zusätzlich dazu hat die Ausweitung physischer Produktion stets eine räumliche Dimension – und zwar in jeder Stufe des Lebenszykluses eines Produktes. Als erstes ist mehr Raum notwendig, um mehr Primärressourcen zu produzieren. Weiterhin sind für eine physische Produktionsausweitung erhöhte Produktionskapazitäten notwendig, wofür weitere Ressourcen und weitere Flächen beansprucht werden. Danach nimmt ein zusätzlich hergestelltes Produkt beim Endverbraucher zusätzlichen Raum ein und letztlich ist auch für die Entsorgung zusätzliche Deponiefläche notwendig. Ähnlich wie bei der Verwendung von materiellen oder energetischen Ressourcen, mögen diverse mehr oder weniger begrenzte Potentiale für eine effizientere Flächen- oder Raumnutzung vorhanden sein. Schließlich jedoch führt physisches Wachstum über einen längeren Zeitraum notwendigerweise zu einer erhöhten Inanspruchnahme von Fläche und Raum, denn letztlich müssen zusätzlich genutzte Ressourcen in Form von Waren und Kapital irgendwo hingelangen. Die Einschränkung von verfügbarer Fläche gemäß der siebten Managementregel wirkt daher dämpfend auf physisches Wachstum.

Mit Bezug auf den ***Lebensstandard und die Grundbedürfnisse*** der Menschen ergeben sich durch die Einhaltung der mechanischen Eingriffsgrenzen hauptsächlich zwei bemerkenswerte Restriktionen. Einerseits ist der realisierbare *materielle* Lebensstandard der Menschen in mittlerer und langer Zeitfrist durch eine geringere Verfügbarkeit an erneuerbaren und nicht-erneuerbaren Ressourcen eingeschränkter als im Fall ohne Raumrestriktionen. Andererseits ergibt sich u. a. aufgrund des reduzierten realisierbaren nachhaltigen Potentials an erneuerbaren Ressourcen ($ER^{max}{}_{nh}$) eine entsprechende Restriktion mit bezug auf die Nahrungsmittelverfügbarkeit, so daß die maximal realisierbare Carrying Capacity der Menschen geringer ausfällt. In diese Richtung wirkt auch die Beschränkung der Raumverfügbarkeit, da jeder Mensch ein Mindestmaß an Wohnraum benötigt. Diese zusätzlichen Restriktionen für das Bevölkerungswachstum bestärken die Bedeutung der sechsten Managementregel für Nachhaltigkeit, die daher in folgender Weise modifiziert werden kann.

Modifizierte sechste Managementregel für Nachhaltigkeit: *Da ein kontinuierliches Wachstum der Bevölkerung angesichts begrenzter Raum- und Ressourcenverfügbarkeit in langer Frist die Gefahr von sich häufenden Hungersnöten und Massensterben in sich trägt, ist frühzeitig eine Stabilisierung der Bevölkerungsgröße anzustreben.*

Nun ist abschließend noch zu betrachten, welche **ökonomischen Wirkungen bei Nichteinhaltung der mechanischen Natureingriffsgrenzen** zu erwarten sind. Besonders gravierende Auswirkungen drohen in bezug auf das ***Überleben der Menschheit und den menschlichen Lebensstandard***. Die ungebremste mechanische Einwirkung auf Naturräume kann ähnlich extreme Konsequenzen nach sich ziehen wie die Überlastung der natürlichen Senkenfunktion. Die großräumige Vernichtung von Ökosystemen und Ökosystemkomplexen kann zu Änderungen in der Wasserverfügbarkeit führen, die natürlichen Stoffkreisläufe beeinträchtigen, die Senkenkapazität der Natur reduzieren und letztlich auch alle anderen natürlichen Lebenserhaltungsfunktionen schwächen. Derartige Rückkopplungseffekte können deutliche Verschlechterungen in den Lebensbedingungen der Menschen mit sich bringen – auch in kurzer Zeitfrist. So können z. B. die natürlichen Natursysteme in einer Weise verändert werden, daß vorher fruchtbare Gebiete für Menschen unbewohnbar werden, wie es z. B. durch Erosion und

Desertifizierung in manchen tropischen Ländern schon heute der Fall ist. Im Extremfall können sich die globalen Klima- und Lebensbedingungen auf der Erde in einer Weise verändern, daß menschliches Leben nicht mehr möglich ist. Folglich steht durch Grenzüberziehungen bei mechanischen Natureingriffen das langfristige Überleben der Menschheit zur Disposition. Gleichzeitig besteht stets ein Risiko, daß katastrophale Rückkopplungseffekte schon frühzeitig – und nicht erst in ferner Zukunft – eintreten können.[150]

Schließlich ist es noch aufschlußreich, Verläufe von ***physischen Wachstumspfaden*** zu betrachten, die mit deutlichen Überschreitungen der mechanischen und stofflichen Nachhaltigkeitsgrenzen verbunden sind. Unter solchen Bedingungen kann ein ökonomisches System, ungehindert von Emissions- oder Landnutzungsauflagen und lediglich durch Marktkräfte gesteuert, ein ausgeprägtes physisches Wachstum in kurz- bis mittlerer Zeitfrist realisieren. Ein solches Wachstum mit Überschreitung der Nachhaltigkeitsgrenzen zieht jedoch Konsequenzen nach sich. Es geht zu Lasten zukünftiger Generationen, wie anhand von Abbildung 4.8 gezeigt wird.

Abbildung 4.8: Nachhaltiger und nicht-nachhaltiger Verlauf von kombinierten Ressourcennutzungspfaden für Materie

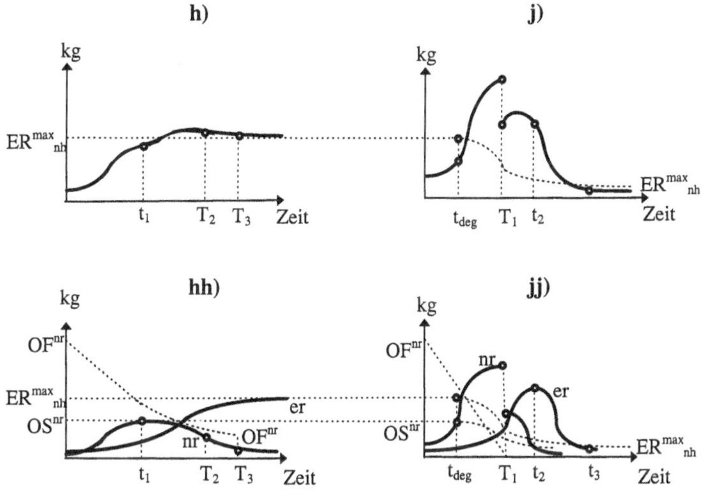

Als nachhaltige Referenzpfade werden die Pfadverläufe h) und hh) der Abbildung 4.7 mit den dort gezeigten Nachhaltigkeitsgrenzen verwendet. Im Gegensatz zu den Pfaden der Graphiken f) und ff) in Abbildung 4.7, die trotz Überschreitung der eingezeichneten Nachhaltigkeitsgrenzen denselben Verlauf aufweisen wie in Abbildung 4.5, wird mit den Pfaden j) und jj)

150 Vgl. Nutzinger/Radke 1995b: S. 240/241.

der Abbildung 4.8 ein ungebremster physischer Wachstumspfad von Materieressourcen mit Grenzüberschreitungen *und mit den Konsequenzen dieser Überschreitungen* gezeigt.

Im Pfad jj) ist ein ausgeprägtes, nicht-nachhaltiges physisches Wachstum sowohl in der Inanspruchnahme von nicht-erneuerbaren als auch von erneuerbaren Ressourcen gezeigt. Zu Anfang basiert das markante Wachstum in der aggregierten Ressourcennutzung auf den nichterneuerbaren Ressourcen. Bereits zum frühen Zeitpunkt t_{deg} wird durch das Volumen der Ressourcennutzung ein Emissionsstrom generiert, der die natürlichen Senken (OS^{nr}) überlastet. Als Konsequenz dieser Überlastung und der weiteren Ausdehnung in der Nutzung der nichterneuerbaren Ressourcen werden die Selbstreinigungskräfte der Natur geschwächt, wodurch das senkenbezogene tolerierbare Niveau der Ressourcennutzung absinkt. Aufgrund der Überlastung der natürlichen Senkenkapazitäten werden die natürlichen Interdependenzen gestört und die natürliche Photosyntheseleistung sinkt, wodurch das maximal realisierbare nachhaltige erneuerbare Ressourcenpotential ($ER^{max}{}_{nh}$) reduziert wird. Als weitere Grenze wird kurze Zeit später mit OF^{nr} auch die flächenbezogene Nachhaltigkeitsgrenze überschritten. Die räumliche Expansion in der Ausbeutung und Nutzung der nicht-erneuerbaren Ressourcen führt zu einer beschleunigten Vernichtung von Naturräumen und zum Aussterben von Arten. Diese Grenzüberschreitung führt zu einer weiteren Verringerung der erneuerbaren Ressourcenpotentiale. In T_1 erschöpfen schließlich die nicht-erneuerbaren Primärressourcen, und zu jenem Zeitpunkt ist die erneuerbare Ressourcenbasis ($ER^{max}{}_{nh}$) bereits deutlich dezimiert.

Kurz vor der Erschöpfung der nicht-erneuerbaren Ressourcen setzt als Kompensationsmaßnahme hinsichtlich der Ressourcenverfügbarkeit ein enormes Wachstum in der Inanspruchnahme der erneuerbaren Ressourcen ein. Aufgrund nicht-nachhaltiger Bewirtschaftungsmethoden werden die erneuerbaren Potentiale ab T_1 sowohl durch stoffliche als auch durch mechanische Überbeanspruchung kurzzeitig übermäßig ausgebeutet, so daß ein Ertrag erwirtschaftet werden kann, der oberhalb des langfristig nachhaltigen Potentials ($ER^{max}{}_{nh}$) liegt. Durch diese Praktiken werden die erneuerbare Ressourcenbasis und ihre zukünftigen Potentiale weiter geschwächt. In t_2 zeigt sich, daß die Naturgrenzen weit überschritten sind. Viele Naturräume und Ackerböden sind irreversibel zerstört, viele potentiell nutzbare Tier- und Pflanzenarten sind ausgestorben und das biologische Wachstum ist stark in Mitleidenschaft gezogen. Um letztlich einen langfristig nachhaltigen Ertrag bei den erneuerbaren Ressourcen erwirtschaften zu können, ist eine deutliche Umkehr in den Bewirtschaftungsmethoden notwendig. Aufgrund der teilweise irreversiblen Degradierung durch nicht-nachhaltiges Wirtschaften mit erneuerbaren und nicht-erneuerbaren Ressourcen in der Zeit von t_{deg} bis t_3, verbleibt nach t_3 nur noch ein langfristig nutzbares nachhaltiges erneuerbares Ressourcenpotential auf relativ geringem Niveau. Sofern die Menschheit einen solchen schockgeprägten Ressourcennutzungspfad überhaupt überleben kann, ist aufgrund der geringeren Ressourcenverfügbarkeit nach t_3 letztlich nur das Überleben einer geringeren Bevölkerungszahl möglich.

Die Nicht-Nachhaltigkeit im aggregierten Ressourcennutzungspfad j) äußert sich in dreierlei Hinsicht. Erstens kommt es zum Zeitpunkt der Erschöpfung der nicht-erneuerbaren Ressourcen in T_1 zu einem Schock in der Ressourcenverfügbarkeit mit einem extrem hohen Innovationsdruck hinsichtlich Ressourceneinsparung und -substitution. Zweitens kann auch die übermäßige Nutzung der erneuerbaren Ressourcen nach T_1 nicht aufrechterhalten werden, sondern führt letztlich zu der Notwendigkeit einer äußerst restriktiven Reduzierung in der Inanspruchnahme der erneuerbaren Ressourcen, die kaum ohne Nahrungsknappheiten, Hungersnöte und Reduzierungen in der Bevölkerungsgröße überstanden werden kann. Drittens führen die starken physischen Wachstumsbestrebungen inklusive Grenzüberschreitungen zu einer drastischen Verringerung der langfristig realisierbaren erneuerbaren Ressourcenpotentiale ($ER^{max}{}_{nh}$).

Im Gegensatz zum nachhaltigen Pfad h) bzw. hh) kann ein Ressourcennutzungsverlauf wie in j) bzw. jj) in keinerlei Weise ethisch gerechtfertigt werden. Der kurzfristige Wachstumsboom zum Vorteil der frühen Generationen bringt für die zukünftigen Nachfahren nur Nachteile: die nicht-erneuerbaren Ressourcen werden aufgebraucht, den zukünftigen Generationen wird ein extremer Ressourcentransformationspfad aufgebürdet, und die erneuerbaren Ressourcenpotentiale der Natur mit ihren vielfältigen Arten werden kontaminiert und teilweise zerstört. Das Erbe der zukünftigen Generationen ist somit eine degradierte Ressourcenbasis. Beim Pfad h) liegt hingegen zwar eine ungleiche intertemporale Ressourcenverteilung, besonders bei den nicht-erneuerbaren Ressourcen vor, aber die Potentiale der zukünftigen Ressourcennutzung werden erhalten und die Voraussetzungen ihrer Inanspruchnahme werden frühzeitig in einem Ressourcen-Transformationsprozeß geschaffen. Somit ließe sich aus einer Nachhaltigkeitsperspektive der Erhalt der langfristig nutzbaren erneuerbaren Ressourcenpotentiale und die frühzeitige Einleitung des Transformationsprozesses in Richtung einer auf erneuerbaren Ressourcen basierenden Wirtschaftsweise mit all seinen technologischen und kulturellen Elementen als intergenerationelle Mindestkompensations- bzw. Transferleistung für den Verbrauch der nicht-erneuerbaren Ressourcen durch die frühen Generationen interpretieren.

Zusammenfassend ist zu konstatieren, daß die Einbeziehung der mechanischen Eingriffsgrenzen in das Nachhaltigkeitskonzept in Form der siebten Managementregel und der entsprechenden Modifizierungen bei den anderen Regeln eine zusätzliche Restriktion für ökonomische Entwicklung darstellt. Die Einhaltung dieser zusätzlichen Nachhaltigkeitserfordernisse wirkt bremsend auf die physische Expansion von Volkswirtschaften. Langfristig gesehen zeichnet sich ein nachhaltiger Scale nicht nur durch einen nicht-wachsenden Throughputstrom aus, sondern zudem durch eine nicht-wachsende Inanspruchnahme und Belastung von Naturräumen. Der materielle und der flächenbezogene Wohlstand der Bevölkerung der frühen Generationen wird dadurch verringert. Die Alternative dazu bestände darin, daß zukünftigen Generationen enorme Wohlstandseinbußen aufgebürdet würden, die von der Nichteinhaltung der mechanischen Eingriffsgrenzen ausgehen. Diese könnten letztlich bis zur Bedrohung des Überlebens der Menschheit reichen.

4.2.2 Grenzziehungen, Indikatoren und Instrumente für eine strenge Nachhaltigkeit

Mit Bezug auf die Umsetzung des Konzepts der strengen Nachhaltigkeit im Sinne des Kapitels 4.1 sind drei Faktoren von besonderer Bedeutung. Es handelt sich dabei erstens um die Notwendigkeit, Grenzen für einen nachhaltigen Scale zu bestimmen. Zweitens sind zur Bestandsaufnahme des Naturzustandes und zur Überprüfung von Politikmaßnahmen aussagekräftige Indikatoren erforderlich, und drittens sind erfolgreiche Politikmaßnahmen nur möglich, wenn effektive und effiziente Instrumente für eine politische Umsetzung zur Verfügung stehen.

In der ausführlichen Erörterung der absoluten Naturbegrenzungen für ökonomischer Systeme, die als makroökonomischer Rahmen für eine nachhaltige Ressourcennutzung (Ebene 1) interpretiert worden sind, ist immer wieder das Problem aufgetaucht, daß genaue **Grenzziehungen** aus verschiedenen Gründen nicht möglich sind. Es ist daher zu betonen, daß eine exakte Bestimmung eines nachhaltigen Scales mit objektiven Grenzziehungen in bezug auf Ressourcennutzung, Dissipation von Energie, Dispersion von Materie und Belastung von Naturräumen undurchführbar ist. Das bedeutet allerdings nicht, daß das Konzept des nachhaltigen Scales damit bedeutungslos wird. Auch andere makroökonomische Zielgrößen – wie z. B. die Geldmenge oder die Staatsquote – sind ebensowenig exakt als Optimalgrößen definierbar, ohne daß darunter ihre Bedeutsamkeit litte. Die fehlende Exaktheit bei der Bestimmung eines nachhaltigen Scales bedeutet vielmehr, daß unterschiedliche Akteure mit verschiedenen Einstellungen zum Risiko und unterschiedlichen ethischen Auffassungen über die Verantwortung für zukünftige Generationen zu differierenden Entscheidungen hinsichtlich einer Scale-Bestimmung gelangen können. Sofern jedoch Einigkeit über das allgemeine Ziel einer strengen Nachhaltigkeit herrscht, ist es zu Beginn eines nachhaltigen Transformationsprozesses weniger wichtig, in welcher Höhe Zielgrößen festgesetzt werden, sondern daß überhaupt absolute Grenzen als Ausgangspunkt für eine Politik der Nachhaltigkeit gezogen und angemessene Maßnahmen eingeleitet werden, die in die richtige Richtung weisen. Dabei sollte stets darauf geachtet werden, daß die Grenzziehungen weitergehende Naturentlastungen ermöglichen und damit dem Prinzip der Ressourcenschonung aus der fünften Managementregel Rechnung tragen. Auf diese Weise entsteht ein institutioneller Rahmen für einen nachhaltigen Transformationsprozeß mit absoluten Naturbegrenzungen, der es dann auch ermöglicht, Grenzen restriktiver zu ziehen, wenn es sich angesichts der Tatumstände als notwendig erweisen sollte.

Im Gegensatz zur fehlenden Eindeutigkeit hinsichtlich der Bestimmung absoluter Scale-Grenzen ist es unbestritten, daß die intergenerationellen Transfers in Form von intakten Naturräumen und Ressourcen um so höher sind, je restriktiver die Scale-Grenzen gesetzt sind. Das Ausmaß der intergenerationellen Distribution von physischen Ressourcen und Naturräumen ist daher abhängig von der Entscheidung über die Scale-Bestimmung in den frühen Generationen.[151] Neben der Kompetenz der Wissenschaft, die partielle Informationen über die Auswirkungen menschlicher Eingriffe in die Natur zu Verfügung stellt, ist letztlich die ethische Grundeinstellung der Bevölkerung für die Behandlung des intergenerationellen Distributionsproblems ausschlaggebend, denn die Festlegung von (überschreitbaren) Grenzen für einen nachhaltigen Scale erfordert eine hohe politische Akzeptanz, ohne die ein Wirtschaften innerhalb der Scale-Begrenzungen kaum realisierbar wäre. Daher benötigt eine nachhaltige Gesellschaft angemessene Institutionen für eine politische Streitkultur über intra- und intergenerationelle Distributionsfragen.

Wesentlich für die Umsetzung von Nachhaltigkeitszielen ist das Vorhandensein von aussagekräftigen **Indikatoren**, mit Hilfe derer ermittelt werden kann, ob und inwieweit die Nachhaltigkeitsgrenzen eines festgelegten nachhaltigen Scales eingehalten werden. Angesichts der Vielzahl von spezifischen raum-, zeit-, ressourcen-, emissions- und naturbelastungsbezogenen Grenzen, die im Rahmen des Konzepts der strengen Nachhaltigkeit festgelegt werden müssen, ist es kaum wahrscheinlich, daß ein einziger Indikator für den makroökonomischen Scale ausreicht. Vielmehr ist davon auszugehen, daß für jede Form der Grenzziehung spezifische Indikatoren zu verwenden sind.[152] Dennoch existieren einige wenige Indikatoren, die gleichzeitig verschiedene Nachhaltigkeitsaspekte einbeziehen, und die daher als eine Art übergeordnete Indikatoren für den Scale in Betracht kommen. Drei dieser Indikatoren, die bereits im dritten Kapitel vorgestellt wurden, werden an dieser Stelle kritisch überprüft, ob sie tatsächlich aussagefähig genug sind, um als übergeordnete Scale-Indikatoren zu fungieren.

---

151 DALY differenziert wesentlich deutlicher zwischen den Konzepten Distribution und Scale. Er betont, daß Scale eine soziale Entscheidung über ökologische Grenzen darstellt (Überlebenssicherung), während intertemporale Distribution als soziale Entscheidung über intergenerative Gerechtigkeitsfragen zu betrachten ist (Wohlsstandsverteilung). Vgl. Daly 1992a: S. 188. In dieser Sichtweise bleibt unbeachtet, daß ökologische Grenzen unter Ungewißheit gezogen werden und außerdem Werturteile über das „Seinsollen" der Natur beinhalten. Die Festlegung eines Scales beinhaltet daher immer eine Entscheidung über intergenerative Distribution.

152 Vgl. EK-SMU 1994: S. 461-472.

DALY schlug als groben Indikator für den Scale die ***menschliche Aneignungsrate der globalen jährlichen potentiellen Nettoprimärproduktion*** vor.[153] Dieser Indikator ist insbesondere hinsichtlich der langfristigen Verfügbarkeit von Materie von Bedeutung, da die nachwachsende Biomasse in langer Zeitfrist die einzige Materiequelle darstellt. Die Aneignungsrate der potentiellen globalen NPP macht eine Aussage darüber, in welchem Ausmaß das erneuerbare materielle Ressourcenpotential bereits durch den Menschen in Anspruch genommen wird. Dabei liegt der Schwerpunkt der Betrachtung nicht nur auf der direkten Ressourcennutzung, sondern es wird darüber hinaus berücksichtigt, inwieweit potentiell nutzbare NPP durch menschliche Eingriffe stofflicher oder mechanischer Art vernichtet wird. Somit berücksichtigt dieser Indikator wesentliche Nachhaltigkeitsaspekte der begrenzten Ressourcenverfügbarkeit, der Senkenrestriktionen und der mechanischen Eingriffsgrenzen.

Das Problem mit der NPP-Aneignungsrate besteht darin, daß sie ein Überschreiten von Nachhaltigkeitsgrenzen nicht anzeigen kann. Die Zahl von 40% NPP-Aneignung, die VITOUSEK ET AL. (1986) berechneten, sagt lediglich aus, daß die erneuerbaren Ressourcen schon weitgehend ökonomisch in Anspruch genommen werden. Sie signalisiert allerdings nicht, ob diverse Nachhaltigkeitsgrenzen bereits überschritten sind oder ob ein Schock in der aggregierten Ressourcenverfügbarkeit droht. Zur Erweiterung der Aussagefähigkeit der NPP-Aneignungsrate wäre es interessant, zusätzlich die Entwicklung der tatsächlichen NPP über die Zeit zu betrachten, denn der Verlauf derartigen Zeitreihendaten gäbe Auskunft darüber, ob sich die globale NPP in Anbetracht stofflicher und mechanischer Natureingriffe verändert. Ein permanentes Absinken der NPP wäre im Sinne des Konzepts der strengen Nachhaltigkeit ein deutliches Zeichen dafür, daß die Komplexität der Prozeßressourcen durch menschliches Einwirken reduziert wird. Somit ist zu konstatieren, daß die gleichzeitige Verwendung von NPP *und* NPP-Aneignung als Scale-Indikatoren hinsichtlich der drei im vorigen Kapitel diskutierten absoluten Begrenzungen einige nützliche Einsichten zutage fördert. Dennoch bleiben bestimmte Themenbereiche, wie z. B. der Aspekt der kombinierten Ressourcennutzung, vollends unbeachtet, so daß die NPP-Maßzahlen als alleinige Scale-Indikatoren nicht ausreichen.

Ein weiterer Indikator für Scale, der diverse Nachhaltigkeitskriterien berücksichtigt, ist der ***ökologische Fußabdruck*** von REES und WACKERNAGEL (1992).[154] Interessant an diesem Indikator ist, daß irdische Fläche als Maßstab für ökonomische Eingriffsgrenzen dient. Der ökologische Fußabdruck ist diejenige Fläche, die eine Ökonomie in Anspruch nehmen müßte, um ihren Ressourcenverbrauch inklusive Emissionen zu realisieren, ohne die Absorptions- und Assimilationsgrenzen zu überschreiten. Zur Ermittlung der Fläche des ökologischen Fußabdrucks werden die real notwendigen Flächen zur Ressourcenproduktion einer Periode und die hypothetischen Ökosystemflächen, die zur Assimilation der Emissionen notwendig wären, aufaddiert. Sofern der resultierende ökologische Fußabdruck für die globale Ressourceninanspruchnahme die irdische Fläche übersteigt, ist die Grenzüberziehung evident.

Obwohl dieser Indikator die Nutzung natürlicher Ressourcen, die Inanspruchnahme der natürlichen Senken und die irdische Fläche einbezieht, weist er in bezug auf die im vorigen Kapitel diskutierten absoluten Nachhaltigkeitsgrenzen einige Defizite auf. So bleiben all diejenigen Ressourcen unberücksichtigt, deren Nutzung mit der Dispersion nichtassimilierbarer und nichtabsorbierbarer Reststoffe verbunden ist (wie z. B. Atommüll, Schwermetalle, FCKW etc.). Auch über den Zustand in der kombinierten Ressourcennutzung lassen sich aus einer Flächenangabe keine Rückschlüsse ziehen. Wesentlich schwerwiegender ist allerdings der Tatbestand, daß irdische Fläche als qualitätsloses quantitatives Maß benutzt wird. Angerechnet

---

153 Vgl. Kapitel 3.2.4.1.

154 Vgl. Kapitel 3.2.4.1.

wird lediglich der Flächenverbrauch, während die Qualität eines Naturraums unbeachtet bleibt. Ein Quadratmeter Ackerfläche zur Getreideherstellung zählt demnach genauso viel wie ein Quadratmeter Regenwald, der aufgrund tropischer Holzausbeutung oder zur Ausbeutung von Erzreserven vernichtet wird. Folglich ist festzuhalten, daß dieser Indikator die Qualität von Naturräumen und die Belastung von Naturflächen, die sich aufgrund ökonomischer Nutzung ergibt, nicht berücksichtigt und daher die mechanischen Natureingriffsgrenzen nicht erfaßt. Daher eignet er sich nicht als übergeordneter Scale-Indikator.

Der dritte übergeordnete Indikator für Scale wurde von den Wissenschaftlern und Wissenschaftlerinnen des Wuppertaler Instituts für Klima, Umwelt und Energie entwickelt und es handelt sich um den ***Materialinput einer Volkswirtschaft***. Das Besondere an diesem Indikator besteht darin, daß z. B. für ein erwirtschaftetes Sozialprodukt eines Landes der gesamte Materialinput inklusive der Inanspruchnahme der drei Umweltmedien in Gewichtsangaben berechnet werden kann. Dabei wird neben dem direkten Ressourceneinsatz außerdem berücksichtigt, wieviel Wasser und Luft als Aufnahmemedien für Emissionen in Anspruch genommen wurden, wieviel Boden erodierte und wieviel Boden durch mechanische Bearbeitungseingriffe bewegt wurde.[155] Weiterhin existieren Anstrengungen, den Materialinput durch den Flächenbedarf wirtschaftlicher Aktivitäten in Form eines Flächeninputs zu ergänzen.[156] Damit werden wesentliche Aspekte der Ressourcennutzung sowie der stofflichen und mechanischen Natureingriffe in die Materialinputrechnung einbezogen.

Trotz der Berücksichtigung vieler Aspekte der Naturbelastung weist der Materialinput-Indikator einige Schwächen auf. Das erste Problem besteht darin, daß das Ergebnis der Materialinputrechnung eine Gewichtsangabe ist, die angibt, wieviel Material für bestimmte Aktivitäten direkt oder indirekt eingesetzt worden ist. Diese Zahl mag geeignet sein, um das Ausmaß der Naturinanspruchnahme verschiedener Aktivitäten oder verschiedener Volkswirtschaften in Stoffstromanalysen zu vergleichen. Letztlich ist es jedoch nicht möglich, von den Stoffstromgrößen auf den konkreten Zustand der Natur zu schließen, da keine Bezugsgröße existiert, die für ein nachhaltiges Wirtschaften bzw. für einen nachhaltigen Scale steht. Folglich lassen sich mit Hilfe des Materialinput-Indikators keine Grenzüberschreitungen aufzeigen.

Weiterhin geht durch die gewichtsbezogene Aufaddierung von qualitativ unterschiedlichen Input-Materialien nicht nur die besondere Qualität der einzelnen Materialien verloren, sondern auch die Qualität der Naturbelastung, die von ihnen ausgeht. So wird z. B. die Toxizität von Materialien nicht berücksichtigt. Eine Tonne Uran als Input zur Herstellung von Kernenergie und eine Tonne Wasser zur Herstellung von Erfrischungsgetränken haben im Materialinput-Indikator eine gleiche Gewichtung. In gleicher Weise bleibt unberücksichtigt, in welcher Form ein Input letztlich als Output endet. Wie ausgeführt in Kapitel 3, besteht hinsichtlich der Belastung der Senken ein Unterschied, ob eine Tonne Materie vollständig dispergiert in die Natur gelangt oder ob der Output in kaum veränderter Form kontrolliert auf einer Deponie gelagert wird und damit möglicherweise in Zukunft für ein Recycling zur Verfügung steht. Die Vernachlässigung des outputbezogenen Dispersionsgrades führt letztlich zu methodischen Problemen bezüglich der Behandlung des Zusammenhangs von Recycling und Deponierung.

Ein weiteres Problem zeigt sich schließlich beim methodischen Umgang mit mechanischen Natureingriffen. Grundsätzlich werden mechanische Eingriffe in der Art einbezogen, daß die Gewichtsangaben der Boden- und Wassermassen, die durch den Eingriff bewegt oder umgeleitet wurden, in die Rechnung einfließen. Problematisch ist dabei, daß die Belastung der Natur durch Bewegung einer Tonne Boden sehr unterschiedlich sein kann, aber trotzdem in gleichem

155 Vgl. Kapitel 3.3.3.4.

156 Vgl. zu den vorläufigen Gedanken zum Flächeninputkonzept: Schmidt-Bleek 1994: S. 143-157.

Ausmaß in die Materialinputrechnung eingeht. So wird z. B. die Belastung des Ackerbodens durch mechanische Bearbeitung in der Landwirtschaft in der Weise einbezogen, daß jede Bewegung von Bodenmaterial vollständig eingerechnet wird. Je häufiger und je tiefer ein Boden gepflügt wird, um so höher ist die Materialinputzahl. Im Gegensatz dazu werden Bodenbewegungen mit irreversiblem Charakter, wie z. B. Bodenerosion oder die Beseitigung von Ökosystemen über einem Erzvorkommen, nur *einmal* eingerechnet. Die Mehrfachnutzung bzw. das Recycling des Bodens in der Landwirtschaft wird folglich als naturbelastender eingestuft als ein einmaliger, aber irreversibler Eingriff.[157] Diese inkonsistente methodische Behandlung des Bodens führt letztlich zu dem äußerst unangenehmen Resultat, daß die Nutzung von erneuerbaren Ressourcen im Vergleich zur Inanspruchnahme von nicht-erneuerbaren Ressourcen unangemessen negativ beurteilt wird. Diese methodische Verzerrung zuungunsten der erneuerbaren Ressourcen ist außerdem besonders unglücklich, weil der Materialinput-Indikator die Notwendigkeit einer Transformation in Richtung auf eine auf erneuerbaren Ressourcen basierende Wirtschaftsweise in keiner Weise berücksichtigt. Daher ist auch diese Maßzahl für Naturbelastung nicht als übergeordneter Indikator für den Scale geeignet.

Diese Ausführungen verdeutlichen, daß es kaum möglich ist, einen übergeordneten Indikator für Scale zu finden, der gleichzeitig die drei Nachhaltigkeitsaspekte der begrenzten Ressourcennutzung, der Senkenrestriktionen und der mechanischen Eingriffsgrenzen angemessen einbezieht, und der außerdem alle Grenzüberschreitungen anzuzeigen vermag.

Sinnvoller scheint es daher, verschiedene Indikatoren zu kombinieren, um auf diese Weise aussagekräftige Informationen über den Scale einer Ökonomie zu erhalten. In bezug auf eine nachhaltige *Ressourcennutzung* sind Ressourcenverbrauchs- und Produktionsdaten unabdingbare Indikatoren, da nur sie konkrete Aussagen darüber enthalten, welche Mengen von erneuerbaren und nicht-erneuerbaren Ressourcen direkt in der ökonomischen Sphäre verwendet werden. Der Materialinput-Indikator ist hingegen gut geeignet, um die gesamte Inanspruchnahme der Umweltmedien, die im Zeitablauf mit der direkten Ressourcennutzung einhergeht, zu veranschaulichen. Sofern die methodische Problematik der Berechnung von Bodeninputs korrigiert wird, könnten Zeitreihendaten des Materialinput-Indikators den Trend in der Naturbelastung, der durch direkte Inanspruchnahme von natürlichen Ressourcen verursacht wird, approximativ widerspiegeln.

Zur Veranschaulichung der *Inanspruchnahme der natürlichen Senken* sind Grenzwerte, Immissions- und Emissionsdaten, Stoffstromquotienten, relative Dispersionsindikatoren und kritische Eintragsraten zu berücksichtigen, soweit entsprechende Daten vorliegen. Auch der ökologische Fußabdruck kann in diesem Rahmen sinnvoll eingesetzt werden, um den Zusammenhang von spezifischen Emissionsmengen und den dafür benötigten Naturraum zur Assimilation zu verdeutlichen. Zur Steigerung der senkenbezogenen Aussagefähigkeit der Materialinputrechnung wäre zu erwägen, neben der Angabe des (direkten und indirekten) Materialinputs außerdem eine Aussage darüber zu machen, wie dispersionsintensiv die Materialinanspruchnahme ist. Die Daten über Materialinputs könnten z. B. nach dem Vorbild der drei Kategorien von Ayres bezüglich der Dispersionsintensität in der Materialnutzung[158] unterschieden werden, um die Größenordnung der stofflichen Naturbelastung zu spezifizieren.

Zur Veranschaulichung des Ausmaßes der *Auswirkungen mechanischer Eingriffe* sind Indikatoren wie Versiegelungs- und Zerschneidungsgrad, Daten über Erosionsentwicklung, Land-

157 Vgl. Schmidt-Bleek (Hg.) 1996, S. 32-36.

158 Vgl. Kapitel 3.3.3.3.

nutzungskategorisierungen nach dem Natürlichkeitskonzept sowie Angaben zu Größe und Anteil von Naturschutzgebieten an der Gesamtfläche von Bedeutung.[159]

Schließlich können auch der *allgemeine Zustand und die Belastung der Natur*, die natürliche Entwicklung von Ökosystemen und die Komplexität natürlicher Zusammenhänge durch Indikatoren ausgedrückt werden. Diesbezüglich bieten sich z. B. Daten über die Vielfalt von Arten, Ökosystemen und Ökosystemkomplexen in einer Region an oder auch Zeitreihendaten über die Entwicklung der Nettoprimärproduktion.

Die hier erwähnten Indikatoren, deren gleichzeitige Berücksichtigung zur Veranschaulichung des Scales einer Ökonomie nach Meinung des Autors in Betracht zu ziehen sind, sind in der nachfolgenden Tabelle 4.2 nochmals aufgelistet.

Tabelle 4.2: Indikatoren zur Umschreibung des Scale

Inanspruchnahme von natürlichen Ressourcen	Inanspruchnahme der Senkenfunktion	Mechanische Einwirkung auf Naturräume	Allgemeiner Zustand der Natur
♦ Produktions- und Verbrauchszahlen für erneuerbare und nicht-erneuerbare Ressourcen ♦ Anteil von erneuerbaren und nicht-erneuerbaren Ressourcen an der Material- und der Energienutzung ♦ Materialinput-Indikator	♦ Emissions- und Immissionsdaten mit zugehörigen Grenzwerten ♦ Stoffstromquotienten ♦ relative Dispersionsindikatoren ♦ kritische Eintragsraten ♦ Dispersionsintensität der Materialnutzung ♦ ökologischer Fußabdruck	♦ Anteil von Naturschutzgebieten an der Gesamtfläche ♦ Landnutzungskategorisierungen nach dem Natürlichkeitskonzept ♦ Zerschneidungsgrad ♦ Versiegelungsgrad ♦ Erosionsdaten	♦ Daten über Vielfalt von Arten, Ökosystemen und Ökosystemkomplexen ♦ Daten über Entwicklung der NPP

Diese Indikatorenliste verdeutlicht, welch vielfältige Informationen notwendig sind, um aussagekräftige Angaben über den Scale einer Volkswirtschaft machen zu können. Der Versuch, die Inanspruchnahme von nur begrenzt verfügbaren Naturfunktionen und -ressourcen mittels *einer* Zahl ausdrücken zu wollen, ist aus einer politischen Perspektive verständlich. Letztlich birgt jedoch ein übergeordneter Indikator für einen komplexen Sachverhalt stets die Gefahr, daß die ihm inhärenten Vereinfachungen, Fehler und Abstraktionen nach einer gewissen Zeit seiner Verwendung nicht mehr beachtet werden. Schließlich mögen die Daten über den vereinfachenden Indikator als wichtiger eingestuft werden, als der Tatbestand, den er eigentlich veranschaulichen sollte.[160] Angesichts dieser Gefahr ist es sinnvoller, sich die jeweiligen Informationen zur Beschreibung eines Scales je nach spezifischer Problemstellung durch Kombination geeigneter Indikatoren zu verschaffen. Damit sinkt die Gefahr, daß die Qualität der Natur in einer nivellierenden Zahl verschwindet.

In der Diskussion der Frage, welche **Instrumente** besonders geeignet sind, um sowohl die Beachtung der absoluten Naturbegrenzungen zu gewährleisten als auch weitergehende Naturentlastungen im Sinne der Ressourcenschonung zu ermöglichen, ist als erstes die Bedeutung des Marktes zu klären. Wie dargestellt in Kapitel 2, besteht in der Neoklassik ein Drang zur Unterstellung eines gleichgewichtigen „Normalfalles“ mit vollkommen funktionierenden Märkten ohne Externalitäten und Unsicherheiten, die selbst ein uneingeschränktes intertempo-

159 Vgl. Kapitel 4.2.1.3.

160 Ein prominentes Beispiel für einen solchen übergeordneten Indikator ist das Bruttosozialprodukt als Wohlstandsindikator. Das Ziel des BSP-Wachstums hat sich mittlerweile verselbstständigt.

rales Agieren ermöglichen. Sofern die Ausgangsdistribution für diesen Fall geklärt ist, kann jede makroökonomische Fragestellung als Allokationsproblem betrachtet werden, das sich letztlich über den relativen Preis lösen läßt.

Die Realität stellt sich hingegen vollends gegenteilig dar. Marktprozesse sind ungleichgewichtig und stets in Entwicklung begriffen; Unsicherheiten, Externalitäten und Monopolkonstellationen prägen das tägliche Geschehen und auf den existierenden „Zukunftsmärkten" handeln ausschließlich die Akteure der Gegenwart zur Absicherung zukünftiger Risiken und nicht irgendwelche Akteure zukünftiger Generationen oder deren heutige Vertreter. Es ist geradezu ein Charakteristikum von Märkten, kurzsichtig zu sein, d. h. nur die kurze Zeitfrist einzubeziehen. Als Resultat dieses Umstandes ist die zeitliche Entwicklung von Märkten und Marktökonomien geprägt durch „intertemporale Externalitäten", da die Wohlfahrt der zukünftigen Generationen maßgeblich durch gegenwärtige Entwicklungen in Technologie, sozialer Organisation und Naturgestaltung mitbestimmt wird. Es ist jedoch abwegig, derartige intertemporale Phänomene als „Marktversagen" zu bezeichnen. Es handelt sich vielmehr um „normale" Phänomene geschichtlicher Entwicklung, die geprägt ist durch intergenerationelle Transfers in Form von Wissen, Technologie, Kapital und Naturveränderung.

Bei Handlungen mit (möglichen) negativen Auswirkungen auf das Wohlergehen zukünftiger Generationen stellt sich das ethische Problem, ob die Aufbürdung einer intergenerationellen Last legitim ist oder nicht. Sofern einer solchen ethischen Frage Bedeutung zugemessen wird, ist es adäquat, hinsichtlich aller bekannten Handlungen mit negativen intergenerationellen Auswirkungen einen ethisch fundierten Verhaltenskodex zu entwickeln, um den Menschen zukünftiger Generationen bestimmte grundlegende Optionen offenzuhalten oder besonders schädliche Auswirkungen zu verhindern. Die Festlegung derartiger Verhaltenskodizes ist als Maßnahme einer intergenerationellen Distribution zu verstehen, um grundlegende intergenerationelle Transfers zu gewährleisten. Die Managementregeln für Nachhaltigkeit und die Festlegung von Grenzen zur Bestimmung eines operationalisierbaren nachhaltigen Scales sind in diesem Sinne als intergenerationelle Distributionsmaßnahmen mit bezug auf die Bewahrung der natürlichen Lebensgrundlage zu verstehen. Da durch Distributionsmaßnahmen der Handlungsrahmen für die Allokation von Ressourcen abgesteckt wird, kann der Markt als kurzsichtiges allokatives Instrument nicht für Distributionsgerechtigkeit sorgen – weder innerhalb einer Generation und noch viel weniger zwischen Generationen.

Nach der Festlegung der intergenerationellen Distributionsbestimmungen ist der Markt hingegen sehr wohl geeignet, die der gegenwärtigen Generation zugesprochenen Ressourcen und Naturleistungen effizient zu allokieren. Diese Position ist nicht nur unter ökologischen Ökonomen weit verbreitet, sondern sie wird auch von denjenigen neoklassischen Umweltökonomen eingenommen, die den Standard-Preis-Ansatz vertreten, und die die Aufgabe der Umweltökonomik in der effizienten Umsetzung politisch vorgegebener Ziele sehen.[161]

Die handelbare Umweltlizenz wird von vielen ökologischen und neoklassischen Ökonomen als äußerst geeignetes Instrument zur Umsetzung absolut begrenzter Ressourcen und Naturleistungen propagiert. Der besondere Vorteil eines Lizenzsystems besteht darin, daß es eine absolute Obergrenze von zu nutzenden Ressourcen, Produkten oder zu emittierenden Emissionen festlegt und diese spezifizierte Menge effizient über Markttransaktionen allokiert. Im Gegensatz zum Instrument einer Pigou-Steuer, die umweltbelastende und wohlfahrtsmindernde Aktivitäten durch Verteuerung verringern soll, deren tatsächlicher Umweltentlastungseffekt aber unsicher ist, ist die quantitative Entlastung der Umwelt bei der Lizenzlösung vorgegeben, und der Preis stellt sich über die Markttransaktionen her. Die Lizenzlösung wird daher als ein In-

161 Vgl. Kapitel 2.3.3.

strument gepriesen, das absolute Mengenvorgaben in sehr direkter Weise umzusetzen vermag.[162]

Wie dargelegt in Kapitel 3.3.3.4, favorisiert DALY die Anwendung von Lizenzsystemen als Instrument zur Regulierung der Einsatzmengen von natürlichen Ressourcen. Würde sich die Weltgemeinschaft auf eine nachhaltige Ressourcenpolitik mit Kriterien hinsichtlich der stofflichen und mechanischen Natureingriffe, mit einer allgemeinen Stabilisierung in der Inanspruchnahme von primären nicht-erneuerbaren Ressourcen und einer Transformation in der Ressourcennutzung in Richtung auf einen verstärkten Einsatz von erneuerbaren Ressourcen verständigen, so wäre ein Lizenzsystem für eine globale Ressourcenpolitik durchaus erwägenswert. Das von DALY präsentierte System ist allerdings mit diversen Schwierigkeiten behaftet und wäre kaum für die Praxis geeignet.

Als erstes stellt sich hinsichtlich des Lizenzsystems für nicht-erneuerbare Ressourcen – und besonders für materiell genutzte Ressourcen – die Frage, inwieweit die spezifischen Qualitäten der verschiedenen nicht-erneuerbaren Ressourcen berücksichtigt werden sollen und können. In einem System, in dem eine Lizenz das Recht auf den Kauf einer Mengeneinheit einer *beliebigen* nicht-erneuerbaren Ressource verkörpert, bleiben die spezifischen Ressourcenqualitäten weitgehend unberücksichtigt. So kann weder der Prozeß der Substitution einer spezifischen nicht-erneuerbaren Ressource gezielt gesteuert und begünstigt werden, noch können Unterschiede in der allgemeinen Umweltschädlichkeit in der Ressourcenherstellung und -nutzung einbezogen werden.

Diese Probleme ließen sich besser kontrollieren, wenn jeweils Lizenzsysteme für einzelne Ressourcen oder Ressourcengruppen mit ähnlichen Eigenschaften geschaffen würden. Eine solche Lösung scheint DALY vorzuschweben, wenn er als Grundprinzip der Quotenpolitik formuliert, daß die Preise von nicht-erneuerbaren Ressourcen, die sich als Resultat der Quoten einstellen, nicht niedriger sein dürfen als die Preise der erneuerbaren Substitute.[163] Ein solches Prinzip setzt eine ressourcenspezifische Regulierung voraus, die für jede einzelne Ressource oder für eine Ressourcengruppe mit gleicher Ressourcenfunktion ein eigenes Lizenzsystem schafft. Nur so wäre es möglich, die Preisentwicklungen der verschiedenen erneuerbaren Substitute für die diversen Funktionen und Einsatzbereiche einzelner nicht-erneuerbarer Ressourcen stets bei der Lizenzkontingentierung zu beachten, um so den Substitutionsprozeß zu begünstigen. Eine Zusammenfassung verschiedener Ressourcen unter ein Lizenzsystem wäre dabei allerdings immer mit dem Problem konfrontiert, daß verschiedene Ressourcen mit gleichen Funktionen oder Einsatzbereichen immer auch noch andere Funktionen und Eigenschaften aufweisen. Dies ist insbesondere bei materiell genutzten Ressourcen der Fall, aber auch die überwiegend energetisch genutzten fossilen Ressourcen besitzen neben ihrer energetischen Einsatzmöglichkeit auch noch materielle Einsatzfunktionen.

Die größte Schwierigkeit eines spezifischen ausdifferenzierten Lizenzsystems für nicht-erneuerbare Ressourcen bestände in der Praxis darin, daß stets über die Verteilung der Kontingente unter den verschiedenen Ressourcen oder Ressourcengruppen entschieden werden müßte. Da eine Stabilisierung in der Nutzung jeder einzelnen Ressource innovative Trends in der Ressourcennutzung blockieren würde, müßte eine übergeordnete Instanz über die Verteilung der Materialkontingente entscheiden. Damit verlöre das Lizenzsystem seinen flexiblen Charakter und würde sich Problemen gegenübersehen, wie sie aus inflexiblen und trägen Planungsökonomien bekannt sind.

Als zweites Problem ist anzuführen, daß das Instrument der Ressourcenlizenz neben dem

---

162 Vgl. z. B. Maier-Gigaud 1994, Daly 1992a und Wicke 1989: S. 344-381.

163 Vgl Daly 1991d: S. 64-65 und Daly 1979: S. 87-88 und Kapitel 3.3.3.4.

Ziel der Stabilisierung in der Ressourcennutzung *nicht* in der Lage ist, *gleichzeitig* andere Umweltziele hinsichtlich stofflicher oder mechanischer Natureingriffe angemessen zu berücksichtigen. Durch eine künstliche Restriktion auf der Nachfrageseite werden zwar Absatzmenge und Ressourcennutzung verringert, wodurch indirekt Umweltentlastungseffekte induziert werden. Es werden hingegen keine Anreize gesetzt, um die Methoden der Förderung und Verarbeitung von Ressourcen nachhaltiger zu gestalten. Im Gegenteil führt eine Restriktion auf der Angebotsseite zu einem verschärften Wettbewerb zwischen den Ressourcenanbietern, die zur Kostensenkung auch zu nicht-nachhaltigen Maßnahmen der Kostenexternalisierung greifen könnten. Derartige Reaktionen können unter ausschließlicher Anwendung eines Lizenzsystems nicht verhindert werden. Für eine angemessene Regulierung stofflicher und mechanischer Natureingriffe sind daher zusätzliche Maßnahmen erforderlich.[164]

Die dritte Problematik, die sich in Anbetracht von DALYS Vorschlag für ein Lizenzsystem der Ressourcennutzung auftut, bezieht sich auf die Quoten für erneuerbare Ressourcen. Daly schlägt vor, eine Quote in Höhe des „maximum sustained yield“ einzuführen. Doch Nachhaltigkeit in der Bewirtschaftung von erneuerbaren Ressourcen läßt sich durch Mengenbegrenzungen allein nicht durchsetzen. Sowohl in der Fischereiwirtschaft als auch in der Landwirtschaft sind zusätzliche qualitative Maßnahmen erforderlich, um einen nachhaltigen Ertrag dauerhaft realisieren zu können. Sofern eine Kontrolle dieser qualitativen Erfordernisse nicht stattfindet, ist eine Quote wenig hilfreich, da weder Fischen noch Baumstämmen anzusehen ist, ob sie aus nachhaltiger Bewirtschaftung stammen. Findet hingegen eine Kontrolle der Bewirtschaftungsmethoden statt, so daß die Einhaltung von Nachhaltigkeitskriterien gewährleistet werden kann, dann entfällt die Notwendigkeit des Lizenzsystems.

Angesichts dieser Kritikpunkte stellt sich die Frage, ob eine Ressourcenlizenz als Instrument einer nachhaltigen Ressourcenpolitik in der Praxis überhaupt empfehlenswert ist. Die Antwort auf diese Frage lautet, daß sie lediglich als Teilinstrument innerhalb eines Instrumentenmixes erfolgreich eingesetzt werden kann. Sinnvoll kann eine Ressourcenlizenz nur dann sein, wenn die Zielsetzung lautet, daß die mengenmäßige Nutzung von Primärressourcen auf einem vorbestimmten aggregierten Niveau realisiert werden soll. Weder das Ziel der Substitution durch erneuerbare Ressourcen noch Ziele hinsichtlich stofflicher oder mechanischer Naturbelastung lassen sich gleichzeitig mit diesem Instrument wirkungsvoll erreichen. Weiterhin kann Flexibilität in der Regulierung nur gewährleistet werden, wenn ein übergeordnetes Lizenzsystem für *alle* nicht-erneuerbaren Ressourcen eingesetzt wird. Nur wenn eine Kauflizenz die Freiheit läßt, jede beliebige Ressource zu erwerben, dann ist es einerseits um die allgemeine Marktfähigkeit der Lizenz gut bestellt, während andererseits trotz der Begrenzung in der aggregierten Ressourcennutzung Raum für innovative Prozesse in der Ressourcennutzung bleibt.

Zur Umsetzung der anderen Nachhaltigkeitsziele sind zusätzliche Maßnahmen erforderlich. Wie oben bereits erwähnt, könnten für die Verbreitung nachhaltiger Methoden in der Produktion von erneuerbaren Ressourcen obligatorische Mindestkriterien für die jeweiligen Produktionsbereiche entwickelt und monetäre Anreize für umweltentlastendes Verhalten, z. B. für die Ausdehnung von Biotopverbundsystemen, eingesetzt werden. Weiterhin sind bezüglich des Einsatzes von Kunstdünger und Pestiziden auch Lizenzsysteme denkbar. Sofern die Produkte aus nachhaltiger Bewirtschaftung in einer Übergangsphase teurer sein sollten als die Produkte aus umweltbelastender Produktion, sind weiterhin preisbezogene Eingriffe zu erwägen.

---

164 Bereits seit der Publikation der „Theorie der Wirtschaftspolitik“, die Jan Tinbergen 1952 vorlegte, gilt in der ökonomischen Theorie der allgemeine Grundsatz, daß jedes unabhängige Politikziel ein unabhängiges Politikinstrument benötigt.

Auch mit bezug auf das Politikziel der vermehrten Anwendung von erneuerbaren Ressourcen in der kombinierten Ressourcennutzung sind verschiedene Instrumente geeignet. So ist es denkbar, daß zur Unterstützung von Substitutionsprozessen qualitativ hochwertige erneuerbare Substitutressourcen subventioniert oder substituierbare nicht-erneuerbare Ressourcen (zusätzlich zur übergeordneten Kontingentierung) besteuert werden. Weiterhin könnten auch durch die Forschungspolitik institutionelle Rahmenbedingungen geschaffen werden, die die Erforschung und Anwendung erneuerbarer Ressourcen vorantreiben.

Hinsichtlich der stofflichen und mechanischen Eingriffsgrenzen dürfen auch ordnungspolitische Vorschriften und Verbote, die unter Ökonomen nicht sehr beliebt sind, nicht im Instrumentenkasten einer nachhaltigen Politik fehlen, denn die Nichtnutzung giftiger Stoffe, der Schutz von Naturschutzgebieten oder die Nichtüberschreitung mechanischer Belastungsgrenzen lassen sich häufig nur in dieser Weise und nicht marktmäßig durchsetzen. Für die Allokation von Nutzungsflächen und die Inanspruchnahme von natürlichen Senken lassen sich hingegen marktkonforme Instrumente einsetzen. Auch hier können die gesetzten absoluten Naturbegrenzungen teilweise direkt mit Lizenzsystemen umgesetzt werden. Im Fall der Lizenzsysteme für die Inanspruchnahme von Senkenkapazitäten können handelbare Emissionslizenzen vergeben werden, die z. B. den Senkenkapazitäten einer bestimmten Region entsprechen.[165] Mit bezug auf die mechanischen Eingriffsgrenzen gestaltet sich der Einsatz von Lizenzsystemen etwas schwieriger. Sofern jedoch durch übergeordnete Instanzen Raumnutzungspläne erarbeitet werden, die den jeweiligen Nutzungsflächen bestimmte Nutzungsformen zuschreiben und damit Belastungsgrenzen setzen, können für diejenigen Nutzflächen mit gleichen Nutzungsvorgaben Lizenzsysteme eingesetzt werden.[166]

Wenngleich an dieser Stelle die Bedeutung von Lizenzsystemen sehr stark hervorgehoben wurde, weil mit ihrer Hilfe absolute Grenzen direkt umgesetzt werden können, ist gleichzeitig zu betonen, daß auch die anderen, monetären und ordnungspolitischen Instrumente für den Instrumentenmix einer nachhaltigen Ressourcenpolitik essentiell sind, da sie für bestimmte Regulierungsfelder gegenüber den Lizenzsystemen eindeutige Vorteile aufweisen. Eine Ressourcensteuer hat z. B. gegenüber der Lizenzlösung den Vorteil, daß die politische Umsetzung unbürokratisch und unkompliziert ist, während für ein Lizenzsystem ein aufwendiger institutioneller Rahmen inklusive Überwachungssystem notwendig ist. Obwohl die Marktkonformität der Lizenzlösung immer wieder betont wird, ist letztlich eine durchsetzungsstarke Instanz als institutioneller Rahmen für ein Lizenzsystem unabdingbar.[167] Daher ist die Lizenz als Instrument in Ländern mit eher schwach ausgebildeten umweltpolitischen Institutionen und auch hinsichtlich der globalen Umweltpolitik im Vergleich zu steuerlichen Maßnahmen weniger geeignet.

Weiterhin ist es besonders im Prozeß der Verbreitung nachhaltiger Wirtschaftspraktiken, -prinzipien und -methoden eher zweitrangig, ob die gesetzten Naturgrenzen exakt eingehalten werden, wie es mittels der Lizenzsysteme möglich erscheint. Wichtiger ist im Verlauf der Umsteuerung, daß die ökonomischen Akteure sukzessive nachhaltige Prinzipien übernehmen, die dann zur Routine werden. Sofern die Richtung des nachhaltigen Transformationsprozesses

165 Vgl. für das Konzept eines Lizenzsystems für Emissionen Maier-Rigaud 1994: S. 75-100 und S. 131-138. Für eine Bestandaufnahme der zehnjährigen Erfahrungen mit handelbaren Emissionslizenzen in den USA vgl. Messner, F. 1993a.

166 Vgl. dazu Maier-Rigaud 1994: S. 123-130.

167 Vgl. dazu am Beispiel der Erfahrungen der USA mit Emissions-Lizenzsystemen: Messner, F. 1993a: S. 69-76. Vgl. für eine Diskussion eines globalen CO_2-Lizenzsystems: Simonis 1996: S. 111-119.

stimmt und eine effiziente Gestaltung realisiert werden kann, ist es gleichgültig, ob Lizenzen, Subventionen und/oder Steuern eingesetzt werden.

Abschließend ist die allgemeine Bedeutung von ökonomischen Instrumenten – und besonders von Lizenz- und Steuersystemen – im Kontext des Nachhaltigkeitskonzepts zu betonen. Wie in Kapitel 4.1 ausgeführt wurde, kann strenge Nachhaltigkeit als ein koevolutionäres Entwicklungsprinzip verstanden werden, das gleichzeitig für eine ökonomische und eine ökologische Entwicklung mit Formen zunehmender Komplexität steht. Da Entwicklung ein Prozeß stetiger Veränderung ist, sollten auch die Nachhaltigkeitsgrenzen nicht als starre und unveränderliche Grenzen betrachtet werden. Diesbezüglich beinhalten die Nachhaltigkeitsregeln Formulierungen, die darauf hinweisen, daß es grundsätzlich ratsam ist, sparsam mit Ressourcen und natürlichen Leistungen zu wirtschaften. Diesbezüglich sind insbesondere die vierte Regel und das darin enthaltene Vorsichtsprinzip zu nennen und die fünfte Regel mit dem allgemeinen Prinzip der Ressourcenschonung. *Insofern sind die Makrogrenzen eher als Obergrenzen zu verstehen, die gleichermaßen ein Postulat der Minimierung in der Inanspruchnahme natürlicher Ressourcen beinhalten.* Diesem Postulat wird besonders durch ökonomische Anreizsysteme Rechnung getragen, da ihr Einsatz dazu führen kann, daß jede Form der Naturbeanspruchung erhöhte Kosten induziert. Als Konsequenz wird Naturnutzung zu einem gewichtigen Kostenfaktor ökonomischen Handels und dadurch zu einem bedeutsamen Ansatzpunkt für Kostensenkung. Ein Makro-Rahmen, der unter Zuhilfenahme eines solchen Anreizsystems implementiert wird, führt nicht nur zu einer effizienten Allokation von Naturgütern, sondern kann gleichermaßen bewirken, daß gezogene Grenzen der Naturnutzung nicht nur eingehalten, sondern sogar unterboten werden.

Somit läßt sich als ***Imperativ der Instrumentenwahl*** in der Umsetzung von ressourcenbezogenen Nachhaltigkeitszielen formulieren, daß ein geeigneter Instrumentenmix in Hinblick auf die realen spezifischen Umstände der Regulierung zu wählen ist, während gleichzeitig darauf zu achten ist, daß ökonomische Anreizsysteme soweit als möglich zum Einsatz kommen.

4.3 Mikroökonomische Implikationen für eine nachhaltige Nutzung nicht-erneuerbarer materiell nutzbarer Ressourcen

Der makroökonomische Rahmen für eine nachhaltige Ressourcennutzung, der aufgrund der übergeordneten Analyseebene als Ebene 1 hinsichtlich der Nutzung von nicht-erneuerbaren Materieressourcen bezeichnet wurde, enthält diverse Anleitungen bezüglich einer nachhaltigen Inanspruchnahme von nicht-erneuerbarer Materie. Die sieben Managementregeln für Nachhaltigkeit geben mit Begriffen wie Ressourcenschonung, Vermeidung der Emission von gefährlichen Stoffen, Schonung kritischer Naturflächen, Substitution, Erhöhung der Ressourcenproduktivität und Nutzung der thermodynamischen Potentiale der Mehrfachverwendung von Materie eine grobe Richtung vor.

Das Ziel dieses Kapitels besteht darin, die Implikationen einer nachhaltigen Nutzung von nicht-erneuerbarer Materie für die mikroökonomische Akteursebene aufzuzeigen, die Makro-Begriffe aus einer Mikrosicht zu präzisieren und – soweit erforderlich – ergänzende Mikroprinzipien für eine nachhaltige Ressourcennutzung zu formulieren. Aufbauend auf den theoretischen Grundlagen der Kapitel zwei und drei werden drei mikroökonomische Ebenen analysiert, denen im Hinblick auf ein nachhaltiges Wirtschaften mit nicht-erneuerbaren Ressourcen besondere Bedeutung zugesprochen wird. Als erstes wird aus thermodynamischer Sichtweise untersucht, welche Implikationen das Nachhaltigkeitskonzept in bezug auf die Lebenszyklusbetrachtung *einer* materiell-nutzbaren Ressource bereithält. Dieser Blickwinkel wird als Ebene 2 bezeichnet. Weiterhin wird betrachtet, welche Bedeutung der neoklassischen preisinduzierten Materialsubstitution in einem nachhaltigen Makro-Rahmen zukommt (Ebene 3). Schließlich wird aus einer evolutionären Theoriesicht diskutiert, welche Bedeutung Materialien in innovativen Prozessen besitzen und in welcher Beziehung innovative Prozesse zu einer nachhaltigen Materialnutzung stehen (Ebene 4).

4.3.1 Nachhaltigkeit im Lebenszyklus einer nicht-erneuerbaren Ressource (Ebene 2)

Der mikroökonomische Blick mit Bezug auf ein nachhaltiges Wirtschaften mit nicht-erneuerbarer Materie richtet sich auf der Ebene 2 auf *eine* Sorte von nicht-erneuerbaren Ressourcen. Dabei stehen zwei Fragen im Zentrum der Betrachtung. Als erstes gilt zu untersuchen, was die Realisierung der Nachhaltigkeitsziele und die Beachtung der in Kapitel 4.2 beschriebenen Naturgrenzen für die Nutzung *einer* nicht-erneuerbaren Ressource bedeutet. Als zweite Frage schließt sich an, ob die Bedingungen für die nachhaltige Nutzung einer nicht-erneuerbaren Ressource durch die eher makroökonomisch orientierten Managementregeln für Nachhaltigkeit hinreichend beschrieben sind, oder ob sie aus mikroökonomischer Sicht ergänzt werden müssen.

Zur Beantwortung dieser beiden Fragen werden die drei für ein Wirtschaften mit nicht-erneuerbaren Ressourcen wesentlichen Nachhaltigkeitsziele und die Bedingungen für ihre Umsetzung näher betrachtet. Als erstes ist das allgemeine Ziel der *Ressourcenschonung* zu nennen, das sich auf einen allgemein schonenden und bewahrenden Umgang mit allen Naturräumen, -ressourcen und -prozessen bezieht und in den Nachhaltigkeitsregeln zwei (Emissionsbelastung), vier (Vorsichtsprinzip), fünf (Transformation in der Ressourcennutzung) und sieben (Flächennutzung) implizit wiederzufinden ist. Als zweites Ziel ist eine hohe Ausnutzung der thermodynamischen Materiepotentiale zu nennen bzw. die Realisierung *thermodynamischer Materialeffizienz* in ökonomischen Prozessen, die angesichts des limitativen Charakters von Materie in der Nachhaltigkeitsregel drei postuliert wird. Das dritte Ziel findet sich ebenfalls in der dritten Managementregel unter dem Stichwort der *Ressourcenproduktivität*, die als Maßstab für das Ausmaß der Ressourcennutzung herangezogen wird. Wie bereits in Kapitel 4.2.2 ausgeführt wurde, können diese drei Nachhaltigkeitsziele in der Weise interpretiert werden, daß sie ein Postulat der Minimierung in der Naturinanspruchnahme repräsentieren.

Um genauer ergründen zu können, was ein hoher Grad der Ressourcenschonung, eine hohe thermodynamische Materialeffizienz und eine hohe Ressourcenproduktivität für die Nutzung *einer* nicht-erneuerbaren Ressource bedeutet und welche Bedingungen zur Erreichung dieser Ziele erfüllt sein müssen, wird nachfolgend das Lebenszyklusmodell der thermodynamischen Schule herangezogen. Wie bereits ausgeführt in Kapitel drei wird aus thermodynamischer Theorieperspektive insbesondere der entropische Charakter ökonomischer Prozesse betont, der unvermeidliche Naturbelastungen mit sich bringt. Hinsichtlich der Nutzung *einer* nicht-erneuerbaren Ressource und der damit verbundenen Naturbeanspruchungen werden alle Prozesse im Lebenszyklus einer Ressource betrachtet. Diese Sichtweise bettet den mikroökonomischen Blick auf *eine* Ressourcenart in den makroökonomischen Gesamtzusammenhang des übergeordneten stofflichen Wirtschaftskreislaufes ein und erlaubt daher eine ganzheitliche Betrachtung der Ressourcennutzung.

In Abbildung 4.9 sind die wesentlichen in Kapitel 3.3.3.2 beschriebenen Lebenszyklusstationen dargestellt, die eine nicht-erneuerbare Ressource im stofflichen Wirtschaftskreislauf durchlaufen kann. Die Abbildung ist mit einer Entropieachse versehen, die sich auf den jeweiligen materiellen Entropie- bzw. Ordnungszustand der betrachteten nicht-erneuerbaren Ressource nach Durchlaufen eines Lebenszyklusprozesses bezieht.

Abbildung 4.9:
Lebenszyklus-Stationen einer nicht-erneuerbaren Ressource im stofflichen Wirtschaftskreislauf

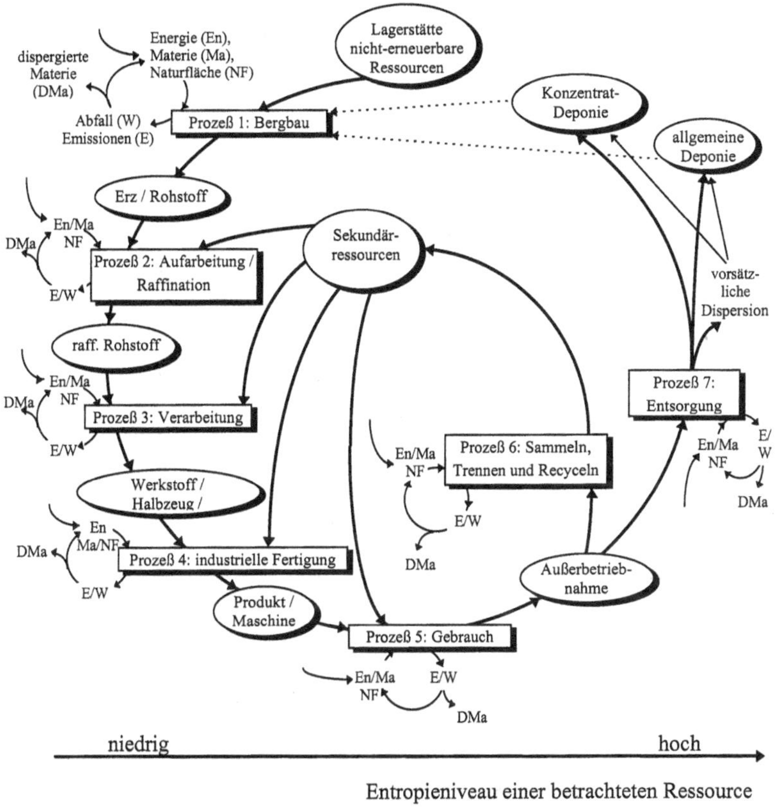

In der ursprünglichen Lagerstätte besitzt die nicht-erneuerbare Ressource ein noch nicht sehr niedriges Entropieniveau. Erst durch die ersten beiden Prozesse Bergbau und Aufarbeitung/Raffination wird ein raffinierter, hochkonzentrierter Rohstoff geschaffen, der den geringsten Entropiewert im gesamten Lebenszyklus der Ressource aufweist. In der weiteren Verarbeitung (Prozeß 3) wird die Ressource durch Beimischung oder Reaktion mit anderen Ressourcen zu einem hochwertigen Werkstoff transformiert, der dann zu Halbzeugprodukten und -komponenten verarbeitet wird. Der Konzentrationsgrad der betrachteten nicht-erneuerbaren Ressource ist im Zwischenprodukt niedriger, seine Entropie ist gestiegen. Einen weiteren Entropieanstieg erfährt die nicht-erneuerbare Ressource in der industriellen Endfertigung (Prozeß 4), wo sie durch weitere Kombinationen mit anderen Stoffen und Teilen zu einem Endprodukt umgeformt wird.

Der fünfte Prozeß ist die Gebrauchsphase, in der das Produkt eingesetzt wird, um bedürfnisbefriedigende bzw. wohlstandserhöhende Leistungen zu erbringen. Der Entropiezustand der nicht-erneuerbaren Ressource steigt in diesem Stadium bis zur Außerbetriebnahme des Produkts schon aufgrund der Distribution des Produktes an. Weitere Entropiezunahmen ergeben sich in Abhängigkeit davon, wie stark das Produkt materiell verschleißt und wie dispers der Charakter seiner Anwendung ist.

Danach können sich zwei Prozesse anschließen. Das außer Betrieb genommene Produkt oder Teile davon können in Prozeß 6 gesammelt, demontiert, nach Ressourcen- und Komponentenarten getrennt oder auf sonstige Art recycelt werden. Durch diesen Prozeß steigt die Konzentration der betrachteten nicht-erneuerbaren Ressource, so daß die resultierende Sekundärressource eine verringerte Entropie aufweist. Diese Sekundärressource kann schließlich erneut in den Prozessen 2 bis 5 eingesetzt werden, wodurch der Einsatz von Primärressourcen reduziert und die primären Ressourcenbestände geschont werden. Alternativ kann das außer Betrieb genommene Produkt in Prozeß 7 auf verschiedene Arten entsorgt werden. Wird es zusammen mit anderen Abfallprodukten mit ähnlicher Materialstruktur deponiert – was hier als Konzentratdeponie bezeichnet wird – so steigt seine Entropie nur geringfügig an. Wird es zusammen mit Abfallprodukten jeglicher Art deponiert, so steigt seine Entropie aufgrund der allgemeinen materiellen Durchmischung stärker an. Wird es vorsätzlich in der Natur dispergiert, so wird der höchstmögliche materielle Entropiezustand erreicht. Im Fall der Abfallverbrennung wird nur ein Teil des Materials dispergiert, während ein anderer Teil in Form von Asche und Schlacke in konzentrierter fester Form anfällt, der deponiert werden kann.

Durch das Fokussieren auf fünf Aspekte aus der Abbildung 4.9 lassen sich die Vielschichtigkeit und die Interdependenzen der Einflußfaktoren verdeutlichen, die mit Hinblick auf das Ausmaß der Ressourcenschonung, der thermodynamischen Materialeffizienz und der Ressourcenproduktivität in einem stofflichen Wirtschaftskreislauf bzw. einer Kreislaufwirtschaft von Bedeutung sind.

Der **erste analytische Fokus** bezieht sich auf das **allgemeine Ausmaß des entropischen Charakters der jeweiligen Einzelprozesse**. Jeder der hier gezeigten sieben Prozesse benötigt als Inputs aus der Natur niedrig-entropische Energie, Materie und Naturfläche, während er Emissionen und Abfall erzeugt, die teils dispergiert, teils recycelt werden. Dieser Tatbestand ist in Abbildung 4.9 durch die kleinen Kreisläufe an jedem der sieben Prozesse illustriert. Das Ausmaß der Ressourcenschonung ist um so höher je geringer der spezifische Input an Materie, Energie und Fläche, je geringer der spezifische Emissions- und Abfalloutput und je geringer der Anteil der vollständig dispergierten Materie (DMa) am Gesamtoutput ist. Weisen alle Einzelprozesse einen geringen Ressourcen- und Flächenverbrauch, eine geringe materielle Dispersion und eine ausgeprägte Kreislaufführung von Materie auf, dann sind die thermodynamischen Verluste gering, die Naturressourcen werden aufgrund des hochgradig geschlossenen stofflichen Wirtschaftskreislaufes geschont und die Umweltbelastung ist nicht sehr stark ausgeprägt.

Der **zweite Fokus** richtet sich auf **ressourcenspezifische thermodynamische Materialverluste im gesamten stofflichen Wirtschaftskreislauf** bzw. auf die Kreislaufführung und -fähigkeit des eingesetzten Materials. In dieser Hinsicht sind drei Aspekte von Relevanz. *Erstens* ist es bedeutsam, welcher Anteil der ursprünglich geförderten nicht-erneuerbaren Ressourcen letztlich in materieller Form eines Produkts den Prozeß 5 der Gebrauchsphase überhaupt erreicht. *Zweitens* hängt die ressourcenspezifische thermodynamische Materialeffizienz davon ab, welcher Ressourcenanteil nach der Gebrauchsphase erneut über den Prozeß 6 in den Kreislauf zurückgeführt wird. Diesbezüglich ist sowohl die Dispersionsintensität in der Endnutzung einer Ressource relevant als auch der Grad der Recyclingfreundlichkeit in der Konstruktion des Endprodukts. *Drittens* sind schließlich auch die technischen Grenzen bezüglich des Recyclings von nicht-erneuerbaren Ressourcen von Bedeutung, da manche Materialien – wie z. B. Metalle – potentiell unbegrenzt recycelt werden können, während andere Materialien – wie z. B. viele Kunststoffe – technische Ermüdungserscheinungen aufweisen, nur wenige Male in den Kreislauf zurückgeführt werden können oder nur als minderwertige Werkstoffe wiederverwertbar sind (Downcycling). Somit liegt eine hohe thermodynamische Effizienz in bezug auf eine Materieressource dann vor, wenn über einen langen Zeitraum nur wenig von der Substanz der Ressource in den Wirtschaftsprozessen verloren geht. Eine hohe ressourcenspezifische thermodynamische Materialeffizienz bedeutet, daß Primärressourcen geschont werden und dadurch die Belastung der Natur weniger stark ausfällt.

Der **dritte Fokus** betrifft die **Intensität der Ressourcenbeanspruchung und der Umweltbelastung durch verschiedene Arten stofflicher Kreisläufe**. Wenngleich die stoffliche Kreislaufführung von Materie eine grundlegende Voraussetzung für eine hohe thermodynamische Effizienz einer Ökonomie darstellt, so ist weiterhin noch zu beachten, daß verschiedene Stoffkreisläufe mit deutlich unterschiedlichen Belastungen der Natur einhergehen. Wesentlich ist in dieser Hinsicht, welche Entropiedifferenzen bei einem Material im Verlauf seiner Rückführung in den stofflichen Wirtschaftskreislauf auftreten.[168] Grundsätzlich gilt, daß die materiebezogenen thermodynamischen Potentiale eines Materialgemisches nach der Außerbetriebnahme eines Produkts um so besser ausgenutzt werden, je weniger das „Abfallprodukt" mit anderen Abfällen vermischt und seine Entropie damit erhöht wird, und je besser es gelingt, den Abfall als Sekundärressource einem möglichst *fortgeschrittenen* Produktionsprozeß im Wirtschaftskreislauf zuzuführen. Wird beispielsweise ein Produkt nach Außerbetriebnahme demontiert und fließt danach in Form von Sekundärkomponenten in eine industrielle Endfertigung ein (Prozeß 4), so können dadurch der thermodynamische Aufwand und die naturbelastenden Auswirkungen, die mit der Komponentenherstellung in den Prozessen 1 bis 3 einhergehen, eingespart werden. Das in den Wirtschaftskreislauf zurückgeführte Material wird mit Bezug auf seinen Entropiezustand nur geringfügig verändert (geringe Entropiedifferenz). Wird dasselbe Abfallprodukt hingegen dem Prozeß 2 zur Herstellung eines raffinierten Rohstoffes zugeführt, so werden „nur noch" die Belastungen aus dem Bergbau eingespart und Primärressourcen geschont. Die Entropie des Materials wird dann unter hohem Aufwand auf das niedrigste mögliche Niveau gesenkt (hohe Entropiedifferenz).[169] Noch ungünstiger ist die Schließung des stofflichen Kreislaufs von nicht-erneuerbaren Ressourcen über den Entsorgungsprozeß 7. Die Entsorgung auf einer Deponie wird hier als Kreislaufelement verstanden, da sie in der Zukunft als sekundäre Materiallagerstätte unter Verwendung neuer Technologien genutzt werden kann. Die gestrichelten Pfeile sollen andeuten, daß die Kreislaufschließung erst in der Zukunft stattfindet. In diesem Fall ist eine getrennte Deponierung von gleichartigem Abfall auf einer Konzentratdeponie aus thermodynamischer Sicht günstiger als eine allgemeine Abfalldeponierung, da der relativ niedrigere Entropiezustand der Materie weniger Aufwand an Naturressourcen für eine zukünftige Sekundärförderung erfordert. Abfallverbrennung, die hier unter

168 Vgl. Hornbogen 1995: S. 576-579.

169 Derartige Kreislaufprozesse über den Prozeß 6 sind allerdings nur sinnvoll, wenn die „thermodynamischen Einsparungen" zu Nettoentlastungseffekten führen, d. h., wenn die ökologischen Entlastungseffekte aufgrund des Überspringens von vorgelagerten Prozeßschritten größer sind als die ökologischen Belastungen, die sich durch den Trennungs- und Recyclingprozeß 6 ergeben. Relativ unabhängig von den thermodynamischen Zusammenhängen ist die Kreislaufführung von Materie *ökonomisch* sinnvoll, wenn die Grenzkosten der Bereitstellung von Sekundärressourcen geringer sind als die Grenzkosten der Bereitstellung entsprechender Primärressourcen.

den Begriff „vorsätzliche Dispersion“ fällt, kann aus thermodynamischer Sicht sinnvoll sein, da einerseits der chemische Energiegehalt der Materie zurückgewonnen werden kann (thermische Verwertung) und andererseits ein Materialkonzentrat in Asche und Schlacke zurückbleibt, das, sofern es auf Deponien gelagert wird, zukünftig nutzbar ist. Gleichzeitig wird jedoch durch den Verbrennungsprozeß ein beträchtlicher Materieanteil unwiderruflich dispergiert. Es bleibt festzuhalten, daß das Ausmaß der Ressourcenschonung und die gesamte thermodynamische Effizienz von stofflichen Wirtschaftskreisläufen um so höher sind, je geringer die materielle Entropiereduzierung im Zuge der Materialrückgewinnung ausfällt bzw. – mit Bezug auf Abbildung 4.9 – je kleiner der (thermodynamische) Radius von stofflichen Wirtschaftskreisläufen ist.

Der **vierte Fokus** bezieht sich auf die **Intensität der Ressourcennutzung und der Umweltbelastung pro zur Verfügung gestellter Dienstleistungseinheit** bzw. auf die **Produktivität der Natur- und der Ressourceninanspruchnahme**. Jedes Produkt und jede Maschine verkörpert das Potential, eine bestimmte Anzahl von Dienstleistungen zu erbringen. Daher ist es angemessen, einen natur- und ressourcenbezogenen Produktivitätsbegriff nicht auf die Outputeinheit eines Produktes zu beziehen, sondern auf eine Einheit der durch das Produkt zur Verfügung gestellten Dienstleistung.[170] Durch diese Definition wird nicht nur die gesamte thermodynamische Effizienz der angebotsseitigen Herstellung eines Produktes von der Wiege bis zur Bahre berücksichtigt, sondern in gleicher Weise die thermodynamische Effizienz in der nachfrageseitigen Produktnutzung durch die End„ge“braucher.

Die thermodynamische Effizienz auf der Angebotsseite ist abhängig von der materiellen Geschlossenheit und der Kreislaufführung der Einzelprozesse im Umgang mit allen natürlichen Inputs (Fokus 1 und 2) sowie von den Entropiedifferenzen der Materialrückgewinnung in den stofflichen Kreisläufen (Fokus 3). Weiterhin spielt diesbezüglich die Konstruktion eines Produkts eine bedeutsame Rolle, und zwar nicht nur hinsichtlich seiner Recyclierbarkeit, sondern auch in bezug auf seine Langlebigkeit, seine Reparaturfreundlichkeit und auf die Anzahl der in ihm inkorporierten Dienstleistungen. Ein Produkt mit hoher Lebensdauer bzw. hoher Anzahl von inkorporierten Dienstleistungen spart aus thermodynamischer Sicht im Vergleich zu einem identischen Produkt mit nur halb so vielen inkorporierten Dienstleistungen, gleichem Produktionsaufwand und gleicher Recyclierbarkeit sämtliche Ressourceneinsatzmengen und Naturbelastungen ein, die mit der einmaligen Herstellung des kurzlebigeren Produkts einhergehen.[171]

Die thermodynamische Effizienz auf der Nachfrageseite bezieht sich auf die tatsächliche Inanspruchnahme und auf die Auslastung von Produktdienstleistungen. Während die Auslastung von Maschinenkapazitäten im betriebswirtschaftlichen Denken der Anbieter große Bedeutung besitzt, weil jede Nichtnutzung von Kapazitäten (Opportunitäts-)Kosten verursacht, wird das Kapazitätsauslastungsargument auf der Nachfrageseite nur selten beachtet. In thermodynamischer Hinsicht besitzt jedoch das Verhalten der Produktnutzer hinsichtlich der Kapazitätsausnutzung und auch in bezug auf die Langzeitnutzung von Produkten die gleiche Be-

170 Vgl. Kapitel 3.2.4.1 sowie Daly 1977a, 1979 und Schmidt-Bleek 1994: S. 103-120.

171 Die angebotsseitige thermodynamische Effizienz bzw. die Ressourcen- und Naturbelastungsintensität von Produktdienstleistungen werden unter Berücksichtigung der hier dargestellten Einflußfaktoren sowohl in der Ökobilanz als auch in der Materialintensitätsanalyse für Produkte (MIPS-Analyse) ermittelt. Der Unterschied dieser beiden Analyseinstrumente liegt darin, daß die Ökobilanz nur die direkten Ressourceninputs und Emissionen/Abfälle im Produktlebenszyklus einbezieht, während die MIPS-Analyse nur Inputs betrachtet, aber zusätzlich auch alle indirekten Inputs einrechnet, die nicht in das Produkt eingehen. Vgl. Kapitel 3.3.3.3 und UBA 1992 zur Ökobilanz sowie Kapitel 3.3.3.4 und Schmidt-Bleek (Hg.) 1996 zur MIPS-Analyse.

deutung wie die thermodynamische Effizienz in der Produktion. Thermodynamisch gesehen sind Unterauslastungen von Produktdienstleistungen – z. B. nur halbvoll besetzte PKW oder Straßenbahnen –, vorzeitige Entsorgungen noch dienstleistungsfähiger Produkte oder gar Nichtnutzung von Produkten auf der Nachfrageseite gleichbedeutend mit thermodynamisch ineffektiven Produktionsmethoden.

Eine hohe Produktivität hinsichtlich der Natur- und Ressourceninanspruchnahme von Produktdienstleistungen kann daher nur gewährleistet werden, wenn sowohl Angebots- als auch Nachfrageseite ein thermodynamisch effizientes Verhalten an den Tag legen.

Auch der **fünfte Fokus** richtet sich schließlich auf das Verhalten der Nachfrageseite und damit auf den Prozeß 5 der Abbildung 4.9. Diesmal geht es jedoch nicht um die ressourceneffiziente Nutzung eines Produkts, sondern vielmehr um die Auswahl von Produkten und um das Ausmaß der Naturbelastungs- und Ressourcenintensität, das verschiedenen Produkten, die ein gleiches Bedürfnisfeld bedienen, inhärent ist. Ressourcenschonung bedeutet diesbezüglich auch oder sogar insbesondere, daß die Nachfrageseite Bereitschaft zeigt, ressourcenverschwenderische Konsumformen einzuschränken und durch Nichtkonsum oder durch eine Auswahl weniger natur- und ressourcenbelastende Produkte und Dienstleistungen die Entstehung bestimmter Naturbelastungen zu vermeiden.[172]

Ohne Frage weisen die fünf hier diskutierten Fokusse Überlappungen auf. Deutlich wird jedoch, daß eine nachhaltige Nutzung von nicht-erneuerbaren Materieressourcen weitgehende Implikationen mit sich bringt und Ziele wie Ressourcenschonung und hohe Ressourcenproduktivität mehr bedeuten als nur eine Realisierung von hohen Recyclingraten und möglichst geringe Naturbelastungen durch die Produktion. Werden die Lebenszyklusstationen aus Abbildung 4.9 stärker aggregiert in die drei Prozesse Produktion (Prozesse 1-4), Materierückführung und -entsorgung (Prozesse 6-7) sowie Konsum (Prozeß 5), so lassen sich die oben diskutierten Implikationen in Form von ***drei mikroökonomischen Prinzipien für eine nachhaltige Materialnutzung*** darstellen, wobei jeweils ein Prinzip für Produktion, Materialrückführung und Konsum gilt:

1. ***Prinzip der thermodynamischen Effizienz in der Produktion.*** Dieses Prinzip beinhaltet als Zielsetzungen möglichst geringe Energie- und Materialverluste im Wirtschaftskreislauf, möglichst geringe Inanspruchnahme von Naturressourcen- und Naturräumen und möglichst geringe Dispersion von Materie in allen Lebenszyklusstadien bis zur Endfertigung eines Endprodukts.
2. ***Prinzip der niedrigen Entropiedifferenzen in Materialkreisläufen.*** Dieses Prinzip betont die Bedeutung von stofflichen Kreisläufen mit geringen thermodynamischen Veränderungen des Materialzustandes hinsichtlich der materiellen Mehrfachverwendung, wobei die Rückführung von Material in möglichst weit fortgeschrittene Produktionsstadien erfolgt.
3. ***Prinzip des nachhaltigen Konsums.*** Dieses Prinzip zielt auf die thermodynamisch effiziente Nutzung von Produkten und die Verfolgung eines natur- und ressourcenschonenden Lebensstils ab.

Eine Politik, die eine ressourcensparende und naturschonende Materialnutzung zum Ziel hat, darf keine der fünf diskutierten Fokusse bzw. keine der drei Mikroprinzipien außer acht lassen, da damit Potentiale der Ressourcenschonung und einer erhöhten Produktivität in der Material-, Ressourcen- und Naturraumnutzung unausgeschöpft bleiben. Die ausschließliche

[172] Vgl. zur Diskussion um nachhaltigen Konsum: Scherhorn 1994a und 1994b, Steffens 1994 und BUND/ MISEREOR (Hg.) 1996: S. 206-224.

Beachtung des ersten Prinzips mag z. B. dazu führen, daß alle Unternehmen Umweltmanagement betreiben, hohe Recyclingraten, geringe Materialverluste und niedrige Raum- und Emissionswerte aufweisen, doch daß die Produkte kurzlebig sind, von den Konsumenten nur ungenügend benutzt werden und komplexe Materialstrukturen im Wirtschaftskreislauf unter hohem Aufwand von Energie, Material und Naturraum auf die niedrigste mögliche Entropiestufe zurückgeführt werden.

Nach dieser Diskussion der Nachhaltigkeitsimplikationen für den Lebenszyklus einer nichterneuerbaren Ressource schließt sich unmittelbar die Frage an, inwieweit sich die drei Mikroprinzipien für eine nachhaltige Materialnutzung, die hier aus den Managementregeln für Nachhaltigkeit abgeleitet wurden, im Verlauf eines Transformationsprozesses in Richtung auf eine auf erneuerbaren Ressourcen basierende Wirtschaftsweise automatisch als Handlungsrichtlinien für mikroökonomische Akteure durchsetzen, nachdem als Makrorahmen ein Maßnahmenpaket zur Sicherstellung der Einhaltung der absoluten Naturgrenzen unter Anwendung ökonomischer Anreizinstrumente implementiert wurde. Von der Beantwortung dieser Frage hängt es ab, ob es notwendig ist, die Mikroprinzipien als Ergänzung zu den Managementregeln für Nachhaltigkeit hinzuzufügen oder nicht. Diese Problemstellung ist Gegenstand des nachfolgenden Kapitels.

4.3.2 Die Grenzen des allokationstheoretischen Substitutionskonzepts hinsichtlich der Realisierung der Mikroprinzipien der Ebene 2

Unter der Annahme, daß angemessene, gesellschaftlich akzeptierte intertemporale Makrogrenzen in bezug auf kombinierten Ressourcennutzungspfad, Senkeninanspruchnahme und Flächennutzung vereinbart und in der Volkswirtschaft mit Hilfe von ökonomischen Instrumenten umgesetzt werden, ließe sich argumentieren, daß sich aufgrund der Verteuerung von naturbelastenden und ressourcenintensiven Aktivitäten mikroökonomische Anpassungsreaktionen einstellen, die ganz im Sinne der obigen drei Mikroprinzipien auf eine weitgehende Ressourcenschonung und Reduzierung der Naturinanspruchnahme ausgerichtet sind. Dieses Argument, das auch im Rahmen der aktuellen Diskussion um eine ökologische Steuerreform des öfteren von den Befürwortern von Ökosteuern angeführt wird[173], basiert im wesentlichen auf den Axiomen der Allokationstheorie und bezieht sich insbesondere auf das neoklassische Konzept der Substitution, dessen Tragweite an dieser Stelle etwas näher untersucht werden soll.

Die Substitution von Gütern und Produktionsfaktoren, die sich als Anpassungsreaktion auf die Änderung von relativen Preisen vollzieht, ist ein grundlegender Marktmechanismus, mit Hilfe dessen relative Knappheiten überwunden werden können. Das Substitutionskonzept ist innerhalb der neoklassischen Theorie sowohl in der mikroökonomischen Theorie des Haushalts als auch in der Produktionstheorie von grundlegender Bedeutung.

In der Haushaltstheorie wird das Konsumentenverhalten derart modelliert, daß alle Güter im Präferenzsystem eines Individuums in einem mehr oder weniger starken Substitutionsverhältnis zueinander stehen und der Konsument seine Nachfrage in Abhängigkeit von seinen Präferenzen, seiner Budgetrestriktion und den relativen Preisen bildet. Steigt der Preis eines Gutes relativ zu einem seiner Substitutsgüter, so reagiert der Konsument und fragt das verbilligte Gut mehr bzw. das verteuerte Gut weniger nach (*Gütersubstitution*).[174]

In der Produktionstheorie steht die *Faktorsubstitution* im Mittelpunkt. Das Nachfragever-

173 Vgl. z. B. Görres/Weizsäcker 1995: S. 22-25 und DIW 1994: S. 9-12.

174 Vgl. zur Theorie des Haushalts: Demmler 1995: S. 9-104 und Pindyck/Rubinfeld 1992: S. 58-117.

halten von Produzenten auf Faktormärkten wird nach dieser Theorie bestimmt durch die vorherrschende Technologie und deren Variationsmöglichkeiten hinsichtlich des Produktionsfaktoreinsatzes und durch den wettbewerbsbedingten Zwang zur Minimierung der Produktionskosten. Steigt der Preis eines Produktionsfaktors, so reagiert ein Produzent darauf und wählt eine Technologievariante der Produktion mit möglichst geringer Einsatzmenge des im Preis angestiegenen Faktors. Das Ausmaß der sich vollziehenden Substitution ist dabei abhängig davon, wie gut die Faktoren einander ersetzen können – ein Umstand, der anhand der Maßzahl der Substitutionselastizität gemessen wird.[175]

In beiden Fällen ist die Substitution ein Vorgang, der hauptsächlich durch Veränderung der relativen Preise induziert wird, und der außerdem jederzeit umkehrbar ist – entsprechende Preisänderungen vorausgesetzt. Aufgrund sehr optimistischer Annahmen hinsichtlich des Ausmaßes der verschiedenen Substitutionselastizitäten sind absolute Knappheiten im neoklassischen Theoriekontext nicht existent. Auch die makroökonomische Behauptung der neoklassischen Wachstumstheorie, daß einem physischen ökonomischen Wachstum keine Grenzen gesetzt sind, fußt letztlich auf Annahmen, die eine unbegrenzte Substituierbarkeit unter den Produktionsfaktoren unterstellt.

An dieser Stelle soll das neoklassische Substitutionskonzept und die ihm zugrundeliegenden Axiome keiner weiteren Kritik unterzogen werden – eine solche wurde bereits in Kapitel 3.3.1 formuliert. Im Gegenteil soll hier untersucht werden, welche Bedeutung dem neoklassischen Konzept einer preisinduzierten Substitution als Allokationsmechanismus zukommt, wenn realitätsgerechtere Annahmen zugrundegelegt werden.

Aus der theoretischen Perspektive der ökologischen Ökonomie sind sechs Grundannahmen für das Konzept der Substitution unerläßlich. *Erstens* ist davon auszugehen, daß mit den Lebenserhaltungsfunktionen der Natur absolute ökonomische Begrenzungen vorherrschen, die nicht durch Substitution beseitigbar sind. *Zweitens* wird unterstellt, daß Strom- und Fundproduktionsfaktoren einen generell eher komplementären Charakter aufweisen und daher nur sehr begrenzt gegeneinander substituierbar sind, während die Substitutionselastizität zwischen den Stromfaktoren und auch zwischen den Fundfaktoren vergleichsweise hoch ist. *Drittens* wird angenommen, daß eine Heterogenität innerhalb jeder Produktionsfaktorgruppe existiert, d. h., daß z. B. qualitative Unterschiede zwischen dem Ausbildungsstand von Arbeitskräften, der Produktivität von Kapitalgütern, der Fruchtbarkeit von Böden und der Reinheit von natürlichen Ressourcen existieren. *Viertens* wird unterstellt, daß jede Technologie an einen bestimmten Produktionsprozeß gebunden ist und daher eine vorgegebene Kombination von heterogenen Produktionsfaktoren erfordert, wobei nur geringe Spielräume der Faktorverlagerung bestehen. Folglich ist jede Faktorsubstitution, die zu einer deutlichen Verschiebung der Produktionsfaktorgewichtung führt, als Substitution von zwei verschiedenen Gruppen von Faktorkombinationen zu verstehen bzw. als *Substitution von Prozessen* und nicht als Substitution eines Faktors gegen einen anderen.[176] *Fünftens* ist die Tatsache anzuerkennen, daß jede Form von Güter- und Faktorsubstitution zu einer Veränderung der Umweltinanspruchnahme führt, da letztlich unterschiedliche entropische Prozesse gegeneinander ausgetauscht werden. *Sech-*

---

175 Vgl. zur Produktionstheorie: Demmler 1995: S. 241-263 und Pindyck/Rubinfeld 1992: S. 166-195.

176 Dieses Argument geht auf die Produktionstheorie von GEORGESCU-ROEGEN und seine Kritik an der neoklassischen Produktionsfunktion zurück. In seinen Worten: „*A more capital intensive process normally requires a different type of capital. Therefore, if we consider a given process, there may be no process corresponding to the substitution of more of K_i for a decrease in H_j. Substitution means rather that K_c and L_d are used instead of K_a and L_c. And if this is the case, substitution cannot be represented in terms of two coordinates – one representing „capital“, the other „labor“ – as is done in the familiar map of isoquants.*“ Georgescu-Roegen 1971: S. 243/244.

stens ist schließlich festzustellen, daß die Wirkung preisinduzierter Substitution durch Pfadabhängigkeiten beträchtlich eingeschränkt werden kann.

Unter diesen Voraussetzungen führt die Implementation von nachhaltigen Makrogrenzen hinsichtlich der Naturnutzung dazu, daß aufgrund der absoluten Verknappung die relativen Preise von natürlichen Inputressourcen, Emissionen, Boden und Abfall ansteigen. Diese Verschiebung des relativen Preisgefüges einer Ökonomie setzt einen deutlichen ökonomischen Preisanreiz zur Substitution von Gütern, Produktionsfaktoren und Produktionsprozessen zur Verringerung der Naturinanspruchnahme, zur Reduzierung von Stoffströmen und zur Schließung von stofflichen Wirtschaftskreisläufen. Ganz im Sinne der drei Mikroprinzipien aus dem vorigen Kapitel führt eine knappheitsbezogene Bepreisung von Naturdienstleistungen zu energie-, raum- und materialsparenden Veränderungen in den Konsum- und Produktionsprozessen, wodurch die allgemeine thermodynamische Effizienz des Wirtschaftskreislaufes begünstigt wird.

Gehemmt wird dieser Substitutionsmechanismus jedoch durch diverse *Pfadabhängigkeiten*, die insbesondere schnelle und weitgehende Anpassungsreaktionen an preisliche Anreize behindern oder im Extremfall vollends blockieren. Eingespielte Prozesse und zur Routine gewordene Vorgehens- und Verhaltensweisen sind nicht ohne weiteres und besonders nicht in einer kurzen Zeitfrist durch monetäre Anreize veränderbar. Die Existenz von Pfadabhängigkeiten ist in bezug auf alle drei Mikroprinzipien der Ebene 2 relevant.[177]

Hinsichtlich des ersten Prinzips einer thermodynamischen Effizienz in der Produktion und mit Bezug auf das zweite Prinzip der niedrigen Entropiedifferenzen in Materialkreisläufen kann ein Beispiel angeführt werden, das beide betrifft. Es handelt sich um die technologische Pfadabhängigkeit in der Wahl von Umwelttechnologien. Im Technologiebereich herrscht derzeit in Industrieländern ein technologisches Paradigma vor, das sich auf additive bzw. End-of-Pipe-Technologien stützt. Das ausgeprägte Wissen über derartige Technologien, ihre Anwendung und ihre optimalen Einsatzbedingungen bildet ein Hemmnis für die Durchsetzung des neuen Paradigmas integrierter Umwelttechnologien, das ein größeres Maß an Ressourcenschonung verspricht. Hinsichtlich der Abbildung 4.9 bedeutet eine End-of-Pipe-Technologie, daß die dispergierte Materie der Einzelprozesse reduziert wird, indem zusätzliche Ressourcen für eine additive Technik eingesetzt werden. Der Preis der geringeren Dispersion von ausgewählten Schadstoffen ist ein erhöhter Ressourceneinsatz, ein erhöhtes zu entsorgendes Abfallaufkommen an konzentriertem Giftmüll und dadurch eine stoffliche Kreislaufführung in großen Kreisläufen mit Schwerpunkt auf dem Entsorgungsprozeß sieben. Der Schwerpunkt integrierter Technik liegt hingegen auf Emissions- und Abfallminderung durch Einsparung von Ressourcen mittels systeminterner oder organisatorischer Änderungen, wodurch dem Entsorgungsprozeß weniger Bedeutung zukommt und kleinere Stoffkreisläufe realisierbar sind.

In einer Ökonomie ohne Pfadabhängigkeiten würden sich nach einer Verteuerung von Naturressourcen und -dienstleistungen aufgrund mikroökonomischer Anpassungsmaßnahmen durch Substitution integrierte Technologien recht schnell durchsetzen, da nur mit ihrer Hilfe eine deutliche Verringerung in der allgemeinen Naturinanspruchnahme erreichbar ist. Blokkiert wird eine entsprechende preisbedingte Reallokation durch die Routine im technologischen Umgang mit Umweltproblemen, durch die langjährige Erfahrung der Techniker und Ingenieure mit End-of-Pipe-Technologien, durch die Investitionssummen, die bereits in diese Technologien eingeflossen sind und durch die technologischen und finanziellen Ungewißheiten, die ein neues Technologieparadigma mit sich bringt. Neben diesen Einflußfaktoren auf der Seite der Produzenten sind zusätzlich institutionelle und politische Faktoren auf der Seite des

177 Vgl. zum Konzept der Pfadabhängigkeit Kapitel 3.2.2.2.

Staates anzuführen, die die Pfadabhängigkeit des End-of-Pipe-Paradigmas noch zementieren. So werden beispielsweise Emissionsstandards an den Emissionsdaten der besten End-of-Pipe-Technologien festgelegt und in der Forschungspolitik und der Forschungsförderung werden additive Verfahren bevorzugt erforscht bzw. gefördert.[178] In Fällen mit derart „eingetretenen Pfaden" können sich manche thermodynamisch effizientere Technologien und Prozesse selbst dann nicht durchsetzen, wenn sie aufgrund erhöhter Ressourcenpreise auch ökonomisch effizienter sind.

Mit Bezug auf das dritte Prinzip des nachhaltigen Konsums wäre aus allokationstheoretischer Sicht auf den Mechanismus der Gütersubstitution zu verweisen, der bewirkt, daß bei einer relativen Preisverschiebung zu Lasten von umweltintensiven Gütern und Dienstleistungen ein Konsumtrend zugunsten umweltschonender Güter und Dienstleistungen eintritt. Diesbezüglich ist allerdings anzuführen, daß Konsumverhalten nicht selten durch diverse Pfadabhängigkeiten charakterisiert ist. Viele umweltbelastende Konsumformen sind zur Gewohnheit geworden, angefangen bei der allgemeinen Wegwerfmentalität bis hin zur Autofahrt zum Bäkker „um die Ecke", dem Frustkauf und den Kurzflugreisen in die Karibik. Die Nachfrage ist in manchen Fällen sehr unelastisch, so wie es auch bei Drogenkonsumenten beobachtet wird. Eine Preisverschiebung muß dann schon sehr akzentuiert ausfallen, um Verhaltensänderungen zu bewirken. Neben spezifisch individuellen Konsumgewohnheiten sind desweiteren soziale und gesellschaftliche Faktoren zu nennen, die umweltbelastende Konsumformen begünstigen. So wird beispielsweise eine verbesserte Kapazitätsausnutzung von Konsumgütern, die durch einen Trend weg vom Produktbesitz und hin zur Produktdienstleistung befördert werden könnte, blockiert durch gesellschaftlich vorherrschende Wertevorstellungen, die den gesellschaftlichen Status einer Person von seinem materiellen Konsumniveau abhängig machen.[179] Solange derartige individuelle und soziale Einflußfaktoren umweltbelastende Pfadabhängigkeiten im Konsumverhalten untermauern, werden weitreichende Anpassungsmaßnahmen durch Gütersubstitution blockiert oder hinausgezögert.

Somit ist angesichts der Existenz von verschiedenen Formen von Pfadabhängigkeiten auf den Angebots- und Nachfrageseiten der Märkte zu schlußfolgern, daß die marktmäßigen Anpassungsmechanismen qua Substitution von Gütern und Produktionsfaktoren nicht ohne Störungen funktionieren. Für die Umsetzung von Maßnahmen zur Einhaltung der absoluten Naturgrenzen und zur Schaffung eines Makrorahmens für ein nachhaltiges Wirtschaften im Verlauf eines Transformationsprozesses in der Ressourcennutzung bedeutet das besonders für die Anfangsphase, daß nicht unbedingt gewährleistet ist, daß die drei Mikroprinzipien für ein nachhaltiges Wirtschaften mit nicht-erneuerbarem Material automatisch zu handlungsleitenden Grundsätzen für die mikroökonomischen Akteure avancieren. Selbst wenn die Einhaltung der Makrogrenzen strikt überprüft oder durch Lizenzsysteme gewährleistet ist, mögen weitergehende Naturentlastungen, wie sie durch Beachtung der drei Mikroprinzipien eintreten könnten, aufgrund der Wirkung von Pfadabhängigkeiten blockiert werden.

Aus diesem Tatbestand ergibt sich eine rationale Begründung dafür, neben den marktmäßigen Anreizen für eine weitgehende Ressourcenschonung weitere monetäre und nicht-monetäre Maßnahmen zu ergreifen, um den Aufbau geeigneter institutioneller Strukturen für ein nachhaltiges Wirtschaften mit nicht-erneuerbarem Material im Sinne der obigen Mikroregeln zu begünstigen und damit die Überwindung von umweltbelastenden Pfadabhängigkeiten einzuleiten. Diesbezüglich wäre z. B. an folgende Maßnahmen und Instrumente zu denken:

---

178 Vgl. Warhurst 1994: S. 54, Lemke 1995: S. 17, Meyer 1995: S. 22, Robinet/Zundel 1995: S. 25 und Burchardt 1995: S. 50-51.

179 Vgl. zur Psychologie des Konsumierens in Industriegesellschaften: Schmidbauer 1992: S. 26-130.

- Informations- und Aufklärungsaktivitäten über umweltbelastende und umweltschonende Verhaltensweisen zur Beförderung gesellschaftlicher Diskussionsprozesse über ressourcenschonende und nachhaltige Lebensstile;
- Kennzeichnung von Produkten und Dienstleistungen mit aussagekräftigen Indikatoren zur Umweltbelastung (Ökobilanzen, MIPS-Werte);
- Erhöhte Produkthaftung und Rücknahmeverpflichtung für dauerhafte Konsumgüter;
- Verlängerung von Mindestgarantiezeiten für dauerhafte Konsumgüter;
- Förderung von institutionellen Strukturen und Netzwerken zur Realisierung von Wirtschaftskreisläufen mit geringeren materiebezogenen Entropiedifferenzen (Unterstützung von Sekundärmarktstrukturen, Forschungsförderung für modulorientierte Produktkonstruktionen etc.);
- Institutionelle Anreize zur Begünstigung von gesellschaftlichen Strukturen, Verhaltensweisen und Initiativen zur besseren Auslastung von Produkten;
- Sonstige allgemeine Begünstigungen und Anreize für nachhaltiges Produktions- und Konsumverhalten (Zeitgewinn, Komfort, monetäre Vergünstigungen).

Diese Ausführungen verdeutlichen, daß eine Implementation von quantitativen Makrogrenzen hinsichtlich der Naturinanspruchnahme aufgrund von Störungen der allokativen Substitutionsmechanismen durch Pfadabhängigkeiten nicht notwendigerweise dazu führt, daß die drei Mikroprinzipien für ein nachhaltiges Wirtschaften mit nicht-erneuerbaren Materieressourcen zu handlungsleitenden Regeln werden. Da die Mikroprinzipien außerdem lediglich mittelbar durch Anwendung der Lebenszyklusbetrachtung aus den Managementregeln für Nachhaltigkeit ableitbar sind, sind die Managementregeln inhaltlich entsprechend zu erweitern.

Da sich das **zweite Mikroprinzip** auf die Nutzung nicht-erneuerbarer Materie bezieht, kann es in folgender Weise in die **dritte Managementregel für Quasi-Nachhaltigkeit** eingefügt werden:

- ♦ *Nicht-erneuerbare Materie ist in stofflichen Kreisläufen zu führen und seine Dispersion ist soweit als möglich zu vermeiden. Zur Erreichung einer hohen thermodynamischen Effizienz in der Kreislaufwirtschaft sind insbesondere Materialkreisläufe anzustreben, in denen materielle Entropieveränderungen im Rahmen der Mehrfachverwendung von Materialien möglichst gering sind. In diesem Sinne gilt das Prinzip der niedrigen Entropiedifferenzen in Materialkreisläufen.*

Das **erste und das dritte Mikroprinzip** betreffen allgemeine Belange der kombinierten Ressourcennutzung, und sie werden daher in folgender Form in die **fünfte Managementregel für Nachhaltigkeit** eingefügt:

- ♦ *Die ökonomischen Produktionsprozesse einer Volkswirtschaft sind in einer Weise zu organisieren und zu koordinieren, daß möglichst geringe Energie- und Materialverluste, eine möglichst geringe Inanspruchnahme von Naturressourcen- und Naturräumen und eine möglichst geringe Dispersion von Materie zur Erreichung eines Produktionsziels auftreten. In diesem Sinne gilt das Prinzip der thermodynamischen Effizienz in der Produktion.*

- *Auch die Nachfrageseite ist in den Transformationsprozeß einzubeziehen. Diesbezüglich sind thermodynamisch effiziente Formen der Inanspruchnahme von Produkten und Dienstleistungen anzustreben sowie ein allgemeiner ressourcenschonender Lebensstil. In diesem Sinne gilt das Prinzip des nachhaltigen Konsums.*

Schließlich ist es für den Transformationsprozeß in der kombinierten Ressourcennutzung von Belang, daß Pfadabhängigkeiten zu überwinden sind. Daher wird die **fünfte Managementregel für Nachhaltigkeit** um den folgenden Absatz ergänzt:

- *Besonders in der Anfangsphase der Transformation ist zu beachten, daß Pfadabhängigkeiten existieren können, die blockierend auf den Gesamtprozeß wirken. Daher sind die institutionellen, politischen, sozialen und ökonomischen Strukturen auf Pfadabhängigkeiten zu überprüfen, um frühzeitig Maßnahmen zu ergreifen, den strukturellen und institutionellen Wandel für den Transformationsprozeß einzuleiten oder zu begünstigen.*

Es bleibt zusammenfassend zu konstatieren, daß diese weiteren Ergänzungen der Managementregeln aufgrund der nur begrenzten Funktionsfähigkeit der allokativen Substitutionsmechanismen notwendig sind.

4.3.3 Nachhaltigkeit und preisinduzierte Materialsubstitution (Ebene 3)

Auf der dritten Ebene der Analyse der Einflußfaktoren und Determinanten eines nachhaltigen Wirtschaftens mit nicht-erneuerbaren Materieressourcen wird die Option der preisinduzierten Materialsubstitution einer genaueren Untersuchung unterzogen. Dieses Konzept stammt aus der neoklassischen Ressourcenökonomik, in der darauf verwiesen wird, daß die relative Knappheit einzelner Ressourcen im Zeitverlauf zu höheren Ressourcenpreisen führt, wodurch ein Substitutionsprozeß eingeleitet wird, in dem eine Backstop-Technologie ab einem bestimmten Prohibitivpreisniveau die verknappende Ressource ersetzt (vgl. Kapitel 2). Dieses neoklassische Konzept fand Eingang in die Nachhaltigkeitsdebatte, in der die Substitution als ein wesentlicher Mechanismus für einen dauerhaften Erhalt des ökonomischen Potentials von nicht-erneuerbaren Ressourcen betrachtet wird. In der dritten Managementregel für Quasi-Nachhaltigkeit wird postuliert, daß das Ausmaß der Nutzung von nicht-erneuerbaren Ressourcen nicht höher sein darf als die Rate der Substitution durch erneuerbare Ressourcen bzw. die Rate der Substitution durch noch reichlich vorhandene nicht-erneuerbare Ressourcen bzw. die Rate der Erhöhung der Ressourcenproduktivität.[180] Auch der Aspekt der Erhöhung der Ressourcenproduktivität durch technischen Fortschritt wird hier unter dem Begriff der Materialsubstitution behandelt, da es sich im Grunde um einen Substitutionsvorgang zwischen zwei Technologieprozessen handelt, wobei weniger Material zum Einsatz kommt.

In den nachfolgenden Ausführungen soll das Phänomen der Substitution von nicht-erneuerbarem Material genauer untersucht werden. Dabei wird u. a. analysiert, was der Begriff Substitution für materielle Ressourcenanwendungen überhaupt bedeutet, in welcher Form und nach welcher Logik sich die Substitution von Material in der Praxis vollzieht und welche Bedeutung dabei einer Verschiebung des relativen Preisgefüges zukommt, das sich nach einer Implementation von Maßnahmen zur Einhaltung der absoluten Naturrestriktionen einstellen würde. In Anknüpfung an die sich ergebenden Erkenntnisse werden – soweit notwendig – die Managementregeln für Nachhaltigkeit konkretisiert.

180 Vgl. Kapitel 3.3.2.

Die dritte Managementregel bezieht sich auf alle nicht-erneuerbaren Ressourcen. Doch eine Betrachtung der Formulierung der dritten Regel und der relevanten Literatur zur Substitution von verknappenden nicht-erneuerbaren Ressourcen deutet darauf hin, daß sie eigentlich im Hinblick auf Energieressourcen abgefaßt wurde. So wird beispielsweise in der einschlägigen neoklassischen Literatur zur Ressourcenökonomik hinsichtlich der Materialsubstitution zumeist auf die Energieproblematik verwiesen. Selbst der in der Ressourcenökonomik verbreitete Begriff der Backstop-Technologie, der für das Substitut einer erschöpfenden nicht-erneuerbaren Ressource steht, wurde von NORDHAUS mit Bezug auf verknappende Energieressourcen geprägt.[181] Auch ökologische Ökonomen haben einen verstärkten Fokus auf die Energieressourcen gerichtet, wobei bevorzugt Substitutionsbeispiele zur Transformation in eine auf erneuerbaren Energieträgern basierende Ökonomie gewählt werden. Diesbezüglich wird auch häufig auf die Investitionsregel von EL SERAFY verwiesen. Jener Autor rechnete vor, daß der Ertrag aus dem Verkauf von nicht-erneuerbaren Energieressourcen über die Erschöpfung der Ressourcen hinaus aufrechterhalten werden kann, wenn ein bestimmter Ertragsanteil in die Entwicklung von erneuerbaren Energietechnologien investiert wird.[182] Lediglich die von NUTZINGER und RADKE (1995b) zur dritten Managementregel hinzugefügte Regel, die die Substitution von nicht-erneuerbaren Ressourcen durch reichlicher vorhandene nicht-erneuerbare Ressourcen zur Erzielung eines Zeitgewinns im Transformationsprozeß vorsieht, mag einen größeren Bezug zur materiellen Ressourcennutzung aufweisen.

Ein Grund für die besondere Beachtung der nicht-erneuerbaren *Energie*ressourcen liegt in aktuellen Ereignissen und Politikdebatten. In den siebziger und Anfang der achtziger Jahre standen die Erdölkrisen und die Debatte über weitere bevorstehende Energieknappheiten im Zentrum der Diskussion, und Ressourcenökonomen nahmen mit Vorliebe Bezug auf diesen gesellschaftlichen Diskurs. Seit Mitte der achtziger Jahre ist es die öffentliche Diskussion über den Treibhauseffekt und seine Verursachung durch die Verbrennung fossiler Brennstoffe, die die Aufmerksamkeit auf die Energiefrage lenkt.

Ein weiterer Grund für den übermäßigen Verweis auf Energieressourcen mag darin bestehen, daß die Energieleistung von energetisch nutzbaren Ressourcen mit *einer* Maßzahl (Joule) erfaßt werden kann. Diese Eindimensionalität erleichtert die Veranschaulichung eines Substitutionsprozesses, da eine eindeutige Bezugsgröße existiert.

Bei der materiellen Nutzung von Ressourcen sieht es hingegen vollständig anders aus. Wie bereits in Kapitel 4.2.1.1 erwähnt wurde, kann die „Materialleistung" einer Ressource nicht mit *einer* Maßzahl ausgedrückt werden. Vielmehr zeichnet sich jedes Material durch eine Vielzahl von mechanischen, elektrischen, magnetischen und chemisch-physikalischen Eigenschaften aus, und in bezug auf eine materielle Anwendung ist es erforderlich, das gesamte multidimensionale Eigenschaftsprofil eines Materials zu betrachten. Aufgrund der Vielfalt der materiellen Eigenschaften kann jede Materieressource auf verschiedene Weise genutzt werden. Daher bedient jede nicht-erneuerbare materiell-nutzbare Ressource nicht nur *ein* Anwendungsfeld, sondern viele – wenngleich einige Ressourcen aufgrund ihrer speziellen Eigenschaften für bestimmte Anwendungen besonders geeignet sind.[183] Weiterhin ist noch darauf hinzuweisen, daß jedes Material ein spezifisches Eigenschaftsprofil besitzt, wodurch ihm sozusagen

181 Vgl. Nordhaus 1973, Solow 1974a: S. 4, Haaga 1988: S. 244 und Pearce/Turner 1990: S. 275.

182 Vgl. El Serafy 1989, Daly/Cobb 1989: S. 73, Daly 1991a: S. 45, Minsch 1993: S. 40, Vornholz 1995: S. 106 und Nutzinger/Radke 1995b: S. 252.

183 Vgl. Hornbogen 1991: S. 1.

eine gewisse Individualität gegeben ist.[184] Da sich die Eigenschaften eines Materials bei einer Verbindung mit anderen Materialien oder durch neue Herstellungsverfahren verändern, besteht auf Grundlage der 107 chemischen Grundelemente des Periodensystems eine äußerst hohe Anzahl von möglichen Materialverbindungen mit verschiedenen Eigenschaftsprofilen, von denen bisher noch längst nicht alle bekannt sind.[185] Die Vielfalt der individuellen Materieressourcen bietet daher ein enormes Innovationspotential für die Materialwissenschaft und für die Werkstofftechnik.

Angesichts des Individualcharakters der Materialien werden in der Materialwissenschaft drei Grundkategorien von Werkstoffen unterschieden, die jeweils Materialien mit ähnlichen Atomstrukturen und ähnlichen charakteristischen Eigenschaften beinhalten. Es handelt sich dabei erstens um die Gruppe der Metalle, zweitens um die Gruppe der Keramiken (z. B. Porzellan, Beton, Halbleiter) und drittens um die Gruppe der Polymere, die sämtliche Kohlenstoffverbindungen enthält – sowohl auf Grundlage von fossilen als auch von nachwachsenden Ressourcen. In einer weiteren, vierten Gruppe von Werkstoffen werden die Verbundstoffe zusammengefaßt, die sich aus Kombinationen von Werkstoffen aus den drei Grundkategorien ergeben (z. B. Stahlbeton, Faserverbunde etc.).[186]

In bezug auf diese eher komplexen Zusammenhänge bei der materiellen Nutzung von Ressourcen ist die Aussagekraft der dritten Managementregel für den Substitutionsprozeß von materiell genutzten Ressourcen nicht sehr hoch. Als erstes stellt sich die Frage, was unter Substitution von Ressourcen mit dem Ziel des *Erhalts von ökonomischen Potentialen* überhaupt zu verstehen ist, wenn alle Materialien eine Form von Individualität aufweisen. Weiterhin ist es angesichts der Vielfalt der möglichen Materialanwendungen einer Ressource unklar, auf welche Anwendung oder Funktionen sich eine Substitution oder eine erhöhte Ressourcenproduktivität beziehen soll. Schließlich ergeben sich ganz neue Fragen für einen Substitutionsprozeß, weil bei einer Materialsubstitution Materialien mit unterschiedlichen Qualitätsprofilen gegeneinander substituiert werden. Diesbezüglich sind sowohl die qualitativen Auswirkungen derartiger Substitutionsprozesse zu beachten als auch die sich ergebenden Optionen hinsichtlich möglicher intertemporaler „Substitutionspfade" in der Materialnutzung. Da diese Fragen in der auf Energieressourcen fixierten dritten Managementregel nicht berücksichtigt werden und daher offen sind, sollen sie nachfolgend diskutiert werden.

Zuerst sei die Bedeutung des Substitutionsbegriffs für materiell genutzte Ressourcen betrachtet. Angesichts des individuellen Charakters von unterschiedlichen Materialsorten kann sich der Begriff Substitution nicht auf eine Ressource als ganzes beziehen. Die Einmaligkeit der Eigenschaftsprofile von Ressourcen macht jede einzelne Ressource unersetzbar. Somit kann dem Begriff der Substitution in diesem Kontext nur eine partielle Bedeutung zugeschrieben werden, die jeweils spezifische funktionale Materialanwendungsfelder betrifft. So mag es beispielsweise für eine bestimmte Materialanwendung hauptsächlich wichtig sein, daß ein Material drei Eigenschaften erfüllt: hohe Temperaturfestigkeit, gute Wärme-Isolationseigenschaften und gute Verarbeitbarkeit mittels Schweißen und Löten. Alle Materialien, die diese Eigenschaften erfüllen, sind als Substitute für diese spezifische Anwendung anzusehen.

---

184 Vgl. für eine gute graphische Darstellung der Eigenschaftsprofile diverser Materialien am Beispiel verschiedener Stähle und ihrer Verarbeitungseigenschaften Kösters/Antlinger 1994: S. 110.

185 Zur Illustration ist darauf hinzuweisen, daß allein für den weitverbreiteten Werkstoff Stahl, der hauptsächlich durch die Verbindung von Eisen und Kohlenstoff charakterisiert ist und durch Zusatzmaterialien wie z. B. Chrom, Wolfram, Vanadium, Nickel und Molybdän veredelt wird, derzeit mehr als 1900 Stahlsorten bekannt sind. Vgl. Hornbogen 1995: S. 579 und Sterk 1994: S. 25.

186 Vgl. Hornbogen 1991: S. 4-6 und Hornbogen 1995: S. 579-580. Eine etwas differenziertere Einteilung von Werkstoffgruppen findet sich bei: Ilschner 1990: S. 8-9.

Gleichzeitig können Substitutmaterialien mit ähnlichen Werten bei den gewünschten Eigenschaften für *eine* Anwendung hinsichtlich anderer Eigenschaften sehr unterschiedliche Werte aufweisen. Daraus ergibt sich einerseits, daß zwei Substitutmaterialien in *anderen* Anwendungsfeldern nicht notwendigerweise eine Substitutstellung zueinander einnehmen müssen bzw. jedes Material in jedem seiner Anwendungsbereiche mit anderen Substitutmaterialien im Wettbewerb steht. Andererseits impliziert die Unterschiedlichkeit des Eigenschaftsprofils von Substitutmaterialien für den Substitut-Anwendungsbereich, daß sich Qualitätsunterschiede in der Endnutzung ergeben können. So mag z. B. ein Substitutmaterial eine sehr geringe Dichte aufweisen, mit dem Vorteil, daß das Endprodukt leichter ist und daher mit weniger Energieaufwand transportiert werden kann. Ein anderes Substitutmaterial mag hingegen eine hohe Korrosionsbeständigkeit aufweisen und damit zu einer langen Produktlebensdauer beitragen. Unabhängig von diesem hypothetischen illustrativen Beispiel ist ganz allgemein festzustellen, daß jedem Materialsubstitutionsprozeß bzw. jeder Werkstoffauswahl unter Substitutmaterialien ein Äbwägungsprozeß zwischen verschiedenen qualitativen Kriterien zugrunde liegt.[187]

Mit Hinblick auf diese Tatumstände ist es in bezug auf *eine* nicht-erneuerbare materiell nutzbare Ressource kaum möglich, zu entscheiden, wie ein konkreter Substitutionsprozeß zum Erhalt des ökonomischen Ressourcenpotentials gemäß Managementregel drei aussehen sollte. Scheinbar eindeutig ist hingegen das Substitutionsmuster für den Fall einer „eindimensionalen" energetischen Nutzung einer nicht-erneuerbaren Ressource: Jede energetische Ressourcennutzung, z. B. mit einer Nutzungsrate von 0,5% des Gesamtbestandes p. a., muß kompensiert werden durch die Erschließung von neuen Substitutressourcen in Höhe der verbrauchten Endenergieleistung oder durch technische Errungenschaften, die eine entsprechend erhöhte Endenergieleistung aus dem noch verbleibenden Ressourcenbestand ermöglicht. So nimmt die verbleibende realisierbare Endenergieleistung nicht ab. Unberücksichtigt bleibt dabei jedoch, daß mit der energetischen Nutzung von nicht-erneuerbaren Ressourcen ihr vielseitiges materielles Nutzungspotential vollständig und ohne Kompensationsleistungen aufgegeben wird.

Eine mögliche Interpretation der dritten Managementregel für den Fall der „multidimensionalen" materiellen Nutzung von Ressourcen könnte wie folgt aussehen. Die Verwendung einer bestimmten Menge einer nicht-erneuerbaren Ressource für eine spezielle materielle Anwendung führt dazu, daß ein gewisser Anteil des Materials in der Nutzung unwiderruflich dispergiert. Das verlorene Potential dieser Materialmenge gilt es durch Materialsubstitution und technischen Fortschritt zu ersetzen. Hinsichtlich der Erhöhung der Ressourcenproduktivität verhält es sich ähnlich wie im Energiefall: das verlorene Material mag kompensiert werden durch entsprechend höhere Recyclingquoten und durch materielle Einsparungen in diversen Anwendungsfeldern. Schwierig ist jedoch die Substitutionsfrage: Wird beispielsweise eine Ressource in zehn Anwendungsfeldern eingesetzt, wo jeweils sehr unterschiedliche Eigenschaften notwendig sind, dann müßten zur Aufrechterhaltung des ökonomischen Potentials der Ressource *für jeden Anwendungsbereich* neue Substitutmaterialien erschlossen werden – und zwar *zusätzlich* zu den bisher schon bekannten Materialreserven. Diesbezüglich ist die Substitutionsregel, die eine Substitution zwischen verknappenden und reichlicher vorhandenen nicht-erneuerbaren Ressourcen vorsieht, wenig hilfreich. Zwar trägt ein solcher Substitutionsprozeß dazu bei, die Erschöpfung einer verknappenden Ressource hinauszuzögern und damit ihr einmaliges Eigenschaftsprofil für einen längeren Zeitraum zu erhalten, doch mit der zunehmenden Verwendung einer reichlicher vorhandenen Ressource gehen *deren* ökonomischen Poten-

[187] Vgl. zum Prozeß der Entscheidungsfindung in der Werkstoffwahl oder der Werkstoffsubstitution z. B. Illgner 1986, Wimmer/von Zengen 1986, Beitz/Siedke 1986 und nachfolgende Ausführungen.

tiale ebenso verloren – wenn nicht auch die Nutzung der nicht-erneuerbaren Substitutressource den Nutzungsregeln der dritten Managementregel unterworfen ist.

Ein weiteres Problem besteht in der grundsätzlichen Einschätzung, ob das Ausmaß und die Multidimensionalität der heute möglichen Materialleistungen in einer Zukunft ohne hochwertige nicht-erneuerbare Ressourcen überhaupt erreichbar ist. Diese Frage wurde in Kapitel 4.2.1.1 verneint, während eine dauerhafte Aufrechterhaltung der Endenergieleistung grundsätzlich für möglich gehalten wurde. Zur Untermauerung dieser Einschätzung sei angemerkt, daß, selbst wenn es gelänge, alle bekannten Anwendungen einer erschöpfenden Ressource letztlich durch erneuerbare Ressourcen zu ersetzen, zumindestens ihr Innovationspotential für zukünftige Anwendungsbereiche verloren ginge. Da jedoch die Möglichkeit einer vollständigen Substitution aller Anwendungen von nicht-erneuerbaren Ressourcen durch erneuerbare Werkstoffe sehr unwahrscheinlich ist, ist es angesichts einer dispergierenden Materialgrundlage wenig realistisch, anzunehmen, daß das Ziel der dritten Managementregel für Quasi-Nachhaltigkeit, das ökonomische Potential von nicht-erneuerbaren Ressourcen dauerhaft zu erhalten, für den Bereich der Materienutzung erreichbar ist.

Als alternatives Ziel könnte für den Bereich der Materialnutzung formuliert werden, daß *die Verfügbarkeit von hochwertigen materiellen Ressourcen für ein möglichst breites Anwendungsspektrum der Materialnutzung und insbesondere für alle Anwendungsbereiche der Grundbedürfnisbefriedigung für eine möglichst lange Frist zu sichern ist.* Dieser Wortlaut verschiebt den Fokus der Betrachtung von den einzelnen Ressourcen auf die verschiedenen Anwendungsfelder und betont gleichzeitig die vorrangige Bedeutung der Materialnutzung im Sinne der grundlegenden Bedürfnisbefriedigung. Wenngleich es kaum möglich und sinnvoll ist, die materielle Ressourcenverfügbarkeit für Tausende von verschiedenen Anwendungsfeldern kontinuierlich zu überprüfen und zu sichern, so ist es doch zweckmäßig, die langfristige Sicherung der Ressourcenverfügbarkeit von *übergeordneten funktionalen Anwendungsfeldern* einzufordern. Gedacht ist diesbezüglich z. B. an Kategorien wie Strukturwerkstoffe für verschiedene Einsatzfelder (Bau, Möbel, Fahrzeuge, Werkzeuge, Maschinen, Hochtemperatureinsatz etc.); Werkstoffe zur Erzeugung von Energie, Licht und Laser; Werkstoffe zur Übertragung und Speicherung von Elektrizität, Wärme, Licht und Informationen; Werkstoffe für den Einsatz im Hochtemperaturbereich usw..[188] Auch die energetische Nutzung könnte als übergeordnetes funktionales Anwendungsfeld von nicht-erneuerbarer Materie betrachtet werden und wäre dann lediglich *eine* weitere Kategorie der Ressourcennutzung. Der Vorteil dieser Zielformulierung besteht darin, daß sie an den wesentlichen Einsatzfeldern ansetzt, die das ökonomische Potential der Materialnutzung konstituieren. In diesem Kontext ist der Begriff der Substitution auch angemessener, da ein Materialanwendungsfeld nur einige wenige Materialeigenschaften erfordert, die von verschiedenen Materialien mit individuellen Eigenschaftsprofilen erfüllt werden können. Auch die Option der Substitution von knappen gegen reichlicher vorhandene nicht-erneuerbare Ressourcen ist in diesem Zusammenhang wesentlich sinnvoller, denn insbesondere durch solche Ressourcen, die einen sehr hohen Anteil in der Erdkruste aufweisen, könnten verschiedene Materialanwendungsbereiche durchaus über eine längerfristigen Zeitraum gesichert werden.[189] Problematisch ist allerdings, daß viele Materialien in mehreren Einsatzfeldern Funktionen übernehmen können, so daß eine eindeutige Zuordnung

188 Vgl. für eine Beschreibung der Einsatzfelder von Werkstoffen aus den vier Werkstoffgruppen: Hornbogen 1991: S. 206-318.

189 Diesbezüglich wesentliche Ressourcen mit hohen prozentualen Anteilen in der Erdkruste sind besonders Silizium (25,8%), Aluminium (7,5%) und Eisen (4,7%), die nach Sauerstoff (49,4%) den höchsten Ressourcenanteil im irdischen Boden aufweisen. Vgl. Hornbogen 1991: S. 14-15 und Schröter/Lautenschläger/Bibrack 1992: S. 28.

der noch vorhandenen Ressourcen auf die verschiedenen Anwendungsbereiche nicht möglich ist. Bei einer Einschätzung der Ressourcenverfügbarkeit in einem speziellen Anwendungsbereich ist daher stets zu berücksichtigen, daß aufgrund der Konkurrenz in der Ressourcenanwendung *nur ein Teil* des Restbestandes einer speziellen Ressource für das besagte Anwendungsfeld zur zukünftigen Verfügung steht.

Die in der dritten Managementregel aufgeführten Mechanismen der Substitution und der Erhöhung der Ressourcenproduktivität sind zur Erreichung des Ziels der Sicherung der langfristigen Verfügbarkeit von hochwertigen materiellen Ressourcen für ein möglichst breites Spektrum der Materialanwendung von wesentlicher Bedeutung. Wenig angemessen ist allerdings die Formulierung der dritten Managementregel *„die Nutzungsrate von nicht-erneuerbaren Ressourcen sollte nicht höher sein als ...“*, da dieser Wortlaut das Recyclingpotential der materiell genutzten Ressourcen außer acht läßt. Der Bezugspunkt für das Ausmaß der Inanspruchnahme von nicht-erneuerbaren energetisch *oder* materiell genutzten Ressourcen sollte vielmehr die *„Rate der materiellen Dispersion bzw. der energetischen Dissipation“* in den jeweiligen Anwendungsfeldern sein. Außerdem wäre es angesichts der Ungewißheit hinsichtlich der Materialpotentiale der Zukunft angemessener, statt der strikten Formulierung *„darf nicht höher sein“* den Wortlaut *„sollte nicht höher sein“* zu wählen. Schließlich ist der Bezug der Ressourcennutzung und -substitution zu den übergeordneten funktionalen Anwendungsbereichen explizit herzustellen.

Nach diesen Ausführungen kann die dritte Managementregel für Quasi-Nachhaltigkeit in der Weise umformuliert werden, daß sie nicht mehr nur die energetische, sondern auch die materielle Nutzung von nicht-erneuerbaren Ressourcen berücksichtigt. Die ersten Absätze der dritten Managementregel werden daher in folgender Form verändert:

Konkretisierte dritte Managementregel für Quasi-Nachhaltigkeit: *Nicht-erneuerbare Ressourcen sind in einer Weise zu nutzen, daß ihr energetisches Potential erhalten bleibt und die Verfügbarkeit von hochwertigen materiellen Ressourcen für ein möglichst breites Spektrum der Materialnutzung und insbesondere für alle Anwendungsbereiche der Grundbedürfnisbefriedigung langfristig gesichert wird, ohne daß die stofflichen und mechanischen Belastungsgrenzen der Natur überschritten werden. Es gilt daher:*

- *Die Rate der materiellen Dispersion bzw. die Rate der energetischen Dissipation von nicht-erneuerbaren Ressourcen sollte in keinem übergeordneten funktionalen Anwendungsbereich der Ressourcennutzung höher sein als*
  - ⇒ *die Rate der Substitution durch (zusätzliche) erneuerbare Ressourcen; oder*
  - ⇒ *die Rate der Erhöhung der Ressourcenproduktivität durch technischen Fortschritt und Ressourceneinsparung; oder*
  - ⇒ *die Rate der Substitution durch noch reichlicher vorhandene nicht-erneuerbare Ressourcen.*

Der Charakter der *Quasi*-Nachhaltigkeit wird durch die explizite Einbeziehung der materiellen Ressourcen noch verstärkt, da mit Bezug auf die Materialnutzung nicht einmal gewährleistet ist, daß das ökonomische Potential der Ressourcen erhalten werden kann. Selbst wenn alle chemischen Elemente dauerhaft in geringer Menge verfügbar blieben, so mag es trotzdem essentielle Materialanwendungsbereiche geben, die einen Mindestmaterialeinsatz einer speziellen Ressource erfordern, der höher ist als die zur Verfügung stehende Ressourcenmenge.

Mit dieser veränderten Formulierung der dritten Managementregel gewinnen die verschiedenen Anwendungsbereiche von materiell-nutzbaren nicht-erneuerbaren Ressourcen an Bedeutung. Angesichts der Vielzahl möglicher Materialanwendungen ist es sehr wahrscheinlich, daß insbesondere die Möglichkeiten und Muster der Materialsubstitution in verschiedenen Anwendungsbereichen unterschiedlich sind. Da die Existenz voneinander abweichender Substitutionsmuster in verschiedenen Materialanwendungsfeldern diverse Implikationen für den Transformationspfad in Richtung auf eine auf erneuerbaren Ressourcen basierende Wirtschaftsweise erwarten läßt, sollen nachfolgend die Bestimmungsfaktoren der Materialsubstitution etwas näher betrachtet werden.

Die Multidimensionalität und die Individualität von Werkstoffen in bezug auf ihre Eigenschaftsprofile erlauben einige Schlußfolgerungen hinsichtlich einer plausiblen zeitbezogenen Werkstoffabfolge in der Materialsubstitution eines Anwendungsbereiches. Angesichts der bestehenden Informationen über Eigenschaftsprofile der bekannten Werkstoffe und typische Kennzeichen von Materialien aus einer Werkstoffgruppe ist es möglich, alle bekannten Werkstoffe in Hinblick auf die geforderten technischen Eigenschaften für einen speziellen Anwendungsbereich nach ihrer Qualität zu ordnen. Geht es z. B. um die Auswahl von Werkstoffen zur Übertragung von Elektrizität, so ist besonders die Werkstoffeigenschaft der elektrischen Leitfähigkeit gefragt. Diesbezüglich ist bekannt, daß speziell alle Materialien der Metallgruppe sehr gute Elektrizitätsleiter sind, während die meisten Polymere und Keramiken eher als Elektrizitätsisolatoren verwendbar sind. Die elektrische Leitfähigkeit eines Materials ist um so besser, je geringer sein spezifischer elektrischer Widerstand ist, der in Ohm-Meter (Ωm) gemessen wird.[190] Die Tabelle 4.3 zeigt eine Auflistung ausgewählter Werkstoffe mit ihren spezifischen elektrischen Widerständen.

Tabelle 4.3: Spezifischer elektrischer Widerstand ausgewählter Werkstoffe

Werkstoff	spezifischer elektrischer Widerstand bei 20°C	Werkstoff	spezifischer elektrischer Widerstand bei 20°C
Silber	$0{,}0159 \cdot 10^{-6}$ Ωm	Nickel	$0{,}0684 \cdot 10^{-6}$ Ωm
Kupfer	$0{,}0167 \cdot 10^{-6}$ Ωm	Eisen	$0{,}0870 \cdot 10^{-6}$ Ωm
Gold	$0{,}0220 \cdot 10^{-6}$ Ωm	Zinn	$0{,}1100 \cdot 10^{-6}$ Ωm
Aluminium	$0{,}0266 \cdot 10^{-6}$ Ωm	Blei	$0{,}2070 \cdot 10^{-6}$ Ωm
Magnesium	$0{,}0445 \cdot 10^{-6}$ Ωm	Titan	$0{,}4200 \cdot 10^{-6}$ Ωm
Rhodium	$0{,}0451 \cdot 10^{-6}$ Ωm	Graphit	$1{,}0 \cdot 10^{-4}$ Ωm
Molybdän	$0{,}0520 \cdot 10^{-6}$ Ωm	rußgefüllter Epoxidharz	$1{,}0 \cdot 10^{+3}$ Ωm
Wolfram	$0{,}0565 \cdot 10^{-6}$ Ωm	Polyamid (PA)	$1{,}0 \cdot 10^{+10}$ Ωm
Zink	$0{,}0592 \cdot 10^{-6}$ Ωm	Polyvinylchlorid (PVC)	$1{,}0 \cdot 10^{+12}$ Ωm
Kobalt	$0{,}0624 \cdot 10^{-6}$ Ωm	Polyethylen (PE)	$1{,}0 \cdot 10^{+15}$ Ωm

Quelle: Ilschner 1990: S. 139, 213-215, Hornbogen 1991: S. 159 und Schüler et al. 1996: S. 568.

Es wird deutlich, daß die Metalle unangefochten die besten Leitelemente mit den niedrigsten spezifischen Widerständen sind. Silber und Kupfer stehen auf der Liste ganz oben, gefolgt von Gold und Aluminium. Es folgen andere, weniger gut leitende Metalle, während Zinn, Blei und Titan schließlich die am schlechtesten stromleitenden Metalle sind, wobei Titan einen elektrischen Widerstand aufweist, der mehr als 26 mal höher ist als der von Silber. Nach den Metallen folgt ein großer qualitativer Sprung. Elementarer Kohlenstoff in Form von Graphit

190 Vgl. Hornbogen 1991: S. 158-160 und Ilschner 1990: S. 138-140.

zählt nach der gängigen qualitativen Kategorisierung schon nicht mehr zu den elektrischen Leitern, während die Polymere PVC, PA und PE mit ihren hohen spezifischen Widerständen als Isolatoren eingestuft werden.[191] Als Beispiel für einen Verbundwerkstoff ist hier rußgefüllter Epoxidharz aufgeführt, wobei es sich um einen „leitenden" glasfaserverstärkten Polymerkunststoff handelt, in dem Kohlenstoff in Form von Rußteilchen eingearbeitet ist. Der Verbundstoff aus Polymeren, Kohlenstoff und Glas hat einen deutlich niedrigeren Widerstand als übliche Polymere, ist aber weit weniger leitfähig als Kohlenstoff in der Graphitform.[192]

Hinsichtlich einer Materialanwendung, die eine extrem gute elektrische Leitfähigkeit benötigt, würde *aus rein technischer Sicht* zuerst das Material mit der höchsten Qualität gewählt werden, Silber. Nachdem das Silber erschöpft ist oder nicht mehr in der notwendigen Mindestmenge zur Verfügung steht, würde auf Kupfer umgestiegen werden, danach auf Aluminium und andere Metalle und erst nach der Erschöpfung aller Metalle müßte auf Graphit oder andere Kohlenstoffstrukturen zurückgegriffen werden. Sofern also für einen Anwendungsbereich eine eindeutige und vollständige qualitätsbezogene Material-Rankingliste erstellt werden kann, scheint das Muster einer entsprechenden Materialsubstitution im Zeitablauf absehbar zu sein. Es ließe sich dadurch charakterisieren, daß Werkstoffe sukzessiv nach ihrer Qualität substituiert werden, wodurch im Verlauf der Materialsubstitution immer größere Qualitätseinbußen beim eingesetzten Material zu konstatieren sind. So stände für das Beispiel der elektrischen Leitermaterialien nach der Erschöpfung aller Metalle mit dem Graphit nur noch ein Material mit einer im Vergleich zum Silber um den Faktor 6.289 geringeren Leitfähigkeit zur Verfügung.

Da in der Praxis jedoch nicht nur eine, sondern mehrere Materialeigenschaften für einen Anwendungsbereich von Bedeutung sind, ist eine qualitative Werkstoff-Rankingliste weit weniger eindeutig als im obigen Beispiel angedeutet wurde. Zumeist werden für eine qualitative Einstufung von Werkstoffen für eine Anwendung bis an die zehn Kriterien betrachtet. Neben grundlegenden Materialeigenschaften, die die Funktionserfüllung eines Materials im Endprodukt gewährleisten, sind ebenso noch andere Qualitäten eines Materials von Belang, z. B. seine Lebensdauer in der Funktionserfüllung oder seine Qualitäten in der Verarbeitbarkeit. So nutzt z. B. ein noch so gut leitfähiger Werkstoff wenig, wenn er nicht oder nur unter großen Aufwendungen in eine elektrizitätsübertragungsfähige Kabelform gebracht werden kann oder wenn er schnell verschleißt.

Für eine qualitative Werkstoffbewertung mit Bezug auf eine spezifische Anwendung existieren Bewertungsmethoden. So ist es beispielsweise möglich, alle für wichtig befundenen Materialeigenschaften von Werkstoffen zu prüfen und dann mittels eines Gewichtungsverfahrens ein qualitatives Werkstoff-Ranking zu erstellen. In Tabelle 4.4 ist zur Illustration ein solches Bewertungsverfahren dargestellt.

Hier werden drei Werkstoffe in bezug auf fünf Materialeigenschaften bewertet. Eine solche Konstellation tritt häufig in der Produktentwicklung auf, wenn ein Werkstoff für ein neues Produkt oder ein Produktteil ausgewählt werden soll. Zuerst wird eine Gewichtung der Eigenschaften festgelegt, wie es für die Materialanwendung angemessen ist. Danach wird jeder Werkstoff hinsichtlich seines Qualitätsniveaus in bezug auf jede Eigenschaft mittels einer

191 Ein Werkstoff gilt als Leiter bei einem spezifischen elektrischen Widerstand kleiner als $1{,}0 \cdot 10^{-6}$ Ωm, während ab Werten von $1{,}0 \cdot 10^{7}$ von Isolatoren gesprochen wird. Die Kategorie zwischen diesen Widerstandswerten wird als Halbleiter bezeichnet. Vgl. Hornbogen 1991: S. 159.

192 Es sei angemerkt, daß die Entwicklung eines „leitenden" Verbundwerkstoffes nicht zum Ziel hatte, einen alternativen Übertragungswerkstoff für Elektrizität hervorzubringen. Die erhöhte Leitfähigkeit des Verbundstoffes soll viel mehr verhindern, daß sich die aus dem Material gefertigten Teile übermäßig elektrostatisch aufladen. Vgl. Schüler et al. al. 1996: S. 567.

Punkteskala von eins bis zehn bewertet und mit dem entsprechenden Gewichtungsfaktor multipliziert. Die Aufaddierung der Punkte aus jeder Materialeigenschaftsbewertung führt zu einer Gesamtpunktzahl, die als Grundlage für ein qualitatives Werkstoff-Ranking verwendet werden kann.[193] Ebenso wie diese Methode für eine sehr spezifische Werkstoffauswahl eingesetzt werden kann, so ist sie auch zur Erstellung eines umfangreicheren Rankings für einen übergeordneten Anwendungsbereich geeignet.

Tabelle 4.4: Qualitatives Bewertungsverfahren für Werkstoffe

Material-Eigenschaft	Gewichtung	Einstufung Werkstoff 1	Einstufung Werkstoff 2	Einstufung Werkstoff 3
Druckfestigkeit	4,5	9 Punkte • 4,5 = 40,5	8 Punkte • 4,5 = 36	10 Punkte • 4,5 = 45
Verarbeitbarkeit	4,0	5 Punkte • 4,0 = 12	6 Punkte • 4,0 = 24	5 Punkte • 4,0 = 20
Korrosions-beständigkeit	3,5	5 Punkte • 3,5 = 17,5	6 Punkte • 3,5 = 21	4 Punkte • 3,5 = 14
Elastizität	2,0	6 Punkte • 2,0 = 12	4 Punkte • 2,0 = 8	5 Punkte • 2,0 = 10
elektrische Leitfähigkeit	1,5	6 Punkte • 1,5 = 9	4 Punkte • 1,5 = 6	2 Punkte • 1,5 = 3
Punktzahl		**Σ= 91**	**Σ= 95**	**Σ= 92**

Qualitative Einstufung: 10 Punkte = hohe Qualität, 1 Punkt = niedrige Qualität

Tabelle in Anlehnung an: Illgner 1986: S. 300.

Problematisch sind bei diesem Bewertungsverfahren jedoch sowohl die Gewichtung der Materialeigenschaften als auch die Methoden zur Prüfung der Eigenschaften, da nicht gesichert ist, daß verschiedene Ingenieure oder andere Materialprüfer gleiche Gewichtungen und methodische Materialprüfverfahren anwenden. Dieses Problem ließe sich allerdings dadurch beseitigen, daß eine sachverständige autorisierte Institution verbindliche Normen für Gewichtung und Werkstoff-Prüfmethoden für übergeordneter Werkstoffanwendungsbereiche festlegt. Auf diese Weise könnte gewährleistet werden, daß eine eindeutige Werkstoff-Rankingliste erstellbar ist.

Doch selbst bei Vorliegen einer normierten Qualitäts-Rankingliste für Materialien in einem Anwendungsbereich wäre der Prozeß der Materialsubstitution im Zeitablauf durch eine solche Liste nicht vollständig determiniert, da noch zwei weitere Einflußfaktoren Auswirkungen auf den Prozeß der Substitution haben.

Als erstes sind die *Kosten* zu erwähnen, die mit der Materialverwendung verbunden sind. Besonders in denjenigen Fällen, wo das Material mit den besten technischen Eigenschaften für eine Anwendung sehr teuer ist, mag es aus ökonomischen Gründen sinnvoller sein, ein qualitativ minderwertiges Material zu nutzen, wenn es ein günstigeres Preis-Leistungs-Verhältnis aufweist. Für den Fall der Werkstoffe für die Übertragung von Elektrizität sei der Vergleich Silber und Kupfer betrachtet. Nach den Daten der Tabelle 4.3 ist die Leitfähigkeit von Silber in einem genormten Kabel etwa 5% höher als bei Kupfer. Daher muß ein qualitativ gleichwertiges Kupferkabel ein 5% größeres Kabelvolumen aufweisen als ein Silberkabel. Aufgrund der Dichteunterschiede der beiden Metalle (die Dichte von Silber ist 17% höher als bei Kupfer) ergibt sich, daß selbst ein um 5% voluminöseres Kupferkabel noch leichter ist als ein dünneres Silberkabel gleicher Qualität.[194] Sofern keine anderen Materialeigenschaften oder technischen Gegebenheiten gegen das dickere Kupferkabel sprechen, ist Kupfer aus ökonomischer Sicht

193 Vgl. Illgner 1986: S. 299-302.

194 Berechnung in Anlehnung an Lücking 1981: S. 3 und Ilschner 1990: S. 140, 214.

selbst dann der bevorzugte Werkstoff, wenn sein Preis pro Gewichtseinheit so hoch wäre wie der des Silbers.

Aber auch in Fällen, wo eine geringere Materialqualität nicht durch mehr Masse ausgeglichen werden kann, kann ein sehr niedriger Materialpreis die Anwendung eines qualitativ geringerwertigen Materials begünstigen – in diesem Fall wird auf Grundlage einer Abwägung zwischen (Material-)Kosten und (Qualitäts-)Nutzen entschieden. Die Entscheidung in der Werkstoffauswahl ist daher nicht zuletzt davon abhängig, ob dem Produzenten die Materialqualität sehr wichtig ist, oder ob er eher daran interessiert ist, ein preisgünstiges und dafür weniger qualitätvolles Produkt für einen Massenmarkt anzubieten. Je nach Firmenphilosophie und Marktnische fällt die Werkstoffauswahl anders aus, so daß verschiedene Werkstoffe mit Qualitätsnuancen in einem übergeordneten Anwendungsbereich gleichzeitig Verwendung finden. Aufgrund der Wettbewerbskonstellation zwischen Produzenten wird dem Kostenkriterium in der betrieblichen Praxis der Werkstoffbewertung und -auswahl hohe Bedeutung zugeschrieben und nicht selten ergibt sich nach Einbeziehung der Kosten eine im Vergleich zum rein technischen Ranking veränderte Werkstoffreihenfolge. Es sei allerdings darauf verwiesen, daß die Materialkosten nur dann von entscheidender Bedeutung sind, wenn alle betrachteten Werkstoffe die technischen Mindestqualitätstandards erfüllen und durchaus vergleichbare Qualitätsniveaus aufweisen.[195]

Durch Einbeziehung des Kostenfaktors ergeben sich drei grundlegende Implikationen für den Prozeß der Materialsubstitution. Erstens kann sich ein rein qualitativ-technisches Ranking unter Einbeziehung der Kosten und der Preis-Leistungs-Relationen verändern – mit bedeutsamen Konsequenzen für das Muster der Materialnutzung und der Materialsubstitution. Zweitens ist ein Ranking unter Berücksichtigung von Kosten- und technischen Qualitätskriterien in der Zeit variabel, da sich die relativen Materialpreise in Abhängigkeit von den verfügbaren Materialherstellungsverfahren und den Bedingungen auf den Rohstoffmärkten verändern können. Drittens führen schließlich unterschiedliche Qualitätsansprüche verschiedener Produzenten innerhalb eines Materialanwendungsfeldes dazu, daß gleichzeitig mehrere Materialien mit differierender Qualität genutzt werden. Somit ist ein Substitutionsprozeß in einem Anwendungsbereich *nicht* dadurch charakterisiert, daß im Zeitablauf stets ausschließlich das Material an oberster Stelle der Rankingliste genutzt wird und nach seiner Erschöpfung durch das nachfolgende Material ersetzt wird. Vielmehr werden mehrere Werkstoffe auf den oberen Plätzen der Liste *gleichzeitig* genutzt. In diesem Fall kann eine Materialsubstitution daran erkannt werden kann, daß sich die Relationen der Werkstoffnutzung zwischen den verwendeten Materialien sukzessive verschieben, zusätzliche Werkstoffe eingesetzt oder zuvor genutzte Materialien nicht mehr verwendet werden.

Eine weitere Beeinträchtigung der Eindeutigkeit einer qualitativen Werkstoff-Rankingliste für übergeordnete Anwendungsfelder resultiert daraus, daß Werkstoffe der Zukunft und deren Eigenschaften noch unbekannt sind und die Rankingliste daher unvollständig ist. Folglich kann eine solche Liste nur den Materialsubstitutionspfad für einen begrenzten Zeitraum widerspiegeln. Gleichzeitig ist jedoch darauf zu verweisen, daß die Innovationsfähigkeit in der Werkstofftechnik von der Vielfalt und der Bestandsmenge der vorhandenen Materialien abhängt und verbesserte Werkstoffe für die Praxis zumeist dadurch entstehen, daß bereits bekannte hochwertige Materialien durch neue Verfahren oder Materialkombinationen verbessert werden.[196]

---

195 Vgl. dazu anhand von praktischen Beispielen: Wimmer/von Zengen 1986: S. 284-300 und Engels 1992: S. 51-52.

196 Die gesamte Gruppe der Verbundwerkstoffe ist als innovative Werkstoffgruppe einzustufen, die Qualitätsverbesserungen durch gezielte Werkstoffkombinationen hervorbringt. Grundlage derartiger Innovationen

Insofern sind noch unbekannte Werkstoffe mit höherer Qualität, die durch Kombination der bekannten Materialien entwickelt werden, zumindestens quantitativ in einer Werkstoff-Rankingliste enthalten.

Zweifellos ist der Verlauf der Materialsubstitution in einem Anwendungsgebiet nicht vollständig vorhersagbar. So können einerseits marktbedingte Faktoren wie knappheitsbedingte Veränderungen der Materialpreise, Veränderungen im Qualitätsbewußtsein von Produzenten und Verbrauchern, veränderte Einkommenssituationen auf der Nachfrageseite und monopolistische Angebotsstrukturen Materialsubstitutionen begünstigen (Market-pull-Faktoren). Andererseits können aber auch neue Werkstoffentwicklungen oder verbesserte Herstellungsverfahren bekannter Materialien zu unvorhersehbaren Mustern der Materialsubstitution führen (Science-Push-Faktoren).[197] Dennoch ist auf Grundlage des technischen Wissens und eines qualitativ-ökonomischen Rankings von Materialien für bestimmte Anwendungsfelder zumindestens eine grobe Abschätzung des zeitlichen Substitutionsverlaufs durchaus möglich. Demzufolge ist es sehr wahrscheinlich, daß sich das Muster der Materialnutzung in einem Anwendungsfeld im Zeitverlauf bezogen auf eine Material-Rankingliste, die sowohl technische Qualitäts- als auch Kostenfaktoren widerspiegelt, von den eher hochqualitativen Werkstoffen mit gutem Preis-Leistungs-Verhältnis tendenziell nach unten bewegt – selbst dann, wenn neue hochqualitative Werkstoffe durch Kombination der bekannten Materialien entwickelt werden. Diese These wird anhand des Beispiels aus Tabelle 4.5 erläutert.

Die erste Spalte der Tabelle zeigt eine rein technisch-qualitative Rankingliste von mit Buchstaben bezeichneten Werkstoffen für einen übergeordneten Anwendungsbereich für den Zeitraum t_1 bis t_3. Die zweite Spalte zeigt das Ranking für t_1 unter Einbeziehung von Kostenfaktoren, wodurch sich die Reihenfolge im Vergleich zur Spalte 1 leicht verschiebt. Aufgrund unterschiedlicher Qualitätsanforderungen an das Material werden die ersten drei Werkstoffe in t_1 gleichzeitig genutzt, wie angedeutet mit der oberen Klammer in der Tabelle. Je nachdem, in welcher Relation die mengenmäßige Nutzung der Werkstoffe stattfindet, könnte sich ein erster Substitutionsvorgang *zwischen* den drei oberen Materialien vollziehen. So mag z. B. das Material B wegen massenmäßiger Nutzung verknappen und daher im Preis ansteigen, so daß sich in t_2 das ökonomisch-technische Ranking zuungunsten des Materials B verschiebt (vgl. Spalte 3), wodurch sich die Relation in der mengenmäßigen Verwendung der Werkstoffe verändern kann. Eine Verschiebung der relativen Materialpreise kann desweiteren durch kostensenkende technische Verbesserungen im Herstellungsverfahren einzelner Materialien bewirkt werden.

Derartige Veränderungen könnten sich z. B. in der Weise manifestieren, daß das verteuerte Material B mittels Verfahrensänderungen und technischen Fortschritt ressourcensparender eingesetzt wird – quasi eine Substitution von viel gegen weniger Material –, wodurch ceteris paribus sein mengenmäßiger Anteil an der Ressourcennutzung sinkt. Möglich wäre außerdem, daß aufgrund der Verschiebung des relativen Materialpreisgefüges ein Substitutionsprozeß zwischen den drei Werkstoffen eintritt, der zu einer vollständigen Veränderung in der mengenmäßigen Werkstoffnutzung führt.

Ein weiterer Substitutionsschritt mag sich vollziehen, wenn einer der genutzten Werkstoffe,

---

sind also *bekannte* hochwertige Werkstoffe. Als Beispiele seien faserverstärkte Metall-, Kunststoff- oder Keramikverbunde mit hoher Stabilität angeführt. Vgl. Steffens/Wilden 1996: S. 3. Auch die Entwicklung neuer Werkstoffe für die nachsorgende Umwelttechnik, wo aufgrund der hohen Aggressivität der Abgase oder Abwässer neue, sehr korrosionsbeständige Materialien für Filter und Katalysatoren erforderlich sind, geschieht auf Grundlage bekannter Stahllegierungen mit Chrom, Nickel und Molybdän. Vgl. Heubner 1992: S. 82-92.

197 Vgl. für eine anschauliche Darstellung historischer Beispiele für Materialsubstitutionsprozesse mit Einflüssen von Market-Pull- und Science-Push-Faktoren: Ray 1986: S. 56-63.

im Beispiel der Tabelle 4.5 ist es B, in t_3 stark verknappt, nicht mehr in ausreichender Menge verfügbar ist oder sogar völlig erschöpft. Als Konsequenz steigt der Preis von B deutlich an, so daß dieser Werkstoff im ökonomisch-technischen Ranking weit nach unten abrutscht. Folglich kann B ganz aus der Nutzung herausfallen und durch erhöhten Einsatz der Werkstoffe A und C sowie möglicherweise durch Verwendung des bisher noch nicht genutzten Materials E, dessen Einführung eine Innovation darstellt, ersetzt werden. Wenngleich in der Spalte 4 zu sehen ist, daß erneut die Materialien mit den besten ökonomisch-technischen Leistungsverhältnissen zum Einsatz kommen, so ist in bezug auf das ökonomisch-technische Ranking der Ausgangssituation t_1 (Spalte 2) zu verzeichnen, daß der Substitutionsprozeß durch eine Bewegung nach unten gekennzeichnet ist.

Tabelle 4.5: Beispiel für ein Muster der Materialsubstitution

Qualitäts-Ranking von Werkstoffen für t_1 bis t_3	ökonomisch-technisches Ranking von Werkstoffen zum Zeitpunkt t_1 und Werkstoffeinsatz von t_1 bis t_4	ökonomisch-technisches Ranking und Werkstoffeinsatz in t_2	t_3	t_4
A	B	C	C	AD
B	C	A	A	C
C	A	B	E	A
D	E	E	D	E
E	D	D	B	D
F	F	F	F	B
				F

Nun mag in t_4 ein neuer Werkstoff entwickelt und eingeführt werden, der sich aus der Kombination der Stoffe A und D ergibt, und der ein äußerst günstiges Preis-Leistungs-Verhältnis aufweist.[198] Durch diese Innovation kann sich sowohl die mengenmäßige Werkstoffnutzung als auch die Relation in der Materialanwendung der verschiedenen Werkstoffe verändern. Mit bezug auf das ökonomisch-technische Ranking der Ausgangssituation t_1 bewirkt die Einführung eines neuen Werkstoffes jedoch eine ähnliche Verschiebung wie die anderen Substitutionsvorgänge: auch hier vollzieht sich eine Bewegung in der Liste mit Tendenz nach unten, da durch den Werkstoff AD eine vermehrte Anwendung der Einzelstoffe A und D eintritt. Wenn also eine Werkstoffinnovation als Kombination bekannter Werkstoffe interpretiert wird, dann läßt sich für den Prozeß einer Materialsubstitution ganz allgemein feststellen, daß sich das Muster der Materialnutzung in bezug auf die ökonomisch-technische Rankingliste *der Ausgangsperiode* sukzessive in der Tendenz nach unten verschiebt – wie angedeutet durch den Pfeil in der Tabelle 4.5. Gleichzeitig läßt sich für hochqualitative Materialien, die in großer Menge angewendet werden, im Zeitablauf feststellen, daß sie in der ökonomisch-technischen Rankingliste sukzessive nach unten abrutschen.

Der Grund für diesen Trend in der Materialsubstitution liegt hauptsächlich in der Verschiebung der relativen Materialpreise und der ihr nachfolgenden allokativen Anpassung im Sinne der neoklassischen Theorie. Die massenmäßige Nutzung eines Materials, das ein günstiges Preis-Leistungs-Verhältnis aufweist, führt irgendwann zu seiner Verknappung und damit zu

198 Es sei an dieser Stelle angemerkt, daß sich die massenmäßige Durchsetzung neuartiger Materialsubstitute in historischen Prozessen häufig sehr langwierig gestaltete. Nicht selten war es neben der Entdeckung eines Materials und seiner Funktionen zumeist notwendig, innovative und kostengünstige Herstellungsverfahren zu entwickeln, damit ein neues Materialsubstitut konkurrenzfähig werden konnten. So dauerte es beispielsweise 61 Jahre bis nach der Entdeckung des Aluminiums im Jahre 1825 seiner massenmäßigen Nutzung durch Entwicklung des Elektrolyseverfahrens (1886) der Weg geebnet wurde. Vgl. Ray 1986: S. 58-59.

einer Preisverschiebung, wodurch andere Werkstoffe konkurrenzfähig werden. Der Kostenanstieg mag gleichermaßen vermehrte F&E-Anstrengungen stimulieren, um durch Kombination anderer Werkstoffe neue und kostengünstigere Substitutmaterialien zu erschließen. Im Gegensatz zu einem Substitutionsprozeß mit vorher bekannten Materialien, wo im Zeitverlauf Qualitätseinbußen in der Materialqualität auftreten, kann der Substitutionsprozeß mit neuen innovativen Werkstoffen durchaus mit gleichbleibender oder gar verbesserter Materialqualität einhergehen.

Das Muster der Materialnutzung und der Materialsubstitution im Zeitablauf kann von Anwendungsgebiet zu Anwendungsgebiet sehr unterschiedlich sein. Das Ausmaß in der Vielfalt der gleichzeitig genutzten Materialien in einem Anwendungsbereich ist abhängig von mehreren Faktoren. Grundsätzlich ist natürlich von Bedeutung, wie viele verschiedene spezifische Materialanwendungen ein übergeordnetes Anwendungsgebiet umfaßt. Es ist einleuchtend, daß die Liste der Werkstoffe, die gleichzeitig Verwendung finden, um so länger ist, je mehr qualitativ verschiedene Materialanwendungen in einem Gebiet zusammengefaßt sind. Weiterhin hängt das Ausmaß der simultanen Werkstoffnutzung davon ab, wie hoch die Qualitätsanforderungen an die Werkstoffe sind, wie viele verschiedene Materialien mit ausreichenden Rohstoffreserven die qualitativen Mindestbedingungen für einen Anwendungsbereich erfüllen, wie hoch die Qualitätsdifferenzen der Materialien sind und wie sich die jeweiligen Preis-Leistungs-Relationen gestalten. In manchen Anwendungsfeldern, wie z. B. bei den Werkstoffen für die Übertragung elektrischer Energie, ist die Anzahl der gleichzeitig verwendeten Materialien sehr gering, da insbesondere einige wenige sehr hochwertige Metalle mit nur geringfügigen Qualitätsunterschieden in ausreichender Menge vorhanden sind. Gleichzeitig stammen alle in Frage kommenden Substitutmaterialien aus der Gruppe der Metallwerkstoffe. In anderen übergeordneten Anwendungsbereichen, z. B. bei Strukturwerkstoffen für Möbel, finden sich hingegen eine Vielzahl unterschiedlichster Materialien aus allen Werkstoffgruppen, da die Qualitätsanforderungen an das Material vielfach nicht sehr hoch sind und daher von vielen Werkstoffen erfüllt werden können.

Als Konsequenz der Unterschiedlichkeit der Muster einer gleichzeitigen Materialnutzung in verschiedenen Anwendungsbereichen ergibt sich ein unterschiedliches Bild hinsichtlich des Prozesses der Materialsubstitution im Zeitablauf. In einem Bereich mit relativ geringen Qualitätsanforderungen an das Material und entsprechend vielen genutzten Werkstoffen ist die Auswahl und die Reserve an Substitutmaterialien groß. Folglich herrscht eine relativ hohe Substitutionselastizität vor. Daher kann sich als Reaktion auf veränderte Materialpreise eine Verschiebung in der mengenmäßigen Relation der Werkstoffnutzung schneller einstellen und ebenso bestehen aufgrund der geringen Qualitätsanforderungen gute Möglichkeiten zur Einbeziehung bisher ungenutzter Werkstoffe. Wesentlich eingeschränkter verhält es sich in Anwendungsbereichen mit hohen Qualitätsanforderungen, die nur durch wenige Werkstoffe erfüllt werden. Hier mag eine sehr große Abhängigkeit von einem oder einigen wenigen hochwertigen Werkstoffen und damit ein relativ unelastisches Materialangebot bestehen, so daß sich Substitutionsprozesse eher langsam vollziehen und ein Ausweichen bei Materialpreissteigerungen schwieriger möglich ist.

Ein anderer Aspekt der Materialsubstitutionsmuster in verschiedenen Anwendungsbereichen betrifft die Palette der möglichen Substitutwerkstoffe. In Bereichen mit niedrigen Qualitätsanforderungen und großer Werkstoffauswahl mögen Materialien aus allen Gruppen zur Auswahl stehen und u. a. auch erneuerbare Ressourcen verwendbar sein. In Anwendungsbereichen mit sehr hohen Qualitätsanforderungen sind hingegen häufig nur wenige Stoffe verfügbar, die teilweise – wie im Fall der elektrischen Leiter – nur aus *einer* der Hauptwerkstoffgruppen stammen. Erneuerbare Ressourcen tauchen in den Rankinglisten von Hochleistungsanwendungen zumeist gar nicht auf oder wenn, dann eher auf unteren Plätzen. Damit stellt sich für den Prozeß der Transformation in der Ressourcennutzung die Frage, wie eine intertemporal nachhaltige Materialnutzung für Anwendungsbereiche aussehen soll, in denen keine erneuerbaren Substitute bekannt sind oder in denen die erneuerbaren Werkstoffe in den Rankinglisten eher sehr weit unten positioniert sind.

Im Sinne des grundlegenden Nachhaltigkeitsgedankens, das ökonomische Potential der Ressourcen zu erhalten – und zwar für ein möglichst breites Spektrum der Ressourcenanwendung – sollte ein langfristiger Transformationsprozeß in der Ressourcennutzung dadurch gekennzeichnet sein, daß weder schwerwiegende Qualitätseinbußen in den Einsatzfeldern der genutzten Ressourcen auftreten, noch übergeordnete Anwendungsfelder der Ressourcennutzung entfallen. Substitutionsvorgänge von nicht-erneuerbaren gegen erneuerbare Ressourcen sollten daher möglichst frühzeitig in denjenigen Anwendungsfeldern vorangetrieben werden, in denen hochwertige erneuerbare Substitute bereits vorliegen, wenn deren Einführung ohne große Qualitätsverluste möglich ist. Wenig sinnvoll ist hingegen eine Forcierung von vorzeitigen Substitutionsvorgängen, wenn damit bedeutsame qualitative Einbußen einhergehen. In Anwendungsbereichen ohne hochwertige erneuerbare Substitutwerkstoffe sollte in mittlerer Zeitfrist vielmehr die Sicherung der langfristigen Ressourcenverfügbarkeit ohne Qualitätseinbußen im Vordergrund stehen, wobei in diesen Bereichen der sparsame Umgang mit den hochwertigen Ressourcen von allerhöchster Bedeutung ist. Im Sinne einer langfristigen Vorsorge zur Sicherung der Ressourcenverfügbarkeit wäre es für die betroffenen Anwendungsfelder angemessen, eine kontinuierliche Grundlagenforschung mit dem langfristigen Ziel der Erschließung und Einführung hochwertiger erneuerbarer Substitutwerkstoffe zu betreiben.

Da diese sehr materialspezifischen Aspekte der Ressourcennutzung und -substitution bisher nicht in den Managementregeln für Nachhaltigkeit Beachtung finden, ist es angebracht, die fünfte Regel, die den Transformationsprozeß in der Ressourcennutzung betrifft, entsprechend zu ergänzen. Nachfolgend werden lediglich diejenigen Absätze aufgeführt, die modifiziert oder ergänzt wurden:

Ergänzung der fünften Managementregel für Nachhaltigkeit: *In der kombinierten Nutzung von erneuerbaren und nicht-erneuerbaren Ressourcen in der langen Frist sind Schocks in der Ressourcenverfügbarkeit, Qualitätseinbußen in der Ressourcennutzung und Formen intertemporal ineffizienter Ressourcennutzung zu vermeiden. Da letztlich die erneuerbaren Ressourcen die alleinige Ressourcengrundlage zukünftiger Generationen darstellen, sind zur Realisierung eines intertemporal kontinuierlichen Transformationspfades in der Ressourcennutzung folgende Leitregeln zu beachten:*

- *Der Nutzung und Erschließung erneuerbarer Ressourcenpotentiale ist besondere Priorität einzuräumen. Besonders in Anwendungsbereichen der Ressourcennutzung, wo hochwertige erneuerbare Substitute vorhanden sind, sind frühzeitige Substitutionsprozesse zu begünstigen.*
- *In Anwendungsbereichen ohne bekannte hochwertige erneuerbare Substitute ist in mittlerer Zeitfrist für eine sparsame Ressourceninanspruchnahme und für eine Sicherung der Ressourcenverfügbarkeit ohne große Qualitätseinbußen zu sorgen. Zur Gewährleistung einer langfristigen Ressourcennutzung sind Forschungsanstrengungen zur Entwicklung hochwertiger erneuerbarer Substitute durchzuführen.*

Bei all diesen Ausführungen zur Materialsubstitution stand bisher das Problem der langfristigen Ressourcenverfügbarkeit im Vordergrund. Unbeachtet blieben dabei die Implikationen der Materialsubstitution in bezug auf die absoluten mechanischen und senkenbezogenen Eingriffsbegrenzungen der Natur. Es ist jedoch in keinerlei Weise gewährleistet, daß die Sicherung der Ressourcenverfügbarkeit für alle Ressourcenanwendungsbereiche oder die Substitutionsprozesse zur Erhöhung der Nutzung von erneuerbaren Ressourcen umwelt*entlastend* wirken. Sicher ist hingegen, daß jede Form der Materialsubstitution zu einer Veränderung der Umweltbelastung führt – ob diese Veränderung positiv oder negativ auf die Natur einwirkt, bleibt dabei offen.

Aus thermodynamischer Sicht ist Materialsubstitution weit mehr als nur der Austausch von einem Material gegen ein anderes. Es handelt sich dabei vielmehr um einen Austausch von entropischen Prozessen mit gleichwertigem Endprodukt, wobei sich sowohl der Ressourcenverbrauch auf der Inputseite verändert als auch die Abfall- und Emissionsstruktur auf der Outputseite. Betroffen ist der gesamte Lebenszyklus einer Ressource bzw. eines Produkts, wie dargestellt im Kapitel 4.3.1 in Abbildung 4.9. Wird ein Werkstoff zur Herstellung eines Gutes gegen ein anderes substituiert, so findet eine grundlegende Veränderung in den vorgelagerten Prozessen der Werkstoffproduktion statt. Die Umweltbedingungen, die technischen Abläufe und die sich daraus ergebenen Umweltbelastungen sind im Bergbau, in Aufarbeitung und Raffination sowie in der Werkstoffverarbeitung für verschiedene Ressourcen üblicherweise sehr unterschiedlich. Aber auch die Prozesse der Produktnutzung und der anschließenden Entsorgung oder Kreislaufschließung mögen unter Verwendung eines Materialsubstituts modifiziert werden. So könnten z. B. die Lebensdauer des Produkts, seine Recyclingfähigkeit und seine Emissions- oder Energiebilanz in diversen Prozessen des Lebenszykluses aufgrund des neuen Werkstoffes deutlich verändert werden. Folglich ist es das Resultat *jeder* Form von Materialsubstitution, daß sowohl die Ressourceninput- als auch die Abfall- und Emissionsstruktur im Lebenszyklus des Endproduktes modifiziert werden.[199]

Dies trifft in gleicher Weise auf alle Prozeßveränderungen zu, die im Sinne des Nachhaltigkeitsziels zur Sicherung der Ressourcenverfügbarkeit oder zur Transformation in eine auf erneuerbaren Ressourcen basierende Wirtschaftsweise erwünscht sind. Doch nicht alle Maßnahmen, die die allgemeine Ressourcenverfügbarkeit oder den Anteil der genutzten erneuerbaren Ressourcen erhöhen, sind gleichzeitig umweltentlastend, wie die nachfolgenden Beispiele zeigen.

- Die Erschließung neuer Ressourcenvorkommen mit extrem geringer Erzkonzentration kann die Ressourcenverfügbarkeit deutlich erhöhen, doch sie steigert gleichzeitig auch den Flächenverbrauch.
- Die Materialsubstitution einer verknappenden Ressource mit sehr geringer Erzkonzentration gegen eine reichlich vorhandene Ressource mit höherer Konzentration trägt in ähnlicher Weise zur Sicherung der Ressourcenverfügbarkeit bei und führt gleichzeitig zu einem verringerten Flächenverbrauch im Bergbau. Damit ist jedoch nicht gesagt, daß nicht auch neue und zusätzliche Umweltbelastungen in anderen Prozessen des Lebenszykluses auftreten.

---

199 Aus dieser Sichtweise ist auch der Unterschied zwischen Materialsubstitution und Erhöhung der Ressourcenproduktivität nicht mehr sehr groß. Häufig werden Steigerungen der Ressourcenproduktivität durch Einführung verbesserter Technologien oder Verfahren in den Herstellungsprozessen von Produkten erreicht. Auch der Vorgang einer direkten Materialsubstitution kann eine vollständige Veränderung im Produktionsablauf oder in der Produktionstechnik erfordern. In beiden Fällen wird weniger Material eingesetzt, während sich der entropische Charakter der beteiligten Prozesse grundlegend verändern kann.

- Auch die Substitution einer nicht-erneuerbaren durch eine erneuerbare Ressource muß nicht in jedem Fall zu einer Entlastung des Naturhaushaltes führen, sondern kann gerade im Fall konventioneller und intensiver Anbaubedingungen des nachwachsenden Rohstoffs sehr bedenklich sein.[200]

Aufgrund dieses Tatbestandes sollten ausdrücklich alle erwünschten Formen der Materialsubstitution frühzeitig auf ihre Umweltwirkungen untersucht werden. Eine angemessene Bestandsaufnahme der Veränderungen in der Umweltbelastung durch Materialsubstitution kann dabei nur durch Methoden erreicht werden, die den gesamten Lebenszyklus einbeziehen. Den in Kapitel 3.3 vorgestellten Methoden der Stoffstromanalyse, der Materialintensitätsanalyse und der Ökobilanz kommt in diesem Kontext grundlegende Bedeutung für die Erfassung und Bewertung von Substitutionsprozessen zu.

Angesichts des entropischen Charakters ökonomischer Prozesse im allgemeinen und der Vorgänge der Materialsubstitution im besonderen kann im Sinne des Nachhaltigkeitsziels der Ressourcenschonung das Postulat formuliert werden, daß *auch Aktivitäten zur Sicherung und Transformation der Ressourcennutzung nicht zu einer erhöhten Umweltbelastung führen dürfen*. Eine solche Formulierung impliziert prinzipiell, daß Prozesse der Materialsubstitution sowie Anstrengungen zur Erhöhung der Ressourcenproduktivität und zur Sicherung der Ressourcenverfügbarkeit nicht mit einer Erhöhung der Umweltbelastung eingehen sollten. Vielmehr sollte der gesamte Prozeß der Sicherung der Ressourcennutzung und der Transformation in Richtung auf eine auf erneuerbaren Ressourcen basierende Wirtschaftsweise durch eine Entlastung der natürlichen Umwelt geprägt sein. Dieser Aspekt sollte stets ein wesentliches Ziel der Forschungsanstrengungen in allen Bereichen der Ressourcennutzung darstellen.

In diesem Zusammenhang stellt sich die Frage, ob nicht die Implementation der absoluten nachhaltigen Makrogrenzen hinsichtlich der Ressourcennutzung sowie in bezug auf die Inanspruchnahme von natürlichen Senken und Räumen unter Anwendung von ökonomischen Instrumenten dazu führt, daß sich aufgrund der absoluten Verknappung der Naturleistungen und der dadurch induzierten Preissteigerungen für naturintensive Güter und Dienstleistungen alle aus einer Nachhaltigkeitsperspektive erwünschten Substitutionsprozesse zur Sicherung der Ressourcenverfügbarkeit und zur Umsetzung der Transformation in der Ressourcennutzung automatisch einstellen und gleichzeitig stets umweltentlastend wirken. Damit wird die Frage nach der Kraft der Marktallokation mittels relativer Preise, die bereits im vorangegangen Kapitel diskutiert wurde, erneut für den spezifischen Fall der Materialsubstitution aufgeworfen.

Zweifellos können die zwei Formen der Materialsubstitution und die Erhöhung der Ressourcenproduktivität, die in der dritten Managementregel als wesentliche Mechanismen zur Sicherung der langfristigen Ressourcenverfügbarkeit genannt werden, durch eine Verschiebung der relativen Preise in vielfältiger Weise begünstigt werden:

- Durch die Verteuerung der Inanspruchnahme von natürlichen Ressourcen würden die Kosten von materialintensiven Gütern, Dienstleistungen und Produktionsprozessen ansteigen. Ein solcher Kostendruck aufgrund materialintensiver Wirtschaftsweise würde einen technologischen Trend zur Dematerialisierung von Gütern und Dienstleistungen begünstigen und gleichermaßen den Einsatz arbeitsintensiverer Produktionsprozesse fördern.

---

200 So fiel beispielsweise eine ökonomisch-ökologische Bewertung der Substitution von nicht-erneuerbarem Dieselkraftstoff gegen erneuerbaren Rapsdiesel, die vom deutschen Umweltbundesamt durchgeführt wurde, aufgrund der sehr umweltbelastenden Bedingungen im Rapsanbau zu*un*gunsten des erneuerbaren Rapses aus. Vgl. Umweltbundesamt 1993.

- Angesichts steigender Kosten von Ressourcen und der Inanspruchnahme von Naturräumen und -senken bestände ein monetärer Anreiz zur Schließung von Stoffkreisläufen durch vermehrte Aktivitäten im Bereich der Recyclingwirtschaft und der Sekundärmärkte. Hohe Raten der Materialdispersion und offene Stoffkreisläufe in Unternehmen könnten deutliche Wettbewerbsnachteile nach sich ziehen, während Aktivitäten zur Schließung von Stoffkreisläufen im Sinne des Prinzips niedriger Entropiedifferenzen profitabel werden könnten.
- Eine ökonomische Aufwertung der Natur durch Verteuerung der Naturinanspruchnahme könnte dazu führen, daß Materialeigenschaften, die eine verbesserte stoffliche Kreislaufwirtschaft ermöglichen, ein erhöhtes Gewicht in der technischen Bewertung von Werkstoffen zugesprochen würde. Außerdem würden umweltschonendere Werkstoffe auch in der ökonomisch-technischen Rankingliste aufgrund ihres Kostenvorteils weiter nach oben rükken und hätten daher in der Werkstoffauswahl eine verbesserte Position inne. Materialsubstitutionen mit Umweltentlastungseffekt würden damit ganz generell begünstigt.
- Da erneuerbare Ressourcen in der Regel weniger umweltbelastend sind, würde auch ihr Einsatz durch eine Verschiebung der Preisrelationen gefördert werden.
- Angesichts zunehmender Umweltbelastungen durch abnehmende mineralische Erzkonzentrationen im Bergbau würde durch eine Preiserhöhung der Naturinanspruchnahme die Ausbeutung hochkonzentrierter Ressourcenvorkommen bevorzugt werden. Dadurch könnten frühzeitige Substitutionsprozesse von verknappenden nicht-erneuerbaren Ressourcen durch nicht-erneuerbare Substitutressourcen mit höheren Erzkonzentrationen begünstigt werden.

Doch ebenso wie in der allgemeinen Diskussion der Bedeutung der preisinduzierten Substitution als Allokationsmechanismus in Kapitel 4.3.2 existieren auch für die preisinduzierte Materialsubstitution in der Endanwendung von Werkstoffen einige ***Hemmnisse***:

⇒ Die lange Anwendungserfahrung mit einem Werkstoff und der dazugehörigen Technologie bilden sowohl für den Werkstoffhersteller als auch für den Endanwender ein *Know-how-Kapital*, das in bezug auf ein Substitutmaterial oder eine neue Technologie erst noch zu erwerben ist.[201] Die monetären Aufwendungen zur Aneignung dieses neuen Know-how-Kapitals sind als Begleitkosten eines Substitutionsprozesses zu verstehen, die, sofern sie sehr hoch sind, durchaus einen materialbezogenen Kostenvorteil aufheben können.

⇒ Der optimale Einsatz eines Werkstoffes in einer Endanwendung erfordert bisweilen eine Kooperation zwischen Werkstoffhersteller, Halbzeugproduzent und Endfertiger.[202] Eine *gewachsene Kooperationsstruktur* wird nicht einfach aufgrund von geringen Kostenvorteilen aufgegeben.

⇒ Ein weiteres Kostenargument bezieht sich auf *Umrüstungsinvestitionen*, die möglicherweise beim Endanwender für eine Umstellung auf einen neuen Werkstoff oder eine ressourcensparende Technologie notwendig sind. Die Einführung neuer Ausrüstungen blokkiert die Umkehrbarkeit des Substitutionsprozesses und kann für den Fall, daß sich der neue Werkstoff oder die neue Technologie als Fehlgriff erweisen sollte, hohe Folgekosten induzieren.[203] Die Umrüstungskosten fallen um so schwerer ins Gewicht, je höher die

---

201 Als grundlegendes Argument für die Nutzung eines traditionellen Werkstoffes wird nicht selten angeführt, daß das Material bekannt ist. Vgl. z. B. Bundestagsdrucksache (13/1696) 1995: S. 16 und Speidel 1992: S. 21. Oder in Worten eines Ingenieurs der Krupp AG: „...*weil jeder Werkstoff so viel wert ist, wie man über ihn und sein Verhalten weiß*." Heubner 1992: S. 80.

202 Vgl. dazu Engels 1992: S. 56 und Bundestagsdrucksache (13/1696) 1995: S. 26.

203 Vgl. Tilton 1983: S. 5-6 und Bundestagsdrucksache (13/1696) 1995: S. 16.

Unsicherheit über die Angemessenheit der Substitution ist. Als Anreiz für eine risikobehaftete Werkstoffsubstitution ist daher ein deutlicher Kostenvorteil durch einen Substitutwerkstoff oder durch eine ressourcensparende Technologie erforderlich.

⇒ Auch die Preisstabilität des potentiellen Werkstoffsubstituts ist bedeutsam. Angesichts der üblichen Preisschwankungen auf Rohstoffmärkten wird ein Werkstoffanwender den Kostenvorteil eines Substitutmaterials nur dann würdigen, wenn die Roh- und Werkstoffpreise eine gewisse Preisstabilität aufweisen, so daß ein Kostenvorteil über einen längeren Zeitraum realisierbar ist. Weiterhin muß auch eine angemessene Versorgungssicherheit mit einem neuen Werkstoff gewährleistet sein.

⇒ Im Gegensatz zu einer unkomplizierten (und leicht umkehrbaren) Materialsubstitution, bei der lediglich ein Material gegen ein anderes ausgetauscht wird und keine weiteren Maßnahmen erforderlich sind, kommt es im Falle von Maßnahmen, die eine Umrüstung in der Kapitalausstattung erfordern zu einer zeitlichen Verzögerung. Einerseits wird für die Entwicklung, für die Installation und/oder für den Umbau von Ausrüstungsanlagen eine bestimmte Zeit benötigt.[204] Andererseits werden insbesondere Unternehmen mit relativ neuen Ausrüstungen, die noch nicht amortisiert sind, die Option der Materialsubstitution erst zu einem späteren Zeitpunkt in Betracht ziehen. Die sich daraus ergebende zeitliche Verzögerung der Einführung neuer Technologien, die auch als *Jahrgangseffekt* bezeichnet wird, ist um so größer je höher die Lebensdauer und die Kapitalintensität der betreffenden Anlagen sind.[205]

⇒ Ein großes Hemmnis, das der Substitution eines umweltbelastenden Materials im Wege stehen kann, ist seine technische Qualität. Sofern keine vergleichbaren Substitutwerkstoffe vorhanden sind, kann eine Substitution auch nicht erfolgen. In diesem Fall besteht einzig die Option einer ressourcensparenden Materialnutzung. Aber auch die Verfügbarkeit von umweltschonenderen Substitutmaterialien mit geringerer Qualität und deutlichen Kostenvorteilen wird in der Ressourcennutzung nichts ändern, wenn die hohe Qualität eines Materials höher bewertet wird als der Kostenvorteil (und die Umweltentlastung) durch das potentielle Substitut.[206]

⇒ Schließlich ist die ökonomische Relevanz der Materialkosten in manchen Anwendungsbereichen marginal. Selbst wenn die Materialkosten durch eine deutliche Preiserhöhung der Ressourcen an ökonomischer Bedeutung gewinnen würden, so wäre der Anteil einzelner Materialien an den Gesamtmaterialkosten besonders in vielen hochkomplexen Produkten nach wie vor sehr gering. Der Kostenvorteil aus einer Substitution wird damit für die Produktion solcher Produkte vernachlässigbar.[207]

---

204 Die Einführung neuer Materialien inklusive der Optimierung der Werkstoffertigung und der Produktionsprozesse der Endfertigung dauert nicht selten mehrere Jahre. Vgl. Bundestagsdrucksache (13/1696) 1995: S. 16, Heubner 1992: S. 90 und Tilton 1983: S. 5-6.

205 Ein ähnliches Problem besteht hinsichtlich der Wahl zwischen additiver und integrierter Umwelttechnologie. Da bei additiver Technik nur eine Zusatzausrüstung erforderlich ist und keine vollständige Umrüstung der Anlagen, wird sie besonders in der kürzen Zeitfrist bevorzugt, während die Einführung integrierter Techniken von der Amortisation der bestehenden Anlagen abhängt und zumeist Gegenstand der längerfristigen Unternehmensplanung ist. Vgl. Meyer 1995: S. 22.

206 Wie oben bereits erwähnt, ist die qualitative Funktionserfüllung eine wesentliche Voraussetzung für die Wahl eines Werkstoffes. Vgl. Wimmer/von Zengen 1986: S. 400 und Illgner 1986: S. 284.

207 Vgl. Tilton 1983: S. 5.

Angesichts dieser Hemmnisse ist zu konstatieren, daß sich die in der dritten Managementregel genannten Mechanismen der Materialsubstitution und der Ressourcenproduktivitätserhöhung nach einer Implementation der absoluten Naturbegrenzungen nicht in jedem Fall und schon gar nicht ohne Zeitverzögerung aufgrund eines veränderten relativen Preisgefüges automatisch einstellen. Pfadabhängigkeiten in der Technologie- und der Werkstoffanwendung, fehlende Substitutwerkstoffe und Qualitätsdifferenzen zwischen Substitutmaterialien können einen Substitutionsprozeß blockieren oder gar verhindern. Eine Materialsubstitution ist lediglich in solchen Fällen wahrscheinlich, wo sich signifikante und stabile Materialpreisdifferenzen manifestieren, die es lohnend machen, das Risiko der Substitution einzugehen und die sicheren Pfade der Vergangenheit zu verlassen. Aufgrund dieser Hemmnisse für eine preisinduzierte Materialsubstitution sind weitergehende Staatseingriffe zur Stimulierung erwünschter Substitutionsprozesse durchaus angemessen. Sinnvolle Maßnahmen wären in diesem Zusammenhang die Förderung von materialwissenschaftlicher Grundlagenforschung und anwendungsorientierter Forschung in der Werkstofftechnik sowie Unterstützungsleistungen oder Zusatzanreize für Unternehmen für die Einführung ressourcensparender Umwelttechnologien oder erneuerbarer bzw. umweltentlastender Werkstoffe.

Doch angesichts der obigen Hemmnisse ist selbst im Fall einer zustande kommenden Materialsubstitution nicht gewährleistet, daß Substitutionsprozesse nach der Veränderung der relativen Preise grundsätzlich umweltentlastend wirken. Einer solchen Tendenz in den Prozessen der Materialsubstitution stehen insbesondere die technischen Qualitätsdifferenzen zwischen Werkstoffen entgegen. Stände z. B. aufgrund der nahenden Erschöpfung einer nicht-erneuerbaren Ressource ein Substitutionsprozeß bevor, wobei ein Material mit leicht geringerer technischer Qualität, aber mit Umweltentlastungseffekten und geringeren Kosten sowie ein Material mit hoher technischer Qualität, höheren Kosten und erhöhter Umweltbelastung zur Auswahl für die weitere Ressourcennutzung ständen, so ist es nicht ausgeschlossen, daß aufgrund des Qualitätsvorteils hauptsächlich der umweltbelastende Werkstoff gewählt wird. Zur Unterstützung des Nachhaltigkeitsgedankens der Ressourcenschonung ist es daher angemessen, in den Managementregeln für Nachhaltigkeit darauf hinzuweisen, daß sämtliche Maßnahmen zur Sicherung der Ressourcenverfügbarkeit und zur Einführung von erneuerbaren Substitutwerkstoffen nicht zu einer Erhöhung der Umweltbelastung beitragen sollten. In diesem Sinne sind ergänzende Formulierungen in der dritten und der fünften Managementregel für Nachhaltigkeit sinnvoll.

Ergänzung der dritten Managementregel für Quasi-Nachhaltigkeit:

- *Im Sinne des Prinzips der Ressourcenschonung sollten Aktivitäten zur Sicherung der Ressourcenverfügbarkeit nicht zu einer Erhöhung der Naturbelastung führen.*

Ergänzung der fünften Managementregel für Nachhaltigkeit:

- *Es ist stets zu beachten, daß sämtliche Aktivitäten zur Transformation in der Ressourcennutzung nicht mit einer Erhöhung der Naturbelastung einhergehen.*

Der Aspekt der Qualitätsdifferenzen zwischen Werkstoffen als Hemmnis einer preisinduzierten Materialsubstitution ist sehr bedeutsam. Er spielt auch auf der 4. Ebene der Analyse der Ressourcennutzung von nicht-erneuerbarer Materie eine wesentliche Rolle.

4.3.4 Nachhaltigkeit, ökonomische Entwicklung, Innovationen und Materialnutzung (Ebene 4)

Auf der vierten Ebene der Analyse eines nachhaltigen Wirtschaftens mit nicht-erneuerbaren Materieressourcen wird abschließend aus Sicht der evolutionären Theorieschule untersucht, welche Bedeutung innovative Aktivitäten, die den ungleichgewichtigen Prozeß ökonomischer Entwicklung durch Einführung neuer Werkstoffe, Produkte, Technologien und Verhaltensweisen vorantreiben, für die Struktur der Materialnutzung und deren Wirkungen auf die Natur haben.

Von Innovationen war bereits im vorigen Kapitel die Rede, als es um die Einführung von neuen Werkstoffen als Substitute für traditionelle Materialien ging. Diese Innovationen können in der Terminologie aus Kapitel 3.2.2.2 als Prozeßinnovationen bezeichnet werden, da sie dadurch motiviert sind, daß ein vorgegebenes Produkt unter Veränderung der Produktionsbedingungen kostengünstiger hergestellt wird. An dieser Stelle sollen nun jedoch *Produktinnovationen* im Zentrum der Diskussion stehen, die dadurch charakterisiert sind, daß sie das Wesen und die Zyklen wirtschaftlicher Entwicklung durch Schaffung neuer Märkte maßgeblich prägen.

Nicht-erneuerbare Werkstoffe spielen für fast jede Produktinnovation eine grundlegende Rolle. Auf den ersten Blick ist das nicht sehr erstaunlich, da es auf der Hand liegt, daß neue Produkte, Dienstleistungen oder Technologien eine materielle Grundstruktur benötigen. Doch das ist nicht der wesentliche Aspekt. Vielmehr ist die Tatsache von Bedeutung, daß der innovative Charakter von Produktinnovationen nicht selten erst durch das einmalige hochwertige Eigenschaftsprofil eines neuen, innovativen Werkstoffes ermöglicht wird.[208] Zur Verdeutlichung seien einige Beispiele für innovative Materialien genannt, die bisweilen auch als Hochleistungswerkstoffe bezeichnet werden:[209]

- **Halbleiterstoffe** wie Silizium und Gallium waren grundlegende Materialien für die Entwicklung der Mikroelektronik, der Photovoltaik und der Lasertechnik.
- **Amorphe Metalle** sind metallische Gläser, die aufgrund ihrer elektrischen und magnetischen Eigenschaften spezifische Anwendungsmöglichkeiten in der Elektrotechnik eröffneten.
- **Memory-Legierungen** auf Metallbasis verändern ihre Gestalt mit der Temperatur und ermöglichten dadurch diverse neue Anwendungen in der Regelungstechnik.
- **Glasfaserwerkstoffe** eröffneten die Möglichkeit der optischen Datenübertragung.
- **Hochleistungskeramiken** waren und sind bedeutsam für technologische Verbesserungen in den Bereichen Energietechnik, Motorenbau und Elektrotechnik.
- **Hochleistungsmetallegierungen** mit extremen Eigenschaften hinsichtlich ihrer Festigkeit, ihrer Korrosionsbeständigkeit und/oder ihrer Temperaturbeständigkeit sind essentielle Werkstoffe für die Luft- und Raumfahrt, den Maschinenbau und die nachsorgende Umwelttechnik.
- **Beschichtungswerkstoffe** können verschiedene diverse Eigenschaften von Strukturmaterialien deutlich erhöhen.

---

208 Nachfolgend steht der Begriff „neue Werkstoffe" für innovative neue Materialien aus der Werkstoff-Forschung. „Neue Werkstoffe" stehen begrifflich im Kontrast zu „konventionellen Werkstoffen".

209 Die nachfolgende Auflistung beruht auf Informationen über neue Werkstoffe aus Sterk 1994: S. 13-18 und Bundestagsdrucksache (13/1696) 1995: S. 12-13.

Nicht ohne Grund wird daher den neuen Werkstoffen eine Schlüsselrolle für die Technologieentwicklung zugeschrieben, wie nachfolgende Zitate belegen:

> *„Neue Werkstoffe werden zu Recht zu den Schlüsseltechnologien gezählt; ohne sie ist keine technische Idee realisierbar."*[210]

> *„Materialforschung und Werkstofftechnologien werden von allen führenden Industrienationen als Schlüsseltechnologien eingestuft und gelten weltweit als besonders zukunftsträchtiger Technologiebereich."*[211]

Wenngleich sich die verschiedenen neuen Werkstoffe deutlich voneinander unterscheiden, so vereint sie dennoch ein gemeinsamer Trend in ihren Entwicklungslinien. Grundsätzlich besteht bei neuen Werkstoffen die Tendenz zu immer komplexeren Strukturen aufgrund der zunehmend subtiler werdenden Kombinationen der verfügbaren Grundelemente.[212] Weiterhin zeichnen sich viele neue Werkstoffe durch eine hohe Variationsbreite im Eigenschaftsprofil aus, da durch geringfügige Änderungen der Materialzusammensetzung oder der Materialstruktur deutliche Eigenschaftsveränderungen erreicht werden können. Folglich besteht die Möglichkeit, neue Werkstoffe so einzusetzen, daß sie gemäß gewünschter Eigenschaftsprofile für spezifische Anwendungen maßgeschneidert hergestellt werden. Diese Tendenz zur gezielten Werkstoffzurichtung erfordert zumeist extrem hohe Reinheitsgrade der notwendigen Einsatzstoffe und ist sehr know-how-intensiv. Besonders der Verfahrenstechnik in der Werkstoffherstellung kommt diesbezüglich eine große Bedeutung zu, da die Herstellung vieler maßgeschneiderter Werkstoffe eine außerordentlich hohe Präzision erforderlich macht. Bisweilen können aus traditionellen Werkstoffen allein auf Grundlage neuer Herstellungsverfahren neue Werkstoffe entstehen, weil neue technologische Verfahren z. B. den Weg ebnen, um ungewöhnliche Ungleichgewichtsstrukturen im atomaren Aufbau der konventionellen Werkstoffe herzustellen, wodurch veränderte Eigenschaftsprofile entstehen. Grundsätzlich ist stets im Gedächtnis zu behalten, daß neue Werkstoffe neue Kombinationen aus den bekannten 107 Elementarstoffen darstellen, die heute nahezu alle in der einen oder anderen Form in der Werkstofftechnik Verwendung finden.[213] Das Neue an den neuen Werkstoffen ist daher nicht die Entdeckung neuer Rohstoffvorkommen oder neuer Elementarstoffe, sondern die Neukombinationen der Stoffe und die neuen Verarbeitungsformen. Somit findet aufgrund von Innovationsprozessen in der Werkstofforschung im Zeitverlauf eine stetige Veränderung in der Nutzungsstruktur der Elementarstoffe und deren Rohstoffvorkommen statt.

Die Kosten neuer Werkstoffe sind aufgrund der hohen Know-how-Intensität beträchtlich, und sie werden weniger von den Rohstoff- als vielmehr von den Herstellungskosten bestimmt. Als Konsequenz sind neue Werkstoffe eher selten im Bereich der massenmäßigen Strukturanwendungen zu finden, sondern sie sind derzeit hauptsächlich in funktionalen Anwendungsbereichen konzentriert, wo die notwendigen Materialeinsatzmengen eher gering sind. Daher ist die mengenmäßige Nachfrage nach neuen Werkstoffen nicht sehr ausgeprägt, während jedoch

---

210 Sterk 1994: S.32.

211 Bundestagsdrucksache (13/1696) 1995: S. 3.

212 Ein Trend zu zunehmender Komplexität ist im übrigen ganz allgemein auch für sämtliche technische Systeme feststellbar. Vgl. Hornbogen 1995: S. 574-575.

213 Vgl. Sterk 1994: S. 31-32 und Bundestagsdrucksache (13/1696) 1995: S. 12-14. Es sei jedoch anzumerken, daß lediglich 88 der Grundelemente des Periodensystems in wägbaren Mengen in der Natur vorkommen. Die restlichen Elemente sind lediglich künstlich erzeugbar. Vgl. Schröter/ Lautenschläger/Bibrack 1992: S. 28.

die mit ihnen verbundene Wertschöpfung sehr hoch ist. So wird beispielsweise der Wert aller 1986 in der westlichen Welt hergestellten Elektronikwerkstoffe mit 14 Millionen ECU angegeben, während von dem grundlegenden Material im Halbleiterbereich, Silizium, nur 5.000 Tonnen verarbeitet wurden.[214] Als weiteres Beispiel mag der Fall des in den 80er Jahren entwickelten Beschichtungswerkstoffes ORMOCER genannt werden, der als Kombination aus Keramiken und organischen Kunststoffen hergestellt wird. Mit Hilfe dieses neuen Beschichtungsstoffes können u. a. Brillengläser aus Kunststoff, Metalloberflächen und Compact Disks (CDs) weitgehend kratzfest hergestellt werden. Allein im Brillenmarkt wurde Ende der Achtziger Jahre auf Grundlage von nur 12,5 Kilogramm ORMOCER pro Jahr ein Umsatz in Höhe von 25 Mio. DM realisiert.[215]

Innovationsprozesse im Werkstoffbereich lassen sich weiterhin durch zwei wesentliche Begleiterscheinungen charakterisieren. Auf der einen Seite erhöht sich durch zusätzlich erschlossene neue Werkstoffe die Konkurrenz unter den Materialien in Anwendungsfeldern mit relativ geringen Anforderungen an die eingesetzten Werkstoffe, wodurch Prozesse der Materialsubstitution stimuliert werden können.[216] Doch angesichts der zumeist hohen Kosten bei vielen innovativen Werkstoffen und angesichts der im vorigen Kapitel genannten Hemmnisse ist die in der Praxis vorherrschende Tendenz erklärbar, daß neue Werkstoffe im Bereich der reinen Werkstoffsubstitution eher wenig erfolgreich sind.[217]

Auf der anderen Seite werden mittels innovativer Werkstoffe neue Anwendungsfelder erschlossen oder traditionelle Anwendungsfelder werden qualitativ revolutioniert. In diesem Potential der neuen Werkstoffe, neue Märkte zu eröffnen, liegt ihre hauptsächliche Bedeutung. Dabei sind die neuen Werkstoffe in ihren innovativen Anwendungsfeldern zumeist ohne jegliche Konkurrenz, d. h. sie sind weder ökonomisch noch technologisch substituierbar. Angesichts dieser Monopolstellung der innovativen Materialien sind die mit ihnen verbundenen hohen Kosten eher von untergeordneter Bedeutung, da die Erschließung neuer Märkte hohe zukünftige Gewinne verspricht.[218]

Die Revolutionierung eines Anwendungsfeldes durch den Einsatz neuer Werkstoffe trägt nicht selten den Charakter einer Material- oder Gütersubstitution, da ein traditionelles Produkt mit vorgegebener Materialstruktur sukzessive durch ein neues Produkt mit anderer Materialzusammensetzung verdrängt wird. Wesentlich ist dabei der qualitative Fortschritt, der durch das neue Produkt erzielt wird. Die Bedeutung des Produktpreises wird in den Hintergrund gedrängt, da selbst ein höherer Preis eines neuen Produktes aufgrund seiner hohen Qualität akzeptabel sein kann. Ein weiterer wesentlicher Unterschied zu einer rein preisinduzierten Gütersubstitution besteht darin, daß ein Substitutionsprozeß, der sich aufgrund qualitativer Vorteile

---

214 Silizium ist außerdem ein gutes Beispiel für einen traditionellen Massenwerkstoff (Verwendung in Form von Sand, Glas, Quarz, Kristallen etc.), der aufgrund der Erschließung seiner Halbleitereigenschaften zu einem neuen Hochleistungswerkstoff avancierte. Bezogen auf die Gesamtgewinnung des Rohmaterials liegt der mengenmäßige Anteil des Siliziums, das als wertschöpfungsintensives Halbleitermaterial verwendet wird, lediglich im Subprozentbereich. Vgl. Sterk 1994: S. 49-50.

215 Vgl. Bundestagsdrucksache (13/1696) 1995: S. 27-28.

216 Als prominentes Beispiel mag hier die Entwicklung von kostengünstigen Kunststoffen und Leichtmetallen gelten, die u. a. in diversen Anwendungsfeldern in Konkurrenz zu traditionellen Stoffen wie Schwermetallen, Glas und Holz traten und diese in vielen Bereichen verdrängten. So war z. B. die Glasflasche noch 1950 im Bereich der Softdrinks außer Konkurrenz und verlor bis 1977 knapp 40% des Marktanteils an die Getränkedosen. Vgl. Tilton 1983: S. 4-5 und Drury 1989: S. 322.

217 Vgl. Bundestagsdrucksache (13/1696) 1995: S. 16. Für ein konkretes Beispiel eines gescheiterten Versuchs einer großangelegten Materialsubstitution aus Sicht des Werkstoffherstellers BASF vgl. ebd.: S. 25-26.

218 Vgl. Socher 1994: S. 8 und Bundestagsdrucksache (13/1696) 1995: S. 12.

eines neuen Produktes vollzieht, einen irreversiblen Charakter hat.[219] Als Beispiel sei die Markteinführung des CD-Players als Produktinnovation im Bereich der Unterhaltungselektronik genannt, die u. a. ermöglicht wurde, weil Daten mit Hilfe des neuen Materials Polykarbonat *optisch* gespeichert werden konnten.[220] Als Konsequenz konnten eine bessere Klangqualität, eine anwenderfreundlichere Bedienung und ein unempfindlicherer und kleinerer Tonträger realisiert werden. Der vorher handelsübliche Plattenspieler wurde durch dieses hochwertige Produkt irreversibel verdrängt, obwohl sowohl der CD-Player als auch die CD-Tonträger in der Einführungsphase deutlich höhere Preise aufwiesen. Mittlerweile werden neue Musikprodukte nicht mehr auf Langspielplatten angeboten. Aufgrund seiner geringeren Qualität ist eine Rückkehr zum Plattenspieler selbst dann nicht zu erwarten, wenn sein Preis ins Bodenlose fallen sollte. Dieses Produkt wurde in der „Evolution der Güter" qualitativ verdrängt.[221]

Daraus ergibt sich als wesentliche Implikation der Produktinnovation mittels neuer Werkstoffe, daß innovative Materialien ihre traditionellen Vorgänger unabhängig von ihren Preisrelationen verdrängen können, wenn sie eine qualitative Verbesserung in einem Anwendungsbereich ermöglichen. Aus diesem Umstand ist jedoch nicht generell zu schlußfolgern, daß neue Werkstoffe die traditionellen Stoffe sukzessive verdrängen, da die Realisierung von Produktinnovationen stets auch den Einsatz traditioneller Materialien erfordert. Besonders jede Einführung vollkommen neuer Produkte oder Technologien – egal ob sie durch neue Werkstoffe ermöglicht wurden oder durch sonstige technische Fortschritte – eröffnen auch für traditionelle Werkstoffe neue Marktchancen.[222]

Da durch neue innovative Werkstoffe neue Anwendungsfelder der Materialnutzung erschlossen werden können, die z. B. die Realisierung der Grundbedürfnisbefriedigung erleichtern, ist im Sinne der erweiterten dritten Managementregel für Nachhaltigkeit, in der die *Sicherung eines möglichst breiten Spektrums der Materialnutzung* gefordert wird, eine langfristige Gewährleistung des materiellen Innovationspotentials unabdingbar. Der Erhalt dieses Innovationspotentials setzt allerdings voraus, daß die vorhandenen Grundelemente des Periodensystems nicht erschöpfen bzw. unverfügbar werden. Angesichts der innovativen Bedeutung immer neuer Kombinationen von Grundstoffen ist der Erhalt der Ressourcenvielfalt – analog zum Argument für den Erhalt der biologischen Artendiversität – eine grundlegende Voraussetzung für die Innovationsfähigkeit der Materialwissenschaften und der Werkstofftechnik. Jedes chemische Element, das erschöpft bzw. aufgrund eines hohen Dispersionsgrades nicht mehr verfügbar ist, schwächt das ökonomische Innovationspotential und trägt dazu bei, die Chancen des Erhalts oder der Erweiterung des Spektrums der Materialnutzung in der Zukunft zu verringern. Die Formulierungen in der dritten Managementregel sind diesbezüglich nicht ausreichend, da die Erschöpfung von nicht-erneuerbaren Ressourcen und die damit einhergehende Vernichtung von materiellem Innovationspotential durch Erhöhung der Ressourcenproduktivi-

---

219 In der Begrifflichkeit der Neoklassik zeichnen sich Substitutgüter dadurch aus, daß eine Preiserhöhung eines Substitutgutes dazu führt, daß das andere Substitutgut zu Lasten des verteuerten Gutes vermehrt nachgefragt wird. Vgl. Pindyck/Rubinfeld 1992: S. 101. In diesem Sinne wären zwei Güter mit gleicher Anwendung aber hohem Qualitätsunterschied nach neoklassischer Definition *keine* Substitutgüter, wenn das höherwertige Gut das andere *preisunabhängig* irreversibel verdrängt.

220 Vgl. Bundestagsdrucksache (13/1696) 1995: S. 12.

221 Vgl. zu dieser Frage der Nichtumkehrbarkeit im Fall von Gütersubstitutionen und der daraus ableitbaren Kritik an dem neoklassischen Konzept der Nachfragekurve: Tilton 1983: S. 7-8.

222 Vgl. Engels 1992: S. 53 und Bundestagsdrucksache (13/1696) 1995: S. 12.

tät oder durch Substitution nicht verhindert wird. Daraus leitet sich die Notwendigkeit einer weiteren **Ergänzung der dritten Managementregel für Quasi-Nachhaltigkeit** ab:

- *Zur Sicherung des langfristigen Innovationspotentials in der Materialnutzung ist eine vollständige Erschöpfung bzw. eine Nichtverfügbarkeit einzelner chemischer Grundelemente zu vermeiden.*

Produktinnovationen durch neue Werkstoffe eröffnen neue Anwendungsfelder der Materialnutzung und können auf diese Weise sowohl zur Gewährleistung der langfristigen Ressourcenverfügbarkeit als auch zur Erleichterung der Grundbedürfnisbefriedigung beitragen. ***Ungeklärt ist dabei, ob die Umweltbelastungen infolge von Produktinnovationen zu- oder abnehmen.***

In einer Befragung von Ingenieuren zum Thema Umweltverträglichkeit von neuen Werkstoffen wiesen die Mehrzahl der Befragten darauf hin, daß ernsthafte Umweltprobleme nicht zuletzt deshalb nicht zu erwarten seien, weil der mengenmäßige Einsatz von innovativen Materialien äußerst gering sei.[223] Desweiteren ist zu konstatieren, daß eine Vielzahl von Autoren die grundlegende Bedeutung diverser innovativer Materialien für eine Entlastung der Natur hervorhebt. Entsprechende Beispiele existieren zur Genüge. So werden beispielsweise die neuen Keramiken im Motorenbau genannt, durch deren Einsatz der Kraftstoffverbrauch gesenkt und Emissionen stark vermindert werden können. Auch die Anwendung von hochfesten und leichten Aluminiumlegierungen ermöglicht im Fahrzeugbau hohe Energieeinsparungen. In der Energietechnik sind neue Halbleiterwerkstoffe auf der Basis von Silizium und Gallium unerläßlich für eine weitere Verbesserung und Optimierung in der solaren Energiegewinnung. In der Umwelttechnik sind innovative Einsatzwerkstoffe wie keramische Membranen oder hochgradig korrosionsbeständige Stähle unabdingbar für die Realisierung geschlossener Stoffkreisläufe und zur Senkung stofflicher Dispersionsraten. Weiterhin basieren auch viele Prozesse einer ressourcensparenden Miniaturisierung von Gütern auf dem Einsatz neuer Werkstoffe. So resultierten z. B. aus der stofflichen Möglichkeit, Daten optisch mittels Laserstrahlen und Polykarbonat auf CDs zu speichern, enorme Ressourceneinsparungen, da eine CD aus 16 Gramm Polykarbonat mit Rohmaterialkosten von zehn deutschen Pfennigen eine Informationsdichte von 24 Tonnen Papier aufweist.[224] Diese Beispiele deuten an, daß Innovationen aus der Werkstofforschung einen essentiellen Beitrag für die Realisierung einer nachhaltige Wirtschaftsweise leisten können.

Nichtsdestotrotz belegen diese Einzelbeispiele nicht, daß neue Werkstoffe grundsätzlich umweltentlastend wirken. Häufig beziehen sich die Beispiele zur Umweltentlastung lediglich auf *ein* Stadium im Lebenszyklus eines Produktes, so z. B. auf einen reduzierten Energieverbrauch in der Gebrauchsphase. Zusätzlichen Umweltbelastungen in den vorgelagerten Lebenszyklusstadien der neuen Werkstoffe und in der Entsorgungsphase wird allerdings ebenso selten Beachtung geschenkt wie den ökologischen Risiken, die sich aus der Dispersion eines neues Stoffes ergeben, und die mit den positiven Entlastungseffekten im Zielkonflikt stehen. Dabei gilt für den Fall der Produktinnovation genauso wie für eine preisinduzierte Materialsubstitution, daß durch ihre Realisierung neue entropische Prozesse eingeführt werden, die die Struktur der Stoffströme und die Belastungsformen der Naturräume verändern – wodurch sich als Konsequenz neue ökologische Risiken ergeben können. Der Nettoeffekt für die Umwelt kann nur

223 Vgl. Von Gleich/Hellenbrandt 1994: S. 6.

224 Vgl. Faul 1994: S. 307-308, Speidel 1992: S. 21-25, Heubner 1992: S. 81-91 und Chmiel/Mavrov/ Kaschek 1994: S. 276-281.

durch eine lebenszyklusübergreifende Analyse der Stoffströme und der Naturraumbelastung ermittelt werden.

Generell problematisch ist die oben angesprochene Tendenz, daß die Komplexität neuer Werkstoffe und Technologien stets zunimmt, da sich dadurch die Entropiedifferenzen zwischen den einzelnen Lebenszyklusphasen einer Ressource im Zeitablauf erhöhen. Dieses Phänomen läßt sich in der nachfolgenden Abbildung 4.10 verdeutlichen, wo in Anlehnung an Abbildung 4.9 aus Kapitel 4.3.1 die Lebenszyklusstationen einer Ressource vereinfacht dargestellt sind.

Abbildung 4.10:
Entropische Entwicklungstrends im Lebenszyklus nicht-erneuerbarer innovativer Werkstoffe

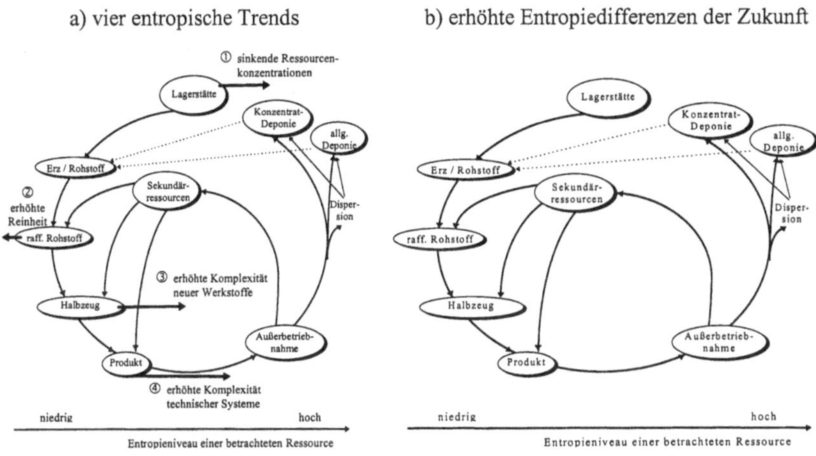

In der linken Graphik a) sind vier entropische Trends durch die dicken Pfeile angedeutet, die die Innovationsprozesse in der Werkstofforschung im Zeitablauf begleiten. *Erstens* sinkt unabhängig von jeglichen Innovationsaktivitäten die Ressourcenkonzentration der Primärressourcen in den Lagerstätten. Die steigende Entropie bei den Primärressourcen erfordert im intertemporalen Verlauf zunehmende Anstrengungen zur Gewinnung einer Ressourceneinheit und ist verbunden mit einem erhöhten Energieeinsatz und zunehmendem Flächenverbrauch. *Zweitens* erfordern neue Werkstoffe häufig extrem hohe Reinheitsgrade und damit einen hohen Energieaufwand zur Realisierung niedrigster Entropiezustände.[225] *Drittens* resultieren aus immer neuen Kombinationen der bestehenden chemischen Grundelemente stets komplexere Werkstoffinnovationen, deren Herstellung höchste Präzision sowie zunehmend energie- und ressourcenaufwendigere Verfahren erfordert. *Viertens* besteht letztlich auch in technischen Systemen, in die neue Werkstoffe eingebettet sind, ein allgemeiner Trend zu steigender Komplexität. Gedacht sei diesbezüglich z. B. an Computerchips, deren zunehmende Leistung auf Grundlage komplexer werdender Strukturen erreicht wird.

---

225 So sind z. B. für alle elektronischen Funktionswerkstoffe Reinheitsgrade zwischen 99,999% und 99,9999999% erforderlich. Vgl. Sterk 1994: S. 49.

Als Ergebnis dieses allgemeinen Trends in der intertemporalen Werkstoffentwicklung entstehen ***wachsende Entropiedifferenzen*** zwischen primärer und raffinierter Ressource einerseits und zwischen raffinierter Ressource und Werkstoff bzw. Endprodukt andererseits. Aufgrund komplexerer Produkte mit höheren Entropieniveaus sind letztlich auch die Entropiezustände nach Außerbetriebnahme von Produkten und auf den Deponien entsprechend höher. In Graphik b) ist angedeutet, wie sich die vier entropischen Trends aus Graphik a) auf einen Ressourcen-Lebenszyklus der Zukunft auswirken. Die entropischen Abstände zwischen den Ressourcenzuständen in den einzelnen Phasen haben sich erhöht und die maximalen Entropiedifferenzen zwischen raffinierter Ressource und Deponie sind angewachsen. Somit läuft der „natürliche Trend der Werkstoffinnovation" mit wachsenden Entropiedifferenzen dem Prinzip der niedrigen Entropiedifferenzen aus der dritten Managementregel für Nachhaltigkeit diametral entgegen.

Für den Innovationsprozeß mit neuen Werkstoffen ergeben sich daraus zwei Arten von grundsätzlichen Problemen. Auf der einen Seite steigt der Energie- und Ressourcenaufwand zur Herstellung innovativer Werkstoffe und Endprodukte im Zeitablauf an. Auf der anderen Seite stellen die komplexeren Werkstoffe und Produkte mit einer Zeitverzögerung gemäß ihrer Lebensdauer nach ihrer Außerbetriebnahme aufgrund der Vielzahl der verwendeten und kombinierten Stoffe ein komplexeres Entsorgungsproblem dar. So sind z. B. maßgeschneiderte Verbundwerkstoffe häufig in einer Weise aus verschiedenen Grundwerkstoffen zusammengefügt, die eine Wiederverwertung im Stoffkreislauf kaum oder nur auf sehr minderwertigem Niveau möglich machen. Selbst bei den grundsätzlich sehr gut kreislauffähigen Metallen kommt es bei neuen innovativen Legierungen und Beschichtungsverfahren zu Komplikationen beim Recycling, da komplexere Metallkombinationen im Schrott zu erhöhten Umweltbelastungen führen können und daher Anpassungen im Recyclingprozeß erforderlich machen.[226] Schließlich kann die hochgradig synthetische Zurichtung neuer Werkstoffe auch einer problemlosen Stofftrennung und einer Eingliederung in natürliche Stoffkreisläufe im Wege stehen.[227]

Da es sich beim Innovationstrend mit wachsenden Entropiedifferenzen nicht um ein einmaliges Ereignis, sondern um einen kontinuierlichen Entwicklungsprozeß im Zeitablauf handelt, kann die Nichtberücksichtigung des Kreislaufgedankens durch die Akteure des Innovationsprozesses dazu führen, daß sich die Realisierung einer geschlosseneren Kreislaufwirtschaft zunehmend schwieriger gestaltet oder gar verhindert wird – mit der unmittelbaren bis mittelfristigen Konsequenz steigender Entsorgungs- und Emissionsprobleme und dem langfristigen Resultat einer verminderten Ressourcenverfügbarkeit. Daher ist es im Falle einer werkstoffbezogenen Produktinnovation keinesfalls gewährleistet, daß die Umweltbelastungen durch das verbesserte Produkt nicht zunehmen.

Im Falle einer werkstoffbedingten Produktinnovation, die einen Anwendungsbereich qualitativ revolutioniert und durch die im Verlauf der Produkteinführung ein traditionelles Produkt verdrängt wird, ergeben sich Veränderungen in der Umweltbelastung dadurch, daß die entropischen Prozesse im Lebenszyklus des neuen Produkts die entropischen Prozesse des traditionellen Produkts ersetzen – ebenso wie im Fall der preisinduzierten Materialsubstitution. Die Existenz von Umweltentlastungseffekten in einzelnen Stadien des Lebenszykluses des neuen Produkts garantiert dabei nicht, daß diese Entlastungen nicht durch zusätzliche Naturbelastungen in anderen Lebenszyklusstadien – z. B. durch hohen Energieeinsatz in der Werkstoffherstellung oder Verschärfung des stofflichen Entsorgungsproblems aufgrund der allgemeinen Ten-

226 Vgl. dazu am Beispiel von zinkbeschichtetem Stahl: Kösters/Antlinger 1994.
227 Vgl. Hornbogen 1995: S. 580-583 und Bundestagsdrucksache (13/1696) 1995: S. 20.

denz der wachsenden Entropiedifferenzen – konterkariert werden. Aufschluß kann letztlich nur der Lebenszyklusvergleich der jeweiligen entropischen Prozesse geben.

Eine andere Konstellation liegt im Fall von werkstoffbedingten Produktinnovationen vor, die einen vollkommen neuen Anwendungsbereich erschließen. Da in diesem Fall keine ähnlichen Produkte verdrängt werden, scheint es nicht zu einem Austausch von entropischen Prozessen zu kommen, sondern lediglich zu einer *Hinzufügung* neuer entropischer Prozesse, wodurch grundsätzlich eine erhöhte Umweltbelastung entsteht. Diese Einschätzung ist allerdings sehr vordergründig und in dieser Formulierung nicht richtig. Es finden bei Einführung von Produktinnovationen mit neuen Anwendungsfeldern durchaus Substitutionsprozesse statt. Diese sind jedoch wesentlich indirekter als Substitutionen zwischen Substitutgütern.

Die Durchsetzung eines neuen Produktes erzeugt Ungleichgewichtsprozesse. Auf der Nachfrageseite werden vorherrschende Präferenzstrukturen verschoben und das bestehende Einkommen wird zugunsten des innovativen Produktes umverteilt. Dadurch ergibt sich hinsichtlich der Nachfrage nach *allen* traditionellen Gütern ein einkommensbezogener indirekter Substitutionseffekt, da die Ausgaben für den Erwerb des innovativen Gutes zu Lasten von Ausgaben für andere Güter geht. Unter der Annahme eines gleichbleibenden Einkommens führt die erhöhte Nachfrage nach dem neuen Gut zu einer verringerten Nachfrage nach anderen Gütern, so daß sich letztlich auf diese indirekte Weise aufgrund der Budgetrestriktion der privaten Haushalte ein Substitutionsprozeß vollzieht, in dem entropische Prozesse einander ersetzen bzw. einander ablösen.[228]

Eine Analyse der Umweltwirkungen derartiger indirekter Substitutionsprozesse ist erheblich schwieriger als im Fall der Substitution zwischen Substitutgütern. Einerseits vollziehen sich indirekte Substitutionsprozesse je nach Präferenzordnung individuell verschieden, da verschiedene Nachfrager zugunsten des Erwerbs des neuen Produktes auf andere Güter verzichten. Andererseits können mit einem neuen Produkt zusätzliche Verhaltensänderungen auftreten, die ebenfalls veränderte Umweltbelastungen nach sich ziehen können. So ist beispielsweise bekannt, daß viele Menschen mit der Einführung des Personalcomputers sehr viel Freizeit mit diesem neuen Produkt verbrachten und daher zunehmend auf andere Aktivitäten (und deren Umweltbelastungen) verzichteten. Ex ante sind solche Substitutionseffekte und deren Umweltwirkungen kaum vorhersehbar und daher nur in grober Weise als Tendenz abschätzbar. Bessere Analysen der Umweltwirkungen sind ex post zu erwarten, aber selbst dann können sie nur als Annäherungen betrachtet werden, da eine exakte Zuordnung von indirekten Substitutionsprozessen kaum möglich ist. Bei der Einführung neuer Produkte ist daher der Nettoeffekt der Umweltbelastung ungewiß und daher in jedem Fall mit einem Risiko verbunden. Dieses Risiko ist allerdings um so kleiner, je geringer der Umweltbelastungseffekt des Produkts an sich ist.

Die Einführung eines neuen Produkts oder einer neuen Technologie mit der Erschließung eines bisher nicht bekannten Anwendungsfeldes kann auch auf der Angebotsseite zu einschneidenden makroökonomischen Veränderungen führen. Sofern es sich um eine Basisinnovation handelt, in deren Gefolge weitere Produktinnovationen folgen, mag eine vollkommen neue Wirtschaftsbranche entstehen, die die neue Produktpalette und die damit notwendig werdenden Dienstleistungen anbietet. Doch auch in diesem Fall entsteht nicht nur eine neue Branche – und damit eine neue Umweltbelastung – , sondern andere Wirtschaftszweige mögen verdrängt oder zurückgedrängt werden, weil z. B. das Lohnniveau durch einen neuen gewinn-

228 Ein derartiger einkommensbezogener indirekter Substitutionsprozeß vollzieht sich auch bei Produktinnovationen, die vorhandene Güter aufgrund erhöhter Qualität verdrängen, wenn der Preis des qualitativ hochwertigeren Produkts höher ist als der des traditionellen Gutes.

trächtigen Sektor zuungunsten wenig rentabler Unternehmen deutlich ansteigen kann oder die Nachfrage nach anderen Produkten sinkt. Auch ein derartiger ökonomischer Strukturwandel und dessen ökonomischen und ökologischen Folgen sind ex ante nur sehr schwer vorhersehbar. Lediglich ex post läßt sich beurteilen, ob ein durch ein Bündel von Produktinnovationen ausgelöster ökonomischer Strukturwandel be- oder entlastend auf die Natur gewirkt hat.[229]

Alle diese Unsicherheiten bei der ex-ante-Abschätzung von Umweltwirkungen durch Produktinnovationen können aber nicht als Legitimation dafür gelten, auf sie vollkommen zu verzichten. Im Gegenteil ist die Erstellung einer umfassenden Technikfolgenabschätzung mit Prognosen über mögliche ökonomische, soziale und ökologische Auswirkungen einer Produktinnovationen ein essentielles Instrument im Umgang mit technologischen Risiken. Nur so können mögliche Gefahren und auch Chancen einer Innovation frühzeitig erkannt und im Diffusionsprozeß berücksichtigt werden.

Zusammenfassend ist zu konstatieren, daß die Umweltwirkungen von Produktinnovationen hochgradig ungewiß sind und ihnen daher stets ein Risiko erhöhter Naturbelastungen inhärent ist. Selbst bei einer Implementation der absoluten Naturbegrenzungen mittels ökonomischer Anreize ist es nicht gesichert, daß Produktinnovationen im Sinne des Nachhaltigkeitsgedankens ressourcenschonend und umweltentlastend wirken. Der Hauptgrund dafür liegt darin, daß die Bedeutung des relativen Preises für Produktinnovationen verhältnismäßig gering ist. Im Gegensatz dazu steht die Qualität des Neuen im Vordergrund, die sich in Form höheren Wohlstands durch höherwertige und neue Produkte auf der Nachfrageseite und durch beträchtliche Gewinnoptionen in neuen Wirtschaftssektoren auf der Angebotsseite darstellt. Daher ist es angebracht, die Ergänzungen der dritten und fünften Managementregel aus Kapitel 4.3.3, daß sämtliche Aktivitäten zur Transformation in der Ressourcennutzung bzw. zur Sicherung der Ressourcenverfügbarkeit nicht mit einer Erhöhung der Naturbelastung einhergehen sollten, inhaltlich auch auf Produktinnovationen zu beziehen.

Angesichts der hier beschriebenen Ungewißheit, exakte Umweltwirkungen von Produktinnovationen vorherzusehen, ist die Aussagefähigkeit dieser Leitregeln in bezug auf Innovationsaktivitäten allerdings nur begrenzt präzise. Sie mögen als grobe Orientierungen hilfreich sein, um z. B. die Einführung neuer Produkte oder Technologien, deren hohen umweltbelastenden Nettoeffekte schon ex ante offensichtlich sind, zu verhindern oder mit Auflagen zu versehen. Sie sind allerdings wenig geeignet, um Produktinnovationen im Sinne des Nachhaltigkeitsgedankens zu charakterisieren, da sie lediglich die Gefahr der zunehmenden Umweltbelastung ausdrücken, aber die Bedeutung werkstoffbezogener und technologischer Produktinnovationen für eine nachhaltige Entwicklung vernachlässigen.

Aus einer Nachhaltigkeitsperspektive sind jedoch beide Aspekte von Bedeutung. Produktinnovationen auf Grundlage nicht-erneuerbarer neuer Werkstoffe und Technologien sind in vielerlei Hinsicht bedeutsam für einen Entwicklungsprozeß in Richtung auf eine nachhaltige Wirtschaftsweise. Auch wenn viele nicht-erneuerbare Ressourcen in ferner Zukunft nicht mehr zur Verfügung stehen werden, so können sie dennoch zum Transformationsprozeß beitragen, indem durch ihre Hilfe der Anteil erneuerbarer Ressourcen erhöht, die thermodynamische Effizienz ökonomischer Prozesse gesteigert, Stoffkreisläufe geschlossen und stoffliche Dispersionsgrade gesenkt werden, wodurch letztlich sowohl die mittel- bis langfristige Ressourcenverfügbarkeit als auch die Lebenserhaltungsfunktionen der Natur gesichert werden. Daher ist es für eine nachhaltige Entwicklung unzweifelhaft notwendig, entsprechende Produktinnovationen zu begünstigen. Doch aufgrund der Ungewißheiten ist nicht bei allen Produktinnovationen

---

229 Vgl. für eine empirische Analyse der Umweltwirkungen des Strukturwandels der OECD-Länder von 1970 bis 1990: Jänicke et al. 1992.

ihr Umweltentlastungseffekt ex ante identifizierbar und manche Innovationen mögen neutral oder leicht umweltbelastend wirken. Außerdem ist jede Innovationsbewertung mit einer Abwägung zwischen umweltbe- und -entlastenden Faktoren verbunden, da zumindestens der oben beschriebene Trend der steigenden Entropiedifferenzen bei nahezu allen Produktinnovationen umweltbelastend wirkt. Daraus ergibt sich die Notwendigkeit, neben dem Postulat, daß ökonomische Innovationen nicht zu einer Erhöhung der Naturbelastung beitragen sollten, zusätzliche *Mindest*merkmale aufzuzeigen, die nachhaltige Forschungs- und Innovationsaktivitäten charakterisieren.

Diesbezüglich ist es besonders notwendig, Leitregeln für Innovationsprozesse vorzulegen, um aufzuzeigen, welche Implikationen vom Nachhaltigkeitskonzept angesichts des Trends zu steigenden Entropiedifferenzen für Produktinnovationen ausgehen. In Hinblick auf den essentiellen Stellenwert von Innovationen für den nachhaltigen Transformationsprozeß in Richtung auf eine auf erneuerbaren Ressourcen basierende Wirtschaftsweise kann es nicht darum gehen, Produktinnovationen nur aufgrund des Trends zu steigenden Entropiedifferenzen grundsätzlich abzulehnen. Es geht vielmehr darum, das Potential einer zunehmenden Umweltbelastung durch Produktinnovationen, das sich aus der im Zeitablauf steigenden Komplexität von Werkstoffen und Technologien ergibt, wahrzunehmen und das daraus ableitbare Risiko von Anfang an maßgeblich in den Innovationsprozeß einzubeziehen. Der Trend zu steigenden Entropiedifferenzen birgt die Gefahren, daß Reststoffe aus der Ökonomie zunehmend schwieriger, in minderwertigen Anwendungen und/oder nur unter zunehmenden Energieaufwand in den Wirtschaftskreislauf zurückgeführt werden können und sich somit die Belastung der Natur mit neuartigen Reststoffen, die nicht in natürliche Kreisläufen integriert werden können, erhöht.

Die stoffliche Kreislaufwirtschaft gerät im Zeitablauf *dann* in Schwierigkeiten, wenn die komplexitätserhöhenden Innovationsaktivitäten in den Lebenszyklusphasen *vor* dem Produktgebrauch nicht durch entsprechend subtilere Methoden der stofflichen Kreislaufrückführung begleitet werden. Der Innovationsprozeß darf sich daher nicht nur darauf beschränken, neue komplexe Stoffe und Technologien in Umlauf zu bringen, sondern muß *gleichzeitig* eine möglichst umweltverträgliche Stoffrückführung beinhalten. Daher sollte für jede Produktinnovation bereits zum Zeitpunkt ihrer Einführung ein Konzept für eine umweltgerechte stoffliche Kreislaufführung im Sinne des Prinzips der niedrigen Entropiedifferenzen vorliegen. Folglich ist ein *vorsorgeorientiertes technologisches Paradigma* in der Forschung und Entwicklung neuer Werkstoffe und neuer Technologien notwendig, das die möglichen Risiken einer Produktinnovation von vornherein in den Entwicklungsprozeß einbezieht und ökologisch verträgliche Lösungen hervorbringt.

Ein solches vorsorgeorientiertes technologisches Paradigma trägt das Erfordernis in sich, bei F&E-Aktivitäten stets alle Lebenszyklen zu berücksichtigen. Forschungskooperationen zwischen den Akteuren der Wertschöpfungskette, die bereits heute maßgeblich am Erfolg bei der Einführung neuer Werkstoffe und Technologien teilhaben, können dazu beitragen, Produktinnovationen von vornherein umweltverträglicher zu gestalten, da mit Hilfe des Fachwissens der einzelnen Akteure über die jeweiligen Lebenszyklusprozesse die entstehenden Risiken und Probleme eines neuen Produkts oder einer Technik besser eingeschätzt und umweltgerechte Lösungen angemessen erarbeitet werden können.[230] So mag z. B. eine Zusammenarbeit zwischen Werkstofftechnikern, Halbzeugherstellern und Ingenieuren der Recyclingwirtschaft dazu führen, daß Anforderungen hinsichtlich der Demontierbarkeit von Produkten und der Trennung von Stoffen berücksichtigt werden; die Einbeziehung der Endproduktfertiger mag weiterhin Optionen und Anforderungen aufzeigen, die für eine Wiederverwendung einzelner

230 Vgl. Bundestagsdrucksache (13/1696) 1995: S. 20-21 und 26-28, Engels 1992: S. 56 und Socher 1994: S. 8.

demontierter Produktteile, Module oder Stoffe von Relevanz sind; Reparaturbetriebe können wichtige Hinweise hinsichtlich der Reparaturfreundlichkeit von Produkten und Technologien geben; usw. Die sogenannte „integrale Gußkonstruktion" von Metallhalbzeugen ist ein interessantes Beispiel dafür, wie durch technologische Verfahren von Halbzeugproduzenten die hohe Komplexität technologischer Produkte umweltverträglich gestaltet werden kann. Mit Hilfe von computergesteuerter Gußtechnik können komplexe Mehrteilsysteme in einem Guß hergestellt werden, wodurch Vormontage, Schweißverbindungen und Lagerhaltung entfallen und das metallische Endprodukt sowohl leichter und damit im Transportbereich energieeffizienter ist, als auch ein demontierfreundliches Recycling ermöglicht.[231]

Angesichts dieser Ausführungen ergibt sich die folgende **Ergänzung der fünften Managementregel für Nachhaltigkeit**:

- *Werkstoffbezogene und technologische Innovationen sind essentielle Komponenten für den Transformationsprozeß in der Ressourcennutzung. Angesichts der ökologischen Risiken, mit denen Innovationen im Zuge des intertemporalen Trends zu steigenden Entropiedifferenzen assoziiert sind, sollte für jede Produktinnovation zum Zeitpunkt ihrer Markteinführung ein Konzept für eine stoffliche Kreislaufführung im Sinne des Prinzips der niedrigen Entropiedifferenzen vorliegen.*

4.4 Resümee: Strenge Nachhaltigkeit und nicht-erneuerbare materiell nutzbare Ressourcen

In diesem Kapitel wurde die Thematik eines nachhaltigen Wirtschaftens mit nicht-erneuerbaren Ressourcen mit einem besonderen Fokus auf der Materialnutzung untersucht. In diesem Kontext wurde einerseits das Konzept der strengen Nachhaltigkeit in einer modifizierten Interpretation verwendet und andererseits wurden auf Grundlage neoklassischer, thermodynamischer und evolutionärer Theorieansätze vier Ebenen der Materialnutzung identifiziert und analysiert. Als Ergebnis dieser Untersuchung wurden diverse materialspezifische Aspekte der intertemporalen Ressourcennutzung aus mikro- und makroökonomischer Sicht offengelegt, während Mängel in den Managementregeln für Nachhaltigkeit aufgezeigt und behoben wurden. Nachfolgend werden zuerst die 4 Ebenen einer nachhaltigen Materialnutzung inklusive ihrer Politikimplikationen in zusammenfassender Weise dargelegt (Kapitel 4.4.1). Anschließend werden die im Verlauf des Kapitels vier konkretisierten und ergänzten Managementregeln für strenge Nachhaltigkeit in einer Kurzfassung und in einer vollständigen Langfassung abgedruckt (Kapitel 4.4.2).

4.4.1 Strenge Nachhaltigkeit und die 4 Ebenen einer nachhaltigen Materialnutzung

Als Grundlage der Analyse einer intertemporal nachhaltigen Materialnutzung wurde zu Beginn im Kapitel 4.1 der in der Nachhaltigkeitsdebatte dominierende Nachhaltigkeitsbegriff aufgrund des zugrundeliegenden Naturverständnisses einer Kritik unterzogen. Es wurde darauf hingewiesen, daß die Natur häufig in sehr vereinfachender Weise als Bestandsgröße dargestellt wird, wodurch ihrem dynamischen Charakter mit den vielfältigen komplexen Interdependenzen zu wenig Aufmerksamkeit zuteil wird. Als Konsequenz wird das Intakthalten der Natur lediglich auf die natürlichen Produktions- und Senkenfunktionen bezogen, wobei sowohl die Bedeutung

231 Vgl. Engels 1992: S. 52-55.

des Naturraums als Lebensraum als auch die Auswirkungen mechanischer Natureingriffe vernachlässigt werden. Desweiteren wird auch der Tatsache, daß sich Natur evolutionär weiterentwickelt, kaum Rechnung getragen. Im Gegensatz zu einem solchen Naturverständnis wurde in Kapitel 4.1 ein komplexeres Naturbild als Grundlage für das Nachhaltigkeitskonzept gewählt. Demzufolge wird strenge Nachhaltigkeit als Bewahrung der natürlichen Komplexität und als Gewährleistung der evolutionären Entwicklungsfähigkeit der Natur interpretiert. Für ein Konzept streng nachhaltiger Entwicklung bedeutet das, daß sich ökonomische Entwicklung – die u. a. als Komplexitätszunahme der Akteursbeziehungen interpretiert wird – im Einklang mit einer ökologischen Entwicklung vollzieht, die als Komplexitätszunahme der natürlichen Interdependenzen in evolutionären und sukzessiven Prozessen gedeutet wird.

Aufbauend auf dieser modifizierten Nachhaltigkeitsinterpretation wurde in den Kapiteln 4.2 und 4.3 unter Bezugnahme auf die in den Kapiteln zwei und drei vorstellten Theorieansätze ein Theoriekonzept für ein nachhaltiges Wirtschaften mit nicht-erneuerbarer Materie entwikkelt, das auf *einer* makroökonomischen und *drei* mikroökonomischen Analyseebenen basiert. Diese vier Theorieebenen ermöglichen einerseits eine vollständige analytische Erfassung sämtlicher Formen der ökonomischen Materialnutzung auf unterschiedlichen Hierarchiestufen und andererseits kann mit ihrer Hilfe eine politische Strategie für ein nachhaltiges Wirtschaften mit nicht-erneuerbaren materiell-nutzbaren Ressourcen formuliert werden. Nachfolgend werden die Grundzüge einer nachhaltigen Materialnutzung inklusive ihrer allgemeinen Politikimplikationen zusammenfassend dargestellt.

Die **Ebene 1** bezieht sich auf den makroökonomischen Rahmen einer nachhaltigen Nutzung von nicht-erneuerbaren Ressourcen. Gemäß Kapitel 4.2 sind drei Arten von Grenzziehungen für eine Umsetzung des strengen Nachhaltigkeitskonzepts unabdingbar:

Erstens ist es hinsichtlich einer schockfreien langfristigen *Ressourcenverfügbarkeit* notwendig, Grenzen in der Nutzung von erneuerbaren und nicht-erneuerbaren Ressourcen zu etablieren. Diesbezüglich sind für die erneuerbaren Ressourcen alle Bedingungen einzuhalten, um einen dauerhaft zu realisierenden nachhaltigen Ertrag zu gewährleisten. Wesentliche Bedingungen sind u. a. eine stets ausreichende Verfügbarkeit von Saatgut, der Erhalt der Bodenfruchtbarkeit, die langfristige Verfügbarkeit der landwirtschaftlich nutzbaren Flächen und der Erhalt landwirtschaftlicher Nutzarten. Zur Befriedigung der Grundbedürfnisse aller Menschen ist es langfristig außerdem notwendig, daß die Bevölkerungsgröße stabilisiert wird, damit der nachhaltige Ertrag an erneuerbaren Ressourcen *pro Kopf* nicht irgendwann unter die Grundbedürfnisgrenze abrutscht. Hinsichtlich der nicht-erneuerbaren Ressourcen, deren Erschöpfung bei kontinuierlicher Inanspruchnahme unvermeidbar ist, ist dafür Sorge zu tragen, daß ein intertemporaler Transformationsprozeß in der Ressourcennutzung eingeleitet wird. Dieser Prozeß erfordert eine definitive Festlegung von Obergrenzen bezüglich der jährlichen globalen Inanspruchnahme von nicht-erneuerbaren Primärressourcen, wodurch letztlich eine Stabilisierung und Senkung des primären Ressourcenverbrauchs ermöglicht und ein Übergang auf eine auf erneuerbaren Ressourcen basierende Wirtschaftsweise ohne Schocks in der Ressourcenverfügbarkeit eingeleitet wird. Zur Gewährleistung einer erfolgreichen Transformation und einer intertemporal langfristigen Verfügbarkeit grundlegender Ressourcenfunktionen sind u. a. übermäßige ökonomische Abhängigkeiten, hohe Wachstumsraten in der Inanspruchnahme und intertemporale Formen der Verschwendung von nicht-erneuerbaren Ressourcen zu vermeiden. In diesem Zusammenhang ist eine besondere Ressourcenschonung für all diejenigen materiell nutzbaren Ressourcen notwendig, deren mittelfristige Verfügbarkeit deutlich rückläufig ist und für die in den ökonomischen Anwendungsbereichen keine erneuerbaren Substitute bekannt sind (vgl. Kapitel 4.2.1.1 und 4.3.3).

Zweitens sind hinsichtlich des Eintrages von Emissionen Obergrenzen für die stoffliche Belastung der Natur festzusetzen, um eine übermäßige Inanspruchnahme der natürlichen Fähigkeiten zur Absorption und Assimilation von Stoffen zu vermeiden und die Funktionsfähigkeit der natürlichen Senken zu bewahren. Hier ist insbesondere für solche Stoffe, die nicht in der Natur vorkommen oder die nicht durch natürliche Prozesse abgebaut werden können, zu beachten, daß ihr Eintrag entweder zu minimieren oder – bei hohem Risiko – völlig zu vermeiden ist (vgl. Kapitel 4.2.1.2).

Drittens sind Grenzziehungen bezüglich mechanischer Natureingriffe erforderlich, um die interdependenten Naturbeziehungen nicht zu überlasten und die Entwicklungsfähigkeit natürlicher Systeme zu gewährleisten. In diesem Sinne sind hauptsächlich zwei Arten von Begrenzungen notwendig. Einerseits ist der Natur mit ihrer Vielfalt an Arten, Biotopen, Ökosystemen und Ökosystemkomplexen ausreichender Raum in Form von „Naturentwicklungsgebieten" für eine evolutionäre Entwicklung mit geringem menschlichen Selektionsdruck zu überlassen. Desweiteren ist eine regionale Vernetzung relativ unbelasteter natürlicher Biotope und Ökosysteme zu gewährleisten, die sowohl die Bewahrung von Lebensräumen für die regionale Artenvielfalt ermöglicht als auch den Erhalt der erneuerbaren ökonomischen Nutzungspotentiale von Naturräumen als Senken und Ressourcenquellen berücksichtigt. Als Instrument einer derartigen Grenzbestimmung kann eine ökonomisch-ökologische Raumplanung hilfreich sein (vgl. Kapitel 4.2.1.3).

Mit dieser Sichtweise gestaltet sich der ***Scale einer Ökonomie*** etwas komplexer als in der Sichtweise von DALY, der lediglich den Throughput einer Ökonomie – also sämtliche stofflichen In- und Outputs – berücksichtigte. Aufgrund der dritten Begrenzung werden zusätzlich die Aspekte des Naturraums und der Naturraumbelastung einbezogen.

Alle drei Grenzen, durch die der Scale einer Ökonomie bestimmt wird, zeichnen sich dadurch aus, daß sie nicht objektiv bestimmbar sind. Jede Grenzziehung erfordert eine normative Entscheidung über den Zustand von Natur und Menschen und über das Ausmaß der Ressourcenverfügbarkeit von zukünftigen Generationen. Die Festlegung der ersten Grenze setzt insbesondere hinsichtlich der Nutzung von nicht-erneuerbaren Ressourcen voraus, daß eine ethische Entscheidung darüber getroffen wird, in welcher Weise erschöpfbare Ressourcen intertemporal verteilt werden sollen und welche Belastungen den zukünftigen Menschen zuzumuten sind. Weiterhin ist die Bestimmung von Emissionsgrenzen nicht unabhängig von Qualitätszielen möglich. Die Vorstellungen darüber, wie weit Natursysteme in ihrer Entwicklung gestört werden dürfen, wie hoch die Emissionsbelastung von Menschen höchstens sein darf und unterschiedliche Einstellungen hinsichtlich des Umgangs mit den damit zusammenhängenden Ungewißheiten basieren auf normativen Entscheidungen. Schließlich liegt auch der Bestimmung der mechanischen Eingriffsgrenzen ein deutlich normativer Charakter zugrunde, da Entscheidungen darüber, wieviel Raum der Natur und ihren Arten und Ökosystemen überlassen wird und wie die Natur, die den Menschen umgibt, aussehen soll, ethischer und normativer Art sind.

Als Konsequenz scheint eine gewisse Beliebigkeit in der Grenzbestimmung vorzuherrschen. Nichtsdestotrotz handelt es sich beim Nachhaltigkeitskonzept um eine normative Konzeption, die, sofern sie als Basis menschlichen Wirtschaftens allgemein anerkannt wird, die Entscheidungsfindung hinsichtlich der Scalegrenzen erleichtern kann oder zumindestens eine Orientierung für eine Korrektur der Grenzen bietet. Im Sinne des Kapitels 4.1 bedeutet strenge Nachhaltigkeit, daß eine ökologische Entwicklung im Sinne der natürlichen komplexitätssteigernden Trends von Sukzession und Evolution möglich sein sollte. Auf diese Weise soll ein intergenerationeller Transfer in Form einer intakten natürlichen Lebensgrundlage mit einer großen und zunehmenden Zahl an nutzbaren Ressourcen und Funktionen gesichert werden, um ein Wirtschaften und eine Bedürfnisbefriedigung ohne große Schocks für eine lange Zeitfrist zu gewährleisten. Sofern trotz der Umsetzung von Grenzziehungen in der Tendenz eine Abnahme bzw. eine Degradierung in der Komplexität von Naturbeziehungen beobachtet werden kann, ist das ein deutliches Zeichen dafür, daß entweder die Nachhaltigkeitsgrenzen nicht strikt genug gesetzt oder nur ungenügend eingefordert worden sind. Auf Grundlage des Begriffs der strengen Nachhaltigkeit ergeben sich eine Vielzahl von Indikatoren für den Zustand der Natur bzw. für die natürliche Eingriffstiefe des ökonomischen Scale – angefangen bei Dispersionsindikatoren, Stoffstromquotienten und kritischen Eintragsraten bis hin zu Daten über die Entwicklung der Ozonschicht, der Wüstenausbreitung, der Erosion landwirtschaftlicher Flächen, des Eutrophiezustandes von Gewässern, der Artenentwicklung zu Wasser und zu Lande etc.. Letztlich sind die Grenzen des Scale in einer Weise zu ziehen, daß sich der Trend der ökonomischen Entwicklung zu Lasten der Natur umkehrt zu einem Trend, der ökonomische *und* ökologische Entwicklung erlaubt.

Mit der Orientierung am Konzept der strengen Nachhaltigkeit sind jedoch noch nicht alle ethischen Entscheidungen gefallen. Fragen hinsichtlich des Timings und des konkreten Verlaufs einer ökonomischen Transformation in Richtung auf eine nachhaltige, auf erneuerbaren Ressourcen basierende Wirtschaftsweise sind mit vielen intra- und intertemporalen Distributionskonflikten verbunden. Gerade angesichts des Kollektivgutcharakters der Natur ist ein umweltschonendes Wirtschaften letztlich nur möglich, wenn ein breiter Konsens über die gesteckten Ziele einer Transformation besteht. Es ist daher wesentlich, daß die ethischen Grundfragen in politischen Diskursen stets thematisiert werden können und sich eine angemessene partizipationsfreundliche institutionelle Struktur für den politischen Prozeß einer nachhaltigen Transformation herausbilden kann (vgl. Kapitel 4.2.2).

Die Ziehung von Grenzen für einen nachhaltigen Scale ist ein wesentlicher Aspekt einer nachhaltigen Entwicklung und einer nachhaltigen Materialnutzung. Doch der Scale ist lediglich ein makroökonomischer Rahmen, dessen Grenzen leicht überschritten werden können. Langfristig kann die Festlegung eines nachhaltigen Scales nur erfolgreich zu einer nachhaltigen Entwicklung beitragen, wenn die intertemporalen Wirkungskräfte ökonomischer Entwicklung mit der Rahmensetzung vereinbar sind. Dieser Umstand läßt sich anhand der abstrakten Graphiken der Abbildung 4.11 veranschaulichen.

Abbildung 4.11: Wirkungskräfte ökonomischer Entwicklung innerhalb des Scale

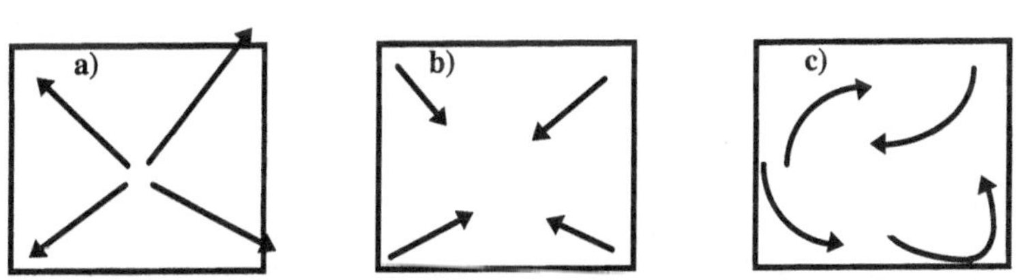

In den Graphiken a) bis c) stellt ein Rahmen den nachhaltigen Scale einer Ökonomie dar und die Pfeile stehen für die Wirkungskräfte der ökonomischen Entwicklung im Zeitablauf. In der Graphik a) streben die ökonomischen Entwicklungskräfte in Richtung der Grenzen und über sie hinaus, so daß es zu irgendeinem Zeitpunkt zu Konflikten kommen muß oder Konflikte zwischen den Wirkungskräften der ökonomischen Entwicklung und dem Scale kontinuierlich auftreten. In diesem Fall besteht eine deutliche Disharmonie zwischen den Grenzen und den Entwicklungskräften innerhalb der Ökonomie. Anders sieht es in den Graphiken b) und c) aus, wo die Entwicklungskräfte entweder wie in b) von den Grenzen weg verlaufen oder wie in c) ihre Richtung verändern können.

Eine streng nachhaltige Entwicklung, die gleichzeitig ökonomische und ökologische Komplexitätsbildungen beinhaltet, ist mit Konstellationen wie in Graphik a) nicht vereinbar, da die ökonomischen Wirkungskräfte in ständigem Konflikt mit dem makroökonomischen Rahmen stehen. Graphik a) ist in diesem Sinne lediglich eine andere Form der Darstellung eines nicht-nachhaltigen Entwicklungspfades analog zu Pfad a) der Abbildung 4.2 (S. 275). Eine Transformation in Richtung strenge Nachhaltigkeit bedeutet daher auch, daß sich neue Wirkungskräfte ökonomischer Entwicklung – wie in den Graphiken b) und c) – herausbilden, bei denen ökonomische Entwicklung nicht notwendigerweise mit einer erhöhten Naturbelastung einhergeht.

Um eine nachhaltige Transformation eines ökonomischen Systems zu bewerkstelligen, das Wirkungskräfte ökonomischer Entwicklung analog zur Graphik a) aufweist, ist es daher notwendig, zusätzlich zur Festlegung und Einforderung eines nachhaltigen makroökonomischen Scales, Maßnahmen zu ergreifen, die es begünstigen, daß sich ökonomische Entwicklungen zunehmend naturentlastend vollziehen und sich auf dieser Grundlage neue ressourcenschonende Wirkungskräfte ökonomischer und gesellschaftlicher Entwicklung herausbilden. Diesbezüglich ist im Kapitel 4.2 mit einem Analyse-Fokus auf der Materialnutzung insbesondere die Bedeutung von zwei Arten von Politikmaßnahmen betont worden.

Erstens ist die intertemporale Grenzziehung in der Nutzung von nicht-erneuerbaren Ressourcen anzuführen, die es notwendigerweise mit sich bringt, daß – zur Vermeidung eines Schocks in der intertemporalen Ressourcennutzung – die mengenmäßige Nutzung von Primärressourcen im Zeitablauf sinkt. Folglich besteht *eine* Möglichkeit, ökonomische Entwicklungspfade hinsichtlich der Naturinanspruchnahme grundlegend zu verändern, darin, die Grenzen des Scales nach und nach enger zu stecken, um so Anreize für eine stetige Entlastung der Natur zu setzen. Die Verfolgung einer solchen Strategie ist auch dann sinnvoll, wenn die Einhaltung einer für notwendig erachteten strikten Nachhaltigkeitsgrenze in kurzer Zeitfrist nicht realisierbar ist. In diesem Fall mag es angesichts des evolutionären Charakters ökonomischer Entwicklung angemessener sein, zuerst weniger restriktive Grenzen zu errichten und diese im Zeitverlauf enger zu ziehen. In diesem Sinne wurde in Kapitel 4.2.2 darauf hingewiesen, daß besonders zu Anfang eines Transformationsprozesses die Exaktheit einer Grenzziehung weniger bedeutsam ist als die Richtung einer eingeschlagenen Entwicklung.

Zweitens ist darauf verwiesen worden, daß hinsichtlich der Einforderung von Scalegrenzen ökonomischen Instrumenten eine besondere ressourcenschonende Bedeutung zukommt. Wenn die Inanspruchnahme von Naturgütern und -leistungen Kosten für den Nutzer verursachen, wird sich das mikroökonomische Prinzip der Kostenminimierung im Wettbewerb zunehmend naturentlastend auswirken. In Hinblick auf diesen Tatbestand wurde bezüglich der Verwendung von ökonomischen Anreizen und Instrumenten zur Implementierung der Nachhaltigkeitsgrenzen von einem *Imperativ in der Instrumentenwahl* gesprochen (vgl. Kapitel 4.2.2).

Im Kontext des Kapitels 4.3 wurde schließlich aufgezeigt, daß die Implementation von ökonomischen Natureingriffsgrenzen und die Verwendung ökonomischer Instrumente zur Sicherung eines nachhaltigen makroökonomischen Scales zwar eine notwendige, aber keine hinreichende Bedingung für eine intertemporal nachhaltige Materialnutzung darstellt. Einerseits wurde argumentiert, daß in bezug auf die Definition des Konzepts der strengen Nachhaltigkeit in Kapitel 4.1 nicht nur ein Rahmen hinsichtlich der Naturnutzung abzustecken, sondern eine Minimierung des ökonomischen Eingriffs anzustreben ist. Andererseits wurde mit Bezug auf die evolutionäre Theorieschule darauf verwiesen, daß die Preiseffekte als Resultat der Implementation von Naturnutzungsgrenzen nicht notwendigerweise zu den gewünschten allokationstheoretischen Anpassungseffekten führen müssen, sondern durch mikroökonomische ***Pfadabhängigkeiten*** entweder vollends blockiert oder zeitlich verschoben werden können. Ganz generell wurden die mikroökonomischen Implikationen der Umsetzung eines nachhaltigen Scales erörtert, indem drei für die Materialnutzung wesentliche Theorieebenen, denen in den Theoriediskursen der neoklassischen, der thermodynamischen und evolutionären Theorieschulen grundlegende Bedeutung zugeschrieben wird, analysiert wurden.

Die mikroökonomische **Ebene 2** einer nachhaltigen Materialnutzung bezieht sich auf den thermodynamischen Ansatz der entropischen Lebenszyklusbetrachtung einzelner nicht-erneuerbarer Ressourcen. Unter Berücksichtigung der einzelnen Stadien im Lebenszyklus einer nicht-erneuerbaren Ressource wurden in Kapitel 4.3.1 drei mikroökonomische Prinzipien für eine strenge Nachhaltigkeit (Prinzip der thermodynamischen Effizienz in der Produktion, Prinzip der niedrigen Entropiedifferenzen und das Prinzip eines nachhaltigen Konsums) formuliert. In Kapitel 4.3.2 wurde gezeigt, daß die politische Einforderung eines nachhaltigen makroökonomischen Scales nicht gewährleistet, daß diese Mikroprinzipien zu handlungsleitenden Prinzipien der ökonomischen Akteure avancieren. Als Begründung wurde die Existenz von Pfadabhängigkeiten angeführt. So verhindern z. B. die erworbene Routine, das Know-how und die bereits getätigten Investitionen im Bereich der nachsorgenden Umwelttechnologien eine schnelle Verbreitung ressourcenschonender integrierter Umwelttechnologien auf der Angebotsseite, während liebgewonnene und bequeme, jedoch umweltbelastende Konsumgewohnheiten eine schnelle Anpassung des menschlichen Lebensstils über den Preismechanismus verhindern.

Auf der **Ebene 3** wurde mit bezug auf die Materialsubstitution, die im Kontext der neoklassischen Theorieschule starke Bedeutung besitzt, festgestellt, daß u. a. Pfadabhängigkeiten wie die Routine und das Know-how im Umgang mit konventionellen nicht-erneuerbaren Werkstoffen und Technologien, die gewachsenen Kooperationsbeziehungen zwischen Werkstoffherstellern und Endfertigern, fehlende hochwertige Substitute sowie finanzielle Aspekte und Risiken eine Materialsubstitution blockieren oder zumindestens zeitlich verzögern können. Selbst bei Kostenvorteilen von umweltschonenden oder erneuerbaren Materialien stellen sich daher entsprechende Materialsubstitutionen nicht notwendigerweise automatisch über den preislichen Allokationsmechanismus ein. Weitergehende Maßnahmen zur Begünstigung einer naturentlastenden Substitution können daher angemessen sein. In diesem Kontext ist zusätzlich zu beachten, daß im Prozeß der Materialsubstitution Zielkonflikte hinsichtlich der verschiedenen Scalegrenzen auftreten können. Eine Materialsubstitution, die z. B. dazu beiträgt, das Ausmaß toxischer Emissionen im Gebrauchsstadium eines Produktes zu verringern, kann in anderen Stadien des Lebenszykluses, z. B. in der Ressourcengewinnung oder in der Entsorgung, zu erhöhten Umweltbelastungen führen. Über die Angemessenheit eines Substitutionsprozesses im Sinne des Konzepts der strengen Nachhaltigkeit kann häufig nur in einem (normativen) Abwägungsprozeß entschieden werden. Wesentlich für eine solche Entscheidung ist allerdings, daß als Entscheidungsgrundlage Daten zur Naturbelastung aus dem gesamten Lebenszyklus der Substitutmaterialien betrachtet werden (vgl. Kapitel 4.3.3).

Auf der **Ebene 4** der Analyse einer nachhaltigen Materialnutzung wurde konstatiert, daß Innovationsprozesse, die im Theoriegebäude der evolutionären Schule im Vordergrund stehen, einerseits sehr stark durch den Einsatz innovativer Materialien geprägt sind und sie andererseits neue Märkte, Produkte und Technologien hervorbringen, wobei Materialkosten aufgrund der qualitativen Monopolstellung der neuen Werkstoffe nur eine untergeordnete Rolle spielen. Folglich ist es ex ante selbst bei einer Einforderung des Scales mittels ökonomischer Instrumente ungewiß, ob Innovationsprozesse naturbe- oder -entlastend wirken. Auch in diesem Fall sind nachhaltigkeitsbezogene Zielkonflikte möglich, wenn z. B. durch ein neues Material die Effizienz der Solarenergienutzung erhöht wird aber gleichzeitig ein neues Entsorgungsproblem entsteht. Trotz der Probleme einer vorausschauenden Material- bzw. Technikfolgenabschätzung sind lebenszyklusübergreifende ex-ante-Einschätzungen und Risikoanalysen hinsichtlich der Nettowirkungen von Innovationen auf die Natur unverzichtbar. Desweiteren ist es angesichts der Innovationstrends zu wachsenden Entropiedifferenzen in der Werkstoff- und Technologieentwicklung, die als Pfadabhängigkeiten der intertemporalen Innovationsprozesse interpretieren werden können, unabdingbar, daß jede Innovation ein angemessenes Kreislaufkonzept beinhaltet, das eine qualitativ hochwertige Materialrückführung der immer komplexer werdenden Produkte und Technologien in den Wirtschaftskreislauf gewährleistet (vgl. Kapitel 4.3.4).

Grundsätzlich wurde konstatiert, daß sich im Sinne des Konzepts der strengen Nachhaltigkeit ökonomische Entwicklungsprozesse naturentlastend vollziehen sollten. Da dieses Ziel angesichts vielfältiger Pfadabhängigkeiten in sämtlichen mikroökonomischen Bereichen nicht allein durch die Umsetzung eines nachhaltigen Scales unter Einsatz ökonomischer Instrumente erreicht werden kann, wurde die Notwendigkeit weitergehender institutioneller, ordnungspolitischer oder monetärer Maßnahmen, die einen streng nachhaltigen Entwicklungspfad begünstigen und bestehenden nicht-nachhaltigen Pfadabhängigkeiten entgegenwirken, geltend gemacht.

Aus all diesen Ausführungen des vierten Kapitels ist die Schlußfolgerung zu ziehen, daß eine Strategie für eine nachhaltige Materialnutzung sowohl die Festsetzung eines nachhaltigen Scales in Form absoluter Naturbegrenzungen als auch zusätzliche Maßnahmen zur Überwindung umweltbelastender Pfadabhängigkeiten auf der Mikroebene erfordert, um den intertemporalen Trend ökonomischer Entwicklung in der Tendenz naturentlastend zu gestalten. In diesem Sinne sind die Ergänzungen und Konkretisierungen der Managementregeln für strenge Nachhaltigkeit zu verstehen, die im Verlauf des 4. Kapitels entwickelt wurden, und die im nachfolgenden Unterkapitel vollständig abgedruckt sind.

4.4.2 Die konkretisierten Managementregeln für strenge Nachhaltigkeit (Kurz- und Langfassung)

Durch die Präzisierungen und Ergänzungen der Managementregeln für Nachhaltigkeit im Verlauf der Analyse der vier Ebenen einer nachhaltigen Materialnutzung wurde der Umfang der Regeln deutlich erhöht, wodurch Einbußen in der Übersichtlichkeit entstanden. Daher werden an dieser Stelle die ***sieben Managementregeln für Nachhaltigkeit*** zuerst in einer Kurzfassung präsentiert, um einen kurzen Einblick in die verschiedenen Themenbereiche der einzelnen Regeln zu ermöglichen. Im Anschluß wird dann die Langfassung abgedruckt, wobei sämtliche Aspekte und Ergänzungen, die im vierten Kapitel herausgearbeitet wurden, berücksichtigt sind.

Konkretisierte Managementregeln für strenge Nachhaltigkeit (Kurzfassung)

Erste Managementregel: *Die Nutzungsrate von* ***erneuerbaren Naturressourcen*** *darf die Rate ihrer natürlichen Regeneration nicht überschreiten.*

Zweite Managementregel: *Die ökonomischen* ***Stoffeinträge in die Natur*** *dürfen die um eine Sicherheitsmarge reduzierten ermittelten regional und zeitlich differenzierten Kapazitäten der natürlichen Assimilation und Absorption nicht überschreiten. Im Zweifel und in Anbetracht hoher potentieller Gefahren, die von einem Stoff ausgehen können, ist sein Eintrag vollends zu vermeiden.*

Dritte Managementregel: ***Nicht-erneuerbare Ressourcen*** *sind in einer Weise zu nutzen, daß ihr energetisches Potential erhalten bleibt und die Verfügbarkeit von hochwertigen materiellen Ressourcen für ein möglichst breites Spektrum der Materialnutzung und insbesondere für alle Anwendungsbereiche der Grundbedürfnisbefriedigung langfristig gesichert wird, ohne daß die stofflichen und mechanischen Belastungsgrenzen der Natur überschritten werden.*

Vierte Managementregel: *Menschliche Eingriffe in die Natur, die mit sehr hohen* ***Gefahren oder unvertretbaren Risiken*** *verbunden sind, sind zu vermeiden. Bei Vorherrschen von Unsicherheit oder Ungewißheit sind stets ein vorsichtiges Vorgehen geboten und ausreichende Sicherheitsmargen einzuführen.*

Fünfte Managementregel: *In der* ***kombinierten Nutzung von erneuerbaren und nicht-erneuerbaren Ressourcen*** *in der langen Frist sind Schocks in der Ressourcenverfügbarkeit, Qualitätseinbußen in der Ressourcennutzung und Formen intertemporal ineffizienter Ressourcennutzung zu vermeiden.*

Sechste Managementregel: *Da ein kontinuierliches* ***Wachstum der Bevölkerung*** *angesichts begrenzter Raum- und Ressourcenverfügbarkeit in langer Frist die Gefahr von sich häufenden Hungersnöten und Massensterben in sich trägt, ist frühzeitig eine Stabilisierung der Bevölkerungsgröße anzustreben.*

Siebte Managementregel: *Die Belastung der Natur durch* ***mechanische Natureingriffe*** *darf nicht dazu führen, daß übergeordnete regionale oder globale Lebenserhaltungsfunktionen degradiert werden. Zur Sicherung und Bewahrung der Naturfunktionen und der Artenvielfalt ist dafür zu sorgen, daß von Menschen weitgehend unberührte Naturschutzgebiete eingerichtet werden und zusätzlich jede Region ein Netz von verknüpften naturnahen Biotopverbundsystemen aufweist.*

Konkretisierte Managementregeln für strenge Nachhaltigkeit (Langfassung)

Konkretisierte erste Managementregel für Nachhaltigkeit: *Zur langfristigen Bewahrung des nutzbaren Biomassebestandes und des Biomassepotentials der erneuerbaren Ressourcen ist zu gewährleisten,*

- *daß die für die Biomassegewinnung geeigneten fruchtbaren Böden und Gewässer langfristig für die Biomassegewinnung freigehalten werden;*
- *daß die natürlichen Produktions- und Lebenserhaltungsfunktionen intakt gehalten und nicht im Zuge der Biomassegewinnung durch stoffliche oder mechanische Eingriffe beeinträchtigt werden;*
- *daß die konsumtive Verwendung von erneuerbaren Ressourcen die Menge an nachwachsender nutzbarer Biomasse abzüglich der erforderlichen Ressourcen zur Aufrechterhaltung der erneuerbaren Ressourcenbasis nicht übersteigt; und*
- *daß die genetischen Potentiale der erneuerbaren Ressourcen geschützt werden und ihnen ein angemessener Lebensraum zugesprochen wird.*

Konkretisierte zweite Managementregel für Nachhaltigkeit: *Die ökonomischen Stoffeinträge in die Natur dürfen die um eine Sicherheitsmarge reduzierten ermittelten regional und zeitlich differenzierten Kapazitäten der natürlichen Assimilation und Absorption nicht überschreiten, um auf diese Weise zu gewährleisten, daß die Lebensbedingungen und die vorherrschende durchschnittliche Lebensdauer der Menschen in Zukunft nicht verschlechtert bzw. reduziert werden. Im Zweifel und in Anbetracht hoher potentieller Gefahren, die von einem Stoff ausgehen können, ist sein Eintrag vollends zu vermeiden.*

Konkretisierte dritte Managementregel für Quasi-Nachhaltigkeit: *Nicht-erneuerbare Ressourcen sind in einer Weise zu nutzen, daß ihr energetisches Potential erhalten bleibt und die Verfügbarkeit von hochwertigen materiellen Ressourcen für ein möglichst breites Spektrum der Materialnutzung und insbesondere für alle Anwendungsbereiche der Grundbedürfnisbefriedigung langfristig gesichert wird, ohne daß die stofflichen und mechanischen Belastungsgrenzen der Natur überschritten werden. Es gilt daher:*

- *Die Rate der materiellen Dispersion bzw. die Rate der energetischen Dissipation von nicht-erneuerbaren Ressourcen sollte in keinem übergeordneten funktionalen Anwendungsbereich der Ressourcennutzung höher sein als*
  - ⇒ *die Rate der Substitution durch (zusätzliche) erneuerbare Ressourcen; oder*
  - ⇒ *die Rate der Erhöhung der Ressourcenproduktivität durch technischen Fortschritt und Ressourceneinsparung; oder*
  - ⇒ *die Rate der Substitution durch noch reichlicher vorhandene nicht-erneuerbare Ressourcen.*

- *Die Ausbeutung und Nutzung von nicht-erneuerbaren Ressourcen darf nicht zu einer stofflichen oder mechanischen Überlastung natürlicher Lebenserhaltungsfunktionen führen. Dies trifft auch auf durch Bergbau degradierte Naturflächen zu, die nach ihrer Schließung in einer Weise zu rekultivieren sind, daß von ihnen keine Gefahr für Mensch oder Natur ausgeht.*
- *Im Sinne des Prinzips der Ressourcenschonung sollten sämtliche Aktivitäten zur Sicherung der Ressourcenverfügbarkeit nicht zu einer Erhöhung der Naturbelastung führen.*
- *Zur Sicherung des langfristigen Innovationspotentials in der Materialnutzung ist eine vollständige Erschöpfung bzw. eine Nichtverfügbarkeit einzelner chemischer Grundelemente zu vermeiden.*
- *Angesichts der restriktiveren ökonomischen Limitation durch materielle Ressourcen sind die thermodynamischen Potentiale der Mehrfachverwendung von nicht-erneuerbarer Materie zu nutzen oder die entsprechenden Optionen für die Zukunft offenzuhalten.*
- *Nicht-erneuerbare Materie ist in stofflichen Kreisläufen zu führen und seine Dispersion ist soweit als möglich zu vermeiden. Zur Erreichung einer hohen thermodynamischen Effizienz in der Kreislaufwirtschaft sind insbesondere Materialkreisläufe anzustreben, in denen materielle Entropieveränderungen im Rahmen der Mehrfachverwendung von Materialien möglichst gering sind. In diesem Sinne gilt das Prinzip der niedrigen Entropiedifferenzen in Materialkreisläufen*
- *Der Abbau von nicht-erneuerbaren Ressourcen aus unersetzbaren „kritischen“ Naturschutzgebieten ist zu unterlassen, um neben einer Sicherung der Lebenserhaltungsfunktionen auch den Erhalt einer möglichst großen Artenvielfalt zu ermöglichen, die als Potential für zukünftige Ressourcensubstitute anzusehen ist.*
- *Die Zerstörung naturnaher, vernetzter Biotope durch die Einrichtung von Stätten zur Gewinnung nicht-erneuerbarer Ressourcen ist durch Freisetzung von qualitativ gleichwertigen ökologischen Ausgleichsflächen in gleichem Flächenausmaß zu kompensieren.*

Vierte Managementregel: *Menschliche Eingriffe in die Natur, die mit sehr hohen Gefahren oder unvertretbaren Risiken verbunden sind, sind zu vermeiden. Bei Vorherrschen von Unsicherheit oder Ungewißheit sind stets ein vorsichtiges Vorgehen geboten und ausreichende Sicherheitsmargen einzuführen.*

Fünfte Managementregel für Nachhaltigkeit: *In der kombinierten Nutzung von erneuerbaren und nicht-erneuerbaren Ressourcen in der langen Frist sind Schocks in der Ressourcenverfügbarkeit, Qualitätseinbußen in der Ressourcennutzung und Formen intertemporal ineffizienter Ressourcennutzung zu vermeiden. Da letztlich die erneuerbaren Ressourcen die alleinige Ressourcengrundlage zukünftiger Generationen darstellen, sind zur Realisierung eines intertemporal kontinuierlichen Transformationspfades in der Ressourcennutzung folgende Leitregeln zu beachten:*

- *Zur Gewährleistung einer ohne große Störungen ablaufenden Transformation in Richtung einer auf erneuerbaren Ressourcen basierenden Wirtschaftsweise ist der Verbrauch der qualitativ hochwertigen nicht-erneuerbaren Ressourcen frühzeitig auf einem möglichst geringen Niveau zu stabilisieren. Es gilt das Prinzip der Ressourcenschonung.*
- *Der Nutzung und Erschließung erneuerbarer Ressourcenpotentiale ist besondere Priorität einzuräumen. Besonders in Anwendungsbereichen der Ressourcennutzung, wo hochwertige erneuerbare Substitute vorhanden sind, sind frühzeitige Substitutionsprozesse zu begünstigen.*
- *In Anwendungsbereichen ohne bekannte hochwertige erneuerbare Substitute ist in mittlerer Zeitfrist für eine sparsame Ressourceninanspruchnahme und für eine Sicherung der Ressourcenverfügbarkeit ohne große Qualitätseinbußen zu sorgen. Zur Gewährleistung einer langfristigen Ressourcennutzung sind Forschungsanstrengungen zur Entwicklung hochwertiger erneuerbarer Substitute durchzuführen.*
- *Der Anteil nicht-erneuerbarer Ressourcen am Gesamtressourcenverbrauch sollte grundsätzlich nicht übermäßig stark ansteigen, um nicht unnötig die Gefahr von Schocks in der Ressourcenverfügbarkeit zu erhöhen.*
- *Die ökonomischen Produktionsprozesse einer Volkswirtschaft sind in einer Weise zu organisieren und zu koordinieren, daß möglichst geringe Energie- und Materialverluste, eine möglichst geringe Inanspruchnahme von Naturressourcen- und Naturräumen und eine möglichst geringe Dispersion von Materie zur Erreichung eines Produktionsziels auftreten. In diesem Sinne gilt das Prinzip der thermodynamischen Effizienz in der Produktion.*
- *Auch die Nachfrageseite ist in den Transformationsprozeß einzubeziehen. Diesbezüglich sind thermodynamisch effiziente Formen der Inanspruchnahme von Produkten und Dienstleistungen anzustreben sowie ein allgemeiner ressourcenschonender Lebensstil. In diesem Sinne gilt das Prinzip des nachhaltigen Konsums.*
- *Werkstoffbezogene und technologische Innovationen sind essentielle Komponenten für den Transformationsprozeß in der Ressourcennutzung. Angesichts der ökologischen Risiken, mit denen Innovationen im Zuge des intertemporalen Trends zu steigenden Entropiedifferenzen assoziiert sind, sollte für jede Produktinnovation zum Zeitpunkt ihrer Markteinführung ein Konzept für eine stoffliche Kreislaufführung im Sinne des Prinzips der niedrigen Entropiedifferenzen vorliegen.*
- *Besonders in der Anfangsphase der Transformation ist zu beachten, daß Pfadabhängigkeiten existieren können, die blockierend auf den Gesamtprozeß wirken. Daher sind die institutionellen, politischen, sozialen und ökonomischen Strukturen auf Pfadabhängigkeiten zu überprüfen, um frühzeitig Maßnahmen zu ergreifen, den strukturellen und institutionellen Wandel für den Transformationsprozeß einzuleiten oder zu begünstigen.*
- *Es ist stets zu beachten, daß sämtliche Aktivitäten zur Transformation in der Ressourcennutzung nicht mit einer Erhöhung der Naturbelastung einhergehen.*

Sechste Managementregel für Nachhaltigkeit: *Da ein kontinuierliches Wachstum der Bevölkerung angesichts begrenzter Raum- und Ressourcenverfügbarkeit in langer Frist die Gefahr von sich häufenden Hungersnöten und Massensterben in sich trägt, ist frühzeitig eine Stabilisierung der Bevölkerungsgröße anzustreben.*

Siebte Managementregel für Nachhaltigkeit: *Die Belastung der Natur durch mechanische Natureingriffe darf nicht dazu führen, daß übergeordnete regionale oder globale Lebenserhaltungsfunktionen degradiert werden. Zur Sicherung und Bewahrung der Naturfunktionen und der Artenvielfalt ist dafür zu sorgen, daß von Menschen weitgehend unberührte Naturschutzgebiete eingerichtet werden und zusätzlich jede Region ein Netz von verknüpften naturnahen Biotopverbundsystemen aufweist. Die Inanspruchnahme von Biotopflächen durch ökonomische Nutzungsformen mag im Einzelfall möglich sein, sofern als Kompensation angemessene ökologische Ausgleichsflächen freigesetzt werden. Aufgrund ökologischer Ungewißheiten bei der Festlegung von Größe und Struktur von Naturschutzflächen sind Sicherheitsmargen zu berücksichtigen.*

Kapitel 5: Fallstudienbetrachtung zu den 4 Ebenen einer nachhaltigen Materialnutzung

In diesem Kapitel sollen Bedeutung und Politikimplikationen der vier Ebenen einer nachhaltigen Materialnutzung am Beispiel einer Fallstudie zu nicht-erneuerbaren materiell nutzbaren Ressourcen dargestellt werden. In Kapitel 5.1 werden makroökonomische Trends und Einflußgrößen in der Nutzung von nicht-erneuerbaren Ressourcen im weltwirtschaftlichen Kontext der internationalen Rohstoffmärkte herausgearbeitet und Politikoptionen für eine nachhaltige Rohstoffpolitik dargelegt (Ebene 1). Daran anschließend folgt als eine exemplarische Betrachtung der drei Mikroebenen eine empirische Kupfer-Fallstudie. In diesem Rahmen werden Ansatzpunkte für eine naturentlastende Politik in bezug auf den gesamten Lebenszyklus der Ressource Kupfer aufgezeigt (Ebene 2), die Mechanismen der Werkstoffsubstitution und ihre ökologischen Implikationen am Beispiel der Aluminium-Kupfer-Substitution erläutert (Ebene 3) und die Bedeutung der innovationsinduzierten Materialsubstitution am Beispiel der Verdrängung des Kupfers durch Glasfaser im Bereich des Kommunikationssektors diskutiert (Ebene 4). Für alle drei Mikroebenen werden Ansatzpunkte für eine politische Regulierung im Sinne einer nachhaltigen Materialnutzung erörtert. Mit Hinblick auf die Kupfer-Fallstudie in Kapitel 5.2 werden die Determinanten und Trends der internationalen Rohstoffmärkte in Kapitel 5.1 unter besonderer Berücksichtigung der Metallmärkte dargestellt.

5.1 Ebene 1: Nicht-erneuerbare materiell nutzbare Ressourcen in der Weltwirtschaft – Trends und Politikoptionen

Aus Sicht der makroökonomischen Ebene 1 der Materialnutzung wird an dieser Stelle unter Zuhilfenahme empirischer Daten aufgezeigt, wie sich die internationale Nutzung und Regulierung der Inanspruchnahme von nicht-erneuerbaren Ressourcen in den zurückliegenden Jahrzehnten vollzogen hat und wie bedeutsam in diesem Kontext die oben dargestellten stofflichen und mechanischen Belastungsgrenzen der Natur und die nur begrenzte Verfügbarkeit von nicht-erneuerbaren Ressourcen waren. Zu Beginn werden in Kapitel 5.1.1 die Funktionsmechanismen und Eigenarten der internationalen Rohstoffmärkte für nicht-erneuerbare Ressourcen charakterisiert. Es schließt sich in Kapitel 5.1.2 eine Beschreibung der historischen Entwicklungstrends in der Ressourcennutzung des 20. Jahrhunderts an, während in Kapitel 5.1.3 die Entwicklungsmuster der aggregierten Ressourcennutzung analysiert und die Bedeutung der relativen Preise erörtert werden. Kapitel 5.1.4 beschäftigt sich mit den Naturbelastungen, die vom Bergbau ausgehen, und mit den nationalen Politiken zur umweltpolitischen Regulierung des Bergbausektors. Schließlich werden in Kapitel 5.1.5 drei Politikbereiche und mögliche Politikansätze einer nachhaltigen Rohstoffpolitik präsentiert und diskutiert.

5.1.1 Merkmale, Akteure und Einflußfaktoren auf internationalen Rohstoffmärkten für nicht-erneuerbare Ressourcen

Nicht-erneuerbare Ressourcen werden auf dem Weltmarkt von Bergbauunternehmen angeboten. Häufig werden die Rohstoffe und Erze noch im Ursprungsland vom gleichen Unternehmen aufgearbeitet, um eine höhere Wertschöpfung zu erreichen oder um die Kosten des

Transportes zu reduzieren.[1] Nachfrager von nicht-erneuerbaren Ressourcen sind rohstoffverarbeitende Unternehmen wie beispielsweise Halbzeugproduzenten und Hersteller von hochgradig raffinierten Ressourcen oder speziellen Werkstoffen.

Rohstoffmärkte für nicht-erneuerbare Ressourcen sind komplexe Gebilde, die von vielen interdependenten Einflüssen geprägt werden. Im Anhang I ist die Tabelle I abgebildet, die 12 verschiedene Einflußfaktoren auf Rohstoffmärkten unterscheidet, ihre Wechselbeziehungen untereinander aufzeigt und mögliche Wirkungen auf Angebot und Nachfrage benennt. Eine Betrachtung dieser Tabelle mag einen Eindruck von der Komplexität der Wirkungen auf internationalen Rohstoffmärkten vermitteln. Nachfolgend werden die wesentlichen Aspekte dieser Tabelle diskutiert, wobei zusätzlich besonders diejenigen Eigenarten und Rahmenbedingungen von Rohstoffmärkten thematisiert werden, die sie deutlich von anderen Gütermärkten unterscheiden.

Ein grundlegendes Merkmal der Angebotsseite besteht darin, daß die unternehmerischen Standorte der Ressourcenanbieter und die Anbieterstruktur eines Ressourcenmarktes maßgeblich durch die geologische Verteilung der Rohstoffvorkommen bestimmt werden. In vielen Fällen sind die Ressourcenvorkommen weit über den Erdball verstreut, so daß es für Bergbauunternehmen äußerst schwierig ist, eine monopolistische Position zu erlangen oder für eine längere Zeit zu halten. Monopolisierte Ressourcenmarktstrukturen sind zumeist dann anzutreffen, wenn die zu einem Zeitpunkt wirtschaftlich abbaubaren Vorkommen einer Ressource in quantitativ großen Mengen und konzentriert in einer Region auftreten. Solche geologischen Merkmale sind z. B. im Bereich der Erdölförderung und im Nickelbergbau anzutreffen – in beiden Fällen konnten zumindestens über gewisse Zeiträume Phänomene der Marktbeherrschung beobachtet werden.[2]

Auch die Wirtschaftlichkeit einer Lagerstätte ist sehr stark von geologischen Faktoren abhängig. So ist es neben der quantitativen Ressourcenausstattung und der Ressourcenkonzentration einer Stätte weiterhin bedeutsam, ob noch andere Ressourcen mit einer nennenswerten Konzentration in einer Lagerstätte vorhanden sind. Viele mineralische Rohstoffe kommen in Kombination mit anderen Mineralien vor. So sind z. B. Zink und Blei in den meisten Fällen in kombinierten Zink-Blei-Vorkommen anzutreffen, während Kupferlagerstätten bisweilen geringe Anteile von Silber, Gold, Molybdän oder Kobalt enthalten. Gerade in Fällen, wenn Edelmetalle als Kuppelprodukte auftreten, kann die Wirtschaftlichkeit von Lagerstätten deutlich verbessert werden.[3]

Schließlich kommt aufgrund der dispersen geologischen Verteilung der nicht-erneuerbaren Ressourcen auf der Erde den sogenannten Entwicklungs- und Schwellenländern eine maßgebliche Bedeutung als Bergbaustandort zu. Gegenwärtig haben diverse rohstoffreiche Entwicklungs- und Schwellenländer sehr hohe Anteile an der Weltproduktion verschiedener nicht-erneuerbarer Ressourcen inne, und auch in Zukunft wird sich diese Situation nicht verändern, da viele der mineralischen Rohstoffreserven in Entwicklungsländern lokalisiert sind.[4]

1 Das Transportkostenargument läßt sich sehr eindrücklich für den Fall vor Augen führen, wenn es sich um Ressourcen mit sehr geringen Erzkonzentrationen handelt. So wäre es z. B. für Bergbauunternehmen sehr aufwendig, Nickel- oder Kupfererze mit einem Metallgehalt von unter 2% über lange Strecken zu transportieren. Daher ist es besonders beim Bergbau von niedrigkonzentrierten Metallerzen üblich, daß mindestens eine erste Aufarbeitung auf ein sogenanntes Konzentrat mit etwa 10-30% Metallinhalt vor Ort stattfindet. Das zu transportierende Ressourcengewicht und -volumen wird dadurch um einen Faktor von bis zu 50 verringert. Vgl. z. B. Lechner et al. 1987: S. 203.

2 Vgl. Lechner et al. 1987: S. 40-41 und S. 191-193 sowie Clark 1990: S. 146-223.

3 Vgl. Lechner et al. 1987: S. 131-135 und Messner, F. 1996a: S. 16 und S. 35.

4 So beträgt z.B. der Anteil der Entwicklungs- und Schwellenländer an der Weltproduktion von Zinn 85,1 Pro-

Zur Aufrechterhaltung eines kontinuierlichen Ressourcenangebots von seiten der Bergbauunternehmen sind ständige Investitionen in die Exploration und Erschließung neuer Ressourcenvorkommen notwendig. Da allein die Zeitdauer von der Ersterkundung einer Lagerstätte bis zu ihrer Inbetriebnahme durchschnittlich etwa 10 Jahre beträgt, muß die angebotsseitige Produktionsplanung von Bergbauunternehmen einen entsprechend langen Planungszeitraum berücksichtigen.[5] Angesichts der Unsicherheit über die langfristige Nachfrageentwicklung sind die Ressourcenanbieter hinsichtlich ihrer Investitionsplanung für Exploration und Bergbaukapazitäten auf Zukunftsprognosen angewiesen, die allerdings durch übertriebene Erwartungen, Zukunftsängste und Fehleinschätzungen geprägt sein können. Je nachdem, wie der zukünftige Ressourcenverbrauch in der Weltwirtschaft eingeschätzt wird und welche Bedeutung einzelnen Einflußfaktoren – wie z. B. dem globalen umweltpolitischen Trend zu mehr Ressourcenschonung und Recycling – zugeschrieben wird, können sich sehr unterschiedliche Nachfrageprognosen für Primärressourcen ergeben. Der lange Zeithorizont der Produktionsplanung bringt daher aufgrund fehlender Informationen über die Zukunft ein gravierendes Investitionsrisiko für Bergbauunternehmen mit sich. Für den Fall, daß die Zukunftsnachfrage zu optimistisch eingeschätzt wird und es zum Aufbau von Überkapazitäten kommt, kann ein ruinöser Wettbewerb mit dramatischem Preisverfall der Rohstoffe einsetzen, der den Bankrott vieler Unternehmen nach sich ziehen kann. Zu geringe Investitionen in die Exploration und Erschließung neuer Lagerstätten können hingegen zu einer „Investitionslücke" führen, die mit einer Zeitverschiebung ein zu geringes Ressourcenangebot hervorbringt und verknappungsbedingte Preisanstiege bewirken kann – mit gravierenden Auswirkungen für die allgemeine weltwirtschaftliche Entwicklung.[6] Aufgrund dieser Zusammenhänge kommt den Bergbauinvestitionen eine Schlüsselrolle hinsichtlich der Entwicklung an den Ressourcenmärkten zu, da ihr Timing und die in ihnen enthaltene Erwartung über die Nachfrageentwicklung letztlich darüber entscheidet, inwieweit ein Ausgleich von Angebot und Nachfrage über die Zeit realisiert wird und welche Preisentwicklungen sich als Konsequenz einstellen.[7]

Auch Investitionen in Forschung und Entwicklung sind im Bergbau von großer Bedeutung, da durch den Einsatz innovativer Technologien und Organisationsformen Kostenvorteile erzielt werden können, die Bergbauunternehmen besonders in Zeiten übermäßiger Kapazitäten vor dem finanziellen Ruin bewahren können. Da es sich allerdings bei den Anlagen zur Gewinnung, Aufarbeitung, Verhüttung und Raffinierung von nicht-erneuerbaren Ressourcen um äußerst langlebige Kapitalgüter handelt, ist der sogenannte Jahrgangseffekt sehr stark ausgeprägt, so daß die Geschwindigkeit der technologischen Entwicklung im Bergbausektor eher gering ist.[8]

Ein anderer bedeutsamer Einflußfaktor der Angebotsseite ist die Verfügbarkeit von kostengünstiger Energie am Standort der Ressourcengewinnung. Besonders bei sehr energieintensi-

---

zent, bei Kobalt sind es 81,8%, bei Wolfram 67,7%, bei Bauxit 50,4%, bei Kupfer 49,1%, bei Silber 48,6% und bei Eisen 44,6%. Vgl. auch für Anteile bei anderen Rohstoffen: BMZ 1994: S. 15. In bezug auf die Welt*reserven* wichtiger nicht-erneuerbarer Ressourcen sind besonders die Anteile der Entwicklungsländer bei Kupfer (55%), Bauxit (71%) und Zinn (72%) erwähnenswert. Vgl. Warhurst 1994: S. 38-39.

5 Vgl. Lechner et al. 1987: S. 19.

6 Vgl. Lechner et al. 1987: S. 2 und S. 37-40 und die Ausführungen in Kapitel 5.1.2.

7 Vgl. als Überblick zu den verschiedenen Einflußfaktoren, die auf die Bergbauinvestitionen einwirken, die Spalte „Investitionen in Bergbau und Aufbearbeitung" in der Tabelle I im Anhang I.

8 Nicht selten sind die Anlagen in Bergbau, Verhüttung und Raffination über Jahrzehnte im Einsatz, so daß der Zeitpunkt der ersten Investition für den Stand der Bergbautechnik an einem Standort sehr entscheidend ist. Vgl. Warhurst 1994: S. 15.

ven Prozessen wie bei der Aluminium- und der Nickelgewinnung kann eine Erhöhung der Energiepreise die Wirtschaftlichkeit von Bergbaustandorten maßgeblich beeinträchtigen.[9]

Weiterhin ist zu konstatieren, daß die Prozesse des Bergbaus zumeist äußerst kapitalintensiv sind. Sowohl das Anlagekapital als auch die ständige Exploration, Erschließung und Erweiterung von Lagerstätten erfordern extrem hohe Investitionssummen, so daß im Bergbau häufig ein sehr hoher Fixkostenanteil in der Produktion anzutreffen ist.[10] Damit ergibt sich zusätzlich zu den langen Planungszeiträumen und der ihnen innewohnenden Unsicherheiten das Problem der Finanzierung von Bergbauprojekten. Aufgrund der hohen Fixkosten und der langen Amortisationszeiten ist nicht selten ein hoher Fremdkapitalanteil anzutreffen, der den finanziellen Handlungsspielraum von Bergbauunternehmen einschränkt, und aus dem sich desweiteren eine hohe Verwundbarkeit gegenüber Fluktuationen bei weltwirtschaftlichen Rahmendaten wie Zinsraten und Wechselkursen ergibt.[11]

Angesichts der hohen Investitionsrisiken, die im Bergbau üblich sind, versuchen die Bergbaukonzerne, ihre Risiken durch verschiedene Maßnahmen zu reduzieren. Zur Risikoabsicherung gegen ungünstige Preisentwicklungen gewinnt z. B. die Strategie an Bedeutung, vermehrt Komplexlagerstätten mit vielen verschiedenen Ressourcen auszubeuten, um die riskante Abhängigkeit von der Entwicklung *eines* Ressourcenpreises zu verringern.[12] Zur Sicherung des Absatzes kann es außerdem sinnvoll sein, eine vermehrt vertikale Integration in der Wertschöpfungskette der Ressourcenverarbeitung anzustreben (Vorwärtsintegration), um das Angebot aus dem Bergbau und die Nachfrage der Werkstoffhersteller und Rohstoffverarbeiter in einer hierarchischen Konzernstruktur zu vereinigen. Eine solche Tendenz ist in den vergangenen Jahren insbesondere in Entwicklungsländern festzustellen, wo neben dem Bergbau verstärkt auch Kapazitäten für die nachfolgenden Verarbeitungsstufen aufgebaut wurden.[13]

Außerdem ist es zwischen den anbietenden und nachfragenden Akteuren der Ressourcenmärkte üblich geworden, langfristige Lieferverträge abzuschließen. Die Ressourcenanbieter können auf diese Weise eine gewisse Sicherheit über Absatzmenge und Preis erzielen, während auch die Nachfrager das Risiko schwankender Ressourcenpreise und ausbleibender Lieferungen reduzieren können. In vielen Fällen werden Verträge mit Laufzeiten von bis zu 20 Jahren abgeschlossen, in denen sowohl die mengenmäßige Ressourcenabnahme als auch die Preisgestaltung von Fall zu Fall mehr oder weniger genau festgelegt werden.[14] Als Orientierung der vertraglichen Preisgestaltung spielen häufig die Notierungen der Ressourcenbörsen eine bedeutsame Rolle, obwohl nicht einmal die Hälfte des Ressourcenhandels über die entsprechenden Börsenplätze abgewickelt wird. Langfristige Lieferverträge sind besonders in Zeiten unsicherer Nachfragekonstellationen – wie z. B. nach den Erdölkrisen – sehr gefragte Formen der Risikoabsicherung. Weniger bedeutsam sind hingegen die Terminmärkte für nicht-erneuerbare Ressourcen, deren Zeithorizont maximal 18 Monate beträgt.[15]

9 Die Bedeutung der Energiekosten für den Bergbau zeigte sich insbesondere in den Ölkrisen der 70er Jahre. Aufgrund der Erhöhung der Ölpreise wurden diverse Bergbau- und Aufbereitungsstandorte für Nickel und Aluminium aufgegeben. Vgl. Lechner et al. 1987: S. 74 und S. 194.

10 Allein die Erschließung von Lagerstätten erfordert Investitionssummen in Milliardenhöhe (US-Dollar). Vgl. Siebert 1987b: S. 2-3 und Mikesell 1988: S. 49.

11 Lechner et al. 1987: S. 28-30 und S. 42-46.

12 Vgl. Lechner et al. 1987: S. 53.

13 Vgl. Warhurst 1994: S. 36-37 und Jacobson/Turner/Challis 1989: S. 78-79.

14 So wird z. B. in sogenannten „take-or-pay-Verträgen" eine Untergrenze für eine minimale Abnahmemenge von Ressourcen festgeschrieben, während in Preisklauseln verschiedene Formen der Preisgestaltung (konstante Preise, kostenbestimmte Preise, inflationsbestimmte Preise etc.) vereinbart werden können. Vgl. Siebert 1987b: S. 21-25.

15 Vgl. Siebert 1987b: S. 29-30; Siebert 1990a: S. 3 und Mikesell 1988: S. 53-54.

Trotz der verschiedenen Maßnahmen zur Abschwächung der Investitionsrisiken im Bergbausektor sind die Unwägbarkeiten in diesem Wirtschaftszweig vergleichsweise hoch. Besonders die hohen Fixkosten in Milliardenhöhe und die langen Planungszeiträume stellen beträchtliche Markteintrittsbarrieren dar. Es ist daher nicht verwunderlich, daß es zumeist nur staatliche und transnationale Unternehmen sind, die als Akteure im Bergbau als Anbieter von nicht-erneuerbaren Ressourcen anzutreffen sind.[16]

Die Rolle des Staates ist im Bereich des Bergbaus aus verschiedenen Gründen besonders stark ausgeprägt. Da der Staat als Hüter des Allgemeingutes eines Landes angesehen werden kann, trägt er hinsichtlich des nationalen Naturerbes in Form von Lagerstätten an nicht-erneuerbaren Ressourcen eine besondere Verantwortung. Zudem hängt in rohstoffreichen Ländern die wirtschaftliche Entwicklung häufig vom Gedeih und Verderb der ressourcenextrahierenden Industrie ab, die häufig gleichzeitig der wichtigste Steuerzahler und Devisenbringer des Landes ist. Daher ist die Extraktion von nicht-erneuerbaren Ressourcen – besonders in Entwicklungsländern – durch erhebliche staatliche Interventionen gekennzeichnet.

Vielfach steht der Bergbau vollständig unter staatlicher Kontrolle. Sehr ausgeprägt ist das z. B. im Eisen- und Kupferbergbau der Fall, wo in den achtziger Jahren mehr als 50% aller Bergbauprojekte von Staatsunternehmen durchgeführt wurden. Aufgrund von finanziellen Engpässen und schlechten Erfahrungen mit Korruption, Mismanagement und Ineffizienz in staatlichen Betrieben hat sich dieses Verhältnis jedoch gegen Ende der achtziger Jahre etwas verschoben – zugunsten von Joint-Venture-Projekten zwischen transnationalen und staatlichen Unternehmen. Weniger stark ausgeprägt ist der Staatseinfluß in der Rohstoffextraktion von Bauxit, Blei, Zink und Nickel. Dort sind nur etwa 15% der Bergbauunternehmen unter vollständig staatlicher Kontrolle, während der Großteil der Extraktionsprojekte von den großen transnationalen Bergbaukonzernen dominiert wird, die ihren Hauptsitz in den wichtigsten industrialisierten Bergbauländern USA, Kanada und Australien haben.[17] Ein Hauptproblem staatlich kontrollierter Bergbauunternehmen besteht darin, daß übliche unternehmerische Ziele durch makroökonomische und politische Zielsetzungen (Sicherung von Steuer- und Deviseneinnahmen, Erhalt von Arbeitsplätzen, Vergabe von Managerposten als Mittel politischer Machtausübung etc.) unterminiert werden können. In solchen Fällen ist die ökonomische Anpassungsfähigkeit staatlicher Unternehmen eingeschränkt, da betriebswirtschaftliche Notwendigkeiten (z. B. Entlassungen oder Produktionseinschränkungen bei Preisverfall) vernachlässigt werden und die Wettbewerbsstellung des Unternehmens beeinträchtigt wird.[18]

Aber auch in den Fällen, wo der Bergbau nicht von Staatsunternehmen sondern von privaten transnationalen Konzernen betrieben wird, kommt dem Staat eines Bergbaulandes eine maßgebliche Bedeutung zu. Einerseits werden die ökonomischen Rahmenbedingungen des Bergbaus in Form von steuer-, umwelt- und ordnungsrechtlichen Vorschriften staatlicherseits gesetzt und ein hoher Grad der Regulierung mit restriktiven Standards kann für ein Bergbauunternehmen Grund genug sein, um ein Bergbauland als Unternehmensstandort abzulehnen. Andererseits spielt im Bergbau aufgrund der langfristigen Planungszeiträume die Stabilität der

---

16 Kleine und mittlere Bergbauunternehmen treten allerdings in Fällen auf, wenn kleine Ressourcenlagerstätten mit hohen Konzentrationen existieren, wie es beispielsweise im Blei-Zink-Bergbau beobachtet werden kann. In solchen Fällen sind die erforderlichen Investitionssummen deutlich geringer. Vgl. Lechner et al. 1987: S. 131.

17 Vgl. Lechner et al. 1987: S. 57-58; BMZ 1994: S. 16-20 und Warhurst/Bridge 1997: S. 2-4.

18 Vgl. Lechner et al. 1987: S. 114; Mikesell 1988: S. 50 und – am Beispiel des staatlichen Kupferkonzerns ZCCM in Sambia – Messner, F. 1996b: S. 417-421. Es lassen sich auch Beispiele dafür finden, daß Staatsunternehmen betriebswirtschaftlich korrekt geführt werden, wie beispielsweise der staatliche Eisenbergbaukonzern CVRN in Brasilien. Vgl. Lechner et al. 1987: S. 189.

politischen Rahmenbedingungen eine große Rolle. So sind beispielsweise Bergbaustandorte in Entwicklungsländern für private Bergbauunternehmen unattraktiv, wenn die politische Lage instabil und unkalkulierbar ist. Eine ständige Veränderung in der staatlichen Regulierung, zeitliche Verzögerungen aufgrund bürokratischer Unwägbarkeiten oder gar die Gefahr einer Enteignung im Falle eines Regierungswechsels oder eines Putsches gefährden die Planungssicherheit und stellen damit die grundlegenden Voraussetzungen für eine erfolgreiche bergbauerische Unternehmenstätigkeit in Frage. Diesbezüglich schlechte Erfahrungen mußten diverse transnationale Bergbauunternehmen besonders in den Phasen der beginnenden Unabhängigkeit in Ländern wie Chile, Peru, Venezuela, Indonesien, Libyen, Sambia und Zaire machen, wo private Konzerne zur Förderung fossiler und mineralischer Rohstoffe verstaatlicht wurden.[19]

Angesichts dieser Vorfälle ist es nicht verwunderlich, daß politische Stabilität in der Prioritätenliste der Kriterien der Standortwahl von Bergbaukonzernen ganz oben anzutreffen ist, während dem Ausmaß staatlicher Regulierung weniger Bedeutung zugemessen wird. Diese Tendenz in der unternehmerischen Prioritätensetzung wird durch den empirischen Trend untermauert, daß die globalen Bergbauaktivitäten stets verstärkt in den politisch stabileren Ländern konzentriert sind, selbst wenn dort die Ressourcenqualität vergleichsweise niedrig ist. Die immense Bedeutung der politischen Stabilität für den privaten Bergbau ist heute daran ablesbar, daß die Explorationsaktivitäten in den rohstoffreichen Industrieländern wie USA und Kanada trotz qualitativ geringerwertiger Lagerstätten, erhöhter Regulierungsdichte und relativ hohen Abbaukosten ungebremst hoch sind.[20] Weiterhin läßt sich auch der zunehmende Trend zu Joint-Venture-Projekten zwischen privaten und staatlichen Akteuren in Entwicklungsländern in der Weise deuten, daß die privaten Konzerne auf diese Weise versuchen, das politische Risiko zu verringern.[21]

Schließlich ist hinsichtlich der Charakterisierung der Angebotsseite der internationalen Märkte für nicht-erneuerbare Ressourcen noch das volkswirtschaftliche Phänomen der „Dutch Disease" zu erwähnen, das hauptsächlich die nationalen Volkswirtschaften der rohstoffreichen Länder betrifft, das aber auch maßgebliche Auswirkungen auf die Wettbewerbs- und Preisentwicklung auf internationalen Ressourcenmärkten haben kann. In rohstoffreichen Ländern, die sehr stark vom Export einer oder mehrerer nicht-erneuerbarer Ressourcen abhängig sind, fallen in Zeiten steigender Rohstoffpreise hohe Profite an, wovon der Staat in Form erhöhter Steuer- und Deviseneinnahmen stark profitiert. Die Staatsausgaben und der Staatssektor werden dann häufig massiv ausgeweitet, wodurch die Nachfrage nach nicht-handelbaren Gütern ansteigt. Ökonomisch benachteiligt ist in diesem Prozeß der nichtmineralische Exportsektor der Ökonomie, dessen Entwicklung sowohl durch steigende Wechselkurse, eine angeheizte Inflation als auch durch einen allgemeinen Lohndruck gehemmt wird. Als Resultat muß der nicht-mineralische Sektor entweder durch starke protektionistische Maßnahmen geschützt werden oder es stellt sich ein allgemeiner ökonomischer Strukturtrend zur De-Industrialisierung ein – wie geschehen in den 60er Jahren in den Niederlanden (daher auch Dutch Disease). Theoretisch gesehen könnte der nicht-mineralische Exportsektor in Zeiten des Verfalls der Rohstoffpreise aufgrund umgekehrter Vorzeichen in den ökonomischen Entwicklungstrends (fallende Wechselkurse, stabilisierte Inflationsraten, sinkende Löhne) begünstigt werden, wenn der Staat als Reaktion auf sinkende Devisen- und Steuereinnahmen seine Ausgaben kürzen würde. In der Praxis stellt sich diese staatliche Anpassungsleistung zumeist jedoch nicht ein. Im Gegenteil werden die Staatsausgaben bisweilen sogar noch erhöht, so daß

19 Vgl. Lechner et al. 1987: S. 88 und S. 163 und Clark 1990: S. 176.

20 Vgl. Warhurst 1994: S. 42-43 und Mikesell/Whitney 1987: S. 141-142.

21 Vgl. Lechner et al. 1987: S. 155.

sowohl die Defizite in den nationalen Haushalten als auch die Staatsverschuldung ansteigen und sich irgendwann in einer schweren ökonomischen Krise niederschlagen.[22] Mit Bezug auf die evolutionäre Theorieschule könnte diese Entwicklung als *„Dutch-Disease-Pfad"* bezeichnet werden, da es sich in diesem Fall um das Problem handelt, daß der eingeschlagene Politikpfad der erhöhten Staatsausgaben aufgrund institutioneller Hemmnisse nur schwer wieder verlassen werden kann, wodurch das politische Anpassungspotential verloren geht und sich die Krise immer weiter zuspitzt.

Besonders dramatische Auswirkungen des Dutch-Disease-Pfades sind in Ländern zu beobachten, wo der Bergbau unter starkem staatlichen Einfluß steht. Anstatt die finanzielle Anpassung an sinkende Steuer- und Deviseneinnahmen aus dem Bergbausektor über eine Reduzierung des nationalen Haushaltes zu vollziehen, wird in vielen Ländern unter dem Druck der ökonomischen Krise versucht, die sinkenden Staatseinnahmen durch eine Erhöhung der Ressourcenförderung zu kompensieren. Der sowieso schon vorherrschende Abwärtstrend der Ressourcenpreise wird durch derartige, betriebswirtschaftlich irrationale Maßnahmen je nach Marktanteil und Bedeutung des Rohstofflandes noch verstärkt. Die Preisfluktuationen und die Instabilitäten auf den Ressourcenmärkten werden durch solche Formen von sogenanntem *inversen* bzw. *preisunelastischen Angebotsverhalten* intensiviert, während der internationale Wettbewerb durch derartige Formen staatlich dominierten Wirtschaftens übermäßig angeheizt und verzerrt wird.[23]

Angesichts der Vielzahl der konkurrierenden Rohstoffländer mit krisenhaften Tendenzen in den nationalen Volkswirtschaften und der zumeist dispersen Verteilung der Lagerstätten herrscht derzeit auf den meisten internationalen Ressourcenmärkten ein ausgeprägter Wettbewerb vor. Ein erfolgreicher Zusammenschluß von Rohstoffländern zu einem Rohstoffkartell, wie es in den 70er Jahren den Regierungen der erdölproduzierenden Ländern mit der OPEC gelang, ist im Fall anderer Rohstoffe nicht sehr wahrscheinlich. Die meisten Regierungen sind nicht bereit, für den Aufbau internationaler Ressourcenkartelle private Bergbauunternehmen zu enteignen oder sie unter Druck zu setzen – allein schon aus Angst vor den politischen Sanktionsmaßnahmen aus den industrialisierten Mutterländern der Konzerne. Außerdem sind die Ressourcennachfrager durchaus in der Lage, auf eine zunehmende Monopolmacht zu reagieren. Sie können auf andere Rohstoffländer ausweichen, vermehrt andere Roh- und Werkstoffe einsetzen oder erforschen und auch durch vermehrtes Ressourcensparen und Recycling reagieren. Auf der Seite der Kartelländer besteht hingegen stets das Problem, sich über Förderquoten einigen zu müssen, was um so schwieriger ist, je krisenhaftere Entwicklungen in den einzelnen Volkswirtschaften vorherrschen und je größer die Macht- und Interessenkonflikte sind, die zwischen einzelnen Nationalstaaten existieren. Spätestens wenn es aufgrund abnehmender Nachfrage notwendig wird, die Produktionsquoten allgemein zu senken (mit einkommenssenkenden Wirkungen für alle Kartellmitglieder), steigt die Wahrscheinlichkeit, daß einzelne Länder die Kartellabmachungen unterlaufen und damit die Stellung des Kartells schwächen. Selbst die „erfolgreiche" OPEC, die ihre Macht unter besonders günstigen politischen und ökonomischen Bedingungen in den 1960er und 1970er Jahren aufbauen konnte, verlor unter dem Druck abnehmender Nachfrage, ökonomischer Krisen in den Mitgliedsstaaten und sich daraufhin einstellender abnehmender Quotendisziplin in den 1980er Jahren ihre herausra-

---

22 Vgl. für konkrete Länderbeispiele: Messner, F. 1996b: S. 405-406; Auty/Warhurst 1993: S. 14-17 und Helmschrott et al. 1990: S. 88-94.

23 Vgl. Lechner et al. 1987: S. 32; Dobozi 1993: S. 49-50; Altvater 1992: S. 184; Warhurst 1994: S. 46 und Young 1993: S. 40.

gende Machtstellung aus der Ölkrisenzeit der 1970er Jahre und konnte diese in der Folgezeit nie wieder herstellen.[24]

Nichtsdestotrotz ist die Bergbauindustrie schon aufgrund der ausgeprägten Markteintrittsbarrieren stets durch einen hohen Konzentrationsgrad gekennzeichnet. Nicht selten verfügen ein Dutzend Konzerne über einen großen Weltmarktanteil. Doch aufgrund der geologischen Verteilung der Lagerstätten kann sich durch die Erschöpfung einzelner Vorkommen oder durch eine Preisveränderung die Anbieterstruktur immer wieder verändern. In den meisten Fällen ist zu beobachten, daß die Anzahl der aktiven Bergbauunternehmen und der involvierten Rohstoffländer mit zunehmender Nachfrage nach einer Ressource (und daher steigenden Preisen und Rentabilitäten) zunimmt, während ökonomische Konzentrationsprozesse dann einsetzen, wenn Ressourcenpreise verfallen und die Nachfrage nach einer Ressource Sättigungserscheinungen zeigt.[25]

Die ökonomische Bedeutung der Ressourcennachfrager wurde oben bereits im Kontext der beschriebenen Hemmnisse für eine längerfristig erfolgreiche Kartellbildung auf internationalen Ressourcenmärkten angedeutet. Auf der Nachfrageseite besteht sowohl auf seiten der rohstoffverarbeitenden Unternehmen als auch auf seiten des Staates der rohstoffimportierenden Länder das gemeinsame Interesse an einer kontinuierlichen Ressourcenverfügbarkeit zu akzeptablen Preisen, während gleichzeitig verschiedene Einflußfaktoren ökonomischer, politischer und gesellschaftlicher Art die Nachfragestruktur nach nicht-erneuerbaren Ressourcen zu verändern vermögen.

Die rohstoffverarbeitenden Unternehmen versuchen das Risiko möglicher Störungen in der Ressourcenverfügbarkeit durch verschiedene Strategien gering zu halten. Erstens ist eine diversifizierte Lieferantenstruktur nahezu obligatorisch, um nicht von einem oder wenigen Lieferanten und dessen Produktionsbedingungen zu stark abhängig zu sein. Zweitens werden zumeist Lager angelegt, um kurzfristige Lieferunterbrechungen überbrücken zu können. Drittens werden langfristige Lieferverträge geschlossen, um durch diese Form der Kooperation langfristige und verbindlichere Geschäftsbeziehungen zu den Lieferanten aufzubauen. Viertens besteht die Option, Beteiligungen an Bergbauunternehmen zu erwerben, um dadurch in Form einer Rückwärtsintegration eine größere Kontrolle über die vorgeschalteten Prozesse in der Wertschöpfungskette zu erlangen. Fünftens kann schließlich das Einsatzpotential der heimischen Altmaterialbestände durch Erweiterung von Recyclingkapazitäten vermehrt in Anspruch genommen werden, wodurch eine zusätzliche, heimische Ressourcenquelle erschlossen wird.[26]

Das Interesse des Staates eines ressourcenimportierenden Landes an einer kontinuierlichen Ressourcenverfügbarkeit besteht darin, daß es stets als eine Frage von nationaler Bedeutung betrachtet wird, daß die im Inland benötigten Rohstoffe in ausreichender Menge verfügbar sind. Das Hauptaugenmerk gilt in diesem Zusammenhang den sogenannten *strategischen Rohstoffen*, die sich einerseits dadurch auszeichnen, daß sie in wichtigen Anwendungen unersetzbar sind, und deren Verfügbarkeit andererseits aufgrund unterschiedlichster Gründe leicht beeinträchtigt werden kann. In Zeiten des kalten Kriegs wurde dieser Begriff zumeist in bezug auf die Sicherstellung der Produktion der militärischen Verteidigungsgüter verwendet; heute wird er zunehmend auf die Gewährleistung der heimischen Industrieproduktion bezogen. In diversen Ländern wie z. B. den USA, Japan und Frankreich existieren strategische Rohstofflager, um das Risiko der nationalen Verwundbarkeit durch Lieferungsengpässe, wie sie bei Streiks und politischen Unruhen in Bergbauländern, bei Kartellbildungen etc. auftreten kön-

24 Vgl. zur Geschichte des Aufstiegs und Fall der OPEC: Clark 1990: S. 146-360 sowie Kapitel 5.1.2.

25 Vgl. Lechner et al. 1987: S. 120-123 und S. 157-158.

26 Vgl. Lechner 1987: S. 1; Siebert 1987b: S. 21-28 und Burke 1989: S. 14.

nen, zu reduzieren. Als weitere Elemente einer strategischen Ressourcenpolitik sind der Aufbau von Recyclingkapazitäten zu nennen sowie die Förderung von Forschung und Entwicklung zur Beschleunigung der Materialsubstitution und zur Erhöhung der Ressourcenproduktivität im Bereich der Anwendung strategischer Ressourcen.[27]

Schließlich kann die Nachfrage nach nicht-erneuerbaren Ressourcen durch andere ökonomische oder gesellschaftspolitische Einflußfaktoren deutlich verändert werden. Ökonomische Entwicklung zeichnet sich dadurch aus, daß sich die Strukturen der Volkswirtschaften stetig verändern, da es immer andere Sektoren und Wirtschaftsbereiche sind, die die Entwicklung und das ökonomische Wachstum zur Hauptsache tragen. Da verschiedene Sektoren unterschiedliche Materialansprüche haben, kommt es schon aufgrund ökonomischer Strukturverschiebungen zu Veränderungen in der Materialnachfrage. Die Industrialisierung vorher agrarisch geprägter Volkswirtschaften kann z. B. enorme Zuwächse in der Ressourcennachfrage induzieren. Auch technische Entwicklungen, die die Ressourcenproduktivität im Energie- und Materialeinsatz verändern, haben einen Einfluß auf die Menge der nachgefragten Ressourcen auf den internationalen Ressourcenmärkte und können auf die Preisentwicklung einwirken. Letztlich mögen auch Einflußfaktoren auf Ressourcenmärkten an Relevanz gewinnen, die sich aus der zunehmenden Naturinanspruchnahme ergeben. So mag sich eine staatliche Politik, die Sekundärmärkte und zunehmendes Recycling fördert, schon allein deshalb durchsetzen, weil das Müllaufkommen zu große Ausmaße angenommen hat. Auch ein allgemeiner umweltbezogener Wertewandel kann dazu führen, daß Ressourcen bewußter und sparsamer eingesetzt werden, so daß die Ressourcennachfrage dadurch vermindert oder gedämpft wird – mit entsprechenden Auswirkungen auf die internationalen Ressourcenmärkte.

Diese Ausführungen haben verdeutlicht, daß es eine Vielzahl von Einflußfaktoren sind, die auf internationalen Ressourcenmärkten von Bedeutung sind. Das dynamische Zusammenspiel dieser Faktoren bringt letztlich die Entwicklungstrends hervor, die auf den internationalen Märkten zu beobachten sind.

5.1.2 Entwicklungstrends in der Ressourcennutzung des 20. Jahrhunderts

In diesem Kapitel wird ein Überblick über die empirischen Trends in der Nutzung erneuerbarer und nicht-erneuerbarer Ressourcen im 20. Jahrhundert geliefert, wobei die wesentlichen Einflußfaktoren der Ressourcennutzung genauer erörtert werden. In Hinblick auf die Mikro-Fallstudie zur Kupferindustrie in Kapitel 5.2 wird der Entwicklung auf den Metallmärkten besondere Aufmerksamkeit gewidmet.

In den Abbildungen 5.1 und 5.2 sind Produktionsentwicklungen wichtiger erneuerbarer und nicht-erneuerbarer Massenressourcen abgebildet, während in den Abbildungen 5.3 und 5.4 die Produktionsentwicklung der wichtigsten Nichteisenmetalle (NE-Metalle) von 1900 bis 1995 gezeigt wird. Aus der Abbildung 5.1 läßt sich insbesondere die Größenordnung der globalen Inanspruchnahme von natürlichen Ressourcen gut erkennen. Nicht abgebildet sind hier allerdings die im globalen Rahmen am meisten genutzten Ressourcen Steine, Sand und Kies, die gleichzeitig am wenigsten knapp sind, überall in der Erdkruste vorkommen und daher auch nicht oder nur marginal Gegenstand von internationalem Handel sind. Die globale Produktionsmenge dieser nicht-erneuerbaren Ressourcen, denen im folgenden eher weniger Aufmerksamkeit gewidmet wird, belief sich in 1991 auf etwa 20 Milliarden Tonnen und sie sind damit unbestritten die bedeutsamsten Massenressourcen.[28] Es folgen ihnen, wie aus Abb. 5.1 ersicht-

27 Vgl. Burke 1989, Jacobson/Turner/Challis 1988 und Mikesell/Whitney 1987: S. 127, 133-134.

28 Vgl. für weitere Produktionsdaten zu Steine und Erden: Young 1993: S. 9-10.

lich, die fossilen Ressourcen Steinkohle und Erdöl mit Produktionswerten von über drei Milliarden Tonnen in den 1990er Jahren. Da der Großteil der fossilen Ressourcen zu energetischen Zwecken verfeuert wird, unterstreichen diese Daten im Kontext der Gesamtressourcennutzung die außerordentliche Bedeutung der energetisch genutzten Rohstoffe.[29] An der vierten Stelle der globalen Massennutzung von Ressourcen ist mit dem Getreide die erste erneuerbare Ressource anzutreffen, von der derzeit etwa zwei Milliarden Tonnen pro Jahr produziert werden. Danach folgen auf etwa gleichem Niveau Stahl und Holz mit einer Produktionsmenge von etwa 800 Millionen Tonnen, wobei Stahl ausschließlich der materiellen Nutzung zuzuordnen ist, während das erneuerbare Holz zu fast gleichen Teilen energetisch (als Brennholz) und materiell (als Baustoff, Papier etc.) verwendet wird.[30] Diesen sechs Massenressourcen folgen im Abstand der Größenordnung von etwa einer Zehnerpotenz die ausschließlich materiell genutzten Kunststoffe (113 Mio. t in 1995), die Nichteisenmetalle (zusammen 45 Mio. t in 1995) und die Baumwolle (20 Mio. t in 1995).

Nachfolgend werden zur Verdeutlichung der historischen Muster der physischen Ressourcennutzung und ihrer wesentlichen Einflußfaktoren und Determinanten die empirischen Trend der globalen Ressourceninanspruchnahme seit Ende des letzten Jahrhunderts in vier Perioden nachgezeichnet und erörtert.

Periode 1: 1880-1945. Während das Holz im Mittelalter *die* dominierende Energie- und Materialressource war, bekam sie spätestens in den Jahren der industriellen Revolution und der Durchsetzung der Dampfmaschine in den 1880er Jahren mit der Steinkohle bedeutsame Konkurrenz im Bereich der Energieressourcen. Nach kontinuierlichen Zuwächsen in der Steinkohleproduktion gegen Ende des 19. Jahrhunderts, war die Kohle zur Jahrhundertwende mit einer Jahresproduktion von fast 700 Millionen Tonnen zur bedeutsamsten Energieressource in den sich industrialisierenden Ländern aufgestiegen.[31] Doch schon zu Anfang des neuen Jahrhunderts deutete sich die erstarkende Position des Erdöls an. Streiks in den Kohlebergwerken der USA und Großbritannien trieben die Kohlepreise nach oben und effizientere Technologien wirkten nachfragesenkend – ebenso wie die Konjunktureinbrüche während der beiden Weltkriege und in den 1930er Jahren. Im Gegensatz dazu gewann das Erdöl als preiswerte, gut zu lagernde und transportierende Ressource mit vergleichsweise hohem Energieinhalt[32] immer höhere allgemeine Wertschätzung, und es setzten sich vermehrt ölbasierte Technologien – wie z. B. der Verbrennungsmotor – am Markt durch. Es begann ein ausgeprägter Substitutionsprozeß bei den Energieressourcen: Die Kohleproduktion stagnierte nach 1910 bis zum Ende des

29 Die materielle Nutzung der fossilen Ressourcen ist bisher nicht sehr stark entwickelt. Im Fall des Erdöls werden weltweit nur acht Prozent des Mineralölverbrauchs für eine petrochemische Nutzung (hauptsächlich Kunststoffproduktion) eingesetzt. Vgl. Mineralölwirtschaftsverband e.V. (Hg.) 1996: S. 29. Die Diskrepanz zwischen materieller und energetischer Nutzung zeigt sich in der Abbildung 5.1 an den unterschiedlichen Größenordnungen in der Produktion von Erdöl und Kunststoff.

30 Es sei angemerkt, daß ein mengenmäßiger Vergleich von Holz mit anderen Ressourcen problematisch ist, da es üblicherweise in der Volumeneinheit Kubikmeter bemessen wird. Angesichts des hohen Anteils der energetischen Holznutzung wurden für die Abbildung 5.1 die Volumenwerte des Holzes nach ihrem Energieinhalt umgerechnet in Gewichtstonnen von Erdöl mit gleichem Energieinhalt (die Einheit „toe" bedeutet „tons of oil equivalent"). 2,1 Milliarden Kubikmeter Holz entsprechen energetisch 520 Millionen Tonnen Erdöl. Vgl. Alexandratos (Hg.) 1995: S. 215-220.

31 Vgl. Clark 1990: S. 15-27. Die Energieversorgung in der USA basierte in 1900 zu 70% auf Kohle, 23% auf Holz, 4% auf Erdöl und 3% auf Wasserkraft und ErdgaS. Vgl. ebd.: S. 16.

32 Der Energieinhalt von einer Tonne Erdöl übertrifft denjenigen einer Tonne Steinkohle um 50%. Vgl. WRI et al. 1994: S. 167, Tabelle 9.2.

Abbildung 5.1: Globale Produktion ausgewählter erneuerbarer und nicht-erneuerbarer Ressourcen von 1870 bis 1995 in Mio. Tonnen

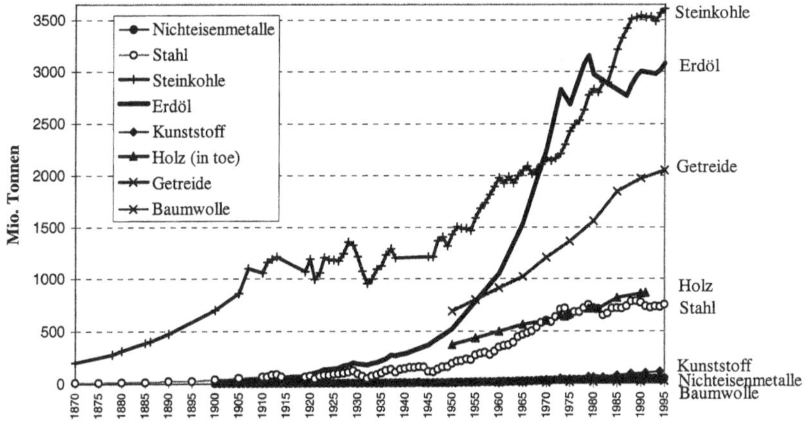

Anmerkung: „toe" ist die Abkürzung für „tons of oil equivalent" und weist das Holz, das ansonsten in Kubikmetern bemessen wird, gemäß seinem Energieinhalt in äquivalenten Ölmengen aus.

Abbildung 5.2: Globale Produktion bedeutsamer Ressourcen im Bereich bis zu 160 Mio. Tonnen Jahresproduktion (1870-1995)

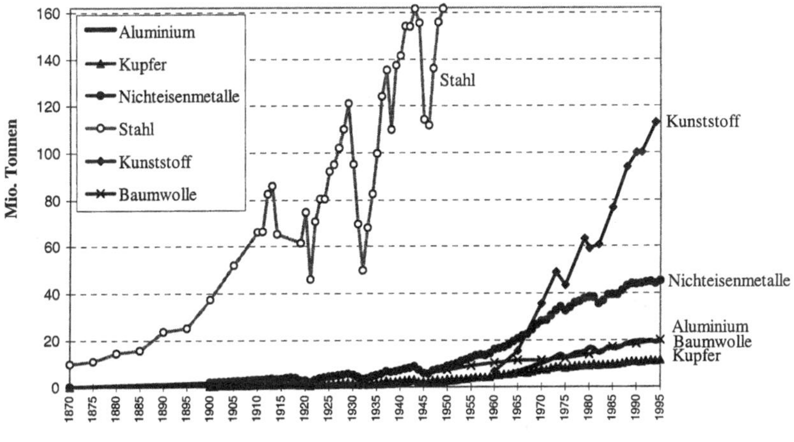

Daten für Hüttenproduktion bzw. Produktion von raff. Nichteisenmetallen nach: Metallgesellschaft AG/ World Bureau of Metal Statistics (Hg.) 1996, Metallstatistik / Metal Statistics 1985-1995: S. 60-65.
Produktionsdaten zu Stahl, Eisen und Steinkohle nach: Wirtschaftsvereinigung Stahl (Hg.) 1996, Statistisches Jahrbuch der Stahlindustrie 1996: S. 345, 349-353 und Clark 1990: S. 104, 251.
Daten zu Erdöl nach: Clark 1990: S. 30, 110, 246, 264 und Tippee (Hg.) 1997, S. 314-319.
Daten zu Kunststoff nach: Glenz 1989: S. 1238 und o.V. 1995: S. 1761.
Daten zu Holz nach: Forest Products Society (Hg.) 1994: S. 22 und Alexandros (Hg.) 1995: S. 206-230.
Daten zu Getreide und Baumwolle nach: FAO (Hg.) 1969-1996, Production Yearbook.

Abbildung 5.3: Globale Produktion von Nichteisenmetallen von 1900-1995 in Mio. Tonnen

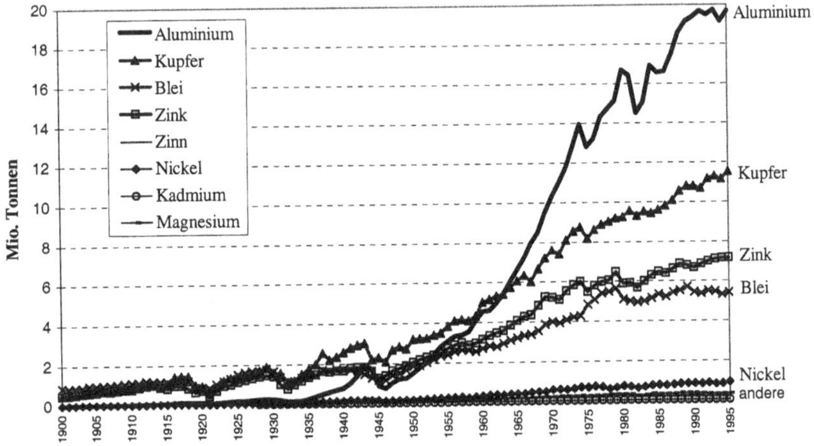

Abbildung 5.4: Globale Produktion ausgewählter Nichteisenmetalle von 1900-1995 im Bereich bis zu 3 Mio. Tonnen

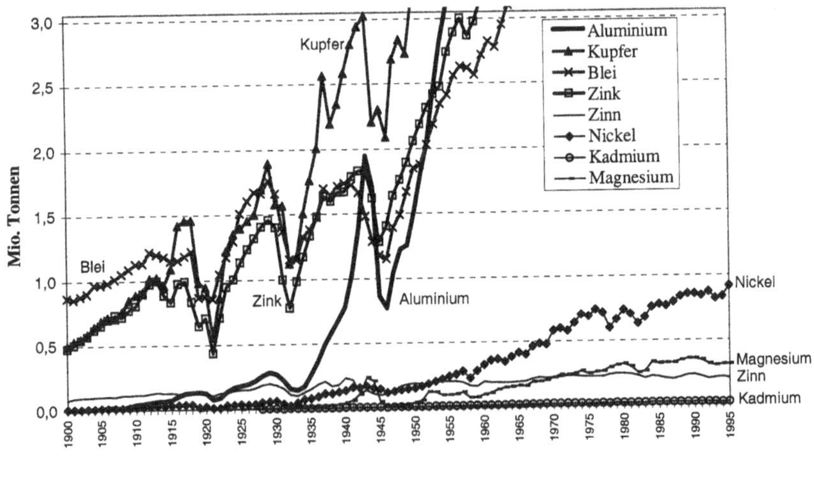

Datenquellen für die Abbildungen 5.3 und 5.4: Metallgesellschaft AG/ World Bureau of Metal Statistics (Hg.) 1996, Metallstatistik / Metal Statistics 1985-1995: S. 60-65.

2. Weltkriegs auf einem Niveau von etwa ein bis 1,2 Milliarden Jahrestonnen, während die globale Erdölproduktion im gleichen Zeitraum durch Produktionssteigerungen in den Hauptproduktionsländern USA und Rußland bei bisweilen zweistelligen jährlichen Wachstumsraten mehr als verachtfacht wurde. Nahezu unbeeinträchtigt durch die beiden Weltkriege und die wirtschaftliche Depression der 1930er Jahre wurde 1945 ein Niveau von 365 Millionen Jahrestonnen in der Erdölproduktion erreicht (siehe Abb. 5.1).[33]

Auch die Eisen- und Stahlerzeugung war in den Frühphasen der Industrialisierung durch starkes Wachstum gekennzeichnet. Mit jährlichen Wachstumsraten von 6-8% in den Jahren um die Jahrhundertwende und zweistelligen Raten in den 1920er Jahren konnte die globale Stahlproduktion von 1875 bis 1929 trotz der rückläufigen Produktion in den Jahren des ersten Weltkriegs von 11 auf 120 Millionen Tonnen mehr als verzehnfacht werden. Die Depression der 1930er Jahre und der zweite Weltkrieg führten in den Jahren 1930-34 bzw. 1941-46 zu ausgeprägten Rückgängen der globalen Stahlproduktion um mehr als fünfzig bzw. mehr als dreißig Prozent. Aufgrund markanter Produktionszuwächse mit zweistelligen Zuwachsraten in den Folgejahren wurden die jeweiligen Produktionseinbußen allerdings sehr schnell wieder wettgemacht (vgl. Abb. 5.2).

Die wichtigsten Nichteisenmetalle waren zur Jahrhundertwende in der Reihenfolge ihrer mengenmäßigen Produktion Blei, Kupfer und Zink, von denen im Jahre 1900 jedoch noch keines die Produktionsschwelle von 1 Mio. Jahrestonnen überschritten hatte. Im Zeitraum von 1900 bis 1932 verlief die Produktionsentwicklung für alle drei Metalle recht ähnlich. In den Jahren des ersten Weltkriegs wurde eine Phase deutlich rückläufiger Produktion verzeichnet, die nach 1921 in eine Periode ausgeprägten Produktionswachstums mit zweistelligen Zuwachsraten in den 1920er Jahren mündete. Eine ähnliche Situation ergab sich erneut in den Zeiten der großen Depression und den nachfolgenden Aufschwungsjahren ab 1933. Die Wachstumsraten der Kupferproduktion lagen dabei in den Jahren bis zum zweiten Weltkrieg mit Raten bis zu 30% weit über denjenigen Werten der anderen Nichteisenmetalle, so daß Kupfer in diesen Jahren zum wichtigsten Nichteisenmetall avancierte. In 1943 wurden weltweit über drei Millionen Tonnen raffinierten Kupfers erzeugt – eine im Vergleich zu 1900 versechsfachte Jahresproduktion.[34]

Eine weitere bemerkenswerte Entwicklung dieser Zeit war der Aufstieg des Leichtmetalls Aluminium, das erst 1821 entdeckt worden war und dessen Massenproduktion durch die Erfindung des elektrolytischen Produktionsprozesses im Jahre 1886 ermöglicht wurde.[35] Zu Beginn des Jahrhunderts wuchs die globale Aluminiumproduktion mit zweistelligen Zuwachsraten und konnte bereits 1918 die Stellung des Zinns als viertwichtigstem Nichteisenmetall übernehmen. Ein besonders ausgeprägtes Produktionswachstum konnte dann nach der großen Depression in den Jahren 1934-43 realisiert werden, als mit Zuwachsraten von bis zu 50% in nur 10 Jahren die Produktionskapazitäten verzehnfacht werden konnten und in 1943 eine Jahresproduktion von annähernd 2 Mio. Tonnen realisiert wurde. Wie für alle anderen Metalle auch, brachte der zweite Weltkrieg besonders in den Jahren 1944-46 für das Aluminium markante Veränderungen – mit Produktionseinbußen von insgesamt fast 50% (vgl. Abb. 5.4).

Periode 2: 1945-1970. In der Nachkriegszeit nach 1945 vollzog sich ein ausgesprochen ausgeprägter Konjunkturaufschwung, der durch die Industrialisierung der heutigen OECD-Länder und insbesondere durch Ausweitung und Wiederaufbau der verarbeitenden und der

33 Vgl. Clark 1990: S. 27-34 und S. 59-62.

34 Alle Datenangaben über Produktionsmengen in diesem Unterkapitel basieren auf den Quellen, die unter der Abbildung 5.2 angegeben sind. Angaben zu Wachstumsraten sind eigene Berechnungen.

35 Vgl. Moser/Moser 1994: S. 14 und Ray 1986: S. 58.

Schwerindustrie getragen wurde. Die entsprechend erhöhte Ressourcennachfrage der Industrieländer, die vor dem Krieg noch zum Großteil durch heimische Vorkommen gedeckt worden war, wurde nach dem Krieg zunehmend durch Exportbergwerke in den Kolonien gedeckt.[36]

In den 1940er und 50er Jahren waren bei den Metallen und beim Erdöl hohe jährliche Zuwachsraten bis zu 25% vorzufinden, die sich in den 1960er Jahren auf Raten unter 12% abschwächten. Als Konsequenz vervielfachte sich die Produktion sämtlicher natürlicher Ressourcen im Zeitraum von 1945-1970. Die Stahlproduktion wurde verfünffacht auf eine Jahresproduktion von 600 Mio. t in 1970 und die Produktion aller Nichteisenmetalle zusammen wuchs um den Faktor 4,6. Während die Produktion bei den vormals wichtigsten Nichteisenmetallen Kupfer, Blei und Zink um einen Faktor zwischen drei und vier anstieg, war insbesondere das Produktionswachstum bei den noch jungen Metallen Nickel (Faktor 4) und Aluminium (Faktor 12) bemerkenswert. Nickel als ein an Bedeutung gewinnendes Legierungselement in der Stahlproduktion setzte sich in dieser Zeit als fünftwichtigstes Nichteisenmetall gegenüber Kadmium, Zinn und Magnesium durch, während das Aluminium in 1963 in der Jahresproduktion mit Kupfer gleichzog und in den Folgejahren bis 1970 die zehn Millionen Jahrestonnen überschritt und zum meist produzierten Nichteisenmetall wurde (vgl. Abb. 5.1 bis 5.4).

Einen noch beachtlicheren Aufstieg als das Aluminiums legten die polymeren Kunststoffe zurück, deren ersten Vertreter in Form von Kunstseide und Zellophan zu Beginn des 20. Jahrhunderts Anwendung fanden.[37] Mit durchgängig zweistelligen Zuwachsraten in den Nachkriegsjahren erreichten diese neuen, hauptsächlich auf Erdöl basierenden Materialien bereits 1960 höhere Produktionszahlen als Aluminium oder Kupfer und bis 1970 wurde mit 35 Millionen Tonnen eine Jahresproduktion realisiert, die größer war als die aller Nichteisenmetalle zusammen (vgl. Abb. 5.2).

Bei den Energieressourcen setzte sich die Vorkriegsentwicklung fort. Trotz des beachtlichen weltwirtschaftlichen Aufschwungs hielten die stagnierenden Tendenzen in der Kohleproduktion an, die lediglich in den Jahren 1955-60 ansprechende Zuwachsraten über 4% aufwies. Im Gegensatz dazu wurde die Erdölproduktion bei kontinuierlichen Wachstumsraten bis zu 10% zwischen 1945 und 1970 mehr als verfünffacht. Das Erdöl wurde schließlich in 1970 mit einer Jahresproduktion von über zwei Milliarden Tonnen zur mengenmäßig bedeutsamsten Energieressource (vgl. Abb. 5.1).[38]

Weit weniger ausgeprägt wirkte der Nachkriegsboom auf die Produktion der erneuerbaren Ressourcen, bei denen in 1945-1970 lediglich jährliche Zuwachsraten zwischen ein und drei Prozent realisiert werden konnten, wobei lediglich der Zuwachs bei der Baumwolle in den frühen 1950er Jahren von über vier Prozent heraussticht (vgl. Abb. 5.1+5.2).

Periode 3: 1970-1988. Zu Beginn der 1970er Jahre war die weltwirtschaftliche Stimmung vom Wachstumsboom der vorangegangenen Dekaden bestimmt. Getrübt wurde die Wachstumseuphorie in 1972 durch den vielbeachteten Club-of-Rome-Bericht, der unter der Annahme gleichbleibender Wachstumsraten beim Ressourcenverbrauch eine Erschöpfung diverser Ressourcen für Mitte des kommenden Jahrhunderts prognostizierte.[39] Die Investitionsbereitschaft der Ressourcenanbieter wurde durch diese pessimistische Prognose gestärkt und in allen Bereichen der Ressourcenextraktion wurden Erweiterungskapazitäten aufgebaut und neue Lager-

36 Vgl. Lechner et al. 1987: S. 163.

37 Vgl. Ray 1986: S. 62.

38 Vgl. für eine ausführliche Schilderung der globalen Energienutzung nach dem zweiten Weltkrieg: Clark 1990: S. 95-145. Hinsichtlich des Energieinhalts der Jahresproduktion wurde das Erdöl bereits 1963 zur bedeutsamsten Energieressourcen. Vgl. WRI et al. 1994: S. 167 und eigene Berechnungen.

39 Vgl. Meadows et al. 1972.

stätten exploriert, um die erwartete, weiter ansteigende Ressourcennachfrage bedienen zu können. Die Regierungen vieler Entwicklungsländer, von denen viele in den 1960er Jahren ihre Unabhängigkeit erlangt hatten, zeigten sich hingegen zunehmend unzufrieden über den Umstand, daß ihre Länder trotz steigender Rohstoffexporte aufgrund sinkender Terms of Trade und schwankender Rohstoffpreise nur wenig von dem Nachkriegsboom profitierten.

Eine deutliche Zäsur der weltwirtschaftlichen Lage zeichnete sich im Oktober 1973 ab, als die OPEC-Staaten, die zu jenem Zeitpunkt ein hohes Maß an Marktmacht gewonnen hatten, ein politisch motiviertes Erdölembargo gegen diverse westliche Industrieländer aussprachen. Zwischen 1973 und 1975 vervierfachte sich der Erdölpreis der OPEC-Staaten, wodurch besonders in den Ländern, die stark vom Erdölimport abhängig waren, vielfältige negative ökonomische Auswirkungen eintraten: die Leistungsbilanzen erdölimportierender Staaten verschlechterten sich schlagartig, zweistellige Inflationsraten hielten allgemeinen Einzug und besonders die krisenanfälligen Ökonomien erdölimportierender Entwicklungsländer wurden durch hohe Energiekosten stark belastet. Es folgte eine Weltwirtschaftskrise in 1975. Kaum waren erste Anzeichen einer allgemeinen weltwirtschaftlichen Erholung in den Jahren 1977/78 sichtbar geworden, folgte ein weiterer Erdölschock – diesmal ausgelöst durch Verminderungen der Erdölexporte aus dem Iran im Zuge der iranischen Revolution. Obwohl die weltweite Ölversorgung durch die entfallenden Iranexporte nicht sehr stark beeinträchtigt wurde, kam es zu Panikkäufen auf den Ölmärkten, in deren Gefolge sich die Erdölpreise bis zu US$ 40 pro Barrel verdreifachten. Nicht zuletzt aufgrund neuer Produktionsquoten der OPEC-Länder blieb dieses Preisniveau während des Jahres 1980 bestehen. Erneut kam es zu großen ökonomischen Einbußen in erdölimportierenden Ökonomien, die letztlich in einer weiteren Weltwirtschaftskrise in den Jahren 1980-82 mündeten.[40]

Die Erdölschocks der 1970er Jahre hatten deutliche Auswirkungen auf die Ressourcennutzung. Bei den Energieressourcen fand der exponentielle Wachstumspfad des Erdöls ein Ende. Die OECD-Länder stiegen vermehrt auf andere Energiequellen wie Atomkraft, Kohle und Gas um, und insbesondere nach dem zweiten Ölschock wurden auch Programme zur Energieeinsparung eingeleitet. Diese generelle Abkehr vom Erdöl und die erhöhte Ölproduktion in Nicht-OPEC Staaten (Großbritannien, Norwegen, UdSSR, Mexiko) führten letztlich zu einer Verringerung der OPEC-Marktmacht.[41] Sinkende Erträge in den Ölländern und die daraufhin zunehmende Nichtbeachtung der OPEC-Quoten durch die Mitgliedsstaaten hatten sinkende Erdölpreise ab 1981 zur Konsequenz, die 1986 ein Tief von US$ 9 pro Barrel erreichten und sich in den folgenden Jahren bei etwa US$ 18 stabilisierten.[42] Damit war der Boom in der Erdölnutzung beendet. Nach 1979 fiel die Erdölproduktion bis 1987 um 12% und auch nach dem Verfall der Ölpreise konnten die Zuwachsraten der Produktion die Werte aus den 1960er Jahren nicht mehr erreichen. Produktionszuwächse gab es dafür bei den anderen Energieressourcen. Besonders die Steinkohle fand vermehrten Einsatz in der Stromerzeugung und konnte daher von 1973 bis zum Ende der 1980er Jahre passable jährliche Produktionszuwächse bis zu 5% verzeichnen. In 1984 wurde die Kohle mit über drei Milliarden Tonnen Jahresproduktion erneut zur meistverwendeten Energieressource der Welt (vgl. Abb. 5.1).[43]

---

40 Vgl. Clark 1990: S. 230-240, S. 280-289 und S. 320-322.

41 Der Anteil der OPEC-Länder an der weltweiten Erdölproduktion sank von über 50% in 1979 auf 30% in 1985. Vgl. Clark 1990: S. 353.

42 Vgl. Clark 1990: S. 236 sowie S. 352-355.

43 Vgl. Clark 1990: S. 243-260. Gemessen am Energieinhalt der Jahresproduktion behielt das Erdöl allerdings auch nach 1984 seine globale Führungsrolle. Vgl. WRI et al. 1994: S. 167 und eigene Berechnungen.

Auf die Märkte für materiell genutzte Ressourcen hatten die Erdölkrisen unterschiedliche Auswirkungen. Ganz generell wurde die künstliche Ölverknappung als Vorbote der Erschöpfung diverser nicht-erneuerbarer Ressourcen gedeutet, so daß dadurch die Erwartungen weiterhin ansteigender Nachfrage verstärkt und Bergbauinvestitionen begünstigt wurden. Ganz generell konnte in den 70er Jahren – mit Ausnahme des Krisenjahres 1975 – ein wachstumsorientierter Trend in der Erweiterung und Neuerschließung von Bergwerken festgestellt werden, der erst durch die Krise ab 1980 gestoppt wurde. Negative Auswirkungen der Ölpreiserhöhungen stellten sich hingegen in denjenigen erdölimportierenden Bergbauländern ein, wo energieintensive Aufarbeitungsprozesse durchgeführt wurden. Besonders Bergbauländer aus der Karibik und Mittelamerika waren stark von den Ölschocks betroffen, da die steigenden Energiepreise ihre Wettbewerbsfähigkeit als Bergbaustandort gefährdeten.[44]

Die Erdölkrisen wirkten sich auch auf das allgemeine weltwirtschaftliche Nord-Süd-Verhältnis aus. Das Erdölembargo von 1973 hatte auf seiten der Industrieländer die Erkenntnis zutage gefördert, daß die Rohstoffversorgung durch die Marktmacht von rohstoffreichen Entwicklungsländern empfindlich gestört werden kann. Die Regierungen der Entwicklungsländer wurden hingegen durch das erfolgreiche Erdölkartell in ihren Hoffnungen gestärkt, für die eigenen Exportprodukte in Zukunft eine verbesserte Stellung erreichen zu können. Als Resultat dieser veränderten Machtkonstellation verständigten sich die UN-Mitgliedsstaaten 1976 auf der vierten UNO-Konferenz über Handel und Entwicklung (UNCTAD IV) auf allgemeine Ziele einer „neuen Weltwirtschaftsordnung", die für die Entwicklungsländer verbesserte ökonomische Rahmenbedingungen bringen sollte. So wurde u. a. im sogenannten „integrierten Rohstoffprogramm" festgelegt, daß die Märkte von 18 Schlüsselrohstoffen in Zukunft durch internationale Rohstoffabkommen zwischen Produktions- und Verbraucherländern in einer Form zu regulieren seien, daß stabile und faire Preise garantiert sind. Wichtige in diesem Kontext zu nennende internationale Abkommen, die auf dieser Grundlage geschlossen oder weiterverfolgt wurden, sind u. a. diejenigen für Zinn, Kaffee, Kakao, Naturkautschuk und Tropenholz.[45]

Die Wachstumserwartungen der Anbieter von metallischen Ressourcen erwiesen sich spätestens in den frühen 1980er Jahren als überzogen. Die Gründe dafür sind vielfältig. *Erstens* folgten den Erdölkrisen schwere Weltwirtschaftskrisen, so daß die ökonomischen Wachstumsraten der 1970er Jahre im Durchschnitt etwa 2% unter den BSP-Zuwächsen der Sechziger Jahre lagen und daher einen gleichsam reduzierten Ressourcenverbrauch implizierten – wie sich an den Produktionsrückgängen in den Jahren der Weltwirtschaftskrisen 1975 und 1980/81 zeigt (vgl. Abb. 5.1, 5.3 und 5.4).[46] *Zweitens* waren in den Industrieländern Sättigungserscheinungen in bezug auf den Verbrauch traditioneller Rohstoffe festzustellen. Die Abnahme der Ressourcenintensität wird in der Literatur unter dem Stichwort „Tertiarisierung" auf die zunehmende Bedeutung des Dienstleistungssektors zurückgeführt.[47] *Drittens* stieg der Ressourcenverbrauch der Entwicklungsländer weit weniger stark an als vermutet, da nur einige wenige

44 Vgl. Lechner et al.: S. 92, 78-80, 134. So wurde z. B. die 1977 aufgenommene Nickelförderung in Guatemala nach der 2. Erdölkrise aufgegeben, da sie unwirtschaftlich geworden war. Vgl. Lechner et al. 1987: S. 194.

45 Vgl. Gocht 1992 und Michaelowa/Naini 1994: S. 10-20. Vgl. für weitere Ausführungen zum Zinnabkommen das nachfolgende Kapitel 5.1.3.

46 In 1960-73 betrugen die durchschnittlichen BSP-Wachstumsraten 5,2% (5% in OECD-Ländern, 6,7% in Entwicklungsländern). In den Jahren 1973-79 lagen die Raten um etwa 2% niedriger und bis 1987 sanken die durchschnittlichen Welt-Wachstumsraten auf 2,7%. Vgl. Warhurst 1994: S. 40.

47 Vgl. z. B. Menzel 1995 und MacMillan/Norton 1992: S. 490.

Schwellenländer erfolgreiche Industrialisierungspfade einschlagen konnten.[48] *Viertens* brachten die 1980er Jahre technologische Entwicklungen, die sich nachfragemindernd auf den Metallverbrauch auswirkten. So wirkten Technologietrends zur Miniaturisierung, zum Leichtbau und zur Entmaterialisierung ressourcensparend, während gleichzeitig eine Fülle von Konkurrenzwerkstoffen (Kunststoffe, Keramiken, Verbundwerkstoffe etc.) auf die Märkte drängte.[49] Schließlich ist *fünftens* anzuführen, daß der Bestand an recycelbaren Altmaterial in vielen Industrieländern stetig zugenommen hat und daher Sekundärressourcen aus dem Recycling an Bedeutung gewannen, wie Tabelle 5.1 anhand einiger Recyclingquoten veranschaulicht.

Tabelle 5.1:
Recyclingquoten wichtiger Nichteisenmetalle in westlichen Ländern, 1977-1995

	1977	1980	1985	1990	1995
Aluminium	23,6%	24,9%	25,6%	27,1%	27,2%
Kupfer	45,7%	52,3%	50,4%	51,6%	48,6%
Zink	28%	26,9%	27,6%	27,6%	28,1%
Blei	49,7%	51,9%	50,2%	57,3%	54,7%

Die Recyclingquoten dieser Tabelle ergeben sich aus der Division des gesamten Einsatzes von Neu- und Altschrott in der Sekundärmetallproduktion und dem Gesamtverbrauch der jeweiligen Metalle.

Daten nach: Warhurst 1994: S. 45 und eigene Berechnungen nach Daten von Metallgesellschaft AG/ World Bureau of Metal Statistics (Hg.) 1996, Metallstatistik 1985-95.

Spätestens in den frühen 1980er Jahren erwies sich die rege Investitionstätigkeit der Bergbauunternehmen in den 1960er und 70er Jahren als eindeutig überhöht. Als Konsequenz der falsch eingeschätzten Nachfrageentwicklung waren in 1983/84 in nahezu allen Bereichen der westlichen Metallmärkte deutliche Überkapazitäten im Bergbau anzutreffen: bei Eisen und Nickel bis zu 40%, bei Blei 15-20%, bei Kupfer 28% und bei Aluminium 25%.[50] Der Angebotsüberhang führte weitgehend zum Verfall der Ressourcenpreise und es setzte ein harter Wettbewerb ein. Viele Gruben – besonders solche mit geringen Erzkonzentrationen – wurden geschlossen, Rationalisierungsmaßnahmen technischer und organisatorischer Art wurden vollzogen, hochkonzentrierte Vorkommen wurden bevorzugt abgebaut (high grading) und neue Bergbauprojekte wurden nur noch dann begonnen, wenn sie im internationalen Vergleich niedrige Produktionskosten aufwiesen.

Besonders intensiv wirkte sich die Überkapazitätskrise in Industrieländern aus, da diese einerseits über weniger hochwertige Ressourcenvorkommen verfügten und dort außerdem seit den 1970er Jahren zunehmend verschärfte Umweltgesetzgebungen in Kraft getreten waren, die die Wettbewerbsstellung diverser Bergbaustandorte gefährdeten.[51] In Entwicklungsländern befanden sich hingegen einerseits noch sehr hochwertige Lagerstättenpotentiale , während andererseits viele bestehende Gruben und Hütten unter staatlicher Verwaltung kaum konkurrenzfähig waren. Als Ergebnis dieser Konstellation ergab sich aus der Überkapazitätskrise eine Strukturverschiebung im industriellen Weltbergbau. Während in den Industrieländern Kapazitäten abgebaut, unrentable Hütten geschlossen und technologische und organisatorische Modernisierungen getätigt wurden, fanden entsprechende Anpassungen in Ländern mit Staatsunternehmen nicht oder nur zaghaft statt. Außerdem wurden die Kapazitäten in Entwicklungs-

48 Vgl. Warhurst 1994: S. 40 und Lechner et al. 1987: S. 5.

49 Vgl. Lechner et al. 1987: S. 5-6.

50 Vgl. Lechner et al. 1987: S. 86, 94, 135, 166, 197.

51 Vgl. Kapitel 5.1.4.

ländern mit hochwertigen Vorkommen ausgebaut. Insgesamt nahm daher die ökonomische Bedeutung der Entwicklungsländerstandorte im globalen Bergbau zu.[52]

Die Überkapazitäten auf den Metallmärkten waren erst etwa 1986 abgebaut, so daß die Produktionszahlen in 1980-86 bei den meisten Metallen trotz des konjunkturellen Aufwärtstrends seit 1983 stagnierten oder gar rückläufig waren. Erst danach gab es wieder Aufwärtsbewegungen bei den Ressourcenpreisen, die zu gemäßigten Produktionszuwächsen mit jährlichen Wachstumsraten bis zu sechs Prozent bei allen Metallen in den späten 1980er Jahren führten (vgl. die Abb. 5.1 bis 5.4).

Weit weniger stark waren die Kunststoffmärkte von den Weltwirtschaftskrisen betroffen. Wenngleich in den Jahren 1975 und 1980/81 Verbrauchs- und Produktionsrückgänge zu verbuchen waren, so konnten in den nachfolgenden Jahren sofort wieder durchschnittliche Zuwachsraten von 5-7% erreicht werden. Bei innovativen neuen Kunststoffarten, wie z. B. dem Polypropylen, wurden in den 1980er Jahren sogar durchgängig zweistellige Wachstumsraten realisiert.[53] Somit hielt der Wachstumstrend der Kunststoffe an und die Jahresproduktion wurde von 1973 bis 1988 trotz der Krisen verdoppelt (vgl. Abb. 5.2).

Periode 4: 1989-1995. Der sukzessive Zusammenbruch der sozialistischen Ökonomien in Osteuropa nach 1989 war neben der abebbenden Weltkonjunktur zu Anfang der 1990er Jahre ein wesentlicher Einflußfaktor auf den Weltrohstoffmärkten für nicht-erneuerbare Ressourcen. Die Bedeutung Osteuropas für die Rohstoffmärkte ergibt sich insbesondere aus dem Rohstoffreichtum dieser Region und den beachtlichen Anteilen an der Weltproduktion wichtiger Roh- und Grundstoffe. Wie Tabelle 5.2 zeigt, lagen die Anteile Osteuropas an der globalen Produktion vieler Ressourcen vor 1989 zwischen neun und 26%.

Bei der Betrachtung der Daten vor 1989 ist jedoch zu berücksichtigen, daß die gesamte Grundstoff- und Schwerindustrie in Osteuropa strategische Bedeutung besaß. Die sozialistischen Staaten strebten Autarkie in der Grundstoffversorgung an und daher genoß die Produktion von Energieressourcen und Metallen äußerste Priorität als Rohstoffbasis für den Industrialisierungsprozeß und den Rüstungssektor. Aufgrund dieser strategischen Bedeutung der Grundstoffe wurde ihre Produktion intensiv gefördert und staatlich subventioniert. Trotzdem war der sozialistische Bergbau weder aus ökonomischer noch aus technologischer Sicht mit den Bergbauindustrien der westlichen Industrieländer vergleichbar. Im Gegenteil, häufig wurden wirtschaftlich unrentable Bergwerke mit geringer Kapazität und äußerst niedrigen Erzgehalten betrieben, und in der Aufarbeitung und der Raffination wurden veraltete und sehr energieintensive und umweltbelastende Technologien eingesetzt. In diesem Zustand wäre ein beträchtlicher Anteil der Kombinate Osteuropas unter Weltmarktbedingungen nicht wettbewerbsfähig gewesen.[54]

Verschiedene Aspekte prägten den Niedergang der sozialistischen Ökonomien. Zum einen gingen ganz allgemein die wirtschaftlichen Aktivitäten deutlich zurück[55], wodurch die Binnennachfrage nach Roh- und Grundstoffen markant abnahm. Zum anderen verlor der Ressourcensektor seine strategische Bedeutung, so daß aufgrund unterbleibender Subventionsleistungen und wegfallender Nachfrage aus dem Rüstungssektor[56] die ökonomisch unrentabelsten

52 Vgl. Lechner et al. 1987: S. 56-57 und Warhurst 1994: S. 35-37.

53 Vgl. Barnetson 1997: S. 5.

54 Vgl. Göckmann 1992: S. 732-733; Maczek 1992: S. 476-480; Letourneur 1992: S. 472 und Ray 1991: S. 812-813.

55 In Rußland sank das BIP von 1991 bis 1995 um 36,3%. Vgl. Manaktala 1995: S. 14.

56 In der Sowjetunion wurden z. B. über 70% der Aluminiumproduktion in der Wehrtechnik verwandt. Vgl. Wobbe 1992: S. 473 und Manaktala 1995: S. 14.

Bergwerke und Aufarbeitungshütten geschlossen wurden. Auf diese Weise wurden die Produktionskapazitäten für natürliche Ressourcen in Osteuropa enorm reduziert. Bei den vier wichtigsten Nichteisenmetallen Aluminium, Kupfer, Zink und Blei wurden zwischen 1988 und 1991 Produktionseinbußen von 30-60% verbucht,[57] und auch in der Erdölförderung gingen die Produktionszahlen in diesem Zeitraum um fast 20% zurück.[58] Da außerdem mit dem Niedergang der sozialistischen Ökonomien der Rat für gegenseitige Wirtschaftshilfe (RGW), die sozialistische Arbeitsteilung[59] und damit das System der internen Verteilung der Rohstoffe unter den sozialistischen Staaten zerbrachen und statt dessen konvertible Währungen eingeführt wurden, waren die verbleibenden osteuropäischen Bergbau- und Raffinationskapazitäten nicht weiterhin an den RGW-Raum gebunden und konnten erstmals in großem Maße in den freien Welthandel eingebracht werden. Angesichts des erheblichen volkswirtschaftlichen Verfalls war der Rohstoffexport nach 1989 eine willkommene und an Bedeutung gewinnende Devisenquelle.[60]

Tabelle 5.2:

Entwicklungstrends der Weltmarktanteile Osteuropas an der globalen Bergbau- und Grundstoffproduktion nach 1988

Bergbau	Weltmarktanteile		Raffination	Weltmarktanteile	
Bauxit (1988)	1988: 8,5 %	1995: 6,5%	Aluminium	1988:16,6 %	1995:16,9%
Kupfererz (1988)	1988:17,9 %	1995:12,7%	Kupfer	1988:19,1 %	1995:11,9%
Zinkerz (1990)	1990:14,8 %	1995: 7,2%	Zink	1990:16,0 %	1995: 9,1%
Bleierz (1988)	1988:20,1 %	1995:7,5%%	Blei	1988:24,0 %	1995: 5,5%
Nickelerz (1988)	1988:25,3 %	1995:23,4%	Nickel	1988:26,0 %	1995:22,1%
Zinnerz (1988)	1988: 9,0 %	1995:4,9%%	Zinn	1988: 9,8 %	1995: 5,9%
Eisenerz	1992:19,4 %	1995:14,1%	Stahl	1993:17,4%	1995:15,1%
Steinkohle	1993:16,6%	1995:13,7%	Erdöl	1988:22,3%	1996:11,6%
			Kunststoff	1988:10,6%	1994: 5%

Daten nach: Wirtschaftsvereinigung Stahl (Hg.) 1996: S. 346-347, 354 Metallgesellschaft AG/ World Bureau of Metal Statistics (Hg.) 1996: S. 4/5, Maczek 1992: S. 477; Warhurst 1994: S. 36/37, O. V. 1995a: S. 1761 und Tippee (Hg.) 1997: S. 318.

Als Konsequenz wurden die Weltmärkte für nicht-erneuerbare Ressourcen nach 1989, auf denen die sozialistischen Staaten zuvor nur marginal tätig gewesen waren, mit beachtlichen Mengen an Rohstoffexporten aus den osteuropäischen Ländern konfrontiert – und das zum Zeitpunkt einer generell abflauenden weltwirtschaftlichen Konjunkturentwicklung. Im wahrsten Sinne des Wortes „überschwemmt“ wurden die Weltmärkte für Nickel, Stahl und Aluminium. Bis 1991 erhöhten sich z. B. die Aluminiumexporte der Staaten der ehemaligen Sowjet-

57 Vgl. Bomsel/ von Hirschhausen 1991: S. 805.

58 Vgl. Tippee (Hg.) 1997: S. 318. Die rückgängige Erdölproduktion war allerdings teilweise auch Resultat der zunehmenden Erschöpfung der russischen Ölfelder. Vgl. WRI et al. 1994: S. 170.

59 Die Funktionsweise der sozialistischen Arbeitsteilung und die Bedeutung des RGW werden anschaulich am Beispiel des Kombinats Schienen- und Fahrzeugbau der DDR (später: Deutsche Waggonbau AG) dargelegt in: Pauer 1992: 445-448.

60 Vgl. Wobbe 1992: S. 473; Göckmann 1992: S. 432 und Hartmann 1993: S. 315.

union (GUS) auf eine Million, bis 1994 gar bis auf zwei Millionen Tonnen, die weit unter Weltmarktpreis angeboten wurden. Der einhergehende Preisverfall des Aluminiums um 36% zwischen 1989 und 1992[61] führte zu beträchtlichen Rentabilitätsproblemen westeuropäischer Aluminiumproduzenten, die sich letztlich dazu gezwungen sahen, bis 1992 Kapazitäten in Höhe von mehr als einer Million Jahrestonnen stillzulegen.[62] Bei den anderen NE-Metallen fielen die Exporte mengenmäßig weniger ausgeprägt ins Gewicht. Trotzdem verfielen die Preise auch auf diesen Märkten zwischen 1989 und 1993 um mehr als 10%[63], da viele osteuropäische Länder ihre Rohstoffe entweder aus mangelnder Qualität oder aufgrund von Devisenmangel mit großen Kursabschlägen im Vergleich zu den Notierungen der Londoner Metallbörse (LME) veräußerten.[64]

Trotz der gesteigerten Exporttätigkeit in Osteuropa nahm die Rohstoffproduktion dieser Länder im Verlauf des Transformationsprozesses weiter deutlich ab, so daß die Weltmarktanteile in der Jahresproduktion bis Mitte der 1990er Jahre durchgängig niedriger waren als noch in 1988 – in manchen Fällen waren sie sogar um mehr als die Hälfte gefallen (vgl. Tab. 5.2). Die Gründe für diese anhaltende Kontraktion der osteuropäischen Rohstoffproduktion waren vielfältig.[65] Betroffen waren zumeist unrentable Bergwerke und Hütten, die im Privatisierungsprozeß nicht veräußert werden konnten und vorerst unter staatlicher Kontrolle verblieben. Die meisten dieser Unternehmen litten unter chronischen Finanzierungsengpässen, Devisenmangel, Logistikproblemen, unter Schwierigkeiten in der Energieversorgung[66], mangelnden Managementfähigkeiten, technologischer Rückständigkeit, unzureichender Exploration und Neuerschließung von Lagerstätten und nicht zuletzt unter öffentlichen Protesten gegen extreme Umweltbelastungen in den Regionen mit veralteten Raffinierungsanlagen.[67] Etwas besser sah es hingegen bei Stahl, Nickel und Aluminium aus. Besonders aufgrund der billigen Wasserkraftenergie aus Sibirien schien Rußland bei den energieintensiven Produktionsprozessen von Aluminium und Nickel Standortvorteile zu besitzen[68], so daß die osteuropäischen Weltmarktanteile in der Produktion dieser Metalle nicht so stark zurückgingen (vgl. Tab. 5.2).

Die Instabilitäten auf den Rohstoffmärkten nach dem Umbruch in Osteuropa, die durch die

61 Werte nach Notierungen der Londoner Metallbörse (LME). Vgl. Metallgesellschaft/World Bureau of Metal Statistics (Hg.) 1996: S. 460 und Abb. 5.14 in Kapitel 5.1.3.

62 Vgl. Wobbe 1992: 473; von Hirschhausen 1993: S. 750; MacMillan/Norton 1992: S. 492 sowie Manaktala 1995: S. 14-15.

63 Preisverfall 1989-1992 (nach LME): für Kupfer 13%, Blei 26%, Zink 25%, Zinn 23% und Nickel 47%. Daten nach: Metallgesellschaft/World Bureau of Metal Statistics (Hg.) 1996: S. 460- 480.

64 So wurde z. B. raffiniertes Kupfer aus der GUS in 1993 üblicherweise mit Preisabschlägen bis zu £60 pro Tonne angeboten (das entspricht einem Abschlag von 3% im Vergleich zu den LME-Notierungen), während bei mangelnder Qualität Abschläge bis zu £150 gewährt wurden (7,5% im Vergleich zu LME-Preisen). Diese GUS-Kupferpreise waren 1993 geringer als die deutschen Preise für Kupfer-Neuschrott mit 99% Kupferinhalt. Vgl. Hartmann 1993: S. 315 und Metallgesellschaft/World Bureau of Metal Statistics (Hg.) 1996: S. 468.

65 Vgl. Maczek 1992: S. 477-479; Letourneur 1992: S. 472; Göckmann 1992: S. 732-733; Wobbe 1992: S. 474; Bomsel/ von Hirschhausen 1991: S. 806; von Hirschhausen 1993: S. 748-750.

66 Besonders die Aufarbeitungshütten in osteuropäischen Ländern ohne eigene Energieressourcenbasis mußten nach 1989 die Energieeinfuhren aus der GUS, die zuvor im Verrechnungshandel zugeteilt worden waren, teuer bezahlen. Besonders energieintensive Aluminiumhütten, wie z. B. die einzige Alu-Hütte in Rumänien, mußten umgehend geschlossen werden. Vgl. Bomsel/ von Hirschhausen 1991: S. 806 und Maczek 1992: S. 480.

67 Verschiedene Aufbereitungsanlagen in Osteuropa sind nach 1990 aufgrund unerträglicher Umweltbelastungen und entsprechender öffentlicher Proteste geschlossen worden. Vgl. Göckmann 1992: S. 733; Wobbe 1992: S. 474; Bomsel/ von Hirschhausen 1991: S. 806-807.

68 Vgl. Wobbe 1992: S. 474-475 und Manaktala 1995: S. 17.

Weltwirtschaftskrise 1990/91 verstärkt wurden, hielten bis 1993/94 an. Insgesamt war von 1989-94 die globale Produktion bei allen Metallen und Energierohstoffen rückläufig oder stagnierend. Als Ausnahme können die Kunststoffe gelten, deren Produktion im Krisenjahr 1990 zwar stagnierte, aber danach sofort wieder anwuchs. Bei diesem Grundstoff war der Zusammenbruch der osteuropäischen Ländern weniger wichtig. Bedeutsamer für die Kunststoffmärkte war vielmehr der zunehmende Verbrauch in den südostasiatischen Schwellenländern, die auch als Standort der Kunststoffproduktion an Bedeutung gewannen, während gleichzeitig die Produktion von Kunststoff in Osteuropa von 1988-94 halbiert wurde.[69] Für alle nicht-erneuerbaren Ressourcen läßt sich abschließend sagen, daß seit der Erholung der Weltkonjunktur in 1994 ein generell leicht zunehmender Trend in der Weltproduktion und im Verbrauch zu konstatieren ist (vgl. Abb. 5.1 bis 5.4).[70]

5.1.3 Diskussion der empirischen Ressourcennutzungstrends: Aggregierte Ressourcennutzung, Nutzungsintensitäten und die Bedeutung der Ressourcenpreise

Die Darstellung der Trends in der Ressourcennutzung seit dem Ende des 19. Jahrhunderts hat insbesondere deutlich gemacht, daß sich sowohl allgemeine Konjunkturentwicklungen als auch politische oder polit-ökonomische Einflußfaktoren entscheidend auf das Muster der Ressourcennutzung auswirken. Auffällig ist, daß ökonomische Krisen häufig mit politischen Unruhen oder Umbrüchen zusammenfielen, seien es der erste oder zweite Weltkrieg in der ersten Hälfte des Jahrhunderts oder die Erdölkrisen und der Zerfall des sozialistischen Staatenblocks zum Ende des 20. Jahrhunderts. Unübersehbar ist außerdem, daß die ökonomischen Aufschwungphasen Zuwächse im Verbrauch *aller* Ressourcen mit sich brachten, während gleichzeitig einzelne Zuwachsraten recht deutlich divergierten.

Bei der Betrachtung der vier Abbildungen 5.1 bis 5.4 fällt weiterhin ins Auge, daß nahezu alle Ressourcennutzungspfade im Trend eine logistische Form aufweisen, wie es als typisches Nutzungsmuster einer *aggregierten* Ressourcennutzung sowohl für erneuerbare als auch für nicht-erneuerbare Ressourcen aus theoretischer Sicht in Kapitel 4.2.1.1 unterstellt wurde. Als Begründung für dieses Nutzungsmuster wurde in jenem Kapitel genannt, daß jede Ökonomie auf einem physischen Wachstumspfad bei erneuerbaren Ressourcen irgendwann die nachhaltigen Produktionskapazitäten erreicht, die ein weiteres Wachstum nicht zulassen, während bei nicht-erneuerbaren Ressourcen die Stagnation mit zunehmender Ressourcenerschöpfung eintritt, die sich aufgrund der stetig abnehmenden Qualität der restlichen Ressourcenvorkommen einstellt. Nun ließe sich argumentieren, daß der logistische Verlauf einzelner Ressourcenkurven noch lange nicht einen logistischen Verlauf der aggregierten Ressourcennutzungspfade zur Folge haben muß. Daher wurden die jährlichen Produktionswerte der wichtigsten oben diskutierten erneuerbaren und nicht-erneuerbaren Massenressourcen aufaddiert und in Abbildung 5.5 graphisch dargestellt, um zumindestens eine grobe Annäherung an empirische aggregierte Ressourcennutzungspfade für erneuerbare und nicht-erneuerbare Ressourcen zu erhalten. Die erneuerbare Ressourcenkurve der Abbildung 5.5 beinhaltet die Summe der globalen Produktionszahlen für Holz, Getreide und Baumwolle und die nicht-erneuerbare Ressourcenkurve faßt die Jahresproduktionen von Steinkohle, Erdöl (inklusive Kunststoffe), Stahl und den acht wichtigsten Nichteisenmetalle zusammen.

Form und Verlauf dieser aggregierten Ressourcenkurven erinnern an die kombinierten Res-

69 Vgl. O. V. 1995a: S. 1762 und Tabelle 5.2.

70 Vgl. Munson 1995: S. 54-58.

sourcennutzungspfade der Abbildungen 4.4 und 4.5 aus dem vierten Kapitel. Insbesondere bei der Kurve für die nicht-erneuerbaren Ressourcen ist ein deutlich logistischer Verlauf festzustellen: zuerst ein eher verhaltenes Ansteigen der Ressourcennutzung von 1900 bis 1945, danach ein betont exponentielles Wachstum von 1950 bis in die 70er Jahre hinein und von 1975 bis 1990 eine deutliche Stagnation. Ab 1993 zeigt sich zwar ein erneuter Zuwachstrend, doch dieser kann nicht an die Wachstumsraten des Nachkriegsbooms heranreichen.

Abbildung 5.5: Globale Produktion ausgewählter erneuerbarer und nicht-erneuerbarer Ressourcen in Milliarden Tonnen (1900-1995)

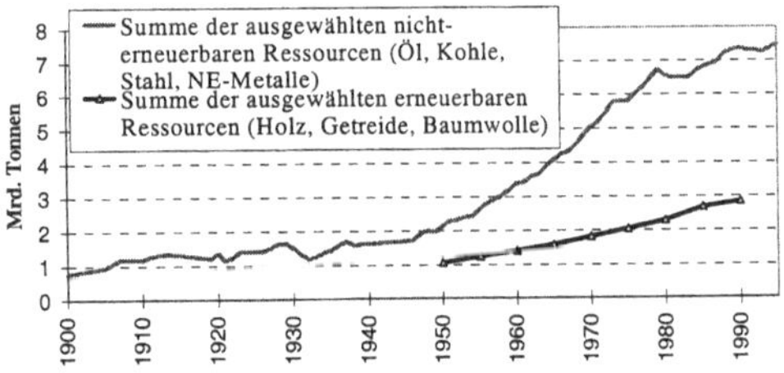

Datenquellen: siehe Angaben zu Abbildung 5.2.

Aus diesem empirischen Verlauf der Ressourcennutzung ergibt sich die Frage, ob eine gravierende Verknappung oder gar Erschöpfung der nicht-erneuerbaren Ressourcen kurz- bis mittelfristig zu erwarten ist, oder ob es eine andere Erklärung für die stagnierende Produktion nach 1970 gibt.

Zuerst sei die Frage nach Verknappung und Erschöpfung erörtert. Die Knappheit einzelner Ressourcen und ihre Erschöpfung sind abhängig von verschiedenen Faktoren der Nachfrage und des Angebots auf den Ressourcenmärkten. Auf der Nachfrageseite stellt sich die Frage, welche Ressourcenmengen in Zukunft nachgefragt werden, bis zu welchem Preis Nachfrager eine Ressource zu kaufen bereit sind und ob sie letztlich vollständig auf sie verzichten würden, wenn z. B. ein billigeres Substitut vorhanden ist. In solchen Fällen tritt zwar sukzessive eine absolute Verknappung, nicht aber eine Erschöpfung ein, weil ein Prohibitivpreis existiert, bei dessen Annäherung die Nachfrage nach den verbleibenden Ressourcenbeständen verebbt. Auf der Angebotsseite befinden sich die Bergbauunternehmen, die, in Abhängigkeit von der erwarteten Nachfrage, ständig auf der Suche nach neuen Lagerstätten sind und kontinuierlich neue Bergwerke in Betrieb nehmen. Dabei ist die Information über das Ausmaß der noch vorhandenen Lagerstätten begrenzt, während die Menge der bekannten Ressourcenvorkommen von der Intensität der Explorationsaktivitäten abhängig ist. Weiterhin begrenzt ist die Information über die technischen Möglichkeiten des Ressourcenabbaus der Zukunft. Lagerstätten mit extrem geringen Konzentrationen, die gegenwärtig nicht profitabel ausgebeutet werden können, mögen mit neuen Technologien der Zukunft und bei allgemein höheren Ressourcenpreisen zu wirtschaftlichen Ressourcenvorkommen werden. Aufgrund der Ungewißheiten über verschiedene ökonomische und technologische Entwicklungen der Zukunft ist eine exakte Messung von absoluter Ressourcenknappheit nicht möglich.

Nichtsdestotrotz werden in der Praxis verschiedene Verknappungsindikatoren verwendet. Weit verbreitet ist der Begriff der *Reserve*, der für die Gesamtheit aller Lagerstätten einer Ressource steht, die zum Zeitpunkt der Reserveschätzung den physischen und chemischen Mindestkriterien der Extraktion entsprechen, und deren Ausbeutung zum Schätzungszeitpunkt wirtschaftlich ist. Unter dem Begriff *Reservenbasis* werden zusätzlich noch all diejenigen Lagerstätten einbezogen, die wahrscheinlich in Zukunft wirtschaftlich ausgebeutet werden können.[71] In der Tabelle 5.3 sind Daten zu Reserven und Reservenbasis für verschiedene Ressourcen zwischen 1970 und 1992 in Millionen Tonnen aufgeführt. Auffällig ist, daß die meisten Reservezahlen im Zeitverlauf *nicht* rückläufig sind. Die Reserven bei Aluminium bzw. seinem Grundstoff Bauxit haben sich seit 1970 verdoppelt, bei Eisen ist eine Zunahme von 50% und bei Erdöl von 34% festzustellen, während Kupfer und Zink immerhin noch geringfügig erhöhte Reservezahlen aufweisen.

Tabelle 5.3: Verknappungsindikatoren verschiedener nicht-erneuerbarer Ressourcen von 1960 bis 1992

	Reserven (mio. t) 1970[a]	Reserven (mio. t) 1979[b]	Reserven (mio. t) 1985/86[b]	Reserven (mio. t) 1990/92[c]	Reserve-änderung (mio. t) 1970 bis 1990/92	Reserven-basis (mio. t) 1992[e]	statischer Reserve-index 1990/92 (in Jahre)[e]	Erzkonzen-tration 1991[f] im US-Bergbau	Ressourcen-output pro eingesetzter Energie-einheit 1960 / 1980[g]	
Bauxit	11.700	22.670	21.034	23.000	+ 11.300	28.000	222	23,0%	1,2	0,7
Kupfer	308	494	337	310	+ 2	590	33	0,9%	1,25	1,0
Blei	91	127	87	63	- 28	130	18,5	2,5%	0,87	1,13
Zink	123	162	148	140	+ 17	330	20		0,87	1,13
Nickel	66,5	60	44	47	- 19,5	110	52	2,5%		
Eisen	100.000	103.000	65.500	150.000	+ 50.000	230.000	161	40,0%	2,2	1,1
Erdöl			100.000[d]	134.698	+34.698 (1986-90)		45		22	16
Kohle				740.278			209		54	32
Gold	0,01						11 (1970)	0,0003%		

Datenquellen: a) Meadows et al. 1972: S. 56-58; b) U.S. Bureau of Mines (zitiert nach Lechner et al. 1987: S. 13); c) World Resources Institute 1994: S. 167 + S. 338 (Werte für 1992 für alle Metalle, Werte für 1990 für Öl und Kohle); d) Clark 1990: S. 323-324; e) Daten nach WRI 1994: S. 167 + 338 und eigene Berechnungen; f) Durchschnittswerte aus dem US-Bergbau (liegen unterhalb des globalen Durchschnitts !), Daten nach Warhurst 1994: S. 20; g) Daten für die USA, Metalldaten beziehen sich auf Erzproduktion, Daten für Kohle und Öl beziehen sich auf Energieinhalte. Daten nach Graphiken von Cleveland 1991: S. 300-302.

Der wichtigste Grund für diese Erhöhung der Reservezahlen sind Preisveränderungen bei den nicht erneuerbaren Ressourcen. Aufgrund des gestiegenen Preisniveaus gegen Ende der 1970er Jahre waren bei der Neueinschätzung der Reservezahlen eine größere Anzahl von Lagerstätten wirtschaftlich ausbeutbar, so daß sich für 1979 erhöhte Reservezahlen zeigen. Mit dem Preisverfall in den 80er Jahren mußten die Bewertungen von 1979 revidiert werden, so daß für 1985/86 wieder deutlich niedrigere Reservezahlen anzutreffen sind. Auch sinkende Ausbeutungskosten, die sich z. B. aufgrund neuer Technologien ergeben, können die Wirt-

71 Vgl. Mikesell 1988: S. 3 und Lechner et al. 1987: S. 12.

schaftlichkeit von Lagerstätten maßgeblich verbessern und damit im Zuge der Neubewertung von Reservelagerstätten zur Erhöhung der Reservezahlen beitragen. Ein weiterer, wenn auch untergeordneter Einflußfaktor sind Erfolge bei der Exploration neuer Lagerstätten. Zumeist handelt es sich dabei jedoch um Vorkommen, die erst in mittlerer Zeitfrist ökonomisch ausgebeutet werden können, so daß sich Explorationserfolge häufig nur in der Position der Reservenbasis niederschlagen.[72]

Damit ist für den Indikator der *Reserve* zu konstatieren, daß er sehr stark mit den Preis- und Kostenschwankungen der Rohstoffmärkte variiert und daher die absolute Verknappung von Ressourcen nicht sehr verläßlich widerspiegelt. Hinzu kommt, daß er lediglich die Ressourcenverfügbarkeit der Angebotsseite anzeigt und die Ressourcennachfrage nicht einbezieht. Als Verknappungsindikator, der Angebot *und* Nachfrage berücksichtigt, ist jedoch der sogenannte *statische Reserveindex* konstruiert worden, der als Quotient aus Weltreservezahl und Weltprimärproduktion gebildet wird.[73] Diese Maßzahl, die für die Jahre 1990/92 für einige Ressourcen in der Tabelle 5.3 angegeben ist, zeigt an, für wie viele Jahre die gegenwärtig wirtschaftlich ausbeutbaren Lagerstätten bei gleichbleibender Nachfragemenge ausreichen würden.

Als weitere Kennzahl der Ressourcenverknappung kann auch die *Erzkonzentration* der mineralischen Rohstoffe in gegenwärtig ausgebeuteten Lagerstätten angesehen werden. Wenngleich eine solche Zahl wenig Auskunft über die Mengen von Ressourcenangebot und -nachfrage gibt, so vermittelt sie doch einen Eindruck davon, wie hoch der Aufwand sein muß, um eine Einheit einer raffinierten Ressource zu produzieren. In der Tabelle 5.3 sind einige Konzentrationswerte aus dem US-Bergbau gezeigt und sie implizieren, daß der Aufwand des Ressourcenabbaus für niedrigkonzentrierte Ressourcen wie Kupfer, Nickel oder Gold ungleich höher sein muß als derjenige von Eisen oder Aluminium.

Von energetisch orientierten Theoretikern der thermodynamischen Schule wurde schließlich als weiterer Verknappungsindikator die *Ressourcenproduktionsmenge pro eingesetzter Energieeinheit* vorgeschlagen. Wenngleich derartige Zahlen die Nachfrageseite nicht einbeziehen, so können insbesondere aus Zeitreihendaten Rückschlüsse über die Auswirkungen des technologischen Wandels auf die Knappheitskonstellation gezogen werden, da eine Erhöhung der Ressourcenmenge pro eingesetzter Energieeinheit letztlich nur durch technische Verbesserungen oder durch Ausbeutung von höherkonzentrierten Ressourcen erklärbar ist. Entsprechende Daten zu dieser Maßzahl für 1960 und 1980 sind ebenfalls der Tabelle 5.3 zu entnehmen.[74]

Wenngleich eine exakte Einschätzung der Ressourcenverknappung und -erschöpfung mittels der genannten Indikatoren nicht möglich ist, können aus den Daten der Tabelle 5.3 doch einige Schlußfolgerungen gezogen werden. Auf der einen Seite werden insbesondere durch die niedrigen Erzkonzentrationen der Ressourcen Kupfer, Nickel und Gold sowie durch die überwiegend abnehmenden Ressourcenerträge pro eingesetzter Energieeinheit zwischen 1960 und 1980 eindeutige absolute Verknappungserscheinungen angezeigt. Auf der anderen Seite läßt sich aus den Reservezahlen ablesen, daß eine Erschöpfung wichtiger Ressourcen in den kommenden 50 bis 100 Jahren nicht zu erwarten ist. Gerade aufgrund der *nicht abnehmenden* Reservezahlen in den vergangenen zwanzig Jahren und der Nichtberücksichtigung zukünftiger Technologien sind die Daten für den statischen Reserveindex eher als sehr pessimistische Werte in bezug auf die tatsächliche Restlebensdauer einer Ressource anzusehen. Außerdem beständen vor einer Ressourcenerschöpfung die weiteren Möglichkeiten, Recyclingaktivitäten

72 Vgl. Lechner et al. 1987: S. 12-14.

73 Vgl. z. B. WRI et al. 1994: S. 338-339.

74 Vgl. für eine ausführlichere Diskussion dieses Indikators: Cleveland 1991.

zu verstärken, die Nachfrage nach den verknappenden Ressourcen (auch aufgrund steigender Preise) zu senken und die Ressourcennutzungsdauer auf diese Weise zu erhöhen, so wie es z. B. auch die neoklassischen Ressourcenökonomen unterstellten. Von absolut rückläufigen Trends in der Ressourcennutzung ist heute jedoch nichts zu spüren. Angesichts dieser Umstände und unter Einbeziehung der Daten zur Reservenbasis, die bei einigen Ressourcen doppelt so hoch ist wie die Reservezahl, wären zur Abschätzung von Erschöpfungszeitpunkten Jahresangaben angemessen, die um ein Vielfaches über der Zeitangabe des statischen Reserveindexes liegen. In Anbetracht dieser Einschätzung läßt sich die in Abbildung 5.5 feststellbare Stagnation in der aggregierten Nutzung von nicht-erneuerbaren Ressourcen seit 1975 nicht durch absolute Verknappung oder drohende Ressourcenerschöpfung erklären.

Eine andere, plausiblere Erklärung für den stagnierenden Trend in der Nutzung nicht-erneuerbarer Ressourcen basiert auf der SCHUMPETERSCHEN konjunkturtheoretischen Sichtweise, daß die Konjunkturentwicklung in direkter Abhängigkeit von der Diffusion grundlegender technologischer Innovationen steht.[75] Für die Ressourcennutzung bedeutet das, daß in jedem Aufschwung besonders diejenigen Ressourcen stark nachgefragt werden, die für die Verbreitung der konjunkturtragenden Technologie benötigt werden. Da im Zeitverlauf stets andere technologische Innovationen mit anderen Ressourcenerfordernissen für ökonomische Aufwärtstrends verantwortlich sind, kommt es zu dem Phänomen, daß einige Ressourcen in bestimmten Perioden besonders ausgeprägte Wachstumsraten in der Nutzung aufweisen. Ähnlich wie für den Lebensablauf eines innovativen Produkts gilt damit auch für die zugrundeliegenden Ressourcen, daß mit Einführung des Produkts zuerst eine langsame Verbreitung eintritt, die dann in eine exponentielle Wachstumsphase übergeht, während schließlich die Stagnation mit der Marktsättigung einsetzt.[76]

Aus dieser Sicht der Dinge ist sowohl der logistische Verlauf der einzelnen Ressourcenkurven aus den Abbildungen 5.1 bis 5.4 erklärbar als auch der Umstand, daß die verschiedenen Ressourcen jeweils zu unterschiedlichen Zeitpunkten ihre höchsten Wachstumsraten erreichen. So war z. B. die Steinkohle der Grundstoff bzw. die *Wachstumsressource* der industriellen Revolution; die Schwerindustrie mit den traditionellen Metallen lagen der Industrialisierung der OECD-Länder zugrunde; die Metalle Nickel und Aluminium waren nach 1945 Grundlage für neue Stahllegierungen und Innovationen im Leichtbau; das energiereiche Erdöl war die energetische Wachstumsressource der Nachkriegszeit; während schließlich die Durchsetzung von Kunststoffen und anderen neuen Werkstoffen nach 1960 auf diversen Innovationen im Bereich der strukturellen und funktionellen Werkstoffanwendung beruhte. LABYS und WADDELL (1989) bezeichnen derartige Muster des Wandels in der Nutzung von nicht-erneuerbaren Ressourcen mit sich gegenseitig ablösenden Wachstumsressourcen als Prozeß einer *Transmaterialisierung*.[77]

Da diese SCHUMPETERSCHE Erklärung der logistisch verlaufenden Ressourcennutzungskurven auf der Konjunkturtheorie beruht, ist das empirische Phänomen der Transmaterialisierung insbesondere mit Bezug zur Entwicklung des Sozialprodukts in ausgewählten Ländern oder Ländergruppen untersucht worden. Dabei zeigte sich, daß sich die *Nutzungsintensitäten* einzelner Ressourcen – das sind die Mengen diverser nicht-erneuerbarer Ressourcen, die pro Einheit BIP eines Landes verbraucht werden – in Abhängigkeit von der Industrialisierungsstufe eines Landes unterschiedlich darstellen. So waren z. B. die eingesetzten Mengen der traditionellen Metalle Stahl, Kupfer, Zink und Blei pro Einheit BIP in Industrieländern zwischen 1960

[75] Vgl. Kapitel 3.2.2.2.

[76] Vgl. Labys/Waddell 1989: S. 240-242.

[77] Vgl. Labys/Waddell 1989: S. 244-251.

und 1990 rückläufig, während die entsprechenden Werte in Entwicklungsländern anstiegen.[78] Der Grund für diese gegensätzlichen Entwicklungen ist, daß die metallintensive Schwerindustrie und die verarbeitende Industrie in Entwicklungsländern noch im Aufbau begriffen ist, während derartige Industrien in Industrieländern ihre Zeiten des Wachstums längst hinter sich gelassen haben und heute andere Wachstumsbranchen mit anderen Mustern der Ressourcennutzung existieren.

Da hier insbesondere die aggregierte Ressourcennutzung zur Debatte steht, sind im Rahmen dieser Arbeit die Nutzungsintensitäten für die wichtigsten bisher diskutierten nicht-erneuerbaren Ressourcen in bezug auf das Weltsozialprodukt nach 1945 berechnet worden. In den Abbildungen 5.6 bis 5.10 sind Zeitreihendaten zu den globalen Nutzungsintensitäten von Kohle, Kupfer, Stahl, Erdöl, Aluminium und Kunststoff abgebildet.[79]

Das Phänomen der Transmaterialisierung zeigt sich in diesen fünf Graphiken dadurch, daß die Nutzungsintensitäten der Ressourcen in verschiedenen Zeitperioden ihren Höhepunkt er-

Abbildung 5.6: Globale Nutzungsintensität der Steinkohle, 1945-1995

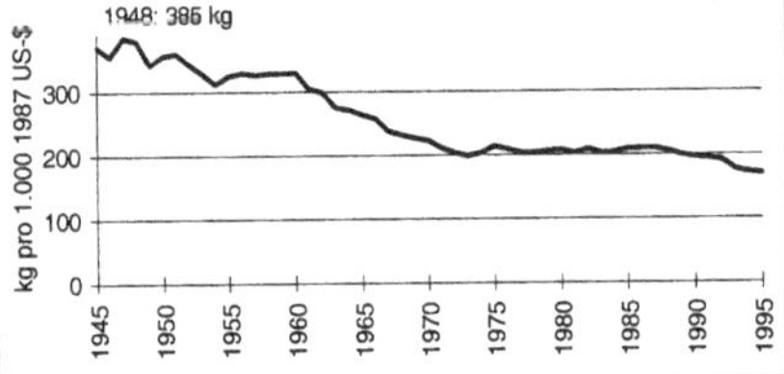

Abbildung 5.7: Globale Nutzungsintensität für Kupfer, 1945-1995

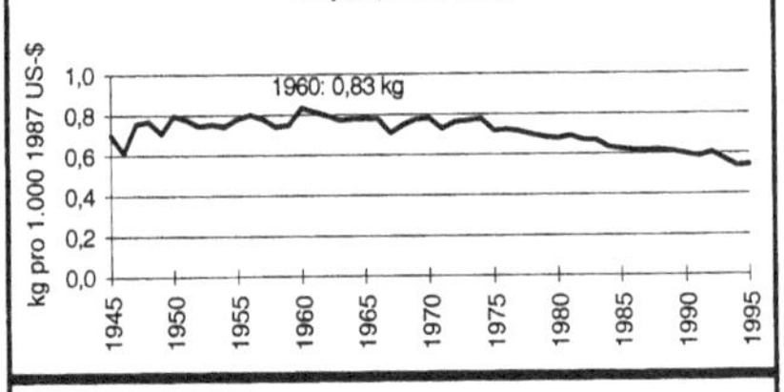

Abbildung 5.8: Globale Nutzungsintensität für Erdöl, 1945-1995

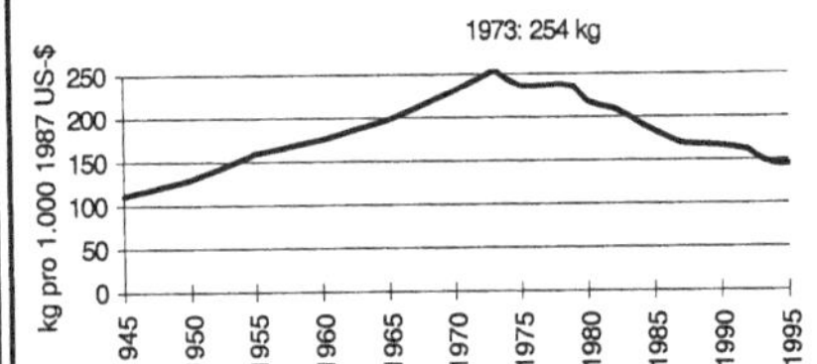

Abbildung 5.9: Globale Nutzungsintensität für Stahl, 1945-1995

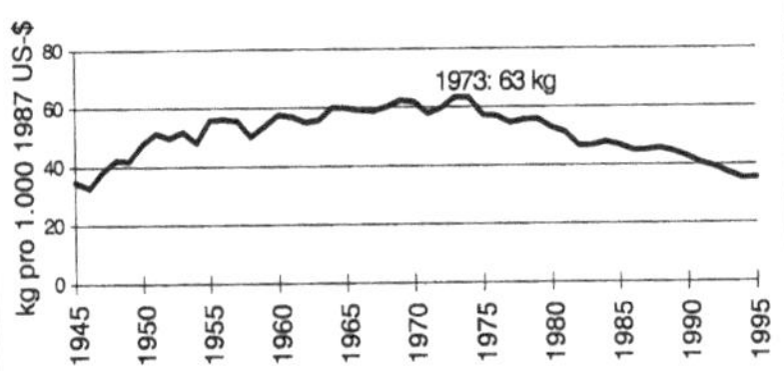

Abbildung 5.10: Globale Nutzungsintensität für Aluminium, 1945-1995

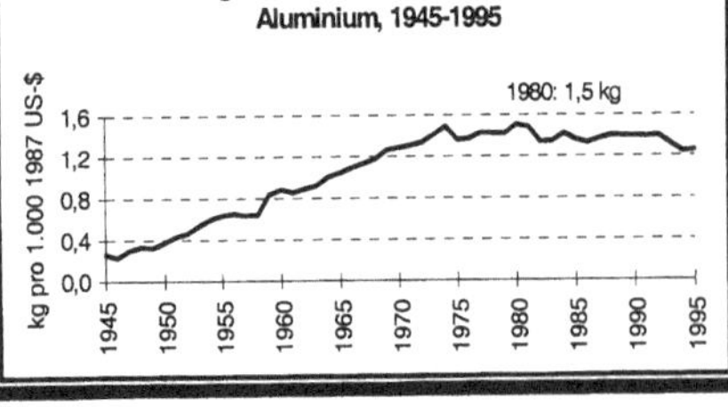

Abbildung 5.11: Globale Nutzungsintensität für Kunststoff, 1945-1995

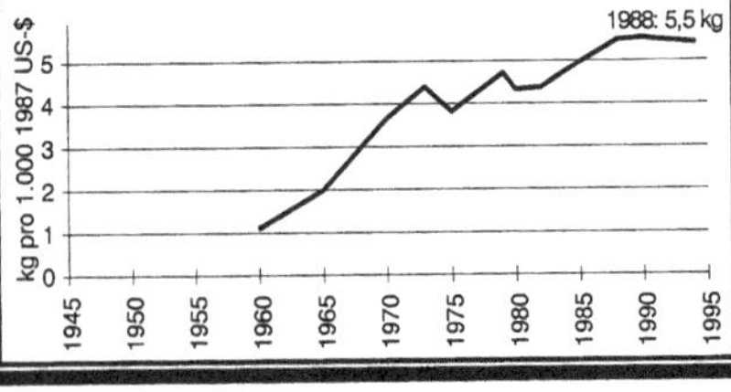

---

78 Vgl. Warhurst 1994: S. 40-41; Labys/Waddell 1989: S. 244-250; Lohani/Tilton 1993: S. 145-151.

79 Vgl. Anhang II für weitere Graphiken und für eine ausführliche Darstellung der Datengrundlage und der Methodik zur Ermittlung der Nutzungsintensitäten.

reichen. Bei der Steinkohle ist die höchste globale Nutzungsintensität der Nachkriegszeit in 1948 anzutreffen (Abb. 5.6), während es jedoch mit Hinblick auf die Ausführungen des vorangegangenen Kapitels sehr wahrscheinlich ist, daß der absolute Höhepunkt vor 1945 liegt.[80] Bei Kupfer liegt die höchste Ressourcennutzung pro Einheit globales BIP in 1960 (Abb. 5.7), womit es im gleichen Zeitraum die weltwirtschaftliche Wachstumsressource war wie die anderen Nichteisenmetalle Zink, Blei und Kadmium, die ebenfalls zwischen 1955 und 1965 die höchsten Werte besitzen.[81] Bei Erdöl und Stahl sind die höchsten Werte der Ressourcennutzung pro Einheit globales BIP 1973 anzutreffen (Abb. 5.8 und 5.9), womit sie zeitlich gesehen ihren Höhepunkt zusammen mit dem Stahllegierungselement Nickel erreichen.[82] In den 80er Jahren heißen die Wachstumsressourcen schließlich Aluminium und Kunststoff, die ihre Peaks der Nutzungsintensitäten in 1980 bzw. 1988 erreichen, wobei beim Kunststoff ein eindeutiger Peak noch nicht ersichtlich ist, wenngleich der höchste Wert 1988 erreicht wurde, der in der Folgezeit auf gleichem Niveau verblieb (Abb. 5.10 und 5.11).

Obwohl diese Daten mit Bezug zur Entwicklung des globalen BIP erstellt wurden, stehen sie durchaus in Übereinstimmung mit den rein mengenbezogenen globalen Produktionsdaten der Abbildungen 5.1 bis 5.4, da die höchsten globalen Produktionszuwächse der einzelnen Ressourcen, die an den Sattelpunkten der logistischen Produktionskurven zu finden sind, jeweils in diejenigen Zeitintervalle fallen, in denen die entsprechenden Nutzungsintensitätskurven ihre Höhepunkte erreichen.

Der konkrete Verlauf der Nutzungsintensitätskurven ist zum Großteil durch das Muster der ökonomischen Entwicklung der Industrieländer geprägt, die den Großteil des globalen Ressourcenverbrauchs auf sich vereinen. Ein Vergleich der globalen Kurven mit denjenigen der USA aus LABYS/WADDELL (1989) zeigt allerdings, daß die Höhepunkte der globalen Kurven mindestens um etwa ein Jahrzehnt später anzutreffen sind. Dieser Tatbestand weist darauf hin, daß sich „nachholende Industrialisierungsprozesse" diverser Entwicklungsländer durchaus in der globalen Ressourcennutzung bemerkbar machen.

Mit Hilfe der Nutzungsintensitätskurven läßt sich ebenso die Stagnation in der aggregierten Nutzung der nicht-erneuerbaren Ressourcen nachweisen. Die nachfolgende Abbildung 5.12 zeigt den entsprechenden Kurvenverlauf, wie er sich aus der Summe der Nutzungsintensitäten der wichtigsten nicht-erneuerbaren Massenressourcen (Kohle, Erdöl/Kunststoff, Stahl und die acht wichtigsten Nichteisenmetalle) ergibt. Der Höhepunkt der ag-gregierten Nutzungsintensität der nicht-erneuerbaren Massenressourcen wird 1960 erreicht, ist danach leicht sinkend und stagnierend und fällt nach 1979 schließlich kontinu-ierlich ab. Für eine Erklärung dieses Musters der aggregierten globalen Ressourcennutzung kann eine genaue Betrachtung der einzelnen Nutzungsintensitätskurven der Abbildungen 5.6 bis 5.11 bzw. der Abbildungen im Anhang II dienlich sein. Neben der Tatsache, daß verschiedene Ressourcen im Zeitablauf die bedeutsame Rolle der Wachstumsressource übernehmen und danach an weltwirtschaftlicher Bedeutung verlieren, ist hinsichtlich der Stagnation in der aggregierten Ressourcennutzung ein weiterer empirischer Tatbestand zu beachten. Fakt ist, daß die massenmäßig mit Abstand bedeutsamsten Ressourcen Kohle, Öl und Stahl mit Produktionszahlen im Bereich von hunderten von Millionen Tonnen in den 1990er Jahren (vgl. Abb. 5.1) und Nutzungsintensitätswerten von 50-400 kg pro 1.000 1987er US-Dollar den Höhepunkt ihrer Nutzung vor 1975 hatten und danach deutlich rückläufig waren (vgl. Abb. 5.6, 5.8 und 5.9). Dementgegen bewegten sich die

80 Daten von vor 1945 sind leider nicht ermittelbar, da die Ermittlung von globalen Daten für das Weltsozialprodukt erst nach dem 2. Weltkrieg begann. Vgl. Anhang II.

81 Vgl. dazu die Abbildungen II.5 bis II.8 in Anhang II.

82 Vgl. Abbildung II.9 bis II.11 in Anhang II.

Wachstumsressourcen der späten 70er und 80er Jahre mengenmäßig in wesentlich geringeren Dimensionen. Kunststoff und Aluminium erreichten zusammen lediglich globale Produktionswerte unterhalb von 150 Millionen Tonnen und die Nutzungsintensitäten sind geringer als 6 Kilogramm pro Tausend US-Dollar. Der *mengenmäßige* Bedeutungsverlust der Massenressourcen Kohle, Erdöl und Stahl wurde folglich durch die nachfolgenden Wachstumsressourcen Aluminium und Kunststoff nicht kompensiert.

Abbildung 5.12: Globale Nutzungsintensität für nicht-erneuerbare Massenressourcen*, 1945-1995

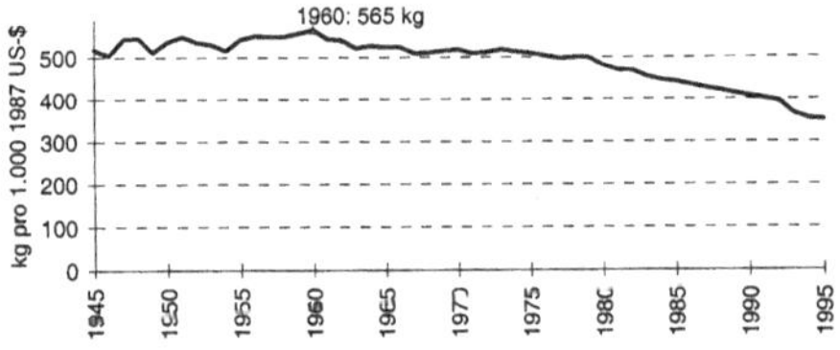

* enthalten sind: Steinkohle, Erdöl/Kunststoffe, Stahl und die acht wichtigsten Nichteisenmetalle.

Noch ausgeprägter ist dieser Prozeß bei den Wachstumsressourcen der 1980/90er Jahre festzustellen. Die in diesem Zeitraum boomenden Ressourcen sind u. a. neue Werkstoffe wie Germanium, Silizium und Platinmetalle. Diese Stoffe sind zwar extrem wertschöpfungsintensiv, aber ihre globalen Einsatzmengen liegen lediglich bei einigen hundert Tonnen und ihre Nutzungsintensitäten bewegen sich in Dimensionen von Gramm oder gar Milligramm pro Tausend US-Dollar.[83] Das empirische Phänomen der Stagnation in der aggregierten globalen Ressourcennutzung erklärt sich somit daraus, daß sich die im Transmaterialisierungsprozeß gegenseitig ablösenden Wachstumsressourcen stets geringere Verbrauchsmengen aufwiesen, so daß der mengenmäßige Zuwachs in der Nutzung der jüngeren Wachstumsressourcen pro Einheit BIP nach 1960 geringer war als die Nutzungsrückgänge ihrer Vorgänger.

Diese Interpretation im Schumpeterschen Sinne läßt allerdings *nicht* den Schluß zu, daß sich dieses Muster der Transmaterialisierung mit abnehmenden Nutzungsintensitäten der Wachstumsressourcen in der Zukunft weiter fortsetzen muß. Es wäre denkbar, daß weltwirtschaftliche Konjunkturaufschwünge der Zukunft erneut auf ressourcenintensiven Technologien oder Industrien basieren könnten, wenn sich z. B. in bevölkerungsreichen und flächenmäßig großen Entwicklungsländern wie z. B. in China ressourcenintensive Industrialisierungsprozesse vollziehen würden, die als Wachstumsmotoren der Weltwirtschaft fungierten. Auch ist es nicht abwegig, zu erwägen, daß Schlüsseltechnologien der Zukunft sehr ressourcenintensive Züge annehmen.

Weiterhin läßt diese Interpretation der Ressourcennutzung die Möglichkeit zu, daß eine Ressource im Zeitablauf nicht nur einmal, sondern mehrere Male als Wachstumsressource auftritt. So könnte beispielsweise das „alternde Metall" Kupfer aufgrund neuer kupferbasierender Technologien einen erneuten Aufschwung erleben, so daß sich daher nach der Phase der Stagnation in der Nutzung ein erneutes logistisches Muster in der mengenmäßigen Ressourcennutzung anschließt. In dieser Weise ließe sich insbesondere der Ressourcennutzungspfad

83 Vgl. Sterk 1994: S. 49-50 und Labys/Waddell 1989: S. 249.

der Steinkohle in Abbildung 5.1 als dreifach-logistische Funktion deuten. Der erste ausgeprägt exponentielle Wachstumspfad fand zwischen 1880-1910 statt mit einer anschließend 35-jährigen Stagnationsphase; der zweite Aufschwung datiert in den Nachkriegsjahren und stagniert 1960, während der dritte Kohleboom mit der Erdölkrise 1973 beginnt und gegen Ende der 1980er Jahre ein Ende findet.

Die Ausführungen im Kapitel 4.2.1.1, die einen langfristigen logistischen Ressourcennutzungsverlauf für nicht-erneuerbare Ressourcen aufgrund der Notwendigkeit der sich einstellenden Ressourcenerschöpfung unterstellten, werden durch die empirischen Trends dieses Jahrhunderts und ihre SCHUMPETERSCHE Deutung weder widerlegt noch angezweifelt. Im Gegenteil wäre ein intertemporaler Ressourcennutzungsverlauf im Sinne des gerade erwähnten Kohlebeispiels vorstellbar als Kombination kurzfristiger logistischer Kurven, die in der langen Zeitfrist einen logistischen Gesamttrend ergeben – ebenso wie aus der Kombination von kurzfristigen Kitchin- und Juglar-Konjunkturzyklen die langen Kondratieffzyklen entstehen.

Nach dieser Diskussion soll abschließend noch die Frage geklärt werden, welche Bedeutung den Ressourcenpreisen in bezug auf die empirischen Ressourcennutzungsverläufe zuzuschreiben ist. Diese Frage wird hier am Beispiel der Nichteisenmetalle diskutiert. In den Abbildungen 5.13 bis 5.18 sind die nominalen Preisverläufe von sechs wichtigen Nichteisenmetallen auf der folgenden Seite dargestellt.

Obwohl sich die Preiskurven deutlich voneinander unterscheiden, lassen sich doch ähnliche Trends in der Preisentwicklung feststellen. Alle Nichteisenmetalle zeigten nach dem zweiten Weltkrieg eine steigende Tendenz, eine Entwicklung, die hauptsächlich darauf zurückzuführen ist, daß die staatlichen Preiskontrollen, die im zweiten Weltkrieg eingeführt worden waren, nach 1945 wieder aufgehoben wurden.[84] Aufgrund der relativ hohen Konzentration der globalen Bergbau- und Extraktionsindustrie nach 1945 und der steigenden Ressourcennachfrage im Zuge des Nachkriegsbooms zeigten sich auf vielen Ressourcenmärkten typische Merkmale von Verkäufermärkten. In vielen Weltregionen war die Marktmacht so hoch, daß die Ressourcenproduzenten ihre Rohstoffe zu festgelegten Produzentenpreisen verkaufen konnten, wobei sie sich hauptsächlich an der Entwicklung der Grenzkosten der marginalen Lagerstätten orientierten.[85] Angesichts der Gefahr der Substitution durch andere Rohstoffe wurde das Produzentenpreissystem aber kaum dazu verwendet, um oligopolistische Preise durchzusetzen. Im Gegenteil waren z. B. die Produzentenpreise für Kupfer in den USA zwischen 1960 und 1985 vielfach geringer als die Preisnotierungen der Londoner Metallbörse.[86]

Die Verdreifachung der Erdölpreise schlug sich in 1974 auf allen Metallmärkten in der Form von deutlichen Preiserhöhungen nieder, während die Weltwirtschaftskrise in 1975 und die Nachfragestagnation ab jenem Zeitpunkt Preisrückgänge mit sich brachte, die lediglich auf dem Markt der „Wachstumsressource" Aluminium nicht zu beobachten waren. In der Folgezeit offenbarten sich zunehmend Bergbauüberkapazitäten und in vielen Regionen schwand die Marktmacht von Bergbauunternehmen, die sich zunehmend von ihren Produzentenpreisen trennten und Lieferverträge auf der Basis der offiziellen LME-Preisnotierungen abzuschließen begannen.[87] Nachdem die Überkapazitäten bei den Metallen in 1986 weitgehend abgebaut waren, stellte sich zum Ende der 1980er Jahre ein betonter Preisauftrieb ein, der letztlich durch

---

84 Vgl. Mikesell 1988: S. 59.

85 Vgl. Lechner et al. 1987: S. 22, 196 und Mikesell 1988: S. 49.

86 Vgl. Mikesell 1988: S. 50-53.

87 Vgl. Lechner et al. 1987: S. 196 und Mikesell 1988: S. 50-53.

die Umbrüche im ressourcenreichen Osteuropa beendet wurde und in einen akzentuierten Preisverfall nach 1989 überging.[88]

Trotz dieser Ähnlichkeiten bei den Preistrends, die hauptsächlich durch Konjunkturentwicklungen und polit-ökonomische Einflußfaktoren erklärbar sind, weisen die Preiskurven der Nichteisenmetalle deutliche Unterschiede auf. Besonders auffällig ist bei Aluminium, Nickel und Zinn, daß die Preise bis in die 1970er Jahre hinein recht stabil blieben, während die Preiskurven für Kupfer, Zink und Blei deutliche Preisschwankungen aufweisen. Der Grund dafür liegt hauptsächlich in der unterschiedlichen Machtverteilung auf den entsprechenden Märkten. Da bei den Metallen Aluminium, Nickel und Zinn nach dem zweiten Weltkrieg noch verhältnismäßig wenige Anbieter vorhanden waren, konnten Produzentenpreissysteme oder sonstige Preisregulierungen als allgemeine Preisgebungsmechanismen mit stabilisierendem Charakter realisiert werden. Dementgegen waren die Märkte für Kupfer, Blei und Zink durch viele

Abb. 5.13 Nominelle Preisentwicklung Kupfer, 1945-1995 in DM/100 kg

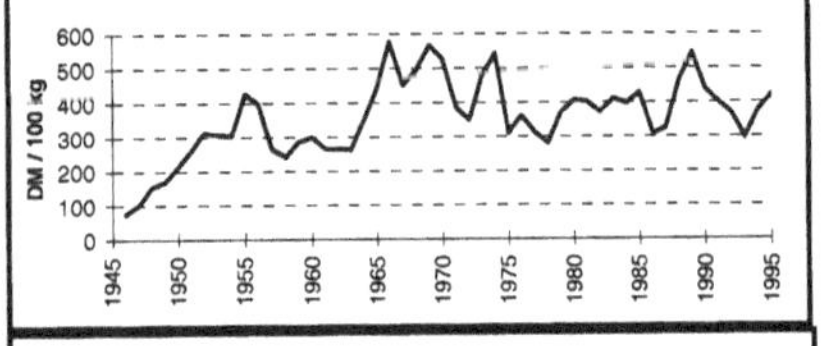

Abb. 5.14 Nominelle Preisentwicklung Aluminium, 1945-1995 in DM/100 kg

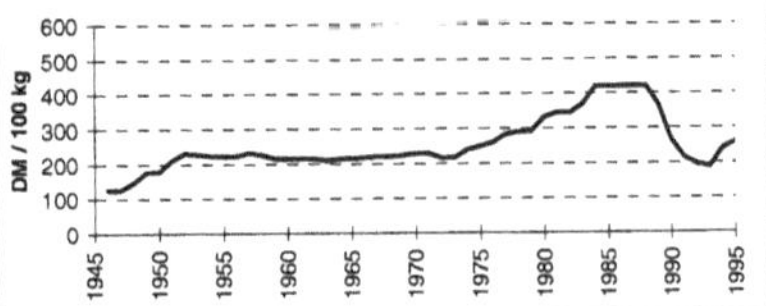

Abb. 5.15 Nominelle Preisentwicklung Zink, 1945-1995 in DM/100 kg

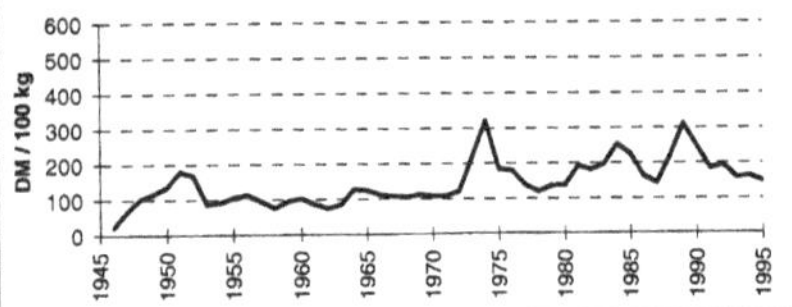

Abb. 5.16 Nominelle Preisentwicklung Blei, 1945-1995 in DM/100 kg

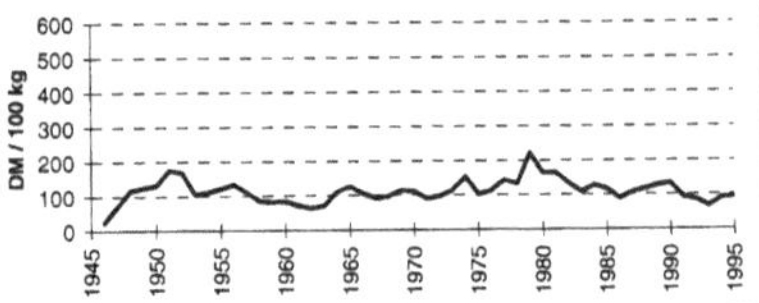

Abb. 5.17 Nominale Preisentwicklung Nickel, 1945-1995 in DM/100 kg

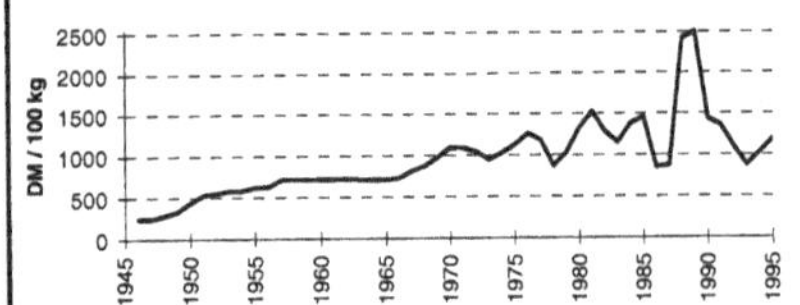

Abb. 5.18 Nominale Preisentwicklung Zinn, 1945-1995 in US-cents /lb.*

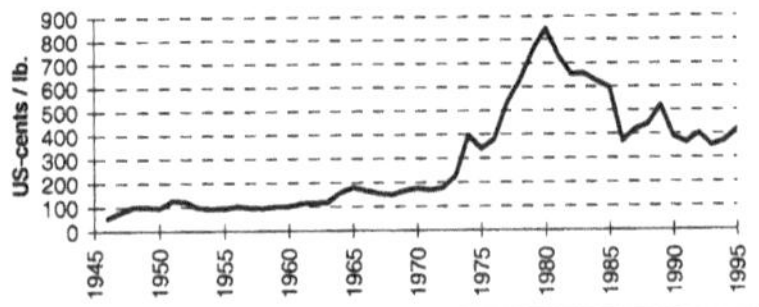

*1 lb. = 453,6 g

Anmerkung: alle Preisangaben beziehen sich auf jährliche Durchschnittswerte.
Datenbasis: *Kupfer*: bis 1950 behördlicher Höchstpreis; 1950-54 BRD-Metallnotiz; 1954-95 Del-Notiz.
Aluminium: bis 1950 behördlicher Höchstpreis; 1950-88 Produzentenpreis, 1988 -95 Umrechung LME-Notierung.
Blei/Zink: bis 1950 behördlicher Höchstpreis; 1950-52 BRD-Metallnotiz; 1953-95 Umrechung LME-Notierung.
Nickel: bis 1949 behördlicher Höchstpreis; 1949-81 Produzentenpreise; 1982-84 durchschnittliche Einfuhrpreise, 1985-95 Umrechung LME-Notierung. *Zinn*: Preise nach Metalls Week.
Datenquellen: Metallgesellschaft AG / World Bureau of Metal Statistics (Hg.) 1994 und 1996, jeweils S. 460-483.

[88] Vgl. Kapitel 5.1.2.

Anbieter und einen höheren Wettbewerbsdruck gekennzeichnet, wodurch eine höhere Preiskonkurrenz bestand und tendenziell schneller Überkapazitäten aufgebaut wurden.[89] Die besonders heftigen Preisschwankungen im Fall der Kupfermärkte können darüber hinaus durch hohen Staatseinfluß und inverses Angebotsverhaltens erklärt werden.

Weitere Unterschiede in der Preisentwicklung beruhen zumeist auf ressourcenspezifischen Entwicklungen. So waren z. B. Streiks in 1969 und 1979 im wichtigen Nickelbergbauland Kanada für Preiserhöhungen auf den Nickelmärkten verantwortlich, während der bemerkenswerte Nickelpreissprung in 1988 durch einen enormen Anstieg im Nickelverbrauch in der überhitzten Konjunktur zum Ende der 1980er Jahre zurückzuführen ist, als die Nachfrage selbst bei Vollauslastung der Kapazitäten nicht vollständig bedient werden konnte.[90]

Gerade solche spezifischen Veränderungen in der Preisentwicklung einzelner Ressourcen haben hinsichtlich des allgemeinen Musters in der Ressourcennutzung mehr Bedeutung als allgemeine Preisentwicklungen und -trends, da nur die Abweichung einzelner Preisentwicklungen vom Gesamttrend eine Verschiebung der relativen Preisstruktur bewirkt, durch die letztlich – sofern sie lange genug andauert – Prozesse der Ressourcensubstitution und der Ressourceneinsparung induziert werden können. Der Fall des **Erdöls** ist diesbezüglich ein Paradebeispiel. Die Preissteigerungen durch die Erdölkrisen um etwa den Faktor 10 zwischen 1973 und 1981 führten zu einer Beendigung der exponentiellen Wachstumsphase in der Erdölnutzung und letztlich zu einer Hinwendung der Energieverbraucher zu anderen Energieressourcen wie Atomenergie und Kohle.[91] Die Struktur der Energieressourcennutzung wurde somit vollends verändert und auf einen neuen Pfad gelenkt, der auch nach dem Verfall des Erdölpreises in 1986 nicht mehr verlassen wurde.

Eine veränderte relative Preisstruktur unter den Nichteisenmetallen brachte insbesondere die starke Preiserhöhung des **Zinns** zwischen 1975 und 1981 hervor (Abb. 5.17). Zinn gehört zu denjenigen Ressourcen, für die schon in den 1950er Jahren ein internationales Rohstoffabkommen zwischen Anbieter- und Nachfragerstaaten geschlossen worden war, um die Zinnpreise in einer festgelegten Bandbreite zu stabilisieren. Als Hauptinstrument dieser internationalen Regulierung dienten sogenannte Bufferstocks. In Zeiten nachlassender Nachfrage wurde Zinn mit Mitteln der Mitgliedsstaaten aufgekauft und eingelagert, während in Zeiten steigender Nachfrage Vorräte verkauft wurden. Auf diese Weise wurde ein relativ stabiles Preisniveau zwischen 1955 und 1972 realisiert. Mit dem Konjunkturaufschwung nach der Krise von 1975 und den damit einhergehenden steigenden Zinnpreisen setzten die Mitglieder des Zinnabkommens die Interventionspunkte des Zinnpreises neunmal herauf, wodurch das angestrebte Zinnpreisniveau erheblich erhöht wurde. Schwierigkeiten traten dann ab 1980 auf, als trotz kontinuierlicher Nachfragerückgänge versucht wurde, das hohe Preisniveau zu halten. Erhebliche Mengen von Zinn wurden von den Managern der Ausgleichslager aufgekauft und zusätzlich wurden Exportquoten unter den Anbieterländern vereinbart. Doch angesichts zunehmender Zinnangebote aus Nichtmitgliedsstaaten des Zinnabkommens und aufgrund der Nichteinhaltung der Exportquoten in den Förderländern waren die Versuche der Preisstabilisierung auf hohem Niveau zum Scheitern verurteilt. In 1985 kam es schließlich angesichts erschöpfter interner Mittel und einer bedeutsamen Schuldenlast zum Zusammenbruch des Zinnabkommens, der sich in einem ausgeprägtem Verfall des Zinnpreises niederschlug. Als Konsequenz der zehnjährigen Hochpreisphase des Zinns zwischen 1975 und 1985 stellten sich einige Änderungen in der Ressourcennutzung ein. Zinn war in vielen seiner Anwendungen durch Alumini-

89 Vgl. Mikesell 1988: S. 59-64 und Lechner et al. 1987: S. 84, 131/132, 191.

90 Vgl. Sauvage 1992: S. 820-821 und Lechner et al. 1987: S. 196, 201.

91 Vgl. Clark 1990: S. 247-267 und Abbildung 5.1.

um und Kunststoffe ersetzt worden und selbst in kaum substituierbaren Bereichen hatten technische Fortschritte zu Ressourceneinsparungen geführt. Die Nutzung des Zinns war als Ergebnis rückläufig und es ist das einzige Nichteisenmetall, dessen Produktion in 1995 niedriger war als in 1973. Auch nach dem Preisverfall in 1985 fand ein umgekehrter Substitutionsprozeß *nicht* statt, da sich ein neuer technologischer Pfad etabliert hatte und sich daher die Zinn-Nachfrage sehr unelastisch zeigte.[92]

Eine weitere Verschiebung der relativen Ressourcenpreise war zwischen 1950 und 1970 zu beobachten. Während die Preise der meisten Nichteisenmetalle in dieser Zeitperiode nur leicht anstiegen oder um ein Preisniveau schwankten, zeigte sich der **Kupferpreis** äußerst lebhaft und verdreifachte sich zwischen 1949 und 1969. Dieser Preisanstieg, der von starken Schwankungen geprägt war, war das Resultat von übermäßigen Kapazitätserweiterungen in den 1950er Jahren und politischen Unregelmäßigkeiten zwischen 1964 und 1973 in wichtigen Kupferbergbauländern, wo die Kupferproduktion in jener Zeit durch Streiks, zivile Unruhen und Verstaatlichungen privater Bergbauunternehmen in Peru, Chile, Sambia und Zaire deutlich behindert wurde.[93] Auch diese Verschiebung der relativen Ressourcenpreise zog Substitutionsprozesse – hauptsächlich zugunsten von Aluminium – nach sich, die ausführlich im Kapi tel 5.2 thematisiert werden.

Beim **Blei** ist ein Preisverhalten gegen den Trend in der Zeit nach 1979 festzustellen. Während alle anderen Nichteisenmetalle in den 1980er Jahren Preisanstiege verzeichneten, ist der Preistrend beim Blei deutlich sinkend. Grund für diese Entwicklung sind gesundheitspolitische Erkenntnisse hinsichtlich der schädlichen Wirkungen der stofflichen Dispersion von Blei. Als Konsequenz der erwiesenen Bleischädlichkeit und entsprechender Gesetzgebungen ist die Anwendung von Blei in vielen Produktbereichen (Benzin, Farbe, Wasserrohre etc.) seit den 1970er Jahren rückläufig.[94] Mit fallender Nachfrage stagnierte die Produktion (vgl. Abb. 5.3), und die Preise sanken. Substitution war in diesem Fall nicht das Resultat, sondern die Ursache der relativen Preisveränderung.

Schließlich sei noch auf die relative Preisverschiebung hingewiesen, die auf die Preisentwicklung beim **Aluminium** zwischen 1973 und 1984 zurückzuführen ist. Im Gegensatz zu den anderen NE-Metallen, die in Folge der Weltwirtschaftskrise in 1975 Preisrückgänge verbuchten, stieg der nominale Aluminiumpreis bis 1984 stetig an und verdoppelte sich im Vergleich zu den frühen 1970er Jahren. Als Grund für diese Entwicklung kann einerseits die Marktmacht der Aluminiumproduzenten angeführt werden, die es ermöglichte, daß das Produzentenpreissystem noch bis weit in die 1980er Jahre hinein aufrechterhalten werden konnte. Andererseits war der Zuwachs der Aluminiumnachfrage vergleichsweise hoch, so daß der Preisanstieg auch nachfragebedingt erklärbar ist. In bezug auf Substitutionsvorgänge läßt sich konstatieren, daß Aluminium trotz eines ansteigenden relativen Preises in den 1970/80er Jahren kaum substituiert wurde, sondern im Gegenteil dasjenige Nichteisenmetall war, das andere Ressourcen, wie z. B. Zinn und Kupfer, ersetzte.[95]

Als Ergebnis dieser Einzelbetrachtungen läßt sich konstatieren, daß die globale Ressourcennutzung nicht in allen Fällen durch die Veränderung der relativen Ressourcenpreise beein-

92 Vgl. Gocht/Jütte-Rauhut 1987; Marques/Giraud 1987 und Michaelowa/Naini 1994: S. 13-15. Zu den Prozessen der Substitution in der Zinnindustrie vgl. Tilton (Hg.) 1983.

93 Vgl. Mikesell 1988: S. 59.

94 Vgl. dazu u. a. Portney 1991: S. 31-36, 61-63; Boehmer-Christiansen/Weidner 1992: S. 5-19; Abrahams 1992: S. 965 und Dresher/Peters 1992: S. 1142-1143.

95 Vgl. zum Substitutionsprozeß zwischen Aluminium und Zinn im Bereich der Getränkedosen: Demler 1983: S. 23-26. Für die Substitution von Kupfer durch Aluminium vgl. Kapitel 5.2.2.

trächtigt wurde. Ohne Zweifel kam es aufgrund anhaltender Preisverschiebungen durch Monopolmacht, internationale Regulierung und politische Unwägbarkeiten zu preisbedingt veränderten Ressourcennutzungsmustern bei den Ressourcen Erdöl, Zinn und Kupfer. Doch in den Fällen Blei und Aluminium ergab sich eine völlig entgegengesetzte Konstellation. Dort wurde aufgrund nicht-preislich verursachter Änderungen bzw. Trends in der Ressourcennutzung – durch umweltpolitische Regulierung bzw. durch die Innovationskraft der Wachstumsressource Aluminium – das relative Preissystem verschoben, ohne entsprechende Substitutionsprozesse auszulösen.

Somit ist die Schlußfolgerung zu ziehen, daß die Veränderung der relativen Preise neben staatlichen Regulierungen und innovativen Wachstumsressourcen nur *ein* Einflußfaktor der intertemporalen Ressourcennutzung unter mehreren ist. Die preisfixierte ressourcenökonomische Analyse in neoklassischer Tradition hat daher lediglich eine begrenzte Erklärungskraft hinsichtlich der realen Entwicklung auf den Ressourcenmärkten. Außerdem weisen die empirischen Preis- und Ressourcennutzungspfade des 20. Jahrhunderts keinerlei Ähnlichkeiten mit den neoklassischen Hottelingpreispfaden auf. Weder ist die mengenmäßige Ressourcennachfrage intertemporal absolut abnehmend, noch sind real deutlich steigende Preistrends erkennbar.[96] Solche Entwicklungen sind erst mit weiter fortgeschrittenen Ressourcenverknappungen zu erwarten bzw. mit der Durchsetzung restriktiver Regulierungsmaßnahmen.

5.1.4 Stoffliche und mechanische Naturbelastung der Rohstoffgewinnung und die Regulierung des Bergbaus in rohstoffreichen Ländern

Wie bereits in Kapitel 4.2.1.3 angedeutet wurde, ist die Gewinnung von nicht-erneuerbaren Ressourcen mit sehr umweltintensiven Prozessen verbunden. Nach der Entdeckung einer Lagerstätte wird die betroffene Bergbauregion für die zukünftige Rohstoffgewinnung erschlossen. In dieser vorproduktionellen Phase, die bei Großprojekten mehr als 10 Jahre andauern kann[97], werden die Abbaugruben vorbereitet, Infrastrukturen für Transport, Ressourcenverarbeitung und Abfallentsorgung eingerichtet und Bergarbeitersiedlungen gebaut. Diese Aktivitäten sind sehr flächenintensiv und mit weitreichenden mechanischen Natureingriffen verbunden, wobei die Flächeninanspruchnahme der Abbaugrube selbst oft nur einen Bruchteil der Gesamtflächennutzung ausmacht.[98] In vielen Fällen sind Regionen betroffen, die vorher noch nicht ökonomisch erschlossen waren, so daß die bergbauliche Erschließung mit einer weiträumigen Zerstörung und Degradierung von Naturlandschaften einhergeht. Für Tagebaue werden ganze Landstriche gerodet, Ökosysteme werden völlig ausradiert, einheimische Bewohner werden umgesiedelt und auch der Lebensraum der Flora und Fauna wird verringert. Als Sekundäreffekt der Erschließung von Bergbauregionen siedeln sich nicht selten noch andere Industrien an, die weitere Umweltwirkungen mit sich bringen. Auf diese Weise dringt der Bergbau stets weiter in noch unberührte Landschaften vor und macht auch vor artenreichen und einmaligen Ökosystemen und Ökosystemkomplexen nicht halt. In tropischen Entwicklungsländern sind 40% der Nationalparks durch Bergbauprojekte bedroht.[99]

Der Abbau von mineralischen Ressourcen geht mit weiteren Einwirkungen auf die natürli-

96 Die Preispfade der Abbildungen 5.13 bis 5.18 zeigen durchschnittliche jährliche *nominale* Zuwächse zwischen 1945-95 von 1,4 bis 4,3% (eigene Berechnung). Inflationsbereinigt ergeben sich daraus bei den meisten Ressourcen sinkende Trends bei den Realpreisen. Vgl. Young 1993: S. 33.

97 Vgl. Cansier 1987: S. 84.

98 Vgl. BMZ 1994: S. 21.

99 Vgl. Young 1993: S. 5. Vgl. zu Bergbauprojekten in wertvollen und einmaligen Naturregionen: Altvater 1987 (Kap. 8); Siepelmeyer 1991a, 1991b; Goldau/Siepelmeyer 1991; und Paulsen 1985: S. 3.

che Umwelt einher. Zuerst wird der Abraum beseitigt, also diejenigen Bodenschichten, die sich über dem Rohstoffvorkommen befinden. Bei unsachgemäßer Lagerung des Abraums kann ein Teil des Bodens durch Erosionsprozesse in die Flüsse gelangen und zur Verschlammung der Gewässer beitragen, wodurch Veränderungen der Fließgeschwindigkeiten und Überschwemmungen verursacht werden können. Da die Bodenschichten über Erzvorkommen oft schwefelhaltig sind – ebenso wie die Erzvorkommen selber auch – oxidiert der Schwefel bei Kontakt mit Regenwasser und Sauerstoff. Diese chemische Reaktion kann durch Bakterien stark beschleunigt werden und es entstehen saure Minenflüssigkeiten wie Schwefelsäure und in Wasser gelöste Schwermetalle, die von den Abraumhalden abfließen und zur Versauerung und Kontamination von Boden, Gewässern und Grundwasser führen können. Saure Minenabwässer entstehen weiterhin auch durch den Kontakt von Regenwasser mit den bloßgelegten Bodenschichten eines Tagebaus und ebenso in den Gruben Untertage, so daß zur Vermeidung einer Versauerung der umliegenden Naturlandschaft quasi sämtliches Minenwasser zu kontrollieren ist.[100]

Die Wasserkreisläufe einer Bergbauregion werden zusätzlich zu den Emissionseinträgen durch die mechanischen Eingriffe des Abbaus beeinträchtigt: Flüsse werden umgelegt, Wasser wird als Prozeßwasser entnommen, Abbauflächen werden entwässert. Als Folge können die regionale Wasserqualität verschlechtert, Grundwasservorkommen abgesenkt oder verringert sowie Überschwemmungsflächen und Wasserpegel der Flüsse verändert werden – mit Auswirkungen auf die Wasserversorgung der einheimischen Bevölkerung und mit Konsequenzen für die einheimische Land- und Fischereiwirtschaft.[101]

Ein weiteres Umweltproblem des Bergbaus ist der Staub, der beim Abbau durch Sprengungen, LKW-Transporte und Bohrungen aufgewirbelt wird. Der Erzstaub ist häufig mit verschiedenen Schwermetallen sowie mit Arsen und Quarz durchsetzt. Besonders in trockenen Bergbaugebieten belasten die toxischen Minenstäube die Umweltmedien der Umgebung. Am stärksten betroffen von der Staubbelastung sind allerdings die Bergarbeiter Untertage, die häufig unter Atemwegserkrankungen wie Asthma und Staublunge leiden und bei Tätigkeiten in Uran- und Bleiminen eine erhöhte Lungenkrebsrate aufweisen.[102]

Ein anderes Muster von Umweltbelastungen geht von der Rohölförderung aus. Häufig wird das gleichzeitig anfallende Erdgas bei der Ölgewinnung verbrannt und führt zu regionalen Emissionsbelastungen und Freisetzungen von CO_2. Der Abraum und das chemische Spülwasser der Bohrungen sowie gelegentliche Ölspills verursachen Kontaminationen in der Abbauregion – sowohl bei Förderungen an Land wie auch auf See. Beim Transport mittels Pipelines treten bisweilen Kontaminationen in Gebieten mit defekten Pipelinesystemen auf und beim Schiffstransport werden Gewässer und Küsten durch Einleitung von Tankspülabwässer und durch Tankerunfälle belastet.[103]

Nach der Förderung eines Minerals wird das Erz in den meisten Fällen vor Ort aufkonzentriert auf etwa 30%; vielfach findet auch der Raffinationsprozeß bis zur Produktion der hochkonzentrierten Ressource noch im Bergbaugebiet statt. Auch von diesen Prozessen der Aufarbeitung des Erzes gehen spezifische Umweltgefährdungen aus. Zur Aufkonzentrierung eines Erzes bis zu 30% wird das Erzgestein zuerst zermahlen und gelangt dann in den sogenannten Flotationsprozeß. Das gemahlene Erz wird dabei durch verschiedene Behälter mit Chemikalien unterschiedlicher pH-Werte geleitet. Da sich verschiedenartige Minerale bei unterschiedlichen

100 Vgl. Warhurst 1994: S. 22-25 und Young 1993: S. 22.

101 Vgl. Finlayson 1990: S. 6 und Onyekakeyah 1991: S. 123-127.

102 Vgl. Office of Occupational Health der WHO 1985: S. 19-21 und Warhurst 1994: S. 25-29.

103 Vgl. König 1991: S. 131, 135-136 und Greenpeace (Hg.) 1997: S. 7-19.

pH-Werten binden, lagern sich die verschiedenen Rohstoffe im Schlamm der diversen Behälter ab und werden auf diese Weise getrennt. Problematisch ist bei diesem Prozeß, daß, in Abhängigkeit von der Erzkonzentration, sehr große Mengen Erzabfall anfallen. Selbst bei der Eisenproduktion mit hohen durchschnittlichen Erzgehalten von 40% entstehen pro Tonne reines Eisen 1,5 Tonnen Erzabfall – bei einprozentigen Kupfererzen beträgt der Erzabfall pro Tonne Reinmetall sogar 99 Tonnen. Wenngleich in den meisten Fällen versucht wird, die Flotationschemikalien wiederzuverwenden, so ist der halbflüssige Erzabfall mehr oder minder stark mit den Flotationschemikalien durchsetzt – es handelt sich um Sondermüll. Von diesen in großem Umfang anfallenden Erzabfällen gehen verschiedene Umweltgefahren aus. Sie enthalten giftige Stoffe wie Kadmium, Blei, Arsen, Zyanid und organische Chemikalien, die besonders für Böden und Gewässer potentielle Kontaminationsgefahren darstellen, wenn sie nicht sachgemäß gelagert werden. Zumeist werden Erzabfälle zu Halden aufgeschüttet oder in Teichen gelagert, und diese Deponien belegen eine Fläche, die um ein Vielfaches größer ist als die Fläche der Abbaugrube.[104] Das oben beschriebene Problem der sauren Minenabwässer ist auch bei den Erzabfalldeponien sehr ausgeprägt und erfordert eine angemessene Kontrolle zur Verhinderung von Kontaminationsgefahren.[105]

Das Erzkonzentrat mit etwa 30% Mineralinhalt wird anschließend unter hohen Temperaturen eingeschmolzen und in Säurebädern einem elektrolytischen Prozeß unterzogen, wodurch Mineralkonzentrationen von 99,9% erreicht werden können. Der Schmelzprozeß ist sehr energie- und emissionsintensiv. Gerade bei Erzen mit hohen Schwefel- und/ oder Arsengehalten können beträchtliche Mengen Arsen bzw. SO_2 entstehen, die, sofern sie frei emittiert werden, zu weitflächigen Kontaminationen und Versauerungen der Ökosysteme in der gesamten Einzugsregion führen können. Aus Nichteisenmetallhütten wurden jährlich zu Beginn der 1990er Jahre etwa sechs Millionen Tonnen SO_2 emittiert – das entspricht einem Anteil von etwa 8% an den globalen SO_2-Emissionen. Die Hütten trugen damit maßgeblich zum Umweltproblem des Sauren Regens bzw. der Versauerung bei. Auch der Energiebedarf der Mineralproduktion ist beträchtlich. Er beläuft sich auf etwa 5-10% des Weltenergieverbrauchs, und damit ist die Bergbauindustrie ein bedeutsamer Emittent von CO_2 und Mitverursacher des Treibhauseffekts.[106]

Mit der Beendigung der Mineralförderung in einem Bergwerk bleiben viele Umweltgefährdungen bestehen und machen Rekultivierungsmaßnahmen an den Restlöchern des Tage- oder Untertagebaus erforderlich. Die Erzabfallteiche und -halden und ihre Frachten mit Schwermetallen und sauren Chemikalien können noch jahrzehntelang eine Bedrohung für die regionalen Ökosysteme und für den Wasserhaushalt darstellen. Sofern die Abbauregion nicht mit Pflanzen befestigt und begrünt wird, werden toxische Stäube nach wie vor aufgewirbelt und blanker Boden wird durch Erosion abgetragen. In Untertagebauen können die Stollen nach einiger Zeit einbrechen und zu weitreichenden Landabsenkungen führen. Nach Schätzungen des Worldwatch Institutes werden durch den Abbau nichtfossiler nicht-erneuerbarer Ressourcen pro Jahr etwa eine halbe Million Hektar Landschaft durch Abbaugruben, Landabsenkungen sowie durch Erzabfallhalden und -teiche geschädigt – das ist eine Fläche, die doppelt so groß ist wie das Saarland.[107]

---

104 In einigen Nichteisenmetall-Bergwerken Sibiriens beträgt das Flächenverhältnis von Grube zu Erzabfallhalden 1:25. Vgl. Simakov et al. 1985: S. 27.

105 Vgl. Warhurst 1994: S. 15-16 und S. 24-25.

106 Vgl. Young 1993: S. 23-24 und S. 29-30.

107 Vgl. Young 1993: S. 27-28 und S. 42.

Aufgrund dieser Umweltintensität der Prozesse zur Gewinnung von mineralischen Rohstoffen ist eine umweltpolitische Regulierung des Bergbaus erforderlich, um die Wirkungen der Bergbauaktivitäten auf die natürliche Umwelt und den Menschen gering zu halten. Doch von seiten des Staates gibt es weitere Gründe für Bergbauregulierungen. Angesichts der Flächenintensität des Rohstoffabbaus ist der Zugang von Bergbauunternehmen zu privaten und öffentlichen Ländereien zu regeln. Weiterhin ist festzulegen, wie Bergwerke und die in ihnen enthaltenen Bodenschätze steuerlich zu behandeln sind. Schließlich ist es legitim, daß der Staat für den Abbau von Ressourcen, die häufig als nationales Allgemeineigentum angesehen werden, einen Anteil des Gewinns beansprucht oder zumindestens einen Teil der Rente der Ressourcenproduktion abschöpft. Diese Aspekte verdeutlichen, daß ein spezifischer Gesetzesrahmen für die Regulierung des Bergbaus, der auch als Bergbaucode bezeichnet wird, notwendig ist.[108]

Doch zusätzlich zur Notwendigkeit einer spezifischen Regulierung war der Bergbausektor seit jeher aus verschiedenen Gründen auch Gegenstand vielfältiger Subventionierungs- und Fördermaßnahmen. So sprechen nationalstaatliche Argumente einer strategischen Rohstoffpolitik dafür, den heimischen Bergbau zu unterstützen, um die nationale Rohstoffversorgung zu sichern. Weiterhin war und ist insbesondere der Untertage-Bergbau in vielen Ländern ein Sektor, der viele Arbeitskräfte absorbiert, und daher auch aus sozialökonomischen Erwägungen als förderwürdig gilt. Schließlich ist der Bergbau in Entwicklungsländern häufig einer der wenigen Devisenbringer der Volkswirtschaft, dem daher besondere Konditionen und Vergünstigungen eingeräumt werden. Somit befindet sich die Bergbauindustrie mehr als jeder andere Sektor im Zielkonflikt zwischen umweltpolitischer, allokationsbegründeter und fiskalischer Regulierung einerseits und sozial-, wirtschafts- und rohstoffpolitisch motivierter Wirtschaftsförderung andererseits.[109]

In historischer Perspektive war der Bergbau in vielen Ländern Grundlage ökonomischer Entwicklung.[110] Rohstoffreiche Länder wie Australien, die USA, Kanada, Großbritannien und Rußland können auf eine Jahrhunderte alte bergbauliche Tradition zurückschauen, in der der Bergbau stets als Quelle des Reichtums angesehen wurde. Staatliche Regulierungen waren für die Rohstoffgewinnung in den vergangenen Jahrhunderten eher eine Ausnahmeerscheinung. Folglich war der Bergbau in der Vergangenheit schon früh begleitet von großen Umweltschäden. So wurden beispielsweise im 18. Jahrhundert zum Zwecke der australischen Ressourcengewinnung große Waldflächen zur Deckung des Energiebedarfs für die Mineralschmelzung abgeholzt, während der Minenabraum und -abfall die Flüsse verschlammte und verseuchte.[111] Ganz allgemein kann die Rohstofförderung der Vergangenheit als bedeutsame Ursache der Entstehung von Altlastflächen betrachtet werden. In den USA, wo seit 1980 im Rahmen des sogenannten Superfund-Gesetzes die besonders stark verseuchten Altindustriestandorte und Altlastflächen saniert werden, standen 1992 1.163 Altindustriestandorte auf der Prioritätenliste der möglichst bald zu sanierenden Flächen. Von diesen Altlastflächen waren 10% bzw. 109 Flächen alte Bergwerkstandorte, von denen z. T. sehr große Umweltgefährdungen ausgingen und teilweise noch heute ausgehen, da die kostspieligen Sanierungsarbeiten nicht sehr schnell voranschreiten. Ähnliche Problemlagen bestehen auch in anderen Rohstoffländern.[112]

108 Vgl. World Bank 1992b: S. 21-26.

109 Vgl. Mikesell/Whitney 1987: S. 127-138.

110 In den rohstoffreichen USA begann die ökonomische Entwicklung und Industrialisierung diverser Bundesstaaten mit der bergbaulichen Erschließung der dortigen Rohstofflagerstätten. So z.B. in Colorado, Montana, Alaska und in Teilen KalifornienS. Vgl. Lootens/Kiernan 1990: S. 10.

111 Vgl. Warhurst 1994: S. 61 und Lootens/Kiernan 1990: S. 11.

112 Vgl. Warhurst 1994: S. 22-24, S. 59; Young 1993: S. 42-43 und Tremmel 1992: S. 948-949.

Die ersten staatlichen Regulierungen des Bergbaus regelten den Zugang von Bergbauunternehmen zu den Lagerstätten, wie z. B. das 1862 in den USA erlassene *General Mining Law*. Dieses Gesetz, das noch heute Gültigkeit besitzt, räumt den Bergbauunternehmen weitgehende Rechte hinsichtlich der Erforschung und Erschließung von Rohstoffvorkommen auf öffentlichem Besitz ein. Weiterhin sind in den USA keine besonderen Steuer- oder Rentenzahlungen für den Bergbausektor vorgesehen, sondern lediglich Einkommens- bzw. Körperschaftssteuern, wie sie auch von den anderen Sektoren erhoben werden.[113] Diese für die Bergbauindustrie günstige Gesetzeslage wurde offensichtlich mit einer wirtschaftsfördernden bzw. rohstoffsichernden Absicht erlassen. Bestärkt wird dieser Eindruck insbesondere durch die speziellen Abschreibungsmöglichkeiten des Bergbausektors in den USA, die diesem im frühen 20. Jahrhunderts zugebilligt wurden. Anders als die anderen US-Wirtschaftssektoren können im Bergbau nicht nur getätigte Investitionen steuermindernd abgeschrieben werden, sondern zusätzlich kann ein Abzug für die Wertminderung der Rohstofflagerstätte geltend gemacht werden. Durch diese sogenannte „Depletion Allowance" im US-Recht können Bergbauunternehmen ein Vielfaches ihrer Investitionskosten steuermindernd in Abzug bringen. Auf diese Weise wird der US-Bergbau noch heute massiv subventioniert.[114]

Wenngleich der Bergbau auch in den meisten anderen heutigen Industrieländern durch verschiedene Maßnahmen, wie z. B. durch Gewährung günstiger Kredite, Mittelzuweisung für Explorationsvorhaben, geologische Gutachten staatlicher Institute und diverse handelspolitische Maßnahmen zum Schutz der eigenen Bergbauindustrie, gefördert wird,[115] so ist es andererseits weitgehend üblich, daß ein Teil der Ressourcenrenten von seiten des Staates abgeschöpft wird. In der Vergangenheit wurden entsprechende Sondersteuern zumeist in Form von Mengen- oder Wertsteuern erhoben, d. h. es wurden Abgaben pro geförderter Ressourceneinheit bzw. pro Wert der geförderten Ressourcen eingezogen. Diese Art der Besteuerung ist aus ökonomischer Sicht allerdings eher ungünstig, da dadurch u. a. unterschiedlich profitable Vorkommen mit unterschiedlichen Renten gleich behandelt werden und Anreize gesetzt werden, lediglich die reichen Erzadern einer Grube auszubeuten und die weniger lukrativen Erzkonzentrationen nicht zu berücksichtigen (high grading).[116] Nahezu in allen Ländern mit eigener Bergbauindustrie sind derartige Steuerformen noch heute vorzufinden. So existiert z. B. in der Bundesrepublik Deutschland eine marktwertbezogene Förderabgabe, in den USA erheben hauptsächlich die Bundesstaaten Wertsteuern auf die Gewinnung fossiler Ressourcen (Severance Tax), in Kanada wird eine dreiprozentige Abgabe auf den Wert der Ressourcenförderung erhoben und auch die UN-Seerechtskonvention sieht eine Wertsteuer für den zukünftigen Fall der Ausbeutung von Erzlagerstätten in den Ozeanen vor.[117] Gleichzeitig ist allerdings ein Trend in der Besteuerung des Bergbaus in Industrieländern zu erkennen, der Rohstoffrenten angemessener abschöpft. Derartige Steuern haben als Bemessungsgrundlage den Cash-Flow oder die Betriebsgewinne von Bergbauunternehmen, wobei Gewinne oberhalb bestimmter Gewinnmargen progressiv besteuert werden.[118] Trotz der Existenz dieser Bergbau-Sondersteuern ist andererseits zu konstatieren, daß die Steuersätze der Einkommens- oder

113 Vgl. Eggert 1995: S. 44 und Mikesell/Whitney 1987: S. 136.

114 Vgl. Cansier 1987: S. 136-138.

115 Vgl. Mikesell/Whitney 1987: S. 127-134.

116 Vgl. zu den ökonomischen Nachteilen von Wert- und Mengensteuern: Cansier 1987: S. 76-79.

117 Vgl. Cansier 1987: S. 115, 121, 148 und S. 161 und Mikesell/Whitney 1987: S. 136-137.

118 Vgl. für entsprechende Beispiele aus Kanada, Südafrika, Großbritannien, Dänemark, Norwegen und der UN-Seerechtskonvention: Cansier 1987: S. 115-129.

Körperschaftssteuern, die für den Bergbausektor in Industrieländern gelten, zumeist nicht von denen der anderen Sektoren abweichen.[119]

Staatliche Regulierungen zum Umweltschutz wurden in Industrieländern erst in den 1960er und 1970er Jahren erlassen, wobei die **Vereinigten Staaten** eine international umweltpolitische Vorreiterposition einnahmen. Die ersten Umweltgesetze waren noch sehr allgemein formuliert, so daß die Bergbauindustrie genauso betroffen war wie andere Wirtschaftssektoren auch, obwohl die neuen Gesetze den extrahierenden Sektor aufgrund seiner extremen Umweltintensität besonders empfindlich trafen. So wurde beispielsweise 1964 in den USA der *Wilderness Act* verabschiedet, ein Naturschutzgesetz, das 7,7 Millionen Hektar zum industriell nicht nutzbaren Naturschutzgebiet erklärte. Bis 1990 wurde die ökonomisch unantastbare Naturschutzfläche auf 36,4 Millionen Hektar mehr als vervierfacht, und mit der Diskussion über ein Gesetz zum Schutz der Wüsten stehen derzeit weitere Ausweitungen der Naturschutzflächen zu erwarten.[120]

In 1969 folgte in den USA die Verabschiedung des sogenannten *National Environmental Protection Act*. Dieses Gesetz legte die Grundlage für die weitere umweltpolitische Gesetzgebung, indem es u. a. die Gründung einer Umweltbehörde vorsah und für sämtliche industrielle Großprojekte Umweltverträglichkeitsprüfungen einführte. Es folgten weitere Umweltgesetze auf breiter Front, die z. B. Umweltqualitätsstandards und strenge Emissionsgrenzwerte für Luft und Wasser brachten (*Clean Air Act* von 1970 sowie *Clean Water Act* von 1972) sowie Umweltstandards für den Umgang mit Abfall- und Gefahrstoffen (*Resource Conservation and Recovery Act* von 1976). Mit dem *Surface Mining Control and Reclamation Act* von 1977 wurden Standards für Rekultivierungsmaßnahmen im Kohlebergbau eingeführt und gleichzeitig wurde eine Kautionseinlage für die Kohlebergwerksunternehmen verpflichtend, die zur Sicherung der Finanzierung der späteren Rekultivierungsmaßnahmen dient. Ein weiteres wichtiges US-Gesetz war das oben schon erwähnte *Superfund-Gesetz* von 1980, das auf die Sanierung von Altlastflächen abzielte und als Finanzierungsmechanismus eine Abgabe auf Gefahrstoffe einführte.[121]

Ähnliche Umweltgesetze wurden im gleichen Zeitraum auch in anderen Industrieländern erlassen. Das rohstoffreiche **Australien** verabschiedete z. B. sein Luftschutzgesetz bereits in 1960 und ein Wasserschutzgesetz in 1970. Umweltverträglichkeitsprüfungen waren in Australien für staatliche Projekte seit der Verabschiedung des *Environmental Protection Acts* von 1974 verbindlich, während die spezifische Regulierung von Bergbauprojekten in der Verantwortung der einzelnen Bundesstaaten lag. So führte z. B. der rohstoffreiche australische Bundesstaat New South Wales Rekultivierungsstandards ein, verlangte von den Bergbauunternehmen umfangreiche und frühzeitige Rekultivierungspläne und ließ die Rekultivierungsmaßnahmen ab 1973 durch das Ministerium für Energie und Rohstoffe überwachen. Weiterhin wurden für Bergwerke nahe den Städten sehr strikte Kontrollen eingeführt, so u. a. die Auflage, daß in Trinkwassereinzugsgebieten von Großstädten eine vollständige Kontrolle sämtlicher Minenabwässer auf dem Gelände der Bergwerke stattzufinden hat. Desweiteren wurden die Regulierungsbehörden ermächtigt, bei Umweltschäden aufgrund der Nichtbeachtung von Umweltvorschriften Sanierungsarbeiten einzuleiten und das verursachende Bergbauunternehmen zur finanziellen Verantwortung zu ziehen. Außerdem können Bergwerkprojekte in Re-

---

119 Vgl. Mikesell/Whitney 1987: S. 136.

120 Vgl. Lootens/Kiernan 1990: S. 10 und Mikesell/Whitney 1987: S. 140.

121 Vgl. zur US-Umweltpolitik: Warhurst 1994: S. 59-60, Messner, F. 1993; Portney 1991; Freeman 1991; Dower 1991; Shapiro 1991, Kraft/Vig 1990 sowie Lootens/Kiernan 1990: S. 10.

gionen der einheimischen Aborigines nur mit deren Einwilligung realisiert werden, während Projekte in Naturschutz- und Küstengebieten ab 1989 vollends untersagt wurden.[122]

Auch das rohstoffreiche **Kanada** weist eine Vielzahl von Umweltgesetzen zum Schutz der Natur auf. Auch dort existieren Luft- und Wasserqualitätsstandards, Umweltverträglichkeitsprüfungen für Bergbauprojekte sind obligatorisch, Bergbauunternehmen haften für Umweltschäden, und Projekte in Naturschutzgebieten sind untersagt. Die kanadischen Behörden verfolgen im Rahmen ihrer Luftschutzpolitik ein sehr striktes Programm mit restriktiven SO_2-Grenzwerten zur Bekämpfung des Sauren Regens. Weiterhin wird der Einsatz von moderner Umwelttechnologie durch besonders günstige Abschreibungsmethoden für derartige Anlagen begünstigt, und zur Sicherstellung von Rekultivierungsmaßnahmen sind Bergbauunternehmen verpflichtet, kontinuierliche Zahlungen in einen Fonds zu tätigen. Außerdem werden Forschungs- und Entwicklungsanstrengungen zur Lösung des Problems der sauren Minenabwässer staatlicherseits mitfinanziert.[123]

Auch außerhalb der großen Bergbauländer wurde der Sektor zur Rohstoffgewinnung seit den 1970ern zunehmend umweltpolitisch reguliert, und zwar in Industrieländern, wo wenig Bergbau, aber viel Verhüttungs- und Raffinationsindustrie angesiedelt war – so u. a. in Japan und Westeuropa. Auch dort wurden Umweltqualitätsstandards und Emissionsgrenzwerte eingeführt, wobei für die Verhüttungsanlagen insbesondere die Luftschutzvorschriften bedeutsam waren. Besonders strikte Luftschutzauflagen wurden in der **Bundesrepublik Deutschland** mit dem Bundes-Immissionsschutzgesetz von 1974 eingeführt. Zur Einhaltung der deutschen Luftgrenzwerte sind in der Metallindustrie in den Folgejahren enorme Investitionsanstrengungen notwendig gewesen, wobei der Anteil der Umweltschutzinvestitionen an den Gesamtinvestitionen einzelner Konzerne zwischen 25% und 40% lag.[124] 1986 wurde die deutsche Emissionsgesetzgebung mit der Reform der Technischen Anlage Luft (TA-Luft) erneut verschärft und neben Grenzwerten für traditionelle Schadstoffe wie SO_2, NO_x und Kohlenmonoxid wurden erstmals auch für 160 toxische Luftschadstoffe strenge Grenzwerte eingeführt, die nach dem Stand der vorherrschenden Umwelttechnik und nach der Giftigkeit der Einzelstoffe bestimmt worden waren. Deutschland übernahm damit eine umweltpolitische Vorreiterposition unter den Industrieländern. Während sich andere OECD-Länder vorerst mit der Regulierung von etwa 20 verschiedenen Luftschadstoffen inklusive einer diffusen Staubkategorie begnügten, folgten die Schweiz und die USA recht schnell dem deutschen Beispiel einer ausdifferenzierten Grenzwertpolitik für staubartige Luftschadstoffe.[125] Die jeweiligen Grenzwerte sind dabei zumeist recht ähnlich, da besonders bei den hochgiftigen und krebsverursachenden Luftschadstoffen in den meisten Industrieländern die bestmöglichen Emissionsreduzierungsmaßnahmen verlangt werden.[126]

---

122 Vgl. Warhurst 1994: S. 61-62; Lootens/Kiernan 1990: S. 11; Supplement to Mining Journal 1990: S. 21 und Mikesell/ Whitney 1987: S. 132.

123 Vgl. Warhurst 1994: S. 60-61; Warhurst 1992: S. 40-42; Auty/Warhurst 1993: S. 26; Supplement to Mining Journal 1990: S. 2; und Mikesell/Whitney 1987: S. 131.

124 Vgl. Krol/Steil 1987: S. 933 und Wicke 1989: S. 178-183.

125 Vgl. für einen Vergleich der Luftschutzpolitiken in OECD-Ländern: OECD 1995: S. 39-73.

126 Allerdings gibt es bei einigen Schadstoffen durchaus Grenzwertabweichungen zwischen Industrieländern. So sind z. B. in Deutschland alle toxischen Luftschadstoffe in drei Kategorien eingeteilt, wobei jede Kategorie einen Grenzwert hat. Die giftigste Schadstoffkategorie I, die z. B. Kadmium enthält, hat einen Grenzwert von 0,2 mg/m³, während sich die Grenzwerte der Kategorien II (z. B. Arsen und Nickel) und III (z. B. Blei, Kupfer, Chrom) auf 1 bzw. 5 mg/m³ belaufen. In Japan werden hingegen Schadstoff-Grenzwerte von Anlage zu Anlage unterschiedlich festgesetzt, so daß z. B. für Verhüttungsanlagen der Nichteisenmetallindustrie teilweise einzelne Grenzwerte gelten, die fünf- bis zehnmal höher sind als die deutschen Werte (z. B. für Kadmium 1,0 mg/m³ oder für Blei (30mg/m³). Vgl. OECD 1995: S. 46 und S. 131.

Trotz diverser Unterschiede in der Umweltgesetzgebung ist das Muster der umweltpolitischen Regulierung von Bergbau, Aufarbeitung und Raffination in Industrieländern ähnlich. Alle Länder verlangen vor der Durchführung von Bergbauprojekten Umweltverträglichkeitsprüfungen und Projektdurchführungspläne, aus denen u. a. auch die geplanten Umweltschutzmaßnahmen hervorgehen müssen. So werden Umweltaspekte von Anfang an in der Projektplanung explizit berücksichtigt und Fragen zu Standorten von Abraumhalden und Erzabfallteichen und deren umweltverträgliche Absicherung werden frühzeitig geklärt. Weiterhin werden auch die Pläne zur Rekultivierung zumeist rechtzeitig eingefordert. Hinsichtlich des Schutzes von Wasser und Luft orientieren sich die entsprechenden Grenzwerte in Industrieländern weitgehend an den besten Technologien zur Emissionsreduzierung bzw. -vermeidung.[127]

Als Konsequenz dieser umweltpolitischen Entwicklung haben die meisten Bergbaukonzerne aus den Industrieländern entsprechende Routineverfahren im Umgang mit Umwelt und Landschaft entwickelt. Viele Konzerne haben hochrangige Umweltmanager oder Abteilungen, die für die Umsetzung von umweltbezogenen Maßnahmen verantwortlich sind. Die Durchführung von Umweltverträglichkeitsprüfungen ist häufig ebenso zur Routine geworden wie die kontinuierliche Umweltüberwachung von Bergbaustandorten. Weiterhin werden moderne Umwelttechnologien bisweilen selbst in solchen Ländern eingesetzt, die keine strengen Umweltvorschriften aufweisen. Schließlich ist auch die Rekultivierung von Standorten zum festen Bestandteil der Projektplanung geworden.[128]

Bisweilen werden selbst die strikten Standards in Industrieländern von Bergbauunternehmen übererfüllt. So erhielt beispielsweise der Konzern *EEC Quarries* einen Umweltpreis für die besonders gelungene Rekultivierung eines Bergbaustandorts in Großbritannien. Die betroffene Region ist in eine Seenlandschaft umgewandelt worden, die verschiedene ökologische Sukzessionsstadien aufweist und mittlerweile zu einem Vogelhabitat für 160 verschiedene Vogelarten geworden ist. Die ehemalige Bergbauregion wurde 1988 zum Naturschutzgebiet ernannt.[129] Ein bemerkenswerter Bergbaustandort mit extrem hohen, konzerninternen Umweltstandards ist die 1988 in Kalifornien eröffnete *Homestake´s McLaughlin* Goldmine. Sämtliche Umweltaspekte dieser Mine wurden schon im Design berücksichtigt. So wurden beispielsweise alle heimischen Tier- und Pflanzenarten umgesiedelt, um sie nach der Rekultivierung wieder ansiedeln zu können. Der Rekultivierungsprozeß selbst findet fortlaufend statt, d. h. die ausgebeuteten Flächen werden möglichst schnell saniert, begrünt und wiederbesiedelt. Weiterhin wurde eine spezifische Trennung der Erzabfälle entwickelt, um den Versauerungseffekt zu minimieren.[130]

Aus diesen Ausführungen darf jedoch nicht geschlossen werden, daß vom Bergbau in Industrieländern keine Gefahren ausgehen. Nach wie vor gehen besonders von alten, noch nicht sanierten Bergbaustandorten, die in der Vergangenheit unter geringen oder keinen Umweltauflagen betrieben worden waren, beträchtliche Umweltgefahren aus. So wurde beispielsweise in 1992 ein geschlossenes Bergwerk in Cornwall, Großbritannien, durch Grundwasser geflutet und es kam in Folge zu weitreichenden Kontaminationen der regionalen Wasserkreisläufe.[131]

Aber auch von noch aktiven Berbaustandorten können Gefahren ausgehen. In 1989 wurden z. B. in einer Kupfer-Zink-Mine im australischen Bundesstaat New South Wales die Erweite-

127 Vgl. Mikesell/Whitney 1987: S. 138-139 und Warhurst 1994: S. 53-54.

128 Vgl. zu den Umweltstandards der beiden Bergbaukonzerne AMAX (USA) und RTZ (Kanada): Paulsen 1985 und Supplement to Mining Journal 1990: S. 7.

129 Vgl. Supplement to Mining Journal 1990: S. 23.

130 Vgl. Warhurst 1992: S. 42.

131 Vgl. Warhurst 1994: S. 22.

rungsarbeiten am Staudamm eines Erzabfallteiches durch starke Regenfälle behindert, so daß eine Überflutung des Teiches und eine Vergiftung des Trinkwassereinzugsgebiets von Canberra drohte, die jedoch im letzten Moment durch zusätzliche Arbeitseinsätze abgewendet werden konnte.[132] Weniger erfreulich endeten tropenartige Regengüsse 1990 in einer Bergbauregion in South Carolina, USA, wo durch den Dammbruch eines Erzabfallteiches 38 Millionen Liter toxisches Abwasser in einen Fluß gelangte und ein Fischsterben von 10.000 Fischen verursachte.[133] Eine noch größere Katastrophe ereignete sich im April 1998 in Spanien, wo durch einen Dammbruch 5 Milliarden Liter Erzabfallschlamm in den Fluß Guadiamir gelangten, die ein Sterben der Flußfauna verursachten und ein Naturschutzgebiet zu verseuchen drohten.[134] Zusätzlich zu den Unfällen sind auch Zuwiderhandlungen gegen die Umweltvorschriften zu beobachten. So verstieß die *Doe Run Co.* in ihrer Schmelzhütte für Blei in Missouri, USA, in den Jahren 1988/89 in 177 Fällen gegen die Bleigrenzwerte am Arbeitsplatz und wurde dafür von der US-Umweltbehörde (EPA) zu einer Geldstrafe von US$ 2,8 Millionen verurteilt.[135]

Schließlich ist noch die Möglichkeit zu erwägen, daß die Umweltvorschriften der Industrieländer nicht ausreichen, um alle Umweltgefahren, die vom Bergbau ausgehen, abzuwehren. So mögen beispielsweise die Auflagen zur Absicherung der Abfallhalden und Erzabfallteiche zu gering sein. In den USA wird diesbezüglich gerade eine Reform des Abfallrechts diskutiert, die auf eine angemessene Einstufung verschiedener Erzabfälle in die bestehenden Gefahrklassen abzielt. Derzeit sind noch viele Erzabfälle in den USA von den Bestimmungen für Gefahrstoffe ausgenommen – eine Gesetzeslücke, die Boden und Grundwasserqualität heutiger Bergbaustandorte maßgeblich gefährden mag.[136]

Trotz dieser Möglichkeit ist zu konstatieren, daß kontinuierliche Umweltbeeinträchtigungen größeren Ausmaßes durch den Bergbau in Industrieländern heute nicht mehr stattfinden. Der Anpassungsprozeß der Bergbauindustrie an die Umweltgesetze war jedoch nicht leicht. Besonders die Nichteisenmetallindustrie der USA, die bereits in den 1970ern im internationalen Vergleich am oberen Ende der Kostenkurve produzierte[137], und die allein schon aufgrund des Nachfrageeinbruchs in 1975 starke Schäden davongetragen hatte, wurde durch die Umweltauflagen der 1970er und 1980er Jahre stark in Mitleidenschaft gezogen. Die geforderten US-Umweltstandards und Emissionsgrenzwerte erforderten die sukzessive Außerbetriebnahme aller alten emissionsintensiven Schmelzöfen, von denen in den USA im Gegensatz zu Japan und Westeuropa noch viele Anlagen im Einsatz waren.[138] Als Konsequenz dieser Regulierungen – aber auch angesichts der ansonsten hohen Produktionskosten – wurden in den Vereinigten Staaten viele Verhüttungskapazitäten und unrentable Bergwerke stillgelegt. Entsprechend sank der Weltmarktanteil der USA bei der Produktion von raffinierten Nichteisenmetallen nach der Weltwirtschaftskrise von 1975 beträchtlich – bei Primäraluminium sank der US-Weltmarktanteil von 35% in 1970 auf 17% in 1995 und bei Raffinadekupfer von 27% (1970) auf 19,5% (1995).[139]

---

132 Vgl. Supplement to Mining Journal 1990: S. 21.

133 Vgl. Young 1993: S. 27.

134 Vgl. Tageszeitung vom 30. April 1998: S. 1-2.

135 Vgl. Supplement to Mining Journal 1990: S. 23.

136 Vgl. Housman/Walline 1990: S. 16 und Abrahams 1992: S. 963-964.

137 So waren z. B. die Nettokosten der US-Kupferproduktion in 1975 mehr als doppelt so hoch wie die Nettokosten in Mexiko oder Papua Neuguinea. Vgl. Mikesell 1988: S. 69 (Tabelle 4.4).

138 Vgl. Mikesell/Whitney 1988: S. 139-140.

139 Eigene Berechnungen nach Daten aus: Metallgesellschaft AG (Hg.) 1975: S. 14-15 und S. 30-31 sowie Metallgesellschaft AG/World Bureau of Metal Statistics (Hg.) 1996: S. 4-5.

Nichtsdestotrotz gingen diejenigen US-Bergbauunternehmen, die diese Krise durchlebten und mit innovativen Maßnahmen die Kosten senken konnten, gestärkt aus der Krise hervor. Dabei zeigte sich, daß umweltentlastende Eingriffe auch kostensenkend wirken können. So konnte z. B. der größte US-Kupferproduzent, *Phelps Dodge*, der 1984 noch Nettostückkosten oberhalb des Kupferweltmarktpreises aufwies, seine Stückkosten bis 1988 um mehr als 30% senken, indem das Unternehmen u. a. damit begann, die Erzabfälle mit zusätzlicher Säure zu behandeln und die Metallinhalte der so vermehrten sauren Minenabwässer zu gewinnen. Durch diese Form der Haldenextraktion wurden die umweltschädlichen Schwermetallgehalte des Erzabfalls verringert und gleichzeitig zusätzliches und kostengünstiges Raffinademetall hergestellt.[140]

Auch in anderen Ländern zeigte sich, daß innovative Reaktionen auf die Umweltgesetzgebung nicht nur Kosten verursachten, sondern auch zu Verbesserungen der Wettbewerbsposition beitrugen. Dazu zwei Beispiele aus Norwegen und Kanada. Die Umweltbestimmungen in Norwegen verlangten 99%ige Staubreduzierungen in den Stahlhütten, worauf der *Elkem-Konzern* eigene Filteranlagen entwickelte. Als Resultat weiterer Forschungen über die Möglichkeiten der Weiterverwendung des Filterstaubs, von dem 15.000 t pro Jahr anfielen, zeigte sich, daß der Staub als Zusatz in Zementmischungen die Zementeigenschaften verbessert. Auf diese Weise entstand aus der Umweltvorschrift ein neuer Exportartikel.[141] Die kanadischen Umweltbehörden forderten im Rahmen ihres Programms zur Bekämpfung des Sauren Regens eine 60%ige SO_2-Reduzierung aus den Hütten des *INCO-Konzerns* in Sudbury.[142] *INCO* reagierte mit einem Investitionsprogramm in einer Gesamthöhe von drei Milliarden kanadischen Dollar für Forschung und neue moderne Technologien. Der Konzern konnte nicht nur das Emissionsreduktionsziel vorzeitig erreichen, sondern verminderte gleichzeitig seine Stückkosten beträchtlich.[143]

Dies sind nur einige Beispiele für Bergbauunternehmen, die innovativ auf strikte Umweltvorschriften in Industrieländern reagierten.[144] Grundsätzlich ist für den Bereich der Rohstoffgewinnung und Aufarbeitung festzustellen, daß gerade in diesem Wirtschaftszweig eine verbesserte Wettbewerbsposition und eine Entlastung der Umwelt besser miteinander vereinbar sind, als es in anderen Sektoren der Fall ist. Der Grund dafür liegt u. a. darin, daß eine ökonomisch effiziente Gewinnung und Aufarbeitung der Rohstoffe einerseits einen effizienten Umgang mit Energie und Materie erfordert, wodurch Kosteneinsparungen möglich sind, während andererseits die größtmögliche Ausbeute des Erzes inklusive aller Neben- und Kuppelprodukte angestrebt wird, wodurch eine maximale Outputmenge pro Erzinput realisiert wird. Diese beiden Ausdrucksformen ökonomischer Effizienz haben gleichzeitig umweltentlastenden Charakter: effizienter Material- und Energieeinsatz spart Ressourcen ein und eine hohe Ausbringung des Erzinhalts und eine Verwertung von Nebenprodukten minimiert den Schwermetallgehalt und das Aufkommen des Abfalls.

---

140 Vgl. Abrahams 1988: S. 1118-1119 und zur Technologie der Haldenextraktion das Kapitel 5.2.1.4.

141 Vgl. Supplement to Mining Journal 1990: S. 23.

142 Der *INCO-Konzern* zählt zu den größten Luftverschmutzern in ganz Nordamerika. Auf einer Fläche von 104 km² sind deutliche Vegetationsschäden sichtbar und durch den Sauren Regen sind Fischschwärme noch in den 63 km entfernten Seen ausgerottet worden. Vgl. Warhurst 1992: S. 42 und Warhurst 1994: S. 26.

143 Vgl. Warhurst 1994: S. 42 und Supplement to Mining Journal 1990: S. 2.

144 Für weitere Beispiele vgl. Warhurst 1992: S. 42-45.

In **Entwicklungsländern** gestaltet sich der Regulierungsrahmen für den Bergbau oft anders als in Industrieländern. Dort sind weniger Motive einer strategischen Rohstoffpolitik von Bedeutung, sondern vielmehr zieht der Bergbau als zentraler volkswirtschaftlicher Sektor große Beachtung auf sich. Viele rohstoffreiche Entwicklungsländer beziehen einen Großteil ihrer Devisen- und Steuereinnahmen aus dem Bergbausektor und sind daher ökonomisch von der nationalen Rohstoffgewinnung abhängig.[145] Außerdem herrschte in vielen Entwicklungsländern besonders in den frühen Jahren ihrer Unabhängigkeit ein Unbehagen gegen multinationale Bergbaukonzerne vor, da angesichts der Erfahrungen aus der Kolonialzeit eine übermäßige Ausbeutung befürchtet wurde. Ein Resultat dieses Umstandes war die Verstaatlichung ausländischer Bergbaukonzerne in den 1960er Jahren in einigen Entwicklungsländern, eine andere Konsequenz war die Herausbildung eines strikten Regulierungsrahmens für ausländische Investoren.

Grundsätzlich waren die Rahmenbedingungen für Bergbauinvestitionen in Entwicklungsländern seit den 1960er Jahren nicht sehr günstig. Es waren teilweise sehr hohe fiskalische Belastungen anzutreffen, der internationale Handel wurde durch tarifäre und nicht-tarifäre Hemmnisse behindert, Deviseneinnahmen standen häufig unter staatlicher Kontrolle und die Rechtslage für Bergbauprojekte war bisweilen unklar. Diese Hemmnisse galten für alle Bergbauunternehmen, wenngleich heimischen Unternehmen und staatlich kontrollierten Konzernen stets Steuervorteile und Zugangserleichterungen zu Rohstofflagerstätten zugesprochen wurden. Von ausländischen Investoren wurden hingegen oft höhere Steuersätze eingezogen und strikte Auflagen – wie z. B. Eigentumsregelungen – abverlangt. Folglich hielten sich die großen Bergbaukonzerne besonders aus Ländern mit sehr ungünstigen Regulierungsbedingungen und hohen politischen Unsicherheiten fern.[146]

Die Ausbeutung von Rohstoffvorkommen durch verstaatlichte Konzerne erwies sich in vielen Fällen als Mißerfolg. Fehlendes Management- und Technologie-Know-how, Besetzung von Managementpositionen durch Politiker, Dekapitalisierung durch übermäßige Besteuerung, Mißachtung betriebswirtschaftlicher Grundsätze, hohe Verschuldung und ausbleibende Investitionen in Erweiterungskapazitäten und Exploration sind nur einige Gründe dafür, daß diverse staatliche Konzerne ineffizient produzierten und ihre Produktion letztlich rückläufig war.[147] Es waren u. a. diese negativen Erfahrungen mit Staatsunternehmen, die dazu führten, daß für den Bergbau in Entwicklungsländern seit den 1980er Jahren vermehrt ausländische Konzerne mit Bergbau-Know-how und hoher Finanzkraft gefragt waren, und daß die Regulierungsbedingungen für ausländische Konzerne teilweise verbessert und Bergbauprojekte zunehmend in Form von Joint-Ventures durchgeführt wurden, wobei der Staat oft nur geringe Beteiligungen hielt.[148]

Der Regulierungsrahmen für den Bergbau in Entwicklungsländern ergibt sich teilweise aus dem geltenden Recht und wird zusätzlich in Bergbauabkommen mit dem Investor spezifisch festgelegt bzw. ausgehandelt. Wenngleich der Bergbaucode in vielen Entwicklungsländern häufig noch sehr umständlich und nicht sehr investitionsfördernd ist, so haben sich in einigen Ländern – z. B. in Chile, Argentinien und Papua-Neuguinea – doch sehr moderne Bergbauvorschriften etabliert.[149] Als Beispiel sei Papua-Neuguinea (PNG) genannt, wo der Bergbau-Regulierungsrahmen in 1978 und 1992 reformiert wurde. Es wurde ein klarer Rechtsrahmen

145 Vgl. Warhurst 1994: S. 50 und BMZ 1994: S. 13-17.

146 Vgl. Mikesell/Whitney 1987: S. 135; Mikesell 1988: S. 92 und Helmschrott et al. 1990: S. 174-178.

147 Vgl. Messner, F. 1996: S. 16-20; Mikesell 1988: S. 97-99 und Fozzard 1990: S. 103.

148 Vgl. Lechner et al. 1987: S. 65, 114 und Warhurst/Bridge 1997: S. 2-4.

149 Vgl. Mikesell 1988: S. 95-97 und World Bank 1992b: S. 21.

mit Bezug auf einzelne Bergbauprojekte geschaffen, der eine zügige Abschreibung von Investitionskosten und auch von Explorations*fehl*investitionen erlaubt. Die Besteuerung bezieht sich hauptsächlich auf Gewinn- oder Cash-Flow-Größen. So werden Kapitalertragsteuern auf Dividendenzahlungen ins Ausland erhoben sowie „Additional Profits Taxes" auf übermäßige Gewinnspannen über 20%, während zur Gewährleistung der laufenden Staatseinnahmen lediglich eine geringfügige Wertsteuer von 1,25% auf den Wert der geförderten Ressourcen vorgesehen ist. Dieser neue Regulierungsrahmen wirkte deutlich stimulierend auf die Explorationstätigkeiten in PNG.[150]

Die Umweltgesetzgebung hat in Entwicklungsländern eine erst junge Geschichte und in den meisten Ländern ist ein umweltpolitischer Regulierungsrahmen erst im Aufbau begriffen. Noch in der jüngsten Vergangenheit waren Umweltvorgaben für den Bergbau eher unüblich.[151] Folglich sind Bergbauprojekte in Entwicklungsländern noch heute mit extremen Umweltbelastungen verbunden und in bezug auf den Umweltschutz nicht selten von den unternehmensinternen Umweltprinzipien der Bergbaukonzerne abhängig. Zur Illustration der Verhältnisse werden nachfolgend einige Länderbeispiele angeführt:

- Die **Philippinen** sind ein international bedeutsamer Bergbaustandort zur Gold- und Kupfergewinnung. Als der Bergbau dort in den 1930er Jahren begann, war es üblich, die Erzabfälle direkt und unbehandelt in die Flüsse und die Ozeane einzuleiten. Es wurden dadurch drei Küstengebiete auf einer Fläche von 40 km² und 13 Flüsse auf einer Länge von 522 km kontinuierlich verseucht. Fischhabitate und Korallenriffe wurden zerstört und Trinkwasser- und landwirtschaftliche Bewässerungsquellen kontaminiert – mit gravierenden Folgen für die Gesundheit der einheimischen Bevölkerung sowie für den regionalen Tourismus, die Fischerei- und die Landwirtschaft. Trotz staatlicher Vorgaben in den 1960er Jahren, Erzabfalldeponien einzurichten, wurden noch in 1980 mehr als 80% der Erzabfälle – das entspricht 200.000 t *pro Tag* – direkt in die Gewässer eingeleitet.[152]
- Auch im Ilo-Locumbo-Gebiet in **Peru** werden pro Jahr 40 Millionen Kubikmeter toxische Erzabfälle direkt ins Meer verklappt, wodurch der Ozean auf einer Fläche von 200 km² kontaminiert wird. Zusätzlich werden durch die alten Verhüttungsanlagen jährlich 600.000 Tonnen SO_2 emittiert, die zur Versauerung der Region beitragen.[153]
- Ein grundsätzliches ökologisches Bergbauproblem in Entwicklungsländern sind die **kleinen Familienbetriebe und die mittleren Bergbauunternehmen**, die herumreisen und Gold, Kupfer und Zinn mittels einfachster Verfahren gewinnen. Üblich ist z. B. das Goldwaschen von Flußsedimenten unter hohem Quecksilbereinsatz, wodurch nicht nur die Menschen selbst, sondern Flüsse und ganze Regionen quecksilberverseucht werden. Entsprechende Fälle sind z. B. aus **Bolivien** und **Peru** bekannt.[154]
- Auch bei der Rohölförderung in **Nigeria** kommt es zu weitreichenden Umweltzerstörungen. Immer wieder läuft Rohöl aus und verseucht Böden und Grundwasser. Nach Angaben der Fördergesellschaft (Shell AG) ereignen sich pro Jahr durchschnittlich 221 Unfälle, wobei etwa 1,2 Millionen Tonnen Rohöl verlorengehen und die Umwelt kontaminieren. In der

150 Vgl. Cansier 1987: S. 118-119 und James 1997: S. 98-100.

151 Vgl. Auty/Warhurst 1993: S. 24; Warhurst 1992: S. 40 und Kappel 1992: S. 191-192.

152 Vgl. Pecache 1985: S. 5-7.

153 Vgl. Young 1993: S. 19 und Internationaler Metallgewerkschaftsbund 1988: S. 1-5.

154 Es sei anzumerken, daß kleine und mittlere Bergbauunternehmen eine nicht zu unterschätzende Bedeutung innehaben. Sie produzieren schätzungsweise 25% des Bergbauoutputs der Entwicklungsländer. Vgl. Auty/Warhurst 1993: S. 22-23.

Regenzeit wird das ausgelaufene Öl gleichmäßig in der Region verteilt und auch die Küsten und das Nigerdelta sind betroffen. Von den Off-shore-Bohrungen gehen weitere Belastungen der Gewässer aus.[155]

- Der Eisenerzabbau in **Liberia** von 1950 bis 1989 durch amerikanische, japanische und westeuropäische Konzerne brachte vielfältige ökologische Schäden mit sich. Nach der Aufgabe der Minen blieben durch Staub und Erzabfall verseuchte Landstriche und Flüsse zurück, der Wasserhaushalt ist weitgehend aus dem Gleichgewicht gebracht worden, die Erosion der Böden breitet sich auch nach der Beendigung der Arbeiten weiter aus, und Anstrengungen zur Rekultivierung der früheren Eisenerzregion sind bisher nicht unternommen worden.[156]
- Auch die Erzabfälle der Panguna-Kupfermine auf **Papua-Neuguinea** wurden unkontrolliert in die anliegenden Flüsse eingeleitet – 130.000 t toxische Abfälle pro Tag. Das Kawerong-Flußsystem ist weiträumig mit den Erzabfällen überzogen und das schiefergraue Wasser ist vollständig tot. Die Einwohner der Region waren über die Verseuchung derart erzürnt, daß sie einen Bürgerkrieg begannen, die Bergbauregion eroberten und die Grube ab 1989 kontrollierten und stillegten.[157]

Aus diesen Beispielen, die keinesfalls als Einzelfälle zu betrachten sind, ist nicht zu schlußfolgern, daß überhaupt keine Umweltgesetzgebungen oder -vorschriften in Entwicklungsländern existieren. In diversen Entwicklungsländern wurden in den 1970er und 1980er Jahren einige Umweltgesetze erlassen, zumeist mit Bezug auf die Umweltmedien Wasser und Luft. Ein großes Problem ist jedoch häufig der Mangel an konsequenter Durchsetzung und Überwachung der Vorschriften, die entweder am fehlenden, korrupten oder schlecht ausgebildeten Personal scheitert oder auch am fehlenden Willen auf seiten des Staates, bestehende Gesetze durchzusetzen und damit eventuell die Profitabilität wichtiger Devisenbringer zu gefährden.[158]

So wurde zwar in den **Philippinen** schon in den 1960er Jahren ein Umweltgesetz erlassen, das eine Eindeichung der Erzabfälle vorschrieb, doch nur wenige Bergbauunternehmen hielten sich an die Auflagen oder richteten nur kleine Erzabfallteiche mit geringen Kapazitäten ein und argumentierten dann, es sei nicht genügend Platz für die großen Abfallmengen vorhanden oder die Maßnahmen seien zu teuer. Daraufhin wurden lediglich einige Studien über Umweltauswirkungen des Erzabfalldumpings angefertigt. Außerdem wurden Optionen untersucht, die Abfälle produktiv, z. B. als Baumaterial, zu verwenden. Konkrete Aktivitäten zur Einforderung der Gesetzesvorschriften erfolgten bis in die 1980er Jahre hinein nicht.[159]

Auch in **Bolivien und Peru** finden sich diverse Umweltgesetze in den nationalen Gesetzgebungen. Doch in Bolivien existiert nicht einmal eine Umweltbehörde, die die Gesetze einfordern könnte. Außerdem werden die Umweltvorschriften nicht auf den Bergbau angewendet. Ähnlich sieht es in Peru aus. Aufgrund der sehr demokratischen Tradition des Landes hat sich eine ausgeprägte Umweltgesetzgebung entwickelt, die jedoch nicht in die Tat umgesetzt wird. Zu Recht werden die Umweltgesetze als „Papiertiger" bezeichnet.[160]

In **Chile** wurde seit 1980 in Anlehnung an das US-Umweltrecht eine sehr strikte Umweltgesetzgebung erlassen. Mittlerweile existieren über 2.000 Umweltvorschriften als Grundlage

155 Vgl. König 1991: S. 131-136 und Greenpeace 1997: S. 18.

156 Vgl. Siepelmeyer 1991b: S. 102-103.

157 Vgl. Young 1993: S. 23 und S. 31.

158 Vgl. Warhurst 1994: S. 55-57.

159 Vgl. Pecache 1985: S. 5-9.

160 Vgl. Warhurst 1994: S. 66-67.

für die chilenische Umweltpolitik, doch die Gesetze sind teilweise widersprüchlich oder sogar so streng, daß sie nicht einhaltbar sind. So sind z. B. Abwassergrenzwerte teilweise strenger als die Vorschriften für Trinkwasser. Zusätzlich werden die Umweltgesetze häufig entweder gar nicht oder nur sehr selektiv umgesetzt – oft nach dem Gutdünken regionaler Behörden. Während von ausländischen Bergbauunternehmen bisweilen hohe Standards abverlangt werden, blieb die stark umweltbelastende staatliche Bergbauindustrie bislang weitgehend unbehelligt. Eine Verbesserung der Situation trat zu Beginn der 1990er Jahre ein. Seit jenem Zeitpunkt trifft die Regierung Absprachen mit Konzernen, die Großprojekte durchführen, daß international anerkannte Umweltstandards einzuhalten sind. Weiterhin hat sich die umweltpolitische Regulierung neuer Bergbauprojekte mit der Gründung einer Umweltbehörde in 1990 und der Verabschiedung eines neuen allgemeinen Umweltgesetzes in 1994, das ausführliche Umweltverträglichkeitsprüfungen und Umweltmanagementpläne für Großprojekte vorsieht, deutlich verbessert. Problematisch gestaltet sich jedoch weiterhin die Regulierung alter Bergbaustätten, die bestehende Grenzwerte für Luft und Wasser häufig weit überschreiten. Außerdem herrschen Zuständigkeitsüberschneidungen zwischen den verschiedenen Behörden für Gesundheit, für Bergbau und für Umwelt, wodurch regulative Unwägbarkeiten entstehen.[161]

Ähnlich verhält es sich mit der Umweltpolitik in **Brasilien**, wo ebenfalls in Anlehnung an das US-Umweltrecht strikte Vorschriften und Grenzwerte eingeführt wurden, die jedoch bisweilen nicht sehr konsequent eingefordert werden. Gemäß der Umweltgesetzgebung werden Bergbaukonzessionen erst erteilt, nachdem Umweltverträglichkeitsprüfungen und Pläne zur Rekultivierung der Bergbaustätten erstellt und behördlich anerkannt wurden. Eine interessante Regelung zu Umweltstandards besagt, daß Anlagen und Technologien die Umweltanforderungen derjenigen Länder erfüllen müssen, aus denen sie stammen.[162]

Auf dem **afrikanischen Kontinent** existierten bis in die 1980er Jahre hinein keine umweltpolitischen Gesetzesgrundlagen. Erst in der zweiten Hälfte der 80er Jahre begannen einige Länder mit Unterstützung der Weltbank Umweltaktionspläne durchzuführen, mittels derer einerseits die größten nationalen Umweltprobleme identifiziert und andererseits Strukturen zur Schaffung eines nationalen Umweltrechts aufgebaut werden sollten. In den frühen 1990er Jahren befanden sich 26 afrikanische Länder im Prozeß der Erarbeitung oder Umsetzung von nationalen Umweltaktionsplänen.[163] Im rohstoffreichen **Ghana** begann der Prozeß der Erstellung eines Umweltaktionsplanes 1988. Es existiert mittlerweile eine Umweltbehörde, die jedoch noch schlecht ausgestattet ist. Bereits ab 1989 wurde die Durchführung von Umweltverträglichkeitsprüfungen als Voraussetzung für die Lizenzerteilung für neue Bergbauprojekte obligatorisch. Auf der Basis von Studien zu den Umweltproblemen des Bergbaus in Ghana sollen Richtlinien für Exploration und Bergbau sowie umweltpolitische Richtlinien für alte und neue Bergbauprojekte eingeführt werden. Konkrete Umweltstandards existieren bisher allerdings noch nicht. Von den bestehenden Bergbauprojekten in Ghana gehen teilweise beträchtliche Umweltbelastungen aus.[164]

Besonders deutlich werden die Umsetzungsprobleme in der Umweltpolitik am Beispiel **Papua-Neuguineas (PNG)**. Nach der Gründung einer Umweltbehörde in 1974 wurden diverse Umweltziele 1975 in der Verfassung festgeschrieben und verschiedene Umweltgesetze erlassen. Angesichts der Umweltprobleme bei der Panguna-Mine wurde für das geplante Neuprojekt der Ok Tedi Gold-Kupfer-Mine ein neuer Mining Act in 1980 verabschiedet, der u. a.

161 Vgl. Suárez 1991: S. 115-118; Auty/Warhurst 1993: S. 24 und Lagos 1997: S. 62-66.

162 Vgl. Auty/Warhurst 1993: S. 25; Warhurst 1992: S. 40 und Vihena Filho 1997: S. 48-49.

163 Vgl. Messner, F. 1994: S. 143 und Falloux et al. 1991: S. 5-11.

164 Vgl. Mate 1992: S. 49-53; Warhurst 1994: S. 65-66 und Tsikata 1997: S. 13.

auch verschiedene Umweltvorschriften enthielt, so z. B. das Erfordernis der Eindeichung von Erzabfällen und die Erstellung eines Umweltverträglichkeitsberichts. Außerdem wurde 1982 ein Wasserschutzgesetz erlassen, das bis 1984 die Einführung ziemlich moderater Abwassergrenzwerte für Zyanid, Kadmium, Blei, Kupfer und Zink vorsah. Bei der Umsetzung dieser Vorschriften kam es zu vielen Schwierigkeiten. Der Umweltverträglichkeitsbericht mit diversen Vorschlägen zur umweltgerechten Gestaltung des Bergbaugeländes wurde erst ein Jahr nach Baubeginn fertiggestellt und war somit teilweise durch die laufenden Arbeiten überholt. Der Dammbau zur Errichtung eines Erzabfallteiches war 1982 nicht mehr im Zeitplan, so daß das Bergbaukonsortium aus diversen multinationalen Konzernen, um eine Zwischenlösung für die Entsorgung des Erzabfalls bat, die lediglich eine grobe Vorreinigung vor der Flußeinleitung vorsah. Die Regierung lehnte diesen Vorschlag ab. Nachdem einige Wochen später der halbfertige Damm durch einen Erdrutsch vernichtet wurde, änderte die Regierung aufgrund der ökonomischen Bedeutung des Projektes ihre Meinung[165] und erteilte eine Teilgenehmigung für einen Teil der Mine ab 1984 unter der Auflage, daß die Wassergrenzwerte einzuhalten seien. Nachdem die Abwässer der Mine die Grenzwerte teilweise weit überschritten und auch keine Pläne für einen neuen Erzabfalldamm vorgelegt wurden, ließ die Regierung von PNG die Mine zwischenzeitlich schließen und trat in Verhandlungen mit dem Konsortium ein. Im Verlauf eines langwierigen Disputes, der sich über Jahre hinzog, wurde letztlich ein Abkommen über ein langfristiges Umweltmanagement geschlossen, das die Einhaltung verschiedener Umweltstandards vorsah.[166]

Dieses Beispiel zeigt, daß nicht nur eine angemessene Umweltgesetzgebung in Entwicklungsländern vonnöten ist, sondern auch der Wille und die Kompetenz auf seiten des Staates, bestimmte Auflagen selbst bei ökonomisch höchst wichtigen Projekten durchzusetzen. Diesbezüglich ist anzumerken, daß die Existenz von nationalen Umweltgesetzen gerade im Bergbaubereich in Entwicklungsländern nicht einmal erforderlich ist, da verbindliche Umweltauflagen auch in den Bergbauabkommen aufgenommen werden können, die zwischen Staat und Bergbauunternehmen ausgehandelt werden. Ein in dieser Hinsicht positives Beispiel kann aus Botswana vermeldet werden, wo die Regierung gegenüber dem Konsortium einer Kupfer-Nickel-Kobalt-Mine in Verhandlungen Anfang der 80er Jahre die Anschaffung einer Schwefelsäureanlage erzwang, um das Schwefeldioxid der Schmelzöfen nicht weiterhin zu emittieren, sondern statt dessen vermarktungsfähige Schwefelsäure daraus herzustellen.[167]

Wichtig für eine umweltverträgliche Gestaltung von Bergbauprojekten in Entwicklungsländern sind aber auch die Bergbauunternehmen und ihre Bereitschaft, akzeptable Umweltauflagen und moderne Technologien entweder aus eigenem Antrieb oder nach staatlicher Vorgabe zu erfüllen. Diesbezüglich sind die Einstellungen und Unternehmensphilosophien der Bergbaukonzerne sehr unterschiedlich. Dynamische Unternehmen richten sich nach strikten unternehmensinternen Umweltstandards oder reagieren innovativ auf Umweltvorschriften in Entwicklungsländern. So führte der US-Konzern *Exxon* angesichts der strikten Abwasservorschriften in Chile die Haldenextraktion ein, während der kanadische Konzern *ALCAN* aufgrund anstehender Umweltvorschriften in Jamaika und öffentlichem Protest in Kanada eine Weiterverwendung des Rotschlamms (Erzabfalls der Aluminiumherstellung) als Ziegel für Anlagen auf dem Bergbaugelände entwickelte.[168]

---

165 Zur Illustration der ökonomischen Bedeutung der Ok-Tedi-Mine sei vermerkt, daß sie in 1989 16% des BIPs und 42% der Exporteinnahmen von PNG erwirtschaftete. Vgl. Warhurst 1994: S. 68.

166 Vgl. Jackson 1985: S. 29-32; Supplement to Mining Journal 1990: S. 21; Warhurst 1994: S. 67-68.

167 Vgl. Goldau/Siepelmeyer 1991: S. 67-68.

168 Vgl. Warhurst 1992: S. 42-43.

Doch nicht nur Industrieländerkonzerne zeigen sich innovativ, sondern auch heimische Bergbauunternehmen reagieren auf Umweltvorschriften in Entwicklungsländern. Besonders erfolgreich war das Unternehmen *REFIMET* in Chile, das Arsen aus Konzentraten gewann, und so aus einer vorherigen Emissionsbelastung ein profitables Nebenprodukt machte. Das brasilianische Unternehmen *São Bento Mineração* ist ein weiteres Beispiel für umweltverträglichen Bergbau. Es wendet modernste Technologien zur Goldgewinnung an und hält die strikten Luftschutzgrenzwerte des Technologieursprungslandes Schweden ein. Weiterhin wird Abwasser aufbereitet, Terrassen wurden gegen die Erosionsgefahr angelegt und es wird eine permanente Umweltüberwachung durchgeführt.[169]

Doch nicht alle Unternehmen reagieren innovativ auf Umweltvorschriften. Nicht selten ist defensives Verhalten anzutreffen, daß z. B. langwierige Verhandlungen geführt werden, um die Einhaltung der Vorschriften zu verzögern oder die Auflagen zu reduzieren. Bisweilen werden lieber Strafgelder für die Nichteinhaltung der Vorschriften gezahlt, da die Strafen oft geringer sind als die Kosten der geforderten Umweltschutzinvestitionen.[170]

Ein besonderes Problem stellen die staatlichen Bergbauunternehmen dar. Die offensichtliche Abwesenheit einer Bankrottgefahr kann das Wettbewerbsverhalten beeinträchtigen und ebenso zu unökonomischen Verhaltensweisen von Managern und Arbeitern führen. In vielen Fällen, wie z. B. in Bolivien, Sambia und Peru, operieren diese Unternehmen ineffizient und werden daher nicht nur zu Produzenten mit hohen Gewinnungskosten, sondern gleichzeitig zu sehr umweltbelastenden Bergbauunternehmen. Alte Technologien, Mangel an Ersatzteilen, Unterbrechung der Produktion von energieintensiven Schmelzprozessen, fehlende Wartung, keine technologische Modernisierung – all diese Merkmale gehen mit einem hohen Niveau der Umweltverschmutzung einher. Es wird übermäßig viel Energie und Materie in der Produktion eingesetzt, ein nur unterdurchschnittlicher Anteil der Erzkonzentration gewonnen und ein qualitativ geringwertiges Endprodukt hergestellt. Während für effiziente Bergbauunternehmen gilt, daß sie vergleichsweise umweltschonend wirtschaften können, gilt für ineffiziente Unternehmen, daß sie tendenziell immer eher stark umweltbelastend agieren. Da staatliche Bergbauunternehmen außerdem wichtige Devisenbringer sind, ist ihre Abgabenbelastung nicht selten übermäßig hoch, so daß wenig Mittel für Investitionen, Ersatzteile u. a. vorhanden sind. Umweltinvestitionen werden in einem solchen Kontext nicht selten als überflüssige Belastung abgetan. Die Umweltbelastung durch staatliche Bergbauprojekte ist daher häufig sehr hoch. Bisweilen sind Kleinstunternehmen in der Nähe von staatlichen Bergbauprojekten anzutreffen, die versuchen, die Resterzgehalte aus den eingeleiteten Erzabfällen zu gewinnen. Es läßt sich kaum ein signifikanteres Beispiel für ökonomische *und* ökologische Ineffizienz finden.[171]

Schließlich ist als weiterer wichtiger Akteur für die Entstehung von Umweltpolitik in Entwicklungsländern die Weltbankgruppe zu nennen. Sie hat seit Ende der 1980er Jahre zunehmend Umweltprojekte unterstützt sowie beim Aufbau umweltpolitischer Strukturen in diversen Ländern mitgewirkt. Weiterhin werden seit 1989 alle Weltbankprojekte einer Umweltverträglichkeitsprüfung unterzogen, eine Maßnahme, die auch in die Praxis der Entwicklungszusammenarbeit verschiedener Industrieländer übernommen wurde. Ein für den Bergbau wichtiger Aspekt ist, daß die Kreditvergabe von internationalen Institutionen, wie z. B. der Weltbanktochter IFC, seit Beginn der 1990er Jahre als Grundbedingung der Kreditgewährung für

169 Vgl. Warhurst 1992: S. 44-45 und Fewell 1990: S. 3.

170 Vgl. Warhurst 1994: S. 49 und Auty/Warhurst 1993: S. 25.

171 Vgl. Auty/Warhurst 1993: S. 23-24; Warhurst 1994: S. 31, 48 und Messner, F. 1996b: S. 417-421.

industrielle Projekte (inklusive Bergbau) in Entwicklungsländern Umweltkonditionen wie z. B. angemessene Umweltkontrollen und Umweltverträglichkeitsprüfungen einfordert.[172]

Abschließend ist hinsichtlich der internationalen Entwicklung in der umweltpolitischen Regulierung der Bergbauindustrie festzuhalten, daß sich mit der Einführung von umweltpolitischen Strukturen in den Industrieländern seit den 1960er Jahren entscheidende Veränderungen eingestellt haben. Die Einforderung strikter Umweltvorgaben durch die Umweltbehörden in den Industrieländern führte zur Entwicklung und Diffusion moderner Technologien, die teilweise sowohl ökonomische als auch ökologische Verbesserungen mit sich brachten – und das in einem Sektor, wo technischer Fortschritt üblicherweise eher eine Angelegenheit von Jahrzehnten denn von Jahren ist. Die Entwicklungen auf der Nordhalbkugel gingen letztlich an den Entwicklungsländern nicht vorbei, wo – im zeitlichen Abstand von etwa 10-20 Jahren – seit den 1970er Jahren ebenfalls erste Umweltvorschriften im Bereich der Bergbauprojekte durchgesetzt wurden.

Angesichts der relativ langen Zeitspanne des Betriebs eines Bergbauprojekts können niedrige Umweltstandards in Entwicklungsländern keinesfalls als komparativer Standort- oder Wettbewerbsvorteil angesehen werden. Im Gegenteil sind sie eher eine Quelle zukünftiger Unsicherheit für einen Investor, da eine Verschärfung der Umweltgesetzgebung in der Zukunft zu erwarten steht. Insofern gilt insbesondere für die Bergbauindustrie mit ihren langen Planungshorizonten, daß ein klarer und eindeutiger Regulierungsrahmen mit eindeutigen Umweltvorschriften investitionsfördernder wirkt als ein Standort mit geringen Anforderungen, aber mit Unsicherheiten hinsichtlich der Entwicklung in der zukünftigen Bergbauregulierung. Schon aus der Erwägung heraus, daß gerade im kapitalintensiven Bergbau nachträgliche Maßnahmen zur Entlastung der Umwelt wesentlich teurer sind als eine frühzeitige Einplanung von angemessenen Maßnahmen zur Abfallentsorgung, Abgasentgiftung und Rekultivierung, müßte es heute eigentlich für jeden Konzern schon aus Kostengründen sinnvoller sein, auch in Ländern ohne ausdifferenzierte Gesetzgebung bestimmte Mindeststandards einzuhalten.

Damit werden Umweltvorschriften in Entwicklungsländern aber nicht überflüssig. Im Gegenteil ist es eine wichtige Zukunftsaufgabe, im einvernehmlichen Konsens zwischen den betroffenen Akteuren Wege zu finden, um neue Bergbauprojekte in einem Mindestmaß umweltverträglich zu gestalten, die ökonomische und ökologische Effizienz bestehender Bergbaustätten zu verbessern und Altlastflächen der Vergangenheit zu sanieren.

5.1.5 Drei Politikbereiche einer nachhaltigen Rohstoffpolitik

Nach den Ausführungen der vorangegangenen Unterkapitel zu den Mustern und der Entwicklung der historischen Ressourcennutzung sowie zu den unterschiedlichen Ansätzen der Regulierung der rohstoffextrahierenden und -raffinierenden Industrie sollen in diesem Kapitel mit Bezug zum obigen theoretischen Kapitel 4.2 die grundlegenden Politikbereiche einer nachhaltigen Rohstoffpolitik (Ebene 1) sowie mögliche Ansatzpunkte und Instrumente zu ihrer Umsetzung dargelegt werden. Dabei geht es letztlich darum, wie ein Ordnungsrahmen für die Weltwirtschaft hinsichtlich der Nutzung nicht-erneuerbarer, materiell nutzbarer Ressourcen konstruierbar ist, um in langer Frist ein Wirtschaften mit Material im Rahmen eines nachhaltigen Scale realisieren zu können.

Wie oben bereits dargelegt wurde, basiert das Konzept der Nachhaltigkeit weitgehend auf dem normativen Postulat der intergenerationellen Gerechtigkeit. Neoklassische Theoretiker argumentieren, daß der Verbrauch nicht-erneuerbarer Ressourcen durch frühe Generationen

---

172 Vgl. World Bank 1991: S. 66-70 und S. 93-99; Mate 1992: S. 52 und Auty/Warhurst 1993: S. 24.

dadurch kompensiert werden könne, daß den zukünftigen Generationen Kapitalgüter, Wissen und Technologie vererbt wird. Problematisch an diesem Statement ist, daß Kapitalgüter verschleißen und Wissen und Technologien, die sich hauptsächlich auf die Nutzung nicht-erneuerbarer Ressourcen beziehen, für eine ferne Zukunft ohne diese Ressourcen nur bedingt nützlich sind. Weiterhin ist eingewendet worden, daß die Nutzung von nicht-erneuerbaren Ressourcen nicht nur ihre irreversible materielle Dispersion mit sich bringt, sondern daß *zusätzlich* durch stoffliche und mechanische Eingriffe bei ihrer Gewinnung und Aufarbeitung die erneuerbare Ressourcenbasis degradiert und zerstört wird – wie beschrieben in Kapitel 5.1.4. Somit verbrauchen die frühen Generationen nicht nur die begrenzten erschöpfbaren Ressourcen, sondern außerdem werden diejenigen Ressourcen, die den zukünftigen Generationen nach Erschöpfung der nicht-erneuerbaren Ressourcen verbleiben werden, vermindert bzw. für eine zukünftige Nutzung entwertet.

Als Konsequenz wurde im Rahmen dieser Arbeit argumentiert, daß die einzig akzeptable Form der Kompensation zukünftiger Generationen für die heutige umweltbelastende Nutzung der nicht-erneuerbaren Ressourcen darin bestehen kann, eine intakte natürliche Lebensgrundlage mit einer Vielzahl evolutionsfähiger erneuerbarer Lebensformen zu hinterlassen sowie einen nachhaltigen Transformationspfad in Richtung auf eine auf erneuerbaren Ressourcen basierende Wirtschaftsweise frühzeitig in Gang zu setzen.

In Hinblick auf die theoretischen Ausführungen zu den Scalegrenzen in Kapitel 4.2 sind **drei Politikbereiche einer nachhaltigen Rohstoffpolitik mit folgenden Zielen** zu unterscheiden:

1. Zur Gewährleistung einer langfristigen schockfreien Ressourcenverfügbarkeit ist ein Transformationspfad der Ressourcennutzung einzuleiten, der sukzessive zu einer auf erneuerbaren Ressourcen basierenden Wirtschaftsweise führt.

2. Es sind Obergrenzen für antropogene Emissionseinträge einzuhalten, die gemäß der Senkenkapazitäten lokaler, regionaler und globaler Natursysteme festzulegen sind.

3. Es sind Obergrenzen für mechanische Natureingriffe einzuhalten, die gemäß dem Ziel des Erhalts der Arten- und der Ökosystemvielfalt und deren Evolutionspotentials zu bestimmen sind.

Die Umsetzung dieser Ziele zur Gewährleistung eines nachhaltigen Scale ist keine einfache Aufgabe. Wenngleich diverse Regulierungen bereits existieren, die ihrem Inhalt nach im Sinne einzelner Politikziele einer nachhaltigen Rohstoffpolitik zu interpretieren sind, so sind die derzeit bestehenden Formen nationaler und supranationaler Rohstoffpolitik doch eher gegenwartsorientiert und durch den intragenerationellen Verteilungskonflikt zwischen Industrie- und Entwicklungsländern geprägt. Weiterhin setzt ein effektiver Ordnungsrahmen für eine nachhaltige Rohstoffpolitik diverse, miteinander vernetzte und abgestimmte Regulierungsformen auf nationaler, zwischenstaatlicher und internationaler Ebene voraus. Erforderlich ist dabei ein funktionierender globaler Politikrahmen in Abwesenheit einer zentralen Weltregierung, der Institutionen zu Kooperations-, Regulierungs- und Konfliktlösungsmöglichkeiten unter Einbeziehung aller wesentlichen staatlichen und nicht-staatlichen Akteure bietet. Zweifellos sind in einem solchen Kontext globaler Regulierung, der in der politologischen Literatur mit dem Begriff „Global Governance" umschrieben wird, Friktionen, Hemmnisse und Verzögerungen im Prozeß der Entscheidungsfindung zu erwarten – besonders angesichts der Vielzahl der Akteure mit unterschiedlichen Weltanschauungen, Interessen und Machtpositionen. Nichtsdestotrotz gibt es für supranationale Formen der Regulierung keine Alternative, selbst wenn als

Regulierungsergebnisse nur sub-optimale internationale Regime ausgehandelt werden, die lediglich den kleinsten gemeinsamen Nenner der Verhandlungsparteien reflektieren.[173]

Im weiteren Verlauf dieses Unterkapitels werden die drei grundlegenden Politikbereiche einer nachhaltigen Rohstoffpolitik sowohl hinsichtlich bereits bestehender Politikkonzepte und Regulierungsformen diskutiert als auch in bezug auf notwendige Weiterentwicklungen, Neuregulierungen oder Maßnahmen zur Re-Regulierung thematisiert.

Im **ersten Politikbereich einer nachhaltigen Rohstoffpolitik** wird das Politikziel der **Realisierung eines Transformationspfades in der Ressourcennutzung** mit abnehmender Nutzung nicht-erneuerbarer Primärressourcen und zunehmender Inanspruchnahme von recycelten und erneuerbaren Ressourcen verfolgt. Eine solche Politikvorgabe ist als Bestandteil heutiger Regulierungsformen der Bergbau- und Aufbereitungsindustrien nicht explizit vorzufinden. Zwar wäre es möglich, die Sondersteuern auf den Bergbau, die zumeist mit der Intention der Rentenabschöpfung erhoben werden, als Instrument der Ressourcenschonung und der Drosselung der Primärressourcenproduktion zu interpretieren. Angesichts der nationalstaatlichen Fördermaßnahmen für den Bergbau, angefangen bei direkten Subventionen – z. B. für die deutsche Kohle[174] – bis hin zu indirekten Subventionsmaßnahmen wie z. B. die US-amerikanischen „depletion allowances" oder die Übernahme der Rekultivierungsmaßnahmen durch den Staat in Entwicklungsländern, lassen sich die Sondersteuern nicht glaubhaft im Sinne des Politikziels einer verringerten Primärressourcenproduktion verstehen. Im Gegenteil scheint eher das Ziel einer hohen nationalen Produktion ein wesentliches Motiv des staatlichen Eingriffs zu sein – entweder zur Maximierung der staatlichen Devisen- oder Bergbausteuereinnahmen in rohstoffreichen Entwicklungsländern oder aber zur (strategischen) Sicherung der wehr- oder industrietechnischen Rohstoffversorgung in Industrieländern.

Auch die Regulierungen, die als Folge von internationalen Rohstoffabkommen oder Kartellabsprachen zustande kamen, waren *nicht* von dem Ziel einer verminderten Primärressourcennutzung geleitet. So war z. B. das oben beschriebene Zinnabkommen durch das allgemeine Interesse an stabilen Rohstoffpreisen motiviert, während die OPEC-Absprachen neben politischen Zielen auf Monopolpreis- und Umsatzeffekte abzielten. Die Tatsache, daß in beiden Fällen Mengeneffekte in Form von Nachfragerückgängen und verminderter Primärressourcenproduktion einsetzten, war eher ein unerwünschtes Resultat, das sich durch das Wirken elastischer Marktkräfte einstellte.

Wesentlich für den Politikbereich der Transformation in der Ressourcennutzung im Sinne der Ausführungen in Kapitel 4.2.1.1 ist nicht das Vorhandensein irgendwelcher Politikinstrumente, die im Sinne einer nachhaltigen Ressourcenpolitik wirken, sondern wesentlich ist, daß Rahmenbedingungen einer intertemporalen Ressourcennutzung festgelegt und mit Hilfe geeigneter Instrumente umgesetzt werden. Zwei Arten von Rahmensetzungen sind für das Politikelement der Transformation in der Ressourcennutzung notwendig. *Einerseits* ist in internationalen Verhandlungen ein intertemporaler Plan für den aggregierten Nutzungsverlauf von nicht-erneuerbaren Ressourcen zu bestimmen, der den Rahmen für eine intergenerationelle Distribution von nicht-erneuerbaren Ressourcen festlegt. *Andererseits* ist ebenfalls ein internationales Regime für eine nachhaltige Nutzung von erneuerbaren Ressourcen notwendig, damit die Schonung der nicht-erneuerbaren Ressourcen nicht zu Substitutionsprozessen führt, die auf einer umweltzerstörerischen Nutzung der erneuerbaren Ressourcenbasis beruht. Da die Nut-

173 Vgl. Messner, D./Nuscheler 1996: S. 5-7; Messner, D. 1998: S. 22-40 und Tinbergen 1994: S. 286.

174 Der deutsche Steinkohlebergbau wird massiv subventioniert. In 1993 betrug die jährliche Summe der staatlichen Unterstützung 13 Mrd. DM. Vgl. Stratmann-Mertens 1994: S. 12-17.

zung nicht-erneuerbarer Ressourcen im Zentrum dieser Arbeit stehen, werden nachfolgend lediglich Regulierungsansätze für die intertemporale Nutzung von nicht-erneuerbaren Ressourcen diskutiert.[175]

Wie bereits in Kapitel 4.2.1.1 dargelegt wurde, gibt es keinen optimalen Verlauf in der aggregierten Nutzung nicht-erneuerbarer Ressourcen. Vielmehr ist es eine ethische Frage der intergenerationellen Gerechtigkeit, wie viele niedrigentropische Ressourcen den nachfolgenden Generationen vererbt werden sollen. Es wurde oben ausgeführt, daß ein stetiges Wachstum in der Ressourcennutzung Schocks in der zukünftigen Ressourcenverfügbarkeit verursachen kann, die den zukünftigen Generationen einen enormen Anpassungsdruck in der Ressourcennutzung aufbürden. Nachhaltigkeit bedeutet in diesem Kontext, derartige Schocks zu vermeiden, indem die Ressourcennutzung frühzeitig auf einem Niveau stabilisiert und danach vermindert wird. Die genauen Zeitpläne der Stabilisierung und Rückführung der aggregierten Ressourcennutzung sind international auszuhandeln. Dabei gilt: je früher derartige internationale Regime beschlossen und umgesetzt werden, um so weniger restriktiv werden sie sein.

Eine mögliche erste Vereinbarung könnte im Kontext einer *internationalen Konvention zu nicht-erneuerbaren Ressourcen* z. B. so gestaltet sein, daß der aggregierte Ressourcenverbrauch aller primären nicht-erneuerbaren Ressourcen, die bestimmte Kriterien der Knappheit erfüllen, in den Jahren bis 2000 nur noch um 1% p .a. zunehmen darf, danach zwei Jahre auf dem Niveau von 2000 gehalten wird, um schließlich in den darauffolgenden 50 Jahren halbiert zu werden. Die maßgeblichen Knappheitskriterien, die über die Einbeziehung der verschiedenen Ressourcen in ein entsprechendes Regulierungssystem entscheiden, könnten z. B. basieren auf der Unterschreitung bestimmter Mindestwerte des statischen Reserveindex (z. B. unterhalb von 50 Jahren), der durchschnittlichen Ressourcenkonzentration (z. B. unterhalb von 2%) sowie auf den Möglichkeiten einer qualitativ akzeptablen Substituierbarkeit von Ressourcen in wesentlichen Anwendungsbereichen durch andere, reichlich vorhandene Ressourcen. Auf diese Weise würde die Nutzung von nicht-erneuerbaren Rohstoffen, die deutliche Verknappungserscheinungen aufweisen, wie z. B. die Edel- und Platinmetalle, Kupfer und Erdöl, eingeschränkt werden, während noch reichlich vorhandene Ressourcen wie Sand, Kies, Kohle und Aluminium *vorerst* unreguliert blieben. Mit der zunehmenden Verknappung der nicht-erneuerbaren Ressourcenbasis würden sukzessive immer mehr Ressourcen unter das internationale Regime der Primärressourcennutzung fallen, so daß letztlich die aggregierte Nutzung aller Ressourcen Gegenstand der Regulierung würden. Vorteilhaft an dieser Vorgehensweise ist, daß ein Regime mit einer anfänglich noch begrenzten Regulierungsaufgabe erprobt und verbessert werden könnte, bevor eine umfassende Regulierung begonnen wird. Desweiteren läßt ein schrittweises Vorgehen Raum für Kompromisse in internationalen Verhandlungen und entspricht daher dem typischen Entwicklungsmuster von internationalen Regimen.

Nach einer Einigung auf einen international verbindlichen Plan zur Regulierung der intertemporalen Ressourcennutzung stellt sich die Frage nach den Instrumenten zur Umsetzung der Vereinbarung. Als erster Schritt wäre es notwendig, dem Ziel entgegenwirkende Maßnahmen, also alle direkten und indirekten Subventionen, die den Verbrauch von Primärressourcen begünstigen und beschleunigen, zu beseitigen. Erst dann können zielorientierte Lenkungsmaßnahmen effektiv wirken.

---

175 Hinsichtlich der Bemühungen, internationale Regime für eine nachhaltige und bodenschonende Bewirtschaftung von erneuerbaren Ressourcen durchzusetzen, sei u. a. auf die Diskussion um die Forderung nach einer internationalen Bodenschutzkonvention verwiesen. Vgl. dazu Simonis 1996: S. 61-75 und den Textvorschlag für eine Bodenkonvention von den Teilnehmern des Tutzinger Projektes „Ökologie der Zeit“, in: Politische Ökologie, 15. Jg., Sonderheft 10, S. 112-120.

Verschiedene Ökonomen, die entweder eine Reduzierung des Primärressourcenverbrauchs aus intergenerationellen Gerechtigkeitsmotiven oder aber die Internalisierung der externen Kosten des Bergbaus aufgrund von Allokationserwägungen für notwendig erachten, plädieren für die *Erhebung von Primärressourcensteuern.*[176] Zweifellos würde eine Ressourcensteuer – z. B. in Form einer produktionsbezogenen prozentualen Wertsteuer oder einer Verarbeitungssteuer auf „knappe" Primärressourcen[177] – ressourcenschonend wirken und sowohl die nachgefragte Ressourcenmenge als auch die profitabel herstellbare Angebotsmenge verringern. Der erhöhte Ressourcenpreis verbessert die Wettbewerbskonstellation der erneuerbaren und der noch reichlich vorhandenen nicht-erneuerbaren Substitutressourcen und regt gleichermaßen industrielle Forschungsanstrengungen für eine materialsparendere Ressourcenverwendung an. Sofern eine Ressourcensteuer andere Steuerformen ersetzen würde, könnte als angenehmer Nebeneffekt die allgemeine Allokationsverzerrung verringert werden, die sich aus dem allgemeinen staatlichen Besteuerungseingriff ergibt.

Problematisch ist beim Instrument einer Steuer das oben schon erwähnte Problem der unsicheren Zielerreichung. Angesichts der ungewissen und konjunkturabhängigen Reaktion der Marktakteure würden die realisierten Ressourcenverbrauchsmengen stets variieren, so daß immer wieder Steuersatzanpassungen notwendig wären, um die intertemporalen Mengenziele in der Nutzung „knapper" Ressourcen zu realisieren. Angesichts der grundsätzlichen Probleme in der Aushandlung und Neuverhandlung globaler Regulierungen wäre daher eine Steuer nur sinnvoll, wenn keine konkreten Mengenvorgaben existierten, sondern lediglich ein allgemeines Ressourcenschonungsziel vereinbart werden würde.

Zur Umsetzung eines intertemporalen Ressourcennutzungsplans mit vorgegebenen Stabilisierungs- und Reduzierungszielen böte sich hingegen als Instrument ein Lizenzsystem an, wie es in den Kapiteln 3.3.3.4 und 4.2.2 diskutiert worden ist. Es könnten in diesem Sinne handelbare Lizenzen für die Nutzung bzw. Verarbeitung von als „knapp" definierten nicht-erneuerbaren Primärressourcen mit einer zeitlich begrenzten Laufzeit ausgegeben oder auktioniert werden, die in ihrer Gesamtmenge der Ressourcennutzungsmenge des angestrebten Nutzungsplans entsprechen. Verarbeiter von „knappen" Primärressourcen müßten – ganz unabhängig davon, welche „knappen" Ressourcen sie verarbeiten – als Voraussetzung für den Ressourcenkauf entsprechende Lizenzen vorweisen.

Mit einem derartigen Lizenzsystem würde die globale Nutzung der aggregierten „knappen" Primärressourcen reguliert werden, um eine intergenerationell akzeptable Ressourcenverfügbarkeit zu sichern. Angestrebt würde die Nichtüberschreitung einer vorgegebenen jährlichen Gesamtmenge in der Nutzung von „knappen" nicht-erneuerbaren Primärressourcen – unabhängig von der Umweltschädlichkeit ihrer Gewinnung oder Verwendung. Wenngleich eine verringerte Ressourcennutzungsmenge indirekt zu verminderten Umweltschädigungen führt, wären Umwelteffekte durch *zusätzliche* Maßnahmen, die unten diskutiert werden, zu regulieren. Ein solches System mit aggregierten Primärressourcen-Lizenzen weist ein hohes Maß an Flexibilität auf. Im Gegensatz zu ressourcenspezifischen Lizenzsystemen könnten sich Wachstumsprozesse bei einzelnen Materialien vollziehen, da dafür notwendigerweise andere Ressourcen weniger verwendet werden müßten. Zur Gewährleistung der Nichterschöpfung einzelner Ressourcen könnte die Existenz unantastbarer Mindestreserven gefordert werden.

---

176 Vgl. z. B. Page 1977: S. 74-80; Mikesell 1991: S. 58; Bishop 1993: S. 72-73 und Von Weizsäcker 1992: S. 164-165.

177 Die Schreibweise „knappe" Ressourcen soll nachfolgend diejenigen Ressourcen umschreiben, die in den internationalen Verhandlungen als knapp definiert werden und somit dem internationalen Regime einer Primärressourcennutzung unterliegen.

Da Lizenzen nur für den Kauf von „knappen“ *Primär*ressourcen erforderlich sind, würde ein solches System Recyclingprozesse begünstigen. Es würde auch im Energiebereich einen Anreiz bieten, Energieressourcen vor ihrer energetischen Nutzung materiell zu verwenden, da für Sekundärressourcen mit hohen Energeeinhalten keine Lizenz erforderlich ist. Damit wäre ein Makrorahmen geschaffen, der anfänglich eine Stabilisierung in der Nutzung der knappsten Primärressourcen realisiert und sukzessive, mit der Einbeziehung weiterer verknappender Ressourcen, eine globale physisch nicht-wachsende Kreislaufwirtschaft anstrebt.

Nichtsdestotrotz ergeben sich diverse Problembereiche, die zu klären wären. So wäre z. B. für einzelne Ressourcen oder Ressourcenkategorien zu regeln, wer die Lizenzen erwerben muß. Bei den Metallen sollten es z. B. nicht die metallverarbeitenden Industrien sein, die raffinierte Metalle kaufen, da nicht selten bei der Raffination von Metallen Sekundärmetalle eingesetzt werden. So wäre es bei den meisten Nichteisenmetallen am sinnvollsten, den Kauf von Konzentraten mit einem Metallinhalt von 20-40% lizenzpflichtig zu machen, da in den anschließenden industriellen Prozessen Sekundärmaterial eingesetzt werden kann.

Ein weiteres Problem ist die Frage der Überwachung der Lizenzbestimmungen bzw. der Verhinderung von Schwarzmarktgeschäften. Sinnvoll wäre diesbezüglich z. B. eine unternehmerische Offenlegungspflicht hinsichtlich der Ressourcennutzung – sozusagen als physisches Gegenstück zur monetären Bilanzierung. Zweifellos würden solche Anforderungen entsprechende bürokratische Prozesse nach sich ziehen – es sei jedoch zu berücksichtigen, daß eine Bilanzierung unternehmerischer Stoffströme nicht nur bürokratischer Selbstzweck bleiben müßte, sondern im Rahmen eines unternehmerischen Umweltmanagements zu einem effizienteren Ressourcenumgang beitragen kann.

Schließlich bleiben noch Fragen hinsichtlich der Modi der Lizenzzuteilung zu klären. Diesbezüglich sind vielfältige Regulierungsformen vorstellbar, die teilweise auch die Berücksichtigung intragenerationeller Problemlagen ermöglichen. In bezug auf die Zuteilung der Lizenzen wäre es beispielsweise denkbar, daß 50% der Lizenzen basierend auf der Verteilung der globalen „knappen“ Rohstoffvorkommen auf der Erde an die einzelnen nationalen Regierungen verteilt würden, die die Ressourcenlizenzen an regionalen Börsenplätzen auktionieren und die Erlöse als staatliche Einnahmen verbuchen könnten. Auf diese Weise würden den rohstoffreichen Ländern angesichts der intendierten Verminderung in der Ressourcennutzung zusätzliche Einnahmen zufließen, die als Kompensation für rückläufige Steuer- und Deviseneinnahmen betrachtet werden könnten. Ein Anteil der Lizenzeinnahmen könnte weiterhin in nationale Diversifizierungsfonds eingehen.

Besonders in rohstoffreichen Industrieländern, wo durch die Stabilisierung des Verbrauchs „knapper“ Ressourcen keine übermäßigen Belastungen hinsichtlich der Staatseinnahmen auftreten, sollten die zusätzlichen Staatseinnahmen aus dem Verkauf der Primärressourcenlizenzen zur Reduzierung der allgemeinen Steuerbelastung genutzt werden. So könnten ausgehend von der globalen Stabilisierung der Ressourcennutzung eine supranationale Reform nationaler Steuersysteme eingeleitet und allokative Verzerrungen verringert werden.

Auf allen Börsenplätzen müßten nationale und internationale Akteure zugelassen sein, die dort Lizenzen kaufen und verkaufen können. Zur Sicherung der ökonomischen Entwicklungsoptionen in den Entwicklungsländern könnten an den regionalen Börsen verbesserte Auktionsbedingungen für nationale Unternehmen gelten. Da der Großteil der Endressourcenverwendung in industrialisierten Ländern stattfindet, würde die Hauptlast der Stabilisierung in der Ressourcennutzung von den Industrieländern getragen werden, während gleichzeitig ein finanzieller Transfermechanismus von Nord nach Süd institutionalisiert worden wäre.

Die restlichen 50% der Lizenzen könnten schließlich über internationale Börsenplätze auktioniert werden, die von UN-Unterorganisationen geleitet würden. Das Aufkommen aus dem

Lizenzverkauf könnte in zwei UN-Fonds zur Sicherung der intra- und intergenerationellen Gerechtigkeit fließen. Der „intragenerationelle Fonds“ sollte Mittel zur Verfügung stellen, um z. B. die ökonomische Belastung der rohstoffarmen Entwicklungsländer durch Verteuerung der „knappen“ Primärressourcen abzufedern. Aus dem „intergenerationellen Fonds“ wären Maßnahmen zum Umweltschutz zu finanzieren.

Wie auch immer das Ergebnis internationaler Verhandlungen aussehen mag, letztlich ist es wichtig, daß überhaupt Maßnahmen zu einer Stabilisierung und Reduzierung in der Ressourcennutzung eingeleitet werden. Kritiker mögen einwenden, daß zusätzliche Regulierungen angesichts der oben aufgezeigten Tendenz zur (relativen) Dematerialisierung unnötig seien. Dem ist entgegenzuhalten, daß dieser Trend trotz allem ein absolutes Wachstum in der Ressourcennutzung mit sich brachte und außerdem ein vorübergehendes Phänomen sein kann, das im Verlauf der weiteren Transmaterialisierung durch neue ressourcenintensive Phasen abgelöst wird. Ein internationaler Rahmen für eine Regulierung des mengenmäßigen Verbrauchs von Primärressourcen würde hingegen eindeutige Signale für eine globale ressourcenschonende Technologieentwicklung der Zukunft geben. Die derzeitige Phase der Dematerialisierung wäre ein guter Zeitpunkt, solche internationalen Regulierungsanstrengungen zu beginnen, denn eine Stabilisierung im Ressourcenverbrauch ist leichter zu realisieren, wenn der jährliche Verbrauchszuwachs eher gering ist.

In bezug auf den **zweiten Politikbereich einer nachhaltigen Rohstoffpolitik** mit dem Politikziel der Festlegung und Einhaltung von Emissionsobergrenzen für Prozesse der Ressourcengewinnung und -aufarbeitung haben sich bereits vielfältige Regulierungsformen etabliert. Besonders aufgrund der strikten Umweltpolitik in den ***Industrieländern*** seit den 1970er Jahren sind die Prozesse des Bergbaus, der Rohstoffaufarbeitung und der Raffination in jenen Ländern deutlich modernisiert worden – mit dem Resultat, daß die Dispersionsintensität der involvierten Ressourcen signifikant gesunken ist. Weitere Verschärfungen in der Festlegung von Emissionsgrenzen sind noch zu erwarten, da u. a. die Umweltprobleme durch verseuchte Altlastflächen, Sauren Regen und toxische Gefahrstoffe noch nicht zufriedenstellend gelöst sind. Derartige Verschärfungen der emissionsbezogenen Umweltgesetzgebung in Industrieländern ist u. a. aufgrund der umweltpolitischen Vorreiterfunktion zu begrüßen, da sie ähnlich wie schon in den 1970er/80er Jahren dazu beitragen können, noch ökonomisch und ökologisch effizientiere Produktionsprozesse und Managementmethoden im Bergbau hervorzubringen und international zu verbreiten.

In ***Entwicklungsländern*** sind entsprechende Emissionsregulierungen noch nicht so weit fortgeschritten. Wie dargelegt in Kapitel 5.1.4 werden in rohstoffreichen Entwicklungsländern nicht selten beträchtliche Emissionsmengen im Verlauf von Ressourcenabbau und -aufarbeitung in die Umweltmedien eingebracht. Nicht zuletzt die unübersehbaren Umweltfolgen haben dazu geführt, daß Ansätze der umweltpolitischen Regulierung zur Einforderung von Emissionsbegrenzungen entstanden sind. Diese ersten Formen zur Emissionskontrolle wurden teils mit eigenen nationalen Anstrengungen, teils unter Zurateziehung von Experten aus rohstoffreichen Industrieländern und teils mit Unterstützung der Weltbank umgesetzt. Grundsätzlich ist zu konstatieren, daß sich die emissionsbezogene Umweltpolitik in Entwicklungsländern und auch in manchen osteuropäischen Staaten hinsichtlich des Umfangs und der Kohärenz des Umweltrechts, aber auch in bezug auf die Einforderung und Überwachung der Grenzwerte noch im Anfangsstadium befindet.

Es sind daher noch weitere nationale Schritte und auch internationale Unterstützungsmaßnahmen vonnöten, um wirksame Emissionskontrollen und eine effektive Umweltpolitik in

Entwicklungsländern durchzusetzen. Zusätzlich zu den bisher schon bestehenden Aktivitäten – z. B. den nationalen Umweltaktionsplänen – wäre es als weiterer Schritt zur Etablierung nationaler Umweltpolitiken bzw. zur Vermeidung weitreichender Umweltzerstörungen durch Rohstoffgewinnung hilfreich, wenn internationale Mindeststandards sowohl für bestehende Altanlagen in Bergbau, Aufbereitung und Raffination als auch für neu zu errichtende Bergwerke formuliert und umgesetzt werden könnten, um zumindestens die dringendsten Probleme hinsichtlich der Erzabfälle, der Minenabwässer, der Minenstäube und der Schmelzemissionen anzugehen. Wesentliche Mindeststandards wären z. B. ein Verbot von Erzabfalldumping in Flüsse oder Ozeane; Vorschriften zur Sicherung von Erzabfalldeponien und -teichen; Emissionsgrenzwerte für Minenabwässer – besonders für die giftigsten Gefahrstoffe wie Zyanid, Blei, Kadmium und Schwefelsäure; Mindestanforderungen für die Staubvermeidung; sowie Emissionsgrenzwerte für SO_2, Arsen und Schwermetallstäube aus den Schmelzprozessen. Angesichts der Kapitalintensität bei entsprechenden Nachbesserungen von bestehenden Bergwerken wäre es sinnvoll, differenzierte Grenzwerte für Altanlagen einzuführen sowie einen Zeitrahmen festzulegen, in dem die Modernisierungen zu vollziehen sind. Für neue Bergbauprojekte könnten strengere Mindeststandards gelten; außerdem wäre eine frühzeitige Einbeziehung von Umweltaspekten einzufordern – angefangen bei Umweltverträglichkeitsprüfungen vor der Errichtung des Bergbaugeländes bis hin zu kontinuierlichen Umweltüberwachungsmaßnahmen seitens der Bergbaubetreiber. Es gibt verschiedene Möglichkeiten, um derartige Mindeststandards umzusetzen bzw. ihre Verbreitung zu fördern:

- Die weitgehendste Regulierungsform wäre die Aushandlung der oben schon erwähnten *internationalen Konvention zu nicht-erneuerbaren Ressourcen*, wobei Bergbaukonzernen und Nichtregierungsorganisationen (NGOs) Mitspracherecht eingeräumt werden könnte. Im Rahmen einer solchen Konvention könnten neben der Festlegung eines intertemporalen Ressourcennutzungsplans international verbindliche Umweltmindeststandards für den Bergbau festgelegt sowie Maßnahmen und Finanzierungsmodalitäten für deren Umsetzung beschlossen werden.
- Weiterhin sollte versucht werden, die Kompetenzen einer UNO-Organisation für den internationalen Bergbau zu erhöhen oder eine spezielle UN-Bergbau-Organisation neu zu gründen. Sinnvoll wäre vielleicht auch die Einbeziehung der UNCTAD und eine umweltpolitische Reform des integrierten Rohstoffabkommens und seiner beiden Finanzierungsschalter.[178] Eine spezielle UN-Organisation könnte – ähnlich wie es die Internationale Atomenergie Organisation (IAEA) mit dem Ziel der friedlichen Nutzung der Atomenergie praktiziert – in Zusammenarbeit mit UNEP und WHO allgemeine Mindeststandards für Umweltschutz in der Bergbauindustrie erarbeiten, Unterstützung bei der Erarbeitung länderspezifischer Rechtsvorschriften leisten sowie den Austausch von Informationen und Technologien fördern.[179] Eine solche Organisation könnte auch den oben erwähnten Handel mit Ressourcenlizenzen organisieren und überwachen.

---

178 Vgl. zur UNCTAD und dem Integrierten Rohstoffprogramm: Michaelowa/Naini 1994: S. 9-12.

179 Die UNEP, also das Umweltprogramm der UN, wäre für eine solche Aufgabe in ihrer derzeitigen Organisationsform nicht geeignet, da sie lediglich koordinierende Aufgaben wahrnimmt und keine Befugnis hat, Mindeststandards zu erarbeiten. Angemessener wäre eine Organisation mit den Befugnissen, wie sie die IAEA innehat. Eine Kooperation mit der UNEP und der UN-Gesundheitsorganisation (WHO) wäre hilfreich aufgrund der allgemeinen Kompetenz hinsichtlich der verschiedenen Schadstoffe und der spezifischen WHO-Erfahrung in der Formulierung von Grenzwert-Richtlinien für Luftqualität, Arbeitsplatzkonzentrationen etc.. Vgl. zu den Aufgaben und Tätigkeiten von UNEP, WHO und IAEA: Wolfrum/Philipp (Hg.) 1991: S. 282-289, S. 908-915 und S. 1104-1107.

- Denkbar wären auch Anstrengungen auf seiten der nationalen und multinationalen Bergbaukonzerne, sich im Rahmen einer gemeinsamen Institution freiwillig zu bestimmten Mindeststandards zu verpflichten und durch Selbstregulierung deren Einhaltung sichern. Erste vage Ansätze in dieser Richtung bestehen bereits. In 1991 wurde das „International Council on Metals and the Environment" (ICME) von verschiedenen größeren Bergbaukonzernen gegründet. Es wurde ein Code-of-Conduct zu Fragen des Umweltmanagements im Bergbau verabschiedet und ein Informationsaustausch zwischen den Mitgliedern vereinbart.[180] In einem etwas größerem Rahmen von internationalen Bergbaukonzernen, Entwicklungshilfeorganisationen und Regierungsvertretern aus Bergbauländern wurde in 1992 auf einer internationalen Konferenz in Berlin ein „Umweltleitfaden für den Bergbau" entworfen, der ebenfalls als Grundlage für freiwillige Selbstverpflichtungen dienen könnte.[181]
- Umweltpolitische Mindeststandards für den Bergbau und andere Industrien könnten weiterhin Bestandteil des Multilateralen Investitionsabkommens (MAI) werden, das derzeit innerhalb der OECD vorbereitet wird und einen globalen Regulierungsrahmen für ausländische Direktinvestitionen schaffen soll.[182]
- Schließlich könnten Umweltstandards für den Bergbau auch in den Verbraucherländern als Grundlage für die Auszeichnung von Produkten mit Umweltzeichen verwendet werden. Angesichts der zunehmenden Nachfrage nach umweltfreundlichen Produkten in OECD-Ländern könnte eine steigende Nachfrage nach entsprechend ausgezeichneten Produkten die Bergbaukonzerne zur Einhaltung der Standards bewegen.[183]

Trotz der Bedeutung der verschiedenen nicht-staatlichen supranationalen Akteure für die Verbreitung von Umweltstandards im Bergbau sind es letztlich die nationalen Regierungen der rohstoffreichen Entwicklungsländer, die darüber entscheiden, ob entsprechende **nationale Umweltgesetze erlassen** und eingefordert werden oder nicht. Manche Regierungen, deren Staats- und Deviseneinnahmen sehr stark vom Bergbausektor abhängen, sind an der Durchsetzung von Umweltauflagen nicht interessiert, da sie z. B. befürchten, die Wettbewerbsfähigkeit des nationalen Bergbaus zu gefährden.[184] In solchen Fällen wäre es wichtig, wenn ausländische Berater, z. B. aus der multi- oder bilateralen Entwicklungszusammenarbeit, konkrete Fallstudien präsentieren könnten, die zeigen, wie die ökologische Modernisierung von Bergbauanlagen in Industrieländern deren Wettbewerbsfähigkeit steigerte und wie wettbewerbsfähig kürzlich in Betrieb genommene Bergwerke sind, die strenge Umweltauflagen einhalten. Informationen über technologische und organisatorische Optionen und Kosten der Umsetzung von Umweltauflagen sowie ökonomische Daten zu den volkswirtschaftlichen Kosten der Umweltzerstörung durch den Bergbausektor könnten die Entscheidung von Regierungen zugunsten der Einführung von Mindestumweltstandards maßgeblich begünstigen.

Als wenig hilfreich sind hingegen auf Konfrontation ausgerichtete Maßnahmen zu bewerten, die mit Hilfe von politischem und wirtschaftlichem Druck nationale Umweltschutzmaß-

---

180 Vgl. Bomsel et al. 1996: S. 80-81.

181 Dieser Leitfaden war allerdings weniger als Selbstverpflichtung gemeint, sondern eher als grüner Leitfaden für die Bergbauindustrie in Entwicklungsländern. Als Mindeststandards werden genannt: Einführung von Umweltmanagement, Umweltweiterbildung der Beschäftigten, Partizipation der Bevölkerung vor Ort, Wahl der besten Technologien mit geringster Umweltwirkung etc.. Vgl. zu dem Kontext und dem Inhalt dieses Bergbauleitfadens: Wälde 1992: S. 4-8.

182 Vgl. zum Stand der Diskussion um das MAI: die Tageszeitung vom 31.1.98, S. 9 sowie die ZEIT vom 19.2.98, S. 21-22.

183 Vgl. zum Thema Umweltzeichen z. B. Salzman 1994: S. 42-47.

184 Vgl. Warhurst 1994: S. 50.

nahmen in Entwicklungsländern durchzusetzen versuchen. Derartige Maßnahmen, wie z. B. Handelsboykott von erschöpfbaren Ressourcen, die unter sehr umweltschädlichen Bedingungen gefördert wurden, würden eher dazu beitragen, den Slogan des „grünen Kolonialismus" zu beflügeln und den Nord-Süd-Konflikt zu verschärfen als das gesteckte Umweltschutzziel zu erreichen. Ganz abgesehen davon sind im Rahmen des internationalen GATT/WTO-Handelsregimes Handelsbeschränkungen dieser Art, die die Rechtshoheit anderer Länder betreffen, unvereinbar mit Artikel XI des GATT, der die Beseitigung von mengenmäßigen Handelsbeschränkungen vorsieht.[185] Grundsätzlich sollten konfrontative Maßnahmen vermieden oder lediglich als letztes Mittel in einem multilateralen Kontext eingesetzt werden.

Auch ohne politischen Druck von außen bestehen selbst in Entwicklungsländern, die sich aus freien Stücken dazu entschlossen haben, angemessene Umweltstandards und Emissionsgrenzwerte für den Bergbausektor einzuführen, häufig genug Probleme bei der **Durchsetzung** von Umweltauflagen. Während die Umsetzung von Umweltvorschriften für neue Bergwerke recht unproblematisch erscheint, da die Planungen für die Anlagen und Abfalldeponien frühzeitig eingefordert werden können, so zeigt das Beispiel der Ok-Tedi-Mine aus dem vorigen Kapitel, daß Planungen durchaus hinfällig werden können und komplizierte Entscheidungssituationen hervorrufen mögen. Noch wesentlich schwieriger ist jedoch die Durchsetzung von Umweltauflagen für schon bestehende, veraltete Anlagen, deren Modernisierung sehr kapitalintensiv ist. In solchen Fällen sollten spezifische Maßnahmen zur Einhaltung der Mindeststandards zwischen Regierung und Bergbaukonzern verhandelt werden, und zwar als Ergänzung zum ursprünglichen Bergbauabkommen. Da in Entwicklungsländern häufig das notwendige Know-how in den Regierungsstellen fehlt, um die ökonomische und technologische Sachlage kompetent zu beurteilen, wäre es sinnvoll, wenn die Regierungen bei Bedarf auf beratende Unterstützung durch externe Bergbauexperten – z. B. aus der UN oder aus einem anderen Bergbauland im Rahmen der Entwicklungszusammenarbeit – zurückgreifen könnten. Solche Unterstützungsleistungen könnten auch in der oben vorgeschlagenen *Konvention zu nicht-erneuerbaren Ressourcen* vorgesehen sein oder zu den Aufgaben einer UN-Bergbau-Organisation gehören. Für die Durchführung der ausgehandelten Modernisierungsmaßnahmen könnten günstige Kredite oder Finanzierungszuschüsse für nicht-liquide einheimische Bergbauunternehmen gewährt werden.

Ein weiterer, grundsätzlich wichtiger Aspekt ist die **Überwachung** von Umweltauflagen durch staatliche Behörden. Zur Einhaltung von Umweltstandards durch die Bergbaukonzerne sind nicht nur Technologieanschaffungen oder die Einrichtung von Deponien notwendig, sondern auch angemessene Wartungsarbeiten sowie ein gutes Management der Ablauforganisation. Die Emissionen können daher bei gleichbleibender Technologie durchaus beachtlich schwanken. Eine staatliche Umweltbehörde, die die Einhaltung der Umweltauflagen überwacht, sollte daher einen ausreichenden Personalstab mit einer angemessenen Ausbildung besitzen, der die Umweltsituation eines Bergbaugeländes einzuschätzen vermag. Außerdem ist die Einrichtung von Überwachungsstationen – z. B. an anliegenden Flüssen – notwendig, um die Einhaltung von Grenzwerten überprüfen und Verstöße nachweisen und ahnden zu können. Zur diesbezüglichen Verbesserung der Ausstattung der Umweltbehörden in Entwicklungsländern könnten entweder im Rahmen der *Konvention zu nicht-erneuerbaren Ressourcen*, einer UN-Bergbau-Organisation oder im Kontext der Entwicklungszusammenarbeit bergbaubezogene Weiterbildungsmaßnahmen für staatliches Umweltpersonal durchgeführt werden. Technische Ausrüstungen zum Zwecke des Monitorings der Luft- und Wasserbelastung mit Emissionen sowie die Vermittlung des Know-hows zur Bedienung der Anlagen könnten im Rahmen

---

185 Vgl. Helm 1995: S. 78-86.

der technischen Entwicklungszusammenarbeit z. B. von der Weltbank oder von diversen Geberländern geliefert bzw. finanziert werden. Für einen Übergangszeitraum wäre weiterhin zu erwägen, gelegentliche *externe* Überwachungsinspektionen, z. B. durch Teams der UN-Bergbau-Organisation, durchzuführen.

Problematisch ist die Situation mit Bezug auf **staatliche Bergbauunternehmen**, da in diesem Fall das Betreiben der Bergwerke und ihre umweltpolitische Regulierung in einer Hand liegt, wobei die Belange des Umweltschutzes zumeist eine geringere Priorität besitzen. In den betroffenen Ländern wäre die Bereitschaft zur Unterzeichnung eines internationalen Abkommens daher wahrscheinlich eher gering. Für derartige Fälle könnte im Rahmen der Aktivitäten einer UN-Berbau-Organisation ein Informationsaustausch zwischen staatlichen Bergbauunternehmen in Entwicklungsländern und multinationalen Bergbaukonzernen mit hohen Umweltstandards eingeleitet werden, um den staatlichen Managern die profitablen Optionen von Bergbauprojekten unter strikten Umweltauflagen vor Augen zu führen. Zudem könnte die Errichtung von Trainingszentren für Bergbaumanager gefördert werden, um sowohl die ökonomische als auch die ökologische Effizienz des Bergbaus zu erhöhen. Da die Ertrags- und Finanzlage in staatlichen Bergbauunternehmen häufig nicht zuletzt aufgrund übermäßiger fiskalischer Belastung nicht sehr gut ist, könnte den verantwortlichen Regierungsstellen von Seiten der UN oder der Weltbank konkret anhand von Beispielländern und Modellrechnungen verdeutlicht werden, daß eine geschickte Rentenabschöpfung eines effizienten Bergbauprojektes im Rahmen einer Joint-Venture-Unternehmung höhere Staatseinnahmen und weniger Umweltbelastung mit sich bringen kann als die ineffiziente Betreibung eines Bergwerkes durch den Staat.[186]

Grundsätzlich ist zu konstatieren, daß ökonomische Liberalisierungen im Bergbausektor, die Erleichterung von ausländischen Direktinvestitionen sowie vollständige oder teilweise Privatisierungen von staatlichen Unternehmen mit bedeutsamen positiven Umwelteffekten einhergehen können, wenn die privaten Bergbauunternehmen durch den Einsatz moderner Technologie und Management-Know-how eine Steigerung der ökonomischen und der ökologischen Effizienz bewirken.[187] Daher sind Anstrengungen zur Privatisierung und zur ökonomischen Öffnung gegenüber dynamischen ausländischen Investoren auch aus umweltpolitischer Gründen zu unterstützen. Außerdem kann der Staat bei steigender Bedeutung von privaten Akteuren im Bergbau im Bereich der umweltpolitischen Regulierung eine weniger voreingenommene Position einnehmen.

Schließlich seien noch einige Worte zu möglichen **Finanzierungsmechanismen** und -modalitäten angemerkt. Angesichts der Umweltbelastung durch bestehende Bergwerke in Entwicklungsländern sollte der Finanzierung von Modernisierungsmaßnahmen sowie von umweltpolitischer Institutionenbildung äußerster Vorrang eingeräumt werden. Mittel zur Finanzierung in diesem wichtigen umweltpolitischen Bereich könnten z. B. aus dem oben vorgeschlagenen „intergenerationellen Fonds" beigesteuert werden, der aus den Erlösen des Verkaufs der Ressourcenlizenzen gespeist wird. Der sogenannte zweite Schalter des Fonds des Integrierten Rohstoffprogramms im Rahmen der UNCTAD, der 1989 in Kraft trat und etwa US$ 470 Millionen umfassen soll, kann schon heute für Maßnahmen des Umweltschutzes oder

186 In Afrika erzielen z. B. die Länder Namibia, Botswana und Guinea vergleichsweise hohe Steuereinnahmen aus dem Bergbau, da dort überwiegend effiziente private Bergbauunternehmen und angemessene Bergbaucodes anzutreffen sind. Vgl. Weltbank 1992b: S. 3-9.

187 Vgl. Warhurst/Bridge 1997: S. 8-11. Positive Erfahrungen mit umweltentlastenden Technologie- und Management-Know-how-Transfers sind z. B. in Chile gemacht worden. Dort wurden nach 1982 ausländische Direktinvestitionen im Bergbausektor, die zuvor verboten waren, explizit begünstigt, wodurch die Diffusion moderner Technologien beschleunigt wurde. Vgl. Lagos 1997: S. 61/64.

zur Effizienzerhöhung im Bergbausektor in Anspruch genommen werden.[188] Weiterhin sind auch Finanzierungsmechanismen im Rahmen einer internationalen *Konvention zu nicht-erneuerbaren Ressourcen* vorstellbar oder aber Mittel aus der multi- oder bilateralen Entwicklungszusammenarbeit. Für Modernisierungsmaßnahmen wären Kredite mit günstigen Konditionen angemessen, um das Verursacherprinzip nicht vollkommen ad absurdum zu führen[189], während Maßnahmen zur umweltpolitischen Institutionenbildung als unentgeltliche Leistungen durchgeführt werden könnten.

Im Gegensatz dazu sollten für die umweltgerechte Erschließung neuer Bergbaugelände durch Bergbaukonzerne keine besonderen Finanzleistungen genehmigt werden. Da die Formulierung bzw. die internationale Vereinbarung von Umwelt-Mindeststandards für den Bergbau darauf abzielen würde, einen internationalen Code-of-Conduct durchzusetzen, der das Umweltverhalten der Bergbauindustrie der Zukunft mitbestimmen wird, wäre es eher angemessen, die Einhaltung der Mindeststandards als Bedingung für jedwede Art der Bergbaufinanzierung zu verlangen – besonders dann, wenn ein international verbindliches Abkommen verabschiedet wurde. Die „grüne Konditionalisierung" einiger internationaler Finanzorganisationen – wie z. B. die des IFC – ist diesbezüglich vorbildlich und könnte, sofern andere Kreditinstitute nachziehen, eine wichtige Funktion bei der Durchsetzung umweltpolitischer Mindeststandards in Entwicklungsländern übernehmen.[190]

Im Rahmen der Entwicklung einer ***globalen Umweltpolitik*** wurden im Verlauf der vergangenen Jahre auch auf globaler Ebene Emissionsobergrenzen und Reduzierungsziele in diversen internationalen Abkommen festgeschrieben. Diesbezüglich ist z. B. das *Montrealer Protokoll* von 1990 zu erwähnen, das einen verbindlichen Zeitplan für ein Produktionsverbot ozonschichtzerstörender Substanzen festschrieb. Weiterhin ist das internationale *Regime zum Sauren Regen* anzuführen, das 1979 mit der Unterzeichnung der *Konvention zur grenzüberschreitenden Luftverschmutzung* in Genf durch 35 Unterzeichnerstaaten aus den Industrieländern in Kraft trat. In Zusatzprotokollen einigten sich 21 Staaten in 1985 auf eine 30%ige Reduzierung der SO_2-Emissionen unter das Emissionsniveau von 1980 (*Helsinki Protokoll*), und 1988 wurde das *Sofia-Protokoll* beschlossen, das ein Einfrieren der NO_x-Emissionen auf dem Niveau von 1987 vorsah.[191] Ein *Regime zum Schutz der Weltmeere vor Abfallverklappung* trat 1975 mit der Unterzeichnung des *Übereinkommens zur Verhütung der Meeresverschmutzung durch das Einbringen von Abfällen und anderen Stoffen* in Kraft, und seit 1996 gilt ein weltweites Verklappungsverbot für jede Art von Industriemüll.[192] Weiterhin ist das internationale *Regime zum Schutz des Weltklimas* anzuführen, das 1992 auf der UNCED-Konferenz verabschiedet wurde. Die Klimakonvention wurde im Dezember 1997 durch das Zusatzprotokoll von Kyoto ergänzt, das eine verbindliche Reduzierung von CO_2 und anderer Treibhausgase in den Indu-

---

188 Vgl. Michaelowa/Naini 1994: S. 9-10 und S. 20-21.

189 Subventionen zur Anschaffung von Umwelttechnologie widersprechen dem Grundgedanken des Verursacherprinzips, da sie das Unterlassen von Umweltinvestitionen durch Verursacher noch belohnen. Im Rahmen der OECD, wo das Verursacherprinzip anerkannt wird, sind Subventionen nur dann erlaubt, wenn es sich um extensive umweltpolitische Umsetzungen handelt oder wenn der Umsetzungsprozeß deutlich beschleunigt werden kann. Vgl. Kox 1994: S. 20-21.

190 Erste Anzeichen einer „grünen Konditionalisierung" können bereits im regulären Bankensektor festgestellt werden. So unterzeichneten z. B. brasilianische Banken in 1995 ein sogenanntes „grünes Protokoll", in dem sie sich zu den Prinzipien einer nachhaltigen Entwicklung bekannten und kundtaten, daß sie fortan an Unternehmen, die brasilianisches Umweltrecht verletzt haben, keine Kredite mehr vergeben werden. Vgl. Warhurst/Bridge 1997: S. 10.

191 Vgl. Porter/Brown 1991: S. 71-78 und Krol/Steil 1997: S. 127-128.

192 Vgl. Simonis 1996: S. 79-80.

strieländern um durchschnittlich 5,2% unter das Niveau von 1990/95 vorsieht.[193] Schließlich ist noch die *Baseler Konvention* zu erwähnen, die 1992 in Kraft trat und als erster Schritt in Richtung auf eine weltweite Abfallwirtschaftskonvention betrachtet werden kann. Sie enthält Grundsätze einer umweltverträglichen Abfallentsorgung und detaillierte Regelungen zum grenzüberschreitenden Transport von Abfällen. Neben Verfahren hinsichtlich des Informationsaustausches und der Zustimmung des Empfängerlandes zu Ex- und Importen von gefährlichen Abfällen gilt seit Januar 1998 ein Verbot der Verbringung von gefährlichen Abfällen aus OECD- in Nicht-OECD-Länder.[194]

In 1990 wurde als Finanzierungsmechanismus für Beiträge von Entwicklungsländern zur Lösung globaler Probleme die sogenannte Global Environment Facility (GEF) gegründet, die aus freiwilligen Zahlungen der Industrieländer gespeist und von Weltbank, UNEP und UNDP gemeinsam verwaltet wird. Bereits 1991 enthielt der Fonds US$ 1,3 Milliarden, eine Summe, die nach der UNCED-Konferenz auf zwei Milliarden US-$ (1995) aufgestockt wurde. Aus den GEF-Mitteln werden Projekte in Entwicklungsländern finanziert, die einen positiven Beitrag zum Schutz des Klimas, der Ozonschicht, der Weltmeere und der Artenvielfalt leisten.[195]

Wenngleich nicht alle internationalen Regime Emissionsobergrenzen festgesetzt haben, die den Senkenkapazitäten der natürlichen Systeme entsprechen, so wurden mit den internationalen Abkommen wichtige und ausbaufähige Fundamente zur Bekämpfung globaler Umweltprobleme geschaffen. Diese internationalen Regime sind als Bestandteil einer nachhaltigen Rohstoffpolitik zu betrachten, da der Bergbausektor durch seinen hohen Energieverbrauch, seine SO_2-Emissionen und durch das Dumping von Erzabfällen in Weltmeere wesentliche Beiträge zu globalen Umweltkrisen leistet und damit zu einer wesentlichen Emissionsquelle gehört, die im Rahmen internationaler Abkommen bereits reguliert wird. Folglich können für umweltbezogene Modernisierungsmaßnahmen von Bergbauprojekten in Entwicklungsländern auch GEF-Mittel beantragt werden. In diesem Sinne sind die Prozesse der Weiterentwicklung internationalen Umweltrechts, der Festlegung neuer und strikterer Emissionsgrenzen sowie deren Umsetzung in nationales Umweltrecht als supranationales Standbein einer nachhaltigen Rohstoffpolitik zu begreifen.

Der **dritte Politikbereich einer nachhaltigen Rohstoffpolitik** betrifft die Festlegung von Grenzen für mechanische Eingriffe in die natürlichen Zusammenhänge der global vernetzten Ökosysteme mit dem Ziel des Erhalts der Arten- und der Ökosystemvielfalt.

Diesbezüglich sind besonders in den ***Industrieländern*** diverse nationale Regulierungen zum Naturschutz vorzufinden, die u. a. auch den Raum für Rohstoffgewinnung und Bergbau eingrenzen. So sind in allen Ländern der OECD Naturschutzgebiete vorhanden, die, je nach Grad der noch erlaubten Nutzung durch den Menschen, in verschiedene Kategorien eingeteilt sind. In der Gesamtbetrachtung aller geschützten Flächen standen 1990 7,8% des Gesamtterritoriums der OECD unter Naturschutz, wobei der Trend seit 1980 steigend ist. Werden hingegen die schwächeren Schutzformen ausgeklammert, die z. B. lediglich das Landschaftsbild schützen, aber viele mechanische und auch emissionsbezogene Eingriffe noch zulassen, dann bleiben lediglich Nationalparks und Biosphärenreservate übrig, deren Flächenanteil OECD-weit nur 2,8% beträgt. Herausragend sind bezüglich eines strikten Naturschutzes lediglich Norwegen mit 14% und Neuseeland mit 9,3% der Landesfläche, während die großen Bergbauländer der OECD in etwa dem Durchschnitt entsprechen – USA mit 2,2%, Kanada mit 2,7%

193 Vgl. Handelsblatt vom 12./13. Dezember 1997, S. 1.

194 Vgl. Krol/Steil 1997: S. 128-129.

195 Vgl. World Bank 1991: S. 101-104 und WWF-Journal 3/95, S. 37.

und Australien mit 3,8%. Dementgegen weisen viele europäische Länder wie Deutschland, Frankreich, Griechenland, Italien, Irland, Spanien, die Schweiz und die Niederlande hinsichtlich eines strikten Schutzes wertvoller Naturflächen lediglich Flächenanteile von 0,5% und weniger auf.[196]

Wenngleich als positiver Aspekt in der Naturschutzpolitik ein zunehmender Trend hinsichtlich des Anteils der Naturschutzflächen an der Gesamtfläche der Industrieländer festzustellen ist, so ist gleichzeitig auf zwei gegenläufige Trends hinzuweisen. Auf der einen Seite werden durch das Einrichten von naturnahen Gebieten zwar neue Lebensräume geschaffen, doch können auch diese Regionen nicht gegen die Einwirkungen der Luftverschmutzung und des Sauren Regens geschützt werden. In vielen Industrieländern ist daher das Phänomen anzutreffen, daß z. B. die bestehende Waldfläche nicht abnimmt, aber die Qualität und die Gesundheit der Wälder hauptsächlich durch Luftverschmutzung sukzessive verringert wird.[197] Hier zeigt sich eine wesentliche Verbindung zwischen den Notwendigkeiten der Emissionsreduzierung und einem effektiven Naturschutz.

Auf der anderen Seite ist zu betonen, daß nicht nur Naturschutzflächen zunehmen, sondern auch der allgemeine ökonomische Flächenverbrauch für die Nutzungsformen Industrie, Verkehr und Siedlungen einen deutlich steigenden Trend aufweist. So hat sich z. B. in der Schweiz die überbaute Fläche von 1950 bis 1990 mehr als verdoppelt[198], während in der Bundesrepublik Deutschland jährlich etwa 400 km^2 Freifläche für Siedlungen und Verkehr überbaut werden – das entspricht einem jährlichen Landschaftsverbrauch in Größe des Bundeslandes Bremen.[199] Als Resultat solcher Entwicklungen schrumpft in vielen Industrieländern die Größe der landwirtschaftlichen Fläche. Besonders ausgeprägt zeigte sich der landwirtschaftliche Flächenrückgang im Zeitraum 1980-1990 in Irland (-15%), Neuseeland (-9%) und Österreich (-8%).[200]

Die Daten zu den bedrohten Arten in einzelnen Ländern zeigen, daß die Maßnahmen zum Artenschutz in Industrieländern nicht ausreichend sind. Besonders dramatisch ist die Situation in den europäischen Ländern. So sind z. B. in Deutschland durchschnittlich mehr als die Hälfte aller dort ansässigen Tierarten vom Aussterben bedroht, wobei Reptilien- (77%) und Fischarten (68%) überdurchschnittlich stark betroffen sind. In den großflächigen Bergbauländern USA, Kanada und Australien sieht die Situation jedoch weit weniger schlimm aus; dort beträgt der Prozentanteil der bedrohten Arten durchschnittlich weniger als 10% – mit Ausnahme der kanadischen Reptilien (49%) und der Amphibien (21%).[201]

Obwohl die Bedrohung der Arten in Industrieländern weitgehend auf intensive landwirtschaftliche Methoden zurückzuführen ist, wird das Artensterben auch durch die Verringerung von Freiflächen begünstigt. Dessen ungeachtet zeigen die Trends zur Überbauung von fruchtbaren Böden und zur Bedrohung der Arten, daß die Erfüllung der Nachhaltigkeitskriterien aus Kapitel 4.4.2 weitergehendere Maßnahmen erfordert.

Notwendige Politikmaßnahmen, die den Flächenverbrauch und das Artensterben eindämmen könnten, wären u. a. ökologische Anforderungen an die Landwirtschaft, eine Vergrößerung der strikt geschützten Naturschutzgebiete sowie Politikansätze zur Reduzierung und Stabilisierung des Flächenverbrauchs, des Zerschneidungsgrades der Landschaft und des Ver-

196 Daten der Naturschutzflächen der OECD-Länder nach: OECD 1994: S. 85.

197 Vgl. Dudley/Jeanrenaud/Sullivan 1995: S. 9-10.

198 Vgl. Häberli 1997: S. 96.

199 Eigene Berechnungen nach Daten von Losch 1997: S. 28 (100-120 ha pro Tag).

200 Vgl. OECD 1994: S. 115.

201 Daten zu bedrohten Arten in OECD-Ländern nach: OECD 1994: S. 83.

siegelungsgrades. Bezüglich der Flächenpolitik bestehen derzeit jedoch eher Rahmenbedingungen, die zum beschleunigten Flächenverbrauch anregen. So existiert z. B. in der Bundesrepublik Deutschland aufgrund der Steuerstruktur eine Standortkonkurrenz zwischen den Gemeinden, deren Steueraufkommen durch Gewerbeansiedlung aufgrund der Gewerbesteuer steigt. Als Resultat werden unbebaute Freiflächen zu äußerst günstigen Bedingungen, oft weit unter Wert, vergeben, während gleichzeitig alte Industrieflächen ungenutzt bleiben – die Planungshoheit der Gemeinden führt mithin zu einer staatlich verursachten Externalisierung in der Flächennutzung.[202] In einer Studie über die Perspektiven einer nachhaltigen Bodennutzung in der Schweiz zeigte sich, daß eine freizügige Flächenpolitik zu einer Unternutzung von Flächenpotentialen geführt hat, die enorme ungenutzte Verdichtungsreserven für viele Nutzungsformen aufweist.[203]

Diese Ausführungen zur Flächenpolitik deuten an, daß in diversen Industrieländern ein vollkommenes Umsteuern im Umgang mit nationalen Flächen erforderlich ist. Mögliche erste Maßnahmen zur Senkung des Flächenverbrauchs wären z. B. eine Reform der Raumplanung mit vermehrter Einbeziehung ökologischer Aspekte, nationale Vorgaben zur Flächennutzung mit Obergrenzen für jährliche Flächenausweisungen; Mindestgrünflächen in Gewerbegebieten; nach der Bebauungsdichte gestaffelte Grundsteuern; Beweislastumkehr in der Flächennutzung (Nutzer müßte öffentliches Interesse nachweisen); Versiegelungsabgaben; Abgaben für unternutzte Flächen, etc..[204]

Trotz der hier konstatierten Defizite in der Flächenpolitik werden Artenschutzaspekte in Industrieländern bisweilen auch bei der Ausweisung von Flächennutzungen *außerhalb* von Naturschutzgebieten berücksichtigt, wenn sich z. B. als Ergebnis einer obligatorischen Umweltverträglichkeitsprüfung herausstellt, daß ein Projekt das Überleben einer seltenen Art gefährdet. So wurde beispielsweise in Neuseeland gegen Ende der 1980er Jahre für die Errichtung einer Kupfermine die Umweltauflage erteilt, daß zwei lokal bedrohte Amphibienarten vor Baubeginn umgesiedelt werden müssen. Diesbezüglich ist anzufügen, daß in Neuseeland alle Amphibienarten vom Aussterben bedroht sind.[205]

Als äußerst positiver Aspekt der bergbaubezogenen Flächen- und Umweltpolitik ist abschließend zu vermerken, daß Maßnahmen zur Rekultivierung von stillgelegten Bergwerken mittlerweile in nahezu allen OECD-Ländern obligatorisch sind. Im Gegensatz dazu sind Politiken zur Vermeidung und Sanierung von verseuchten Altstandorten weniger stark verbreitet. Die Ansätze in den USA und Kanada, wo Abgaben in spezielle Fonds die spätere Rekultivierung sichern sollen und Abgaben auf Gefahrstoffe zur Finanzierung der Altstandortsanierung erhoben werden (US-Superfund), sind sicher noch verbesserungsfähig, doch zweifellos nachahmenswert.

Für die ***Entwicklungsländer*** ist festzustellen, daß es um ihren erneuerbaren Naturreichtum im Vergleich zu dem der Nordhalbkugel noch recht gut bestellt ist. Obwohl sich z. B. die etwa 50 Mio. km^2 Waldgebiete der Erde in etwa zu gleichen Teilen zwischen den gemäßigten und den tropischen Regionen auf der Nord- und Südhalbkugel aufteilen, so ist der Anteil der hochwertigen originären Naturwälder am Gesamtwaldbestand auf der Nordhalbkugel verschwindend gering, während noch viele Wälder der Südhalbkugel einen originären und von Menschen nicht beeinträchtigten Zustand besitzen. Weiterhin ist der Artenreichtum in den tropischen Gebieten des Südens ungleich höher als der in gemäßigten Klimazonen des Nor-

202 Vgl. Weiger 1997: S. 101-103 und Maier-Rigaud 1994: S. 125-126.

203 Vgl. Häberli 1997: S. 96-97.

204 Politikmaßnahmen nach: Weiger 1997: S. 102-103.

205 Vgl. Supplement to Mining Journal 1990: S. 21 und OECD 1994: S. 83.

dens. Experten schätzen, daß allein in den tropischen Regenwäldern zwischen 40% und 90% der weltweit existierenden Arten zu finden sind.[206]

Um den Schutz dieses erneuerbaren Naturreichtums auf der Südhalbkugel steht es allerdings nicht sehr gut. Immer mehr ursprüngliche Waldgebiete werden zugunsten landwirtschaftlicher, industrieller oder subsistenzwirtschaftlicher Nutzungsformen degradiert und umgewandelt. Auch die meisten neuen Bergbaugebiete befinden sich in Naturwaldregionen. Als Konsequenz werden jährlich etwa 142.000 km² Waldfläche in Entwicklungsländern entwaldet, wobei besonders die landwirtschaftliche Erschließung durch Großfarmer und Subsistenzbauern sowie die holzwirtschaftliche Nutzung die Hauptgründe für die großflächige Entwaldung darstellen. Der Waldflächenverbrauch durch die Bergbauindustrie ist hingegen vergleichsweise gering, befindet sich aber immerhin im einstelligen Prozentbereich. Allein im 20. Jahrhundert wurde die tropische Naturwaldfläche halbiert und in den vergangenen 40 Jahren ist eine Fläche im Amazonas-Regenwaldgebiet abgeholzt worden, die der Größe Westeuropas entspricht. In einigen Ländern wie der Elfenbeinküste und dem Sudan ist die Geschwindigkeit der Entwaldung mit Waldflächenreduzierungsraten von 4-7% pro Jahr besonders groß.[207] Mit der weiträumigen Entwaldung gehen vielfältige Lebensräume verloren, wodurch das Überleben vieler Arten bedroht wird.

Zwar stehen auch in Entwicklungsländern durchschnittlich etwa 5% der Landesfläche[208] unter Naturschutz, doch werden dadurch viele ökosystemare Lebensräume nicht repräsentativ erfaßt. Nicht selten werden Gebiete unter Naturschutz gestellt, deren ökonomisches Nutzungspotential als eher gering eingeschätzt wird, während sich Regierungen mit dem Naturschutz von potentiell rohstoffreichen Regionen schwer tun.[209] Außerdem ist die staatliche Festlegung einer Naturschutzfläche häufig aufgrund fehlender Finanzmittel und nicht ausreichendem Personal nicht gleichbedeutend mit einem weitreichenden Schutz. Ein Schild mit der Aufschrift „Naturschutzgebiet" und die Verhängung von Nutzungsverboten bewirkt besonders in armen und bevölkerungsreichen Regionen wenig. Häufig wird die von den Naturschutzrestriktionen betroffene Bevölkerung, die von den lokalen Ressourcen lebt, lediglich in die Illegalität gezwungen, so daß die Jagd auf Wildtiere, das Brennholzsammeln, das Weidenlassen von Tierherden und Brandrodungen zur Erschließung landwirtschaftlichen Bodens illegal weitergehen.[210]

Im Kontext derartiger Konstellationen sind drei Arten von Politikmaßnahmen in Entwicklungsländern notwendig, um im dritten Politikbereich einer nachhaltigen Rohstoffpolitik erste Schritte einzuleiten. *Erstens* ist der Schutz der bestehenden Naturschutzgebiete wirkungsvoller umzusetzen; *zweitens* sind Mindeststandards für die Rekultivierung von Bergbauregionen in das nationale Recht einzufügen; und *drittens* ist eine Ausweitung der Naturschutzflächen anzustreben, um die bestehenden Ökosystemkomplexe und die in ihnen lebenden Arten repräsentativ einzubeziehen und zu schützen. Zu diesen Politikvorschlägen sind einige klärende Erläuterungen notwendig.

Ad 1: Ein wirkungsvoller Naturschutz in Entwicklungsländern kann nicht erfolgreich sein, wenn er lediglich mit ordnungsrechtlichen Verboten und gegen die Interessen der einheimischen Bevölkerung durchgesetzt wird. Naturschutz kann in Entwicklungsländern nur dann

---

206 Vgl. WRI et al. 1994: S. 148; Dudley/Jeanrenaud/Sullivan 1995: S. 7 und Simonis 1996: S. 51-52.

207 Vgl. Dudley/Jeanrenaud/Sullivan 1995: S. 7-14; Salih 1996: S. 447 und Young 1993: S. 27-28.

208 Der Anteil der Naturschutzgebiete an der Gesamtfläche betrug 1993 für Afrika 4,6%, für Asien 4,4% und für Südamerika 6,4%. Vgl. WRI et al. 1994: S. 152.

209 Vgl. WRI et al. 1994: S. 152 und Doerner 1995: S. 24.

210 Vgl. WRI et al. 1994: S. 153; Knauer 1995: S. 17 und Merz 1995a: S. 25.

wirksam praktiziert werden, wenn er mit Maßnahmen zur ländlichen Entwicklung verbunden wird. Die sozialen Konstellationen vor Ort müssen mitberücksichtigt werden und die einheimischen Menschen, ihre Bedürfnisse und Einkommensoptionen sind in die Naturschutzplanung einzubeziehen.[211]

Eine derartige Strategie verfolgt z. B. die Regierung von Simbabwe mit Unterstützung der Naturschutzorganisation WWF. Im Gegensatz zu vielen anderen Entwicklungsländern, wo wildlebende bedrohte Tierarten in Naturschutzgebieten als Eigentum der Allgemeinheit oder des Staates gelten, wurde die Verantwortung für das Management der Wildtiere im sogenannten CAMPFIRE-Projekt an lokale Dorfgemeinschaften übertragen, denen damit eine neue Einkommensquelle eröffnet wurde. Die Naturschutzbehörde teilt den Dorfgemeinschaften, die in einer Pufferzone um die eigentlichen Schutzgebiete leben, Abschußquoten für Wildtiere zur Regulierung der Wildtierpopulationen zu. Da den Mitgliedern der Dorfgemeinschaften der Großteil des Ertrages aus dem Verkauf der Tiere zufließt, sind sie auf illegale Wildereiaktivitäten nicht mehr angewiesen. Im Distrikt Masoka wurden z. B. 1993 vier Elefanten, 190 Leoparden, fünf Antilopen und fünf Kudus auf Lizenz erlegt, von deren Verkaufserlös eine Schule und eine Sanitäranlage angeschafft und ein Zaun gegen Elefanten zum Schutz der Äcker errichtet wurde. Gleichzeitig nahmen die Wildereiaktivitäten gegenüber den Vorjahren deutlich ab.[212]

Im Lichte derartiger Erfahren sollte Naturschutz in Entwicklungsländern stets gekoppelt sein mit nachhaltigen Nutzungsformen des erneuerbaren Naturreichtums durch die einheimischen Bewohner. Ein wesentliches Politikziel der staatlichen Naturschutzbehörden sollte es sein, im Gegenzug für Nutzungseinschränkungen im Naturschutzgebiet einkommensschaffende Optionen einer nachhaltigen Bewirtschaftung von Naturschutzrandgebieten in Zusammenarbeit mit der einheimischen Bevölkerung zu erörtern und zu erschließen. Die Kooperation mit Naturschutz-NGOs wie dem WWF oder mit Akteuren der Weltbank bzw. der bilateralen Entwicklungszusammenarbeit können dabei sehr hilfreich sein. So könnten beispielsweise selbst für bergbauträchtige Naturgebiete nachhaltige Einkommensquellen – wie z. B. Öko-Tourismus – erschlossen werden, die sich bei näherer Betrachtung in langer Sicht sowohl für die heimische Ökonomie als auch für die Natur mehr auszahlen als eine relativ kurze aber zerstörerische bergbauliche Nutzung.[213]

Ad 2: Die Rekultivierung von Bergbauregionen wird in vielen Entwicklungsländern entweder vom Staat übernommen oder aber vollkommen unterlassen. In einer Vielzahl von rohstoffreichen Entwicklungsländern sind riesige Tagebaurestlöcher sowie zerstörte und vergiftete Bergbaugebiete keine Seltenheit.[214] Bei den Bemühungen um den Aufbau nationaler Umweltpolitiken sollten daher in Entwicklungsländern auch Rekultivierungsmaßnahmen von Bergbauregionen durch die ausführenden Bergbauunternehmen obligatorisch werden, um eine weitere Ausbreitung der Altstandortflächen zu vermeiden. Nachahmenswert ist der Ansatz Malaysias, wo Bergbauunternehmen schon vor der Inbetriebnahme von Bergwerken verpflichtet werden, in einen Rekultivierungsfonds einzuzahlen, um die Finanzierung der späteren Aufräumarbeiten zu sichern.[215] Für den Fall eines Zustandekommens einer internationalen Konvention zu nicht-

211 Vgl. WRI et al. 1994: S. 153-154; Merz 1995b: S. 33 und McNeely 1993: S. 146.

212 Vgl. Merz 1995b: S. 31-33.

213 Vgl. Doerner 1995: S. 24 und für weitere Beispiele des Naturschutzes mit nachhaltiger ländlicher Entwicklung: McNeely 1993; Knauer 1995; Merz 1995b: S. 31-34 und Messner, F. 1999.

214 Vgl. Kappel 1992: S. 192; Merk 1991: S. 97 und Siepelmeyer 1991b: S. 106.

215 Vgl. Auty/Warhurst 1993: S. 26.

erneuerbaren Ressourcen sollten in ihr auch Mindeststandards für die Rekultivierung von Bergbauregionen festgeschrieben werden.

Hinsichtlich der verseuchten Altlastflächen in ehemaligen Bergbauregionen existieren in den meisten Entwicklungsländern bisher keine umweltpolitischen Ansätze. Für diesen Politikbereich könnten – in Anlehnung an die Vorgehensweise des Superfund-Prozesses in den USA – international unterstützte Maßnahmen zur Erfassung, Beurteilung und Sanierung der bedrohtesten Standorte eingeleitet werden, die aus dem „intergenerationellen Fonds" finanziert werden könnten. Angesichts der hohen Summen der Altstandortsanierung wären zusätzlich vielleicht noch andere Finanzierungsmechanismen angebracht, so z. B. die Einführung einer allgemeinen internationalen Steuer auf nicht-erneuerbare Ressourcen in den Endverbraucherländern im Sinne des User-Pays-Prinzip.

Ad 3: Schließlich wäre es im Sinne einer nachhaltigen Rohstoffpolitik wesentlich, die noch vorhandenen Naturreichtümer der Erde, die sich vorwiegend in den Entwicklungsländern befinden, weiträumiger und repräsentativ zu schützen – nicht zuletzt als Form der Kompensation für zukünftige Generationen für den heutigen Verbrauch von nicht-erneuerbaren Ressourcen. Es wäre allerdings unangemessen, den Entwicklungsländern diese Naturschutzaufgabe allein aufzubürden. Ein weitgehender Naturschutz auf der südlichen Welthalbkugel ist eher eine globale Aufgabe der Weltgemeinschaft.

Ein erster Schritt zum Schutz von Naturgebieten vor menschlichem Eingriff im Rahmen einer ***globalen Umweltpolitik*** war der *internationale Antarktis Vertrag* von 1959. Dieses internationale Regime, das zuletzt 1991 aktualisiert wurde, verbietet den Bergbau am rohstoffreichen Südpol für die kommenden 50 Jahre – allerdings mit der Einschränkung, daß eine Mehrheit von 75% der Vertragsstaaten dieses Bergbauverbot aufheben kann. Verschiedene NGOs fordern die Einrichtung eines dauerhaft geschützten Antarktis-Weltparks, besonders angesichts der dort lebenden Säugetiervielfalt und der Tatsache, daß der Südpol mit 13 Mrd. Hektar die weltweit größte Wildnisfläche darstellt. Die Vertragsstaaten sind von der Einrichtung eines Naturreservats Antarktis allerdings weit entfernt, was daran ersichtlich ist, daß selbst das 50jährige Bergbauverbot umstritten ist und daher das Protokoll von 1991 nur sehr zögerlich von den einzelnen Staaten ratifiziert wurde.[216]

Ein weiterer wichtiger Schritt in Richtung Etablierung von globalen mechanischen Eingriffsgrenzen und Regulierungen zum Schutz der Artenvielfalt wurde 1992 getan, als die *Biodiversitätskonvention* auf der UNCED-Konferenz von 158 Regierungsvertretern unterzeichnet wurde. In dieser Konvention verpflichten sich die Unterzeichnerstaaten zum Schutz der Artenvielfalt, wobei nationale Verfügungsrechte über heimische Ressourcen festgeschrieben wurden. Zum Schutz der Biodiversität ist in Artikel 8 der Konvention die Einrichtung von nationalen in-situ-Naturschutzgebieten zum Schutz heimischer Arten vorgesehen die, soweit notwendig, durch ex-situ-Maßnahmen (z. B. Zoos und Genbanken) ergänzt werden sollen. Die Finanzierung der Maßnahmen in Entwicklungsländern soll über die GEF geleistet werden.[217]

Im Kontext dieses neuen internationalen Regimes zum Schutz der globalen Biodiversität könnte ein globales Netz von repräsentativen Naturschutzgebieten entstehen, das dem Artensterben Einhalt gebieten könnte. Wesentlich ist allerdings, daß bestehende und neue Projekte in Entwicklungsländern ausreichend finanziell unterstützt werden – sowohl bei der Einrichtung als auch beim Management von Schutzgebieten –, und daß die Partizipation der einhei-

216 Vgl. Cullen 1994: S. 143-144 und Porter/Brown 1991: S. 88-92.

217 Vgl. für eine genauere Erörterung der Problematik des Schutzes der globalen Artenvielfalt und der Interessenkonflikte im Fall der Biodiversitätskonvention: Simonis 1996: S. 55-58 und WRI et al. 1994: S. 154-162.

mischen Bevölkerung höchste Priorität in der Naturschutzpolitik genießt. Weiterhin wäre es denkbar, Anreize in Form von zusätzlichen Transferleistungen einzuführen, die an solche Entwicklungsländer zu zahlen wären, die – gemäß noch festzulegender Kriterien – überdurchschnittliche Anstrengungen zum Schutz der Artenvielfalt unternehmen und dafür auf andere Nutzungsformen verzichten. Da der Naturschutz als intergenerationelle Kompensationsleistung für den Verbrauch von nicht-erneuerbaren Ressourcen betrachtet werden kann, könnte ein bestimmter Anteil zur Finanzierung der internationalen Naturschutzkosten aus dem „intergenerationellen Fonds" übernommen werden, der, wie oben ausgeführt, aus den Erlösen der Primärressourcenlizenzen gespeist wird. Auf diese Weise könnte der Zusammenhang von Ressourcenverbrauch und Naturschutz im Kontext der internationalen Umweltregime berücksichtigt werden.

* * *

Es hat sich gezeigt, daß zur Festlegung der drei Scalegrenzen zum Ressourcenverbrauch, zur Emissionsbelastung und zur mechanischen Eingriffstiefe, die als wesentliche Politik-bereiche einer nachhaltigen Rohstoffpolitik anzusehen sind, noch vielfältige Maßnahmen notwendig sind – und zwar auf allen Hierarchie-Ebenen, von lokal bis global. Diverse erfolgversprechende Politikmaßnahmen wurden besonders im Bereich der Emissionsregulierung in Industrieländern bereits durchgeführt. Bei der Festlegung von verbindlichen Makrogrenzen für die mengenmäßige Nutzung von „knappen" nicht-erneuerbaren Ressourcen und für den weitgehenden Schutz von Naturflächen besteht dort allerdings noch großer Handlungsbedarf, ebenso wie die Implementation aller Scalegrenzen in Entwicklungsländern. Die Chancen für eine Realisierung einer nachhaltigen Rohstoffpolitik hängen letztlich davon ab, in welchem Ausmaß der nachhaltige Schutz der Natur als Ziel weltweit akzeptiert wird, und ob es den Akteuren der grenzüberschreitenden Politik gelingt, Interessen- und Machtdivergenzen zu überwinden, um effektive internationale Regime im Sinne der inter- und intragenerationellen Gerechtigkeitsziele zu etablieren.

5.2 Die Mikroebenen 2 bis 4 am Beispiel einer Kupferfallstudie

Während mit den makroökonomischen Scalegrenzen ein äußerer Naturrahmen als physische Begrenzung der globalen Volkswirtschaft gezogen wird, sind mikroökonomische Faktoren dafür ausschlaggebend, welche Entwicklungsdynamiken auf der Sektor- und Akteursebene vorzufinden sind. In Kapitel 4.3.1 wurde diesbezüglich betont, daß es im Rahmen des Konzepts der Nachhaltigkeit hinsichtlich der Nutzung nicht-erneuerbarer Ressourcen neben der Einhaltung absoluter Naturbegrenzungen außerdem erforderlich ist, zusätzliche mikroökonomische Prinzipien einzuhalten, um eine grundsätzlich ressourcenschonende und auch thermodynamisch effiziente Wirtschaftsweise zu gewährleisten, die in ihrer Dynamik generell naturentlastend wirken kann.

Die in Kapitel 4.3 theoretisch herausgearbeiteten Mikroebenen einer nachhaltigen Ressourcennutzung werden in diesem Kapitel anhand einer Kupferfallstudie mittels empirischer Daten und Fakten untersucht. Zuerst werden in einer Lebenszyklusbetrachtung der nicht-erneuerbaren Ressource Kupfer (Ebene 2) die Schwerpunkte der Umweltbelastung analysiert und politische Ansatzpunkte für eine systematische lebenszyklusorientierte Naturentlastung aufgezeigt (Kap. 5.2.1). Nachfolgend wird als Beispiel für einen Substitutionsprozeß zwischen nicht-erneuerbaren Ressourcen (Ebene 3) die intertemporale Substitutionsdynamik zwischen Kupfer und Aluminium betrachtet, wobei sowohl die Gründe für den Substitutionsprozeß als auch seine ökologischen Auswirkungen aufgezeigt werden, um aufbauend auf den resultierenden Erkenntnissen Politikvorschläge zur Förderung umweltverträglicher Substitutionsprozesse zu erörtern (Kap. 5.2.2). Schließlich wird die ökonomische und ökologische Bedeutung von Produktinnovationen (Ebene 4) für die Kupfernutzung am Beispiel der Diffusion der Glasfasertechnologie in der Telekommunikation thematisiert, um unter Berücksichtigung der ökologischen Implikationen von innovationsinduzierten Substitutionsprozessen zwischen nichterneuerbaren Ressourcen politische Ansatzpunkte für eine nachhaltige Innovations- und Forschungspolitik darzulegen (Kap. 5.2.3).

5.2.1 Ebene 2: Kupfer in der Lebenszyklusbetrachtung

Die empirische Untersuchung der Ebene 2 wird am Beispiel einer Lebenszyklusbetrachtung der Kupfernutzung durchgeführt, wobei sowohl ökonomische als auch ökologische bzw. umweltrelevante Aspekte einbezogen werden. Nachfolgend wird anfänglich ein Überblick über die wichtigsten Anwendungen des Kupfers gegeben (5.2.1.1), woran sich eine Darstellung ökonomischen Entwicklung der globalen Kupferindustrie anschließt (5.2.1.2). Der Hauptteil dieses Unterkapitels widmet sich dann den ökologischen Aspekten der Kupfernutzung. Mit Bezug auf eine ökologische Sachbilanz von Kupferdrähten (Anhang III) werden die Umweltbeanspruchungen in den einzelnen Kupferlebenszyklusstationen bilanziert, um die Formen und Schwerpunkte der Umweltbelastungen herauszuarbeiten, die durch die Produktion und Verwendung von Kupferdraht generiert werden (5.2.1.3). Daran anschließend werden die Umweltwirkungen des technischen Fortschritts in der Kupferkette thematisiert (5.2.1.4), um darauf aufbauend die technologischen Lücken und die Managementdefizite innerhalb der globalen Kupferindustrie aufzuzeigen und die Umweltentlastungspotentiale einer beschleunigten Technologieverbreitung und eines verbesserten Managements darzulegen (5.2.1.5). Die empirische Analyse der Ebene 2 endet mit einer Diskussion von mikroökonomisch orientierten Politikansätzen und Instrumenten für eine nachhaltige Stoffnutzung innerhalb der Kupferkette (5.2.1.6).

5.2.1.1 Kupfer als Qualität: Die Anwendungsbereiche

Der Gebrauchswert von Kupfer ist bereits seit einigen Jahrtausenden bekannt. Da Kupfer als reines Metall in der Natur vorkommt, konnten schon die Menschen der jüngeren Steinzeit Artefakte aus gediegenem Kupfer herstellen. Das Einschmelzen von Kupfer wurde seit dem 4. Jahrtausend v. Chr. praktiziert, und die Entdeckung und Verbreitung des Legierens von Kupfer und Zinn zu Bronze führte angesichts der vielfältigen Anwendungsmöglichkeiten der Bronze als Werkzeug, Waffe, Schmuck und Haushaltsgeräte im 2. Jahrtausend v. Chr. führte dazu, daß eine gesamte Epoche der Menschheitsgeschichte nach einer Legierung des rötlich schimmernden Metalls benannt wurde.[218] Seit jener Zeit hat die Zahl der Anwendungen für Kupfer stetig zugenommen, und es ist kaum möglich, alle bisherigen Verwendungsmöglichkeiten des Nichteisenmetalls aufzuzählen. An dieser Stelle sollen daher lediglich die wesentlichen Kupferverwendungen anhand von vier Hauptkategorien und gemäß ihrer ökonomischen Bedeutung im letzten Quartal dieses Jahrhunderts dargestellt werden. Die Abbildung 5.19 zeigt die prozentuale Verwendung des Kupfers in der aggregierten Kupferverarbeitung in den drei wichtigsten Hauptverarbeitungsländern USA, Japan und Bundesrepublik Deutschland, die 1995 zusammen 42% der jährlichen Verarbeitung des globalen Raffinadekupfers auf sich vereinten.[219]

---

218 Vgl. Deutsches Kupferinstitut 1987: S. 2 und Metallgesellschaft AG (Hg.) 1993: S. 16.

219 Eigene Berechnung nach Metallgesellschaft AG/World Bureau of Metal Statistics (Hg.) 1996: S. 30-31. Vgl. zur Struktur in der globalen kupferverarbeitenden Industrie das folgende Kapitel 5.2.1.2.

Die Abbildung verdeutlicht, daß die Nutzung von reinem Raffinadekupfer (99,9%) in verschiedenen Halbzeugformen mit über 70% den Großteil der Kupferverwendung ausmacht. Innerhalb dieser Kategorie dominieren diejenigen Anwendungen des Kupfers, die sich aus seiner sehr guten elektrischen Leitfähigkeit ergeben. In den USA, Japan und der Bundesrepublik Deutschland liegt allein der Anteil des verarbeiteten Kupfers, das in verschiedenste elektrotechnische Anwendungen eingeht, bei etwa 50%.[220] Insbesondere in Form von Drähten, Kabeln und Leitungen, aber auch als Bleche, Bänder, Folien und Wicklungen wird reines Kupfer zur Übertragung von Elektrizität und elektronischen Signalen besonders intensiv in der Elektronik, der Nachrichtentechnik, der elektronischen Datenverarbeitung (EDV) und im Bauwesen eingesetzt.[221]

Abb. 5.19: Kupferverwendung nach Verarbeitungserzeugnissen in den Hauptverarbeiterländern USA, Japan und Bundesrepublik Deutschland (1995)*

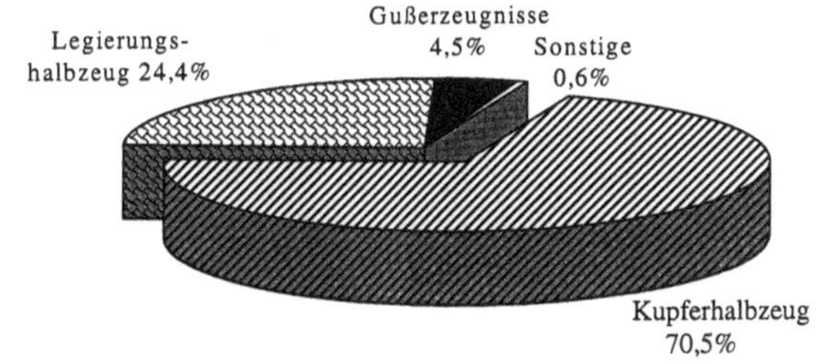

* Daten beruhen auf aggregierten Zahlen der Kupferverwendung aus der BRD, Japan und USA von 1995. Aufgrund nationaler Unterschiede in der Datenerfassung wurden folgende Daten zugrundegelegt: *BRD*: Gesamtverbrauch von Kupfererzeugnissen nach Verwendungszwecken (ist üblicherweise leicht geringer als Inlandsproduktion); *USA*: inländische Ablieferungen von Kupfererzeugnissen; *Japan*: Produktion von Kupfer- und Kupferlegierungserzeugnissen. Eigene Berechnungen nach: Metallgesellschaft AG/ World Bureau of Metal Statistics (Hg.) 1997: S. 262, 325 und 340.

Das verbleibende Kupferhalbzeug mit nicht-elektrischen Einsatzfeldern findet hauptsächlich in Bereichen Anwendung, wo die sehr gute Wärmeleitfähigkeit und/oder die ausgezeichnete Korrosionsbeständigkeit des reinen Kupfers gefragt ist. Somit findet es als Werkstoff von Heiz- und Kühlanlagen, Rohrleitungen für Wasser und Gase und von diversen Behältern und Apparaten u. a. Verwendung in der Nahrungsmittel-, Brauerei-, Getränke-, Papier-, Metall- und Chemieindustrie. Auch im Maschinen-, Lokomotiv- und Kraftfahrzeugbau findet reines Kupfer seinen Absatz, z. B. in Form von Autokühlern. Ferner wird Reinkupfer in den Kühlanlagen von Kernkraftwerken benutzt, und auch als Werkstoff für Atommüllbehälter wird das rote Metall seit einiger Zeit eingesetzt. Weiterhin findet Kupfer auch aufgrund seines ästheti-

220 Vgl. Deutsches Kupferinstitut 1990: S. 3; Lyman/Black 1988: S. 1114 und Metallgesellschaft AG/ World Bureau of Metal Statistics (Hg.) 1997: S. 326.

221 Vgl. Deutsches Kupferinstitut 1987: S. 13; Deutsches Kupferinstitut 1990: S. 3; Brodersen 1992: S. 1158-1159 und Lyman/Black 1988: S. 1114-1115.

schen Charakters im Kunsthandwerk und für Haushaltswaren wie Töpfe und Vasen Verwendung. Schließlich ist das Bauwesen ein bedeutsamer Einsatzort des Kupfers, wo es als sehr ästhetischer Werkstoff für Kupferdächer und Wandverkleidungen und besonders in Form von Rohren als grundlegender Infrastrukturwerkstoff der Warmwasser- und der Gasversorgung eingesetzt wird.[222]

Etwa ein Viertel des in der BRD, Japan und den USA verarbeiteten Kupfers findet in Form von vielfältigen Legierungen mit anderen Metallen Verwendung, wobei als wichtigste Legierungsmetalle Zinn, Zink, Eisen, Aluminium, Blei und Nickel zu nennen sind. Niedriglegierte Kupferlegierungen mit Fremdmetallzusätzen bis zu 5% werden zumeist wegen der noch hohen elektrischen Leitfähigkeit in der Elektrotechnik verwendet, während die Legierungen mit höheren Fremdanteilen zumeist für strukturelle Anwendungsformen eingesetzt werden. Das *Messing*, eine Legierung aus 55-95% Kupfer und 5-45% Zink, ist die am meisten verwendete Kupferlegierung, und sie wird in verarbeitenden Industriesektoren als Werkstoff für Gehäuse, Armaturen, Rohre, Turbinen, Ventile, Ölbehälter, Schaufelräder und vieles mehr in Anspruch genommen. Die *Bronze* ist eine Kupferlegierung mit bis zu 20% Zinnanteil, die eine sehr gute Festigkeit und noch gute Wärme- und elektrische Leitfähigkeiten aufweist. Sie wird u. a. in Form hochwertiger Federn, Bändern und Sieben in der Elektrotechnik, im Maschinenbau, im Druckereiwesen sowie in der Papier- und Textilindustrie verwendet. Schließlich seien noch die *Kupfer-Nickel-Legierungen* erwähnt, denen für Spezialanwendungen bisweilen noch geringe Anteile von Mangan oder Eisen zulegiert werden. Derartige Legierung besitzen sehr hohe Korrosionsbeständigkeiten – besonders auch in wäßrigen Medien – und werden daher zumeist im Schiffs- und Kraftwerksbau sowie für Meerwasserentsalzungsanlagen benötigt. Außerdem sind Kupfer-Nickel-Legierungen die am meisten verwendeten Werkstoffe bei der Herstellung von Geldmünzen.[223]

4,5% des produzierten Kupfers gelangt in die Gießereien, wo aus reinem Kupfer oder aus Kupferlegierungen individuelle Gußformen hergestellt werden, die hauptsächlich im Fahrzeug-, Maschinen- und Apparatebau eingesetzt werden.[224]

Obwohl letztlich auf die Kategorie „sonstiges“ in der Abbildung 5.19 nur 0,6% der Kupferverwendung entfallen, so sind hier noch sehr vielfältige Anwendungen vorzufinden – insbesondere die Einsatzbereiche der chemischen Kupferverbindungen mit Sauerstoff, Schwefel, Chlor, Chrom, Arsen und Wasserstoff. So werden *Kupfersulfatverbindungen* u. a. als Schädlingsvernichtungsmittel, Kunstdüngerzusatz, als Ätzwasser in Färbereien, als Beizmittel, als Zusatz von Tierfutter und als Farbstoff genutzt. Das *Kupferoxid* findet Einsatz als Schiffsanstrich, Kunstdünger und Farbstoff in der Glasfärbung. Weiterhin wird *Kupferchlorid* als Katalysator für chemische Reaktionsprozesse verwendet, aus *Kupferhydroxid* wird Kunstseide hergestellt, und in chemischer Verbindung mit Indium und Selen ist Kupfer ebenfalls ein Werkstoff für Photovoltaik-Solarzellen.[225]

Angesichts des vorherrschenden Trends, moderne Werkstoffe immer spezifischer auf ihre Anwendungsbereiche zuzurichten, sind für die Zukunft noch weitere Entwicklungen und Neu-

222 Vgl. Deutsches Kupferinstitut 1987: S. 13-15; Deutsches Kupferinstitut 1990: S. 4; Brodersen 1992: S. 1158-1159; Lyman/Black 1988: S. 1117-1118 und Oehler 1992.

223 Vgl. dazu und zu weiteren Kupferlegierungen: Deutsches Kupferinstitut 1987: S. 15; Deutsches Kupferinstitut 1990: S. 4-5; Arpaci/Vendura 1993: S. 341-342 und Schleicher et al. 1992.

224 Vgl. Deutsches Kupferinstitut 1990: S. 4-5 sowie zur Bedeutung der Gußtechnik: Engels 1992.

225 Vgl. dazu und zu weiteren Anwendungen: Scheinberg 1991: S. 895 und Deutsches Kupferinstitut 1987: S. 15-16.

kombinationen bei den Kupferlegierungen und -verbindungen zu erwarten und ebenso werden sich mit der Forschung auch neue Einsatzfelder für Kupfer eröffnen.

5.2.1.2 Weltwirtschaftliche Struktur und Entwicklungstrends in der globalen Kupferindustrie

Zur Kupferindustrie sind alle industriellen Prozesse des Abbaus, der Konzentration und der Verarbeitung von Kupfer zu Halbzeugen zu zählen. Sie übt damit in bezug auf den gesamten Lebenszyklus des Kupfers einen sehr großen Einfluß aus. Lediglich die Prozesse der industriellen Fertigung von Produkten, des Gebrauchs, der Altstofftrennung sowie der Entsorgung stehen nicht unter ihrer Kontrolle. Nachfolgend wird die historische Entwicklung der globalen Kupferindustrie in groben Zügen nachgezeichnet. In diesem Kontext wird auf der einen Seite verdeutlicht werden, welchen Ländern im Rahmen der Kupfergewinnung und -verarbeitung ökonomische Bedeutung zukommt und wie sich die internationale Arbeitsteilung hinsichtlich der ersten drei Prozesse im Kupferlebenszyklus in den vergangenen Jahrzehnten entwickelt hat. Auf der anderen Seite wird die Akteursebene betrachtet, um aufzuzeigen, welche unternehmerischen Gruppen sich unter welchen historischen Bedingungen in der globalen Kupferindustrie als einflußreiche Akteure etablieren konnten, und welche Formen von Marktmacht sich im Zeitverlauf einstellten.

Ein wesentlicher Faktor für die Herausbildung der globalen Struktur der internationalen Kupferindustrie war die geologische Verteilung des Kupfers und seiner Lagerstätten über den Globus. Daher sind anfänglich einige geologische Daten zu beachten. Kupfer ist in geringen Dosen überall auf der Welt zu finden und dieser Tatbestand ist überlebenswichtig, denn im Gegensatz zu anderen Schwermetallen ist Kupfer ein lebenswichtiges Element für den Menschen, der pro Tag etwa 2-5 mg Kupfer mit seiner Nahrung aufnehmen muß.[226] Der durchschnittliche natürliche Kupfergehalt der irdischen Erdkruste beträgt im Mittel etwa 0,006%.[227] Ökonomisch abbauwürdig sind Kupfervorkommen nach dem Stand der heutigen Technik jedoch erst ab einer Konzentration, die den natürlichen Kupfergehalt des Boden um etwa den Faktor 100 übertrifft, also ab etwa 0,6%. Derartige Kupferminerale sind nur unter bestimmten geologischen Verhältnissen anzutreffen, wie z. B. in magmatischen, sedimentären oder metamorphen Gesteinsabfolgen. Die bedeutsamsten Kupferreserven sind die sogenannten porphyrischen Kupfervorkommen mit Konzentrationen unter einem Prozent, von denen Vorräte von einigen Millionen Tonnen bekannt sind. Derartige Minerale sind vulkanischen Ursprungs, wobei das Kupfer, häufig im Verbund mit Molybdän und/oder Gold, im Magmagestein enthalten ist. Solche Lagerstätten werden üblicherweise im Tagebau abgebaut. Die zweitwichtigsten Kupfervorräte sind die sedimentären Vorkommen, die Erzkonzentrationen von mehreren Prozent erreichen können, wobei die Kupferminerale an Sandstein-, Karbonat- und Schiefer-Erdschichten gebunden sind und nicht selten in Vergesellschaftung mit Kobalt und Silber auftreten. Derartige Lagerstätten werden gezielt im Untertagebau abgebaut.[228] Schließlich ist aus geologischer Sicht noch anzumerken, daß Kupfer aufgrund seiner Affinität zum Schwefel in primären Lagerstätten zumeist in Form von sulfidischen Erzen vorzufinden ist, obwohl durch Verwitterungsprozesse in oberen Erdschichten auch oxidische Erzgesteine entstehen können,

226 Vgl. Scheinberg 1991: S. 897-898. Nichtsdestotrotz zeigt Kupfer in erhöhten Dosen ähnlich toxische Wirkungen auf viele Lebewesen wie andere Schwermetalle auch. Vgl. ebenda.

227 Mit dieser mittleren Konzentration steht das Kupfer in der Liste der häufigsten Elemente der Erdkruste an 23. Stelle. Vgl. Deutsches Kupferinstitut 1987: S. 2.

228 Vgl. Metallgesellschaft AG (Hg.) 1993: S. 17.

deren Aufarbeitung andere technische Abläufe erfordert als bei sulfidischen Erzen. Der Anteil der oxidischen Erze im globalen Kupferbergbau liegt bei etwa 10%.[229]

Bedeutsame Kupfererzlagerstätten sind an der Westküste des amerikanischen Kontinents, im Seengebiet Nordamerikas, im südlichen Teil Afrikas sowie in einigen Gebieten Osteuropas, Südasiens und Ozeaniens vorhanden. Diese globale Kupferverteilung prägte den Aufbau und die Entwicklung der internationalen Kupferindustrie, da die Versorgung mit dem Rotmetall als wichtiges (Infrastruktur-)Material eine wesentliche Voraussetzung der industriellen Entwicklung der heutigen OECD-Länder war. Die USA und Kanada hatten mit der Kupferversorgung seit jeher kaum Probleme, da ihre Länder mit großen Vorkommen ausgestattet sind. Aufgrund der notwendigen hohen Investitionen im Bergbau bildeten sich in diesen Ländern mächtige, weitgehend vertikal integrierte Konzerne heraus, die neben Abbau und Verarbeitung heimischer Kupfervorkommen auch diverse kapitalintensive Bergbauprojekte in Südamerika durchführten, während die heimischen südamerikanischen Bergbauunternehmen lediglich kleinere Projekte in Angriff nahmen.[230]

Die sich industrialisierenden rohstoff*armen* Länder der OECD mußten sich ihre Kupferversorgung entweder aus ihren Kolonien oder durch internationalen Handel sichern. So erteilten Großbritannien und Belgien Genehmigungen an US-amerikanische, südafrikanische und belgische Bergbaukonzerne zum Aufbau von Bergwerken und Aufarbeitungskapazitäten in ihren afrikanischen Kolonien, den heutigen Ländern Zaire und Sambia. Andere Industrieländer ohne kupferreiche Kolonien, wie Japan und einige westeuropäische Länder, bauten Handelsbeziehungen zu diversen Kupferländern auf. Im Gegensatz zu Frankreich und Italien, die hauptsächlich raffiniertes Kupfer importierten, wählten Deutschland und Japan für ihre kupferverarbeitende Industrie eine Variante der Rückwärtsintegration mit eigenen Raffinationsanlagen, die lediglich den Import von Kupferkonzentraten erforderten.[231] In den sozialistischen Staaten galt Kupfer als strategischer Rohstoff, der lediglich zu vorbestimmten Zwecken im Rahmen der sozialistischen Arbeitsteilung innerhalb des RGW ausgetauscht wurde. Die Kupfererze aus Kasachstan, Usbekistan, Polen und China standen dem Weltmarkt daher nicht zur Verfügung.

Ein wichtiger Aspekt, der die Struktur im globalen Kupferbergbau maßgeblich prägte, war die Einführung des kapitalintensiven Rohstoffabbaus im Tagebau in den USA im Jahr 1905. Die Massenproduktion im Tagebau verbreitete sich in den USA sehr schnell, und bereits 1910 wurden 60% des Weltkupferoutputs von wenigen Konzernen in den USA produziert. Damit entstand zu Beginn des Jahrhunderts eine sehr große Marktmacht im globalen Kupferbergbau, die hauptsächlich von einigen US-Konzernen ausging.[232]

Aufgrund der internationalen Verbreitung der Massenproduktion im Bergbau hielt die überragende Dominanz der USA auf dem Kupferweltmarkt nicht lange an. Schon 1960 wurden 40% des Kupferoutputs in der westlichen Welt mit Hilfe der Tagebaumethode abgebaut, wodurch die nationale Bedeutung der USA als Kupferbergbauland nach dem 2. Weltkrieg abnahm. Diese Entwicklung läßt sich an der Abbildung 5.20 nachvollziehen, die die Kupferbergwerksproduktion wichtiger Kupferländer in den Jahren 1955, 1975 und 1995 zeigt, wobei die Bergbauländer auf der Abszisse gemäß ihrer Bedeutung in der globalen Kupferproduktion in 1955 dargestellt sind. Es zeigt sich, daß die USA in 1955 zwar nach wie vor das weltweit

---

229 Vgl. Mezger 1980: S. 57 und Metallgesellschaft AG (Hg.) 1993: S. 16. Oxidische Erze werden hydrometallurgisch, also durch Laugung aufkonzentriert, während sulfidische Erze pyrometallurgisch, also in Schmelzprozessen aufgearbeitet werden. Vgl. dazu Kapitel 5.2.1.3.

230 Vgl. Mezger 1980: S. 21-26 und Seidman 1975: S. 4.

231 Vgl. Mezger 1975: S. 62-67 und Seidman 1975: S. 4.

232 Vgl. Mikesell 1988: S. 2-3 und Seidman 1975: S.8-11.

bedeutsamste Kupferbergbauland waren, aber im Vergleich zu den Vorkriegsjahren nur noch etwa 30% des Weltoutputs erzeugten. Andere Länder wie Chile, Sambia, die UdSSR, Canada, Zaire, Japan, Mexiko, Australien, Südafrika und Peru hatten ihre Bergbaukapazitäten erheblich ausgeweitet und waren zusammen für 60% des globalen Kupferoutputs in 1955 verantwortlich.[233] Diese geographische Diversifizierung brachte allerdings keine bemerkenswerte Abnahme der Marktmacht der multinationalen Konzerne mit sich, da die Kapazitätsausweitung der Bergwerke in Entwicklungsländern hauptsächlich durch Industrieländer-Konzerne betrieben wurde. So kontrollierten nach dem zweiten Weltkrieg sieben multinationale Konzerne – davon vier aus den USA – 70% der globalen Kupferproduktion.[234]

Abb. 5.20 Bergwerksproduktion der wichtigsten Kupferbergbauländer in tausend Tonnen Kupferinhalt (1955-95)

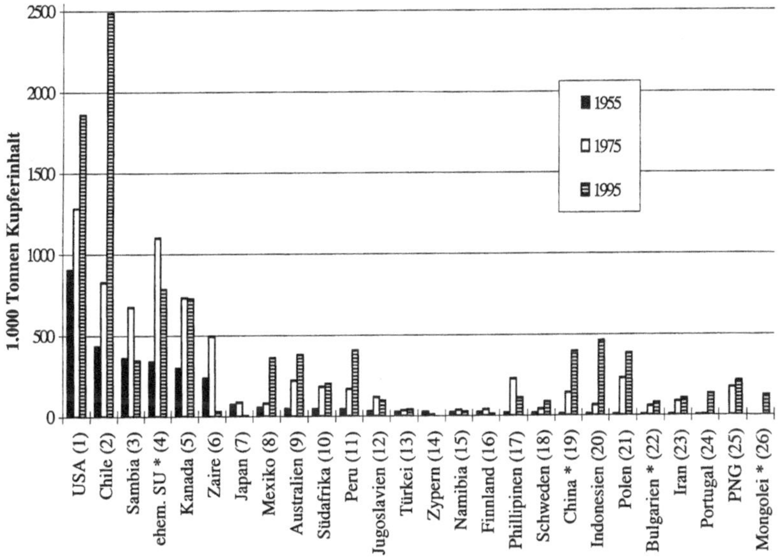

* geschätzte Werte

Datenquellen: Metallgesellschaft AG (Hg.) 1959: S. 13-14; Metallgesellschaft AG (Hg.) 1984: S. 29-30 sowie Metallgesellschaft AG/ World Bureau of Metal Statistics (Hg.) 1996: S. 25-26.

Der weltwirtschaftliche Boom der Nachkriegszeit wirkte sich deutlich auf den globalen Kupferverbrauch aus, wodurch sich die Weltkupferproduktion zwischen 1955 und 1975 von etwa vier auf acht Millionen Tonnen verdoppelte (vgl. Abb. 5.3 in Kapitel 5.1.2). Getragen

233 Eigene Berechnungen nach Metallgesellschaft (Hg.) 1959: S. 13-14.

234 Vgl. Seidman 1975: S. 10.

wurde dieser Zuwachs in der globalen Kupfernachfrage in jenen Zeiten mit den höchsten globalen Kupfernutzungsintensitäten (vgl. Abb. 5.7 in Kapitel 5.1.3) hauptsächlich durch die wichtigen Kupferländer Chile, Sambia, UdSSR, Kanada und Zaire, die ihre Bergbaukapazitäten mindestens verdoppelten, während Australien, Südafrika, Peru und Jugoslawien ihre Stellung im internationalen Kupferbergbau durch eine Vervierfachung ihrer Kapazitäten stärkten. Der Kupferboom der Nachkriegszeit führte jedoch auch dazu, daß sich vorher unbedeutende Länder im Kupferbergbau hervortaten. Diesbezüglich bemerkenswerte Entwicklungen vollzogen sich insbesondere im asiatischen Raum in Ländern wie den Philippinen, Iran, Indonesien, und Papua-Neuguinea sowie in den sozialistischen Staaten in China, Polen und Bulgarien. Diese sieben Newcomer im Kupferbergbau erzielten in 1975 immerhin 13% der Weltproduktion. In den USA wurden die Kupferbergwerkskapazitäten in 1955 bis 1975 hingegen nur um 41% erweitert, da die US-Konzerne hauptsächlich in die Erweiterung der Kapazitäten in Entwicklungsländern mit sehr hochkonzentrierten Kupfervorkommen investiert hatten. Der nationale US-Anteil an der Weltkupferproduktion sank daher auf 17,5%.[235]

Gleichzeitig vollzogen sich in der Zeitperiode 1955-75 wesentliche Veränderungen in den Besitzverhältnissen des globalen Kupferbergbaus. Obwohl die Mehrzahl der Neukapazitäten in Entwicklungsländern von multinationalen Konzernen aus den Industrieländern errichtet worden waren, nahm der Einfluß staatlicher Akteure im Kupferbergbau zu. Einerseits stieg die Bedeutung der staatlichen Bergbauunternehmen aufgrund der Ausweitungen der Bergwerkskapazitäten in den sozialistischen Ländern, andererseits fanden in den bedeutsamen Kupferländern Chile, Peru, Sambia und Zaire Verstaatlichungen von Kapazitäten statt, die multinationale Konzerne aufgebaut hatten.[236] Somit wandelte sich die Besitzstruktur in der globalen Kupferbergbauindustrie maßgeblich. In 1980 kontrollierten die 20 größten multinationalen Konzerne nur noch 31% der globalen Kupferbergwerksproduktion, während 27% von staatlichen Unternehmen in westlichen Entwicklungsländern und 23% von Staatsunternehmen in sozialistischen Ländern erzeugt wurden. Der globale Kupferbergbau lag damit weitgehend unter der Kontrolle staatlicher Akteure.[237]

Eine Stagnation im Verbrauch von Kupfer und auch anderer Rohstoffe zeigte sich in der Zeitperiode nach 1975, als die globale Kupferproduktion in den 20 Jahren bis 1995 lediglich um etwa 40% anstieg (vgl. Kap. 5.1.2). Bedeutsame Kapazitätserweiterungen jener Zeit fanden insbesondere in Chile statt, wo sich der Kupferoutput aufgrund der Erschließung hochkonzentrierter Vorkommen verdreifachte, so daß Chile seit 1982 zum führenden Kupferbergbauland avancierte. Aber auch in den beiden anderen südamerikanischen Kupferländern Peru und Mexiko fanden essentielle Kapazitätserweiterungen statt, wobei sich insbesondere Mexiko mit einer Vervierfachung der Produktion hervortat. Andere außergewöhnliche Kapazitätsausweitungen vollzogen sich in den „Newcomerländern" Indonesien, China und Polen, die in 1995 bereits die Plätze 5, 7 und 8 unter den wichtigsten Kupferländern einnahmen, wobei insbesondere die Versiebenfachung der indonesischen Produktion bemerkenswert ist. Als neue Kupfer-Newcomer sind schließlich auch noch Portugal und die Mongolei zu erwähnen.

Die Stagnation im Kupferverbrauch der 80er Jahre schlug sich hauptsächlich in der Produktion der USA, Kanadas, der afrikanischen Kupferländer und der Länder der ehemaligen Sowjetunion nieder. Zwar entsprach der US-Produktionszuwachs in den 20 Jahren bis 1995 der globalen Wachstumsrate in der Kupferproduktion, doch wurden die Betreiber der US-

235 Vgl. Mikesell 1988: S. 21-22 und eigene Berechnungen nach Metallgesellschaft (Hg.) 1984: S. 29-30 und Metallgesellschaft (Hg.) 1959: S. 13-14.

236 Vgl. Mikesell 1988: S. 18 und Mezger 1980: S. 145-160.

237 Vgl. Mikesell 1988: S. 13; eigene Berechnungen nach Metallgesellschaft AG (Hg.) 1984: S. 29-30.

Bergwerke in den Zeiten der Überkapazitätskrise Anfang der 1980er Jahre gezwungen, ihre im globalen Vergleich hohen Produktionskosten zu senken, was sie teils mittels Schließungen unrentabler Bergwerke und teils durch Modernisierung der verbleibenden Minen erreichten. Auch der kanadische Kupferbergbau wurde durch die Krise der frühen 1980er Jahren gezwungen, den Output zu senken und konnte bis 1995 gerade einmal das Produktionsniveau von 1975 wieder erreichen.[238] Deutliche Rückgänge im Kupferabbau verzeichneten Sambia und Zaire. Während in Sambia weitgehend das staatliche Management der Bergwerke fehlschlug und Erweiterungsinvestitionen aufgrund übermäßig hoher fiskalischer Belastungen unterblieben, wurde der Kupferbergbau in Zaire durch Hyperinflation und Militärputsch zu Anfang der 1990er Jahre weitgehend lahmgelegt.[239] Der Kupferproduktionsrückgang in den Staaten der ehemaligen Sowjetunion war einerseits Ausdruck des wirtschaftlichen Niedergangs nach den politischen Umbrüchen Ende der 1980er Jahre; andererseits wurde dadurch offenbart, daß ein beträchtlicher Anteil der betriebenen Bergwerke gemessen an Weltmarktmaßstäben nicht konkurrenzfähig war. Anders verhielt es sich diesbezüglich in China und Polen, wo sich die erweiterten Kupferbergbaukapazitäten größtenteils als weltmarktfähig erwiesen.[240]

Diese Entwicklungen von 1975-95 wirkten sich wie folgt auf die Besitzstrukturen in der globalen Kupferbergbauindustrie aus. Die Stellung der multinationalen Konzerne wurde einerseits durch stillgelegte Kapazitäten in den Industrieländern geschwächt, wurde aber mehr als kompensiert durch Direktinvestitionen in erfolgversprechende Projekte in Entwicklungsländern, wie z. B. in Peru, Indonesien und Chile.[241] Somit blieb die ökonomische Bedeutung der 20 weltweit größten Kupferbergbaukonzerne mit 32% Anteil am Weltkupferoutput 1991 im Vergleich zu 1980 nahezu konstant. Ähnliches ist auch in bezug auf den ökonomischen Einfluß der Staatsunternehmen in Entwicklungsländern festzustellen. Die Kapazitätsrückgänge in den afrikanischen Bergbauländern konnten größtenteils durch Zuwächse in Südamerika ausgeglichen werden, so daß der Weltproduktionsanteil der staatlichen Kupferkonzerne mit 26% im Vergleich zu 1980 nahezu gleich blieb. Einbußen mußten hingegen die Staatskonzerne der ehemals sozialistischen Länder hinnehmen, die 1991 nur noch 15% der Kupferbergwerksproduktion erwirtschafteten.[242] Diese Daten implizieren, daß die Bedeutung kleinerer Bergbauunternehmen zugenommen hatte und somit sowohl die allgemeine Marktmacht innerhalb der globalen Kupferbergbauindustrie von 1955 bis 1995 abnahm, während der Einfluß privatwirtschaftlicher Akteure nach 1975 wieder angestiegen war.

Schließlich sind noch drei Aspekte hinsichtlich der Entwicklung der Kupferbergbauindustrie in diesem Jahrhundert erwähnenswert. *Erstens* nahm die Zahl der bedeutsamen Kupferbergbauländer im Verlauf dieses Jahrhunderts zu, während gleichzeitig einige zuvor bedeutsame kupferabbauende Länder wie Zaire oder Japan an Bedeutung verloren. Insgesamt läßt sich konstatieren, daß die geographische Konzentration des Kupferbergbaus abnahm, was daran abzulesen ist, daß die 10 größten Kupferländer in 1955 noch nahezu 90% der Weltproduktion auf sich vereinten, während die 10 größten Kupferländer in 1995 nur noch 82% der Kupferbergwerksproduktion erwirtschafteten. *Zweitens* ist zu betonen, daß die Relevanz der Entwicklungsländer als Standorte des Kupferabbaus angestiegen ist. Während in 1970 noch 39%

---

238 Vgl. Mikesell 1988: S. 21-23.

239 Vgl. zu Sambia: Messner 1996: S. 416-422 und zu Zaire: Körner 1993: S. 514-522.

240 Vgl. Göckmann 1992: S. 731-733.

241 Vgl. Mikesell 1988: S. 21-25.

242 Die Daten zu den Anteilen verschiedener Besitzergruppen am globalen Kupferbergwerksoutput in 1991 beruhen auf eigenen Berechnungen. Datengrundlage war das internationale Kupfergrubenverzeichnis, abgedruckt in: Metallgesellschaft AG (Hg.) 1993: S. 120-133.

der Kupferbergwerksproduktion aus Entwicklungsländern stammte, erhöhte sich der Wert bis 1995 auf 47%.[243] Drittens ist schließlich noch darauf hinzuweisen, daß die Erzkonzentrationen im Kupferbergbau in den vergangenen Jahrzehnten deutlich abnahmen. Während der durchschnittliche Kupfergehalt aller Kupferminen in den 1960er Jahren noch 2,15% betragen hatte, betrug er schon in den 1980er Jahren nur noch 0,77%.[244] Als Konsequenz gewann die Tagebaumethode weiter an Bedeutung. Zwar waren in 1991 noch fast die Hälfte aller globalen Kupferminen reine Untertagebergwerke, doch ihr Beitrag zum Weltkupfererzoutput betrug lediglich noch 22%, während der überragende Großteil der Kupfererze in den 1990er Jahren aus großen Tagebauminen stammt.[245]

Nach dieser Schilderung der historischen Entwicklungen im globalen Kupferbergbau stellen sich als anschließende Fragen, welche Vorgänge sich in den Industrieprozessen der Verhüttung, der Raffination und der Kupferverarbeitung vollzogen haben und welche Rolle die Kupferländer in diesen Prozessen eingenommen haben. In den beiden Graphiken der Abbildung 5.21 sind die Mengen an abgebautem, raffiniertem und verarbeitetem Kupfer für verschiedene Länder für die Jahre 1970 und 1995 dargestellt, wobei die Länder auf der Abszisse gemäß des Umfangs ihrer Kupferbergwerksproduktion in 1995 angeordnet sind. Eine Analyse dieser Abbildung vermag einen Einblick in die Struktur und die Entwicklungstrends in der globalen Kupferindustrie zu eröffnen.

Als erstes sei die Situation in 1970 in der Graphik a) der Abbildung 5.21 betrachtet. Die ***kupferreichen westlichen Industrieländer*** USA, Kanada und Australien zeichneten sich in jener Zeit dadurch aus, daß sie innerhalb ihrer Volkswirtschaften sowohl Kupferbergbau und -raffination als auch Kupferverarbeitung betrieben und somit eine national weitgehend vertikal integrierte Kupferindustrie besaßen. Besonders die Vereinigten Staaten waren in 1970 nicht nur das weltweit größte Kupferbergbauland, sondern sie waren zudem das Land mit der größten Produktion in der Kupferraffination und in der Verarbeitung zur Herstellung von Kupferhalbzeugen. Gleichzeitig war die Raffinadeproduktion in allen drei kupferreichen Industrieländern höher als die binnenwirtschaftliche Kupferverarbeitung, so daß diese Länder Nettoexporteure von Raffinadekupfer waren. In den Industrieländern mit nur geringen Kupfervorkommen, wie Japan, Finnland und Schweden, stellte sich die Situation anders dar. Auch dort bestand eine national integrierte Kupferindustrie, doch lag der ökonomische Schwerpunkt auf der Kupferverarbeitung, was insbesondere an Japan, dem drittgrößten Kupferverarbeiter in 1970, sehr deutlich wird.

Auch in allen ***kupferreichen sozialistischen Staaten*** des RGW existierte in den 1970er Jahren eine vertikal integrierte Kupferindustrie, wobei die Produktion in Bergbau, Raffination und Verarbeitung in Polen und Bulgarien nahezu ausgeglichen war. Die UdSSR war hinter den USA der weltweit zweitgrößte Produzent von Raffinadekupfer und Kupferhalbzeug, während sie gleichzeitig als Nettoexporteur von Raffinadekupfer fungierte. In der chinesischen Kupferindustrie lag der Schwerpunkt auf der Kupferverarbeitung.

Bei den ***rohstoffreichen Entwicklungsländern*** lassen sich hinsichtlich der Struktur der nationalen Kupferindustrie in 1970 vier verschiedene Gruppen unterscheiden. Die Länder der ersten Gruppe, zu der Mexiko und Südafrika zu zählen waren, zeichneten sich dadurch aus, daß sie ähnlich weitgehend in der Kupferauf- und -verarbeitung integriert waren wie die kupferreichen Industrieländer. Die zweite Gruppe hatte keine oder nur verschwindend geringe Verarbeitungskapazitäten in der Halbzeugproduktion, während sie jedoch über eine stattliche

243 Die Daten beruhen auf eigener Berechnung auf Grundlage der Datenquellen von Abbildung 5.20.

244 Vgl. Lechner et al. 1987: S. 104.

245 Eigene Berechnungen nach Metallgesellschaft AG (Hg.) 1993: S. 120-133.

Raffinadeproduktion verfügte, die mehr als die Hälfte der eigenen Bergwerksproduktion aufzuarbeiten vermochte. Zu dieser Ländergruppe gehörten 1970 die bedeutsamen Kupferländer Chile, Sambia und Zaire. Die dritte Gruppe enthielt mit Peru und den Philippinen diejenigen Entwicklungsländer, in denen eine nationale Integration der Kupferindustrie nicht existierte, und die lediglich für den Export von Kupfererzkonzentraten produzierten. Die vierte Gruppe bestand schließlich lediglich aus Brasilien, das eine Kupferhalbzeugindustrie besaß, die jedoch keine ausgeprägte Rückwärtsintegration aufwies.

Schließlich existierte in 1970 noch die Ländergruppe der ***rohstoffarmen Industrieländer***, die keine oder nur unbedeutende Kupfervorkommen besaßen, die aber in der Raffination bzw. der Verarbeitung von Kupfer bedeutsame Kapazitäten aufgebaut hatten und daher als Nettoimporteure von Kupfer auftraten. Zu diesen Ländern gehörten diverse westeuropäische Staaten und auch Japan kann angesichts der überproportional ausge prägten Auf- und Verarbeitungsindustrie dazugezählt werden. Drei verschiedene Muster waren in den Kupferindustrien der rohstoffarmen Industrieländer anzutreffen. Die Kupferhalbzeugindustrie in Italien und Frankreich war nicht integriert und sicherte ihre Rohstoffversorgung über den Import von Raffinadekupfer. Japan, die Bundesrepublik Deutschland und Großbritannien, die 1970 unter den Kupferverarbeitungsländern hinter den USA und der Sowjetunion auf den Plätzen drei bis fünf rangierten, verfügten über große Kupferraffinationskapazitäten, die einen großen Teil des binnenwirtschaftlichen Eigenverbrauchs von Kupfer durch die Halbzeughersteller abdeckten. Durch diese Form der Rückwärtsintegration wurde die sogenannte Vorstoffversorgung der heimischen verarbeitenden Industrie mit Raffinadekupfer weitgehend abgesichert, so daß lediglich eine Abhängigkeit vom Erzimport bestand. Schließlich hatten Belgien und Luxemburg in 1970 überwiegend Raffinationskapazitäten aufgebaut, die hauptsächlich mit Erzen aus der ehemals belgischen Kolonie Zaire versorgt wurden. Das raffinierte Kupfer wurde zum Großteil in die anderen westeuropäischen Verarbeitungsländer exportiert.[246]

In den 25 Jahren zwischen 1970 und 1995 vollzogen sich diverse Veränderungen innerhalb der Struktur der globalen Kupferindustrie, die sich deutlich bei einem Vergleich der Graphiken a) und b) der Abbildung 5.21 zeigen. Ein besonders signifikanter Wandel war in den USA zu beobachten. Nachdem der US-Kupferbergbau nach der Überkapazitätskrise der frühen 1980er Jahren mit deutlich verminderten Zuwachsraten anwuchs und im Kupferbergbau durch Chile überholt wurde, entwickelte sich die kupferverarbeitende US-Industrie überproportional im Vergleich zur Bergwerks- und Raffinadeproduktion, so daß die Vereinigten Staaten zum Nettoimporteur von Raffinadekupfer wurden. Eher entgegengesetzt vollzog sich die Entwicklung in Kanada und Australien, die sich nach 1970 vermehrt auf Bergbau- und Raffinadeproduktion konzentrierten und im Bereich der Kupferverarbeitung an weltwirtschaftlicher Bedeutung verloren. Bei den Industrieländern mit eher geringen Kupfervorkommen zeigten sich hingegen besonders in Japan und Finnland Erschöpfungserscheinungen, so daß sich in dieser Ländergruppe eindeutige Schwerpunktverlagerungen auf die Kupferverarbeitung vollzogen. Das Newcomerland Portugal zeigte sich dagegen von Anfang an als unintegriertes Kupferbergbauland.

In den meisten ehemals sozialistischen Staaten waren nach dem Verfall des RGW deutliche Strukturveränderungen in der Kupferindustrie zu beobachten. Die kupferverarbeitende Industrie verlor in der ehemaligen UdSSR, in Polen und in Bulgarien an Bedeutung, so daß diese Länder, die sich nach 1989 dem Weltmarkt öffneten, als Nettoexporteure von Raffinadekupfer und Kupfererz am Weltmarkt auftraten.[247] Einzige Ausnahme ist China, das sich nicht nur als

246 Vgl. zur westeuropäischen Kupferindustrie in den 1970er Jahren: Mezger 1975: S. 62-68.

247 Vgl. Göckmann 1992: S. 731-732.

Abbildung 5.21: **Kupferbergbau, Raffination und Verarbeitung in ausgewählten Ländern in Tausend Tonnen Kupferinhalt, 1970 und 1995**

a) 1970

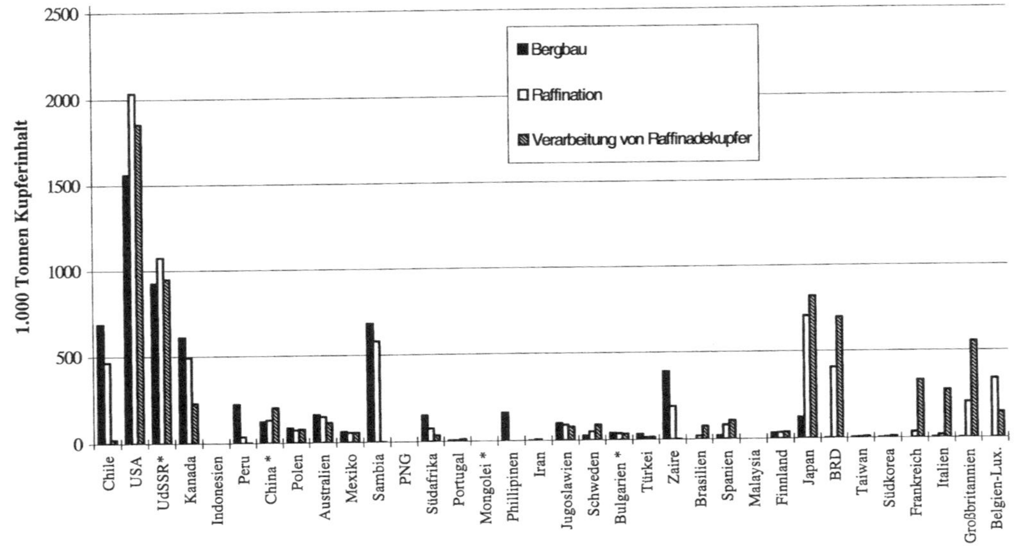

Abbildung 5.21: **Kupferbergbau, Raffination und Verarbeitung in ausgewählten Ländern in Tausend Tonnen Kupferinhalt, 1970 und 1995**
(Fortsetzung)

b) 1995

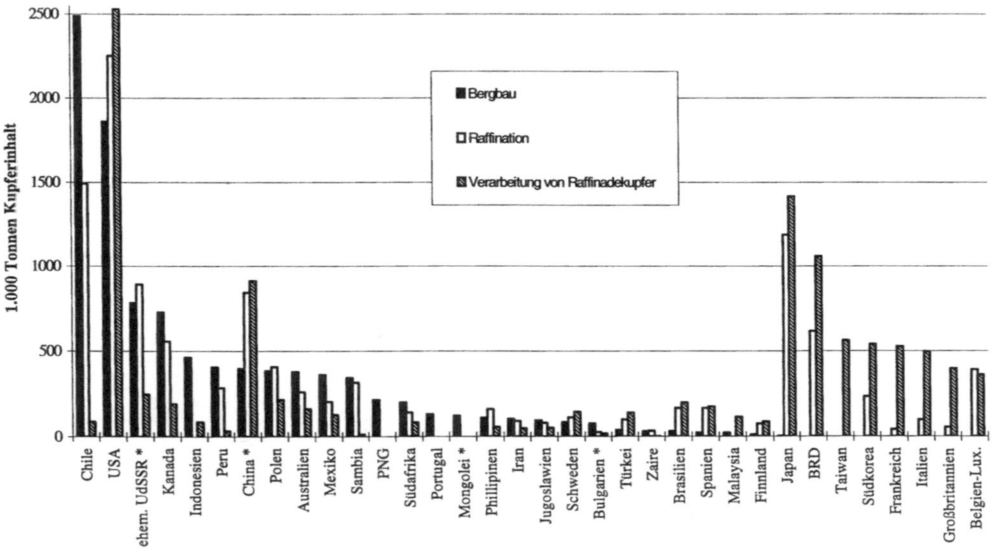

* geschätzte Werte

<u>Datenquellen</u>: Metallgesellschaft AG (Hg.) 1975: S. 26-33 und Metallgesellschaft AG/ World Bureau of Metal Statistics (Hg.) 1996: S. 25-31.

Newcomer-Bergbauland der 80er und 90er Jahre präsentierte, sondern gleichfalls beachtliche Kapazitätsausweitungen in der Kupferverarbeitung erzielte und in 1995 zur viertgrößten Kupferverarbeiternation avancierte.

Bei den Entwicklungsländern vollzog sich von 1970 bis 1995 eine sehr differenzierte Wandlung. In der ersten Ländergruppe mit einer vertikal integrierten Kupferindustrie konnte Südafrika den Anteil des national raffinierten und verarbeiteten Kupfers deutlich steigern, während der mexikanische Kupferbergbau überdurchschnittlich anstieg, so daß sich Mexiko zu einem Nettoexporteur von Erz und Raffinadekupfer entwickelte, ohne jedoch an Weltmarktanteilen in der Kupferverarbeitung zu verlieren. In der zweiten Entwicklungsländergruppe mit einer bis zur Raffination integrierten Kupferindustrie änderte sich an dem Integrationsgrad der jeweiligen Industrie wenig. In Chile wurden besonders die Bergbau- und, etwas weniger ausgeprägt, die Raffinationskapazitäten ausgebaut, während die Kupferhalbzeugindustrie zwar wuchs, doch noch in 1995 lediglich 3,5% des heimisch erzeugten Erzes verarbeitete. Dem generellen Wachstumstrend der chilenischen Kupferindustrie, der mit einem weltwirtschaftlichen Bedeutungszuwachs in allen Prozessen der Kupferindustrie verbunden war, stehen die Schrumpfungsprozesse in den vormals bedeutsamen afrikanischen Kupferländern Sambia und Zaire diametral gegenüber.

Für die dritte Entwicklungsländergruppe der reinen Rohstoffländer ist zu konstatieren, daß sich der Integrationsgrad der Kupferindustrien in Peru und den Philippinen bis 1995 deutlich erhöht hat. Zwar wurden insbesondere nationale Raffinationskapazitäten errichtet, doch zeigten sich auch erste Ansätze einer nationalen Kupferverarbeitung. Für Brasilien als einzigem Entwicklungsland, das in 1970 hauptsächlich Kupferverarbeitung betrieb, sind hingegen für die Zeit bis 1995 deutliche Ansätze einer nationalen Rückwärtsintegration festzustellen, die zwar hauptsächlich auf der Errichtung von Raffinationskapazitäten basieren, aber auch Anstrengungen im Kupferbergbau beinhalten. Als fünfte Gruppe von kupferreichen Entwicklungsländern können schließlich die Newcomer im Kupferbergbau gelten, die sich sehr unterschiedlich präsentierten. Während Papua-Neuguinea und die Mongolei vorerst reine Rohstoffländer blieben, zeigte sich der Iran von Beginn an als Land mit national weitgehend vertikal integrierter Kupferindustrie. Der indonesische Kupferbergbau wurde hingegen hauptsächlich als Versorgungsquelle für die japanische Kupferraffination aufgebaut, doch dort entwikkelte sich auch ohne eigene Raffinadeproduktion eine eigene Kupferhalbzeugindustrie.

Mit den rohstoffarmen, sich industrialisierenden Entwicklungsländern Südostasiens entstand in der Zeit von 1970 bis 1995 eine weitere neue Ländergruppe der globalen Kupferindustrie, die sich hauptsächlich in der Kupferverarbeitung engagierte. Allein die drei Länder Südkorea, Taiwan und Malaysia konnten in den 25 Jahren bis 1995 einen Weltmarktanteil von 10% in der globalen Kupferhalbzeugindustrie erwirtschaften, wobei sich lediglich Südkorea auch in der Raffinadeproduktion betätigte.

Trotz dieser neuen, massiven Konkurrenz aus Südostasien stellten sich in der Ländergruppe der rohstoffarmen Industrieländer kaum bemerkenswerte Veränderungen ein. Sowohl die meisten westeuropäischen als auch die japanischen Unternehmen der Kupferindustrie konnten ihre Weltmarktstellung behaupten, und aufgrund des wirtschaftlichen Verfalls der osteuropäischen Kupferindustrie wurden Japan und Deutschland zu den weltweit wichtigsten Kupferverarbeitern hinter den USA. In der westeuropäischen Kupferindustrie verlor nur Großbritannien an ökonomischer Bedeutung, während in Belgien und Luxemburg der kupferverarbeitende Sektor ausgeweitet wurde.

Mit Bezug auf den internationalen Kupferhandel läßt sich feststellen, daß sich aufgrund der Veränderungen der Produktionsstrukturen in den kupferreichen Ländern Verschiebungen in der Rohstoffversorgungsstruktur der kupferverarbeitenden Länder einstellten. In der westeuropäischen Kupferindustrie wurde zunehmend Raffinadekupfer aus Chile, Peru und den osteuropäischen Ländern bezogen, während die Importe aus Belgien, Luxemburg und den afrikanischen Kupferländern rückläufig waren. Bei der Erzversorgung der westeuropäischen Kupferraffinadeproduzenten gewannen Chile, Papua-Neuguinea und Portugal an Bedeutung. In Japan und Südkorea wurden hingegen Indonesien, Papua-Neuguinea, Chile und die USA zu wichtigeren Kupfererzzulieferern, während die Erzimporte aus Peru und den Philippinen abnahmen.[248]

All diese Veränderungen in der Struktur der globalen Kupferindustrie wirkten sich deutlich auf das Muster der internationalen Arbeitsteilung in der Gewinnung, Raffination und Verarbeitung von Kupfer aus. Ganz allgemein ist zu konstatieren, daß die Gruppe der Entwicklungsländer zwischen 1970 und 1995 in *allen* Prozessen der Kupfergewinnung und Verarbeitung einen signifikanten Bedeutungszuwachs verbuchen konnte. Im Kupferbergbau stieg der Weltmarktanteil der Entwicklungsländer in 1970-95 von 39% auf 49%, während der Industrieländeranteil von 42% auf 33% sank. Dieser Bedeutungsgewinn geht zum Großteil auf das Konto der südamerikanischen Länder Chile, Peru und Mexiko. In der weltweiten Kupferraffination stieg der Entwicklungsländeranteil von 20% auf 27%, während der Industrieländeranteil von 62% auf 53% sank. Dieser erhöhte Weltmarktanteil ist ebenfalls hauptsächlich den südamerikanischen Ländern zuzuschreiben, während die südostasiatischen Länder kleine Zugewinne verbuchten und die afrikanischen Länder Verluste bei den Weltmarktanteilen hinnehmen mußten. In der Kupferverarbeitung wuchs der Anteil der Entwicklungsländer an der Weltproduktion von 4% in 1970 auf 20% in 1995, wobei dieser erhöhte Weltmarkteinfluß auf die rasante Entwicklung der verarbeitenden Kupferindustrie in Südostasien zurückzuführen ist. Die entsprechenden Verlierer von Weltmarktanteilen auf der Industrieländerseite sind insbesondere Kanada und die USA in allen Prozessen der Kupferindustrie, während für die Bereiche Raffination und Verarbeitung auch die Weltmarktbedeutung von Großbritannien zurückging.[249]

Hinsichtlich der Trends in der nationalen vertikalen Integration der internationalen Kupferindustrie ist für die Entwicklungsländer festzustellen, daß in 1970-95 in nahezu allen kupferreichen Ländern außer Sambia und Zaire steigende oder konstante Weltmarktanteile in der Kupferraffination *und* der Kupferverarbeitung anzutreffen sind. Doch der nationale Anteil der heimischen Kupferbergwerksproduktion, der im Inland raffiniert und/oder verarbeitet wurde, stieg lediglich in Südafrika, Peru und den Philippinen, während in anderen Kupferländern wie Chile und Mexiko die Bergbaukapazitäten überproportional ausgeweitet wurden. Ähnliche Tendenzen einer rückläufigen Vorwärtsintegration stellten sich auch in den osteuropäischen Ländern sowie in Kanada und Australien ein. Wird zusätzlich zu diesen Entwicklungen noch die Tatsache berücksichtigt, daß einige neue und vollkommen unintegrierte Kupferländer weltwirtschaftliche Bedeutung erlangten, so ist für die kupferreichen Länder zu schlußfolgern, daß sich insgesamt das Ausmaß der nationalen Integration in den vergangenen Jahren verringert hat. Als Konsequenz hat sich von 1970 bis 1995 die auf dem Weltmarkt verfügbare Menge an Kupfererz und Raffinadekupfer um 137% bzw. 73% erhöht, womit sich das Wachstum der *gehandelten* Kupfermengen deutlich stärker entwickelte als das allgemeine Wachstum in der Produktion von Kupfererz (57%) und Raffinadekupfer (52%).[250] Dieser Trend begünstigte die Ausweitung der Raffinations- und Kupferverarbeitungskapazitäten in den kupferarmen

248 Angaben zu Import-Export-Veränderungen nach Metallgesellschaft AG/ World Bureau of Metal Statistics (Hg.) 1994: S. 261-356.

249 Alle Angaben basieren auf eigenen Berechnungen auf Grundlage der Datenquellen von Abb. 5.21.

250 Alle Angaben basieren auf eigenen Berechnungen auf Grundlage der Datenquellen von Abb. 5.21.

Industrie- und Schwellenländern und verstärkte den Trend zu weltwirtschaftlicher Spezialisierung.

Schließlich seien noch einige Bemerkungen zu der unternehmensbezogenen Struktur der internationalen Kupferindustrie angefügt. Grundsätzlich kann festgestellt werden, daß die unternehmerische vertikale Integration in den kupfererzeugenden Prozessen weit stärker ausgeprägt ist als in den Bereichen der Halbzeugproduktion. Besonders in den kupferreichen Ländern werden Bergbau, Verhüttung und Raffination zumeist von einem Konzern betrieben, so daß die obigen Ausführungen zur Kupferbergbauindustrie nicht nur den reinen Bergbau, sondern auch die aufarbeitenden Prozesse bis zur Raffination betreffen. Anders sieht es hingegen in der Halbzeugindustrie aus, wo teilweise vollkommen unabhängige Unternehmen agieren – oft auch Halbzeugwerke als Unternehmensbausteine von Großkonzernen mit breiter und tiefer Produktpalette. Nichtsdestotrotz sind in einigen Fällen auch Integrationstendenzen zwischen kupfererzeugender und verarbeitender Industrie vorhanden. So besteht besonders im Bereich der Gießdrahtherstellung die Tendenz, daß die Raffinadehütten die Kupferdrahterzeugung als ergänzenden Prozeßschritt ihrer Produktion anschließen. Bei anderen Halbzeugen sind derart weitgehende Integrationsprozesse jedoch eher unüblich. Als diesbezügliche Ausnahme können jedoch die Konzerne *Boliden* und *Outokumpu* genannt werden, die über alle Bereiche der Kupferindustrie integriert sind, angefangen beim Bergbau bis hin zur Halbzeugfertigung und inklusive einer internationalen Logistik- und Vertriebsorganisation. Derartige Strukturen waren früher üblicher, sind heute jedoch nicht mehr sehr weit verbreitet. In den USA ist die Kupferverarbeitung abgesehen vom Gießwalzdrahtbereich generell unabhängig von der Kupfererzeugung, während in Japan bisweilen noch diverse weitgehend integrierte Unternehmen anzutreffen sind.[251]

Hinsichtlich der Marktmacht ist für die Kupferhalbzeugindustrie festzustellen, daß diese angesichts geringerer Investitionserfordernisse als in Bergbau und Raffination weniger hoch ist als in den vorgelagerten Prozessen. Nichtsdestotrotz ist die Halbzeugindustrie ein sehr kapitalintensiver Sektor, in dem im Jahre 1980 jedes westeuropäische Land nur ein oder einige wenige Halbzeugwerke aufwies. Im Verlauf der 1980er Jahren fanden dann weitere Konzentrationsprozesse statt. Diese Entwicklungen vollzogen sich hauptsächlich als Konsequenz der abnehmenden Kupfernachfrage im Endfertigungsbereich, die nicht nur bei den Kupferhütten, sondern auch in den Halbzeugwerken zu Überkapazitäten führten. Der verschärfte Wettbewerb brachte Rationalisierungswellen, erhöhte Fusionsaktivitäten und Konkurse in den Industrieländern mit sich, die eine verringerte Unternehmenszahl und eine erhöhte Marktmacht diverser Unternehmen nach sich zog. Gleichzeitig wurden diese Konzentrationsprozesse jedoch durch das Emporstreben der südostasischen Halbzeugunternehmen konterkariert.[252]

Abschließend ist festzuhalten, daß die Kupferindustrie im Verlauf der vergangen Jahrzehnte einen tiefgreifenden Strukturwandel durchlebt hat. Neue Standorte für Kupferbergbau, Raffination und Verarbeitung haben sich durchgesetzt, der Einfluß staatlicher Unternehmen hat sich aufgrund von Managementdefiziten in einigen Entwicklungsländern und aufgrund des Zusammenbruchs der sozialistischen Staatengemeinschaft verringert und die unternehmerische Marktmacht wurde teils durch neue Akteure reduziert, teils durch scharfen Wettbewerb in Zeiten von Überkapazitäten verstärkt.

---

251 Vgl. Brodersen 1992: S. 1156-1157.

252 Vgl. Brodersen 1992: S. 1159-1163.

5.2.1.3 Energie- und Stoffströme im Kupferlebenszyklus am Beispiel von Kupferdraht

Nach den Ausführungen zu den Anwendungsmöglichkeiten von Kupfer und der Struktur der globalen Kupferindustrie in den vorstehenden Unterkapiteln sollen an dieser Stelle die Lebenzyklus-Stationen eines konkreten Kupferprodukts in bezug auf die jeweiligen Umweltbelastungen betrachtet werden. Gewählt wurde für eine solche Betrachtung das Produkt Kupferdraht mit 0,6 mm Durchmesser und 0,3 mm Kunststoffmantel, für das im Rahmen dieser Arbeit eine ökologische Sachbilanz erstellt wurde, die im Anhang III methodisch beschrieben und datentechnisch in diversen Tabellen aufbereitet wurde.[253]

Vier Gründe waren hauptsächlich dafür verantwortlich, daß die Wahl auf das Kupferprodukt Draht fiel. Erstens waren Ökobilanzdaten verfügbar. Zweitens wird damit der ökonomisch bedeutsamste Anwendungsbereich des Kupfers, die elektrische Leitfähigkeit, betrachtet (vgl. Kapitel 5.2.1.1). Drittens ist das Produkt Kupferdraht in seinen verschiedenen Ausführungen mit Abstand der wichtigste Verbrauchssektor der Kupferindustrie. In der Bundesrepublik Deutschland wurde zu Beginn der 1990er Jahre 39% des verarbeiteten Kupfers zu Drähten, Kabeln und Leitungen[254] umgeformt, und auch in anderen Ländern mit einer bedeutsamen kupferverarbeitenden Industrie ist der Draht der dominierende Produktbereich.[255] Viertens sind Kupferdrähte u. a. in allen elektrischen und elektronischen Endprodukten zu finden, wodurch sie einen sehr hohen endproduktbezogenen Verbreitungsgrad aufweisen. Dieser letzte Grund war auch der Anlaß, mit dem Draht eher ein Vorprodukt zu wählen, das in diverse Endprodukte integriert werden kann. Auf diese Weise wird der Draht hinsichtlich seiner allgemeinen Funktion der Übertragung von elektrischer Energie betrachtet und nicht im Kontext einer zu spezifischen Anwendung, die die Aufmerksamkeit sehr leicht von dem Werkstoff Kupfer ablenkt. Aufgrund dieser Umstände wurde die endproduktspezifische Gebrauchsphase nicht oder eher indirekt in die Untersuchung einbezogen (vgl. Anhang III).

Die verschiedenen Prozesse, die im Lebenszyklus eines Kupferdrahtes stattfinden, wurden im Kontext der ökologischen Sachbilanz in fünf Module eingruppiert, für die dann Energieeinsatzmengen und Materialstoffströme ermittelt wurden.

Das *erste Modul* bezieht sich auf sämtliche Prozesse der Erzgewinnung im Bergbau, wobei die Maßnahmen der Exploration und der Erzabbau*vorbereitung* unberücksichtigt blieben. Es wurden in diesem Rahmen die Energie- und Stoffströme aus vier Kupfergruben einbezogen, die sowohl unterschiedliche Erzkonzentrationen als auch verschiedene Abbaumethoden (Tagebau/Untertagebau) aufwiesen.

Das *zweite Modul* umfaßt die Erzaufarbeitung und damit den Prozeß der Erzzerkleinerung in Kugelmühlen sowie die erste Aufkonzentrierung des Erzes durch Zugabe von spezifischen Chemikalien im Flotationsprozeß, an dessen Ende ein Konzentrat mit etwa 30% Kupferinhalt steht.

---

253 Methodische Fragen zur ökologischen Sachbilanzierung von Kupferdraht werden an dieser Stelle nicht behandelt. Vgl. dazu Anhang III. Dort ist ebenso eine Sachbilanzierung für 50 mm Kupferkabel zu finden, die insbesondere für den Kontext des Kapitels 5.2.2 relevant ist.

254 Zur Klärung der Begriffe Draht, Kabel und Leitung sei folgendes angemerkt: Von Draht wird im Bereich eines Durchmessers von etwa 10 mm gesprochen. Kabel und Leitungen haben größere Durchmesser, werden in den meisten Fällen aus (Gießwalz-)Draht hergestellt und fallen somit in den Produktbereich Draht. Der Unterschied zwischen Kabeln und Leitungen läßt sich hauptsächlich am Medium festmachen, für das sie bestimmt sind. Kabel werden in der Erde verlegt, während Leitungen im oberirdischen Bereich als Strom-Freileitungen und als Installationsleitungen in Gebäuden zu finden sind. Vgl. Fricke 1992: S. 51-52; Rohr 1992: S. 20 und Bruch et al. 1995b: S. 320-321.

255 Vgl. Bruch et al. 1995b: S. 319 und Lyman/Black 1988: S. 1115.

Das *dritte Modul* schließt alle Prozesse ein, die das Kupferkonzentrat durchläuft bis es zu Raffinadekupfer geworden ist. Da im Kontext der ökologischen Sachbilanz die Verhüttungs- und Raffinationsprozesse der Norddeutschen Affinerie AG in Hamburg untersucht wurden, sind folgende Prozesse im dritten Modul einbezogen: Überseetransport des Kupferkonzentrats, Rösten und Schmelzen des Konzentrats im Outokumpu-Schwebeschmelzofen, anschließende Konverterarbeit zur Erzeugung von 99%igem Rohkupfer sowie die abschließende Elektrolyse mit dem Endprodukt Kathodenkupfer, das einen Kupferinhalt von 99,95% aufweist.

Das *vierte Modul* bezieht sich auf die Prozesse der Drahtherstellung mit dem Endprodukt des Kupferdrahtes mit 0,6 mm Durchmesser und 0,3 mm Kunststoffmantel.[256] Berücksichtigt wurde dabei der Transport bis zu den Kabelwerken, der Einschmelzprozeß der Kathoden, das Walzen und Ziehen des Drahtes auf den gewünschten Durchmesser, das Endglühen und die Ummantelung des Drahtes mit Kunststoff. Außerdem wurden im Modul 4 auch der Energieeinsatz und die energiebezogenen Stoffströme der vorgelagerten Prozesse zur Kunststofferzeugung berücksichtigt.[257]

Das *fünfte Modul* umfaßt schließlich die drei restlichen Lebenszyklusstadien des Kupferdrahtes: die Gebrauchs-, die Recycling- und die Entsorgungsphase. Die Gebrauchsphase wurde dabei indirekt in *der* Form berücksichtigt, daß unter Berücksichtigung der durchschnittlichen Produktlebensdauer ein intertemporaler und produktspezifischer Primäranteilmultiplikator ermittelt wurde. Mit Hilfe dieses Multiplikators wurden diejenigen Stoffstromanteile des Drahtes ermittelt, die aufgrund des durchschnittlichen Primärkupferanteils aus den Modulen der Primärkupfererzeugung (Module 1 und 2) zuzurechnen sind.[258] Weiterhin wurden im 5. Modul in direkter Weise die Energie- und Stoffströme des Schrotttransportes, des Schrottshredderns und der Deponieentsorgung abgeschätzt.

Die Daten zu den Energie- und Stoffströmen der fünf Module sind in ausführlicher Weise in Tabelle III.1 und in Kurzform in Tabelle III.2 im Anhang III zu finden. Es sei angemerkt, daß die Ermittlung und Abschätzung der Daten stets sehr konservativ vorgenommen wurde, so daß die Werte tendenziell eher zu niedrig als zu hoch sind. Die Abbildung 5.22 stellt die Ergebnisse der ökologischen Sachbilanz in graphischer Form dar.[259]

Die Werte aus Abbildung 5.22 beziehen sich auf einen 0,6 mm dünnen Kupferdraht mit 0,3 mm PE-Kunststoffmantel, der eine Länge von 98.680 Meter aufweist und bei einem Kupferinhalt von 1.000 kg ein Gesamtgewicht von 1.320 kg besitzt. Bemerkenswert an diesen Daten ist, daß das Massenaufkommen der zu entsorgenden Reststoffe, der Emissionen und des Abwassers, die im Verlauf der einzelnen Prozesse im Lebenszyklus des Kupferdrahtes entstehen, jeweils um ein Vielfaches höher ist als das Gewicht des Endproduktes. So ist das Reststoffaufkommen vom Gewicht her 42 Mal so schwer wie das Endprodukt, das Abwasseraufkommen übertrifft das Endproduktgewicht um den Faktor 24 und auch das Gewicht des Treibhausgases CO_2 übertrifft das des ummantelten Drahtes immerhin noch um das Vierfache. Zusammengenommen erzeugt die Produktion, die Verwendung und die Entsorgung des Kupferdrahts einen

---

256 Im Anhang III wird das vierte Modul für den Kupferdraht als *Modul 4A* bezeichnet, da dort neben der Bilanzierung des Drahtes auch eine Sachbilanz für ein Kupferkabel in Modul 4B ermittelt wird. Das Gleiche gilt für das nachfolgende Modul 5.

257 Vgl. zu weitergehenden Informationen über die erwähnten technischen Prozesse: Deutsches Kupferinstitut 1987: S. 3-5 und Bruch et al. 1995a und b.

258 Vgl. Anhang III für eine ausführliche Diskussion zur Berechnung des Primäranteilmultiplikator.

259 Die Abbildung 5.22 stellt die Stoffstromwerte aus der Tabelle III.2 dar, wobei das Gewichtungsmodell 1b für die vier untersuchten Kupfergruben zugrunde liegt. Vgl. Anhang III.

umweltbelastenden Stoffstrom, der 70 Mal schwerer ist als das Endprodukt.[260] Damit zeigt sich die enorme Bedeutung derjenigen Materialmengen, die nicht als Bestandteil des Endprodukts auftauchen, sondern im Verlauf seiner Lebenszyklusstadien als Abfall und Emissionen entstehen. Im Kapitel 3.3.3.4 wurde ausgeführt, daß die Wissenschaftler des Wuppertaler Instituts derartige Materialmengen als „ökologischen Rucksack" eines Produkts bezeichnen.[261]

Abb. 5.22: Stoff- und Energieströme eines 0,6 mm Kupferdrahtes mit 0,3 mm Kunststoffmantel und 1.000 kg Kupferinhalt (1990/92)

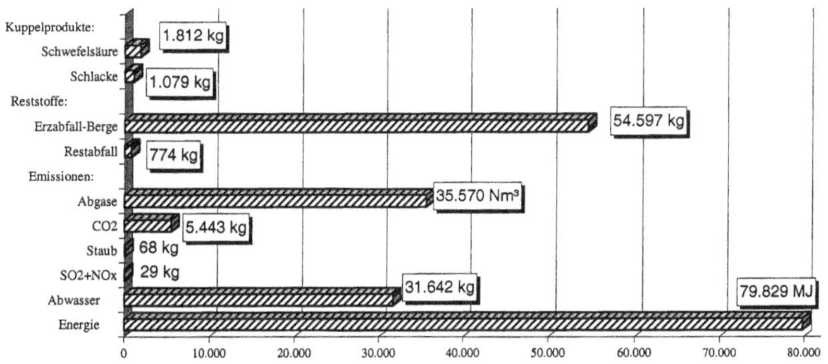

Beträchtlich ist weiterhin auch die massenmäßige Produktion der Kuppelprodukte in Form von Schlacke und Schwefelsäure, die beide durch den Einsatz hochwertiger Umwelttechnologien im Verhüttungsprozeß (Modul 3) entstehen, und die zusammen ein etwa doppelt so großes Gewicht aufweisen wie das Endprodukt in Form von Kupferdraht. Die Schwefelsäure wird unter Einsatz eines großen Energieaufwandes aus der schwefelhaltigen Abluft des Verhüttungsprozesses gewonnen und u. a. als Düngemittelzusatz verkauft. Da die erzielbaren Schwefelsäurekonzentrationen im Vergleich zur Schwefelsäureproduktion aus Schwefelerzen geringer sind, und außerdem die Schwefelsäuremärkte mit minderwertiger Säure aufgrund der zunehmenden SO_2-Verminderungsvorschriften in vielen Ländern überschwemmt wird, werden mit der Schwefelsäure eher geringe Gewinne erwirtschaftet. Die Kupferhütten sind zumeist froh, wenn sie keinen Verlust mit ihrem Kuppelprodukt Schwefelsäure erleiden. Besser steht es um die Schlacke, die u. a. als Befestigungsmaterial von Flußufern und -läufen eingesetzt wird, und die gewinnträchtig verkauft werden kann.[262] Auf diese Weise werden Reststoffe, die

260 Das Abraumaufkommen bleibt bei dieser Rechnung unberücksichtigt, da im Sinne einer konservativen Stoffstromabschätzung unterstellt wurde, daß es im Rekultivierungsprozeß des Bergbaustandorts eingesetzt wird und ein solches „Bodenrecycling" keine Umweltbelastungen verursacht.

261 Vgl. z. B. Hinterberger; Luks; Schmidt-Bleek 1997: S. 6. Es sei angemerkt, daß sich die „Wuppertaler" dabei insbesondere auf Inputströme beziehen, während hier Outputströme bilanziert wurden.

262 Vgl. Langner 1993a: S. 53. Die Angaben basieren weiterhin auf mündlichen Informationen von Vertretern der Norddeutschen Affinerie AG in Hamburg.

ohne den Einsatz von Umwelttechnologien dispergiert oder deponiert worden wären, zu Wirtschaftsgütern, die zumindestens teilweise Gewinne einbringen.

Wenngleich eine Extrapolation der hier gezeigten Daten problematisch ist, weil die ermittelten Werte zum Teil nur geschätzt wurden und die Stoffströme der untersuchten Kupfergruben nicht unbedingt global repräsentativ sind, so läßt sich mittels dieser Daten wenigstens die allgemeine Größenordnung der Stoffströme abschätzen, die von der globalen Kupferproduktion und -verwendung ausgehen.[263] Da sich die Stoffstromdaten auf die frühen 1990er Jahre beziehen, wurde als Referenzjahr das Jahr 1991 gewählt, in dem die globale Jahresproduktion von Raffinadekupfer 10,7 Mio. Tonnen betrug.[264] Wäre in 1991 sämtliches Raffinadekupfer für die Kupferdrahtproduktion verwendet worden, so wären in jenem Jahr Energie- und Stoffströme entstanden, die in ihrer Höhe der Werte in Abbildung 5.22 entsprechen – multipliziert mit dem Faktor $10{,}7 \bullet 10^6$.

Bezogen auf den **Energieverbrauch** ergibt sich auf diese Weise ein Wert von 854 Petajoule (PJ), der von seiner Größenordnung her in etwa dem jeweiligen kommerziellen Energieverbrauch der Länder Norwegen (854 PJ), Dänemark (767 PJ), Schweiz (936 PJ) und Malaysia (825 PJ) in 1991 entspricht.[265]

Für das **Treibhausgas CO_2** kann ein Wert von 58,2 Mio. t ermittelt werden. Diese Menge repräsentiert in etwa drei Promille der globalen CO_2-Jahresemissionen. Sie entspricht damit ungefähr den jeweiligen jährlichen CO_2-Emissionen der Länder Finnland (58,5 Mio. t), Schweden (59,6 Mio. t) und der Schweiz (50,8 Mio. t) in 1991, während sie um mehr als den Faktor 15 unter den CO_2-Emissionsmengen der Industrieländer Japan (1.126 Mio. t) und der Bundesrepublik Deutschland (982 Mio. t) liegt.[266]

Die **SO_2- und NO_x-Emissionen**, die bei einer Produktion von 10,7 Mio. t Kupferdraht entstehen, und die zur Versauerung des Umweltmediums Boden führen, belaufen sich auf 310.000 t. Dieser Wert korrespondiert in seiner Höhe mit einem Anteil von vier Promille an den entsprechenden Gesamtemissionen der OECD-Länder. Damit repräsentieren die sauren Emissionen aus der globalen Produktion und Nutzung von Kupferprodukten eine Emissionsmenge in der Größenordnung der SO_2/NO_x-Einträge der Länder Portugal (353.000 t), Österreich (300.000 t), Norwegen (265.000 t) und Schweiz (236.000 t).[267]

Besonders eindrucksvoll ist das zu entsorgende **Erzabfallaufkommen** aus einer Kupferdrahtjahresproduktion von 10,7 Mio. t, das ein Gewicht von 546 Millionen Tonnen beträgt und damit schwerer ist als das jährliche Hausmüllaufkommen aller OECD-Länder zusammengenommen, das zu Beginn der 1990er Jahre ein Gewicht von 425 Mio. Tonnen aufwies.[268]

---

263 Zu den untersuchten Kupfergruben ist zu sagen, daß nur Standorte mit porphyrischen Vorkommen untersucht wurden. Im Rahmen des Gewichtungsmodells 1b wurde im Anhang dieser Arbeit versucht, eine Grubengewichtung vorzunehmen, die zumindestens den weltwirtschaftlichen Umständen der 1990er Jahre hinsichtlich der globalen Kupfererzdurchschnittskonzentration und der Verteilung der Abbaumethoden entspricht. Vgl. dazu Anhang III. Weiterhin sind alle Werte sehr konservativ bemessen worden, und diverse Prozesse, wie z. B. die Exploration von Kupfervorkommen sowie der Energieeinsatz der Restmüllentsorgung, blieben vollständig unberücksichtigt. Daher führt eine Extrapolation der vorliegenden Stoffstromdaten zu Werten, die das untere Mindestmaß abschätzen.

264 Vgl. Metallgesellschaft AG/ World Bureau of Metal Statistics (Hg.) 1996: S. 29.

265 Eigene Berechnung. Daten zum kommerziellen Energieverbrauch der genannten Länder nach: World Resources Institute/UNEP/UNDP 1994: S. 334-335. 1 Petajoule entspricht 10^{15} Joule.

266 CO_2-Daten nach OECD 1994: S. 31.

267 SO_2- und NO_x-Emissionswerte der OECD-Länder nach OECD 1994: S. 53, 57.

268 In Bezug zum gesamten Industriemüllaufkommen der OECD (1.500 Mio. t) korrespondiert das Aufkommen an globalem Kupfererzabfall mit einem Anteil von 40%. Daten zum Abfallaufkommen der OECD nach: OECD 1994: S. 91.

Obwohl die **sonstigen Abfälle** in Form von Schlamm, Asche und Restabfall in der Abbildung 5.22 im Vergleich zum Erzabfall als vernachlässigbare Größen erscheinen mögen, beträgt ihr extrapoliertes Aufkommen in bezug auf die Kupferjahresproduktion von 1991 immerhin 8,3 Millionen Tonnen. Dieser Wert übertrifft das Hausmüllaufkommen der Niederlande (7,7 Mio. t) bei weitem und ist vergleichbar mit der aufaddierten Hausmüllmenge aus Schweden (3,2 Mio. t), Dänemark (2,4 Mio. t) und der Schweiz (3 Mio. t).[269]

Angesichts dieser beträchtlichen Energie- und Stoffstromwerte der jährlichen Kupferproduktion, die mindestens den Werten und damit den Umweltbelastungen eines mittelgroßen Industrielandes gleichkommen, stellt sich die Frage, ob und inwieweit diese Werte in der Zukunft verringert werden können. Zweifellos wird es zukünftig weitere Anstrengungen geben, aus den Reststoffen der Produktion profitable Kuppelprodukte zu erstellen, so wie derzeit aus den Schwefelemissionen Schwefelsäure hergestellt wird, und so wie es dem innovativen Unternehmen REFIMET in Chile gelang, das Arsen aus den Emissionen der Kupferverhüttung zu extrahieren und profitabel zu vermarkten.[270] Weiterhin ist davon auszugehen, daß sich in allen Prozessen im Lebenszyklus der Kupferprodukte technische und organisatorische Verbesserungen durchsetzen werden, die zu verringerten Stoffströmen und zu einem reduzierten Energieeinsatz führen.

Gleichzeitig ist jedoch zu bedenken, daß zwei Trends einer potentiellen Stoffstromreduzierung durch technischen Fortschritt entgegenstehen. *Erstens* ist der ökonomische Trend zu vermehrtem Rohstoffverbrauch zu nennen. Wenngleich im Anhang II eine Stagnation in der (relativen) globalen Nutzungsintensität der Kupferanwendung konstatiert werden konnte, so ist jedoch angesichts ihrer werkstofflichen Hochwertigkeit und Vielfältigkeit von einer weiteren absoluten Nutzungszunahme der Kupferwerkstoffe auszugehen.

Zweitens sind die geologisch bedingten Verschlechterungen in der Qualität der Kupfererzvorkommen zu berücksichtigen. Hochwertige Vorkommen im Mehrprozentbereich, die derzeit noch in diversen Ländern vorzufinden sind, wo hochwertige Erze gezielt im Untertagebau abgebaut werden, werden in der Zukunft nicht mehr verfügbar sein. Die Erzkonzentrationen werden weiter sinken, und die Tagebaumethode wird sich weiter durchsetzen – mit der Konsequenz ansteigender Energie- und Stoffströme.

Das Ausmaß dieser zwangsläufigen Entwicklung in den kommenden Dekaden läßt sich mit Hilfe der Stoffstromdaten aus der ökologischen Sachbilanz in Anhang III grob abschätzen. Unter den vier Kupfergruben, deren Stoff- und Energieströme bilanziert wurden, befand sich eine Grube (Grube D) mit niedrigen Erzkonzentrationen im Bereich von 0,5%, die im Tagebau bewirtschaftet wird, und die damit diejenigen bergbaulichen Merkmale trägt, die in Zukunft die Regel darstellen werden. Zur Abschätzung möglicher zukünftiger Entwicklungen wurden die Stoffströme des Kupferdrahts auf Grundlage der Bergbau- und Aufarbeitungsdaten dieser Grube ermittelt. Die entsprechenden Daten finden sich in den Tabellen III.1 und III.2 im Anhang III unter der Bezeichnung Modell 1c, das die Stoffströme der Grube D zu 100% in die Rechnung einfließen läßt und damit die anderen Gruben mit besseren geologischen Rahmenbedingungen nicht berücksichtigt.

Das Ergebnis dieser Berechnung, die ansonsten analog zu der „Gegenwarts-"Sachbilanzierung des Modells 1b durchgeführt wurde, läßt sich aus Tabelle III.2 ablesen. Es zeigt sich, daß der Energieeinsatz und die Abgasströme unter diesen Bedingungen um 13-15% höher liegen, die Werte für CO_2- und SO_2/NO_x-Emissionen um 19-22% erhöht sind, während die

269 Vgl. OECD 1994: S. 91.

270 Vgl. Kapitel 5.1.4.

Erzabfallberge um 25% und die Staubemissionen sogar um 73% höher sind. Unter den sonst gleichen Bedingungen bleibt die Menge der Kuppelprodukte gleich und das Restabfallaufkommen steigt nur unwesentlich, während einzig das Abwasseraufkommen drastisch sinkt. Der geringe Abwasserwert ist durch die geologischen und klimatischen Umstände der entsprechenden Kupfergrube zu erklären, und dieser Wert führt gleichzeitig vor Augen, daß eine derartige Extrapolation wegen der individuellen Merkmale verschiedener Bergbaustandorte nicht überbewertet werden sollte. Unter Vernachläßigung des sehr grubenspezifischen Abwasserwertes ergibt sich im Durchschnitt ein Stoffstromwert für den ökologischen Rucksack des Kupferdrahts der Zukunft, der den Gegenwartswert um etwa 25% übertrifft.

Somit ist zu konstatieren, daß eine Verringerung der aggregierten Stoffströme und Energieeinsätze in den Prozessen des Kupferlebenszykluses keine einfache Aufgabe der Zukunft sein wird, da organisatorisch und technisch bedingte Erfolge in der Stoffstromreduzierung stets davon bedroht sein werden, durch die Stoffstromerhöhungen in Folge erhöhter Kupfernutzung und verschlechterter Kupfervorkommen kompensiert zu werden.

Zusammenfassend läßt sich festhalten, daß die Energie- und Stoffströme, die durch die jährliche Produktion und Nutzung von Kupferprodukten entstehen, in ihrer Größenordnung in etwa Stoffströmen entsprechen, die in mittelgroßen Industrieländern pro Jahr erzeugt werden. Prominente Ausnahme ist dabei der giftige Erzabfall, dessen Aufkommen um einige Größenordnungsdimensionen höher ist. Damit sind die Stoffströme aus den Prozessen des Lebenszykluses des Kupferdrahts und anderer Kupferendprodukte als bedeutsame mitverursachende Faktoren wichtiger Umweltkrisen anzusehen, deren Reduzierung eine wichtige Zukunftsaufgabe darstellt, die jedoch angesichts vorherrschender Wachstumstrends in der Ressourcennutzung und Verschlechterungen in den Erzqualitäten große Anstrengungen erfordern wird.

Durch die Diskussion der zukünftigen Stoffstromtrends unter Verwendung der Daten der Tagebaugrube D mit niedrigen Erzgehalten wurde bereits implizit angedeutet, daß die Bedingungen im Bergbaubereich das Ausmaß der Energieeinsätze und Stoffströme maßgeblich bestimmen. Nachfolgend sollen daher die Schwerpunkte der Energieeinsätze und der Stoffströme im Lebenszyklus des Kupferdrahts unter Verwendung der Sachbilanzdaten aus Anhang III näher untersucht werden, um genauer herauszuarbeiten, welche Lebenszyklusprozesse des Kupferdrahts in welchem Ausmaß zu den Energie- und Stoffströmen der Abbildung 5.22 beitragen.

Eine Zurechnung der Stoffstromdaten der ökologischen Sachbilanz für Kupferdraht auf die einzelnen fünf Module wurde im Rahmen der Ökobilanzrechnungen vorgenommen, und die Ergebnisse sind in den Tabellen III.3a und III.3b im Anhang III einzusehen. Die Tabelle III.3a zeigt eine Zurechnung der Stoffströme auf die fünf Module in absoluten Gewichtsgrößen bzw. sonstigen Maßeinheiten, während in Tabelle III.3b die prozentuale Verteilung der einzelnen Stoffstromkategorien über die fünf Module dargestellt ist. Auf Grundlage der Tabelle III.3b wurden die acht Graphiken der Abbildung 5.23 erstellt, die nun näher diskutiert werden sollen.

Vor der konkreten Erörterung der einzelnen Graphiken sind vier Anmerkungen notwendig. *Erstens* ist darauf hinzuweisen, daß die Stoffstromdaten für die Erzeugung des Kunststoffs, der in Modul 4 bei der Ummantelung des Kupferdrahtes verarbeitet wurde, separat dargestellt sind, obwohl diese Werte in der Sachbilanz ursprünglich dem Modul 4 zugerechnet wurden. Der Grund dafür liegt darin, daß die Erzeugung von Kunststoff eher ein Prozeß ist, der – ähnlich wie die Aufarbeitung und Raffination von Kupfer – als Grundstoffproduktion einzustufen ist, die dem Verarbeitungsprozeß von Modul 4 *vorgeschaltet* ist und daher nicht mit ihm zusammengefaßt werden sollte. Die Stoffströme der Kunststofferzeugung werden daher nachfolgend in der Weise behandelt, daß sie eher dem Modul drei zuzurechnen sind. Nichtsdestotrotz sind sie separat abgebildet. *Zweitens* gilt es zu erwähnen, daß die Stoffstromwerte der Module eins und zwei in einigen Fällen aufaddiert dargestellt wurden. Der Grund dafür ist, daß schon die entsprechenden ursprünglichen Daten in BRUCH ET AL. 1995A in dieser Weise präsentiert wurden und daher keine separaten Daten verfügbar waren. *Drittens* ist darauf hinzuweisen, daß die Stoffstromdaten des Moduls 3, also der Kupferverhüttung und der -raffination, gemäß der gewichtsbezogenen Inputverteilung an Primär- und Sekundärkupfer den Modulen drei und fünf zugerechnet wurde, um den Recyclingcharakter des Raffinationsprozesses zu berücksichtigen. Viertens sind die Module 4 und 5 in den Graphiken mit 4A und 5A bezeichnet, da im Anhang III neben einer Sachbilanz für Kupferdraht, die ab dem Verarbeitungsmodul 4 mit dem Zusatz A belegt wurde, zusätzlich noch eine Bilanz für Kupferkabel erstellt wurde, die den Zusatz B erhielt, und die in Kapitel 5.2.2 thematisiert werden wird.

Aus den acht Stoffstromverteilungsgraphiken der Abbildung 5.23 lassen sich ***drei verschiedene Verteilungsmuster*** erkennen. Das erste Verteilungsmuster betrifft die Graphi-ken (a) bis (d) und bezieht sich auf den Energieeinsatz sowie auf die Emissionswerte für CO_2, SO_2/NO_x und das Abgasvolumen. Unter der Prämisse, daß die Prozesse der Kunststofferzeugung als primäre Raffinationsprozesse interpretiert und daher dem Modul drei zugeordnet werden können, entfallen auf diese Raffinationsmodule mehr als 50% des Energieeinsatzes und über 40% der anderen Emissionen. Angesichts des eher geringen Gewichtsanteils des Kunststoffs am ummantelten Kupferdraht (24%), zeigt sich die Kunststofferzeugung mit einem überproportional hohen Anteil im Bereich Energie und CO_2 als sehr energie- bzw. treibhausgasintensiver Prozeß. Die andere Hälfte der Energie- und Stoffströme verteilt sich etwa gleichmäßig auf die Prozesse Bergbau und Aufarbeitung der Module eins und zwei einerseits und auf die Prozesse Verarbeitung, Gebrauch, Recycling und Entsorgung der Module vier und fünf andererseits. Eine leichte Abweichung von diesem Muster ist in Graphik (d) festzustellen, wo die Module 1 und 2 bei den sauren Emissionen von SO_2 und NO_x mit 36% einen größeren Anteil einnehmen.

Ganz anders sieht es in den Stoffstromkategorien Staub, Abfallberge und Abwasser aus, die in den Graphiken (e), (f) und (g) dargestellt sind. Hier liegt eine eindeutige Dominanz der Module eins und zwei bzw. der Prozesse Bergbau und Aufarbeitung vor, die mehr als 90% der entsprechenden Stoffströme auf sich vereinen. Bemerkenswert ist dieser Sachverhalt vor allem aufgrund der Tatsache, daß es sich insbesondere bei den Kategorien Erzabfallberge und Abwasser um Stoffströme handelt, die in extrem großer Masse anfallen. Mit Bezug auf die obigen Ausführungen zum enormen Ausmaß des sogenannten ökologischen Rucksacks ist festzustellen, daß 93% der ihm zugezählten Stoffströme auf Abwasser und Erzabfallberge entfallen.

Das dritte Verteilungsmuster ist schließlich bei den sonstigen Abfällen in der Graphik (g) anzutreffen, die sich hinsichtlich ihrer materiellen Zusammensetzung auf die Stoffstromkategorien Säureschlamm, Kunststoffabfälle und andere zu entsorgende Restabfälle beziehen. Während die Module eins bis vier in etwa ausgeglichener Verteilung etwa ein Viertel der entsprechenden Stoffströme erzeugen, entfällt mit 76% der Großteil dieser Stoffstromkategorie auf die Recycling- und Entsorgungsprozesse des Moduls fünf. Bei einer unterstellten Recyclingrate von Altkupferdrähten von 71,6% entfällt ein Großteil dieser Reststoffe auf den Kunststoff der Drahtummantelung, der mit geringen Kupferspuren durchsetzt als Shreddermüll anfällt. Eine weitere größere Reststofffraktion entsteht durch die Entsorgung von denjenigen Kupferdrähten, die als Teil von komplexeren Produkten nicht in den Recyclingprozeß gelangen, sondern zusammen mit dem Haus- oder Sperrmüll deponiert oder verbrannt werden.[271]

[271] Die Altmaterialreyclingrate (ARR) von 71,6% wurde auf Grundlage der Annahme gewählt, daß in einem Zeitraum von 200 Jahren durchschnittlich etwa 90% der Altautos und 50% des Elektroschrotts der Weltwirtschaft recycelt werden. Vgl. Textteil in Anhang III sowie Tabelle III.1 (Teil 2).

Angesichts der Daten aus den Tabellen III.3a und III.3b zu den absoluten Energieeinsatz- und Stoffstromwerten sowie ihrer Verteilung auf die verschiedenen Module der ökologischen Sachbilanz zeichnet sich ein Modul-Ranking hinsichtlich der Stoffstromschwerpunkte im Lebenszyklus des Kupferdrahtes ab. Da der Großteil der Massenströme in Form von Erzabfall und Abwasser in den Modulen eins und zwei anfällt, während weiterhin über 90% des Staubs, 36% der sauren SO_2- und NO_x-Emissionen sowie etwa ein Viertel des Energieeinsatzes, der Abgase und der CO_2-Emissionen in Bergbau und Aufarbeitung entstehen, sind diese beiden Module am Anfang des Lebenszykluses des Kupferdrahtes als eindeutige Stoffstrom-Schwerpunkte zu identifizieren. Wird die Erzeugung von Kunststoff als primärer Raffinationsprozeß eingestuft und damit dem Modul 3 zugeordnet, so ist dieses Modul als den Modulen eins und zwei nachgeordneter Stoffstrom-Schwerpunkt einzustufen, da es für mehr als 50% des Energieverbrauchs und für etwa 40% der Emissionen (außer Staub) verantwortlich ist. Im Gegensatz zum Ausmaß der Stoffströme in den ersten drei Modulen, wo die Raffination der primären Rohstoffe bzw. die Senkung der materiellen Entropie von einem relativ hohen Wert auf ein Minimum stattfindet, sind die Stoffströme und Energieverbrauchswerte der nachfolgenden Module vier und fünf vergleichsweise gering.

In diesem Kontext ist allerdings zu berücksichtigen, daß das Modul fünf innerhalb der Methodik der ökologischen Sachbilanzierung eine besondere Rolle innehat. So ist das Ausmaß der Stoffströme der Module eins und zwei maßgeblich davon abhängig, wie hoch der Anteil der Sekundärmaterialien in den Verhüttungs- und Raffinationsprozessen ist. In der Kupferdrahtsachbilanz in Anhang III wurden allein aufgrund der hohen Recyclingrate bei Kupfer die zurechenbaren Stoffströme aus den Modulen eins und zwei für die Produktion einer Tonne Draht mehr als halbiert, da der Primärmaterialanteil entsprechend gering war. Zusätzlich fällt bei erhöhten Recyclingraten weniger zu entsorgender Restabfall im Prozeß der Entsorgung an. Somit ist festzuhalten, daß dem Recyclingprozeß in Modul fünf ein potentiell stoffstromreduzierendes Prinzip inhärent ist.

Auch die in Modul fünf enthaltene Gebrauchsphase des Kupferdrahtes – namentlich seine Produktlebensdauer – kann sich auf das Ausmaß der Stoffströme auswirken. Zur Veranschaulichung dieses Umstandes wurden im Rahmen der Berechnungen in Anhang III hypothetische Modellrechnungen zur Ermittlung von Stoffströmen bei verschiedenen Lebensdauerzeiten des Kupferdrahtes erstellt und durchgerechnet.

Als erstes zeigte sich aus den Modellrechnungen, daß die realisierbare jährliche Recyclingrate um so geringer ist, je mehr die Produktlebensdauer ansteigt. So ergibt sich bei einer Lebensdauer von 5 Jahren eine jährliche Recyclingrate von 60%, während sich bei erhöhten Nutzungszeiten von 10 und 20 Jahren nur noch Recyclingraten von 54% bzw. 41% einstellen. Werden diese Raten auf die ursprüngliche Sachbilanz für eine Tonne Kupferdraht bezogen, so ergeben sich bei längeren Lebensdauern des Drahtes höhere Stoffstromwerte (vgl. Tabelle III.4a). Der Grund für diesen paradox anmutenden Sachverhalt liegt darin, daß in der Sachbilanz nur eine Tonne Draht bilanziert wird und nicht die Gesamtproduktion oder der aggregierte Gesamtdrahtbestand, und daß die Rücklaufzeiten bei vergleichsweise kurzer Lebensdauer geringer sind und daher mehr Sekundärmaterial in kurzer Zeit erneut eingesetzt werden kann.

Ganz anders stellt sich die Situation jedoch dar, wenn sowohl die Gesamtproduktion innerhalb eines Zeitintervalls betrachtet wird als auch der intertemporal aggregierte Gesamtbestand an Draht Berücksichtigung findet. In einer Modellrechnung zur Ermittlung der intertemporal aggregierten Stoffstromwerte der Kupferdrahtanwendung bei drei verschiedenen Lebensdauerwerten von 5, 10 und 40 Jahren wurde daher unterstellt, daß im ersten Jahr Kupferdraht mit

Abb. 5.23: Verteilung wesentlicher Stoff- und Energieströme auf die fünf Module der ökologischen Sachbilanz von Kupferdraht (mit 1 t Kupferinhalt)

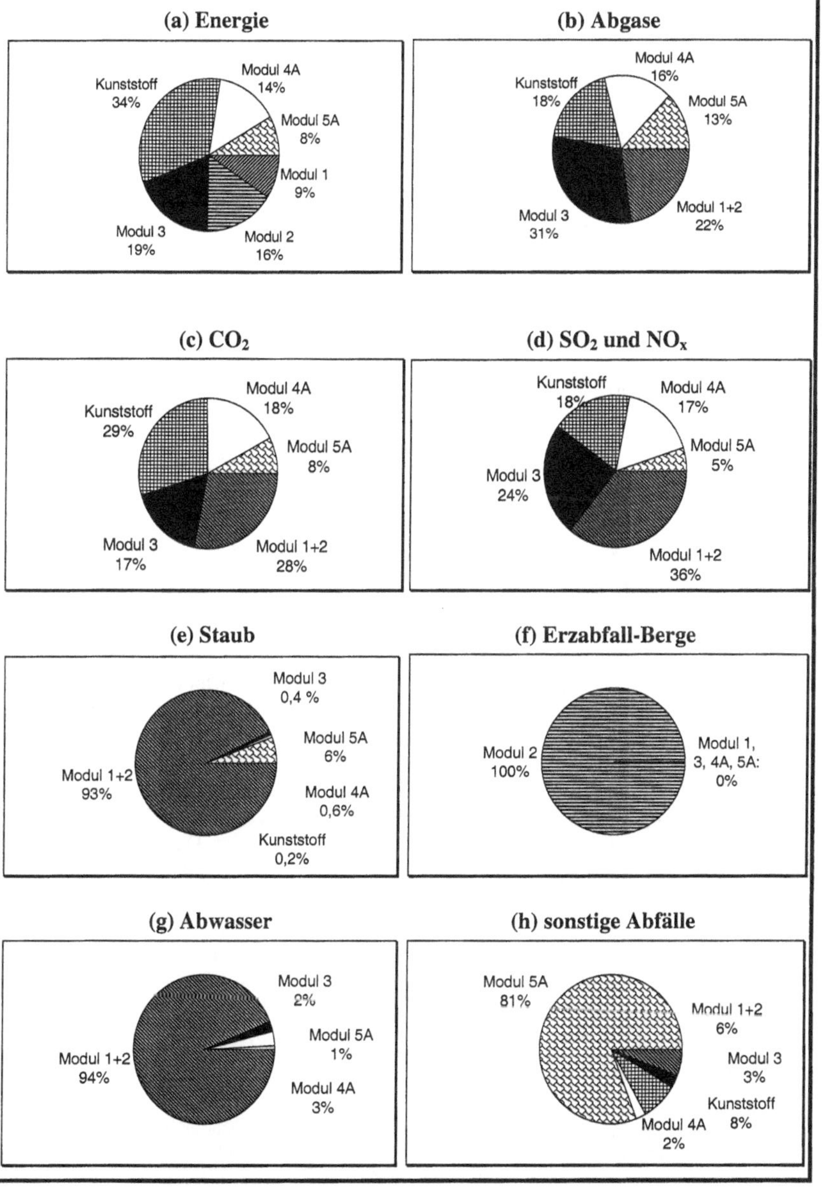

einer Tonne Kupferinhalt produziert wird, daß jeweils eine Altmaterialrecyclingrate (ARR) von 71,6% realisiert wird, und daß sich der Produktionszuwachs in einer Weise entwickelt, daß der volkswirtschaftliche Bestand an Kupferdraht nach 93 Jahren in allen drei Fällen gleich hoch ist.[272] Unter diesen Bedingungen konnten intertemporal aggregierte Produktionszahlen der Drahtproduktion über 93 Jahre für verschiedene Lebensdauerwerte ermittelt werden, die der Realisierung eines bestimmten Reichtumsbestandes in Form von Kupferdraht zugrunde liegen. Für diese aggregierten Produktionszahlen über 93 Jahre wurden dann Stoffstromwerte berechnet, die aus Tabelle III.4b abzulesen sind. Während die jährlichen Recyclingraten erneut die oben erwähnten Werte annahmen, zeigte sich, daß zur Realisierung eines Kupferdrahtbestandes von 110 Tonnen bei einer Lebensdauer von fünf Jahren 669 t Kupferdraht in 93 Jahren produziert werden müssen. Bei einer Lebensdauer von zehn Jahren sind intertemporal noch 423 Tonnen Kupferdraht herzustellen, während bei einer Produktlebensdauer von 40 Jahren nur noch eine intertemporal aggregierte Produktion von 188 Tonnen erforderlich ist (Tabellen III:6a-c). Entsprechend sind die aufaddierten Stoffströme, die *ceteris paribus* intertemporal entstehen, und die in Tabelle III.4b gezeigt sind, bei vierzigjähriger Produktnutzung etwa um den Faktor drei geringer als bei einer Lebensdauer von fünf Jahren – trotz der höheren jährlichen Recyclingrate, die bei der kürzeren Lebensdauer realisiert werden kann. Bemerkenswert ist auch die Differenz zwischen der Jahresproduktion im 93. Jahr bei verschiedenen Lebensdauerwerten. Beim kurzlebigen Draht von fünf Jahren ist die entsprechende Produktion etwa 3,4 Mal höher als beim zehnjährigen und sogar 6,5 Mal höher als beim vierzig Jahre genutzten Draht.

Aus diesen Ausführungen ist zu konstatieren, daß das Modul fünf durch die Prozesse Recycling und Produktgebrauch ein Potential besitzt, spezifische Stoffströme pro Einheit Kupferprodukt durch erhöhte Produktlebensdauer und Recyclingrate zu senken. Durch entgegengesetzte Entwicklungen kann das Modul allerdings auch zu steigenden Stoffströmen beitragen. Aufgrund dieser Zusammenhänge kann das fünfte Modul hinsichtlich des obigen Rankings in bezug auf die Stoffstrom-Schwerpunkte im Kupferlebenszyklus nicht eindeutig eingeordnet werden. Ihm kommt eine Sonderposition zu.

Abschließend soll im Rahmen der Darstellung und Diskussion der Stoffströme in den Lebenszyklusstadien des Kupferdrahtes noch die Bedeutung des Transports thematisiert werden. In der ökologischen Sachbilanz in Anhang III wurden die Stoffströme des Transports nicht separat als Modul bilanziert, sondern jeweils einzelnen Modulen zugeordnet. Die wichtigsten Transportstrecken, die berücksichtigt wurden, betreffen den Überseetransport der Kupferkonzentrate (Modul 3) und den Transport des Kupferschrotts zu den Stätten der Sekundärstoffauf- und -verarbeitung (Modul 5). Die entsprechenden Stoffstromwerte sind in Tabelle III.5 im Anhang III separat und aufaddiert aufgelistet. Es zeigt sich aus diesen Daten, daß die Transportstrecken in der Gesamtbilanz des Kupferdrahtes lediglich 3,6% des Gesamtenergieeinsatzes in Anspruch nehmen und auch nur ein ähnlich geringer Anteil bei den CO_2-Emissionen zu beobachten ist. Die Bedeutung des Transports in diesen beiden Kategorien ist damit geringer als diejenige der einzelnen Module eins bis fünf. Bedeutsam sind die Transportstoffströme jedoch in bezug auf die traditionellen Schadstoffe NO_x, CO und HC, wo Werte zwischen 14-21% im Vergleich zu den Gesamtstoffstromwerten des Kupferdrahtes erzielt werden. Damit liegt der Transport bezüglich der entsprechenden Stoffstromkategorien bei höheren Stoffstromwerten als sie das Modul 5 in der Graphik 5.23 (d) aufweist. Auf Grundlage dieser Daten können die

272 Dafür ist bei einer Lebensdauer von 40 Jahren eine Produktionswachstumsrate von 1,4% notwendig, während die Raten für 5 bzw. 10 Jahre 3,5% bzw. 2,8% betragen. Der Kupferdrahtsachbilanz aus Anhang III liegt eine Lebensdauer von 10 Jahren zugrunde. Vgl. Anhang III, eigene Berechnungen.

Transportprozesse im Rahmen der Kupferdrahtsachbilanz allerdings nicht als vorrangiger Stoffstrom-Schwerpunkt eingestuft werden.

5.2.1.4 Technologische Innovationen im Kupferlebenszyklus und ihre umweltrelevanten Auswirkungen

Technologische Innovationen sind für die Wirtschaftlichkeit ökonomischer Prozeßabläufe sehr bedeutsam. In der globalen Kupferindustrie wurden die Stückkosten des Raffinadekupfers in den vergangenen Jahrzehnten u. a. durch technische Neuheiten, durch verbesserte Praktiken in der Produktionsorganisation und durch Automatisierungsanstrengungen gesenkt, obwohl sich die geologischen Rahmenbedingungen im Bergbau aufgrund stetig sinkender Erzkonzentrationen verschlechterten.[273] Im Kontext dieses Kapitels werden die wichtigsten technologischen Innovationen in den verschiedenen Prozessen des Kupferlebenszykluses beschrieben, wobei auch die Umweltwirkungen der Innovationen in Form veränderter materieller Stoffströme und Energieeinsatzmengen thematisiert werden. Die Diskussion der ausgewählten Innovationen wird im Kontext der Module der ökologischen Kupferdrahtsachbilanz durchgeführt.

In bezug auf die ersten drei Module im Lebenszyklus von Kupferprodukten, in denen das Kupfer vom Rohstoff bis zum Werkstoff aufkonzentriert wird, ist ganz generell festzustellen, daß sich technologische Neuerungen relativ langsam entwickeln und durchsetzen. Der Hauptgrund für diesen Sachverhalt ist die enorme Kapitalintensität der eingesetzten Kapitalgüter und der relativ lange Amortisationsprozeß der eingesetzten Anlagen. Diese Konstellation führt dazu, daß sich die Diffusion technischer Innovationen in Form neuer Prozeßabläufe und veränderter Technologien nur in wenigen Fällen als *Austausch* bestehender Anlagen vollzieht. Üblicherweise sind zwei Formen der Diffusion neuer Technologien zu beobachten. Der erste Fall bezieht sich auf neue Bergbau- und Verhüttungsstandorte, wo häufig modernste und innovative Technologie Anwendung findet. Der zweite Fall betrifft Standorte mit noch nicht amortisierten Kapitalbeständen oder noch gut erhaltenen Anlagen. Technologischer Fortschritt findet in diesem Fall durch sukzessive Optimierungen der bestehenden Anlagen statt, wobei versucht wird, die innovativen Elemente neuer Technologieverfahren im Rahmen der alten Technologie bzw. des alten technologischen Paradigmas anzuwenden und zu integrieren. Angesichts des ausgeprägten Jahrgangseffektes in den Prozessen der Grundstoffgewinnung, der bewirkt, daß Technologien teilweise über Jahrzehnte im Einsatz bleiben, besitzen die verschiedenen Formen inkrementaler Innovation in den kapitalintensiven Prozessen Bergbau, Aufarbeitung und Verhüttung/Raffination außerordentlich hohe Relevanz.[274]

Ein wesentlicher technologischer Wandel im Bereich des **Bergbaumoduls** vollzieht sich seit der Jahrhundertwende mit der Diffusion der Tagebaumethode, die weltweit für etwa zwei Drittel der Kupferproduktion verantwortlich ist und in den USA sogar für etwa 90%. Die Tagebaumethode wirkt kostensenkend, da durch die Automatisierung und den großflächigen Erzabbau insbesondere die Skaleneffekte der Massenproduktion ausgenutzt werden können, während außerdem in Industrieländern teure Arbeitskraft gegen billige Energie substituiert werden kann.[275] Wie bereits im vorangegangenen Unterkapitel gezeigt werden konnte, geht die Diffusion der Tagebaumethode zweifellos mit einem Mehraufwand an Energieeinsatz und Stoffströmen einher. Dieser Tatbestand läßt sich auch durch einen Vergleich der Stoffstromda-

273 Vgl. Pitt/Wadsworth 1981: S. 25 und Mikesell 1988: S. 136-137.

274 Vgl. Langner 1993a: S. 47, Warhurst 1994: S. 69 und die Ausführungen zur Verhüttungstechnologie in diesem Kapitel.

275 Vgl. Mikesell 1988: S. 126 und Pitt/Wadsworth 1981: S. 25.

ten der Untertagebaugruben A und B und der Tagebaue C und D aus der Kupferdrahtsachbilanz aus Tabelle III.1 (Teil 1) in Anhang III untermauern. Gleichzeitig sei jedoch bedacht, daß der technologische Paradigmawechsel zugunsten des Tagebaus nicht zuletzt ein Resultat sich verschlechternder Kupfervorkommen ist und somit auch als *notwendige* technologische Antwort auf sich verändernde geologische Rahmenbedingungen zu verstehen ist.

Weitere technologische Innovationen sind im Bereich des Bergbaus auf verschiedenen Prozeßstufen durchgesetzt worden. Innerhalb eines Tagebaus sind fünf wesentliche Prozesse zu unterscheiden: Das Sprengen von Erzgestein, das Bohren, das Verladen des Gesteins, ihre Beförderung zu den Aufarbeitungsanlagen sowie sonstige Prozesse wie Entwässerung und Rekultivierung. Nach der Studie von PITT und WADSWORTH (1981), die verschiedene Tagebaue der USA gegen Ende der 1970er Jahre hinsichtlich ihrer Energieintensitäten untersuchten, gehörte das Sprengen des Erzgesteins im Tagebau mit einem Anteil am Tagebau-Energieeinsatz von über 19% zu den energieintensiveren Prozessen. Die Energieintensität des Sprengens konnte in vielen Fällen durch den Einsatz des innovativen Plasmasprengverfahren gesenkt werden. Dabei wird das Erzgestein nicht mehr mittels Sprengstoff zerkleinert, sondern durch Nutzung elektrischer Energiestöße. Vorteilhaft ist dabei, daß die Gesteinszertrümmerung in Sekundenschnelle geschieht, die Energiekosten gering sind und die Gasentwicklung dank kontrollierter Sprengung geringer ist.[276] Für den Prozeß des Bohrens ist zu erwähnen, daß im Zeitverlauf qualitativ verbesserte Bohrgeräte und -techniken entwickelt wurden, wie z. B. das Bohren unter Einsatz der Lasertechnik.[277]

Nach PITT und WADSWORTH (1981) war die Beförderung des Erzgesteins zu den Aufarbeitungsanlagen in den 1970er Jahren mit über 62% des Energieeinsatzes der energieintensivste Prozeß innerhalb von Tagebauen. Dieser Umstand erklärt sich daraus, daß pro Tonne Kupferinhalt im Erz gerade bei geringen Erzkonzentrationen enorme Erzgesteinmassen zu den Aufarbeitungsanlagen bewegt werden. Dabei ist der Standort der Aufarbeitung inflexibel, während sich Tagebaue über Flächen von einigen Quadratkilometern erstrecken und die Abbauteufen mehrere hundert Meter betragen können. Innovationen in diesem Bereich erstreckten sich neben dem Einsatz leistungsstärkerer LKW insbesondere auf die Errichtung von Fließbandanlagen, die, an einem zentralen Punkt gelegen, von LKW beliefert werden. Durch diese Neuerung konnten insbesondere Leerfahrten von LKW reduziert werden, wodurch neben dem Energieverbrauch auch das Emissions- und das Staubaufkommen vermindert werden konnte.[278]

Die letzte bergbauspezifische Innovation, die an dieser Stelle besprochen werden soll, ist die Einführung eines Online-Produktionsüberwachungs- und -kontrollsystems. Mit Hilfe einer computergestützten Überwachung eines Tagebaus können Prozeßabläufe optimiert werden, wobei insbesondere das Zusammenspiel von LKW-Beladung mit Erzgestein und LKW-Wartezeiten vor der Beladung verbessert werden kann.[279]

Im **Modul 2, der Erzaufarbeitung,** wird aus dem angelieferten Erzgestein ein Kupferkonzentrat mit einem Kupferinhalt von etwa 30% hergestellt. Dieser Prozeßschritt wurde zur Jahrhundertwende in Großbritannien eingeführt, als das direkte Erzeinschmelzen aufgrund sinkender Erzkonzentrationen immer mehr Probleme mit sich brachte. Die Erzaufarbeitung umfaßt als einzelne Prozeßstufen zuerst das Brechen und Zermahlen des Roherzes zu winzigen Körner und anschließend die Sortierung und Aufkonzentrierung der Minerale im Flotationsprozeß.[280]

276 Vgl. Blaber 1993: S. 376.

277 Vgl. Mikesell 1988: S. 127.

278 Vgl. Mikesell 1988: S. 127 und Pitt/Wadsworth 1981: S. 26.

279 Vgl. Mikesell 1988: S. 127-128.

280 Vgl. Warhurst 1994: S. 16; Lehne 1993: S. 18-19 und Mezger 1980: S. 58.

Die Erzzerkleinerung erforderte in den späten 1970er Jahren nach PITT/WADSWORTH (1981) mit über 70% den Großteil des Energieeinsatzes in Modul 2. Als Innovationen im Zerkleinerungsprozeß sind verbesserte Mahlsteine anzuführen, die Vorsortierung des Gesteins nach ihrer Größe sowie die Verringerung des Mahlsteinbedarfs durch vermehrte Ausnutzung der gegenseitigen Erzgesteinzerkleinerung. Allein der letzte Innovationsgedanke besitzt das Potential einer Energieeinsatzverringerung um 10%.[281]

Die Aufkonzentrierung des gemahlenen Kupfererzes im naßchemischen Flotationsverfahren ist seit der Jahrhundertwende maßgeblich optimiert worden. Das Flotationsprinzip basiert auf der Ausnutzung der unterschiedlichen pH-Werte, bei denen sich einzelne Mineraltypen an Chemikalien anbinden, an der Oberfläche als Schaum absetzen und dann abgeschöpft werden können. Im Laufe der Zeit wurden immer bessere Chemikalien als Flotationsreagenzien entwickelt, die sowohl eine erhöhte Ausnutzung des Kupfergehaltes im Erz als auch eine verbesserte Trennung verschiedener Mineralien ermöglichten.[282] Auf diese Weise konnte das sogenannte „Ausbringen" – d. h. die Effizienz in der Kupfererzausnutzung – erhöht und der „cutoff grade" – das ist die Erzkonzentration, bei der eine Aufarbeitung gerade noch ökonomisch lohnend ist – gesenkt werden. Im Hinblick auf diese inkrementalen Verbesserungen des Flotationsprozesses ist es aus ökologischer Sicht bemerkenswert, daß dadurch eine effizientere Kupfererzausnutzung mit weniger Stoffströmen *pro Einheit* Raffinadekupfer sowie eine verringerte Schwermetallbelastung der Abfallhalden erreicht werden konnte. Gleichzeitig wurden die Abwasserreinigungsverfahren verbessert, so daß eine Kreislaufführung für einige Reagenzien realisiert und die Abwasserbelastung durch die Flotationschemikalien verringert werden konnte.[283]

Desweiteren hielt die computergestützte Überwachung und Steuerung auch in den Prozessen der Aufarbeitung Einzug, wodurch der Prozeßablauf u. a. durch stetige Analysen der Gesteinsgrößen im Vorfeld des Zerkleinerungsprozesses, durch kontinuierliche Analysen der chemischen Zusammensetzung des Erzes und der Einsatzstoffe in den Flotationsbehältern sowie durch Berechnungen der In- und Output-Massenströme optimiert werden konnte. Auf diesem Wege konnte der Throughput der Anlagen vergrößert und die Chemikalienausnutzung verbessert werden, während gleichzeitig Energieeinsparungen bis zu 10% realisiert werden konnten.[284]

Schließlich konnte im Laufe der Zeit auch das Erzabfallmanagement verbessert werden. Die Planung der Erzabfallteiche mit ausreichenden Kapazitäten und undurchlässigem Untergrund sowie der Bau der Dämme sind grundlegende Maßnahmen in der Vorbereitungsphase eines Bergwerkes geworden. Weiterhin wurden Entwässerungspraktiken und Methoden zur getrennten Lagerung des Erzabfalls entwickelt, um das Problems der sauren Abwässer zu mindern. Nicht zuletzt wurden für einige Erzabfälle Verfahren entworfen und umgesetzt, die eine Weiterverwendung als Baustoff ermöglichten.[285]

Im **Modul 3, der Verhüttung und der Raffination,** wird aus dem Kupferkonzentrat Raffinadekupfer hergestellt, wobei die traditionelle Technologie das sogenannte ***pyrometallurgische Verfahren*** ist, das fünf Prozeßschritte erfordert. Zuerst wird das Kupferkonzentrat unter Zugabe von Schlackebildnern oxidierend geschmolzen, wobei sich der Schwefelanteil des Konzentrats als SO_2 loslöst, andere Minerale wie z. B. das Eisen zu Schlacke werden und ein

281 Vgl. Pitt/Wadsworth 1981: S. 28-29 und Mikesell 1988: S. 129.

282 Vgl. Warhurst 1994: S. 16 und Lehne 1993: S. 18-19.

283 Vgl. Warhurst 1994: S. 73.

284 Vgl. Mikesell 1988: S. 130 und Pitt/Wadsworth 1981: S. 28-30.

285 Vgl. Warhurst 1992: S. 42-43 und Warhurst 1994: S. 24-25.

Kupferstein mit 40-75% Kupferinhalt entsteht. Im anschießenden Konverterprozeß folgt eine Oxidation des im Kupferstein noch vorhandenen Eisensulfids und eine Verschlackung oder Verflüchtigung anderer Verunreinigungen mit dem Endresultat des Blisterkupfers, das einen Kupferinhalt von 96-99% aufweist. Parallel zu diesen beiden Prozeßschritten wird das Abgas, das beim Schmelzen und Konvertieren entsteht, abgesaugt und gereinigt, wobei aus dem SO_2 Schwefelsäure hergestellt wird. Das Blisterkupfer, das wegen der vielen Oxidationsprozesse einen hohen Kupferoxidanteil aufweist, wird im Anschluß an den Konverterprozeß dem Anodenofen zugeführt, wo sein Sauerstoffgehalt in diesem vierten Prozeßschritt im Anodenofen durch Reduktion unter 0,2% gesenkt wird. Die restlichen Verunreinigungen von etwa 1% im Kupfer werden schließlich im fünften Schritt in der Elektrolyse beseitigt. Das Kupfer aus dem Anodenofen wird dabei in Form einer Anode in eine schwefelsaure Elektrolytflüssigkeit getaucht, die unter elektrischer Spannung steht. Das Kupfer geht in Lösung und scheidet sich in nahezu reiner Form (etwa 99,95%) am positiven Pol, der Kathode, ab, während sich einige Minerale, wie z. B. die Edelmetalle, im Anodenschlamm absetzen und andere Stoffe in der Elektrolytflüssigkeit verbleiben.[286]

Die Durchsetzung innovativer Verbesserungen in diesen fünf Prozeßschritten gestaltete sich während der vergangenen Jahrzehnte sehr unterschiedlich. Zweifellos wurden aus technologischer Sicht die größten Innovationen im **Schmelzprozeß** realisiert. Der traditionelle Schmelzofen ist der *Flammofen*, in dem das Kupferkonzentrat im sogenannten Badschmelzverfahren eingeschmolzen wird, wobei sich das Konzentrat in einem Behälter befindet und die Schmelzenergie durch die Brenner in Form von Erdgas, Öl oder Kohlenstaub zugeführt wird. Nachteile des Flammofens sind sein sehr hoher Brennstoffverbrauch und eine große Abgasmenge mit eher geringer SO_2-Konzentration pro Einheit Abgasvolumen, wodurch eine rentable Abgasreinigung erschwert wird und daher ein hohes Emissionsniveau besteht. Zusätzlich liegt die Konzentration des Kupfersteins bei nur 35-45%, so daß die nachfolgenden Prozesse mit einem großen Materialthroughput belastet werden. Als Variation des Flammofens ist der Elektroofen zu erwähnen, der durch den Einsatz von Elektrizität als Schmelzenergie weniger Abgase und eine erhöhte Abgaskonzentration erzeugt. Dem potentiell geringeren Emissionsniveau steht dabei jedoch ein sehr hoher Energieeinsatz entgegen.[287]

Die Durchsetzung eines neuen technologischen Paradigmas in der Schmelztechnologie begann 1949, als der erste ***Outokumpu-Ofen*** in Finnland eingesetzt wurde, der das sogenannte Schwebeschmelzverfahren anwandte. Dabei wird das pulverförmige Kupferkonzentrat in getrockneter Form in einen Schachtofen eingeführt, wo es bereits im freien Fall oxidierend geschmolzen wird. Die Luft im Ofen ist dabei mit reinem Sauerstoff angereichert, während die Konzentratpartikel mit dem Sauerstoff gut durchmischt werden. Auf diese Weise werden sowohl die Oxidationsprozesse beschleunigt als auch die chemische Reaktionsenergie besser ausgenutzt. Es entstehen weniger Abgase und eine höhere Konzentration der Schadstoffe pro Einheit Abgasvolumen, wodurch eine Abgasreinigung begünstigt wird. Weiterhin ist der Energieverbrauch beim Schwebeschmelzen deutlich geringer. Ist das oxidierte Kupferkonzentrat am Boden des Ofens angelangt, findet schließlich nur noch die Trennung von Schlacke, Kupferstein und Flugstaub statt. Als Endprodukt entsteht ein Kupferstein mit Konzentrationen über 60%, wodurch der spezifische Materialthroughput der anschließenden Prozeßschritte pro Einheit raffinierten Kupfers verringert wird. Diese neue Schwebeschmelztechnologie wurde seit 1949 in diversen Details immer weiter verbessert, so z. B. durch eine Optimierung des Prozesses mittels Computerüberwachung und -kontrolle. Es wurden mit dem kanadischen

286 Vgl. Langner 1993a: S. 46-51.

287 Vgl. Langner 1993a: S. 48 und Biswas/Davenport 1994: S. 136-141 und S. 149-153.

INCO-Ofen oder dem sowjetischen KIVCET-Ofen auch noch andere Bauarten für die Durchführung des Schwebeschmelzverfahrens gebaut, die vergleichbare Ergebnisse hervorbrachten. Grundsätzlich erwies sich das neue Verfahren in seinen verschiedenen Ausführungen gegenüber dem Flammofen als ökonomisch überlegen und ermöglichte gleichzeitig eine deutliche Reduzierung des Emissionsniveaus und des Energieverbrauchs.[288] Diese technologischen Vorteile bewirkten, daß in vielen Ländern, in denen in den vergangenen Jahrzehnten neue Verhüttungstechnologien mit großen Kapazitäten aufgebaut wurden, die Schwebeschmelztechnologie zum Einsatz kam.[289]

Die technologischen Vorteile des Schwebeschmelzverfahrens beeinflußten die technologische Entwicklung der alten Flammofentechnologie maßgeblich. So wurden die Vorteile des Sauerstoffeinsatzes im Schmelzprozeß ausgenutzt, indem neuartige *Oxy-Fuel-Brenner* entwikkelt und eingesetzt wurden, die verbesserte Oxidationsreaktionen erbrachten, wodurch sowohl Energieverbrauch als auch das Emissionsaufkommen gesenkt werden konnte. Zusätzlich wurde durch eine veränderte Anbringung der Brenner an der Decke des Ofens erreicht, daß die Reaktionspartikel besser durchmischt werden und ein Teil der Oxidationsprozesse in der Gasphase stattfinden. Diese inkrementalen Innovationen führten zu beachtliche Reduzierungen beim Energieeinsatz und beim Abgasaufkommen – sie blieben jedoch hinter den Werten des Schwebeschmelzverfahrens zurück.[290]

Im Gegensatz zu den Fortschritten in der Schmelztechnologie setzen sich im **Konverterprozeß** sehr wenig bemerkenswerte Neuerungen durch. Die traditionelle Anlage für das Konvertieren des Kupfersteins ist der sogenannte Peirce-Smith-Konverter, der bereits seit vielen Jahrzehnten zum Einsatz kommt und stets in kleinen Details verbessert wurde. Forschungsvorhaben zielen darauf ab, den Konverter und den Schmelzofen in einem kontinuierlichen Prozeß zu gestalten. Die Vorteile der kontinuierlichen Prozeßgestaltung werden nach heutigem Stand der Technik jedoch noch von den Nachteilen überwogen. Lediglich mit dem Mitsubishiprozeß ist eine Integration von Schmelz- und Konvertierprozeß gelungen, die wirtschaftlich arbeitet. Dieses Verfahren basiert jedoch auf dem Badschmelzverfahren und weist entsprechende Nachteile auf.[291]

Deutliche Verbesserungen haben sich in den vergangenen Jahrzehnten in der **Abgasreinigung** und der **Schwefelsäureherstellung** eingestellt. Durch eine vollständige Einkapselung des Schmelzofens und des Konverters kann das gesamte Abgas aus jenen Prozessen abgesaugt und einer Reinigung unterzogen werden, wobei Staub, Arsen, Halogene und Quecksilber abgesondert werden und das SO_2 zu 97% in Schwefelsäure umgesetzt wird. Angesichts der strengen Umweltauflagen in manchen Industrieländern wurde eine weitere Behandlungsstufe entwickelt, die eine 99%ige Umsetzung des SO_2 in Schwefelsäure ermöglicht. Für einen profitablen Einsatz einer Schwefelsäureanlage sind SO_2-Konzentrationen im Abgas von mehr als 4% erforderlich. Dieser Wert kann in traditionellen Flammöfen nicht erreicht werden. Aufgrund der Sättigungserscheinungen auf den Schwefelsäuremärkten wird für die Zukunft die Herstellung von reinem Schwefel erwogen. Die derzeitigen Verfahren sind allerdings wegen des hohen Energieverbrauchs und der noch ungelösten Emissionsprobleme sowohl ökonomisch unrentabel als auch aus ökologischer Sicht bedenklich.[292]

288 Vgl. Langner 1993a: S. 47-50, Biswas/Davenport 1994: S. 100-119 und Mikesell 1988: S. 132.

289 Vgl. Langner 1993a: S. 49. So wurden z. B. nach 1970 in Brasilien, Südkorea, Mexiko, Philippinen, Polen und der Türkei neue Schwebeschmelzöfen installiert. Vgl. Metallgesellschaft (Hg.) 1993: S. 136-139.

290 Vgl. Langner 1993a: S. 47-48; Pitt/Wadsworth 1981: S. 32-33 und Kapitel 5.2.1.5.

291 Vgl. Langner 1993a: S. 48-51.

292 Vgl. Langner 1993a: S. 53, 58 und Pitt/Wadsworth 1981: S. 30.

Nur marginale Veränderungen stellten sich in den vergangenen Jahrzehnten beim 4. Prozeßschritt, der Reduktion im **Anodenofen**, ein. So werden heute nicht mehr Baumstämme als Reduktionsmittel zugeführt, sondern Erdgas oder Propan, womit u. a. das Problem der entstehenden flüchtigen organischen Verbindungen gelöst wurde. Desweiteren wurde die Technik des Anodengießens unter Einsatz moderner Verfahren verfeinert.[293]

In ähnlicher Weise waren auch die technologischen Entwicklungen im fünften Prozeßschritt, der **Elektrolyse**, im Vergleich zum Zeitraum, in dem sie sich vollzogen, eher gering. Zu den erwähnenswerten inkrementalen Innovationen seit dem Zeitpunkt ihrer Einführung im 19. Jahrhundert gehören u. a. die Automatisierung des Andodeneinhängens und der Kathodenentnahme aus dem Elektrolysebad. Weiterhin konnte die durchschnittliche Anzahl der energieverzehrenden Kurzschlüsse durch automatische Spannungsmeßverfahren verringert werden, während der Energieeinsatz auch durch ein Abdecken der Bäder reduziert werden konnte. Schließlich werden heute statt der früher üblichen Kathodenmutterbleche aus reinem Kupfer Dauerelektroden aus Edelstahl eingesetzt.[294]

Im Gegensatz zur traditionellen pyrometallurgischen Technologie der Kupferverhüttung durch Einschmelzen, die sich im Zeitablauf langsam und evolutionär entwickelte, fand bei der ***hydrometallurgischen Technologie*** seit 1970 ein qualitativer Sprung statt. Früher wurden hydrometallurgische Verfahren bei nichtsulfidischen Erzen mit hohen Oxidanteilen angewandt, da diese Erze mittels pyrometallurgischer Technologie nicht aufgearbeitet werden konnten. Sie wurden in einer sauren Laugeflüssigkeit behandelt und am Ende stand ein bleihaltiges und daher eher minderwertiges Kupfer, das in einer Elektrolyse nachbehandelt werden mußte. Konkurrenzfähig wurde hydrometallurgische Technologie erst mit der Einführung des sogenannten „Solvent Extraction Electro Winning“ (SXEW)-Verfahrens.[295] Dabei wird das Erz in einem ersten Schritt mit einer Schwefelsäure-Wasser-Lösung gelaugt, so daß eine kupferhaltige Lösung entsteht. Danach wird das Kupfer aus der Lauge durch chemische Prozesse an eine organische Extraktionslösung gebunden (Solventextraktion). Bei Vermischung mit hochprozentiger Schwefelsäure wird das Kupfer von der organischen Lösung getrennt und es entsteht eine hochkonzentrierte Schwefelsäure-Kupfer-Lösung, die als Elektrolytflüssigkeit in einem speziellen Elektrolyseprozeß (Elektro-Winning) eingesetzt wird, wobei reines Kathodenkupfer entsteht, das bisweilen noch höherwertiger ist als das pyrometallurgische Raffinadekupfer.[296]

Das Laugeverfahren kann prinzipiell auf alle Kupfererze angewandt werden. Am einfachsten und rentabelsten ist jedoch die Laugung oxidischer und anderer nichtsulfidischer Erze, da sich in diesem Fall der chemische Laugungsprozeß aufgrund der Mineralogie des Gesteins vergleichsweise schnell vollzieht. Ein übliches Verfahren ist die sogenannte **Haldenextraktion (heap leaching)**, wobei das Erzgestein aus dem Bergbauprozeß auf einem undurchlässigen Untergrund zu Haufen aufgeschüttet und mit einer Säurelösung besprüht wird. Die kupferhaltige Lösung wird am Fuße des Erzhaufens aufgefangen und den SXEW-Anlagen zugeführt. Im Normalfall sind die Erzhaufen drei bis zehn Meter hoch, bedecken eine Fläche bis zu 100.000 Quadratmeter und werden bis zu vier Monate lang gelaugt. Danach wird eine neue Erzgesteinschicht auf den bereits gelaugten Haufen gestapelt und ein neuer Laugeprozeß begonnen. Die-

293 Vgl. Langner 1993a: S. 51.

294 Vgl. Langner 1993a: S. 52-53 und Mikesell 1988: S. 134-135.

295 Vgl. Langner 1993a: S. 54.

296 Vgl. Biswas/Davenport 1994: S. 358-360, S. , 383-386 und S. 401-402.

ser Ablauf wiederholt sich so lange, bis ein weiteres Aufstapeln unökonomisch wird. Dann muß ein neuer Laugehaufen angelegt werden. Auf diese Weise können Erzgehalte von noch unter 0,2% gewonnen und zu Raffinadekupfer verarbeitet werden.[297]

Weitere Merkmale des Laugeverfahrens bestehen darin, daß die Laugung aufgrund der geringen Erzgehalte nur am Bergbaustandort rentabel ist, während aber im Vergleich zu pyrometallurgischen Prozessen SXEW-Anlagen mit vergleichsweise geringer Kapazität von nur etwa 10.000 Tonnen pro Jahr wirtschaftlich betrieben werden können. Weiterhin werden bei diesem Verfahren nur wenige Emissionen an die freie Luft abgegeben. Die Säure- und die sonstigen Lösungsflüssigkeiten können hingegen in Kreisläufen geführt werden, wobei jedoch auch Abwasser anfällt. Problematisch ist hingegen, daß Edelmetalle im Kontext der Laugung bisher nicht separiert werden können. Außerdem ist der Elektrowinningprozeß aufgrund der Sauerstoffbildung an der Anode extrem energieintensiv, so daß die hydrometallurgische Technologie im Vergleich zur pyrometallurgischen Kupferverhüttung im Energieverbrauch ungünstiger dasteht.[298]

Das Problem beim Laugen von sulfidischen Erzen besteht darin, daß der chemische Prozeß komplizierter ist als bei nichtsulfidischen Erzen und sich über sehr lange Zeitperioden erstreckt. In der Praxis können sulfidische Erzgesteine nur unter Mithilfe der Stoffwechselprozesse bestimmter Bakterien gelaugt werden. Die benötigte Bakterienart ist zumeist in den umweltbelastenden sauren Minenabwässern zu finden und kann von dort entnommen und vermehrt werden. Entsprechende bakterielle Laugungsprozesse müssen gemäß der besten Lebensumstände der Bakterien optimiert werden und dauern dann einige Jahre oder gar Jahrzehnte.[299] Aus diesem Grund werden sulfidische Erze nicht gelaugt.

Zunehmende Verbreitung findet jedoch das **bakterielle Laugen von sulfidischem Kupfererz*abfall***, wobei entweder getrockneter Erzabfall gemäß der Haldenextraktion behandelt wird oder aber die sauren Minenabwässer dem SXEW-Prozeß zugeführt werden. Auf diese Weise können parallel zum normalen Bergbaubetrieb zusätzliche Kupferkathoden zu kostengünstigen Bedingungen gewonnen werden[300], während die Toxizität des Abfalls verringert wird. Derzeit wird an biotechnologischen und gentechnischen Verfahren gearbeitet, um Bakterienarten zu züchten, die einen beschleunigten Laugungsprozeß von sulfidischen Erzen ermöglichen.[301] Sollten diese Forschungsanstrengungen von Erfolg gekrönt sein und auch die zuvor genannten Nachteile der hydrometallurgischen Technologie überwunden werden, so könnte die Kupfergewinnung der Zukunft revolutioniert werden. Dann wäre auch vorstellbar, daß der Laugeprozeß *in situ*, d. h. direkt im Erzkörper, vermehrt Anwendung findet. Diese Methode wird derzeit nur in bereits verlassenen Untertagebaubergwerken angewandt.[302]

Hinsichtlich der Wirkungen auf die Umwelt ist zu konstatieren, daß die Emissionsbelastungen der Luft durch vermehrte Anwendung der Laugeverfahren vermindert würden. Bei zunehmender kombinierter Anwendung von pyro- und hydrometallurgischer Technologien würde ein neuer Markt für Schwefelsäure aus den Abgasanlagen der pyrometallurgischen Prozesse

297 Vgl. Biswas/Davenport 1994: S. 366-368

298 Vgl. Langner 1993a; S. 54-55 und Pitt/Wadsworth 1981: S. 32-33.

299 Vgl. Biswas/Davenport 1994: 358-363.

300 Wie bereits in Kapitel 5.1.4 erwähnt wurde, konnte der *Phelps-Dodge-Konzern*, der 1984 Raffinadekupferstückkosten oberhalb des Weltmarktpreises aufwies, seine Kosten durch Einführung der bakteriellen Laugung von Erzabfall deutlich senken. Die Raffinadekupferstückkosten aus der Abfall-Laugung betrugen nur ein Drittel der Kosten des Kathodenkupfers aus dem pyrometallurgischen Verfahren. Vgl. Abrahams 1988: S. 1118-1119.

301 Vgl. Warhurst 1994: S. 17 und S. 33 sowie Blaber 1993: S. 375-376.

302 Vgl. Biswas/Davenport 1994: S. 371-372.

entstehen, da der Laugungsprozeß Schwefelsäure als Prozeßinput benötigt. Doch hydrometallurgische Verfahren bringen auch neue Umweltbelastungen mit sich, wie z. B. Abwässer aus dem Laugungsprozeß sowie mögliche bodenversauernde Sickerwässer aus dem Prozeß der Haldenextraktion. Gleichzeitig entstünde mit dem Einsatz von gentechnisch veränderten Bakterien ein kaum einschätzbares Risiko hinsichtlich der Umweltwirkungen auf die Verbreitung einer gentechnisch veränderten Art.

Im Bereich der **Kupferverarbeitung zu Draht** (**Modul 4**) waren innerhalb der vergangenen Jahrzehnte hauptsächlich drei Innovationen von besonderer Bedeutung. Als erstes ist die Innovation im Halbzeugbereich zu nennen, bei der das zuvor übliche Halbzeug des Drahtbarrens durch den Gießwalzdraht ersetzt wurde. Diese Innovation beim Halbzeug hatte auch Auswirkungen auf die Produktion, da in Kupferhütten zunehmend die Produk-tion von Gießwalzdraht als Form der Vorwärtsintegration in den Prozeßablauf eingegliedert wurde.[303] Desweiteren vollzog sich ein Automatisierungsprozeß wie er auch in anderen Bereichen der verarbeitenden Industrie beobachtet werden konnte. Schließlich vollzogen sich Veränderungen hinsichtlich des Werkstoffeinsatzes bei den Isolationsmaterialien für Kupferdraht. Besonders im Kabelbereich wurden mit der Entwicklung von Kunststoffen zunehmend traditionelle Isolierwerkstoffe aus Papier und Öl durch PVC und PE ersetzt. Das PE hat dabei in jüngerer Zeit aufgrund seiner günstigeren Isoliereigenschaften gegenüber dem PVC an Überhand gewonnen.[304]

Trotz der vielfältigen Innovationen, die im Bereich **Recycling** (**Modul 5**) anzuführen wären, werden hier nur spezifische Neuerungen diskutiert, die für Kupferprodukte von Bedeutung sind.[305] Grundsätzlich ist zu konstatieren, daß Kupferrecycling kein neues Phänomen ist, sondern bereits eine sehr lange Geschichte hat.[306] Die Materialquellen für die Herstellung von Sekundärkupfer zeichneten sich seit jeher dadurch aus, daß sie eine hohe Kupferkonzentration aufwiesen, während komplexere Kupferprodukte mit geringeren Kupferinhalten zumeist über den üblichen Entsorgungsweg entsorgt wurden. Noch heute stellen hochwertige Neu- und Kabelschrotte mit Kupferkonzentrationen um die 90% die wichtigsten Sekundärkupferquellen dar.[307] Nichtsdestotrotz wurden in jüngerer Zeit technische Methoden und Verfahren entwikkelt und eingeführt, die sowohl ein massenhaftes Recycling von Sekundärkupfer als auch ein Recycling von Altschrotten mit geringeren Konzentrationen ermöglichten. Diese Entwicklungen wurden neben dem wachsenden Massenaufkommen von Kupferschrotten aller Art insbesondere auch durch die sich zuspitzende Situation in der Abfallentsorgung in den Industrieländern begünstigt. Die neuen Recyclingverfahren trugen zu einer Entlastung der Umwelt bei, da sie zur Verringerung des Abfallaufkommens und zur Schonung von Primärressourcen beitrugen. Für das Kupferrecycling können *drei Innovationsbereiche* unterschieden werden.

Erstens ist die *Einführung von Sekundärkupferhütten* zu nennen, die in Kupferverbraucherländern errichtet wurden, und die ausschließlich dem Recycling von hochwertigen Kupferschrotten dienen. Dem technischen Prinzip nach handelt es sich dabei um Hütten mit pyrome-

303 Vgl. Brodersen 1992: S. 1157 und Bruch et al. 1995: S. 321.

304 Vgl. Steckel 1992: S. 4-8.

305 Auf die technologischen Innovationen in den Prozessen Entsorgung und Produktgebrauch wird an dieser Stelle nicht näher eingegangen. Es sei lediglich erwähnt, daß die Technologieentwicklung im Bereich der Abfallentsorgung in den vergangenen 30 Jahren deutliche Verbesserungen mit markanten Umweltentlastungseffekten hervorbrachte – sowohl bei den Deponierungs- als auch den Verbrennungsverfahren.

306 Das berühmteste Beispiel für Kupferrecycling ist aus der Antike bekannt, wo das Bronzematerial der Statue „der Koloß von Rhodos" nach seiner Zerstörung durch ein Erdbeben eingeschmolzen und verkauft wurde. Vgl. Arpaci/Vendura 1993: S. 340.

307 Vgl. Deutsches Kupferinstitut 1990: S. 5.

tallurgischen Anlagen, wie sie oben beschrieben wurden. Das innovative Element dieser Hütten besteht darin, daß der Prozeßablauf besser auf das Einsatzmaterial abgestimmt ist und daher z. B. Nebenprozesse zur Verarbeitung typischer Kuppelprodukte des Kupferrecyclings vorhanden sind. Im Gegensatz zu einer Primärhütte, die als wichtigen Prozeßschritt eine Schwefelsäureanlage aufweist, ist eine solche Anlage in Sekun-därhütten nicht erforderlich, da im Sekundärkupferschrott kein Schwefel enthalten ist. Dafür beinhalten Kupferschrotte Materialien wie Zink, Blei, Zinn und Edelmetalle, die in reiner oder kombinierter Form als Kuppelprodukte anfallen und eine Aufarbeitung zu einem verkaufsfähigen Produkt erfordern. Entsprechende Prozesse zur Kuppelproduktbearbeitung sind daher den Sekundärhütten in Form von Nebenbetrieben angegliedert.[308]

Es sind jedoch nicht alle Kupferschrotte hochwertig genug, um direkt einer Sekundärhütte zugeführt zu werden. Daher entstanden im Zeitablauf mit dem Anfall immer komplexerer Schrotte neue Trennverfahren, die der Sekundärverhüttung vorgeschaltet wurden.

Als *zweiter* Innovationsbereich des Kupferrecyclings sind daher die *mechanischen Trennverfahren* anzuführen, die auf physikalischen Prinzipien beruhen, und die in den vergangenen Jahrzehnten sukzessive entwickelt und eingesetzt wurden. Inputschrotte für entsprechende Anlagen sind z. B. komplexe Elektroschrotte der weißen und brauen Ware (Küchengeräte bzw. Geräte der Unterhaltungstechnik) sowie Computerschrott und Altautos. Obwohl für verschiedene Schrotte spezifische Trennverfahren bestehen, sind ganz generell bestimmte Prozeßschritte in jedem Fall notwendig. Zuerst werden die komplexen Schrotte manuell zerlegt. Dabei werden z. B. bei Fernsehgeräten und Computern die Gehäuse entfernt, die Kupferkabel zur separaten Aufarbeitung abgetrennt und Schadstofffraktionen wie Bildschirmglas oder Batterien entnommen. Bei Altautos werden noch funktionsfähige Teile abmontiert, die als verkaufsfähige Gebrauchswaren in Form von Austauschmotoren, gebrauchten Stoßstangen etc. weitere Anwendung finden können. Desweiteren werden Altautos manuell trockengelegt, d. h., daß sämtliche Betriebsflüssigkeiten wie Öl und Benzin entnommen werden. In einem anschließenden Schritt werden die Schrotte in Shredderanlagen zerkleinert. Je nach dem erforderlichen Ausmaß der Zerkleinerung sind verschiedene Zerkleinerungsmühlen entwickelt worden, die den Schrott auf bestimmte einheitliche Korngrößen bringen. In Abhängigkeit vom Schrottyp schließen sich dann verschiedene Prozesse zur weiteren mechanischen Trennung an. Folgende Verfahren kommen dabei u. a. zum Einsatz: die Magnetscheidung sorgt für die Aussortierung von Eisenmetallen; Buntmetalle können durch das Verfahren der Wirbelstromtrennung abgeschieden werden; im sogenannten Sichter werden leichte und schwere Teile getrennt und in Schwimm-Sink-Anlagen findet eine Stofftrennung gemäß der unterschiedlichen Dichte der jeweiligen Partikel statt.[309]

Viele Neuerungen bei den Trennverfahren zielten darauf ab, das Aufkommen und die Toxizität der zu entsorgenden Reststoffe möglichst zu minimieren und Umweltbelastungen durch das Recycling zumindestens so gering zu halten, um nationale Umweltstandards nicht zu verletzen. So wurden z. B. für Draht- und Kabelschrotte mit Kunststoffmantel spezielle Kabelaufarbeitungsanlagen zur Trennung des Kupfers von dem Mantel entwickelt, da das früher übliche Vorgehen der direkten Kabelzuführung in die Primär- oder Sekundärhütten und die damit verbundene Abbrennung des Kunststoffmantels mit der Entstehung hochgiftiger Emissionen wie Dioxinen und Furanen verbunden war.[310]

308 Vgl. Deutsches Kupferinstitut 1990: S. 7-10 und Arpaci/Vendura 1993: S. 344.

309 Vgl. Langner 1994: S. 882-884; Deutsches Kupferinstitut 1990: S. 6-7; Aparci/Vendura 1993: S. 342-344. Vgl. für eine Diskussion des Altautorecyclings: Donner 1995: S. 40-51.

310 Vgl. Breer et al. 1992: S. 129-132 und Langner 1993b: S. 69.

Da sehr komplexe Kupferschrotte mechanisch in nicht ausreichender Weise getrennt werden können, sind in jüngster Vergangenheit *nichtmechanische Sonderverfahren* entwickelt worden, die hier als *dritter Innovationsbereich* des Kupferrecyclings thematisiert werden. Der wichtigste Anwendungsbereich für Sonderverfahren sind Elektronikschrotte, die bis zu 20% Kupfer enthalten, und zu denen z. B. Leiterplatten und Platinen aus Computern und sonstigen elektronischen Geräten zählen. Zweifellos wird angesichts der zunehmenden Elektronisierung das Aufkommen dieser Schrottkategorie in Zukunft deutlich zunehmen. Das Problem mit diesem Schrott besteht darin, daß es sich um komplex verknüpfte Metall-Kunststoff-Materialverbunde handelt, die mechanisch nicht zu trennen sind. Als innovative Trennverfahren bieten die selektive Laugung, die Pyrolyse, die Verbrennung und die Verarbeitung im Primärhüttenkonverter mögliche Optionen. Alle Verfahren sind bisher jedoch noch mit Problemen behaftet. Die selektive Laugung ist lediglich geeignet, um die Metalle an der äußeren Hülle des Schrotts zu entfernen, während die Anteile im Inneren der Kunststoffmatrix nicht zurückgewonnen werden können. In der Pyrolyse werden die Kunststoffanteile unter hohen Temperaturen zersetzt und das Metall wird zurückgewonnen, wobei allerdings Emissionsprobleme mit Halogenen bestehen und eine aufwendige Prozeßabdichtung wegen hoher Explosionsgefahr notwendig ist. Die Schrottverbrennung mit der Folge eines Abbrennens des Kunststoffes und der dadurch bewirkten Freilegung des rückgewinnbaren Metalls ist wegen der entstehenden Dioxine sehr bedenklich. Zur Verhinderung von toxischen Emissionen wären hohe Verbrennungstemperaturen und aufwendige Abgasbehandlungen erforderlich. Naheliegend ist daher der direkte Einsatz von Elektronikschrott in den Konverter einer Kupferhütte, wie es bisweilen in der Hamburger Primärhütte praktiziert wird. Dort werden hohe Temperaturen von über 1000°C erreicht, während eine aufwendige Abgasreinigung die Emissionsbelastung gering hält. Aus prozeßtechnischen Gründen der Zusammensetzung des Konvertermaterials können dort jedoch nur begrenzte Elektronikschrottmengen verarbeitet werden.[311]

Das Ausmaß der Anwendung und Weiterentwicklung der hier beschriebenen innovativen Recyclingtechnologien ist maßgeblich von den ökonomischen Rahmenbedingungen abhängig. Die Primärkupferpreise, die Entsorgungskosten für komplexen Altschrott, die Kosten der Schrotteinsammlung, der verwertbare Materialinhalt, die Komplexität des Schrottes und die Kosten der Schrottaufarbeitung sind neben nationalen umweltpolitischen Vorschriften wesentliche Einflußfaktoren für das Ausmaß des Schrottrecyclings.[312] Unter den derzeitigen Rahmenbedingungen in Industrieländern ist das Recycling von hochwertigem Neu- und Kabelschrott zur Routine geworden. Die Stoffrückgewinnung aus Altautos hat sich in den vergangenen 20 Jahren aufgrund steigender Deponiekosten und umweltpolitischer Vorschriften durchgesetzt, so daß heute etwa 90% der Altautos einem Recyclingprozeß zugeführt werden. Bei Computern sind die Recyclingaktivitäten rege, was insbesondere auf den Edelmetallanteil in der Computerhardware zurückgeführt werden kann.[313] Weniger erfreulich sind die Trends bei den komplexen Elektro- und Elektronikschrotten, die zum Großteil über den Weg des Hausmülls entsorgt werden, wodurch der Kupferanteil dieses Abfalls entweder auf dem Wege der Verbrennung oder durch Deponierung breit dispergiert wird.[314] Besonders bedenklich ist die

311 Vgl. (auch für die Beschreibung weiterer Sonderverfahren): Langner 1993b: S. 71-73; Arpaci/ Vendura 1993: S. 344-345; Fischer 1993: S. 381 und Deutsches Kupferinstitut 1990: S. 10.

312 Vgl. Bomsel 1992: S. 946 und Langner 1993b: S. 68.

313 Vgl. Fischer 1993: S. 380 und Bhakta 1994: S. 36.

314 Vgl Fischer 1993: S. 380.

Verbrennung von Kupferschrott mit dem Hausmüll, da Kupfer als Katalysator von chemischen Prozessen die Entstehung von toxischen Emissionen begünstigt.[315]

Weitere Innovationen im Bereich des Recyclings haben nicht im Recyclingsektor selber, sondern vorgelagert im Entwicklungs- und Konstruktionsprozeß komplexer Produkte stattgefunden. So ist beispielsweise *AEG* bei der Konstruktion der Waschmaschinen dazu übergegangen, Kabelstränge in einem neu entwickelten Baugruppenstecker zu bündeln, die Motoren nicht mehr zu verschrauben, sondern mit Steckverbindungen zu befestigen und die Kunststoffteile zu kennzeichnen. Auf diese Weise ist die Demontierbarkeit der Geräte verbessert worden, während die Materialkennzeichnung die Stofftrennung und -verwertung vereinfachte.[316] Im Bereich des Computerbaus hat *IBM* begonnen, die Materialvielfalt bei den Kunststoffen zu reduzieren. Während früher noch über 70 verschiedene Kunststoffsorten im Computer vorzufinden waren, sind es heute nur noch 20, und das selbstgesteckte Ziel liegt bei zwei bis fünf Sorten. Durch solche Anstrengungen in der Werkstoffauswahl wird die sortenreine Kunststoffverwertung der Zukunft erleichtert.[317]

Auch die Autokonstrukteure sind teilweise dazu übergegangen, die Recyclingfähigkeit ihrer Kraftfahrzeuge zu erhöhen und bereits bei der Konstruktion neuer Fahrzeuge ihre spätere Demontage und Verwertung einzubeziehen. So wird z. B. im Rahmen des entsprechenden Altfahrzeugrecyclingkonzepts von *Mercedes-Benz* bei der Werkstoffauswahl auf Umweltverträglichkeit und Kreislauffähigkeit geachtet. Kunststoffteile mit mehr als 100 Gramm Gewicht werden gekennzeichnet und nur dort eingesetzt, wo sie funktionelle Vorteile erbringen, während nichtrecyclierbare Verbundwerkstoffe weitgehend vermieden werden. Desweiteren wird auf demontagefreundliche Konstruktion geachtet, so daß eine unkomplizierte Entnahme derjenigen Bauteile möglich ist, die entweder so hochwertig sind, daß sie auch noch nach der Außerbetriebnahme des Fahrzeugs aufgearbeitet und verkauft werden können, oder bei denen eine stofflich getrennte Verwertung sinnvoll ist, wie es z. B. im Fall des kupferhaltigen Kabelbaums der Fall ist.[318]

Es ließen sich weitere Beispiele für eine verbesserte Recyclingfähigkeit von Produkten durch veränderte Konstruktion anführen. Wesentlich ist in diesem Kontext allerdings die Tatsache, daß Innovationen im Bereich des Recyclings nicht erst im Stadium der Außerbetriebnahme von Produkten ansetzen müssen, sondern daß bereits in der Entwicklungsphase relevante Verbesserungen erzielt werden können.

Zusammenfassend kann festgestellt werden, daß sich die technologischen Entwicklungen in den Lebenszyklusstadien von Kupferprodukten in den vergangenen Jahrzehnten in vielen Fällen umweltentlastend ausgewirkt haben. Häufig führten neue technologische Verfahren oder inkrementale Verbesserungen zu Einsparungen im spezifischen Energieverbrauch und zu verminderten Emissionsbelastungen – besonders in den sehr umweltintensiven Stadien. Bisweilen nahm der Energieeinsatz durch Einsatz neuer Technologien zu, während aber in manchen Fällen gleichzeitig die Emissionsbelastung gesenkt werden konnte. Schließlich vollzogen sich aber auch einige technologische Entwicklungen, die mit einer erhöhten Umweltbelastung einhergingen, wie z. B. die Diffusion der Tagebaumethode. Als Fazit der Betrachtung der intertemporalen Technologieentwicklung im Kupferlebenszyklus kann jedoch ganz generell von einer spezifischen Umweltentlastung durch technischen Fortschritt gesprochen werden.

315 Vgl. Scheinberg 1991: 895.

316 Vgl. Breer et al. 1992: S. 123.

317 Vgl. Breer et al. 1992: S. 166.

318 Vgl. Razim/Kaniut 1992: S. 144-148.

5.2.1.5 Die Umweltrelevanz von technologischen Lücken und Managementdefiziten im Kupferlebenszyklus

Die in Kapitel 5.2.1.3 vorgestellten und diskutierten Ergebnisse der ökologischen Sachbilanz für Kupferdraht bezogen sich zumindestens für die Lebenszyklus-Module drei bis fünf, also von der Verhüttung bis zur Entsorgung, auf den weltweit besten Stand der Technik. Damit ist die technologische Konstellation in der globalen Kupferindustrie nicht angemessen repräsentiert, da besonders in bezug auf die Verhüttungsanlagen in vielen Ländern noch heute alte Anlagen vom emissions- und energieintensiven Flammofentyp betrieben werden. Das gilt besonders für Entwicklungsländer, in denen Kupferbergbau mittels staatlicher Bergbauunternehmen durchgeführt wird. Beispielhaft mag der Fall des afrikanischen Kupferlandes Sambia angeführt werden. Dort wurden in den 1920er Jahren durch die beiden multinationalen Konzerne *AMAX* und *AAC* große Verhüttungs- und Raffinationskapazitäten errichtet, wobei u. a. drei traditionelle Flammöfen gebaut wurden. In den Jahren 1970-75 wurden die multinationalen Konzerne sukzessive verstaatlicht, die Verhüttungsanlagen wurden von der neuen staatlichen Gesellschaft (*ZCCM*) übernommen und sind bis heute in Betrieb – also insgesamt seit etwa 70 Jahren.[319]

Doch die Betreibung alter Verhüttungsanlagen ist nicht eine Angelegenheit, die ausschließlich in Entwicklungsländern anzutreffen ist. Auch in den drei großen Bergbauländern USA, Kanada und Australien waren noch 1992 acht alte Flammöfen in Betrieb, die zusammen eine Produktion von mehr als einer Million Tonnen Blisterkupfer aufwiesen, und somit mittels alter Technologie etwa 10% der Weltkupferproduktion erzeugten. Global gesehen wurden zu Anfang der 1990er Jahre noch genau 38% der weltweiten Kupferraffinadeproduktion unter Verwendung der alten Flammofentechnologie hergestellt.[320]

Um die Bedeutung des Jahrgangseffektes in der Verhüttungstechnologie und der daraus resultierenden technologischen Lücken für die globale Umwelt abzuschätzen, wurden im Kontext dieser Arbeit Berechnungen angestellt, um die Differenzen in der Umweltbelastung zwischen dem besten Stand der Technik (Outokumpu- oder andere Schwebeschmelzöfen) und verschiedenen alternativen Technologien (Flammofen, Elektroofen, SXEW-Laugung) am Beispiel des Energieeinsatzes und der SO_2-Emissionen abzuschätzen. Drei Quellen dienten dabei als Datengrundlage für die Berechnungen, deren Ergebnisse in Tabelle 5.4 zusammengefaßt sind. Aus dem globalen Kupferhüttenverzeichnis von 1991/92, das in METALLGESELLSCHAFT AG (Hg.) 1993 (S. 136-138) abgedruckt ist, wurden Angaben zu allen Hüttenstandorten und verwendeten Technologien für 1991 entnommen. Die Energieeinsatzmengen für den gesamten Verhüttungsprozeß inklusive Raffination unter Verwendung der Verhüttungstechnologien des Flammofens, des Oxy-Fuel-Flammofens, des Elektroofens und der SXEW-Laugung wurden der Studie von PITT und WADSWORTH von 1981 entnommen. Diese Autoren hatten die Energieeinsatzmengen von Verhüttung und Raffination für verschiedene Verhüttungstechnologien an diversen US-Kupferhüttenstandorten untersucht. Wenngleich die Daten dieser Studie verglichen mit dem zugrunde gelegten Basisjahr 1991 etwa 10 Jahre veraltet sind, so wurde ihre Verwendung angesichts der geringen Geschwindigkeit der technologischen Innovationen im Bereich der Verhüttungstechnologien als legitim erachtet. Der Energieeinsatzwert für den Verhüttungsprozeß unter Verwendung des modernen Outokumpu-Ofens wurde aus dem Modul 3 der Kupferdrahtsachbilanz entnommen, wobei der dortige Wert aus methodischen Gründen der

---

319 Vgl. Messner, F. 1996b: S. 409-411.

320 Eigene Berechnungen nach dem Kupferhüttenverzeichnis, abgedruckt in Metallgesellschaft AG (Hg.) 1993: S. 136-138.

Vergleichbarkeit mit den Werten aus PITT/WADSWORTH (1981) um den Energieverbrauch des Überseetransports der Konzentrate vermindert wurde, da ein Konzentrattransport in den USA nicht erforderlich ist und daher auch nicht in die Rechnung einbezogen wurde. Es sei angemerkt, daß auch PITT/WADSWORTH (1981) Energieeinsatzmengen für den Outokumpu-Ofen ermittelten, die lediglich geringfügig (um 4,5%) höher waren als die aktuellen Werte aus der ökologischen Sachbilanz in Anhang III.

Die Werte zu den SO_2-Emissionen der verschiedenen Technologien wurden unter Bezug auf Angaben aus METALLGESELLSCHAFT AG (Hg.) (1993) (S. 53) und PITT/WADSWORTH (1981) (S. 32) berechnet, daß unter Verwendung des Outokumpu-Ofens und einer zweistufigen Abgas- und Schwefelsäureanlage über 99% des Schwefeldioxids in Schwefelsäure umgewandelt wird, während beim traditionellen Flammofen lediglich 70% des SO_2 zurückgehalten werden. Für den Elektroofen und den Oxy-Fuel-Flammofen, bei denen eine Abgasreinigung ökonomisch rentabel ist, wurde eine SO_2-Rückhalterate von 97% unterstellt, die der Anwendung einer einstufigen Abgasreinigung entspricht.[321]

Nach diesen methodischen Anmerkungen können nun die Ergebnisse der Berechnungen diskutiert werden. Die Spalte 2 der Tabelle 5.4, die Daten über globale Kupferproduktionsanteile der verschiedenen Technologien enthält, ist aufschlußreich hinsichtlich der Diffusionsgeschwindigkeit neuer Kupferverhüttungstechnologien. In der Zeile für das Outokumpuverfahren – in der aus Gründen der Übersichtlichkeit auch alle anderen modernen Schwebeschmelzverfahren einbezogen sind – zeigt sich, daß das Schwebeschmelzverfahren, das 1949 erstmals eingesetzt wurde, nach 42 Jahren seiner erfolgreichen Anwendung nicht einmal für die Hälfte der globalen Kupferraffinadeproduktion eingesetzt wurde, sondern in 1991 lediglich einen Anteil von 46% aufwies. Das hydrometallurgische Verfahren unter Anwendung der SXEW-Technologie, das Anfang der 1970er Jahre entwickelt wurde, wies in 1991 hingegen bereits einen Weltproduktionsanteil von 10% auf, obwohl nur ein geringer Anteil der globalen Erzgesteine gelaugt werden kann.

Erstaunlich beharrlich hält sich dagegen die traditionelle Flammofentechnologie mit einem Anteil von 38% an der Weltkupferproduktion. Dabei ist zu beachten, daß dieser Anteil sowohl die herkömmlichen Flammöfen einschließt als auch die mit Oxy-Fuel-Brennern nachgebesserten Öfen, zwischen denen im Kupferhüttenverzeichnis nicht differenziert wird. Angesichts der Daten aus Tabelle 5.4 mögen als wichtige Gründe für das lange Überleben der alten Technologie neben dem Jahrgangseffekt sowohl die ökonomische als auch die umweltentlastende Effektivität der inkrementalen Innovation angeführt werden.

In der Spalte 3, wo die Energieeinsatzmengen für Verhüttung und Raffination pro Tonne raffinierten Kupfers ohne Konzentrattransport angegeben sind, zeigt sich, daß die Energieeinsatzwerte des Flammofens (37,1 GJ) durch den Einsatz von Oxy-Fuel-Brennern um 18,6% verringert werden können (auf 30,2 GJ). Noch extremer zeigt sich die Situation in der siebten Spalte bei SO_2, wo deutlich wird, daß die SO_2-Emissionen durch inkrementale Innovation um den Faktor zehn reduziert werden können. Zweifellos waren diese beachtlichen Resultate der technologischen Nachrüstung bei relativ geringeren Anstrengungen und Kosten im Vergleich zum Neubau einer modernen Kupferhütte maßgeblich daran beteiligt, daß die Flammofentechnologie bis heute hohe Anteile an der Weltkupferproduktion halten konnte.

Als nächstes seien die Spalten 3 bis 6 der Tabelle 5.4 betrachtet, wo Daten zum Energieeinsatz der verschiedenen Technologien abgedruckt sind. Die Spalte 3 zeigt den Energieeinsatz aus Verhüttung und Raffination pro Tonne Kathodenkupfer gemäß dem Modul 3 aus der Kupferdrahtsachbilanz abzüglich des Energieverbrauchs für den Konzentrattransport. Hier offenba-

321 Vgl. für weitere methodische Erläuterungen die Anmerkungen zu Tabelle 5.4.

Tabelle 5.4: Verhüttungstechnologisch bedingte Unterschiede bei Energieeinsatz und SO_2-Emissionen bei der Kupferdrahtproduktion (1991)

1	2	3	4	5	6	7	8	9	10
angewandte Technologie zu Verhüttung bzw. Raffination	Weltanteil an globaler Kupferraffination 1991 *(a)*	Energieeinsatz Modul 3 (GJ)*(d)*	Energieeinsatz pro t Kupferdraht in GJ *(e)*	Energieeinsatz pro 10,7 Mio. t Draht in PJ *(f)*	Differenz zu Outokumpu-Technik in PJ	SO_2 in Modul 3 in kg *(g)*	SO_2-Emissionen pro t Kupferdraht in kg *(e)*	SO_2-Emissionen pro 10,7 Mio. t Draht in Mio. t *(f)*	Differenz zu Outokumpu-Technik in Mio. t
Outokumpu--verfahren	46,18%	19,1 GJ	77,2 GJ	826,0 PJ		4,0 kg	9,7 kg	0,104 Mio. t	
Flammofen	38,01%	37,1 GJ	94,6 GJ	1.012,2 PJ	186,2 PJ	328,7 kg	357,1 kg	3,821 Mio. t	3,717 Mio. t
Oxy-Fuel-Flammofen	*(b)*	30,2 GJ	87,9 GJ	940,5 PJ	114,5 PJ	32,9 kg	40,6 kg	0,434 Mio. t	0,330 Mio. t
Elektroofen	5,53%	45,3 GJ	102,5 GJ	1096,8 PJ	270,8 PJ	32,9 kg	40,6 kg	0,434 Mio. t	0,330 Mio. t
Laugung: SXEW	10,28%	41,8 GJ	99,1 GJ	1.060,4 PJ	234,4 PJ	k. A.	k. A.	k. A.	k. A.
Technologie-Mix 1991: A *(c)*		31,0 GJ	88,7 GJ	949,1 PJ	110,3 PJ	129,0 kg	143,5 kg *(h)*	1,535 Mio. t *(h)*	1,431 Mio. t *(h)*
Technologie-Mix 1991: B *(c)*		28,3 GJ	86,2 GJ	922,3 PJ	82,6 PJ	16,6 kg	23,2 kg *(h)*	0,248 Mio. t *(h)*	0,144 Mio. t *(h)*

Anmerkungen: k. A.: keine Angaben, 1 GJ = 10^9 Joule, 1 PJ = 10^{15} Joule

a) Produktionsanteile nach eigenen Berechnungen auf Grundlage des globalen Kupferhüttenverzeichnisses von 1991/92 in Metallgesellschaft (Hg.) 1993: S. 136-139. Sämtliche Schwebeschmelztechnologien wurden zur Kategorie Outokumpu gezählt. Da der Anteil der Laugungsproduktion an der Kupferjahresproduktion nach Metallgesellschaft (Hg.) 1993 (S. 54) etwa 10% entspricht und sich dieser Wert gemäß dem Hüttenverzeichnis erst bei Zusammenfassung der Laugungsanlagen mit den Hütten ohne Technologiespezifizierung ergab, wurden diese Daten zusammengefaßt.

b) Bei den Hütten mit Flammofentechnologie war im Hüttenverzeichnis nicht angegeben, ob es sich um den Ofen in traditioneller Ausführung handelt, oder um einen aufgerüsteten Ofen, dessen Leistungsfähigkeit u. a. durch Einbau von Oxy-Fuel-Brennern wesentlich verbessert wurde. Die Prozentangabe bezieht sich daher auf beide Flammofentypen.

c) Beim Technologie-Mix wurden Energieeinsatzmengen und SO_2-Emissionen gemäß der Technologieverteilung von 1991 berechnet (siehe Spalte 2). Aufgrund fehlender Informationen hinsichtlich der technischen Ausführungen der Flammöfen (siehe b) wurden zwei Fälle unterschieden. In Technologie-Mix A wird unterstellt, daß sich sämtliche Flammöfen in traditioneller Ausführung befinden, während in Mix B die Stoffströme für den Fall ermittelt wurden, daß sämtliche Flammöfen mit Oxy-Fuel-Brennern ausgerüstet sind.

d) Die Daten zeigen Energieeinsatzmengen für Modul 3 der Kupferdrahtsachbilanz für verschiedene Verhüttungstechnologien *abzüglich des Energieeinsatzes für den Konzentrattransport*. Die Energiewerte für die verschiedenen Verhüttungstechnologien stammen aus der Studie von PITT/WADSWORTH 1981 (S. 33), während die Energieeinsatzmenge unter Einsatz des Outokumpu-Verfahrens aus der Sachbilanz in Anhang III entnommen ist. Die Studie von PITT/WADSWORTH 1981 untersuchte US-Kupferhütten mit verschiedenen Technologien unter Anwendung gleicher methodischer Bedingungen. So wurden z. B. ebenso wie in der Sachbilanz in Anhang III sowohl die direkt eingesetzten Energiemengen, als auch der Energieaufwand zur Herstellung wichtiger anderer Einsatzstoffe berücksichtigt. Da der Outokumpu-Energiewert aus Anhang III und der entsprechende Wert aus Pitt/ Wadsworth 1981 nur um wenige Prozentpunkte voneinander abweichen, wurde hier unterstellt, daß die Rahmenbedingungen der Sachbilanz in Anhang III und der US-Studie vergleichbar sind. Die in Btu angegebenen Energiewerte aus PITT/WADSWORTH 1981 wurden in Joule umgerechnet, wobei nach WORLD RESOURCES INSTITUTE/ UNEP/ UNDP 1994 (S. 333) berücksichtigt wurde, daß gilt: 1 Million Btu = 1.055 MJ.

e) Die genannten Werte pro Tonne Kupferdraht wurden für die verschiedenen Technologien *ohne Konzentrattransport* unter sonst gleichen Bedingungen unter Anwendung der Methodik der Kupferdrahtsachbilanz in Anhang III ermittelt.

f) Die 10,7 Mio. t Kupferinhalt des Drahtes entsprechen der globalen Kupferraffinadeproduktion von 1991. Die genannten Werte zeigen somit die Energieeinsatzmengen bzw. die SO_2-Emissionen für den hypothetischen Fall an, daß sämtliches Kupfer in 1991 für die Drahtproduktion verwandt worden wäre.

g) Die SO_2-Emissionen der verschiedenen Verfahren wurden auf Grundlage der Annahmen aus der Kupferdraht-Sachbilanz berechnet, daß bei einem Primärkupferanteil von 45,7% pro Tonne Raffinadekupfer 1.712 kg Konzentrat mit 32% Schwefelgehalt eingesetzt werden. Unter diesen Umständen entstehen 1.095,7 kg SO_2. Weiterhin wurde unter Bezug auf Angaben von METALLGESELLSCHAFT (HG.) 1993 (S. 53) und PITT/WADSWORTH 1981 (S. 32) unterstellt, daß im Outokumpuverfahren über 99% des SO_2 zurückgehalten werden und im Flammofen 70%. Für den Oxy-Fuel-Flammofen und den Elektroofen, die recht hohe SO_2-Konzentrationen erzeugen, wurde lediglich der Einsatz einer einstufigen Abgasreinigung mit einer SO_2-Rückhalterate von 97% unterstellt, da damit die Emissionsgrenzwerte vieler Länder eingehalten werden.

h) Bei der Ermittlung der SO_2-Daten für die beiden Technologie-Mixe A und B wurde angesichts fehlender Daten zu SO_2-Emissionen aus dem Laugungsprozeß unterstellt, daß bei jenem Prozeß Emissionen in Höhe der besten Technologie (also: Outokumpu-Verfahren) entstehen, so daß eine Schwefelrückhalterate von über 99% angenommen wurde.

ren sich beachtliche Differenzen bei den verschiedenen Technologien. Die Verhüttung und Raffination unter Anwendung eines Outokumpu-Ofens ist in diesem Vergleich mit 19,1 GJ pro Tonne Kathodenkupfer die mit Abstand sparsamste Technologie beim Energieverbrauch, während der Elektroofen (45,3 GJ) und das hydrometallurgische Laugungsverfahren (41,8 GJ) mit einem mehr als doppelt so hohen Energieverbrauch die energieintensivsten Technologien sind. Der Flammofen weist in traditioneller Ausführung einen etwa 94% höheren Energieverbrauch als der Outokumpu-Ofen auf (37,1 GJ), und in der Nachrüstung mit Oxy-Fuel-Brenner ist der Energieeinsatz noch immer um 58% höher (30,2 GJ).

Zur Veranschaulichung des enormen Ausmaßes dieser technologiebedingten Energiedifferenzen sei darauf hingewiesen, daß mit der Energiedifferenz von 18 GJ pro Tonne Katho- denkupfer zwischen der Kupferverhüttung unter Anwendung eines modernen Outokumpu-Ofens und eines traditionellen Flammofens die dem Verhüttungsprozeß zugrunde liegende Kupferkonzentratmenge mit 30% Kupferinhalt über eine Distanz von 39.416 km per Überseefrachter transportiert werden könnte – das entspricht in etwa dem Erdumfang am Äquator. Selbst die Energiedifferenz zu der energetisch zweitbesten in der Tabelle 5.4 angeführten Technologie, dem nachgerüsteten Flammofen, würde noch für einen Überseetransport um den halben Globus ausreichen (24.307 km).[322] Somit wäre es aus rein energieökonomischer Sichtweise sinnvoller, das Kupferkonzentrat eines Bergbaustandortes an einen beliebigen Ort der Welt zu verschiffen, wo eine Kupferverhüttung mittels Outokumpu-Ofen durchgeführt werden kann, als die Verhüttung vor Ort mit einem Flamm- oder Elektroofen durchzuführen.[323] Angesichts der hohen Energiedifferenzen bei den Verhüttungstechnologien wäre auch aus ökologischer Perspektive ein weiter Transport von Kupferkonzentraten einer Verhüttung mittels einer alten Anlage vor Ort vorzuziehen. Das Argument, daß der Welthandel aufgrund des Energieverbrauchs beim Transport eine hohe Umweltbelastung darstellt, ist in diesem Fall nicht zutreffend.

In der Spalte 4 der Tabelle 5.4 werden die *gesamten* Energieeinsatzmengen pro Tonne Kupferdraht unter Einsatz der verschiedenen Verhüttungstechnologien gezeigt, wobei die Werte analog zu den Rechnungen in Tabelle III.1 ermittelt wurden. Da der Energieanteil des Moduls 3 in der gesamten Kupferdraht-Sachbilanz lediglich etwa 20% beträgt, während besonders die Kunststoffproduktion sowie Bergbau und Aufarbeitung für den Großteil des Gesamtenergieverbrauchs verantwortlich sind, sind die Gesamtenergiedifferenzen bezogen auf das Endprodukt Kupferdraht nicht mehr so deutlich ausgeprägt wie diejenigen im reinen Vergleich innerhalb der Prozesse des Moduls 3. Nichtsdestotrotz ist der Gesamtenergieverbrauch pro Tonne Kupferdraht unter Verwendung eines Oxy-Fuel-Flammofen unter sonst gleichen Umständen immer noch um 14% höher als bei Einsatz eines Outokumpu-Ofens, während die Differenz zu einem Prozeßablauf mit einem energieintensiven Elektroofen sogar 33% beträgt.

Unter der hypothetischen Annahme, die schon in Kapitel 5.2.1.3 angewandt wurde, daß die globale Kupferraffinadeproduktion von 1991 in Höhe von 10,7 Millionen Tonnen für die Herstellung von Kupferdraht eingesetzt worden wäre, ergeben sich die Werte der Spalte 5. In Spalte 6 sind schließlich die Energieeinsatzdifferenzen der hypothetischen Kupferdrahtproduktion von 1991 angegeben, die anzeigen, welche Differenzen im Energieverbrauch sich bei Einsatz verschiedener Technologien im Vergleich zum besten Stand der Technik (Einsatz des Outokumpu-Ofens) ergeben hätten. Mittels dieser Daten läßt sich die Größenordnung der

322 Diesen Rechnung liegt die Information aus BRUCH ET AL. 1995a (S. 254) zugrunde, daß der Energieverbrauch für einen Überseetransport per Schiff 0,137 MJ pro Tonnenkilometer beträgt.

323 Hinsichtlich des Laugungsverfahren ist ein analoger Vergleich unzulässig, da hierbei nichtsulfidische Kupfermaterialinputs verhüttet werden, die pyrometallurgisch nicht angemessen verarbeitet werden können.

Energiedifferenzen in bezug auf den globalen Maßstab abschätzen. Dabei zeigt sich z. B., daß der Energieverbrauch der globalen Kupferdrahtproduktion (ohne Konzentratransport) in 1991 826 PJ betragen hätte, wenn er unter Anwendung der besten Technologie produziert worden wäre, während er unter Einsatz des traditionellen Flammofens einen Wert von etwa 1.012 PJ erreicht hätte. Die Differenz in Höhe von 186 PJ liegt in etwa in der Größenordnung des kommerziellen Energieverbrauchs eines Entwicklungslandes wie z. B. Simbabwe oder Tunesien (jeweils 203 PJ).[324] Im Gegensatz zu den hypothetischen Betrachtungen zur globalen Kupferraffinadeproduktion mittels Einsatz *einer* Technologie, ist es zur Abschätzung der potentiellen Energieeinsparpotentiale, die angesichts der Option einer weitreichenden Diffusion der energiesparenden Outokumpu-Ofen-Technologie bestehen, aufschlußreicher, die Werte für den derzeitigen Technologie-Mix mit dem Outokumpu-Wert zu vergleichen. Da im Kupferhüttenverzeichnis keine Unterscheidung zwischen traditionellem Flammofen und Oxy-Fuel-Flammofen getroffen wurde, wurden auf Grundlage der Weltproduktionsanteile (Spalte 2) Energiewerte für zwei Technologie-Mixe ermittelt. Mix A repräsentiert den schlechtesten Fall, daß neben den anderen Verhüttungstechnologien alle in 1991 im Einsatz befindlichen Flammöfen noch in traditioneller Bauweise betrieben wurden, während für Mix B der bestmögliche Fall unterstellt wurde, daß alle Flammöfen in 1991 bereits mit Oxy-Fuel-Brennern nachgerüstet waren. Aus dieser Perspektive zeigt sich bei Betrachtung der Spalte 6, daß angesichts der Technologieverteilung in der Kupferverhüttung in 1991 ein ungefähres Energieeinsparpotential durch Diffusion moderner Technologie in der Größenordnung von 82-110 PJ bzw. 9-12% bestand.[325] Diese Energiemenge entspricht in etwa dem kommerziellen Energieverbrauch eines kleineren Entwicklungslandes wie z. B. Bolivien (81 PJ) oder Kenia (78 PJ).[326]

Dieses Einsparpotential durch Diffusion moderner Technologie scheint in seinem Ausmaß nicht sehr groß zu sein. Es sei jedoch darauf verwiesen, daß auch in den Prozessen Bergbau und Aufarbeitung, die zusammen etwa für ein Viertel des Energieverbrauchs im Lebenszyklus eines Kupferdrahtes verantwortlich sind, ähnliche Technologielücken mit Einsparpotentialen im Energieverbrauch bestehen mögen. Außerdem ist der Anteil der Kupfernutzung an der globalen Gesamtinanspruchnahme von nicht-erneuerbaren Ressourcen sehr klein. Angenommen es beständen ähnliche Energieeinsparpotentiale von etwa 80 PJ pro 10 Mio. t hochkonzentrierter Materie bei allen Metallen sowie bei Steinkohle und Erdöl, so ergäbe sich ein Energieeinsparpotential für 1991 in Höhe von etwa 58.000 PJ. Diese Energiemenge entspricht etwa 18% des kommerziellen Weltenergieverbrauchs von 1991, sie übertrifft den aufaddierten kommerziellen Energieverbrauch der Kontinente Südamerika (9.500 PJ) und Afrika (7.900 PJ) um ein Vielfaches und gleicht in etwa dem kommerziellen Energieverbrauch Westeuropas in 1991 (58.235 PJ).[327]

Wenngleich diese Überschlagsrechnung rein hypothetischer Natur ist, und weiterhin einige Gründe dafür sprechen, daß die Energieeinsparpotentiale bei anderen nicht-erneuerbaren Res-

324 Energieverbrauchswerte nach World Resources Institute/UNEP/UNDP 1994: S. 334.

325 Dieser Wert ist in der Tendenz zu hoch eingeschätzt, da der Laugungsprozeß nicht durch die Outokumpu-Technologie ersetzbar ist. Bei Unterstellung eines optimalen Technologie-Mixes mit 90% Produktionsanteil der Outokumpu-Technologie und 10% Laugung ergibt sich eine Energieeinspar-Marge von 59-87 PJ. Angesichts der noch jungen SXEW-Technologie und ihrer ökonomischen Vorzüge, ist jedoch davon auszugehen, daß der Energieverbrauch bei der Laugung in Zukunft noch gesenkt werden kann.

326 Energieverbrauchswerte nach World Resources Institute/UNEP/UNDP 1994: S. 334-335.

327 Energieverbrauchswerte nach World Resources Institute/UNEP/UNDP 1994: S. 334-335. Grundlage der Berechnung sind die globalen Produktionswerte von 1991 für Stahl (735,6 Mio. t), alle Nichteisenmetalle (44 Mio. t), Steinkohle (3.525,6 Mio. t) und Erdöl (2.994,3 Mio. t). Vgl. die Datenquellen der Abbildung 5.1 und 5.2 in Kapitel 5.1.2.

sourcen geringer sind als bei Kupfer – u. a. aufgrund höherer Rohmaterialkonzentrationen – so deutet sie doch die Größenordnung der globalen Energieeinsparpotentiale an, die aufgrund der möglichen Diffusion von moderner Technologie in den umweltintensiven Prozessen Verhüttung und Raffination bestehen mögen. Da weiterhin ein beträchtlicher Teil des Energieverbrauchs in diesen Prozessen auf der Verbrennung fossiler Ressourcen beruht, birgt die Diffusion energiesparender Technologien ebenso ein beträchtliches Reduzierungspotential hinsichtlich der globalen CO_2-Emissionen.

Schließlich seien die Spalten 7 bis 10 der Tabelle 5.4 betrachtet, wo technologiebezogene Daten zu den SO_2-Emissionen gezeigt werden. Die technologiebedingten Differenzen sind in diesem Fall stärker ausgeprägt als bei den Energiewerten. Während im Prozeß der Verhüttung und Raffination unter Anwendung eines Outokumpu-Ofens und einer zweistufigen Schwefelsäure- und Abgasreinigungsanlage mehr als 99% des Schwefels aus dem Konzentrat in das Kuppelprodukt Schwefelsäure umgesetzt werden und daher nur vier kg SO_2-Emissionen entweichen (Spalte 7), werden bei einer nur 70%igen Schwefelrückhaltung, wie sie bei traditionellen Flammöfen üblich ist, mehr als 80 mal so viel SO_2-Emissionen bzw. 329 kg freigesetzt. Die entsprechende Emissionsmenge bei Oxy-Fuel- und Elektroöfen mit einstufigen Schwefelsäure- und Abgasreinigungsanlagen und einer 97%igen Schwefelumsetzung in Schwefelsäure beläuft sich auf 32,9 kg und ist damit immerhin noch acht mal so hoch wie das Emissionsniveau des Outokumpu-Ofens.

Es sei an dieser Stelle eingewandt, daß der beste Stand der Technik bei der SO_2-Vermeidung nicht durch den Outokumpu-Ofen allein, sondern vielmehr in Kombination mit einer zweistufigen Abgasreinigungs- und Schwefelsäureanlage repräsentiert wird. Diese nachgeschaltete End-of-Pipe-Technologie kann allerdings erst ab einer Konzentration von mehr als 4% SO_2 im Verhüttungsabgas rentabel betrieben werden kann, und ihre Effektivität steigt mit der SO_2-Konzentration im Abgas. Da im Oxy-Fuel-Flammofen SO_2-Abgaskonzentrationen von 8-9% erreicht werden können und im Elektroofen Werte um die 6% realisierbar sind, kann auch bei diesen Technologien eine SO_2-Rückhalterate von über 99% durch den Einsatz zweistufiger Abgasreinigungsanlagen verwirklicht werden. Die Umsetzung dieser hohen Rückhalterate ist jedoch in einem Ofen des Schwebeschmelzverfahrens mit weniger Energie- und Zeitaufwand verbunden, da diese Öfen SO_2-Konzentrationen zwischen 13% (Outokumpu-Ofen) und 20% (INCO-Ofen) erzielen.[328]

Aufgrund dieser Sachlage wurde hier angenommen, daß alle Schwebeschmelzhütten eine 99%ige Reduzierung verwirklichen, während in den Oxy-Fuel- und den Elektroöfen lediglich Rückhalteraten von 97% realisiert werden, da weitere Reduzierungen im Vergleich zu den Schwebeschmelzverfahren mit übermäßig hohen Kosten verbunden wären. Diese Annahme ist im Kontext der Abschätzung der *globalen* SO_2-Reduzierungspotentiale (Spalten 8-10) aus zwei Gründen sehr konservativ, d. h. sie führt eher zu einer Unterschätzung der aktuellen SO_2-Emissionen. *Erstens* ist die Kombination von Outokumpu-Ofen und *zweistufiger* Abgasreinigung keine Notwendigkeit, sondern eine kostspielige Zusatzinvestition, die zumeist nur in Ländern mit sehr hohen Umweltstandards getätigt wird. Angesichts dieser Situation ist es *zweitens* sehr konservativ, davon auszugehen, daß alle Öfen des Schwebeschmelzverfahrens bzw. 46% aller Kupferhütten die weltweit strengsten Umweltstandards einhalten, da 1991 über 50% der Kupferverhüttung außerhalb der Industrieländer stattfand[329], wo die Umweltvorschriften üblicherweise weniger streng sind. Weiterhin werden sehr hohe SO_2-Umweltstandards selbst in Industrieländern nicht durchgehend eingefordert.

---

328 Vgl. Metallgesellschaft AG (Hg.) 1993: S. 47-48 und S. 53 sowie Pitt/Wadsworth 1981: S. 31.

329 Eigene Berechnung nach Metallgesellschaft (Hg.) 1993: S. 136-139.

Im Kontext dieser konservativen Annahmen können nun analog zum Vorgehen bei der Abschätzung der Energieeinsparpotentiale die globalen SO_2-Reduzierungspotentiale für das Jahr 1991 abgeschätzt werden. Spalte 8 zeigt die gesamten SO_2-Emissionen pro Tonne Kupferdraht für die verschiedenen Verhüttungstechnologien, und in Spalte 9 wird angezeigt, wie hoch die Emissionen aus der Kupfernutzung in 1991 gewesen wären, wenn die gesamte Kupferproduktion unter Einsatz einzelner Technologien oder der Technologie-Mixe A und B zur Herstellung von Kupferdraht benutzt worden wäre. Auch hier zeigen sich zwischen den einzelnen Technologien enorme Unterschiede im Ausmaß eines Faktors zwischen vier und 37. Zur Beurteilung der globalen SO_2-Reduzierungspotentiale ist hingegen ein Vergleich der besten Technologie (Outokumpu-Ofen mit zweistufiger Abgasreinigung) mit den beiden Technologie-Mixen A und B relevant. Hierbei zeigt sich, daß aufgrund der Möglichkeit einer vollständigen Diffusion der besten Technologie mit über 99% SO_2-Rückhaltung ein globales SO_2-Reduzierungspotential in 1991 von etwa 58-93% bzw. in absoluten Werten von 0,14-1,43 Millionen Tonnen SO_2 bestand. Dieses Potential entspricht mindestens den SO_2-Gesamtemissionen eines kleineren Industrielandes wie in etwa Dänemark (0,18 Mio. t), Österreich (0,08 Mio. t) oder Irland (0,19 Mio. T) und ist höchstens vergleichbar mit den SO_2-Emissionen der größeren Industrieländer Frankreich (1,3 Mio. t), Italien (1,68 Mio. t) und den alten Ländern der Bundesrepublik Deutschland (0,91 Mio. t) in 1991.[330] Diese Werte zum SO_2-Reduzierungspotential sind im Vergleich zur mengenmäßigen Bedeutung des Kupfers unter den nicht-erneuerbaren Ressourcen erstaunlich hoch. Sie verdeutlichen daher, daß eine Technologieverbreitung in der Kupferverhüttung insbesondere im ökologischen Problembereich der Versauerung von Böden und Gewässern bedeutsame Beiträge liefern könnte.

Im Lichte dieser Daten zu den Potentialen der SO_2- und Energieverbrauchsreduzierung durch Diffusion moderner Verhüttungstechnologie muß gleichzeitig darauf hingewiesen werden, daß die bereits stattgefundene Diffusion des Schwebeschmelzofens seit 1949 maßgeblich dazu beigetragen hat, die spezifische Umweltbelastung durch die Kupferverhüttung zu vermindern.

Die Diskussion der Tabelle 5.4 hat neben der Existenz von beachtlichen Reduzierungspotentialen im Energieverbrauch und bei den Emissionen aufgrund der möglichen Diffusion moderner Verhüttungstechnologie weiterhin gezeigt, daß die Daten der Kupferdrahtsachbilanz aus Anhang III, die in wesentlichen Modulen den besten Stand der Technik widerspiegeln, angesichts der bestehenden technologischen Lücken und ihrer Implikationen für die Umweltbelastung nicht als global repräsentativ angesehen werden können. Ein abschließender Blick auf die Spalten 4 und 9 der Tabelle 5.4 zeigt, daß ein global repräsentativer Wert selbst im günstigsten Fall des Technologie-Mixes B für den Energieverbrauch pro Tonne Kupferdraht etwa 10% höher liegt als der Wert aus der Sachbilanz in Anhang III, während davon auszugehen ist, daß der Wert für ein global repräsentatives SO_2-Emissionsniveau mindestens doppelt so hoch ist.

Im Kontext der Diskussion um die globale Repräsentativität der Sachbilanzierungswerte ist es neben der technologischen Diffusion weiterhin von Relevanz, wie gut das unternehmerische Management insbesondere innerhalb der umweltintensiven Module eins bis drei funktioniert. So können mangelnde Wartung der Anlagen oder eine schlechte Ablaufplanung sowohl ökonomische Ineffizienz bewirken als auch erhöhte Umweltbelastungen nach sich ziehen. Eine unzureichende Durchführung von Wartungsarbeiten mag z. B. trotz der Anwendung einer modernen Technologie nach einiger Zeit dazu führen, daß Emissionen trotz Anlageneinkapselung an defekten Stellen entweichen, oder daß Erzabfalldämme brüchig werden. Eine schlechte

---

330 SO_2-Emissionswerte der Industrieländer nach: OECD 1994: S. 53.

Ablaufplanung mag mit überflüssigen LKW-Leerfahrten im Bergbau verbunden sein, während eine mangelhafte Organisation der Rohstoffversorgung von Kupferhütten mit Energierohstoffen und Erzen zu unnötigen Betriebsunterbrechungen führen kann, die mit erheblichen Energieverlusten einhergehen.

Derartige Betriebe mit deutlichen Mängeln im Management sind im Kontext der globalen Kupferindustrie besonders häufig in Entwicklungsländern anzutreffen. Zur Illustration mag das Management der Kupferminen in Zambia durch das staatlichen Unternehmen *ZCCM* in Grundzügen beschrieben werden. Ein Grundproblem von *ZCCM* begann bereits nach der Verstaatlichung der multinationalen Bergbauunternehmen damit, daß kompetente Bergbaumanager durch unangemessen geschultes einheimisches Personal ersetzt wurde. Nach dem Verfall der Kupferpreise in 1975 wurde das staatliche Unternehmen dann zur Sanierung des nationalen Budgets mißbraucht, so daß angesichts einer entstehenden Liquiditätslücke kein Kapital für ausreichende Wartungsarbeiten, Explorationsaktivitäten und Ersatzinvestitionen zur Verfügung gestellt werden konnte. Als Konsequenz sank die Produktion und aufgrund maroder Anlagen und fehlender Ersatzteile kam es zu zeit- und kostspieligen Betriebsunterbrechungen einiger Hütten. Die Schwefelsäureanlagen waren in den 1980er Jahren in einem so katastrophalen Zustand, daß nicht einmal genügend Schwefelsäure als Kuppelprodukt verfügbar war, um die bestehenden Laugungsanlagen zu versorgen. Statt dessen war das SO_2-Emissionsniveau hoch und die Gesundheits- und Umweltbelastung in der sambischen Kupferregion kritisch.[331]

Unter solchen Umständen würde auch die beste verfügbare Technologie nicht sehr lange die ökonomisch und ökologisch gewünschten Ergebnisse erbringen. Technologie mag eine wesentliche Voraussetzung sein, um Umweltbelastungen zu reduzieren. Doch ohne effizientes Management sind die Optimalwerte für Energieverbrauch und Emissionen kaum erreichbar. Daher ist davon auszugehen, daß die Stoffstromwerte der Sachbilanz und der Tabelle 5.4, die größtenteils unter optimalen Betriebs- und Managementbedingungen für die jeweiligen Technologien erhoben wurden, auch aufgrund von Managementdefiziten in diversen Unternehmen nicht global repräsentativ sind. Eine Nutzung jener Werte impliziert daher ein sehr konservatives Vorgehen.

Schließlich ist es auch eine Frage des Managements, wie mit Abfall und Abwässern verfahren wird, und welche konkreten Umweltbelastungen sich aus unvermeidlichen Stoffströmen ergeben. Werden aus Emissionen und Abfall vermarktungsfähige Kuppelprodukte gewonnen, so verringern sich die umweltbelastenden Stoffströme in einer Ökobilanz. Doch in der Kupferdrahtsachbilanz in Anhang III tauchen auch Mengenwerte für Abraum, Erzabfallberge, Abwasser und Restabfall auf. Unklar bleibt dabei, wie stark diese Stoffströme in der Umwelt dispergiert werden. Wie in Kapitel 5.1.4 ausgeführt wurde, ist das Dumping von Erzabfall in Flüsse und Ozeane in vielen Entwicklungsländern noch an der Tagesordnung. Eine Verteilung der Erzabfallgiftstoffe in der Natur ist ex post kaum kontrollierbar und zieht wesentlich gravierendere Konsequenzen nach sich als eine überwachte Deponierung. Doch auch ein Erzabfallteich mit ausreichender Deponierungskapazität kann zu Problemen führen, wenn der Untergrund durchlässig ist. Weiterhin muß auch die Lagerung des Abraums, der später zur Rekultivierung einer Mine genutzt werden kann, gut geplant sein, um Probleme mit sauren Minenabwässern und Erosion beherrschen zu können. Diese Beispiele verdeutlichen, daß selbst bei gleichen Stoffstromwerten einer ökologischen Sachbilanz durchaus sehr verschiedene Umweltwirkungen verursacht werden können, wenn aufgrund unterschiedlicher Umweltmanagementkonzepte die Dispersionsgrade des Abfalls von Fall zu Fall stark voneinander abweichen. In diesem

331 Vgl. Messner 1996b: S. 417-421; Auty 1991: S. 176-180 und Suttill 1992: S. 16D+F.

Sinne sind quantitative Ökobilanzdaten zwar wichtige Informationsinstrumente, doch sollten sie stets durch qualitative Hintergrundinformationen ergänzt werden. Diese Einsicht ist gerade in Hinblick auf die Formulierung von Politikansätzen zu berücksichtigen.

Die Ausführungen in diesem Kapitel haben verdeutlicht, daß die Werte aus der ökologischen Sachbilanz in Anhang III aufgrund der Existenz von technologischen Lücken und Managementdefiziten als sehr konservative, d. h. tendenziell zu niedrige, Werte zu betrachten sind. Gleichzeitig wurde aufgezeigt, daß durch die globale Verbreitung von moderner Technologie und modernen Praktiken des (Umwelt-)Managements bedeutsame Umweltentlastungspotentiale realisiert werden können.

5.2.1.6 Ansätze einer lebenszyklusorientierten Rohstoff- und Stoffpolitik

Im Anschluß an die empirischen Untersuchungen zur globalen Kupferindustrie in den vorstehenden Unterkapiteln, die neben einer Analyse wesentlicher ökonomischer und umweltrelevanter Konstellationen und Entwicklungstrends auch eine Erhebung der Stoffströme und Energieeinsatzmengen über die wesentlichen Lebenszyklusstationen für ein konkretes Kupferprodukt enthielten, sollen an dieser Stelle nun die Erkenntnisse und Einsichten der vorstehenden Unterkapitel genutzt werden, um in Anknüpfung an das Kapitel 5.1.5, wo ein Makro-Politikrahmen für eine nachhaltige Materialnutzung präsentiert wurde, *ergänzende* lebenszyklusorientierte Politikansätze zu formulieren. In Anknüpfung an Kapitel 4.3.1 werden die Politikoptionen mit Bezug zu den drei mikroökonomischen Prinzipien einer nachhaltigen Materialnutzung aus Kapitel 4.3.1 diskutiert.

Einleitend werden die wichtigsten kupferindustriespezifischen Informationen aus den empirischen Kapiteln 5.2.1.2 bis 5.2.1.5 noch einmal in Kurzform zusammengefaßt, um den kupferspezifischen Politikkontext zu präzisieren:

- Es wurde deutlich, daß die Schwerpunkte der Umweltbelastung durch Kupferprodukte in den ersten drei Lebenszyklusstationen bis zur Rohstoffraffination zu finden sind.
- Der intertemporale Verbrauch von Primärressourcen und damit das Ausmaß der Umweltbelastung in den Prozessen Bergbau und Aufarbeitung ist maßgeblich von der Produktlebensdauer der Kupferprodukte, dem intertemporalen Wachstum im Kupferverbrauch und von der realisierten Altmaterialrecyclingrate abhängig.
- Die Rentabilität von umweltentlastender Kuppelproduktion wird in hohem Maße von den Marktkonstellationen der Kuppelprodukte bestimmt.
- Die Rentabilität von Recyclingaktivitäten hängt ab vom Aufwand der Sekundärmaterialbeschaffung, von der Zusammensetzung des Sekundärmaterials und von den Marktpreisen für Primär- und Sekundärrohstoffe.
- Die Prozesse Bergbau bis Raffination werden zumeist von großen staatlichen oder multinationalen Konzernen dominiert.
- In den Industrieländern wurden unter umweltpolitischem Druck seit 1970 diverse umweltentlastende Innovationen in den umweltintensiven Prozessen Bergbau, Aufarbeitung und Verhüttung/Raffination durchgesetzt.
- Der Weltmarktanteil der Kupferbergwerksproduktion und -raffination der Entwicklungsländer stieg in den vergangenen 25 Jahren merklich an.
- Während in vielen Ländern, die neue Verhüttungsanlagen errichteten, moderne Technologien zum Einsatz kamen, sind gerade in Entwicklungsländern, die schon seit längerer Zeit

Kupferverhüttung betreiben, noch viele veraltete und umweltbelastende Technologien in Betrieb.

- In staatlichen Bergbauunternehmen sind nicht selten Managementdefizite anzutreffen, die zur Folge haben, daß ein Unternehmen ökonomisch ineffizient und umweltbelastend geführt wird.
- Joint Ventures zwischen Staat und multinationalen Konzernen haben im Kupferbergbau tendenziell zugenommen, während der Staatseinfluß rückläufig ist.

Im Kontext dieser kupferspezifischen Weltmarktbedingungen und -entwicklungen können nun Politikansätze zur Umsetzung der mikroökonomischen Prinzipien diskutiert werden.

Das **erste mikroökonomische Prinzip** einer nachhaltigen Materialnutzung ist das *Prinzip der thermodynamischen Effizienz* in der Kreislaufwirtschaft, das als Zielsetzung beinhaltet, die Verluste an Material, Energie und Fläche bzw. Lebensraum in den einzelnen Stadien im Lebenszyklus einer Ressource möglichst gering zu halten. Der politische Rahmen für die Umsetzung dieses Prinzips wurde bereits in Kapitel 5.1.5 skizziert, wo Politikoptionen für die Stabilisierung der Ressourcennutzung, der Einführung von Emissionsbegrenzungen und der Begrenzung der Flächennutzung vorgestellt wurden. Im lebenszyklusorientierten Kontext geht es nun um Politikinstrumente, die unter Einbeziehung der spezifischen Rahmenbedingungen eines Ressourcenlebenszykluses gezielte Eingriffe zur weitergehenden Entlastung der Natur ermöglichen.

Lebenszyklusspezifische Politikansätze zur Verbesserung der thermodynamischen Effizienz setzen grundsätzlich in allen Zyklusstadien an, um weitgehende Naturentlastungen zu realisieren. Sofern ausreichende Informationen über die spezifischen Umweltbelastungen einzelner Lebenszyklusstadien vorliegen, mag es bisweilen angemessen sein, Politikprioritäten zu setzen, um besonders intensive Maßnahmen in bezug auf diejenigen Stadien durchzuführen, von denen entweder sehr große Belastungen ausgehen oder die ein beachtliches Umweltentlastungspotential aufweisen.

Mit Bezug auf den Kupferlebenszyklus sollte aus drei Gründen ein eindeutiger ***Politikschwerpunkt*** auf den Lebenszyklusstadien ***Kupferbergbau bis -raffination*** liegen. Erstens weisen diese Lebenszyklusstationen die größten Umweltbelastungen im Kupferlebenszyklus auf; zweitens sind in diesen Prozessen aufgrund der Existenz von technologischen Lücken und Defiziten im Management beachtliche Umweltentlastungspotentiale vorhanden; und drittens mag aufgrund der sukzessiven Verschiebung der Bergbaustandorte in Entwicklungsländer mit geringen Umweltstandards die Situation eintreten, daß die Geschwindigkeit der Diffusion von moderner umweltentlastender Technologie sinkt, während gleichzeitig weniger naturentlastende Innovationen induziert werden.

Wichtige Politikziele in diesem Bereich sind daher die Einführung von umweltpolitischen Mindeststandards in Bergbau, Aufarbeitung und Raffination in Entwicklungsländern, der Transfer von modernen Technologien, die Beseitigung von Managementdefiziten sowie die Gewährleistung von innovationsinduzierenden Rahmenbedingungen für die kupfererzeugende und -raffinierende Industrie in umweltpolitischen Vorreiterländern.

Die wichtigsten Politikmaßnahmen, -instrumente und -institutionen zur Umsetzung dieser Ziele wurden bereits im Kapitel 5.1.5 im Kontext der Diskussion der drei Elemente einer nachhaltigen Rohstoffpolitik benannt. Grundlegend sind u. a. die Stabilisierung und Lizensierung der Ressourcennutzung, ein internationales Abkommen zur Festschreibung von umweltrelevanten Mindeststandards, die Unterstützung des Aufbaus umweltpolitischer Strukturen und Institutionen in Entwicklungsländern sowie eine internationale Bergbauinstitution zur Beratung von Entwicklungsländern in Fragen von Umweltrecht, Bergbaucode, Umweltmanagement, Sicherheit, Bergbaubesteuerung, Technologieentwicklung, Privatisierung, Joint-Venture und vielen anderen Themen.

Die Politikmaßnahme der Stabilisierung der Inanspruchnahme von knappen nicht-erneuerbaren Ressourcen durch Lizenzvergabe trägt ein Potential zur Verbesserung der thermodynamischen Effizienz in allen Prozessen des Lebenszykluses einer Ressource in sich. Da die Lizensierung der Primärressourcennutzung eine Preiserhöhung sämtlicher Primärressourcen mit sich bringt, wird die Rentabilität der stofflichen Kreislaufführung in sämtlichen Prozessen gestärkt, wodurch Materialverluste in allen Lebenszyklusstadien vermindert werden. In ähnlicher Weise wird die Vermarktung derjenigen Kuppelprodukte begünstigt, die aus Gründen des Umweltschutzes aus Abfällen und Emissionen erzeugt werden, und die daher nicht mit einer Primärressourcen-Lizenzpflicht belastet sind.

Alternativ oder ergänzend zu einem allgemeinen internationalen Bergbauabkommen wäre es denkbar, ***ressourcenspezifische Rohstoffabkommen*** abzuschließen, um Umweltentlastungspotentiale auszuschöpfen oder Mindeststandards zu realisieren. Mit Bezug auf den Vorschlag von KOX (1994) zu „internationalen warenbezogenen Umweltabkommen“ könnten sich die Kupferexportländer unter Einbeziehung der wichtigsten Bergbaukonzerne auf Umweltstandards einigen und Modalitäten der konkreten Umsetzung sowie der zeitlichen Realisierung von Maßnahmen festlegen.[332] Der Vorteil derartiger Abkommen läge darin, daß im Gegensatz zu einem allgemeinen Abkommen konkretere Maßnahmen, wie z. B. die Verbannung bestimmter Produktionsmethoden oder die Bekämpfung ressourcenspezifischer Umweltprobleme, unter Berücksichtigung der spezifischen Weltmarktsituation festgelegt werden könnten. Ein spezifisches Ziel für den Fall des Kupfers könnte z. B. sein, alle Schmelzöfen in einer bestimmten Zeitspanne zu modernisieren, um z. B. eine Schwefelrückhalterate von mindestens 97% zu realisieren.

Eine mögliche Option zur Beschleunigung der Diffusion moderner Verhüttungstechnologien könnte eine Variation des umweltökonomischen Instruments der ***Joint Implementation*** sein. So könnte z. B. im Rahmen der weiteren Entwicklung des internationalen Umweltregimes zum Schutz des Weltklimas vereinbart werden, daß die Industrieländer einen Teil ihrer CO_2-Reduzierungsverpflichtungen auch bei Auslandsinvestitionen durch multinationale Konzerne mit Sitz in den entsprechenden Industrieländern einlösen könnten. Wenn z. B. ein multinationales Bergbauunternehmen mit Muttersitz in den USA in Mexiko alte Verhüttungstechnologien modernisiert, dann könnte den USA die resultierende CO_2-Reduktion – oder ein Teil davon – gutgeschrieben werden. Diese Politikoption könnte zu einem kontinuierlichen Dialog zwischen Industrieländer-Regierungen und multinationalen Konzernen über umweltentlastende Maßnahmen im Ausland führen und die Verbreitung modernster Technologie maßgeblich beschleunigen helfen.[333]

Neben der Ausnutzung von technologie- oder managementbedingten Umweltentlastungspotentialen sollte die bergbau- und verhüttungsbezogene Umweltpolitik in Ländern mit strikten Umweltstandards nicht vernachlässigt werden. Es hat sich gezeigt, daß besonders in diesen Ländern umweltentlastende Innovationen von dynamisch agierenden Unternehmen durchgesetzt wurden. Es ist daher essentiell für die Erschließung neuer Umweltentlastungspotentiale, daß weiterhin ***umweltpolitische Vorreiterländer*** mit überdurchschnittlich Umweltstandards und/oder innovativen umweltpolitischen Instrumenten existieren. Zur ***Beibehaltung der öko-***

---

332 Vgl. Kox 1994: S. 16-21.

333 Vgl. zur Diskussion des Instruments der Joint Implementation im Kontext des internationalen Klimaregimes: Simonis 1996: S. 107-111.

nomischen Attraktivität dieser Standorte wäre es sinnvoll, neben Umweltauflagen und umweltökonomischen Instrumenten, finanzielle Kompensationen in Form von Steuererleichterungen oder Forschungsgeldern zu bewilligen, wenn bestimmte hochgesteckte Umweltziele erreicht werden.

Als nachgeordneter Politikschwerpunkt zur Umsetzung des ersten mikroökonomischen Prinzips sollten weitere Politikansätze im Rahmen nationaler Umwelt- und Stoffpolitiken das Ziel verfolgen, Materialverluste, Energieeinsatzmengen, Flächenbelegungen und Emissionsniveaus in den verbleibenden Prozessen des Lebenszykluses möglichst klein zu halten. Ratsam ist diesbezüglich der Einsatz von umweltpolitischen Instrumenten, die ***ökonomische Anreize*** bieten, die bestehenden Umweltstandards zu unterbieten. Neben Emissionsabgaben und Umweltlizenzen ist diesbezüglich auch das Umwelthaftungsrecht eine interessante Politikoption, das auch in Entwicklungsländern verhältnismäßig einfach implementiert werden könnte. Danach haften Unternehmen für Umweltschäden, die eindeutig von den Anlagen eines Betriebs ausgehen. Unabhängig von der Existenz nationaler Umweltstandards könnten auf diese Weise Unternehmen für von ihnen verursachte Schäden zur Rechenschaft gezogen werden. Wenngleich dieses Instrument nicht auf alle Umweltschäden anwendbar ist – weil z. B. der Umweltschaden häufig durch viele Verursacher entstanden ist – so bietet es doch die Möglichkeit, Unternehmen, die z. B. mit Gefahrstoffen hantieren, zu einem umweltverträglicheren Verhalten zu bewegen.[334]

Da weitgehende Reduzierungen von Stoffströmen, Energieeinsatzmengen und Flächenverbrauch nur durch Unternehmen realisierbar sind, die Kenntnisse über das Ausmaß der von ihnen induzierten Stoffströme und der bestehenden (häufig gewinnbringenden) Reduzierungspotentiale besitzen, sind nationale Politikmaßnahmen von Bedeutung, die die ***Einführung von betrieblichen Umweltmanagementsystemen*** begünstigen. Mögliche nationale Maßnahmen wären Informationskampagnen über die ökonomischen und ökologischen Vorteile des Umweltmanagements oder auch steuerliche Anreize für die betriebliche Implementation derartiger Managementsysteme. In der EU werden Unternehmen, die freiwillig an einer Umweltmanagement- und Betriebsprüfung (Öko-Audit) teilnehmen und betriebliche Umweltdaten offenlegen, mit einem Öko-Audit-Zertifikat ausgezeichnet. Die Unternehmen können durch ein derart zertifiziertes betriebliches Umweltmanagement ihr Image verbessern und durch Reduzierung von Rohstoff- und Energieverbrauch in Folge eines effizienten Umweltmanagements auch Kosten senken. Weniger auf Freiwilligkeit basiert das Umweltberichtssystem „Toxic Release Inventory“ der USA. Bestimmte Unternehmen unterliegen einer Meldepflicht hinsichtlich des Verbrauchs von Gefahrstoffen und die daraus erstellte Gefahrstoffinventurliste wird der Öffentlichkeit zugänglich gemacht. Diese Transparenz bewegte diverse Unternehmen zur Einführung von Umweltmanagementsystemen, so daß als Konsequenz der Gefahrstoffinventur im Verlauf der Zeit deutliche Emissionsreduzierungen erzielt werden konnten.[335] Die Anwendung derartiger Politikinstrumente zur Verbreitung des betrieblichen Umweltmanagements über alle Stadien des Lebenszykluses einer Ressource ist zweifellos ein wesentlicher Ansatzpunkt zur Umsetzung des ersten mikroökonomischen Prinzips.

Das **zweite mikroökonomische Prinzip** einer nachhaltigen Materialnutzung ist gemäß Kapitel 4.3.1 das ***Prinzip der niedrigen Entropiedifferenzen in Materialkreisläufen.*** Sein Ziel besteht darin, thermodynamisch effiziente Formen der ressourcenspezifischen Primärressourcennutzung, der produktbezogenen Wiederverwendung und der stofflichen Verwertung zu realisieren, so daß im Prozeß der Materialrückführung in den Materialkreislauf eine möglichst

334 Vgl. zum Instrument des Umwelthaftungsrechts: EK-SMU 1994: S. 661-665.

335 Vgl. EK-SMU 1994: S. 669-673.

geringe Umweltbelastung entsteht. Die auf diese Weise angestrebte Form der Ressourcennutzung, die eine lange Lebensdauer von Produkten anstrebt und danach zuerst die erneute Wiederverwendung, dann die stoffliche Verwertung (Recycling) und schließlich eine angemessene, möglichst nach Ressourcenkonzentrationen getrennte Entsorgung vorsieht, impliziert eine Schonung von Primärressourcen, so daß die Umsetzung dieses Prinzips indirekt zu einer Reduzierung der Stoffströme, des Energieverbrauchs und der Flächeninanspruchnahme in den umweltintensiven Prozessen der Primärrohstofferzeugung beiträgt.

Die politischen Ansatzpunkte zur Umsetzung des zweiten mikroökonomischen Prinzips im Kupferlebenszyklus sind einerseits sämtliche Prozesse, die mit der Außerbetriebnahme bzw. der Reparatur von Kupferprodukten in Verbindung stehen und andererseits die Prozesse der Konstruktion von Produkten im Kontext der industriellen Fertigung, die maßgeblich daran teilhaben, wie lange ein Produkt genutzt bzw. wie gut es repariert oder stofflich verwertet werden kann.

Auch in diesem Zusammenhang ist die in Kapitel 5.1.5 genannte Lizensierung der Primärressourcennutzung von grundlegender Bedeutung, da sie zu höheren Primärressourcenpreisen führt, damit die Rentabilität von Recycling, Wiederverwendung oder auch Reparaturmaßnahmen erhöht und einen wesentlichen Anreiz für entsprechende Aktivitäten setzt. Weiterhin ist es wesentlich, daß im Rahmen der Abfallentsorgung die Entsorgungskosten die Umweltbelastung durch den Abfall und die Knappheit der Deponieflächen angemessen widerspiegeln und sie nicht etwa als kostenlose oder subventionierte staatliche Dienstleistung angeboten wird. Dieser Umstand ist für diejenigen Fälle grundlegend, in denen ein gewinnbringendes Recycling nicht möglich ist, aber das Recycling im Vergleich zur Entsorgung immer noch die kostengünstigere Option darstellen könnte.

Ein solcher makroökonomischer Rahmen mit Primärressourcenpreisen und Entsorgungskosten, die jeweils die Einhaltung von Umweltzielen reflektieren, würde zweifellos die Wiederverwendungs- und Recyclingaktivitäten stimulieren. Nichtsdestotrotz ist es sinnvoll, diesen Prozeß mit zusätzlichen Politikmaßnahmen zu begleiten. Das diesbezüglich wichtigste Argument ist die Existenz von ***Pfadabhängigkeiten im Bereich der Recyclingwirtschaft***. Ein veränderter preislicher Rahmen würde insbesondere zu erhöhten Recyclingaktivitäten im Kontext des alten Paradigmas der Recyclingwirtschaft führen, das durch eine end-of-pipe-Philosophie charakterisierbar ist, da das Nachdenken über Recycling und Wiederverwendung erst dann beginnt, wenn der Abfall bereits angefallen ist. Aus der Perspektive dieses Paradigmas würde eine Verringerung der Lebensdauer von Produkten begrüßt werden, da dadurch die Recyclingquote erhöht und die Recyclingkapazitäten besser ausgenutzt würden. Unbeachtet bliebe dabei, daß der Gesamtressourcenverbrauch auf diese Weise drastisch ansteigen würde.[336]

Eine solche Entwicklung ist mit der Zielsetzung des Prinzips der niedrigen Entropiedifferenzen nicht vereinbar. Hierbei geht es um die Durchsetzung eines neuen Paradigmas im Umgang mit Material, wobei eine thermodynamisch effiziente Kreislaufführung von Material im Zentrum steht, die nicht nur die Akteure der Recyclingwirtschaft einbezieht, sondern auch die Halbzeugproduzenten und die Produktkonstrukteure und -entwickler. Letztere sollten schon in der Produktkonstruktion Aspekte wie eine lange Produkthaltbarkeit sowie eine hohe Reparatur-, Demontage und Wiederverwendungsfreundlichkeit berücksichtigen und die eingesetzten Werkstoffe nach Umweltverträglichkeitskriterien auswählen und kennzeichnen. Die Umsetzung dieses Paradigma erfordert eine Kooperation der verschiedenen Akteure der Wertschöpfungskette und kann zu neuen oder veränderten Strukturen führen. So mag es für Produkther-

336 Vgl. dazu die Diskussion der Ergebnisse in Kapitel 5.2.1.3.

steller sinnvoll werden, eigene Verwertungskonzepte zu entwickeln und als Form der Rückwärtsintegration die Altproduktverwertung in den eigenen Geschäftsbetrieb aufzunehmen.

Ein weiterer Grund für zusätzliche Politikmaßnahmen zur Umsetzung des Prinzips der niedrigen Entropiedifferenzen besteht darin, daß viele Informationen, die für eine thermodynamisch effiziente und umweltverträgliche Kreislaufwirtschaft erforderlich sind, in der Praxis nicht vorliegen. So ist es beispielsweise in Hinblick auf die Werkstoffauswahl in der Produktentwicklung erforderlich, verläßliche Informationen über die Umweltverträglichkeit von Werkstoffen zu besitzen. Weiterhin mag es notwendig werden, einheitliche Standards zur Demontagefähigkeit von Produkten oder Normen für die Materialkennzeichnung zu entwickeln. Zur Gewährleistung derartiger Rahmenbedingungen sind staatliche Eingriffe unabdingbar.

Entsprechende zusätzliche Politikmaßnahmen müßten im Bereich der Kupferprodukte sicherstellen, daß ein politischer Rahmen geschaffen wird, der insbesondere eine hochwertige Verwertung von Massenprodukten gewährleistet oder zumindestens begünstigt. Neben einer verbesserten Verwertungs- und Recyclinginfrastruktur für hochwertige Kupferschrotte, wären in diesem Kontext auch Produktkategorien mit komplexer Materialzusammensetzung und vergleichsweise geringen Kupferinhalten einzubeziehen, wie z. B. sämtliche Elektro- und Elektronikprodukte inklusive Computer und Kraftfahrzeuge.

Im Bereich *Elektronikschrott* sind interessante Politikansätze in der Bundesrepublik Deutschland und in den Niederlanden in der Diskussion. Vorgesehen ist in beiden Fällen eine ***Produkt-Rücknahmepflicht für Handel und Hersteller***. Unter den Annahmen, daß bei einer Rücknahmepflicht die Entsorgungs- und Recyclingkosten in die Produktpreiskalkulation einfließen, und daß recyclingfreundliche Produkte geringere Entsorgungskosten verursachen, wurde von einer wettbewerbsbegünstigenden Funktion von recyclingfreundlichen Produkten durch diese Maßnahme ausgegangen. Die Verabschiedung der deutschen Elektronikschrott-Verordnung fand im Mai 1998 statt. Bis zu diesem Zeitpunkt wurde dort, wie es in anderen Ländern der EU noch heute üblich ist, der Großteil dieser Produkte über den üblichen Entsorgungsweg deponiert oder verbrannt. In den Niederlanden zeichnet sich ab, daß die Rücknahmepflicht ab 1999 in Kraft treten wird.[337]

Durch eine Rücknahmepflicht von Produkten durch Hersteller oder Importeure wird ein eindeutiger Anreiz geschaffen, die Recycling- und Verwertungsfreundlichkeit schon in der Entwicklungsphase zu verbessern und die Produktverantwortung der Hersteller bzw. der Handeltreibenden zu erhöhen. Alternativ zu einer Rücknahmeverpflichtung wäre auch eine freiwillige Rücknahmeverpflichtung der Industrie denkbar, wie sie z. B. für Batterien seit 1988 in Deutschland praktiziert wird.[338]

Im Bereich der *Altautoverwertung* wurden in vielen Ländern Infrastrukturen zur Altautoverschrottung und -verwertung aufgebaut. Das Ausmaß der Verwertung differiert allerdings von Land zu Land erheblich. In der Bundesrepublik Deutschland wurde bereits 1977 festgelegt, daß jedes Altauto trockenzulegen ist – d. h. sämtliche Betriebsstoffe sind vor dem Shreddern zu entnehmen, um den Giftigkeitsgrad des Shreddermülls gering zu halten. Weiterhin sind im Rahmen der deutschen Altautoverordnung von 1998 diverse stoffliche Verwertungsquoten z. B. für Reifen, Kunststoffe und Glas als ***Mindeststandards der Autoverwertung*** vorgesehen.[339] Derartig weitreichende Vorschriften existieren in anderen Ländern nicht, so daß unterschiedliche Umweltstandards bei der Altautoverwertung und -entsorgung bestehen, die dazu

337 Vgl. Fischer 1993: S. 381-382; Breer et al. 1992: S. 87-89 und die Tageszeitung (taz) vom 1./2.11.97: S. 21 sowie vom 8.7.98: S. 9.

338 Vgl. Oosterhuis/Rubik/Scholl 1996: S. 188.

339 Vgl. Donner 1995: S. 40-47.

führen, daß die Altautoentsorgungsgebühren außerhalb Deutschlands wesentlich geringer sind. Dieser Umstand führte zu einem ausgeprägten Export von Altautoschrott in europäische Nachbarländer. Zur Sicherstellung einer hochwertigen Verwertung von deutschen Altautos ist daher in der Altautoschrottverordnung vorgesehen, daß Fahrzeugbesitzer ihre Altautos bei lizensierten Verwertern abgeben müssen, die wiederum einer ***Verwertungsnachweispflicht*** unterliegen.[340]

Neben den genannten Regulierungsformen der Rücknahmeverpflichtungen, Mindeststandards der Verwertung und Verwertungsnachweisen, die eine Umsetzung des Prinzips der niedrigen Entropiedifferenzen begünstigen, existieren weitere sinnvolle Politikansätze:

- So wäre z. B. zu erwägen, für Produkte, die auch nach ihrer Außerbetriebnahme noch wertvolle, wiederverwendbare Einzelteile enthalten, ***Pfandsysteme*** einzurichten.
- Die Einführung einheitlicher ***Materialkennzeichnungsnormen*** für Produktteile wäre hilfreich, um eine bessere Materialtrennung zu ermöglichen.
- Die Umweltämter könnten Handbücher mit ***Informationen über die Umweltverträglichkeit von Werkstoffen*** herausgeben, um eine umweltverträgliche Werkstoffauswahl zu erleichtern.
- Die ***Mindestgarantiezeiten*** für langlebige Produkte könnten verlängert werden, um die Hersteller dazu zu bewegen, die Produkthaltbarkeit und -reparierbarkeit zu verbessern.
- Der ***Ausbau von Sekundärmarktstrukturen*** könnte gefördert werden, um die höchste Form der Produktverwertung, die erneute Verwendung, zu begünstigen.
- Weiterhin wäre im Kontext der Abfallpolitik zu berücksichtigen, daß Abfallarten, deren Recycling gegenwärtig unökonomisch ist, in Zukunft wirtschaftlich nutzbar sein könnten. Eine ***getrennte Deponierung*** gemäß der stofflichen Abfallzusammensetzung würde eine zukünftige bergbauliche Nutzung der heutigen Deponien erleichtern.
- Schließlich wäre es im Rahmen der ***staatlichen Forschungs- und Technologiepolitik*** von Bedeutung, einen ***Förderschwerpunkt Kreislaufwirtschaft*** einzurichten, um einen Wechsel vom heute noch immer dominierenden End-of-Pipe-Paradigma in der umwelttechnologischen Forschung zu einem Paradigma eines integrierten Umweltschutzes im Sinne des Materialkreislaufgedankens zu begünstigen.[341] In diesem Kontext wäre es sinnvoll, den Kommunikationsprozeß zwischen Recyclingwirtschaft, Produktentwicklern und Produktanwendern zu initiieren oder zu fördern, Umweltentlastungspotentiale durch Produktveränderungen zu erforschen.[342] Weiterhin könnten diverse konkrete F&E-Projekte unterstützt werden, wie z. B. die Entwicklung und Einführung wiederverwendungs- und recyclingfreundlicher Massenprodukte.

Obwohl sich all diese Maßnahmen auf die nationale Politikebene einer produktbezogenen Umweltpolitik beziehen, ist bei der politischen Umsetzung stets der internationale Charakter vieler Produkte zu berücksichtigen, der – wie im obigen Beispiel des Altautorecyclings – die Effektivität der Maßnahmen beeinträchtigen kann. Anzustreben ist daher in längerer Zeitfrist eine supranationale Harmonisierung von Politikmaßnahmen – entweder durch Politikkoordi-

340 Vgl. Pfeiffer 1995: S. 89-92 und O. V. 1998: S. 196/197.

341 Vgl. Burchhardt 1995: S. 49-52.

342 Vgl. zu derartigen Programmen in den USA (z. B. das Programm „Design for the Environment") EK-SMU 1994: S. 678-679.

nierung verschiedener Länder oder auch, wie im Beispiel der EU, durch eine Politikharmonisierung im Rahmen einer wirtschaftlichen Integration.

Das **dritte mikroökonomische Prinzip** einer nachhaltigen Materialnutzung ist schließlich das ***Prinzip des nachhaltigen Konsums***, das auf einen ressourcenschonenden und naturentlastenden Lebensstil der Menschen abzielt und damit die Gebrauchsphase im Lebenszyklus eines Produktes betrifft. In diesem Zusammenhang sind die Produktauswahl durch die Konsumenten, die Art und Verantwortlichkeit in der Produktnutzung und die Wahl der Produktentsorgung von Bedeutung, da in all diesen Bereichen sehr unterschiedliche konsumbezogene Umweltbelastungen entstehen können.[343] Mögliche Politikansätze zur Verbreitung eines nachhaltigen Lebensstils werden nachfolgend im Kontext des Kupferlebenszykluses am Beispiel von Elektrogeräten diskutiert.

Die *Produktauswahl* durch Konsumenten und die damit gefällte Entscheidung für ein mehr oder weniger umweltverträgliches Produkt ist von verschiedenen Einflußfaktoren abhängig. Die Konsumentenpräferenz ist ein wichtiger Faktor, ebenso die Produktqualität, der Preis, die vorhandene Produktinformation und das Umweltbewußtsein. Besonders bei den drei letzten Aspekten könnte eine umweltverträgliche Produktwahl durch staatliche Maßnahmen begünstigt werden.

Der *Preis* eines Produktes und die seiner mehr oder weniger umweltverträglichen Substitute sind nicht zuletzt davon abhängig, ob sie die Umweltbelastungen der Produktherstellung in allen Stadien der Produktlebenszyklen reflektieren. Hier ist die Umweltpolitik gefordert, entweder akzeptable Umweltmindeststandards zu realisieren, ökonomische Instrumente zur Internalisierung zu verwenden oder – sofern das alles nicht möglich ist – eindeutig umweltverträgliche Produkte zu subventionieren, wie es z. B. bei der Einführung des bleifreien Benzins in der Bundesrepublik Deutschland praktiziert wurde.[344] Hinsichtlich der *Information über Produkte* sind Hersteller in den meisten Ländern verpflichtet, über Inhaltsstoffe, Produktleistung oder Gefahren bei der Produktanwendung zu informieren. Zur ***Verbesserung der Produktinformation*** in bezug auf Umweltverträglichkeit können Umweltzeichen für umweltschonende Produkte vergeben werden, wie dies bereits in vielen Ländern der EU geschieht, oder es könnten bestimmte umweltspezifische Informationen obligatorisch werden, um so eine umweltbewußte Produktauswahl zu ermöglichen.[345] Das *Umweltbewußtsein* der Konsumenten ist schließlich maßgeblich von der Erziehung und der Bildung abhängig. Hier kann über den staatlichen Bildungsauftrag in der Form von Umwelterziehung in Schulen und über öffentliche Informations- und Aufklärungskampagnen ein Beitrag geleistet werden, um über die Konsequenzen nicht-nachhaltiger Lebensstile aufzuklären und das Bewußtsein über den interdependenten Zusammenhang von Mensch und Natur zu schärfen.[346]

Auch hinsichtlich der *umweltverträglichen Nutzung von Produkten* spielen das Umweltbewußtsein von Konsumenten und die Produktinformationen über den sachgemäßen Gebrauch eine wichtige Rolle. In diesem Bereich besteht jedoch hauptsächlich wegen der schlechten Auslastung vieler Gebrauchsgegenstände ein großes Innovationspotential in bezug auf neue und nachhaltige Konsumformen. In Industrieländern besitzt jeder Privathaushalt eine Vielzahl von Elektrogeräten und anderen Gebrauchsgütern, die nur selten benutzt werden. Hier könnten neue Formen des gemeinschaftlichen Besitzes und des Teilens zu verbesserten Güterauslastungen führen, besonders bei eher unregelmäßig genutzten Elektrogeräten wie Rasenmähern,

343 Vgl. Oosterhuis/Rubik/Scholl 1996: S. 24.

344 Vgl. Boehmer-Cristiansen/Weidner 1992: S. 11-13.

345 Vgl. EK-SMU 1994: S. 686-689.

346 Vgl. Rat von Sachverständigen für Umweltfragen (RSU) 1994: S. 164-175.

Bohrmaschinen, Kreissägen und anderen Gütern. Alternativ zu ***gemeinschaftlichem Produktbesitz*** könnten auch ***Leasing- und Verleihkonzepte*** zur verbesserten Güterauslastung beitragen, wodurch der Betrachtungsfokus verschoben wird vom Produkt auf die Dienstleistung, die ja letztlich ausschlaggebend ist. Durch Realisierung solcher Konzepte könnte das Ausmaß der Produktmengen maßgeblich verringert und damit die durch ihre Herstellung verursachten Umweltbelastungen reduziert werden. Politische Maßnahmen zur Unterstützung derartiger Konzepte könnten ansetzen bei der Förderung von entsprechenden Pilotprojekten und Forschungsvorhaben zur Abschätzung der Umweltentlastungspotentiale. Weiterhin könnten Mitgliedern von Produktsharing-Kooperativen oder Kunden von Verleihunternehmen bestimmte Vergünstigungen als weitere ***Anreize für einen nachhaltigen Lebensstil*** zugestanden werden, wie z. B. Sondertarife für die Nutzung von Bahn- und öffentlichem Nahverkehr. Grundsätzlich wäre es angemessen, nachhaltige Konsumformen durch Anreize monetärer oder institutioneller Art zu begünstigen.[347]

Die *Entsorgung von Produkten* ist schließlich abhängig vom Umweltbewußtsein der Verbraucherinnen und Verbraucher sowie von den bestehenden Entsorgungsoptionen und den damit verbundenen Kosten, die durch den Kontext der Abfallpolitik vorgegeben sind. Eine verwertungs- und recyclingfreundliche Entsorgung kann durch verschiedene Maßnahmen begünstigt werden. Wesentlich ist, daß ein umweltverträgliches Verhalten hinsichtlich der Abfallentstehung und Entsorgung durch Entsorgungstarife nach dem Verursacherprinzip belohnt wird. Weiterhin erfordert eine Mülltrennung in verschiedene Abfallkategorien ein ***gutes Logistiksystem***, das eine für den Konsumenten bequeme und ***überschaubare Wertstoff- und Abfallentledigung*** ermöglicht.[348] Bei Elektrogeräten mit wertvollen wiederverwendbaren Teilen oder mit umweltbelastenden Stoffen könnten Pfandsysteme zur Erhöhung der Rücklaufquote beitragen.

Abschließend ist zu konstatieren, daß in Ergänzung zu den rohstoffpolitischen Ansätzen aus Kapitel 5.1.5 eine Vielzahl von lebenszyklusorientierten nationalen und supranationalen Politikmaßnahmen dazu beitragen können, die Dispersionsintensität und die allgemeine Umweltbelastung durch die Materialnutzung zu reduzieren. Der beste Instrumentenmix ist dabei nicht unabhängig von den spezifischen nationalen Rahmenbedingungen bestimmbar. Je nach gesellschaftlicher Präferenzlage, wirtschaftlicher und sozialer Bedingungen sowie in Abhängigkeit von der Kompetenz und Ausstattung der exekutiven Behörden kann von Land zu Land ein anderer Instrumentenmix angemessen sein.

---

347 Viele Beispiele für institutionelle Anreize sind in der Verkehrspolitik zu finden. So existieren in den USA und auch in den Niederlanden Straßen mit Fahrbahnspuren, die nur von Pkw genutzt werden dürfen, in denen sich mindestens drei Personen befinden. Auf diese Weise werden ordnungspolitische Anreize für eine bessere Auslastung von Pkw gesetzt. Als weitere Beispiele sind infrastrukturelle Begünstigungen von umweltschonenden Verkehrsmitteln (mit höherer spezifischer Ressourcenproduktivität) zu nennen: Gutes Fahrradwegenetz, Busspuren und Straßenbahntrassen mit Vorfahrt, gute Anbindungen und hohe Taktzahlen im öffentlichen Personennahverkehr (ÖPNV) sorgen für Komfort und schnelle Erreichbarkeit von Zielen in Ballungsgebieten und bieten Anreize zur ÖPNV-Nutzung. Vgl. Müller/ Schwenke 1992: S. 48-49 und MakKenzie/Nadis 1993: S. 105-109.

348 Ein diesbezüglich negatives Beispiel ist das Lizenzsystem des Dualen Systems Deutschland, das sämtliche Produkte mit einem gleichen Lizenzzeichen auszeichnet (der „grüne Punkt"), obwohl unterschiedliche Entsorgungswege (Altpapierkontainer, Altglaskontainer, Gelbe Tonne) vorgesehen sind. Eine derartige Unübersichtlichkeit führt zwangsläufig zu sub-optimalen Trennprozessen.

5.2.2 Ebene 3: Werkstoffsubstitution bei Kupfer

Die empirische Untersuchung der dritten Ebene einer nachhaltigen Materialnutzung wird im Rahmen der Kupferfallstudie am Beispiel der Materialsubstitution zwischen Kupfer und Aluminium durchgeführt. In Kapitel 5.2.2.1 werden die bedeutsamsten Substitutionsprozesse aus historischer Perspektive dargestellt. In diesem Kontext wird einerseits der Zusammenhang zwischen Substitution und relativen Preisbewegungen quantitativ analysiert, während andererseits die Bedeutung von Pfadabhängigkeiten und anderen Substitutionshemmnissen, die aus theoretischer Sichtweise bereits in Kapitel 4.3.3 besprochen wurden, thematisiert wird. Die ökologischen Auswirkungen der Substitution von Kupfer gegen Aluminium werden in Kapitel 5.2.2.2 am Beispiel der Substitution von Stromkabeln dargelegt. Aufbauend auf den Ergebnissen und Einsichten dieser Analysen folgt in Kapitel 5.2.2.3 eine Diskussion von Politikoptionen zur Förderung von umweltentlastenden Substitutionsprozessen im Werkstoffbereich.

5.2.2.1 Werkstoffsubstitution: Das Beispiel Kupfer-Aluminium

Kupfer war als traditioneller und langjährig bewährter Werkstoff in den Jahren nach dem zweiten Weltkrieg sehr hoch angesehen. Es war in vielen hochqualitativen Anwendungsbereichen geschätzt und schien ein unersetzbarer Werkstoff zu sein. Die Kupferproduzenten kümmerten sich daher kaum um die Kupfervermarktung. Es herrschte die allgemeine Auffassung vor, daß die Qualität des Kupfers für sich spreche und sich das Kupfer daher quasi „wie von selbst verkaufe".[349] Eine deutliche Veränderung dieser Situation vollzog sich in den Jahren 1946-1965, als die Verfügbarkeit von Kupfer nicht immer ausreichend gesichert war, der Kupferpreis daher extremen Schwankungen unterlag und sich in der genannten Zeitperiode zum Ärger der kupferverarbeitenden Industrien nahezu versechsfachte, während die Preisentwicklungen bei anderen Werkstoffen trotz ansteigenden Materialverbrauchs im Nachkriegsboom vergleichsweise moderat verliefen.[350]

Mit dem Preisanstieg des Kupfers begann ein Materialwettbewerb in diversen Anwendungsbereichen, der sich in den 1950er Jahren deutlich offenbarte: neue Stahllegierungen traten insbesondere bei strukturellen Materialanwendungen als Kupfersubstitute auf, und mit der Entwicklung der ersten Kunststoffe stellte sich eine Werkstoff-Konkurrenzsituation zu Kupfer im Bausektor ein, die hauptsächlich den Bereich der Wasser- und Gasrohre betraf. Der mit Abstand bedrohlichste Konkurrenzwerkstoff für Kupfer war jedoch das Aluminium, dessen Vermarktung durch die noch junge Aluminiumindustrie sehr aggressiv vorangetrieben wurde.[351] Aluminium weist besonders in den Bereichen der Wärme- und der Elektrizitätsleitung Qualitäten auf, die dem Kupfer sehr nahe kommen, wobei es aufgrund seiner geringen Dichte Gewichtsvorteile pro Volumeneinheit gegenüber dem Kupfer besitzt. Angesichts eines reichlichen Bestandes an Aluminiumvorkommen mit vergleichsweise hohen Aluminiumkonzentrationen im Bauxiterz (über 20%)[352] und einer kontinuierlich steigenden Aluminiumproduktion

---

349 Vgl. Prain 1975: S. 169-170.

350 Vgl. Brown/Butler 1968: S. 164 und Prain 1975: S. 153 und S. 163. Zur historischen Entwicklung der Metallpreise vgl. die Abbildungen 5.13 bis 5.18 in Kapitel 5.1.3.

351 Vgl. Prain 1975: S. 153-160. In einer Studie aus den 1970er Jahren zur Kupfersubstitution wurde ermittelt, daß 54% der Materialsubstitutionen von Kupfer auf Aluminium entfielen, 8% auf Kunststoffe, 5% auf Stahl und 18% auf andere Nichteisenmetalle. Die verbleibenden Prozente waren einem materialsparenden Produktdesign geschuldet. Vgl. ebd.: S. 155-156.

352 Vgl. Warhurst 1994: S. 20 und Moser/Moser 1994: S. 16. Aluminium ist nach Sauerstoff und Silizium das dritthäufigste Element der Erdkruste. Vgl. Speidel 1992: S. 18-19.

bei stabilen und niedrigen Preisen, drohte dem bewährten Werkstoff Kupfer ein vernichtender Substitutionswettbewerb.

Das Ausmaß der Substitutionsdrohung für Kupfer, die vom Aluminium ausging, kann anhand der Abbildungen 5.24a-c gezeigt werden. Abbildung 5.24a stellt das nominale Preisverhältnis von Kupfer zu Aluminium pro Gewichtseinheit für den Zeitraum 1946-96 graphisch dar. Während der Gewichtspreis des Kupfers im ersten Jahr nach dem 2. Weltkrieg noch um deutliche 68% geringer war als der Aluminiumpreis, kehrte sich dieses Verhältnis in den Folgejahren vollständig um. In 1948 war bereits eine Preisgleichheit erreicht, in 1955 war eine Tonne Aluminium nur noch halb so teuer wie die gleiche Menge Kupfer, und in 1966 erreichte das Kupfer-Aluminium-Preisverhältnis mit einem Wert von 2,64 seinen bisher höchsten Stand. Nach 1966 erholte sich das relative Preisverhältnis von Kupfer zu Aluminium zugunsten des Kupfers und in den Jahren 1986/87 zeigte sich der Kupferpreis erstmals wieder geringer als der des Aluminiums. Zu Beginn der 1990er Jahre stellte sich schließlich erneut eine gewichtsbezogene Preisrelation ein, in der die Preisnotierung des Aluminiums etwa der Hälfte des Kupferpreises entsprach.

Die *Gewichts*preisrelation zweier Materialien ist jedoch für einen Substitutionsprozeß häufig zweitrangig. Von größerer Bedeutung ist, wie sich die Preisrelation darstellt, wenn der Preis der eingesetzten Materialmengen *bei sonst gleicher Leistung* verglichen wird. Bei allen strukturellen Anwendungen, wo es um das *Volumen* eines Materials geht, ist das benötigte Materialgewicht beim Aluminium um den Faktor 3,3 geringer als beim Kupfer, da es eine extrem niedrige Dichte aufweist.[353] In Abbildung 5.24b ist die Preisrelation von Kupfer zu Aluminium pro Volumeneinheit dargestellt, wobei alle Werte um den Faktor 3,3 höher sind als in Abbildung 5.24a. Es wird deutlich, daß das Aluminium immer dann, wenn das Volumen einer Anwendung von Bedeutung ist, enorme Preisvorteile innehat und den volumenspezifischen Kupferpreis um ein Vielfaches unterbietet.

Eine ähnliche, wenngleich weniger extreme Konstellation besteht beim Preisverhältnis von Kupfer und Aluminium hinsichtlich der elektrischen Leitfähigkeit der Materialien. Da der elektrische Widerstand eines Aluminiumkabels um 60% höher ist als in einem Kupferkabel mit gleichen Abmessungen, ist die elektrische Leitfähigkeit des Kupfers um den Faktor 1,6 pro Volumeneinheit höher als beim Aluminium. Da hier das Volumen des Leitermaterials die maßgeblich Bezugsgröße darstellt, wird der Vorteil des Kupfers mit seiner besseren Leitfähigkeit pro Volumeneinheit (Faktor 1,6) mehr als kompensiert durch den großen Gewichtsvorteil des Aluminiums pro Volumeneinheit (Faktor 3,3). Ein Aluminiumkabel, das der elektrotechnischen Qualität eines Kupferkabels entspricht, hat daher trotz eines 27% dickeren Kabelleiterdurchmessers und eines 60% höheren Volumens ein Gewicht, das lediglich 48,5% des Gewichts eines qualitätsgleichen Kupferkabels entspricht.[354] Unter Berücksichtigung dieser Umstände wurden die Preisrelationen von Kupfer zu Aluminium zwischen 1946-96 in bezug auf eine gleiche elektrische Leitfähigkeit in Abbildung 5.24c dargestellt. Hier zeigt sich, daß das Aluminium im gesamten Betrachtungszeitraum seit 1946 der preisgünstigere elektrische Leiterwerkstoff war.

Besonders die spezifischen Preisrelationen der Abbildungen 5.24b und c, die einen durchgängigen spezifischen Preisvorteil des Aluminiums nach 1945 offenbaren, legen die Vermutung nahe, daß sich nach 1946 weitgehende Substitutionsprozesse zwischen Aluminium und Kupfer vollzogen haben müssen, und daß das Kupfer wichtige Marktsegmente verloren haben

353 Die Dichte des Kupfers beträgt 8,93 g/cm³, die des Aluminiums 2,7 g/cm³. Vgl. Ilschner 1990: S. 213-214.

354 Vgl. Ilschner 1990: S. 139-140; Lücking 1981: S. 2-3 sowie Tabelle 4.3 in Kapitel 4.3.3.

muß. Die tatsächlichen Trends in der Substitution werden nachfolgend exemplarisch am Beispiel wichtiger Einzelanwendungen dargestellt und diskutiert.

In strukturellen Anwendungsfeldern, wo die spezifische Kupfer-Aluminium-Preisrelation der Abbildung 5.24b zum Tragen kommt, hat das Kupfer zweifellos Marktanteile verloren. So findet der Werkstoff Kupfer bei strukturellen Anwendungen im Bausektor kaum noch Anwendung. Während z. B. früher Dachrinnen zumeist aus Kupfer hergestellt wurden, wird dieses Marktsegment heute aus Preisgründen hauptsächlich von der Kunststoff- und der Aluminiumindustrie beherrscht. Konkurrenzfähig ist das Kupfer in strukturellen Anwendungen zumeist nur dann, wenn sein ästhetischer Charakter gefragt ist. So haben sich z. B. Kupfermarktnischen im Bereich Gebäudeverkleidungen, Türen und Dachdeckungen gehalten, die exklusive Kunden mit ästhetischem Anspruch bedienen. Grundsätzlich ist allerdings festzustellen, daß der strukturelle Anwendungsbereich des Kupfers nie sehr ausgeprägt war, da u. a. mit Eisen und Stahl stets günstigere Werkstoffe zur Verfügung standen. Die wichtigste Werkstoffkonkurrenz im strukturellen Bereich ist eher im Wettbewerb von Aluminium und Stahl zu sehen.[355]

Seien nun Anwendungen betrachtet, die mit der thermischen Leitfähigkeit von Kupfer und Aluminium in Verbindung stehen. Da die spezifische Wärmeleitfähigkeit eines Materials in proportionaler Beziehung zu seiner elektrischen Leitfähigkeit steht[356], ist für diesen Fall insbesondere die spezifische Preisrelation der Abbildung 5.24c maßgebend. Ein wesentliches Substitutionshemmnis besteht in diesem Bereich jedoch darin, daß die Verbindungstechnik beim Aluminium weniger gut ist als beim Kupfer, da das Schweißen und Löten des Aluminiums Probleme bereitet.[357] Dieser Nachteil des Aluminiums schließt es für diverse Anwendungen grundsätzlich aus. So ist Aluminium im Markt für Wasserrohre in Gebäuden aufgrund mangelnder Versiegelungsmöglichkeiten kein ernsthafter Konkurrenzwerkstoff. Hier hat sich das Kupfer in den Jahren nach 1930 gegen den zuvor traditionellen Installationsrohrwerkstoff Blei erfolgreich durchgesetzt und es steht heute in Konkurrenz mit preisgünstigen Kunststoffwasserrohren. Die Durchsetzung des Kunststoffs wird allerdings durch drei Faktoren behindert: *erstens* ist Kunststoff in manchen Fällen nicht so gut wie Kupfer für Heißwasseranwendungen geeignet, *zweitens* ist eine konservative Werkstoffeinstellung vieler Klempner ein Hemmnis für die Durchsetzung von Kunststoffrohren gewesen und *drittens* sind für die Herstellung von Wasserrohren werkstoffspezifische Produktionsanlagen notwendig, die eine schnelle rohstoffpreisorientierte Materialsubstitution verhindern.[358] Diese Umstände trugen dazu bei, daß noch heute in der Bundesrepublik Deutschland über 50% der Hausinstallationsrohre auf Kupfer entfallen, während der Marktanteil in England und den USA nahezu bei 100% liegt.[359]

Ganz anders verhält es sich mit den thermischen Anwendungen im Fahrzeugbau. Hier spielt auch das Gewicht von Komponenten eine große Rolle, da ein geringeres Fahrzeuggewicht zu einem niedrigeren Energieverbrauch beiträgt. Im Fall des Autokühlers konnte das Aluminium das Kupfer zu einem großen Teil verdrängen. Das Ausmaß und die Geschwindigkeit der Materialsubstitution ist in diesem Fall von Land zu Land unterschiedlich. Während der Anteil der Aluminiumkühler in westeuropäischen PKW gegen Ende der 1980er Jahre bereits bei 65% lag, war der entsprechende Marktanteil des Aluminiums in Japan und den USA zu jenem Zeitraum noch weitaus niedriger.[360]

355 Vgl. Kaufmann/Drury 1987: S. 374-375 und Deutsches Kupferinstitut 1987: S. 14-15.

356 Vgl. Hornbogen 1991: S. 169.

357 Vgl. Ilschner 1990: S. 190-192 und Kaufmann/Drury 1987: S. 375.

358 Vgl. Prain 1975: S. 157 und S. 161.

359 Vgl. Stegmann 1989: S. 72.

360 Vgl. Stegmann 1989: S. 71 und Mikesell 1988: S. 40.

Abbildung 5.24a: Entwicklung des nominalen Preisverhältnisses pro Gewichtseinheit von Kupfer zu Aluminium (1946-1996)

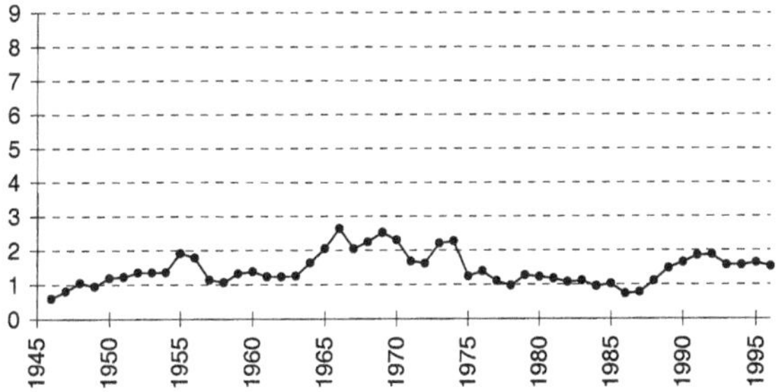

Abbildung 5.24b: Entwicklung des nominalen Preisverhältnisses pro Volumeneinheit von Kupfer zu Aluminium (1945-1996)

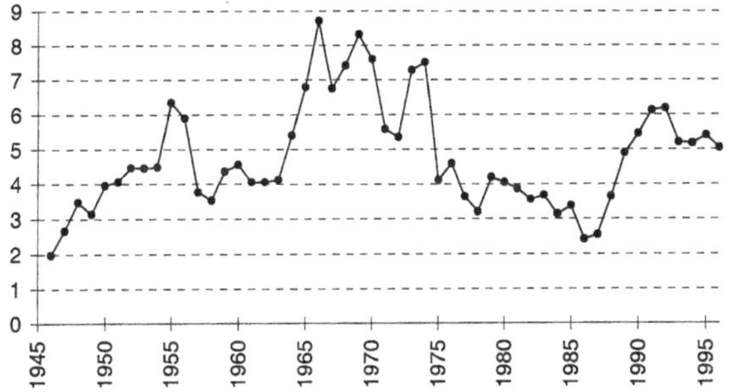

Abbildung 5.24c: Entwicklung des nominalen Preisverhältnisses von Kupfer zu Aluminium bei gleicher elektrischer Leitfähigkeit (1946-1996)

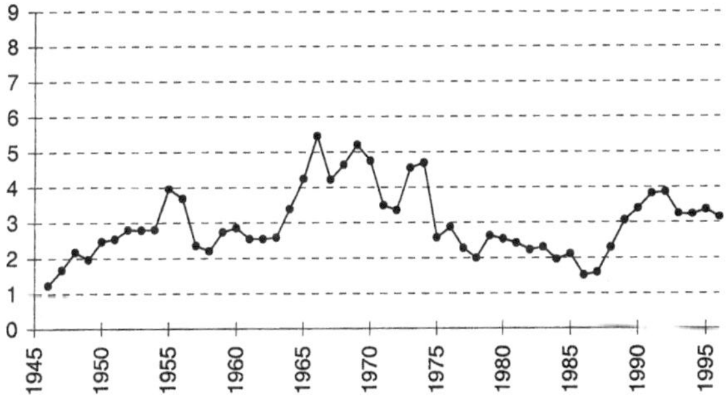

Datenquellen: Metallgesellschaft AG/ World Bureau of Metal Statistics (Hg.) 1994: S. 460 und S. 469; Metallgesellschaft AG/ World Bureau of Metal Statistics (Hg.) 1997: S. 460 und S. 469 und eigene Berechnungen.

Im Bereich der elektrischen Anwendungen war das mengenmäßige Substitutionspotential besonders hoch. Seit der Elektrifizierung der Volkswirtschaften, die in der Mitte des 19. Jahrhunderts einsetzte, avancierte der Markt für elektrische Leitmaterialien zum wichtigsten Markt der Kupferindustrie. In vielen Ländern war ein Großteil des Kupferverbrauchs in elektrischen Anwendungsfeldern zu finden, wo das Kupfer insbesondere als Infrastrukturwerkstoff der Elektrizitätsübertragung seit jeher eine Monopolstellung innehatte.[361] Diese dominierende Marktposition des Kupfers wurde angesichts der spezifischen Materialpreisrelation von Kupfer und Aluminium spätestens seit den 1950er Jahren bedroht, da der spezifische Kupferpreis seit jenem Zeitpunkt stets mindestens doppelt so hoch war wie der spezifische Aluminiumpreis der Elektrizitätsübertragung (Abb. 5.24c).

Anhand von Abbildung 5.25 kann das Muster der Materialsubstitution im Bereich der elektrischen Anwendungen verdeutlicht werden. Dort wird das gewichtsbezogene Einsatzverhältnis von Kupfer zu Aluminium in der Leitmaterialproduktion für die Bundesrepublik Deutschland und für Japan für den Zeitraum 1946 bis 1996 graphisch dargestellt. Es zeigt sich, daß das Einsatzverhältnis der beiden konkurrierenden Leitmaterialien nach 1949 in beiden Ländern deutlich sinkt und gegen Ende der 1970er Jahre einen Tiefpunkt bei Werten von fünf bis sieben erreicht. Für die Bundesrepublik Deutschland bedeutet das – unter Berücksichtigung der oben erwähnten Tatsache, daß ein gleichwertiges Leitmaterial aus Aluminium lediglich 48,5% des Gewichts eines Kupferleiters besitzt –, daß das Aluminium in 1978 einen Marktanteil von 23,2% in der Leitmaterialproduktion errungen hatte, während in Japan der höchste nationale Marktanteilwert in 1980 mit 27% anzutreffen war. Dieser Entwicklungstrend macht deutlich, daß Kupfer zwischen 1949 und 1980 durch Aluminium in diversen elektrischen Anwendungsbereichen substituiert worden ist.

Abb. 5.25: Gewichtsbezogene Einsatzrelation von Kupfer zu Aluminium in der Produktion von Leitmaterial in der Bundesrepublik Deutschland und in Japan (1949-1996)

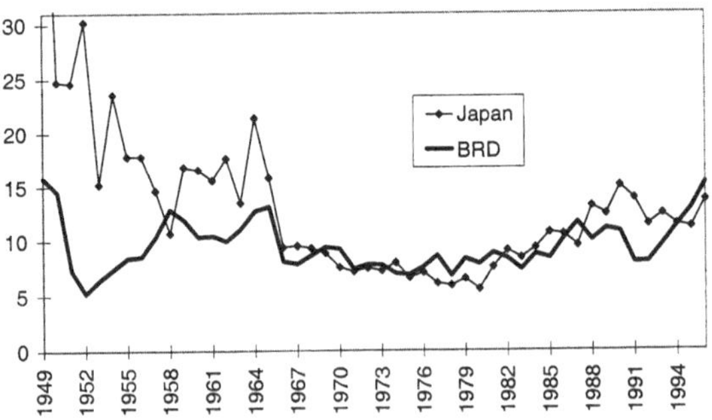

Datengrundlage: Metallgesellschaft (Hg.) 1958: S. 47, 71, 117, 145; Metallgesellschaft (Hg.) 1967: S. 53, 85, 143, 175; Metallgesellschaft (Hg.) 1977: S. 65, 115, 185, 225; Metallgesellschaft (Hg.) 1984: S. 73, 133, 219, 264; Metallgesellschaft AG/ World Bureau of Metal Statistics (Hg.) 1994: S. 72, 157, 261, 325 und Metallgesellschaft AG/ World Bureau of Metal Statistics (Hg.) 1997: S. 72, 157, 261, 325.

361 Vgl. Prain 1975: S. 169.

Der Substitutionstrend kehrte sich allerdings in den frühen 1980er Jahren um, so daß in 1996 gewichtsbezogene Einsatzrelationen in der deutschen und japanischen Leitmaterialproduktion von Kupfer zu Aluminium anzutreffen waren, die größer waren als 10:1. Das bedeutet, daß der Marktanteil des Aluminiums seit 1980 rückläufig war – in der Bundesrepublik Deutschland lag sein Leitmaterialproduktionsanteil 1996 nur noch bei 11,9%, während er in Japan 13,1% betrug. Dieser Marktanteilverlust des Aluminiums war dabei *nicht* einem geringerem Einsatz*wachstum* im Vergleich zum Kupfer geschuldet. Das Gegenteil war der Fall. Der absolute Aluminiumverbrauch in der japanischen und deutschen Leitmaterialproduktion halbierte sich in 1978/80-1996, während der absolute japanische und deutsche Kupferverbrauch im gleichen Zeitraum um mehr als 14% anstieg.[362]

Dieser Trend scheint nicht mit den Daten aus Abbildung 5.24c vereinbar zu sein. Trotz einem spezifischen Preisverhältnis in bezug auf die elektrische Leitfähigkeit, bei dem das Aluminium im gesamten Zeitraum von 1946-1996 stets das absolut preisgünstigere Leitmaterial darstellt und bisweilen gar einen um den Faktor fünf niedrigeren spezifischen Preis aufweist, kehrte sich der Substitutionsprozeß ab 1980 zugunsten des Kupfers um.

Die Erklärung für diese Entwicklung könnte aus neoklassischer Sicht darin liegen, daß nicht das absolute spezifische Preisniveau ausschlaggebend für die Materialsubstitution ist, sondern daß die relativen Preisbewegungen und -schwankungen den maßgeblichen Einfluß ausüben. In diesem Sinne läßt sich argumentieren, daß der Einsatz von Aluminium als Leitmaterial in verschiedenen Anwendungen möglicherweise bei unterschiedlichen spezifischen Preisrelationen rentabel wird, weil z. B. unterschiedliche Umstellungs- und Verarbeitungskosten vorherrschen, oder weil verschiedene Akteure unterschiedlich hohe Risikoprämien hinsichtlich des Einsatzes eines noch unbewährten Werkstoffes ansetzen.

Eine entsprechende Hypothese würde lauten, daß das Veränderungsmuster der Einsatzrelationen von Kupfer zu Aluminium in der Leitmaterialproduktion durch die Entwicklung der Preisrelationen erklärt werden kann. Diese Hypothese wurde im Anhang IV unter Anwendung von Regressionsanalysen getestet. Dabei wurde untersucht, ob eine signifikante Korrelation zwischen den relativen Preisbewegungen aus der Abbildung 5.24a und den Daten über das Einsatzverhältnis in der Leitmaterialproduktion aus Abbildung 5.25 besteht. Das Ergebnis war in jeder Hinsicht negativ. Sowohl für die Bundesrepublik Deutschland als auch für Japan konnten Korrelationsbeziehungen zwischen den Daten zur Preisrelation und zur Materialeinsatzrelation aus den jeweils gleichen Jahren nur mit Bestimmtheitsmaßen von unter 5% ermittelt werden. Höhere Erklärungswerte ergaben sich bei Unterstellung einer Timelag-These, wobei davon ausgegangen wurde, daß die Materialeinsatzrelation in der Leitmaterialproduktion durch die Preisrelationen vergangener Jahre mehr beeinflußt wird als durch das Preisverhältnis der Gegenwart. Die höchsten Bestimmtheitsmaße für derartige Korrelationsbeziehungen ergaben sich für Japan bei Timelags von sechs bis zehn Jahren und für die Bundesrepublik Deutschland bei Timelags von acht bis zehn Jahren. Die ermittelten Korrelationen konnten allerdings durch die zugrunde liegenden Daten maximal zu 52% erklärt werden. Eine signifikante Korrelationsbeziehung zwischen der Preisrelation von Kupfer und Aluminium und ihrer Materialeinsatzrelation in der Leitmaterialherstellung konnte daher nicht bestätigt werden.[363]

Da das Muster der Materialsubstitution aus Abbildung 5.25 nicht vollständig durch die Entwicklung der relativen Materialpreise erklärt werden kann, werden nachfolgend zur Ergründung der ausschlaggebenden Einflußfaktoren für die Kupfer-Aluminium-Substitution

362 Eigene Berechnungen auf Grundlage der Datenquellen aus Abbildung 5.25.

363 Vgl. die Ausführungen und Berechnungen in Anhang IV.

Entwicklungstrends in ***vier elektrischen Anwendungsbereichen des Kupfers*** beschrieben, in denen Aluminium ein potentielles Substitut ist.

Als erstes sei die ***elektrische Verkabelung von Gebäuden*** betrachtet. Aufgrund der enormen relativen Preiserhöhung und der schlechten Verfügbarkeit von Kupfer in den Jahren nach dem zweiten Weltkrieg wurden in einigen Ländern vermehrt Aluminiumkabel für die Elektroinstallation in Gebäuden verwendet, so u. a. in den USA. Auch in ehemals sozialistischen Staaten herrschte Kupfermangel, so daß z. B. auch in der ehemaligen DDR Aluminiumkabel in Gebäuden verlegt wurden. Die Erfahrungen mit den Aluminiuminstallationen waren jedoch eher negativ. Da Aluminium zum Langzeitfließen neigt, gibt es starkem Druck mit der Zeit nach – besonders bei Leitern mit geringem Durchmesser. Außerdem ist Aluminium nicht so duktil wie Kupfer, so daß z. B. Kabelenden in Steckdosen schneller anbrechen können. Diese Werkstoffnachteile des Aluminiums erhöhen die Brandgefahr in Häusern mit Aluminiumkabeln. Nach diversen Erfahrungen in Form von Häuserbränden wurde die Verlegung von Aluminiumkabeln in Gebäuden in vielen Ländern, so u. a. in den USA und in vielen westeuropäischen Staaten, verboten. Als Konsequenz ging ein neuer Markt für Aluminium schnell wieder verloren. Auch in den neuen Bundesländern der Bundesrepublik Deutschland werden seit der Wiedervereinigung Aluminiumkabel sukzessive durch Kupferkabel in den Gebäuden ersetzt.[364]

Das zweite Beispiel betrifft ***Kupferkabel zur Elektrizitätsübertragung in Maschinen, Elektroprodukten und Industrieanlagen***. In diesen Anwendungsfeldern konnte Aluminium als Leitmaterial nie bedeutsam Fuß fassen. Neben den bereits genannten werkstofflichen Nachteilen des Aluminiums wirkt in diesen Bereichen insbesondere der größere Leiterdurchmesser des Kabels negativ. Eine Substitution von Kupfer- durch Aluminiumkabel in Maschinen würde bedeuten, daß die gesamten Maschinenmaße aufgrund des dickeren Aluminiumkabels entsprechend vergrößert werden müßten. Ganz abgesehen von den Entwicklungskosten derartiger Veränderungen würde die Ersparnis aus der Kupfer-Aluminium-Substitution durch den vermehrten Gesamtmaterialeinsatz aufgezehrt werden.[365] Weiterhin liefe die Substitution dem vorherrschenden Trend zum Downsizing von Maschinen und Elektroprodukten entgegen. Nicht zuletzt ist schließlich der Anteil der Kabelkosten in vielen Maschinen und Produkten so gering, daß sich ein Nachdenken über eine Substitution durch ein günstigeres Material mit einigen Werkstoffnachteilen faktisch nicht lohnt.[366] Die Platzersparnis ist auch ein gewichtiges Argument beim Einsatz von Stromkabeln in Industrieanlagen, die sich durch geringe Netzlängen und hohe Stromdichten auszeichnen. Auch hier werden überwiegend Kupferkabel verwendet.[367]

Der dritte Anwendungsbereich bezieht sich auf ***Überlandleitungen für Starkstrom*** mit Leistungen von über 100 kV.[368] In diesem Anwendungsfeld setzte sich Aluminium als bevorzugter Werkstoff schon zu Beginn des 20. Jahrhunderts durch. Als die Starkstromnetze in Industrieländern in den 1920er Jahren vermehrt ausgebaut wurden, fiel die Werkstoffwahl aufgrund des großen Gewichts- und Preisvorteils schon früh auf Aluminium. Die Masten für die Starkstromkabel wurden von Beginn an auf die Nutzung von Aluminiumleitungen ausgelegt

---

364 Vgl. Kaufmann/Drury 1987: S. 375 und Mikesell 1988: S. 40. Technische Einzelheiten und Angaben zu Aluminiumkabeln der DDR nach Auskünften von Experten des Deutschen Kupferinstituts.

365 Informationen nach Auskünften von Experten des Deutschen Kupferinstituts und der Norddeutschen Affinerie AG.

366 Vgl. Mikesell 1988: S. 41.

367 Vgl. Brüggemann 1992: S. 64.

368 kV steht für Kilovolt. Ein Kilovolt entspricht 1.000 Volt.

und waren werkstoffspezifisch konstruiert. Kupfer war in diesem Bereich nie konkurrenzfähig. Ganz abgesehen von den erhöhten Materialkosten wären für Starkstromnetze mit Kupferleitungen aufgrund des höheren Leitungsgewichts eine weit größere Anzahl von Starkstrommasten mit erhöhter Stabilität erforderlich gewesen.[369] Auch unterirdische Kupferkabel für Starkstrom waren keine Alternative zu Überlandleitungen, da unterirdisch verlegte Kabel bei hohen Spannungen u. a. sehr hohe Übertragungsverluste aufweisen und zudem ihre Überlastungsreserve deutlich geringer ist.[370] In diesem Anwendungsbereich fand also ein tatsächlicher Substitutionsprozeß im engen Sinne des Begriffs als Ersatz von einem Material gegen ein anderes überhaupt nicht statt. Mit der Eroberung des Marktes für Starkstromleitungen, der heute überwiegend durch Aluminium dominiert ist[371], hielt der Werkstoff Aluminium allerdings in den zuvor ausschließlich vom Kupfer bedienten elektrischen Leitmaterialmarkt Einzug.

Schließlich sei für das vierte Beispiel der Blick auf ***Starkstromkabel und -leitungen im Leistungsbereich zwischen 1-60 kV*** gerichtet. Ein Hemmnis für die Substitution in diesem Bereich war lange Zeit der Preis des Isoliermaterials, von dem für ein dickeres Aluminiumkabel mehr benötigt wird als für ein gleichwertiges – und dünneres – Kupferkabel.[372] In den Jahren 1958-61 lag das relative Preisverhältnis von Kupfer zu Aluminium in Europa erstmals so hoch, daß der Einsatz von oberirdischen isolierten Aluminiumleitungen im Bereich von 22 kV rentabel wurde, und in den Folgejahren wurden auch die Preisschwellen für 30-kV- und 40-kV-Kabel, die einen dickeren Isolierungsmantel benötigen, überschritten.[373] Bis zur Produktion und zum Einsatz der ersten Aluminiumleitungen verging jedoch einige Zeit, obwohl in der Kabelproduktion an sich eine Anpassung an einen anderen Leiterwerkstoff relativ leicht möglich ist. Der Kupfereinsatz für 22-kV-Kabel stieg z. B. in Großbritannien noch bis 1964 an, während gleichzeitig der Aluminiumverbrauch schon anwuchs. Dann aber stagnierte der Kupfereinsatz als Konsequenz vermehrter Aluminiumanwendung und sank bis 1970 auf die Hälfte des Niveaus von 1962 ab. Der Grund für diese Zeitverzögerung lag darin, daß Werkstoffprobleme mit Aluminium zu lösen waren und die Anwender der Aluminiumkabel und -leitungen – zumeist die öffentlichen Elektrizitätsversorgungsunternehmen (EVU) – zuerst sorgfältige Forschungen unternahmen, bevor sie dem neuen Leitmaterial vertrauten. So forschten beispielsweise die britischen EVU fünf Jahre mit unterirdischen Aluminiumkabeln, bevor sie die ersten Kabelrollen bestellten. Erst nach weiteren fünf Jahren begannen sie, Aluminiumkabel in größerem Ausmaß zu ordern und einzusetzen.[374]

Die vermehrte Anwendung von Aluminium in allen Leitungs- und Kabelbereichen der Nieder- und Mittelspannung (zwischen 1-60 kV) hat sich in den Folgejahren weiter fortgesetzt. Gleichzeitig zeigte sich in diesem Anwendungsbereich ein deutlicher Trend von oberirdischen Leitungen, wo Aluminium deutliche Vorteile aufweist, zu unterirdischen Kabeln, wo Alumini-

369 Vgl. Prain 1975: S. 155-156 und Mikesell 1988: S. 40-41.

370 Vgl. für einen technischen Vergleich von Kabel und Leitungen: Fricke 1992: S. 44-80.

371 In Hochspannungsnetzen der öffentlichen Energieversorgung kommen im Spannungsbereich von 110 kV bisweilen Kabel mit Kupferleitern zum Einsatz, wenn aufgrund von Platzmangel (z. B. in Ballungsgebieten) keine andere Lösung möglich ist. Auch in Vogelschutzgebieten wird Hochspannungskabeln der Vorzug gegeben, da Großvögel durch oberirdische Leitungen gefährdet sind. Der Kabelanteil im 110 kV-Netz der Bundesrepublik Deutschland betrug in 1990 6,9% (alte Bundesländer). Vgl. Fricke 1992: S. 42-34.

372 Es sei angemerkt, daß Isoliermaterial im Hochspannungsbereich über 100 kV keine große Bedeutung hat. Entsprechende Überlandleitungen werden durch Luft und an den Tragemasten durch Hartporzellanisolatoren isoliert, während blanke Leiter zum Einsatz kommen. Das ist ein wesentlicher Unterschied zu Kabeln und Leitungen unter 30 kV. Vgl. Rohr 1992: S. 29-30.

373 Vgl. Browon/Butler 1968: S. 166-167.

374 Vgl. Prain 1975: S. 106-164 und S. 178-179.

um weniger deutliche Vorteile besitzt. Dieser Trend, der noch heute anhält, ist dadurch begründet, daß Kabel im Nieder- und Mittelspannungsbereich höhere Leistungsübertragungen sichern und sie außerdem als bessere Lösung hinsichtlich der oberirdischen Raumprobleme in Ballungsgebieten anzusehen sind.[375] So betrug der Anteil der Kabel im Nieder- und Mittelspannungsnetz der Bundesrepublik Deutschland in 1991 bereits 66% und er stieg bis 1996 auf 73% an, mit weiterhin steigender Tendenz.[376]

Dieser Trend von der Überlandleitung zum Kabel mag die Durchsetzung des Aluminiums gedrosselt haben, da der Gewichtsvorteil der oberirdischen Aluminiumleitung an Bedeutung verlor, während statt dessen im Kabelbereich der negative Aspekt des größeren Aluminiumleiterdurchmessers wichtig wurde. Trotzdem verhinderte aber auch der Trend zum Kabel nicht, daß das Aluminium seine Bedeutung als Leitmaterial im Nieder- und Mittelspannungsbereich ausbaute. So bewährte sich beispielsweise das PVC-isolierte Niederspannungskabel mit vier Aluminiumleitern in der Bundesrepublik Deutschland so gut, daß es bereits zu Anfang der Achtziger Jahre der am häufigsten eingesetzte 1-kV-Kabeltyp war, während sich der allgemeine Aluminiummarktanteil in diesem Spannungsbereich in den 1970er Jahren von etwa 40% auf über 50% erhöhte.[377] Aber nicht nur bei einzelnen Kabeltypen oder in ausgewählten Spannungsbereichen wurde das Aluminium zum immer bedeutsameren Leitwerkstoff. In der gesamten Spannungskategorie für Nieder- und Mittelspannungskabel zwischen 1-35 kV stieg der Aluminiumeinsatz in der Kabelproduktion von 1975 bis 1996 um 81,5%, während im gleichen Zeitraum der Kupfereinsatz um 16,5% fiel. Unter Berücksichtigung der Tatsache, daß ein Aluminiumkabel lediglich 48,5% des Gewichts eines gleichwertigen Kupferkabels besitzt, kann festgestellt werden, daß der Anteil des Aluminiums als Leitmaterial in der Stromkabelkategorie 1-35 kV zwischen 1975 und 1996 von 43% auf 62% angewachsen ist.[378] Maßgeblich begünstigt wurde dieser Substitutionsprozeß durch technische Verbesserungen wie feuchtigkeitsunempfindliche Muffenverbindungen und montagefreundliche Endverschlüsse, die die verarbeitungsbedingten Werkstoffnachteile des Aluminiums mindern konnten.[379]

Diese Beispiele zeigen, daß Prozesse der Materialsubstitution sehr komplex und spezifisch sind, und daß der relative Materialpreis zwar bedeutsam ist, aber nicht unbedingt im Mittelpunkt steht. Im Anwendungsbereich der elektrischen Leitmaterialien erwies sich Aluminium in diversen Fällen aufgrund werkstofftechnischer Besonderheiten nicht als qualitativ ebenbürtiges Substitutmaterial zum Kupfer, wodurch eine Substitution entweder von vornherein nicht stattfand oder nach negativen Erfahrungen wieder rückgängig gemacht werden mußte. Es wurde weiterhin deutlich, daß nicht der relative Materialpreis ausschlaggebend für eine Substitution ist, sondern daß eine Gesamtkostenkalkulation eines Produkts darüber entscheidet, ob eine Werkstoffsubstitution wirklich rentabel ist. Einzubeziehen sind die Kosten der Werkstoffverarbeitung, der sonstigen Material-, Energie- und Arbeitsaufwendungen sowie der Produktherstellung und der Produktwartung, während auch eventuell veränderte Produktqualitäten zu berücksichtigen sind. Viele, selbst simpel erscheinende Produkte sind als Systeme zu begrei-

---

375 Vgl. Fricke 1992: S. 54 und Steckel 1992: S. 20.

376 Eigene Berechnungen nach VDEW (Hg.) 1997: S. 51-53.

377 Vgl. Lücking 1981: S. 59-60.

378 Eigene Berechnungen auf Grundlage von Angaben des „Fachverbandes Kabel und isolierte Drähte" der Bundesrepublik Deutschland, deren Vertreter auf Anfrage folgende Daten nannten: Im Jahr 1975 betrug der Kupfereinsatz der deutschen Stromkabelproduzenten im Bereich 1-35 kV 68.200 t, während er sich in 1996 auf 57.000 t belief. Der Aluminiumeinsatz stieg im gleichen Zeitraum von 24.800 t (1975) auf 45.000 t (1996). Die Daten beziehen sich auf Inlandsliefermengen der Mitgliedsfirmen des Fachverbandes Kabel und isolierte Drähte.

379 Vgl. Lücking 1981: S. 59-61.

fen, bei denen nicht einfach die grundlegenden Werkstoffe nach Belieben bzw. nach Rohstoffpreislage ausgetauscht werden können. Ein neues Material führt in den meisten Fällen zu veränderten Produkteigenschaften, so daß ein optimales Zusammenspiel von neuem Werkstoff und Produkt erst nach und nach durch Designveränderungen und technische Innovationen möglich wird – *oder auch nicht*. Die Erfahrungen mit den Hausbränden bei Gebäudestromkabeln aus Aluminium waren dermaßen tiefgreifend, daß das Material grundsätzlich aus dem neuen Anwendungsfeld verbannt wurde. Im Bereich der Starkstromkabel fanden hingegen sukzessive Anpassungsprozesse statt und durch technische Neuerungen wurde die Anwendung des neuen Werkstoffes bestärkt. Ein vollständiger Ersatz fand aber auch bei den Starkstromkabeln nicht statt. Wenngleich der Marktanteil der Aluminiumkabel gestiegen ist, so ist die ökonomische Bedeutung der Kupferkabel noch immer recht hoch.

Folglich kann für die hier beschriebenen Fälle konstatiert werden, daß erfolgreiche Formen der Materialsubstitution durch eine Kombination von market-pull- und science-push-Faktoren charakterisiert sind. Der günstige Preis eines potentiellen Substitutmaterials induzierte (Forschungs-)Anstrengungen zur Materialsubstitution (market-pull), die letztlich aber nur erfolgreich waren, wenn im Systemkontext des Produkts innovative Veränderungen und Anpassungen vollzogen werden konnten, die das Produkt mit neuem Werkstoff soweit zu optimieren vermochten, daß es dem alten Produkt mindestens gleichwertig wurde (science-push). Damit stellt sich der Prozeß der Materialsubstitution als evolutionärer Prozeß der Anpassung dar, der Zeit, Kapital, Forschungseinsatz und Erfahrung benötigt, um erfolgreich zu sein. Dieser Prozeß ist hinsichtlich seiner Zeitdimension weit von den Zeitzyklen der Rohstoffpreisschwankungen entfernt. Der Austausch von Materialien wird erst interessant, wenn ausreichend große Kosteneinsparungen in Aussicht stehen, die das Risiko der Veränderung und der Erforschung eines neuen Produktdesigns rechtfertigen. Stellen sich entsprechende Preisrelationen ein, die als dauerhaft eingeschätzt werden können, dann beginnt ein solch zeitintensiver Prozeß der Forschung und Entwicklung. Kehren sich die Preisrelationen schnell wieder um, dann mögen die Forschungsanstrengungen wieder eingestellt oder – in Erwartung späterer Preisentwicklungen – in reduzierter Form weitergeführt werden. Gelingt eine innovative Materialsubstitution nach Jahren der Forschungsarbeit, ist eine vollständige Rückkehr zur alten Produktausführung nicht sehr wahrscheinlich – besonders nicht in kurzer Zeitfrist.[380]

In diesem Kontext mag die Entwicklung in der Produktion von Leitmaterialien wie folgt erklärt werden: Angesichts des deutlichen Anstiegs der Kupfer-Aluminium-Preisrelation in den ersten Jahren nach dem zweiten Weltkrieg begannen viele Unternehmen im Anwendungsbereich elektrotechnischer Produkte mit Aluminium zu experimentieren – besonders dort, wo, wie im Fall der Kabelproduktion, sein Einsatz keine größeren Umstellungen erforderlich machte und beachtliche Kosteneinsparungen möglich schienen. Diverse technische Verbesserungen in der Anwendung von Aluminium, die sich im Laufe der Zeit einstellten, führten zu einem erhöhten Anteil in der Leitmaterialproduktion. Alsdann wurde auch in anderen, weniger günstigen Bereichen begonnen, Aluminium als Leitmaterial einzusetzen und es folgten die ersten negativen Erfahrungen, die, wie im Gebäudekabelbeispiel, zur Umkehrung des Substitutionsprozesses führten. Es geschah, induziert durch frühe deutliche Veränderungen in den Preisrelationen, was als Overshooting-Effekt bezeichnet werden kann. Aluminium fand Einsatz in Bereichen, für die es sich nicht als qualitativ ebenbürtig erwies und wurde daher wieder ausgesondert. Verstärkt wurde dieser Aussonderungseffekt durch den relativen Kupferpreis-

[380] RONALD PRAIN formulierte diesen Sachverhalt schon 1975 sehr präzise: „ ... *to change the basic raw material in any process is always a nuisance, if not expensive, and the decision is therefore made only after careful consideration – and is nearly always irreversible.*" Prain 1975: S. 162.

verfall zwischen 1974-86, als der Kupferpreis aufgrund von Überkapazitäten in Kupferbergbau und -raffination sank, während der Aluminiumpreis aufgrund der erhöhten Energiekosten anstieg.

Zusammenfassend läßt sich im Rahmen des hier referierten Kupfer-Aluminium-Beispiels konstatieren, daß Materialsubstitution in den meisten Fällen nicht als kurzfristiger und umkehrbarer Prozeß verstanden werden kann, der durch kurzlebige Rohstoffpreisschwankungen ausgelöst wird. Evolutionäre Faktoren wie eine lange Werkstofferfahrung, bestehende technische Prozesse und Anlagen der Werkstoffherstellung und -verarbeitung sowie das Risiko der Umstellung auf einen neuen Werkstoff mit anderen Qualitäten wirken als Hemmnisse für kurzfristige Substitutionsprozesse. Ausschlaggebend für erfolgreiche Formen von Materialsubstitution sind hingegen langfristige Faktoren wie deutliche Langzeit-Preissignale, die eine Umstellung im Werkstoffbereich lohnend machen, sowie werkstofftechnische Innovationen, die eine optimale Integration des neuen Werkstoffs in den Systemkontext eines Produkts ermöglichen.

5.2.2.2 Ökologische Auswirkungen der Kupfersubstitution am Beispiel von Stromkabeln

Ein in der Debatte um Materialsubstitution vernachlässigtes Thema ist die Problematik der Umweltwirkungen der Substitution. In Kapitel 4.3.3 wurde argumentiert, daß jede Form von Materialsubstitution dazu führt, daß sich die Stoffströme und Energieeinsätze in einzelnen oder gar allen Lebenszyklusstadien des betroffenen Produkts verändern. Als Postulat im Sinne des Ziels einer nachhaltigen Materialnutzung wurde daher formuliert, daß Substitutionsprozesse keine erhöhte Umweltbelastung mit sich bringen dürfen, sondern im Gegenteil eher umweltentlastend wirken sollten. Im Kontext dieses Kapitels wird anhand eines konkreten Beispiels gezeigt, welche Umweltwirkungen mit der Substitution von Kupfer durch Aluminium einhergehen und wie sie zu bewerten sind.

Im vorangegangenen Kapitel wurde dargelegt, daß der Anwendungsbereich der Starkstromkabel im Nieder- und Mittelspannungsbereich (1-60 kV) einer der wenigen Anwendungsfelder war, wo eine Werkstoffsubstitution von Kupfer gegen Aluminium in großem Ausmaß stattfand und weiterhin stattfindet. Aus diesem Grunde wurde in Anhang III eine ökologische Sachbilanz für Kupferkabel und in Anhang V eine ökologische Sachbilanz für Aluminiumkabel erstellt, deren Daten in den Tabellen III.1 und V.1 zu finden sind, und die in einer übersichtlichen Datengegenüberstellung in Kurzform in der Tabelle V.2 in Anhang V dargestellt sind.

Bevor die Ergebnisse der Sachbilanzdaten näher diskutiert werden, soll auf die grundlegende methodische Vorgehensweise hingewiesen werden. In den ökologischen Sachbilanzen für Stromkabel wurden, soweit es möglich war, die Stoffströme aus allen Lebenszyklusstadien von Kupfer- und Aluminiumkabel unter Anwendung gleicher Methoden der Stoffstrombilanzierung erfaßt. Während für die meisten Lebenszyklusstadien konkrete Stoffstromdaten vorlagen, waren für das Stadium der Kabelproduktion nur wenige Daten verfügbar. Daher wurden lediglich hypothetische einadrige Kabel sachbilanziert, wobei die funktionelle Äquivalenz der Kabel gewährleistet wurde. Da Aluminiumkabel aufgrund der schlechteren Leitfähigkeit einen um den Faktor 1,27 größeren Leiterdurchmesser aufweisen müssen als ein Kupferkabel gleicher Qualität[381], wurde für das Kupferkabel ein Kabeldurchmesser von 50 mm gewählt, wie er z. B. bei 30-kV-Kabeln vorkommen kann, während für das Aluminiumkabel ein entsprechend erhöhter Durchmesser von 63,5 mm angesetzt wurde. Die Isolierungs- und Manteldicke von

381 Vgl. Lücking 1981: S. 3.

zusammen 10 mm wurde für beide Kabeltypen als identisch angesetzt, da sie von der elektrischen Leistung des Kabels abhängen und nicht vom Leiterdurchmesser.[382] Bilanziert wurden die Stoffströme der Produktion von Gießwalzdraht, einem Vorprodukt der Kabelherstellung, sowie die Energieeinsätze und energiebedingten Emissionen der Erzeugung der PE-Kunststoffmenge, die zur Isolierung und Ummantelung der jeweiligen Kabel notwendig wäre. Für die konkreten Prozesse der Kabelherstellung, wie z. B. die Verseilung der Einzeldrähte oder die Ummantelung der Kabel, lagen keine Stoffstromdaten vor. Da die Anlagen der Kabelproduktion für beide Kabeltypen im wesentlichen gleich sind und im Kabelproduktionsprozeß nur geringfügige Abweichungen der Stoffströme bei Einsatz unterschiedlicher Leitmaterialien zu erwarten sind, wurde die nur grob approximierte Stoffstrombilanzierung der Kabelherstellung nicht als übermäßig große Verzerrung angesehen, da insbesondere für diejenigen Lebenszyklusstadien, wo große Stoffstromabweichungen bestehen, eine gute Datenbasis vorhanden war. Für weitere methodische Erläuterungen zur Sachbilanzierung sei auf die Anhänge III und V verwiesen. An dieser Stelle werden nachfolgend lediglich die Ergebnisse vorgestellt und diskutiert.

In Abbildung 5.26, die auf den Daten der Tabelle V.2 aus Anhang V basiert, werden die wichtigsten Stoffströme und Energieeinsätze, die in den Lebenszyklusphasen von Aluminium- und Kupferkabeln von jeweils 1.000 Meter Länge entstehen, gezeigt. Aufgrund der teilweise sehr großen Dimensionsunterschiede bei den Stoffströmen konnte die Balkendarstellung *nicht* in proportionaler Weise erfolgen. Dafür wurden jedoch für alle Daten die numerischen Stoffstromwerte hinter den Balken abgedruckt.

Die Ergebnisse der ökologischen Sachbilanzierung von Aluminium- und Kupferkabeln offenbaren ein heterogenes Bild mit sowohl positiven als auch negativen Auswirkungen für den Fall einer Materialsubstitution. Es zeigen sich insbesondere bei denjenigen Stoffstromkategorien, die im Bergbau eine wichtige Bedeutung innehaben, deutliche Vorteile in der Nutzung von Aluminium. So liegt der Wasserverbrauch beim Aluminiumkabel um 30% unter dem Wert für Kupferkabel, in der Kategorie Staub beträgt der Wert beim Aluminium nur ein Drittel des Kupferwertes, und beim Erzabfall ist das Rotschlammaufkommen sogar um den Faktor 40 geringer als die Erzabfallmenge im Kupferbergbau.

Die Gründe für die bergbauspezifischen Vorteile des Aluminiums liegen auf der Hand. Einerseits sind die Erzkonzentrationen des Bauxits mit durchschnittlich 20% um mindestens den Faktor 20 höher als beim Kupfererz, und andererseits ist aufgrund der geringen Dichte des Aluminiums für die Stromkabelproduktion nur etwa die Hälfte des Metallgewichts im Vergleich zum Kupfer notwendig. Diese beiden Aspekte erklären den Großteil der Stoffstromdifferenz in Höhe von Faktor 40 beim Erzabfall. Wenngleich für den Flächenverbrauch im Bergbau keine Daten vorliegen, ist es angesichts dieser Sachlage wahrscheinlich, daß auch der spezifische Flächenverbrauch beim Aluminium pro 1.000 Meter Stromkabel wesentlich geringer ausfällt als beim Kupferkabel.

Nachteile der Substitution von Kupfer durch Aluminium zeichnen sich in anderen Stoffstromkategorien ab. So ist aufgrund der schlechteren Leitfähigkeit des Aluminiums und der Notwendigkeit seines größeren Leiterdurchmessers ein 25% höherer Mengeneinsatz von PE-Kunststoff für Kabelisolierung und Mantel notwendig. Dieser Aspekt führt angesichts der energie- und emissionsintensiven Kunststoffproduktion nicht nur zu einer Verschlechterung der Emissions- und Energiebilanz des Aluminiumkabels, sondern war in der Vergangenheit bei noch höheren Kunststoffpreisen ein maßgeblicher Faktor, der die Wettbewerbsfähigkeit des Aluminiumkabels beeinträchtigte.

[382] Vgl. für technische Daten zu Nieder- und Mittelspannungskabeln: Brüggemann 1992: S. 71-82.

Weitere Nachteile des Aluminiums bestehen in den Bereichen der Emissionen und des Energieverbrauchs. Hauptgrund für diese Nachteile ist die extrem starke chemische Bindung des Aluminiums in seinem Erz, die zu seiner Raffination energieintensive Spezialprozesse und den Einsatz großer Wassermengen und Chemikalien erfordert. Als Konsequenz liegt der Energieverbrauch in den Lebenszyklusphasen des Aluminiumkabels um 65% höher als beim Kupferkabel. Da die Aluminiumindustrie auf diese Energieintensität spätestens seit den Ölpreisschocks in den 1970er Jahren mit dem verstärkten Einsatz von Wasserkraft reagierte[383], äußert sich der hohe Energieverbrauch *nicht* entsprechend in der Bilanz der Emissionen. So sind die CO_2-Emissionen in den Lebenszyklusprozessen des Aluminiumkabels lediglich um 22% höher als beim Kupferkabel. Hinsichtlich der Treibhauswirkung ist jedoch zu berücksichtigen, daß in den Lebenszyklusstadien des Kupferkabels nur CO_2 entsteht, während beim Aluminiumkabel neben CO_2 auch die Treibhaus-gase Methan und Fluoride emittiert werden, deren Treibhauswirkungen *pro Molekül* deutlich höher liegen als beim CO_2 – beim Methan um den Faktor 32 und bei den Fluoriden, je nach Art der chemischen Verbindung, um den Faktor 5.000 bis 10.000.[384] Unter Berücksichtigung dieser Umstände ist die Treibhauswirkung eines Aluminiumkabels um 38% höher als beim Kupferkabel.[385]

Auch hinsichtlich des Effekts der Versauerung durch die Emission von Schwefel- und Stickstoffverbindungen steht das Aluminiumkabel deutlich schlechter da. Während die Stickstoffoxidemissionen beim Aluminiumkabel um 17% höher sind, sind die Emissionen im Bereich der Schwefelverbindungen nahezu um den Faktor sieben höher als beim Kupferkabel. Zusammengenommen sind die sauer wirkenden Emissionen beim Aluminiumkabel um den Faktor drei höher.

In der Betrachtung der toxischen Wirkungen der Emissionen in bezug auf die menschliche Gesundheit ist das Aluminium ebenfalls unterlegen. In der Tabelle V.3 in Anhang V wurde ein sogenanntes Ökoprofil aller bilanzierten Emissionen aus den Sachbilanzen der Kupfer- und Aluminiumkabel erstellt. Ermittelt wurde dabei ein kritisches Gesamtemissionsvolumen, das einen Vergleich verschieden giftiger Stoffe dadurch ermöglicht, daß die Emissionsmengen der einzelnen Schadstoffe durch ihre Grenzwerte dividiert und danach aufsummiert werden. Die resultierende Größe ist nicht als ein tatsächliches Emissionsvolumen zu interpretieren, sondern eher als eine Indexzahl für die toxische Wirkung aller Emissionen. Nach den Rechnungen in Tabelle V.3 ergibt sich eine Indexzahl von 121 für die Toxizität der Emissionen aus den Kupferlebenszyklusstadien und mit 225 ein um 86% höherer Wert für das Aluminiumkabel.[386]

Nach dieser Diskussion der Stoffstromunterschiede bei Aluminium- und Kupferkabeln, die die umweltbezogenen Konsequenzen einer Materialsubstitution aufzeigte, können die wichtigsten Umweltwirkungen der Kupfer-Aluminium-Substitution in Kurzform in Tabelle 5.5 quantitativ dargestellt werden.

---

383 Über 60% des Elektrizitätsbedarfs der westlichen Aluminiumindustrie wird aus Wasserkraft gedeckt. Vgl. BUWAL (Hg.) 1991: S. 29-31 und Anhang V.

384 Vgl. Marquardt-Mau et al. 1993: S. 407 und Tabereaux 1994: S. 30.

385 Eigene Berechnung mit Treibhausgasmengen aus den Tabellen III.1 und V.1. Bei der Berechnung dieses Wertes wurden die Molekülgewichte der Treibhausgase einbezogen. Das Fluorid-Molekül CF_4, das als mengenmäßig häufigste Fluorid im Elektrolyseprozeß entsteht und ein Treibhauswirkungspotential von 5.000:1 im Vergleich zu CO_2 besitzt, ist doppelt so schwer wie ein CO_2-Molekül. Ein Methan-Molekül (CH_4) ist hingegen um den Faktor 3,38 leichter als das CO_2-Molekül. Basisdaten zu Atomgewichtswerten nach: Schröter et al. 1992: S. 425. Vgl. für eine genaue methodische Beschreibung zur Ermittlung der Treibhauswirkung die Anmerkung (c) in Tabelle V.6, wo die Treibhauswirkung für ein anderes Beispiel berechnet wird.

386 Eigene Berechnungen. Vgl. Tabelle V.3 in Anhang V sowie die dortigen Ausführungen und Anmerkungen zur Tabelle. Zur Methodik des Ökoprofils vgl. BUWAL (Hg.) 1991: S. 107-111.

Abbildung 5.26: 1.000 Meter Aluminium- und Kupferkabel im Stoffstromvergleich *

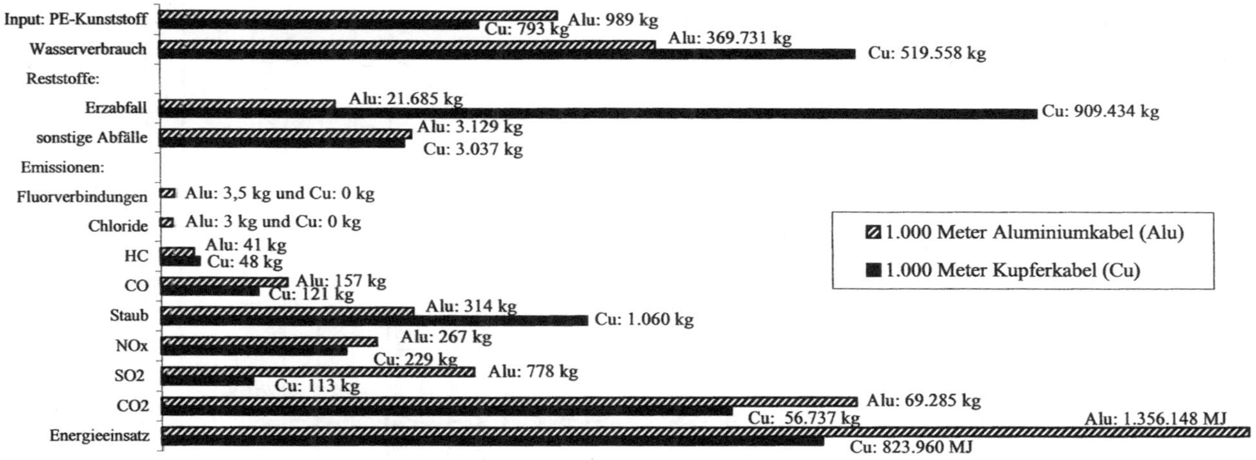

* Die Balkendarstellung dient lediglich zur graphischen Veranschaulichung. Aufgrund teilweise sehr großer Schwankungen in den Dimensionen der Stoffströme ist die Darstellung nicht proportional.

Daten nach Tabelle V.2 in Anhang V.

Die Faktoren in der zweiten Spalte der Tabelle zeigen an, um welchen Faktor sich wesentliche Umweltwirkungen verändern, wenn Kupferkabel durch Aluminiumkabel ersetzt werden. Ein Wert von eins zeigt dabei eine neutrale Wirkung an, während Werte über eins eine zunehmende Wirkung bzw. eine Umweltbelastung und Werte unter eins eine abnehmende Umweltwirkung signalisieren. Wie bereits erwähnt, sind Umweltentlastungseffekte beim Wasserverbrauch und beim Abfallaufkommen festzustellen, während sie beim Flächenverbrauch sehr wahrscheinlich sind. Belastende Wirkungen sind hinsichtlich des Treibhauseffekts, der Versauerung und der Toxizität zu konstatieren.

Bei Betrachtung dieser Tabelle stellt sich die Frage, wie eine Substitution von Kupfer durch Aluminium angesichts dieser sehr unterschiedlichen Ergebnisse bei den Umweltwirkungen zu bewerten ist. Diesbezüglich ist grundsätzlich festzustellen, daß eine objektive Bewertung in einer solchen Konstellation nicht möglich ist, sondern maßgeblich davon abhängt, welche Bedeutung den jeweiligen Umweltwirkungen zugeschrieben wird und wie sie daher als Konsequenz gewichtet werden. Eine Möglichkeit bestünde darin, alle wesentlichen Umweltwirkungen gleich zu bewerten und eine entsprechende Gewichtung vorzunehmen. Für die Werte in Tabelle 5.5 würde das bedeuten, daß alle Umweltwirkungsfaktoren mit dem Faktor eins multipliziert würden, so daß die Werte der zweiten Tabellenspalte unverändert blieben. Eine Indexzahl zur Gesamtwirkung der so eingeschätzten Umweltwirkungen ergibt sich dann durch Multiplikation der einzelnen Umweltwirkungsfaktoren. Für den Fall der Spalte 2 in Tabelle 5.5 kann auf diese Weise ein Faktor für die Gesamtumweltwirkung von 0,15 ermittelt werden – wobei der Flächenverbrauch mangels vorliegender Daten unberücksichtigt bleibt. Dieser Wert würde eine deutliche Umweltentlastung (um 85%) anzeigen, wobei dieser hohe Entlastungseffekt hauptsächlich dem extrem niedrigen Wert beim Abfallaufkommen geschuldet ist.

Tabelle 5.5: Umweltwirkungen der Substitution von Kupfer- durch Aluminiumkabel und Möglichkeiten der Gesamtwirkungsbewertung *

1	2	3
Umweltbelastung	**umweltbezogene Substitutionswirkung (Faktor) bei Gleichgewichtung**	**umweltbezogene Substitutionswirkung (Faktor) bei Ungleichgewichtung**
Wasserverbrauch	0,71	1 x 0,71
Abfallaufkommen	0,027	1 x 0,027
Treibhauswirkung	1,38	2 x 1,38
Versauerung	3,05	2 x 3,05
Emissionstoxizität	1,86	2 x 1,86
Flächenverbrauch	??	??
Produkt	**0,15**	**1,2**

* Berechnungen auf Grundlage der Daten aus Tabelle V.1 und V.2 in Anhang V. Vgl. für eine genaue Beschreibung der angewendeten Methodik die Anmerkungen zur Tabelle V.6 in Anhang V, wo Umweltwirkungsfaktoren in analoger Weise für eine andere Konstellation berechnet wurden.

Eine andere Gewichtung kann jedoch zu einem völlig anderen Ergebnis führen, wie die dritte Spalte der Tabelle 5.5 zeigt. Hier wurden die Umweltwirkungen zum Treibhauseffekt, zur Versauerung und zur Toxizität doppelt so hoch gewichtet wie die Wirkungen Wasserverbrauch und Abfallaufkommen. Als Konsequenz stellt sich als Produkt der Gesamtwirkungen ein Ergebnis ein, das auf eine zunehmende Umweltbelastung (um 20%) hindeutet.[387]

Jede Art von Gesamtbewertung von veränderten Umweltwirkungen, sei es im Kontext des ökologischen Vergleichs von Produkten oder im Rahmen der Abschätzung von Gesamtumweltwirkungen innerhalb einer Volkswirtschaft, ist mit dem Problem der Gewichtung von Wirkungen konfrontiert. Für die Wahl einer angemessenen Gewichtung kann es hilfreich sein, zusätzliche Informationen zu berücksichtigen, die Details zu den Stoffstromdifferenzen und Umweltwirkungsunterschieden offenlegen und damit möglicherweise eine verbesserte Problemgewichtung ermöglichen. Im Kontext der Bewertung der Materialsubstitution von Kupfer durch Aluminium im Bereich der Stromkabel sind hauptsächlich vier Aspekte zu berücksichtigen, die nachfolgend erörtert werden.

1. Das absolute Ausmaß der Stoffstromveränderungen durch Materialsubstitution

Ein Problem der oben dargestellten Stoffstromdaten besteht darin, daß relative Werte in bezug auf 1.000 Meter Kabellänge präsentiert werden, die keinen Aufschluß darüber zulassen, welches *absolute Ausmaß* an zusätzlichen Stoffströmen oder Umweltentlastungen eine Substitution nach sich zieht. Eine Verdreifachung der Versauerungswirkung aufgrund der Kupfer-Aluminium-Substitution, wie sie in Tabelle 5.5 angezeigt wird, kann bei hohen Emissionsmengen dramatische Folgen nach sich ziehen, aber vernachlässigbar sein, wenn der prozentuale Beitrag zur gesamten Versauerungswirkung eines Landes eher sehr gering ist. Zur Verdeutlichung der Größenordnung, um die es bei der Substitution von Kupfer durch Aluminium im Bereich der Stromkabel geht, wurden im Anhang V in der Tabelle V.4 auf Grundlage der Sachbilanzwerte für Kupfer- und Aluminiumkabel die Stoffströme für Kupfer- und Aluminium-Kabelnetze mit einer Gesamtnetzlänge von einer Million Kilometern ermittelt und ihre Differenzen berechnet. Eine solche Kabelnetzlänge entspricht der Netzlänge der öffentlichen Stromversorgung im Bereich von 1-60 kV in der Bundesrepublik Deutschland im Jahre 1995.[388]

Da im deutschen Stromversorgungsnetz eine Vielzahl unterschiedlicher Kabeltypen zum Einsatz kommen und sich die berechneten Stoffstromwerte auf die hypothetischen Kabel der ökologischen Sachbilanzen nach dem besten Stand der Technik in 1990/92 beziehen, sind die Werte der Tabelle V.4 lediglich als grobe Annäherungen zu interpretieren. Mit ihrer Hilfe ist es jedoch möglich, die absoluten Größenordnungsdimensionen der Stoffstromveränderungen durch Substitution von Stromkabeln im Mittel- und Niederspannungsbereich abzuschätzen. Bei Betrachtung der Stoffstrom*differenzen* eines eine Million Kilometer langen Stromkabelnetzes mit Kupferkabel einerseits und mit Aluminiumkabel andererseits offenbart sich die Größenordnung der Umweltwirkungen, die durch eine *vollständige* Substitution von Kupfer durch Aluminium im Kabelbereich verursacht werden würde. Bislang ist eine solche vollständige Substitution noch nicht vollzogen, doch bei wesentlichen Kabeltypen stieg der Marktanteil von Aluminiumkabel seit den 1950er Jahren kontinuierlich an und liegt in diversen Kabeltypbereichen bereits über 50%.

---

387 Grundsätzlich ist zu der Bewertungsmethode aus Tabelle 5.5 zu bemerken, daß eine Mehrfachgewichtung bei Wirkungsfaktoren, die einen Wert über 1 besitzen, in Form einer Multiplikation vorzunehmen ist, während eine entsprechende Gewichtung von Faktoren mit Werten unter eins durch Division durch den gewünschten Gewichtungsfaktor erreicht wird.

388 Vgl. VDEW (Hg.) 1997: S. 53. Die Tabelle V.4 sowie methodische Anmerkungen zur Ermittlung der dort angegebenen Daten finden sich in Anhang V.

Für den Bereich des *Energieverbrauchs* wurde in Tabelle V.4 berechnet, daß eine vollständige Substitution eines Kupferkabelnetzes von einer Million Kilometer Länge durch ein Aluminiumkabelnetz, wie sie sich vielleicht in einem Zeitraum von 50-100 Jahren vollziehen könnte, einen *erhöhten* Energieeinsatz von 532 Petajoule (PJ) erfordert. Das entspricht dem kommerziellen Energieverbrauch eines kleinen Industrielandes wie Portugal in 1991 (567 PJ), während es in Relation zum kommerziellen Energieverbrauch der Bundesrepublik Deutschland in 1991 (14.928 PJ) lediglich einem Anteil am Jahresenergieverbrauch von 3,6% entspricht.[389] Angesichts des hohen Anteils der Wasserkraftenergie in der Aluminiumerzeugung ist das Ausmaß der zusätzlichen *CO_2-Emissionen* mit 12,5 Millionen Tonnen verhältnismäßig gering. Dieser Wert entspricht einem Viertel der CO_2-Emissionen Portugals (49,1 Mio. t) und lediglich 1,3% der gesamtdeutschen Emissionen (981,9 Mio. t) zu Beginn der 1990er Jahre.[390]

Bedeutsamere Werte wurden für den Fall des *SO_2* ermittelt, dessen Emissionen durch Materialsubstitution des deutschen Stromversorgungsnetzes um 665.220 t erhöht werden würde. Diese Menge an Schwefeldioxid und anderen Schwefelverbindungen, die sowohl zur Versauerung der Natur beitragen als auch den Giftigkeitsgehalt der Luft erhöhen, gleicht der zusammengefaßten Emissionsbelastung durch die Länder Portugal (211.000 t), Niederlande (204.000 t) und Finnland (194.000 t) und einem Prozentanteil von 15% an den jährlichen SO_2-Emissionen der Bundesrepublik Deutschland zu Beginn der 1990er Jahre. Die zusätzliche Menge an sauer wirkenden Stickoxiden in Höhe von etwa 38.000 t sind vergleichsweise gering, da sie lediglich 1,3% der bundesdeutschen NO_x-Emissionen in 1991 (2,9 Mio. t) entsprechen.[391]

Für den *Wasserverbrauch* wurde in Tabelle V.4 eine negative Stoffstromdifferenz, also eine Einsparung, von 150 Millionen Tonnen für die Substitution eines Kupfer- durch ein Aluminiumkabelnetz berechnet. Diese Menge ist so hoch wie der Wasserverbrauch der westdeutschen Chemischen Industrie, die gegen Ende der Achtziger Jahre für etwa 6,5% des Wasserverbrauchs in Westdeutschland verantwortlich zeichnete.[392]

Besonders beeindruckend ist schließlich die Einsparung von 887,9 Millionen Tonnen Erzabfall, die sich durch Ersatz eines Kupfer- durch ein Aluminiumkabelnetz ergeben würde. Diese potentiell einzusparende Abfallmenge entspricht dem Zehnfachen des jährlichen Industriemüllaufkommen der Bundesrepublik Deutschland bzw. der Hälfte des Industriemüllaufkommens aller OECD-Länder zu Beginn der Neunziger Jahre.[393]

Angesichts dieser Daten ist zu konstatieren, daß beim Abfallaufkommen extrem große Umweltwirkungen durch Materialsubstitution in nationalen Stromkabelnetzen von Industrieländern zu erwarten sind, die einem Vielfachen des nationalen Abfallaufkommens entsprechen. Deutlich geringere absolute Umweltwirkungen, die sich im Bereich einiger Prozentpunkte hinsichtlich der nationalen Umweltbelastung bewegen, sind hingegen bei den Umweltwirkungen Versauerung, toxische Belastung, Wasserverbrauch und Treibhauseffekt wahrscheinlich. Aufgrund dieser absoluten Wirkungsabschätzung ließe sich eine deutliche Höhergewichtung des Umweltwirkungspostens Abfallaufkommen und eine leichte Höhergewichtung der Posten toxische Wirkungen und Versauerung rechtfertigen.

389 Daten zum kommerziellen Energieverbrauch von Portugal und der Bundesrepublik Deutschland nach: World Resources Institute/UNEP/UNDP 1994: S. 334-335.

390 CO_2-Daten nach OECD 1994: S. 31.

391 SO_2- und NO_x-Daten nach OECD 1994: S. 53-57.

392 Vgl. Statistisches Bundesamt 1992: S. 122.

393 Vgl. OECD 1994: S. 91.

2. Berücksichtigung technologischer Lücken und Stoffstromdifferenzen im Zeitablauf

Bei der Analyse der Stoffstromdaten aus den ökologischen Sachbilanzen der Anhänge III und V gilt es stets im Hinterkopf zu behalten, daß es sich dabei um Daten nach dem neuesten Stand der Technik in 1990/92 handelt. Die konkreten Daten zu Stoffstromdifferenzen einer Materialsubstitution, wie sie in Tabelle V.4 für das Beispiel eines Stromnetzes ermittelt wurden, sind schon aufgrund des langen Substitutionszeitraumes von einigen Jahrzehnten mit großer Vorsicht zu behandeln, da sich in dieser Zeit zweifellos beträchtliche technische Verbesserungen durchgesetzt haben, die Auswirkungen auf die Stoffströme und die Stoffstromdifferenzen der Kupfer- und Aluminiumkabelproduktion hatten. Wie außerdem in Kapitel 5.2.1.5 am Beispiel der globalen Kupferindustrie aufgezeigt wurde, existieren aufgrund sehr langsamer Diffusionsgeschwindigkeiten bei neuen Technologien in der Grundstoffproduktion erhebliche technologische Lücken, so daß ein nicht unbeträchtlicher Anteil der global geförderten Rohstoffe immer mittels veralteter Technologien raffiniert und verarbeitet wird. Bei einer Analyse der Umweltwirkungen einer Materialsubstitution sind daher nicht nur die Stoffstromdifferenzen zwischen den Produkten mit unterschiedlichen Werkstoffen nach dem neuesten Technikstand, sondern auch die bestehenden technologischen Lücken innerhalb der einzelnen Grundstoffindustrien und die Zeiträume der Substitution zu berücksichtigen.

Leider war ein ausführliches Datenmaterial zu Stoffstromdifferenzen in der Kupfer- und Aluminiumindustrie nicht verfügbar. Tabelle 5.6 zeigt lediglich SO_2-Stoffströme und Energieeinsätze pro Kilometer Kabel unter Einsatz unterschiedlich moderner Prozesse in den sehr umweltintensiven Verhüttungsprozessen der Aluminium- und Kupferindustrie. Bei den Energieeinsatzwerten zeigt sich, daß sich seit dem zweiten Weltkrieg, als in der Kupferverhüttung noch der Einsatz des traditionellen Flammofens Stand der Technik war, durch Einführung des Outokumpu-Ofens eine Energieeinsparung von 25% in der Kupferkabelherstellung realisiert werden konnte, während in der Aluminiumkabelproduktion im gleichen Zeitraum eine Energieeinsatzreduzierung von etwa 20% durch Modernisierung des Elektrolyseverfahrens erreicht wurde. Aufgrund dieser ähnlichen Entwicklungen kann davon ausgegangen werden, daß sich die Energiedifferenzen zwischen Aluminium- und Kupferkabeln im Zeitverlauf nur geringfügig verändert haben.

Hinsichtlich der Differenzen im Energieverbrauch der diversen globalen Produzenten ist es in Anbetracht der verfügbaren Daten wahrscheinlich, daß im Bereich der globalen Aluminiumproduktion ähnlich große technologische Lücken bestehen wie im Fall der globalen Kupferproduktion. Nach Datenangaben des *International Primary Aluminium Institute* (IPAI) liegt der globale Durchschnitt des Energieeinsatzes der einzelnen Tonerdefabriken der IPAI-Mitgliedsländer lediglich 6% höher als der Energieeinsatz in den effizientesten Unternehmen in Australien und Japan.[394] Die Abweichung des durchschnittlichen globalen Energieeinsatzes vom Energieeinsatzwert der besten Verhüttungstechnologie beträgt für den gesamten Prozeß der Kupferverhüttung nach den Daten der Tabelle 5.4 in Kapitel 5.2.1.5 je nach Berücksichtigung des Technologiemixes A oder B 11-15%. Angesichts der Tatsache, daß die Daten des IPAI die osteuropäischen Tonerdeproduktionsstätten nicht einbeziehen, diese aber in 1994 etwa 15% der Weltproduktion auf sich vereinten und durch teilweise sehr energieineffiziente Anlagen charakterisierbar sind[395], ist anzunehmen, daß der tatsächliche Abweichungswert deutlich höher liegt und vergleichbar mit dem Wert der globalen Kupferindustrie ist. Unter Berücksichtigung dieser Überlegungen wird hier davon ausgegangen, daß intertemporale

---

394 Eigene Berechnung auf Grundlage von Daten für 1994 nach O. V. 1995b: S. 637.

395 Vgl. Metallgesellschaft AG/ World Bureau of Metal Statistics (Hg.) 1997: S. 9; Wobbe 1992: S. 474-475 und Bomsel/Hirschhausen 1991: S. 805-809.

Tabelle 5.6: Unterschiede bei Energieeinsatz und SO_2-Emissionen im Lebenszyklus von Kupfer- und Aluminiumkabeln mit 1.000 m Länge bei Einsatz von neuen und alten Verhüttungstechnologien

	Kupferkabel			**Aluminiumkabel**	
	Outo-kumpu *(a)*	Oxy-Fuel *(b)*	Flamm-ofen *(c)*	Elektrolyse 1990 *(d)*	Elektrolyse 1950 *(e)*
Energieeinsatz (GJ) pro 1.000 m Kabel	824 GJ	1.006 GJ	1.120 GJ	1.356 GJ	1,656 GJ
SO_2 -Emissionen (kg) pro 1.000 m Kabel	113 kg	627 kg	5.897 kg	778 kg	k. A.

Anmerkungen: 1 GJ = 10^9 Joule; k. A.: keine Angaben

a) Daten nach der Sachbilanz für Kupferkabel in Anhang III (Tabelle III.1) mit 21,8 GJ Energieeinsatz für die Kupferverhüttung in Modul 3.

b) Datenberechnung analog zur Sachbilanz für Kupferkabel in Tabelle III.1. *Bei Energie*: Ansetzung von 32,9 GJ für die Kupferverhüttung in Modul 3. Daten nach Tabelle 5.4 (in Kapitel 5.2.1.5) zuzüglich 2,7 GJ für den Überseetransport der Kupferkonzentrate (vgl. Tabelle III.5). *Bei SO_2-Emissionen*: Unterstellung einer 97%igen SO_2 -Rückhaltung durch einstufige Schwefelsäure und Abgasreinigung in der Kupferverhüttung.

c) Datenberechnung analog zur Sachbilanz für Kupferkabel in Tabelle III.1. *Bei Energie*: Ansetzung von 39,8 GJ für die Kupferverhüttung in Modul 3. Daten nach Tabelle 5.4 (in Kapitel 5.2.1.5) zuzüglich 2,7 GJ für Überseetransport der Kupferkonzentrate (vgl. Tabelle III.5). *Bei SO_2-Emissionen*: Unterstellung einer 70%igen SO_2 -Rückhaltung in der Kupferverhüttung.

d) Daten nach der Sachbilanz für Aluminiumkabel in Anhang V (Tabelle V.1). Beim Energieeinsatz wurden für die Elektrolyse 15.000 kWh pro Tonne Primäraluminium angesetzt.

e) Datenberechnung analog zur Sachbilanz Aluminiumkabel in Tabelle V.1 unter Ansetzung eines Energieeinsatzes von 21.000 kWh für die Elektrolyse von einer Tonne Primäraluminium in 1950. Vgl. Moser/Moser 1994: S. 30.

Energiedifferenzen und technologische Lücken in der Produktion von Kupfer und Aluminium ein gleichartiges Muster aufweisen und die Verzerrungen beim Energieeinsatzvergleich von Kupfer- und Aluminiumkabeln nach bestem Stand der Technik vernachlässigbar klein sind.

Anders stellt sich die Situation bei der Betrachtung der SO_2-Werte dar. Dort ist eine bemerkenswerte Entwicklung bei der SO_2-Reduzierung durch neue Verhüttungstechnologien in der Kupferindustrie zu konstatieren, die es möglich machten, den bis zu 30%igen Schwefelinhalt der Kupfererze in Form des Kuppelprodukts der Schwefelsäure zu gewinnen und als Konsequenz weniger SO_2-Emissionen zu erzeugen als in der Aluminiumproduktion, wo kein Schwefel im Bauxiterz anzutreffen ist und wo Schwefelemissionen lediglich aufgrund des Einsatzes schwefelhaltiger Stoffe in den Prozessen der Tonerdeproduktion und der Elektrolyse entstehen.[396] Obwohl keine Daten zu den Schwefelemissionen der Aluminiumkabelproduktion bei

396 So entstehen beispielsweise Kohlenstoff-Schwefel-Emissionen aufgrund der Nutzung schwefelhaltiger Kohle als Grundstoff für die Anoden im Elektrolyseprozeß. Vgl. Harnisch et al. 1995: S. 162.

Einsatz alter Technologien vorliegen, ist es aufgrund der Tatsache, daß die Reduktionen bei den Schwefelemissionen in der Kupferindustrie aufgrund der Gewinnung der hohen Schwefelinhalte im Erz zurückzuführen sind und im Aluminiumfall lediglich durch Inputmaterialien der Verhüttung Schwefelverbindungen erzeugt werden, naheliegend, daß die technologischen Lücken und das Ausmaß der im Zeitablauf erzielten Reduzierungen bei den SO_2-Emissionen in der Kupferindustrie wesentlich ausgeprägter waren als in der Aluminiumindustrie.

Werden vor diesem Hintergrund die SO_2-Emissionen auf Grundlage des in 1991 vorherrschenden Technologiemixes in der globalen Kupferverhüttung berechnet, so ergeben sich für den „pessimistischen" Technologiemix A 2.340 kg und für den „optimistischen" Technologiemix B 337 kg SO_2-Emissionen pro 1.000 Meter Kupferkabel.[397] Wird gleichzeitig angenommen, daß die technologischen Lücken beim Aluminiumkabel vergleichsweise gering sind, so läßt sich aus dieser Datenlage feststellen, daß die SO_2-Stoffstromdifferenzen zwischen dem Kupfer- und dem Aluminiumkabel im globalen Durchschnitt im Fall der Schwefelemissionen vermutlich geringer sind als sie im Vergleich der Emissionen auf Basis des neuesten Standes der Technik erscheinen. Das trifft insbesondere auf den Fall der Materialsubstitution bei Stromkabelnetzen zu, der sich auf mehrere Dekaden bezieht.

Diese Umstände legen es nahe, die Stoffstromdifferenzen im Fall des SO_2 eher sehr vorsichtig zu handhaben und bei der Gewichtung der Umweltwirkungen in bezug auf den Versauerungseffekt durch Schwefelemissionen zurückhaltend zu verfahren.

3. Berücksichtigung zukünftiger Technologieentwicklungen

Als dritter Aspekt ist zu beachten, daß Technologieentwicklungen der Zukunft, die heute vielleicht schon absehbar sind, die Entscheidung über eine Gewichtung bei den Umweltwirkungen erleichtern kann. Diesbezüglich sind umwelttechnologische Optionen der Kupfer- und Aluminiumproduktion von Belang.

Als erstes sei die Entwicklung im Aufkommen des Rotschlamms als Erzabfall betrachtet. Angesichts der Tatsache, daß der Rotschlamm eine Vielzahl von nutzbaren Elementen wie Eisen, Titan, Niob u. a. mit teilweise bemerkenswert hohen Prozentanteilen enthält und bereits viele Patente hinsichtlich der Weiterverwendung von Rotschlamm existieren[398], ist für die Zukunft zu erwarten, daß die Kuppelproduktion im Bauxitbergbau zunehmen wird, das Rotschlammaufkommen sinkt und die Position des Aluminiums in der Stoffstromkategorie Abfallaufkommen im Vergleich zum Kupfer weiter verbessert wird.

Hinsichtlich der toxischen Emissionsbelastung durch die Aluminiumproduktion in Form von Fluoriden und Schwefelverbindungen bestehen auf seiten der Aluminiumindustrie Bestrebungen, den sogenannten „Anodeneffekt" im Elektrolyseprozeß zu minimieren oder gar zu eliminieren. Dieser Effekt sorgt nicht nur dafür, daß bei der Aluminiumelektrolyse, die theoretisch nahezu emissionsfrei ablaufen könnte, Schwefel- und Fluoridemissionen freigesetzt werden, sondern ist auch verantwortlich für einen teilweise ineffektiven Einsatz von Elektrizität. Während als kurzfristige Optionen zur Senkung der Wirkungen des Anodeneffekts computergesteuerte Prozesse eingesetzt werden und Abgasreinigungsanlagen die Emissionsbelastungen

---

397 Vgl. die Ausführungen zu technologischen Lücken und Technologiemixen der globalen Kupferindustrie in Kapitel 5.2.1.5. Die genannten Daten sind eigene Berechnungen auf Grundlage der Technologiemix-Daten aus Tabelle 5.4 in Kapitel 5.2.1.5 unter Anwendung der Methodik zur Stoffstrom-Bilanzierung des Kupferkabels gemäß Anhang III.

398 Bisweilen sind Konzentrationen von bis zu 54% Eisenoxid und 24% Titanoxid im Rotschlamm enthalten. Patente zum Rotschlamm bestehen sowohl in bezug auf die Gewinnung der Minerale als auch hinsichtlich der Rotschlammverwendung als Baustoff oder als chemischer Katalysator. Vgl. Piga/Pochetti/Stoppa 1993: S. 54-59.

gering halten sollen, ist für die längere Zeitfrist die Entwicklung einer neuen, kohlenstofffreien Anode in Arbeit, die einerseits die Schwefelemissionen eliminieren, da keine schwefelhaltige Kohle mehr zum Einsatz kommt, und andererseits den Anodeneffekt und die mit ihm einhergehenden Fluoridemissionen möglichst vollständig beseitigen soll.[399]

Ungewiß sind die Entwicklungen im Bereich des Energieverbrauchs. Einige Einsparungen mögen durch weitere Verringerung des Anodeneffekts möglich werden. Doch angesichts der Energiedaten in Tabelle 5.6, die anzeigen, daß der Energieverbrauch in der Kupfererzeugung seit dem zweiten Weltkrieg prozentual stärker gesenkt werden konnte als in der Aluminiumerzeugung – und das trotz des vergleichsweise höheren ökonomischen Drucks auf die Aluminiumindustrie in den Zeiten der Ölkrisen – steht eine deutliche Senkung im Energieverbrauch der Aluminiumproduktion in mittlerer Sicht nicht zu erwarten.

Die Konstellation deutet darauf hin, daß besonders in den Bereichen der toxischen Emissionen, der sauer wirkenden Schwefelemissionen und beim Erzabfall diverse umwelttechnologische Fortschritte in der Aluminiumproduktion mit Umweltentlastungseffekten zu erwarten sind, während in der Kupferindustrie insbesondere bei SO_2-Rückhalteraten von über 99% die Potentiale der Emissionsminderung nahezu ausgeschöpft sind. Angesichts noch zu erwartender zukünftiger Emissionsminderungen in der Aluminiumerzeugung mag es im Kontext eines umweltpolitischen Regulierungsrahmens sinnvoll erscheinen, die negativen Effekte der Aluminium-Kupfer-Substitution bei der Versauerung und den toxischen Emissionen nicht übermäßig stark zu gewichten.

4. Zukünftige Recyclingtrends

Der vierte Aspekt, der eine Hilfestellung bei der Bewertung von Substitutionswirkungen geben kann, bezieht sich auf die möglichen zukünftigen Trends beim Recycling. Bei der stofflichen und energetischen Sachbilanzierung der Aluminium- und Kupferkabel wurden zur Berücksichtigung der Recyclingaktivitäten intertemporale Recyclingraten ermittelt und in die Bilanzberechnungen einbezogen. Für Kupfer wurde eine intertemporale Recyclingrate von 56,2% berechnet und für Aluminium eine Rate von 17,5%. Der Grund für diesen großen Unterschied liegt darin, daß das Wachstum in der Produktion und im Verbrauch des Aluminiums im betrachteten Zeitraum wesentlich größer war als beim Kupfer, so daß trotz einer unterstellten Altmaterialrecyclingrate von 98% für beide Metalle beim Aluminium zu wenig Schrotte verfügbar waren, um bei enorm anwachsender Aluminiumnachfrage einen höheren Anteil an der Gesamtproduktion einzunehmen.[400]

Im Kontext einer nachhaltigen Rohstoff- und Stoffpolitik, die eine Stabilisierung in der Nutzung nicht-erneuerbarer Ressourcen und eine Erhöhung der Recyclingraten anstrebt, würde das Aluminium bei entsprechend geringerem Verbrauchszuwachs oder gar bei stabilisiertem Verbrauch wesentlich besser im Stoffstromvergleich mit Kupfer dastehen. Diese Tatsache ergibt sich schon aus einem Vergleich der Stoffströme des Aluminium- und des Kupferrecyclings in den Tabellen III.1 und V.1 in den Anhängen III und V. Für das Recycling von Kupferschrott in den Prozessen der Primärverhüttung wird in Modul 3 der Tabelle III.1 (Teil 1) ein Energiebedarf von 21,8 GJ pro Tonne Metallinhalt angegeben,[401] während im Modul 4 der Tabelle V.1 (Teil 1) lediglich ein Energieeinsatz für das Aluminiumrecycling von 14,6 GJ

---

399 Vgl. zu den technischen Details des Anodeneffekts und der Emissionsreduzierung im Elektrolyseprozeß: Tabereaux 1994 und Harnisch et al. 1995.

400 Vgl. dazu die Ausführungen in den Anhängen III und V.

401 Dieser Wert bezieht sich auf die Produktion einer Tonne Raffinadekupfer bei einem Sekundärkupferanteil von 43%. Bei einer Sekundärkupferproduktion aus 100% Kupferschrotten in reinen Kupferrecyclinghütten liegt der Energieeinsatz nur geringfügig niedriger bei etwa 20,6 GJ. Vgl. Bruch et al. 1995a: S. 257.

ermittelt wurde. Das Recycling von Kupfer ist also um etwa 50% energie- und damit auch emissionsintensiver als das Aluminiumrecycling.

In der Tabelle V.5 in Anhang V wurden die Energieeinsätze und Stoffströme eines 1.000 Meter langen Aluminiumkabels unter Verwendung einer intertemporalen Recyclingrate von 50% ermittelt und – genau wie in Tabelle V.2 – mit den Stoffströmen eines gleichwertigen Kupferkabels verglichen, wobei die Recyclingrate für Kupfer wie zuvor 56,2% beträgt. Im Vergleich zu den Stoffstromwerten mit einer Recyclingrate von 17,5% aus Tabelle V.2 zeigt sich für diesen Fall, daß bei nahezu allen Stoffstromkategorien Reduzierungen von 30-40% anzutreffen sind. Lediglich der PE-Input als Isolierungs- und Kabelmantelmaterial bleibt unverändert, da diese Größe unabhängig vom Aluminiumrecycling ist. Diese Stoffstromreduzierungen aufgrund erhöhter Recyclinganstrengungen wirken sich auch auf die Stoffstromdifferenzen zwischen Aluminium- und Kupferkabel aus. In den Stoffstromkategorien Wasserverbrauch, Erzabfall und Staub, wo schon zuvor Umweltentlastungen durch Substitution festgestellt worden waren, sind jetzt höhere Entlastungseffekte anzutreffen. In den Kategorien CO_2, NO_x, CO und sonstige Abfälle sind nun ebenfalls Umweltentlastungen durch Materialsubstitution zu konstatieren, wo zuvor noch Umweltbelastungen vorherrschten. In den restlichen Kategorien Energieeinsatz, SO_2, Chloride und Fluorverbindungen sind nach wie vor erhöhte Umweltbelastungen anzutreffen, doch das Ausmaß der jeweiligen Mehrbelastung ist erheblich geringer.

Analog zur obigen Tabelle 5.5 wurden im Anhang V ebenfalls Umweltwirkungsfaktoren der Materialsubstitution für diesen Fall mit Aluminium-Recyclingrate von 50% berechnet und in Tabelle V.6 (Spalte 2) abgedruckt. Hier zeigt sich, daß neben deutlich erhöhten Umweltentlastungen beim Abfallaufkommen (Faktor 0,017) und beim Wasserverbrauch (Faktor 0,44) nun auch hinsichtlich der Treibhauswirkung eine geringe Entlastung eintritt (Faktor 0,96), wo zuvor noch eine 40%ige Mehrbelastung bestand. Einzig in den Bereichen der Versauerung (Faktor 1,92) und der Emissionstoxizität (Faktor 1,16) bestehen auch in diesem Fall noch erhöhte Umweltbelastungen durch Aluminium-Kupfer-Substitution, die allerdings im Vergleich zu den Werten der Tabelle 5.5 deutlich geringer sind. Bezüglich der Gesamtbelastung durch Substitution ist zu konstatieren, daß bei einer Gleichgewichtung der Umweltwirkungen eine Umweltentlastung von über 98% ermittelt wurde (Faktor 0,016). Erst wenn die negativen Umweltwirkungen der Emissionstoxizität und der Versauerung um einen Gewichtungsfaktor 8 erhöht werden, stellt sich als Gesamtumweltwirkung eine leichte Mehrbelastung von 5,4% ein (Spalte 3 in Tabelle V.6).

Festzuhalten bleibt, daß im Kontext einer recyclingfreundlichen Roh- und Grundstoffpolitik eine Materialsubstitution im Stromkabelbereich lediglich geringe Umweltbelastungen bei der Emissionstoxizität und eine Verdoppelung der sauer wirkenden Emissionen mit sich bringt, während sich bei den anderen Umweltwirkungen Entlastungen einstellen.

* * *

Unter Berücksichtigung der zusätzlichen Informationen, die durch die Diskussion der obigen vier Aspekte offengelegt wurden, wird eine Entscheidung über die Gewichtung von Umweltwirkungen und eine Bewertung des Prozesses der Materialsubstitution von Kupfer gegen Aluminium im Anwendungsbereich der Stromkabel erleichtert. Es wurde deutlich, daß die umweltbezogene Substitutionswirkung der Versauerung angesichts bestehender technologischer Lücken und umwelttechnologischer Optionen zur Reduzierung von Schwefelemissionen nicht überbewertet werden sollte. Desweiteren zeigten sich generell im Bereich der toxischen Emissionen Optionen einer Emissionsreduzierung durch neue Umwelttechnologien. Lediglich die Kategorie des Erzabfalls setzte sich insbesondere aufgrund der sehr großen absoluten Umweltwirkung von den anderen Kategorien ab, wodurch sich eine Höhergewichtung rechtfertigen ließe. Wird aus konservativen Gründen auf diese Höhergewichtung verzichtet, um die Entlastungseffekte nicht zu hoch zu bewerten, so erscheint dem Autor dieser Arbeit die Gleichgewichtung der Umweltwirkungen aus Tabelle 5.5 durchaus angemessen, die als Gesamtumweltwirkung nach der Bewertungsmethode der Tabelle 5.5 eine Umweltentlastung von 85% bewirkt.

Im Lichte dieser Sachlage wäre eine Substitution von Kupfer- gegen Aluminiumkabel grundsätzlich zu begrüßen. Nichtsdestotrotz sollte hinsichtlich der Bewertung und der Aufwiegung verschiedener Umweltwirkungen mit- und gegeneinander eine gesunde Skepsis beibehalten werden. Letztlich kann von einer objektiven Umweltentlastung durch Materialsubstitution nur dann gesprochen werden, wenn in *allen* Kategorien der Umweltwirkungen absolute Entlastungen vorliegen. Daher gilt es, umweltpolitische Rahmenbedingungen zu schaffen, die dazu beitragen, daß Materialsubstitutionen der Zukunft generell umweltentlastend wirken. Daß entsprechende Möglichkeiten bestehen, haben die Ausführungen zu den Emissionsreduzierungsoptionen durch neue Umwelttechnologien und zu den Stoffstromreduzierungen durch erhöhtes Recycling gezeigt. Für den Fall der Materialsubstitution von Kupfer- gegen Aluminiumkabel ist es durchaus denkbar, daß – bei Umsetzung entsprechender Rahmenbedingungen – in Zukunft eine objektive Umweltentlastung in allen Umweltwirkungsbereichen erreichbar ist.

5.2.2.3 Politikansätze zur Förderung von umweltentlastender Werkstoffsubstitution

Staatliche Eingriffe zur Förderung von Prozessen der Werkstoffsubstitution werden derzeit in Industrieländern hauptsächlich aus zwei Gründen praktiziert.

Erstens wird im Kontext einer strategischen, zumeist industriepolitisch ausgerichteten Rohstoffpolitik versucht, verknappende Rohstoffe zu ersetzen, um entweder den steigenden Rohstoffpreisen zu entgehen, oder aber um die nationale Verfügbarkeit von Werkstoffen für bestimmte Anwendungsfelder zu sichern. Im Rahmen der Europäischen Union werden bereits seit einigen Jahren im Kontext des „ Substitutions- und Materialtechnologie-Forschungsprogramms" eine Vielzahl von Forschungsprojekten gefördert, die die Substitution von strategischen Rohstoffen zum Ziel haben.[402]

Zweitens werden Prozesse der Werkstoffsubstitution aus gesundheits- und umweltpolitischen Motiven gefördert, wenn die Verwendung von Werkstoffen in bestimmten Anwendungsbereichen gesundheits- oder umweltgefährdende Konsequenzen nach sich ziehen. So wurde z. B. der sukzessive Ersatz verbleiten Benzins in der Bundesrepublik Deutschland durch Subventionierung von bleifreien Benzin gefördert, um die Bleibelastung der Bevölkerung zu senken und die Einführung des Katalysatorautos zu begünstigen.[403] Weiterhin werden z. B. Produzenten von Kupferrohren für Trinkwasserleitungen durch strikte Bleigrenzwerte für Trinkwasser – u. a. in den USA – zur Erforschung und Entwicklung von Kupferlegierungen angehalten, die auch ohne oder mit weniger Bleizusätzen eine gute Verarbeitbarkeit der Kupferbleche zu Rohren gewährleisten.[404] Schließlich sei als prominentes Beispiel der internationalen Umweltpolitik das Montrealer Protokoll genannt, das darauf abzielt, die Produktion und Verwendung des ozonschichtzerstörenden Stoffes FCKW sukzessive weltweit einzustellen.[405]

402 Vgl. Mitchell/Nosbusch (Hg.) 1988: S. 3-10.

403 Vgl. Boehmer-Christiansen/Weidner, Helmut 1992: S. 11-14.

404 Vgl. Bögel/Müller 1994: S. 255.

405 Vgl. World Resources Institute/UNEP/UNDP 1994: S. 25.

Die alltäglichen Prozesse der Werkstoffsubstitution, die nicht zu erhöhten Gesundheits- und Umweltbelastungen *in der Gebrauchsphase* des Werkstoffs führen, die aber bei Betrachtung sämtlicher Umweltwirkungen in allen Lebenszyklusstadien der Werkstoffe zu einer deutlichen Veränderung der Umweltbelastungen beitragen, finden bisher wenig Beachtung durch die Politik. Sofern keine unmittelbaren Gefahren durch die Verwendung eines Werkstoffes ausgehen, wird weder der Prozeß der Werkstoffsubstitution durch Materialien, die höhere lebenszyklusbezogene Umweltbelastungen mit sich bringen, untersucht oder reguliert, noch werden Substitutionsprozesse gefördert oder begünstigt, die aus einer lebenszyklusorientierten Perspektive umweltentlastend wirken.

Im obigen Kapitel 5.2.2.1 wurde am Beispiel der Werkstoffsubstitution zwischen Kupfer und Aluminium aufgezeigt, daß Substitutionsprozesse in den meisten Fällen spezifischer und komplexer sind als sie auf den ersten Blick erscheinen. Aufgrund des individuellen Qualitätsprofils von Werkstoffen ist eine Veränderung von relativen Preisverhältnissen (market pull) häufig nicht ausreichend für eine schnelle Substitution. Eine langjährige Erfahrung mit einem bewährten Werkstoff sowie Qualitätseinbußen und Risiken durch die Einführung eines neuen Materials können eine Substitution selbst dann verhindern, wenn deutliche Preisdifferentiale vorliegen. Oft bestehen auch technische Probleme, die eine Integration eines neuen Werkstoffes in ein bestehendes Produktkonzept verhindern, so daß eine erfolgreiche Substitution erst im Anschluß an eine technische Innovation stattfinden kann. Sofern sich solche Innovationen jedoch durchsetzen, ist eine Werkstoffsubstitution in größerem Ausmaß kaum noch aufzuhalten (science push). Doch selbst in jenen Fällen ist der Substitutionsprozeß sehr zeitintensiv. Somit sind es in den meisten Fällen kombinierte market-pull- und science-push-Effekte, die die Prozesse der Werkstoffsubstitution bestimmen.

Aufgrund dieser Konstellation ist es nicht ausreichend, einen makroökonomischen Rahmen zur Gewährleistung eines nachhaltigen Scales einer Volkswirtschaft zu setzen. Obergrenzen in der Ressourcennutzung, der Flächeninanspruchnahme und Grenzwerte für Emissionseinträge tragen zwar dazu bei, die Inanspruchnahme von Naturleistungen höher zu bewerten und zu bepreisen, doch aufgrund von Pfadabhängigkeiten und Qualitätsdifferenzen in der Werkstoffnutzung ist dadurch nicht unbedingt gewährleistet, daß Substitutionsprozesse im Werkstoffbereich automatisch umweltentlastend wirken.

Daher ist es ratsam, zusätzlich zum nachhaltigen Scale mikroökonomische Rahmenbedingungen zu schaffen, die insbesondere diejenigen Substitutionsprozesse begünstigen, die die Umwelt entlasten. Angesichts der Vielzahl der Stoffe und Materialien, die im ökonomischen Prozeß zum Einsatz gelangen, ist es weder möglich noch sinnvoll, jeden Vorgang der Materialsubstitution zu überwachen oder zu regulieren. Vernünftig wäre es hingegen, sich auf Substitutionsprozesse im Werkstoffbereich zu konzentrieren, die sich in großem Ausmaß vollziehen und maßgeblich zu bedeutsamen Veränderungen in der Struktur der anthropogenen Stoffströme und sonstigen Umweltbelastungen beitragen.

Nachfolgend werden Politikoptionen genannt, die sich für den Aufbau eines mikroökonomischen Politikrahmens zur umweltentlastenden Werkstoffsubstitution in einer Volkswirtschaft eignen:

- Als Basis einer solchen Politik ist es unumgänglich, ***Grundlagenforschung im Bereich der Werkstoffsubstitution*** zu forcieren, um Informationen über die vorherrschenden Muster der Materialnutzung, der Werkstoffsubstitution und der jeweiligen lebenszyklusbezogenen

Umweltwirkungen zu erlangen. Neben der Herausarbeitung derjenigen Substitutionsprozesse, die mit großen Umweltwirkungen verbunden sind, wäre als weitere Zielsetzung ein wissenschaftliches **Instrumentarium zur Bewertung von ökonomischen und ökologischen Wirkungen der Werkstoffsubstitution** zu entwickeln.

- Sofern sich als Resultat der Grundlagenforschung zeigen sollte, daß Prozesse der Werkstoffsubstitution existieren, die generell und in großem Maßstab umweltbelastend wirken, wären Maßnahmen zu ergreifen, um entweder die traditionellen, aber umweltverträglicheren Werkstoffe zu stärken, oder um die Entwicklung neuer oder modifizierter Werkstoffe zu begünstigen, die nicht mit einer erhöhten Umweltbelastung einhergehen. Mögliche Politikmaßnahmen wären u. a. die Besteuerung der umweltschädigenden Werkstoffe in denjenigen Prozessen, wo große Belastungen entstehen (z. B. Emissionssteuern), die Subventionierung umweltverträglicher Werkstoffe sowie die Einforderung genereller **umweltbezogener Anforderungen an Produkte und Werkstoffe** in bezug auf ihre Recyclierbarkeit, ihre Lebensdauer, ihre Reparaturfreundlichkeit und ihre umweltverträgliche Entsorgung. Derartige Anforderungen tragen dazu bei, daß Umweltaspekten sowohl in den qualitativen Bewertungsverfahren im Entscheidungsprozeß der Werkstoffauswahl als auch in der Werkstofferforschung und -entwicklung höhere Bedeutung zugesprochen wird.
- Bei massenmäßigen Substitutionsprozessen, die – wie im Fall des Kupfer-Aluminium-Beispiels aus Kapitel 5.2.2.2 – zwar zum großen Teil umweltentlastend wirken, aber in manchen Bereichen auch zusätzliche Belastungen mit sich bringen, sind ***Rahmenbedingungen*** zu schaffen, um zumindestens in mittlerer Zeitfrist zu gewährleisten, ***daß die Werkstoffsubstitution für die Zukunft in allen Bereichen zur Entlastung der Umwelt beiträgt***. Denkbare Politikansätze wären hier z. B. gemeinsame Forschungsanstrengungen von Staat und Industrie zur Reduzierung der substitutionsbedingten zusätzlichen Umweltbelastungen. Angesichts der großen Umweltentlastungen, die insbesondere durch das Recycling von metallischen Werkstoffen realisierbar sind, wären Anforderungen hinsichtlich der nationalen Recyclingquote bei Grundstoffen denkbar. Der Staat könnte hier durch bestehende öffentliche Infrastrukturen der Entsorgung und des Recyclings z. B. in der Logistik eine unterstützende Funktion einnehmen oder das Altmaterialrecycling auch durch gesetzliche Recyclingvorgaben bei ausgewählten Produkten und Produktarten fördern. Ganz generell wären für diesen Fall Politikansätze einer lebenszyklusorientierten Rohstoff- und Stoffpolitik angebracht, wie sie in Kapitel 5.2.1.6 vorgestellt wurden. Sofern es sich bei massenhaften Substitutionsprozessen nicht nur um ein nationales, sondern um ein globales Phänomen handelt, wäre es angebracht, eine lebenszyklusorientierte multilaterale Rohstoffpolitik mit Priorität bei denjenigen Roh- und Grundstoffen zu forcieren, deren Nutzung außerordentlich stark ansteigt.
- Schließlich wäre es im Rahmen der Technologiepolitik sinnvoll, staatlicherseits die Material- und Werkstoff-Forschung mit dem Ziel zu unterstützen, umweltentlastende Substitute zu erforschen und zu entwickeln. Auch die Förderung der Grundlagenforschung hinsichtlich der Nutzung erneuerbarer Ressourcen in industriellen Anwendungsbereichen wäre in langer Sicht hilfreich.

Abschließend sei darauf hingewiesen, daß in den vorigen Kapiteln u. a. deutlich wurde, daß Forschungen in der Werkstofftechnik und Werkstoffinnovationen für den Prozeß der Werkstoffsubstitution von großer Bedeutung sind. Inwieweit Innovationen, die völlig neue Anwendungsfelder schaffen, das Muster der Ressourcennutzung beeinflussen und damit auch veränderte Umweltwirkungen mit sich bringen, wird im nachfolgenden Kapitel thematisiert.

5.2.3 Ebene 4: Innovationsinduzierte Substitution bei Kupfer

Die Untersuchung der vierten Ebene einer nachhaltigen Materialnutzung, die die innovationsinduzierte Substitution von Werkstoffen betrifft, wird im Kontext der Kupferfallstudie am Beispiel der Substitution von Kupfer durch Glasfaser im Bereich der Telekommunikation thematisiert. Im Gegensatz zur Ebene drei der reinen Werkstoffsubstitution stehen hier nicht Prozeßinnovationen, die auf Kostensenkung im Produktionsablauf abzielen, im Mittelpunkt der Betrachtung, sondern Produktinnovationen, die vollkommen neue Anwendungsfelder für Werkstoffe erschließen und damit Märkte der Zukunft eröffnen. Im Kapitel 5.2.3.1 wird das Beispiel der innovationsinduzierten Kupfer-Glasfaser-Substitution anschaulich dargestellt, um insbesondere den Unterschied zur Werkstoffsubstitution der Ebene 3 zu verdeutlichen. In Kapitel 5.2.3.2 wird die Frage diskutiert, welche Umweltwirkungen durch die beschriebenen Substitutionsprozesse zu erwarten sind, während abschließend in Kapitel 5.2.3.3 Politikansätze zu einer nachhaltigen Innovationspolitik erörtert werden.

5.2.3.1 Glasfaser als Kupfersubstitut im Telekommunikationsbereich

Bei der Diskussion der Kupfersubstitute in Kapitel 5.2.2.1 wurde das Anwendungsfeld des Kupfers in der Telekommunikation bewußt ausgelassen, da die Substitutionsprozesse in diesem Bereich einen besonderen Charakter aufweisen, der im Verlauf dieses Unterkapitels herausgearbeitet werden soll.

Ganz generell ist zu konstatieren, daß der Einsatz von Kupfer in der Telekommunikation, wo es jahrzehntelang als Monopolwerkstoff zur Übertragung von Zeichen, Signalen und Sprache fungierte, weltweit rückläufig ist. Besonders früh zeigte sich dieser Trend in den USA. Während die US-Telekommunikation in 1980 mit einem Kupferverbrauch von 730 Millionen Pfund noch der wichtigste Endverbrauchermarkt für Kupferdraht und -kabel war, sank der absolute Verbrauch in diesem Anwendungsfeld bis 1987 um 45% und wurde damit als wichtigster Kupferkabel- und -drahtmarkt vom Bauwesen verdrängt, wo sich der Einsatz von Kupferleitungen für Gebäude im gleichen Zeitraum fast verdoppelte.[406]

Ähnliche Entwicklungen zeichneten sich spätestens seit Ende der Achtziger Jahre auch in anderen Ländern ab, während gleichzeitig der Einsatz von Glasfaser zur Informationsübertragung weltweit stark zunahm. So existieren z. B. in Japan Pläne, bis zum Jahre 2015 jeden Haushalt mit Glasfaser verkabelt zu haben, während als mittelfristiges Ziel bis 2000 die Glasfaservernetzung der wichtigsten Geschäftszentren abgeschlossen sein soll.[407] In der Bundesrepublik Deutschland wurde seit 1987 ein weitflächiges Glasfasernetz zur Informationsübertragung im Fernbereich aufgebaut, das bis 1995 eine Netzlänge von 1,4 Millionen Kilometern erreichte. Außerdem wurden im Rahmen von Pilotprojekten zur „optischen Anschlußleitung" (OPAL) 1,2 Millionen Haushalte in Ostdeutschland mit einem Glasfaseranschluß versehen.[408] Doch die Durchsetzung von Glasfaser als Werkstoff der Informationsübertragung vollzog sich nicht nur in Industrieländern. Auch in Ländern wie Argentinien, Mexiko, Chile, Malaysia, Singapur, China/Taiwan, Thailand und Venezuela wurden maßgebliche Anstrengungen unternommen, um im Rahmen von Infrastrukturprojekten Glasfasernetze zwischen wichtigen Großstädten und/oder Geschäftszentren zu errichten. Weiterhin existieren

406 Vgl. Lyman/Black 1988: S. 1115.

407 Vgl. Minoli 1995: S. 14 und International Telecommunication Union 1995: S. 84.

408 Vgl. International Telecommunication Union 1995: S. 84 und Rosenau 1991: S. 42-48.

mittlerweile etwa zwei Dutzend interkontinentale Glasfaserkabel durch die Weltmeere zur Gewährleistung der Kommunikationsverbindungen zwischen den Kontinenten.[409]

Der wesentliche Grund für diese weltweiten Aktivitäten zum Aufbau von Glasfasernetzen, wodurch der ehemalige Monopolwerkstoff Kupfer sukzessive aus dem Telekommunikationsmarkt gedrängt wird, liegt nicht in den Werkstoffkosten, sondern in einem qualitativen Fortschritt, der durch Anwendung von auf Glasfaser basierender Technologie ermöglicht wird, und der eine Vielzahl von Produktinnovationen verspricht. Dieser qualitative Fortschritt wird am besten durch Betrachtung der historisch wichtigsten technischen Entwicklungen im Telekommunikationssektor deutlich.

Die technischen Grundbausteine für die Entwicklung und die Durchsetzung des Telefons und des Telegraphen wurden 1861 bzw. 1933 gelegt. Damit wurde es unter Verwendung von Kupferkabeln als Übertragungswerkstoff möglich, Sprache und Zeichen durch elektrische Impulse und analoge Ströme über eine längere Distanz zu senden und zu empfangen. Die Entwicklung des Wählers in 1892 ermöglichte die Realisierung von automatischen Telefonverbindungen, die zuvor noch „von Hand" über Ortsämter hergestellt wurden. Es wurde ein weltweites, auf Kupferkabeln basierendes Telekommunikationssystem aufgebaut, und etwa 1970 war in der Bundesrepublik Deutschland die nationale Fernwahl vollständig und die internationale Fernwahl zum Großteil automatisiert. Nachteile der analogen Übertragungstechnik bestanden in Dämpfungs- und Rauscheffekten sowie darin, daß die Vermittlung nur im niederfrequenten Sprachband erfolgen konnte.[410]

Eine teilweise Überwindung dieser Nachteile erfolgte im Zuge der Durchsetzung der Mikroelektronik durch Digitalisierung der analogen Signale in binäre Informationsströme, wodurch ein Fernsprechsignal in einen Datenstrom mit 64.000 Bits pro Sekunde umgewandelt wurde. Diese beschleunigte Signalübermittlung konnte desweiteren durch die Einführung der speicherprogrammierten Steuerung der digitalen Signale und Kommunikationsverbindungen mittels zentraler und dezentraler Rechner realisiert werden. Die neue Technik eröffnete neue Dienstleistungen der Telekommunikation wie Telefax, Bildschirmtext und Datenübertragung zwischen Computern.[411] Gegen Ende der 1970er Jahre begann ein Prozeß der Vernetzung von wissenschaftlichen Einrichtungen, zuerst innerhalb der USA und in Großbritannien, später auch in anderen Industrieländern, wie u. a. in der Bundesrepublik Deutschland, wo 1990 das Wissenschaftsnetz (WiN) in Betrieb genommen wurde. Aus der Vernetzung der verschiedenen nationalen Wissenschaftsnetze ging schließlich das „Internet" hervor, das neben dem internationalen Datenaustausch und der elektronischen Post zwischen Computern (E-Mail) ebenso das Errichten von Informationsseiten ermöglichte und damit zu einem gigantischen und vielseitig genutztem elektronischen Informationsnetzwerk heranwuchs.[412]

Angesichts der Vielfalt und der Möglichkeiten sich ergebender neuer Telekommunikationsdienste reifte bei den nationalen Netzbetreibern[413] die Überzeugung, daß der zunehmende Bedarf an unterschiedlichen Diensten mit dienstspezifischen Netzen nicht optimal bedient werden könne. Es entstand die Idee eines integrierten digitalen Netzes, das sämtliche Telekommunikationsdienstleistungen liefert. In der Bundesrepublik Deutschland wurde ein solches

409 Vgl. International Telecommunication Union 1995: S. 83-85.

410 Vgl. Kühn 1995: S. 7-8.

411 Vgl. Kühn 1995: S. 8-11 und Huber 1991: S. 32-37.

412 Vgl. Jessen/Quandel 1998: S. 12-15.

413 Netzbetreiber war in der Bundesrepublik Deutschland bis einschließlich 1997 einzig die Deutsche Bundespost Telekom bzw. die aus ihr hervorgegangene Deutsche Telekom AG, während seit der vollständigen Liberalisierung des deutschen Telekommunikationsmarktes im Januar 1998 auch andere Netzanbieter existieren. Vgl. Rexrodt 1998: S. 83.

„diensteintegrierendes Digitalnetz" (ISDN) ab 1988 aufgebaut und bereits ein Jahr später konnten 80% aller deutschen Geschäftskunden bedient werden, während gleichzeitig ein EURO-ISDN entstand.[414]

Revolutioniert wurde die Telekommunikation schließlich durch die technischen Fortschritte in der Photonik. Bereits in den 1960er Jahren war entdeckt worden, daß Glasfasern benutzt werden können, um lasergeneriertes Licht mit Lichtgeschwindigkeit über lange Strecken zu transportieren. Im Gegensatz zu elektronischen Signalen können optische Impulse über die gesamte Bandbreite der Wellenlängen gesendet werden und nicht nur auf niedrigen Frequenzen. Aus theoretischer Sicht wären somit Übertragungsraten von 25 Billionen Bit (Terabit) pro Sekunde möglich. Das entspricht der simultanen Übertragung sämtlicher Telefongespräche der USA am Muttertag über *eine* Faser mit 0,1 mm Durchmesser und übertrifft die Übertragungsleistungen über Kupferkabel um viele Dimensionen. Angesichts diverser Probleme mit dem Zerfließen der Lichtimpulse und der Entwicklung von Geräten, die eine derartig große und schnelle Informationsflut zu verarbeiten imstande sind, wird das Potential der Glasfaser derzeit lediglich im Subpromillebereich genutzt. Ein grundsätzliches Problem besteht weiterhin darin, daß rein optische Systeme bisher noch nicht entwickelt sind, so daß die Verstärkung der Lichtsignale über elektronische Verstärker vollzogen werden muß, wobei die optisch-elektronische Konvertierung hinsichtlich der Realisierung sehr hoher Übertragungsleistungen hemmend wirkt. Trotzdem sind die derzeitigen Glasfasersysteme bereits heute deutlich leistungsfähiger als herkömmliche Kupferkabelnetze.[415]

Das Internet und die ISBN-Anschlüsse ans Netz liefen in den ersten Jahren über ein schmales Frequenzspektrum und zumeist, besonders in den Anschlüssen vor Ort, über Kupferkabel. Angesichts der steigenden Übertragungsvolumen – in der BRD verhundertfachte sich das Volumen der Datenübertragung per Internet zwischen 1990 und 1997 auf 40 Terabit pro Monat – wurden die Übertragungsraten des schmalbandigen WiN unter Verwendung von Glasfaserkabeln und der innovativen hochleistungsfähigen Übertragungstechnologie ATM[416] auf 155 Mio. Bit (Megabit) pro Sekunde im sogenannten breitbandigen WiN (B-WiN) seit 1996 erhöht, während seit 1997 für die transatlantischen Internetverbindungen Leistungen von 45 Megabit pro Sekunde realisiert wurden.[417] Internetnutzern, die sich über Kupferkabel – z. B. über Modem oder Schmalband-ISDN – in das B-WiN einklinken, brachte diese Leistungsbeschleunigung allerdings wenig, da auf den letzten Kilometern ihres Anschlusses lediglich Schmalbandleistungen realisierbar sind, so daß sich dort ein „Schmalbandstau" bildet, der lange Wartezeiten in der Datenübertragung mit sich bringt.[418] In kommerziellen Hochgeschwindigkeitsnetzen mit völliger Übertragung via Glasfaser und ATM werden hingegen derzeit bereits Übertragungsraten von bis zu 10 Mrd. Bits (Gigabits) pro Sekunde erreicht.[419]

Zur Illustration dieser Geschwindigkeitserhöhungen in der Datenübertragung, die durch Einführung der Glasfasertechnologie bis heute realisiert wurden, werden nachfolgend die Übertragungszeiten für den Text der Bibel unter Verwendung unterschiedlicher Netze bzw. Netzanschlüsse verglichen. Während eine solche Datenübertragung per traditionellem Telex

414 Vgl. Thomas 1991: S. 24-26.

415 Vgl. Chan 1995: S. 18-19, Göpel/Ziegler 1996: S. 325 und International Telecommunication Union 1995: S. 83.

416 ATM bedeutet „asynchroner Transfermodus". Diese Übertragungstechnik beruht auf einer Zerlegung der Datenströme in kleine Einheiten und einer zeitversetzten und getrennten Datenübertragung, wobei die einzelnen Datenpakete erst beim Empfänger wieder zusammengesetzt werden. Vgl. Kühn 1995: S. 20.

417 Vgl. Jessen/Quandel 1998: S. 14-15.

418 Vgl. Gerlach 1998: S. 76.

419 Vgl. Minoli 1995: S. 14.

(50 Bit/Sekunde) 120 Stunden und 17 Minuten dauern würde, wären im analogen Kupfernetz unter Verwendung eines Modems (28.800 Bits/Sekunde) nur noch 12 Minuten nötig, über Schmalband-ISDN und WiN (2x64.000 Bit/Sekunde) nur noch zweieinhalb Minuten, über B-WiN (155 Megabit/Sekunde) 0,14 Sekunden und über ein kommerzielles Hochgeschwindigkeitsnetz (10 Gigabits/Sekunde) lediglich 0,002 Sekunden.[420] Obwohl die Potentiale der Glasfasertechnologie heute noch längst nicht ausgeschöpft sind, ist die derzeitige maximale Übertragungsgeschwindigkeit per Glasfaser um den Faktor 75.000 höher als die Übertragung per Kupferkabel via Schmalband-ISDN.

Angesichts dieser technischen Leistungsdifferenzen ist das Glasfaserkabel dem Kupferkabel weit überlegen. Doch ausschlaggebend für die Substitution von Kupfer durch Glasfaser ist nicht nur die Tatsache, daß per Glasfaser die bestehenden Dienstleistungen der Telekommunikation schneller abgewickelt werden können. Wäre das der Fall, würde sich der Aufbau einer Glasfaserinfrastruktur an den heute benötigten Telekommunikationskapazitäten (inklusive prognostizierter Zukunftszuwächse) orientieren. Doch bereits die heute bestehenden Glasfaserkabelnetze werden nur mäßig im Rahmen der bestehenden Telekommunikationsdienstleistungen ausgenutzt. So wiesen z. B. die Interkontinentalglasfaserverbindungen durch die Weltmeere in 1995 nur eine Auslastung von 20% auf.[421]

Entscheidend für die Kupfer-Glasfaser-Substitution ist vielmehr, daß aufgrund der ungeheuer großen Übertragungsleistung der optischen Glasfasernetze vollkommen neue Telekommunikationsdienstleistungen auf Massenbasis möglich werden, deren Realisierung *in Zukunft* enorme Übertragungskapazitäten benötigen wird. An diesen für die Zukunft erwarteten enormen Kapazitätsbedarf ist der Aufbau der Glasfaserinfrastruktur ausgerichtet. Das gesamte Spektrum an neuen Dienstleistungen ist dabei kaum absehbar. Sicher ist jedoch, daß es um interaktive Multimediadienstleistungen gehen wird, bei denen die wechselseitige Übertragung von bewegten Bildern im Mittelpunkt steht. Da solche videogestützten Kommunikationsformen im Vergleich zu einem normalen Telefongespräch mindestens eine 500-fache Übertragungskapazität benötigen[422] und auf Grundlage der bestehenden Kupfernetze weder auf Massenbasis noch in hoher Qualität praktizierbar wären[423], macht der gegenwärtige Aufbau einer für heutige Ansprüche noch überdimensionierten Glasfaserinfrastruktur durchaus Sinn, da für die Zukunft die Durchsetzung einer Vielzahl von neuen Telekommunikationsdienstleistungen zu erwarten ist.

Auf der einen Seite steht zu erwarten, daß sich eine ausgeprägte bild- und videogestützte *Individual*kommunikation herausbilden wird. Das Bildtelefon mag zum Standardkommunikationsgerät in privaten Haushalten werden. Im gewerblichen Bereich könnten zunehmend Geschäfte über Netzverbindungen und durch das Internet angeboten und abgewickelt werden (Electronic Commerce), Videokonferenzen mögen als gewerbliche Kommunikationsform zwischen vielen Teilnehmern an Bedeutung gewinnen, Erwerbsarbeit könnte bei guten Vernetzungsbedingungen vermehrt daheim ausgeführt werden (Telearbeit), während Teamarbeit – z. B. bei Operationen in der Medizin – zwischen örtlich weit entfernten Personen per Computervernetzung möglich wäre (Telekooperation, Telemedizin). Die weltweite Computervernet-

---

420 Eigene Berechnung auf Grundlage von Daten aus Minoli 1995, Jessen/Quandel 1998: S. 14-15 sowie aus „Blick durch die Wirtschaft" vom 27.02.1996, wo der Bibeltext als Datenmenge von 21,65 Megabit angegeben wurde.

421 Vgl. International Telecommunication Union 1995: S. 85.

422 Vgl. Chan 1995: S. 18.

423 Das schmalbandige ISDN-Netz, das zum Teil auf Kupfernetzen aufbaut, weist wegen seiner begrenzten Leistungskraft deutliche Qualitätseinbußen in der Bildübertragung auf. Vgl. Kamae 1994: S. 37.

zung mag auch das Lehren und Lernen in der Schule maßgeblich verändern, indem z. B. das Internet als neues Lehr- und Lernmedium in den Unterricht integriert wird (Teleteaching). Schließlich könnte auch das Einkaufen sowie das Abwickeln von Bank- und anderen Geschäften über den heimischen Computer zum Standard werden. Grundlage für diese Art von Dienstleistungen wird ein rein glasfaserbasiertes Breitband-ISDN-Netz sein, das als modernisiertes Netz aus dem gegenwärtigen Schmalband-ISDN-Netz hervorgehen könnte.[424]

Auf der anderen Seite sind Veränderungen bei *Massenmedien* wie Fernsehen und Radio zu erwarten, die bislang lediglich in eine Richtung senden und hinsichtlich ihrer Form der Informationsverteilung völlig getrennt von der Individualkommunikation sind, während sich im Bereich der Zeitungen und Zeitschriften mit dem Medium des Internet eine neue und kostengünstige Publikationsbasis eröffnet. Der Aufbau von breitbandigen Glasfasernetzen wird eine Individualisierung der Massenmedien ermöglichen, wie z. B. interaktives Fernsehen, individuelle Programmauswahl (Video-on-Demand), elektronisches Publizieren von Zeitungen und Artikeln im Internet (Telepublishing) und individualisierte Werbeblöcke im Rahmen von Fernsehübertragungen.[425]

Ziel wird letztlich sein, Massen- und Individualkommunikation in einem hochleistungsfähigen Breitbandkommunikationsnetz national und international zu integrieren. Ein solches Netz wird bisweilen mit dem Begriff „Datenautobahn" bzw. „Information Superhighway" belegt. Der Weg zur Realisierung eines solchen integrierten Hochleistungsnetzes wird jedoch noch einige Zeit in Anspruch nehmen, wobei sowohl noch einige technische Problemlösungen zu finden als auch diverse ökonomische, politische und juristische Fragen zum Datenschutz, zur Haftung, zur Qualitätssicherung und vielem mehr zu lösen sind.[426]

Angesichts dieser Umstände ist zu konstatieren, daß die Kupfer-Glasfaser-Substitution durch die Erwartung zukünftiger Produktinnovationen motiviert ist. Der frühzeitige Aufbau einer Glasfasernetzinfrastruktur mit großen Übertragungskapazitäten eröffnet die Möglichkeit, zum Zeitpunkt der massiven Expansion der neuen Telekommunikationsdienstleistungen in einem Zukunftsmarkt eine führende Position einzunehmen. Dieser Tatbestand ist für Telekommunikationsunternehmen mit eigenen Kommunikationsnetzen eine Motivation für beträchtliche Investitionen in den Aufbau von Glasfasernetzen, während sich der Staat zumeist aufgrund industriepolitischer Motive berufen fühlt, den Aufbau der Infrastrukturen für zukünftige Dienstleistungsmärkte massiv zu subventionieren.

In diesem Kontext werden die Strategien zum Aufbau von Glasfasernetzsystemen verständlich. So begann z. B. die Deutsche Bundespost Telekom frühzeitig mit der Erprobung von Glasfasernetzen für den Einsatz im nationalen Fernsprechnetz, so daß ab 1987 Glasfaser als Standardwerkstoff im Fernbereich eingesetzt wurde, wodurch u. a. eine Optimierung der Netzgestaltung für bestehende Dienstleistungen erreicht werden konnte. Zu Beginn der 1990er Jahre begann der zu jenem Zeitpunkt noch staatlich geführte Telekommunikationskonzern mit dem Aufbau von *örtlichen* Glasfasernetzen, der aus einer ökonomischen Perspektive der Gegenwart wenig profitabel schien. Trotz hoher Kosten für den Glasfaseranschluß einzelner Haushalte wurde eine Mindestinfrastruktur in ausgewählten Ortsnetzen errichtet, um neben einer wirtschaftlichen Nutzung bereits bestehender Dienstleistungen eine *Option auf das zu-*

---

424 Vgl. zu allgemeinen Nutzungsmöglichkeiten der Breitbandkommunikation: Kühn 1995: S. 26-27, Kamae 1994: S. 37-38; Minoli 1995: S. 1-5 und Steiner 1998: S. 77-78. Vgl. zu spezifischen Nutzungen: Rexrodt 1998 und Dowling/Beuker 1998 zu Electronic Commerce; Jagoda 1998 zu Telearbeit; Gapski 1998 und Meyer 1998 zu Teleteaching und Luber/Mackevics 1998 zu Telemedizin.

425 Vgl. Kühn 1995: S. 26-27; Kamae 1994: S. 37-39; Minoli 1995: S. 1-5 und Stix 1998: 16-19.

426 Vgl. Kühn 1995: S. 22-27; Chan 1995: S. 18-19; Schiller 1998 und Stefik 1998.

künftige Angebot von Breitbanddiensten zu erlangen.[427] Ein Glasfaseranschluß bis zur Anschlußdose von Privathaushalten macht weder technisch noch ökonomisch Sinn, wenn lediglich die traditionellen Telekommunikationsdienste der Gegenwart in Anspruch genommen werden, da ein einzelner Teilnehmer niemals in der Lage sein kann, die enormen Übertragungskapazitäten der Glasfaser auch nur zu einem nennenswerten Anteil durch Schmalbanddienste zu nutzen. Sinnvoll ist der Aufbau derartiger Überkapazitäten jedoch dann, wenn eine Nutzung der Kapazitäten in naher Zukunft zu erwarten ist und ihr Vorhandensein zum richtigen Zeitpunkt eine Führungsposition im neuen Markt der Breitbanddienste ermöglichen kann. Durch diese Strategie gelang es der deutschen Telekom in 1993 der weltweit erste Glasfasernetzbetreiber zu sein, der Glaserfasertechnologie und neue Telekommunikationsdienste für private *und* gewerbliche Kunden in großem Ausmaß einführte.[428]

Ein Vertreter der *Siemens AG* betonte auf einer Tagung in 1994 die Bedeutsamkeit strategischen Verhaltens in so innovativen Märkten wie bei den Informations- und Telekommunikationstechnologien. Letztlich gehe es darum, *„[...] das richtige Produkt zu einem akzeptablen Preis möglichst früh auf den Markt zu bringen.“*[429] Bei Produktinnovationen ist der Zeitwettbewerb von großer Bedeutung. Wer ein neues Produkt später vermarktet als die Konkurrenz, muß bei hohen Forschungs- und Entwicklungskosten hohe Verluste befürchten. Wer hingegen frühzeitig vermarktet, kann die Marktbedingungen für eine Zeitlang bestimmen und Innovationsgewinne realisieren.[430]

Hohe Kosten für die Produkteinführung müssen dabei nicht unbedingt hinderlich sein, sofern hohe Innovationsgewinne zu erwarten sind. Außerdem zeichnen sich neue Produkte üblicherweise durch erhöhte Kosten aus, da ihre Produktionsverfahren noch nicht ausgereift und optimiert sind und keine Skaleneffekte bestehen. Setzt sich ein Produkt hingegen sukzessive durch und wird zu einem Massenartikel, so sinken die Produktionskosten aufgrund von Skaleneffekten und Optimierungserfolgen in Herstellung und Vermarktung. Ein solcher Kostensenkungseffekt war auch im Fall der Glasfaser zu beobachten. Während die Übertragungsleistung seit 1980 um den Faktor 400 anstieg, sanken die Übertragungskosten um den Faktor 600 pro Sekundentaktübertragung einer Informationseinheit über einen Kilometer.[431] Bereits zu Beginn der 1990er Jahre war ein Glasfasersystem im Kostenvergleich mit einem Kupferkabel in bezug auf die Übertragung von Telefongesprächen bei sämtlichen Verbindungen, bei denen eine Hauptkabellänge von mehr als 1,7 km erforderlich ist, kostengünstiger.[432]

Nichtsdestotrotz wurde die Substitution von Kupfer gegen Glasfaser nicht durch Kostenvorteile induziert, wie es bei der Kupfer-Aluminium-Substitution (Ebene 3) der Fall war, sondern durch technische Fortschritte in der Photonik, die einen qualitativen Sprung in der Übertragungsleistung und damit vollkommen neuartige Dienstleistungsprodukte ermöglichten, die auf einer neuen technischen und materiellen Infrastruktur basierten. Die innovationsinduzierte Glasfaser-Kupfer-Substitution ist mithin als Resultat eines *Science-Push-Effektes* zu verstehen.

427 Vgl. Rosenau 1991: S. 42-43.

428 Vgl. International Telecommunication Union 1995: S. 83-85.

429 Baur 1994: S. 54.

430 Vgl. Baur 1994: S. 54-58.

431 Vgl. Baur 1994: S. 46.

432 Zu dem Kostenvergleich ist anzumerken, daß dabei die Qualitätsvorteile und die möglichen Produktinnovationen durch die Glasfaser nicht berücksichtigt sind. Weiterhin ist es erwähnenswert, daß der Großteil der Kosten des Kupfernetzes durch Kabel- und Tiefbaukosten entsteht, während bei Glasfasernetzen nicht das Material, sondern die komplexe Übertragungstechnik der größte Kostenfaktor ist. Vgl. Rosenau 1991: S. 49.

Nun stellt sich für eine solche innovationsinduzierte Werkstoffsubstitution die Frage, welche Konsequenzen für den substituierten Werkstoff zu erwarten sind. Wie es bei Prozessen der Produktinnovation üblich ist, trat das Glasfasernetz zu Beginn neben das bestehende Kupfernetz, wobei die Netzbetreiber bemüht waren, eine Integration der Glasfasern in bestehende Kupfernetze zu erreichen.[433] Angesichts der hohen Übertragungskapazitäten der Glasfaserkabel, wurden diese zuerst im Bereich der vielfrequentierten Fernverbindungen eingesetzt, während besonders die Informations- und Signalweiterleitung vor Ort nach wie vor durch Kupfernetze gewährleistet wurde.[434]

Die Einführung der Glasfasertechnologie führte also zu hybriden Glasfaser-Kupfer-Netzen. Angesichts technologischer Weiterentwicklungen in der Anwendung solcher Hybridnetze werden Kupferkabel auch in mittlerer Zeitfrist eingesetzt werden. Günstig für Kupfer wirken diesbezüglich technische Innovationen, die auf Grundlage bestehender Hybrid- oder Kupfernetze erhöhte Übertragungsleistungen ermöglichen. So konnte z. B. durch Entwicklung des sogenannten ADSL-Systems eine Übertragungsleistung von bis zu sieben Megabit pro Sekunde über reine Kupfernetze realisiert werden, wodurch die Abwicklung einiger Breitbanddienste über Kupfer möglich wurde. Wenngleich diese hohe Kupfernetzleistung im Vergleich zur realisierbaren Glasfaserleistung sehr gering ist, ermöglicht der Einsatz dieser Technologie angesichts des bestehenden flächendeckenden Kupfernetzes eine frühzeitige Einführung von einigen Breitbanddiensten auf breiter Basis sowie eine Beschleunigung der Dienstabwicklung bei Schmalbanddiensten, wodurch u. a. die Geschwindigkeit bei der Nutzung des Internet deutlich erhöht werden kann.[435] Begünstigend für eine zukünftige Inanspruchnahme von Kupfernetzen ist weiterhin die technische Notwendigkeit, daß optische Signale aufgrund ihrer Tendenz zum „Zerfließen" in regelmäßigen Abständen verstärkt werden müssen. Da bisher noch keine optischen Verstärker entwickelt wurden und für eine Signalverstärkung eine optisch-elektronische Konvertierung notwendig ist, bietet es sich gerade für das lokale Verteilernetz an, nach einer elektronischen Verstärkung statt einer Rückkonvertierung in optische Signale eine lokale Verbindung von einem Netzknotenpunkt zu einem Teilnehmer vor Ort via elektronischer Kupferübertragung vorzunehmen.[436]

Letztlich sind leistungsverbesserte Kupfernetze oder Hybridnetze jedoch als Übergangstechnologien anzusehen. In mittlerer bis langer Zeitfrist werden optische Verstärker und optische Übertragungsgeräte entwickelt werden und zum Einsatz kommen, die die Realisierung eines rein optischen Hochleistungsnetzes mit entsprechend komplexen Breitbanddiensten ermöglichen werden.[437] Spätestens dann wird das Kupfer aus den Netzen der Telekommunikation ausgemustert und vollständig durch Glasfaser ersetzt werden, so daß der Verlust des Telekommunikationsmarktes hinsichtlich der Übertragung von Daten, Zeichen und Signalen für den Werkstoff Kupfer aufgrund des immensen Qualitätsunterschiedes in langer Frist unausweichlich und irreversibel sind wird.[438]

Gleichzeitig muß allerdings konstatiert werden, daß sich mit der Durchsetzung der Glasfasertechnologie in der Telekommunikation auch neue Märkte für die Anwendung von Kupfer eröffnen. So werden mit vermehrten Breitbanddiensten neue Endgeräte in der Bürokommuni-

433 Vgl. Rosenau 1991: S. 44.

434 Vgl International Telecommunication Union 1995: S. 83-85.

435 Vgl. Minoli 1995: S. 339-348; Kühn 1995: S. 22; VDI-Nachrichten zur CeBIT vom 13.3.98 (S. 11).

436 Vgl. für den technischen Aufbau eines hybriden Glasfaser-Kupfer-Netzes im Rahmen der OPAL-Pilotprojekte: Rosenau 1991: S. 46.

437 Vgl. zum Stand der Forschung zu rein optischen Netzen: Chan 1995.

438 Vgl. International Telecommunication Union 1995: S. 83 und Chan 1995: S. 22.

kation notwendig, z. B. für Bildtelefone und Videokonferenzen, die alle mit Elektrizität und auf elektronischer Basis betrieben werden und daher neue Absatzmärkte für Kupferdraht und kupferhaltige Leiterplatten konstituieren. Weiterhin ist es absehbar, daß die neuen Telekommunikationsdienste die Nachfrage nach bestehenden Kommunikationsgeräten wie Computern und Videokameras deutlich erhöhen und auf diese Weise ebenfalls den Kupferabsatz im Bereich der Bürokommunikationsendgeräte steigern werden. Schließlich ist noch zu erwähnen, daß optische Übertragungssysteme via Glasfaser aktive Elemente wie u. a. optisch-elektronische Verstärker benötigen, die mit Strom versorgt werden müssen und daher auf eine kupferbasierte Elektrizitätsinfrastruktur angewiesen sind. Diese Beispiele zeigen, daß die innovationsinduzierte Glasfaser-Kupfer-Substitution nicht nur Nachteile hinsichtlich der Nachfrage nach dem Werkstoff Kupfer mit sich bringt. Der Nettoeffekt in bezug auf die Kupfernachfrage ist unsicher, wahrscheinlich wird er negativ sein, doch wird die Kupfersubstitution durch die gleichzeitige Erschließung neuer Kupfermärkte abgedämpft – ein Effekt, der bei einer reinen Werkstoffsubstitution (Ebene 3) nicht auftritt.

Abschließend soll an dieser Stelle darauf hingewiesen werden, daß mit der Wahl der Glasfaser-Kupfer-Substitution als Beispiel für eine innovationsinduzierte Werkstoffsubstitution keinesfalls angedeutet werden sollte, daß das Kupfer als traditioneller Werkstoff mit einer schon sehr langen Anwendungszeit keine innovativen Produktanwendungen mehr hervorbringt. Das Gegenteil ist der Fall. Wenngleich Kupfer in einigen Bereichen durch neue Werkstoffe ersetzt wird, so werden für diesen Werkstoff in der Materialforschung stets neue Anwendungsfelder als Bestandteil neuer Werkstoffe oder Technologien gefunden. So ist Kupfer ein wesentlicher Legierungswerkstoff von Memory-Legierungen, die ihre Gestalt in Abhängigkeit von der Temperatur verändern und damit u. a. wichtige und innovative Werkstoffe für die Datenverarbeitung, die Regelungstechnik und die Medizin (Implantate) darstellen.[439] Weiterhin ist die Kupferverbindung *Kupferindiumdiselenid* ein potentieller Werkstoff für die Herstellung einer neuen Generation von Dünnfilm-Solarzellen, die aufgrund eines geringen Werkstoffeinsatzes eine kostengünstigere Produktion von Photovoltaikzellen ermöglichen und damit die Solarenergieerzeugung konkurrenzfähiger machen könnten.[440] Weiterhin ist die Entwicklung sauerstofffreier Kupferwerkstoffe zu nennen, die sich durch hohe Wasserstoffbeständigkeit und sehr gutes Umformverhalten auszeichnen und daher u. a. als neue Werkstoffe in Hoch- und Ultrahochvakuum-Anwendungen Einsatz finden.[441] Schließlich wird die neue Chipsgeneration in der Mikroelektronik, die eine Leistung von einer Milliarde Verarbeitungsschritte pro Sekunde aufweisen wird, auf der materiellen Grundlage von Kupferleiterbahnen realisiert werden. Damit wird Kupfer zum Nachfolger vom Aluminium, dessen Grenze zur weiteren Miniaturisierung im Chipaufbau erreicht sind.[442] Diese Beispiele mögen ausreichen, um aufzuzeigen, daß auch vom traditionellen Werkstoff Kupfer noch vielfältige und bedeutsame Produktinnovationen ausgehen.

5.2.3.2 Umweltwirkungen der Glasfaser-Kupfer-Substitution

Die Analyse der Umweltwirkungen einer innovationsinduzierten Materialsubstitution der Ebene 4 gestaltet sich ungleich schwieriger als diejenige einer reinen Werkstoffsubstitution der Ebene 3. Da es hierbei um einen Substitutionsprozeß von zwei qualitativ sehr unterschiedli-

439 Vgl. Sterk 1994: S. 30.

440 Vgl. Meliß/Sandtner 1996: S. 17.

441 Vgl. Röttges/Schliefer/Jacobsen 1998: S. 219-224.

442 Vgl. Handelsblatt vom 29.7.1998: S. 41.

chen Produkten geht, sind neben rein produktbezogenen Abschätzungen zu den Umweltwirkungen auch diejenigen Umwelteffekte zu beachten, die sich aus dem innovativen Charakter der Substitution ergeben. Für den hier betrachteten Fall einer Glasfaser-Kupfer-Substitution bedeutet das, daß eine vergleichende Ökobilanzierung der Datenübertragungssysteme auf Kupfer- und Glasfaserbasis nicht ausreichen würde, um die Umweltwirkungen der innovationsinduzierten Substitution zu erfassen. Zusätzlich wären im Rahmen einer Technikfolgenabschätzung einerseits die Umweltwirkungen abzuschätzen, die sich durch die innovativen neuen Produkte und Dienstleistungen ergeben, die auf Grundlage eines breitbandigen hochleistungsfähigen Glasfasernetzes ermöglicht werden. Andererseits müßten auch Wirkungen auf die Natur beurteilt werden, die sich als Konsequenz volkswirtschaftlicher Strukturverschiebungen in Folge der glasfaserbasierten Produktinnovationen in eher indirekter Weise einstellen.

Das Problem einer Technikfolgenabschätzung besteht darin, daß technische und ökonomische Entwicklungen und ihre möglichen Folgen *ex ante* abgeschätzt und bewertet werden müssen. Angesichts vieler Ungewißheiten über zukünftige Geschehnisse, die sich als Konsequenz technischer Innovationen einstellen, kann eine solche Technikbewertung keine präzisen Fakten und Bewertungen hervorbringen, sondern lediglich dazu beitragen, mögliche Gefahren, Fortschritte und Umweltbeeinträchtigungen zu benennen. Im Rahmen dieser Arbeit wurde keine umfassende Technikfolgenabschätzung auf Grundlage quantitativer Daten vorgenommen. Nachfolgend werden jedoch drei für die Glasfaser-Kupfer-Substitution wesentliche Kernpunkte einer Technikfolgenabschätzung aufgegriffen, um die wichtigsten Umweltwirkungen einer Diffusion der Glasfasertechnologie zu erörtern.

Erstens sei der Blick auf die Übertragungstechnik von Kupfer- und Glasfasernetzen gerichtet. In bezug auf die verwendeten Kabel ist zweifelsfrei festzustellen, daß Glasfaserkabel bei wesentlich höheren Übertragungsleistungen eine deutlich geringere materielle Struktur benötigen als Kupferkabel. Dabei darf jedoch nicht übersehen werden, daß Glasfasersysteme komplexe Übertragungstechniken benötigen. So wird das Laserlicht zur optischen Datenübertragung mittels Halbleiterlaser auf materieller Basis von chemischen Kristallverbindungen aus Indium, Gallium, Arsen und Phosphor erzeugt, wobei erwähnt werden muß, daß die Erzeugung von Laserlicht ein energieintensiver Vorgang mit einem energetischen Wirkungsgrad von lediglich 20% ist.[443] Die optische Datenübertragung wird über eine Glasfaser vollzogen, die hauptsächlich aus sehr reinem Glas auf Grundlage von Siliziumoxid besteht, in dessen Kern geringe Mengen von Bor- und Germaniumoxid eingemischt sind. Notwendig sind weiterhin opto-elektronische Verstärker, die die zerfließenden Laserstrahlen von Zeit zu Zeit auffrischen sowie hochempfindliche Detektoren aus Mischkristallen, die als Datenempfänger die Lichtsignale empfangen und in die gewünschten Zeichen umsetzen. Grundsätzlich ist zu konstatieren, daß die Übertragungstechnik via Glasfaser komplexe Verbundmaterialien aus Halbleiterelementen benötigt, die eine hohe technische Zurichtung und einen hohen Komplexitätsgrad aufweisen.[444]

Angesichts dieser Konstellation ist zu erwarten, daß sich im Lebenszyklus des innovativen Glasfasersystems aufgrund der hohen materiellen Zurichtung der benutzten Werkstoffe Schwerpunkte der Umweltbelastung bei der Werkstoffherstellung wegen der notwendigen hohen Reinheitsgrade bestehen sowie in der Entsorgung, da angesichts der weitreichenden Vermischung der Elemente ein ökonomisch durchführbares Recycling nicht sehr wahrscheinlich ist. Trotzdem ist es naheliegend, daß im funktionellen Vergleich der Datenübertragung via Kupfer und Glasfaser die gesamte Umweltbelastung *pro übertragene Dateneinheit* bei der

---

443 Vgl. Bundestagsdrucksache (13/1696) 1995: S. 20.

444 Vgl. Sterk 1994: S. 51-52 und Göpel/Ziegler 1996: S. 325-326.

Nutzung von Glasfaser wesentlich geringer ist als beim Einsatz von Kupfernetzen, da die Leistung einer haarfeinen Glasfaser um Potenzen höher ist als die Leistung eines herkömmlichen Kupferkabels und weitere Leistungssteigerungen bei der Glasfasertechnologie zu erwarten sind. Aufgrund dieser Umstände wird hier davon ausgegangen, daß die Umweltbelastung pro Einheit Datenübertragung mit der innovationsinduzierten Substitution von Kupfer durch Glasfaser abnimmt.

Zweitens sei der Blick auf die Umweltwirkung von glasfaserbasierten Produktinnovationen gerichtet. In dieser Hinsicht ist eine Prognose sehr schwierig, da einerseits in bezug auf bereits absehbare Innovationen unsicher ist, welche neuen Produkte oder Dienstleistungen sich am Markt durchsetzen werden, während sich andererseits in Zukunft neue Anwendungsmöglichkeiten und Produktinnovationen eröffnen mögen, die heute noch nicht absehbar sind. Trotz dieser Ungewißheiten können die möglichen Umweltbe- oder -entlastungen durch Einführung der Glasfasertechnologie zumindestens in bezug auf die potentiellen Produktinnovationen diskutiert werden.

In der Literatur werden besonders die *Potentiale der Umweltentlastung* durch neue, auf Glasfaserübertragung basierende Informationstechnologien betont. So ist u. a. davon die Rede, daß videogestützte Kommunikationsformen das Verkehrsaufkommen und die damit verbundenen Umweltbelastungen senken können. In begrenztem Umfang werden schon heute Videokonferenzen über Hochleistungsglasfasernetze geschaltet, wodurch Geschäftsreisen überflüssig gemacht werden. Die Wissenschaftler vom Wuppertaler Institut ermittelten ein Entlastungspotential in der Materialintensität um etwa den Faktor 100 pro Person, wenn statt einer tatsächlichen Konferenz mit entsprechendem Anreiseverkehr eine halbtägige Videokonferenz stattfindet. Ein ebenfalls beachtlicher Umweltentlastungseffekt wird von der Telearbeit am heimischen vernetzen Bildschirm erwartet, da bei steigender Anzahl von Telearbeitern eine Entlastung des Berufsverkehrs möglich ist.[445] Das Teleshopping vom heimischen Computer aus birgt gleichfalls das Potential der Verkehrsreduzierung im Einzugsbereich von Einkaufszentren. Im Gegensatz zu heute schon bestehenden Versandhäusern, wo ein Einkauf über Katalog und Bestellung möglich ist, werden beim Teleshopping außerdem die umfangreichen Papierkataloge überflüssig.[446]

Eine Einsparung von Papier wird auch im Bereich des wissenschaftlichen Publizierens möglich, wenn sich elektronische Zeitschriften im Internet gegenüber kostenintensiven Spezialzeitschriften durchsetzen sollten und umfangreiche Spezialliteratur via Internet oder CD-ROM verfügbar wird.[447] Enorme Umweltentlastungspotentiale weist auch der elektronische Postverkehr per E-Mail auf. Der Ersatz herkömmlicher Postsendungen von Briefen und Manuskripten per LKW, Bahn und Flugzeug durch digitale Datenübertragungen via Glasfaser führt nicht nur zu einer schnelleren Datenübermittlung, sondern bewirkt außerdem je nach Art und Umfang der verschickten Datenmenge eine Reduzierung der Materialintensität um einen Faktor zwischen 20 und 1.000.[448]

Weiterhin wird mit der Diffusion der Glasfasertechnologie die Erwartung verknüpft, daß eine verbesserte Informationsverarbeitung und Informationsverfügbarkeit, die auf einer breitbandigen Vernetzung von Informationsquellen basiert, eingesetzt werden kann, um Umweltentlastungseffekte herbeizuführen. So mag z. B. ein verbesserter Informationszugang via Internet zu den Fahrplänen des öffentlichen Nahverkehrs und des Schienenverkehrs zu einer er-

---

445 Vgl. Weizsäcker/Lovins/Lovins 1995: S. 145-149 und Harmsen 1994: S. 325.

446 Vgl. Weizsäcker/Lovins/Lovins 1995: S. 111.

447 Vgl. Stix 1998: S. 16-19

448 Vgl. Weizsäcker/Lovins/Lovins 1995: S. 149-150.

höhten Nutzfrequenz dieser umweltschonenden Verkehrsformen beitragen. Außerdem könnten sich im Internet elektronische Börsen entwickeln, die zu einer erhöhten Nutzungseffizienz von Produkten und Dienstleistungen beitragen, z. B. durch Mitfahr- und Transportbörsen, Gebrauchtwarenbörsen oder elektronische Märkte für den Verleih von langlebigen Gütern.[449] Schließlich wäre es denkbar, daß glasfaserbasierte Informations- und Verkaufsbörsen im Internet, die über den Einsatz umweltschonender Technologien in sämtlichen Wirtschaftssektoren informieren und über Anbieter und Preise von Umwelttechnologien Auskunft geben, dazu beitragen könnten, den Einsatz und die globale Verbreitung von moderner Umwelttechnologie zu begünstigen.

Darüber hinaus steht zu erwarten, daß durch den Einsatz von vernetzten Glasfasersystemen eine bedeutsame Verbesserung im Bereich der Umweltinformationssysteme erreicht werden kann. In Kombination mit modernen elektronischen Überwachungstechnologien, wie z. B. Umweltüberwachungssatelliten, könnte die Anwendung von vernetzten breitbandigen Informationssystemen den Aufbau umfassender Umweltüberwachungs- und Informationssysteme ermöglichen, die Informationen über den Zustand lokaler, regionaler und globaler Ökosysteme kontinuierlich aktualisieren, analysieren und in vielfältiger Form (Daten, Satellitenbilder, Stoffstrombewegungsdiagramme etc.) verfügbar halten, wodurch die Entscheidungsfindung und die Kooperation im Prozeß der nationalen und internationalen Umweltpolitik beschleunigt werden könnte. Vernetzte Umweltüberwachungssysteme könnten überdies die Voraussetzung für eine kontinuierliche On-line-Fernüberwachung von Emissionsquellen schaffen und auf diese Weise dazu beitragen, Wartungs- und Instandhaltungsprozesse zu optimieren und verbesserte Frühwarnsysteme für umweltgefährdende Unfälle in Industrieanlagen aufzubauen.[450]

Die Produktinnovationen auf Basis der Glasfasertechnologie tragen allerdings auch *Potentiale einer zunehmenden Umweltbelastung* in sich. Ein wesentliches Belastungspotential, das durch innovative Dienstleistungen und Produkte auf Grundlage verbesserter Informationsverarbeitung und -übertragung durch Glasfaserkabel entsteht, ist die vermehrte Nachfrage nach und die zusätzliche Nutzung von Endgeräten der Bürokommunikation.

In welchem Ausmaß sich die Inanspruchnahme neuer oder zusätzlicher Geräte vollziehen wird ist heute noch unklar und von diversen Entwicklungen der Telekommunikationstechnik und des Telekommunikationsmarktes abhängig. Dabei stellt sich u. a. die Frage, ob und inwieweit neue Dienstleistungen und Produkte mittels bereits bestehender Endgeräte ausgeführt werden können. So ist z. B. die Inanspruchnahme des E-Mail-Dienstes über einen herkömmlichen Personalcomputer (PC) ohne Zusatzgerät möglich, sofern ein Glasfaseranschluß besteht und eine geeignete Software vorhanden ist. Neue Breitbanddienste haben sogar das Potential, bestehende Endgeräte überflüssig zu machen. So mag das Faxgerät in mittlerer Zeitfrist aufgrund der Nutzung von E-Mail und elektronischem Fax (per PC) entbehrlich werden. Im Zeitalter von breitbandigen Datenautobahnen ist es weiterhin vorstellbar, daß für sämtliche Individual- und Massenkommunikationsgeräte *ein* Universalgerät Anwendung finden wird, das die Dienste von Personalcomputer mit Netzzugang, Fernsehgerät, Fax, (Bild-)Telefon und andere Leistungen in einem Endgerät integriert. Wenngleich entsprechende Integrationsprozesse bei den Endgeräten bereits erforscht werden, ist es aufgrund der sozialen Nutzungsformen eher wahrscheinlich, daß sich separate Endgeräte insbesondere für die Bereiche Unterhaltung (Fernsehen, Radio etc.) und Individualkommunikation (Telefon, Fax, E-Mail etc.) durchsetzen werden.[451]

---

449 Vgl. Harmsen 1994: S. 324 und Stahel 1994: S. 381.

450 Vgl. Harmsen 1994: S. 322-324 und Angerer/Hiessl 1991: S. 499-504.

451 Vgl. International Telecommunication Union 1995: S. 86.

Obwohl einige Formen der Endgeräteintegration realisierbar und durchsetzbar sein werden, wird sich aufgrund zunehmender interaktiver und videogestützter Dienste der Einsatz von Videokamerasystemen deutlich erhöhen. Außerdem steht außer Frage, daß sich die allgemeine Nutzung des PC inklusive diverser Zubehörartikel ausweiten wird, da er im Mittelpunkt der Inanspruchnahme einer Vielzahl von zukünftigen Breitbanddiensten stehen wird. Als Konsequenz wird sich die private und gewerbliche Verbreitung des Personalcomputers weiter fortsetzen. In den USA haben bereits 40% der Bevölkerung Zugriff auf einen PC. In der Bundesrepublik Deutschland sind es erst 19%, jedoch mit steigender Tendenz – allein im Zeitraum von 1993 bis 1996 hat sich die Anzahl der installierten PCs auf 14,8 Millionen fast verdoppelt.[452]

Eine weitere Diffusion des Personalcomputers in Folge der Durchsetzung von glasfaserbasierten Breitbanddiensten würde mit einer deutlichen Zunahme der Umweltbelastung einhergehen. Wenngleich eine PC-Einrichtung aus Bildschirm, Rechner und Tastatur relativ harmlos anmuten mag, so ist zu betonen, daß das Endgerät lediglich 0,1% des Materialverbrauchs im Lebenszyklus dieses Produkts repräsentiert. Ein 486er-PC mit einem Gewicht von 22 kg erfordert den Einsatz von 16-19 Tonnen an Rohstoffen, wobei 700 verschiedene Stoffe zur Anwendung kommen. Damit weist der PC neben einer extrem hohen Vermischung von Stoffen eine immense Materialintensität auf, die etwa 60% der Materialintensität eines fünfzig Mal so schweren Mittelklasse-PKW (ohne Elektronik) entspricht.[453] Weiterhin ist die Produktion eines Personalcomputers sehr energieintensiv, wobei besonders die Notwenigkeit des Einsatzes hochkonzentrierter Werkstoffe und die Herstellung der komplexen mikroelektronischen Bauteile als energetische Schwerpunkte im Lebenszyklus des PC anzusehen sind, während der Energieverbrauch in der eigentlichen PC-Nutzungsphase vergleichsweise gering ist.[454] Schließlich ist noch das Problem der Entsorgung zu erwähnen. Obwohl derzeit etwa 5-7% der Komponenten eines PC wiederverwendet und etwa 98% der Computer dem Recycling zugeführt werden, werden dort häufig nur die wertvollen Metalle zurückgewonnen, während ein zu entsorgendes giftiges und komplexes Schlackegemisch zurückbleibt, das in komprimierter Form 5-10% des PC-Volumens ausmacht.[455] Zweifellos wird sich das Problem des Elektronikschrottes in der Zukunft verschärfen. Dieser Trend wird noch dadurch verstärkt, daß die Nutzungsdauer eines PC aufgrund ständiger Neuerungen stetig sinkt, wodurch eine frühzeitige Außerbetriebnahme und ein erhöhter Ressourcenverbrauch resultiert.[456] Dieses Beispiel verdeutlicht, daß das Problem der zusätzlichen Umweltbelastung durch den vermehrten Einsatz von mikroelektronischen Bürokommunikationsgeräten nicht unterschätzt werden sollte.

Als weiteres Potential zunehmender Umweltbelastung sind alle Aspekte zu betrachten, die oben unter dem Stichwort Umwelt*ent*lastungspotentiale aufgeführt wurden. Denn einerseits ist es keineswegs sicher, daß die genannten Entlastungspotentiale auch tatsächlich realisiert werden, und andererseits können sich aufgrund von Wachstumseffekten auch zusätzliche Belastungen für die Natur einstellen. So mag z. B. das Telepublishing lediglich darauf hinauslaufen, daß aktuelle wissenschaftliche Artikel sehr schnell im Internet publiziert werden, bevor sie

---

452 Vgl Grote/Malley 1997: S. 171.

453 Vgl Grote/Malley 1997: S. 170.

454 Die Herstellung eines 486er-PC erfordert den Einsatz von etwa 5.335 kWh, während eine kontinuierliche gewerbliche Nutzung über ein Jahr lediglich 277 kWh verbraucht. Vgl. Grote 1994: S. 98 und Grote/Malley 1997: S. 172-173.

455 Vgl. Grote 1994: S. 96.

456 Während die durchschnittliche Computernutzungsdauer in den 50er Jahren noch mehr als zehn Jahre betrug, ist sie bis heute angesichts sinkender Computergenerationszeiten – alle sieben bis neun Monate kommt eine neue Computergeneration auf den Markt – auf fünf bis acht Jahre gesunken. Vgl. Breer et al. 1992: S. 62-63.

dann später in einer Zeitschrift abgedruckt werden, wie es z. B. derzeit beim *Elsevier Science Verlag* üblich ist.[457] Weiterhin mag der Zugang zu einem enormen Umfang von elektronischen Informationen via Internet dazu führen, daß neben einem erhöhten Elektrizitätsverbrauch für eine zunehmende PC- und Internetnutzung letztlich auch mehr Papier verbraucht wird als vorher, da eine Vielzahl von Artikeln, Produktanzeigen und sonstige Informationen nicht nur am heimischen PC gelesen, sondern über den Drucker auch ausgedruckt werden. Im Umgang mit elektronischen Informationen zeigte sich in den vergangenen Jahren, daß zwar zunehmend mehr Informationen und Dokumente digital abgespeichert, transformiert und archiviert werden, daß aber gleichzeitig das Lesen derselben Dokumente bevorzugt in gedruckter Form stattfindet.[458]

Die potentiellen Umweltentlastungen durch E-Mail und Videokonferenzen mögen ebenfalls dadurch kompensiert oder gar überkompensiert werden, daß aufgrund besserer und schnellerer Kommunikationsmöglichkeiten via Glasfaser eine generell erhöhte Anzahl von Kommunikationsverbindungen realisiert wird als vorher. Dadurch mag die Notwendigkeit entstehen, daß mehr traditionelle Postsendungen, die über Netz nicht übertragen werden können, induziert werden oder zusätzliche Konferenzbesuche oder Geschäftsreisen notwendig werden, bei denen der soziale Kontakt und die informellen Gespräche von Bedeutung sind.[459] Weiterhin müssen auch das Internet und die neuen Medien nicht zwangsläufig in einer umweltentlastenden Weise eingesetzt werden. Die Entlastungspotentiale durch elektronische Börsen und Umweltinformationssysteme mögen sich als vernachlässigbar herausstellen, während durch die besseren Kommunikationsmöglichkeiten und das Electronic Commerce im Internet eine wirtschaftliche Expansion von sehr umweltintensiven Aktivitäten begünstigt werden mag. Schließlich könnte auch die Telearbeit am heimischen vernetzten PC einen neuen Trend im Lebensstil der Menschen begünstigen, der zu einer vermehrten Bautätigkeit von Eigenheimen im Grünen und auf dem Land führt und damit eine Ausweitung des Flächenverbrauchs bewirkt.

Diese Beispiele zeigen, daß *mögliche Umweltentlastungspotentiale* aufgrund von Produktinnovationen nicht mit *automatisch eintretenden Entlastungen* verwechselt werden sollten. Statt dessen ist stets zu bedenken, daß aufgrund von Wachstumseffekten oder durch Produktinnovationen ausgelöste neue Wirtschafts- und Verhaltensweisen eine erwartete *Ent*lastung schnell und unerwartet in eine *Be*lastung umschlagen kann.

Drittens seien schließlich die Umweltwirkungen betrachtet, die sich aus einer möglichen volkswirtschaftlichen Strukturverschiebung als Folge der Diffusion grundlegender Produktinnovationen einstellen. Es ist sicherlich schwierig, wenn nicht gar unmöglich, den Beziehungszusammenhang zwischen *einer* Produktinnovation und der sich kontinuierlich vollziehenden Strukturveränderung einer Volkswirtschaft exakt zu bestimmen, da es zumeist viele Innovationen sind, die zu strukturellen Änderungen beitragen. Nichtsdestotrotz ist es möglich, eine Produktinnovation einem volkswirtschaftlichen Trend zuzuordnen. Für den Fall der Produktinnovation der Glasfasertechnologie ist eine solche Zuordnung nicht schwer. Zweifellos wird durch die eröffnete Möglichkeit, Daten in Zukunft in erhöhter Menge und in komplexer Form über eine breitbandige Datenautobahn schnell zu übertragen, der Trend zur Informationsgesellschaft verstärkt.

Im Gegensatz zur Industriegesellschaft nimmt die Informationsintensität der Wertschöpfung in der Informationsgesellschaft zu. Neben neuen Dienstleistungen und Produkten in der Telekommunikation bedeutet dies außerdem, daß industrielle Prozesse zunehmend durch komplexe

457 Vgl. Stix 1998: S. 19.

458 Vgl. Umstätter 1998: S. 40.

459 Vgl Weizsäcker/Lovins/Lovins 1995: S. 148, 150.

Computer überwacht und gesteuert werden und Umweltbelastungen durch rechnergestützte Prozeßoptimierung minimiert werden können.[460] Die steigende Informationsintensität trägt auf diese Weise dazu bei, daß die Energie- und die Materialintensität des Wirtschaftens abnimmt. In den meisten Industrieländern wurde bereits in der 1980er Jahren beobachtet, daß der Energieeinsatz pro Einheit BSP gesunken ist, während er bisweilen sogar absolut stagnierte oder rückläufig war.[461]

Zweifellos hat der Trend zur Informationsgesellschaft einen teilweise umweltentlastenden Charakter, da die Diffusion von Informations- und Kommunikationstechnologien sehr know-how-intensiv ist und dadurch u. a. die ökonomische Bedeutung von wertschöpfungsintensiven Dienstleistungen erhöht. Das Wachstum des Informationssektors einer Volkswirtschaft geht somit einher mit vermehrten Know-how- und arbeitsintensiven Leistungen zur Entwicklung von Software, zum Aufbau von elektronischen und optischen Netzwerken und zur Weiterentwicklung der Technologie in der Mikroelektronik und der Photonik.[462]

Ginge mit der Expansion dieses Sektors ein *absoluter* ökonomischer Bedeutungsverlust umweltintensiver Branchen wie der Stahl-, Zement- oder der Chemieindustrie einher, so könnte sicherlich ein Umweltentlastungseffekt festgestellt werden. Üblicherweise vollziehen sich Strukturveränderungen jedoch in *der* Form, daß lediglich die *relative* Bedeutung traditioneller Branchen sinkt, weil sie weniger stark anwachsen als die innovativen volkswirtschaftlichen Sektoren. Da die Produktion der traditionellen Sektoren in den meisten Fällen jedoch weiterhin zunimmt, kann von einer absoluten Umweltentlastung durch volkswirtschaftlichen Strukturwandel nicht die Rede sein. Bisweilen sind Strukturveränderungen auch dadurch begründet, daß bestimmte Aktivitäten vermehrt ins Ausland verlagert werden. Dadurch werden vielleicht die inländischen Umweltbelastungen gesenkt, doch aus weltwirtschaftlicher Sicht werden die Umweltbelastungen durch Produktionsverlagerungen lediglich in eine andere Weltregion verschoben.

Schließlich soll nicht vergessen werden, daß die Informationsgesellschaft auf einer materiellen Infrastruktur von Glasfasernetzen, Halbleitertechnologien und Computersystemen basiert, die als hochkomplexe Technologien einen hohen Grad an materieller Entropie aufweisen und bei wachsender Massenanwendung ein bedeutsames Entsorgungsproblem der Zukunft darstellen können. Angesichts der Tatsache, daß sich für 1998 erstmals der Trend abzeichnet, daß weltweit mehr Personalcomputer als Fernsehgeräte verkauft werden,[463] ist es absehbar, daß die Computerschrottmengen, die derzeit noch einen geringen Anteil am Elektroschrottaufkommen aufweisen, in Zukunft deutlich ansteigen werden.

Somit ist hinsichtlich der Umweltwirkungen eines volkswirtschaftlichen Strukturwandels in Richtung auf eine Informationsgesellschaft zu konstatieren, daß insbesondere relative Umweltentlastungen (bezogen auf eine BSP-Einheit) in einigen Belastungskategorien möglich und wahrscheinlich sind, während in absoluter Perspektive zusätzliche Belastungen erwartet werden können.

Nach dieser Diskussion von drei wesentlichen Kernpunkten einer Technikfolgenabschätzung hinsichtlich der Substitution von Kupfer- durch Glasfasersysteme ist zusammenfassend festzustellen, daß diverse Potentiale zur relativen und absoluten Entlastung der Natur existie-

---

460 Vgl. zur Bedeutung des Einsatzes von Mikroelektronik und computergestützen Prozessen für die Reduzierung von Umweltbelastungen: Angerer/Hiessl 1991: S. 115-490.

461 Vgl. Soete 1994: S. 186 und Jänicke et al. 1992: S. 32-33.

462 Vgl. Jagoda 1998: S. 86.

463 Die globale Verkaufsprognose für Personalcomputer in 1998 liegt bei 100 Mio. Stück. Vgl. die Tageszeitung (taz) vom 8. Juli 1998, S. 9.

ren. Gleichermaßen ist jedoch zu betonen, daß keine Garantie dafür besteht, daß diese Potentiale auch genutzt werden. Aufgrund von Wachstumseffekten und innovationsinduzierten Verhaltensänderungen können diese Effekte neutralisiert oder gar überkompensiert werden. Weiterhin geht mit der Glasfaser-Kupfer-Substitution eine Steigerung der materiellen Entropie des betroffenen Technologiesystems einher, die neue Umweltbelastungen im Bereich der Entsorgung des hochkomplexen Abfalls erzeugen könnte. Der Nettoeffekt der Substitution ist ex ante kaum vorhersagbar. Er wird jedoch zweifellos davon abhängen, inwieweit die Umweltbe- und -entlastungspotentiale der Produktinnovation durch politische Eingriffe begünstigt oder vernachlässigt werden.

5.2.3.3 Ansätze einer nachhaltigen Innovationspolitik

Eine nachhaltige Innovationspolitik zielt darauf ab, die technischen und ökonomischen Neuerungen einer Gesellschaft in einer Weise zu beeinflussen, daß die Managementregeln für Nachhaltigkeit eingehalten werden. An dieser Stelle werden lediglich Politikansätze diskutiert, die sich auf die innovationsinduzierte Substitution von Materialien beziehen. Ein diesbezüglich grundlegendes Politikziel einer nachhaltigen Innovationspolitik lautet gemäß der Ausführungen in Kapitel 4.3.4, daß zusätzliche Umweltbelastungen durch Produktinnovationen zu verhindern sind. Ähnlich wie im Fall der Werkstoffsubstitution stellt sich auch hier das Problem der Bewertung von lebenszyklusübergreifenden Umweltbe- und -entlastungen und die Frage, ob einige umweltentlastende Effekte, die in speziellen Lebenszyklusphasen durch eine Produktinnovation induziert werden mögen, nicht durch zusätzliche Umweltbelastungen und Risiken des neuen Produkts kompensiert oder gar überkompensiert werden. Grundlegend für eine Entscheidung dieser wichtigen Frage ist die Existenz allgemein anerkannter Bewertungsmethoden. Da die Verfügbarkeit über derartige Methoden als methodische Basis für Politikentscheidungen unabdingbar ist, ist die staatliche Förderung ihrer Erforschung und Weiterentwicklung eine fundamentale Aufgabe aller Politikfelder, in denen das Ziel der Nachhaltigkeit verfolgt wird.

Zur politischen Realisierung der Nachhaltigkeitsziele in bezug auf Produktinnovationen, die entweder aufgrund von Fortschritten in den Materialwissenschaften und durch andere technische Weiterentwicklungen induziert sein mögen, ist es wesentlich, zwei Stadien einer Produktinnovation zu unterscheiden. Das erste Stadium ist die Erforschung und Entwicklung von neuen Stoffen oder Technologien, und das zweite Stadium ist die Einführung eines neuen Produkts und seine mehr oder weniger ausgeprägte Diffusion am Markt. Um die Einhaltung der Nachhaltigkeitsziele zu gewährleisten, ist es für beide Stadien notwendig, daß der Staat Rahmenbedingungen setzt, um den umweltentlastenden Charakter von Produktinnovationen zu begünstigen und potentielle Belastungen frühzeitig auszuräumen oder zu minimieren. Da für die beiden Stadien unterschiedliche Politikinstrumente erforderlich sind, werden sie hier getrennt diskutiert. Hinsichtlich des Innovationsbereiches wird hauptsächlich auf die Materialwissenschaft und die Werkstofftechnik Bezug genommen.

Im ersten Innovationsstadium, der Erforschung von neuen Werkstoffen und der Entwicklung von anwendungsbezogenen Produkten, sollte es neben der allgemeinen Förderung innovationsbegünstigender Forschungs- und Entwicklungsaktivitäten ein wesentliches Ziel staatlicher Politik sein, daß Umweltaspekte als integraler Bestandteil der F&E möglichst von Anfang an Berücksichtigung finden. Es darf nicht nur darum gehen, einzelne Projekte staatlich zu fördern, die mit wichtigen Umweltproblemen in Zusammenhang stehen. Im Sinne des Vorsichts- und des Vorsorgeprinzips sollten vielmehr *alle* neuen Materialien und ihre potentiellen Anwendungen frühzeitig auf lebenszyklusübergreifende Aspekte wie Toxizität der eingesetzten

Materialien, Kreislauffähigkeit, Energieintensität und Dispersionsintensität überprüft werden, um entweder bereits in der Anfangsphase mögliche Verbesserungen vorzunehmen, oder im Fall übermäßig belastender Neuentwicklungen eine Entscheidung gegen eine Produktinnovation fällen zu können. Gerade auch die Möglichkeit zum Maßschneidern von innovativen neuen Werkstoffen sollte hier genutzt werden, um innovative Materialien sowohl in bezug auf ihre spezifische Funktion als auch hinsichtlich ihrer Umwelteigenschaften zu optimieren.[464] Besonders angesichts der Tatsache, daß neue Technologien und Materialien eine zunehmend komplexere Struktur aufweisen und damit potentiell die Gefahr einer erhöhten Umweltbelastung transportieren, sollten sich technische Neuentwicklungen stets dadurch auszeichnen, daß sie nicht nur neue Funktionen oder Anwendungen ermöglichen, sondern gleichzeitig einen umweltverträglichen Charakter aufweisen. Gehen erwiesenermaßen mit einer Produktinnovation zusätzliche Umweltbelastungen einher, so sollten zufriedenstellende Problemlösungen zur Neutralisierung der Belastungen spätestens zum Zeitpunkt der beginnenden Diffusion des neuen Produkts vorliegen. Folgende Maßnahmen wären in diesem Kontext sinnvoll:

- Grundsätzlich ist durch den ***umweltpolitischen Rahmen*** explizit zu gewährleisten, daß die Umweltverträglichkeit eine grundlegende Voraussetzung für die Zulassung von Stoffen und Produkten darstellt. Für neue Stoffe und die mit ihnen einhergehenden Produkte sind im Kontext nationaler Umweltpolitik Mindeststandards hinsichtlich Toxizität, Kreislauffähigkeit, Dispersionsintensität etc. aufzustellen, ohne deren Einhaltung ein Inverkehrbringen nicht genehmigt wird. Bei der Anmeldung *aller* neuen Materialien und Stoffe sollte daher der Nachweis seitens der Hersteller oder Vertreiber gebracht werden, daß die stofflichen Neuentwicklungen die Auflagen erfüllen. Zusätzlich zu den Mindeststandards, deren Nichteinhaltung zum Verbot eines Stoffes führt, ist es sinnvoll, weitere Stoffeinstufungen vorzunehmen, um die umwelt- und gesundheitsbezogenen Gefährdungspotentiale zu verdeutlichen.[465] Als politisches Instrument zur Reduzierung der Anzahl der Gefahrstoffe, die zwar die Mindestauflagen erfüllen, aber dennoch Gefährdungen für Mensch und Natur darstellen, könnte eine ***gestaffelte Stoffbesteuerung*** gemäß dem Ausmaß der Gefährdung eingeführt werden. Die Vertreibung gesundheitsschädigender Stoffe, die in der Natur nicht abbaubar sind, nicht recycelt werden können und toxische Wirkungen auslösen, sollte entsprechend – sofern solche Stoffe überhaupt zugelassen werden – mit einer hohen Stoffsteuer belegt werden, während biologisch abbaubare bzw. gut recycelbare und ungiftige Stoffe steuerfrei bleiben sollten. Mit einem solchen gestaffelten Stoffsteuersystem würden deutliche Signale an die Entwickler und Erforscherinnen neuer Stoffe gesetzt, daß umwelt*un*verträgliche neue Werkstoffe und Materialien unerwünscht sind und im Extremfall trotz einer innovativen neuen Funktion oder Anwendung nicht zugelassen würden. Als Konsequenz wäre zu erwarten, daß Kriterien der Umweltverträglichkeit in der Auswahl und in der Entwicklung neuer Stoffe, Produkte und Technologien an Bedeutung gewinnen würde. Ähnliche Wirkungen könnten mit einer erhöhten Produkthaftung einhergehen oder mit einer ob-

---

464 Vgl. Bundestagsdrucksache (13/1696) 1995: S.17.

465 In der Bundesrepublik Deutschland sind lediglich neue Stoffe mit einer Jahresproduktion über 100 kg anmeldepflichtig. Gemäß der Prüfnachweisverordnung des Chemikaliengesetzes (ChemPrüfV) und der Gefahrstoffverordnung (GefStoffV) muß der Hersteller oder Vertreiber eines Stoffes die Datenbasis für die Beurteilung des Gefährdungspotentials bereitsstellen und Gefahrstoffe kennzeichnen. Vgl. Bundestagsdrucksache (13/1696) 1995: S. 23, §§ 4-6 GefStoffV und §§ 2-10 ChemPrüfV. Ein Verbot des Inverkehrbringens von Stoffen existiert lediglich für bereits vorhandene Stoffe. Mindeststandards existieren nicht. Vgl. §§ 1-9 der Chemikalienverbotsverordnung (ChemVerbotsV).

ligatorischen Produktrücknahmepflicht seitens der Hersteller, wie sie z. B. im Kreislaufwirtschafts- und Abfallgesetz der Bundesrepublik Deutschland vorgesehen ist.[466]

- Ganz generell ist es aus volkswirtschaftlicher Sicht zweifellos angebracht, innovative Aktivitäten innerhalb einer Volkswirtschaft zu unterstützen. Die übliche wirtschaftspolitische Begründung für eine ***aktive Innovationspolitik*** mit staatlicher Förderung lautet einerseits, daß Grundlagenforschung einen Kollektivgutcharakter hat und sozusagen als Infrastruktur innovativer Tätigkeit vom Staat zu fördern ist. Andererseits wird in bezug auf anwendungsbezogene Produktinnovationen konstatiert, daß Innovatoren aufgrund von Marktversagen nicht in der Lage sind, ihre Innovationsrente vollständig zu realisieren. Statt dessen werden positive externe Effekte erzeugt, wobei andere Akteure von der innovativen Tätigkeit profitieren, indem sie die Neuheiten imitieren oder auf andere Weise durch die technischen Fortschritte begünstigt werden. Eine übliche neoklassische Antwort auf eine solche Konstellation ist die Stärkung des Patentschutzes, um die Realisierung der Innovationsrente zu verbessern. Aus evolutorischer Sicht werden innovative Tätigkeiten und die mit ihnen verbundenen positiven Externalitäten als allgemeiner Motor einer Volkswirtschaft angesehen, die es nicht zu verhindern, sondern zu fördern gilt.[467] Da es sich bei Innovationsprozessen jedoch um komplexe Vorgänge handelt, an denen eine Vielzahl von Akteuren mit vielfältigen Ideen beteiligt ist und die Forschungsresultate ex ante häufig unbekannt sind, ist eine effektive staatliche Steuerung von Innovationsprozessen kaum möglich. Ein *zu* ausgeprägter staatlicher Eingriff in die Forschung kann hingegen schädlich wirken, da bei zu konkreten Vorgaben die Pluralität der Ideen und Ansätze verloren gehen kann, und das Einschlagen *eines* Forschungspfades ungünstige Folgen nach sich ziehen mag, wenn sich der eingeschlagene Weg irgendwann als Irrweg oder Sackgasse erweisen sollte. Es ist daher nicht sehr ratsam, konkrete Projekte zu fördern, sondern eher die Forschungsverbünde und Innovationsnetzwerke einer Volkswirtschaft zu stärken, um das allgemeine Innovationspotential zu erhöhen, ohne den Weg und die Resultate der Innovationstätigkeit übermäßig bestimmen zu wollen. Aus staatlicher Sicht wäre es daher angemessen, die Zentren und Netzwerke der volkswirtschaftlichen Innovationstätigkeit zu identifizieren und deren Innovationsaktivitäten durch direkte und indirekte Förderung zu stärken, ohne dabei die Pluralität der gesamtwirtschaftlichen Forschung und Entwicklung zu beeinträchtigen.[468]
- Neben der umweltpolitischen Rahmensetzung für die gesamtwirtschaftliche Forschung und Entwicklung ist es im Kontext einer aktiven Innovationspolitik sinnvoll, die Einbeziehung ökologischer Aspekte in F&E-Aktivitäten zu begünstigen. Da zur Einschätzung und Bewertung der lebenszyklusübergreifenden Umweltwirkungen eines neuen Materials oder einer Technologie eine Vielzahl von Stoffstrom-, Energieeinsatz- und Flächenverbrauchsdaten benötigt werden, könnten die Dienstleistungen der Sammlung von grundlegenden ***Ökobilanzdaten***, ihre methodische Aufbereitung zu leicht verwendbaren Einheiten sowie Datenbereitstellung und -übermittlung durch ein staatliches Umweltamt in Form einer vernetzten Datenbank übernommen werden. Auf diese Weise würde die Abschätzung der Umweltverträglichkeit erleichtert und aufgrund der Nutzung einheitlicher Daten der Umweltbehörde mag eine weitgehende Standardisierung bei der Erstellung von ökologischen Sachbilanzen erreicht werden.

---

466 Vgl. § 24 Kreislaufwirtschafts- und Abfallgesetz.

467 Vgl. Zundel 1994: S.2.

468 Vgl. Robinet/Zundel 1995: S. 24-26 und Bundestagsdrucksache (13/1696) 1995: S. 29-30.

- Schließlich wäre es angemessen, wenn die F&E-Aktivitäten der Experten und Fachleute aus den spezifischen Forschungsbereichen durch ***Umweltwissenschaftler*** beratend begleitet würden, um ein allgemeines Wissen über lebenszyklusbezogene Umweltentlastungspotentiale einbeziehen, über das Technikspezialisten nicht unmittelbar verfügen. Eine ähnliche Wirkung könnte sich dadurch ergeben, daß Akteure aus sämtlichen Bereichen der Wertschöpfungskette eines neu zu entwickelnden Materials oder Produkts an den Forschungen teilnehmen, um insbesondere die Kenntnisse der Recyclingbetriebe und Entsorger zu berücksichtigen.[469] Auf diese Weise würde die Entwicklung eines wiederverwendbaren, recyclierbaren und umweltverträglich entsorgbaren Produkts mit langer Lebensdauer erleichtert werden. Zur Begünstigung derartiger F&E-Strukturen könnte z. B. die Vergabe von staatlichen Fördergeldern an die Auflage geknüpft werden, daß entweder wertschöpfungskettenübergreifende Aktivitäten durchgeführt werden und/oder sonstige Umweltwissenschaftler in der F&E integriert sind. Denkbar wäre auch, den Einsatz von Umweltwissenschaftlern bzw. Recycling- oder Entsorgungsexperten indirekt durch Steuervergünstigungen zu fördern.

Das übliche Muster der Innovationspolitik im Bereich der Material- und Werkstofforschung sieht in den Industrieländern zumeist anders aus. Zwar existieren F&E-Förderprogramme im Bereich der Material- und Werkstofforschung, doch die Integration von Umweltaspekten ist noch nicht sehr weit gediehen. In der Bundesrepublik Deutschland existiert seit 1984 ein eigenständiges Programm zur Förderung der Werkstofforschung, da hier, wie in vielen anderen Industrienationen auch, erkannt worden ist, daß die Erforschung neuer Materialien als eine Schlüsseltechnologie der Zukunft zu betrachten ist.[470] Im neuen Förderkonzept „Neue Materialien für Schlüsseltechnologien des 21. Jahrhunderts" (Matech) von 1994 wurden zur Bündelung der Fördergelder fünf Technologiefelder als förderwürdig ernannt, wobei als wesentliches Förderinstrument die direkte Projektförderung von Forschungsverbünden zwischen Unternehmen entlang der Wertschöpfungskette oder zwischen Unternehmen und wissenschaftlichen Instituten gewählt wurde. Dabei wird die Bedeutung ökologischer Ziele explizit erwähnt.[471] Eine weitgehende Integration von Umweltaspekten wurde allerdings nicht erreicht. So bezieht sich z. B. die Begrifflichkeit „Forschungsverbünde entlang der Wertschöpfungskette" lediglich auf Hersteller, Verarbeiter und Anwender und nicht auch auf Entsorgungs- oder Recyclingunternehmen, während die Einbeziehung von außerdisziplinären Umweltforschern unerwähnt bleibt. Kurz und gut: Nachhaltigkeitsziele sind in der deutschen materialbezogenen Innovationspolitik keine Querschnittsaufgabe, sondern Nebenthema.[472]

Das zweite Innovationsstadium bezieht sich auf die Diffusion von neuen Produkten und Technologien, die nach einer erfolgreichen F&E-Tätigkeit erfolgt. Während im ersten Stadium lediglich die Umweltwirkungen im Lebenszyklus eines potentiell innovativen Materials und seiner Anwendung abgeschätzt werden (Ökobilanzierung), um seine generelle Umweltverträglichkeit zu prüfen und Verbesserungen zu induzieren, geht es im Stadium einer einsetzenden Diffusion darum, die Umweltwirkungen abzuschätzen, die sich im Falle einer *massenmäßigen* Durchsetzung einer Produktinnovation einstellen. Denn jedes neue Produkt, dessen Umweltwirkungen in einer ökologischen Sachbilanz gering erscheinen mögen, kann bei einer massenmäßigen Verbreitung eine bedeutsame Umweltbelastung mit sich bringen, besonders wenn

469 Vgl. Bundestagsdrucksache (13/1696) 1995: S. 29.

470 Vgl. Bundestagsdrucksache (13/1696) 1995: S. 3 und S. 31 und O. V. 1994: S. 754.

471 Vgl. Bundestagsdrucksache (13/1696) 1995: S. 28-29 und O. V. 1994: S. 754-757.

472 Vgl. Bundestagsdrucksache (13/1696) 1995: S. 29-30, O. V. 1994: S. 755-757 und Burchardt 1995: S. 49-52.

es eine vollkommen neue Marktnische ausfüllt und daher kein traditionelles, qualitativ minderwertiges Produkt ersetzt oder verdrängt, sondern einfach als neues, massenhaft nachgefragtes Produkt dazukommt. Weiterhin kann ein neues Massenprodukt weitere Produktinnovationen nach sich ziehen sowie ökonomische und soziale Verhaltensweisen und Organisationsformen verändern. Eine Abschätzung derartiger Entwicklungen und ihrer be- und entlastenden Wirkungen auf die Natur kann durch eine Technikfolgenabschätzung vorgenommen werden. Aus einer Nachhaltigkeitsperspektive ist es die Aufgabe des Staates, einen politischen Rahmen für Produktinnovationen zu schaffen, um im Fall einer breiten Marktdurchsetzung eine generell zunehmende Umweltbelastung zu verhindern. Folgende Maßnahmen wären diesbezüglich angemessen:

- Ein ***Expertengremium*** sollte damit beauftragt werden, Entwicklungen im Bereich neuer Produkte und Technologien zu beobachten und zu begutachten, um frühzeitig auf massenmäßige Diffusionen hinweisen zu können, Technikfolgenabschätzungen zu erstellen und angemessene Politikmaßnahmen zur Entlastung der Umwelt vorzuschlagen. In der Bundesrepublik Deutschland könnte diese politische Beratungsfunktion vom Sachverständigenrat für Umweltfragen und/oder vom Büro für Technikfolgenabschätzung des deutschen Bundestages übernommen werden.
- Neue Produkte und Technologien wären in den ***lebenszyklusorientierten Politikrahmen der Ebene 2*** einzugliedern,[473] wobei spezifische Anpassungen vorzunehmen wären. So wäre z. B. bei Verwendung neuer Materialien oder innovativer Verbundwerkstoffe staatlicherseits zu gewährleisten, daß frühzeitig ausreichende Kapazitäten für Recycling, Aufarbeitung zur Wiederverwendung und/oder umweltverträgliche Entsorgung des neuen Massenprodukts zur Verfügung stehen.
- Bei sich abzeichnender massenhafter Diffusion einer Produktinnovation sollten vermehrte Anstrengungen der Innovatoren eingefordert und staatlicherseits unterstützt werden, um die absehbaren ***zusätzlichen Umweltbelastungen*** eines neuen Massenproduktes ***möglichst gering zu halten*** und in Zukunft weiter zu reduzieren. Gerade im Fall von neuen Produkten ist es angebracht, die drei mikroökonomischen Prinzipien der Ebene 2 (thermodynamische Effizienz, niedrige Entropiedifferenzen und nachhaltigen Konsum) frühzeitig einzufordern, um die weitere Entwicklung des Produkts in dieser Weise zu prägen. Für den Fall der glasfaserbasierten Produkte, die im vorigen Kapitel diskutiert wurden, wäre es beispielsweise angebracht, F&E-Aktivitäten zur Verringerung der Energieintensität der Lasernutzung zu fördern oder Forschungsvorhaben zur Entwicklung einer wiederverwendungs- und reparaturfreundlichen Modulbauweise für Computer zu unterstützen. Weiterhin wäre es sinnvoll, Forschungsanstrengungen zu den Umweltwirkungen der Dispersion neuer Stoffe zu forcieren, um noch unbekannte Belastungspotentiale durch neue Materialien schnellstmöglich aufzudecken. Ein solches frühzeitiges Reagieren auf Umweltprobleme durch neue Massenprodukte entspricht dem Vorsorgeprinzip und trägt dazu bei, unerfreuliche Überraschungen in Form zusätzlicher Umweltbelastungen durch neue Massenprodukte – wie sie heute beispielsweise durch das wachsende Aufkommen an Elektronikschrott bereits entstanden sind – frühzeitig und im Ansatz zu verhindern oder zu minimieren.
- Schließlich wäre es ratsam, auch die potentiellen Umwelt*ent*lastungseffekte eines neuen Massenproduktes sorgfältig zu untersuchen und staatlicherseits einen politischen Rahmen zu schaffen, der die ***Entlastungseffekte verstärkt*** oder zumindestens begünstigt. Mit Bezug

---

473 Vgl. Kapitel 5.2.1.6.

auf die Glasfasertechnologie könnten beispielsweise Pilotprojekte unterstützt werden, um Organisationsformen der Bürokommunikation mit minimalem Papierverbrauch zu ergründen, die sozialen und umweltbezogenen Wirkungen von Telearbeit und Videokommunikation zu analysieren oder mögliche Rahmenbedingungen für weitere Umweltentlastungen durch den intelligenten Einsatz von Glasfasertechnologie zu erforschen. Sofern sich erweist, daß bestimmte Entlastungspotentiale tatsächlich zu einem schonenderen Naturumgang führen und auch sozial verträglich sind, könnten ökonomische Anreize eingesetzt werden, um die Diffusion von umweltentlastenden Produktinnovationen zu unterstützen. Für das Glasfaserbeispiel wäre es denkbar, umweltentlastende Kommunikationsdienstleistungen mit geringeren Umsatzsteuersätzen zu begünstigen oder die Diffusion durch weitgehenden Einsatz von breitbandiger Telekommunikation im Bereich der staatlichen Verwaltung zu beschleunigen. Auch die finanzielle Förderung zum Aufbau einer Glasfasernetzinfrastruktur gehört zu den Politikmaßnahmen, die nicht nur wirtschaftspolitisch, sondern auch umweltpolitisch sinnvoll sein können.

Zusammenfassend ist festzuhalten, daß der hier vorgeschlagene Politikansatz zu einer nachhaltigen Innovationspolitik unter Berücksichtigung der zwei Stadien der Produktinnovation diverse Vorteile aufweist. Die Betonung einer allgemeinen F&E-Förderung durch Stärkung der gesamtwirtschaftlichen Innovationsbündnisse und -netzwerke entlang der Wertschöpfungskette bis zur Entsorgung sorgt für den Erhalt der Pluralität der innovativen Ideen und verhindert eine übermäßig staatlich diktierte technologische Pfadfestlegung. Die grundlegende Integration von Umweltaspekten in die F&E durch einen klaren umweltpolitischen Rahmen für die Forschung trägt dazu bei, daß neue Produkte und Technologien ein Mindestmaß an Umweltverträglichkeit aufweisen. Schließlich sorgt die politische Rahmensetzung des Diffusionsprozesses von Produktinnovationen dafür, daß die umweltbe- und entlastenden Mengeneffekte von neuen Massenprodukten rechtzeitig Beachtung finden und angemessene Politikmaßnahmen im Sinne der Managementregeln für Nachhaltigkeit ermöglichen.

Kapitel 6: Zusammenfassung und Ausblick: Determinanten und Hemmnisse für ein intertemporal nachhaltiges Wirtschaften mit nicht-erneuerbarer Materie

Es war das erklärte Ziel der vorliegenden Dissertation, die theoretische und praktische Bedeutung des Konzepts der Nachhaltigkeit in bezug auf die ökonomische Nutzung von nicht-erneuerbarer Materie herauszuarbeiten. Zur Erreichung dieses Ziels wurden in einem ersten Schritt wesentliche ökonomische Theorieschulen daraufhin untersucht, welche Beiträge sie zur *Theorie und Praxis einer nachhaltigen Materialnutzung* beisteuern (KAPITEL 2 und 3). Unter Berücksichtigung der wichtigsten Theorieaspekte der einzelnen Theorieschulen wurde vom Autor dieser Arbeit aus einer Theorieperspektive der ökologischen Ökonomie der Begriff der Nachhaltigkeit konkretisiert und ein theoretisches Vier-Ebenen-Konzept für eine nachhaltige Materialnutzung dargelegt (KAPITEL 4). Die empirische und praktische Relevanz dieses Konzepts mit seinen vier Ebenen wurde anschließend mittels einer Fallstudie verdeutlicht, wobei empirische Muster der globalen Ressourcennutzung und ihre Umweltwirkungen aufgezeigt und politische Ansätze für eine nachhaltige Materialnutzung auf vier Politikebenen formuliert wurden (KAPITEL 5).

Im Anschluß an das einleitende Kapitel eins wurden im **Kapitel 2** neoklassische Theorien zum Wirtschaften mit nicht-erneuerbaren Ressourcen dargestellt. Im Mittelpunkt standen dabei die *Theorie der nicht-erneuerbaren Ressourcen*, die *Wachstumstheorie* sowie *umweltökonomische Theorieansätze*. Es wurde ausgeführt, daß der Schwerpunkt der neoklassischen Analyse auf der Untersuchung von optimalen Allokationsprozessen liegt, die ein effizientes Wirtschaften mit nicht-erneuerbaren Ressourcen ohne Ressourcenverschwendung ermöglichen, und die in intertemporaler Sicht zu einem intergenerationellen Nutzenmaximum führen. In der mikroökonomischen *Theorie der nicht-erneuerbaren Ressourcen,* die im wesentlichen auf HAROLD HOTELLING zurückgeht, werden verschiedene Muster einer optimalen Ausbeutung einer nicht-erneuerbaren Ressource durch einen Ressourcenbesitzer erörtert. Danach beutet ein Ressourcenbesitzer seine Lagerstätte unter vollkommenen Marktbedingungen in der Weise aus, daß sich das Ressourcenvorkommen in gleicher Weise intertemporal verzinst wie alle alternativen Kapitalanlagemöglichkeiten. Der Preis einer nicht-erneuerbaren Ressource entspricht daher nicht den Grenzkosten der Produktion, sondern den Grenzkosten plus der Knappheitsrente (Royalty). Entsprechend verläuft ein intertemporal optimaler Preispfad für nicht-erneuerbare Ressourcen dergestalt, daß der reale Ressourcenpreis intertemporal mit der Zinsrate anwächst bis ein Prohibitivpreis erreicht ist, bei dem die Nachfrage verebbt und die Ressourcenvorkommen zeitgleich erschöpft sind. (KAPITEL 2.2.1).

Die Möglichkeit der Erschöpfung von nicht-erneuerbaren Ressourcen fand auch im Kontext der makroökonomischen Theorie Berücksichtigung. Ein diesbezüglich wesentliches Ergebnis der *neoklassischen Wachstumstheorie* lautet, daß ein unbegrenztes Wachstum selbst bei begrenzter Ausstattung mit nicht-erneuerbaren Ressourcen möglich ist, sofern eine konstante Rate des technischen Fortschritts existiert. Als wesentliche Voraussetzung für eine nutzenoptimale intertemporale Allokation von Ressourcen wird die Existenz von intertemporal vollkommenen Märkten unterstellt. Zur Sicherstellung einer optimalen Ressourcennutzung in einer Volkswirtschaft sind daher aus neoklassischer Sicht jegliche Formen von Marktversagen vollständig zu korrigieren. So müssen u. a. Unsicherheiten und Informationsdefizite über Märkte der Gegenwart und der Zukunft kompensiert werden, Formen von Marktmacht sind zu unterbinden und Externalitäten in Gestalt von Umweltverschmutzung sind durch allokationskorrigierende Maßnahmen zu internalisieren. Mit der Analyse der optimalen intertemporalen Allokation nicht-erneuerbarer Ressourcen schuf die Neoklassik zweifellos eine theoretische Grundlage für die Debatte um ein nachhaltiges Wirtschaften mit nicht-erneuerbaren Ressourcen. (KAPITEL 2.3, 2.4 und 2.5).

Die Mehrzahl der neoklassischen Theorien mit dem Fokus auf intertemporaler Nutzenmaximierung wurden im Kontext dieser Arbeit jedoch lediglich unter dem Begriff der *ökonomischen* oder *schwachen Nachhaltigkeit* subsumiert, da der Zustand der Natur in der Neoklassik nur eine untergeordnete Rolle spielt und den Menschen der Zukunft eine nur geringe Bedeutung beigemessen wird. In diversen Allokationsmodellen wird der Nutzen zukünftiger Menschen diskontiert, und als Ergebnis einer optimalen intertemporalen Allokation wird nicht selten eine Form der Ressourcennutzung präsentiert, bei der die nicht-erneuerbaren Ressourcen in einem endlichen Zeitraum erschöpft sind und die Umwelt vollkommen zerstört ist. (KAPITEL 2.4.1 und 2.6.1).

Doch die Neoklassik hat auch Ansätze hervorgebracht, die inhaltlich einen Bezug zum Konzept der *ökologischen* oder *strengen Nachhaltigkeit* aufweisen, wobei der Erhalt der natürlichen Lebensgrundlage als Mindestbedingung für eine gerechte intertemporale Ressourcenverteilung voraussetzt wird. So wird z. B. im sogenannten *umweltökonomischen Standard-Preis-Ansatz* postuliert, daß das optimale Niveau der Umweltverschmutzung durch politische Akteure vorzugeben ist und nicht durch eine Kosten-Nutzen-Analyse bestimmt werden sollte, da dieser Methodik diverse Mängel anhaften. Die Vertreter dieses Zweigs der Umweltökonomik konzentrieren sich mithin darauf, die allokationsoptimalen Bedingungen unter Berücksichtigung externer Vorgaben zur Umweltqualität zu ermitteln. In der *Wachstumstheorie* widmeten sich weiterhin einige wenige neoklassische Ökonomen der Frage nach der Realisierung eines Allokationspfades mit intertemporal konstantem Pro-Kopf-Konsum auf einem nachhaltigen Niveau bzw. der Realisierung von Wachstumspfaden unter Einhaltung von Bedingungen zum langfristigen Schutz der Natur, um so den Aspekt der intergenerationellen Gerechtigkeit einzubeziehen. Als Resultat dieser Analysen verlautete, daß selbst in einer Situation, in der nicht-erneuerbare Ressourcen essentielle Produktionsinputs darstellen, ihre sukzessive Erschöpfung durch *ressourcenvermehrenden technischen Fortschritt* und *Faktorsubstitution* kompensierbar ist, so daß ein nachhaltiges Pro-Kopf-Konsumniveau bzw. ein zeitlich unbegrenzter Wachstumspfad über einen unbegrenzten Zeitraum gesichert werden kann. Im Kontext dieser Theoriediskussion plädierten einige Neoklassiker dafür, auf die Nutzendiskontierung in intertemporalen Allokationsmodellen zu verzichten, da auf diese Weise die zukünftigen Generationen systematisch benachteiligt würden. (KAPITEL 2.2.2, 2.3.3 und 2.4.3).

Als weitere Beiträge zur Nachhaltigkeitsdebatte sind die neoklassischen Ansätze zur optimalen Allokation von sozialen Risiken und zum allokationsoptimalen Umgang mit Irreversibilitätsproblemen zu erwähnen, die insbesondere bei ökonomisch-ökologischen Nutzungskonflikten und bei der Festlegung von Umweltqualitätszielen hilfreich sein können. Schließlich ist darauf hinzuweisen, daß im Rahmen der neoklassischen Analyse diverse Politikinstrumente analysiert werden, mit deren Hilfe ein effizientes ressourcenschonendes und umweltentlastendes Wirtschaften ermöglicht werden könnte (z. B. Pigou-Steuern, Lizenzen, Bodenrenten etc.). (KAPITEL 2.3.2, 2.4.2 und 2.5.3).[1]

1 Vgl. für eine ausführlichere Zusammenfassung der neoklassischen Beiträge zum Konzept der ökonomischen und ökologischen Nachhaltigkeit das Kapitel 2.6. Für eine Kritik an den neoklassischen Beiträgen im Kontext der Nachhaltigkeitsdiskussion vgl. Kapitel 3.3.1.

In **Kapitel 3** wurden die Beiträge des relativ neuen Theoriezweigs der ökologischen Ökonomie dargestellt. Wenngleich die Vertreter dieser neuen Theorieschule aus den unterschiedlichsten Theorierichtungen stammen und noch nicht über ein homogenes Theoriekonzept verfügen, so eint sie ihr gemeinsames Ziel, die Interaktionen zwischen Ökonomie und Natur zu ergründen und naturwissenschaftliche Gesetzmäßigkeiten stärker in ökonomische Analysen einzubeziehen. Die Arbeitsweise von ökologischen Ökonomen hat daher häufig einen transdisziplinären Charakter. Im Kontext dieser Arbeit wurden Beiträge der *thermodynamischen Theorieschule* in der Tradition von NICHOLAS GEORGESCU-ROEGEN sowie der *evolutionären Theorieschule* in der Tradition von JOSEPH SCHUMPETER dargelegt, wobei besonders diejenigen Theoriekonzepte referiert wurden, die dem Zusammenhang von Ressourcennutzung und Nachhaltigkeitskonzept gewidmet sind.

Im Kontext der ***thermodynamischen Theorieschule*** werden die thermodynamischen Gesetze in ökonomische Analysen einbezogen. Als Konsequenz wird eine Volkswirtschaft analytisch als ein offenes Untersystem des übergeordneten Natursystems aufgefaßt, wobei jegliche ökonomische Aktivität Energie und Materie benötigt. Ein Grundaxiom thermodynamischer Ökonomen, das auf dem Entropiegesetz basiert, lautet, daß ökonomische Prozesse einen entropischen Charakter aufweisen, weil sie unvermeidlicherweise in der Nutzung von Energie und Materie Energieressourcen dissipieren und Materie dispergieren und auf diese Weise einen Strom hochentropischer Materie (Abfall) und Energie (Abwärme) erzeugen. Der Abfallstrom aus der Materiedispersion stellt dabei hinsichtlich der Umweltwirkungen die größere Belastung dar. Aus rein thermodynamischer Sicht ist ein ökonomischer Prozeß thermodynamisch effizient, wenn ein Minimum an Dissipation und Dispersion stattfindet. HERMAN DALY konstituierte den Begriff des *nachhaltigen Scale*, den er als optimales materielle und energetische Throughputniveau einer Ökonomie charakterisierte, bei dem die natürliche Lebensgrundlage der Menschen in langer Zeitfrist nicht geschädigt wird. Im Sinne DALYS ist die Analyse des Scales als neue gleichwertige makroökonomische Disziplin neben der Allokations- und der Distributionsanalyse zu verstehen. (KAPITEL 3.2.2.1, 3.2.3, 3.2.4 und 3.3.3).

Die *Managementregeln für Nachhaltigkeit*, die ökonomische Nutzungsvorschriften festlegen in bezug auf Stoffeinträge in die Natur, auf das Wirtschaften mit erneuerbaren und nicht-erneuerbaren Ressourcen und hinsichtlich des Agierens unter Unsicherheit, sind in diesem Zusammenhang als Rahmenordnung zur Gewährleistung eines nachhaltigen Scales einer Volkswirtschaft zu interpretieren. Ihre Befolgung soll sicherstellen, daß das ökonomisch nutzbare Potential der Natur (Naturkapitalstock) bestehen bleibt, so daß zukünftigen Generationen keine Nachteile aus dem gegenwärtigen Wirtschaften erwachsen. Mit Bezug auf die Nutzung von erschöpfbaren nicht-erneuerbaren Ressourcen wurde die Regel für Quasi-Nachhaltigkeit konzipiert, die lautet, daß nicht der *Bestand* an nicht-erneuerbaren Ressourcen gleichbleiben muß, sondern daß der *Dienstleistungsstrom*, der aus der Nutzung dieser Ressourcen resultiert, zu erhalten ist. Die sukzessive Erschöpfung von nicht-erneuerbaren Ressourcen soll daher funktional kompensiert werden mittels zunehmender Substitution durch erneuerbare Ressourcen, durch technischen Fortschritt oder durch Substitution durch andere, noch reichlich vorhandene nicht-erneuerbare Ressourcen. Das Erreichen eines Zustandes der Nachhaltigkeit erfordert letztlich die Stabilisierung der Energie- und Stoffströme des ökonomischen Systems auf einem nachhaltigen Niveau, ohne die menschliche Lebensgrundlage zu schädigen. Ökonomische Entwicklung in einem derart physisch stationären System vollzieht sich dergestalt, daß bei gleichbleibendem oder gar sinkendem Throughput ein wachsender Nutzen bzw. ein steigender Wert der Nettoproduktion erwirtschaftet wird. (KAPITEL 3.2.4 und 3.3.2).

Angesichts dieses theoretischen Hintergrunds brachte die thermodynamische Theorieschule Methoden zur Analyse von Stoffströmen und Energieeinsätzen ökonomischer Prozesse hervor, die sich insbesondere durch einen ganzheitlichen Charakter auszeichnen. Eine Analyse des entropischen Charakters eines ökonomischen Prozesses bezieht üblicherweise sämtlicher Energie- und Stoffströme ein, die in direkter und indirekter Weise zu dem untersuchten Prozeß beitragen. Hinsichtlich der Nutzung einer nicht-erneuerbaren Ressource in einer spezifischen Anwendung bedeutet das, daß sämtliche Energie- und Stoffströme im Lebenszyklus der Ressource berücksichtigt werden – angefangen beim Rohstoffabbau bis hin zur Entsorgung. Desweiteren resultierten aus dem Diskurs thermodynamischer Ökonomen zum Thema Nachhaltigkeit diverse Vorschläge zu Nachhaltigkeitsindikatoren wie z. B. Dispersionsindikatoren, Materialinputindikatoren, Stoffstromquotienten, kritische Eintragsraten und viele andere mehr. (KAPITEL 3.3.3).

Die Vertreter der ***evolutionären Theorieschule*** sehen ökonomische Entwicklung als analoges Phänomen zu den evolutionären Entwicklungsprozessen in der Natur. Neuheiten, die sich aus der Interaktion von interdependenten Systemen und Akteuren ergeben und sich durchsetzen, prägen den Pfad evolutionärer Entwicklung, wobei sämtliche Akteure ein ausgeprägtes Anpassungsverhalten an den Tag legen müssen, um langfristig auf den Pfaden der natürlichen und ökonomischen Evolution zu bestehen. Ein Entwicklungspfad wird bestimmt durch die äußeren Bedingungen, und ein sich einstellender Pfad ist nicht unbedingt als optimaler Entwicklungspfad anzusehen. Die Anpassung der Akteure an die Wirkungsweisen und Merkmale eines Pfades führt dazu, daß ein Verlassen eines Pfades blockiert werden kann und somit *Pfadabhängigkeiten* bestehen, die nicht ohne weiteres überwunden werden können. Evolutionäre Entwicklungen in der Natur und in der Ökonomie sind dadurch charakterisiert, daß der Grad an Komplexität in der Organisation und in der Technologie stets zunimmt, während ein kontinuierlicher Zustrom von niedriger Entropie in Form von Energie und Materie benötigt wird. Prozesse von Selbstorganisation prägen die natürliche und gesellschaftliche Entwicklung, die daher nur begrenzt steuerbar sind. Eine erfolgversprechende Strategie in einem solchen evolutionären Kontext ist die Gewährleistung von Mikrodiversität innerhalb von Systemen, um angesichts der Ungewißheiten durch zukünftige Neuheiten und Innovationen eine hohe systemare Anpassungsfähigkeit und Flexibilität zu sichern (KAPITEL 3.2.2.2 und 3.3.4).

In einer evolutionären Analyse wirtschaftshistorischer Prozesse stellte NORGAARD (1984) fest, daß sich ökonomische Entwicklung in den vergangenen Jahrhunderten zunehmend auf Grundlage einer vermehrten Nutzung von nicht-erneuerbaren Ressourcen vollzog. Während ökonomische Innovationen in Agrargesellschaften zumeist darauf abzielten, den produktiven Zusammenhang von Ökonomie und Natur zu stärken, stellte sich mit der zunehmenden Inanspruchnahme von nicht-erneuerbaren Ressourcen ein Entwicklungspfad ein, der eine erhöhte ökonomische Produktivität hervorbrachte, die zumeist mit Schädigungen der Natursysteme einhergingen. Die ökonomischen Nachteile dieser Schäden wurden wiederum mit Hilfe von Technologien, die ebenfalls auf Basis nicht-erneuerbarer Ressourcen entwickelt wurden, zu drosseln versucht.[2] Als Resultat entstand eine institutionelle und technologische Struktur, die vollständig auf einer massenmäßigen Inanspruchnahme von nicht-erneuerbaren Ressourcen beruht. Angesichts der Erschöpfbarkeit der nicht-erneuerbaren Ressourcen ist der Wert dieser Technologien und Institutionen für zukünftige Generationen nicht sehr hoch. Um die Belastung der Menschen in einer fernen Zukunft ohne verfügbare nicht-erneuerbare Ressourcen zu

2 Ein Beispiel: der Einsatz von fossilen Brennstoffen eröffnete die Möglichkeit zur großflächigen landwirtschaftlichen Anbauweise in Monokultur. Der Boden wurde durch diese einseitige Beanspruchung beschädigt und die Pflanzen wurden anfällig gegen Schädlinge. Zur Bekämpfung der Schädlinge wurden Insektizide und Herbizide entwickelt, die wiederum auch das Grundwasser schädigten und neue Maßnahmen zur Säuberung des Trinkwassers erforderten etc..

lindern, wird aus evolutionärer Sicht empfohlen, den gegenwärtigen Pfad zu verlassen und die verbleibenden nicht-erneuerbaren Ressourcen zu nutzen, um eine auf erneuerbaren Ressourcen basierende Wirtschaftsweise zu begründen (KAPITEL 3.3.4).

In **Kapitel 4** wurde aufbauend auf den Erkenntnissen der referierten Theorieschulen vom Autor dieser Arbeit aus einer Theorieperspektive der ökologischen Ökonomie ein theoretisches ***Vier-Ebenen-Konzept für ein nachhaltiges Wirtschaften mit nicht-erneuerbaren materiell-nutzbaren Ressourcen*** entwickelt. Der spezifische Analysefokus auf Ressourcen mit materieller Anwendung wurde gewählt, da die ökonomischen Theorieschulen in ihrer Analyse zumeist nicht-erneuerbare *Energie*ressourcen untersuchten und damit die speziellen Eigenschaften der Materie, wie z. B. die Möglichkeiten ihrer Mehrfachnutzung, ihrer Qualitätsvielfalt und ihrer qualitativen Individualität, nahezu unberücksichtigt ließen. Ziel der theoretischen Analyse in Kapitel 4 war es daher, die ökonomischen und ökologischen Bedingungen für einen nachhaltigen Umgang mit nicht-erneuerbarer Materie klarer zu umreißen, die Managementregeln für Nachhaltigkeit in bezug auf den Aspekt der Materialnutzung zu konkretisieren und eine Grundlage für die Formulierung von Politikansätzen für ein nachhaltiges Wirtschaften mit nicht-erneuerbarer Materie zu schaffen.

Als Basis der Analyse wurde der Nachhaltigkeitsbegriff in einer Weise definiert, die dem komplexen Charakter der Natur annähernd gerecht wird. Im Gegensatz zu vielen anderen Ökonomen, die Natur mit einem mengenmäßigen Bestand an Ressourcen gleichsetzen, wurde hier ein dynamischer Naturbegriff zugrundegelegt, der Natur als interdependentes, vernetztes und evolutionsfähiges System begreift. *Strenge Nachhaltigkeit* wurde in diesem Sinne in der Weise definiert, daß der Natur genügend Raum für die Entfaltung ihrer Evolutions- und Entwicklungspotentiale offengehalten wird, um die diversen ökologischen Funktionen der vernetzten Naturstrukturen zu kräftigen. In diesem Zusammenhang wurde darauf verwiesen, daß nicht nur stoffliche Einträge in die Natur schädigend wirken, sondern daß auch mechanische Natureingriffe und die Verringerung von natürlichem Lebensraum zur Naturzerstörung beitragen. (KAPITEL 4.1).

Die hierarchisch oberste Ebene (**Ebene 1**) in der Analyse einer nachhaltigen intertemporalen Materialnutzung ist die makroökonomische Untersuchung der Bestimmungsfaktoren für einen **nachhaltigen Scale**. Unter der Prämisse, daß ökonomische Entwicklung die kontinuierliche Befriedigung der Grundbedürfnisse der Bevölkerung gewährleisten und gleichzeitig die Bewahrung der natürlichen Lebensgrundlage und ihres Evolutionspotentials sicherstellen soll, wurden drei Arten von absoluten Naturbegrenzungen für ökonomische Entwicklung identifiziert: die begrenzte Ressourcenverfügbarkeit, die begrenzten Senkenkapazitäten der Natur und die begrenzte mechanische Belastbarkeit der Natur. Die Bedeutung dieser drei absoluten Naturbegrenzungen für die Konkretisierung der Managementregeln für Nachhaltigkeit sowie die ökonomischen Auswirkungen der Beachtung dieser Grenzen wurden jeweils separat analysiert.

Mit Bezug auf die ***begrenzte Ressourcenverfügbarkeit*** wurden für einen theoretischen Kontext expansiver Ressourcennutzung die Merkmale intertemporaler Ressourcennutzungsmuster für erneuerbare Ressourcen sowie für nicht-erneuerbare Energie- und Materieressourcen aufgezeigt. Daran anschließend wurden verschiedene intertemporale Muster der kombinierten Nutzung von erneuerbaren und nicht-erneuerbaren Energie- und Materieressourcen untersucht und Bedingungen für einen nachhaltigen Verlauf in der kombinierten Ressourcennutzung formuliert. Eine nachhaltige Entwicklung, die letztlich auf eine auf erneuerbaren Ressourcen basierende Wirtschaftsweise hinausläuft, zeichnet sich insbesondere dadurch aus, daß keine Schocks in der Ressourcenverfügbarkeit entstehen, die mit einem Massensterben der menschlichen Bevölkerung einhergehen. Zur Sicherstellung einer solchen Entwicklung sind verschiedenartige Bedingungen zu erfüllen. So ist u. a. die Nutzung von qualitativ hochwertigen nicht-erneuerbaren Ressourcen ohne verfügbare Substitute möglichst früh auf einem geringen Niveau zu stabilisieren; der Anteil der nicht-erneuerbaren Ressourcen an der Gesamtressourcennutzung sollte verhältnismäßig gering gehalten werden; der Erschließung erneuerbarer Ressourcenpotentiale ist eine hohe Priorität einzuräumen; die Potentiale der Mehrfachverwendung von Materie sind ausgiebig zu nutzen; und schließlich sollte die Bevölkerungsgröße in langer Frist auf einem konstanten Niveau stabilisiert werden. (KAPITEL 4.2.1.1).

Bei der Untersuchung der ***begrenzten Senkenkapazitäten der Natur*** wurde unterschieden zwischen der Fähigkeit natürlicher Organismen, Stoffeinträge zu assimilieren und der Fähigkeit des Bodens, Schadstoffe zu absorbieren. In diesem Zusammenhang mußte konstatiert werden, daß die Leistungen der natürlichen Senkenfunktionen nicht eindeutig bestimmbar sind, da sie u. a. in Abhängigkeit von natürlichen Zyklen oder unter verschiedenen natürlichen Bedingungen schwanken. Weiterhin wurde angemerkt, daß übermäßige Assimilationsleistungen in der Natur auch zu schädlichen Ungleichgewichten führen können, wie sie z. B. in Gewässern bei der Algenblüte zu beobachten sind. Angesichts der Ungewißheit hinsichtlich der gefahrlos in Anspruch nehmbaren Leistungsfähigkeit natürlicher Senken wurde mit Bezug auf das Vorsichtsprinzip die Einführung einer Sicherheitsmarge bei der Festsetzung von Emissionsgrenzwerten empfohlen. Als zusätzliche Kriterien einer nachhaltigen Entwicklung wurden in diesem Kontext die Nichtverschlechterung der menschlichen Lebensbedingungen und die Nichtverkürzung der menschlichen Lebensdauer gewählt. In einer anschließenden Analyse der ökonomischen Wirkungen bei Einhaltung von absoluten Emissionsgrenzwerten wurde mit Bezug auf das KRELLE-Modell aus Kapitel 2.4.3 gezeigt, daß die Beachtung von Emissionsgrenzwerten bewirkt, daß kontinuierliche physische ökonomische Wachstumsprozesse langfristig nicht aufrechterhalten werden können. (KAPITEL 4.2.1.2).

Schließlich wurde mit der ***begrenzten mechanischen Belastbarkeit der Natur*** eine Kategorie analysiert, die in der ökonomischen Theoriebildung sehr vernachlässigt wurde. Unter Verwendung der Nachhaltigkeitskriterien, daß übergeordnete Funktionszusammenhänge intakt zu halten sind und die Vielfalt der Arten und Ökosysteme als Erbe der Evolution zu bewahren ist, wurde festgestellt, daß mechanische Eingriffe in die Natur in Form von Besiedlung, Zerschneidung, Versiegelung und Vernichtung von Naturräumen nicht grenzenlos ausgeweitet werden können. Es wurde die Einrichtung von „Naturentwicklungsgebieten" postuliert sowie eine weitgehende naturnahe Vernetzung von ökologischen Lebensräumen, um die Intaktheit natürlicher Zusammenhänge zu gewährleisten und die Biodiversität zu schützen. Bei der anschließenden Analyse der ökonomischen Wirkungen der Einhaltung von mechanischen Natureingriffsgrenzen wurde deutlich, daß mechanische Eingriffe in die Natur besonders das Nutzungspotential der erneuerbaren Ressourcen beeinträchtigen. Weitgehende mechanische Eingriffe in Naturräume führen nicht nur zur Einengung von Lebensräumen bedrohter Arten, sondern können auch mit vielen Formen von Degradierung und Verringerung von landwirtschaftlich nutzbaren Flächen einhergehen. Daher wurden Nachhaltigkeitsbedingungen formuliert, um den langfristigen Erhalt des erneuerbaren Ressourcenpotentials auch im Kontext mechanischer Naturbelastungen zu gewährleisten. Weiterhin wurden auch die mechanischen Naturbelastungen durch den Abbau von nicht-erneuerbaren Ressourcen thematisiert und Nachhaltigkeitsanforderungen abgeleitet – so u. a. die Notwendigkeit der Rekultivierung von verlassenen Bergbaurestlöchern. Abschließend wurden verschiedene Ressourcennutzungspfade mit und ohne Beachtung der drei natürlichen Eingriffsgrenzen des nachhaltigen Scale dargelegt, um nachhaltige und nicht-nachhaltige Muster einer intertemporalen Ressourcennutzung zu präsentieren. (KAPITEL 4.2.1.3).

Nach der Erörterung der drei absoluten Scale-Begrenzungen wurden die Probleme der nicht exakten Bestimmbarkeit von Nachhaltigkeitsgrenzen diskutiert sowie Indikatoren für den

Scale und politische Instrumente zu seiner praktischen Implementierung erörtert. In diesem Zusammenhang wurde es als *Imperativ in der Instrumentenwahl* bezeichnet, daß je nach konkreten Regulierungsumständen in einem Land angemessene Instrumentenmixe zu verwenden sind, wobei ökonomischen Instrumenten mit Anreizen zur Unterbietung der bestehenden Grenzwerte Priorität einzuräumen ist. (KAPITEL 4.2.2).

Im Anschluß an die makroökonomische Ebene 1 wurden drei mikroökonomische Ebenen, denen aus der theoretischen Perspektive der materiellen Nutzung von nicht-erneuerbaren Ressourcen große Bedeutung zukommt, in bezug auf die Fragestellung analysiert, welche mikroökonomischen Implikationen die Implementierung eines nachhaltigen Scales mit sich bringt. Die Nachhaltigkeitsbedingungen der Ebene 1 wurden aus einer Mikrosichtweise erörtert und, soweit es nötig war, präzisiert. (KAPITEL 4.3).

Auf der **Ebene 2** der nachhaltigen Materialnutzung wurde **der entropische Charakter im Lebenszyklus einer nicht-erneuerbaren Ressource** unter Nachhaltigkeitsaspekten analysiert. Der Ressourcenlebenszyklus wurde dabei in sieben Lebenszyklusstationen dargestellt, wobei konstatiert wurde, daß die materielle Entropie einer Ressource in den Prozessen Bergbau bis Raffination gesenkt wird, daß sie danach in den ökonomischen Prozessen Verarbeitung, Produktgebrauch und Außerbetriebnahme ansteigt, während sie durch Trenn- und Recyclingprozesse, die eine Wiederverwendung des Rohmaterials oder eines Bauteils ermöglichen, erneut gesenkt wird, so daß sich auf diese Weise ein entropischer Kreislauf in der Materialnutzung ergibt. Im Rahmen der Untersuchung dieses Kreislaufs wurden *drei Mikroprinzipien für eine nachhaltige Materialnutzung* abgeleitet: *1. das Prinzip der thermodynamischen Effizienz in der Produktion*, das auf möglichst geringe Raten der Materialdispersion und der Energiedissipation in den Lebenszyklusprozessen einer Ressource bis zur Fertigstellung eines Endprodukts abzielt; *2. das Prinzip der niedrigen Entropiedifferenzen in Materialkreisläufen*, das eine Rückführung von Sekundärmaterial in den Wirtschaftskreislauf in möglichst weit fortgeschrittene Produktionsstadien anvisiert; und *3. das Prinzip des nachhaltigen Konsums*, das als Zielsetzung die thermodynamisch effiziente Nutzung von Produkten sowie die Realisierung eines ressourcenschonenden Lebensstils beinhaltet. (KAPITEL 4.3.1)

Sofern die Einhaltung der Managementregeln für Nachhaltigkeit der Ebene 1 zur Sicherstellung eines Wirtschaftens im Rahmen eines gesetzten nachhaltigen Scale mit Hilfe ökonomischer Instrumente implementiert und eine angemessene Anpassungsfähigkeit auf den Märkten und unter den Mikroakteuren vorherrschen würde, dann, so wurde vorerst mit Blick auf die neoklassische Allokationstheorie vermutet, würden die drei Mikroprinzipien aufgrund von relativen Preisverschiebungen und einsetzenden Substitutionsprozessen automatisch zu handlungsleitenden Prinzipien der mikroökonomischen Akteure werden. Bei näherer Betrachtung mußte allerdings festgestellt werden, daß der preisbestimmte Allokationsmechanismus durch vielfältige Pfadabhängigkeiten zeitlich verzögert oder gar vollkommen blockiert werden kann. So mag z. B. die Existenz eines nachsorgenden technologischen Paradigmas inklusive seiner institutionellen Vernetzung im Bereich der Umwelttechnologie dazu führen, daß die Entwicklung und die Diffusion von ressourcenschonenden produktionsintegrierten Technologien hinausgezögert wird. Daher können zusätzliche Maßnahmen auf mikroökonomischer Ebene notwendig werden, um nicht-nachhaltigen Pfadabhängigkeiten entgegenzuwirken. (KAPITEL 4.3.2).

Auf der **Ebene 3** einer nachhaltigen Materialnutzung wurden Merkmale, Prozesse und Muster der **preisinduzierten Materialsubstitution** untersucht. In diesem Kontext wurde insbesondere der Frage nachgegangen, welche Auswirkungen Prozesse der Materialsubstitution angesichts der Tatsachen mit sich bringen, daß sämtliche Arten von Material ein individuelles Eigenschaftsprofil besitzen und in vielfältigen Anwendungsbereichen eingesetzt werden können. Eine Materialsubstitution kann in einem Anwendungsbereich dann vollzogen werden, wenn wesentliche funktionale Eigenschaften für eine Anwendung bei den potentiellen Substitutmaterialien übereinstimmen, wobei aber *jede* Substitution aufgrund der Individualität der Materialien zu Qualitätsveränderungen in der Anwendung führt. Unter diesen Umständen ist ein vollkommener funktionaler Ersatz einer erschöpfenden Ressource unmöglich, da es spezifische Anwendungen geben mag, die nur mit den spezifischen Eigenschaften der erschöpfenden Ressource realisiert werden können und weder erneuerbare noch nicht-erneuerbare Substitute existieren. Der aus der Nachhaltigkeitsperspektive postulierte Erhalt des Potentials von nicht-erneuerbaren materiell genutzten Ressourcen läßt sich unter diesen materialspezifischen Umständen nur umsetzen, wenn für jeden materiellen Anwendungsbereich eine langfristige Ressourcenverfügbarkeit von qualitativ akzeptablen Materialien gesichert werden kann. Der Fokus der Betrachtung verschiebt sich damit vom Ressourcenbestand zur Ressourcenverfügbarkeit für ein breites Spektrum von Materialanwendungen.

Hinsichtlich der Bedeutung des preisbezogenen Allokationsmechanismus für einen Prozeß der Materialsubstitution wurde konstatiert, daß Market-Pull-Faktoren in Form von veränderten relativen Preisen große Bedeutung für einen Materialsubstitutionsprozeß besitzen. Nichtsdestotrotz existieren auch in diesem Bereich Pfadabhängigkeiten, die eine Materialsubstitution blockieren können, wie z. B. die Routine in der Nutzung eines traditionellen Materials bzw. die gewachsenen Beziehungen zwischen Werkstoffherstellern und -verarbeitern. Letztlich wurde geschlußfolgert, daß Prozesse der Materialsubstitution, die sich im Kontext der Regelungen zur Sicherstellung eines nachhaltigen Scale vollziehen nicht notwendigerweise umweltentlastend wirken müssen. Als zusätzliche Nachhaltigkeitsbedingung wurde daher postuliert, daß Prozesse der Materialsubstitution umweltentlastenden Charakter aufweisen sollten. (KAPITEL 4.3.3).

Auf der **Ebene 4** einer nachhaltigen Materialnutzung wurden schließlich **innovationsinduzierte Prozesse der Materialsubstitution** thematisiert. Im Gegensatz zu preisinduzierten Substitutionsprozessen wird in diesem Fall eine Materialsubstitution durch eine deutliche Qualitätssteigerung aufgrund des Einsatzes eines innovativen neuen Werkstoffes (oder einer innovativen Technologie, die eine neue Materialstruktur aufweist) ausgelöst. Allein die Hoffnung darauf, daß auf Grundlage des neuen Werkstoffes eine oder mehrere Produktinnovationen realisiert und damit zumindestens ein bestehender Markt ausgeweitet oder neue Märkte erschlossen werden können, wirkt als ausreichender Anreiz für den Einsatz eines neuen innovativen Materials, während die Materialkosten bei genügend hohen Gewinnerwartungen durch die Produktinnovation von untergeordneter Bedeutung sind. Angesichts des Umstandes, daß jedes Material ein innovatives Potential für zukünftige Anwendungen und Produktinnovationen besitzen kann, impliziert das Nachhaltigkeitspostulat zum Erhalt des Potentials der nicht-erneuerbaren Ressourcen, daß kein materielles Grundelement je vollkommen erschöpfen bzw. unverfügbar werden sollte.

Ähnlich wie im Fall der Materialsubstitution auf Ebene 3 ist es im Kontext der Umsetzung eines nachhaltigen Scale auch für innovationsinduzierte materielle Substitutionsprozesse nicht automatisch gesichert, daß Innovationsprozesse umweltentlastend wirken. Einerseits kann jedes neue Material und jede neue Technologie neue Gefährdungen und Risiken für die Natur mit sich bringen, die ex ante unbekannt sind. Andererseits ist derzeit ein ***technologischer Entwicklungstrend zu wachsenden Entropiedifferenzen*** in der Nutzung von Material zu beobachten, der sich dadurch ausdrückt, daß extrem hohe Reinheitsgrade von Ressourcen für die Produktion neuer Werkstoffe erforderlich ist, während die Komplexität von technischen Systemen und neuen Werkstoffen in der Zeit zunimmt. Angesichts dieser Konstellation wurde aus einer Nachhaltigkeitsperspektive postuliert, daß die Kreislauffähigkeit und die generelle

Umweltverträglichkeit von neuen Werkstoffen und technologischen Systemen bereits zum Zeitpunkt ihrer Markteinführung gesichert sein sollte, und daß mit der Diffusion von Produktinnovationen keine erhöhten Umweltbelastungen einhergehen. (KAPITEL 4.3.4).

Die diversen Nachhaltigkeitsbedingungen, die im Rahmen der Analyse der vier Ebenen einer nachhaltigen Materialnutzung abgeleitet wurden, führten im Verlauf des vierten Kapitels dazu, daß die *vier Managementregeln für Nachhaltigkeit* aus Kapitel drei sukzessive präzisiert, konkretisiert und ergänzt wurden. Neben der Erweiterung der bestehenden Managementregeln um diverse, zumeist materialspezifische Aspekte wurden desweiteren *drei neue Managementregeln* eingeführt, die sich thematisch auf den *Transformationspfad in der Ressourcennutzung*, die *Bevölkerungsentwicklung* und die *mechanischen natürlichen Eingriffsgrenzen* beziehen. Die vollständige Fassung der konkretisierten Managementregeln für Nachhaltigkeit findet sich im Anschluß an das Resümee des vierten Kapitels (KAPITEL 4.4.2).

Schließlich wurden in **Kapitel 5** im Rahmen einer Fallstudie zur materiellen Nutzung von nicht-erneuerbaren Ressourcen die praktische Relevanz der in Kapitel vier präsentierten vier Ebenen einer nachhaltigen Materialnutzung aufgezeigt, die Muster in der historischen weltwirtschaftlichen Ressourcennutzung analysiert, die Zusammenhänge von ökonomischen Prozessen und ökologischen Auswirkungen in Fallbeispielen untersucht und Politikansätze einer nachhaltigen Materialpolitik auf den vier Ebenen einer nachhaltigen Materialnutzung formuliert.

Im Hinblick auf die **Ebene 1** wurden die ökonomischen Mechanismen der internationalen Rohstoffmärkte für nicht-erneuerbare Ressourcen erläutert und die Entwicklungstrends in der Ressourcennutzung des 20. Jahrhunderts nachgezeichnet. Dabei zeigte sich, daß der Anteil der nicht-erneuerbaren Ressourcen an der Gesamtressourcennutzung sehr hoch ist, während jedoch das Wachstum in der Nutzung von nicht-erneuerbaren Ressourcen in den zurückliegenden Jahrzehnten nicht mehr so stark ausgeprägt war wie noch in den Jahren nach dem zweiten Weltkrieg. Dieses Phänomen wurde insbesondere bei der Betrachtung von globalen Nutzungsintensitäten deutlich, die für zwölf nicht-erneuerbare Ressourcen berechnet wurden. In bezug auf die aggregierte Ressourcennutzung von nicht-erneuerbaren Ressourcen konnte konstatiert werden, daß die globale Materialintensität pro Einheit Weltsozialprodukt in den vergangenen Jahren rückläufig war. Trotz absolut ansteigender globaler Nutzung von nicht-erneuerbaren Ressourcen konnte also zumindestens pro Einheit Sozialprodukt ein allgemeiner Prozeß der ***Dematerialisierung*** festgestellt werden. In der Diskussion der globalen Nutzungsintensitäten zeigten sich jedoch sehr unterschiedliche Muster für einzelne Ressourcenarten mit jeweils zeitlich divergierenden Peaks in den Kurven für die globalen Nutzungsintensitäten. Diese Abweichungen konnten dadurch erklärt werden, daß sich die Materialstruktur des globalen Wirtschaftens mit der Durchsetzung immer neuer Wachstumsbranchen verändert. Dieser Prozeß von sich wandelnden Strukturen in der ökonomischen Inanspruchnahme von Material, in denen sich stets neue Wachstumsressourcen hervortun und andere Materialien verdrängen, wurde als ***Transmaterialisierung*** bezeichnet. Da die Wachstumsressourcen und die Wachstumsbranchen der jüngeren Vergangenheit eher wenig materialintensiv waren, ist der allgemeine Prozeß der Dematerialisierung in der aggregierten Ressourcennutzung durchaus mit dem Phänomen der Transmaterialisierung vereinbar. Bei der anschließenden Diskussion der Bedeutung des relativen Preises für die Ressourcennutzungsmuster des 20. Jahrhunderts wurde dargelegt, daß neben dem Preis einer Ressource auch das Ausmaß der staatlichen Regulierung seiner Nutzung sowie die Bedeutung einer Ressource für eine Wachstumsbranche wesentliche Einflußfaktoren sind, die die Intensität der individuellen Ressourcennutzung prägen. (KAPITEL 5.1.1, 5.1.2, 5.1.3 und ANHANG II).

Im Kontext der Analyse der ökologischen Auswirkungen des Abbaus und der Aufarbeitung von nicht-erneuerbaren Ressourcen wurde dem Bergbausektor eine hohe Umweltintensität bescheinigt und festgestellt, daß er als maßgeblicher Mitverursacher diverser globaler Umweltkrisen anzusehen ist. Wenngleich die mechanische und stoffliche Umweltbelastung durch Bergbau in rohstoffreichen Industrieländern aufgrund zunehmender umweltpolitischer Regulierung seit den 1970er Jahren rückläufig ist, existieren auch dort noch hochbelastete Altlastflächen als Nachlaß eines umweltintensiven Bergbausektors der Vergangenheit. In Entwicklungsländern sind die Umweltbelastungen durch den Bergbau noch heute häufig sehr hoch. Umweltpolitische Regulierungen stecken dort in den meisten Fällen noch im Anfangsstadium oder werden, soweit vorhanden, nur ungenügend eingefordert. (KAPITEL 5.1.4)

Die ökonomisch-ökologischen Zusammenhänge hinsichtlich der mikroökonomischen Ebenen zwei bis vier wurden im Rahmen der Fallstudie im Kapitel fünf am ***Beispiel der Kupferverarbeitung und -nutzung*** herausgearbeitet.

Mit Bezug auf die **Ebene 2** einer nachhaltigen Materialnutzung wurden diverse ökonomische und ökologische Aspekte im Lebenszyklus der Ressource Kupfer untersucht und dargelegt. Es wurden vielfältige Qualitäten des Kupfers beschrieben, wobei jedoch betont werden mußte, daß die wesentlichen Absatzmärkte für Kupfer mit seinen sehr guten elektrischen und thermischen Leitfähigkeiten in Beziehung stehen. Im Kontext der Analyse der globalen Kupferindustrie wurden verschiedene strukturelle Veränderungen aufgezeigt. So nahm z. B. die Anzahl der kupferfördernden Länder in den vergangenen Jahrzehnten zu, wobei die Kupferstandorte in Entwicklungsländern an Bedeutung gewannen. Der Einfluß staatlicher Bergbauunternehmen war gleichzeitig leicht rückläufig, während zunehmend Joint-Venture-Projekte zwischen staatlichen und privaten Akteuren vereinbart wurden. Hinsichtlich der Konzentrationen des Erzes im Kupferbergbau wurde ausgeführt, daß in den vergangenen Jahren deutliche Rückgänge verzeichnet wurden und die durchschnittlichen Kupfererzkonzentrationen derzeit deutlich unter einem Prozent liegen – mit dem Resultat, daß sich die Tagebaumethode im Kupferbergbau immer mehr durchsetzt. (KAPITEL 5.2.1.1 und 5.2.1.2).

Die umweltbezogenen Konsequenzen der Inanspruchnahme von Kupfer wurden mittels einer ***ökologischen Sachbilanzierung*** von Energieeinsätzen und Stoffströmen im gesamten Lebenszyklus ***eines Kupferdrahtes*** verdeutlicht. Dabei stellte sich heraus, daß die induzierten Stoffströme eines Kupferdrahtes 70 Mal so schwer sind wie das Gewicht des Endprodukts, wobei insbesondere die Umweltbelastungskategorien Erzabfall, Abwasser und CO_2-Emissionen ins Gewicht fallen. Die Schwerpunkte der Umweltbelastung der Kupfernutzung sind in den Prozessen Bergbau, Aufarbeitung und Raffination zu finden, während die nachgeordneten Prozesse Kupferverarbeitung und auch Entsorgung weniger umweltintensiv sind. Eine Sonderrolle nehmen im Lebenszyklus des Kupfers das Recycling und die Lebensdauer des Kupferprodukts ein, da die gesamte Umweltintensität durch eine hohe Recyclingrate und eine hohe Lebens- und Nutzungsdauer eines Produkts deutlich gesenkt werden kann. Aus methodischer Sicht ist anzumerken, daß für die Sachbilanzierung im Rahmen dieser Arbeit eine Methode zur Ermittlung von lebensdauer- und produktspezifischen Recyclingraten entwickelt wurde, die außerdem den intertemporalen Kontext der Ressourcennutzung einbezieht. (KAPITEL 5.2.1.3 und ANHANG III).

Desweiteren wurde in einem historischen Überblick über die technologischen Innovationen in den Lebenszyklusstadien der Kupfernutzung verdeutlicht, daß viele technische Fortschritte im Kupferlebenszyklus umweltentlastende Wirkungen mit sich brachten, wobei der Einsatz moderner Technologie in vielen Fällen sowohl mit ökonomischen *als auch* mit ökologischen Vorteilen verbunden war, da z. B. weniger Energie und Hilfsstoffe verbraucht, der Metallinhalt des Erzes besser ausgebeutet oder Abfälle in Form von Kuppelprodukten profitabel vermarktet werden konnten. Gleichzeitig mußte allerdings konstatiert werden, daß die Diffusionsgeschwindigkeit moderner Technologien besonders in den kapitalintensiven Prozessen Bergbau, Aufarbeitung und Raffination sehr gering ist, so daß weltweit aufgrund der Existenz von technologischen Lücken extrem große Differenzen in der Umweltbelastung durch Kupferproduktion bestehen. So wurde beispielsweise berechnet, daß die ***Energiedifferenzen im Kupferverhüttungsprozeß*** zwischen dem Einsatz eines traditionellen Flammofens und eines modernen Outokumpu-Ofens 18 Gigajoule betragen. Diese Energiemenge reicht aus, um das Inputmaterial des Verhüttungsprozesses per Überseefrachter einmal um den Äquator zu transportieren. In diesem Kontext kann selbst der Handel mit Erzkonzentraten ökologische Vorteile mit sich bringen. Zur weiteren Veranschaulichung des Umweltentlastungspotentials durch globale Diffusion moderner Technologien wurde am Beispiel der Kupferverhüttungstechnologien berechnet, daß das theoretische Umweltentlastungspotential im Bereich Energieverbrauch von seinem Ausmaß her in etwa so groß ist wie der kommerzielle jährliche Energiekonsum von Kenia oder Bolivien, während das Entlastungspotential beim SO_2 mindestens dem jährlichen SO_2-Emissionsniveau der Länder Dänemark oder Österreich entspricht. Angesichts des nur geringen Anteils des Kupfers an der gesamten Nutzung von nicht-erneuerbaren Ressourcen wurden diese Entlastungspotentiale als beträchtlich eingestuft. In einer anschließenden Diskussion wurde noch darauf hingewiesen, daß auch die Verbreitung von effizienten (Umwelt-)Managementmethoden im globalen Kupferbergbau enorme Umweltentlastungspotentiale aufweist, da besonders in vielen Entwicklungsländern große Umweltbelastungen durch ineffizientes Management verursacht werden. (KAPITEL 5.2.1.4 und 5.2.1.5).

Mit Bezug auf die **Ebene 3** einer nachhaltigen Materialnutzung wurden im Kontext der ökonomisch-ökologischen Kupferfallstudie die Prozesse der preisinduzierten Materialsubstitution zwischen Kupfer und Aluminium nach dem zweiten Weltkrieg analysiert. Neben der Darstellung der entsprechenden Substitutionsprozesse in verschiedenen Anwendungsbereichen wurde für die Hauptanwendung von Kupfer als elektrisches Leitmaterial die Beziehung zwischen relativem Kupfer-Aluminium-Preis und der Kupfer-Aluminium-Einsatzrelation als Leitmaterial in einer ***Regressionsanalyse*** untersucht. Dabei zeigte sich, daß keine signifikante Beziehung zwischen dem relativen Materialpreis und dem Einsatzverhältnis als Leitmaterial besteht. Vielmehr wurde in der Untersuchung deutlich, daß Kupfer dem Aluminium in diversen Anwendungsfeldern qualitativ so stark überlegen war, daß eine Substitution entweder überhaupt nicht stattfand oder nach erfolglosen Substitutionsversuchen wieder rückgängig gemacht werden mußte. Lediglich in Fällen, wo Aluminium einen deutlichen Qualitätsvorteil besaß oder wo seine Qualitätsnachteile durch technische Neuerungen kompensiert werden konnten, war ein dauerhafter Substitutionseffekt feststellbar. Somit wurde konstatiert, daß Prozesse der Materialsubstitution häufig nicht nur durch reine Market-Pull-Effekte in Form von Preisvorteilen induziert werden, sondern daß zumeist auch Science-Push-Effekte wirken müssen, damit sich eine Materialsubstitution erfolgreich vollzieht. (KAPITEL 5.2.2.1 und ANHANG IV).

Die Analyse der ökologischen Auswirkungen einer Kupfer-Aluminium-Substitution wurde am Beispiel einer ***Ökobilanz von Stromkabeln*** mit Kupfer- und Aluminiumleitern durchgeführt. Dabei zeigte sich, das eine Kupfer-Aluminium-Substitution sowohl mit Umweltbe- als auch -entlastungen einhergeht. Unter Einbeziehung der Aspekte des Ausmaßes absoluter Stoffstromveränderungen durch die Substitution, der technologischen Lücken und Stoffstromdifferenzen im Lebenszyklus beider Ressourcen sowie der absehbaren Möglichkeiten hinsichtlich technischer Entwicklung und Recycling wurde konstatiert, daß die Substitution von Kupfer durch Aluminium langfristig umweltentlastend wirken kann, wenn sie im Kontext eines auf Umweltentlastung abzielenden Politikrahmens stattfindet. (Kapitel 5.2.2.2).

Die empirische Untersuchung der **Ebene 4** einer nachhaltigen Materialnutzung wurde am Fallbeispiel der innovationsinduzierten Kupfer-Glasfaser-Substitution im Bereich der Telekommunikation durchgeführt. Hierbei wurde verdeutlicht, daß die Informationsübertragung via Glasfaser einen extremen Qualitätssprung im Vergleich zur herkömmlichen kupferbasierten Technologie darstellt, mit dem eine Vielzahl von Produktinnovationen einhergehen. Preisliche Aspekte waren in diesem Zusammenhang eher von untergeordneter Bedeutung, während die Option auf die Realisierung zukünftiger Gewinne durch Produktinnovationen als treibender Faktor der Materialsubstitution identifiziert wurde. Im Kontext einer qualitativen Technikfolgenabschätzung der potentiellen Umweltwirkungen der möglichen Produktinnovationen inklusive der Materialsubstitution von Kupfer durch Glasfaser konnten Potentiale für eine Umweltbe- und -entlastung aufgezeigt werden. Ähnlich wie im Fall der Kupfer-Aluminium-Substitution wurde in diesem Zusammenhang die Schlußfolgerung gezogen, daß insbesondere Prozesse von Produktinnovationen, bei denen eine massenmäßige Diffusion zu erwarten steht, ein auf Umweltentlastung abzielender politischer Rahmen erforderlich ist, um letztlich eine Entlastung der Natur durch die Produktinnovationen tatsächlich zu sichern. (KAPITEL 5.2.3.1 und 5.2.3.2).

Aufbauend auf den theoretischen Konzepten des vierten Kapitels und den empirischen Ergebnissen und Erkenntnissen des fünften Kapitels wurden jeweils im Anschluß an die empirische Untersuchung einer Ebene in Kapitel 5 Politikansätze für eine nachhaltige Materialnutzung formuliert, die in Tabelle 6.1 zusammengefaßt sind. Als politischer Kernpunkt einer ***nachhaltigen Rohstoffpolitik der Ebene 1*** ist die ***Forderung nach einer Konvention zur nachhaltigen Nutzung von nicht-erneuerbaren Ressourcen*** zu nennen. In diesem Kontext wurde die Erstellung eines intertemporalen Plans zur Stabilisierung der Nutzung von „knappen" nicht-erneuerbaren Ressourcen vorgeschlagen, der durch Anwendung eines Lizenzsystems umsetzbar wäre. Durch Auktionierung von Lizenzen für den Kauf von nicht-erneuerbaren Ressourcen würde neben einer Stabilisierung in der Ressourcennutzung gleichzeitig eine solide Finanzierungsquelle entstehen, die hauptsächlich für die Umsetzung des Prozesses einer nachhaltigen Transformation in der Ressourcennutzung in Entwicklungsländern eingesetzt werden könnte. Ferner wurde die Festschreibung von emissionsbezogenen und mechanischen Mindeststandards im Rahmen der Konvention postuliert. Weitere Politikvorschläge zielen auf die Einführung und Erweiterung von Emissionsgrenzwerten in verschiedenen Ländergruppen ab sowie auf Möglichkeiten zur Realisierung eines wirkungsvollen Schutzes der irdischen Biodiversität vor mechanischen Eingriffen durch ökonomische Aktivitäten. (KAPITEL 5.1.5).

Für die ***2. Ebene*** wurden ***spezifische Maßnahmen zur Umsetzung der drei Mikroprinzipien einer nachhaltigen Materialnutzung*** formuliert. Hinsichtlich einer ressourcenspezifischen Politik zur Umsetzung thermodynamischer Effizienz in der Produktion wurden u. a. schwerpunktmäßige Maßnahmen im Bergbausektor und der Einsatz ökonomischer Instrumente, wie z. B. Joint Implementation, vorgeschlagen. Hinsichtlich des Prinzips der niedrigen Entropiedifferenzen wurden diverse Maßnahmen zur Umsetzung einer stofflichen und thermodynamisch effizienten Kreislaufwirtschaft angeregt, während zur Realisierung des Prinzips des nachhaltigen Konsums neben einer verbesserten Umwelterziehung die staatliche Einforderung besserer umweltbezogener Produktinformationen und die aktive Förderung nachhaltiger Lebensstile empfohlen wurde. (KAPITEL 5.2.1.6).

Hinsichtlich der ***Ebenen 3 und 4*** einer nachhaltigen Materialnutzung wurde betont, daß besonders massenmäßige Prozesse der Materialsubstitution, die sich entweder aufgrund von Preis- oder Innovationseffekten vollziehen, einen politischen Rahmen benötigen, um zusätzliche Umweltbelastungen zu verhindern. Gefordert wurde diesbezüglich u. a. die frühzeitige Einbeziehung und Analyse von Umweltwirkungen in der Grundlagenforschung, die Förderung umweltentlastender Substitutwerkstoffe, Umweltverträglichkeitsanforderungen an Werkstoffe mit Einführung einer nach Umweltgefährdung gestaffelten Stoffsteuer sowie spezielle Anforderungen an Werkstoffe oder Produkte, die sich in großen Mengen am Markt und in der Nutzung durchsetzen. (Kapitel 5.2.2.3 und 5.2.3.3).

Die genannten Politikansätze für eine nachhaltige Materialnutzung auf vier Politikebenen beziehen sich auf die heutige ökonomische und ökologische Konstellation der Weltwirtschaft und auf die konkrete Lage verschiedener Ländergruppen. Manche Politikvorschläge, wie z. B. die Forderung nach der Einführung von Mindeststandards im Bergbau, mögen angesichts der in Kapitel vier formulierten Managementregeln für strenge Nachhaltigkeit zu schwach formuliert erscheinen. Es war jedoch das Ziel bei der Abfassung der Politikempfehlungen, daß realistische Maßnahmen vorgeschlagen werden, die zwar nicht von heute auf morgen einen globalen Zustand der Nachhaltigkeit hervorzubringen vermögen, die aber dazu beitragen können, den evolutionären Pfad gesellschaftlicher und ökonomischer Entwicklung sukzessive in Richtung auf eine nachhaltige Wirtschaftsweise umzusteuern.

Nichtsdestotrotz stehen der Einleitung eines nachhaltigen Entwicklungspfades inklusive der Umsetzung der genannten Maßnahmen zur nachhaltigen Materialnutzung eine Vielzahl von ***Hemmnissen auf allen vier Politikebenen*** entgegen. Einige dieser Hemmnisse für eine nachhaltige Entwicklung sollen nachfolgend noch kurz angesprochen werden.

Die Umsetzung der Politikvorschläge zur ***Ebene 1*** und besonders die Empfehlung zur Aushandlung einer internationalen Konvention zur nachhaltigen Nutzung von nicht-erneuerbaren Ressourcen kann hauptsächlich durch diejenigen *Hemmnisse* beeinträchtigt werden, *die im Rahmen internationaler Regimebildung üblich sind.* Im Kontext der internationalen Regimebildung stehen viele Partikularinteressen gegeneinander, so daß zumeist Ziele und Maßnahmen nach langwierigen Beratungen auf einem kleinsten gemeinsamen Nenner festgelegt werden. Ist eine Kompromißversion für eine Konvention ausgehandelt worden, so mögen trotzdem diverse Staaten eine Unterzeichnung ablehnen. Weiterhin ist die Erreichung der festgelegten Ziele mit der Verabschiedung einer Konvention nicht gewährleistet, und häufig existieren keine wirkungsvollen Sanktionsmaßnahmen für den Fall der Nichteinhaltung von internationalen Konventionen durch Mitgliedsstaaten. Ob unter derartigen Bedingungen wirkungsvolle Regime zur Durchsetzung einer globalen nachhaltigen Entwicklung implementiert werden können, ist fraglich. Dennoch existiert derzeit keine Alternative zu internationalen Regimen.

Politikansätze auf der ***Ebene 2***, die auf die Realisierung thermodynamischer Effizienz in sämtlichen Prozessen des Lebenszykluses einer Ressource abzielen, mögen durch viele *Pfadabhängigkeiten* blockiert werden. In der Bergbauproduktion dominiert z. B. der Jahrgangseffekt hinsichtlich der Anwendung kapitalintensiver Technologien; die Privatisierung oder effiziente Umgestaltung von staatlichen Bergbauunternehmen mag durch starre Politikstrukturen oder investitionsfeindliche Rahmenbedingungen behindert werden; wirkungsvolle Maßnahmen zur Umsetzung einer Kreislaufwirtschaft oder zur Einführung strenger Grenzwerte können am Widerstand der betroffenen Akteure scheitern; und nicht zuletzt bedeutet die Realisierung eines nachhaltigen Lebensstils in westlichen Industriegesellschaften eine Abkehr von vielen bequemen und liebgewonnenen Gewohn-heiten, die nicht einfach durch Einsatz ökonomischer Instrumente überwunden werden können. Es sei auch nicht vergessen, daß nicht selten auch in der Politik eingetretene Pfade bestehen, die die Durchsetzung von Reformbestrebungen blockieren.

Der Vorschlag mit Bezug auf ***Ebene 3***, einen nationalen politischen Rahmen zur Gewährleistung umweltverträglicher Prozesse der preisinduzierten Materialsubstitution zu errichten, mag mit den geringsten Hemmnissen konfrontiert sein. Trotzdem können auch hier Probleme auftreten. So ist es vorstellbar, daß sich unterschiedliche Expertenmeinungen zur Bewertung

Tabelle 6.1:
Übersicht über politische Ansatzpunkte einer nachhaltigen Materialnutzung auf den vier Politikebenen aus Kapitel 5

a) Ebene 1 (Scale)

Transformation in der Ressourcennutzung	Emissionsgrenzen	mechanische Eingriffsgrenzen
• internationale Regime zur nachhaltigen Nutzung von erneuerbaren Ressourcen • internationale Konvention zur nachhaltigen Nutzung von nicht-erneuerbaren Ressourcen Maßnahmen: * Beseitigung von Subventionen für nicht-erneuerbare Ressourcen * intertemporaler Plan zur Stabilisierung der Nutzung von „knappen" nicht-erneuerbaren Ressourcen * Lizenzsystem für nicht-erneuerbare Ressourcen (Auktion teils durch Rohstoffländerregierungen teils durch UN-Institutionen) * Einrichtung von intra- und intergenerationellen Fonds * Festlegung von Mindestreserven für nicht-erneuerbare Ressourcen	Forcierung einer emissionsbezogenen nationalen und internationalen Umweltpolitik: • international: * Ausbau der globalen Regime zur Emissionsreduzierung (Klimakonvention, Konvention zur grenzüberschreitenden Luftverschmutzung etc.) * Emissionsbezogene Mindeststandards für den Bergbau als Bestandteil einer Konvention zu nicht-erneuerbaren Ressourcen * Gründung einer UN-Bergbau-Institution * freiwillige Selbstverpflichtungen von Bergbauunternehmen * grüne Konditionalität für Kreditvergabe an Bergbausektor • national: * Einführung/Verschärfung von Emissionsgrenzwerten * Privatisierung staatlicher Bergbauunternehmen * Unterstützung der Entwicklungsländerregierungen bei: ⇒ Aushandlung von nationalen Bergbauabkommen ⇒ Aufbau umweltpolitischer Institutionen ⇒ Unterstützung in der Überwachung der Grenzwerte ⇒ mögliche Finanzierung aus intragenerationellen Fonds	• international: * Mindeststandards für Rekultivierung und Umweltverträglichkeitsprüfungen im Bergbau als Bestandteil der Konvention zu nicht-erneuerbaren Ressourcen * Umsetzung der Biodiversitätskonvention • Industrieländer: * Ausweisung repräsentativer Naturschutzgebiete * ökologisch ausgerichtete Flächennutzungsplanung * Umweltverträglichkeitsprüfungen für Bergbauprojekte * Mindeststandards für Rekultivierung (Einrichtung eines Rekultivierungsfonds) * Altstandortsanierung • Entwicklungsländer: * Umweltverträglichkeitsprüfungen für Bergbauprojekte * Mindeststandards für Rekultivierung (Einrichtung eines Rekultivierungsfonds) * wirkungsvoller Naturschutz mit integrierter ländlicher Entwicklung * Altstandortsanierung (mit Finanzierung aus intra- oder intergenerationellen Fonds) * mögliche Finanzierung aus intragenerationellen Fonds

Fortsetzung Tabelle 6.1

b) Ebene 2 (Ressourcenlebenszyklus)

1. Mikroprinzip: thermodynamische Effizienz in der Produktion	2. Mikroprinzip: niedrige Entropiedifferenzen in Materialkreisläufen	3. Mikroprinzip: nachhaltiger Konsum
• Ziele: thermodynamische Effizienz in allen Lebenszyklusstadien bis zur Produkterstellung; Technologietransfer; effizientes (Umwelt-) Management; umweltpolitische Vorreiterländer als Quellen umweltverträglicher Technologienologie. Maßnahmen: * Stärkung der Maßnahmen der Ebene 1 (wegen des Schwerpunkts der Umweltbelastung im Bergbausektor) * ressourcenspezifische Rohstoffabkommen (ICREAs) * Joint Implementation im Bergbau * ökonomische Instrumente mit Anreizen zur Unterbietung von Grenzwerten (Steuern, Lizenzen, Haftungsrecht etc.) * Förderung der Einführung von betrieblichem Umweltmanagement	• Ziel: ressourcenschonende Materialverwendung mit Wiederverwendungskreisläufen auf hohem entropischen Niveau. Maßnahmen: * Förderung Infrastruktur Recycling/Wiederverwendung * Mindeststandards der Verwertung * Produktrücknahmepflicht * Förderung der Einführung von Pfandsystemen * staatliche Informationen zur Umweltverträglichkeit von Werkstoffen * Materialkennzeichnungsnormen * längere Mindestgarantie zeiten * nachhaltige Technologiepolitik: Förderschwerpunkt Kreislaufwirtschaft * getrennte Abfalldeponierung * internationale Harmonisierung von Abfall-, Kreislaufwirtschafts- und Umweltpolitik	• Ziel: ressourcenschonender Lebensstil der Menschen Maßnahmen: * Umwelterziehung * verbesserte umweltbezogene Produktinformationen / Umweltzeichen * Begünstigung umweltverträglicher oder auf erneuerbaren Ressourcen basierender Substitutgüter * Förderung von Projekten zur Erprobung oder Diffusion umweltentlastender Lebensstile (gemeinschaftlicher Produktbesitz/ Leasingkonzepte für langlebige Güter) * Sicherstellung eines übersichtlichen Abfall- und Verwertungskonzepts

Fortsetzung von Tabelle 6.1

Übersicht über politische Ansatzpunkte einer nachhaltigen Materialnutzung auf den vier Politikebenen aus Kapitel 5

c) Ebene 3 (preisinduzierte Werkstoffsubstitution)	**d) Ebene 4 (innovationsinduzierte Materialsubstitution)**
Politischer Rahmen zur Gewährleistung von umweltentlastenden Prozessen bei massenmäßiger preisinduzierter Werkstoffsubstitution: Maßnahmen: * Förderung von Grundlagenforschung zu Umweltwirkungen durch Werkstoffsubstitution * Förderung der Erforschung von Methoden zur Bewertung von Umweltwirkungen * Förderung der Erforschung von umweltentlastenden Substitutwerkstoffen im Rahmen der Technologiepolitik * Besondere Umweltverträglichkeitsanforderungen an Substitutwerkstoffe, die massenhaft in Verkehr gebracht werden	Politischer Rahmen zur Gewährleistung von umweltentlastenden Prozessen im Kontext von Produktinnovationen: 1. Stadium: F&E: * umweltpolitischer Rahmen mit Anforderungen an die Umweltverträglichkeit von Werkstoffen und Produkten (Mindeststandards, gestaffelte Stoffsteuer) * aktive Innovationspolitik (Förderung von Verbundprojekten entlang der Wertschöpfungskette) * Bereitstellung von Ökobilanzdaten * Einbeziehung von Umweltwissenschaftlern in die Werkstofforschung 2. Stadium: Diffusion * Expertengremium zur Technikfolgenabschätzung * Anforderungen bei Massendiffusion zur Vermeidung zusätzlicher Belastungen * Maßnahmen zur Stärkung der Umweltentlastungseffekte von Produktinnovationen

von Umweltwirkungen herausbilden, so daß ein *fehlender eindeutiger Bewertungsrahmen* zum Hemmnis auf dieser Politikebene werden könnte.

Bedeutsame Hemmnisse gegen eine Durchsetzung der oben genannten Politikvorschläge bestehen hingegen in bezug auf die ***Ebene 4***. Während eine Einbeziehung von ökologischen Aspekten in die F&E-Aktivitäten und Umweltverträglichkeitsanforderungen an Werkstoffe und Produkte noch als relativ einfach umzusetzende Maßnahmen anzusehen sind, ist bei sämtlichen Eingriffen, die den Diffusionsprozeß von Produktinnovationen betreffen, mit großen *Widerständen bei diversen politischen und ökonomischen Akteuren* zu rechnen. Die Gewährleistung eines umweltentlastenden Diffusionsprozesses mag von vielen Personen, die die ökonomischen Verheißungen von Produktinnovationen sehr hoch einschätzen, als zu strikte Nachhaltigkeitsbedingung abgelehnt werden. Besonders in Zeiten der ökonomischen Krise besteht daher – nach wie vor – die Gefahr, daß Innovationen mit hohem Umweltbelastungspotential und großen Risiken für die menschliche Gesundheit, voreilig und ohne ausreichende Gefahrenabschätzung am Markt diffundieren. Verstärkt wird diese Problematik durch die Globalisierungstendenzen in der Weltwirtschaft, da sich immer Nationalstaaten werden finden lassen, die selbst die gefährlichsten Produktinnovationen zulassen, um durch derartig innovationsfreundliche Rahmenbedingungen einen internationalen Wettbewerbsvorteil erringen zu können.

Trotz all dieser Hemmnisse mag abschließend ebenfalls darauf verwiesen werden, daß im Rahmen internationaler und nationaler Politik in den vergangenen Jahrzehnten viele Fortschritte erzielt wurden. Gedacht sei an die Umweltpolitik in Industrieländern, wo sich trotz immenser Widerstände beachtliche Politikstrukturen und Institutionen gebildet haben, die für die Realisierung einer nachhaltigen Materialnutzung eine bedeutsame Rolle spielen. Auch auf internationaler Ebene sind diverse Erfolge zu verzeichnen, z. B. bezüglich des Produktionsverbots von FCKW im Rahmen des internationalen Regimes zur Bekämpfung der Ozonschichtzerstörung. Ähnliche Erfolge mögen sich mit Bezug auf die Nutzung von nicht-erneuerbarer Materie einstellen – auch wenn die zukünftigen Generationen nicht an den Verhandlungen über ein angemessenes internationales Regime teilnehmen.

* * * * * * *

Anhang

Anhang I

Tabelle I: Einflußfaktoren auf Rohstoffmärkten und ihre Interdependenzen

	Prognosen	Staat	Rohstoff-Kartelle	Energie (Kosten, Verfügbarkeit)	Umwelt-bezogener Wertewandel	Bergbau-Finanzierung	F & E, technischer Fortschritt
Prognosen über zukünftige Ressourcenverfügbarkeit	X	mögliche Anpassung der Bergbau-regulierung	Stärkung/ Schwächung der Kartell-Position	Hinweise auf Umfang des zukünftigen Energieeinsatzes	Anstoß zu Diskussion über Verknappung und Naturressourcen	beeinflussen Risikoeinschätzung des Kapitalgebers	beeinflussen F&E-Entscheidungen bzgl. Technologie- und Substitut-Erforschung
Staat	Staatlicher Auftrag an Wirtschaftsinstitute	X	staatliche Unterstützung/ Boykott der Kartelle	Energiesubventionen, Besteuerung	Umweltpolitik, Umweltgesetze prägen Verhalten	staatliche Beteiligung, Subventionen, Kredite	staatliche Beteiligung an F&E
Rohstoff-Kartelle	Einbeziehung der Monopol-macht in die Prognosen	Einfluß auf strategische Rohstoffpolitik	X	Monopol-/ Oligopolpreise	Diskussion über Verknappung und Natürlichturresso urcen	Monopolgewinne begünstigen hohen Eigenkapitalanteil	Anreiz für Substituterforschung und ressourcensparende Technik
Energie (Kosten, Verfügbarkeit)	Energiekosten und -verfügbarkeit als Variablen in Modellen	Information über Rahmendaten der Wirtschafts-förderung	erhöhte Energiekosten, mögliche Kostenabwälzung auf die Preise	X	hohe Energiekosten als Anreiz zum Energiesparen	niedrige Energiekosten als Voraussetzung für Bergbaufinanzierung	Energiepreise als Anreiz zur Erforschung von Energiespartechnologien
Umwelt-bezogener Wertewandel	Einschätzung zukünftiger Nachfrage	politischer Druck, Kritik an der Umweltpolitik	nachfrageseitige Ressourcenschonung schwächt Kartellmacht	effiziente Energienutzung kann Energiepreise beeinflussen	X	Umweltauflagen als Finanzierungs-bedingung der Kreditgeber	Trend hin zur Erforschung umweltverträglicher Technologien / Materialien
Bergbau Finanzierung	Einschätzung der Finanzlage von Bergbaukonzernen			Finanzierung der Energieaufwendungen		X	F&E-Mittel
F & E, technischer Fortschritt	F&E-Aufwendungen als Indikator zuk. Ressourcen-verfügbarkeit	hohe Staatseinnahmen aus technologisch wettbewerbsfähigem Bergbau	Kostensenkung, Gewinn-steigerung	energieeffizientere Technologien senken Energie-kosten	F&E legt umweltverträglichere Technologien und Werkstoffe offen	hohe Liquidität der Bergbauunternehmen bei hoher technologischer Wettbewerbsfähigkeit	X

	Prognosen	Staat	Kartelle	Energie (Kosten, Verfügbarkeit)	Umweltbezogener Wertewandel	Bergbau-Finanzierung	F & E, technischer Fortschritt
Recycling, Schrottverfügbarkeit	Abschätzung zukünftiger Ressourcenverfügbarkeit aus Recycling	Kosten staatlicher Recyclingförderung; Faktor einer strategischen Rohstoffpolitik	Sekundärmärkte schwächen Kartelle auf den Primärressourcenmärkte	Recycling kann Energieaufwand pro Ressourceneinheit senken	Aufzeigen der Möglichkeiten des Recycling	starke Position der Sekundärmärkte verschlechtert Finanzierungsbedingungen im Bergbau	Anreiz für F&E zur Verbesserung der Wettbewerbsstellung im Bereich der Primärressourcen
Lagerstättenpotential, Exploration	Einschätzung der Reserven und der zukünftigen Ressourcenverfügbarkeit	Informationsgrundlage für Förderungsmaßnahmen	Schwächung des Kartells durch Explorationserfolge von Nicht-Kartellmitgliedern	Explorationen erfordern Energieaufwand	Exploration als Auslöser öffentliche Diskurse über negative Bergbaueffekte	hochwertige Lagerstätten als Voraussetzung der Finanzierung von Bergbauprojekten	sinkende Erzgehalte als F&E-Anreiz in den Bereichen Ressourcengewinnung u. Dematerialisierung
Arbeitskräfte	Einschätzung des Arbeitskräftepotentials und der Löhne im Bergbau	Forderung nach sicheren Arbeitsplätze an den Staat	Lohnforderungen, Forderungen zur Arbeitssicherheit	Substitutionsverhältnis der Produktionsfaktoren Arbeit u. Energie	Gesundheitsgefährdung durch Schadstoffe im Bergbau	Lohnforderungen	hohe Löhne und Streiks forcieren Rationalisierungsbemühungen
Weltwirtschaftliche Entwicklung	Einschätzung des zukünftigen Ressourcenverbrauchs der Weltwirtschaft	Wettbewerb der nationalen Standorte und der nationalen Politiken	Basis zur Einschätzung zukünftiger Produktionsquoten	kontinuierliche Energienachfrage in der Weltwirtschaft	Manifestation von Umweltschäden durch weltwirtschaftliche Entwicklung	Einfluß auf die Liquiditätslage internationaler Finanzmärkte: Zinsbedingungen	stetiger Anreiz zur Innovation im weltwirtschaftlichen Wettbewerb
Investitionen in Bergbau- und Aufarbeitung	Basis zur Abschätzung der mittelfristigen Bergbaukapazitäten	Basisinformation für eine strategische Rohstoffpolitik	Schwächung des Kartells bei Investitionen von Drittparteien	Sicherung der Energieverfügbarkeit durch Investitionen in die Förderung von Energierohstoffen	Verursachung von Umweltschäden, Einsatz umweltverträglicher Technologien	Inanspruchnahme von Eigen- und/ oder Fremdkapital	Einsatz neuer Technologien

Erklärung: Diese Tabelle soll die Wechselwirkungen der Einflußfaktoren für die Märkte von nicht-erneuerbaren Ressourcen verdeutlichen. Die Eintragungen in den einzelnen Feldern geben an, wie ein Einflußfaktor aus einer Zeile direkt auf Angebot und Nachfrage sowie auf andere Einflußfaktoren wirkt. Die Betrachtung einer Zeile gibt somit Aufschluß über die aktiven Wirkungen eines Einflußfaktors. Die Betrachtung einer Spalte zeigt an, von welchen vielfältigen Einwirkungen ein Einflußfaktor geprägt wird.

- Fortsetzung der Tabelle auf der folgenden Doppelseite -

Tabelle I: Einflußfaktoren auf Rohstoffmärkten und ihre Interdependenzen *(Fortsetzung)*

	Recycling, Schrottverfügbarkeit	Lagerstättenpotential, Exploration	Arbeitskräfte	weltwirtschaftliche Entwicklung.	Investitionen in Bergbau und Aufarbeitung	Angebot (Primärrohstoff)	Nachfrage (Primärrohstoff)
Prognosen über zukünftige Ressourcenverfügbarkeit	Einfluß auf Investitionen im Bereich Recycling	Einfluß auf Entscheidungen zur Exploration	Einschätzung zukünftiger Arbeitsplätze im Bergbau	mögliche Börsenreaktion, Einfluß auf allgemeines Investitionsklima	Einfluß auf langfristige Investitionsplanung	Einfluß auf mittelfristige Anpassungen der Angebotsmenge	Einfluß auf Lagerhaltung, Ressourcenschonung
Staat	Einfluß durch staatliche Recyclingförderung, Abfallpolitik	staatliche Beteiligung an Exploration, staatliche Kartographie	Arbeitsgesetzgebung, Arbeitsplatzsubventionen	inverses Angebotsverhalten staatlicher Bergbauunternehmen (Preisverfall)	Wirtschaftsförderung, Regulierung, politische Stabilität als Investitionsanreiz	Abgabenbelastung, Quoten, Regulierung, staatliche Bergbauunternehmen	Abgabenbelastung, Umwelt- und Gesundheitsvorschriften
Rohstoff-Kartelle	Monopolpreise als Anreiz für erhöhte Recyclingaktivitäten	Anreiz für Exploration bei Akteuren außerhalb des Kartelleinflusses	Spielraum für hohe Löhne in kartellierten Unternehmen, Migration	Beschränkung physischen Wachstums, Börsenreaktion	geringe Investitionen der Kartellmitglieder / Investitionsanreiz außerhalb des Kartells	vermindertes Rohstoffangebot, Monopolpreise	verringerte Nachfrage, Ausweichen auf Substitute
Energie (Kosten, Verfügbarkeit)	hohe/niedrige Energiekosten begünstigen/ hemmen Recycling	Einfluß auf Wirtschaftlichkeit der Rohstoffausbeutung, Ausmaß Reservenbestand	Substitutionsverhältnis der Produktionsfaktoren Arbeit und Energie	Einfluß auf Ausmaß des physischen Wachstums	wesentlicher Kostenfaktor	hohe Energiekosten vermindern das Angebot und wirken preissteigernd	hohe Rohstoffpreise wirken nachfragesenkend
Umweltbezogener Wertewandel	Einfluß auf Ausmaß des Recycling, erhöhte Umweltverträglichkeit der Recyclingprozesse	Beachtung der Umweltverträglichkeit von Explorationsmethoden	Einfluß auf Umweltschutz und Arbeitssicherheit am Arbeitsplatz	Einfluß auf internationale Umweltregime, ressourcenschonender Strukturwandel der Weltwirtschaft	Einfluß auf Umweltmanagement im Bergbau, Einsatz umweltschonender Technologien	Einhaltung von Umweltstandards mag erhöhte Kosten und geringeres Angebot bewirken	ressourcenschonende Grundhaltung, verminderte Nachfrageentwicklung
Bergbaufinanzierung	Abwägung in der Finanzierung von Primär- und Sekundärprozessen	Bereitstellung der Explorationsmittel	Bereitstellung der Mittel für Lohnzahlung	Kreditvergabe mag Einfluß auf Zinssätze haben	Bereitstellung der Investitionsmittel		

	Recycling, Schrottverfügbarkeit	Lagerstättenpotential, Exploration	Arbeitskräfte	weltwirtschaftliche Entwicklung	Investitionen in Bergbau- und Aufarbeitung	Angebot (Primärrohstoff)	Nachfrage (Primärrohstoff)
F & E, technischer Fortschritt	Kostensenkung durch F&E verändert Wettbewerbssituation zwischen Primär- und Sekundärressourcen	verbesserte Explorationsmethoden bewirken Kostensenkung bei Primärressourcen	verbesserte Arbeitsplatzbedingungen, Rationalisierung	Entwicklungsschübe durch Innovationen	Verfügbarkeit kostensenkender Technologien erhöht Investitionsanreiz	Kostensenkung durch F&E beflügelt das Angebot, Gewinne durch Innovationen	erhöhte Nachfrage bei sinkenden Preisen und neuen Produkten, Information über Forschungsergebnisse
Recycling, Schrottverfügbarkeit	X	Sekundärressourcen erhöhen Reserveposition, Verringerung der Exploration	Konkurrenzstellung der Arbeitskräfte im Recycling- und Bergbausektor	möglicher Bedeutungszuwachs des Recyclingsektors und der Sekundärmärkte	starke Position der Sekundärressourcen wirkt investitionsmindernd im Bergbau	Erstarken des Sekundärressourcenangebots vermindert Angebot an Primärressourcen	verminderte Nachfrage bei Verfügbarkeit kostengünstiger Sekundärressourcen
Lagerstättenpotential, Exploration	Einfluß der Primärreserven auf Wettbewerbsstellung des Recyclingsektors	X	Informationsbasis zu langfristigen Arbeitsplatzpotentialen im Bergbau	Einfluß der Reserven auf Energie- und Materialintensität	Informationsbasis für zukünftige Investitionsplanung	Grundlage für kontinuierliches Angebot	Lagerhaltung und Rückgriff auf Substitute bei diskontinuierlichem Angebot
Arbeitskräfte	hohe Löhne und Streiks im Bergbau begünstigen Recyclingsektor	Einsatz von Arbeitskräften zur Exploration	X	Lohn- und Ausbildungsniveau als Standortfaktor im Bergbau	verfügbare Arbeitskräfte	Angebotsverringerung durch Streik und hohe Löhne	Streikrisiko: Diversifizierung der Lieferanten, Nachfragerückgang
Weltwirtschaftliche Entwicklung	Aufbau von sekundären Rohstoffreserven durch Kapitalakkumulation	Energie- und Materialverbrauch machen stetige Exploration erforderlich	Arbeitsmigration aufgrund von Wohlstandsdifferenzen	X	weltwirtschaftliche Rahmenbedingungen: Zinsniveau, Wechselkursentwicklung, Inflation ...	Informationsbasis für Trends in der Ressourcennachfrage	Finanzlage auf der Nachfrageseite, Veränderungen in der Nachfragestruktur
Investitionen in Bergbau- und Aufarbeitung	Wettbewerb mit Sekundärressourcen	Erschließung neuer Lagerstätten und Ressourcenvorkommen	Sicherung von Arbeitsplätzen, Rationalisierung	Sicherung der Verfügbarkeit von Energie und Materie	X	Sicherung und Ausweitung der Angebotskapazitäten	Befriedigung der Nachfrage in kurzer und mittlerer Frist

Anhang II:

Globale Nutzungsintensitäten für nicht-erneuerbare Ressourcen

Die Nutzungsintensität ist ein Maß, das den mengenmäßigen Gesamt- oder Pro-Kopf-Verbrauch von Ressourcen zum Bruttoinlandsprodukt eines Landes oder einer Region in Beziehung setzt. Das Konzept geht zurück auf das Werk von MALENBAUM (1977), der als erster die Nutzungsintensitäten von 1955 bis 1975 für 12 Ressourcen in den USA ermittelte und für die Mehrheit der Ressourcen umgekehrte U-förmige Kurven als Ergebnis präsentierte.[1]

Für diese Dissertation wurden für 14 nicht-erneuerbare Ressourcen und Ressourcengruppen globale Nutzungsintensitäten, also Ressourcenverbrauchszahlen pro Einheit Weltsozialprodukt, für den Zeitraum 1945 bis 1995 berechnet und graphisch dargestellt. Dazu sind folgende Angaben zu Quellen und Methoden erforderlich.

Daten zum Ressourcenverbrauch

Der Ressourcenverbrauch eines Landes wird üblicherweise ermittelt aus der heimischen (primären und sekundären) Produktion einer Ressource plus Importe minus Exporte plus/ minus Vorratsveränderungen.[2] Der so berechnete Verbrauch stellt diejenige Menge an Ressourcen dar, die von der heimischen Industrie verarbeitet wird. Ob die entsprechenden Ressourcen in Form der erzeugten Produkte danach exportiert werden und wieviele Ressourcen in Form verarbeiteter Produkte importiert werden, wird dabei nicht weiter betrachtet. Dieser Umstand, daß nicht der Endverbrauch, sondern nur die Verarbeitung der Ressourcen als Verbrauch erfaßt wird, wurde in der Debatte über nationale Nutzungsintensitäten als Verzerrung der Aussagen der empirischen Ergebnisse kritisiert.[3]

Bei der Ermittlung des globalen Verbrauchs entfällt das Problem des Handels vollständig – sowohl der Handel von Endprodukten als auch der direkte Ressourcenhandel. Der globale Verbrauch ergibt sich mithin aus (primärer und sekundärer) Ressourcenproduktion plus/minus Vorratsänderungen. Da sowohl globale Verbrauchszahlen als auch Daten zu Vorratsveränderungen für die untersuchten Ressourcen von 1945 bis 1995 *nicht* vollständig verfügbar waren, wurde auf Zeitreihendaten zu globalen Produktionswerten zurückgegriffen. Die Verwendung von Produktionsdaten statt Verbrauchszahlen ist legitim, da jährliche Vorratsänderungen im Normalfall relativ gering sind und nicht sehr stark ins Gewicht fallen. In 1995 lagen die Abweichungen der Primärproduktion vom Primärverbrauch für Aluminium bei 2,8%, für Kupfer bei 2,3%, für Zink bei 0,4% und für Blei bei 0,6%. Lediglich im Fall Zinn ist die Abweichung mit 10% beträchtlich. Diese ist jedoch zurückzuführen auf das Scheitern des internationalen Zinnabkommens in 1985, da in den Folgejahren die zuvor angesammelten internationalen Zinnvorräte veräußert wurden.[4]

Bei den Metallen wurden Daten zur Hütten- oder Raffinadeproduktion verwendet. Da in vielen Prozessen der Metallerzeugung auch Schrott eingesetzt wird, reflektiert die Hütten- bzw. Raffinadeproduktion sowohl die Primär- als auch einen Teil der Sekundärproduktion. Da ein Teil des Schrotts in einigen Industrien als sogenannter „direkter Schrotteinsatz“ zur Her-

---

1 Vgl. Warhurst 1994: S. 40 und Labys/Waddell 1989: S. 239-240.

2 Vgl. Metallgesellschaft AG / World Bureau of Metal Statistics (Hg.) 1996, Metallstatistik 1985-1995: S. VI.

3 Vgl. dazu Al-Rawahi/Rieber 1991.

4 Vgl. Metallgesellschaft AG /World Bureau of Metal Statistics (Hg.) 1996: S. 4-5 sowie zum Zinnabkommen und der dadurch entstandenen Lagerbestände: Gocht 1987: S. 912 und Evans 1992: S. 950.

stellung von Legierungshalbzeug benutzt wird und daher durch die Raffinadeproduktion nicht erfaßt ist, sind die hier benutzten Metalldaten leicht geringer als der tatsächliche Verbrauch. Dieser Ansatz wurde gewählt, da die globalen Daten zum direkten Schrotteinsatz besonders in Entwicklungsländern und den ehemals sozialistischen Ländern nur sehr unvollkommen verfügbar sind.[5] Da für das Recycling von Aluminium eigenständige Anlagen verwendet werden und entsprechende Sekundärproduktionsdaten vorlagen, wurden die verfügbaren Daten (1959-1995) benutzt, um die Aluminium-Gesamtproduktion als Summe aus Primär- und Sekundärproduktion zu ermitteln.
Folgende Datenquellen zur Ressourcenproduktion wurden verwendet:

Daten zur Hütten- bzw. Raffinadeproduktion von Nichteisenmetallen: Metallgesellschaft AG/ World Bureau of Metal Statistics (Hg.) 1996, Metallstatistik / Metal Statistics 1985-1995: S. 60-65.

Zusätzliche Datenquellen zur Sekundärproduktion von Aluminium: Metallgesellschaft AG/ World Bureau of Metal Statistics (Hg.) 1994, Metallstatistik / Metal Statistics 1983-1993: S. 14; Metallgesellschaft AG (Hg.) 1984, Metallstatistik 1973-1983: S. 18; Metallgesellschaft AG (Hg.) 1975, Metallstatistik 1964-1974: S. 18; Metallgesellschaft AG (Hg.) 1969, Metallstatistik 1959-1968: S. 13.

Produktionsdaten zu Rohstahl und Steinkohle: Wirtschaftsvereinigung Stahl (Hg.) 1996, Statistisches Jahrbuch der Stahlindustrie 1996: S. 345-353 und Clark 1990: S. 104 + S. 251.

Daten zu rohem Erdöl: Tippee (Hg.) 1997, S. 314-319 und Clark 1990: S. 30, 110, 246, 264.

Daten zu Kunststoff: Glenz 1989: S. 1238 und o.V. 1995: S. 1761.

Daten zum Weltsozialprodukt

Die Ermittlung von Daten zum Weltsozialprodukt (globales BIP) ist mit diversen methodischen Problemen verbunden, so u. a. mit der Umrechnung von nationalen Währungen. Verschiedene methodische Ansätze kommen daher zu unterschiedlichen Werten.[6] Für die Berechnungen der Nutzungsintensitäten wurden die Weltsozialproduktsdaten der WELTBANK von 1973 bis 1992 zugrundegelegt, die in konstanten 1987er US-Dollar ausgedrückt sind.[7] Auf diese Weise ist das Inflationsproblem bereits berücksichtigt.

Da aggregierte Weltsozialproduktsdaten vor 1973 nicht von der Weltbank ermittelt wurden, wurden die entsprechenden globalen BIP-Daten von 1945-1972 unter Verwendung von Weltbankdaten über das reale BIP-Wachstum diverser Ländergruppen für diesen Zeitraum berechnet. Da der Anteil der Industrieländer am Weltsozialprodukt zwischen 1973 und 1992 bei etwa 80% lag, wurden die BIP-Wachstumsraten dieser Ländergruppe zur Berechnung der globalen BIP-Daten von 1945-72 verwendet. Da die anderen Ländergruppen für 1945-72 zumeist leicht höhere Wachstumsraten aufweisen, sind die auf diese Weise ermittelten globalen BIP-Werte leicht überhöht und die Zuwachsraten etwas zu niedrig. Da die Abweichung der Industrieländer-Wachstumsraten von denen der anderen Ländergruppen in dem betrachteten Zeitraum 2% nie übersteigt, wird diese systematische Verzerrung der Daten als vertretbar eingeschätzt. Auf eine Ermittlung einer gewichteten realen globalen Wachstumsrate wurde daher verzichtet. Die globalen BIP-Daten von 1945-1972 wurden unter Verwendung der folgenden realen BIP-Wachstumsraten errechnet:[8]

---

5 Vgl. dazu die Tabellen zur Sekundärproduktion aus Metallgesellschaft AG /World Bureau of Metal Statistics (Hg.) 1996: S. 8-60 mit denjenigen aus Metallgesellschaft AG 1960: S. XXX

6 Vgl. United Nations 1993, Trends in International Distribution of Gross World Product, S. 19-25.

7 Vgl. World Bank 1994: S. 32-33.

8 Daten nach World Bank 1976: Table 1 und World Bank 1980: Table 1.

1945-60: 4,1%

1960-65: 5,3%

1965-73: 4,6%

Die globalen BIP-Daten von 1993 bis 1995 wurden dem STATISTISCHEN JAHRBUCH FÜR DAS AUSLAND entnommen,[9] das sich auf Weltbankquellen beruft. Da diese Daten in nominellen US-Dollar angegeben waren, wurden sie unter Verwendung des Großhandelspreisindex der USA in konstante 1987er Dollar umgerechnet.[10]

Als Resultat dieser Berechnungen ergab sich eine globale BIP-Zeitreihe von 1945-1995 in Millionen konstanten 1987er US-Dollar, die in der nachfolgenden Abbildung II.1 graphisch dargestellt ist.

Abbildung II.1: Globales Weltsozialprodukt (BIP) von 1945-1995 in Billionen konstanten 1987er US-Dollar

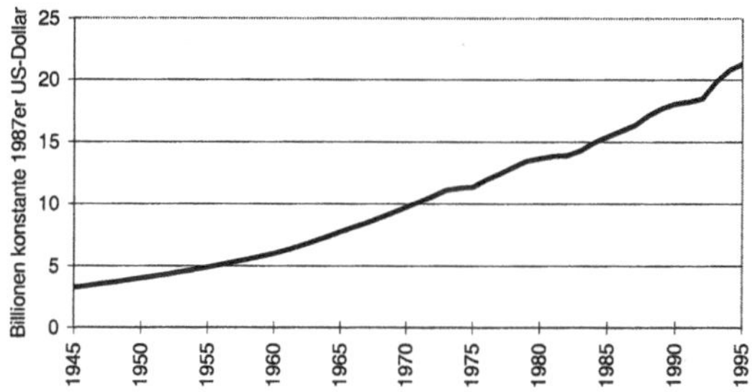

Auf den nachfolgenden zwei Seiten sind die Graphiken zu den Nutzungsintensitäten verschiedener nicht-erneuerbarer Ressourcen abgebildet, die auf Grundlage der hier geschilderten Daten als Quotient von Ressourcenverbrauch bzw. Ressourcenproduktion und globalem BIP ermittelt wurden. Die Graphiken sind sortiert nach dem Zeitraum der höchsten Nutzungsintensitäten der entsprechenden Ressourcen. Für eine Diskussion der Graphiken vergleiche die Ausführungen in Kapitel 5.1.3.

9 Vgl. Statistisches Bundesamt (Hg.) 1995, 1996 und 1997, jeweils Tabelle 17.3.

10 Daten zum Großhandelspreisindex der USA aus: Statistisches Bundesamt (Hg.) 1989: S. 228-229.

Nicht-erneuerbare Ressourcen mit globalen Nutzungsintensitätshöhepunkten vor 1955

Abb. II.2 **Globale Nutzungsintensität für Steinkohle, 1945-1995**

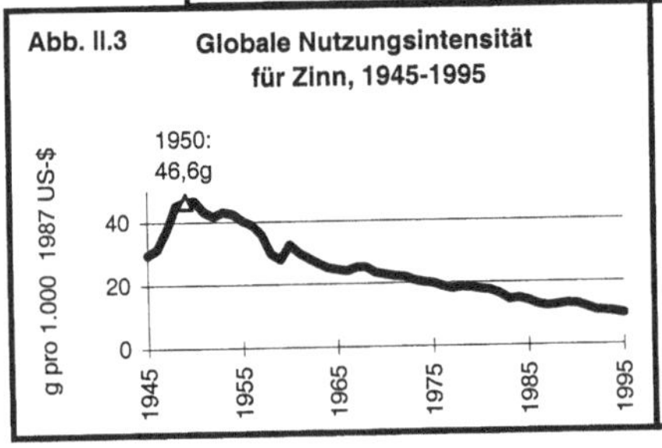

Abb. II.3 **Globale Nutzungsintensität für Zinn, 1945-1995**

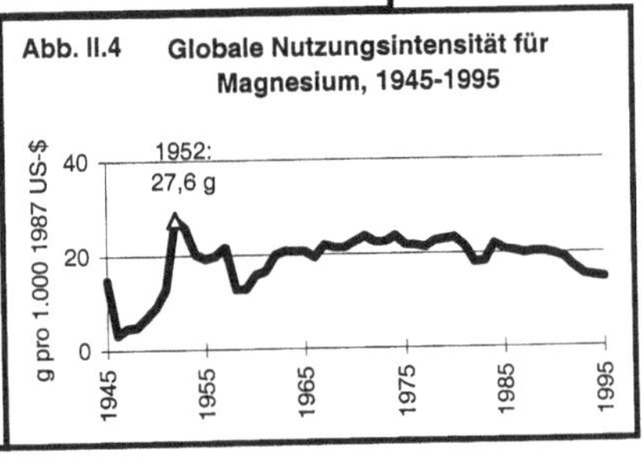

Abb. II.4 **Globale Nutzungsintensität für Magnesium, 1945-1995**

Nicht-erneuerbare Ressourcen mit globalen Nutzungsintensitätshöhepunkten in 1955-69

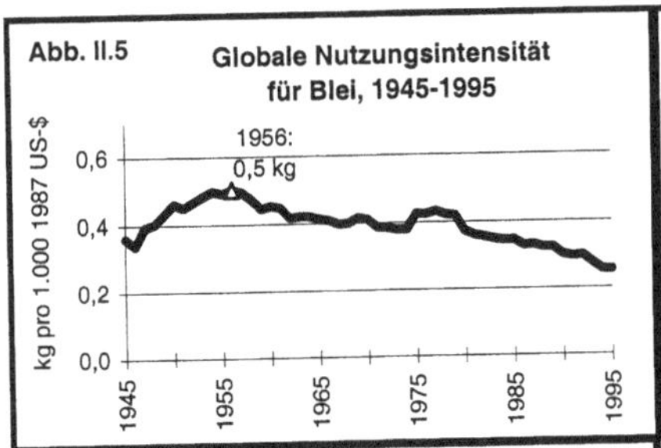

Abb. II.5 **Globale Nutzungsintensität für Blei, 1945-1995**

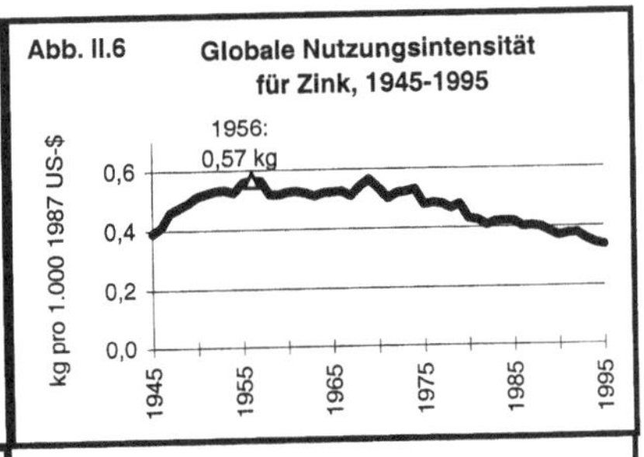

Abb. II.6 **Globale Nutzungsintensität für Zink, 1945-1995**

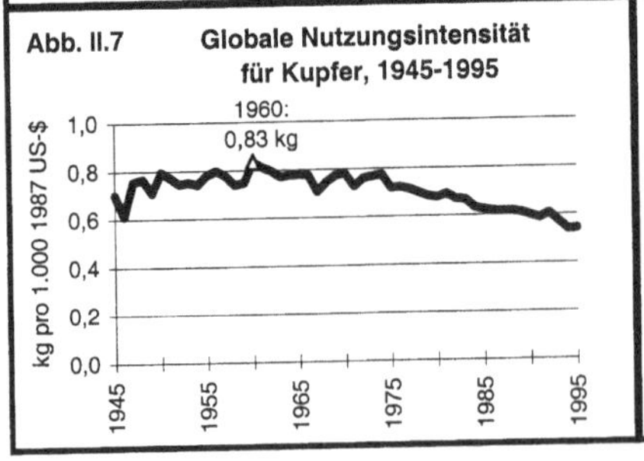

Abb. II.7 **Globale Nutzungsintensität für Kupfer, 1945-1995**

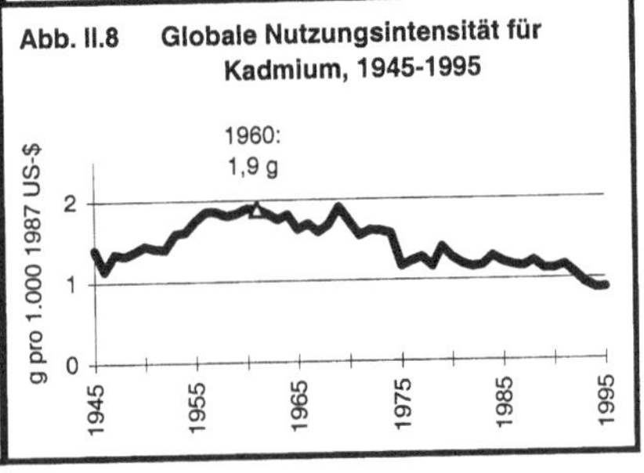

Abb. II.8 **Globale Nutzungsintensität für Kadmium, 1945-1995**

Nicht-erneuerbare Ressourcen mit globalen Nutzungsintensitätshöhepunkten in 1970-79

Abb. II.9 **Globale Nutzungsintensität für Erdöl, 1945-1995**

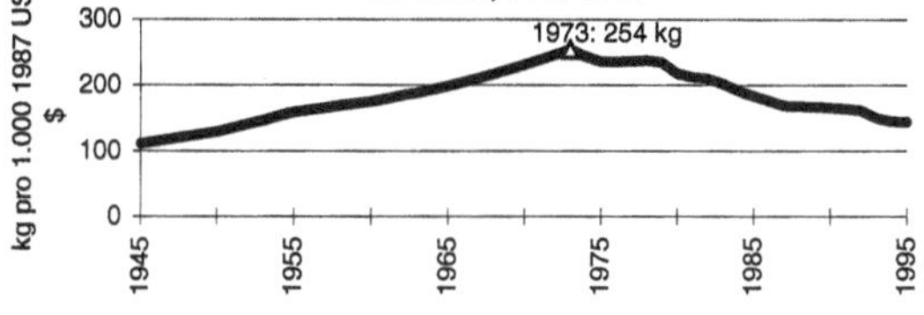

Abb. II.10 **Globale Nutzungsintensität für Stahl, 1945-1995**

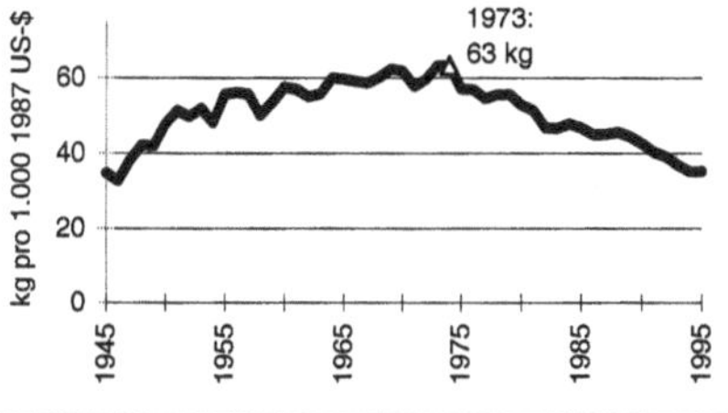

Abb. II.11 **Globale Nutzungsintensität für Nickel, 1945-1995**

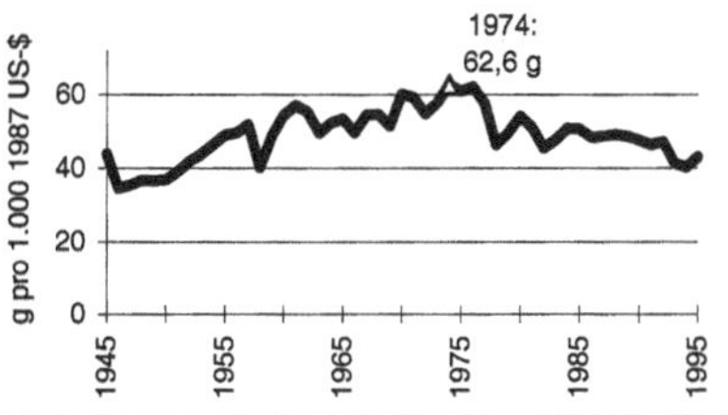

Nicht-erneuerbare Ressourcen mit globalen Nutzungsintensitätshöhepunkten in 1980-90

Abb. II.12 **Globale Nutzungsintensität für Aluminium, 1945-1995**

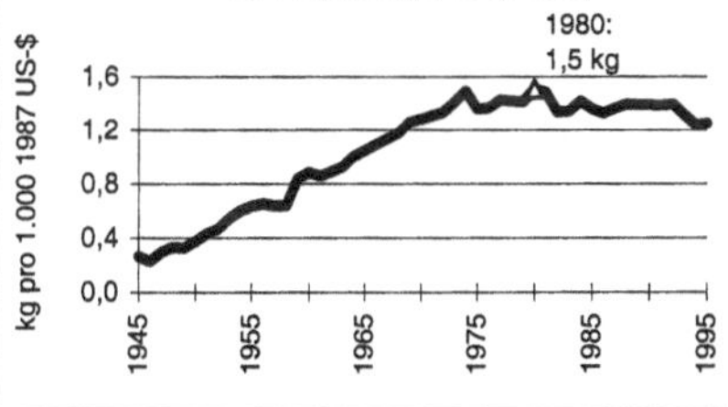

Abb. II.13 **Globale Nutzungsintensität für Kunststoff, 1945-1995**

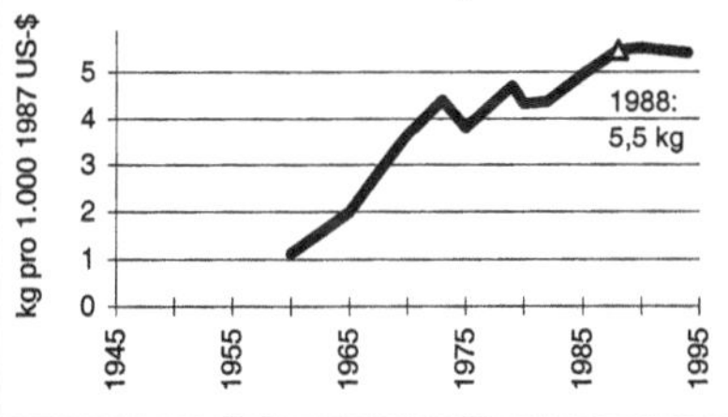

Aggregierte Nutzungsintensitäten

Abb. II.14 **Globale Nutzungsintensität für nicht-erneuerbare Massenressourcen*, 1945-1995**

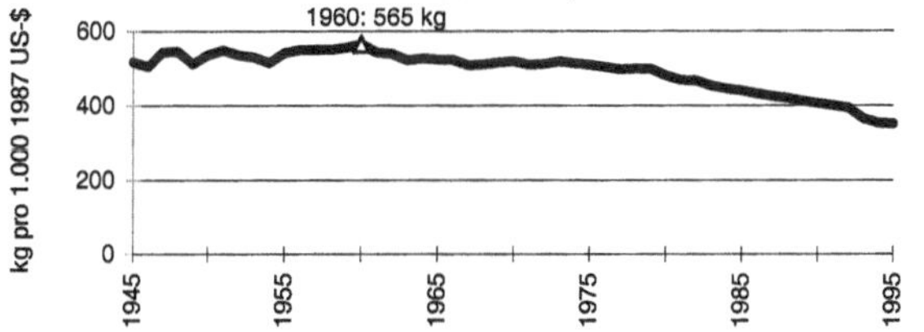

enthalten sind: Kohle, Öl/Kunststoff, Stahl und die wichtigsten Nichteisenmetalle

Anhang III:

Ökologische Sachbilanz von Kupferdraht und -kabel

Eine Ökobilanz beruht üblicherweise auf vier Kernbestandteilen:

1. Eine Untersuchung aller Lebenszyklusstationen eines oder mehrerer Produkte von der Rohstoffgewinnung bis zur Entsorgung (Vertikalanalyse) und eine darauf basierende Zusammenfassung von Lebenszyklusprozessen in Modulen (1. Teil der Sachbilanz).
2. Eine umweltmedienübergreifende Bilanzierung aller Umweltbelastungen in bezug auf die einzelnen Module (2. Teil der Sachbilanz).
3. Eine Diskussion der zusammengefaßten Umweltbelastungen hinsichtlich ihrer Beiträge zu aktuellen globalen, regionalen oder lokalen Umweltkrisen (Wirkungsbilanz).
4. Eine allgemein akzeptierte Bewertung der Umweltbelastungen durch die betrachteten Produkte als Grundlage für umweltorientierte Entscheidungen (Bilanzbewertung).[1]

In diesem Anhang wird eine „ökologische Sachbilanz" von Kupferdrähten und -kabeln präsentiert, die lediglich die ersten beiden Bestandteile einer Ökobilanz umfaßt. Es werden hauptsächlich methodische Fragen der Sachbilanzierung geklärt, während aufbauend auf den hier dargelegten Daten weiterführende Aspekte in Kapitel 5.2.1.3 analysiert und diskutiert werden.

Gegenstand der hier präsentierten Sachbilanz, die in quantifizierter Form in der nachfolgenden Tabelle III.1 zusammengefaßt ist, ist die Darstellung der Umweltbelastungen in Form von Energie- und Stoffströmen, die durch die Produktion, den Gebrauch und die Entsorgung von Kupferdrähten und -kabeln verursacht werden. Bilanziert wurden in ausführlicher Weise die umweltmedienübergreifenden Energie- und Stoffströme von Kupferdrähten mit 0,6 mm Durchmesser und 0,3 mm Kunststoffmantel, die hauptsächlich in Elektrogeräten eingesetzt werden, und außerdem wurden in grober Annäherung die Belastungen durch Kupferkabel mit 50 mm Durchmesser und 10 mm Isolierung und Ummantelung aus PE-Kunststoff abgeschätzt, die im Bereich der öffentlichen Stromversorgung Einsatz finden können. Beide Produkte wurden sowohl in bezug auf die Kabellänge als auch hinsichtlich des Kupferinhalts bilanziert. Der Bilanzierungszeitraum der Erhebung der Stoffstromdaten bezieht sich auf die Zeitperiode von 1990-1995, wobei einige allgemeine Stoffstromdaten, z. B. über die Emissionen aus der Energieerzeugung und dem Transport, auch aus den späten 1980er Jahren stammen. Die grundlegende Datenquelle mit den wesentlichen Rohdaten zu einzelnen Prozessen in der kupfererzeugenden und -verarbeitenden Industrie ist eine Studie zur „Sachbilanz einer Ökobilanz der Kupfererzeugung und -verarbeitung", die am *Institut für Metallhüttenwesen und Elektrometallurgie* der RWTH Aachen erstellt wurde, und deren Ergebnisse BRUCH ET AL. (1995A, B, C) in drei Artikeln der Zeitschrift *Metall* veröffentlichten. Weiterhin stammen wichtige Daten zu Stoffströmen des Transports vom UMWELTBUNDESAMT (1992), während aus einer Publikation der METALLGESELLSCHAFT AG (HG.) (1993) bedeutsame Daten über den globalen Kupferbergbau entnommen wurden. Energiedaten zum Shredderprozeß gehen auf Angaben von LANGNER (1994) zurück.

Für die Vertikalanalyse der Sachbilanz, die eine methodische Aufbereitung der aufeinander folgenden Lebenszyklusstadien der Kupferprodukte leistet, wurden für den Kontext der Kupferdrähte und -kabel **fünf Module** ausgewählt, die die **Systemgrenzen der Sachbilanz** abstecken. Grundsätzlich wurde so verfahren, daß die Energie- und Stoffströme nahezu aller Pro-

---

1 Vgl. Umweltbundesamt 1992: S. 16-18.

zesse *innerhalb* der 5 Module bilanziert wurden, wobei zusätzlich die Ströme der Elektrizitätserzeugung und des Transports einbezogen wurden. Stoffströme der Kernernergieerzeugung wurden dabei nicht einbezogen. Die Stoffströme und Energieeinsatzmengen zur Erzeugung der Energieträger wurden aufgrund von Datenmangel nicht einbezogen. Wesentliche materielle Inputs sowie Hilfs- und Betriebsstoffe wurden in der Weise berücksichtigt, daß die zu ihrer Produktion notwendige Energie angesetzt wurde, während die materiellen Stoffströme ihrer Herstellung vernachlässigt wurden.[2]

Das ***erste Modul*** bezieht sich auf den Prozeß der Erzgewinnung im Bergbau; das ***zweite Modul*** umfaßt die Erzaufarbeitung bis zur Herstellung eines Konzentrates von etwa 30% Kupferinhalt; das ***dritte Modul*** schließt die Prozesse Konzentrattransport, Kupferverhüttung und Raffination zur Erzeugung von Raffinadekupfer mit 99,9% Kupferinhalt ein; das ***vierte Modul*** enthält die Prozesse der Draht- und Kabelproduktion, wobei sich Modul 4A auf die Drahtproduktion (0,6 mm) und Modul 4B auf die Kabelproduktion (50 mm) bezieht; in ***Modul 5*** wird schließlich die Gebrauchs-, die Recycling- und die Entsorgungsphase zusammengefaßt, wobei erneut produktspezifisch zwischen Draht (5A) und Kabel (5B) differenziert wird. Zusätzlich zu den einzelnen Modulen sind diverse Multiplikatoren notwendig, um die technischen Input-Output-Beziehungen zwischen den Modulen zu berücksichtigen. Außerdem wurden im Rahmen der Vertikalanalyse einige abstrakte Modellüberlegungen einbezogen, um die globale und die intertemporale Repräsentationskraft der Prozesse des Bergbaus, des Recyclings und der Gebrauchsphase zu gewährleisten. Schließlich ist noch darauf zu verweisen, daß die vorliegende Sachbilanz auch einige Datenlücken aufweist, und daß einige Daten – z. B. der Flächenverbrauch der jeweiligen Prozesse – aufgrund fehlender Datengrundlage entweder völlig fehlen oder aber geschätzt werden mußten. Grundsätzlich nicht bilanziert wurden die Energie- und Stoffströme, die bei der Erzeugung der Produktionsanlagen entstanden sind. Sie wurden als gegeben angenommen.[3] Die einzelnen Module, Multiplikatoren und Modelle der Sachbilanz und die methodische Feinheiten werden nachfolgend dargestellt.

Module 1 und 2

Die Module 1 und 2 werden hier zusammen dargestellt, da die Prozesse Bergbau und Aufbereitung technisch gesehen sehr eng miteinander verflochten sind. So sind die benötigten Energieeinsätze und erzeugten Stoffströme der Erzaufarbeitung in hohem Maße davon abhängig, welche Erzkonzentrationen und Erzzusammensetzungen aus einer Kupfergrube im Bergbau zutage gefördert werden. Das Modul 1 umfaßt alle Prozesse des Abbaus von Roherz, wobei die Stoffströme der Exploration und die Tätigkeiten bis zur Produktionsreife des Bergwerkstandorts unberücksichtigt bleiben. Das Modul 2 schließt den Mahlprozeß des Roherzes ein sowie den sogenannten Flotationsprozeß, in dem das Erz zu einem Kupferkonzentrat mit etwa 27-35% Kupferinhalt aufkonzentriert wird.

Problematisch an den Prozessen Bergbau und Aufarbeitung ist, daß die Umweltbelastungen, die von ihnen ausgehen, sehr stark von den klimatischen, geographischen und geologischen Verhältnissen des Bergbaustandorts abhängig sind und daher eine repräsentative Auswahl von zu untersuchenden Kupfergruben kaum möglich ist. So variieren die geologischen Erzzusammensetzungen von Grube zu Grube und mit ihnen die Konzentrationen des Kupfers im Erz

---

2 So wurden z. B. für den Einsatz von Sauerstoff im Schmelzprozeß 3,085 MJ/kg Sauerstoff einberechnet, während für ein Kilogramm Sprengstoff 0,04 MJ angesetzt wurden. Vgl. für eine vollständige Übersicht der Energieäquivalente der Materialinputs: Bruch et al. 1995a: S. 253.

3 Nach BOUSTEAD/HANCOCK (1979: S. 178-179) liegt der Beitrag der Produktionsanlagen zum gesamten Energieeinsatz in diversen Industrieprozessen bei 1-5% und mag daher als vernachlässigbar betrachtet werden.

sowie die Anteile anderer Metalle und die des Schwefels. Weiterhin wird das Ausmaß der anfallenden sauren Minenabwässer und der Staubentstehung nicht zuletzt auch vom Niederschlag bestimmt, während die Menge des Abraums insbesondere von der geographischen Lage des Kupfervorkommens abhängig ist. Trotz diverser individueller Kupfergrubenmerkmale bestehen aber auch Ähnlichkeiten zwischen verschiedenen Arten von Kupferbergwerken. Wie ausgeführt in Kapitel 5.2.1.2 existieren Kupfervorkommen mit geologisch ähnlichen Merkmalen. So sind z. B. die porphyrischen Kupfervorkommen dadurch gekennzeichnet, daß sie in Verbindung mit Schwefel auftreten, daß sie eher geringe Kupferkonzentrationen um etwa 1% aufweisen und daher im Tagebau abgebaut werden. Im Gegensatz dazu weisen sedimentäre Vorkommen zumeist oxidische Erzverbindungen mit höheren Kupferkonzentrationen auf, die gezielt im Untertagebau gewonnen werden. Damit sind zwei wesentliche Merkmale genannt, die hinsichtlich der Umweltbelastungen einer Kupfergrube von großer Bedeutung sind: die Erzkonzentration determiniert die Menge des anfallenden Erzabfalls und die Abbaumethode (Tagebau/Untertagebau) bestimmt maßgeblich das Ausmaß von Energieverbrauch, Abraum und Flächenverbrauch, wobei die entsprechenden Tagebauwerte in den meisten Fällen vergleichsweise deutlich höher sind.

Angesichts dieses Umstandes war es von den Autoren BRUCH ET AL. (1995A) methodisch gesehen angemessen, nicht nur *eine* Kupfergrube hinsichtlich der Energie- und Stoffströme zu untersuchen, sondern vier: zwei Untertagebaugruben und zwei Tagebaue, wobei die Erzkonzentrationen der ausgewählten Gruben deutlich differieren. Auf diese Weise wurden wichtige und typische Unterschiede von Kupfergruben erfaßt. Unberücksichtigt blieben allerdings oxidische Kupfervorkommen, die üblicherweise in einem hydrometallurgischen Verfahren aufbereitet und raffiniert werden. Da diese Vorkommen jedoch nur einen Beitrag von etwa 10% zur globalen Kupferproduktion leisten[4], mag ihre Vernachlässigung eine nur geringe Verzerrung darstellen.

Die Stoffstromwerte der Module 1 und 2 sind für die vier Gruben in Tabelle III.1 (Teil 1) pro Tonne Kupferinhalt im Erz dargestellt. Auf eine explizite Nennung der Grubenstandorte wurde verzichtet; statt dessen wurden die Gruben mit A, B, C und D bezeichnet und mit ihren Hauptmerkmalen versehen. Die Gruben A und B sind Untertagebaubergwerke und weisen Erzkonzentrationen von 3,2% bzw. 1% auf, während C und D Tagebaue mit Konzentrationen von 1,25% bzw. 0,5% sind. Hinsichtlich der Bedeutung der Gruben ist zu konstatieren, daß alle vier Kupferbergwerke weltwirtschaftlich sehr bedeutsam sind und zu den Kupfer-Hauptlieferanten der Bundesrepublik Deutschland zählen. Drei der vier Gruben gehören zu den zehn größten Kupfergruben der Welt und zusammen erzeugen sie nahezu 15% der globalen Kupfererzproduktion.[5]

In der Tabelle III.1 sind nicht nur die umweltbelastenden Outputströme aufgeführt, sondern zur Verdeutlichung der Entstehung der verschiedenen Outputströme sind ebenfalls die wichtigsten Inputs angegeben. Grundsätzlich sind als Inputs Material- und Energieströme aufgeführt, während bei den Outputs unterschieden wird zwischen Produkten, gas- bzw. staubförmigen Emissionen, materiellen Reststoffen und Kuppelprodukten. Generell unberücksichtigt blieben die Kuppelprodukte in Form anderer Metalle. Der Input Wasser, der häufig in Kreisläufen geführt wird, wurde nur in dem Maße angegeben, wie er im Prozeßverlauf ersetzt werden muß. Somit ist der Wasserinput gleichermaßen als Abwasseroutput zu interpretieren. Die Werte zu den Emissionen sind aggregierte Werte aus Bergbau *und* Aufbereitung und beziehen sich auf die Aktivitäten Sprengung, Transport und Energiebereitstellung. Da in BRUCH ET AL.

4 Vgl. Metallgesellschaft (Hg.) 1993: S. 54.

5 Vgl. Bruch et al. 1995a: S. 255 und Bruch et al. 1995c: S. 438.

(1995A) keine getrennten Emissionsdaten genannt werden, sind die entsprechend zusammengefaßten Daten der beiden Module nur unter dem Modul Bergbau aufgeführt. Die eher niedrigen Emissionswerte von Grube B erklären sich u. a. daraus, daß die genutzte Energie hauptsächlich aus Wasserkraftwerken stammt. Die Reststoffwerte für Asche und Gips ergeben sich ausschließlich aus der Emissionszurückhaltung der Energieerzeugung. Schließlich ist für den Erzabfall, der hier als „Berge" bezeichnet wird, festzustellen, daß die entsprechenden Mengen sowohl Erzreste enthalten als auch Abwasser und sonstige Inputs wie z. B. Prozeßchemikalien.

Obwohl es methodisch gesehen sehr angemessen ist, Kupfergruben mit verschiedenen typischen Merkmalen zu untersuchen und in die Sachbilanz einzubeziehen, so stellt sich mit dieser Vorgehensweise das Problem, ob und wie die entsprechenden Werte in der ökologischen Sachbilanz zugerechnet bzw. gewichtet werden sollen. Angesichts der individuellen Merkmale von Kupfergruben wäre eine Extrapolation der vorliegenden Werte nach strengen Maßstäben methodisch unzulässig. Nichtsdestotrotz kann eine Extrapolation der Daten im Sinne der Ermittlung eines Näherungswertes gerechtfertigt werden. Dabei sollte jedoch darauf geachtet werden, daß die Stoffstromähnlichkeiten der Gruben, die sich aus der Erzkonzentration und der Abbaumethode ableiten, adäquat und möglichst repräsentativ in der Gewichtungsmethode berücksichtigt werden.

BRUCH ET AL. (1995) wählten als methodischen Ansatz eine Stoffstromdatengewichtung der Gruben gemäß der jährlichen Bergwerksproduktion in Kupferinhalt. Daraus ergab sich folgende Stoffstromgewichtung: Grube A 14,9%, Grube B 23,4%, Grube C 52,7% und Grube D 9%.[6] Die Stoffstromdaten für dieses Gewichtungsmodell finden sich in der Tabelle III.1 unter der Bezeichnung *Modell 1a.*

Problematisch an diesem Gewichtungsmodell 1a ist jedoch, daß sich daraus eine Durchschnittskonzentration der Erze von 1,4% ergibt und eine prozentuale Produktionsverteilung zwischen den Abbaumethoden von 38% Untertage- und 62% Tagebau. Diese Werte entsprechen jedoch nicht den Durchschnittswerten des Kupferbergbaus in der Weltwirtschaft zu Beginn der 1990er Jahre. Die durchschnittliche Kupfererzkonzentration war in der westlichen Welt schon in den 1980er Jahren unter 0,8% gesunken.[7] Weiterhin geht aus dem globalen Kupfergrubenverzeichnis hervor, daß 1991 22% des global geförderten Kupfers aus reinen Untertagebauen stammte, 49% aus reinen Tagebauen, 23% aus gemischten Bergwerken mit Untertage- und Tagebau, während für 6% keine Angaben vorliegen.[8] Werden die gemischten Gruben und die Bergwerke ohne Angaben aufgrund der ungenauen methodenbezogenen Datenlage zur Produktion ausgeklammert, so beläuft sich der prozentuale Produktionsanteil der Tagebaue auf 69% und der der Untertagebergwerke auf 31%. Im Lichte dieser Daten wurde vom Autor dieser Arbeit ein eigener Gewichtungsansatz *(Modell 1b)* entwickelt, der den weltwirtschaftlichen Realitäten eher entspricht. Unterstellt wurde für das *Gewichtungsmodell 1b* ein Produktionsverhältnis zwischen Tagebau und Untertagebau von 2:1 sowie eine durchschnittliche Erzkonzentration von 0,8%. Daraus ergab sich für das Modell 1b die folgende Grubengewichtung: Grube A 4,2%, Grube B 28,8%, Grube C 33,7% und Grube D 33,3%.

Das *Gewichtungsmodell 1c* bewertet schließlich die Grube D zu 100% und klammert damit die anderen Gruben aus. Die Motivation für dieses Gewichtungsmodell besteht darin, einen groben Annäherungswert für die Umweltbelastungen für einen Zeitpunkt in der Zukunft zu ermitteln, an dem die Kupfererzkonzentrationen weiter gesunken sind und Konzentrationen

---

6 Diese Verteilungswerte werden in BRUCH ET AL. 1995A nicht explizit genannt. Sie wurden vom Autor aus den dort aufgeführten Daten errechnet.

7 Vgl. Lechner et al. 1987: S. 104.

8 Vgl. globales Kupfergrubenverzeichnis in Metallgesellschaft AG (Hg.) 1993: S. 120-133.

von 0,5% sowie die Tagebaumethode zur Regel geworden sind. Die Werte von Modell 1c sind als obere Grenzwerte für zukünftige Stoffströme aus dem Kupferbergbau zu interpretieren, da sie den technischen Fortschritt der Zukunft nicht beinhalten (können).

Die Werte für alle drei Gewichtungsmodelle 1a, 1b und 1c werden in der Sachbilanz der Tabelle III.1 einzeln aufgeführt und auch bei der abschließenden Zurechnung der Stoffstromdaten aus den Modulen 1 und 2 werden Werte für alle drei Modelle berechnet. Daher sind am Ende der ökologischen Sachbilanz drei Ergebnisse vorzufinden.

Modul 3

Das Modul 3 umfaßt alle Prozesse vom Transport des Kupferkonzentrats bis zur Herstellung von Raffinadekupfer. Da die zugrundeliegenden Daten auf den Verhüttungs- und Raffinationsprozessen in der Bundesrepublik Deutschland beruhen, spiegeln die angeführten Stoffstromdaten der Tabelle III.1 folgende Prozesse wider: Überseetransport des Kupferkonzentrats aus den Ursprungsländern der vier Gruben nach Deutschland, Schwebeschmelzverfahren der Konzentrate mit anschließender Schwefelsäuregewinnung aus der SO_2-haltigen Abluft, Konverterarbeit zur Erzeugung von Rohkupfer mit 96-99% Kupferinhalt und schließlich Raffinationselektrolyse mit dem Endprodukt des 99,9%igen Kathodenkupfers. Zur Berechnung der Stoffströme wurde ein Musterkonzentrat unterstellt, das 30% Kupfer, 32% Schwefel, 26% Eisen sowie in geringeren Mengen Silizium, Arsen, Blei und andere Schwermetallverbindungen enthält. Da sich die deutsche Kupferverhüttung und -raffination auf dem neuesten Stand der Technik befindet und in manchen Bereichen der Umwelttechnologie eine Spitzenstellung in der Welt einnimmt, repräsentieren die Stoffstromwerte für Modul 3 die beste verfügbare Technologie in Industrieländern.[9]

Weiterhin wurde von BRUCH ET AL. (1995A) auch berücksichtigt, daß Kupferschrott bei der Raffination in der Bundesrepublik Deutschland eingesetzt wird. Den Stoffstromdaten liegt daher zugrunde, daß zur Herstellung einer Tonne Raffinadekupfer 2,13 Tonnen Kupferkonzentrat mit einem Feuchtigkeitsanteil von maximal 12% und einem Kupferanteil von 30% benötigt werden sowie 0,55 Tonnen Kupferschrott mit einem durchschnittlichen Kupferanteil von 75,4%.[10]

Da sich aus diesen Inputwerten der deutschen Kupferverhüttung ergibt, daß nur etwa 57% des Inputkupfers aus Primärmaterial besteht und 43% aus Sekundärkupfer, ist es für die additative Zusammenfassung der Module eins bis drei erforderlich, daß die Stoffstromdaten der Module eins und zwei, die sich auf den Bergbau und die Aufbereitung von einer Tonne Primärkupfer beziehen, vor einer Aufaddierung mit dem Primäranteilmultiplikator von 0,57 multipliziert werden. Dieser Vorgang wird in der Tabelle III.1 (Teil 1) in der Zeile „Umrechnung für Modul 3" vollzogen. In der Zeile „Summe der Module 1-3" werden schließlich die Stoffströme der ersten drei Module für alle drei Gewichtungsmodelle 1a-1c zusammengefaßt.

Modul 4

Im Modul 4 werden die Energie- und Stoffströme zur Produktion von Kupferdraht und Kupferkabel ermittelt. Erneut sind von BRUCH ET AL. (1995b) Daten von deutschen Kupferverarbeitern erfaßt worden. Da es sich um verschiedene Produkte handelt, die in teilweise unterschiedlichen Verfahrensschritten erzeugt werden, wurden sie getrennt bilanziert. Die Stoffstromwerte der Herstellung von Kupferdraht mit 0,6 mm Durchmesser und 0,3 mm

9 Vgl. Bruch et al. 1995a: S. 255-256.

10 Vgl. Bruch et al. 1995a: S. 256 und Bruch et al. 1995c: S. 438.

Kunststoffmantel sind in Modul 4A und die Werte für Kupferkabel mit 50 mm Durchmesser und 10 mm PE-Kunststoff-Isolierung/Mantel sind in Modul 4B ermittelt worden.

Zuerst sei **Modul 4A** betrachtet. Die Herstellung eines Kupferdrahtes mit 0,6 mm Durchmesser und 0,3 mm PE-Kunststoffmantel schließt folgende Verfahrensschritte ein. Zuerst wird noch in der Kupferhütte in einem kontinuierlichen Prozeß Gießwalzdraht (GWD) mit einem Durchmesser von 8 mm hergestellt. GWD ist das Kupferhalbzeug, das der Erzeugung jeglicher Art von Kabeln, Leitungen und Drähten zugrunde liegt. Danach erfolgt der Transport in die Kabelwerke, wo der GWD auf die Drahtdicke von 0,6 mm gezogen und der resultierende Blankdraht endgeglüht wird. Abschließend wird der blanke Draht mit Kunststoff umhüllt und es entsteht als Endprodukt ein ummantelter Kupferdraht.

Die Stoffströme für das Modul 4A können aus der Tabelle III.1 (Teil 2) abgelesen werden. Dort sind nicht nur die aggregierten Daten für das Modul genannt, sondern die Prozesse bis zur Blankdrahtherstellung, die Stoffströme des Kunststoffmantels und die Werte für die Kunststoffummantelung sind auch separat aufgeführt. Für den Kunststoffmantel wurde lediglich der Primärenergieverbrauch für die Herstellung von 320 kg PE berücksichtigt (27 GY), das für eine 0,3 mm Ummantelung von einer Tonne 0,6 mm Draht benötigt wird. Die energiebezogenen Emissionen des Energieverbrauchs der Kunststoffproduktion wurden nach dem Kraftwerkmix der Bundesrepublik Deutschland ermittelt.[11]

Modul 4B bezieht sich auf die Herstellung eines einadrigen Kupferkabels, wie es als Stromkabel im Mittelspannungsbereich bei 10-30 Kilovolt Einsatz findet. Ein solches Kabel besteht aus vier Grundbestandteilen: 1. dem raffinierten Kupfer als Leitermaterial; 2. dem Isoliermaterial aus Kunststoff; 3. einem Metallschirm oder -mantel aus Kupfer, Blei oder Aluminium zur Ableitung von Fehlerströmen; und 4. einer Schutzhülle aus Kunststoff.[12] Aus den Erhebungen von BRUCH ET AL. (1995) können die vollständigen Stoffstromdaten für ein solches Kabel nicht ermittelt werden. Daher wird an dieser Stelle lediglich eine *sehr grobe Abschätzung* der Stoffströme vorgenommen, die sich ausschließlich auf ein **(hypothetisches) Kabel** mit einem 50 mm Kupferleiter, einer 7 mm PE-Isolierung und einen 3 mm PE-Mantel beziehen, wobei insbesondere die Stoffströme der eingesetzten Materialien berücksichtigt werden.[13] Kabel mit einem 50 mm Durchmesser werden hergestellt, indem mehrere Gießwalzdrähte miteinander verseilt werden. Bisweilen werden auch Massivleiterkabel mit einem solchen Durchmesser in einem kontinuierlichem Gießverfahren hergestellt – in ähnlicher Weise wie GWD.[14] Zur Abschätzung der Stoffströme für die Produktion eines solchen Kabels wurden daher die von BRUCH ET AL. (1995b) ermittelten Stoffstromwerte für GWD angesetzt. Es folgen danach Prozesse der Ummantelung des Kupferleiters mit Isolier- und Mantelmaterial – häufig PE oder verdichtetes PE – sowie mit diversen Abdeckschichten und Trennmaterialien. Da keine Stoffstromdaten für diese Prozesse vorlagen, wurden lediglich die Primärenergie und die energiebezogenen Emissionen berücksichtigt, wie sie für die Herstellung einer Menge PE-Kunststoff üblich sind, die für eine 10 mm PE-Schicht als Isolierung und Mantel um ein 1.000 kg schweres Kupferkabel benötigt werden. Unter Verwendung der Daten aus BRUCH ET AL.

11 Vgl. Bruch et al. 1995a: S. 254 und Bruch et al. 1995b: S. 320.

12 Vgl. Steckel 1992: S. 1-8.

13 Kabeldaten nach Brüggemann 1992: S. 78-79. Es sei betont, daß die Stoffstromdaten für die Kabelproduktion auf hypothetischen Annahmen beruhen und nicht auf ausführlichen Erhebungen, wie sie im Fall des Kupferdrahtes zugrunde lagen. Die entstehenden Daten sollen später für eine grobe Abschätzung der Stoffstromunterschiede zwischen Kupfer- und Aluminiumkabeln benutzt werden. Da die Produktionsprozesse für Kabel unabhängig vom Leitermaterial nahezu gleich sind, ist eine präzise Beschreibung der Stoffströme des Kabelproduktionsprozesses für die Intentionen dieser Arbeit nicht unbedingt notwendig. Vgl. Anhang V.

14 Vgl. Brüggemann 1992: S. 42-43 und S. 63.

(1995) sowie bekannter Werte zur Dichte von Kupfer (8,96g/cm³) und üblicher Volumenberechnungsformeln wurde die benötigte Kunststoffmenge für eine 10 mm PE-Mantel/Isolierungsschicht für eine Tonne Kupferkabel mit 50 mm Durchmesser berechnet (45,2 kg) und der entsprechende Primärenergieeinsatz der Kunststoffproduktion ermittelt (3,81 GY). Weiterhin wurde davon ausgegangen, daß ebenso wie in Modul 4A etwa 1% des Kunststoffs im Verarbeitungsprozeß als Abfall entsteht. Die geschätzten Stoffstromdaten für ein 50 mm Kabel, die in Tabelle III.1 (Teil 3) aufgeführt sind, ergeben sich damit als Summe aus den Daten der GWD-Herstellung plus dem Energieverbrauch für den Kunststoffmantel. Es sei nochmals erwähnt, daß diese Werte nur als *äußerst vage Schätzwerte* zu begreifen sind, da diverse Prozesse und Einsatzmaterialien des Moduls 4B nicht berücksichtigt wurden.

Die Endprodukte der Module 4A und 4B sind ein kunststoffummantelter Kupferdraht mit insgesamt 0,9 mm Durchmesser bzw. ein ummanteltes Kupferkabel mit einem Gesamtdurchmesser von 60 mm. Der Kupferinhalt der Produkte beträgt jeweils eine Tonne.

Modul 5

Das Modul 5 umfaßt schließlich drei Prozesse aus dem Lebenszyklus der Kupferprodukte: die Gebrauchsphase, das Recycling und die Entsorgung. Der Grund für diese modulare Zusammenfassung besteht darin, daß diese drei Prozesse sehr eng zusammenhängen. Die Zeitdauer der Nutzung eines Kupferprodukts bestimmt die Umlaufzeit des recyclierbaren Kupfers und ist damit zusammen mit der intertemporalen Verbrauchsentwicklung des Metalls ein maßgeblicher Faktor für die Höhe der realisierbaren Recyclingrate. Der Anteil des Materials eines Produkts, das zu entsorgen ist bzw. im Gebrauch dispergiert, ist andererseits davon abhängig, wieviel Material recycelt wird. Aufgrund dieser Zusammenhänge werden die drei Prozesse in einem Modul behandelt, wobei wiederum differenziert wird zwischen dem Kupferdraht (Modul 5A) und dem Kabel (Modul 5B). Es sei angemerkt, daß alle Daten für dieses Modul nicht mehr auf den Stoffstrom-Erhebungen und den Modellen von BRUCH ET AL. (1995) beruhen.[15]

Als erstes wird die ***Gebrauchsphase von Drähten und Kabeln*** betrachtet. Dieser wurden im Rahmen dieser ökologischen Sachbilanz *keine separaten Stoffströme* zugeordnet, da die Nutzung von Drähten und Kabeln als elektrische Leiter, die die Funktion der Distribution und Übertragung von Elektrizität erfüllen, extrem geringe, nahezu vernachlässigbare Umweltwirkungen mit sich bringen.[16] Lediglich zwei Umweltwirkungen mag die Nutzung von Kupferkabeln nach sich ziehen: Erstens die potentielle Umweltbeeinträchtigung durch elektrische und magnetische Felder (Elektrosmog) sowie zweitens die potentiellen Abnutzungserscheinungen der Kabel (hauptsächlich Abrieb des Kunststoffmantels). Eine Quantifizierung der Elektrosmogwirkung wurde hier nicht vorgenommen, während der dispersive Mantelverschleiß in den Prozessen Recycling und Entsorgung berücksichtigt wurde. Die Stoffströme der Stromerzeugung wurden hier ebenso wie die Stoffströme der Stromendverwendung bewußt *nicht* einbezogen, da die Stromübertragung durch Kupferkabel unabhängig von der *Art* der Stromerzeugung stattfindet. Unberücksichtigt blieben desweiteren auch die Stoffströme der Erdverlegung von Stromkabeln.

---

15 In der Sachbilanz von BRUCH ET AL. (1995c) werden zwar Ansätze zur Berücksichtigung von Produktgebrauch und Recycling präsentiert, doch wesentliche Aspekte werden dabei vernachläßigt.

16 Kupferdrähte und -kabel werden hier als Endprodukte betrachtet, die die Funktion der Elektrizitätsübertragung in vielfältiger Form erfüllen. Wenngleich manche 0,6 mm Drähte in diversen Elektrogeräten integriert sind, wird hier eine Stoffstromzurechnung zu den komplexeren Elektrogeräten nicht vorgenommen, da als Produktdienstleistung nicht die Betreibung eines *bestimmten* Gerätes angesehen wird, sondern die allgemeine Leistung der Übertragung und Distribution von Strom.

Da jedoch die Nutzungs- bzw. die Lebensdauer eines Produkts maßgeblichen Einfluß darauf hat, wie hoch der recycelte Sekundärmaterialanteil der Kupferproduktion ist, der in einem längerfristigen oder gar intertemporalen Kontext realisiert werden kann, wurde die Gebrauchsphase von Drähten und Kabeln in der Weise in der Sachbilanz berücksichtigt, daß produktspezifische Primäranteilmultiplikatoren bestimmt wurden.

Bei der Umrechnung der Stoffstromgrößen der Module 1 und 2 für das Modul 3 wurde in dieser Sachbilanz in Anlehnung an BRUCH ET AL. (1995a) bereits berücksichtigt, daß ein Sekundärmaterialanteil in die Kupferraffination eingeht. Der Primäranteilmultiplikator von 0,57 reflektiert jedoch lediglich, daß ***derzeit*** in ***Deutschland*** 43% des Raffinationsinputs aus Sekundärmaterial stammt. Mit dieser Begründung ist der Wert von 0,57 aber weder global noch intertemporal gesehen repräsentativ. Auch die kupferverarbeitende Industrie in Deutschland importiert Raffinadekupfer aus Entwicklungsländern, wo *überhaupt kein* Sekundärmaterial in der Raffination eingesetzt wird. Außerdem ist ein hoher Sekundärmaterialanteil in der Kupferraffination nur möglich, wenn zuvor in der Vergangenheit eine Kupferproduktion aus reinem Primärmaterial stattfand und sich ein Kupferbestand aufgebaut hat, aus dem sukzessive ein bestimmter Sekundärmaterialstrom in die Raffinadeproduktion des neuen Kupfers einfließen kann. Aus dieser intertemporalen Perspektive ist es nicht angemessen, für die gegenwärtige Kupferproduktion den in einem Land (zufällig) gerade realisierten Sekundäranteil anzusetzen, da damit die zeitlich vorgelagerten Kupferproduktionsprozesse mit hohem Primäranteil und daher hohen Stoffstromwerten, auf denen die Sekundärverwertung der Gegenwart beruht, ausgeklammert würden. Weiterhin ist es aus intertemporaler Sicht hinsichtlich des Sekundärmaterialanteils der Kupferproduktion bedeutsam, wie stark die Kupferproduktion im Zeitablauf angewachsen ist und welcher Anteil des verschlissenen Altmaterials recycelt wird. Unter Einbeziehung dieser Überlegungen können produktspezifische Primäranteilmultiplikatoren berechnet werden, die sich auf einen längeren Zeitraum und einen globalen Kontext beziehen.

Für einen intertemporal unbegrenzten Zeithorizont können der Primäranteil der Kupferproduktion sowie die jährliche Recyclingrate (RR), die dem Sekundäranteil der Jahresproduktion entspricht, ermittelt werden, wenn Werte für die Umlaufzeit bzw. die Lebensdauer der Produkte, für die intertemporale Verbrauchsentwicklung (Rate des Produktionswachstums) und für die Recyclingrate des anfallenden Altmaterials vorliegen. Aus der nachstehenden Formel (A1), die vom Autor dieser Arbeit konzipiert wurde, kann die jährliche Recyclingrate RR bzw. der Anteil des Sekundärmaterials an der Jahresproduktion für jedes Jahr nach einmaligem Ablauf der Produktlebensdauer ermittelt werden, wobei *ARR* für die Rate steht, mit der anfallendes Altmaterial in jeder Periode recycelt wird, M_0 die Kupferproduktionsmenge des Basisjahres darstellt, *r* die Wachstumsrate in der globalen Kupferproduktion repräsentiert und *LD* die durchschnittliche Lebens- oder Nutzungsdauer der Kupferprodukte angibt.

(A1) $$RR = \frac{ARR \cdot M_0}{M_0 \cdot (1+r)^{LD}} = \frac{ARR}{(1+r)^{LD}}$$

Der Nenner der Formel repräsentiert die Jahresproduktion nach einmaligem Ablauf der Produktlebensdauer. Der Zähler zeigt ein, welcher Anteil der Jahresproduktion aus dem Basisjahr nach Ablauf der Produktlebensdauer recycelt wird. Der Quotient ergibt die jahresbezogene Recyclingrate RR, die für alle Jahre nach einmaligem Ablauf der Produktlebensdauer gleich ist, wenn die Werte für ARR, r und LD intertemporal konstant sind bzw. wenn sie angemessene intertemporale Durchschnittswerte darstellen. Die Recyclingrate des Altmaterials ARR ist bei positiven Werten für r stets größer als die jährliche Recyclingrate RR, da das recycelte

Material aus dem Basisjahr M_0 nach Ablauf der Produktlebensdauer einer erhöhten Gesamtproduktion gegenübersteht. ARR und RR nehmen nur bei gleichbleibender Jahresproduktion (r=0) gleiche Werte an.

Als numerisches Beispiel mag für ein Kupferprodukt eine ARR von 95% gewählt werden, die angesichts der guten Recyclierbarkeit des Kupfers und seiner nur wenig dispersiven Einsatzbereiche angemessen ist. Desweiteren mag ein durchschnittliches Wachstum der Kupferproduktion von r=3% gewählt werden sowie eine Produktlebensdauer LD von 10 Jahren, wie sie im Durchschnitt für Elektrogeräte typisch ist. In einer solchen Konstellation, in der das betrachtete Produkt den Sekundärmaterialanteil seiner Produktion ausschließlich aus dem Altmaterial der gleichen Produkte der Vorjahre bezieht, ist die jährliche Recyclingrate bis zum 10. Jahr gleich Null, da noch kein Altmaterial aus den Vorjahren verfügbar ist, während sich ab dem 11. Jahr eine jährliche Recyclingrate von 70,69% einstellt. Betrachtet man die intertemporale Recyclingrate der über die Zeit aggregierten Produktion, so ist zu konstatieren, daß diese Rate gegen den Wert von RR strebt, während jedoch die recyclingfreie Periode der ersten 10 Jahre verhindert, daß der exakte RR-Wert in intertemporaler Sicht je erreicht wird. Immerhin wird für das hier gewählte Beispiel 200 Jahre nach Produktionsbeginn eine intertemporale RR von 70,62% erreicht.[17]

Da der Wert für RR offensichtlich eine Obergrenze für den intertemporalen Sekundärmaterialanteil der aggregierten Produktion darstellt, ließen sich mit seiner Hilfe produktspezifische intertemporale Primäranteilmultiplikatoren für die hier gewählten Kupferprodukte ermitteln, wodurch eine spezifische Zurechnung der Energie- und Stoffströme aus den Modulen 1 und 2 möglich wurde. Vorausgesetzt wurde dabei, daß sich der Sekundäranteil der Produktion ausgewählter Produkte aus dem Schrottrücklauf *derselben* Produktkategorie ergibt. Diese Annahme ist zwar nicht sehr realitätsnah, aber sie ermöglicht die Einbeziehung der spezifischen Produktlebensdauer in die ökologische Sachbilanz von Produkten. Auf diese Weise kann eine produktlebensdauerspezifische Zurechnung von Stoffströmen erfolgen, wobei sich der intertemporale Primäranteil der Kupferproduktion als Differenz von 100% und RR berechnet. Es sei zu betonen, daß diese Methode der Bestimmung von Primäranteilmultiplikatoren für die Stoffstromzurechnung der Module 1 und 2 ein sehr konservatives Vorgehen darstellt, da eine Recyclingrate RR zugrundegelegt wird, die in intertemporaler Sicht einen unerreichbar hohen Grenzwert darstellt.

Basierend auf diesen Überlegungen konnten produktspezifische Primäranteilmultiplikatoren für Drähte (Modul 5A) und Kabel (Modul 5B) ermittelt werden. Die produktspezifischen Wachstumsraten der Kupferproduktion wurden auf Grundlage einer allgemeinen Wachstumsrate ***r*** berechnet, die sich auf den zweihundertjährigen Zeitraum 1900-2099 bezieht. Im Zeitraum von 1900 bis 1995 stieg die globale Kupferproduktion von 0,5 auf 11,5 Mio. Tonnen – das entspricht einer durchschnittlichen jährlichen Zuwachsrate von 3,36%. Aufgrund der allgemeinen Stagnation in der Ressourcennutzung seit den 1970er Jahren betrug die entsprechende durchschnittliche jährliche Zuwachsrate in den Jahren 1985-95 nur noch 1,8%.[18] An dieser Stelle wurde angenommen, daß sich die Stagnation in der Kupferproduktion weiter fortsetzen wird und sie im Durchschnitt der Jahre 1995-2099 nur noch um 1% p. a. steigt. Für diese Konstellation ergibt sich eine durchschnittliche allgemeine jährliche Wachstumsrate für 1900-2099 von r=2,1%.

Die Verwendung einer allgemeinen Wachstumsrate für Kupferprodukte mit unterschiedli-

17 Eigene Berechnungen.

18 Eigene Berechnung nach Daten aus: Metallgesellschaft AG/ World Bureau of Metal Statistics (Hg.) 1996: S. 62-64.

cher Lebensdauer ist allerdings nicht angemessen, da sich bei einem zweiprozentigen Produktionswachstums eines 40 Jahre überdauernden Produktes im Zeitverlauf ein höherer Produkt- und damit Reichtumsbestand anhäuft als bei einem Produkt, das nach fünf oder zehn Jahren verschlissen ist. In eigenen Modellberechnungen zeigte sich, daß sich der Produktbestand bei einem Produktionswachstum von 2,1% und einer ARR=95% bei 40jähriger Lebensdauer in 63 Jahren verhundertfacht. Unter sonst gleichen Bedingungen erfordert eine Verhundertfachung des Produktbestandes bei einer Lebensdauer von nur zehn Jahren einen Zeitraum von 116 Jahren und bei LD=5 werden 147 Jahre benötigt. Um eine Verhundertfachung des Produktbestandes in einem gleichen Zeitraum zu erreichen, ist für LD=10 eine etwa doppelt so hohe Wachstumsrate wie bei einer LD=40 notwendig, während bei LD=5 ein 2,5 Mal so hohes Wachstum erforderlich ist. Aufgrund dieser Zusammenhänge wurden mit Bezug auf die durchschnittliche allgemeine Wachstumsrate von 2,1% *lebensdauerspezifische Wachstumsraten* bestimmt. Sie betragen für eine Lebensdauer von 40 Jahren 1,4%, für eine LD=10 Jahre 2,8% und für LD=5 Jahre 3,5%. Auf diese Weise wird neben dem Wachstum der Kupferproduktion auch die intertemporale Produktbestandsentwicklung bei unterschiedlicher Lebensdauer einbezogen.[19]

Seien nun die produktspezifischen Daten von Kupferdrähten und -kabeln betrachtet. Das **Modul 5A** bezieht sich auf Kupferdrähte mit einem Durchmesser von 0,6 mm. Derartige Drähte finden vielseitige Verwendung zur Stromübertragung in allen möglichen Endprodukten. Sie befinden sich in elektrischen und elektronischen Geräten der Unterhaltungsindustrie (TV-Geräte, CD-Player etc.), die als sogenannte „braune Ware" bezeichnet werden, in Küchengeräten wie Kühlschränken und Elektroherden („weiße Ware), in Geräten der Büro- und Kommunikationstechnik (Telefone, Telefaxgeräte, Kopierer, Computer, etc.) und sie sind auch Bestandteil der Kabelbäume in Kraftfahrzeugen. Nach Angaben des Deutschen Kupferinstitutes und des Umweltbundesamtes weisen derartige Produkte eine durchschnittliche Lebensdauer von etwa 10 Jahren auf[20], so daß **LD gleich 10** gesetzt werden kann. Damit ergibt sich angesichts der obigen Ausführungen eine **lebensdauerspezifische Wachstumsrate von** $\mathbf{r_{LD=10}=2{,}8\%}$.

Schwierig gestaltet sich die Wertbestimmung für die Recyclingrate des Altmaterials ARR für 0,6 mm Drähte. Der Anreiz zum Recycling ist bei komplexen Produkten wie Elektrogeräten und Kraftfahrzeugen eher gering, da die Materialkonzentrationen nicht sehr hoch sind und die Materialien häufig durch Schweiß- und sonstige Verbindungen miteinander verbunden sind, so daß ein Recycling eher erschwert wird. Nichtsdestotrotz hat sich in den Industrieländern besonders im Bereich des Automobilrecyclings in den vergangenen Dekaden einiges bewegt. Heute werden in nahezu allen Industrieländern mehr als 90% aller Altautos einer Wiederverwertung zugeführt, wobei insbesondere 98% des Metallanteils (etwa 75-80% des Kfz-Gewichts) recycelt werden. Noch in 1970 betrug hingegen z. B. in Japan der Anteil der recycelten Altautos lediglich 6%.[21] Im Bereich der EDV-Anlagen hat sich das stoffliche Recycling vergleichsweise schneller entwickelt, da das Computerrecycling hauptsächlich wegen der relativ hohen Edelmetallgehalte ein lohnenderes Geschäft ist. Ganz im Gegensatz dazu ist das Recycling von Elektroschrott der braunen und weißen Ware derzeit noch unterentwickelt. So wird z. B. der Großteil der Elektrogeräte der braunen und weißen Ware in der Bundesrepublik

19 In den nachfolgenden Tabellen III.6a-c sind entsprechende Modellrechnungen abgedruckt, die zeigen, daß sich bei Produktionswachstumsraten von 1,4% bei LD=40, 2,8% bei LD=10 und 3,5% bei LD=5 nach 93 Jahren ein nahezu gleicher Produktbestand einstellt.

20 Vgl. Deutsches Kupferinstitut 1990: S. 5 und Fischer 1993: S. 380.

21 Vgl. Bhakta 1994: S. 36 und Deutsches Kupferinstitut 1990: S. 7.

Deutschland über den Hausmüll entsorgt und gelangt somit über den Entsorgungsweg in Müllverbrennungsanlagen und auf Deponien.[22]

Angesichts der sehr unterschiedlichen Entwicklungen bei verschiedenen Produkten, die Kupferdraht enthalten, kann eine Wertbestimmung für ARR nur in Form einer sehr groben Schätzung vorgenommen werden, die hier auf Grundlage von Daten aus der Bundesrepublik Deutschland durchgeführt wird. In der Bundesrepublik Deutschland fiel in den frühen 1990er Jahren jährlich eine Altautoschrottmenge von etwa 2,4 Mio. Tonnen an, die etwa einen Kupferanteil von 1,7% enthielten.[23] Der Schrott aus Elektrogeräten belief sich etwa auf 1,5 Mio. Tonnen, wovon der Großteil (60%) aus dem Bereich der Unterhaltungselektronik kam und nur etwa 2-3% aus dem EDV-Bereich.[24] Der Kupferanteil in Elektrogeräten variiert von Gerät zu Gerät erheblich. Während in Fernsehgeräten etwa 2,2% Kupfer in Form von Drähten und Kabeln zu finden sind und weitere Kupferbestandteile in der Elektronik auftauchen, beträgt der Kupferanteil in Personalcomputern etwa 5%, während in Kühlschränken nur etwa 0,3% des Gewichts auf Kupfer zurückzuführen ist.[25] Aufgrund des hohen Anteils der braunen Ware im Elektroschrott und angesichts der präzisen Information bezüglich des Kupferdraht- und -kabelanteils in Fernsehgeräten, wird nachfolgend von einem durchschnittlichem Kupferanteil in Elektrogeräten von 2% ausgegangen.

Wird nun eine intertemporal durchschnittliche Altautorecyclingrate von 90% unterstellt, wobei 98% der Nichteisenmetalle zurückgewonnen werden, und eine durchschnittliche Rate von 50% bei den Altelektrogeräten angenommen, wobei ebenfalls 98% der Nichteisenmetalle wiedergewonnen werden, so ergibt sich auf Grundlage der Daten über das deutsche Schrottaufkommen ein **Näherungswert für ARR von 71,6%** für das Kupferrecycling aus den Drähten elektrischer Produktanwendungen.[26] Dieser Wert basiert auf sehr optimistischen Annahmen hinsichtlich der Recyclingentwicklung der Zukunft. Unterstellt wurde, daß im intertemporalen Durchschnitt von 1900-2099 eine Altautorecyclingrate realisiert wird, die heute erst von den Industrieländern erreicht wurde, während eine Altelektrogerätverwertungsrate unterstellt wurde, die bis heute unerreicht ist. Die entsprechende Zurechnung der Energie- und Stoffströme bringt daher tendenziell eher zu niedrige Stoffstromdaten hervor. Dieses Vorgehen entspricht jedoch dem eher konservativen Vorgehen in der Datenwahl im Rahmen dieser ökologischen Sachbilanz.

Aus diesen Werten errechnet sich unter Anwendung der obigen Formel (A1) eine intertemporale Recyclingrate für 0,6 mm Kupferdraht von 54,3%. **Der intertemporale Primäranteilmultiplikator für Modul 5A beläuft sich somit auf 0,457** und ist damit niedriger als der Wert von 0,57 aus der Bilanzierung von BRUCH ET AL. (1995).[27]

---

22 Vgl. Fischer 1993: S. 380 und Breer et al. 1992: S. 123-124.

23 Die jährliche Altautoschrottmenge wurde ermittelt aus der Information, daß derzeit 25% des Altautogewichts als zu entsorgender Shredderabfall verbleibt, von dem jährlich 600.000 t anfallen. Vgl. Schmidt et al. 1995: S. 38. Der Kupferinhalt von Altautos stammt aus Arpaci/Vendura 1993: S. 343.

24 Vgl. Langner 1994: S. 880; Kötter 1996: S. 723 und Fischer 1993: S. 380.

25 Vgl. Breer et al. 1992: S. 20-23 und Langner 1994: S. 883.

26 Rechnung: Bei 1,7% Kupferinhalt der 2,4 Mio. t Autoschrott ergeben sich 40.800 t Altkupfer, von denen 35.986 t recycelt werden (40.800•0,9•0,98). Bei 2% Kupferinhalt von 1,5 Mio. t Elektroschrott ergeben sich 30.000 t Altkupfer, von denen 14.700 t wiedergewonnen werden (30.000•0,5•0,98). Insgesamt werden also von den 70.800 t angefallenen Altkupfer 50.686 t recycelt, was einer ARR von 71,6% entspricht.

27 Der Grund dafür, daß der intertemporale Wert für den Primäranteilmultiplikator niedriger ist als der reale Wert der Gegenwart ist insbesondere auf den Umstand zurückzuführen, daß mit einer durchschnittlichen intertemporalen Wachstumsrate von 2,1% ein Wert gewählt wurde, der deutlich unterhalb der entsprechenden jährlichen Wachstumsraten der vergangenen hundert Jahre liegt, so daß der heutige Primäranteil der Kupferproduktion aufgrund des Einflusses des starken Wachstums noch höher sein muß als der intertemporale Durchschnittswert für 1900-2099.

Für das **Kabel aus Modul 5B** gestaltet sich die Ermittlung des Primäranteilmultiplikators etwas leichter. Nach Angaben des Deutschen Kupferinstituts beträgt die Rücklaufzeit bzw. die Lebensdauer für Kabel 30-40 Jahre.[28] Angesichts der gewählten konservativen Vorgehensweise wird der weniger umweltbelastende Wert von 40 Jahren für die durchschnittliche Lebensdauer eines Starkstromkabels angesetzt. Aus dieser Lebensdauer ergibt sich aus den obigen Ausführungen eine lebensdauerspezifische Produktionswachstumsrate von $\mathbf{r_{LD=40}=1{,}4\%}$. Da ein Recycling von Stromkabeln aufgrund ihres vergleichsweise einfachen Aufbaus und ihrem sehr hohem Kupferanteil sowohl leicht praktikabel als auch rentabel ist, wird als **ARR für das Modul 5B der sehr hohe Wert von 98%** unterstellt. Werden diese Daten in die obige Formel eingesetzt, so ergibt sich eine Recyclingrate von 56,2% für das Starkstromkabel aus **Modul 5B** bzw. ein **Primäranteilmultiplikator von 0,438**. Somit weist das Stromkabel aufgrund der längeren Lebensdauer und der höheren Altmaterialrecyclingrate einen um 2,8% geringeren Primäranteilmultiplikator auf als der Kupferdraht, so daß ihm in der Gesamtbilanz ein geringerer Anteil der Energie- und Stoffströme aus den Modulen 1 und 2 zuzurechnen ist.

Die auf diese Weise ermittelten produktspezifischen Primäranteilmultiplikatoren werden in den Sachbilanzen für Kupferdraht und -kabel im Anschluß an die Ermittlung der Stoffströme für die Module 4A und 4B unter der Überschrift „Umrechnung der Module 1-3" in der Tabelle III.1 (Teil 2 und 3) berücksichtigt. Zuerst wird unter der römischen Ziffer eins jeweils der produktspezifische Primäranteilmultiplikator auf die Stoffstromwerte der Module eins und zwei bezogen. Dabei werden die ursprünglichen Werte der Gewichtungsmodelle 1a-1c aus Tabelle III.1 (Teil 1) anstatt mit 0,57 (wie noch zuvor für die Umrechnung für Modul 3 nach BRUCH ET AL. (1995)) nun mit 0,457 als Zurechnung für Modul 5A bzw. mit 0,438 als Zurechnung für Modul 5B multipliziert.

Unter der römischen Ziffer zwei werden anschließend die Stoffstromwerte des dritten Moduls produktspezifisch und intertemporal angepaßt. Angesichts eines veränderten Anteils von Primärkupfer in der Verhüttung und der Raffination, der nun nicht mehr 57% sondern 45,7% bzw. 43,8% beträgt, wird eine erhöhte Menge Schrott und eine verringerte Menge Kupferkonzentrat verarbeitet. Insgesamt sinkt die zu verarbeitende Materialmenge, da mehr hochprozentiger Schrott (mit 75,4%) und weniger Kupferkonzentrat mit nur 30% Kupferinhalt eingesetzt werden. Entsprechend ist mit geringeren Energieeinsatz- und Emissionswerten zu rechnen. Da keine spezifischen Stoffstromdaten für variierende Materialkombinationsmengen von Schrott und Kupferkonzentration für die Verfahrensschritte Verhüttung/Raffination vorlagen, wurden alle Energie- und Stoffstromdaten des Moduls 3 gemäß der prozentualen Verringerung der Materialeinsatzmengen reduziert (um 9,2% für Modul 5a und 11,7% für Modul 5b). Es handelt sich bei dieser Anpassung erneut um eine grobe Datenschätzung.

Nach dieser Anpassung der Stoffstromdaten der Module eins bis drei an die produktspezifischen Primäranteilmultiplikatoren werden die Daten der Module eins bis drei aufaddiert. Als weiterer Anpassungsschritt werden die resultierenden Werte unter römisch drei mit einem Inputmultiplikator multipliziert, um die Kupferinputmenge für Modul 4 zu berücksichtigen. Während sich die Stoffstromdaten aus den Modulen eins bis drei auf die Produktion von einer Tonne Raffinadekupfer beziehen, wird zur Produktion von einer Tonne Kupferdraht oder -kabel im Modul 4 eine um 6% bzw. 7% höhere Kupferinputmenge benötigt, da bei Draht- und Kabelproduktion stets Kupferschrott anfällt. Entsprechend sind die Stoffstromdaten der Module eins bis drei durch die Inputmultiplikatoren 1,06 bzw. 1,07 zu modifizieren. Die auf diese Weise veränderten Daten der Module eins bis drei entsprechen nun den Input-Output-Relationen für kunststoffummantelten Kupferdraht bzw. -kabel und berücksichtigen außerdem

28 Vgl. Deutsches Kupferinstitut 1990: S. 5.

den jeweiligen intertemporalen Primäranteil der Kupferproduktion gemäß der Lebensdauer der einzelnen Produkte. Da die Gebrauchsphase aus dem Modul 5 in der hier praktizierten methodischen Berücksichtigung keine direkten Stoffstromwerte innerhalb des Moduls 5 erzeugte, sondern lediglich zu einer Anpassung der vorhergehenden Module führte, ist der Begriff „Gebrauch" in den Modulen 5A und 5B der Tabelle III.1 (Teile 2+3) in Klammern gesetzt.

Deutlich weniger kompliziert gestaltet sich die Stoffstromermittlung aus den verbleibenden Prozessen des Moduls 5. Zum ***Recycling*** ist zu sagen, daß es im Grunde bereits bei der Ermittlung der Primäranteilmultiplikatoren in Form der Recyclingraten RR berücksichtigt wurde sowie bei der Berechnung der Stoffstromdaten für Modul 3, da die Schrottverarbeitung im Verhüttungsprozeß als Verfahrensschritt des Recycling anzusehen ist.[29] Doch zusätzlich dazu sind noch mindestens zwei weitere Prozesse zu berücksichtigen, die dem Recycling zuzuordnen sind. Erstens ist diesbezüglich die Vorsortierung, Zerkleinerung und Trennung von Schrottwaren zu nennen und zweitens gehört auch die Einsammlung und der Transport des Kupferschrottes zur Prozeßkette des Recycling.

Im Gegensatz zum Kupferneuschrott, der in der Verhüttung und der Verarbeitung in reiner Metallform anfällt und sofort wieder dem Verhüttungsprozeß zugeführt werden kann, muß Altschrott vor der Verarbeitung in Kupferhütten einem vorgeschalteten Sortier- und Trennungsprozeß zugeführt werden. Je nach Art des Altschrottes sind verschiedene Prozesse zu durchlaufen. Bei Elektroschrott, der u. a. Kupferdrähte enthält, erfolgt z. B. zuerst eine mechanische Trennung, wobei die Drähte und Kabel mechanisch entfernt werden. Bei Fernsehgeräten oder Computern werden weiterhin die Gehäuse, die elektronischen Leiterplatten, das Bildschirmglas und vieles andere mehr ausgebaut. Neben der Sekundärstofftrennung geht es bei der mechanischen Trennung auch darum, potentielle Schadstoffquellen wie Altakkus oder Batterien aus dem Schrott zu entfernen. Der Kabelschrott wird anschließend in speziellen Kabelrecyclinganlagen in Schneidmühlen geshreddert, durch Lufteinblasen wird der Metallanteil vom Kunststoffanteil getrennt und in Schlagmühlen wird das Metallgranulat in Kugelform gebracht, um es rieselfähiger zu machen. Üblicherweise werden 98% des Kupfers wiedergewonnen, während die restlichen 2% als Mikroreste in den getrennten Kunststoffresten verbleiben. Die anfallende Kunststofffraktion wird zumeist entsorgt, da es sich um eine mit Kupferpartikeln durchsetzte heterogene Kunststoffkombination verschiedener Kunststoffmantelsorten handelt.[30]

Da für den Prozeß des Kabelschrottrecyclings keine Energie und Stoffstromdaten vorlagen, wurden die entsprechenden Daten geschätzt. Dabei wurde unterstellt, daß der Zerkleinerungs- und Trennprozeß im Kabelrecycling in etwa dem Aufwand der Schrottzerkleinerung einer Hammerprallmühle entspricht, die zum Shreddern von Schrotten vielfältigster Art eingesetzt wird. Unter Anwendung der Information, daß eine solche Mühle bei einer Leistung von 100 Kilowatt etwa eine Tonne Schrott pro Stunde zerkleinert[31], wurden Stoffstromwerte für den

---

29 Es existieren in vielen Industrieländern auch reine Sekundärhütten für Kupferschrott. BRUCH ET AL. (1995a) ermittelten die Stoffströme für eine deutsche Sekundärkupferhütte, wobei die resultierenden Energie- und Stoffströme geringfügig unterhalb der Werte der Primärverhüttung lagen (u. a. aufgrund des geringeren Materialeinsatzes pro t Raffinadekupfer). Die Werte der Sekundärverhüttung wurden in der hier präsentierten Sachbilanz nicht zusätzlich einbezogen.

30 Vgl. Breer et al. 1992: S. 129-132. Früher war es im Prozeß des Kabelrecyclings noch üblich, die ummantelten Kabel und Drähte ohne Vortrennung der Verhüttung zuzuführen. Aufgrund der Entstehung sehr toxischer Stoffe wie z. B. Dioxine wird dieses Verfahren in der Bundesrepublik Deutschland schon seit geraumer Zeit nicht mehr angewandt. Vgl. Deutsches Kupferinstitut 1990: S. 5-10 und Langner 1994: S. 882-884.

31 Vgl. Langner 1994: S. 883.

Shredderprozeß der Module 5A und 5B berechnet. Der Schrottinput an Draht oder Kabel wurde unter Verwendung der ARR-Raten berechnet. Danach gelangen von dem ummantelten Kupferdraht mit 1320 kg Gewicht 71,6% oder 943,8 kg in den Shredder, während von dem 1000,5 kg schweren ummantelten Kupferkabel 98% oder 980,5 kg im Shredderprozeß verarbeitet werden. Die Emissionen des Shredderprozesses sowie der Asche- und Gips-Output beziehen sich ausschließlich auf die Energiebereitstellung nach dem deutschen Kraftwerksmix.[32] Hinsichtlich der Abfallentstehung wurde berücksichtigt, daß der gesamte Kunststoffmantel sowie 2% des Kupfers als nicht-verwertbarer Shreddermüll anfallen.

Die Energie- und Stoffströme, die sich aus dem ***Transport*** des Schrottes ergeben, wurden unter Berücksichtigung der geographischen Primär- und Sekundärkupferhüttenverteilung der Bundesrepublik Deutschland berechnet.[33] Angesichts des Umstandes, daß sich die deutschen Kupferhütten ausschließlich im nördlichen Teil Deutschlands befinden – mit den südlichsten Hütten in Eilsleben und Köln – sind mit maximalen Entfernungen für den Schrotttransport innerhalb Deutschlands von bis zu 400 Kilometern zu rechnen. Als Durchschnittstransportstrecke wurde aufgrund dieser Sachlage eine Entfernung von 200 Kilometern angesetzt, wobei dieser Wert sowohl die Schrotteinsammlung vor Ort als auch den Transport zur Kupferhütte abdecken soll. Als zu transportierende Schrottmengen wurden diejenigen Kupferschrottmengen gewählt, die sich nach der Anpassung unter römisch drei in Tabelle III.1 (Teil 2 und 3) ergaben. Somit wurde in bezug auf eine Tonne Draht bzw. Kabel mit einer Tonne Kupferinhalt eine Schrotttransportleistung von 0,758 Tonnenkilometer (tkm) für Draht und 0,7897 tkm für Kabel zugrunde gelegt. Der Energieverbrauch und die Emissionen des LKW-Transports wurden nach Basisdaten von BRUCH ET AL. (1995A: S. 254) berechnet.

Schließlich wurden für die Module 5A und 5B noch die Stoffströme der ***Entsorgung*** abgeschätzt. Die zu entsorgenden Mengen wurden gemäß der gewählten ARR-Raten bestimmt. Somit wurde unterstellt, daß Kupferdrähte als Teile von komplexeren Produkten in einem intertemporalen Durchschnitt zu 71,6% recycelt werden, so daß 28,4% auf anderem Weg entsorgt wird. Die hohe ARR von 98% beim Kupferkabel führt hingegen lediglich zu einem Entsorgungsanteil von 2%. Obwohl besonders der Elektroschrott in vielen Ländern noch in die Müllverbrennungsanlagen gelangt und dort toxische Emissionen wie Dioxine und Furane hervorbringt, deren Entstehung durch die katalytische Eigenschaft des Kupfers noch beschleunigt wird[34], wurde hier eine Deponieentsorgung unterstellt. Weiterhin wurde angenommen, daß 1% des Gewichts des zu entsorgenden Abfalls entweder im Entsorgungsprozeß selbst oder zuvor in der Gebrauchsphase als Staub emittiert wurde. Für die Einsammlung des Restmülls wurde eine durchschnittlich notwendige LKW-Fahrt von 50 km angesetzt, deren Energie- und Stoffströme nach den üblichen Standarddaten ermittelt wurden.[35]

Mit Hilfe dieser Erfassung und Abschätzung der Energie- und Stoffströme von Kupferdraht und -kabel in 5 Modulen ist es schließlich möglich, die aggregierten Stoff- und Energieströme im Lebenszyklus des 0,9 mm Kupferdrahtes und des 60 mm Kupferkabels (inklusive Mantel) darzustellen. Sie ergeben sich in der Tabelle III.1 (Teile 2+3) aus der Aufaddierung der Werte von Modul 4, Modul 5 und der angepaßten Werte aus römisch III für die Module 1 bis 3. Die

32 Emissionsdaten der Energieerzeugung nach dem deutschen Kraftwerksmix nach: Umweltbundesamt 1992: Anhang 21 und Bruch et al. 1995a: S. 254.

33 Das Verzeichnis der deutschen Kupferhütten und ihrer Standorte ist zu finden in Metallgesellschaft AG (Hg.) 1993: S. 136.

34 Vgl. Scheinberg 1991: S. 895.

35 Transportdaten nach: Bruch et al. 1995a: S. 254 und Habersatter 1991: S. 34.

präsentierten Stoffstromdaten für Draht und Kabel beziehen sich auf die jeweiligen Kupferprodukte mit jeweils einer Tonne Kupferinhalt.

In einer weiteren Umrechnung wurden letztlich die ermittelten Stoffströme noch in bezug auf 1.000 Längenmeter Draht bzw. Kabel dargestellt. Da ein 0,6 mm Kupferdraht mit 0,3 mm Kunststoffmantel und 1.000 kg Kupferinhalt nach eigenen Berechnungen 396 km lang ist, lautet der Längenmultiplikator zur Umrechnung auf 1 km: 396^{-1}=0,0025249. Das 50 mm Kupferkabel mit 10 mm Isolierung/Mantel ist hingegen lediglich 57 Meter lang. Der Multiplikator zur Umrechnung auf 1000 Meter muß daher lauten: 1000/57= 17,54.

Mit diesen Ausführungen wurde die methodische Vorgehensweise der Erstellung der Sachbilanz von Kupferdraht und -kabel, die in Tabelle III.1 abgedruckt ist, dargelegt. Eine Präsentation und Diskussion der Daten erfolgt in Kapitel 5.2.1.3.

Im Anschluß an Tabelle III.1 sind noch diverse Tabellen angefügt, die zur Verdeutlichung der Ergebnisse aus Tabelle III.1 beitragen sollen. In Tabelle III.2 sind die Stoffstromdaten der Ökobilanzen in einer überschaubaren Kurzübersicht zusammengefaßt. In den Tabellen III.3a und b ist die Verteilung der Stoffströme für Kupferdraht auf die fünf Module in übersichtlicher Form dargestellt – in Mengen- und in Prozentangaben. Dabei wurden die Stoffströme der Kunststoffherstellung aus Modul 4 separat aufgeführt, da sich diese Daten eher auf einen Prozeß der Grundstoffproduktion beziehen und weniger dem Verarbeitungsprozeß zuzurechnen sind. Außerdem wurden die Stoffstromdaten aus Modul 3 angesichts eines beträchtlichen Sekundärkupferinputs in die Prozesse der Verhüttung und der Raffination den Modulen 3 *und* 5 zugeordnet, um die Verarbeitung von Sekundärkupfer in Modul 3 angemessen als Recyclingprozeß einzustufen. Die Stoffstromdaten wurden gemäß der Inputgewichtsverteilung von Primärmaterial (Kupferkonzentrat) und Sekundärmaterial (Kupferschrott) zugerechnet, so daß 28,9% der Stoffströme aus Modul 3 dem Recyclingmodul 5 zugeordnet wurden.

In den Tabellen III.4a und b werden schließlich Stoffstromdaten für Kupferdrähte mit unterschiedlicher Lebensdauer präsentiert. Tabelle III.4a zeigt die entsprechenden Daten für Lebensdauerwerte von 5, 10 und 40 Jahren für Kupferdraht mit einer Tonne Kupferinhalt, die methodisch analog zu den Daten des Modells 1b in Tabelle III.1 ermittelt wurden (wo eine Lebensdauer von 10 Jahren zugrunde liegt). In Tabelle III.4b werden die Stoffstromwerte für Kupferdraht bei konstanter Altmaterialrecyclingrate (ARR) von 71,6% und mit unterschiedlicher Lebensdauer in bezug auf einen Zeitraum von 93 Jahren dargestellt. In der zugrunde liegenden Modellrechnung wurde von einer Produktion im ersten Jahr von einer Tonne Kupferdraht ausgegangen und eine unterschiedliche Wachstumsentwicklung bei verschiedenen Lebensdauerwerten mit spezifischen Zuwachsraten unterstellt, wobei für alle Fälle gilt, daß im 93. Jahr ein Bestand an Kupferdrähten innerhalb der Volkswirtschaft von 110 Tonnen erreicht wird. Die entsprechenden Wachstumsraten bei verschiedenen Lebensdauerwerten lauten: 1,4% bei 40 Jahren, 2,8% bei 20 Jahren und 3,5% bei 5 Jahren. Die gezeigten Stoffstromwerte der Tabelle III.4b beziehen sich auf die aggregierte Produktion über 93 Jahre, wobei pro Tonne Kupferdraht die lebensdauerspezifischen Stoffstromdaten aus Tabelle III.4a benutzt wurden. Zusätzlich sind noch die jährlichen Recyclingraten abgedruckt sowie die Produktionsmenge im 93. Jahr.

In Tabelle III.5 werden schließlich die Energie- und Stoffströme des Transports innerhalb der Lebenszyklusstadien des Kupferdrahtes separat dargestellt und in prozentuale Relation zu den Gesamtstoffströmen gebracht.

Für eine Diskussion der in den Tabellen präsentierten Daten sei auf das Kapitel 5.2.1.3 verwiesen.

Tabelle III.1:
Ökologische Sachbilanz für Kupferdraht und -kabel in fünf Modulen (1990/92),
Teil 1: Module 1-3

a) Kupferoutput, Wasserverluste und Primärenergieeinsatz pro t Kupferinhalt

Module	Kupfererz	Kupfer-konzentrat	Reinkupfer	Wasser-verluste *(a)*	Primärenergie-Einsatz in Gigajoule (GY)
1. Bergbau					
A: Untertagebau Reicherz (3,2%)	31.250 kg			3.000 kg	11,50 GY
B: Untertagebau Armerz (1%)(b)	100.000 kg			118.000 kg	4,20 GY
C: Tagebau Reicherz (1,25%)	80.000 kg			79.000 kg	14,50 GY
D: Tagebau Armerz (0,5%)	200.000 kg			0 kg	24,20 GY
2. Aufbereitung aus					
A: Untertagebau Reicherz (Konz.: 27%)		3.704 kg		*(f)*	15,20 GY
B: Untertagebau Armerz (Konz.: 30,5%)		3.279 kg		*(f)*	15,40 GY
C: Tagebau Reicherz (35%)		2.857 kg		*(f)*	25,10 GY
D: Tagebau Armerz (35%)		2.857 kg		*(f)*	37,90 GY
1+2: Bergbau und Aufbereitung					
A: Untertagebau Reicherz (3,2%)	31.250 kg	3.704 kg		3.000 kg	26,70 GY
B: Untertagebau Armerz (1%)(b)	100.000 kg	3.279 kg		118.000 kg	19,60 GY
C: Tagebau Reicherz (1,25%)	80.000 kg	2.857 kg		79.000 kg	39,60 GY
D: Tagebau Armerz (0,5%)	200.000 kg	2.857 kg		0 kg	62,10 GY
Gewichtung von 1.+2. *(d)*					
Modell 1a	88.138 kg	3.082 kg		69.699 kg	35,00 GY
Modell 1b	123.674 kg	3.014 kg		60.693 kg	40,80 GY
Modell 1c	200.000 kg	2.857 kg		0 kg	62,10 GY
Umrechnung für Modul 3: *(c)*	(Primäranteil-Multiplikator 0,57)				
Modell 1a	50.239 kg	1.757 kg		39.728 kg	19,95 GY
Modell 1b	70.494 kg	1.718 kg		34.595 kg	23,25 GY
Modell 1c	114.000 kg	1.629 kg		0 kg	35,40 GY
3. Verhüttung und Raffination *(e)*			1.000 kg	1.000 kg	21,80 GY
Summe der Module 1-3					
Modell 1a	50.239 kg	1.757 kg	1.000 kg	40.728 kg	41,75 GY
Modell 1b	70.494 kg	1.718 kg	1.000 kg	35.595 kg	45,05 GY
Modell 1c	114.000 kg	1.629 kg	1.000 kg	1.000 kg	57,20 GY

Die Anmerkungen zur Tabelle III.1 sind auf Seite 625ff. zu finden

Tabelle III.1:
Ökologische Sachbilanz für Kupferdraht und -kabel in fünf Modulen (1990/92),
Teil 1: Module 1-3

b) Emissionen pro t Kupferinhalt

Module	Output pro Tonne Kupferinhalt Emissionen *(p)* Abgase (in Nm³)	*im Abgas enthalten:* Staub	SO_2	NO_x	CO	HC	CO_2	Dioxine / Furane (µg TE) *(i)*
1. Bergbau								
A: Untertagebau Reicherz (3,2)	10.300	18,56 kg	3,30 kg	7,50 kg	2,50 kg	1,10 kg	2.330 kg	
B: Untertagebau Armerz (1%)*(b)*	3.550	65,52 kg	0,34 kg	5,50 kg	3,40 kg	1,60 kg	500 kg	
C: Tagebau Reicherz (1,25%)	17.360	95,56 kg	4,00 kg	18,30 kg	9,20 kg	4,20 kg	3.350 kg	
D: Tagebau Armerz (0,5%)	26.940	230,34 kg	6,40 kg	27,60 kg	13,70 kg	6,30 kg	5.260 kg	
2. Aufbereitung aus								
A: Untertagebau Reicherz (Konz.: 27%)	*(f)*	*(f)*	*(f)*	*(f)*	*(f)*	*(f)*	*(f)*	
B: Untertagebau Armerz (Konz.: 30,5%)	*(f)*	*(f)*	*(f)*	*(f)*	*(f)*	*(f)*	*(f)*	
C: Tagebau Reicherz (35%)	*(f)*	*(f)*	*(f)*	*(f)*	*(f)*	*(f)*	*(f)*	
D: Tagebau Armerz (35%)	*(f)*	*(f)*	*(f)*	*(f)*	*(f)*	*(f)*	*(f)*	
1+2: Bergbau und Aufbereitung								
A: Untertagebau Reicherz (3,2)	10.300	18,56 kg	3,30 kg	7,50 kg	2,50 kg	1,10 kg	2.330 kg	
B: Untertagebau Armerz (1%)*(b)*	3.550	65,52 kg	0,34 kg	5,50 kg	3,40 kg	1,60 kg	500 kg	
C: Tagebau Reicherz (1,25%)	17.360	95,56 kg	4,00 kg	18,30 kg	9,20 kg	4,20 kg	3.350 kg	
D: Tagebau Armerz (0,5%)	26.940	230,34 kg	6,40 kg	27,60 kg	13,70 kg	6,30 kg	5.260 kg	
Gewichtung von 1.+2. *(p)*								
Modell 1a	13.927	89,07 kg	3,25 kg	14,52 kg	7,24 kg	3,32 kg	2.701 kg	
Modell 1b	16.279	128,56 kg	3,72 kg	17,26 kg	8,75 kg	4,02 kg	3.123 kg	
Modell 1c	26.940	230,34 kg	6,40 kg	27,60 kg	13,70 kg	6,30 kg	5.260 kg	
Umrechnung für Modul 3:*(c)*								
Modell 1a	7.938	50,77 kg	1,85 kg	8,28 kg	4,13 kg	1,89 kg	1.539 kg	
Modell 1b	9.279	73,28 kg	2,12 kg	9,84 kg	4,99 kg	2,29 kg	1.780 kg	
Modell 1c	15.356	131,29 kg	3,65 kg	15,73 kg	7,81 kg	3,59 kg	2.998 kg	
3. Verhüttung und Raffination *(e)*	16.000	0,43 kg	4,95 kg	3,93 kg	1,08 kg	0,71 kg	1.390 kg	< 0,10 µg 0,10 µg
Summe der Module 1-3								< 0,10 µg
Modell 1a	23.938	51,20 kg	6,80 kg	12,21 kg	5,21 kg	2,60 kg	2.929 kg	0,10 µg
Modell 1b	25.279	73,71 kg	7,07 kg	13,77 kg	6,07 kg	3,00 kg	3.170 kg	0,10 µg
Modell 1c	31.356	131,72 kg	8,60 kg	19,66 kg	8,89 kg	4,30 kg	4.388 kg	0,10 µg

Die Anmerkungen zur Tabelle III.1 sind auf Seite 625ff. zu finden.

Tabelle III.1: Ökologische Sachbilanz für Kupferdraht und -kabel in fünf Modulen (1990/92), Teil 1: Module 1-3 (Fortsetzung)

c) Reststoffe und Kuppelprodukte pro t Kupferinhalt

	Reststoffe							Kuppelprodukte				
Module	Abraum	Berge *(h)*	Cu-Gehalt der Berge	Asche *(q)*	Säure-schlamm	Arsenfäll-produkt	sonstige Abfälle	Schlacke	Schwefel-säure	Anoden-schlamm	Nickel-sulfat	Gips *(q)*
1. Bergbau												
A: Untertagebau Reicherz (3,2)	0 kg			82 kg								31 kg
B: Untertagebau Armerz (1%)*(b)*	6.000 kg			8 kg								3 kg
C: Tagebau Reicherz (1,25%)	292.000 kg			99 kg								38 kg
D: Tagebau Armerz (0,5%)	76.000 kg			158 kg								60 kg
2. Aufbereitung aus												
A: Untertagebau Reicherz (Konz.: 27%)		28.800 kg	0,18%	*(f)*								*(f)*
B: Untertagebau Armerz (Konz.: 30,5%)		114.000 kg	0,15%	*(f)*								*(f)*
C: Tagebau Reicherz (35%)		92.000 kg	0,18%	*(f)*								*(f)*
D: Tagebau Armerz (35%)		140.000 kg	0,06%	*(f)*								*(f)*
1+2: Bergbau und Aufbereitung												
A: Untertagebau Reicherz (3,2)	0 kg	28.800 kg		82 kg								31 kg
B: Untertagebau Armerz (1%)*(b)*	6.000 kg	114.000 kg		8 kg								3 kg
C: Tagebau Reicherz (1,25%)	292.000 kg	92.000 kg		99 kg								38 kg
D: Tagebau Armerz (0,5%)	76.000 kg	140.000 kg		158 kg								60 kg
Gewichtung von 1.+2. *(d)*												
Modell 1a	162.000 kg	92.000 kg		80 kg								31 kg
Modell 1b	125.396 kg	111.652 kg		92 kg								35 kg
Modell 1c	76.000 kg	140.000 kg		158 kg								60 kg
Umrechnung für Modul 3:*(c)*												
Modell 1a	92.340 kg	52.440 kg		46 kg								18 kg
Modell 1b	71.476 kg	63.642 kg		52 kg								20 kg
Modell 1c	43.320 kg	79.800 kg		90 kg								34 kg
3. Verhüttung und Raffination *(e)*				30 kg	1 kg	2 kg		1.120 kg	1.880 kg	10 kg	10 kg	10 kg
Summe der Module 1-3												
Modell 1a	92.340 kg	52.440 kg		76 kg	1 kg	2 kg		1.120 kg	1.880 kg	10 kg	10 kg	28 kg
Modell 1b	71.476 kg	63.642 kg		82 kg	1 kg	2 kg		1.120 kg	1.880 kg	10 kg	10 kg	30 kg
Modell 1c	43.320 kg	79.800 kg		120 kg	1 kg	2 kg		1.120 kg	1.880 kg	10 kg	10 kg	44 kg

Die Anmerkungen zur Tabelle III.1 sind auf Seite 625ff. zu finden.

Tabelle III.1:
Ökologische Sachbilanz für Kupferdraht und -kabel in fünf Modulen (1990/92), Teil 2: Module 4A, 5A und Bilanz für Kupferdraht (0,6mm)

a) Kupferoutput, Wasserverluste und Primärenergieeinsatz pro t Kupferinhalt

Module	Kupfererz	Kupfer-konzentrat	Draht inkl. Mantel	Wasser-verluste *(a)*	Primärenergie-Einsatz in Gigajoule (GY)
Modul 4A: Produktion 0,6 mm Kupferdraht mit 0,3 mm Kunststoffmantel					
Herstellung Blankdraht *(m)*			1.000 kg	1.000 kg	8,04 GY
Kunststoffproduktion/t Draht *(n)*			320 kg		27,00 GY
Kunststoffummantelung (0,3mm PE)					3,31 GY
Modul 4A insgesamt:			1.320 kg	1.000 kg	38,35 GY
Umrechnung der Module 1-3 für den 0,6 mm Kupferdraht					
I) Primäranteilmultiplikator von 0,457 für die Module 1+2 (r)					
Modell 1a	40.279 kg	1.409 kg		31.852 kg	16,00 GY
Modell 1b	56.519 kg	1.378 kg		27.737 kg	18,64 GY
Modell 1c	91.400 kg	1.306 kg		0 kg	28,38 GY
II) Modul 3 bei 45,7% Primäranteil *(w) (r)*	0 kg	0 kg	900,74 kg	901 kg	19,64 GY
Summe I+II:					
Modell 1a	40.279 kg	1.409 kg	901 kg	32.735 kg	35,63 GY
Modell 1b	56.519 kg	1.378 kg	901 kg	28.637 kg	38,28 GY
Modell 1c	91.400 kg	1.306 kg	901 kg	901 kg	48,02 GY
III) Inputanpassung der summierten Module 1-3 für Modul 4A (Inputmultiplikator 1,07) *(k)*					
Modell 1a			964 kg	35.046 kg	38,13 GY
Modell 1b			964 kg	30.642 kg	40,96 GY
Modell 1c			964 kg	964 kg	51,38 GY
Modul 5A: (Gebrauch,) Recycling und Entsorgung des 0,6 mm Drahtes (r)					
Shredder *(x)*					0,34 GY
Schrott-Transport *(y)*					0,18 GY
Entsorgung *(z)*					0,02 GY
Modul 5A insgesamt:					0,55 GY

Gesamtsumme der Stoff- und Energieströme für Kupferdraht, 0,6 mm mit 0,3 mm PE-Mantel, mit einer Tonne Kupferinhalt (Fortsetzung)
(errechnet sich als Summe aus Modul 4A, Modul 5A sowie der angepaßten Summe der Module 1-3 aus der Umrechnung III. Doppelzählungen sind eleminiert: Kupfer taucht als Output nur in Drahtform auf.)

Module 1-5A	Kupfererz	Kupfer-konzentrat	Kupferdraht inkl. Mantel	Wasser-verluste *(a)*	Primärenergie-Einsatz in Gigajoule (GY)
Modell 1a			1.320 kg	36.046 kg	77,02 GY
Modell 1b			1.320 kg	34.642 kg	79,86 GY
Modell 1c			1.320 kg	1.964 kg	90,27 GY

Gesamtsumme der Stoff- und Energieströme für 1.000 Meter Kupferdraht, 0,6 mm mit 0,3 mm PE-Mantel (Fortsetzung)
(Der Längenmultiplikator lautet: 0,00252490 *(u)*)

Module 1-5A	Kupfererz	Kupfer-konzentrat	Kupferdraht inkl. Mantel	Wasser-verluste *(a)*	Primärenergie-Einsatz in Gigajoule (GY)
Modell 1a			3,33 kg	91,01 kg	0,19 GY
Modell 1b			3,33 kg	79,89 kg	0,20 GY
Modell 1c			3,33 kg	4,96 kg	0,23 GY

Die Anmerkungen zur Tabelle III.1 sind auf Seite 625ff. zu finden.

Tabelle III.1:
Ökologische Sachbilanz für Kupferdraht und -kabel in fünf Modulen (1990/92),
Teil 2: Module 4A, 5A und Bilanz für Kupferdraht (0,6mm)

b) Emissionen pro t Kupferinhalt

Module	Emissionen *(p)* Abgase (in Nm³)	*im Abgas enthalten:* Staub	SO_2	NO_x	CO	HC	CO_2	Dioxine / Furane (in µg TE)
Modul 4A: **Produktion 0,6 mm Kupferdraht mit 0,3 mm Kunststoffmantel**								<1 µg
Herstellung Blankdraht *(m)*	2.585	0,08 kg	0,52 kg	1,17 kg	1,68 kg	0,15 kg	390 kg	1,00 µg
Kunststoffproduktion/t Draht *(n)*	6.399	0,16 kg	2,2 kg	2,97 kg	0,19 kg	0,05 kg	1.593 kg	
Kunststoffummantelung (0,3mm PE)	3.197	0,30 kg	0,86 kg	2,31 kg	0,36 kg	0,37 kg	560 kg	
Modul 4A insgesamt:	**12.181**	**0,54 kg**	**3,54 kg**	**6,45 kg**	**2,23 kg**	**0,57 kg**	**2.543 kg**	**1,00 µg**
Umrechnung der Module 1-3 für den 0,6 mm Kupferdraht								
I) Primäranteilmultiplikator von 0,457 für die Module 1+2 (r)								
Modell 1a	6.365	40,71 kg	1,49 kg	6,64 kg	3,31 kg	1,52 kg	1.234 kg	
Modell 1b	7.440	58,75 kg	1,70 kg	7,89 kg	4,00 kg	1,84 kg	1.427 kg	
Modell 1c	12.312	105,27 kg	2,92 kg	12,61 kg	6,26 kg	2,88 kg	2.404 kg	
II) Modul 3 bei 45,7% Primäranteil *(w) (r)*	14.412	0,38 kg	3,98 kg	3,54 kg	0,97 kg	0,64 kg	1.252 kg	0,09 µg
Summe I+II:								
Modell 1a	20.776	41,09 kg	5,46 kg	10,18 kg	4,28 kg	2,15 kg	2.486 kg	0,09 µg
Modell 1b	21.851	59,14 kg	5,68 kg	11,43 kg	4,97 kg	2,48 kg	2.679 kg	0,09 µg
Modell 1c	26.723	105,65 kg	6,90 kg	16,15 kg	7,23 kg	3,52 kg	3.656 kg	0,09 µg
III) Inputanpassung der summierten Module 1-3 für Modul 4A (Inputmultiplikator 1,07) *(k)*								
Modell 1a	**22.231**	**43,97 kg**	**5,8 kg**	**10,89 kg**	**4,58 kg**	**2,30 kg**	**2.660 kg**	**0,10 µg**
Modell 1b	**23.381**	**63,28 kg**	**6,1 kg**	**12,23 kg**	**5,32 kg**	**2,65 kg**	**2.867 kg**	**0,10 µg**
Modell 1c	**28.594**	**113,0 kg**	**7,4 kg**	**17,28 kg**	**7,74 kg**	**3,77 kg**	**3.912 kg**	**0,10 µg**
Modul 5A: **(Gebrauch,) Recycling und Entsorgung des 0,6 mm Drahtes (r)**								
Shredder *(x)*	8	0,0020 kg	0,03 kg	0,04 kg	0,0024 kg	0,0007 kg	20,1 kg	
Schrott-Transport *(y)*		0,02 kg	0,02 kg	0,23 kg	0,15 kg	0,070 kg	13,3 kg	
Entsorgung *(z)*		3,75 kg	0,003 kg	0,03 kg	0,02 kg	0,01 kg	1,6 kg	
Modul 5A insgesamt:	**8**	**3,78 kg**	**0,05 kg**	**0,29 kg**	**0,17 kg**	**0,08 kg**	**35,0 kg**	

Gesamtsumme der Stoff- und Energieströme für Kupferdraht, 0,6 mm mit 0,3 mm PE-Mantel, mit einer Tonne Kupferinhalt
(errechnet sich als Summe aus Modul 4A, Modul 5A sowie der angepaßten Summe der Module 1-3 aus der Umrechnung III. Doppelzählungen sind eleminiert: Kupfer taucht als Input nur in Erzform und als Output nur in Drahtform auf.)

Module 1-5A	Emissionen pro Draht mit einer Tonne Kupferinhalt *(p)* Abgase (in Nm³)	*im Abgas enthalten:* Staub	SO_2	NO_x	CO	HC	CO_2	Dioxine / Furane (µg TE) *(l)*
Modell 1a	**34.420**	**48,3 kg**	**9,4 kg**	**17,6 kg**	**7,0 kg**	**3,0 kg**	**5.238 kg**	**1,10 µg**
Modell 1b	**35.570**	**67,6 kg**	**9,7 kg**	**19,0 kg**	**7,7 kg**	**3,3 kg**	**5.445 kg**	**1,10 µg**
Modell 1c	**40.783**	**117,4 kg**	**11,0 kg**	**24,0 kg**	**10,1 kg**	**4,4 kg**	**6.490 kg**	**1,10 µg**

Gesamtsumme der Stoff- und Energieströme für 1.000 Meter Kupferdraht, 0,6 mm mit 0,3 mm PE-Mantel
(Der Längenmultiplikator lautet: **0,0025249** *(u)*)

Module 1-5A	Emissionen pro 1.000 Meter Kupferdraht *(p)* Abgase (in Nm³)	*im Abgas enthalten:* Staub	SO_2	NO_x	CO	HC	CO_2	Dioxine / Furane (µg TE) *(l)*
Modell 1a	**87 kg**	**0,12 kg**	**0,02 kg**	**0,04 kg**	**0,02 kg**	**0,01 kg**	**13,2 kg**	**0,003 µg**
Modell 1b	**90 kg**	**0,17 kg**	**0,02 kg**	**0,05 kg**	**0,02 kg**	**0,01 kg**	**13,7 kg**	**0,003 µg**
Modell 1c	**103 kg**	**0,30 kg**	**0,03 kg**	**0,06 kg**	**0,03 kg**	**0,01 kg**	**16,4 kg**	**0,003 µg**

Die Anmerkungen zur Tabelle III.1 sind auf Seite 625ff. zu finden.

Tabelle III.1: Ökologische Sachbilanz für Kupferdraht und -kabel in fünf Modulen (1990/92), Teil 2: Module 4A, 5A und Bilanz für Kupferdraht (0,6mm)

c) Reststoffe und Kuppelprodukte pro eine Tonne Kupferinhalt *(Fortsetzung)*

Module	Reststoffe Abraum	Berge *(h)*	Asche *(q)*	Säure-schlamm	Arsenfäll-produkt	Emulsi-onskon-zentrat	kunststoff-bezogene Rückstände	sonstige Abfälle	Kuppelprodukte Schlacke	Schwefel-säure	Kupfer-/Anoden-schlamm	Nickel-sulfat	Gips *(q)*	Kupfer-schrott
Modul 4a:Produktion 0,6 mm Kupferdraht mit 0,3 mm Kunststoffmantel														
Herstellung Blankdraht *(m)*			10 kg			1,00 kg		1,00 kg			1,00 kg		4 kg	70 kg
Kunststoffproduktion/t Draht *(n)*			65 kg										25 kg	
Kunststoffummantelung (0,3mm PE)							3 kg	2,00 kg						
Modul 4A insgesamt:			**75 kg**			**1,00 kg**	**3 kg**	**3,00 kg**			**1,00 kg**		**29 kg**	**70 kg**
Umrechnung der Module 1-3 für den 0,6 mm Kupferdraht														
I) Primäranteilmultiplikator von 0,457 für die Module 1+2 (r) Modell 1a	74.034 kg	42.044 kg	37 kg										**14 kg**	
Modell 1b	57.306 kg	51.025 kg	42 kg										**16 kg**	
Modell 1c	34.732 kg	63.980 kg	72 kg										**27 kg**	
II) Modul 3 bei 45,7% Primäranteil (w)(r)	0,00 kg	0,00 kg	27,02 kg	0,90 kg	1,80 kg				1.008,83 kg	1.693,39 kg	9,01 kg	9,01 kg	9,01 kg	
Summe I+II: Modell 1a	74.034 kg	42.044 kg	64 kg	0,9 kg	1,8 kg				1.009 kg	1.693 kg	9 kg	9 kg	23 kg	
Modell 1b	57.306 kg	51.025 kg	69 kg	0,9 kg	1,8 kg				1.009 kg	1.693 kg	9 kg	9 kg	25 kg	
Modell 1c	34.732 kg	63.980 kg	99 kg	0,9 kg	1,8 kg				1.009 kg	1.693 kg	9 kg	9 kg	36 kg	
III) Inputanpassung der summierten Module 1-3 für Modul 4A: Inputmultiplikator 1,07 (k) Modell 1a	**79.216 kg**	**44.987 kg**	**68 kg**	**1,0 kg**	**1,9 kg**				**1.079 kg**	**1.812 kg**	**10 kg**	**10 kg**	**25 kg**	
Modell 1b	**61.318 kg**	**54.597 kg**	**74 kg**	**1,0 kg**	**1,9 kg**				**1.079 kg**	**1.812 kg**	**10 kg**	**10 kg**	**27 kg**	
Modell 1c	**37.163 kg**	**68.459 kg**	**106 kg**	**1,0 kg**	**1,9 kg**				**1.079 kg**	**1.812 kg**	**10 kg**	**10 kg**	**39 kg**	
Modul 5a: (Gebrauch,) Recycling und Entsorgung des 0,6 mm Drahtes *(r)*														
Shredder *(x)*			0,82 kg				243 kg						0,31 kg	702 kg
Schrott-Transport *(y)*														
Entsorgung *(z)*								371 kg						
Modul 5A insgesamt:			**0,8 kg**				**243 kg**	**371 kg**					**0,3 kg**	**702 kg**

Gesamtsumme der Stoff- und Energieströme für Kupferdraht, 0,6 mm mit 0,3 mm PE-Mantel, mit einer Tonne Kupferinhalt (Fortsetzung)

(errechnet sich als Summe aus Modul 4A, Modul 5A sowie der angepaßten Summe der Module 1-3 aus der Umrechnung III. Doppelzählungen sind eleminiert)

Module 1-5A	Reststoffe Abraum	Berge *(h)*	Asche *(q)*	Säure-schlamm	Arsenfäll-produkt	Emulsi-onskon-zentrat	kunststoff-Rückstände	sonst. Abfälle	Kuppelprodukte Schlacke	Schwefel-säure	Anoden-schlamm	Nickel-sulfat	Gips *(q)*	Kupfer-schrott
Modell 1a	**79.216 kg**	**44.987 kg**	**144 kg**	**1 kg**	**2 kg**	**1 kg**	**246 kg**	**374 kg**	**1.079 kg**	**1.812 kg**	**11 kg**	**10 kg**	**54 kg**	**772 kg**
Modell 1b	**61.318 kg**	**54.597 kg**	**149 kg**	**1 kg**	**2 kg**	**1 kg**	**246 kg**	**374 kg**	**1.079 kg**	**1.812 kg**	**11 kg**	**10 kg**	**56 kg**	**772 kg**
Modell 1c	**37.163 kg**	**68.459 kg**	**182 kg**	**1 kg**	**2 kg**	**1 kg**	**246 kg**	**374 kg**	**1.079 kg**	**1.812 kg**	**11 kg**	**10 kg**	**68 kg**	**772 kg**

Gesamtsumme der Stoff- und Energieströme für 1.000 Meter Kupferdraht, 0,6 mm mit 0,3 mm PE-Mantel (Fortsetzung)

Module 1-5A (Der Längenmultiplikator lautet: 0,0025249 *(u)*)	Reststoffe Abraum	Berge *(h)*	Asche *(q)*	Säure-schlamm	Arsenfäll-produkt	Emulsi-onskon-zentrat	kunststoff-Rückstände	sonst. Abfälle	Kuppelprodukte Schlacke	Schwefel-säure	Anoden-schlamm	Nickel-sulfat	Gips *(q)*	Kupfer-schrott
Modell 1a	**200 kg**	**114 kg**	**0,36 kg**	**0,002 kg**	**0,005 kg**	**0,003 kg**	**0,62 kg**	**0,9 kg**	**2,7 kg**	**4,6 kg**	**0,03 kg**	**0,02 kg**	**0,14 kg**	**1,95 kg**
Modell 1b	**155 kg**	**138 kg**	**0,38 kg**	**0,002 kg**	**0,005 kg**	**0,003 kg**	**0,62 kg**	**0,9 kg**	**2,7 kg**	**4,6 kg**	**0,03 kg**	**0,02 kg**	**0,14 kg**	**1,95 kg**
Modell 1c	**94 kg**	**173 kg**	**0,46 kg**	**0,002 kg**	**0,005 kg**	**0,003 kg**	**0,62 kg**	**0,9 kg**	**2,7 kg**	**4,6 kg**	**0,03 kg**	**0,02 kg**	**0,17 kg**	**1,95 kg**

Tabelle III.1:
Ökologische Sachbilanz für Kupferdraht und -kabel in fünf Modulen (1990/92),
Teil 3: Module 4B, 5B und Bilanz Kupferkabel *(Fortsetzung)*

a) Kupferoutput, Wasserverluste und Primärenergieeinsatz pro Tonne Kupferinhalt

Module	Kupfererz	Kupfer-konzentrat	Kupfer/ Kabel inkl. Mantel	Wasser-verluste (a)	Primärenergie-Einsatz in Gigajoule (GY)
Modul 4B: Produktion Kupferkabel (50mm Leiter mit 10 mm Isolierung/Mantel)					
Produktion Gießwalzdraht			1.000 kg	500 kg	3,24 GY
Kunststoffmantel (10 mm) *(s)*			44,7 kg	0 kg	3,81 GY
Modul 4B insgesamt:			1.044,7 kg	500 kg	7,05 GY
Umrechnung der Module 1-3 für das 50 mm Kupferkabel					
I) Primäranteilmultiplikator von 0,438 für Module 1+2 (r)					
Modell 1a	38.604 kg	1.350 kg		30.528 kg	15,33 GY
Modell 1b	54.169 kg	1.320 kg		26.583 kg	17,87 GY
Modell 1c	87.600 kg	1.251 kg		0 kg	27,20 GY
II) Modul 3 bei 43,8% Primäranteil *(w) (r)*			883 kg	883 kg	19,26 GY
Summe I+II:					
Modell 1a	38.604 kg	1.350 kg	883 kg	31.412 kg	34,59 GY
Modell 1b	54.169 kg	1.320 kg	883 kg	27.467 kg	37,13 GY
Modell 1c	87.600 kg	1.251 kg	883 kg	883 kg	46,46 GY
III) Inputanpassung der summierten Module 1-3 für Modul 4B (Inputmultiplikator 1,06) (k)					
Modell 1a			936 kg	33.296 kg	36,66 GY
Modell 1b			936 kg	29.115 kg	39,35 GY
Modell 1c			936 kg	936 kg	49,24 GY
Modul 5B (Gebrauch,) Recycling und Entsorgung des 50 mm Kabels (r)					
Shredder *(x)*					0,37 GY
Schrott-Transport *(y)*					0,19 GY
Entsorgung *(z)*					0,001 GY
Modul 5B insgesamt:					0,56 GY

Gesamtsumme der Stoff- und Energieströme für Kupferkabel mit 50 mm Leiterdurchmesser und 10 mm PE-Isolierung/Mantel mit einer Tonne Kupferinhalt
(errechnet sich als Summe aus Modul 4B,5B sowie der angepaßten Summe der Module 1-3 aus Umrechnung III.)

Module 1-5B	Kupfererz	Kupfer-konzentrat	Kupfer-kabel mit Mantel	Wasser-verluste (a)	Primärenergie-Einsatz in Gigajoule (GY)
Modell 1a			1.000,5 kg	33.796 kg	44,28 GY
Modell 1b			1.000,5 kg	29.615 kg	46,97 GY
Modell 1c			1.000,5 kg	1.436 kg	56,86 GY

Gesamtsumme der Stoff- und Energieströme für 1.000 Meter Kupferkabel mit 50 mm Leiterdurchmesse 10 mm PE-Isolierung/Mantel
(Der Längenmultiplikator lautet: 17,54386 *(j)*)

Module 1-5B	Kupfererz	Kupfer-konzentrat	Kupfer-kabel mit Mantel	Wasser-verluste (a)	Primärenergie-Einsatz in Gigajoule (GY)
Modell 1a				592.916 kg	776,76 GY
Modell 1b				519.558 kg	823,96 GY
Modell 1c				25.199 kg	997,49 GY

Die Anmerkungen zur Tabelle III.1 sind auf Seite 625ff. zu finden.

Tabelle III.1: Ökologische Sachbilanz für Kupferdraht und -kabel in fünf Modulen (1990/92), Teil 3: Module 4B, 5B und Bilanz Kupferkabel

b) Emissionen pro Tonne Kupferinhalt

Module	Emissionen (p) Abgase (in Nm³)	*im Abgas enthalten:* Staub	SO_2	NO_x	CO	HC	CO_2	Dioxine / Furane (in µg TE)
Modul 4B: Produktion Kupferkabel (50 mm Leiter mit 10 mm Isolierung/Mantel)								
Produktion Gießwalzdraht	1.470	0,06 kg	0,13 kg	0,66 kg	1,65 kg	0,15 kg	222 kg	<1 µg 1,00 µg
Kunststoffmantel (10 mm) *(s)*	904	0,02 kg	0,31 kg	0,42 kg	0,03 kg	0,01 kg	225 kg	
Modul 4B insgesamt:	**2.374**	**0,08 kg**	**0,44 kg**	**1,08 kg**	**1,68 kg**	**0,16 kg**	**447 kg**	**1,00 µg**
Umrechnung der Module 1-3 für das 50 mm Kupferkabel								
I) Primäranteilmultiplikator von 0,438 für Module 1+2 (r)								
Modell 1a	6.100	39,01 kg	1,42 kg	6,36 kg	3,17 kg	1,45 kg	1.183 kg	
Modell 1b	7.130	56,31 kg	1,63 kg	7,56 kg	3,83 kg	1,76 kg	1.368 kg	
Modell 1c	11.800	100,89 kg	2,80 kg	12,09 kg	6,00 kg	2,76 kg	2.304 kg	
II) Modul 3 bei 43,8% Primäranteil *(w) (r)*	14.133	0,38 kg	3,81 kg	3,47 kg	0,95 kg	0,63 kg	1.228 kg	0,09 µg
Summe I+II:								
Modell 1a	20.233	39,39 kg	5,23 kg	9,83 kg	4,13 kg	2,08 kg	2.411 kg	0,09 µg
Modell 1b	21.264	56,69 kg	5,44 kg	11,03 kg	4,79 kg	2,39 kg	2.596 kg	0,09 µg
Modell 1c	25.933	101,26 kg	6,61 kg	15,56 kg	6,95 kg	3,39 kg	3.532 kg	0,09 µg
III) Inputanpassung der summierten Module 1-3 für Modul 4B (Inputmultiplikator 1,06) (k)								
Modell 1a	**21.447**	**41,8 kg**	**5,55 kg**	**10,42 kg**	**4,37 kg**	**2,20 kg**	**2.555 kg**	**0,09 µg**
Modell 1b	**22.539**	**60,1 kg**	**5,76 kg**	**11,69 kg**	**5,07 kg**	**2,53 kg**	**2.751 kg**	**0,09 µg**
Modell 1c	**27.489**	**107,3 kg**	**7,01 kg**	**16,49 kg**	**7,37 kg**	**3,59 kg**	**3.744 kg**	**0,09 µg**
Modul 5B (Gebrauch,) Recycling und Entsorgung des 50 mm Kabels (r)								
Shredder *(x)*	9	0,0022 kg	0,03 kg	0,04 kg	0,0026 kg	0,0007 kg	21,7 kg	
Schrott-Transport *(y)*		0,02 kg	0,02 kg	0,24 kg	0,157 kg	0,072 kg	13,6 kg	
Entsorgung *(z)*		0,21 kg	0,16 kg	0,002 kg	0,0010 kg	0,0005 kg	0,09 kg	
Modul 5B insgesamt:	9	**0,23 kg**	**0,22 kg**	**0,28 kg**	**0,16 kg**	**0,07 kg**	**35,5 kg**	

Gesamtsumme der Stoff- und Energieströme für Kupferkabel mit 50 mm Leiterdurchmesser und 10 mm PE-Isolierung/Mantel mit einer Tonne Kupferinhalt
(errechnet sich als Summe aus Modul 4B, Modul 5B sowie der angepaßten Summe der Module 1-3 aus der Umrechnung III.)

Module 1-5B	Emissionen pro Kabel mit einer Tonne Kupferinhalt *(p)* Abgase (in Nm³)	*im Abgas enthalten:* Staub	SO_2	NO_x	CO	HC	CO_2	Dioxine / Furane (µg TE) *(l)*
Modell 1a	**23.830**	**42,1 kg**	**6,2 kg**	**11,8 kg**	**6,2 kg**	**2,4 kg**	**3.038 kg**	**1,09 µg**
Modell 1b	**24.922**	**60,4 kg**	**6,4 kg**	**13,0 kg**	**6,9 kg**	**2,8 kg**	**3.234 kg**	**1,09 µg**
Modell 1c	**29.872**	**107,7 kg**	**7,7 kg**	**17,9 kg**	**9,2 kg**	**3,8 kg**	**4.226 kg**	**1,09 µg**

Gesamtsumme der Stoff- und Energieströme für 1.000 Meter Kupferkabel mit 50 mm Leiterdurchmesser und 10 mm PE-Isolierung/Mantel
(Der Längenmultiplikator lautet: 17,54386 *(j)*)

Module 1-5B	Emissionen pro 1.000 Meter Kupferkabel *(p)* Abgase (in Nm³)	*im Abgas enthalten:* Staub	SO_2	NO_x	CO	HC	CO_2	Dioxine / Furane (µg TE) *(l)*
Modell 1a	418.068	738 kg	109 kg	207 kg	109 kg	43 kg	53.297 kg	19,19 µg
Modell 1b	437.229	1.060 kg	113 kg	229 kg	121 kg	48 kg	56.737 kg	19,19 µg
Modell 1c	524.065	1.889 kg	134 kg	313 kg	162 kg	67 kg	74.143 kg	19,19 µg

Die Anmerkungen zur Tabelle III.1 sind auf Seite 625ff. zu finden.

Tabelle III.1: Ökologische Sachbilanz für Kupferdraht und -kabel in fünf Modulen (1990/92), Teil 3: Module 4B, 5B und Bilanz Kupferkabel *(Fortsetzung)*

c) Reststoffe und Kuppelprodukte pro eine Tonne Kupferinhalt

Module	Reststoffe Abraum	Berge *(h)*	Asche *(q)*	Säure-schlamm	Arsenfäll-produkt	kunststoff-bezogene Rückstände	sonst. Abfälle	Kuppelprodukte Schlacke	Schwefel-säure	Kupfer-/Anoden-schlamm	Nickel-sulfat	Gips *(q)*	Kupfer-schrott
Modul 4B: Produktion Kupferkabel (50mm Leiter mit 10 mm Isolierung/Mantel)													
Produktion Gießwalzdraht			5,00 kg									2,00 kg	60 kg
Kunststoffmantel (10 mm) *(s)*			9,15 kg			0,45 kg						3,51 kg	
Modul 4B insgesamt:			**14,15 kg**			**0,45 kg**						**5,51 kg**	**60 kg**
Umrechnung der Module 1-3 für das 50 mm Kupferkabel													
I) Primäranteilmultiplikator von 0,438 für Module 1+2 (r) Modell 1a	70.956 kg	40.296 kg	35 kg									13 kg	
Modell 1b	54.924 kg	48.903 kg	40 kg									15 kg	
Modell 1c	33.288 kg	61.320 kg	69 kg									26 kg	
II) Modul 3 bei 43,8% Primäranteil (w)(r)			26 kg	0,9 kg	1,8 kg			989 kg	1.661 kg	9 kg	9 kg	9 kg	
Summe I+II: Modell 1a	70.956 kg	40.296 kg	62 kg	0,9 kg	1,8 kg			989 kg	1.661 kg	9 kg	9 kg	22 kg	
Modell 1b	54.924 kg	48.903 kg	67 kg	0,9 kg	1,8 kg			989 kg	1.661 kg	9 kg	9 kg	24 kg	
Modell 1c	33.288 kg	61.320 kg	96 kg	0,9 kg	1,8 kg			989 kg	1.661 kg	9 kg	9 kg	35 kg	
III) Inputanpassung der summierten Module 1-3 für Modul 4B: Inputmultiplikator 1,06 *(k)*)													
Modell 1a	**75.213 kg**	**42.714 kg**	**65 kg**	**0,9 kg**	**1,9 kg**			**1.049 kg**	**1.760 kg**	**9 kg**	**9 kg**	**24 kg**	
Modell 1b	**58.219 kg**	**51.838 kg**	**71 kg**	**0,9 kg**	**1,9 kg**			**1.049 kg**	**1.760 kg**	**9 kg**	**9 kg**	**26 kg**	
Modell 1c	**35.285 kg**	**64.999 kg**	**101 kg**	**0,9 kg**	**1,9 kg**			**1.049 kg**	**1.760 kg**	**9 kg**	**9 kg**	**37 kg**	
Modul 5B: (Gebrauch,) Recycling und Entsorgung des 50 mm Kabels:													
Shredder *(x)*			0,88 kg			63,5 kg						0,34 kg	960,4 kg
Schrott-Transport *(y)*													
Entsorgung *(z)*							20,7 kg						
Modul 5B insgesamt:			**0,9 kg**			**63,5 kg**	**20,7 kg**					**0,3 kg**	**960 kg**

Gesamtsumme der Stoff- und Energieströme für Kupferkabel mit 50 mm Leiterdurchmesser und 10 mm PE-Isolierung/Mantel mit einer Tonne Kupferinhalt
(errechnet sich als Summe aus Modul 4B, Modul 5B sowie der angepaßten Summe der Module 1-3 aus der Umrechnung III.)

Module 1-5B	Reststoffe Abraum	Berge *(h)*	Asche *(q)*	Säure-schlamm	Arsenfäll-produkt	kunststoff-bezogene Rückstände	sonst. Abfälle	Kuppelprodukte Schlacke	Schwefel-säure	Anoden-schlamm	Nickel-sulfat	Gips *(q)*	Kupfer-schrott
Modell 1a	**75.213 kg**	**42.714 kg**	**80 kg**	**1 kg**	**2 kg**	**63,9 kg**	**21 kg**	**1.049 kg**	**1.760 kg**	**9 kg**	**9 kg**	**29 kg**	1.020 kg
Modell 1b	**58.219 kg**	**51.838 kg**	**86 kg**	**1 kg**	**2 kg**	**63,9 kg**	**21 kg**	**1.049 kg**	**1.760 kg**	**9 kg**	**9 kg**	**31 kg**	1.020 kg
Modell 1c	**35.285 kg**	**64.999 kg**	**116 kg**	**1 kg**	**2 kg**	**63,9 kg**	**21 kg**	**1.049 kg**	**1.760 kg**	**9 kg**	**9 kg**	**43 kg**	1.020 kg

Gesamtsumme der Stoff- und Energieströme für 1.000 Meter Kupferkabel mit 50 mm Leiterdurchmesser und 10 mm PE-Isolierung/Mantel

Module 1-5B (Der Längenmultiplikator lautet: 17,54386 *(j)*)	Reststoffe Abraum	Berge *(q)*	Asche *(a)*	Säure-schlamm	Arsenfäll-produkt	kunststoff-bezogene Rückstände	sonst. Abfälle	Kuppelprodukte Schlacke	Schwefel-säure	Anoden-schlamm	Nickel-sulfat	Gips *(q)*	Kupfer-schrott
Modell 1a	1.319.533 kg	749.364 kg	1.412 kg	16 kg	33 kg	1.121,3 kg	363 kg	18.398 kg	30.883 kg	164 kg	164 kg	517 kg	17.902 kg
Modell 1b	1.021.387 kg	909.434 kg	1.504 kg	16 kg	33 kg	1.121,3 kg	363 kg	18.398 kg	30.883 kg	164 kg	164 kg	552 kg	17.902 kg
Modell 1c	619.040 kg	1.140.337 kg	2.044 kg	16 kg	33 kg	1.121,3 kg	363 kg	18.398 kg	30.883 kg	164 kg	164 kg	756 kg	17.902 kg

Die Anmerkungen zur Tabelle III.1 sind auf Seite 625ff. zu finden.

Anmerkungen zur Tabelle III.1

(a) Die Wasserverluste entsprechen Verlustmengen, die regelmäßig im Rahmen der Wasserkreislaufführung ersetzt werden müssen. Diese Mengen entsprechen daher dem Abwasseraufkommen.
(b) Energieerzeugung hauptsächlich aus Wasserkraft (hoher Wirkungsgrad, geringe Emissionen).
(c) Da im Modul 3 (Raffination) nur eine Konzentratmenge eingesetzt wird, die 57% des Kupferinhalts des Endprodukts entspricht, während der Rest in Form von Schrott zugefügt wird, sind die berechneten In- und Outputdaten mit 0,57 zu multiplizieren.
(d) Es wurden drei Modelle zur Gewichtung der untersuchten Gruben berechnet. Modell 1a gewichtet nach der Jahresproduktion der untersuchten Gruben, wonach sich die folgende Gewichtung ergibt: A 14,9%; B 23,4%; C 52,7%; D 9% (nach Bruch et al. 1995a). Für Modell 1b ist angenommen, daß sowohl die durchschnittliche Erzkonzentration als auch das Produktionsverhältnis Tagebau zu Untertagebau dem derzeitigen Weltdurchschnitt entspricht (0,8% Erzkonzentration sowie Tagebau zu Untertagebau mit 2:1). Die resultierende Grubengewichtung lautet: A 4,2%; B 28,8%; C 33,7%; D 33,3%. Das Modell 1c soll den zukünftigen Trend reflektieren, in der die meisten Gruben Tagebaue mit geringen Erzkonzentration sind. Daher entsprechen die Werte der Grube D.
(e) Das Modul 3 beinhaltet: Konzentrattransport auf dem Überseeweg, Schwebeschmelzverfahren mit angeschlossener Schwefelsäuregewinnung, Schlackearmschmelzen, anschließend Konverterarbeit, Raffinierung des Blisterkupfers und Elekrolyse. Der Transport und die Schwefelsäureerzeugung benötigen jeweils etwa 2,8 GJ/t Kupferinhalt und damit jeweils ca. 13% des Primärenergieeinsatzes in Modul 3. Grundsätzlich repräsentieren die Werte jener Zeile den Stand der Technik in Industrieländern; sie beziehen sich auf deutsche Verhüttungsanlagen.
(f) Die entsprechenden Daten sind für den Prozeß der Aufbereitung nicht einzeln ausgewiesen, sondern unter Bergbau einbezogen.
(g) Das Kupferkonzentrat, das den Rechnungen zugrundeliegt, hat einen Kupferinhalt von 30% und enthält außerdem maximal 12% Feuchtigkeit.
(h) Die Bergemenge ist hauptsächlich aufgrund des Feuchtigkeitsanteils größer als die Differenz aus Erzmenge minus Konzentratmenge. Zudem enthalten die Erzabfallberge auch Reststoffe der Prozeßinputs.
(i) Werte von 1993; die Dioxin- und Furanwerte der Energiebereitstellung und des Transports wurden nicht berücksichtigt. TE steht für Toxizitätsäquivalent.
(j) Ein 50 mm Kupferkabel mit 10 mm PE-Isolierung/Mantel und einer Tonne Kupferinhalt ist 57 Meter lang. Der Multiplikator zur Berechnung der Stoffströme von 1000 Meter Kabel lautet daher: 1000/57= 17,5439. Eigene Berechnungen.
(k) Bei der Produktion von Drähten mit 0,6 mm (Modul 4A) fallen 70 kg Kupferschrott pro Tonne Draht an, bei Gießwalzdraht (GWD) (Modul 4B) beträgt der Schrottanfall 60 kg/t. Entsprechend muß der Kupferinput um den Faktor 1,06 bzw. 1,07 höher liegen.
(l) GWD wird noch in den Hütten hergestellt, so daß weder Transport noch erneutes Einschmelzen notwendig sind.
(m) Die Werte beziehen folgende Prozesse mit ein: Produktion von GWD (Modul 5), Transport in Kabelwerke, Schmelzen im Asarco-Schachtofen, Ziehen des Drahtes und Endglühen.
(n) Die aufgeführten Werte zur Kunststoffherstellung beschränken sich auf Primärenergieeinsatz und Emissionen aus der Energiebereitstellung (Kraftwerkmix BRD). Pro t Draht (0,6 mm) sind 320 kg PE-Kunststoff für eine 0,3 mm Ummantelung erforderlich.
(p) Die Emissionen beziehen sich für die Module 1+2 (Bergbau+Aufbereitung) auf Sprengung, Transport und Energiebereitstellung; bzgl. der Kupferverhüttung (Modul 3) auf den Überseetransport der Konzentrate sowie auf die Prozesse Verhüttung und Raffination. Für die Module 4 und 5 sind hauptsächlich die Emissionen für Energiebereitstellung und Transport einbezogen. Nm^3 steht für Normalkubikmeter (temperaturbezogenes Raummaß).
(q) aus Kohleverbrennung (Energiebereitstellung).
(r) Die Gebrauchsphase in Modul 5 fließt lediglich indirekt in das Modul 5 ein, indem gebrauchsphasenbezogene Anpassungen der Module 1 bis 3 in Form produktspezifischer Primäranteilmultipli-

katoren berechnet werden, die unter römisch I und II angewendet werden. Aus diesem Grund steht der Begriff "Gebrauch" in Modul 5 in Klammern. Zur methodischen Herleitung der produktspezifischen Primäranteilmultiplikatoren vergleiche den Texteil in Anhang III.

(s) Die Daten enthalten nicht die Stoffströme des Prozesses der Kunststoffummantelung. Hier werden nur die Energieäquivalente der Kunststoffproduktion angesetzt. Die benötigte Kunststoffmenge wurde wie folgt berechnet: Ein massives Kupferkabel mit 50 mm Durchmesser, das 1.000 kg wiegt, ist 57 m lang und hat ein Volumen von 111.982 cm^3. Bei einer Dichte des PE-Kunststoffs von 0,91 g/cm^3 (vgl. Hornbogen 1991: S. 277) und einem Mantelvolumen von 49.181,6 cm^3 beträgt das Gewicht des 10 mm Kunststoffmantels inklusive 1% Ausschuß in der Produktion 45,2 kg. Pro Kilogramm PE-Produktion wurde ein Energieäquivalent von 0,084 GY angesetzt (vgl. Bruch et al. 1995b: S. 320, Tab. 16).

(u) Ein 0,6 mm Kupferdraht mit 0,3 mm PE-Mantel und einer Tonne Kupferinhalt ist 396,06 km lang. Der Multiplikator zur Berechnung der Stoffströme von 1 km Kabel lautet daher: $396{,}06^{-1}$ = 0,002524898. Eigene Berechnungen.

(w) Bei einem Primäranteil von 45,7% (bzw. 43,8%) in Modul 3 sind nur noch 1.712 kg Konzentrat (bzw. 1.640 kg) mit maximal 12% Wasser und 30% Kupferinhalt notwendig, jedoch mit 720 kg (bzw. 745 kg) eine erhöhte Menge Kupferschrott. Damit werden 268 kg (bzw. 315 kg) oder 9,9% (bzw. 11,7%) weniger Material verarbeitet. Da keine spezifischen Daten vorliegen, werden zur Berücksichtigung dieses Umstandes die Stoffstromdaten aus Modul 3 um entsprechende Prozentzahlen reduziert. Lediglich der SO_2-Wert wurde direkt unter Berücksichtigung der Tatsache ermittelt, daß sämtliches Schwefel aus dem (Muster-)Konzentrat stammt, das 32% Schwefel enthält. Bei einer SO_2- Umsetzung in Schwefelsäure von 99,6% (analog zu dem So_2-Wert in Teil 1) wurden die SO_2-Emissionen ermittelt nach der Formel: Konzentratmenge multipliziert mit 0,32, mit 2 und mit 0,004. Die 0,32 steht für 32% Schwefelanteil des Konzentrats, die 2 bedeutet, daß sich das Schwefelgewicht bei Umwandlung in SO_2 verdoppelt (das relative Atomgewicht von Schwefel beträgt 32 und das von Sauerstoff 16), während die 0,004 die 99,6%ige Umsetzung in Schwefelsäure repräsentiert.

(x) Für den Shredderprozeß wurde die Energie einer Hammerprallmühle (Daten nach Langner 1994: S. 883) und die entsprechenden energiebezogenen Emissionen angesetzt. Außerdem wurden als zu deponierende Shredder-Reststoffe das Gewicht des Kunststoffmantels sowie 2% des Kupfers als Schwund im Recyclingprozeß berechnet. Angesichts der ARR-Raten von 70,4% bzw. 98% für Drähte und Kabel wurden nur entsprechende Anteile als Shredderinput angerechnet. Der Rest des Kabels wurde über Deponie entsorgt.

(y) Berechnet wurde für den Schrott-Transport eine LKW-Fahrt von 200 km derjenigen Schrottmenge, die gemäß der Schrottwerte aus römisch drei als Input in die Kupferraffination gelangt. Für Modul 5A wurden (0,770t*200km) = 154 tkm und für Modul 5B wurden (0,7897t*200km) = 157,94 tkm angerechnet. Energie- und Emissionsdaten für LKW nach Bruch et al. 1995a: S. 254 und Habersatter 1991: S. 34.

(z) Angesichts der unterstellten ARR-Raten gelangt der nicht-recyclierte Rest der Kupferdrähte und -kabel mit dem Elektroschrott als Reststoff auf die Deponie. Unterstellt ist, daß 1% von diesem Rest in den Prozessen der Nutzung bzw. der Entsorgung als Staub dispergiert. Für die Deponierung wurde eine LKW-Entfernung von 50 km angesetzt. Eine Verbrennung des Schrotts wurde hier nicht in Betracht gezogen. Die Stoffströme der Deponieerstellung und -bewirtschaftung blieben unberücksichtigt.

Weitere methodische Anmerkungen sind dem Text im Anhang III zu entnehmen.

<u>Datenquellen</u>: Bruch et al. 1995a, b und c; Metallgesellschaft AG (Hg.) 1993; Umweltbundesamt 1992; Hornbogen 1991, BUWAL (Hg.) 1991 und Langner 1994: S. 883.

Tabelle III.2: Kurzübersicht über die ökologische Sachbilanz für Kupferdraht und -kabel (1990/92)

	Energieeinsatz (GY)	Emissionen: Abgase (Nm^3)	Staub	CO_2	SO_2+NO_x	Reststoffe: Berge	Restabfall *(a)*	Abwasser	Kuppelprodukte: Schwefelsäure	Schlacke	Sonstige *(b)*
a) 0,6 mm Kupferdraht mit 0,3 mm Mantel pro 1.000 kg Kupferinhalt											
Modell 1b (Gegenwart)	79,86 GY	35.570	67,6 kg	5.445 kg	28,6 kg	54.597 kg	774 kg	31.642,0 kg	1.812 kg	1.079 kg	76 kg
Modell 1c (Zukunft)	90,27 GY	40.783	117,4 kg	6.490 kg	35,0 kg	68.459 kg	806 kg	1.963,8 kg	1.812 kg	1.079 kg	88 kg
prozentuale Abweichung 1c von 1b	13,0%	14,7%	73,6%	19,2%	22,2%	25,4%	4,2%	-93,8%	0,0%	0,0%	16,1%
pro 1.000 Meter Kabel											
Modell 1b (Gegenwart)	0,20 GY	90	0,2 kg	14 kg	0,1 kg	138 kg	2 kg	80 kg	4,6 kg	3 kg	0 kg
Modell 1c (Zukunft)	0,23 GY	103	0,3 kg	16 kg	0,1 kg	173 kg	2 kg	5 kg	4,6 kg	3 kg	0 kg
b) 50 mm Kupferkabel mit 10 mm Mantel pro 1.000 kg Kupferinhalt											
Modell 1b (Gegenwart)	46,97 GY	24.922	60,4 kg	3.234 kg	19,5 kg	51.838 kg	173 kg	29.615 kg	1.760,3 kg	1.049 kg	50 kg
Modell 1c (Zukunft)	56,86 GY	29.872	107,7 kg	4.226 kg	25,5 kg	64.999 kg	204 kg	1.436 kg	1.760,3 kg	1.049 kg	62 kg
pro 1.000 Meter Kabel											
Modell 1b (Gegenwart)	823,96 GY	437.229	1.059,7 kg	56.737 kg	341,5 kg	909.434 kg	3.037 kg	519.558 kg	30.882,6 kg	18.398 kg	880 kg
Modell 1c (Zukunft)	997,49 GY	524.065	1.888,7 kg	74.143 kg	447,6 kg	1.140.337 kg	3.577 kg	25.199 kg	30.882,6 kg	18.398 kg	1.084 kg

Tabelle III.3a: Verteilung der Stoff- und Energieströme über die Module 1-5 beim Kupferdraht mit 1 t Kupferinhalt (Modell 1b)

	Energieeinsatz (GJ)	Emissionen: Abgase (Nm^3)	Staub	CO_2	SO_2+NO_x	Reststoffe: Berge	Restabfall *(a)*	Abwasser	Kuppelprodukte: Schwefelsäure	Schlacke	Sonstige *(b)*
Summe der Module 1-5	**79,9 GY**	**35.570**	**67,6 kg**	**5.445 kg**	**28,6 kg**	**54.597 kg**	**774 kg**	**31.642 kg**	**1.812 kg**	**1.079 kg**	**76 kg**
Anteil Modul 1 *(a)*	7,2 GY	7.960	62,9 kg	1.527 kg	10,3 kg	0 kg	45 kg	29.678 kg	0 kg	0 kg	17 kg
Anteil Modul 2	12,8 GY	*(c)*	*(c)*	*(c)*	*(c)*	54.597 kg	0 kg	*(c)*	0 kg	0 kg	*(c)*
Anteil Modul 3 *(d)*	14,8 GY	10.856	0,3 kg	943 kg	6,9 kg	0 kg	22 kg	679 kg	1.812 kg	1.079 kg	20 kg
Kunststoffproduktion *(e)*	27,0 GY	6.399	0,2 kg	1.593 kg	5,1 kg	0 kg	65 kg	0 kg	0 kg	0 kg	25 kg
Anteil Modul 4A: Drahtherstellung	11,4 GY	5.782	0,4 kg	950 kg	4,9 kg	0 kg	17 kg	1.000 kg	0 kg	0 kg	5 kg
Anteil Modul 5A *(d)*	6,8 GY	4.573	3,9 kg	432 kg	1,5 kg	0 kg	625 kg	285 kg	0 kg	0 kg	9 kg

Tabelle III.3b: Prozentuale Verteilung der Stoff- und Energieströme über die Module 1-5 beim Kupferdraht mit 1 t Kupferinhalt (Modell 1b)

Modulanteile	Energieeinsatz (GJ)	Emissionen: Abgase	Staub	CO_2	SO_2+NO_x	Reststoffe: Berge	Restabfall *(a)*	Abwasser	Kuppelprodukte: Schwefelsäure	Schlacke	Sonstige *(b)*
Modul 1 *(a)*	9,0%	22,4%	93,0%	28,0%	35,8%	0,0%	5,8%	93,8%	0,0%	0,0%	22,4%
Modul 2	16,0%	*(c)*	*(c)*	*(c)*	*(c)*	100,0%	*(c)*	*(c)*	0,0%	0,0%	*(c)*
Modul 3 *(d)*	18,5%	30,5%	0,4%	17,3%	24,2%	0,0%	2,9%	2,1%	100,0%	100,0%	26,7%
Kunststoffproduktion *(e)*	33,8%	18,0%	0,2%	29,3%	17,9%	0,0%	8,4%	0,0%	0,0%	0,0%	32,6%
Modul 4A: Drahtherstellung	14,2%	16,3%	0,6%	17,4%	17,0%	0,0%	2,2%	3,2%	0,0%	0,0%	6,6%
Modul 5A *(d)*	8,5%	12,9%	5,8%	7,9%	5,1%	0,0%	80,7%	0,9%	0,0%	0,0%	11,6%

Anmerkungen zu den Tabellen III.2 und III.3 auf Seite 629

Tabelle III.4a: Kurzübersicht über Energie- und Stoffströme von Kupferdraht mit 1.000 kg Kupferinhalt bei unterschiedlicher Lebensdauer (Modell 1b) *(g)*

Lebensdauer	jährliche Recycling-rate (RR)	Energieein-satz (GY)	Emissionen Staub	CO_2	So_2+NO_x	Reststoffe Berge	Rest-abfall *(a)*	Abwasser	Kuppelprodukte H_2SO_4	Schlacke	Sonstige *(b)*
5 Jahre	60%	76,0 GY	59,3 kg	5.164 kg	26 kg	47.429 kg	766 kg	27.688 kg	1.704 kg	1.015 kg	72 kg
10 Jahre	54%	79,9 GY	67,6 kg	5.445 kg	29 kg	54.597 kg	774 kg	31.642 kg	1.812 kg	1.079 kg	76 kg
40 Jahre	41%	88,2 GY	85,5 kg	6.048 kg	33 kg	70.127 kg	791 kg	40.209 kg	2.046 kg	1.219 kg	85 kg

Tabelle III.4b: Hypothetische intertemporale Energie- und Stoffströme von Kupferdraht bei unterschiedlicher Lebensdauer und gleichem volkswirtschaftlichen Kupferdrahtbestand im 93. Jahr der Produktion (Modell 1b) *(h)*

					über 93 Jahre aggregierte Outputströme							
Lebensdauer	jährliche Recycling-rate (RR)	intertemporal aggregierte Produktion	Produktion 93. Jahr	aggregierter Energie-einsatz (GY)	Emissionen Staub	CO_2	So_2+NO_x	Reststoffe Berge	Rest-abfall *(a)*	Abwasser	Kuppelprodukte H_2SO_4	Schlacke
5 Jahre	60%	668.836 kg	23.540 kg	50.814 GY	39.662 kg	3.453.702 kg	17.711 kg	31.721.942 kg	512.395 kg	18.518.731 kg	1.139.697 kg	678.869 kg
10 Jahre	54%	423.451 kg	12.406 kg	33.815 GY	28.624 kg	2.305.488 kg	12.130 kg	23.118.996 kg	327.690 kg	13.398.821 kg	767.263 kg	457.093 kg
40 Jahre	41%	187.587 kg	3.554 kg	16.540 GY	16.039 kg	1.134.526 kg	6.217 kg	13.154.989 kg	148.325 kg	7.542.686 kg	383.803 kg	228.669 kg

Tabelle III.5: Bedeutung der Transportstoff- und Energieströme im Lebenszyklusmodell des Kupferdrahts mit 1 t Kupferinhalt (Modell 1b)

	Energie-einsatz (GY)	Emissionen Staub	NO_x	CO	HC	CO_2
Transporte in Modul 3 *(f)*	2,70 GY	0,33 GY	2,56 GY	0,77 GY	0,64 GY	191,60 GY
Transporte in Modul 5	0,18 GY	0,02 GY	0,18 GY	0,05 GY	0,04 GY	13,13 GY
Gesamttransporte	2,88 GY	0,35 GY	2,74 GY	0,82 GY	0,68 GY	204,73 GY
Anteile des Transports an den Gesamtstoffströmen	3,61%	0,52%	14,44%	10,61%	20,58%	3,76%

Anmerkungen zu den Tabellen III.4 und III.5 auf Seite 629

Anmerkungen zu den Tabellen III.2 bis III.5

(a) Umfaßt die Gewichtssumme der Kategorien Asche, Säureschlamm, Arsenfällprodukt, Emulsionskonzentrat, Kunststoffabfälle und sonstige Abfälle aus Tabelle III.1

(b) Umfaßt die Gewichtssumme der Kategorien Schlacke, Anodenschlamm und Nickelsulfad aus Tabelle III.1

(c) Die Angaben zu Emissionen und einigen Restabfällen unter Modul 1 beziehen sich auf die gemeinsamen Anteile von Modul 1 und Modul 2. Vgl. Fußnote (f) in Tabelle III.1.

(d) Die Stoffströme aus Modul 3 wurden nur zu 70,4% dem Modul 3 zugerechnet, da ein gewichtsbezogener Anteil von Sekundärkupfer in Höhe von 29,6% vorlag. Die restlichen 29,6% der Stoffströme wurden dem Modul 5 zugeordnet. Lediglich beim Kuppelprodukt Schwefelsäure und bei den SO_2-Emissionen wurde dem Modul 3 100% angerechnet, da der Schwefel aus dem primären Kupferkonzentrat stammt.

(e) Die Kunststoffproduktion wird separat und nicht zusammen mit der Drahtherstellung in Modul 4A dargestellt, da es sich um eine vorgelagerte Grundstoffproduktion handelt und nicht um einen originären Prozeß der Drahtherstellung.

(f) Die Emissionen des Transports von Kupferkonzentraten wurden auf Grundlage der Emissionen von Überseefrachtern berechnet. Vgl. Bruch et al. 1995a: S. 254-256.

(g) Die Stoffstromwerte für eine Lebensdauer von 10 Jahren entsprechen den Daten aus Tabelle III.1 (Modell 1b). Für die Lebensdauern von 5 bzw. 40 Jahren wurden analoge Daten berechnet.

(h) Mit einer Lebensdauer von 5, 10 bzw. 40 Jahren, einer Altmaterialrecyclingrate (ARR) von 71,6% und lebensdauerspezifischen Wachstumsraten von 3,5%, 2,8% bzw. 1,4% wird bei einer ursprünglichen Produktion von 1 t Draht (Kupferinhalt) im 1. Jahr in allen drei Fällen nach etwa 93 Jahren ein volkswirtschaftlicher Kupferdraht*bestand* von 110 t erreicht. Unterschiedlich sind dabei allerdings die jährlichen Produktionen, so daß letztlich auch die Gesamtproduktion über die betrachteten 93 Jahre deutlich differiert. Die Tabelle zeigt die Werte für die aggregierte Produktion von 93 Jahren sowie die aggregierten Stoffströme unter Anwendung der Methodik der Sachbilanzierung aus Tabelle III.1. Die Energie- und Stoffstromdaten wurden berechnet aus den Daten der Tabelle III.4a, multipliziert mit den entsprechenden Werten für die intertemporal aggregierte Produktion. Für eine Diskussion der Tabelle vgl. Kapitel 5.2.1.3.

Anhang IV:

Regressionsanalyse zur Kupfersubstitution

In Kapitel 5.2.2.1 wurde bei der Analyse des Substitutionsprozesses zwischen Kupfer und Aluminium im Bereich der elektrischen Anwendungen festgestellt, daß Kupfer in der Bundesrepublik Deutschland und Japan von 1949 bis 1980 im Bereich der Leitmaterialproduktion sukzessive durch Aluminium ersetzt worden ist, und daß sich dieser Substitutionstrend nach 1980 wieder umkehrte. Im Kontext dieses Anhangs wurde mittels quantitativer Methoden untersucht, ob zwischen der Veränderung des relativen Preises von Kupfer und Aluminium (wie dargestellt in Abbildung 5.24a) und dem Wandel im Einsatzverhältnis von Kupfer zu Aluminium in der Leitmaterialproduktion (wie gezeigt in Abbildung 5.25) eine signifikante Korrelation besteht. Ganz im Sinne des neoklassischen Substitutionskonzepts wurde folgende Hypothese formuliert:

Hypothese: Die Veränderungen in den Einsatzrelationen von Kupfer zu Aluminium in der Leitmaterialproduktion sind durch im Zeitablauf veränderte Kupfer-Aluminium-Preisrelationsdaten erklärbar.

Getestet wurde diese Hypothese mittels linearer Regressionsanalysen nach der Methode der kleinsten Quadrate für den Zeitraum 1949-96 für die Bundesrepublik Deutschland und für Japan. Die betroffenen Ländern zeichnen sich dadurch aus, daß sie einerseits eine gut vergleichbare Datenbasis für den Untersuchungszeitraum aufweisen und sie andererseits bedeutsame Produzentenländer von elektrischen Leitmaterialien sind. Als Regressor der Analyse (unabhängige Variable) wurden die Daten zur direkten nominalen Preisrelation von Kupfer zu Aluminium von 1946-96 bestimmt. Die entsprechenden zugrundeliegenden Nominalpreise beruhen auf deutschen Preisnotierungen und entstammen den Bänden der METALLSTATISTIK (vgl. Quellenangabe zu den Abbildungen 5.24a-c). Regressand der Analyse (abhängige Variable) war die Relation von Kupfer zu Aluminium in der Produktion von elektrischem Leitmaterial. Auch hier dienten die Bände der Metallstatistik als Datengrundlage (vgl. Quellenangabe zur Abbildung 5.25).

Die Tabellen IV.1 und IV.2 zeigen die notwendigen Daten zur Bestimmung der Regressionskoeffizienten für die Bundesrepublik Deutschland und für Japan, und in den Abbildungen IV.1 und IV.2 werden die jeweiligen Ergebnisse graphisch dargestellt. Als erstes Ergebnis ist zu konstatieren, daß in beiden Fällen eine inverse Korrelation zwischen der Kupfer-Aluminium-Preisrelation und dem Verhältnis von Kupfer zu Aluminium in der Leitmaterialproduktion ermittelt wurde. Eine solche Korrelation war angesichts der Substitutionskonstellation zu erwarten. Sie impliziert, daß z. B. bei einem Anstieg der Kupfer-Aluminium-Preisrelation – wobei sich Kupfer gegenüber Aluminium relativ verteuert – das Kupfer-Aluminium-Einsatzverhältnis in der Leitmaterialproduktion sinkt, weil relativ weniger Kupfer eingesetzt wird. Dieser Umstand entspricht dem üblichen Substitutionskonzept der Neoklassik.

Als zweites Ergebnis zeigte sich bei der Berechnung des Bestimmtheitsmaßes (R^2), daß die ermittelten inversen linearen Korrelationen lediglich 2,6% der Werte für die Bundesrepublik Deutschland und 3,5% der Werte für Japan erklären, wodurch die Existenz tatsächlicher inverser Korrelationen nicht gestützt werden kann. Auch bei der Berechnung von logarithmischen, exponentiellen und Potentialkorrelationen wurden ähnliche Ergebnisse erzielt. Damit kann festgestellt werden, daß eine signifikante Korrelation zwischen dem Preisverhältnis von Kupfer und Aluminium eines Jahres und ihrem Einsatzverhältnis in der Leitmaterialproduktion im selben Jahr nicht besteht.

Eine Falsifizierung der obigen Hypothese wäre angesichts dieser Ergebnisse allerdings verfrüht. In Hinblick auf die in Kapitel 4.3.3 diskutierten Substitutionshemmnisse, von denen einige als zeitbezogene Hemmfaktoren zu interpretieren sind (z. B. Jahrgangseffekt und Umrüstungsrisiko), kann argumentiert werden, daß eine *zeitverschobene* Korrelation zwischen relativem Preis und Materialnutzung in der Weise bestehen mag, daß sich das Muster der Materialnutzung erst nach einem Timelag von einigen Jahren in Abhängigkeit von den Preisbewegungen der Vergangenheit verändert.

Zur Überprüfung der obigen Hypothese unter Einbeziehung dieser Timelag-These wurden für Deutschland und Japan jeweils 16 lineare Regressionsanalysen mit Timelags von null bis fünfzehn Jahren durchgeführt. Dabei wurde untersucht, inwieweit die Einsatzdaten von Kupfer und Aluminium in der Leitmaterialproduktion der Jahre 1966-96 mit den relativen Materialpreisen aus vorgelagerten Jahren invers korreliert sind. Die Bestimmtheitsmaße aus diesen Rechnungen sind in Tabelle IV.3 aufgelistet. Hierbei zeigt sich, daß die Erklärungskraft aus linearen Korrelationen mit Timelag teilweise deutlich höher ist als bei den Berechnungen ohne Timelag (bzw. bei einem Timelag gleich null).

Die höchsten Werte für die ermittelten Bestimmtheitsmaße sind in Fettdruck gezeigt. Danach können für Deutschland inverse Korrelationen zwischen Preisverhältnis und Materialeinsatz von Kupfer und Aluminium bei Timelags von acht bis zehn Jahren mit einer Erklärungskraft von 28-40% erklärt werden. Im Fall von Japan treten die höchsten Bestimmtheitsmaße bei Timelags von sechs bis zehn Jahren auf, wobei inverse lineare Korrelationen zu 45-52% erklärt werden können (vgl. Tabelle IV.3).

Wenngleich diese Werte die Timelag-These zu bestätigen scheinen, so ist allerdings zu konstatieren, daß selbst die höchsten Bestimmtheitsmaßwerte von 40-52% nicht hoch genug sind, um eine signifikante inverse Korrelation zwischen dem Einsatzverhältnis von Kupfer und Aluminium in der nationalen Leitmaterialproduktion und der Preisrelation der Metalle in einer 6-10 Jahren vorgelagerten Zeitperiode zu verifizieren. Aufgrund dieser Ergebnisse **kann die Richtigkeit der obigen Hypothese nicht bestätigt** werden.

Zur Erklärung des Einsatzes von Werkstoffen in der Produktion von Leitmaterialien müssen daher neben dem relativen Preis noch andere Faktoren von Bedeutung sein. Für eine Diskussion dieser Frage sei auf die Ausführungen in Kapitel 5.2.2.1 verwiesen.

Tab. IV.1: Regressionstabelle zur Ermittlung der Korrelation der Leitmaterialproduktion von Kupfer und Aluminium in der Bundesrepublik Deutschland und ihrem relativen Preisverhältnis (1949-1996)

		Leitmaterialproduktion (t)		Preisrelation	Produktions relation			
i	Jahr	Kupfer (Cu)	Aluminium (Alu)	Cu /Alu Xi	Cu /Alu Y_i	Xi^2	Yi^2	XiYi
1	1949	79.000	5.000	0,95	15,80	0,90	249,64	15,00
2	1950	92.800	6.400	1,20	14,50	1,43	210,25	17,35
3	1951	99.500	13.600	1,23	7,32	1,51	53,53	8,99
4	1952	89.100	17.100	1,35	5,21	1,83	27,15	7,06
5	1953	118.700	18.500	1,35	6,42	1,82	41,17	8,66
6	1954	159.900	21.500	1,36	7,44	1,84	55,31	10,10
7	1955	184.400	21.900	1,92	8,42	3,67	70,90	16,14
8	1956	186.800	21.900	1,78	8,53	3,17	72,76	15,20
9	1957	202.900	19.600	1,14	10,35	1,30	107,16	11,79
10	1958	212.100	16.500	1,07	12,85	1,14	165,24	13,71
11	1959	213.200	17.900	1,32	11,91	1,75	141,86	15,75
12	1960	244.900	23.700	1,38	10,33	1,90	106,78	14,24
13	1961	263.200	25.200	1,23	10,44	1,51	109,09	12,82
14	1962	251.000	25.200	1,23	9,96	1,51	99,21	12,24
15	1963	252.100	22.800	1,25	11,06	1,56	122,26	13,80
16	1964	337.000	26.500	1,63	12,72	2,67	161,72	20,79
17	1965	341.400	26.000	2,05	13,13	4,21	172,42	26,95
18	1966	302.900	37.400	2,64	8,10	6,95	65,59	21,35
19	1967	327.400	41.500	2,04	7,89	4,16	62,24	16,10
20	1968	351.400	40.600	2,24	8,66	5,03	74,91	19,42
21	1969	416.600	44.300	2,52	9,40	6,33	88,44	23,67
22	1970	421.600	45.600	2,30	9,25	5,28	85,48	21,24
23	1971	401.000	53.900	1,68	7,44	2,84	55,35	12,53
24	1972	389.900	49.900	1,62	7,81	2,61	61,05	12,63
25	1973	425.600	54.700	2,20	7,78	4,84	60,54	17,12
26	1974	446.300	63.800	2,27	7,00	5,14	48,93	15,87
27	1975	381.900	55.400	1,24	6,89	1,55	47,52	8,57
28	1976	448.900	59.100	1,39	7,60	1,93	57,69	10,54
29	1977	415.800	48.100	1,10	8,64	1,21	74,73	9,49
30	1978	481.300	70.600	0,97	6,82	0,93	46,48	6,59
31	1979	509.700	61.100	1,27	8,34	1,61	69,59	10,58
32	1980	512.600	65.000	1,22	7,89	1,50	62,19	9,65
33	1981	510.500	57.500	1,17	8,88	1,37	78,82	10,39
34	1982	493.000	58.800	1,07	8,38	1,16	70,30	9,01
35	1983	474.000	64.300	1,11	7,37	1,23	54,34	8,19
36	1984	495.300	56.600	0,95	8,75	0,90	76,58	8,28
37	1985	471.900	56.200	1,02	8,40	1,04	70,51	8,55
38	1986	461.400	45.400	0,73	10,16	0,53	103,29	7,41
39	1987	450.700	38.600	0,77	11,68	0,59	136,33	8,99
40	1988	477.400	47.600	1,10	10,03	1,22	100,59	11,08
41	1989	526.700	47.500	1,48	11,09	2,18	122,95	16,39

Fortsetzung auf nächster Seite

Fortsetzung Tabelle IV.1

42	1990	528.900	48.900	1,65	10,82	2,71	116,98	17,81
43	1991	603.200	75.700	1,85	7,97	3,42	63,49	14,73
44	1992	608.000	75.500	1,87	8,05	3,48	64,85	15,03
45	1993	522.000	54.200	1,57	9,63	2,47	92,76	15,13
46	1994	517.600	45.600	1,56	11,35	2,44	128,84	17,74
47	1995	567.800	43.900	1,63	12,93	2,66	167,29	21,09
48	1996	591.400	38.700	1,52	15,28	2,32	233,53	23,28
				Σ Xi = 71,2	**Σ Yi = 456,7**	**Σ Xi² = 115,4**	**Σ Yi² = 4.608,6**	**Σ XiYi = 669,1**

Datenquellen: Eigene Berechnungen auf Grundlage diverser Ausgaben der METALLSTATISTIK aus den Jahren 1958-1997. Vgl. für genaue Angaben die Datenquellenhinweise der Abbildungen 5.24 und 5.25 in Kapitel 5.2.2.1.

Tab. IV.2: Regressionstabelle zur Ermittlung der Korrelation der Leitmaterialproduktion von Kupfer und Aluminium in Japan und ihrem relativen Preisverhältnis (1949-1996)

i	Jahr	Leitmaterialproduktion (t) Kupfer	Aluminium	Preisrelation Kupfer/Aluminium Xi	Produktionsrelation Kupfer/Aluminium Y_i	Xi²	Yi²	XiYi
1	1949	51.680	797	0,95	64,84	0,90	4204,64	61,58
2	1950	59.910	2.423	1,20	24,73	1,43	611,35	29,58
3	1951	85.214	3.465	1,23	24,59	1,51	604,81	30,21
4	1952	81.885	2.711	1,35	30,20	1,83	912,33	40,91
5	1953	83.471	5.492	1,35	15,20	1,82	231,00	20,52
6	1954	92.510	3.929	1,36	23,55	1,84	554,39	31,98
7	1955	95.410	5.349	1,92	17,84	3,67	318,16	34,18
8	1956	114.066	6.400	1,78	17,82	3,17	317,65	31,76
9	1957	135.407	9.269	1,14	14,61	1,30	213,41	16,64
10	1958	117.687	11.017	1,07	10,68	1,14	114,11	11,40
11	1959	172.290	10.235	1,32	16,83	1,75	283,36	22,26
12	1960	233.200	14.063	1,38	16,58	1,90	274,98	22,86
13	1961	280.070	17.969	1,23	15,59	1,51	242,93	19,13
14	1962	248.281	14.075	1,23	17,64	1,51	311,16	21,67
15	1963	281.499	20.919	1,25	13,46	1,56	181,08	16,80
16	1964	369.273	17.261	1,63	21,39	2,67	457,68	34,97
17	1965	372.081	23.529	2,05	15,81	4,21	250,07	32,45
18	1966	387.592	41.319	2,64	9,38	6,95	87,99	24,73
19	1967	479.093	50.377	2,04	9,51	4,16	90,44	19,41
20	1968	570.667	61.409	2,24	9,29	5,03	86,36	20,85
21	1969	649.248	73.299	2,52	8,86	6,33	78,46	22,29
22	1970	660.585	87.357	2,30	7,56	5,28	57,18	17,38
23	1971	654.943	91.041	1,68	7,19	2,84	51,75	12,12
24	1972	742.607	99.072	1,62	7,50	2,61	56,18	12,12
25	1973	924.461	127.371	2,20	7,26	4,84	52,68	15,97
26	1974	716.477	89.840	2,27	7,98	5,14	63,60	18,09

Fortsetzung auf nächster Seite

Fortsetzung Tabelle IV.2

27	1975	653.972	98.915	1,24	6,61	1,55	43,71	8,22
28	1976	789.708	111.571	1,39	7,08	1,93	50,10	9,82
29	1977	836.685	136.926	1,10	6,11	1,21	37,34	6,71
30	1978	890.325	150.298	0,97	5,92	0,93	35,09	5,72
31	1979	932.165	142.544	1,27	6,54	1,61	42,76	8,29
32	1980	903.657	162.052	1,22	5,58	1,50	31,10	6,83
33	1981	920.331	121.003	1,17	7,61	1,37	57,85	8,90
34	1982	930.652	102.387	1,07	9,09	1,16	82,62	9,77
35	1983	904.014	107.167	1,11	8,44	1,23	71,16	9,37
36	1984	1.000.160	107.142	0,95	9,33	0,90	87,14	8,83
37	1985	943.964	87.839	1,02	10,75	1,04	115,49	10,94
38	1986	919.169	86.913	0,73	10,58	0,53	111,85	7,72
39	1987	962.063	100.793	0,77	9,54	0,59	91,11	7,35
40	1988	1.016.215	77.295	1,10	13,15	1,22	172,85	14,52
41	1989	1.073.542	86.392	1,48	12,43	2,18	154,42	18,36
42	1990	1.155.437	76.925	1,65	15,02	2,71	225,61	24,73
43	1991	1.168.921	84.353	1,85	13,86	3,42	192,03	25,62
44	1992	1.062.099	92.650	1,87	11,46	3,48	131,41	21,40
45	1993	1.014.817	81.588	1,57	12,44	2,47	154,71	19,55
46	1994	1.006.142	87.830	1,56	11,46	2,44	131,23	17,91
47	1995	1.011.101	90.300	1,63	11,20	2,66	125,38	18,26
48	1996	1.032.488	75.400	1,52	13,69	2,32	187,51	20,86
				Σ Xi = 71,2	**Σ Yi = 653,8**	**Σ Xi² = 115,4**	**Σ Yi² = 13.040,2**	**Σ XiYi = 931,5**

Datenquellen: Eigene Berechnungen auf Grundlage diverser Ausgaben der METALLSTATISTIK aus den Jahren 1958-1997. Vgl. für genaue Angaben die Datenquellenhinweise der Abbildungen 5.24 und 5.25 in Kapitel 5.2.2.1.

Tabelle IV.3: Veränderung des Bestimmtheitsmaßes bei Unterstellung von Timelag-Wirkungen in Deutschland und Japan (1973-1993)

Timelag in Jahren	betrachteter Produktions-zeitraum	Zeitraum der Preis-relationen	i =	Bestimmtheitsmaß (R^2) Deutschland	Bestimmtheitsmaß (R^2) Japan
0	1966-96	1966-96	31	0,012	0,003
1	1966-96	1965-95	31	0,041	0,010
2	1966-96	1964-94	31	0,061	0,069
3	1966-96	1963-93	31	0,026	0,165
4	1966-96	1962-92	31	0,019	0,294
5	1966-96	1961-91	31	0,052	0,357
6	1966-96	1960-90	31	0,123	**0,473**
7	1966-96	1959-89	31	0,179	**0,523**
8	1966-96	1958-88	31	**0,281**	**0,456**
9	1966-96	1957-87	31	**0,401**	**0,463**
10	1966-96	1956-86	31	**0,317**	**0,465**
11	1966-96	1955-85	31	0,209	0,360
12	1966-96	1954-84	31	0,173	0,241
13	1966-96	1953-83	31	0,030	0,176
14	1966-96	1952-82	31	0,013	0,068
15	1966-96	1951-81	31	0,004	0,006

Gleichungen zur Ermittlung der linearen Regressionskoeffizienten und des Bestimmtheitsmaßes: [1]

(A2)

$$b_1 = \frac{\sum x_i^2 \sum y_i - \sum x_i \sum x_i y_i}{n \sum x_i^2 - (\sum x_i)^2}$$

(A3)

$$b_2 = \frac{n \sum x_i y_i - \sum x_i \sum y_i}{n \sum x_i^2 - (\sum x_i)^2}$$

(A4)

$$R^2 = 1 - \frac{\sum y_i^2 - b_1 \sum y_i - b_2 \sum x_i y_i}{\sum y_i^2 - \frac{1}{n}(\sum y_i)^2}$$

Ergebnisse der Regressionsberechnungen:

Bundesrepublik Deutschland: *$y = f(x) = 10{,}74 - 0{,}83x$* *$R^2 = 0{,}0255$*

Abbildung IV.1: Lineare Regression der Produktionsrelation von Kupfer und Aluminium als Leitmaterial in der Bundesrepublik Deutschland in Abhängigkeit von ihrer Preisrelation (1949-1996)

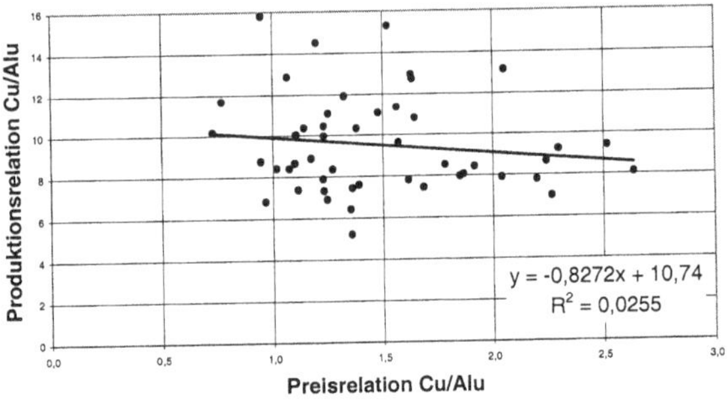

Japan: *$y = f(x) = 19{,}34 - 3{,}86x$* *$R^2 = 0{,}0354$*

Abbildung IV.2: Lineare Regression der Produktionsrelation von Kupfer und Aluminium als Leitmaterial in Japan in Abhängigkeit von ihrer Preisrelation (1949-1996)

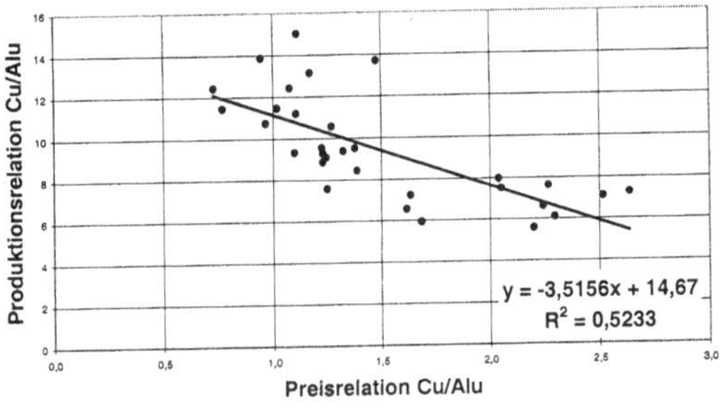

1 Vgl. Bleymüller/Gehlert/Gülicher 1985: S. 142-145.

Anhang V:

Ökologische Sachbilanz eines Aluminiumkabels

Gegenstand dieses Anhangs ist die Darstellung der umweltmedienübergreifenden Umweltbelastungen in Form von Energie- und Stoffströmen, die durch die Produktion, den Gebrauch und die Entsorgung von Aluminiumkabeln verursacht werden. Der Textteil beschäftigt sich mit den methodischen Fragen der ökologischen Sachbilanzierung, während in den nachfolgenden Tabellen die Bilanzierungsergebnisse in quantifizierter Form zusammengefaßt sind. Ziel dieser Bilanz, die in methodisch nahezu gleicher Weise erstellt wurde wie die ökologische Sachbilanz für Kupferkabel in Anhang III, ist es, einen Vergleich der lebenszyklusübergreifenden Energie- und Stoffströme von gleichwertigen Kupfer- und Aluminiumkabeln für den Mittelspannungsbereich der öffentlichen Elektrizitätsversorgung zu ermöglichen.

Gewählt wurde daher mit Bezug auf die Kupfersachbilanz, wo u. a. ein (hypothetisches) 50 mm Kupferkabel mit 10 mm PE-Isolierung und Ummantelung bilanziert wurde, ein gleichwertiges einadriges Aluminiumkabel mit 63,5 mm Leiterdurchmesser und 10 mm PE-Isolierung und -Mantel.[1] Wie bereits in Anhang III erwähnt wurde, existieren solche Kabel in der Realität nicht. Notwendig für ein Mittelspannungskabel wären neben Kabelisolierung und -mantel zusätzlich je nach Kabeltyp z. B. ein Metallmantel zur Ableitung von Fehlerströmen oder ein zusätzlicher Kunststoffgürtel über der Isolierung. Häufig sind Mittelspannungskabel auch nicht nur mit einer, sondern mit drei Leiteradern versehen.[2] Da konkrete Stoffstromdaten aus der Kabelproduktion nicht verfügbar waren, wurden und konnten derartigen Feinheiten nicht berücksichtigt werden. Wichtig bei den hier gewählten Systemgrenzen der Kabelproduktion waren hingegen zwei Aspekte: einerseits wurden die funktionsspezifischen Mengen und Volumina der Aluminium- und Kupferleiter berücksichtigt, indem für Aluminiumkabel ein entsprechend größerer Leiterdurchmesser bei gleicher Gesamtkabellänge gewählt wurde. Andererseits konnten durch die Wahl des größeren Leiterdurchmessers die Auswirkungen auf die Menge des benötigten PE-Kunststoffs für Isolierung und Mantel ermittelt werden. Auf diese Weise wurde ein funktionsspezifischer Vergleich der Stoff- und Energieströme der beiden metallischen Werkstoffe ermöglicht, der vollständig andere Ergebnisse bringt als ein oberflächlicher Stoffstromvergleich von Kupfer und Aluminium auf einer Gewichtsbasis wie er z. B. von BLABER (1993) präsentiert wird.

Der Bilanzierungszeitraum bezieht sich auf 1990, wobei diverse Daten auch auf Ende der 1980er Jahre datieren. Soweit möglich, wurde unterstellt, daß sämtliche Prozeßabläufe innerhalb der Bundesrepublik Deutschland ausgeführt wurden. Als grundlegende Datenquellen dienten die Datenblätter der „Ökobilanz von Packstoffen“ für Aluminium, Glas, Kunststoffe, Papier und Weißblech, die vom Schweizer Bundesamt für Umwelt, Wald und Landschaft in 1991 herausgegeben wurden (BUWAL (Hg.) 1991) sowie die Studie „Ökologische Aspekte der Primär- und Sekundäraluminiumerzeugung in der Bundesrepublik Deutschland“, die 1990 von Wissenschaftlern des Instituts für Metallhüttenwesen und Elektrometallurgie der RWTH Aachen erstellt wurde (KRONE ET AL. 1990).

Für die Vertikalanalyse der Aluminiumkabel-Sachbilanz wurden zur Abgrenzung der Systemgrenzen **sechs Module** ausgewählt. Abgesehen von einem separaten Recyclingmodul, das

---

1 Aufgrund der schlechteren Leitfähigkeit von Aluminium muß sein Leiterdurchmesser um den Faktor 1,27 größer sein als beim Kupferkabel. Die Isolierungs- und Mantelstärken sind hingegen identisch, da sie vom elektrisch wirksamen Querschnitt des Kabels abhängen. Vgl. Lücking 1981: S. 3-5.

2 Vgl. zum Aufbau von Kabeln z. B. Brüggemann 1992: S. 61-68 und Wendt 1972: S. 7-40.

aus prozeßtechnischen Gründen vorteilhaft war, wurde methodisch in gleicher Weise verfahren wie in Anhang III bei der Bilanzierung des Kupferkabels. Es wurden hauptsächlich die direkten Stoffströme innerhalb der Module bilanziert sowie die eher indirekten Energieeinsätze und Stoffströme aus der Elektrizitätserzeugung und aus dem Transport. Stoffströme der Kernenergieerzeugung wurden dabei nicht einbezogen. Wesentliche materielle Inputs, wie z. B. Natronlauge, wurden lediglich unter Einbeziehung der zu ihrer Produktion notwendigen Energie berücksichtigt. Die Verlegung von Kabeln wurde nicht bilanziert – dadurch entsteht keine große Verzerrung, da diesbezüglich von gleichen Beeinträchtigungen durch Aluminium- und Kupferkabel auszugehen ist. Ebenso wie in der Kupferkabelsachbilanz wurden die Stoffströme von Produktionsanlagen nicht berücksichtigt. Datenlücken bestehen auch in dieser Bilanz hinsichtlich des Flächenverbrauchs und einiger Prozesse der Kabelherstellung. Inputmultiplikatoren und intertemporale Recyclingraten wurden hingegen auch für diese Sachbilanz ermittelt.

Das ***erste Modul*** bezieht sich auf den Prozeß der Bauxitgewinnung im Tagebau. Das ***zweite Modul*** umfaßt die Prozesse bis zur Produktion von Tonerde, die etwa 50% Aluminium enthält. Das ***dritte Modul*** schließt die Prozesse bis zur Erzeugung von hochwertigem Hüttenaluminium ein, wobei die Schmelzflußelektrolyse im Mittelpunkt steht. Das ***vierte Modul*** bezieht sich auf Recylingprozesse, wobei die spezifische Lebensdauer in der Kabelnutzung Beachtung findet. Das ***fünfte Modul*** enthält einige Prozesse der Kabelproduktion inklusive Kunststofferzeugung, und das ***sechste Modul*** bilanziert schließlich die Stoff- und Energieströme der Kabelentsorgung. Die einzelnen Module und die jeweiligen methodischen Vorgehensweisen der Sachbilanzierung werden nachfolgend dargestellt.

Modul 1

Der Rohstoff zur Aluminiumgewinnung ist das Bauxit, ein erdiges Mineral, das hohe Anteile Aluminiumoxid enthält und im Vergleich zu Erzen anderer Nichteisenmetalle sehr reichlich vorhanden ist. Aluminium ist nach Sauerstoff und Silizium das dritthäufigste Element der Erdkruste. Sein statischer Reserveindex wies zu Beginn der 1990er Jahre einen Wert von über 200 Jahren auf, wobei niedriger konzentrierte Gesteine wie z. B. das Laterit und diverse Tonerden noch gar nicht berücksichtigt sind.[3] Da Aluminium außerdem erst seit etwa 100 Jahren Anwendung findet, weisen die meisten Bauxitvorkommen mit um die 20% vergleichsweise hohe Aluminiumkonzentrationen auf. Bauxit wird zumeist in sehr großen Mengen im Tagebau abgebaut – nur in vereinzelten Fällen finden sich sehr hochwertige Vorkommen, deren Abbau Untertage konkurrenzfähig ist.[4]

Aufgrund dieser Konstellation existieren derzeit nicht so große Unterschiede im Bauxitbergbau, wie sie beispielsweise für den Kupferbergbau typisch sind. Daher wurde die Bilanzierung der Energieeinsätze und Stoffströme *eines* Bauxittagebaus im Rahmen der hier durchgeführten ökologischen Sachbilanz als ausreichend befunden. Als Grundlage der Bilanzierung, deren Ergebnisse in Tabelle V.1 abgedruckt sind, diente der Tagebau Gove in Australien, der durch eine mittlere Aluminiumkonzentration von 20,9% charakterisiert ist, und der vom schweizerischen Umweltamt untersucht wurde. Da Daten zum australischen Energiemix nicht verfügbar waren, wurden vom Autor dieser Arbeit die Emissionen aus der Elektrizitätserzeugung für den Bergbau nach einem Energiemix 12 verschiedener westeuropäischer Länder von 1988, der als UCPTE 88 bekannt ist, errechnet.[5] Daten zum Abraum wurden nicht erhoben.

3 Vgl. Lechner et al. 1987: S. 69-70 und Tabelle 5.3 in Kapitel 5.1.3.

4 Vgl. Moser/Moser 1994: S. 17-18.

5 Der Energiemix UCPTE 88 basiert zu 42,9% auf fossilen Brennstoffen, zu 36,9% auf Kernkraft und zu 20,2% auf Wasserkraft und weist einen mittleren Wirkungsgrad von 37,8% auf. Vgl. BUWAL (Hg.) 1991:

Modul 2

Im Gegensatz zu anderen Metallerzen läßt sich Bauxit nicht durch einen Flotationsprozeß aufbereiten. Statt dessen muß das zerkleinerte und gewaschene Bauxit nach dem Abbau im sogenannten „Bayer-Prozeß" zuerst zu Aluminiumoxid verarbeitet werden, das auch als Tonerde bezeichnet wird. Dabei wird es mit Natronlauge gemischt und geht unter Druck und Hitzeeinwirkung als Natriumaluminat in Lösung. Durch Zusatz von Kalkstein wird diese Lösung unter Hitze kalziniert und es entsteht einerseits das gewünschte Aluminiumoxid mit etwa 50% Aluminiumgehalt, und andererseits fallen die ungelösten Bauxitanteile in Form eines alkalischen Gemisches von Aluminium-, Eisen-, Titan- und Kieselsäureverbindungen als Erzabfall an, der aufgrund seiner rötlichen Färbung als Rotschlamm bezeichnet wird.[6] Die thermischen und elektrischen Energieeinsatzmengen für diesen Prozeß wurden der BUWAL-Studie entnommen, die sich auf eine moderne Aluminiumoxidproduktionsstätte in der Schweiz beziehen. Um möglichst die Produktionsverhältnisse in der Bundesrepublik Deutschland widerzuspiegeln, wurden die CO_2-Emissionen der Energieeinsätze nach dem Energiemix der Bundesrepublik Deutschland berechnet[7], während sonstige Prozeßemissionen und Wasserverbräuche gemäß Datenangaben zu deutschen Herstellern nach KRONE ET AL. (1990) angesetzt wurden.[8]

Der Einsatz von Natronlauge und Kalkstein im Bayer-Prozeß wurde in der Form einbezogen, daß die Energiemengen zur Erzeugung dieser Inputmaterialien berücksichtigt wurden.[9] Da die Aluminiumindustrie der Bundesrepublik Deutschland zu Beginn der 1990er Jahre einen Großteil des benötigten Aluminiumoxids selbst herstellten und über 90% ihrer Bauxitimporte aus Australien (47%), Sierra Leone (22,6%) und Guinea (22,4%) importierten,[10] wurde der Transportweg gemäß der Entfernungen dieser Länder von der Bundesrepublik Deutschland auf einen mittleren Wert von 16.000 Kilometern festgelegt. Die Energieeinsätze und Stoffströme des Bauxittransports wurden auf Grundlage allgemeiner Emissions- und Energiedaten für Überseefrachter ermittelt.[11] Die Stoffstromdaten des Moduls 2 sind in Tabelle V.1 (Teil 1) aufgeführt.

Modul 3

Da das Aluminium im Aluminiumoxid chemisch sehr stark gebunden ist, kann primäres Hüttenaluminium nicht durch pyrometallurgische Verfahren (Einschmelzen) gewonnen werden.

S. 31. Es sei darauf hingewiesen, daß die Verwendung des UCPTE 88-Mixes keine große Verzerrung darstellt, da die im Bergbau eingesetzten Elektrizitätsmengen eher gering sind.

6 Vgl. Moser/Moser 1994: S. 23-24 und Schröter et al. 1992: S. 188.

7 Der Energiemix der Bundesrepublik Deutschland zur Elektrizitätserzeugung setzte sich in 1990 zusammen aus: 28% Steinkohle, 24% Braunkohle, 1% Heizöl, 6% Erdgas, 5% Wasserkraft und 36% Kernkraft. Der mittlere Wirkungsgrad betrug 32,3%. Vgl. Krone et al. 1990: S. 562.

8 KRONE ET AL. (1990) geben auch Energieangaben zum Bayer-Prozeß deutscher Hersteller an. Die Angaben waren jedoch zu stark aggregiert, um daraus die resultierenden CO_2-Emissionen zu berechnen, die in keiner der zitierten Studien ermittelt worden waren. Die Ermittlung der CO_2-Emissionen wurde vom Autor dieser Arbeit vorgenommen, wobei allgemeine Emissionsdaten verschiedener Energieträger und Elektrizitätserzeugungssysteme und -Mixe auf Grundlage der Datenblätter der Anhänge A.0 und A.1 aus BUWAL (Hg.) (1991) verwendet wurden. Dabei wurden in Anlehnung an KRONE ET AL. (1990) bei thermischer Nutzung von fossilen Brennstoffen ein Wirkungsgrad von 91,5% zugrunde gelegt und bei Nutzung elektrischer Energie der Wirkungsgrad der entsprechenden Energiemixe. Bei unbekannten Brennstoffen für thermische Industriefeuerungen wurde die Verwendung von Heizöl S unterstellt. Grundsätzlich ist festzustellen, daß die Energieangaben nach BUWAL (Hg.) (1991) und KRONE ET AL. (1990) nur marginal voneinander abweichen.

9 Daten nach BUWAL (Hg.) 1991: S. A22.

10 Daten von 1991, berechnet nach Metallgesellschaft AG/ World Bureau of Metal Statistics (Hg.) 1994: S. 83.

11 Datengrundlage: Bruch et al. 1995a: S. 254 und BUWAL (Hg.) 1991: S. 34.

Aluminium muß daher bereits in einem Stadium mit Konzentrationen um 50% durch Anwendung eines speziellen Schmelzflußelektrolyse-Verfahrens nach dem sogenannten Hall-Hérould-Prinzip hergestellt werden, wobei eine 2-8%ige Lösung von Aluminiumoxid in geschmolzenem Kryolith – das ist eine besondere Aluminiumfluoridverbindung – elektrolysiert wird. Das Aluminium sammelt sich dabei in flüssiger Form mit einer Konzentration von über 99% am Boden des Elektrolysebeckens an und kann durch ein Saugrohr entnommen werden.[12] Der Elektrolyseprozeß ist extrem energieintensiv und trägt zu einem Großteil dazu bei, daß die Energiekosten der Primäraluminiumproduktion etwa 35-40% der gesamten Produktionskosten ausmachen. Aus diesem Grund wird der Elektrolyseprozeß häufig in Ländern vollzogen, wo geringe Energiekosten vorherrschen.[13] Zur Berücksichtigung dieses speziellen Merkmals der Aluminiumindustrie wurden die Energie- und Emissionsdaten aus dem Elektrizitätsverbrauch der Elektrolyse sowohl in BUWAL (Hg.) (1991) als auch in KRONE ET AL. (1990) nach einem speziellen Energiemix der Aluminiumindustrie der westlichen Welt ermittelt, der sich insbesondere durch einen hohen Anteil an Wasserkraft und einen hohen mittleren Wirkungsgrad auszeichnet.[14] Aus den gleichen Gründen, die bei der Erläuterung von Modul 2 genannt wurden, wurden die Energiedaten der Elektrolyse aus BUWAL (Hg.) (1991: S. A22) entnommen und die CO_2-Emissionen auf jener Basis berechnet, während die restlichen Stoffstromdaten aus der Studie von KRONE ET AL. (1990: S. 566) stammen. Das Aluminiumfluorid und die Anoden, die wichtige Inputs des Elektrolyseprozesses darstellen, wurden in der ökologischen Sachbilanz einbezogen, indem die zu ihrer Produktion notwendige Energie nach Daten von BUWAL (Hg.)(1991: S. A22-A23) einkalkuliert wurde.

Im Anschluß an die Elektrolyse folgt eine Schmelzereinigung zur weiteren Erhöhung der Aluminiumkonzentration. In diesem Prozeß gehen etwa 2% des Aluminiums als Schmelzverlust verloren. Das entsprechende Energieäquivalent dieses Verlustes wurde in der Bilanzierung dieses Prozesses berücksichtigt. Als Datengrundlage der Schmelzereinigung wurden die Werte aus KRONE ET AL. (1990: S. 562/566) zugrunde gelegt. Bei der Berechnung der CO_2-Werte für den Schmelzverlust wurde vom Autor dieser Arbeit erneut der Energiemix der westlichen Aluminiumindustrie verwendet. Die resultierenden Stoffstromdaten aus Modul 3 sind in Tabelle V.1 (Teil 1) aufgelistet.

Modul 4

In diesem Modul wurde der Recyclingprozeß von Aluminium separat bilanziert, wobei sowohl intertemporale Aspekte der Aluminiumnutzung als auch die Lebensdauer von Aluminiumkabeln berücksichtigt wurden. Im Gegensatz zur Kupferproduktion konnte eine separate Recyclingbilanzierung vorgenommen werden, da Sekundäraluminium generell nicht dem energieintensiven Primärprozeß zugefügt wird, sondern durch ein kostengünstiges separates Einschmelzverfahren aufbereitet wird. Die in Tabelle V.1 (Teil 1) aufgelisteten Energieeinsätze und Stoffströme des Recyclings beziehen sich jeweils auf die Produktion einer Tonne Sekundäraluminium. Um möglichst einen kabelspezifischen Kontext zu bilanzieren, wurde angenommen, daß 87% des Schrotteinsatzes aus Kabelschrott besteht und 13% Neuschrotte und Industriekrätzen sind, wobei ein mittlerer Aluminiuminhalt von 80% unterstellt wurde. Ent-

12 Vgl. Moser/Moser 1994: S. 30 und Schröter et al. 1992: S. 186.

13 Vgl. Moser/Moser 1994: S. 30.

14 Der spezielle Energiemix zur Elektrizitätbereitstellung in der Aluminiumindustrie der westlichen Welt setzt sich wie folgt zusammen: 19% Steinkohle, 6,3% Braunkohle, 1,2% Öl, 3,2% Gas, 61,3% Wasserkraft, 3,2% Kernkraft und 5,2% sonstige Mischenergien (berücksichtigt in den Rechnungen wie Erdöl). Der mittlere Wirkungsgrad beträgt 56%. Vgl. BUWAL (Hg.) 1991: S. 29-31 und Krone et al. 1990: S. 562.

sprechend ergab sich eine zu sammelnde Schrottmenge von 1.256 kg pro Tonne Sekundäraluminium. Diese Menge, so wurde im Mittel angenommen, muß per LKW über eine Entfernung von 200 km zur nächstgelegenen Recyclinghütte transportiert werden. Diese mittlere Entfernung wurde in gleicher Weise im Fall des Kupferschrottes zugrunde gelegt, und die Energieverbräuche und Emissionen des Schrotttransports wurden auf Basis der gleichen Datenquellen ermittelt. Für die Vorbehandlung des Kabelschrotts in einem Shredderprozeß wurde, genau wie im Fall der Kupferkabel, die Anwendung einer Hammerschlagmühle unterstellt. Weiterhin wurde in analoger Weise angenommen, daß 2% des Aluminiums im Shredderprozeß verlorengehen und zusammen mit dem Shredderrestmüll entsorgt werden.

Der Hauptprozeß des Aluminiumrecyclings ist der Schmelzprozeß im Salzbadofen. Unter Zusatz von 600 kg Salz wird der vorbehandelte Aluminiumschrott zusammen mit dem hochwertigen Neuschrott eingeschmolzen, wobei Sekundäraluminium und Salzschlacke entsteht. Die Schlacke wird in Deutschland üblicherweise aufbereitet, wobei ein Großteil des Aluminiumanteils der Schlacke zurückgewonnen wird, während das Sekundärsalz erneut im Schmelzprozeß eingesetzt werden kann. Über 95% des Salzeinsatzes im Salzschmelzofen wird mit dem Sekundärsalz der Schlackeaufbereitung gedeckt. Angesichts dieser Konstellation wurde auf eine Bilanzierung der Stoffströme des verbleibenden Primärsalzinputs verzichtet, da sie als vernachlässigbar gering eingestuft wurden. Ebenso wie im Primärproduktionsprozeß schließt sich beim Aluminiumrecycling eine Schmelzreinigung als abschließender Prozeß der Aufkonzentrierung an. Die Stoffstromdaten des Aluminiumrecyclings sind aufgegliedert nach den hier genannten Prozessen in Tabelle V.1 (Teil 1) zu finden, wobei KRONE ET AL. (1990) als grundlegende Datenquelle diente.

Bei der Einbeziehung der Stoffströme des Aluminiumrecyclings in die Bilanzierung des gesamten Lebenszykluses des Aluminiumkabels wurde ein anderes Berechnungsverfahren gewählt als beim Kupferkabel, da eine explizite Trennung zwischen Primär- und Sekundärproduktion besteht. Während beim Kupfer ein intertemporaler Primäranteilmultiplikator ermittelt wurde, mittels dessen die Stoffströme aus Bergbau und Aufbereitung entsprechend vermindert wurden, wurde für den Aluminiumfall unter Anwendung gleicher Methoden eine intertemporale Recyclingrate berechnet, mit deren Hilfe eine ***Stoffstromgutschrift*** bestimmt wurde. Dabei wurden die Energieeinsätze und Stoffströme des durchschnittlich pro Tonne Primäraluminium recycelten Aluminiums den Stoffströmen gegenübergestellt, die bei der Produktion einer gleichen Menge Primäraluminium entstehen. Die Differenz dieser Stoffströme, die als Stoffstromeinsparung durch Recycling im Vergleich zur Primärproduktion zu interpretieren ist, wurde als Gutschrift für das Aluminiumrecycling angesetzt und von den Stoffströmen der ersten drei Module der Primärproduktion abgezogen. In dieser Weise wurde das Metallrecycling des Aluminiums zwar in modifizierter, aber doch ähnlicher Weise berücksichtigt wie im Fall des Kupfers. Wie schon zuvor sind die entsprechenden Stoffstromdaten in der Tabelle V.1 (Teil 1) zu finden.

Durch die Ermittlung einer *kabelspezifischen intertemporalen Recyclingrate* wurde auch in diesem Fall die Gebrauchsphase des Kabels in die Rechnungen einbezogen, da die Kabellebensdauer als wichtige Maßzahl für das Recycling zugrunde gelegt wurde. Intertemporale Aspekte wurden berücksichtigt, indem der intertemporale Verlauf der Wachstumsrate der Aluminiumproduktion einbezogen wurde, der ebenfalls einen wesentlichen Einfluß auf die Höhe einer mittleren intertemporalen Recyclingrate ausübt. Analog zur Methode aus Anhang III und mit Bezug auf die dortige Gleichung (A1) wurde die intertemporale Recyclingrate für Aluminiumkabel wie folgt berechnet. Die Altmaterialrecyclingrate (ARR) und die Kabellebensdauer (LD) von Kupfer- und Aluminiumkabeln wurden als identisch angenommen, so daß auch für das Aluminiumkabel gilt: ARR = 98% und LD = 40 Jahre. Hinsichtlich der produktspezifischen Wachstumsraten für den intertemporalen Zeitraum 1900 bis 2099 mußten für Aluminium spezifische Werte bestimmt werden. Im Zeitraum 1900-1995 stieg die globale Produktion von Primäraluminium von 6.000 t auf 19,69 Millionen Tonnen – das entspricht einer durchschnittlichen jährlichen Zuwachsrate von 8,89%. Aufgrund der allgemeinen Stagnation in der Ressourcennutzung seit den 1970er Jahren betrug die entsprechende durchschnittliche jährliche Zuwachsrate in den Jahren 1985-95 nur noch 1,7%.[15] An dieser Stelle wurde angenommen, daß sich die Stagnation in der Aluminiumproduktion weiter fortsetzt und sie im Durchschnitt der Jahre 1995-2099 nur noch um 1% p. a. steigt. Für diese Konstellation ergibt sich eine durchschnittliche allgemeine Wachstumsrate der Aluminiumproduktion für 1900-2099 von r=4,7%.

Da die Verwendung einer allgemeinen Wachstumsrate für Produkte mit unterschiedlicher Lebensdauer aufgrund des sich unterschiedlich entwickelnden Produktbestandes in einer Volkswirtschaft nicht angemessen ist, wurden auch für den Aluminiumfall produktspezifische Wachstumsraten berechnet. In einer Modellrechnung zeigte sich, daß sich der Produktbestand einer Volkswirtschaft mit einem jährlichen Produktionswachstum von 4,7% bei einer Produktlebensdauer von 40 Jahren in 38 Jahren verhundertfacht und in 88 Jahren vertausendfacht. Bei einer Produktlebensdauer von 10 Jahren betragen die entsprechenden Werte 56 bzw. 106 Jahre, während sie sich bei einer Lebensdauer von 5 Jahren auf 68 bzw. 119 Jahre belaufen. Um unter diesen Bedingungen bei unterschiedlich hoher Produktlebensdauer eine Vertausendfachung des volkswirtschaftlichen Produktbestandes in einem gleichen Zeitraum zu erreichen, wurde errechnet, daß die Wachstumsrate bei zehnjähriger Lebensdauer um den Faktor 1,22 höher sein muß als bei einer Lebensdauer von 40 Jahren. Bei LD=5 beläuft sich der Faktor gegenüber LD=40 auf 1,37. Auf Grundlage dieser Zusammenhänge wurden mit Bezug auf die durchschnittliche allgemeine Wachstumsrate von 4,7% *lebensdauerspezifische Wachstumsraten* für Aluminiumkabel bestimmt. Sie betragen für eine Lebensdauer von 40 Jahren 4,4%, für 10 Jahre 5,4% und für eine fünfjährige Lebensdauer 6,1%.[16] Da eine Kabellebensdauer von 40 Jahren angenommen wurde, beträgt die aluminiumkabelspezifische Wachstumsrate $r_{LD=40}$= 4,4%.

Mit diesen Werten konnte unter Anwendung der Formel (A1) aus Anhang 3 die intertemporale Recyclingrate berechnet werden. Sie beträgt für ein Aluminiumkabel 17,5% – das entspricht einem Primäranteilmultiplikator von 82,5%. Ebenso wie in der ökologischen Sachbilanz für Kupferkabel wurden weitere Aspekte der Gebrauchsphase eines Kabels außer seiner durchschnittlichen Lebensdauer in der vorliegenden Aluminiumkabel-Sachbilanz nicht berücksichtigt. Das Recyclingmodul 4 mit seinen inhärenten indirekten Stoffströmen der Gebrauchsphase wurde in dieser Sachbilanz direkt im Anschluß an das Modul 3 der Primäraluminiumerzeugung behandelt, um die Gutschrift für das Recycling genau in derjenigen Phase des Aluminiumkabellebenszykluses zu bilanzieren, wo das Endprodukt des Recyclings den Einsatz eines Primärproduktes zu ersetzen vermag. Somit können durch Aufsummierung der ersten vier Module die Energie- und Stoffströme der Grundstoffproduktion bis zur Erzeugung einer Tonne Aluminium dargestellt werden, wobei der Recyclinganteil bereits eingerechnet ist.

---

15 Eigene Berechnung nach Daten aus: Metallgesellschaft AG/ World Bureau of Metal Statistics (Hg.) 1996: S. 62-64.

16 Gerundete Werte. Unter Anwendung dieser Wachstumsraten der Aluminiumproduktion vertausendfachen sich die volkswirtschaftlichen Aluminiumproduktbestände bei 5, 10 und 40 Jahren Lebensdauer in genau 93 Jahren.

Modul 5

In diesem Modul wurden die Stoffströme der Produktion eines Aluminiumkabels mit 63,5 mm Leiterdurchmesser und 10 mm PE-Kunststoff-Isolierung und -Mantel grob abgeschätzt. Da keine spezifischen Produktionsdaten vorlagen, wurde für die Herstellung eines massiven Aluminiumkabels lediglich die Produktion von einer Tonne Gießwalzdraht angerechnet, die dem kontinuierlichen Gußprozeß eines massiven Kabels vom Produktionsablauf her ähnlich ist. Es wurden hier die gleichen Daten benutzt, die schon in der Kupferkabelsachbilanz für die Erzeugung von Gießwalzdraht angesetzt wurden. Da in der Gießwalzdrahtproduktion etwa 6% Ausschuß beim Leitermaterial anfällt, wurde für die Herstellung von 1.000 kg Kabel ein Aluminiuminput von 1.060 kg angesetzt. Entsprechend mußten die Stoffstromdaten der vorhergehenden Module, die sich lediglich auf eine Tonne Aluminium bezogen, mittels eines Inputmultiplikators von 1,06 angepaßt werden. Weitere Stoffstromdaten zur Kabelproduktion wurden nicht berücksichtigt, so daß dieses Modul eher als unterrepräsentiert angesehen werden kann. Da jedoch die Prozesse der Kabelproduktion für Aluminium- und Kupferkabel annähernd identisch sind und daher ähnliche Stoffströme erzeugen, stellt diese Datenlücke hinsichtlich des Vergleichs von Aluminium- und Kupferkabeln keine größere Verzerrung dar.

Zusätzlich zum Prozeß der Gießwalzdrahtproduktion wurde noch die Menge an PE-Kunststoff bilanziert, die für eine 10 mm Isolierungs- und Mantelschicht um ein Kabel mit 63,5 mm Durchmesser nötig ist. Auf Grundlage der Rechenergebnisse, daß ein 1.000 kg schweres massives Aluminiumkabel 116,95 Meter lang ist, ein Volumen von 370.370 cm^3 aufweist und eine 10 mm Isolierungs- und Mantelschicht ein Volumen von 60.622 cm^3 besitzen muß, ergab sich aufgrund einer PE-Dichte von 0,91 g/cm^3 ein Gewicht des PE-Kunststoffs von 115,66 kg, wobei ein Ausschuß von insgesamt einem Prozent für die Prozesse der PE-Produktion und der Kabelummantelung bereits eingerechnet sind.[17] Für diese PE-Kunststoffmenge wurden die Energieeinsätze und die energiebedingten Emissionen der Kunststoffproduktion auf Grundlage des deutschen Energiemixes ermittelt.[18] Die Stoffstromdaten dieses Moduls sind in Tabelle V.1 (Teil 2) aufgelistet.

Modul 6

Im sechsten und letzten Modul wurde der Prozeß der Entsorgung erfaßt. Angesichts der Annahme in Modul 4, daß eine Altmaterialrecyclingrate von 98% realisiert wird, wurde angenommen, daß 2% des produzierten Aluminiumkabels als zu deponierender Restmüll anfallen wird. Hinsichtlich dieser Abfallmenge wurde desweiteren unterstellt, daß 1% dieses Kabelabfalls entweder bereits während der Gebrauchsphase oder aber in den Prozessen der Entsorgung als Staub dispergiert. Für die Einsammlung des Restmülls wurde eine durchschnittlich notwendige LKW-Fahrt von 50 km angesetzt, deren Energie- und Stoffströme nach den üblichen Standarddaten ermittelt wurden. Unterstellt wurde eine Deponie-Entsorgung, wobei die Stoffströme der Deponieerstellung und -Bewirtschaftung unberücksichtigt blieben. Die Daten für Moduls 6 finden sich in Tabelle V.1 (Teil 2).

Mit Hilfe dieser Erfassung und Abschätzung der Energie- und Stoffströme von Aluminiumkabel in 6 Modulen ist es schließlich möglich, die aggregierten Stoff- und Energieströme im Lebenszyklus des 63,5 mm Aluminiumkabels mit 10 mm PE-Isolierung und -Mantel darzustellen. Sie ergeben sich in der Tabelle V.1 (Teil 2) aus der Aufaddierung der Werte von Modul 5,

---

17 PE-Dichte nach Hornbogen 1991: S. 277.

18 Angaben zum Energieeinsatz in der Kunststoffproduktion nach Bruch et al. 1995b: S. 320.

Modul 6 und der inputangepaßten Werte der Modulsumme 1-4. Die Stoffstromdaten beziehen sich auf Aluminiumkabel mit einer Tonne Aluminiuminhalt.

In einer weiteren Umrechnung wurden letztlich die ermittelten Stoffströme in bezug auf 1.000 Längenmeter Aluminiumkabel dargestellt. Da ein 63,5 mm Aluminiumkabel mit 1.000 kg Aluminiuminhalt nach eigenen Berechnungen 116,95 Meter lang ist, lautet der Längenmultiplikator zur Umrechnung auf 1 km: 1000/116,95 = 8,55.

Mit diesen Ausführungen wurde die methodische Vorgehensweise zur Erstellung der Sachbilanz von Aluminiumkabel in Tabelle V.1 dargelegt. In den nachfolgenden Tabellen werden Datenwerte aufgelistet, die einen Stoffstromvergleich von Kupfer- und Aluminiumkabeln möglich machen. In Tabelle V.2 wird die Aluminiumkabel-Sachbilanz für 1.000 Meter Kabel aus Tabelle V.1 in einer etwas übersichtlicheren Kurzform gezeigt und den entsprechenden Daten aus der Kupferkabelsachbilanz aus Anhang III gegenübergestellt.

In Tabelle V.3 wurde in Anlehnung an BUWAL (Hg.) 1991 (S. 107-111) ein sogenanntes Ökoprofil erstellt, das einen Vergleich der Emissionsmengen aus den Sachbilanzen für Kupfer- und Aluminiumkabel hinsichtlich seiner gesundheitlichen Wirkungen auf Menschen ermöglicht. Dabei werden die ermittelten einzelnen Emissionsmengen aus den Sachbilanzen durch den maximalen Arbeitsplatzkonzentrationsgrenzwert (MAK) der Bundesrepublik Deutschland von 1990 dividiert. Als Resultat ergibt sich für jeden Schadstoff ein sogenanntes kritisches Emissionsvolumen, das angibt, um welchen Faktor die emittierte Gesamtmenge den Grenzwert am Arbeitsplatz übersteigt. Die Summe des kritischen Volumens aus allen Schadstoffen ist als eine Indexzahl zu interpretieren, die eine Aussage zur Toxizität der Gesamtemissionen erlaubt – insbesondere bei einem Vergleich von Indexzahlen.

In Tabelle V.4 werden die Stoffströme und Stoffstromdifferenzen von Aluminium- und Kupferkabel in bezug auf Elektrizitätskabelnetze von einer Million Kilometer Länge gezeigt. In Tabelle V.5 wird eine Kurzübersicht über die Kabelsachbilanzen analog zu Tabelle V.2 gezeigt, wobei unter sonst gleichen Annahmen eine intertemporale Recyclingrate für Aluminium von 50% zugrunde gelegt wurde. In Tabelle V.6 wurden schließlich Umweltwirkungsfaktoren einer Materialsubstitution bei Kabeln für verschiedene Umweltbelastungen berechnet, wobei die verwendeten Methoden in den Tabellenanmerkungen beschrieben sind.

Eine Präsentation und Diskussion der Tabellendaten erfolgt in Kapitel 5.2.2.2.

Tabelle V.1:
Ökologische Sachbilanz für Aluminium und Aluminiumkabel in sechs Modulen (1990),
Teil 1: Module 1-4

a) Wasserverluste, Primärenergieeinsatz und Aluminiumoutput pro Tonne Aluminiuminhalt im Bauxit

Module	Wasser-verluste (q)	Primärenergieeinsatz pro t Aluminiuminhalt *(c)* Thermische Energie (GY)	Elektrische Energie (kWh)	Gesamt-energie (GY)	Output pro tAluminiuminhalt Produkte Bauxit	Tonerde	Aluminium
1. Bauxit-Bergbau *(a)*	600 kg	2,53 GY	8,50	2,84 GY	4.815,5 kg		
2. Prozesse bis zur Tonerdeerzeugung *(e)*							
Überseetransport *(b)*				10,56 GY			
Kalksteinabbau und -produktion (87 kg)		0,16 GY	0,30	0,18 GY			
Natronlaufeproduktion (429 kg)		1,58 GY	647,30	8,97 GY			
Tonerdeproduktion	9.690 kg	16,44 GY	442,10	22,91 GY		1.938 kg	
Summe Modul 2	***9.690 kg***	**18,18 GY**	**1.089,70**	**32,05 GY**		**1.938 kg**	
3. Prozesse bis zur Elektrolyse *(f)*							
Aluminiumfluoridproduktion (18 kg)		0,22 GY	0,10	0,24 GY			
Anodenproduktion (430 kg)		16,58 GY	117,10	19,43 GY			
Schmelzflußelektrolyse	38.000 kg	3,83 GY	15.000,00	104,37 GY			1.002 kg
Schmelzereinigung *(g)*	300 kg	0,003 GY	1,80	4,47 GY			1.000 kg
Summe Modul 3	**38.300 kg**	**20,63 GY**	**15.119,00**	**128,51 GY**			**1.000 kg**
Summe der Module 1-3	48.590 kg	41,33 GY	16.217,20	163,40 GY	4.788 kg	1.938 kg	1.000 kg

Module	Wasser-verluste (q)	Primärenergieeinsatz pro t Aluminiuminhalt *(c)* Thermische Energie (GY)	Elektrische Energie (GY)	Gesamt-energie (GY)	Output pro tAluminiuminhalt Produkte Bauxit	Tonerde	Aluminium
4. Recycling *(h)*							
Schrott-Transport				0,30 GY			
Kabel-Shredder *(k)*				0,39 GY			960 kg
Einschmelzen Salzbadofen	809 kg	4,54 GY	1,14 GY	8,50 GY			964 kg
Salzschlackeaufbereitung	518 kg	2,17 GY	0,32 GY	3,38 GY			36 kg
Schmelzereinigung *(g)*	10 kg	1,80 GY	0,02 GY	2,01 GY			
Summe	**1.337 kg**	**8,51 GY**	**1,48 GY**	**14,59 GY**			**1.000 kg**
Intertemporale Recyclingrate: 17,5% *(l)*							
Recyclingstoffströme für 175 kg Alu	234 kg	1,49 GY	0,26 GY	2,55 GY			175 kg
Primärprozeßstoffströme für 175 kg Alu	8.503 kg	7,23 GY	2841 kWh	28,60 GY	838 kg	339 kg	175 kg
Gutschrift Recycling *(l)*	8.269 kg			26,04 GY	838 kg	339 kg	0 kg
Gesamtrechnung der Module 1-4 *(m)*	40.321 kg			137,36 GY	3.950 kg	1.599 kg	1.000 kg

Die Anmerkungen zur Tabelle V.1 sind auf Seite 651f. zu finden.

Tabelle V.1:
Ökologische Sachbilanz für Aluminium und Aluminiumkabel in sechs Modulen (1990), Teil 1: Module 1-4

b) Reststoffe und Kuppelprodukte pro Tonne Aluminiuminhalt

Module	Reststoffe Rotschlamm	kunststoff-bezogene Rückstände	sonstige Abfälle *(p)*	Aluminium-schrott
1. Bauxit-Bergbau *(a)*			0,01 kg	
2. Prozesse bis zur Tonerdeerzeugung *(e)*				
Überseetransport *(b)*				
Kalksteinabbau und -produktion (87 kg)				
Natronlaufeproduktion (429 kg)				
Tonerdeproduktion	2.900 kg		0,29 kg	
Summe Modul 2	2.900 kg			
3. Prozesse bis zur Elektrolyse *(f)*				
Aluminiumfluoridproduktion (18 kg)				
Anodenproduktion (430 kg)				
Schmelzflußelektrolyse			299,9 kg	
Schmelzereinigung *(g)*			21,5 kg	
Summe Modul 3			321,4 kg	
Summe der Module 1-3	2.900 kg		321,4 kg	

Module	Reststoffe Rotschlamm	kunststoff-bezogene Rückstände	sonstige Abfälle	Aluminium-schrott	Kuppelprodukte Salz *(l)*	TER *(r)*
4. Recycling *(h)*						
Schrott-Transport						
Kabel-Shredder (k)		131,8 kg	0,9 kg			
Einschmelzen Salzbadofen			45,74 kg			
Salzschlackeaufbereitung			0,78 kg		454 kg	253 kg
Schmelzereinigung (g)			0,04 kg			
Summe		131,8 kg	47,5 kg		454 kg	253 kg
intertemporale Recyclingrate: 17,5% *(l)*						
Recyclingstoffströme für 175 kg Alu		*(u)*	31,4 kg		79 kg	
Primärprozeßstoffströme für 175 kg Alu	508 kg		56,25 kg			
Gutschrift Recycling *(l)*	508 kg	*(u)*	24,9 kg			
Gesamtrechnung der Module 1-4 *(m)*	2.393 kg		296,5 kg			

Die Anmerkungen zur Tabelle V.1 sind auf S. 651f. zu finden

Tabelle V.1: Ökologische Sachbilanz für Aluminium und Aluminiumkabel in sechs Modulen (1990), Teil 1: Module 1-4

c) Emissionen pro Tonne Aluminiuminhalt

	Emissionen in kg/t Aluminium*(d)*						Chlor-	Schwefel+			
Module	CO_2	Staub	SO_2	NO_x	CO	HC	wasser-stoffe	Phosphor-Wasserstoff	Methan	Chloride	Fluorver-bindungen
1. Bauxit-Bergbau *(a)*	200,6 kg	23,94 kg	0,12 kg								
2. Prozesse bis zur Tonerdeerzeugung *(e)*											
Überseetransport *(b)*	749,4 kg	1,29 kg	9,17 kg	10,03 kg	3,00 kg	2,49 kg					
Kalksteinabbau und -produktion (87 kg)											
Natronlaufeproduktion (429 kg)											
Tonerdeproduktion	1.558,6 kg	1,11 kg	20,57 kg	9,06 kg	0,48 kg						
Summe Modul 2	2.308,0 kg	2,40 kg	29,74 kg	19,09 kg	3,47 kg	2,49 kg					
3. Prozesse bis zur Elektrolyse *(f)*											
Aluminiumfluoridproduktion (18 kg)											
Anodenproduktion (430 kg)											
Schmelzflußelektrolyse	5.532,3 kg	15,06 kg	71,30 kg	13,57 kg	15,40 kg	2,45 kg					0,46 kg
Schmelzereinigung *(g)*	143,6 kg	0,13 kg	1,50 kg	0,58 kg	0,05 kg	0,20 kg	0,10 kg			0,40 kg	
Summe Modul 3	5.675,9 kg	15,19 kg	72,80 kg	14,15 kg	15,45 kg	2,65 kg	0,10 kg			0,40 kg	0,46 kg
Summe der Module 1-3	8.184,6 kg	41,52 kg	102,66 kg	33,23 kg	18,93 kg	5,14 kg	0,10 kg			0,40 kg	0,46 kg

	Emissionen in kg/t Aluminium*(d)*						Chlor-	Schwefel+			
Module	CO_2	Staub	SO_2	NO_x	CO	HC	wasser-stoffe	Phosphor-Wasserstoff	Methan	Chloride	Fluorver-bindungen
4. Recycling *(h)*											
Schrott-Transport	21,70 kg	0,04 kg	0,04 kg	0,37 kg	0,250 kg	0,115 kg					
Kabel-Shredder (k)	23,2 kg	0,0024 kg	0,03 kg	0,04 kg	0,0028 kg	0,0008 kg					
Einschmelzen Salzbadofen	421,4 kg	0,26 kg	1,40 kg	2,03 kg	0,050 kg	0,542 kg	1,14 kg			0,002 kg	0,03 kg
Salzschlackeaufbereitung	188,1 kg	0,07 kg	0,03 kg	0,04 kg	0,002 kg	0,001 kg		0,006 kg	2,4 kg		
Schmelzereinigung (g)	141,4 kg	0,00 kg	0,00 kg	0,00 kg	0,000 kg	0,000 kg					
Summe	796 kg	0,37 kg	1,5 kg	2,5 kg	0,3 kg	0,7 kg	1,14 kg	0,006 kg	2,4 kg	0,002 kg	0,03 kg
intertemporale Recyclingrate: 17,5% *(l)*											
Recyclingstoffströme für 175 kg Alu	139,3 kg	0,06 kg	0,26 kg	0,43 kg	0,05 kg	0,12 kg	0,20 kg	0,001 kg	0,4 kg	0,000 kg	0,01 kg
Primärprozeßstoffströme für 175 kg Alu	1.432,3 kg	7,27 kg	17,96 kg	5,82 kg	3,31 kg	0,90 kg	0,02 kg	0,000 kg	0,00 kg	0,07 kg	0,08 kg
Gutschrift Recycling *(l)*	1.293 kg	7,2 kg	17,7 kg	5,4 kg	3,3 kg	0,8 kg	-0,18 kg	-0,001 kg	-0,42 kg	0,07 kg	0,08 kg
Gesamtrechnung der Module 1-4 *(m)*	6.892 kg	34,3 kg	85,0 kg	27,9 kg	15,7 kg	4,4 kg	0,28 kg	0,001 kg	0,42 kg	0,33 kg	0,38 kg

Die Anmerkungen zur Tabelle V.1 sind auf S. 651f. zu finden

Tabelle V.1:
Ökologische Sachbilanz für Aluminium und Aluminiumkabel in sechs Modulen (1990), Teil 2: Module 5-6 und Gesamtbilanz Aluminiumkabel

a) Wasserverluste, Primärenergieeinsatz und Aluminiumoutput pro Tonne Aluminiuminhalt im Bauxit

Module	Wasser-verluste (q)	Primärenergie-Einsatz pro t Aluminiuminhalt *(c)* Therm. Energie (GY)	Elekt. Energie (kWh)	Gesamt-energie (GY)	Alu-Produkte Bauxit	Tonerde	Aluminium-kabel mit Mantel
Inputanpassung der Module 1-4 für das nachfolgende Modul 5 (Inputmultiplikator: 1,06)	42.740 kg			145,60 GY	4.187 kg	1.695 kg	1.060 kg
5. Produktion Aluminiumkabel *(n)* (63,5 mm, PE-Isolierung/Mantel 10 mm)							
Produktion Gießwalzdraht	500 kg			3,24 GY			1.000 kg
PE-Produktion für Isolierung/Mantel (10 mm)				9,76 GY			114,5 kg
Modul 5 insgesamt:	500 kg			13,00 GY			1.114,5 kg
6. Entsorgung des 63,5 mm Kabels *(s)*				0,001 GY			

Gesamtsumme aus Wasserverlusten, Energieeinsatz und Aluminium für Aluminiumkabel mit 63,5 mm Leiterdurchmesser und 10 mm PE-Isolierung/Mantel mit einer Tonne Aluminiuminhalt
(errechnet sich als Summe der Module 5 und 6 und der angepaßten Summe der Module 1-4, Doppelzählungen sind eleminiert.)

Module 1-6	Wasser-verluste (q)	Primärenergie-Einsatz pro Kabel mit 1 t Alu-Inhalt *(c)* Therm. Energie (GY)	Elekt. Energie (kWh)	Gesamt-energie (GY)	Alu-Produkte Bauxit	Tonerde	Aluminium-kabel mit Mantel
Gesamtsumme pro 1t Alu-Inhalt	43.240 kg			159 GY	4.187 kg	1.695 kg	1.115 kg

Gesamtsumme aus Wasserverlusten, Energieeinsatz und Aluminim für 1.000 Meter Aluminiumkabel mit 63,5 mm Leiterdurchmesser und 10 mm PE-Isolierung/Mantel
(Der Längenmultiplikator lautet: 8,55066268 *(v)*)

	Wasser-verluste (q)	Primärenergie-Einsatz *(c)* pro 1.000 m Alukabel Therm. Energie (GY)	Elekt. Energie (kWh)	Gesamt-energie (GY)	Alu-Produkte Bauxit	Tonerde	Aluminium-kabel mit Mantel
Gesamtsumme pro 1.000 Meter Kabel	369.731 kg			1.356 GY	35.803 kg	14.492 kg	9.530 kg

Die Anmerkungen zur Tabelle V.1 sind auf Seite 651f. zu finden.

Tabelle V.1:
Ökologische Sachbilanz für Aluminium und Aluminiumkabel in sechs Modulen (1990), Teil 2: Module 5-6 und Gesamtbilanz Aluminiumkabel

b) Reststoffe und Kuppelprodukte pro Tonne Aluminiuminhalt

Module	Reststoffe Rotschlamm	Reststoffe sonstige Abfälle	Kuppelprodukt Alu-schrott
Inputanpassung der Module 1-4 für das nachfolgende Modul 5 (Inputmultiplikator: 1,06)	2.536 kg	314,3 kg	
5. Produktion Aluminiumkabel *(n)* (63,5 mm, PE-Isolierung/Mantel 10 mm)			
Produktion Gießwalzdraht		5,00 kg	60 kg
PE-Produktion für Isolierung/Mantel (10 mm)		24,58 kg	
Modul 5 insgesamt:		29,6 kg	60 kg
6. Entsorgung des 63,5 mm Kabels *(s)*		22,1 kg	

Gesamtsumme der Reststoffe und Kuppelprodukte für Aluminiumkabel mit 63.5 mm Leiterdurchmesser und 10 mm PE-Isolierung/Mantel mit einer Tonne Aluminiuminhalt
(errechnet sich als Summe der Module 5 und 6 und der angepaßten Summe der Module 1-4, Doppelzählungen sind eleminiert.)

Module 1-6	Reststoffe Rotschlamm	Reststoffe sonstige Abfälle	Kuppelprodukt Alu-schrott
Gesamtsumme pro 1t Alu-Inhalt	2.536 kg	366 kg	60 kg

Gesamtsumme der Reststoffe und Kuppelprodukte für 1.000 Meter Aluminiumkabel mit
63,5 mm Leiterdurchmesser und 10 mm PE-Isolierung/Mantel
(Der Längenmultiplikator lautet: 8,55066268 *(v)*)

	Reststoffe Rotschlamm	Reststoffe sonstige Abfälle	Kuppelprodukt Alu-schrott
Gesamtsumme pro 1.000 Meter Kabel	21.685 kg	3.129 kg	513 kg

Die Anmerkungen zur Tabelle V.1 sind auf S. 651f. zu finden

Tabelle V.1:
Ökologische Sachbilanz für Aluminium und Aluminiumkabel in sechs Modulen (1990), Teil 2: Module 5-6 und Gesamtbilanz Aluminiumkabel

c) Emissionen pro Tonne Aluminiuminhalt

Module	Emissionen pro Kabel in kg/t Aluminiuminhalt *(d)*										
	CO_2	Staub	SO_2	NO_x	CO	HC	Chlor-wasser-stoffe	Schwefel+ Phosphor-Wasserstoff	Methan	Chloride	Fluorver-bindungen
Inputanpassung der Module 1-4 für das nachfolgende Modul 5 (Inputmultiplikator: 1,06)	7.305 kg	36,4 kg	90,1 kg	29,5 kg	16,6 kg	4,6 kg	0,30 kg	0,001 kg	0,44 kg	0,35 kg	0,41 kg
5. Produktion Aluminiumkabel *(n)* (63,5 mm, PE-Isolierung/Mantel 10 mm)											
Produktion Gießwalzdraht	222 kg	0,06 kg	0,13 kg	0,66 kg	1,65 kg	0,15 kg					
PE-Produktion für Isolierung/Mantel (10 mm)	576 kg	0,06 kg	0,78 kg	1,07 kg	0,07 kg	0,02 kg					
Modul 5 insgesamt:	798 kg	0,11 kg	0,91 kg	1,73 kg	1,72 kg	0,17 kg					
6. Entsorgung des 63,5 mm Kabels *(s)*	0,10 kg	0,22 kg	0,0002 kg	0,002 kg	0,001 kg	0,001 kg					

Gesamtsumme der Emissionen im Lebenszyklus des Aluminiumkabels mit 63.5 mm Leiterdurchmesser und 10 mm PE-Isolierung/Mantel bei einer Tonne Aluminiuminhalt
(errechnet sich als Summe der Module 5 und 6 und der angepaßten Summe der Module 1-4, Doppelzählungen sind eleminiert.)

Module 1-6	Emissionen pro Kabel in kg/t Aluminiuminhalt*(d)*										
	CO_2	Staub	SO_2	NO_x	CO	HC	Chlor-wasser-stoffe	Schwefel+ Phosphor-Wasserstoff	Methan	Chloride	Fluorver-bindungen
Gesamtsumme pro 1t Alu-Inhalt	8.103 kg	36,7 kg	91,0 kg	31,3 kg	18,3 kg	4,8 kg	0,3 kg	0,001 kg	0,44 kg	0,35 kg	0,41 kg

Gesamtsumme der Emissionen für 1.000 Meter Aluminiumkabel mit 63,5 mm Leiterdurchmesser und 10 mm PE-Isolierung/Mantel
(Der Längenmultiplikator lautet: 8,55066268 *(v)*)

	Emissionen pro Kabel mit 1.000 Meter Länge *(d)*										
	CO_2	Staub	SO_2	NO_x	CO	HC	Chlor-wasser-stoffe	Schwefel+ Phosphor-Wasserstoff	Methan	Chloride	Fluorver-bindungen
Gesamtsumme pro 1.000 Meter Kabel	69.285 kg	314,0 kg	777,8 kg	267,3 kg	156,7 kg	40,9 kg	2,6 kg	0,010 kg	3,78 kg	2,99 kg	3,48 kg

Die Anmerkungen zur Tabelle V.1 sind auf S. 651f. zu finden

Anmerkungen zur Tabelle V.1

(a) Daten für Bauxitabbau beziehen sich auf den Tagebau Gove in Australien, wo etwa 20,9% Aluminium im Bauxit enthalten ist. Reststoffe sind Aschen aus der Stromerzeugung. Datenquelle: BUWAL (Hg.) 1991: S. 47 sowie Anhänge A.0 und A.1.

(b) Da in 1991 etwa 92% der deutschen Bauxitimporte aus Australien (47%), Sierra Leone (22,6%) und Guinea (22,4%) stammten (vgl. Metallgesellschaft/ World Bureau of Metal Statistics (Hg.) 1994: S. 81), wurden die Transportwege gemäß der Entfernungen dieser drei Länder von der BRD auf einen Mittelwert von 16.000 km angesetzt. Die Emissionen wurden berechnet in bezug auf Überseeschiffe auf der Datengrundlage von Bruch et al. 1995a: S. 254 und BUWAL (Hg.) 1991: S. 34.

(c) Die Gesamtenergie wurde ermittelt unter Berücksichtigung der verschiedenen Wirkungsgrade von thermischer und elektrischer Energie. Bei thermischer Energie durch industrielle Feuerungen wurde ein mittlerer Wirkungsgrad von 91,5% unterstellt. Bei elektrischer Energie wurde in den meisten Fällen der Wirkungsgrad des BRD-Energiemixes von 1990 angesetzt, der im Durchschnitt 32,2% beträgt. Lediglich in zwei Fällen wurden andere Energiemixe zugrunde gelegt. Hinsichtlich des Bauxitbergbaus wurde ein Energiemix von 12 westeuropäischen Industrieländern mit einem mittleren Wirkungsgrad von 37,8% in 1988 angesetzt (UCPTE 88), und für die energieintensive Elektrolyse wurde ein spezifischer Energiemix der westlichen Aluminiumindustrie angerechnet, die zu über 60% auf Wasserkraft basiert und daher einen recht hohen Wirkungsgrad von 53,9% aufweist. Die Umrechnung von Kilowattstunden (kWh) in Gigajoule (GY) erfolgten gemäß der Formel:1 kWh = 0,0036 GY. Transportenergien für Überseefrachter und LKW wurden nach Standardenergieverbrauchsdaten ermittelt. Datenquellen: BUWAL (Hg.) 1991: S. 28-34 sowie Anhänge A.0 und A.1; Krone et al. 1990: S. 561-564 und Bruch et al. 1995: S. 254.

(d) Die Emissionswerte sind eine Zusammenfassung der direkten Prozeßemissionen und der (indirekten) energiebedingten Emissionen für Stromerzeugung und Transport. Transportemissionen wurden nach Standardwerten aus Bruch et al. 1995: S. 254 und BUWAL (Hg.) 1991: S. 34 ermittelt. Energiebedingte Emissionen wurden gemäß Standardwerten der Stromerzeugung auf Basis der zugrundeliegenden Energiemixe und eingesetzter Energieträger ermittelt. Bei unbekannten Energieträgern für industrielle Feuerungen wurde der Einsatz von Heizöl S unterstellt. Alle Werte zu CO_2 wurden vom Autor auf Grundlage der vorliegenden Energieangaben selbst berechnet. Für Strom aus Kernkraftwerken wurden keine Emissionen und Reststoffe einbezogen. Datenquellen: Krone et al. 1990: S. 562-567 und BUWAL (Hg.) 1991: Anhänge A.0 und A.1.

(e) Unterstellt ist, daß sämtliche Prozesse außer dem Überseetransport in der Bundesrepublik Deutschland gemäß dem BRD-Energiemix (mittlerer Wirkungsgrad 32,2%) vollzogen wurden. Energie- und CO_2-Daten nach BUWAL (Hg.) 1991 (Anhänge A.0 und A.1), sonstige Datenangaben zu Emissionen, Wasser und Reststoffen nach Krone et al 1990: S. 562-566. Natronlauge und Kalkstein, die im Prozeß der Tonerdeproduktion benötigt werden, wurden durch Anrechnung ihrer Produktionsenergieeinsätze einbezogen.

(f) Die Emissionen und Energieeinsätze der Schmelzelektrolyse wurden nach dem spezifischen Energiemix der globalen Aluminiumindustrie berechnet, während alle sonstigen Prozesse nach dem deutschen Energiemix berücksichtigt wurden. Aluminiumfluorid und Anoden wurden unter Anrechnung ihrer Produktionsenergien einbezogen. Datengrundlage: BUWAL (Hg.) 1991: Anhänge A.0 und A.1 sowie Krone et al. 1990: S. 562-566.

(g) Die Gesamtenergiemenge der Schmelzereinigung berücksichtigt 2% Schmelzverlust Aluminium mit einem Energieäquivalent von 4.452,5 MJ; Daten nach Krone et al. 1990: S. 562. Der Schmelzverlust wurde auch bei der Berechnung der CO_2-Emissionen einbezogen, wobei der Energiemix der westlichen Aluminiumindustrie zugrundegelegt wurde.

(h) Datengrundlage sind Prozesse des Aluminiumrecyclings in der BR Deutschland 1988 unter Einsatz von Elektrizität nach dem deutschen Energiemix. Als kabelrecyclingspezischer Schrott wurden zu 87% Kabelschrotte und 13% Neuschrotte oder Krätzen angesetzt, die einen Aluminiuminhalt von etwa 80% besitzen. Die Daten zur Einschmelze im Salzbadofen, zur Schlackeaufbereitung und zur Schmelzereinigung entstammen Krone et al. 1990 (S. 561-567). Zur Schlackeaufbereitung ist anzumerken, daß dieser Prozeß einen zu 95% geschlossenen Salzkreislauf ermöglicht und gleichzeitig einen Großteil des in der Schlacke verbliebenen Aluminiums wiedergewinnt. Für den Schrotttransport wurde eine mittlere Entfernung von 200 km zugrundegelegt, wobei die Energie- und Emissionsdaten für LKW berechnet wurden nach Bruch et al. 1995a: S. 254 und BUWAL (Hg.) 1991: S. 34.

(i) Das Kuppelprodukt Salz aus der Salzschlackeaufbereitung wird erneut beim Einschmelzen im Salzbadofen eingesetzt.

(k) Für den Shredderprozeß wurde die eingesetzte Energie einer Hammerprallmühle (nach Langner 1994: S. 883) und die entsprechenden energiebezogenen Emissionen angesetzt - methodisch in gleicher Weise wie beim Shredderprozeß für Kupferkabel in Anhang III. Außerdem wurden als zu deponierende Shredder-Reststoffe das Gewicht von PE-Mantel und -Isolierung sowie 2% des Kupfers als Schwund im Shredderprozeß berechnet. Weiterhin wurde eine Altrecyclingrate (ARR) von Kabeln von 98% unterstellt, die restlichen 2% wurden deponiert bzw. in der Nutzung dispergiert.

(l) Da Aluminiumschrotte separat aufbereitet und nicht den Primärprozessen zugefügt werden (wie bei Kupfer), wurde die durchschnittlich recycelte Aluminiummenge in Form einer Gutschrift einbezogen. Diese Gutschrift wurde ermittelt, indem die Stoffströme des recycelten Aluminiums von den Stoffströmen einer gleichen Menge Primäraluminium abgezogen wurden. Die Gutschrift reflektiert somit die durch Recycling eingesparten Energie- und Stoffströme im Vergleich zur Primärproduktion. Die unterstellte intertemporale Recyclingrate von 17,5% wurde unter Berücksichtigung aluminiumkabelspezifischer Umstände nach gleicher Methode ermittelt wie die entsprechende Recyclingrate für Kupferkabel aus Anhang III. Zur genauen Methodik der Ermittlung der intertemporalen Recyclingrate sei auf den Text des Anhangs V verwiesen.

(m) ermittelt aus der Differenz der aufsummierten Module 1-3 und der Gutschrift für Recycling.

(n) Die Energie- und Stoffströme der Kabelherstellung wurden ebenso wie im Kupferkabelfall nur in grober Annäherung erfaßt. Explizit aufgeführt sind hier die Energie- und Stoffströme der Gießwalzdrahtproduktion, wie sie auch in der Kupferbilanz benutzt wurden. Weiterhin wurde die benötigte PE-Kunststoffmenge für Isolierung und Mantel des 63,5 mm Kabels sowie der Energieeinsatz und die entsprechenden Emissionen zur Produktion dieser PE-Menge veranschlagt. Die Prozesse der Kunststoffummantellung, der Drahtverseilung und -isolierung etc. sind in dieser Aufstellung nicht enthalten. Folgende Rechnungen führten zur Ermittlung der benötigten PE-Einsatzmenge für Mantel und Isolierung des 63,5mm-Kabels: Ein massives Aluminiumkabel mit 63,5 mm Durchmesser, das 1.000 kg wiegt, ist 116,95 m lang und hat ein Volumen von 370.370 cm^3. Bei einer Dichte des PE-Kunststoffs von 0,91 g/cm^3 (vgl. Hornbogen 1991: S. 277) hat ein 10 mm Mantel um einen eine Tonne schweren Leiter mit 63,5 mm Durchmesser ein Mantelvolumen von 60.622 cm^3 und ein Gewicht inklusive 1% Ausschuß bei der PE-Produktion von 115,66 kg. Da 320 kg PE-Produktion 27 GY benötigen (Bruch et al. 1995b: S. 320) ergibt sich entsprechend der benötigte Energieeinsatz von 9,76 GY.

(p) Beinhalten neben direkten Abfällen der genannten Prozesse auch die Aschen aus der Elektrizitätserzeugung.

(q) Die Wasserwerte sind Verlustmengen, die regelmäßig im Rahmen der Wasserkreislaufführung ersetzt werden müssen. Diese Mengen entsprechen daher dem Abwasseraufkommen.

(r) TER ist die Abkürzung für Tonerderückstände, die u.a. in der Zementindustrie Einsatz finden.

(s) Angesichts der unterstellten Altmaterialrecyclingraten von 98% gelangt der nicht-recyclierte Rest der Aluminiumkabel als Reststoff auf die Deponie. Unterstellt ist, daß 1% von diesem Rest in den Prozessen der Nutzung bzw. der Entsorgung als Staub dispergiert. Für die Deponierung wurde eine LKW-Entfernung von 50 km angesetzt. Eine Verbrennung des Schrotts wurde hier nicht in Betracht gezogen. Die Stoffströme der Deponieerstellung und -bewirtschaftung blieben unberücksichtigt.

(u) Der Kunststoffabfall aus dem Recycling wurde für die Recyclinggutschrift zu den "sonstigen Abfällen" gezählt. In dieser Weise wird auch im folgenden verfahren, so daß die Kategorie Kunststoffabfall entfällt.

(v) Ein 63,5 mm Aluminiumkabel mit 10 mm PE-Isolierung/Mantel und einer Tonne Kupferinhalt ist 116,95 Meter lang. Der Multiplikator zur Berechnung der Stoffströme von 1000 Meter Kabel lautet daher: 1000/116,95 = 8,55. Eigene Berechnungen.

Weitere methodische Anmerkungen sind dem Text im Anhang V zu entnehmen.

Datenquellen: BUWAL (Hg.) 1991; Krone et al. 1990; Metallgesellschaft AG/World Bureau of Metal Statistics (Hg.) 1994; Bruch et al. 1995a/b; Hornbogen 1991 und Langner 1994: S. 883.

Tabelle V.2: Kurzübersicht über die ökologischen Sachbilanzen für 1.000 Meter Aluminiumkabel (1990) und 1.000 Meter Kupferkabel (1990/92) und deren Stoffstromdifferenzen

	Energie-einsatz (GY)	Input PE-Kunst-stoff	Emissionen CO_2	SO_2	NOx	Staub	CO	HC	Chloride	Fluorver-bindungen	Reststoffe Erzabfall	sonstige Abfälle	Wasser-verbrauch
(a) **1.000 Meter Aluminiumkabel** (63,5 mm Alu-Kern, 10 mm Mantel)	1.356 GY	989 kg	69.285 kg	778 kg	267 kg	314 kg	157 kg	41 kg	3,0 kg	3,5 kg	21.685 kg	3.129 kg	369.731 kg
(a) **1.000 Meter Kupferkabel** (Modell 1b) (50 mm Kupferkern, 10 mm Mantel)	824 GY	793 kg	56.737 kg	113 kg	229 kg	1.060 kg	121 kg	48 kg	0 kg	0 kg	909.434 kg	3.037 kg	519.558 kg
Differenz der Stoffströme von 1.000 m Aluminiumkabel und 1.000 m Kupferkabel	532 GY	196 kg	12.548 kg	665 kg	38 kg	-746 kg	36 kg	-7 kg	3 kg	3 kg	-887.749 kg	92 kg	-149.827 kg

Anmerkungen: (a) Daten nach Tabelle V.1, Teil 3 . (b) Daten nach Tabelle III.1, Teil 3 in Anhang III.

Tabelle V.3: Ökoprofil der Emissionen aus dem Lebenszyklus von Kupfer- und Aluminiumkabel (1.000 m Länge)

Schadstoffe	Lebenszyklus-Emissionen beim Kupfer-kabel *(a)*	Alu-kabel *(b)*	MAK *(c)* mg/m³	kritisches Volumen *(d)* Cu-Kabel	Alu-Kabel
SO_2	113 kg	778 kg	5 mg/m³	22,60	155,56
NOx	229 kg	267 kg	6 mg/m³	38,17	44,54
Staub	1.060 kg	314 kg	20 mg/m³	53,00	15,70
CO	121 kg	157 kg	33 mg/m³	3,67	4,75
HC	48 kg	41 kg	1000 mg/m³	0,05	0,04
Schwefel+Phosphor-Wasserstoff	0 kg	0,01 kg	15 mg/m³	0,00	0,00
Dioxine/Furane *(e)*	$19{,}19 \cdot 10^{-9}$ kg	0 kg	$5{,}5 \cdot 10^{-9}$ mg	3,49	0,00
Chloride	0 kg	3,0 kg	1,5 mg/m³	0,00	2,00
Fluorverbindungen	0 kg	3,5 kg	1,5 mg/m³	0,00	2,32
Summe				120,97	224,90

Anmerkungen:

(a) Daten aus Tabelle III.1 in Anhang III.

(b) Daten aus Tabelle V.1 in Anhang V.

(c) MAK ist die Abkürzung für "maximale Arbeitskonzentration", einem gesundheitsorientierten Grenzwert für Emissionskonzentrationen am Arbeitsplatz. Werte nach UBA 1992: S. 110, außer dem Wert für Dioxine/Furane, vergleiche dazu Anmerkung (e).

(d) Das kritische Volumen ist eine Indexzahl zum Vergleich von Emissionsmengen mit unterschiedlicher Toxizität. Sie wird ermittelt als Quotient aus Emissionsmenge und MAK-Grenzwert. Vgl. BUWAL (Hg.) 1991: S. 107-111.

(e) Der Grenzwert für Dioxine und Furane ist kein MAK-Wert, sondern ein mittlerer Grenzwert des Bundesgesundheitsamtes, das höchstens eine Aufnahme von 1-10 Picogramm Dioxin am Tag erlaubt. Vgl. Marquardt-Mau/Mayer/Mikelskis 1993: S. 139. Da kein MAK-Wert für Dioxin ausgewiesen ist, wird dieser Grenzwert als Annäherung an einen MAK-Wert verwendet.

Tabelle V.4: Energie- und Stoffströme der Kupfer- und Aluminiumkabel für ein Kabelnetz der öffentlichen Stromversorgung mit 1 Mio. km Länge

	Energie-einsatz in PY	Input PE-Kunst-stoff	Emissionen CO_2	SO_2	NOx	Staub	CO	HC	Chloride	Fluor-verbin-dungen	Reststoffe Erzabfall	sonstige Abfälle	Wasser-verbrauch
a) 1 mio. km Kupferkabel (Modell 1b) mit 50 mm Kupfer-kern und 10 mm PE-Mantel)	824 PY	792.982 t	56,7 mio. t	112.560 t	228.933 t	1,06 mio. t	121.226 t	48.461 t	0 t	0 t	909 mio. t	3,04 mio. t	520 mio. t
b) 1 mio. km Alu-Kabel mit 63,5 mm Alu-Kern und 10 mm PE-Mantel	1.356 PY	988.970 t 7,00 GY	69,3 mio. t	777.780 t	267.262 t	313.979 t	156.712 t	40.926 t	2.994 t	3.478 t	21,7 mio. t	3,13 mio. t	370 mio. t
b-a) Differenz aus Alu- und Kupfernetz	**532 PY**	**195970 t**	**12,5 mio. t**	**665.220 t**	**38.329 t**	**- 746.021 t**	**35.486 t**	**- 7.535 t**	**2.994 t**	**3.478 t**	**- 887,7 mio. t**	**92.337 t**	**- 150 mio. t**

Anmerkung: Berechnungen auf Grundlage der Daten aus Tabelle V.2.

Tabelle V.5: Kurzübersicht über die ökologischen Sachbilanzen für 1.000 Meter Aluminium- und Kupferkabel bei einer Recyclingrate für Aluminium von 50% und für Kupfer von 56,2% (1990/92)

	Energie-einsatz in PY	Input PE-Kunst-stoff	Emissionen CO_2	SO_2	NOx	Staub	CO	HC	Chloride	Fluor-verbin-dungen	Reststoffe Erzabfall	sonstige Abfälle	Wasser-verbrauch
1.000 Meter Aluminiumkabel mit 63,5 mm Alu-Kern und 10 mm PE-Mantel Recyclingrate: 50% *(a)*	**918 GY**	**989 kg**	**47.520 kg**	**480 kg**	**177 kg**	**193 kg**	**102 kg**	**28 kg**	**1,8 kg**	**2,2 kg**	**13.142 kg**	**2.711 kg**	**230.538 kg**
1.000 Meter Kupferkabel (Modell 1b) mit 50 mm Kupfer-kern und 10 mm PE-Mantel) Recyclingrate: 56,2% *(b)*	**824 GY**	**793 kg**	**56.737 kg**	**113 kg**	**229 kg**	**1.060 kg**	**121 kg**	**48 kg**	**0 kg**	**0 kg**	**909.434 kg**	**3.037 kg**	**519.558 kg**
Differenz der Stoffströme von 1.000 m Aluminiumkabel und 1.000 m Kupferkabel	**94 GY**	**196 kg**	**-9.217 kg**	**367 kg**	**-52 kg**	**-867 kg**	**-19 kg**	**-20 kg**	**2 kg**	**2 kg**	**-896.292 kg**	**-326 kg**	**-289.020 kg**

Anmerkungen:
(a) Ermittlung der Daten analog zu Tabelle V.1 unter Verwendung einer Recyclingrate von 50% in Modul 4.
(b) Daten aus Tabelle III.1 in Anhang III. Die Recyclingrate der dortigen Sachbilanz für Kupferkabel beträgt originär 56,2%. Sie entspricht einem Primäranteilmultiplikator von 43,8%.

Tabelle V.6:
Umweltwirkungen der Substitution von Kupfer- durch Aluminiumkabel bei Recyclingraten für Kupfer von 56,2 % und für Aluminium von 50% mit unterschiedlichen Gewichtungsansätzen *

1	2	3
Umweltbelastung	Substitutions-wirkung bei Gleich-gewichtung (Faktoren)	Substitutionswirkung bei Ungleichgewichtung *(g)*
Wasserverbrauch *(a)*	0,444	0,444 / 1
Abfallaufkommen *(b)*	0,017	0,017 / 1
Treibhauswirkung *(c)*	0,956	0,956 / 1
Versauerung *(d)*	1,920	1,920 x 8
Emissionstoxizität *(e)*	1,164	1,164 x 8
Gesamtumweltwirkung *(f)*	**0,016**	**1,054**

Anmerkungen:

* Die Werte der Tabelle V.6 wurden analog zu den Werten der Tabelle 5.5 in Kapitel 5.2.2.2 berechnet.

(a) Division des Wasserverbrauchs beim Aluminiumkabel durch den Wasserverbrauch beim Kupferkabel.

(b) Division der Aluminiumkabelwerte für die Gewichtssumme aus Erz- und sonstigen Abfälle durch die entsprechenden Werte beim Kupferkabel.

(c) Einbezogen wurden bei der Treibhauswirkung die CO_2, Fluorid- und Methan-Emissionen. Für Fluorid wurde die Treibhauswirkung von CF_4 berücksichtigt, dessen Treibhauswirkung pro Molekül 5000 mal höher ist als beim CO_2 und das pro Molekül doppelt so schwer ist wie CO_2. Beim Methan wurde berücksichtigt, daß seine Treibhauswirkung 32 mal so hoch ist wie beim CO_2, während sein Molekülgewicht um den Faktor 3,38 leichter ist als beim CO_2. Auf dieser Grundlage wurden für Aluminium CO_2-Äquvalenzwerte berechnet. Für die 2,21 kg Fluoride ergab sich ein CO_2-Äquivalenzwert von 2,21kg•5000/2=5.525 kg und für 10,8 kg Methan ein Wert von 10,8kg•32•3,38. Aus der Summe von CO_2-Wert bei Aluminium plus der Äquivalenzwerte von Methan und Fluorid wurde der CO_2-Äquivalenzwert für das Aluminiumkabel ermittelt (54.217 kg). Zur Berechnung der Treibhauswirkung der Materialsubstitution wurde dieser Wert durch die CO_2-Menge des Kupferkabels dividiert. Faktoren der Treibhauswirkung und Atomgewichte nach: Marquardt-Mau et al. 1993: S. 407, Tabereaux 1994: S. 30 und Schröter et al. 1992: S. 425.

(d) Division der Summe aus SO2 und NOx des Aluminiumkabels durch die entsprechende Summe beim Kupferkabel.

(e) Analog zum Ökoprofil der Tabelle V.3 wurde auch für das Aluminiumkabel bei einer Recyclingrate von 50% ein Indexwert für das kritische Volumen berechnet, der 141 betrug. Zur Berechnung der Substitutionswirkung hinsichtlich der Emissionstoxizität wurde dieser Wert durch die entsprechende Kupferindexzahl aus Tabelle V.3 (121) dividiert.

(f) Die Gesamtumweltwirkung wird berechnet als Produkt der (gewichteten) Veränderungsfaktoren der einzelnen Umweltbelastungen.

(g) Im Kontext dieser Bewertungsmethode erfolgt eine Höhergewichtung einer Umweltbelastungskategorie dadurch, daß bei Vorherrschen von Enlastungseffekten (Wert kleiner eins) durch einen Gewichtungsfaktor dividiert wird, während bei Belastungseffekten (Wert größer eins) mit dem gewünschten Gewichtungsfaktor multipliziert wird.

Literaturverzeichnis

Abrahams, Allen E. 1988, Die wirtschaftliche Umstrukturierung der Kupferindustrie in den USA, in: Metall, 42. Jg., Heft 11, Nov. 1988, S. 1118-1119.

Abrahams, Allen E. 1992, Die NE-Metallindustrie in den USA umweltpolitisch unter Druck - Zur aktuellen Entwicklung in der Gesetzgebung, in: Metall: Jg. 46, Heft 9 (Sep. 1992), S. 963-965.

Ackerman, Frank 1994, The Natural Interest Rate of the Forest: Macroeconomic Requirements for Sustainable Development, in: Ecological Economics 10 (1994), S. 21-26.

Ahmad, Yusuf J.; El Serafy, Salah; Lutz, Ernst (Hg.) 1989, Environmental Accounting for Sustainable Development, Washington D. C.: The World Bank.

Al-Rawahi, Khalid; Rieber, Michael 1991, Emboddied Copper – Trade, Intensity of Use and Consumption Forecats, in: Resources Policy, Vol. 17, Nr. 1, March 1991, S. 2-12.

Alexandros, Nikos (Hg.) 1995, World Agriculture: Towards 2010 – An FAO Study, FAO der USA, Chichester, New York et al.: John Wiley & Sons.

Allen, Peter M. 1994, Evolution, Sustainability, and Industrial Metabolism, in: Ayres, Robert; Simonis, Udo E. (Hg.) 1994, Industrial Metabolism: Restructuring for Sustainable Development, Tokyo, New York, Paris: United Nations University Press, S. 78-100.

Altvater, Elmar 1987, Sachzwang Weltmarkt, Hamburg: VSA-Verlag.

Altvater, Elmar 1992, Der Preis des Wohlstands oder Umweltplünderung und neue Welt(un)ordnung, Münster: Westfälisches Dampfboot.

Angerer, Gerhard; Hiessl, Harald 1991, Umweltschutz durch Mikroelektronik – Anwendungen, Chancen, Forschungs- und Entwicklungsbedarf, Berlin, Offenbach: VDE-Verlag GmbH.

Arpaci, E.; Vendura, T. 1993, Recycling von Kupferwerkstoffen – Klassische und neue Wiedergewinnungsverfahren, in: Metall, Jg. 47, Heft 4, April 1993, S. 340-345.

Arrow, Kenneth J. 1969, A Difficulty in the Concept of Social Welfare, in: American Economic Association (Ed.) 1969, Readings in Welfare Economics, London: George Allan and Unwin Ltd., S. 147-168.

Arrow, Kenneth J.; Debreu, G. 1954, Existence of an Equilibrium for a Competetive Economy, in: Econometrica, Vol. 22, Nr. 3.

Arrow, Kenneth J.; Fisher, Anthony C. 1974, Environmental Preservation, Uncertainty, and Irreversibility, in: Quarterly Journal of Economics, May 1974, Vol. 88, S. 312-319, nachgedruckt in Smith, V. L. (Hg.) 1977, a.a.O., S. 479-488.

Arthur, W. Brian 1989, Competing Technologies, Increasing Returns, and Lock-In by Historical Events, in: Economic Journal, Vol. 99, March 1989, S. 116-131.

Ascher, William; Healy, Robert 1990, Natural Resource Policy Making in Developing Countries – Environment, Economic Growth, and Income Distrubution, Durham & London:Duke University Press.

Atkins, M.H.; Lowe, J.F. 1977, Pollution Control Costs in Industry: An Economic Study, Oxford, New York, Toronto, Sydney, Paris, Frankfurt: Pergamon Press.

Auty, Richard M. 1991, Mismanaged Mineral Dependence - Zambia 1970-90, in: Resources Policy, Vol. 17, Nr. 3, September 1991, S. 170-183.

Auty, Richard M.; Warhurst, Alyson 1993, Sustainable Development in Mineral Exporting Economies, in: Resources Policy, Vol. 19, Nr. 1, March 1993, S. 14-29.

Ayres, Robert U. 1994, Industrial Metabolism: Theory and Policy, in: Ayres, Robert; Simonis, Udo E. (Hg.) 1994, Industrial Metabolism: Restructuring for Sustainable Development, Tokyo, New York, Paris: United Nations University Press, S. 3-20.

Ayres, Robert U. 1995, Economic Growth: Politically Necessary but not Environmentally Friendly, in: Ecological Economics, Vol. 15, S. 97-99.

Ayres, Robert U. 1996, Statistical Measures of Unsustainability, in: Ecological Economics, Vol. 16, S. 239-255.

Ayres, Robert U.; Kneese, A.V. 1969, Production, Consumption, and Externalities, in: American Economic Review, Vol. LIX (59), Nr. 3, June 1969, S. 282-297.

Ayres, Robert U.; Simonis, Udo E. (Hg.) 1994, Industrial Metabolism: Restructuring for Sustainable Development, Tokyo, New York, Paris: United Nations University Press.

Baccini, Peter; Brunner, Paul H. 1991, Metabolism of the Antroposhere, Berlin, Heidelberg, New York, London, et al.: Springer Verlag 1991.

Baily, Martin Neil; Friedman, Philip 1991, Macroeconomics, Financial Markets, and the International Sector, Homewood and Boston: Irwin.

Barnetson, Andrew 1997, Advances in Polymers – Market and Technical Trends, Report from Rapra´s Industry Analysis Department, Rapra Technology Limited.

Baumol, William J. 1968, On the Social Rate of Discount, in: American Economic Review, Vol. 58, S. 788-802.

Baumol, William J.; Oates, Wallace E. 1988, The Theory of Environmental Policy, Second Edition, Cambridge/New York et al.: Cambridge University Press.

Baur, Hans 1994, Innovation und Bedarf – eine Herausforderung für die Informations- und Kommunikationsindustrie, in: Zoche, Peter (Hg.) 1994, Herausforderungen für die Informationstechnik, Internationale Konferenz in Dresden, Juni 1993, Heidelberg: Physica-Verlag, S. 41-60.

Beckenbach, Frank (Hg.) 1991, Die ökologische Herausforderung für die ökonomische Theorie, Marburg: Metropolis-Verlag.

Beckenbach, Frank; Diefenbacher, Hans (Hg.) 1994, Zwischen Entropie und Selbstorganisation – Perspektiven einer ökologischen Ökonomie, Marburg: Metropolis Verlag.

Beckenbach, Frank; Diefenbacher, Hans 1994, Zur aktuellen Diskussion um eine ökologische Ökonomie, in: Beckenbach, Frank; Diefenbacher, Hans (Hg.) 1994, Zwischen Entropie und Selbstorganisation – Perspektiven einer ökologischen Ökonomie, Marburg: Metropolis Verlag, S. 13-28.

Beese, Friedrich 1997, Multitalent: Die vielfältigen Funktionen des Bodens, in: Politische Ökologie, 15. Jg., Sonderheft 10, Nov./Dez. 1997, S. 17-22.

Begon, Michael; Harper, John L.; Townsend, Colin R. 1990, Ecology – Individuals, Populations and Comunities, Second Edition, Boston, London et al.: Blackwell Scientific Publications.

Beitz, W.; Siedke, E. 1986, Substitution konventioneller Werkstoffe bei Maschinenelementen, in: VDI (Hg.) 1986, Metallische und nichtmetallische Werkstoffe und ihre Verarbeitungsverfahren im Vergleich, Teil 1: Festigkeitsverhalten, Düsseldorf: VDI-Verlag, S. 403-419.

Bergschmidt, Heide 1993, Auto-Recycling: Verkohlen und Asche machen, in: Fairkehr, Nr. 2/1993, S. 22-25.

Bester, K.; Faller, J. T. 1994, Persistente synthetische organische Schadstoffe im Wattenmeer, in: Lozán, José L.; Rachor, E.; Reise, K.; von Westernhagen, H.; Lenz, W. (Hg.) 1994, Warnsignale aus dem Wattenmeer – Wissenschaftliche Fakten, Berlin, Oxford et al.: Blackwell Wissenschaftsverlag, S. 37-42.

Bhakta, Pragna N. H. 1994, Recent Technology and Trends in Automotive Recycling, in: Journal of Metals, Vol. 46, Nr. 2, S. 36-39.

Bick, Hartmut 1989, Ökologie, Grundlagen terrestrische und aquatische Ökosysteme – angewandte Aspekte, Stuttgart, New York: Gustav Fischer Verlag.

Binswanger, Hans Christoph 1991, Geld und Natur. Das wirtschaftliche Wachstum im Spannungsfeld von Ökonomie und Ökologie, Stuttgart & Wien: Edition Weitbrecht 1991.

Binswanger, Mathias 1994, Das Entropiegesetz als Grundlage einer ökologischen Ökonomie, in: Beckenbach; Diefenbacher (Hg.) 1994, Zwischen Entropie und Selbstorganisation – Perspektiven einer ökologischen Ökonomie, Marburg: Metropolis, S. 155-200.

Bishop, Richard C. 1978, Endangered Species and Uncertainty, in: American Journal of Agricultural Economics, Vol. 60, Nr. 1 (Feb. 1978), S. 10-18.

Bishop, Richard C. 1993, Economic Efficiency, Sustainability and Biodiversity, in: Ambio, Vol. 22, Nr. 2-3, S. 69-73.

Biswas, A. K.; Davenport, W. G. 1994, Extractive Metallurgy of Copper, Third Edition, Oxford, New York, Tokyo: Pergamon Press.

Blaber, H. B. 1993, Die Aussichten für Kupfer über das Jahr 2002 hinaus, in: Metall, Jg. 47, Heft 4, April 1993, S. 375-379.

Bleymüller, Josef; Gehlert, Günther; Gülicher, Herbert 1985, Statistik für Wirtschaftswissenschaftler, vierte, verbesserte Auflage, München: Verlag Franz Vahlen.

BMZ 1994, Mineralische Rohstoffe in der Entwicklungszusammenarbeit – Konzepte, Maßnahmen, Beispiele, Materialien Nr. 91, Bonn.

Boehmer-Christiansen, Sonja; Weidner, Helmut 1992, Cataslyst versus Lean Burn. A Comparative Analysis of Environmental Policy in the Federal Republic of Germany and Great Britain with Reference to Exhaust Emission Policy for Passenger Cars 1970-1990, WZB-Paper FS II 92-304, Berlin: WZB.

Bögel, A.; Müller, G. 1994, Copper Materials in Respect to Environmental Requirements, in: Warlimont (Hg.) 1994, a.a.O., S. 253-256.

Bomsel, O.; Börkey, P.; Glachant, M.; Lévêque, F. 1996, Is there Room for Environmental Self-Regulation? In: Resources Policy, Vol. 22, No. 1/2, S. 79-86.

Bomsel, Olivier; Hirschhausen, Christian von 1991, Situation und Perspektiven der NE-Metallindustrie in Ost- und Mitteleuropa nach Einführung der Wirtschaftsreformen, in: Metall, Jg. 45, Heft 8, Aug. 1991, S. 804-811.

Bongaarts, John 1997, Genug Nahrung für zehn Milliarden Menschen ? in: Spektrum der Wissenschaft, Dossier 2/1997, S. 34-39.

Boulding, Kenneth E. 1971, The Economics of the Coming Spaceship Earth, abgedruckt in: Daly, Herman E. (Hg.) 1971, Essays Toward a Steady State Economy, Cidoc Cuaderno Nr. 70, Cuernavaca, Mexico, S. 5/1 bis 5/12. Der Originalartikel erschien bereits 1966 in: Jarrett, Henry (Hg.) 1966, Environmental Quality in a Growing Economy, Resources for the Future, Washington D. C.: John Hopkins Press, S. 3-14.

Boulding, Kenneth E. 1976, The Great Laws of Change, in: Tang, Anthony M.; Westfield, Fred M.; Worley, James S. (Hg.) 1976, Evolution, Welfare and Time in Economics – Essays in Honour of Nicholas Georgescu-Roegen, Lexington, MA und Toronto: Lexington Books, S. 3-14.

Boulding, Kenneth E. 1981, Evolutionary Economics, Beverly Hills, London: Sage Publications.

Boulding, Kenneth E. 1991, What Do We Want to Sustain?: Environmentalism and Human Evaluations, in: Costanza, Robert (Hg.) 1991, Ecological Economics. The Science and Management of Sustainability. New York & Oxford: Columbia University Press, S. 22-31.

Boustead, J.; Hancock, G.F. 1979, Handbook of Industrial Energy Analysis, Chichester: Ellis Horwood Limited Publishers and New York et al.: John Wiley & Sons.

Brandstetter, Anna Maria; Grohs, Gerhard; Neubert, Dieter (Hg.) 1994, Afrika hilft sich selbst – Prozesse und Institutionen der Selbstorganisation, Schriften der Vereinigung der Afrikanisten in Deutschland, Band 15.

Breer, Jakob; Dechow, O.; Jochimsen, J.; Röhrer, W. 1992, Computerschrott-Recycling, Regensberg, Münster: Erich Schmidt Verlag.

Bremer Umwelt Institut (Hg.) 1985, Schwermetalle: Endlager Mensch, Köln: Kölner Volksblatt Verlag.

Brockmann, Uwe H.; Wilken, Rolf-Dieter 1996, Nährstoff-Frachten in den Flüssen, in: Lozán, José L.; Kausch, Hartmut (Hg.) 1996, Warnsignale aus Flüssen und Ästuaren - Wissenschaftliche Fakten, Berlin: Parey Buchverlag, S. 138-144.

Brodersen, Norbert 1992, Die Struktur der Kupferindustrie – Die Mittelstellung der Halbzeugindustrie zwischen Kupfererzeugung und -endverarbeitung, in: Metall, 46. Jg., Heft 11, S. 1156-1163.

Brouwer, Maria 1991, Schumpeterian Puzzles – Technological Competition and Economic Evolution, New York, London, Toronto et al.: Harvester Wheatsheaf.

Brown, Lester R. 1993, Ein neues Zeitalter kündigt sich an, in: Worldwatch Institute (Hrg.) 1993, Zur Lage der Welt 1993, Worldwatch Institute Report, Frankfurt am Main: Fischer, S. 11-44.

Brown, Martin S.; Butler, John 1968, The Production, Marketing, and Consumption of Copper and Aluminium, prepared by the Economist Intelligence Unit, New York, Washington, London: Frederick A. Praeger Publishers.

Bruch, K. H.; Gohlke, D.; Kögler, C.; Krüger, J. et al. 1995a, Sachbilanz einer Ökobilanz der Kupfererzeugung und -verarbeitung, Teil 1, in: Metall, Jg. 49, Heft 4/95, S. 252-257.

Bruch, K. H.; Gohlke, D.; Kögler, C.; Krüger, J. et al. 1995b, Sachbilanz einer Ökobilanz der Kupfererzeugung und -verarbeitung, Teil 2, in: Metall, Jg. 49, Heft 5/95, S. 318-324.

Bruch, K. H.; Gohlke, D.; Kögler, C.; Krüger, J. et al. 1995c, Sachbilanz einer Ökobilanz der Kupfererzeugung und -verarbeitung, Teil 3, in: Metall, Jg. 49, Heft 6/95, S. 434-440.

Bruenig, Eberhard F. 1990, Möglichkeiten nachhaltiger Forstwirtschaft in Regenwaldgebieten, in: Nord-Süd-Aktuell, Jg. IV, Nr. 1, 1990, S. 93-97.

Bruhns, Barbro-Isabel; Kappel, Robert (Hg.) 1992, Ökologische Zerstörung in Afrika und alternative Strategien, Münster, Hamburg: LIT-Verlag.

Buchanan, James M.; Stubblebine, Wm. Craig 1969, Externality, in: American Economic Association (Ed.) 1969, Readings in Welfare Economics, London: George Allan and Unwin Ltd., S. 199-212.

BUND; MISEREOR (Hg.) 1996, Zukunftsfähiges Deutschland – Ein Beitrag zu einer global nachhaltigen Entwicklung, Studie des Wuppertaler Instituts für Klima, Umwelt und Energie; Basel, Boston, Berlin: Birkhäuser Verlag.

Bundesministerium für Ernährung, Landwirtschaft und Forsten 1996, Statistisches Jahrbuch über Ernährung, Landwirtschaft und Forsten der Bundesrepublik Deutschland 1996, Münster-Hiltrup: Landwirtschaftsverlag GmbH.

Bundesregierung der BRD 1996, Agrar- und ernährungspolitischer Bericht der Bundesregierung, Bonn.

Bundestagsdrucksache (13/1696) 1995, Neue Werkstoffe, Bericht des Ausschusses für Bildung, Wissenschaft, Forschung, Technologie und Technikfolgenabschätzung des Deutschen Bundes tages vom 15.06.1995 der 13. Wahlperiode.

Burchardt, Ulla 1995, Dem Fortschritt eine Richtung geben – Innovation muß ökologische Erneuerung sein, in: Politische Ökologie, 13. Jg., Sonderheft 7, März/April 1995, S. 49-52.

Burke, Gill 1989, The New Strategic Minerals: Uses, Location and Ownership, in: Raw Materials Report, Vol. 7, Nr. 2, S. 11-15.

Busch-Lüty, Christiane 1992, Nachhaltigkeit als Leitbild des Wirtschaftens, in: Politische Ökologie, Sonderheft 4, September 1992, S. 6-12.

BUWAL (Bundesamt für Umwelt, Wald und Landschaft) (Hg.) 1991, Ökobilanz von Packstoffen, Stand 1990, Ausführung der Studie von K. Habersatter unter Leitung von Prof. F. Widmer, Schriftenreihe Umwelt Nr. 132, Bern, Februar 1991.

Cansier, Dieter 1987, Besteuerung von Rohstoffrenten, Berlin: Duncker & Humblot.

Carson, Rachel 1987, Silent Spring, Twenty-Fifth Anniversary Edition, Boston: Houghton Mifflin Company; Originalausgabe von 1962.

Cernea, Michael M. 1993, The Sociologist´s Approach to Sustainable Development, in: Finance and Development, Dec. 1993, S. 11ff.

Chan, Vincent W. S. 1995, Rein optische Netzwerke, in: Spektrum der Wissenschaft, Spezial 4/95: Schlüsseltechnologien, S. 18-22.

Chiang, Alpha C. 1984, Fundamental Methods of Mathematical Economics, Third Edition, International Student Edition, Auckland et al.: McGraw-Hill Book Company.

Chmiel, H.; Mavrov, V.; Kaschek, M. 1994, The Importance of Materials for Selective Separation in Production-Integrated Environmental Protection, in: Warlimont, H. (Hg.) 1994, Environmental Aspects in Materials Research, Oberursel: DGM Informationsgesellschaft mbH, S. 275-282.

Christensen, Paul 1991, Driving Forces, Increasing Returns and Ecological Sustainability, in: Costanza, Robert (Hg.) 1991, Ecological Economics. The Science and Management of Sustainability. New York & Oxford: Columbia University Press, S. 75-87.

Ciriacy-Wantrup, S.V. 1952, Resource Conservation: Economics and Policies, Berkeley: University of California Press.

Clark, John G. 1990, The Political Economy of World Energy – A Twentieth Century Perspective. Chapel Hill & London: University of Carolina Press.

Clark, Norman; Perez-Trejo, Francisco; Allen, Peter 1995, Evolutionary Dynamics and Sustainable Development – A Systems Approach. Aldershot/U.K., Brookfield/U.S.: Edward Elgar.

Cleveland, Cutler L. 1991, Natural Resource Scarcity and Economic Growth Revisited: Economic and Biophysical Perspectives, in: Costanza (Hg.) 1991, Ecological Economics. The Science and Management of Sustainability. New York & Oxford: Columbia University Press 1991, S. 289-318.

Coase, R.H. 1960, The Problem of Social Cost, Journal of Law and Economics, Vol. III, October 1960, S. 1-44.

Common, Mick; Perrings, Charles 1992, Towards an Ecological Economics of Sustainability, in: Ecological Economics, Vol. 6, S. 7-34.

Conrad, Jobst 1995, Grundsätzliche Überlegungen zu einer nachhaltigen Energieversorgung, in: Nutzinger, Hans G. (Hg.) 1995, Nachhaltige Wirtschaftsweise und Energieversorgung - Konzepte, Bedingungen, Ansatzpunkte. Marburg: Metropolis, S. 51-79.

Costanza, R.; Daly, H.E.; Bartholomew, J.A. 1991, Goals, Agenda and Policy Recommendations for Ecological Economics, in: Costanza, Robert (Hg.) 1991, Ecological Economics. The Science and Management of Sustainability. New York & Oxford: Columbia University Press 1991, S. 1-20.

Costanza, Robert (Hg.) 1991, Ecological Economics. The Science and Management of Sustainability. New York & Oxford: Columbia University Press 1991.

Costanza, Robert 1991a, Assuring Sustainability of Ecological Economic Systems, in: Costanza, Robert (Hg.) 1991, Ecological Economics. The Science and Management of Sustainability. New York & Oxford: Columbia University Press 1991, S. 331-343.

Costanza, Robert 1991b, The Ecological Effects of Sustainability: Investing in Natural Capital, in: Goodland, Robert; Daly, Herman; El Serafy, Salah (Hg.) 1991, Environmentally Sustainable Economic Development Building on Brundtland, Environment Working Paper Nr. 46, Washington D. C.: World Bank, S.72-79.

Costanza, Robert; Daly, Herman E.; Bartholomew, Joy A. 1991, Goals, Agenda and Policy Recommendations for Ecological Economics, in: Costanza, Robert (Hg.) 1991, Ecological Economics. The Science and Management of Sustainability. New York & Oxford: Columbia University Press 1991, S. 1-20.

Costanza, Robert; Patten, Bernard C. 1995, Defining and Predicting Sustainability, in: Ecological Economics, Vol. 15, S. 193-196.

Cropper, Maureen L.; Oates, Wallace E. 1992, Environmental Economics: A Survey, in: Journal of Economic Literature, Vol. XXX (June 1992), S. 675-740.

Cullen, Ross 1994, Antartic Minerals and Conservation, in: Ecological Economics, Vol. 10, S. 143-155.

Cumberland, John H. 1991, Intergenerational Transfers and Ecological Sustainability, in: Costanza, Robert (Hg.) 1991, Ecological Economics. The Science and Management of Sustainability. New York & Oxford: Columbia University Press, S. 355-366.

Cummings, Ronald G. 1969, Some Extensions to the Economic Theory of Exhaustible Resources, in: Western Journal of Economics, Vol. 7, Sep. 1969, S. 201-210.

Curzio, Alberto Q.; Fortis, Marco; Zoboli, Roberto (Hg.) 1994, Innovation, Resources and Economic Growth, Berlin, Heidelberg, New York et al.: Springer-Verlag.

D'Arge, R.C.; Kogiku, K.C. 1973, Economic Growth and the Environment, in: Review of Economic Studies, Vol. XL, Nr. 121, S. 61-77.

Daimler Benz AG 1993, Umweltbericht '93, High Tech Report, Berichte aus Forschung, Technik und Umwelt, Stuttgart.

Daly, Herman E. (Hg.) 1971, Essays Toward a Steady State Economy, Cidoc Cuaderno Nr. 70, Cuernavaca, Mexico.

Daly, Herman E. (Hg.) 1973, Toward a Steady State Economy, San Francisco: W. H. Freeman and Company.

Daly, Herman E. 1971, The Stationary-State Economy: Toward a Political Economy of Biophysical Equilibrium an Moral Growth, in: Daly, Herman E. (Hg.) 1971, Essays Toward a Steady State Economy, Cidoc Cuaderno Nr. 70, Cuernavaca, Mexico, S. 6/1-6/20.

Daly, Herman E. 1974, The Economics of the Steady State, in: American Economic Review, Papers & Proceedings, Vol. LXIV, Nr. 2, May 1974, S. 15-21.

Daly, Herman E. 1977a, The Steady State Economy, in: Wilson, Kenneth D. (Hg.) 1977, Prospects for Growth – Changing Expectations for the Future, New York & London: Praeger Publishers, S. 263-282.

Daly, Herman E. 1977b, The Steady-State Economy: What, Why, and How, in: Pirages, Dennis Clark (Hg.) 1977, The Sustainable Society – Implications for Limited Growth, New York, London: Praeger Publishers, S. 107-130.

Daly, Herman E. 1979, Entropy, Growth, and the Political Economy of Scarcity, in: Smith, V. Kerry (Hg.), Scarcity and Growth Reconsidered, Baltimore and London: John Hopkins Press, S. 67-94.

Daly, Herman E. 1987, The Economic Growth Debate: What Some Economists Have Learned But Many Have Not, in: Journal of Environmental Economics and Management, Vol. 14, Nr. 4, S. 323-336.

Daly, Herman E. 1989, Toward a Measure of Sustainable Social Net National Product, in: Ahmad, Yusuf J.; El Serafy, Salah; Lutz, Ernst (Hg.) 1989, Environmental Accounting for Sustainable Development, Washington D. C.: The World Bank, S. 8-9.

Daly, Herman E. 1990a, Towards some Operational Principles of Sustainable Development, in: Ecological Economics, Vol. 2, S. 1-6.

Daly, Herman E. 1990b, Sustainable Growth: An Impossibility Theorem, in: Development, Nr. 3/4, 1990, S. 45-47.

Daly, Herman E. 1991a, Elements of Environmental Macroeconomics, in: Costanza, Robert (Hg.) 1991, Ecological Economics. The Science and Management of Sustainability. New York & Oxford: Columbia University Press 1991, S. 32-46.

Daly, Herman E. 1991b, From Empty World to Full World Economics, in: Goodland, Robert; Daly, Herman; El Serafy, Salah (Hg.) 1991, Environmentally Sustainable Economic Development Building on Brundtland, Environment Working Paper Nr. 46, Washington D. C.: World Bank, S. 18-26.

Daly, Herman E. 1991d, Steady-State Economics, Second Edition, Washington, D. C., Covelo: Island Press.

Daly, Herman E. 1992a, Allocation, Distribution, and Scale: Towards an Economics that is Efficient, Just, and Sustainable, in: Ecological Economics, Vol. 6, S. 185-193.

Daly, Herman E. 1992b, Is the Entropy Law Relevant to the Economics of Natural Resource Scarcity? - Yes, of course it is! Comment, in: Journal of Environmental Economics and Management, Vol. 23, Nr. 1, S. 91-95.

Daly, Herman E. 1995, On Nicholas Georgescu's Contribution to Economics: An Obituary Essay, in: Ecological Economics, Vol. 13, S. 149-154.

Daly, Herman E.; Cobb, John B. 1989, For the Common Good. Redirecting the Economy Toward Community, the Environment, and a Sustainable Future. Boston: Beacon Press.

Dasgupta, Partha; Heal, Geoffrey 1974, The Optimal Depletion of Exhaustible Resources, in: Review of Economic Studies, Symposium Supplement 1974, S. 3-28.

Dasgupta, Partha; Heal, Geoffrey 1979, Economic Theory and Exhaustible Resources, Cambridge University Press, London 1979.

De Graaf, J. 1967, Theoretical Welfare Economics, Cambridge: Cambridge University Press.

Demler, Frederick R. 1983, Beverage Containers, in: Tilton, John E. (Hg.) 1983, Material Substitution – Lessons from Tin-Using Industries, Washington D. C.: Resources for the Future, S. 15-35.

Demmler, Horst 1995, Grundlagen der Mikroökonomie, zweite Auflage, München, Wien: R. Oldenbourg Verlag.

Deutsches Kupferinstitut 1987, Kupfervorkommen, Gewinnung, Eigenschaften, Verarbeitung, Verwendung, DKI-Informationsdruck i. 004, Düsseldorf.

Deutsches Kupferinstitut 1990, Recycling von Kupferwerkstoffen, DKI-Informationsdruck i.27, Berlin.

Devarajan, Shantayanan; Fisher, Anthony C. 1982, Measures of Natural Resource Scarcity under Uncertainty, in: Smith, V. Kerry; Krutilla, John V. (Hg.) 1982, Explorations in Natural Resource Economics, published for Resources for the Future, Baltimore and London: John Hopkins University Press.

Die Tageszeitung (taz), deutsche Tageszeitung, diverse Ausgaben.

DIE ZEIT, Wochenzeitschrift, diverse Ausgaben.
Ditfurth, Hoimar von 1985, So laßt uns denn ein Apfelbäumchen pflanzen – Es ist soweit. Hamburg, Zürich: Rasch und Röhring Verlag.
DIW 1994, Ökosteuer – Sackgasse oder Königsweg? Gutachten im Auftrag von Greenpeace, Berlin, Mai 1994.
Dobozi, Istvan 1993, State Enterprises, Supply Behaviour and Market Volatility – An Empirical Analysis of the World Copper Industry, in: Resources Policy, Vol. 19, Nr. 1, March 1993, S. 40-50.
Doerner, Ulf 1995, Südafrika: Öko-Tourismus statt Raubbau an St. Lucia, in: WWF Journal, Ausgabe 3/1995, S. 24.
Donner, Tillie 1995, Möglichkeiten und Grenzen der Altfahrzeugverwertung, in: Schmidt, Joachim; Ahlgrimm, M.; Blitz, M.; Breuer, H. et al. 1995, Altautoverwertung und -entsorgung, Renningen-Malmsheim: Expert Verlag, S. 38-51.
Dosi, Giovanni 1988, Sources, Procedures, and Microeconomic Effects of Innovation, in: Journal of Economic Literature, Vol. XXVI (Sep. 1988), S. 1120-1171.
Dosi, Giovanni; Malerba, Franco; Orsenigo, Luigi 1994, Evolutionary Regimes and Industrial Dynamics, in: Magnusson, Lars (Hg.) 1994, Evolutionary and Neo-Schumpeterian Approaches to Economics, Boston, Dordrecht und London: Kluwer Academic Publishers, S. 203-229.
Dower, Roger C. 1991, Hazardous Wastes, in: Portney, Paul R. (Hg.) 1991, Public Policies for Environmental Protection, Second Edition, Washington D. C.: Resources for the Future, S. 151-194.
Dowling, Michael; Beuker, Ralf 1998, Strategien für Electronic Commerce, in: Spektrum der Wissenschaft, Dossier 1/98: Die Welt im Internet, S. 80-84.
Dräger, Klaus; Wolf, Frieder Otto 1996, Schneller, bunter, sanfter ? Die Verheißungen der Informationsgesellschaft. In: Politische Ökologie, Jg. 14, Heft 49, S. 18-21.
Dresher, William H.; Peters, Dale T. 1992, Lead-free and Reduced-lead Copper-base Cast Plumbing Alloys – Evaluation of Candidate U.S. Compositions, Part 1, in: Metall, Jg. 46, Heft 11 (November 1992), S. 1142-1146.
Drury, Robert C. 1989, Advances in Materials Science and Changes in the Metal Industry, in: Natural Resource Forum, Vol. 13, Nr. 4, November 1989, S. 322-324.
Dudley, Nigel; Jeanrenaud, Jean-Paul; Sullivan, Francis 1995, Bad Harvest? The Timber Trade and the Degradation of the World´s Forests, London: Earthscan Publications Ltd.
Dürr, Hans-Peter 1995, Die Zukunft ist ein unbetretener Pfad – Bedeutung und Gestaltung eines ökologischen Lebensstils. Freiburg, Basel, Wien: Verlag Herder.
Ebeling, Werner 1994, Selbstorganisation und Entropie in ökologischen und ökonomischen Prozessen, in: Bekkenbach, Frank; Diefenbacher, Hans (Hg.) 1994, Zwischen Entropie und Selbstorganisation – Perspektiven einer ökologischen Ökonomie, Marburg: Metropolis Verlag, S. 29-45.
Eggert, Roderick G. 1995, Critical Issues in the Reform of the Mining Law in the United States, In: Journal of Metals, Vol. 47, Nr. 4, April 1995, S. 44-45.
Ehlert, Hermann 1968, Kritische Untersuchung der neueren Welfare Economics, Göttingen: Verlag Otto Schwartz & Co.
Ehrlich, Paul R. 1989, The Limits to Substitution: Meta-Resource Depletion and a New Economic-Ecological Paradigm, in: Ecological Economics, Vol. 1, S. 9-16.
Eigen, Manfred 1971, Self-Organization of Matter and the Evolution of Biological Macromolecules, in: Naturwissenschaften, Vol. 58, S. 465-522.
EK-SMU (Enquete Kommission „Schutz des Menschen und der Umwelt", Deutscher Bundestag) 1993, Verantwortung für die Zukunft – Wege zum nachhaltigen Umgang mit Stoff- und Materialströmen, Bonn: Economica Verlag 1993.
EK-SMU (Enquete Kommission „Schutz des Menschen und der Umwelt", Deutscher Bundestag) 1994, Die Industriegesellschaft gestalten – Perspektiven für einen nachhaltigen Umgang mit Stoff- und Materialströmen, Bonn: Economica-Verlag.
EK-SMU (Enquete Kommission „Schutz des Menschen und der Umwelt", Deutscher Bundestag) 1995, Umweltverträgliches Stoffstrommanagement, Band I: Konzepte, Bonn: Economica-Verlag.
EK-VSE (Enquete Kommission „Vorsorge zum Schutz der Erdatmosphäre", Deutscher Bundestag) 1990, Energie und Klima (Band 1), Bonn: Economica Verlag.
EK-VSE (Enquete Kommission „Vorsorge zum Schutz der Erdatmosphäre", Deutscher Bundestag) 1993, Energieeinsparung sowie rationelle Energienutzung und -umwandlung (Band 2), Bonn: Economica Verlag.
EK-VSE (Enquete Kommission „Vorsorge zum Schutz der Erdatmosphäre", Deutscher Bundestag) 1995, Erneuerbare Energien (Band 3), Bonn: Economica Verlag.
El Serafy, Salah 1989, The Proper Calculation of Income from Depletable Natural Resources, in: Ahmad, Yusuf J.; El Serafy, Salah; Lutz, Ernst (Hg.) 1989, Environmental Accounting for Sustainable Development, Washington D. C.: The World Bank, S. 10-18.

El Serafy, Salah; Lutz, Ernst 1989, Environmental and Resource Accounting: An Overview, in: Ahmad, Yusuf J.; El Serafy, Salah; Lutz, Ernst (Hg.) 1989, Environmental Accounting for Sustainable Development, Washington D. C.: The World Bank: S. 1-7.

Elbrächter, M. 1990, Algenmassenvermehrungen und toxische Effekte, in: Lozán, José L.; Lenz, W.; Rachor, E.; Watermann, B.; von Westernhagen, H. (Hg.) 1990, Warnsignale aus der Nordsee, Berlin und Hamburg: Verlag Paul Parey, S. 111-119.

Endres, Alfred; Querner, Immo 1993, Die Ökonomie natürlicher Ressourcen - Eine Einführung, Darmstadt: Wissenschaftliche Buchgesellschaft.

Engels, Gerhard 1992, Giessen von Metallen - ressurcenschonende Fertigung für High-Tech-Ansprüche, in: Speidel; Uggowitzer (Hg.) 1992, a.a.O., S. 45-57.

English, John 1996, Land Management, Intensification and Employment, in: Wohlmuth, Karl; Messner, Frank (Hg.), Active Labour and Employment Policies in Africa, African Development Perspectives Yearbook 1994/95, Volume 4, S. 387-401.

Enquete Kommission „Schutz des Menschen und der Umwelt", Deutscher Bundestag (EK-SMU) 1993, Verantwortung für die Zukunft - Wege zum nachhaltigen Umgang mit Stoff- und Materialströmen, Bonn: Economica Verlag.

Enquete Kommission „Schutz des Menschen und der Umwelt", Deutscher Bundestag (EK-SMU) 1994, Die Industriegesellschaft gestalten – Perspektiven für einen nachhaltigen Umgang mit Stoff- und Materialströmen, Bonn: Economica-Verlag.

Enquete Kommission „Schutz des Menschen und der Umwelt", Deutscher Bundestag (EK-SMU) 1995, Umweltverträgliches Stoffstrommanagement, Band I: Konzepte, Bonn: Economica-Verlag.

Enquete Kommission „Vorsorge zum Schutz der Erdatmosphäre", Deutscher Bundestag (EK-VSE) 1990, Energie und Klima (Band 1), Bonn: Economica Verlag.

Enquete Kommission „Vorsorge zum Schutz der Erdatmosphäre", Deutscher Bundestag (EK-VSE) 1993, Energieeinsparung sowie rationelle Energienutzung und -umwandlung (Band 2), Bonn: Economica Verlag.

Enquete Kommission „Vorsorge zum Schutz der Erdatmosphäre", Deutscher Bundestag (EK-VSE) 1995, Erneuerbare Energien (Band 3), Bonn: Economica Verlag.

Enquete-Kommission "Schutz des Menschen und der Umwelt" (Hg.) 1995, Umweltverträgliches Stoffstrommanagement, Band I: Konzepte, Bonn: Economica Verlag.

Ewers, Ulrich 1982, Umwelt- und Gesundheitsgefahren durch Schadstoffe und Industriechemikalien, in: Grumbach, Jürgen (Hg.) 1982, Grünbuch Ökologie, Köln: Pahl-Rugenstein-Verlag, S. 178-190.

Faber, Malte; Niemes, Horst; Stephan, Gunter 1983, Entropie, Umweltschutz und Rohstoffverbrauch – Eine naturwissenschaftlich-ökonomische Untersuchung, Berlin, Heidelberg, New York, Tokyo: Springer-Verlag.

Faber, Malte; Niemes, Horst; Stephan, Gunter 1995, Entropy, Environment and Resources – An Essay in Physico-Economics, Second Edition, Heidelberg and Bern: Springer Verlag.

Faber, Malte; Proops, John L.R. 1994, Evolution, Time, Production and the Environment, Second, revised and enlarged Edition, Berlin, New York et al.: Springer-Verlag.

Falloux, Francois; Talbot, Lee; Larson, Jeri 1991, Progress and Next Steps for Environmental Action Plans in Africa, Washington D. C.: World Bank 1991.

FAO (Hg.) 1969-1996, FAO Production Yearbook, Vol. 23-50, FAO.

Faul, Wolfgang 1994, Environment Protective Effects Through New Materials For Key-Technologies – R&D Project Support of the Federal Ministry of Research and Technolgy, BMFT, in: Warlimont, H. (Hg.) 1994, Environmental Aspects in Materials Research, Oberursel: DGM Informationsgesellschaft mbH, S. 307-310.

Feldman, Allan M. 1980, Welfare Economics and Social Choice Theory, Boston, The Hague and London: Martinus Nijhoff Publishing.

Fewell, Peter 1990, Brazilian Case Study – São Bento. In: Supplement to Mining Journal, Vol. 314, Nr. 8059, S. 3.

Finlayson, Duncan 1990, Mining Hydrology – An Environmental Issue? In: Supplement to Mining Journal, Vol. 314, Nr. 8059, S. 6.

Fischer, Hermann 1994, Pflanzenöle als Grundlage für zukunftsfähige, umweltfreundliche Produkte, in: Naturschutzbund Deutschland (Hg.) 1994, Nachwachsende Rohstoffe – Chancen und Risiken, Tagungsband zur gleichnamigen Fachtagung am 10. Dezember 1994 in Hannover, S. 40-48.

Fischer, Karin 1993, Die Elektronikschrott-Verordnung – Zur Problematik aus der Sicht des Verordnungsgebers, in: Metall, Jg. 47, Heft 4, April 1993, S. 380-382.

Fisher, Anthony C. 1981, Resource and Environmental Economics, Cambridge et al.: Cambridge University Press.

Forster, Bruce A. 1973, Optimal Capital Accumulation in a Polluted Environment, in: Southern Economic Journal, Vol. 39, S. 544-547.

Forster, Bruce A. 1980, Optimal Energy Use in a Polluted Environment, in: Journal of Environmental Economics and Management, Vol. 7, Nr. 4, S. 321-333.

Freeman, A. Myrick III 1991, Water Pollution Policy, in: Portney, P. R. (Hg.) 1991, Public Policies for Environmental Protection, 2nd Edition, Washington D. C.: Resources for the Future, S. 97-149.

Freeman, Christopher; Soete, Luc (Hg.) 1990, New Explorations in the Economics of Technical Change, London and New York: Pinter Publishers.

Fricke, K. G. 1992, Kabel und Freileitungen im Versorgungsnetz – Möglichkeiten und Grenzen, in: Palic, M.; Fleckenstein, K.; Fricke, K. G.; Haas, D. et al. 1992, Kabel und Freileitungen in überregionalen Versorgungsnetzen – Technik, Genehmigungsverfahren und Umweltverträglichkeit, Renningen-Malmsheim: Expert Verlag, S. 39-81.

Friends of the Earth Europe (Hg.) 1995, Towards Sustainable Europe, Brüssel (deutsche Kurzfassung).

Fritsch, Bruno 1992, Evolutorische Aspekte des Energie- und Ressourcenproblems, unveröffentlichtes Vortragsmanuskript zur Tagung "Umweltverträgliches Wirtschaften als Problem von Wissenschaft und Politik" des Verein für Sozialpolitik.

Futuyma, Douglas J. 1986, Evolutionary Biology, Second Edition, Sunderland, Massachusetts: Sinauer Associates.

Gaffney, M. Mason 1966, Welfare Economics and the Environment, in: Jarret, Henry (Ed.) 1966, Environmental Quality in a Growing Economy, a.a.O., S. 88-101.

Gapski, Harald 1998, Der Comuputer im Klassenzimmer, in: Spektrum der Wissenschaft, Dossier 1/98: Die Welt im Internet, S. 44-48.

Georgescu-Roegen, Nicholas 1970, The Economics of Production, in: American Economic Review, Papers and Proceedings, Vol. LX, May 1970, Nr. 2, S. 1-9.

Georgescu-Roegen, Nicholas 1971a, The Entropy Law and the Economic Process, Cambridge and London: Harvard University Press 1971.

Georgescu-Roegen, Nicholas 1971b, The Entropy Law and the Economic Problem, in: Daly, Herman E. (Hg.) 1971, Essays Toward a Steady State Economy, Cidoc Cuaderno Nr. 70, Cuernavaca, Mexico, S. 1/1-1/16.

Georgescu-Roegen, Nicholas 1976, Energy and Economic Myth, New York, Toronto, Oxford et. al.: Pergamon Press.

Georgescu-Roegen, Nicholas 1977, Matter matters, too; in: Wilson (Hg.) 1977, Prospects for Growth – Changing Expectations for the Future, New York & London: Praeger Publishers, S. 293-313.

Georgescu-Roegen, Nicholas 1979a, Comments on the Papers by Daly and Stiglitz, in: Smith, V. Kerry (Hg.) 1979, Scarcity and Growth Reconsidered, Baltimore and London: John Hopkins Press, S. 95-105.

Georgescu-Roegen, Nicholas 1979b, Energy Analysis and Economic Valuation, in: Southern Economic Journal, Vol. 45, Nr. 4, April 1979, S. 1023-1058.

Gerlach, Ekkehart 1998, Was ist von der Vernetzung zu erwarten, in: Spektrum der Wissenschaft, Dossier 1/98: Die Welt im Internet, S. 75-77.

Gilbert, Richard J. 1979, Optimal Depletion of an Uncertain Stock, in: Review of Economic Studies, Vol. XLVI, Nr. 142, January 1979, S. 47-57.

Glansdorff, P.; Prigogine, I. 1971, Thermodynamic Theory of Structure, Stability and Fluctuations, London, New York, Sydney and Toronto: Wiley Interscience.

Gleich, Arnim von; Hellenbrandt, Simone 1994, Effizienz und Risiko – Vorausschauende Technikbewertung am Beispiel: Umwelteinflüsse Neuer Werkstoffe, in: Informationsdienst des IÖW, Jg. 9, Nr. 5, Sep./Okt. 1994, S. 5-7.

Glenz, W. 1989, Die Kunststoffindustrie der Welt, in: Kunststoffe, Jg. 79, Heft 11, Nov. 1989, S. 1238-1266.

Gocht, Werner 1992, Internationale Rohstoffpolitik im Wandel – Die rohstoffwirtschaftlichen Ergebnisse der 8. UNCTAD-Tagung, in: Metall, Jg. 46, Heft 5, Mai 1992, S. 488-490.

Gocht, Werner; Jütte-Rauhut, Judith 1987, Der Welt-Zinnmarkt 1987 - 2 Jahre nach der Krise, in: Metall, Jg. 41, Heft 9, Sep. 1987, S. 910-913.

Göckmann, Klaus 1992, Die Kupferindustrie Osteuropas – Auswirkungen auf den Weltmarkt, in: Metall, Jg. 46, Heft 7, Juli 1992, S. 730-733.

Goldau, Axel; Siepelmeyer, Thomas 1991, Botswana – Südafrikas Hinterland. Eine einmalige Naturlandschaft wird für den Bergbau zerstört. In: Rosenke, Werena; Siepelmeyer, Thomas (Hg.) 1991, Afrika – Der vergessene Kontinent? Zwischen selektiver Weltmarktintegration und ökologischen Katastrophen. Arbeitskreis Afrika (AKAFRIK), Münster: Unrast Verlag, S. 65-75.

Goldsmith, Oliver Scott 1974, Market Allocation of Exhaustive Resources, in: Journal of Political Economy, Vol. 82, Nr. 5, S. 1035-1040.

Goodland, Robert 1991a, The Case that the World has Reached Limits, in: Goodland, Robert; Daly, Herman; El Serafy, Salah (Hg.) 1991, Environmentally Sustainable Economic Development Building on Brundtland, Environment Working Paper Nr. 46, Washington D. C.: World Bank, S. 5-17.

Goodland, Robert 1991b, Tropical Moist Forest Management: The Urgency of Transition to Sustainability, in: Costanza, Robert (Hg.) 1991, Ecological Economics – The Science and Management of Sustainability, New York: Columbia University Press, S. 486-515.

Goodland, Robert; Daly, Herman; El Serafy, Salah (Hg.) 1991, Environmentally Sustainable Economic Development Building on Brundtland, Environment Working Paper Nr. 46, Washington D. C.: World Bank.

Göpel, Wolfgang; Ziegler, Christiane 1996, Einführung in die Materialwissenschaften: Physikalisch-chemische Grundlagen und Anwendungen, Stuttgart, Leipzig: B.G. Teubner Verlagsgesellschaft.

Görres, Anselm; Weizsäcker, Ernst Ulrich von 1995, Das beste Instrument – Ökologische Steuerreform: Intelligente Steuerung des ökologischen Umbaus, in: Politische Ökologie, 13. Jg., Heft 42, Juli/August 1995, S. 22-26.

Graßl, Hartmut 1997, Böden und globaler Wandel: Brisante Mischung, in: Politische Ökologie, 15. Jg., Sonderheft 10, Nov./Dez. 1997, S. 12-16.

Gray, L.C. 1914, Rent under the Assumption of Exhaustibility. In: Quarterly Journal of Economics, Vol. 28, S. 66-89.

Greenpeace (Hg.) 1997, Argumente Erdöl: Rohstoff ohne Zukunftschance, Hamburg: Greenpeace.

Grießhammer, Rainer; Hey, Christian; Hennicke, Peter; Kalberlath, Fritz 1989, Ozonloch und Treibhauseffekt – Ein Report des Öko-Instituts, Reinbek: Rowohlt Verlag.

Grote, Andreas 1994, Grüne Rechnung. Das Produkt Computer in der Ökobilanz. In: c't, Heft 12/1994, S. 92-98.

Grote, Andreas; Malley, Jürgen 1997, Schwergewicht – Der PC hinterläßt enorme Spuren in der Umwelt, in: c't, Heft 5/1997, S. 170-173.

Grumbach, Jürgen (Hg.) 1982, Grünbuch Ökologie, Köln: Pahl-Rugenstein-Verlag.

Grumbach, Jürgen (Hg.) 1983, Grünbuch Ökologie II, Köln: Pahl-Rugenstein-Verlag.

Grumbach, Jürgen (Hg.) 1984, Grünbuch Ökologie III, Köln: Pahl-Rugenstein-Verlag.

Gruver, G. 1976, Optimal Investment in Pollution Control Capital in a Neoclassical Growth Context, in: Journal of Environmental Economics and Management, **Vol. 3, Nr. ???, S. 165-177.**

Haaga, F. 1988, Rohstoffeinsparung und -substitution durch Wissen und Innovationen, in: Martynov, V. A.; Oppenländer, K.H. (Hg.) 1988, Technischer Fortschritt und Rohstoffeinsatz in der sowjetischen und westdeutschen Wirtschaft, Studien zur Ostforschung 2, München: Ifo-Institut für Wirtschaftsforschung e.V., S. 241-273.

Haarich, Michael 1996, Schadstoff-Frachten durch die Flüsse, in: Lozán, José L.; Kausch, Hartmut (Hg.) 1996, Warnsignale aus Flüssen und Ästuaren - Wissenschaftliche Fakten, Berlin: Parey Buchverlag, S. 144-148.

Haasis, Hans-Dietrich 1996, Betriebliche Umweltökonomie: Bewerten – Optimieren – Entscheiden. Berlin, Heidelberg, New York et al.: Springer Verlag.

Haber, Wolfgang; Salzwedel, Jürgen 1992, Umweltprobleme der Landwirtschaft, hg. vom Rat der Sachverständigen für Umweltfragen, Stuttgart: Metzler-Poeschel.

Häberli, Rudolf 1997, Auf dem Boden der Tatsachen – Perspektiven nachhaltiger Bodennutzung in der Schweiz, in: Politische Ökologie, 15. Jg., Sonderheft 10, Nov./Dez. 1997, S. 101-104.

Hadorn, Ernst; Wehner, Rüdiger 1978, Allgemeine Zoologie, 20. Auflage, Stuttgart: Georg Thieme Verlag.

Hagel, Joachim 1993, Effizienz und Gerechtigkeit - Ein Beitrag zur Diskussion der ethischen Aspekte in der neoklassischen Wohlfahrtstheorie, Baden-Baden: Nomos Verlagsgesellschaft.

Haken, Hermann 1983, Synergetics – An Introduction, Third Edition, Berlin, Heidelberg, New York, Toronto: Springer Verlag.

Hall, Charles A.S.; Cleveland, Cutler J.; Kaufman, Robert 1986, Energy and Resource Quality - The Ecology of the Economic Process, New York, Chichester et al.: John Wiley & Sons.

Hampicke 1991a, Neoklassik und Zeitpräferenz – der Diskontierungsnebel, in: Beckenbach, Frank (Hg.) 1991, Die ökologische Herausforderung für die ökonomische Theorie, Marburg: Metropolis-Verlag.

Hampicke, Ulrich 1992, Ökologische Ökonomie. Individuum und Natur in der Neoklassik. Natur in der ökonomischen Theorie: Teil 4. Opladen: Westdeutscher Verlag.

Handelsblatt, deutsche Tageszeitung, diverse Ausgaben.

Hardin, Garrett 1991, Paramount Positions in Ecological Economics, in: Costanza, Robert (Hg.) 1991, Ecological Economics. The Science and Management of Sustainability. New York & Oxford: Columbia University Press 1991, S. 47-57.

Harmsen, Dirk-Michael 1994, Welche Beiträge kann die Informationstechnik leisten für eine dauerhafte Entwicklung – Sustainable Development? In: Zoche, Peter (Hg.) 1994, Herausforderungen für die Informationstechnik, Internationale Konferenz in Dresden Juni 1993, Heidelberg: Physica-Verlag, S. 311-327.

Harnisch, Jochen; Borchers, R.; Fabian, P.; Kourtidis, K. 1995, Aluminium Production as a Source of Atmospheric Carbonyl Sulfide (COS), in: Environmental Science and Pollution Research, Vol. 2, Nr. 3, S. 161-162.

Harrison, Anne 1989: Introducing Natural Capital into the SNA, in: Ahmad, Yusuf J.; El Serafy, Salah; Lutz, Ernst (Hg.) 1989, Environmental Accounting for Sustainable Development, Washington D. C.: The World Bank, S. 19-25.

Harrod, R. F. 1951, Towards a Dynamic Economics, Third Edition, London: Macmillan.

Harte, M.J. 1995, Ecology, Sustainability, and Environment as Capital, in: Ecological Economics, Vol. 15, S. 157-164.

Hartmann, Jürgen K. 1993, Kupfer ex GUS – Noch keine Alarmstufe „rot", in: Metall, Jg. 47, Heft 4, April 1993, S. 315.

Hartwick, John M. 1977, Intergenerational Equity and the Investing of Rents from Exhaustible Resources, in: American Economic Review, Vol. 67, Nr. 5, S. 972-974.

Hartwick, John M. 1978, Substitution Among Exhaustible Resources and Intergenerational Equity, in: Review of Economic Studies, Vol. 45 (2), Nr. 140, S. 347-354.

Heijman, Willem 1992, The Steady State Economy, in: Krabbe, J.J.; Heijman, W.M. (Hg.) 1992, National Income and Nature: Externalities, Growth and Steady State. Dordrecht, Boston, London: Kluwer Academic Publishers, S. 167-191.

Heinemann, Volker 1994, Zur Überführbarkeit des Entropiekonzepts in die Ökonomie, in: Beckenbach; Diefenbacher (Hg.) 1994, Zwischen Entropie und Selbstorganisation – Perspektiven einer ökologischen Ökonomie, Marburg: Metropolis 1994, S. 201-215.

Heinloth, K. 1993, Energie und Umwelt – Klimaverträgliche Nutzung von Energie, Stuttgart.

Heinrich, Dieter; Hergt, Manfred 1990, Atlas zur Ökologie, München: Deutscher Taschenbuchverlag.

Held, Martin; Geißler, Karlheinz A. (Hg.) 1993, Ökologie der Zeit – Vom Finden der rechten Zeitmaße, Stuttgart: Wissenschaftliche Verlagsgesellschaft, Edition Universitas.

Held, Martin; Geißler, Karlheinz A. (Hg.) 1995, Von Rythmen und Eigenzeiten, Perspektiven einer Ökologie der Zeit, Stuttgart: Wissenschaftliche Verlagsgesellschaft, Edition Universitas.

Helm, Carsten 1995, Sind Freihandel und Umweltschutz vereinbar? Ökologischer Reformbedarf des GATT/WTO-Regimes, Berlin: Edition Sigma.

Helmschrott, H.; v. Pilgrim, E.; Schönherr, S. 1990, Afrika südlich der Sahara: Trotz Rohstoffreichtum in die Armut, Ifo-Institut für Wirtschaftsforschung München, Abteilung Entwicklungsländer, Köln, London, München: Weltforum Verlag.

Herfindahl, Orris C. 1955, Some Fundamentals of Mineral Economis, in: Land Economics, Vol. 31 (May 1955), S. 131-138. Nachdruck in: Brooks, David B. (Ed.) 1974, Resource Economics, Selected Works of Orris C. Herfindahl, Resources for the Future, Baltimore and London: John Hopkins Press, S. 35-45.

Herfindahl, Orris C. 1961, What is Conservation? Nachdruck in: Brooks, David B. (Ed.) 1974, Resource Economics, Selected Works of Orris C. Herfindahl, Resources for the Future, Baltimore and London: John Hopkins Press, S. 47-63.

Herfindahl, Orris C. 1967, Depletion and Economic Theory, in: Gaffney, Mason (Ed.), Extractive Resources and Taxation, Madison: University of Wisconsin Press 1967, S. 68-90. Nachdruck in: Brooks, David B. (Ed.) 1974, Resource Economics, Selected Works of Orris C. Herfindahl, Resources for the Future, Baltimore and London: John Hopkins Press, S. 64-89.

Herfindahl, Orris C. 1970, Can Increasing Demand on Resources be Met? Nachdruck in: Brooks, David B. (Ed.) 1974, Resource Economics, Selected Works of Orris C. Herfindahl, Resources for the Future, Baltimore and London: John Hopkins Press, S. 274-282.

Herfindahl, Orris C. 1972, Effects of Resource Depletion and Economic Growth on the Quality of Life, Nachdruck in: Brooks, David B. (Ed.) 1974, Resource Economics, Selected Works of Orris C. Herfindahl, Resources for the Future, Baltimore and London: John Hopkins Press, S. 255-273.

Heubner, Ulrich 1992, Entwicklung von Werkstoffen für die Umwelttechnik, in: Speidel, Markus O.; Uggowitzer, Peter J. (Hg.) 1992, Metallische Werkstoffe für eine umweltschonende Technik der Zukunft, Ergebnisse der Werkstoff-Forschung, Band 5, Zürich: Verlag "Thubal-Kain" und Verlag der Schweizerischen Akademie der Werkstoffwissenschaften, S. 79-97.

Hinterberger, Friedrich 1994, (Ko-?)Evolution von Natur, Kultur und Wirtschaft. Einige modelltheoretische Überlegungen, in: Beckenbach, Frank; Diefenbacher, Hans (Hg.) 1994, Zwischen Entropie und Selbstorganisation – Perspektiven einer ökologischen Ökonomie, Marburg: Metropolis Verlag, S. 317-347.

Hinterberger, Friedrich; Luks, Fred; Schmidt-Bleek, Friedrich 1997, Material Flows Versus „Natural Capital" – What Makes an Economy Sustainable ? In: Ecological Economics, Vol. 23, S. 1-17.

Hirner, Alfred von 1997, Nähr- und Schadstoffeinträge in Böden: Für den Boden sind sie alle gleich, in: Politische Ökologie, 15. Jg., Sonderheft 10, Nov./Dez. 1997, S. 55-59.

Hlubek, Werner; Schilling, Hans-Dieter 1996, Potentiale der Forschung und Entwicklung in der Kraftwerkstechnik, in: Energiewirtschaftliche Tagesfragen, Jg. 46, Heft 1/2 (1996), S. 6-14.

Hodgson, Geoffrey M. 1993, Economics and Evolution – Bringing Life back into Economics, Cambridge: Polity Press.

Hoel, Michael 1978, Resource Extraction when a Future Substitute has an Uncertain Cost, in: Review of Economic Studies, Vol. XLV, Nr. 141, October 1978, S. 637-644.

Hoffmann, Paul 1987, Photosynthese, Berlin: Akademie-Verlag.

Hornbogen, Erhard 1991, Werkstoffe – Aufbau und Eigenschaften von Keramik, Metallen, Polymer- und Verbundwerkstoffen, fünfte Auflage, Heidelberg, Berlin, New York et al.: Springer-Verlag.

Hornbogen, Erhard 1995, Kreislauf der Werkstoffe, in: Materialwissenschaften und Werkstofftechnik, Heft 26/1995, S. 573-593.

Hotelling, Harold 1931, The Economics of Exhaustible Resources, in: Journal of Political Economy, Vol. 39, Nr. 2, Apr. 1931, S. 137-175.

Housman, Van E.; Walline, Rob 1990, EPA´s Waste Regulations, in: Supplement to Mining Journal, Vol. 314, Nr. 8059, S. 16.

Huber, Hans 1991, Datenmehrwertdienste – Wachstumsmarkt der Zukunft, in: NET, Special Nr. 9, Oktober 1991, S. 29-41.

Hueting, Roefie 1980, New Scarcity and Economic Growth – More Welfare Through Less Production ? Amsterdam, New York, Oxford: North-Holland Publishing Company.

Husar, Rudolf B. 1994, Ecosystem and the Biosphere: Metaphors for Human-Induced Material Flows, in: Ayres, Robert U.; Simonis, Udo E. (Hg.) 1994, Industrial Metabolism: Restructuring for Sustainable Development, Tokyo, New York and Paris: United Nations University Press, S. 21-30.

Illgner, K.H. 1986, Auswahlkriterien für Werkstoffe und Verarbeitungsverfahren, in: VDI (Hg.) 1986, Metallische und nichtmetallische Werkstoffe und ihre Verarbeitungsverfahren im Vergleich, Teil 1: Festigkeitsverhalten, Düsseldorf: VDI-Verlag, S. 283-303.

Ilschner, Bernhard 1990, Werkstoffwissenschaften – Eigenschaften, Vorgänge, Technologien, zweite Auflage, Berlin, Heidelberg, New York et al.: Springer-Verlag.

Immler, Hans 1993, Welche Wirtschaft braucht die Natur? Mit Ökonomie die Ökokrise lösen. Frankfurt am Main: Suhrkamp Fischer.

Institut der Deutschen Wirtschaft (IW) 1993, Zahlen zur wirtschaftlichen Entwicklung der Bundesrepublik Deutschland, Köln: Deutscher Institutsverlag.

International Telecommunication Union (ITU) 1995, Telecommunication Development Report 1995: Information Infrastructures, Geneva: ITU.

Internationaler Metallgewerksschaftsbund 1988, Die Kupfergewinnung in Peru, in: IMB-Bulletin, Nr. 25/88, S. 1-6.

Ise, John 1925, The Theory of Value as Applied to Natural Resources, in: American Economic Review, June 1925, Vol. 15.

IW (Institut der Deutschen Wirtschaft) 1993, Zahlen zur wirtschaftlichen Entwicklung der Bundesrepublik Deutschland, Deutscher Institutsverlag GmbH: Köln.

Jackson, Richard T. 1985, All that´s Gold does not glitter: A Third-Party Account of the Ok Tedi Gold/Copper Project, in: Industry and Environment, Vol. 8, Nr. 1, S. 29-32.

Jacobson, D. M.; Turner, R. K.; Challis, A. A. L. 1988, A Reassessment of the Strategic Materials Question, in: Resources Policy, Vol. 14, Nr. 2, June 1988, S. 74-84.

Jaeger, Klaus 1980, Ansätze zu einer ökonomischen Theorie des Recycling, in: Siebert (Hg.) 1980, a.a.O., S. 149-174, in: Siebert, Horst (Hg.) 1980, Erschöpfbare Ressourcen, Berlin: Duncker & Humblot.

Jagoda, Bernhard 1998, Internet – Medium für neue Berufe und Arbeitsplätze? In: Spektrum der Wissenschaft, Dossier 1/98: Die Welt im Internet, S. 86-86-89.

Jänicke, Martin; Mönch, H.; Binder, M. et. al. 1992, Umweltentlastung durch industriellen Strukturwandel? Eine explorative Studie über 32 Industrieländer (1970 bis 1990), Berlin: Edition Sigma.

Jarrett, Henry (Hg.) 1966, Environmental Quality in a Growing Economy, Resources for the Future, Washington D. C.: John Hopkins Press.

Jessen, Eike; Quandel, Gudrun 1998, Wissenschaftskommunikation ohne Grenzen, in: Spektrum der Wissenschaft, Dossier 1/98: Die Welt im Internet, S. 12-15.

Jody, B. J.; Daniels, E. J.; Bonsignore, P. V.; Brockmeier, N. F. 1994, Recovering Recyclable Materials from Shredder Residue, in: Journal of Metals, Vol. 46, Nr. 2, S. 40-43.

Johansson, P.-O. 1987, The Economic Theory and Measurement of Environmental Benefits, Cambridge/GB et. al.: Cambridge University Press.

Johnson, Lionel 1990, The Thermodynamic Origin of Ecosystems: A Tale of Broken Symmetry, in: Weber, Bruce A.; Depew, David J.; Smith, James D. (Hg.) 1990, Entropy, Information, and Evolution, Second Edition, Cambridge/MA and London: MIT Press, S. 75-105.

Jöst, Frank 1994, Klimaänderungen, Rohstoffknappheit und wirtschaftliche Entwicklung, Heidelberg: Physica-Verlag.

Kalusche, Dietmar 1978, Ökologie, Heidelberg: Quelle & Meyer.

Kamae, Takahiko 1994, With Broadband B-ISDN and Multimedia to the 21st Century: Technical Vision or Market? In: Zoche, Peter (Hg.) 1994, Herausforderungen für die Informationstechnik, Internationale Konferenz in Dresden Juni 1993, Heidelberg: Physica-Verlag, S. 36-40.

Kamien, Morton I.; Schwartz, Nancy L. 1978, Optimal Exhaustible Resource Depletion with Endogenous Technical Chance, in: Review of Economic Studies, Vol. 45, Nr. 139, S. 179-196.

Kamien, Morton I.; Schwartz, Nancy L. 1982, The Role of Common Property Resources in Optimal Planning Models with Exhausible Resources, in: Smith, V. Kerry; Krutilla, John V. (Hg.) 1982, Explorations in Natural Resource Economics, publiziert für: Resources for the Future, Baltimore und London: John Hopkins University Press, S. 47-71.

Kapp, K. William 1958, Volkswirtschaftliche Kosten der Privatwirtschaft, Tübingen: J.C.B. Mohr und Zürich: Polygraphischer Verlag AG, dt. Übersetzung, engl. Originalausgabe erschien 1950: The Social Costs of Private Enterprise, Harvard University Press.

Kappel, Robert 1992, Ausbeutung der mineralischen Bodenschätze Afrikas und die ökologischen Folgen, in: Bruhns, Barbro-Isabel; Kappel, Robert (Hg.) 1992, Ökologische Zerstörung in Afrika und alternative Strategien, Münster, Hamburg: LIT-Verlag, S. 172-195.

Karus, Michael 1994, Nachwachsende Rohstoffe zur energetischen Nutzung – Pro und Contra, in: Naturschutzbund Deutschland (Hg.) 1994, Nachwachsende Rohstoffe – Chancen und Risiken, Tagungsband zur gleichnamigen Fachtagung am 10. Dezember 1994 in Hannover im Rahmen der ECONOCVA, S. 25-33.

Kaufman, Robert K.; Cleveland, Cutler J. 1995, Measuring Sustainability: Needed – An Interdisciplinary Approach to an Interdisciplinary Concept, in: Ecological Economics, Vol. 15, No. 2, S. 109-112.

Kemp, Murray C. 1976, Three Topics in the Theory of International Trade: Distribution, Welfare and Uncertainty, Volume 2 of: Bhagwati, Jagdish N.; Chipman, John S. (Eds.), Studies in International Economics, New York: American Elsevier Publishing Company Inc.

Kemp, Réne; Soete, Luc 1990, Inside the Green Box: On the Economics of Technological Change and the Environment, in: Freeman, Christopher; Soete, Luc (Hg.) 1990, New Explorations in the Economics of Technical Change, London and New York: Pinter Publishers, S. 245-257.

Knauer, Roland H. 1995, Naturschutz auf afrikanisch – Die Mühe lohnt sich, in: WWF Journal, Ausgabe 3/1995, S. 14-24.

Kneese, Allan V. 1977, Economics and the Environment, New York: Penguin Books.

Kögel-Knabner, Ingrid 1997, Verzögerte Wahrnehmung: Grenzen der Belastbarkeit von Böden, in: Politische Ökologie, 15. Jg., Sonderheft 10, Nov./Dez. 1997, S. 51-54.

Kommission der Europäischen Gemeinschaften 1993, Förderung einer nachhaltigen wirtschaftlichen und sozialen Entwicklung – Die Zukunft der Nord-Süd-Beziehungen, Gruppe für Prospektive Analysen, Brüssel, Juli 1993.

König, Claus-Dieter 1991, Soziale und ökologische Folgen der Erdölförderung in Nigeria, in: Rosenke, Werena; Siepelmeyer, Thomas (Hg.) 1991, Afrika - Der vergessene Kontinent? Zwischen selektiver Weltmarktintegration und ökologischen Katastrophen. Arbeitskreis Afrika (AKAFRIK), Münster: Unrast Verlag, S. 129-137.

Kopfmüller, Jürgen 1994, Das Leitbild einer global zukunftsfähigen Entwicklung (Sustainable Development) - Hintergründe und Perspektiven im Spannungsfeld zwischen Wissenschaft, Politik und Gesellschaft, Kernforschungszentrum Karlsruhe, AFAS, Arbeitsbericht 10/1994.

Korczak, Dieter 1996, Die unbedachten Folgen: Die Auswirkungen der Industriegesellschaft auf Gesundheit und Lebensqualität, in: Politische Ökologie, Jahrgang 14, Heft 47, S. 18-22.

Körner, Peter 1993, Zaire, in: Nohlen, Dieter; Nuscheler, Franz (Hg.) 1993, Handbuch der Dritten Welt, Band 4: Westafrika und Zentralafrika, Bonn: Verlag J. H. W. Dietz, S. 503-522.

Kösters, K.; Antlinger, K. 1994, Zn-Coated Steel Sheets and their Recycling - A Closed Loop Consideration, in: Warlimont, H. (Hg.) 1994, Environmental Aspects in Materials Research, Oberursel: DGM Informationsgesellschaft mbH, S. 109-113.

Kötter, U. 1996, Sammel-, Lager- und Rücknahmesysteme für Elektro(nik)schrott, in: Metall, 50. Jg., Nr. 11, S. 723-726.

Koubek, N.; Ostermann, R.; Skalec, P. 1991, Langfristige Innovationsstrategien und Mitbestimmung in Unternehmen bei Neuen Werkstoffen, Frankfurt am Main, Bern, New York, Paris: Peter Lang.

Kox, Henk L. M. 1994, PPP Plus: Towards Full Resource Pricing for LDC Primary Exports, Faculteit der Economische Wetenschappen en Econometrie, Series Research Memorandum 1994-36, October 1994, Amsterdam.

Kozloff, Keith Lee; Dower, Roger C. 1993, A New Power Base – Renewable Energy Policies for the Nineties and Beyond, Washington: World Resources Institute 1993.

Krabbe, J.J.; Heijman, W.M. (Hg.) 1992, National Income and Nature: Externalities, Growth and Steady State. Dordrecht, Boston, London: Kluwer Academic Publishers.

Kraft, Michael E.; Vig, Norman J. 1990, Environmental Policy from the Seventies to the Nineties: Continuity and Change, in: Vig, Norman J.; Kraft, Michael E. (Hg.) 1990, Environmental Policy in the 1990s, Washington D. C.: Congressional Quarterly Inc., S. 3-31.

Krelle, Wilhelm 1984, Economic Growth with Exhaustible Resources and Environmental Protection, in: Zeitschrift für die gesamte Staatswissenschaft, Band 140, Heft 3, September 1984, S. 399-429.

Krol, Werner; Steil, Hans-Ulrich 1987, Auswirkungen der Umweltschutzpolitik auf die deutsche NE-Metallindustrie, in: Metall, Jg. 41, Heft 9, Sep. 1987, S: 933-938.

Krol, Werner; Steil, Hans-Ulrich 1997, Bestandsaufnahme internationaler Umweltschutzaktivitäten und deren Auswirkungen auf die deutsche NE-Metallindustrie – Teil 1, in: Metall, Jg. 51, Nr. 3/97, S. 126-136.

Krone, K.; Krüger, J.; Orbon, H.; Sommer, H.W.; Vest, H. 1990, Ökologische Aspekte der Primär- und Sekundäraluminiumerzeugung in der Bundesrepublik Deutschland, in: Metall, 44. Jg., Heft 6 (Juni 1990), S. 559-568.

Krutilla, John V.; Fisher, Anthony C. 1975, The Economics of Natural Environments – Studies in the Valuation of Commoditiy and Amenity Resources, Resources for the Future, John Hopkins Press: Washington D.C.

Kühn, Paul J. 1995, Vom Fernsprechnetz zum Information Superhighway – die Entwicklung der Kommunikations-Infrastrukturen und ihre Herausforderung an Technik und Gesellschaft, Sitzungsberichte der Heidelberger Akademie der Wissenschaften, Jg. 1995, 2. Abhandlung, Berlin, Heidelberg, New York et al. al.: Springer-Verlag.

Kuik, O.; Verbruggen, H. (Hg.) 1991, In Search of Indicators of Sustainable Development, Dordrecht.

Kümmel, Reiner 1989, Energy as a Factor of Production and Entropy as an Pollution Indicator in Macroeconomic Modelling, in: Ecological Economics, Vol. 1, S. 161-180.

Kýn, O.; Schrettl, W. (Hg.) 1979, On the Stability of Contemporary Economic Systems, Göttingen.

Labys, Walter C.; Waddell, Lorna M. 1989, Commodity Lifecycles in US Materials Demand, in: Resources Policy, Vol. 15, Nr. 3, September 1989, S. 238-252.

Lagos, Gustavo 1997, Developing National Mining Policies in Chile: 1974-96, in: Resources Policy, Vol. 23, Nr. 1/2, S. 51-69.

Langlois, Richard N.; Everett, Michael J. 1994, What is Evolutionary Economics? in: Magnusson, Lars (Hg.) 1994, Evolutionary and Neo-Schumpeterian Approaches to Economics, Boston, Dordrecht und London: Kluwer Academic Publishers, S. 11-47.

Langner, Bernd E. 1993a, Technologie der Kupferherstellung – Verhüttung und Raffination, in: Metallgesellschaft AG (Hg.) 1993, Die Welt der Metalle, Band 1: Kupfer, Frankfurt am Main: Metallgesellschaft AG, S. 46-67.

Langner, Bernd E. 1993b, Recycling von Kupfer in: Metallgesellschaft AG (Hg.) 1993, Die Welt der Metalle, Band 1: Kupfer, Frankfurt am Main: Metallgesellschaft AG, S. 68-77.

Langner, Bernd E. 1994, Recycling von Elektronikschrott, in: Metall, 48. Jg., Nr. 11/94, S. 880-885.

Laszlo, Ervin 1987, Evolution, die neue Synthese – Wege in die Zukunft, Wien, Zürich: Europaverlag.

Lechner, H.; Sames, C.W.; Wellmer, F.W. 1987, Mineralische Rohstoffe im Wandel, Schriftenreihe Bergbau, Rohstoffe, Energie, Band 25, Essen: Verlag Glückauf GmbH.

Lehne, Rainer W. 1993, Kupfer, seine Natur, seine Gewinnung, in: Metallgesellschaft AG (Hg.) 1993, Die Welt der Metalle, Band 1: Kupfer, Frankfurt am Main: Metallgesellschaft AG, S. 16-23.

Leipert, Christian 1989, Die heimlichen Kosten des Fortschritts – Wie Umweltzerstörung das Wirtschaftswachstum fördert, Frankfurt am Main: Suhrkamp Fischer.

Lemke, Manfred 1995, Nachsorge bevorzugt – Förderprobleme ökologisch innovativer klein- und mittelständischer Unternehmen, in: Politische Ökologie, 13. Jg., Sonderheft 7, März/April 1995, S. 15-19.

Letourneur, Jean-Sebastian 1992, Osteuropa - Chancen und Risiken für die westeuropäische NE-Metallindustrie, in: Metall, 46. Jg., Heft 5, Mai 1992, S. 470-472.

LMBV Konkret 1996, Mitarbeiterzeitschrift der Lausitzer und Mitteldeutschen Bergbau-Verwaltungsgesellschaft, 1. Jahrgang, Ausgabe 2/1996.

Löfflad, Hans 1994, Ansätze für das moderne Bauen mit nachwachsenden Rohstoffen, in: Naturschutzbund Deutschland (Hg.) 1994, Nachwachsende Rohstoffe – Chancen und Risiken, Tagungsband zur gleichnamigen Fachtagung am 10. Dezember 1994 in Hannover, S. 49-52.

Lohani, Prem R.; Tilton, John E. 1993, A Cross-Section Analysis of Metal Intensity of Use in the Less Developed Countries, in: Resources Policy, Vol. 19, Nr. 2, June 1993, S. 145-154.

Lootens, Doug; Kiernan, Brian 1990, Mining Regulations: U.S. and Australia, in: Supplement to Mining Journal, Vol. 314, Nr. 8059, S. 10-11.

Losch, Siegfried 1997, Der große Hunger: Landschaftsverbrauch in Deutschland – Anspruch und Wirklichkeit, in: Politische Ökologie, 15. Jg., Sonderheft 10, Nov./Dez. 1997, S. 27-32.

Lozán, José L.; Kausch, Hartmut (Hg.) 1996, Warnsignale aus Flüssen und Ästuaren – Wissenschaftliche Fakten, Berlin: Parey Buchverlag.

Lozán, José L.; Lenz, W.; Rachor, E.; Watermann, B.; Westernhagen, H. von (Hg.) 1990, Warnsignale aus der Nordsee, Berlin und Hamburg: Verlag Paul Parey.

Lozán, José L.; Rachor, E.; Reise, K.; Westernhagen, H. von; Lenz, W. (Hg.) 1994, Warnsignale aus dem Wattenmeer – Wissenschaftliche Fakten, Berlin, Oxford et al.: Blackwell Wissenschaftsverlag.

Luber, Joachim; Mackevics, Arvids 1998, Telemedizin – der ferngesteuerte Arzt ? In: Spektrum der Wissenschaft, Dossier 1/98: Die Welt im Internet, S. 73-74.

Lyman, W. Stuart; Black, William T. 1988, Perspektiven des Kupfers auf dem Elektromarkt der USA, in: Metall, 42. Jg., Heft 11, Nov. 1988, S. 1114-1118.

MacKenzie, James J.; Nadis, Steve 1993, Car Trouble, Washington: World Resources Institute.

MacLeod, Roy; Freeman, Christopher (Hg.) 1986, Technology and the Human Prospect, London and Wolfeboro N.H.: Frances Printer.

MacMillan, Angus; Norton, Karen 1992, Zur Zukunft der Primärhütten für Basismetalle in Europa, in: Metall, Jg. 46, Heft 5, Mai 1992, S. 490- 493.

Maczek, Helmut 1992, Die Blei-Zink-Industrie Osteuropas – Auswirkungen auf den Weltmarkt, in: Metall, Jg. 46, Heft 5, Mai 1992, S. 476-480.

Magnusson, Lars (Hg.) 1994, Evolutionary and Neo-Schumpeterian Approaches to Economics, Boston, Dordrecht und London: Kluwer Academic Publishers.

Maier-Rigaud, Gerhard 1994, Umweltpolitik mit Mengen und Märkten – Lizenzen als konstituierendes Element einer ökologischen Marktwirtschaft, Marburg: Metropolis Verlag.

Malenbaum, W. 1977, World Demand for Raw Materials in 1985 and 2000, New York: McGraw-Hill.

Mäler, Karl-Göran 1986, Comment on R.M. Solow, "On the Intergenerational Allocation of Natural Resources", in: Scandinavian Journal of Economics, Vol. 88 (1), S. 151-152.

Manaktala, S. C. 1995, The Russian AL Industry´s Difficult Transition to a Market Economy, in: Journal of Metals, Vol. 47, Nr. 5, May 1995, S. 14-18.

Manstein, Christopher 1996, Das Elektrizitätsmodul im MIPS-Konzept – Materialintensitätsanalyse der bundesdeutschen Stromversorgung (öffentliches Netz) im Jahr 1991, Wuppertal Papers Nr. 51, Februar 1996, Wuppertal.

Marquardt-Mau, B.; Mayer, J.; Mikelskis, H. 1993, Umwelt – Lexikon ökologisches Grundwissen, Reinbek: Rowohlt Taschenbuch Verlag.

Marques, Isabel; Giraud, Pierre-Noel 1987, Tin: The End of An Agreement, in: Natural Resources Forum, Vol. 11, Nr. 3, August 1987, S. 207-218.

Marshall, Alfred 1930, Principles of Economics, 8th Edition, London: Macmillan.

Martynov, V. A.; Oppenländer, K.H. (Hg.) 1988, Technischer Fortschritt und Rohstoffeinsatz in der sowjetischen und westdeutschen Wirtschaft, Studien zur Ostforschung 2, München: Ifo-Institut für Wirtschaftsforschung e.V.

Mate, Kwabena 1992, Environmental Impact of Mining in Ghana: Issues and Answers, in: Natural Resources Forum, Vol. 16, Nr. 1, S. 49-53.

Matthes, Christian Felix 1995, Nachhaltige Energiewirtschaft – Zur Operationalisierung einer unscharfen Zielkategorie, in: Nutzinger, Hans G. (Hg.) 1995, Nachhaltige Wirtschaftsweise und Energieversorgung – Konzepte, Bedingungen, Ansatzpunkte. Marburg: Metropolis, S. 141-167.

McNeely, Jeffrey A. 1993, Economic Incentives for Conserving Biodiversity: Lessons for Africa; in: Ambio, Vol. 22, Nr. 2/3, May 1993, S. 144-150.

Meade, James E. 1973, The Theory of Economic Externalities – The Control of Environmental Pollution and Similar Social Costs, Leiden: A.W. Sijthoff and Genf: Institut Universitaire de Hautes Etudes Internationales.

Meadows, D.H.; Meadows, D.L. Randers, J.; Behrends, W.W. 1972, The Limits to Growth. A Report for the Club of Rome, New York: Universe.

Meißner, Herbert (Hg.) 1985, Geschichte der Politischen Ökonomie, 2. Auflage, Berlin: Dietz Verlag.

Meliß, Michael; Sandtner, Walter 1996, Der Forschungsstand bei den regenerativen Energiequellen, in: Energiewirtschaftliche Tagesfragen, Jg. 46, Heft 1/2 (1996), S. 14-23.

Mensch, Gerhard 1975, Das technologische Patt – Innovationen überwinden die Depression, Frankfurt am Main: Umschau Verlag.

Menzel, Ulrich 1995, Die postindustrielle Revolution – Tertiarisierung und Entstofflichung der postmodernen Ökonomie, in: E+Z, Heft 4, Jg. 36, S. 100-104.

Merian, Ernest (Hg.) 1991, Metals and their Compounds in the Environment, Weinheim, New York, Basel und Cambridge: VCH Verlagsgesellschaft.

Merk, Usche 1991, ... wo der Staub des Todes weht – Die Folgen der Asbestgewinnung in Mafefe, Südafrika, in: Rosenke, Werena; Siepelmeyer, Thomas (Hg.) 1991, Afrika – Der vergessene Kontinent? Zwischen selektiver Weltmarktintegration und ökologischen Katastrophen. Arbeitskreis Afrika (AKAFRIK), Münster: Unrast Verlag, S. 94-97.

Merten, Thomas; Liedtke, Christa; Schmidt-Bleek, Friedrich 1995, Materialintensitätsanalysen von Grund-, Werk- und Baustoffen (1) – Die Werkstoffe Beton und Stahl, Materialintensitäten von Freileitungsmasten, Wuppertal Paper Nr. 27 des Wuppertal Institut für Klima, Umwelt und Energie, Wuppertal, Januar 1995.

Merz, Günter 1995a, Vier Jahre nach dem Elfenbeinhandelsverbot, in WWF Journal, Ausgabe 3/1995, S. 25.

Merz, Günter 1995b, Was heißt nachhaltige Nutzung und Entwicklung? WWF-Konzepte für die Koexistenz von Mensch und Natur, in: WWF Journal, Ausgabe 3/1995, S. 30-34.

Messner, Dirk 1998, Die Transformation von Staat und Markt im Globalisierungsprozeß, in: Messner, Dirk (Hg.) 1998, Die Zukunft von Staat und Politik in der Weltgesellschaft, EINE-Welt-Texte der Stiftung Entwicklung und Frieden, Band 5, Bonn: Dietz-Verlag, S. 14-43.

Messner, Dirk; Nuscheler, Franz 1996, Global Governance – Herausforderungen an die deutsche Politik an der Schwelle zum 21. Jahrhundert, Stiftung Entwicklung und Frieden, Policy Paper 2, Duisburg.

Messner, Frank 1993a, Kontinuität und Wandel in der Umweltpolitik der USA am Beispiel der Gesetzgebung zur Luftreinhaltung, in: Zeitschrift für angewandte Umweltforschung, Jg. 6 (1993), Heft 1, S. 67-80.

Messner, Frank 1993b, Das Konzept der nachhaltigen Entwicklung im Dilemma internationaler Regimebildung, in: Peripherie, Jg. 13, Heft 51/52, S. 38-57.

Messner, Frank 1994, Umweltpolitische Kooperation und Strategien zur Umsetzung nachhaltiger Entwicklung in der SADCC-Region, in: Brandstetter, Anna Maria; Grohs, Gerhard; Neubert, Dieter (Hg.) 1994, Afrika hilft sich selbst – Prozesse und Institutionen der Selbstorganisation, Schriften der Vereinigung der Afrikanisten in Deutschland, Band 15, S. 136-150.

Messner, Frank 1996a, Approaching Sustainable Development in Mineral Exporting Economies: The Case of Zambia, Berichte aus dem weltwirtschaftlichen Kolloquium Nr. 45, Universität Bremen.

Messner, Frank 1996b, Employment, Environment, and Sustainable Development in Mineral Exporting Economies: The Case of Zambia, in: Messner, Frank; Wohlmuth, Karl (Hg.) 1996, Active Labour and Employment Policies in Africa, African Development Perspectives Yearbook 1994/95, Volume 4, Hamburg: LIT-Verlag, S. 403-440.

Messner, Frank 1999, Reconciling Biodiversity Conservation and Local Development in Sub-Saharan Africa, in: Research Group on African Development Perspectives (Hg.) 1998, Good Governance and Economic Development, African Development Perspectives Yearbook 1997/98, Volume 6, Hamburg: LIT-Verlag, S. 525-532.

Metallgesellschaft AG (Hg.) 1958-1984, Metallstatistik, 45. Jg. (1958) bis 71. Jg. (1984), Frankfurt am Main: Metallgesellschaft AG.

Metallgesellschaft AG (Hg.) 1993, Die Welt der Metalle, Band 1: Kupfer, Frankfurt am Main: Metallgesellschaft AG.

Metallgesellschaft AG; World Bureau of Metal Statistics (Hg.) 1994, Metallstatistik / Metal Statistics 1983-1993, 81. Jg., Frankfurt am Main: Metallgesellschaft AG und Ware/GB: World Bureau of Metal Statistics.

Metallgesellschaft AG; World Bureau of Metal Statistics (Hg.) 1996, Metallstatistik / Metal Statistics 1985-1995, 83. Jg., Frankfurt am Main: Metallgesellschaft AG und Ware/GB: World Bureau of Metal Statistics.

Metallgesellschaft AG; World Bureau of Metal Statistics (Hg.) 1997, Metallstatistik / Metal Statistics 1986-1996, 84. Jg., Frankfurt am Main: Metallgesellschaft AG und Ware/GB: World Bureau of Metal Statistics.

Meyer, Frerk 1998, Deutsche Schulen im World Wide Web, in: Spektrum der Wissenschaft, Dossier 1/98: Die Welt im Internet, S. 48-49.

Meyer, Rolf 1995, Hohe Anforderungen – Chancen und Probleme integrierter Umwelttechnik, in: Politische Ökologie, 13. Jg., Sonderheft 7, März/April 1995, S. 20-22.

Mezger, Dorothea 1975, The European Copper Industry and its Implications for the Copper-Exporting Underdeveloped Countries with Special Reference to CIPEC Countries, in: Seidman, Ann (Hg.) 1975, National Resources and National Welfare – The Case of Copper, New York, Washington D. C. , London: Praeger Publishers, S. 60-91.

Mezger, Dorothea 1980, Copper in the World Economy, London: Heinemann.

Michaelowa, Katharina; Naini, Ahmad 1994, Der Gemeinsame Fonds für Rohstoffe und die speziellen Rohstoffabkommen, HWWA-Report Nr. 141, Hamburg: HWWA.

Mikesell, Raymond F. 1988, The Global Copper Industry, Problems and Prospects, London, New York and Sydney: Croom Helm.

Mikesell, Raymond F. 1991, Projekt Evaluation and Sustainable Development, in: Goodland, Robert; Daly, Herman; El Serafy, Salah (Hg.) 1991, Environmentally Sustainable Economic Development Building on Brundtland, Environment Working Paper Nr. 46, Washington D. C.: World Bank, S. 54-60.

Mikesell, Raymond F.; Whitney, John W. 1987, The World Mining Industry – Investment Strategy and Public Policy, Boston, London, Sydney, Wellington: Allen & Unwin.

Mineralölwirtschaftsverband e.V. (Hg.) 1996, Öl – Rohstoff und Energieträger, Ribbesbüttel: Saphir Druck und Verlag.

Minoli, Daniel 1995, Video Dialtone Technology – Digital Video over ADSL, HFC, FTTC, and ATM, New York, San Francisco et al.: McGraw-Hill Inc..

Minsch, Jürg 1993, Nachhaltige Entwicklung, Idee – Kernpostulate. Ein ökologisch-ökonomisches Referenzsystem für eine Politik des ökologischen Strukturwandels in der Schweiz, IWÖ-Diskussionspapier Nr. 14, Nov. 1993.

Mitchell, I. V.; Nosbusch, H. (Hg.) 1988, European Research on Materials Substitution, London and New York: Elsevier Applied Science Publishers.

Moser, Claudio; Moser, Christine 1994, Streitfall Aluminium, Materialien zum GKKE-Dialogprogramm, Heft D9, Bonn.

Müller, Udo; Schwenke, Horst-J. 1992, Umwelt und Verkehr – Strategien zur Jahrtausendwende. Diskussionspapiere FB WiWi Universität Hannover, Nr. 166, Januar 1992, Hannover.

Munasinghe, Mohan 1993, The Economist´s Approach to Sustainable Development, in: Finance and Development, Vol. 30, Nr. 4, Dec. 1993, S. 17-19.

Munson, Mark C. 1995, Events and Trends in Metal and Mineral Commodities, in: Journal of Metals, Vol. 47, Nr. 4, April 1995, S. 54-58.

Musgrave, Richard A.; Musgrave, Peggy B. 1976, Public Finance in Theory and Practice, Second Edition, New York et al.: McGraw-Hill.

Nadolny, Sten 1983, Die Entdeckung der Langsamkeit, München: Piper & Co. Verlag.

Naturschutzbund Deutschland (NABU) (Hg.) 1994, Nachwachsende Rohstoffe – Chancen und Risiken, Tagungsband zur gleichnamigen Fachtagung am 10. Dezember 1994 in Hannover.

Naturschutzbund Deutschland (NABU) 1995, Nachwachsende Rohstoffe – Chancen und Risiken, NABU-Studie, Bonn 1995.

Nebel, Kai 1994, Chancen und Risiken beim Einsatz von Bastfasern als nachwachsende Rohstoffe für industrielle Anwendungen, in: Naturschutzbund Deutschland (Hg.) 1994, Nachwachsende Rohstoffe – Chancen und Risiken, Tagungsband zur gleichnamigen Fachtagung am 10. Dezember 1994 in Hannover, S. 53-74.

Nelson, Richard 1994, The Role of Firm Difference in an Evolutionary Theory of Technical Advance, in: Magnusson, Lars (Hg.) 1994, Evolutionary and Neo-Schumpeterian Approaches to Economics, Boston, Dordrecht und London: Kluwer Academic Publishers, S. 231-242.

Nelson, Richard; Winter, S. 1982, An Evolutionary Theory of Economic Change, Cambridge, Mass.: Belknap Press of Harvard University Press.

Neumann, Manfred 1991, Theoretische Volkswirtschaftslehre II – Produktion, Nachfrage und Allokation, 3. Auflage, München: Verlag Franz Vahlen.

Nicolis, Grégoire; Prigogine, Ilya 1987, Die Erforschung des Komplexen – Auf dem Weg zu einem neuen Verständnis der Naturwissenschaften, München, Zürich: Piper.

Niermann, U.; Bauerfeind, E. 1990, Ursachen und Auswirkungen von Sauerstoffmangel, in: Lozán, José L.; Lenz, W.; Rachor, E.; Watermann, B.; von Westernhagen, H. (Hg.) 1990, Warnsignale aus der Nordsee, Berlin und Hamburg: Verlag Paul Parey, S. 65-75.

Nordhaus, William D. 1973, The Allocation of Energy Resources, in: Brookings Papers on Economic Activity, Nr. 3, S. 529-570.

Norgaard, Richard B.; Howarth, Richard, B. 1991, Sustainability and Discounting the Future, in: Costanza, Robert (Hg.) 1991, Ecological Economics. The Science and Management of Sustainability. New York & Oxford: Columbia University Press, S. 88-101.

Norgaard, Robert 1984, Coevolutionary Development Potential, in: Land Economics, Vol. 60, Nr. 2, S. 160-173.

Norton, Bryan G. 1989, Intergenerational Equity and Environmental Decisions: A Model Using Rawl´s Veil of Ignorance, in: Ecological Economics, Vol. 1, S. 137-159.

Nultsch, Wilhelm 1982, Allgemeine Botanik, 7. Auflage, Stuttgart, New York: Georg Thieme Verlag.

Nutzinger, Hans G. (Hg.) 1995, Nachhaltige Wirtschaftsweise und Energieversorgung - Konzepte, Bedingungen, Ansatzpunkte. Marburg: Metropolis.

Nutzinger, Hans G.; Radke, Volker 1995a, Das Konzept der nachhaltigen Wirtschaftsweise: Historische, theoretische und politische Aspekte, in: Nutzinger, Hans G. (Hg.) 1995, Nachhaltige Wirtschaftsweise und Energieversorgung – Konzepte, Bedingungen, Ansatzpunkte. Marburg: Metropolis, S. 13-49.

Nutzinger, Hans G.; Radke, Volker 1995b, Wege zur Nachhaltigkeit, in: Nutzinger, Hans G. (Hg.) 1995, Nachhaltige Wirtschaftsweise und Energieversorgung – Konzepte, Bedingungen, Ansatzpunkte. Marburg: Metropolis, S. 225-256.

O. V. 1994, Programm des Bundesministeriums für Forschung und Technologie: Neue Materialien als Schlüssel für Innovationen, in: Metall, 48. Jg., Nr. 10, S. 754-757.

O. V. 1995a, Die Kunststoffindustrie der Welt, in: Kunststoffe, Jg. 85, Heft 10/1995, S. 1761-1762.

O. V. 1995b, Energy for Production of Metallurgical Alumina 1994, in: Metall, Jg. 49, Nr. 10, S. 637.

O. V. 1998, Die Altautoverordnung tritt in Kraft, in: Metall, Jg. 52, Nr. 4/98, S. 196-197.

O'Connell, John F. 1982, Welfare Economic Theory, Boston: Auburn House Publishing Company.

O'Connor, David 1994, Managing the Environment with Rapid Industrialisation: Lessons from the East Asian Experience, OECD Development Centre Studies, Paris: OECD.

Ocker, Alfred 1979, Steady State Growth Subject to the Constraints of the Natural Environment: The Impact of Technological Change and Substitution, in: Kýn, O.; Schrettl, W. (Hg.) 1979, On the Stability of Contemporary Economic Systems, Göttingen, S. 257-268.

Odum, E. P. 1969, The Strategy of Ecosystem Development, in: Science, Vol. 164, S: 262-270.

OECD (Hg.) 1994, Life Cycle Management and Trade, Paris: OECD.

OECD 1994, Environmental Indicators, OECD Core Set, Paris: OECD.

OECD 1995, Control of Hazardous Air Pollutants in OECD Countries, Paris: OECD.

Oehler, Christian 1992, Kupferwerkstoffe in der Stahlindustrie, Teil 1, in: Metall, Jg. 46, Nr. 11, November 1992, S. 1121-1126.

Office of Occupational Health der WHO 1985, Occupational Health of Miners in the Non-Ferrous Metal Industry, in: Industry and Environment, Vol. 8, Nr. 1, S. 19-23.

Onyekakeyah, Luke O. 1991, Die Zerstörung des Jos-Plateaus durch jahrzehntelangen Zinnabbau, in: Rosenke, Werena; Siepelmeyer, Thomas (Hg.) 1991, Afrika – Der vergessene Kontinent? Zwischen selektiver Weltmarktintegration und ökologischen Katastrophen. Arbeitskreis Afrika (AKAFRIK), Münster: Unrast Verlag, S. 123-128.

Oosterhuis, Frans; Rubik, Frieder; Scholl, Gerd 1996, Product Policy in Europe: New Environmental Perspectives, Dordrecht, Boston, London: Kluwer Academic Publishers.

Osman, Mohamed 1992, Ausbreitung der Wüsten in Afrika, in: Bruhns, Barbro-Isabel; Kappel, Robert (Hg.) 1992, Ökologische Zerstörung in Afrika und alternative Strategien, Münster, Hamburg: LIT-Verlag, S. 80-95.

Otzen, Uwe 1992, Stabilization of Agricultural Resources – Concept, Requirements and Measures to Ensure Sustainable Agricultural Development; with Examples from Southern Africa, Berlin: DIE.

Otzen, Uwe 1993, Umweltaktionspläne - Ein Handlungsrahmen zur Operationalisierung von nachhaltiger Entwicklung? Berlin: DIE.

Otzen, Uwe; Gumbo, D.J.; Addy, D.N.; Althaus-Grewe, K.; Greib, M.; Hegener, K.; Hoyer, H.; Schaffert, A. 1994, Facilitating Sustainable Agricultural Development in Zimbabwe – Key Factors and Necessary Incentives, Report- and Working Paper Nr. 14/1994 of the German Development Institute, Berlin.

Page, Talbot 1977, Intertemporal and International Aspects of Virgin Materials Taxes, in: Pearce; Walter (Eds.) 1977, S. 63-81.

Page, Talbot 1980, A Kantian Perspective on the Social Rate of Discount, in: Siebert, Horst (Hg.) 1980, Erschöpfbare Ressourcen, Berlin: Duncker & Humblot, S. 183-199.

Palic, M.; Fleckenstein, K.; Fricke, K. G.; Haas, D. et al. 1992, Kabel und Freileitungen in überregionalen Versorgungsnetzen – Technik, Genehmigungsverfahren und Umweltverträglichkeit, Renningen-Malmsheim: Expert Verlag.

Pasche, Markus 1994, Ansätze einer evolutorischen Umweltökonomik, in: Beckenbach, Frank; Diefenbacher, Hans (Hg.) 1994, Zwischen Entropie und Selbstorganisation – Perspektiven einer ökologischen Ökonomie, Marburg: Metropolis Verlag, S. 75-118.

Pauer, W. Albrecht 1992, Die Rolle des Schienenfahrzeugbaus der neuen Bundesländer zur Revitalisierung des Handels mit den Ländern Osteuropas, in: Fischer, Jürgen; Messner, Frank; Wohlmuth, Karl (Hg.) 1992, Die Transformation der osteuropäischen Länder in die Marktwirtschaft, Münster und Hamburg: LIT-Verlag, S. 442-453.

Paulsen, Kenneth R. 1985, The Merger of Engineering and Environmental Technology in Modern Mining and Mineral Processing, in: Industry and Environment, Vol. 8, Nr. 1, S. 2-4.

Pearce, David W.; Atkinson, Giles D. 1993, Capital Theory and the Measurement of Sustainable Development: An Indicator of "Weak Sustainability", in: Ecological Economics, Vol. 8, S. 103-108.

Pearce, David W.; Markandya, Anil; Barbier, Edward B. 1989, Blueprint for a Green Economy, London: Earthscan Publications.

Pearce, David W.; Turner, R. Kerry 1990, Economics of Natural Resources and the Environment, New York, London et. al.: Harvester Wheatsheaf.

Pearce, David W.; Walter, Ingo (Hg.) 1977, Resource Conservation – Social and Economic Dimensions of Recycling, London: Longman und New York: New York University Press.

Perrings, Charles 1987, Environment and the Economy – A Theoretical Essay on the Interdependence of Economic and Environmental Systems, Cambridge et al.: Cambridge University Press.

Perrings, Charles; Common, Mick 1992, Towards an Ecological Economics of Sustainability, in: Ecological Economics, Vol. 6, S. 7-34.

Pethig, Rüdiger 1980, Intertemporale Allokation mit erschöpfbaren Ressourcen und endogenen Innovationen, in: Siebert (Hg.) 1980, Erschöpfbare Ressourcen, Berlin: Duncker & Humblot, S. 277-295.

Pfeiffer, H. 1995, Konzept für die Altautodemontage, in: Schmidt, Joachim; Ahlgrimm, M.; Blitz, M.; Breuer, H. et al. 1995, Altautoverwertung und -entsorgung, Renningen-Malmsheim: Expert Verlag, S. 89ff.

Piga, Luigi; Pochetti, Fausto; Stoppa, Luisa 1993, Recovering Metals from Red Mud Generated during Alumina Production, in: Journal of Metals, Vol. 45, Nr. 11, November 1993, S. 54-59.

Pigou, Arthur C. 1962, The Economics of Welfare, reprinted 4th Edition, London: Macmillan und English Language Book Society (erste Ausgabe 1920).

Pimentel, David; Kleinman, Peter J. A.; Pimentel, Marcia; Held, Martin 1997, Immer weniger für immer mehr: Überbevölkerung und Luxuskonsum als größte Bedrohungen für die Böden, in: Politische Ökologie, 15. Jg., Sonderheft 10, Nov./Dez. 1997, S. 7-11.

Pindyck, Robert S. 1978, The Optimal Exploration and Production of Nonrenewable Resources, in: Journal of Political Economy, Vol. 86, Nr. 5, S. 841-861.

Pindyck, Robert S.; Rubinfeld, Daniel L. 1992, Microeconomics, Second Edition, New York, Toronto et al.: Macmillan.

Pirages, Dennis Clark (Hg.) 1977, The Sustainable Society – Implications for Limited Growth, New York, London: Praeger Publishers.

Pitt, Charles H.; Wadsworth, Milton E. 1981, Current Energy Requirements in the Copper Producing Industries, in: Journal of Metals, Vol. 33, Nr. 6, June 1981, S. 25-33.

Porter, Gareth; Brown, Janet Welsh 1991, Global Environmental Politics, Boulder, San Francisco, Oxford: Westview Press.

Portney, Paul R. (Hg.) 1991, Public Policies for Environmental Protection, Second Edition, Washington D. C.: Resources for the Future.

Portney, Paul R. 1991, Air Pollution Policy, in: Portney, Paul R. (Hg.) 1991, Public Policies for Environmental Protection, Second Edition, Washington D. C.: Resources for the Future, S. 27-96.

Prain, Ronald 1975, Copper – The Anatomy of an Industry, London: Mining Journal Books Limited.

Prante, Gerhard 1997, Gentechnik in der Landwirtschaft: Chancen für die Pflanzenproduktion, in: Spektrum der Wissenschaft, Dossier 2/1997, S. 90-92.

Prigogine, Ilya; Stengers, Isabelle 1987, Dialog mit der Natur – Neue Wege naturwissenschaftlichen Denkens, fünfte, erweiterte Ausgabe, Frankfurt/Main; Olten, Wien: Büchergilde Gutenberg.

Ramstad, Yngve 1994, On the Nature of Economic Evolution: John R. Commons and the Metaphor of Artificial Selection; in: Magnusson, Lars (Hg.) 1994, Evolutionary and Neo-Schumpeterian Approaches to Economics, Boston, Dordrecht und London: Kluwer Academic Publishers, S. 65-121.

Rat von Sachverständigen für Umweltfragen (RSU) 1994, Umweltgutachten 1994: Für eine dauerhaft-umweltgerechte Entwicklung, Stuttgart: Metzler-Poeschel.

Rat von Sachverständigen für Umweltfragen (RSU) 1996, Umweltgutachten 1996, Stuttgart: Metzler-Poeschel.

Rawls, John 1975, Eine Theorie der Gerechtigkeit, erste deutsche Auflage, Frankfurt/Main: Suhrkamp. Die amerikanische Originalausgabe „A Theory of Justice" erschien 1971.

Ray, George F. 1986, Innovation in Materials, in: MacLeod, Roy; Freeman, Christopher (Hg.) 1986, Technology and the Human Prospect, London and Wolfeboro N.H.: Frances Printer, S. 55-70.

Ray, George F. 1991, Zukunftsmarkt für NE-Metalle? Osteuropas Stahlindustrie, in: Metall, Jg. 45, Heft 8, August 1991, S. 812-814.

Razim, C.; Kaniut, C. 1992, Metallische Werkstoffe und deren Wiederverwendung im künftigen Automobilbau, in: Speidel, Markus O.; Uggowitzer, Peter J. (Hg.) 1992, Metallische Werkstoffe für eine umweltschonende Technik der Zukunft, Ergebnisse der Werkstoff-Forschung, Band 5, Zürich: Verlag "Thubal-Kain" und Verlag der Schweizerischen Akademie der Werkstoffwissenschaften, S. 119-152.

Rees, Colin 1993, The Ecologist´s Approach to Sustainable Development, in: Finance and Development, Vol. 30, Nr. 4, December 1993, S. 14-15.

Rees, William E.; Wackernagel, Mathis 1992, Ecological Footprints and Appropriated Carrying Capacity: Measuring the Natural Capital Requirements of the Human Economy, Paper presented to the 2nd Meeting of the International Society for Ecological Economics, Revised Draft, August 1992.

Research Group on African Development Perspectives (Hg.) 1994, Energy and Sustainable Development, African Development Perspectives Yearbook 1992/93, Volume 3, Hamburg, Münster: LIT-Verlag.

Rexrodt, Günter 1998, Die Initiative der Bundesregierung, in: Spektrum der Wissenschaft, Dossier 1/98: Die Welt im Internet, S. 83.

Ring, Irene 1994, Marktwirtschaftliche Umweltpolitik aus ökologischer Sicht – Möglichkeiten und Grenzen, Stuttgart & Leipzig: B. G. Teubner Verlagsgesellschaft.

Robinet, Karin; Zundel, Stefan 1995, Innovationsbündnisse schaffen – Zu den Erfolgsaussichten einer ökologischen Technologiepolitik, in: Politische Ökologie, 13. Jg., Sonderheft 7, März/April 1995, S. 23-26.

Rohn, Holger; Manstein, Christopher; Liedtke, Christa 1995, Materialintensitätsanalysen von Grund -, Werk- und Baustoffen (2) - Der Werkstoff Aluminium, Materialintensität von Getränkedosen, Wuppertal Papers Nr. 37 des Wuppertal Institut für Klima, Umwelt, Energie, Wuppertal, Juni 1995.

Rosenau, Wolfgang 1991, Glasfaser bis zum Haus: Neue Möglichkeiten auf allen Ebenen, in: NET, Special-Nr. 9, Oktober 1991, S. 42-50.

Rosenke, Werena; Siepelmeyer, Thomas (Hg.) 1991, Afrika – Der vergessene Kontinent? Zwischen selektiver Weltmarktintegration und ökologischen Katastrophen. Arbeitskreis Afrika (AKAFRIK), Münster: Unrast Verlag.

Röttges, D.; Schliefer, H.; Jakobsen, J. 1998, Eigenschaften und Anwendungen phosphordesoxidierter Kupferwerkstoffe, in: Metall, Jg. 52, Nr. 4/98, S. 219-224.

RSU (Rat von Sachverständigen für Umweltfragen) 1994, Umweltgutachten 1994: Für eine dauerhaft-umweltgerechte Entwicklung, Stuttgart: Metzler-Poeschel.

RSU (Rat von Sachverständigen für Umweltfragen) 1996, Umweltgutachten 1996, Stuttgart: Metzler-Poeschel.

Russell, Clifford S. 1995, Are we Lost in the Vale of Ignorance or on the Mountain of Principle? In: Ecological Economics, Vol. 14, S. 91-99.

Salih, Siddig A. 1996, Employment and Environmental Impacts of Managing Land and Natural Forests in Sudan; in: Wohlmuth, Karl; Messner, Frank (Hg.), Active Labour and Employment Policies in Africa, African Development Pespectives Yearbook 1994/95, Volume 4, S. 441-474.

Salzman, Jim 1994, The Trade Implications of Trends in Eco-Labelling, in: OECD (Hg.) 1994, Life Cycle Management and Trade, Paris: OECD, S. 41-49.

Samuelson, Paul A.; Nordhaus, William D. 1987, Volkswirtschaftslehre – Grundlagen der Makro- und Mikroökonomie, 8. deutsche Neuauflage, Köln: Bund-Verlag.

Sauvage, Francois-Gabriel 1992, Die Sicherung des langfristigen Wachstums für Nickel, in: Metall, Jg. 46, Heft 8, Aug. 1992, S. 820-823.

Scheinberg, Herbert 1991, Copper, in: Merian, Ernest (Hg.) 1991, Metals and their Compounds in the Environment, Weinheim, New York, Basel und Cambridge: VCH Verlagsgesellschaft, S. 893ff.

Scherhorn, Gerhard 1994a, Konsumentenverhalten und Wertewandel, in: Henze, M.; Kaiser, G. (Hg.) 1994, Ökologie – Dialog, Düsseldorf.

Scherhorn, Gerhard 1994b, Güterwohlstand versus Zeitwohlstand. Über die Unvereinbarkeit des materiellen und immateriellen Produktivitätsbegriffs, Vortrag auf der Fachtagung „Zeit in der Ökonomik" an der Ev. Akademie Tutzing, März 1994.

Schiller, Jeffrey I. 1998, Sicherheit im Daten-Nahverkehr, in: Spektrum der Wissenschaft, Dossier 1/98: Die Welt im Internet, S. 52-57.

Schleicher, K.; Dürrschnabel, W.; Bögel, A. 1992, Kupferlegierungswerkstoffe als Basismaterialien für Bauteile in Elektrik und Elektronik, in: Metall, Jg. 46, Heft 11, Nov. 1992, S. 1116-1120.

Schmidbauer, Wolfgang 1992, Weniger ist manchmal mehr – Zur Psychologie des Konsumverzichts, Reinbek: Rowohlt Verlag.

Schmidt, Joachim 1995, Einleitung: Lösungsansätze für eine umweltfreundliche Altautoverwertung, in: Schmidt, Joachim; Ahlgrimm, M.; Blitz, M.; Breuer, H. et al. 1995, Altautoverwertung und -entsorgung, Renningen-Malmsheim: Expert Verlag, S. 1-5.

Schmidt, Joachim; Ahlgrimm, M.; Blitz, M.; Breuer, H. et al. 1995, Altautoverwertung und -entsorgung, Renningen-Malmsheim: Expert Verlag.

Schmidt-Bleek, Friedrich (Hg.) 1996, MAIA - Einführung in die Materialintensitäts-Analyse nach dem MIPS-Konzept, Wuppertal Institut für Klima, Umwelt, Energie, April 1996.

Schmidt-Bleek, Friedrich 1994, Wieviel Umwelt braucht der Mensch. Mips - Das Maß für ökologisches Wirtschaften, Berlin, Basel, Boston: Birkhäuser 1994.

Schneider, Eric D. 1990, Thermodynamics, Ecological Succession, and Natural Selection: A Common Thread, in: Weber, Bruce A.; Depew, David J.; Smith, James D. (Hg.) 1990, Entropy, Information, and Evolution, Second Edition, Cambridge/MA and London: MIT Press, S. 107-138.

Schneider, Hans K. 1980, Implikationen der Theorie erschöpfbarer Ressourcen für wirtschaftspolitisches Handeln, in: Siebert (Hg.) 1980, Erschöpfbare Ressourcen, Berlin: Duncker & Humblot, S. 815-844.

Schneider, Harald 1992, Management werkstofforientierter Innovationen – Ein theoretisch-konzeptioneller Ansatz zur Erklärung und Ausgestaltung einer strategischen Vorsteuerung, Göttingen: Vandenhoeck & Ruprecht.

Schott, Peter 1984, Das Waldsterben als Ergebnis der rigorosen Durchsetzung wirtschaftlicher Interessen, in: Grumbach, Jürgen (Hg.) 1984, Grünbuch Ökologie III, Köln: Pahl-Rugenstein-Verlag, S. 142-152.

Schrödinger, Erwin 1987, Was ist Leben ? Die lebende Zelle mit den Augen des Physikers betrachtet, dt. Übersetzung in zweiter Auflage, Originalausgabe erschien 1944, München und Zürich: Piper.

Schröter, Elmar 1994, Innovative Verpackungsmaterialien – Stand der Entwicklung, Anforderungen und Probleme am Beispiel Stärke, in: Naturschutzbund Deutschland (Hg.) 1994, Nachwachsende Rohstoffe – Chancen und Risiken, Tagungsband zur gleichnamigen Fachtagung am 10. Dezember 1994 in Hannover, S. 34-39.

Schröter, Werner; Lautenschläger, Karl-Heinz; Bibrack, Hildegard 1992, Chemie – Fakten und Gesetze, Köln: Buch- und Zeit-Verlagsgesellschaft.

Schüler, R.; Schulte, K.; Petermann, J.; Wentzel, H.-P. 1996, Elektrisch leitfähiges GFK: Herstellung und Anwendung, in: Ziegler, Günter (Hg.) 1996, Verbundwerkstoffe und Werkstoffverbunde, Oberursel: DGM Informationsgesellschaft mbH, S. 567-570.

Schulze, William D. 1974, The Optimal Use of Non-Renewable Resources: The Theory of Extraction, in: Journal of Environmental Economics and Management, Vol. 1, Nr. 1, S. 53-73.

Schumacher, E.F. 1973, Buddhist Economics, in: Daly, Herman E. (Hg.) 1973, Toward a Steady State Economy, San Francisco: W. H. Freeman and Company, S. 231-239.

Schumpeter, Joseph A. 1961, Konjunkturzyklen - Eine theoretische, historische und statistische Analyse des kapitalistischen Prozesses, erster Band, Vanderhoeck & Ruprecht: Göttingen, Originalausgabe New York 1939.

Schumpeter, Joseph A. 1980, Kapitalismus, Sozialismus und Demokratie, Fünfte Auflage, München: Francke Verlag, Originalausgabe New York 1942.

Schumpeter, Joseph A. 1993, Theorie der wirtschaftlichen Entwicklung, 8. Auflage, Berlin: Duncker & Humblot, Originalausgabe New York 1939.

Schweicher, Reinhard 1982, Startbahn West, in: Grumbach, Jürgen (Hg.) 1982, Grünbuch Ökologie, Köln: Pahl-Rugenstein-Verlag, S. 107-126.

Scitovsky, Tibor 1969, Two Concepts of External Economies, in: American Economic Association (Ed.) 1969, Readings in Welfare Economics, London: George Allan and Unwin Ltd., S. 242-252.

Seidman, Ann (Hg.) 1975, National Resources and National Welfare – The Case of Copper, New York, Washington D. C. , London: Praeger Publishers.

Seidman, Ann 1975, Introduction: Why the Copper Countries? In: Seidman, Ann (Hg.) 1975, National Resources and National Welfare – The Case of Copper, New York, Washington D. C. , London: Praeger Publishers, S. 3-35.

Sen, A. K. 1957, A Note on Tinbergen on the Optimal Rate of Saving, in: The Economic Journal, Vol. 67, S. 745-748.

Serageldin, Ismail 1993, Making Development Sustainable, in: Finance and Development, Dec. 1993, S. 6-10.

Shapiro, Michael 1991, Toxic Substances Policy, in: Portney, Paul R. (Hg.) 1991, Public Policies for Environmental Protection, 2nd Edition, Washington D. C.: Resources for the Future, S. 195-241.

Sidgwick, H. 1890, The Methods of Ethics, fourth Edition, London: Macmillan.

Siebert, Horst (Hg.) 1980, Erschöpfbare Ressourcen, Berlin: Duncker & Humblot.

Siebert, Horst 1983, Ökonomische Theorie natürlicher Ressourcen, Tübingen: J.C.B. Mohr.

Siebert, Horst 1987a, Nutzung der Natur und zukünftige Generationen, Diskussionsbeiträge des Sonderforschungsbereichs 178, Fakultät für Wirtschaftswissenschaften und Statistik, Serie II, Nr. 16, Februar 1987.

Siebert, Horst 1987b, Langfristige Lieferverträge im internationalen Ressourcenhandel, Diskussionsbeiträge des Sonderforschungsbereichs 178, Fakultät für Wirtschaftswissenschaften und Statistik der Universität Konstanz, Serie II, Nr. 22, Mai 1987.

Siebert, Horst 1990a, Natürliche Ressourcen und Weltwirtschaft, in: Weltwirtschaftliches Archiv 126, 1, S. 1-23.

Siebert, Horst 1990b, Die vergeudete Umwelt, Frankfurt am Main: Fischer Taschenbuch Verlag.

Siebert, Horst 1992, Economics of the Environment - Theory and Policy, third, revised and enlarged Edition, Berlin, New York et. al: Springer Verlag.

Siepelmeyer, Thomas 1991a, Schwermineralabbau in Madagascar, in: Rosenke, Werena; Siepelmeyer, Thomas (Hg.) 1991, Afrika - Der vergessene Kontinent? Zwischen selektiver Weltmarktintegration und ökologischen Katastrophen. Arbeitskreis Afrika (AKAFRIK), Münster: Unrast Verlag, S. 90-93.

Siepelmeyer, Thomas 1991b, Guinea: Das Mount Nimba Eisenerz-Projekt, in: Rosenke, Werena; Siepelmeyer, Thomas (Hg.) 1991, Afrika – Der vergessene Kontinent? Zwischen selektiver Weltmarktintegration und ökologischen Katastrophen. Arbeitskreis Afrika (AKAFRIK), Münster: Unrast Verlag, S. 98-108.

Silverberg, Gerald 1990, Adoption and Diffusion of Technology as a Collective Evolutionary Process, in: Freeman, Christopher; Soete, Luc (Hg.) 1990, New Explorations in the Economics of Technical Change, London and New York: Pinter Publishers, S. 177-192.

Simakov, Nikolai V.; Ziberov, Valentin E.; Popov, Vladislav N.; Estaev, Mels B. 1985, The USSR Practices on Land Rehabilitation after Completion of Mining Operations, in: Industry and Environment, Vol. 8, Nr. 1, S. 26-29.

Simonis, Udo Ernst 1990, Beyond Growth – Elements of Sustainable Development, Berlin: edition sigma.

Simonis, Udo Ernst 1996, Globale Umweltpolitik – Ansätze und Perspektiven, Mannheim, Leipzig, Wien, Zürich: B.I.-Taschenbuchverlag.

Smith, V. Kerry (Hg.) 1979, Scarcity and Growth Reconsidered, Baltimore and London: John Hopkins Press.

Smith, V. Kerry; Krutilla, John V. (Hg.) 1982, Explorations in Natural Resource Economics, published for Resources for the Future, Baltimore and London: John Hopkins Press.

Smith, Vernon L. (Hg.) 1977, Economics of Natural and Environmental Resources, New York, London, Paris: Gordon and Breach.

Socher, Martin 1994, TAB-Projekt zum Thema Neue Werkstoffe, in: Informationsdienst des IÖW, Jg. 9, Nr. 5, Sep./Okt. 1994, S. 7-9.

Soete, Luc 1994, Information Technologies Promoting Structural Change, in: Zoche, Peter (Hg.) 1994, Herausforderungen für die Informationstechnik, Internationale Konferenz in Dresden Juni 1993, Heidelberg: Physica-Verlag, S. 170-191.

Solow, Robert M. 1974a, The Economics of Resources or the Resources of Economics, in: American Economic Review, Papers & Proceedings, Vol. LXIV, May 1974, S. 1-14.

Solow, Robert M. 1974b, Intergenerational Equity and Exhaustible Resources, Review of Economic Studies, Symposium Supplement 1974, S. 29-45.

Solow, Robert M. 1986, On the Intergenerational Allocation of Natural Resources, in: Scandinavian Journal of Economics, Vol. 88, Nr. 1, 1986, S. 141-152.

Speidel, Markus O. 1992, Aluminium – ein Werkstoff für eine umweltschonende Technik der Zukunft, in: Speidel, Markus O.; Uggowitzer, Peter J. (Hg.) 1992, Metallische Werkstoffe für eine umweltschonende Technik der Zukunft, Ergebnisse der Werkstoff-Forschung, Band 5, Zürich: Verlag "Thubal-Kain" und Verlag der Schweizerischen Akademie der Werkstoffwissenschaften, S. 15-30.

Speidel, Markus O.; Uggowitzer, Peter J. (Hg.) 1992, Metallische Werkstoffe für eine umweltschonende Technik der Zukunft, Ergebnisse der Werkstoff-Forschung, Band 5, Zürich: Verlag "Thubal-Kain" und Verlag der Schweizerischen Akademie der Werkstoffwissenschaften.

Stabu (Statistisches Bundesamt) 1992, Umwelt, Fachserie 19, Reihe 4: Umweltökonomische Gesamtrechnungen – Basisdaten und ausgewählte Ergebnisse, Wiesbaden: Metzler-Poeschel.

Stahel, Walter R. 1994, Produkt-Design und Ressourceneffizienz, in: Zoche, Peter (Hg.) 1994, Herausforderungen für die Informationstechnik, Internationale Konferenz in Dresden Juni 1993, Heidelberg: Physica-Verlag, S. 361-383.

Stapelfeld, Jörn 1983, Die Zerstörung der Unterelbe, in: Grumbach, Jürgen (Hg.) 1983, Grünbuch Ökologie II, Köln: Pahl-Rugenstein-Verlag, S. 154-170.

Steckel, R. D. 1992, Kabeltechnik, in: Palic, M.; Fleckenstein, K.; Fricke, K. G.; Haas, D. et al. 1992, Kabel und Freileitungen in überregionalen Versorgungsnetzen – Technik, Genehmigungsverfahren und Umweltverträglichkeit, Renningen-Malmsheim: Expert Verlag, S. 1-19.

Steer, Andrew; Lutz, Ernst 1993, Measuring Environmentally Sustainable Development, in: Finance and Development, Vol. 30, Nr. 4, Dec. 1993, S. 20-23.

Steffens, H.-D.; Wilden, J. 1996, Entwicklungskonzepte für Verbundwerkstoffe und Werkstoffverbunde, in: Ziegler, Günter (Hg.) 1996, Verbundwerkstoffe und Werkstoffverbunde, Oberursel: DGM Informationsgesellschaft mbH, S. 3-14.

Steffens, Heiko 1994, Qualitativer Konsum – Perspektiven und Leitbilder für ein neues Wohlstandsmodell, in: Politische Ökologie, 12. Jg., Heft 39, S. 55-60.

Stefik, Mark 1998, Systeme zum Schutz des Urheberrechts, in: Spektrum der Wissenschaft, Dossier 1/98: Die Welt im Internet, S. 57-60.

Stegmann, Jörg 1989, Möglichkeiten und Grenzen für Kupferwerkstoffe – Bestandsaufnahme und Ausblick, in: Metall, Jg. 43, Heft 1, Jan. 1989, S. 68-72.

Steiner, Volker 1998, Leistungsfähige Infobahnen und praxisorientierte Dienste, in: Spektrum der Wissenschaft, Dossier 1/98: Die Welt im Internet, S. 77-78.

Sterk, G. 1994, Rohstoffe für neue Technologien, Wien, New York: Springer-Verlag.

Stiglitz, Joseph E. 1974a, Growth with Exhaustible Natural Resources: Efficient and Optimal Growth Paths, in: Review of Economic Studies, Symposium Supplement 1974, S. 123-137.

Stiglitz, Joseph E. 1979, A Neoclassical Analysis of the Economics of Natural Resources, in: Smith, V. Kerry (Hg.) 1979, Scarcity and Growth Reconsidered, Baltimore and London: John Hopkins Press, S. 36-66.

Stix, Gary 1998, Publizieren mit Lichtgeschwindigkeit, in: Spektrum der Wissenschaft, Dossier 1/98: Die Welt im Internet, S. 16-21.

Stobbe, Alfred 1984, Volkswirtschaftslehre I – Volkswirtschaftliches Rechnungswesen, sechste, revidierte Auflage, Berlin, Heidelberg, New York, Tokyo: Springer-Verlag.

Strassert, Günter 1996, System-Metabolismus und Haushaltsproduktion – konzeptionelle Überlegungen zur physischen Gesamtrechnung, schriftliche Fassung eines Vortrags im Rahmen des Kolloquiums „Bioökonomie und Haushaltsmetabolismus", Universität Bonn, Juli 1996.

Stratmann-Mertens, Eckhard 1994, Von der Kohle zur Sonne: Ein Aufriß zur Steinkohle-Konversion, Ökoregio Schriftenreihe Nr. 6, Juni 1994, Bochum.

Ströbele, Wolfgang 1987, Rohstoffökonomik – Theorie natürlicher Ressourcen mit Anwendungsbeispielen Öl, Kupfer, Uran und Fischerei, München: Franz Vahlen Verlag.

Suárez, Gabriel S. 1991, Der Umweltschutz: Eine weitere Herausforderung an die neue Demokratie, in: Ensignia, Jaime; Nolte, Detlef (Hg.) 1991, Modellfall Chile ? Ein Jahr nach dem demokratischen Neuanfang, Schriftenreihe des Instituts für Iberoamerika-Kunde, Band 34, Institut für Iberoamerika-Kunde: Hamburg, S. 111-118.

Supplement to Mining Journal 1990, Vol. 314, Nr. 8059, February 23, S. 1-23.

Suttill, Keith R. 1992, What´s happening in Zambia? in: Engineering & Mining Journal, Vol. 193, Nr. 3, March 1992, S. 16B-16J.

Tabereaux, Alton T. 1994, Anode Effects, PFCs, Global Warming, and the Aluminium Industry, in: Journal of Metals, Vol. 46, Nr. 11, S. 30-34.

Tacconi, Luca; Bennett, Jeff 1995, Economic Implications of Intergenerational Equity for Biodiversity Conservation, in: Ecological Economics, Vol. 12, S. 209-223.

Tang, Anthony M.; Westfield, Fred M.; Worley, James S. (Hg.) 1976, Evolution, Welfare and Time in Economics – Essays in Honour of Nicholas Georgescu-Roegen, Lexington/MA und Toronto: Lexington Books.

Telkämper, W. (Hg.) 1994, Nachhaltiges Wirtschaften, Verkehrsvermeidung & Entschleunigung – eine alternative Perspektive für Europa, Die Grünen im Europaparlament, Augsburg 1994.

Thomas, Karl 1991, Netzausbau, Anwendungen, internationale Verbindungen: ISDN wird flächendeckend, in: NET (Spezial), Nr. 9, Oktober 1991, S. 22-28.

Tilton, John E. (Ed.) 1983, Material Substitution – Lessons from Tin-using Industries, Washington D. C.: Resources for the Future.

Tilton, John E. 1983, Material Substitution: Lessons from the Tin-Using Industries, in: Tilton, John E. (Ed.) 1983, Material Substitution – Lessons from Tin-Using Industries, Washington D. C.: Resources for the Future, S. 1-11.

Tinbergen, Jan 1952, On the Theory of Economic Policy, Amsterdam: North Holland Press.

Tinbergen, Jan 1994, International Order and Natural Resources, in: Curzio, Alberto Q.; Fortis, Marco; Zoboli, Roberto (Hg.) 1994, Innovation, Resources and Economic Growth, Berlin, Heidelberg, New York et al.: Springer-Verlag, S. 279-289.

Tippee, Bob (Hg.) 1997, International Petroleum Encyclopedia, Tulsa: Penn Well Publishing Co.

Tisdell, Clement A. 1985, World Conservation Strategy, Economic Policies and Sustainable Resource-Use in Developing Countries, in: Environmental Professional , Nr. 7 (1985), S. 102-107.

Tisdell, Clement A. 1990, Economics and the Debate about Preservation of Species, Crop Variety and Genetic Diversity, in: Ecological Economics, Vol. 2, S. 77-90.

Tisdell, Clement A. 1991, Economics of Environmental Conservation, Developments in Environmental Economics-1, Amsterdam, London, New York, Tokyo: Elsevier.

Townsend, K.N. 1992, Is the Entropy Law Relevant to the Economics of Natural Resource Scarcity? Comment, in: Journal of Environmental Economics and Management, Vol. 23, Nr. 1, S. 96-100.

Tremmel, Gerd 1992, Bodenbelastung und Altlastensanierung auf kontaminierten Standorten der Metallindustrie, in: Metall, Jg. 46, Heft 9, Sep. 1992, S. 947-949.

Tsikata, Fui S. 1997, The Vicissitudes of Mineral Policy in Ghana, in: Resources Policy, Vol. 23, Nr. 1/2 (June 1997), S. 9-14.

Umstätter, Walther 1998, Die Zukunft des Buches, in: Spektrum der Wissenschaft, Dossier 1/98: Die Welt im Internet, S. 38-43.

Umweltbundesamt 1992, Ökobilanzen für Produkte. Bedeutung – Sachstand – Perspektiven, UBA-Text 38/92, Berlin.

Umweltbundesamt 1993, Ökologische Bilanz von Rapsöl bzw. Rapsölmethylester als Ersatz von Dieselkraftstoff (Ökobilanz Rapsöl), UBA-Text 4/93, Berlin.

United Nations 1993, Trends in International Distribution of Gross World Product, Special Issue of National Accounts Statistics, Series X, Nr. 18, New York: United Nations.

Unsöld, Albrecht 1981, Evolution kosmischer, biologischer und geistiger Strukturen, Bücher der Zeitschrift Naturwissenschaftliche Rundschau, Stuttgart: Wissenschaftliche Verlagsgesellschaft.

Van den Bergh, Jeroen C.J.M.; Nijkamp, Peter 1991, Operationalizing Sustainable Development: Dynamic Ecological Economic Models, in: Ecological Economics, Vol. 4, S. 11-33.

Van Dieren, Wouter (Hg.) 1995, Mit der Natur rechnen - Der neue Club-of-Rome-Bericht. Basel, Boston, Berlin: Birkhäuser Verlag.

VDEW (Vereinigung Deutscher Elektrizitätswerke) (Hg.) 1997, VDEW-Statistik 1996 – Arbeit und Leistung, Frankfurt/Main: VDEW-Verlag.

VDI (Verein Deutscher Ingenieure) (Hg.) 1986, Metallische und nichtmetallische Werkstoffe und ihre Verarbeitungsverfahren im Vergleich, Teil 1: Festigkeitsverhalten, Düsseldorf: VDI-Verlag.

VDI-Nachrichten zur CeBIT, Nr. 11, Ausgabe vom 13.3.98.

Ventzke, Roland 1994, Umweltorientierte Produktionsplanung: Ein analytischer Ansatz zur Berücksichtigung von Restriktionen in der Produktions- und Kostentheorie, Frankfurt/Main: Peter Lang.

Victor, Peter A. 1991, Indicators of Sustainable Development: Some Lessons from Capital Theory, in: Ecological Economics, 4 (1991), 191-213.

Vig, Norman J.; Kraft, Michael E. (Hg.) 1990, Environmental Policy in the 1990s, Washington D. C.: Congressional Quarterly Inc..

Vihena Filho, Carlos Augusto 1997, Brazil´s Mineral Policy, in: Resources Policy, Vol. 23, Nr. 1/2, S. 45-50.

Vitousek, Peter M.; Ehrlich, Paul R.; Ehrlich, Anne H.; Matson, Pamela A. 1986, Human Appropriation of the Products of Photosynthesis, in: BioScience, Vol. 36, Nr. 6 (June 1986), S. 368-373.

Vornholz, Günter 1994, The Sustainable Development Approach, in: Intereconomics, July/August 1994, S. 194-198.

Vornholz, Günter 1995, Die ökologischen Ziele im Sustainable Development-Konzept, in: Nutzinger, Hans G. (Hg.) 1995, Nachhaltige Wirtschaftsweise und Energieversorgung – Konzepte, Bedingungen, Ansatzpunkte. Marburg: Metropolis Verlag, S. 81-115.

Wälde, Thomas 1992, Third World Mining: No Limits on Pollution? in: Raw Materials Report, Vol. 8, Nr. 3, S.4-8.

Waldrop, M. Mitchell 1993, Inseln im Chaos – Die Erforschung komplexer Systeme, Reinbek: Rowohlt Verlag.

Walletschek, Hartwig 1995, Abschied von einem Ideal - Die ökologischen Grundlagen für einen wirksamen Naturschutz, in: Politische Ökologie, Jg. 13, Heft 43, Nov./Dez. 1995, S. 19-24.

Warhurst, Alyson 1992, Environmental Management in Mining and Mineral Processing in Developing Countries, in: Natural Resources Forum, Vol. 16, Nr. 1, February 1992, S. 39-48.

Warhurst, Alyson 1994, Environmental Degradation from Mining and Mineral Processing in Developing Countries: Corporate Resonses and National Policies, Paris: OECD.

Warhurst, Alyson; Bridge, Gavin 1997, Economic Liberalisation, Innovation, and Technolgy Transfer: Opportunities for Cleaner Production in the Minerals Industry, in: Natural Resources Forum, Vol. 21, No. 1, S. 1-12.

Warlimont, H. (Hg.) 1994, Environmental Aspects in Materials Research, Oberursel: DGM Informationsgesellschaft mbH.

Wassermann, Otmar; Alsen-Hinrichs, Carsten; Simonis, Udo E. 1990, Die schleichende Vergiftung – Die Grenzen der Belastbarkeit sind erreicht, Frankfurt/Main: Fischer.

WCED (World Commission on Environment and Development) 1987, Our Common Future, Oxford and New York: Oxford University Press 1987.

Weber, Bruce A.; Depew, David J.; Smith, James D. (Hg.) 1990, Entropy, Information, and Evolution, Second Edition, Cambridge/MA und London: MIT Press.

Weiger, Hubert 1982, Der Rhein-Main-Donau-Kanal – Ein bayrischer Alptraum, in: Grumbach, Jürgen (Hg.) 1982, Grünbuch Ökologie, Köln: Pahl-Rugenstein-Verlag, S. 88-106.

Weiger, Hubert 1997, Land in Sicht! Schutzkonzepte, die dem Flächenverbrauch den Boden entziehen, in: Politische Ökologie, 15. Jg., Sonderheft 10, Nov./Dez. 1997, S. 101-104.

Weinstein, M.C.; Zeckhauser, R.J. 1974, Use Pattern for Depletable and Recycleable Resources, in: Review of Economic Studies, Symposium Supplement 1974, S. 67-88.

Weizsäcker, Carl Christian von 1980, Leistet der Markt die optimale intertemporale Allokation der Ressourcen ? In: Siebert (Hg.) 1980, Erschöpfbare Ressourcen, Berlin: Duncker & Humblot, S. 795-814.

Weizsäcker, Ernst Ulrich von 1992, Erdpolitik: ökologische Realpolitik an der Schwelle zum Jahrhundert der Umwelt, 3. aktualisierte Auflage, Darmstadt: Wissenschaftliche Buchgesellschaft.

Weizsäcker, Ernst Ulrich von; Lovins, A. B.; Lovins, L. H. 1995, Faktor VIER. Doppelter Wohlstand – halbierter Naturverbrauch. Der neue Bericht an den Club of Rome. München: Droemer Knaur.

Wendt, Ulrich 1972, Kabel bis 30 kV – wichtige Bauarten, Kennzeichnung und Verwendung, Berlin und München: Siemens AG.

Wernick, Iddo K. 1994, Dematerialization and Secondary Materials Recovery in the U.S., in: Journal of Metals, Vol. 46, Nr. 4, S. 39-42.

Wicke, Lutz 1989, Umweltökonomie, 2. Auflage, München: Verlag Franz Vahlen.

Wicken, Jeffrey S. 1987, Evolution, Thermodynamics, and Information – Extending the Darwinian Program, New York and Oxford: Oxford University Press.

Wilson, Kenneth D. (Hg.) 1977, Prospects for Growth – Changing Expectations for the Future, New York & London: Praeger Publishers.

Wimmer, A.; Zengen, K.-H. von 1986, Werkstoffauswahlkriterien für flächige Tragwerke und Zellkonstruktionen im Automobilbau, in: VDI (Hg.) 1986, Metallische und nichtmetallische Werkstoffe und ihre Verarbeitungsverfahren im Vergleich, Teil 1: Festigkeitsverhalten, Düsseldorf: VDI-Verlag, S. 383-401.

Wintzer, D.; Fürniß, B.; Klein-Vielhauer, L.; Leible, L.; Nieke, E.; Rösch, Ch.; Tangen, H. 1993, Technikfolgenabschätzung zum Thema nachwachsende Rohstoffe, Schriftenreihe des Bundesministers für Ernährung, Landwirtschaft und Forsten, Reihe A: Angewandte Wissenschaft, Münster: Landwirtschaftsverlag.

Wirtschaftsvereinigung Stahl (Hg.) 1996, Statistisches Jahrbuch der Stahlindustrie 1996, Düsseldorf: Verlag Stahleisen GmbH.

Wobbe, Karl-Dieter 1992, Die Aluminium-Industrie der GUS – Auswirkungen auf den Weltmarkt, in: Metall, Jg. 46, Heft 5, Mai 1992, S. 473-475.

Wohlmuth, Karl; Messner, Frank (Hg.) 1996, Active Labour and Employment Policies in Africa, African Development Perspectives Yearbook 1994/95, Volume 4, Hamburg: LIT-Verlag.

Wolfrum, Rüdiger; Philipp, Christiane (Hg.) 1991, Handbuch Vereinte Nationen, 2. Auflage, München: C. H. Beck´sche Verlagsbuchhandlung.

World Bank 1976, World Tables 1976, Baltimore und London: John Hopkins University Press.

World Bank 1980, World Tables 1980, Baltimore und London: John Hopkins University Press.

World Bank 1991, The World Bank and the Environment. A Progress Report. Fiscal 1991. Washington D. C.: World Bank.

World Bank 1992a, World Development Report 1992: Development and the Environment, New York et al.: Oxford University Press.

World Bank 1992b, Strategy for African Mining, World Bank Technical Paper Number 181, Washington D. C: World Bank.

World Bank 1994, World Tables 1994, Baltimore und London: John Hopkins University Press.

World Commission on Environment and Development (WCED) 1987, Our Common Future, Oxford and New York: Oxford University Press 1987.

World Resources Institute, UNEP, UNDP 1992, World Resources 1992/93. A Guide to the Global Environment. Toward Sustainable Development, New York: Oxford University Press.

World Resources Institute, UNEP, UNDP 1994, World Resources 1994-95. People and the Environment. New York and Oxford: Oxford University Press.

Worldwatch Institute (Hrg.) 1993, Zur Lage der Welt 1993, Worldwatch Institute Report, Frankfurt am Main: Fischer.

WRI (World Resources Institute); UNEP; UNDP 1992, World Resources 1992/93. A Guide to the Global Environment. Toward Sustainable Development, New York: Oxford University Press.

WRI (World Resources Institute); UNEP; UNDP 1994, World Resources 1994-95. People and the Environment. New York and Oxford: Oxford University Press.

WWF Journal, Ausgabe 3/1995, Natur schützen und nutzen – Nachhaltige Entwicklung als Strategie für das nächste Jahrtausend, Wiesbaden.

Young, Jeffrey T. 1991, Is the Entropy Law Relevant to the Economics of Natural Resource Scarcity? In: Journal of Environmental Economics and Management, Vol. 21, Nr. 2, S. 169-179.

Young, John E. 1993, Umweltproblem Bergbau – Strategien gegen die Ausbeutung der Erde, Worldwatch Paper, Band 5, Schwalbach: Wochenschau Verlag.

Ziegler, Günter (Hg.) 1996, Verbundwerkstoffe und Werkstoffverbunde, Oberursel: DGM Informationsgesellschaft mbH.

Zimmermann, Klaus 1989, Umweltpolitik und integrierte Technologien: Der Quantitäts-Qualitäts-Trade-Off, WZB-Papers, FS II 89-303, Berlin.

Zundel, Stefan 1994, Einige explorative Überlegungen zu einer ökologischen Technologiepolitik, in: Informationsdienst des IÖW, Jg. 9, Nr. 5, S. 2-5.

Zwirner, Oliver 1994, Nachhaltiges Wirtschaften als umwelt- und wirtschaftspolitisches Ziel, in: Telkämper, W. (Hg.) 1994, Nachhaltiges Wirtschaften, Verkehrsvermeidung & Entschleunigung – Eine alternative Perspektive für Europa. Augsburg: Die Grünen im Europaparlament, S. 86-119.

FSC
www.fsc.org
MIX
Papier | Fördert gute Waldnutzung
FSC® C083411

Kolibri 360 GmbH
Ferdinand-Jühlke-Straße 7
99095 Erfurt, Deutschland
produktsicherheit@kolibri360.de

Druck:
CPI Druckdienstleistungen GmbH
im Auftrag der
Kolibri 360 GmbH
Ferdinand-Jühlke-Str. 7
99095 Erfurt